云课版

AutoCAD 2020 中文版三维造型设计从入门到精通

刘亚朋 王爱兵 耿立明 著

人民邮电出版社
北京

图书在版编目（CIP）数据

AutoCAD 2020中文版三维造型设计从入门到精通 / 刘亚朋，王爱兵，耿立明著. -- 北京 : 人民邮电出版社，2022.1
ISBN 978-7-115-55615-8

Ⅰ. ①A… Ⅱ. ①刘… ②王… ③耿… Ⅲ. ①AutoCAD软件 Ⅳ. ①TP391.72

中国版本图书馆CIP数据核字(2020)第253293号

内 容 提 要

本书重点介绍了AutoCAD 2020中文版在三维造型设计中的应用方法和技巧。全书分为6篇，共23章，分别介绍了AutoCAD 2020绘图设置、三维绘图基础、绘制三维表面、三维实体绘制、三维实体编辑、三维曲面造型绘制、生活用品造型设计实例、电子产品造型设计实例、机械零件造型设计实例、基本建筑单元设计实例、三维建筑模型设计实例、手压阀三维设计综合实例、减速器三维设计综合实例、变速器试验箱体三维设计综合实例、建筑小区规划三维设计综合实例。知识点的介绍由浅入深，从易到难。本书图文并茂，语言简洁，思路清晰。大部分章节的知识点都配有实例讲解，使读者对知识点有更进一步的了解，对全章的知识点能够综合运用。

除利用纸质图书讲解之外，本书还附赠了多媒体电子资料，包含全书讲解和练习实例的源文件，及全程实例讲解视频，帮助读者轻松愉悦地学习。

◆ 著　　　刘亚朋　王爱兵　耿立明
责任编辑　颜景燕
责任印制　王　郁　彭志环

◆ 人民邮电出版社出版发行　北京市丰台区成寿寺路11号
邮编　100164　电子邮件　315@ptpress.com.cn
网址　https://www.ptpress.com.cn
涿州市京南印刷厂印刷

◆ 开本：787×1092　1/16
印张：30.75　　2022年1月第1版
字数：828千字　　2022年1月河北第1次印刷

定价：129.90元

读者服务热线：(010)81055410　印装质量热线：(010)81055316
反盗版热线：(010)81055315
广告经营许可证：京东市监广登字20170147号

前　言

随着CAD技术日新月异、突飞猛进地发展，CAD已经成为设计工作中的重要组成部分之一，特别是AutoCAD已经成为世界上流行的CAD软件之一。AutoCAD一直致力于把工业技术与计算机技术融为一体，形成开放式的大型CAD平台，特别是在机械、建筑、电子等领域更是抢先一步，发展势头异常迅猛。为了满足不同用户、不同行业技术发展的要求，AutoCAD还把网络技术与CAD技术有机地融为一体。

一般认为，AutoCAD的三维设计功能相比其二维设计功能以及其他三维设计软件的三维造型功能要逊色，但这其实是广大用户没有深入研究AutoCAD的三维设计功能产生的误解。通过本书，编者将向广大读者展示一个具有强大的三维造型设计功能的AutoCAD软件。

在AutoCAD 2020版本面市后，编者组织了几所高校的老师编写了本书。在本书中，处处包含着教育者的经验与体会，贯彻着他们的教学思想，希望能够为广大读者的学习起到抛砖引玉的作用，为广大读者的学习提供一条有效的捷径。

一、本书特色

图书市场上的AutoCAD指导书很多，读者要挑选一本自己中意的书反而很困难，真是“乱花渐欲迷人眼”。那么，本书为什么能够让读者在“众里寻他千百度”之际，于“灯火阑珊”处“蓦然回首”呢？那是因为本书有以下五大特色。

作者专业

本书作者具有多年的设计经验以及教学的心得体会。本书是作者历时多年精心编著，力求全面细致地展现出AutoCAD在三维设计应用领域的各种功能和使用方法。

实例典型

本书中有很多实例本身就是工程设计项目案例，经过作者精心提炼和改编，不仅保证了读者能够学好知识点，更重要的是能帮助读者掌握实际的操作技能。

提升技能

本书从全面提升读者的AutoCAD三维设计能力的角度出发，结合大量的实例来讲解如何利用AutoCAD进行三维工程设计，真正让读者懂得计算机辅助设计并能够独立地完成各种三维工程设计。

内容全面

本书包括了AutoCAD常用的全部三维功能，内容涵盖了AutoCAD 2020绘图设置、三维绘图基础、绘制三维表面、三维实体绘制、三维实体编辑、三维曲面造型绘制等知识。本书不仅有透彻的讲解，还有丰富的实例，通过这些实例的演练，能够帮助读者找到一条学习AutoCAD的有效途径。

知行合一

本书结合大量的工业设计实例详细讲解了AutoCAD三维设计的知识要点，让读者在学习实例的过程中轻轻松松地掌握AutoCAD操作技巧，同时提升工程设计实践能力。

二、本书的组织结构和主要内容

本书以AutoCAD 2020版本为演示平台，全面介绍AutoCAD三维设计的应用知识，帮助读者从新手晋级为高手。全书分为6篇，共23章，分别介绍了AutoCAD基础知识、专业设计实例、手压阀三维设计、减速器三维设计、变速器试验箱体三维设计、建筑小区规划三维设计等。

三、本书的配套资源

本书为读者提供了丰富的配套电子资源，以便读者朋友快速学会并精通这门技术。

1. 实例配套教学视频

编者针对本书实例专门制作了配套教学视频，读者可以先看视频，像看电影一样轻松愉悦地学习本书内容，然后对照课本加以实践和练习，能大大提高学习效率。

2. 实例的源文件

本书附带讲解实例和练习实例的源文件。

四、配套资源使用方式

为了方便读者学习，本书以二维码的形式提供了全书实例的视频教程。扫描“云课”二维码，即可观看全书视频。

云课

此外，读者可关注“职场研究社”公众号，回复“55615”获取所有配套资源的下载链接；也可登录异步社区官网（www.epubit.com），搜索关键词“55615”下载配套资源；还可以加入福利QQ群【1015838604】，额外获取九大学习资源库。

五、致谢

本书由河北劳动关系职业学院的刘亚朋、河北交通职业技术学院的王爱兵和沈阳城市建设学院的耿立明三位老师编写，其中刘亚朋执笔编写了第1~9章，王爱兵执笔编写了第12~19章，耿立明老师编写了第10~11章和第20~23章。

由于时间仓促，加之编者水平有限，疏漏之处在所难免，希望广大读者发邮件到714491436@qq.com提出宝贵的批评意见。读者也可以加入三维书屋图书学习交流群QQ：930610779与作者共同探讨。

编者

2021年7月

目　录

第一篇　基础知识篇

第二篇 专业设计实例篇

第三篇 手压阀三维设计篇

第四篇 减速器三维设计篇

第五篇 变速器试验箱体三维设计篇

第六篇 建筑小区规划三维设计篇

第一篇　基础知识篇

本篇导读

本篇主要介绍 AutoCAD 2020 的绘图设置，三维实体、三维网格、三维曲面的绘制和编辑。

内容要点

- AutoCAD 2020 绘图设置
- 三维绘图基础
- 绘制三维表面
- 三维实体绘制
- 三维实体编辑
- 三维曲面造型绘制

第 1 章

AutoCAD 2020 绘图设置

本章导读

本章学习 AutoCAD 2020 绘图的基础知识，了解如何设置图形的单位与边界、配置绘图系统，熟悉建立新的图形文件、打开已有文件的方法等。

1.1 操作界面

1.1.1 标题栏

AutoCAD 2020中文版绘图区的最上端是标题栏。标题栏显示了系统当前正在运行的应用程序（AutoCAD 2020）和正在使用的图形文件名称。第一次启动时，AutoCAD 2020绘图区的标题栏将显示AutoCAD 2020在启动时创建并打开的图形文件名称Drawing1.dwg，如图1-1所示。

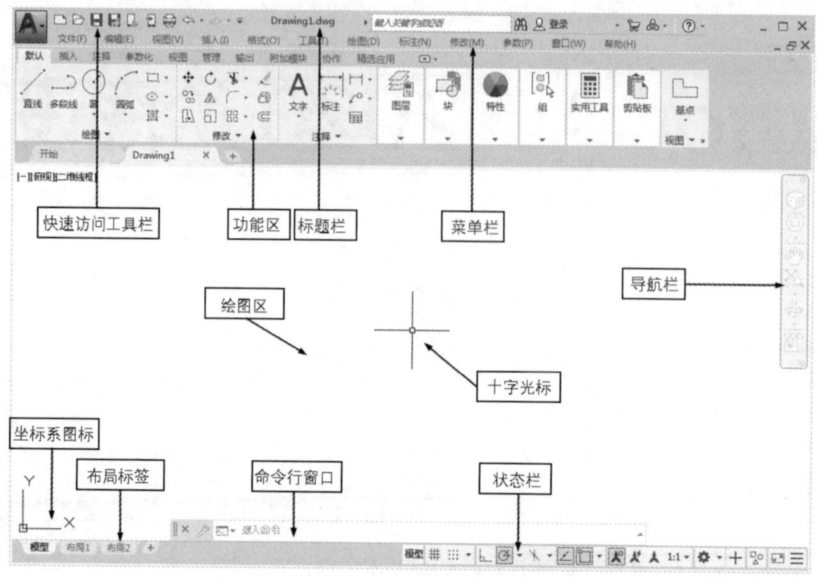

图 1-1　AutoCAD 2020 中文版的操作界面

注意　安装AutoCAD 2020后，默认的界面如图1-1所示。在绘图区中单击鼠标右键，打开快捷菜单，如图1-2所示。选择“选项”命令，打开“选项”对话框，选择“显示”选项卡，将“窗口元素”选项组中的“颜色主题”设置为“明”，如图1-3所示。单击“确定”按钮，退出对话框，其操作界面如图1-4所示。

图 1-2　快捷菜单

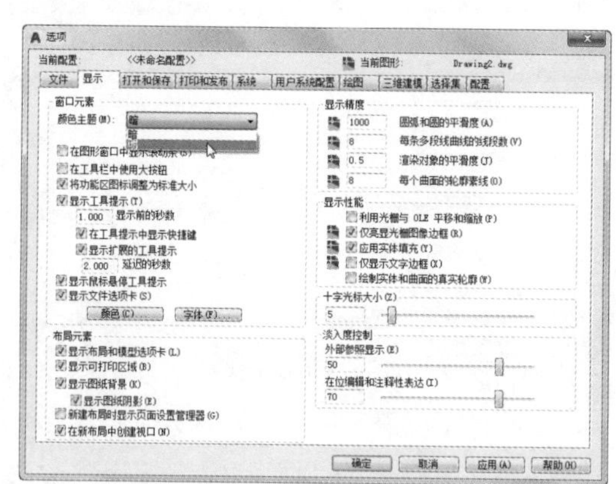

图 1-3　“选项”对话框

快速访问工具栏包括“新建”“打开”“保存”“另存为”“打印”“放弃”“重做”等几个最常用的工具。也可以单击该工具栏右侧的下拉按钮，设置需要的常用工具。

交互信息工具栏包括“搜索”“Autodesk A360”“Autodesk App Store”“保持连接”“帮助”等几个常用的数据交互访问工具。

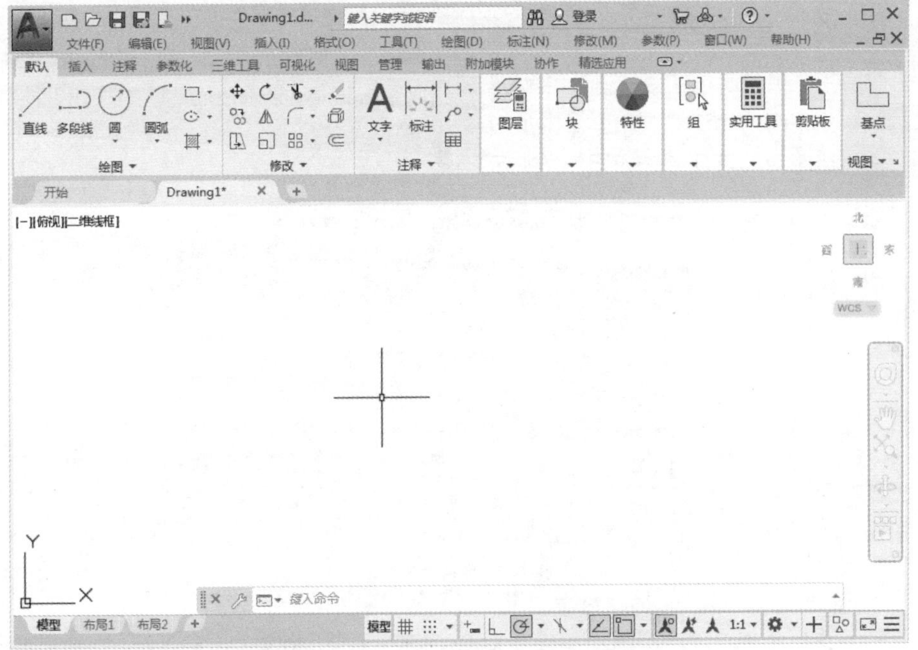

图 1-4　AutoCAD 2020 中文版的操作界面

1.1.2 菜单栏

在AutoCAD快速访问工具栏处调出菜单栏，如图1-5所示，调出后的菜单栏如图1-6所示。同其他Windows程序一样，AutoCAD 2020的菜单也是下拉形式的，并在菜单中包含子菜单。AutoCAD 2020的菜单栏中包含“文件”“编辑”“视图”“插入”“格式”“工具”“绘图”“标注”“修改”“参数”“窗口”“帮助”12个菜单，几乎包含了AutoCAD 2020的所有绘图命令。后面的章节将围绕这些菜单展开讲解。

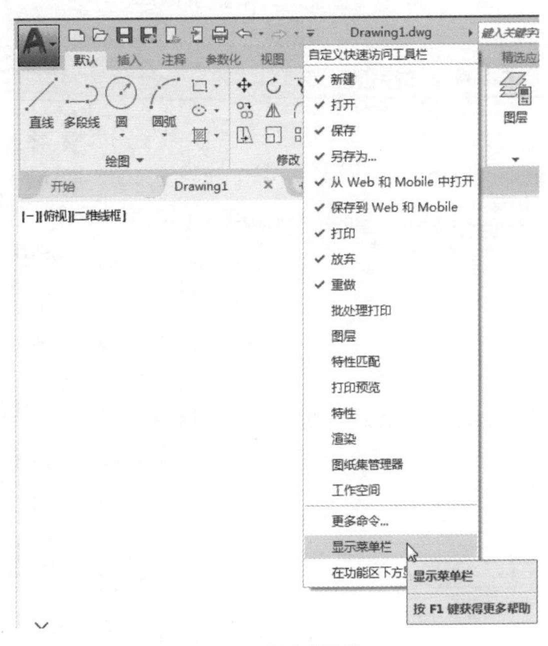

图 1-5　调出菜单栏

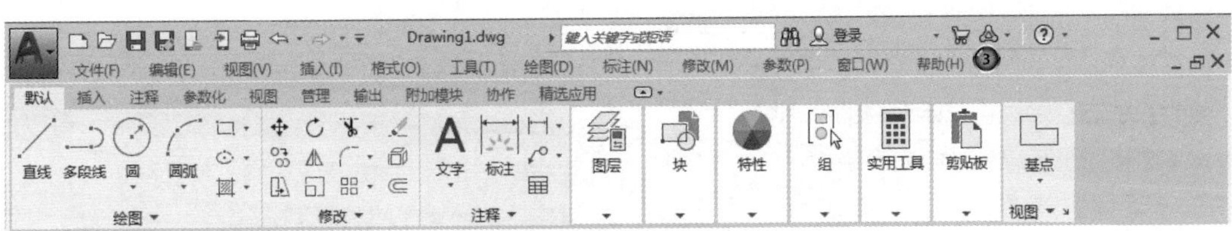

图 1-6　菜单栏显示界面

1.1.3 功能区

在默认情况下，功能区包括“默认”“插入”“注释”“参数化”“视图”“管理”“输出”“附加模块”“协作”“精选应用”选项卡，如图1-7所示（所有的选项卡显示面板如图1-8所示）。每个选项卡集成了相关的操作工具，方便用户使用。用户可以单击功能区选项后面的按钮，控制功能区的展开与收缩。

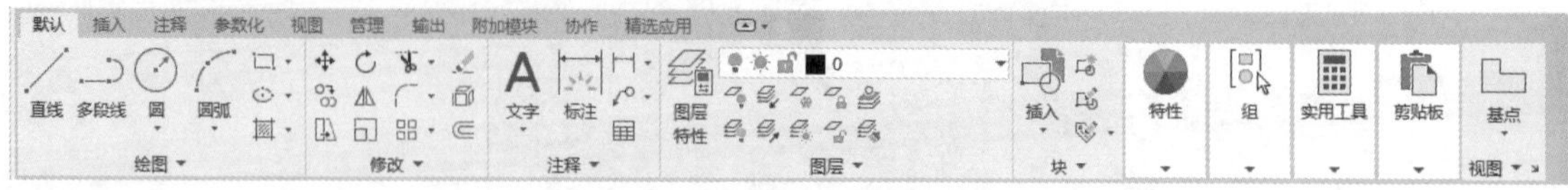

图1-7 默认情况下出现的选项卡

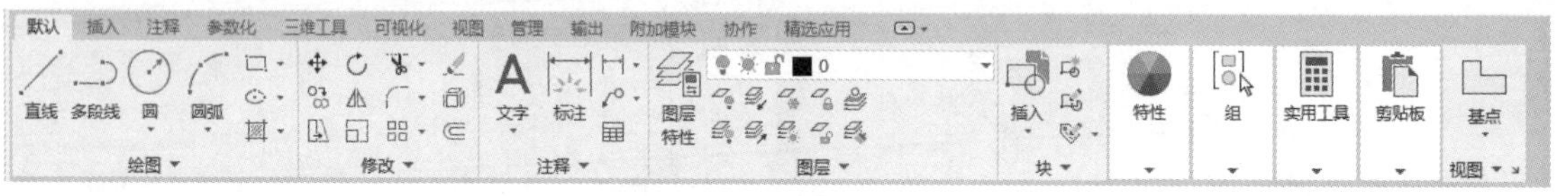

图1-8 所有的选项卡

打开或关闭功能区的操作方式如下。

命令行：RIBBON（或RIBBONCLOSE）

菜单：工具→选项板→功能区

1.1.4 绘图区

绘图区是指在标题栏下方的大片空白区域，绘图区是AutoCAD 2020中绘制图形的区域，设计的主要工作都是在绘图区中完成的。

在绘图区中，还有一个作用类似鼠标指针的十字线，其交点反映了鼠标指针在当前坐标系中的位置。在AutoCAD 2020中，将该十字线称为十字光标，AutoCAD通过十字光标显示当前点的位置。十字光标的方向与当前坐标系的X轴、Y轴方向平行，十字光标的长度被系统预设为屏幕大小的5%，如图1-1所示。

1.1.5 工具栏

工具栏是一组工具的集合。选择菜单栏中的“工具”→“工具栏”→“AutoCAD”命令，即可调出所需要的工具栏。把鼠标指针移动到某个按钮上，稍停片刻，在该按钮一侧会显示相应的工具提示，同时在状态栏中，会显示对应的说明和命令名。此时，单击按钮也可以启动相应命令。

（1）设置工具栏。AutoCAD 2020提供了几十种工具栏，选择菜单栏中的“工具”→“工具栏”→“AutoCAD”命令，调出所需要的工具栏，如图1-9所示。单击某一个未在界面显示的工具栏名，系统会自动在界面中打开该工具栏；反之则关闭工具栏。

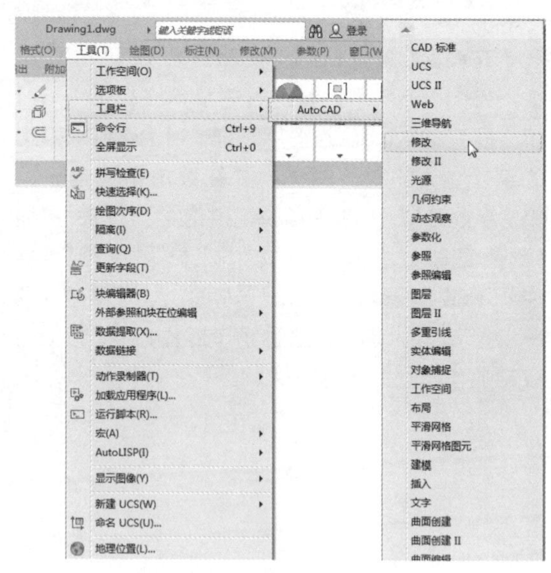

图1-9 调出工具栏

（2）工具栏的“固定”“浮动”与“打开”。工具栏可以在绘图区“浮动”显示，如图1-10所示，单击右上角的×按钮，可关闭该工具栏。可以拖动“浮动”工具栏到绘图区边界，使它变为“固定”工具栏，此时该工具栏标题被隐藏。也可以把“固定”工具栏拖出，使它成为“浮动”工具栏。

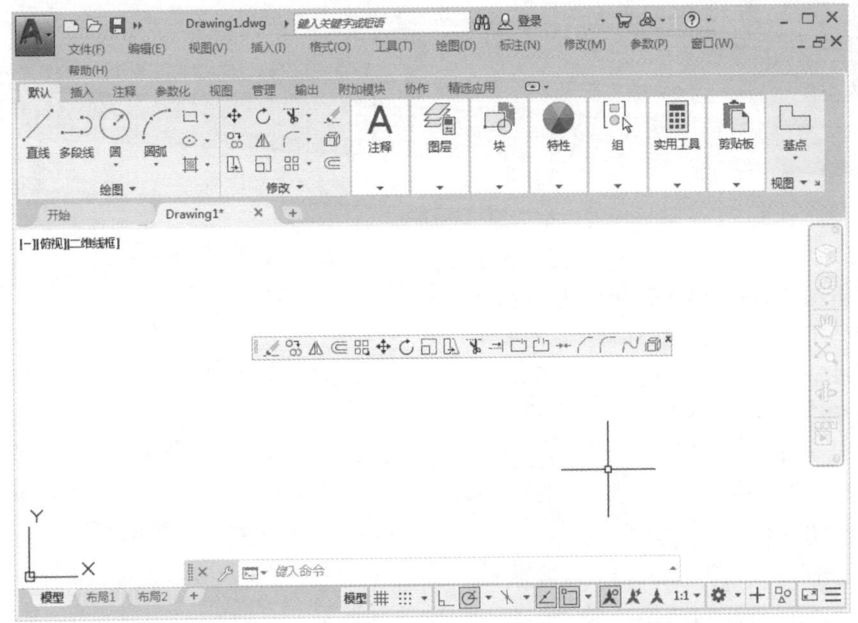

图 1-10 “浮动”工具栏

有些工具按钮的右下角带有一个小三角，按住鼠标左键不放会打开相应的工具列表，将鼠标指针移动到列表中某一按钮上并松开鼠标，该按钮就变为当前显示的按钮。单击当前显示的按钮，即可执行相应的命令，如图 1-11 所示。

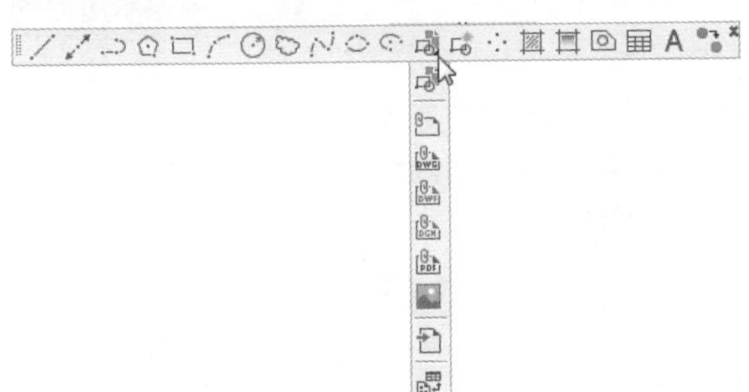

图 1-11 打开工具栏

1.1.6 命令行窗口

命令行窗口是输入命令名和显示命令提示的区域，默认的命令行窗口在绘图区下方，有若干文本行，如图 1-1 所示。对命令行窗口有以下几点需要说明。

（1）移动拆分条，可以扩大与缩小命令行窗口。

（2）可以拖动命令行窗口到屏幕上的其他位置。默认情况下该窗口在绘图区下方。

（3）对当前命令行窗口中输入的内容，按“F2”键用文本编辑的方法进行编辑，如图 1-12 所示。AutoCAD 文本窗口和命令行窗口相似，可以显示当前 AutoCAD 进程中命令的输入和执行过程。在执行 AutoCAD 某些命令时，命令行窗口会自动切换到 AutoCAD 文本窗口，列出有关信息。

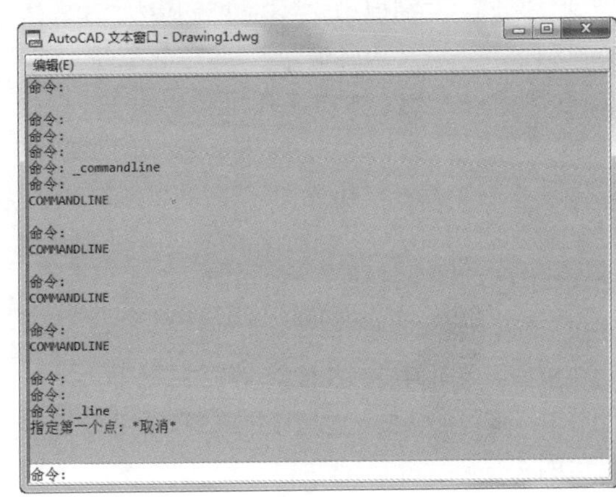

图 1-12 AutoCAD 文本窗口

（4）AutoCAD 通过命令行窗口反馈各种信息，包括出错信息。因此，要时刻关注在命令行窗口中出现的信息。

1.1.7 布局标签

AutoCAD 2020 系统默认设定一个“模型”空

间布局标签和“布局1”“布局2”图纸空间布局标签。可以通过单击选择需要的布局。在这里有两个概念需要解释一下。

（1）布局。系统为绘图设置的一种环境，包括图纸大小、尺寸单位、角度设定、数值精确度等，在系统预设的3个标签中，这些环境变量都按默认设置。读者可以根据实际需要改变这些变量的值。例如，默认的尺寸单位是毫米，如果绘制的图形单位是英寸，就可以改变尺寸单位环境变量的设置，也可以根据需要设置符合要求的新标签，具体方法在后面章节介绍。

（2）模型。AutoCAD的空间包括模型空间和图纸空间。模型空间是通常绘图的环境，而在图纸空间中，可以创建叫作“浮动视口”的区域，以不同视图显示所绘图形。可以在图纸空间中调整浮动视口并决定所包含视图的缩放比例。如果选择图纸空间，则可打印多个视图，可以打印任意布局的视图。在后面的章节中，将专门详细地讲解模型空间与图纸空间的有关知识。

1.1.8 状态栏

状态栏在屏幕的底部，依次有“坐标”“模型空间”“栅格”“捕捉模式”“推断约束”“动态输入”“正交模式”“极轴追踪”“等轴测草图”“对象捕捉追踪”“二维对象捕捉”“线宽”“透明度”“选择循环”“三维对象捕捉”“动态UCS”“选择过滤”“小控件”“注释可见性”“自动缩放”“注释比例”“切换工作空间”“注释监视器”“单位”“快捷特性”“锁定用户界面”“隔离对象”“图形性能”“全屏显示”“自定义”这30个功能按钮。单击对应开关按钮，可以实现这些功能的开关。通过部分按钮也可以控制图形的形状或绘图区的状态。

默认情况下，状态栏上不会显示所有工具，可以通过其最右侧的按钮，从“自定义”菜单中选择要显示的工具。状态栏上显示的工具可能会发生变化，具体取决于当前的工作空间以及当前显示的是“模型”选项卡还是“布局”选项卡。下面对状态栏上的按钮做简单介绍，如图1-13所示。

（1）坐标。显示工作区十字光标放置点的坐标。

（2）模型空间。在模型空间与布局空间之间进行转换。

（3）栅格。栅格是覆盖整个UCS的*XY*平面的直线或点组成的矩形图案。使用栅格类似于在图形下放置一张坐标纸，利用栅格可以对齐对象并直观显示对象之间的距离。

（4）捕捉模式。对象捕捉对于在对象上指定精确位置非常重要。不论何时提示输入点，都可以指定对象捕捉。默认情况下，当十字光标移到对象的对象捕捉位置时，将显示标记和工具提示。

（5）推断约束。自动在正在创建或编辑的对象与对象捕捉的关联对象或点之间应用约束。

（6）动态输入。在十字光标附近显示一个提示框（称之为“工具提示”），工具提示中显示对应的命令提示和十字光标的当前坐标值。

（7）正交模式。将十字光标限制在水平或垂直方向上移动，便于精确地创建和修改对象。当创建或移动对象时，可以使用正交模式将十字光标限制在相对于UCS的水平或垂直方向上。

（8）极轴追踪。使用极轴追踪，十字光标将按指定角度进行移动。创建或修改对象时，可以使用“极轴追踪”来显示由指定的极轴角度所定义的临时对齐路径。

（9）等轴测草图。通过设定“等轴测捕捉/栅格”，可以很容易地沿3个等轴测平面中的一个来对

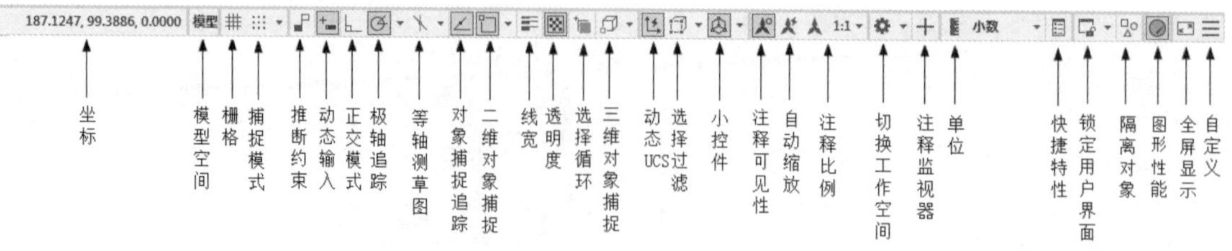

图1-13 状态栏

齐对象。尽管等轴测图形看似是三维的，但它实际上是由二维图形表示的。因此，它不能提取三维距离和面积、从不同视点显示对象或自动消除隐藏线。

（10）对象捕捉追踪。使用对象捕捉追踪，可以沿着基于对象捕捉点的对齐路径进行追踪。已获取的点将显示一个小加号（+），一次最多可以获取7个追踪点。获取点之后，在绘图路径上移动十字光标，将显示相对于获取点的水平、垂直或极轴对齐路径。例如，可以基于对象端点、中点或者对象的交点，沿着某个路径选择一点。

（11）二维对象捕捉。使用执行对象捕捉设置（也称为对象捕捉），可以在对象的精确位置指定捕捉点。选择多个选项后，将应用选定的捕捉模式，返回距离靶框中心最近的点。按Tab键可在这些选项之间循环。

（12）线宽。分别显示对象所在图层中设置的不同宽度，而不是统一线宽。

（13）透明度。使用该命令，可调整绘图对象显示的明暗程度。

（14）选择循环。当一个对象与其他对象彼此接近或重叠时，准确地选择某一个对象是很困难的，使用选择循环命令并单击，弹出“选择集”列表框，其中列出了单击点周围的图形，可在列表中选择所需的对象。

（15）三维对象捕捉。三维中的对象捕捉与在二维中工作的方式类似，不同之处在于在三维中可以投影对象捕捉。

（16）动态UCS。在创建对象时使UCS的*XY*平面自动与实体模型上的平面临时对齐。

（17）选择过滤。根据对象特性或对象类型对“选择集”列表框进行过滤。当按下按钮后，只选择满足指定条件的对象，其他对象将被排除在“选择集”列表框之外。

（18）小控件。帮助用户沿三维轴或平面移动、旋转或缩放一组对象。

（19）注释可见性。当按钮亮显时表示显示所有比例的注释性对象；当按钮变暗时表示仅显示当前比例的注释性对象。

（20）自动缩放。注释比例更改时，自动将比例添加到注释对象。

（21）注释比例。单击注释比例右下角的小三角符号，弹出注释比例列表，如图1-14所示，可以根据需要选择适当的注释比例。

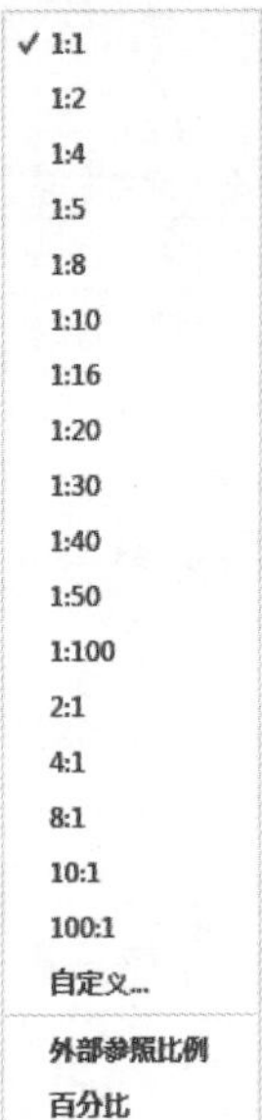

图1-14　注释比例列表

（22）切换工作空间。进行工作空间转换。

（23）注释监视器。打开仅用于所有事件或模型文档事件的注释监视器。

（24）单位。指定线性和角度单位的格式和小数位数。

（25）快捷特性。控制“快捷特性”面板的使用与禁用。

（26）锁定用户界面。按下该按钮，锁定工具栏、面板和可固定窗口的位置和大小。

（27）隔离对象。当选择隔离对象时，在当前视图中显示选择的对象，其他所有对象都暂时隐藏；当选择隐藏对象时，在当前视图中暂时隐藏选择的对象，其他所有对象都可见。

（28）图形性能。设定图形卡的驱动程序以及设置硬件加速的选项。

（29）全屏显示。该选项可以清除Windows窗口中的功能区和选项板等界面元素，使AutoCAD的绘图区全屏显示。

（30）自定义。状态栏可以提供重要信息，而无须中断工作流。使用MODEMACR系统变量可将应用程序所能识别的大多数数据显示在状态栏中。使用该系统变量的计算、判断和编辑功能可以完全按照用户的要求构造状态栏。

1.2 图形单位与图形边界设置

在AutoCAD中可以利用相关命令对图形单位、图形边界，以及工作空间进行具体设置。

1.2.1 图形单位设置

执行方式

命令行：DDUNITS（或UNITS）

菜单：格式→单位

操作步骤

执行上述命令后，系统打开“图形单位”对话框，如图1-15所示。该对话框用于定义单位和角度格式。

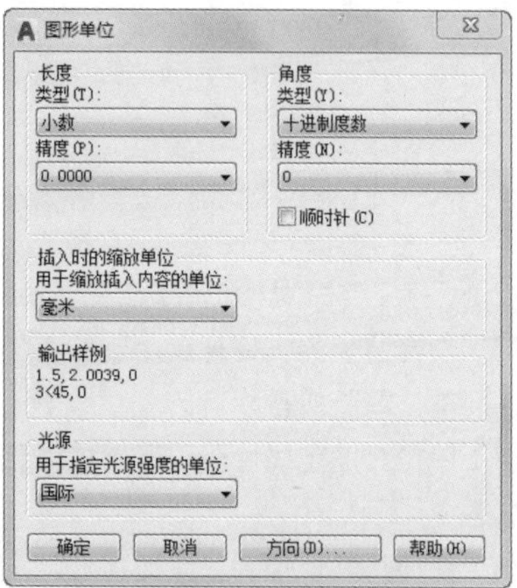

图1-15 “图形单位”对话框

选项说明

（1）“长度”与“角度”选项组。指定测量的长度与角度的当前类型及当前单位的精度。

（2）“插入时的缩放单位”选项组。控制使用工具选项板（例如DesignCenter或i-drop）拖入当前图形的块的测量单位。如果块或图形创建时使用的单位与该选项指定的单位不同，则在插入这些块或图形时，将对其按比例缩放。插入比例是源块或图形使用的单位与目标图形使用的单位之比。如果插入块时不按指定单位缩放，请选择“无单位”。

（3）“输出样例”选项组。显示用当前单位和角度设置的例子。

（4）“光源”选项组。控制当前图形中光源强度的测量单位。

（5）“方向”按钮。单击该按钮，系统显示“方向控制”对话框，如图1-16所示。可以在该对话框中进行方向控制设置。

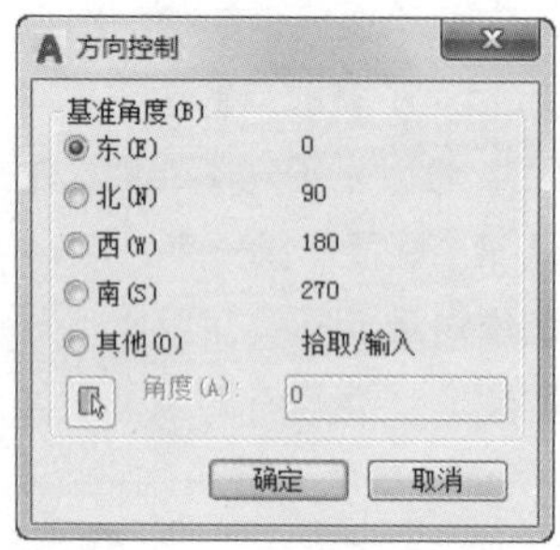

图1-16 “方向控制”对话框

1.2.2 图形边界设置

执行方式

命令行：LIMITS

菜单：格式→图形界限

操作步骤

```
命令：LIMITS↙
重新设置模型空间界限：
指定左下角点或 [开(ON)/关(OFF)] <0.0000,0.0000>:↙(输入图形边界左下角的坐标后按Enter键)
指定右上角点 <12.0000,9.0000>:↙(输入图形边界右上角的坐标后按 Enter 键)
```

选项说明

（1）开（ON）。使绘图边界有效。系统在绘图边界以外拾取的点或实体视为无效。

（2）关（OFF）。使绘图边界无效。可以在绘图边界以外拾取点或实体。

（3）动态输入角点坐标。可以直接在屏幕上输入角点坐标，输入了横坐标值后，按下“,”键，接着输入纵坐标值。也可以用十字光标直接单击以确定角点位置，如图1-17所示。

图1-17 动态输入角点坐标

1.2.3 工作空间

执行方式

命令行：WSCURRENT

菜单：工具→工作空间

操作步骤

命令：WSCURRENT↙（在命令行输入命令，与菜单执行功能相同，命令提示如下）

输入 WSCURRENT 的新值 <"草图与注释">：（输入需要的工作空间）

可以根据需要选择初始工作空间。单击界面右下角的“切换工作空间”按钮，打开“工作空间”下拉列表，从中选择所需的工作空间，系统将转换到相应的界面，如图1-18所示。

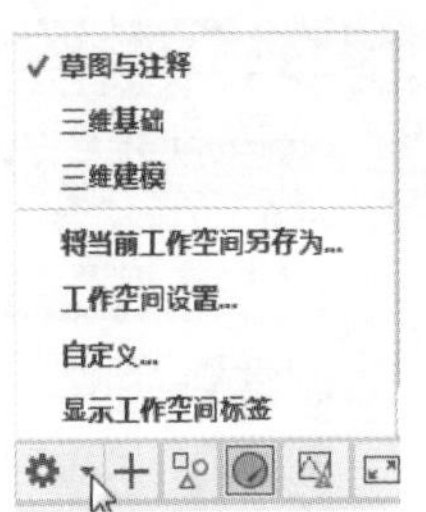

图1-18 “切换工作空间”按钮

三维建模工作空间包括新面板，可方便地访问新的三维功能。

三维建模工作空间中的绘图区域可以显示渐变背景色、地平面、工作平面（UCS的*XY*平面）或新的矩形栅格。这将增强三维效果和三维模型的构造呈现，如图1-19所示。

图1-19 三维建模工作空间

1.3 配置绘图系统

由于每台计算机所使用的显示器、输入设备和输出设备的类型不同，不同用户喜好的风格及计算机的目录设置也不同，所以每台计算机上的AutoCAD都是独特的。一般来讲，使用AutoCAD 2020的默认配置就可以绘图，但为了便于使用定点设备或打印机，提高绘图的效率，推荐在开始作图前对AutoCAD进行必要的配置。

执行方式

命令行：PREFERENCES（或OPTIONS）

菜单：工具→选项

快捷菜单：选项（单击鼠标右键，系统打开快捷菜单，其中包括一些最常用的命令，如图1-20所示）

图1-20　快捷菜单中的“选项”命令

操作步骤

执行上述命令后，系统自动打开“选项”对话框，如图1-21所示。可以在该对话框中选择有关选项，对系统进行配置。下面就主要的几个选项卡做一下说明，其他配置选项在用到时再说明。

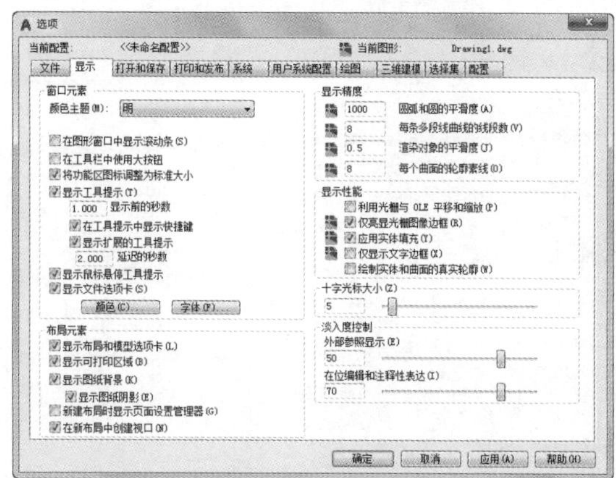

图1-21　“选项”对话框

1.3.1 显示配置

在“选项”对话框中的第2个选项卡为“显示”，该选项卡控制AutoCAD窗口的外观，如图1-21所示。该选项卡设定屏幕菜单、滚动条显示与否、固定命令行窗口中文字行数、AutoCAD的版面布局、各实体的显示分辨率，以及AutoCAD运行时的其他各项性能参数等。前面已经讲解了屏幕菜单设定、屏幕颜色、十字光标大小等知识，其余有关选项的设置，读者可单击“帮助”按钮来学习。

在设置实体显示分辨率时，请记住，显示质量越高，即分辨率越高，计算机计算的时间越长，因此不要将其设置得太高。将显示质量设定在一个合理的程度上是很重要的。

1.3.2 系统配置

在“选项”对话框中的第5个选项卡为“系统”，如图1-22所示。该选项卡用来设置AutoCAD系统的有关特性。

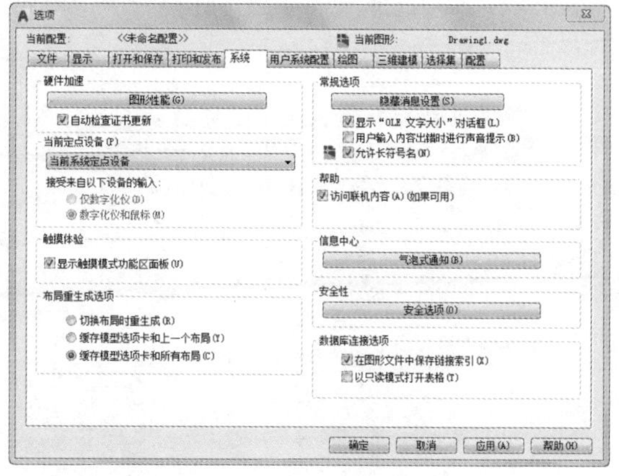

图1-22　“系统”选项卡

（1）“当前定点设备”选项组。该选项组用于安装及配置定点设备，如数字化仪和鼠标。具体如何配置和安装，请参照定点设备的手册。

（2）“常规选项”选项组。用于确定是否选择系统配置的有关基本选项。“常规选项”选项组为一些基本设置，如隐藏消息设置（“隐藏消息设置”对话框）、显示“OLE文字大小”对话框、用户输入内容出错时进行声音提示、图形加载、允许长符号名等，一般无须修改。

（3）“布局重生成选项”选项组。用于确定切换布局时是否重生成或缓存模型和布局。

（4）“数据库连接选项”选项组。用于确定数据库连接的方式。

① 在图形文件中保存链接索引。选择此选项可以提高“链接选择”操作的速度；不选择此选项可以减小图形大小，并且提高打开具有数据库信息的图形的速度。

② 以只读模式打开表格。该选项指定是否在图形文件中以只读模式打开数据库表。

1.3.3 绘图配置

在“选项”对话框中的第7个选项卡为“绘图”，如图1-23所示。该选项卡用来设置对象草图的有关参数。

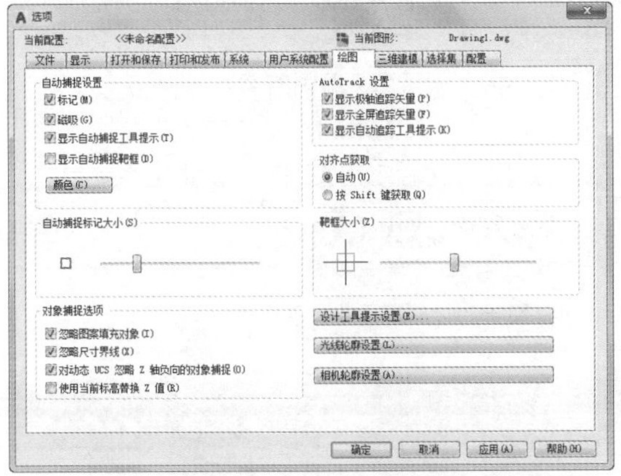

图1-23 “绘图”选项卡

（1）“自动捕捉设置”选项组。设置对象自动捕捉的有关特性，可以从以下4个选项中选择一个或几个：标记、磁吸、显示自动捕捉工具提示、显示自动捕捉靶框。可以单击“颜色”按钮，弹出“图形窗口颜色”对话框，如图1-24所示，选择自动捕捉标记的颜色。

（2）“自动捕捉标记大小”选项组。设定自动捕捉标记的尺寸。

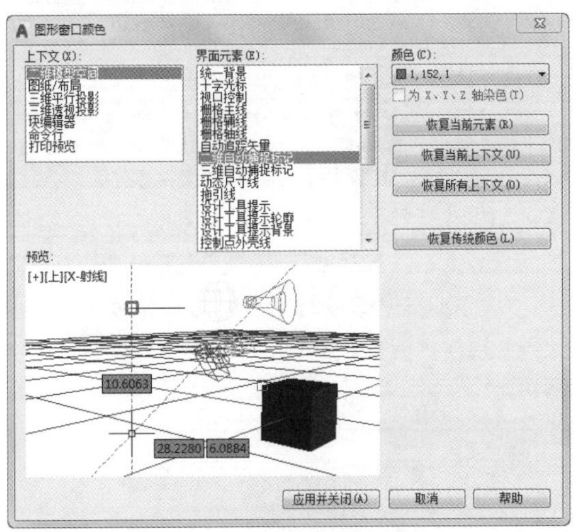

图1-24 “图形窗口颜色”对话框

（3）“对象捕捉选项”选项组。指定对象捕捉的选项。

① 忽略图案填充对象。指定在打开对象捕捉时，对象捕捉忽略填充图案。

②“忽略尺寸界线”。指定是否可以捕捉到尺寸界限。

③ 对动态UCS忽略*Z*轴负向的对象捕捉。指定使用动态UCS期间对象捕捉忽略具有负*Z*值的几何体。

④ 使用当前标高替换*Z*值。指定对象捕捉忽略对象捕捉位置的*Z*值，并使用当前UCS设置的标高的*Z*值。

（4）“AutoTrack设置”选项组。控制与AutoTrack™行为相关的设置，此设置在启用极轴追踪或对象捕捉追踪时可用。

① 显示极轴追踪矢量。当极轴追踪打开时，将沿指定角度显示一个矢量。使用极轴追踪，可以沿角度绘制直线。极轴角是90°的约数，如45°、30°和15°。

在三维视图中，也显示平行于UCS的*Z*轴的极轴追踪矢量，并且工具提示基于*Z*轴的方向显示角度的+*Z*或-*Z*可以通过将 TRACKPATH设置为2来禁用“显示极轴追踪矢量”。

② 显示全屏追踪矢量。控制追踪矢量的显示。追踪矢量是用于辅助按特定角度或与其他对象特定关系绘制对象的构造线。如果选择此选项，对齐矢量将显示为无限长的线。

可以通过将 TRACKPATH 设置为1来禁用“显示全屏追踪矢量”。

③ 显示自动追踪工具提示。控制自动追踪工具提示和正交工具提示的显示。工具提示是显示追踪坐标的标签。

（5）“对齐点获取”选项组。设定对齐点获得的方式，可以选择自动对齐方式，也可以选择按Shift键获取的方式。

（6）“靶框大小”选项组。可以通过移动尺寸滑块设定靶框大小。

1.3.4 选择集配置

在“选项”对话框中的第9个选项卡为“选择集”，如图1-25所示，该选项卡设置对象选择的有关特性。

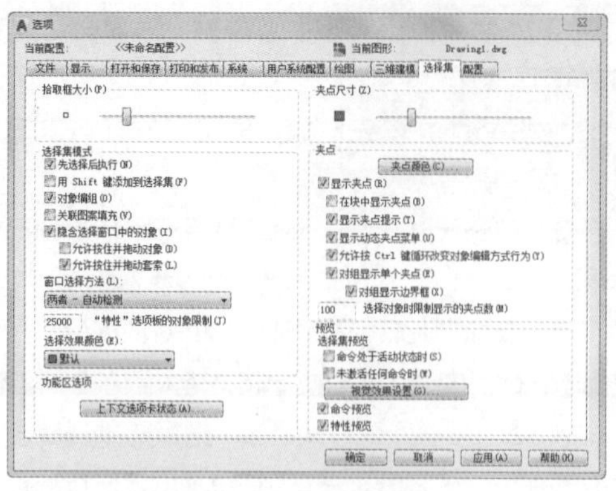

图1-25 “选择集”选项卡

（1）“拾取框大小”选项组。设定拾取框的大小。可以拖动滑块改变拾取框大小，拾取框大小显示在左边的显示窗口中。

（2）“预览”选项组。当拾取框指针经过对象时，亮显对象。PREVIEWEE FECT系统变量可控制亮显对象的外观。

（3）“选择集模式”选项组。设置对象选择模式，可从以下选项中选择一个或几个：先选择后执行、用Shift键添加到选择集、隐含选择窗口中的对象、对象编组、关联图案填充。

（4）“夹点尺寸”选项组。设定夹点的大小。可以拖动滑块改变夹点大小，夹点大小显示在左边的显示窗口中。所谓“夹点”，就是利用钳夹功能编辑对象时显示的可钳夹编辑的点。

（5）“夹点”选项组。设定夹点功能的有关特性，可以选择是否启用夹点和在块中选择夹点。单击“夹点颜色”按钮，在“未选中夹点颜色”“选中夹点颜色”“悬停夹点颜色”和“夹点轮廓颜色”下拉列表框中可以选择相应的颜色。

1.4 文件管理

1.4.1 新建文件

执行方式

命令行：NEW或QNEW

菜单：文件→新建 或 主菜单→新建

工具栏：标准→新建

操作步骤

执行上述命令后，系统打开图1-26所示的“选择样板”对话框，在文件类型下拉列表框中有3种格式的图形样板，后缀名分别是.dwt、.dwg和.dws。

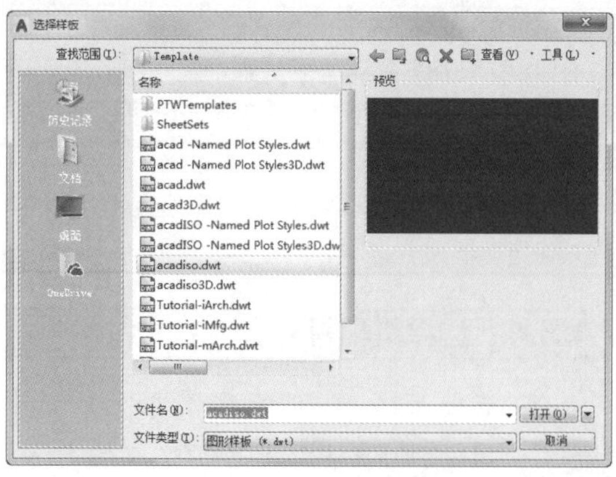

图1-26 “选择样板”对话框

一般情况下，.dwt文件是标准的样板文件，通常将一些规定的标准性的样板文件设成.dwt文件；.dwg文件是普通的样板文件；而.dws文件是包含标准图层、标注样式、线型和文字样式的样板文件。

1.4.2 打开文件

执行方式

命令行：OPEN

菜单：文件→打开 或 主菜单→打开

工具栏：标准→打开

操作步骤

执行上述命令后，打开“选择文件”对话框，如图1-27所示，在“文件类型”列表框中可选.dwg文件、.dwt文件、.dxf文件和.dws文件。.dxf文件是用文本形式存储的图形文件，能够被其他程序读取，许多第三方应用软件都支持.dxf格式。

图 1-27　“选择文件”对话框

1.4.3 保存文件

执行方式

命令行：QSAVE或SAVE

菜单：文件→保存 或 主菜单→保存

工具栏：标准→保存

操作步骤

执行上述命令后，若文件已命名，则文件会自动保存；若文件未命名（即为默认名drawing1.dwg），则系统打开“图形另存为”对话框，如图1-28所示，此时可以命名保存。在“保存于”下拉列表框中可以指定保存文件的路径，在“文件类型”下拉列表框中可以指定保存文件的类型。

图 1-28　“图形另存为”对话框

为了防止因意外操作或计算机系统故障导致正在绘制的图形文件的丢失，可以对当前图形文件设置自动保存，步骤如下。

（1）利用系统变量SAVEFILEPATH设置所有“自动保存”文件的位置，如C：\HU\。

（2）利用系统变量SAVEFILE存储“自动保存”文件的文件名。该系统变量储存的文件名文件是只读文件，可以从中查询自动保存的文件名。

（3）利用系统变量SAVETIME指定在使用“自动保存”时多长时间保存一次图形。

1.4.4 另存为

执行方式

命令行：SAVEAS

菜单：文件→另存为 或 主菜单→另存为

工具栏：标准→另存为

操作步骤

执行上述命令后，打开“图形另存为”对话框，如图1-28所示，AutoCAD将文件另外保存，并把当前图形更名。

1.4.5 退出

执行方式

命令行：QUIT或EXIT

菜单：文件→退出 或 主菜单→关闭

按钮：单击AutoCAD操作界面右上角的“关闭”按钮×

操作步骤

命令：QUIT↙（或EXIT↙）

执行上述命令后，若对图形所做的修改尚未保存，则会出现图1-29所示的系统警告对话框。单击“是”按钮，系统将保存文件，然后退出；单击“否”按钮，系统将不保存文件。若对图形所做的修改已经保存，则会直接退出。

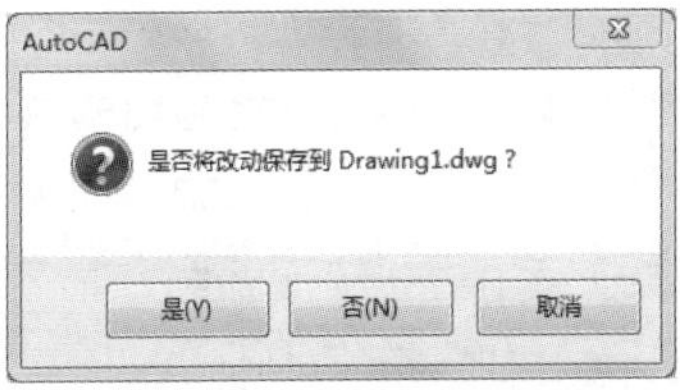

图 1-29　系统警告对话框

1.4.6 图形修复

执行方式

命令行：DRAWINGRECOVERY

菜单：文件→图形实用工具→图形修复管理器

操作步骤

```
命令：DRAWINGRECOVERY↙
```

执行上述命令后，系统打开“图形修复管理器”，如图1-30所示，打开“备份文件”列表中的文件，可以重新保存文件，从而进行修复。

图1-30 图形修复管理器

1.5 基本输入操作

1.5.1 命令输入方式

AutoCAD交互绘图必须输入必要的指令和参数。有多种AutoCAD命令输入方式，下面以画直线为例。

（1）在命令行窗口输入命令名。命令字符可不区分大小写。例如，命令：LINE↙。执行命令时，在命令行提示中经常会出现命令选项。如输入绘制直线命令“LINE”后，命令行中的提示与操作如下：

```
命令：LINE↙
指定第一个点：(在屏幕上指定一点或输入一个点的坐标)
指定下一点或 [放弃(U)]:
```

选项中不带括号的提示为默认选项，因此可以直接输入直线段的起点坐标或在屏幕上指定一点。如果要选择其他选项，则应该首先输入该选项的标识字符，如“放弃”选项的标识字符“U”，然后按系统提示输入数据即可。在命令选项的后面有时候还带有尖括号，尖括号内的数值为默认数值。

（2）在命令行窗口输入命令缩写字。如L（Line）、C（Circle）、A（Arc）、Z（Zoom）、R（Redraw）、M（More）、CO（Copy）、PL（Pline）、E（Erase）等。

（3）选择“绘图”菜单中的“直线”选项。选择该选项后，在命令行窗口中可以看到对应的命令说明及命令名。

（4）单击工具栏中的对应按钮。单击该按钮后，在命令行窗口中也可以看到对应的命令说明及命令名。

（5）鼠标右键单击命令行窗口，打开快捷菜单。如果在前面刚使用过要输入的命令，可以鼠标右键单击命令行窗口，打开快捷菜单，在“最近使用的命令”子菜单中选择需要的命令，如图1-31所示。“最近使用的命令”子菜单中储存最近使用的6个命令，如果经常重复使用某个命令，这种方法就比较简捷。

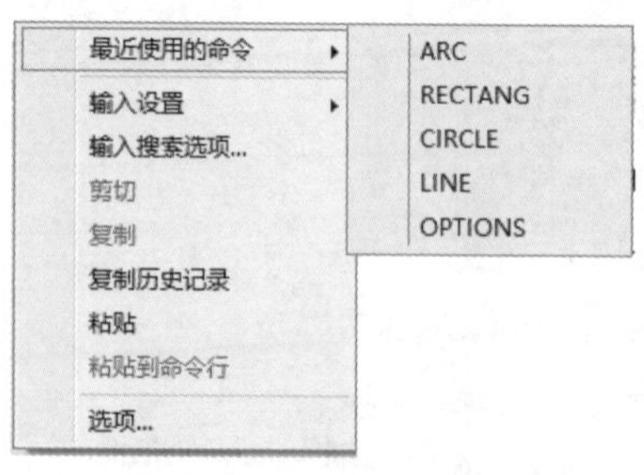

图1-31 命令行右键快捷菜单

键盘上的空格键或者回车键：如果要重复使用上次使用的命令，可以直接按F键盘的空格键或回车键，这时可重复执行上次使用的命令，这种方法适用于重复执行某个命令。

1.5.2 命令执行方式

有的命令有两种执行方式——通过对话框或在命令行窗口中输入命令。如指定使用命令行窗口方式，可以在命令名前加半字线来表示，如“-LAYER”表示用命令行方式执行“图层”命令。而如果在命令行窗口中输入“LAYER”，系统则会自动打开“图层”对话框。

另外，有些命令同时有在命令行窗口中输入命令、菜单和工具栏3种执行方式。这时如果选择菜单或工具栏方式，命令行会显示该命令，并在前面加下划线，如通过菜单或工具栏方式执行“直线”命令时，命令行会显示“_line”，命令的执行过程和结果与在命令行窗口中输入命令相同。

1.5.3 命令的放弃、重做

（1）命令的放弃。在命令行窗口中按Enter键可重复调用上一个命令，不管上一个命令是完成了还是被取消了。

（2）命令的撤销。在命令执行的任何时刻都可以取消和终止命令的执行。

执行方式

命令行：UNDO

菜单：编辑→放弃

工具栏：标准→放弃

快捷键：Esc

（3）命令的重做。已被撤销的命令还可以重做。恢复撤销最后一个命令的执行方式如下。

执行方式

命令行：REDO

菜单：编辑→重做

工具栏：标准→重做

单击“放弃”或“重做”按钮右侧的箭头，然后就可以一次执行多重放弃或重做操作，如图1-32所示。

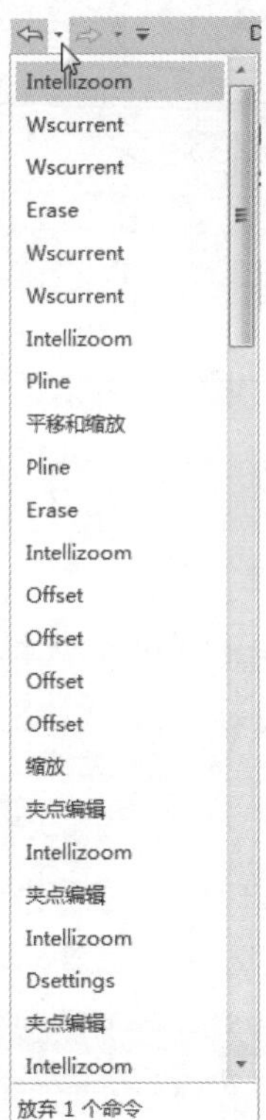

图1-32 多重放弃

1.5.4 坐标系统与数据的输入方法

1. 坐标系

AutoCAD采用两种坐标系：世界坐标系（WCS）与用户坐标系（UCS）。刚进入AutoCAD时的坐标系统就是WCS，是固定的坐标系统。WCS也是坐标系统中的基准，绘制图形时多数情况下都是在这个坐标系下进行的。

执行方式

命令行：UCS

菜单：工具→新建UCS

工具栏：单击“UCS”工具栏中的相应按钮

AutoCAD有两种视图显示方式：模型空间和图样空间。模型空间是指单一视图显示法，通常使用的都是这种显示方式；图样空间是指在绘图区域创建图形的多视图，可以对其中每一个视图进行单独操作。在默认情况下，当前UCS与WCS重合。图1-33（a）为模型空间下的UCS坐标系图标，通常放在绘图区左下角处；如当前UCS和WCS重合，则出现一个W，如图1-33（b）；也可以指定它放在当前UCS的实际坐标原点位置，此时出现一个十字，如图1-33（c）；图1-33（d）为图样空间下的坐标系图标。

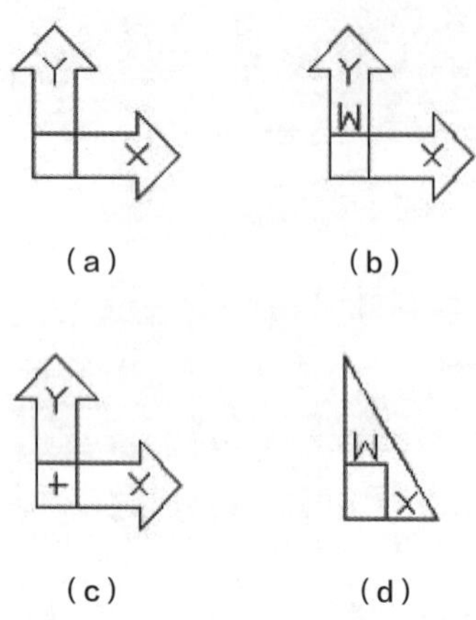

图1-33 坐标系图标

2. 数据输入方法

在AutoCAD 2020中，点的坐标可以用直角坐标、极坐标、球面坐标和柱面坐标表示，每一种坐标又分别具有两种坐标输入方式：绝对坐标和相对坐标。其中直角坐标和极坐标最为常用，下面主要介绍一下它们的输入方法。

（1）直角坐标。用点的X、Y坐标值表示的坐标。

例如，在命令行窗口中输入点的坐标提示下输入“15，18”，则表示输入了一个X、Y的坐标值分别为15、18的点。此为绝对坐标输入方式，表示该点的坐标是相对于当前坐标原点的坐标值，如图1-34（a）所示。如果输入“@10，20”，则为相对坐标输入方式，表示该点的坐标是相对于前一点的坐标值，如图1-34（c）所示。

（2）极坐标。用长度和角度表示的坐标，只能用来表示二维点的坐标。

在绝对坐标输入方式下，表示为“长度<角度”。如“25<50”，其中长度表示该点到坐标原点的距离，角度为该点至原点的连线与X轴正向的夹角，如图1-34（b）所示。

在相对坐标输入方式下，表示为“@长度<角度”。如“@25<45”，其中长度为该点到前一点的距离，角度为该点至前一点的连线与X轴正向的夹角，如图1-34（d）所示。

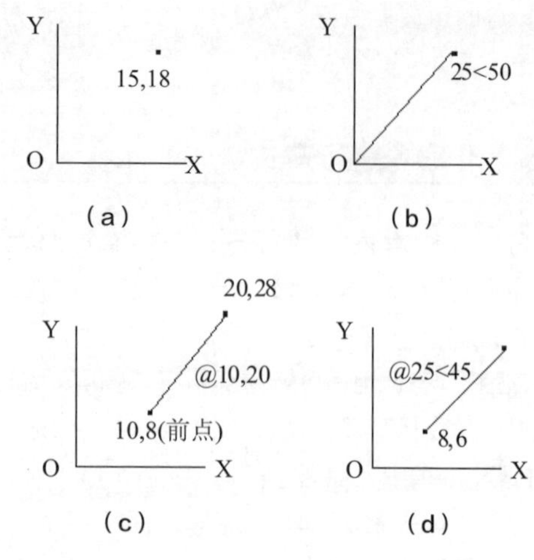

图1-34 数据输入方法

3. 动态数据输入

单击状态栏的“动态输入”按钮，系统打开动态输入功能，可以在屏幕上动态地输入某些参数数据，例如，绘制直线时，在十字光标附近，会动态地显示“指定第一点”以及后面的坐标框，当前显示的是十字光标所在位置，可以输入数据，两个数据之间以逗号隔开，如图1-35所示。指定第一点后，系统动态显示直线的角度，同时要求输入线段长度值，如图1-36所示，其输入效果与“@长度<角度”方式相同。

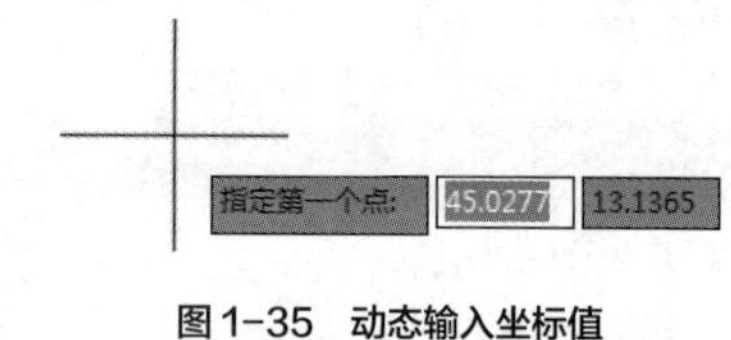

图1-35 动态输入坐标值

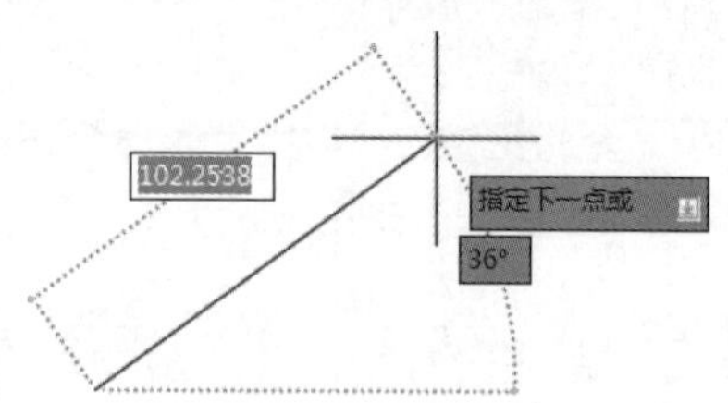

图1-36 动态输入长度值

下面分别讲解点与距离值的输入方法。

1. 点的输入

绘图过程中，常需要输入点的位置，AutoCAD提供了如下几种输入点的方式。

（1）直接在命令行窗口中输入点的坐标。

直角坐标有两种输入方式："X，Y"（点的绝对坐标值，例如"100，50"）和"@X，Y"（相对于上一点的相对坐标值，例如"@50，-30"）。坐标值均相对于当前的坐标系。

极坐标有两种输入方式："长度＜角度"（其中，长度为点到坐标原点的距离，角度为原点至该点连线与X轴正向的夹角，例如"20<45"）或"@长度＜角度"（相对于上一点的相对极坐标，例如"@50＜-30"）。

（2）单击以在屏幕上直接取点。

（3）用目标捕捉方式捕捉屏幕上已有图形的特殊点（如端点、中点、中心点、插入点、交点、切点、垂足点等）。

（4）直接输入距离。先用十字光标拖拉出橡皮筋线以确定方向，然后用键盘输入距离。这样有利于准确控制对象的长度等参数。

2. 距离值的输入

在AutoCAD命令中，有时需要提供高度、宽度、半径、长度等距离值。AutoCAD提供了两种输入距离值的方式：一种是用键盘在命令行窗口中直接输入数值；另一种是在屏幕上拾取两点，以两点的距离值定出所需数值。

1.5.5 透明命令

在AutoCAD中有些命令不仅可以直接在命令行窗口中使用，还可以插入其他命令的执行过程中，待该命令执行完毕后，系统继续执行原命令，这种命令称为透明命令。透明命令一般多为修改图形设置或打开辅助绘图工具的命令。

上述3种命令的执行方式同样适用于透明命令的执行。如：

```
命令：ARC ↙
指定圆弧的起点或 [圆心（C）]：'ZOOM ↙（透明使用显示缩放命令 ZOOM）
>>（执行 ZOOM 命令）
正在恢复执行 ARC 命令。
指定圆弧的起点或 [圆心(C)]：（继续执行原命令）
```

1.5.6 按键定义

在AutoCAD中，除了可以通过在命令行窗口输入命令、单击工具栏按钮或选择菜单项来完成操作外，还可以使用功能键或快捷键，快速实现指定功能。如单击F1键，系统会调用AutoCAD帮助对话框。

系统使用 AutoCAD 传统标准（Windows 之前）或 Microsoft Windows 标准解释快捷键。有些功能键或快捷键在AutoCAD的菜单中已经指出，如"粘贴"的快捷键为<Ctrl+V>，这些只要在使用的过程中多加留意，就会熟练掌握。快捷键的定义见菜单命令后面的说明。

第 2 章

三维绘图基础

本章导读

AutoCAD 2020 不仅有很强的二维绘图功能，而且还有强大的创建三维模型的功能。利用 AutoCAD 2020，可以绘制实体模型，并可根据需要对三维模型进行各种处理，如对三维实体进行布尔运算、切割、生成轮廓和剖面的操作，还可以对实体模型进行着色、渲染等，以得到逼真的三维效果。

本章将简要介绍 AutoCAD 2020 三维绘图的相关基础知识，包括坐标系、视图的显示和观察等内容。

2.1 三维模型的分类

利用AutoCAD创建的三维模型，按照其创建的方式和其在计算机中的存储方式，可以分为3种类型。

（1）线型模型。是对三维对象的轮廓进行描述。线型模型没有表面，由描述轮廓的点、线、面组成，如图2-1所示。

从图2-1中可以看出线型模型结构简单，但由于线型模型的每个点和每条线都是单独绘制的，因此绘制线型模型最费时。此外，由于线型模型没有面和体的特征，因此不能进行消隐和渲染等。

（2）表面模型。是用面来描述三维对象。表面模型不仅具有边界，而且还具有表面。

表面模型示例如图2-2所示。表面模型的表面由多个小平面组成，对于曲面来讲，这些小平面组合起来即可近似构成曲面。由于表面模型具有面的特征，因此可以对它进行物理计算，以及进行渲染和着色等。

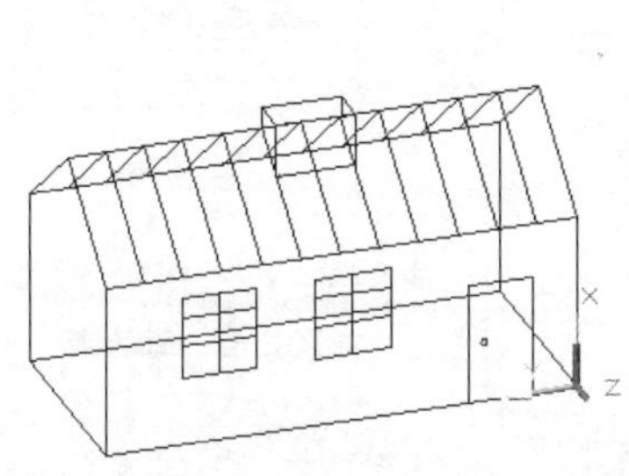

图 2-1 线型模型示例

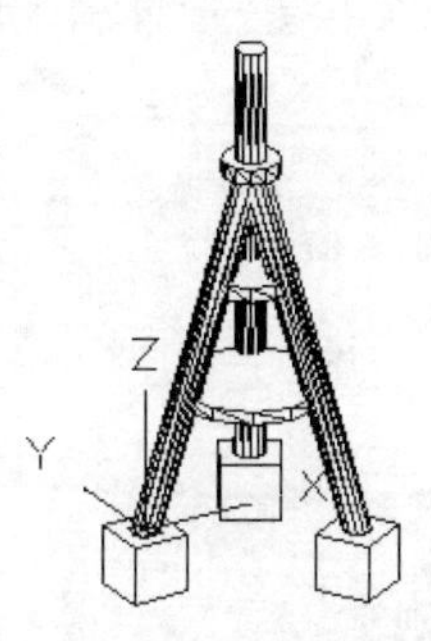

图 2-2 表面模型示例

表面模型的表面多义网络可以直接编辑和定义，它非常适合构造复杂的表面模型，如发动机的叶片、形状各异的模具、复杂的机械零件和各种实物的模拟仿真等。

（3）实体模型。实体模型不仅具有线和面的特征，而且还具有实体的特征，如体积、重心和惯性矩等。实体模型示例如图2-3所示。

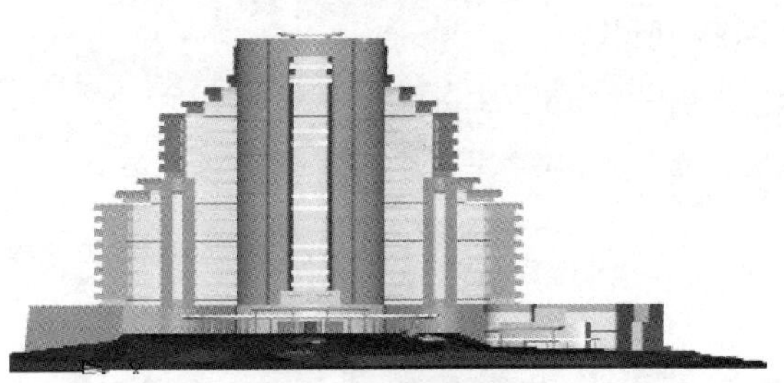
图 2-3 实体模型示例

在AutoCAD中，不仅可以建立基本的三维实体，可以对它进行剖切、装配、干涉、检查等操作，还可以对实体进行布尔运算，以构造复杂的三维实体。此外由于消隐和渲染技术的运用，可以使实体具有很好的可视性，因此实体模型广泛应用于广告设计和三维动画等领域。

2.2 三维坐标系统

AutoCAD使用的是笛卡儿坐标系。AutoCAD使用的直角坐标系有两种类型，一种是绘制二维图形时常用的坐标系，即世界坐标系（World Coordinate System，简称WCS），由系统默认提供。WCS又称通用坐标系或绝对坐标系。对于二维绘图来说，WCS足以满足要求。另一种是为了方便创建三维模型，AutoCAD允许根据自己的需要设定坐标系，即用户坐标系（User Coordinate System，简称UCS）。合理地创建UCS，可以方便地创建三维模型。

2.2.1 右手法则

在AutoCAD中通过右手法则确定直角坐标系Z轴的正方向和绕轴线旋转的正方向，称之为“右手定则”。只需要简单地使用右手就可确定所需要的坐标信息。

1. 轴方向法则

已知X轴和Y轴的正方向，用该法则就可确定Z轴的正方向。方法是将右手握拳放在测试者和屏幕之间，手背朝向屏幕。将拇指指向X轴的正方向，食指指向Y轴的正方向，中指从手掌心伸出并垂直于拇指和食指，那么中指所指的方向就是Z轴的正方向，如图2-4所示。

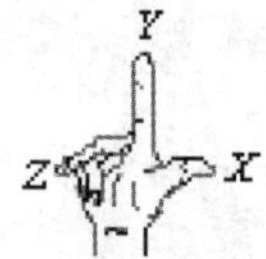

图2-4 轴方向法则

2. 轴旋转法则

该法则可确定一个轴的正旋转方向。绕旋转轴卷曲右手，手指握成拳头，将拇指指向所测轴的正方向，则其余手指表示该旋转轴的正方向，如图2-5所示。

图2-5 轴旋转法则

2.2.2 输入坐标

在AutoCAD 中输入坐标采用绝对坐标和相对坐标两种格式。

绝对坐标格式：X，Y，Z

相对坐标格式：@X，Y，Z

2.2.3 柱面坐标和球面坐标

AutoCAD 2020可以用柱面坐标和球面坐标定义点的位置。

柱面坐标系统类似于二维的极坐标，是由该点在XY平面的投影点到Z轴的距离、该点与坐标原点的连线在XY平面的投影与X轴的夹角及该点沿Z轴离原点的距离来定义。具体格式如下。

绝对坐标格式：XY 距离 < 角度，Z距离

相对坐标格式：@ XY距离 < 角度，Z距离

例如，绝对坐标“10<60，20”表示在XY平面的投影点距离Z轴10个单位，该投影点与原点在XY平面的连线与X轴的夹角为60°，沿Z轴离原点20个单位的一个点，如图2-6所示。

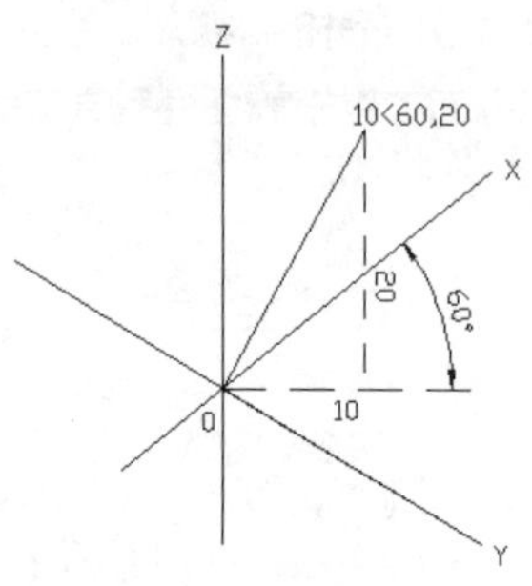

图2-6 柱面坐标

球面坐标系统中，三维球面坐标的输入也类似于二维极坐标的输入。球面坐标系统由坐标点到原点的距离、该点与坐标原点的连线在XY平面内的投影与X轴的夹角，以及该点与坐标原点的连线与XY平面的夹角来定义。具体格式如下。

绝对坐标格式：XYZ距离<在XY平面内与X轴的夹角<与XY平面的夹角

相对坐标格式：@ XYZ距离<在XY平面内与X轴的夹角<与XY平面的夹角

例如，坐标“10<60<15”表示该点距离原点为10个单位，与原点连线的投影在XY平面内与X轴成60°夹角，与原点的连线与XY平面成15°夹角，如图2-7所示。

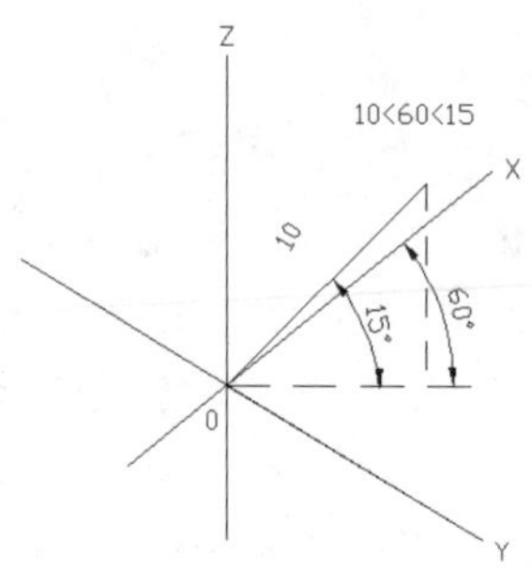

图2-7 球面坐标

2.3 建立三维坐标系

在绘制三维立体图时，对象的各个顶点在同一坐标系中的坐标值是不一样的，因此，在同一坐标系中绘制三维立体图很不方便。在AutoCAD 中，可以通过改变原点*O*（0,0,0）位置、*XY*平面和*Z*轴方向等方法，来定义自己需要的UCS。在三维绘图时，用户可以利用UCS方便地创建各种三维对象。通过下列方式之一可以定义一个UCS。

（1）定义新原点、新*XY*平面和*Z*轴。

（2）使UCS与已有的对象对齐。

（3）使新的UCS与当前视图方向对齐。

（4）使UCS与实体表面对齐。

（5）使当前UCS绕任何轴旋转。

本节将介绍利用AutoCAD 2020来定义三维坐标系的基本方法。

2.3.1 设置三维坐标系

在AutoCAD 2020中，还可以通过“UCS”对话框来设置需要的三维坐标系。

执行方式

命令行：UCSMAN（快捷命令：UC）

菜单：工具→命名UCS

工具栏：UCS II→命名UCS

功能区：单击“视图”选项卡的“坐标”面板中的“命名UCS”按钮

操作步骤

```
命令：UCSMAN ↙
```

执行UCSMAN 命令，AutoCAD弹出图2-8所示的“UCS”对话框。

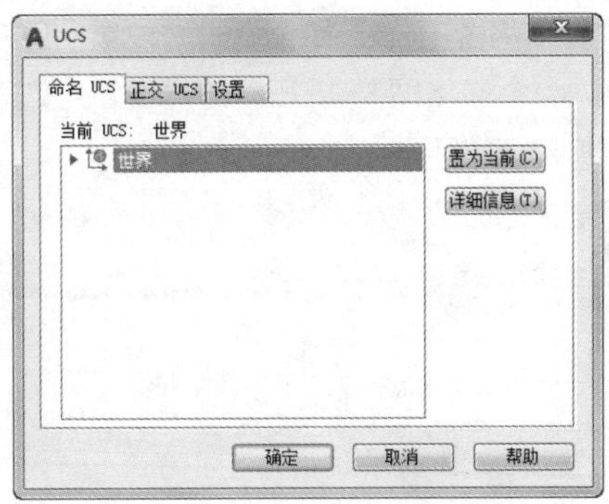

图 2-8 “UCS”对话框

选项说明

（1）“命名UCS”选项卡。用于显示已有的UCS，设置当前坐标系，图2-8所示为相应的对话框。

在“命名UCS”选项卡中，可以将WCS、上一次使用的UCS或某一命名的UCS设置为当前坐标系。具体方法是，从列表框中选择某一坐标系，单击“置为当前”按钮。还可以利用选项卡中的“详细信息”按钮，了解指定坐标系相对于某一坐标系的详细信息。具体步骤是，单击“详细信息”按钮，AutoCAD弹出图2-9所示的“UCS详细信息”对话框，该对话框详细说明了所选坐标系的原点及*X*轴、*Y*轴和*Z*轴的数值。

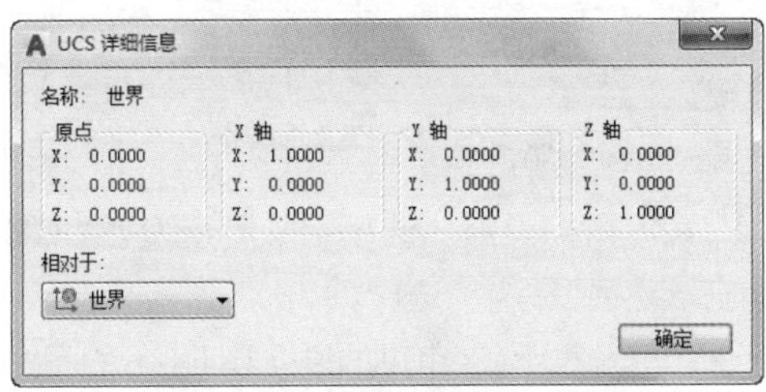

图 2-9 “UCS 详细信息”对话框

（2）“正交UCS”选项卡。用于将UCS设置成某一正交模式。单击“正交UCS”选项卡，AutoCAD弹出图2-10所示的“正交UCS”选项卡，各选项的功能如下。

① 当前UCS。表示当前选用的UCS。

② 名称。表示UCS的正投影的类型。在该列表框中有俯视、仰视、主视、后视、左视和右视6种正投影类型。

③ 深度。用来定义UCS的*XY*平面上的正投影与通过UCS原点的平行平面之间的距离。

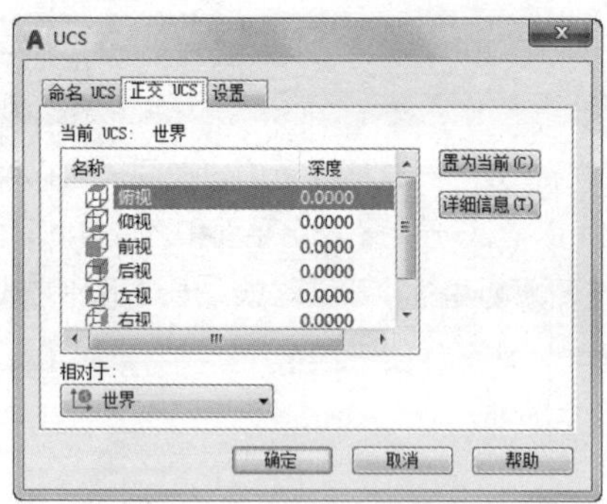

图 2-10 “正交 UCS”选项卡

④ 相对于。所选的坐标系相对于指定的基本坐标系的正投影的方向，系统默认的坐标系是WCS。

（3）“设置”选项卡。用于设置UCS图标的显示形式、应用范围等。如果单击“设置”选项卡，AutoCAD会弹出图2-11所示的“设置”选项卡，各选项的功能如下。

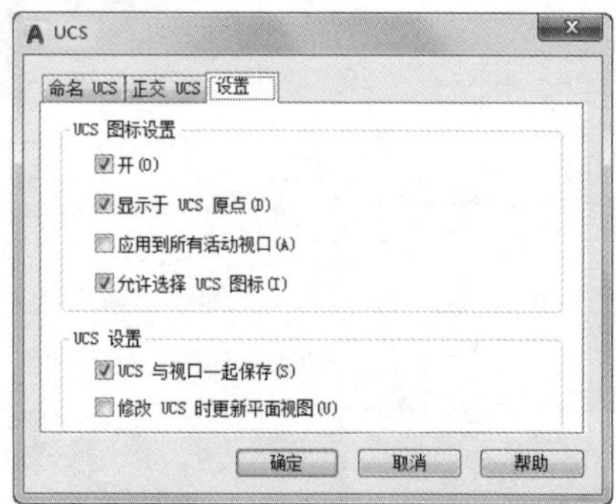

图 2-11 “设置”选项卡

“UCS图标设置”选项组：用于设置UCS图标，在该选项组有4个选项。

- 开。表示在当前视图中显示UCS的图标。
- 显示于UCS原点。表示在UCS的起点显示图标。
- 应用到所有活动视口。表示在当前图形的所有活动窗口应用图标。
- 允许选择UCS图标。用于设置WCS图标是否可以被选中。

“UCS设置”选项组：为当前视图设置UCS，在该选项组有2个选项。

- UCS与视口一起保存。表示是否与当前视图一起保存UCS的设置。
- 修改UCS时更新平面视图。表示当前视图中坐标系改变时，是否更新平面视图。

2.3.2 显示 UCS 坐标

UCS图标表示了UCS的方向和观察方向，AutoCAD提供的Ucsicon命令可以根据在不同绘图工作时的不同需要，控制图标的显示。

执行方式

命令行：UCSICON

菜单：视图→显示→UCS图标→开

操作步骤

命令：UCSICON ↙

执行UCSICON 命令，AutoCAD提示：

输入选项 [开(ON)/关(OFF)/全部(A)/非原点(N)/原点(OR)/可选(S)/特性(P)] <开>:

选项说明

（1）开（ON）。在当前视图显示坐标系的图标。

（2）关（OFF）。在当前视图不显示坐标系的图标。

（3）全部（A）。控制所有视图的坐标系图标的显示，如图2-12所示。

（4）非原点（N）。在视图的左下角显示坐标系的图标，与UCS原点的位置无关，如图2-12所示。

（5）原点（OR）。在当前UCS的原点显示图标，即坐标系的位置随当前UCS的原点变化而变化，如图2-12所示。如果UCS的原点位于屏幕之外或坐标系放在原点时会被视窗剪切时，则选择该选项后，坐标系的图标仍显示在视窗的左下角。

（6）特性（P）。显示“UCS 图标”对话框，从中可以控制 UCS 图标的样式、可见性和位置。

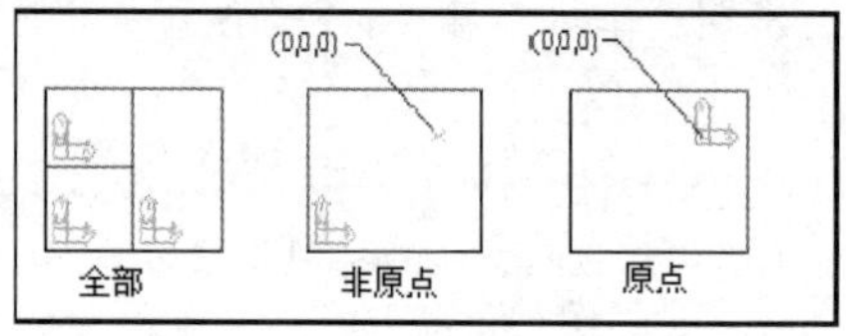

图 2-12 UCS 图标的显示

2.3.3 坐标系建立

执行方式

命令行：UCS

菜单："工具"→"新建UCS"→"世界"

工具栏：UCS

功能区：单击"视图"选项卡的"坐标"面板中的"UCS"按钮。

操作步骤

```
命令：UCS ↙
当前 UCS 名称：*世界*
指定 UCS 的原点或 [面(F)/命名(NA)/对象(OB)/上一个(P)/视图(V)/世界(W)/X/Y/Z/Z 轴(ZA)]
<世界>：↙
```

选项说明

（1）指定UCS的原点。使用一点、两点或三点定义一个新的UCS。如果指定单个点1，当前UCS的原点将会移动而不会更改X、Y和Z轴的方向。选择该项，系统提示：

```
指定X轴上的点或<接受>：(继续指定X轴通过的点2或直接按Enter键接受原坐标系X轴为新坐标系X轴)
指定XY平面上的点或<接受>：(继续指定XY平面通过的点3以确定Y轴或直接按Enter键接受原坐标系XY平面为新坐标系XY平面，根据右手法则，相应的Z轴也同时确定)
```

示意图如图2-13所示。

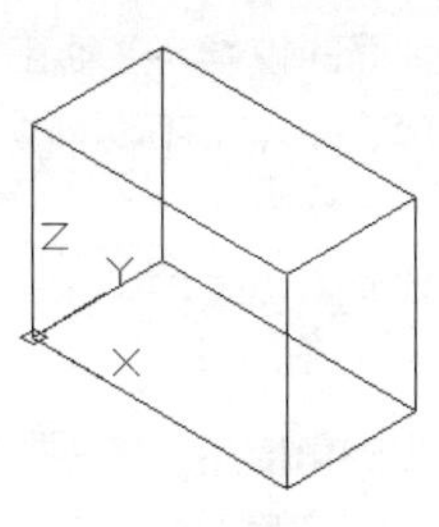

原坐标系

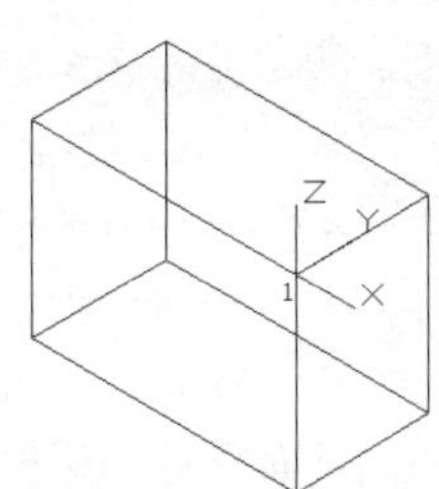

指定一点

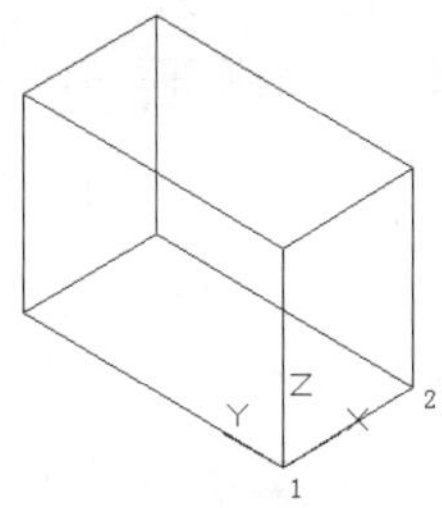

指定两点

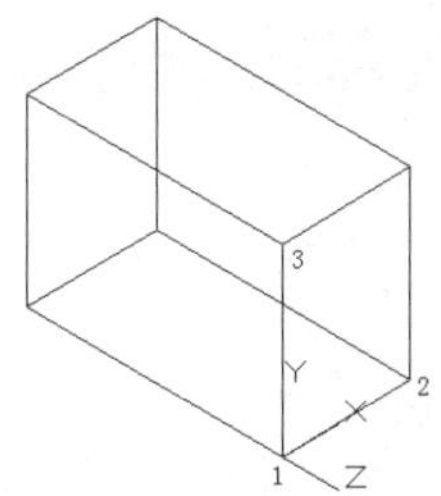

指定三点

图 2-13 指定 UCS 的原点

（2）面（F）。将UCS与三维实体的选定面对齐。要选择一个面，请在此面的边界内或面的边上单击，被选中的面将亮显，UCS的X轴将与该面上的最近的边对齐。选择该项，系统提示：

```
选择实体对象的面：↙（选择面）
输入选项 [下一个(N)/X 轴反向(X)/Y 轴反向(Y)]<接受>：↙（结果如图 2-14 所示）
```

如果选择"下一个"选项，系统将UCS定位于邻接的面或选定边的后向面。

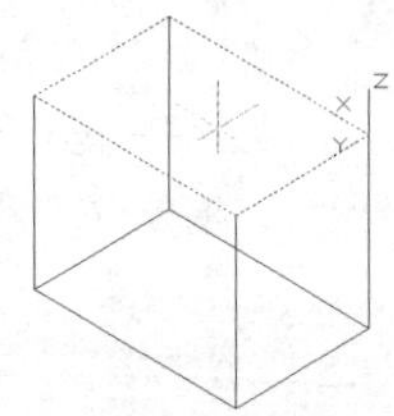

图 2-14 通过选择面来确定坐标系

（3）对象（OB）。根据选定三维对象来定义新的坐标系，如图2-15所示。新建UCS的拉伸方向（Z轴正方向）与选定对象的拉伸方向相同。选择该项，系统提示：

```
选择对齐 UCS 的对象：选择对象
```

对于大多数对象，新UCS的原点位于离选定对象最近的顶点处，并且X轴与一条边对齐或相切。对于平面对象，UCS的XY平面与该对象所在的平面对齐。对于复杂对象，将重新定位原点，但是轴的当前方向保持不变。

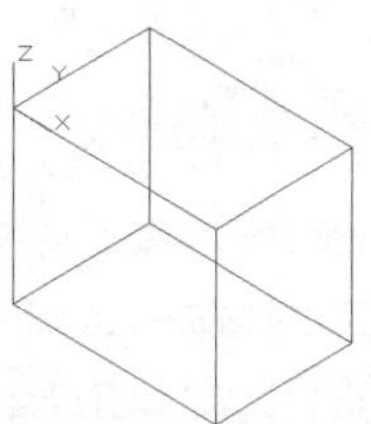

图 2-15 通过选择对象来确定坐标系

该选项不能用于下列对象：三维多段线、三维网格和构造线。

（4）视图（V）。以垂直于观察方向（平行于屏幕）的平面为XY平面，建立新的坐标系，UCS原点保持不变。

（5）世界（W）。将当前UCS设置为WCS。WCS是所有UCS的基准，不能被重新定义。

（6）*X*、*Y*、*Z*。绕指定轴旋转当前UCS。

（7）*Z*轴。用指定的*Z*轴正半轴定义UCS。

2.3.4 动态 UCS

具体操作方法是：单击状态栏的“允许/禁止动态UCS”按钮，可以使用动态UCS在三维实体的平整面上创建对象，而无须手动更改UCS方向。

在执行命令的过程中，当将十字光标移动到面上方时，动态UCS会临时将UCS的*XY*平面与三维实体的平整面对齐，如图2-16所示。

动态UCS激活后，指定的点和绘图工具（例如极轴追踪和栅格）都将与动态UCS建立的临时UCS相关联。

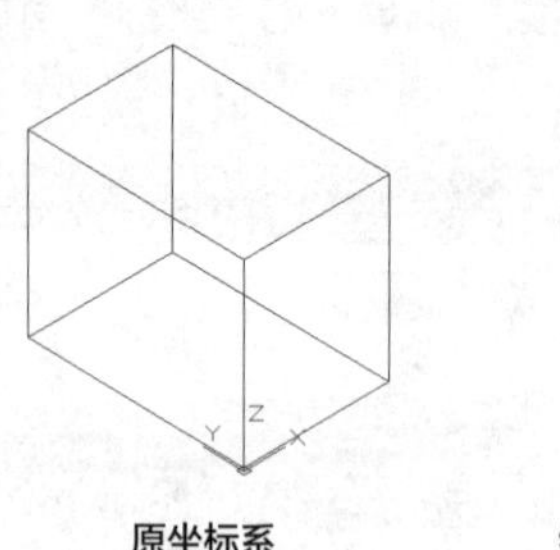

原坐标系

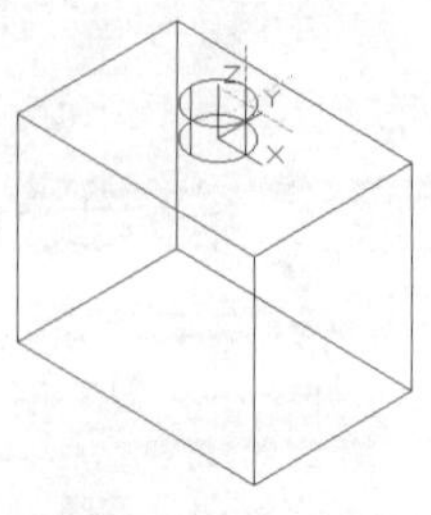

绘制圆柱体时的动态坐标系

图2-16 动态UCS

2.4 设置视图的显示

在AutoCAD 中二维设计大多是在*XY*平面中进行，视线的默认方向是平行于*Z*轴，绘图的视点不需要改变。但在用AutoCAD 进行三维图绘制时，为了满足用户从不同的角度观测模型的各个部位的需要，需要经常改变视点。在AutoCAD中可用下列方式设置视点。

DDVPOINT：显示“视点预设”对话框。

VPOINT：设置视点或视图旋转角。

PLAN：显示UCS或WCS的平面视图。

DVIEW：定义平行投影或透视图。

2.4.1 利用对话框设置视点

执行方式

命令行：DDVPOINT

菜单：视图→三维视图→视点预设

操作步骤

```
命令：DDVPOINT ↙
```

执行DDVPOINT命令或选择相应的菜单，AutoCAD弹出“视点预设”对话框，如图2-17所示。

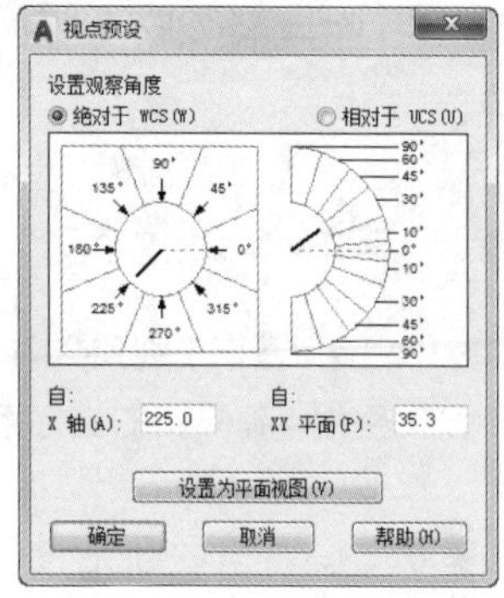

图2-17 “视点预设”对话框

在“视点预设”对话框中，左侧的图形用于确定视点和原点的连线在*XY*平面的投影与*X*轴正方向的夹角，右侧的图形用于确定视点和原点的连线与其在*XY*平面的投影的夹角。也可以在“自：X轴（A）”和“自：XY平面（P）”两个文本框内输入相应的角度。“设置为平面视图”按钮用于将三维视图设置为平面视图。设置好视点的角度后，单击“确定”按钮，AutoCAD将按该点显示图形。

图2-18所示为使用“视点预设”对话框设置视点前后三维视图的变化情况，图（a）为在当前视图中画出的长方体，系统默认状态为平面图形；图（b）为以“自：X轴（A）:120”和“自：XY平面（P）: 60”作为新视点得到的图形。

（a）选择视点前

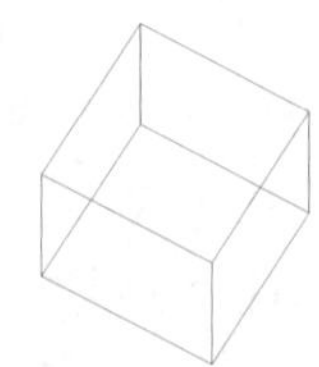
（b）选择视点后

图2-18 利用对话框设置视点

在"视点预设"对话框中，如果选用了相对于UCS的选择项，则关闭该对话框，再执行VPOINT命令时，系统默认为相对于当前的UCS设置视点。

2.4.2 用罗盘确定视点

在AutoCAD 中可以通过罗盘和三轴架确定视点。选择菜单栏中的"视图"→"三维视图"→"视点"命令，AutoCAD出现提示：

```
命令：_-vpoint
当前视图方向：VIEWDIR=0.0000,0.0000,1.0000
指定视点或 [旋转(R)] <显示指南针和三轴架>:
```

显示指南针和三轴架是系统默认的选项，直接按Enter键即执行<显示指南针和三轴架>命令，AutoCAD出现图2-19所示的罗盘和三轴架。

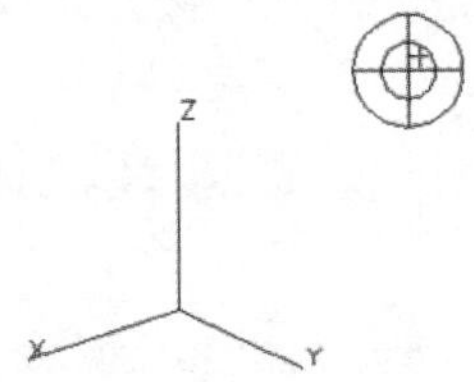

图 2-19　罗盘和三轴架

罗盘是以二维显示的地球仪，它的中心是北极（0，0，1），相当于视点位于*Z*轴的正方向；内部的圆环为赤道（n，n，0）；外部的圆环为南极（0，0，-1），相当于视点位于*Z*轴的负方向。

在图2-19中，罗盘相当于球体的俯视图，十字光标表示视点的位置。确定视点时，拖动鼠标使十字光标在坐标球移动时，三轴架的*X*、*Y*轴也会绕*Z*轴转动。三轴架转动的角度与十字光标在坐标球上的位置相对应，十字光标位于坐标球的不同位置，对应的视点也不相同。当十字光标位于内环内部时，相当于视点在球体的上半球；当十字光标位于内环与外环之间时，相当于视点在球体的下半球。用户根据需要确定好视点的位置后按Enter键，AutoCAD将按该视点显示三维模型。

视点只确定观察的方向，没有距离的概念。

2.4.3 设置 UCS 平面视图

在使用AutoCAD 绘制三维模型时，用户可以通过设置不同方向的平面视图对模型进行观察。

执行方式

命令行：PLAN

菜单：视图→三维视图→平面视图→世界UCS

操作步骤

```
命令：PLAN↙
```

执行PLAN命令，AutoCAD提示：

```
输入选项 [当前 UCS(C)/ UCS(U)/世界(W)]
<当前 UCS >:
```

选项说明

（1）当前UCS。生成当前UCS中的平面视图，使视图在当前视图中以最大方式显示。

（2）UCS。从当前的UCS转换到以前命名保存的UCS并生成平面视图。选择该选项后，AutoCAD出现以下提示：

```
输入 UCS 名称或 [?]:
```

该选项要求输入UCS的名字，如果输入"？"，AutoCAD出现以下提示：

```
输入要列出的 UCS 名称 <*>:
```

（3）世界。生成相对于WCS的平面视图，图形以最大方式显示。

如果设置了相对于当前UCS的平面视图，就可以在当前视图用绘制二维图形的方法在三维对象的相应面上绘制图形。

2.4.4 用菜单设置特殊视点

选择菜单栏中的"视图"→"三维视图"的第二、三栏中的各选项，如图2-20所示。可以快速设置特殊的视点。表2-1列出了与这些选项相对应的视点的坐标。

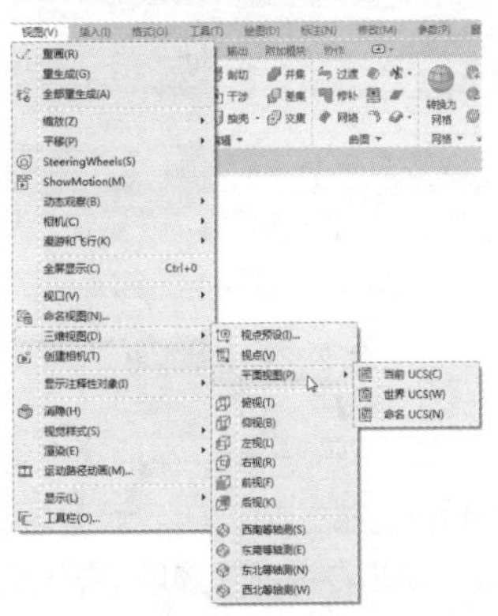

图 2-20　设置视点的菜单

表2-1　特殊视点

菜单项	视点
俯视	(0, 0, 1)
仰视	(0, 0, -1)
左视	(-1, 0, 0)
右视	(1, 0, 0)
主视	(0, -1, 0)
后视	(0, 1, 0)
西南等轴测	(-1, -1, 1)
东南等轴测	(1, -1, 1)
东北等轴测	(1, 1, 1)
西北等轴测	(-1, 1, 1)

2.5 观察模式

AutoCAD 2020大大增强了观察图形的功能，在增强原有的动态观察功能和相机功能的前提下又增加了漫游、飞行和运动路径动画功能。

2.5.1 动态观察

AutoCAD提供了具有交互控制功能的三维动态观测器，用三维动态观测器可以实时地控制和改变当前视口中创建的三维视图，以得到期望的效果。

1. 受约束的动态观察

执行方式

命令行：3DORBIT

菜单：视图→动态观察→受约束的动态观察

快捷菜单：启用交互式三维视图后，在视口中单击鼠标右键弹出快捷菜单，如图2-21所示，选择“受约束的动态观察”项

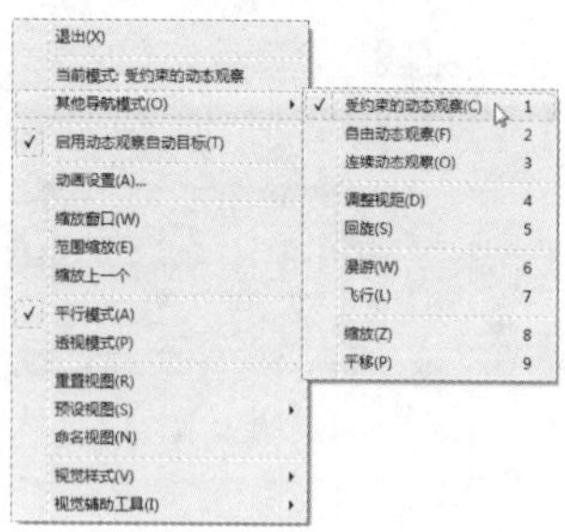

图2-21　快捷菜单

工具栏：动态观察→受约束的动态观察 或三维导航→受约束的动态观察 ，如图2-22所示

功能区：单击“视图”选项卡“导航”面板上的“动态观察”下拉列表中的“动态观察”按钮

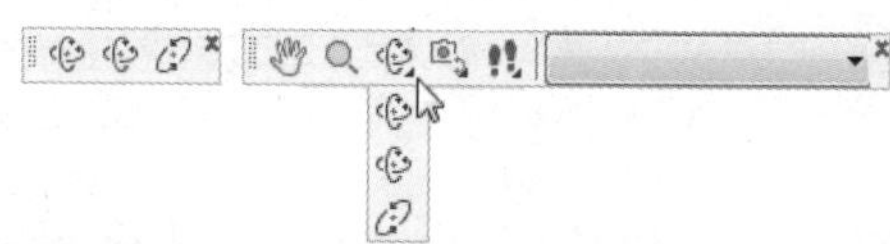

图2-22　“动态观察”和“三维导航”工具栏

操作步骤

命令：3DORBIT↙

执行该命令后，视图的目标将保持静止，而视点将围绕目标移动。但是，从视点看起来就像三维模型正在随着鼠标指针拖动而旋转。可以以此方式指定模型的任意视图。

系统会显示三维动态观察的鼠标指针。如果水平拖动鼠标指针，相机将平行于WCS的*XY*平面移动。如果垂直拖动鼠标指针，相机将沿*Z*轴移动，如图2-23所示。

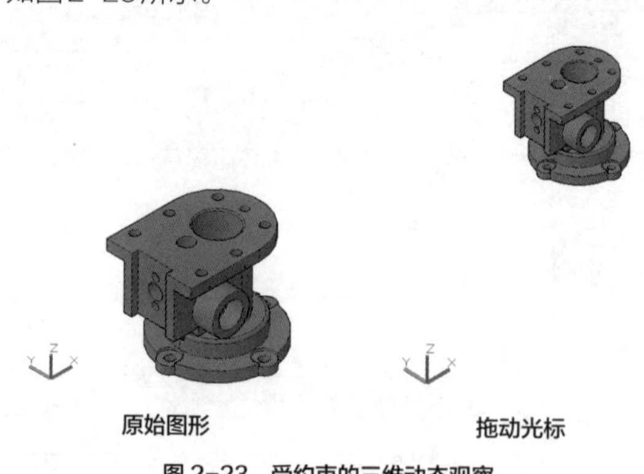

图2-23　受约束的三维动态观察

3DORBIT 命令处于活动状态时，无法编辑对象。

2. 自由动态观察

执行方式

命令行：3DFORBIT

菜单：视图→动态观察→自由动态观察

快捷菜单：启用交互式三维视图后，在视口中单击鼠标右键弹出快捷菜单，如图2-21所示，选择“自由动态观察”项

工具栏：动态观察→自由动态观察或三维导航→自由动态观察，如图2-22所示

功能区：单击“视图”选项卡“导航”面板上的“动态观察”下拉列表中的“自由动态观察”按钮

操作步骤

```
命令：3DFORBIT ↙
```

执行该命令后，在当前视口出现一个绿色的大圆，在大圆上有4个绿色的小圆，如图2-24所示。此时通过拖动鼠标指针就可以对视图进行旋转观察。

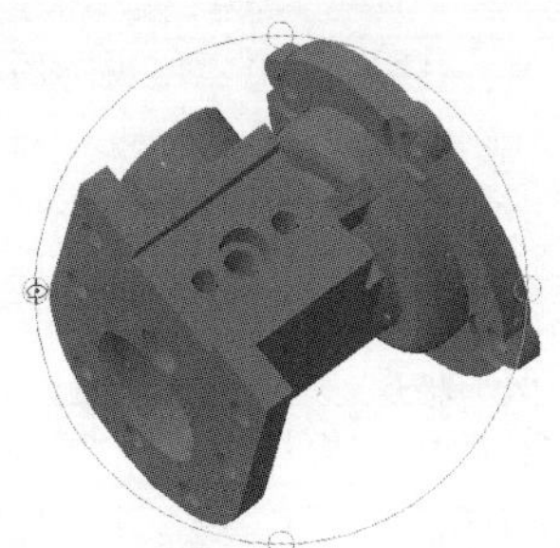

图 2-24　自由动态观察

在三维动态观测器中，查看目标的点被固定时，可以利用鼠标指针控制相机位置绕观察对象得到动态的观测效果。当鼠标指针在绿色大圆的不同位置进行拖动时，鼠标指针的表现形式是不同的，视图的旋转方向也不同。视图的旋转由鼠标指针的表现形式和其位置决定。鼠标指针在不同位置有、、、几种表现形式，拖动这些鼠标指针，便可分别对对象进行不同形式的旋转。

3. 连续动态观察

执行方式

命令行：3DCORBIT

菜单：视图→动态观察→连续动态观察

快捷菜单：启用交互式三维视图后，在视口中单击鼠标右键弹出快捷菜单，如图2-21所示，选择“连续动态观察”项

工具栏：动态观察→连续动态观察或三维导航→连续动态观察，如图2-22所示

功能区：单击“视图”选项卡“导航”面板上的“动态观察”下拉列表中的“连续动态观察”按钮

操作步骤

```
命令：3DCORBIT ↙
```

执行该命令后，界面出现连续动态观察鼠标指针，按住鼠标左键拖动，图形按鼠标指针拖动方向旋转，旋转速度为鼠标指针的拖动速度，如图2-25所示。

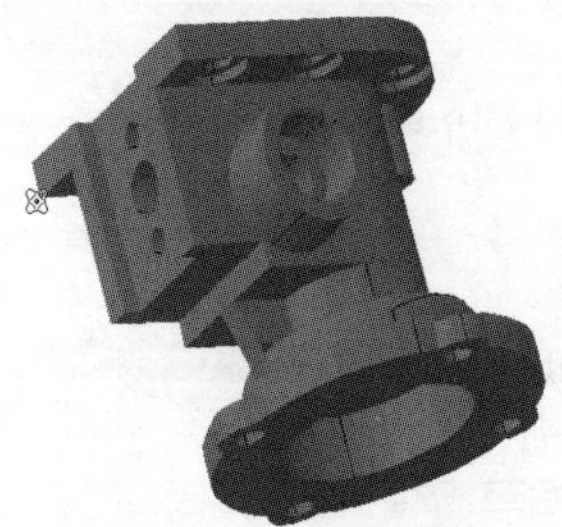

图 2-25　连续动态观察

2.5.2 相机

相机是AutoCAD提供的另外一种三维动态观察功能。相机与动态观察不同之处在于：动态观察是视点相对对象位置发生变化，相机观察是视点相对对象位置不发生变化。

1. 创建相机

执行方式

命令行：CAMERA

菜单：视图→创建相机

功能区：单击“可视化”选项卡“相机”面板中的“创建相机”按钮

操作步骤

```
命令：CAMERA ↙
当前相机设置：高度 =0　焦距 =50　毫米
指定相机位置：↙（指定位置）
指定目标位置：↙（指定位置）
输入选项 [?/名称（N）/位置（LO）/高度（H）/坐标（T）/镜头（LE）/剪裁（C）/视图（V）/退出（X）] <退出>:↙
```

设置完毕后，界面出现一个相机符号，表示创建了一个相机。

选项说明

（1）位置（LO）。指定相机的位置。

（2）高度（H）。更改相机高度。

（3）坐标（T）。指定相机的坐标。

（4）镜头（LE）。更改相机的焦距。

（5）剪裁（C）。定义前后剪裁平面并设置它们的值。选择该项，系统提示：

```
是否启用前向剪裁平面? [是(Y)/否(N)] <否>: y↙（指定“是”，启用前向剪裁）
指定从坐标平面的前向剪裁平面偏移 <0>: ↙（输入距离）
是否启用后向剪裁平面? [是(Y)/否(N)] <否>: y↙（指定“是”，启用后向剪裁）
指定从坐标平面的后向剪裁平面偏移 <0>: ↙（输入距离）
输入选项[?/名称(N)/位置(LO)/高度(H)/坐标(T)/镜头(LE)/剪裁(C)/视图(V)/退出(X)]<退出>: ↙
```

剪裁范围内的对象不可见，图2-26所示为设置剪裁平面后单击相机符号，系统显示对应的相机预览视图。

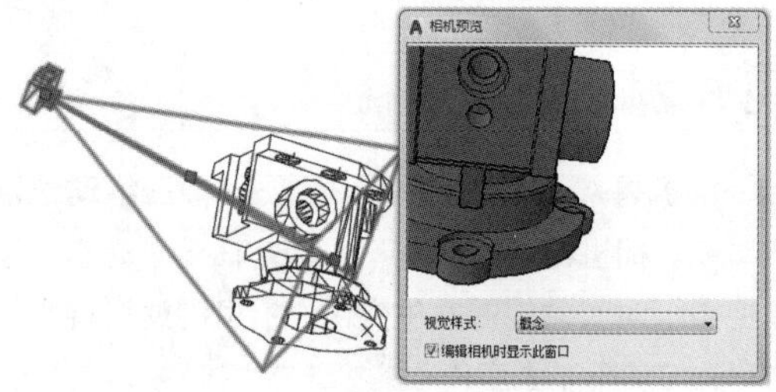

图2-26　相机及其对应的相机预览视图

（6）视图（V）。设置当前视图以匹配相机设置。选择该项，系统提示：

```
是否切换到相机视图? [是(Y)/否(N)] <否>:
```

2. 调整距离

执行方式

命令行：3DDISTANCE

菜单：视图→相机→调整视距

快捷菜单：启用交互式三维视图后，在视口中单击鼠标右键弹出快捷菜单，如图2-21所示，选择“调整视距”项

工具栏：相机调整→调整视距 或三维导航→调整视距，如图2-22所示

操作步骤

```
命令: 3DDISTANCE↙
```

按Esc或Enter键退出，或者单击鼠标右键显示快捷菜单。

执行该命令后，系统将鼠标指针更改为具有上箭头和下箭头的直线。单击并向屏幕顶部垂直拖动鼠标指针使相机靠近对象，从而使对象显示得更大。单击并向屏幕底部垂直拖动鼠标指针使相机远离对象，从而使对象显示得更小，如图2-27所示。

图2-27　调整距离

3. 回旋

执行方式

命令行：3DSWIVEL

菜单：视图→相机→回旋

快捷菜单：启用交互式三维视图后，在视口中单击鼠标右键弹出快捷菜单，如图2-21所示，选择“回旋”项

工具栏：相机调整→回旋 或三维导航→回旋，如图2-22所示

其他：定点设备按住Ctrl键，然后单击鼠标滚轮以暂时进入3DSWIVEL模式

操作步骤

```
命令: 3DSWIVEL↙
```

按Esc或Enter键退出，或者单击鼠标右键显示快捷菜单。

执行该命令后，系统在拖动方向上会模拟平移相机，查看的目标将更改。可以沿*XY*平面或*Z*轴回旋视图，如图2-28所示。

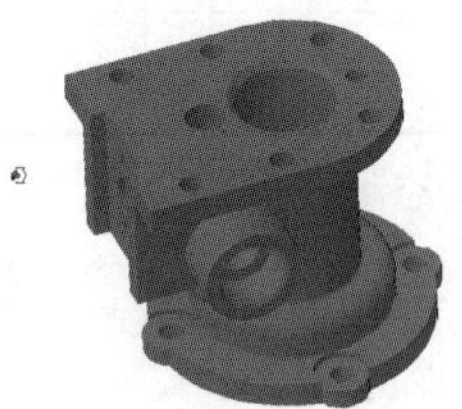

图2-28　回旋

2.5.3 漫游和飞行

使用漫游和飞行功能，可以产生一种在*XY*平面行走或飞越视图的观察效果。

1. 漫游

执行方式

命令行：3DWALK

菜单：视图→漫游和飞行→漫游

快捷菜单：启用交互式三维视图后，在视口中单击鼠标右键弹出快捷菜单，如图2-21所示，选择“漫游”项

工具栏：漫游和飞行→漫游 或三维导航→漫游，如图2-22所示

功能区：单击“可视化”选项卡的“动画”面板中的“漫游”按钮

操作步骤

命令：3DWALK ↙

执行该命令后，系统在当前视口中激活漫游模式，在当前视图上显示一个绿色的十字形，十字形表示当前漫游位置，同时系统打开“定位器”选项板。在键盘上，使用4个箭头键或W（前)、A（左)、S（后）和D（右）键和鼠标来确定漫游的方向。要指定视图的方向，请沿要进行观察的方向拖动鼠标指针。也可以直接通过定位器调节目标指示器设置漫游位置，如图2-29所示。

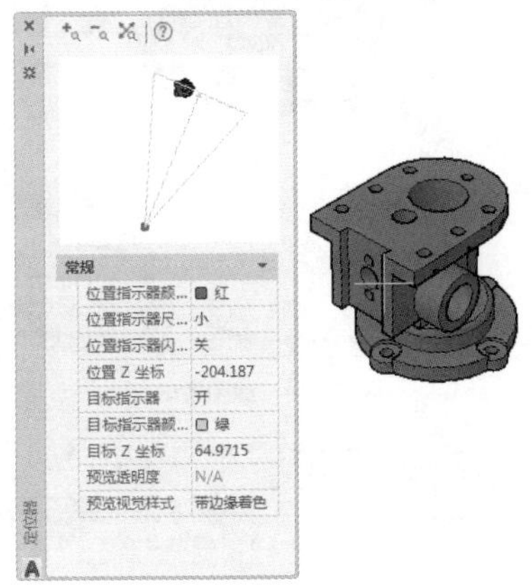

图 2-29 漫游设置

2. 飞行

执行方式

命令行：3DFLY

菜单：视图→漫游和飞行→飞行

快捷菜单：启用交互式三维视图后，在视口中单击鼠标右键弹出快捷菜单，如图2-21所示，选择“飞行”项

工具栏：漫游和飞行→飞行 或三维导航→飞行，如图2-22所示

功能区：单击“可视化”选项卡的“动画”面板中的“飞行”按钮

操作步骤

命令：3DFLY ↙

执行该命令后，系统在当前视口中激活飞行模式，同时系统打开“定位器”面板。定位器可以离开*XY*平面，就像在模型中飞越或环绕模型飞行一样。在键盘上，使用4个箭头键或W（前)、A（左)、S（后)、D（右）键和鼠标来确定飞行的方向，如图2-30所示。

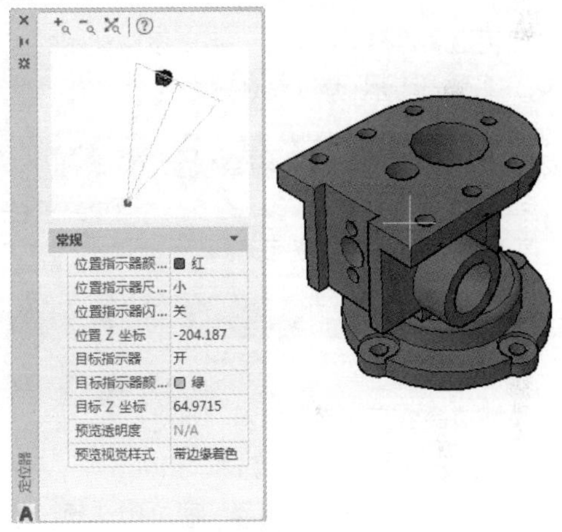

图 2-30 飞行设置

3. 漫游和飞行设置

执行方式

命令行：WALKFLYSETTINGS

菜单：视图→漫游和飞行→飞行

快捷菜单：启用交互式三维视图后，在视口中单击鼠标右键弹出快捷菜单，如图2-21所示，选择“飞行”项

工具栏：漫游和飞行→漫游和飞行设置 或三维导航→漫游和飞行设置，如图2-22所示

功能区：单击“可视化”选项卡的“动画”面板中的“漫游和飞行设置”按钮

操作步骤

命令：WALKFLYSETTINGS ↙

执行该命令后，系统打开“漫游和飞行设置”对话框，如图2-31所示。可以通过该对话框设置漫游和飞行的相关参数。

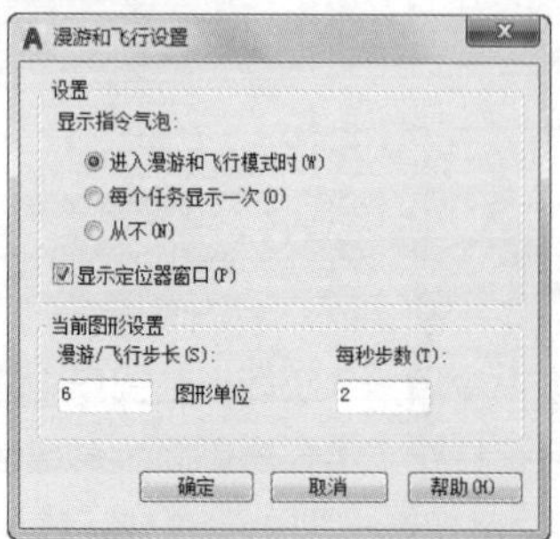

图 2-31 “漫游和飞行设置”对话框

2.5.4 运动路径动画

使用运动路径动画功能，可以设置观察的运动路径，并输出运动观察过程动画文件。

执行方式

命令行：ANIPATH

菜单：视图→运动路径动画

操作步骤

命令：ANIPATH ↙

执行该命令后，系统打开“运动路径动画”对话框，如图2-32所示。其中的“相机”和“目标”选项组分别有“点”和“路径”两个单选项，可以分别设置相机或目标为点或路径。设置“相机”为“路径”单选项，单击按钮，选择图2-33中左边的样条曲线为路径。设置“目标”为“点”单选项，单击按钮，选择图2-33中右边的实体上一点为目标点。“动画设置”选项组中“角减速”表示相机转弯时，以较低的速率移动相机。“反向”表示反转动画的方向。

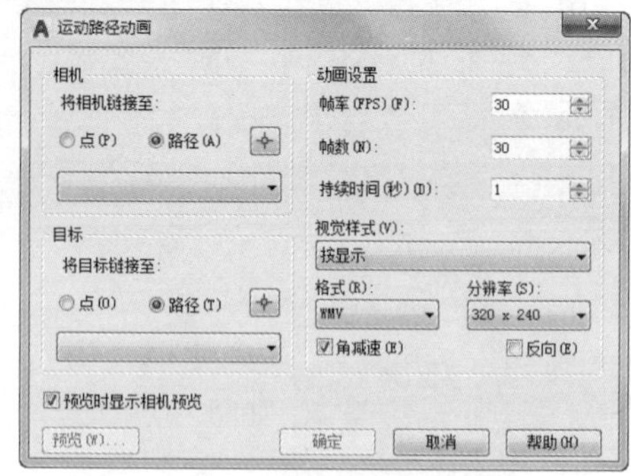

图 2-32 “运动路径动画”对话框

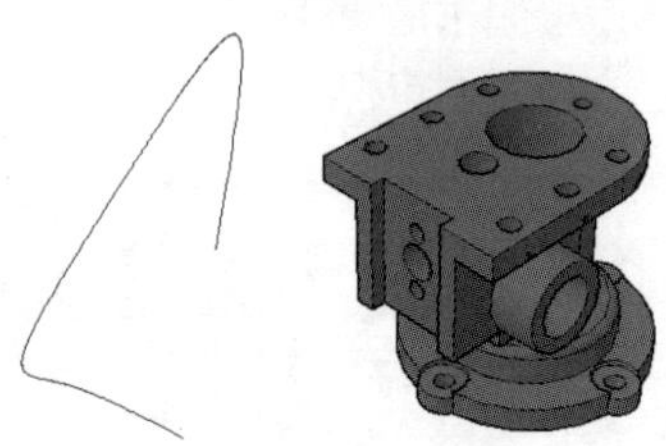

图 2-33 路径和目标

设置好各个参数后，单击“确定”按钮，系统生成动画，同时给出动画预览，如图2-34所示。可以使用各种播放器播放产生的动画。

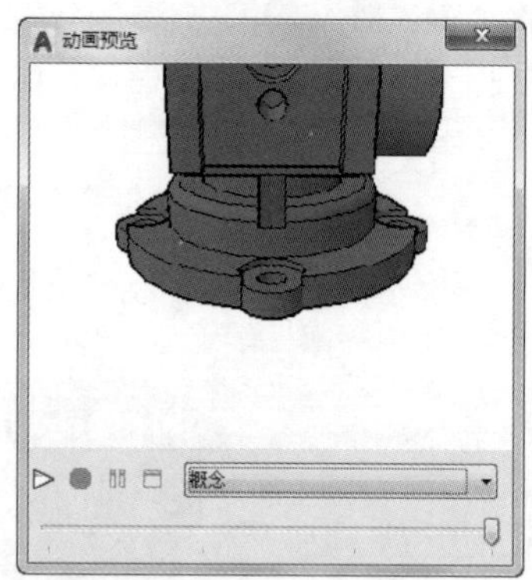

图 2-34 动画预览

2.6 查看工具

2.6.1 SteeringWheels

SteeringWheels 是追踪菜单，划分为不同部分（称作按钮）。控制盘上的每个按钮代表一种导航工具。

1. 受约束的动态观察

执行方式

命令行：SteeringWheels

菜单：视图→SteeringWheels

状态栏："SteeringWheels"按钮

快捷菜单：在绘图区单击鼠标右键，然后单击"SteeringWheels"

操作步骤

命令：SteeringWheels↙

SteeringWheels（也称作控制盘）将多个常用导航工具结合到一个单一界面中，从而为用户节省了时间。控制盘用于查看模型所处的上下文。

2. 显示和使用控制盘

按住并拖动控制盘的按钮是交互操作的主要模式。显示控制盘后，单击其中一个按钮并按住定点设备上的按钮以激活导航工具，拖动以重新设置当前视图的方向，松开按钮可变回控制盘。

3. 控制盘的外观

可以通过在可用的不同控制盘样式之间切换来控制控制盘的外观，也可以通过调整大小和不透明度进行控制，如图2-35所示。控制盘（二维导航控制盘除外）具有两种不同样式：大控制盘和小控制盘。

图 2-35 控制盘外观

控制盘的大小控制显示在控制盘上的按钮和标签的大小。不透明度级别控制被控制盘遮挡的模型中对象的可见性。

4. 控制盘工具提示、工具消息以及工具鼠标指针文字

鼠标指针移动到控制盘上的每个按钮上时，系统会显示该按钮的工具提示。工具提示出现在控制盘下方，并且在单击按钮时确定将要执行的操作。

与工具提示类似，当使用控制盘中的一种导航工具时，系统会显示工具消息和鼠标指针文字。当导航工具处于活动状态时，系统会显示工具消息，工具消息提供有关使用工具的基本说明。工具鼠标指针文字是指在鼠标指针旁边会显示活动导航工具的名称。禁用工具消息和鼠标指针文字只会影响使用小控制盘或大控制盘时所显示的消息。

2.6.2 ViewCube

ViewCube是一个三维导航工具，在三维视觉样式中处理图形时显示。通过ViewCube，可以在标准视图和等轴测视图间切换。

ViewCube是一种可单击、可拖动的工具，可以用它在模型的标准视图和等轴测视图之间进行切换。ViewCube显示后，将在窗口一角以不活动状态显示在模型上方。尽管ViewCube处于不活动状态，但在视图发生更改时仍可提供有关模型当前视点的直观反映。将鼠标指针悬停在ViewCube上方时，该工具会变为活动状态；用户可以切换至其中一个可用的预设视图、滚动当前视图或更改模型的主视图。

执行方式

命令行：ViewCube

菜单：视图→显示→ViewCube

2.6.3 ShowMotion

可以从ShowMotion中创建和修改快照。创建或修改快照时，会生成缩略图并将该缩略图添加到快照序列。

执行方式

命令行：ShowMotion

菜单：视图→ShowMotion

功能区：单击"视图"选项卡的"视口工具"面板中的"显示运动"按钮

操作步骤

命令：NAVSMOTION↙

执行NAVSMOTION命令。

选项说明

创建快照时，必须为快照指定名称和视图类型。快照指定的视图类型用于确定用户可以更改的转场和运动选项。创建快照后，将会自动生成缩略图，并会将其放置在已指定给快照的快照序列下。快照的名称位于缩略图下方。如果需要更改快照，可以在要修改的快照上单击鼠标右键。

1. 快照的快捷菜单选项

（1）"特性"。显示对话框以修改快照的转场和运动设置以及其他设置中的指定快照序列。

（2）“重命名”。重命名快照。

（3）“删除”。删除快照。

（4）“左移”和“右移”。通过向左或向右移动一个位置更改快照在快照序列中的位置。

（5）“更新以下项的缩略图”。更新单个快照或使用模型保存的所有快照的缩略图。

创建快照可以将快照添加到默认快照序列，也可以指定将快照添加至某个快照序列。每个快照序列在 ShowMotion 中都由一个缩略图表示。缩略图与快照序列中的第一个快照相同。快照序列的名称位于缩略图下方，如图2-36所示。

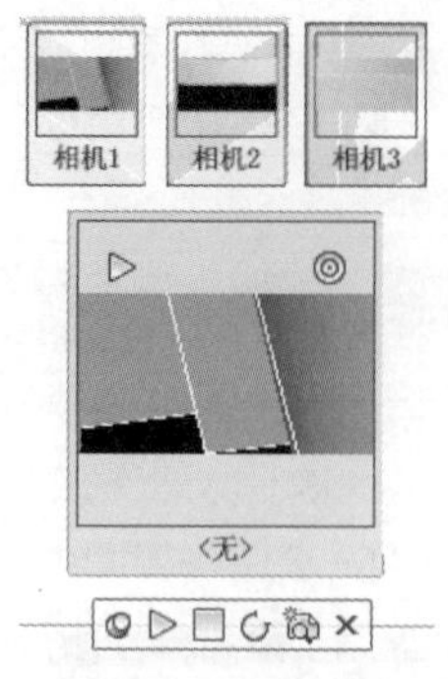

图 2-36　快照对话框

2．快照序列的快捷菜单选项

（1）“重命名”。重命名快照序列。

（2）“删除”。删除快照序列。

（3）“左移”和“右移”。通过向左或向右移动一个位置更改快照序列在 ShowMotion 中的位置。

（4）“更新以下项的缩略图”。更新快照序列中所有快照或使用模型保存的所有快照的缩略图。

2.7 实例——观察泵盖三维模型

熟悉了基本的技术之后，下面将通过实际的示例来进一步掌握三维绘图的基础。打开随书资源文件“源文件\第2章\泵盖.dwg”，泵盖图形如图2-37所示。

本实例创建UCS坐标、设置视点、使用动态观察命令观察泵盖等这些操作都是在AutoCAD 2020三维造型中必须要掌握和运用的。

（1）打开图形文件“泵盖.dwg”。从配套资源中的“源文件\第2章”中选择“泵盖.dwg”文件，单击“打开”按钮。（或双击该文件名，即可将该文件打开）

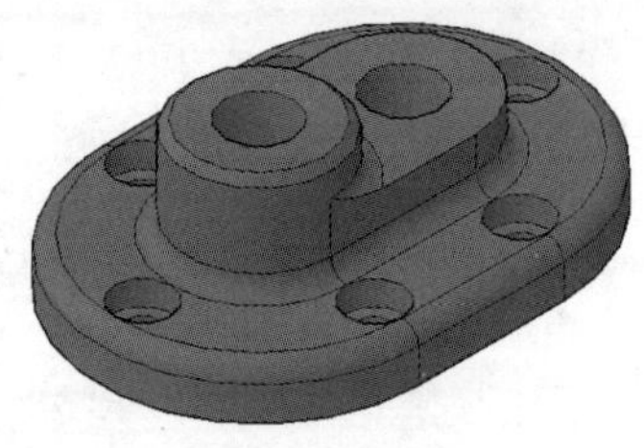

图 2-37　泵盖

（2）运用“视图样式”对图案进行填充。选择菜单栏中的“视图”→“视觉样式”→“消隐”命令，或单击“视图”选项卡“视觉样式”面板中的“隐藏”按钮，命令行中的提示与操作如下：

```
命令： _vscurrent
输入选项 [二维线框(2)/线框(W)/隐藏(H)/真实(R)/概念(C)/着色(S)/带边缘着色(E)/灰度(G)/勾画(SK)/X 射线(X)/其他(O)] <着色>: _H
```

（3）打开UCS图标显示并创建UCS坐标系，将UCS坐标系原点设置在泵盖的上端顶面中心点上。选择菜单栏中的“视图”→“显示”→“UCS图标”→“开”命令，若选择“开”则屏幕显示图标，否则隐藏图标。使用UCS命令将坐标系原点设置到泵盖的上端顶面中心点上，命令行提示如下：

```
命令： UCS↙
当前 UCS 名称： *没有名称*
指定 UCS 的原点或 [面(F)/命名(NA)/对象(OB)/上一个(P)/视图(V)/世界(W)/X/Y/Z/Z 轴(ZA)] <世界>:（选择泵盖顶面圆的圆心）
指定 X 轴上的点或 <接受>: 0,1,0↙
指定 XY 平面上的点或 <接受>:↙
```

结果如图2-38所示。

（4）利用VPOINT设置三维视点。选择菜单栏中的“视图”→“三维视图”→“视点”命令，打开坐标轴和三轴架图，如图2-39所示，在坐标球上选择一点作为视点图。（在坐标球上使用鼠标移动十字光标时，三轴架根据坐标指示的观察方向旋转。）

```
命令： _-vpoint
*** 切换至 WCS ***
当前视图方向： VIEWDIR=-1.0000,-1.0000,1.0000
指定视点或 [ 旋转 (R)] < 显示指南针和三轴架 >:（在坐标球上指定点）
*** 返回 UCS ***
```

（5）单击“视图”选项卡“导航”面板上的“动态观察”下拉列表中的“自由动态观察”按钮，使用鼠标移动视图，将泵盖移动到合适的位置。

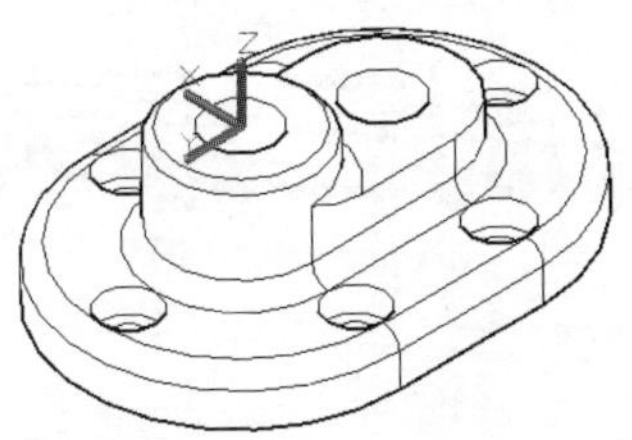

图 2-38　UCS 移到顶面中心点上

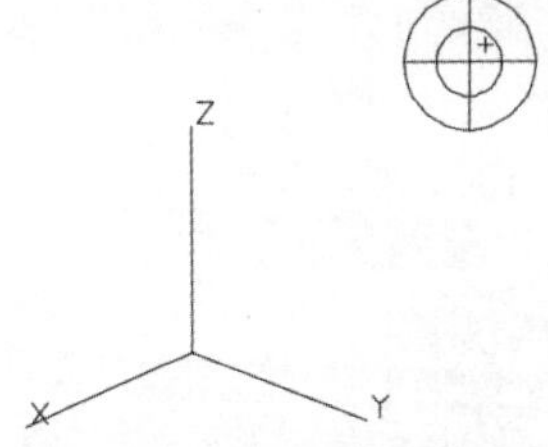

图 2-39　坐标轴和三轴架图

第 3 章

绘制三维表面

本章导读

在 AutoCAD 2020 中可以很方便地绘制各种表面模型。在不需要考虑模型的物理参数，如质量、重心等，对模型进行消隐、着色或渲染处理时，就可以采用表面模型。

本章将介绍线框模型和表面模型的有关内容，包括三维绘制、三维网格曲面绘制、基本三维网格绘制等知识。

3.1 三维绘制

3.1.1 绘制三维点

执行方式

命令行：POINT

菜单：绘图→点→单点或多点

工具栏：绘图→点

功能区：单击“默认”选项卡“绘图”面板中的“多点”按钮

操作步骤

```
命令：POINT ↙
```

执行命令后，AutoCAD提示：

```
当前点模式： PDMODE=0  PDSIZE=0.0000
指定点：
```

在输入点的坐标时，可以采用绝对或者相对坐标形式。

选择菜单栏中的“绘图”→“点”→“多点”命令时，可以绘制多个三维空间点。

3.1.2 绘制三维直线

执行方式

命令行：LINE

菜单：绘图→直线

工具栏：绘图→直线

功能区：单击“默认”选项卡“绘图”面板中的“直线”按钮

操作步骤

```
命令：LINE ↙
```

执行命令后，AutoCAD提示：

```
指定第一个点：（输入第一点坐标）
指定下一点或［退出（E）/ 放弃（U）］：（输入第二点坐标）
指定下一点或［关闭（C）/ 退出（X）/ 放弃（U）］：（输入第三点坐标）
指定下一点或［关闭（C）/ 退出（X）/ 放弃（U）］：↙
```

如果输入第二点后按Enter键，则绘制一条空间直线；如果输入多个点，则绘制空间折线。可以通过“关闭（C）”选项封闭三维多段线，也可以通过“放弃（U）”选项放弃上次操作。

3.1.3 绘制三维构造线

执行方式

命令行：XLINE

菜单：绘图→构造线

工具栏：绘图→构造线

功能区：单击“默认”选项卡“绘图”面板中的“构造线”按钮

操作步骤

```
命令：XLINE ↙
```

执行命令后，AutoCAD提示：

```
指定点或 ［水平（H）/ 垂直（V）/ 角度（A）/ 二等分（B）/ 偏移（O）］：（指定点或输入选项）
```

其中各选项与二维构造线类似，不再赘述。

3.1.4 绘制三维样条曲线

执行方式

命令行：SPLINE

菜单：绘图→样条曲线

工具栏：绘图→样条曲线

功能区：单击“默认”选项卡“绘图”面板中的“样条曲线拟合”按钮或“样条曲线控制点”按钮

操作步骤

```
命令：SPLINE ↙
```

执行命令后，AutoCAD提示：

```
当前设置： 方式 = 拟合  节点 = 弦
指定第一个点或［方式（M）/ 节点（K）/ 对象（O）］：（指定一点或输入对象）
```

输入某一点的坐标后，AutoCAD继续提示：

```
输入下一个点或［起点切向（T）/ 公差（L）］：（输入第二点的坐标）
```

输入点一直到完成样条曲线的定义为止。

输入两点后，AutoCAD 将显示下面的提示：

```
输入下一个点或［端点相切（T）/ 公差（L）/ 放弃（U）/ 闭合（C）］：（指定点、输入选项或按 Enter 键）
```

选项说明

（1）方式。控制是使用拟合点还是使用控制点来创建样条曲线。选项会因选择的是使用拟合点创建样条曲线的选项还是使用控制点创建样条曲线的选项而异。

（2）节点。指定节点参数化，它会影响曲线在通过拟合点时的形状。

（3）对象。选择二维或三维的二次或三次样条曲线拟合多段线，将其转换为等价的样条曲线，（根据DELOBJ系统变量的设置）删除该多段线。选择希望的对象后，按Enter键结束。

（4）输入下一个点。继续输入点将添加其他样条曲线线段，直到按Enter键为止。

（5）起点切向。定义样条曲线的第一点和最后一点的切向。如果在样条曲线的两端都指定切向，可以输入一个点或使用“切点”和“垂足”对象捕捉模式使样条曲线与已有的对象相切或垂直。如果按Enter键，系统将计算默认切向。

（6）公差。指定距样条曲线必须经过的指定拟合点的距离。公差应用于除起点和端点外的所有拟合点。

（7）端点相切。停止基于切向创建曲线。可通过指定拟合点继续创建样条曲线。

（8）闭合。将最后一点定义为与第一点一致，使它在连接处相切可以闭合样条曲线。

3.1.5 绘制三维面

执行方式

命令行：3DFACE

菜单：绘图→建模→网格→三维面

操作步骤

```
命令：3DFACE↙
```

执行命令后，AutoCAD提示：

```
指定第一点或 [不可见(I)]:(指定某一点或输入I)
```

选项说明

（1）指定第一点。输入某一点的坐标或用鼠标确定某一点，以定义三维面的起点。在输入第一点后，可按顺时针或逆时针方向输入其余的点，以创建普通三维面。选择该选项后，AutoCAD提示：

```
指定第二点或 [不可见(I)]:(指定第二点或输入I)
指定第三点或 [不可见(I)] <退出>:(指定第三点、输入 I 或按 Enter 键)
指定第四点或 [不可见(I)] <创建三侧面>:(指定第四点、输入I或按Enter键)
```

如果在输入4点后按Enter键，则以指定的4点生成一个空间三维平面。如果在提示下继续输入第二个平面上的第三点和第四点坐标，则生成第二个平面。该平面以第一个平面的第三点和第四点作为第二个平面的第一点和第二点，创建第二个三维平面。继续输入点可以创建平面，按Enter键则结束。

（2）不可见。控制三维面各边的可见性，以便建立有孔对象的正确模型。如果在输入某一边之前输入“I”，则可以使该边不可见。图3-1所示为建立一长方体时，某一边使用I命令和不使用I命令的视图比较。

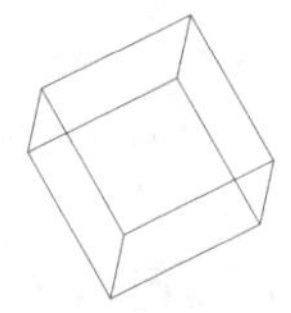

可见边　　不可见边

图3-1　I命令视图比较

3.1.6 实例——三维平面

本实例绘制图3-2所示的三维平面。

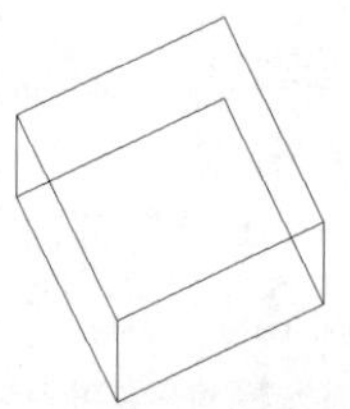

图3-2　三维平面的绘制

```
命令：3DFACE↙
指定第一点或 [不可见(I)]: 100,100,100↙
指定第二点或 [不可见(I)]: @0,0,100↙
指定第三点或 [不可见(I)] <退出>: @100,0,0↙
指定第四点或 [不可见(I)] <创建三侧面>: @0,0,-100↙
指定第三点或 [不可见(I)] <退出>: @0,100,0↙
指定第四点或 [不可见(I)] <创建三侧面>: @0,0,100↙
指定第三点或 [不可见(I)] <退出>: I↙
指定第三点或 [不可见(I)] <退出>: @-100,0,0↙
```

指定第四点或 [不可见(I)] <创建三侧面>: @0,0,-100↙
指定第三点或 [不可见(I)] <退出>: @0,-100,0↙
指定第四点或 [不可见(I)] <创建三侧面>: @0,0,100↙
指定第三点或 [不可见(I)] <退出>: ↙

3.1.7 控制三维平面边界的可见性

执行方式

命令行：EDGE

操作步骤

命令：EDGE↙

执行命令后，AutoCAD提示：

指定要切换可见性的三维表面的边或 [显示(D)]:(选择边或输入D)

选项说明

（1）指定要切换可见性的三维表面的边。是系统默认的选项。如果要选择的边界是以正常亮度显示的，说明它们的当前状态是可见的，选择这些边后它们将以虚线形式显示。此时，按Enter键，这些边将从屏幕上消失，变为不可见状态。如果要选择的边界是以虚线显示的，说明它们的当前状态是不可见的，选择这些边后它们将以正常形式显示。此时按Enter键，这些边将会在原来的位置显示，变为可见状态。

（2）显示。将未显示的边界以虚线形式显示出来，由用户决定所示边界的可见性。执行EDGE命令后，在选择项中输入“D”，即执行显示命令。在输入D后，AutoCAD提示：

输入用于隐藏边显示的选择方法 [选择(S)/全部选择(A)] <全部选择>:(输入选项或按Enter键)

上述各选项的说明如下。

① 选择。选择部分可见的三维面的隐藏边并显示它们。

② 全部选择。选择图形中所有三维面的隐藏边并显示它们。

3.1.8 绘制多边网格面

执行方式

命令行：PFACE

操作步骤

命令：PFACE↙

执行命令后，AutoCAD提示：

为顶点1指定位置：(输入点1的坐标或指定一点)
为顶点2或 <定义面> 指定位置：(输入点2的坐标或指定一点)
……
为顶点N或 <定义面> 指定位置：(输入点N的坐标或指定一点)

在输入最后一个顶点的坐标后，在提示下直接按Enter键，AutoCAD出现如下提示：

输入顶点编号或 [颜色(C)/图层(L)]: (输入顶点编号或输入选项)

选项说明

（1）顶点编号。输入平面上顶点的编号。根据指定顶点的序号，AutoCAD会生成一平面。当确定了一个平面上的所有顶点之后，在提示的状态下按Enter键，AutoCAD会指定另外一个平面上的顶点。

（2）颜色。设置图形的颜色。选择该选项后，AutoCAD出现如下提示：

新颜色 [真彩色(T)/配色系统(CO)] <BYLAYER>:(输入标准颜色名或从 1～255 的颜色编号，输入T，输入CO或按Enter键)

输入颜色后，AutoCAD将返回提示：

输入顶点编号或 [颜色(C)/图层(L)]:

（3）图层。设置要创建的面采用的图层和颜色。选择该选项后，AutoCAD出现如下提示：

输入图层名 <0>:(输入图层名称或按Enter键)

输入名称后，AutoCAD将返回提示：

输入顶点编号或 [颜色(C)/图层(L)]:

如果在顶点的序号前加负号，则生成的多边形网格面的边界不可见。系统变量SPLFRAME控制不可见边界的显示。如果变量值非0，不可见边界变成可见，而且能够进行编辑；如果变量值为0，则保持边界的不可见性。

3.1.9 实例——多边网格面

本实例绘制图3-3所示的多边网格面。

（1）打开图形文件“多边网格面点.dwg”。从配套资源中的“源文件\第3章”中选择“多边网格面点.dwg”文件，单击“打开”按钮，如图3-4所示。

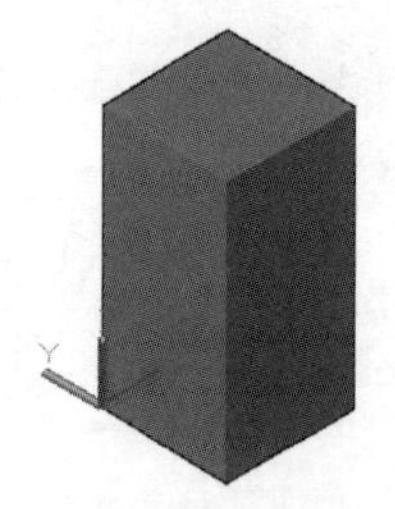

图 3-3 多边网格面

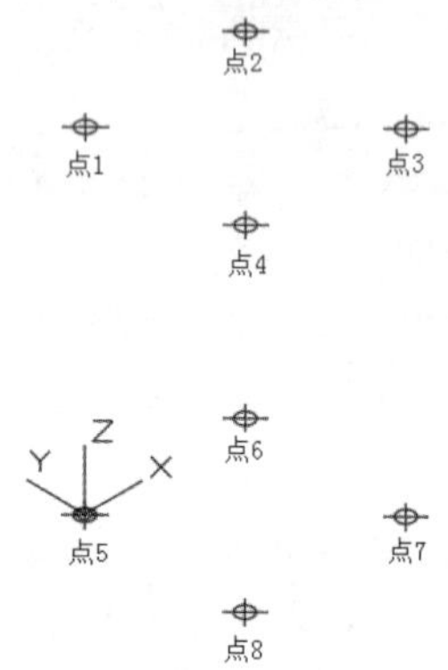

图 3-4 多边网格面点

（2）在命令行中输入“PFACE”命令，绘制多边网格面，命令行中的提示与操作如下：

```
命令：PFACE↙
为顶点 1 指定位置：(指定点 1)
为顶点 2 或 <定义面> 指定位置： (指定点 2)
为顶点 3 或 <定义面> 指定位置： (指定点 3)
为顶点 4 或 <定义面> 指定位置： (指定点 4)
为顶点 5 或 <定义面> 指定位置： (指定点 5)
为顶点 6 或 <定义面> 指定位置： (指定点 6)
为顶点 7 或 <定义面> 指定位置： (指定点 7)
为顶点 8 或 <定义面> 指定位置： (指定点 8)
为顶点 9 或 <定义面> 指定位置：↙
面 1，顶点 1:
输入顶点编号或 [颜色(C)/图层(L)]: 1↙
面 1，顶点 2:
输入顶点编号或 [颜色(C)/图层(L)] <下一个面>: 2↙
面 1，顶点 3:
输入顶点编号或 [颜色(C)/图层(L)] <下一个面>: 3↙
面 1，顶点 4:
输入顶点编号或 [颜色(C)/图层(L)] <下一个面>: 4↙
面 1，顶点 5:
输入顶点编号或 [颜色(C)/图层(L)] <下一个面>:↙
面 2，顶点 1:
输入顶点编号或 [颜色(C)/图层(L)]: 5↙
面 2，顶点 2:
输入顶点编号或 [颜色(C)/图层(L)] <下一个面>: 6↙
面 2，顶点 3:
输入顶点编号或 [颜色(C)/图层(L)] <下一个面>: 7↙
面 2，顶点 4:
输入顶点编号或 [颜色(C)/图层(L)] <下一个面>: 8↙
面 2，顶点 5:
输入顶点编号或 [颜色(C)/图层(L)] <下一个面>:↙
面 3，顶点 1:
输入顶点编号或 [颜色(C)/图层(L)]: 1↙
面 3，顶点 2:
输入顶点编号或 [颜色(C)/图层(L)] <下一个面>: 2↙
面 3，顶点 3:
输入顶点编号或 [颜色(C)/图层(L)] <下一个面>: 6↙
面 3，顶点 4:
输入顶点编号或 [颜色(C)/图层(L)] <下一个面>: 5↙
面 3，顶点 5:
输入顶点编号或 [颜色(C)/图层(L)] <下一个面>:↙
面 4，顶点 1:
输入顶点编号或 [颜色(C)/图层(L)]: 1↙
面 4，顶点 2:
输入顶点编号或 [颜色(C)/图层(L)] <下一个面>: 4↙
面 4，顶点 3:
输入顶点编号或 [颜色(C)/图层(L)] <下一个面>: 8↙
面 4，顶点 4:
输入顶点编号或 [颜色(C)/图层(L)] <下一个面>: 5↙
面 4，顶点 5:
输入顶点编号或 [颜色(C)/图层(L)] <下一个面>:↙
面 5，顶点 1:
输入顶点编号或 [颜色(C)/图层(L)]: 4↙
面 5，顶点 2:
输入顶点编号或 [颜色(C)/图层(L)] <下一个面>: 3↙
面 5，顶点 3:
输入顶点编号或 [颜色(C)/图层(L)] <下一个面>: 7↙
面 5，顶点 4:
输入顶点编号或 [颜色(C)/图层(L)] <下一个面>: 8↙
```

```
面 5，顶点 5:
输入顶点编号或 [颜色(C)/图层(L)] <下一个面>:↙
面 6，顶点 1:
输入顶点编号或 [颜色(C)/图层(L)]: 2↙
面 6，顶点 2:
输入顶点编号或 [颜色(C)/图层(L)] <下一个面>: 3↙
面 6，顶点 3:
输入顶点编号或 [颜色(C)/图层(L)] <下一个面>: 7↙
面 6，顶点 4:
输入顶点编号或 [颜色(C)/图层(L)] <下一个面>: 6↙
面 6，顶点 5:
输入顶点编号或 [颜色(C)/图层(L)] <下一个面>:↙
面 7，顶点 1:↙
输入顶点编号或 [颜色(C)/图层(L)]:↙
```

结果如图3-5所示。

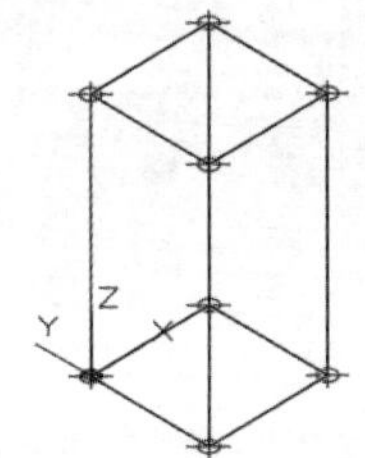

图3-5 绘制多边网格面

（3）将“点”图层关闭，单击“视图”选项卡“视觉样式”面板中的“概念”按钮，将“视觉样式”设置为“概念”，完成多边网格面的绘制，最终结果如图3-3所示。

3.1.10 绘制三维网格

执行方式

命令行：3DMESH

操作步骤

```
命令：3DMESH↙
```

执行命令后，AutoCAD提示：

```
输入 M 方向上的网格数量：（输入 2～256 之间的值）
输入 N 方向上的网格数量：（输入 2～256 之间的值）
为顶点（0, 0）指定位置：（输入第一行第一列的顶点坐标）
为顶点（0, 1）指定位置：（输入第一行第二列的顶点坐标）
为顶点（0, 2）指定位置：（输入第一行第三列的顶点坐标）
……
为顶点（0,N-1）指定位置：（输入第一行第N列的顶点坐标）
为顶点（1, 0）的指定位置：（输入第二行第一列的顶点坐标）
为顶点（1, 1）的指定位置：（输入第二行第二列的顶点坐标）
……
为顶点（1, N-1）指定位置：（输入第二行第N列的顶点坐标）
……
为顶点（M-1, N-1）指定位置：（输入第M行第N列的顶点坐标）
```

根据指定的顶点绘制生成三维多边形网格。AutoCAD用矩阵来定义多边形网格，其大小由M和N网格数决定。$M \times N$等于必须指定的顶点数量，如图3-6所示。

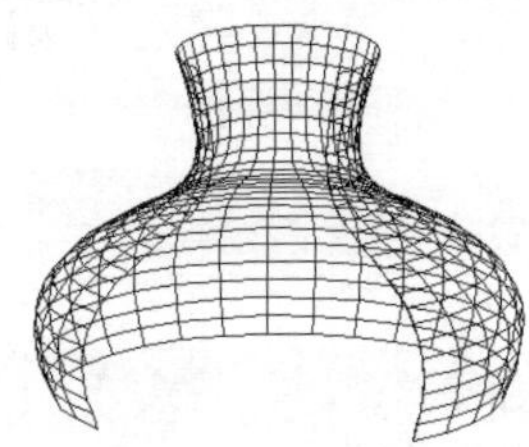

图3-6 三维网格

M、N的方向分别沿当前UCS的X、Y轴方向。网格面上的行和列都是从0算起，且行和列的顶点数最大为256。用3DMESH命令生成的网格在M和N方向上均不封闭，如果需要封闭可以用PEDIT命令对其进行编辑。

3.1.11 实例——三维网格

本实例绘制图3-7所示的三维网格。

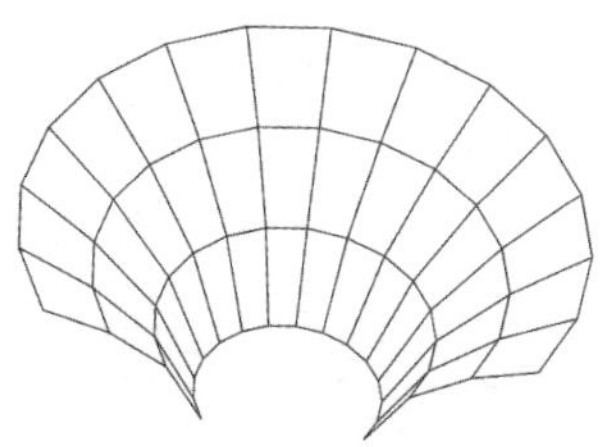

图3-7 三维网格

（1）单击“打开”按钮，打开图形文件“三维网格点.dwg”，如图3-8所示。

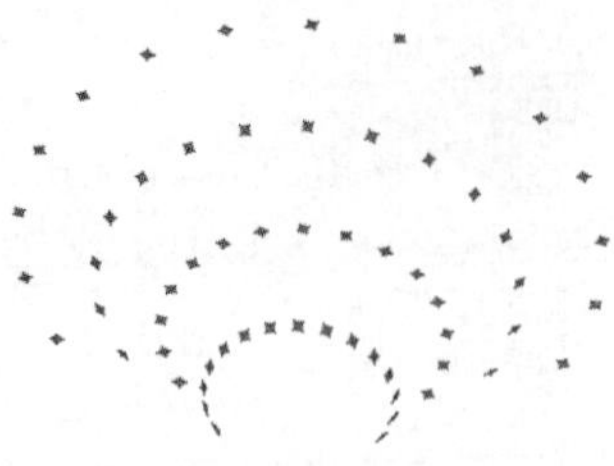

图 3-8　三维网格点

（2）将“0”图层置为当前图层，在命令行中输入“3DMESH”命令，绘制三维网格，选择顶点的顺序为从右到左，命令行提示与操作如下：

```
命令： 3DMESH↙
输入 M 方向上的网格数量： 4↙
输入 N 方向上的网格数量： 15↙
为顶点 (0, 0) 指定位置：(选择第 1 行第 1 点)
为顶点 (0, 1) 指定位置：(选择第 1 行第 2 点)
为顶点 (0, 2) 指定位置：(选择第 1 行第 3 点)
……
为顶点 (0,14) 指定位置： (选择第 1 行第 14 点)
为顶点 (1, 0) 指定位置：(选择第 2 行第 1 点)
为顶点 (1, 1) 指定位置：(选择第 2 行第 2 点)
为顶点 (1, 2) 指定位置：(选择第 2 行第 3 点)
……
为顶点 (1, 14) 指定位置：(选择第 2 行第 14 点)
为顶点 (2, 0) 指定位置：(选择第 3 行第 1 点)
为顶点 (2, 1) 指定位置：(选择第 3 行第 2 点)
为顶点 (2, 2) 指定位置：(选择第 3 行第 3 点)
……
为顶点 (2, 14) 指定位置：(选择第 3 行第 14 点)
为顶点 (3, 0) 指定位置：(选择第 4 行第 1 点)
为顶点 (3, 1) 指定位置：(选择第 4 行第 2 点)
为顶点 (3, 2) 指定位置：(选择第 4 行第 3 点)
……
为顶点 (3, 14) 指定位置：(选择第 4 行第 14 点)
```

（3）将“点”图层关闭，完成三维网格的创建，结果如图3-7所示。

3.2　绘制三维网格曲面

3.2.1　直纹网格

执行方式

命令行：RULESURF

菜单栏：绘图→建模→网格→直纹网格

功能区：单击“三维工具”选项卡的“建模”面板中的“直纹曲面”按钮

操作步骤

命令行提示如下：

```
命令：RULESURF↙
当前线框密度： SURFTAB1= 当前值
选择第一条定义曲线： 指定第一条曲线
选择第二条定义曲线： 指定第二条曲线
```

下面是生成一个简单的直纹曲面的步骤。首先单击“可视化”选项卡“命名视图”面板中的“西南等轴测”按钮，将视图转换为西南等轴测视图，然后绘制图3-9（a）所示的两个圆作为草图，输入“RULESURF”命令，选择绘制的两个圆作为第一条和第二条定义曲线，最后生成直纹曲面，如图3-9（b）所示。

（a）作为草图的圆图　　（b）生成的直纹曲面

图 3-9　绘制直纹曲面

3.2.2　实例——14# 槽钢

本实例绘制图3-10所示的14#槽钢。

图 3-10　14# 槽钢

（1）在命令行中输入“SURFTAB1”和“SURFTAB2”命令，设置网格数，命令行提示与操作如下：

```
命令： SURFTAB1↙
输入 SURFTAB1 的新值 <6>: 600↙
```

```
命令：SURFTAB2↙
输入 SURFTAB2 的新值 <6>: 600↙
```

（2）单击“默认”选项卡的“绘图”面板中的“直线”按钮，绘制直线，端点坐标为{（0，0）、（@0，140）、（@60，0）}。

（3）单击“默认”选项卡的“修改”面板中的“偏移”按钮，将水平直线向下偏移，偏移距离分别为“7”“12”“128”“133”和“140”；将竖直直线向右偏移，偏移距离分别为“8”和“60”，结果如图3-11所示。

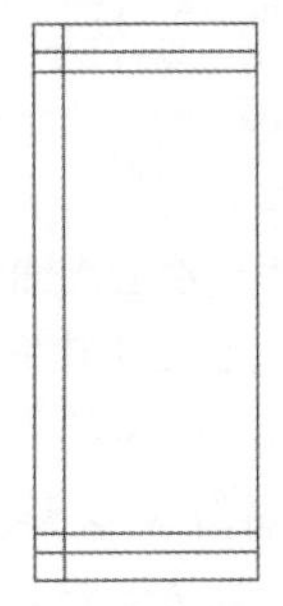

图 3-11 偏移距离

（4）单击“默认”选项卡的“修改”面板中的“修剪”按钮，修剪图形，结果如图3-12所示。

图 3-12 修剪图形

（5）单击“默认”选项卡的“绘图”面板中的“直线”按钮，分别连接图3-12中的a和b、c和d端点，然后删除多余的直线，结果如图3-13所示。

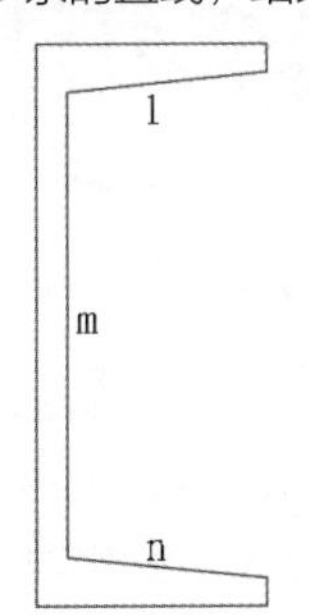

图 3-13 绘制直线

（6）单击“默认”选项卡的“修改”面板中的“圆角”按钮，对轮廓线进行圆角处理，圆角半径为“10”，命令行提示与操作如下：

```
命令：_fillet
当前设置：模式 = 修剪，半径 =0.0000
选择第一个对象或 [放弃(U)/多段线(P)/半径(R)/修剪(T)/多个(M)]: R↙
指定圆角半径 <0.0000>: 10↙
选择第一个对象或 [放弃(U)/多段线(P)/半径(R)/修剪(T)/多个(M)]:（选择图3-13中的直线l）
选择第二个对象，或按住 Shift 键选择对象以应用角点或 [半径(R)]:（选择图 3-13 中的直线 m）
命令：_fillet
当前设置：模式 = 修剪，半径 =10.0000
选择第一个对象或 [放弃(U)/多段线(P)/半径(R)/修剪(T)/多个(M)]:（选择图3-13中的直线m）
选择第二个对象，或按住 Shift 键选择对象以应用角点或 [半径(R)]:(选择图 3-13 中所示的直线 n)
```

重复圆角命令，仿照步骤（6）绘制14#槽钢的其他圆角，最终完成14#槽钢截面图的创建，如图3-14所示。

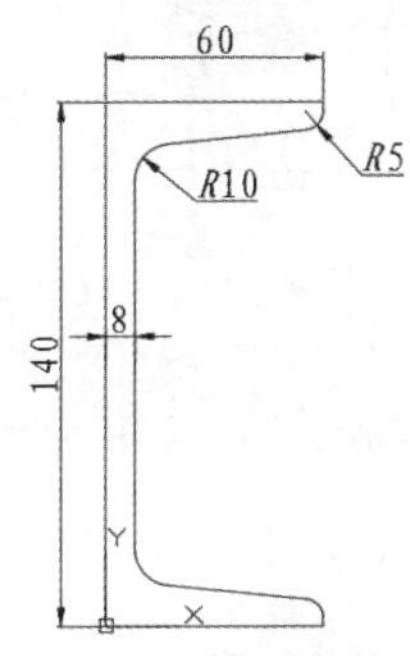

图 3-14 14# 槽钢截面图

（7）选择菜单栏中的“修改”→“对象”→“多段线”命令，将绘制的14#槽钢截面图合并为一条多段线。

（8）单击“可视化”选项卡“命名视图”面板中的“西南等轴测”按钮，将当前视图设置为西南等轴测视图，单击“默认”选项卡“修改”面板中的“复制”按钮，将复制的合并的多段线沿Z轴以原点为基点位移“600”，结果如图3-15所示。

（9）选择菜单栏中的“绘图”→“建模”→“网格”→“直纹网格”命令，创建直纹网格，命令行提示与操作如下：

```
命令：_rulesurf
```

```
当前线框密度： SURFTAB1=600
选择第一条定义曲线：(选择复制后的多段线)
选择第二条定义曲线：(选择多段线)
```

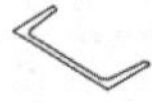

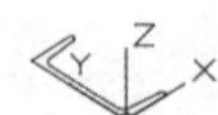

图 3-15 复制多段线

单击“视图”选项卡“视觉样式”面板中的“概念”按钮，设置“视图样式”，结果如图3-16所示。

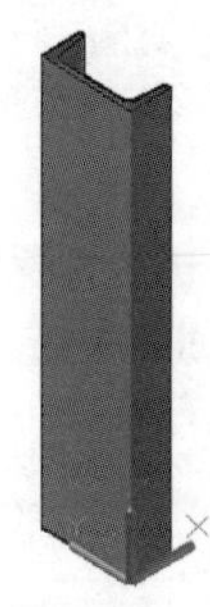

图 3-16 绘制直纹网格

（10）单击“默认”选项卡“绘图”面板中的“面域”按钮，选择复制后的多段线创建面域，完成14#槽钢端面的创建，结果如图3-17所示。

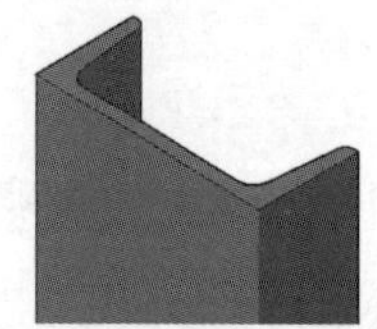

图 3-17 创建 14# 槽钢端面

重复“面域”命令，创建14#槽钢的另一个端面，完成14#槽钢的创建，单击“视图”选项卡“导航”面板上的“动态观察”下拉列表中的“自由动态观察”按钮，调整14#槽钢的方向，最终结果如图3-10所示。

3.2.3 平移网格

执行方式

命令行：TABSURF

菜单栏：绘图→建模→网格→平移网格

功能区：单击“三维工具”选项卡的“建模”面板中的“平移曲面”按钮

操作步骤

命令行提示如下：

```
命令：TABSURF ↙
当前线框密度：SURFTAB1=6
选择用作轮廓曲线的对象：（选择一个已经存在的轮廓曲线）
选择用作方向矢量的对象 ：（选择一个方向线）
```

选项说明

（1）轮廓曲线。可以是直线、圆弧、圆、椭圆、二维或三维多段线。AutoCAD默认从轮廓曲线上离选定点最近的点开始绘制曲面。

（2）方向矢量。指出形状的拉伸方向和长度。在多段线或直线上选定的端点决定拉伸的方向。

图3-18所示为选择以图3-18（a）中六边形为轮廓曲线对象，以图3-18（a）中所绘制的直线为方向矢量绘制的图形，平移后的曲面图形如图3-18（b）所示。

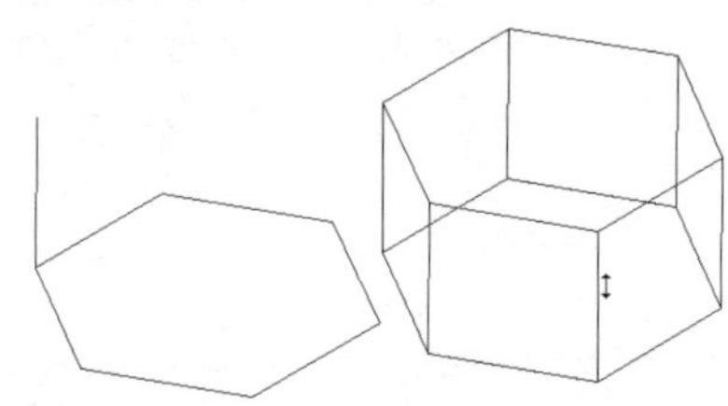

（a）六边形和方向线　　（b）平移后的曲面

图 3-18 平移曲面

3.2.4 实例——U 型磁铁

本实例绘制图3-19所示的U型磁铁。

图 3-19 U 型磁铁

（1）在命令行中输入“SURFTAB1”和“SURFTAB2”命令，设置曲面的线框密度为“20”。

（2）单击“默认”选项卡“绘图”面板中的“多段线”按钮，绘制U型磁铁轮廓线，命令行提示与操作如下：

```
命令：_pline
指定起点：0,0↙
当前线宽为 0.0000
指定下一个点或 [圆弧(A)/半宽(H)/长度(L)/放弃(U)/宽度(W)]: 23.5,0↙
指定下一点或 [圆弧(A)/闭合(C)/半宽(H)/长度(L)/放弃(U)/宽度(W)]: A↙
指定圆弧的端点(按住 Ctrl 键以切换方向)或[角度(A)/圆心(CE)/闭合(CL)/方向(D)/半宽(H)/直线(L)/半径(R)/第二个点(S)/放弃(U)/宽度(W)]:23.5,37↙
指定圆弧的端点(按住 Ctrl 键以切换方向)或[角度(A)/圆心(CE)/闭合(CL)/方向(D)/半宽(H)/直线(L)/半径(R)/第二个点(S)/放弃(U)/宽度(W)]: L↙
指定下一点或 [圆弧(A)/闭合(C)/半宽(H)/长度(L)/放弃(U)/宽度(W)]: 0,37↙
指定下一点或 [圆弧(A)/闭合(C)/半宽(H)/长度(L)/放弃(U)/宽度(W)]: 0,27↙
指定下一点或 [圆弧(A)/闭合(C)/半宽(H)/长度(L)/放弃(U)/宽度(W)]: 23.5,27↙
指定下一点或 [圆弧(A)/闭合(C)/半宽(H)/长度(L)/放弃(U)/宽度(W)]: A↙
指定圆弧的端点(按住 Ctrl 键以切换方向)或[角度(A)/圆心(CE)/闭合(CL)/方向(D)/半宽(H)/直线(L)/半径(R)/第二个点(S)/放弃(U)/宽度(W)]: 23.5,10↙
指定圆弧的端点(按住 Ctrl 键以切换方向)或[角度(A)/圆心(CE)/闭合(CL)/方向(D)/半宽(H)/直线(L)/半径(R)/第二个点(S)/放弃(U)/宽度(W)]: L↙
指定下一点或 [圆弧(A)/闭合(C)/半宽(H)/长度(L)/放弃(U)/宽度(W)]: 0,10↙
指定下一点或 [圆弧(A)/闭合(C)/半宽(H)/长度(L)/放弃(U)/宽度(W)]: 0,0↙
指定下一点或 [圆弧(A)/闭合(C)/半宽(H)/长度(L)/放弃(U)/宽度(W)]: ↙
```

结果如图3-20所示。

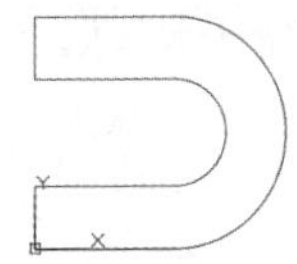

图 3-20 绘制 U 型磁铁轮廓

（3）单击“可视化”选项卡“命名视图”面板中的“西南等轴测”按钮，将当前视图设置为西南等轴测视图，单击“默认”选项卡“绘图”面板中的“直线”按钮，以（0，0，0）和（0，0，7）为两端点绘制直线，结果如图3-21所示。

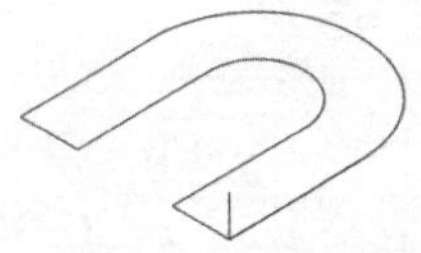

图 3-21 绘制直线

（4）选择菜单栏中的“绘图”→“建模”→“网格”→“平移网格”命令，创建平移曲面，命令行提示与操作如下：

```
命令：_tabsurf
当前线框密度：SURFTAB1=20
选择用作轮廓曲线的对象：(选择 U 型磁铁轮廓线)
选择用作方向矢量的对象：(选择直线)
```

结果如图3-22所示。

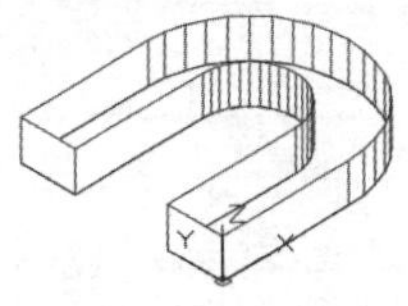

图 3-22 创建平移曲面

（5）单击“默认”选项卡“绘图”面板中的“面域”按钮，选择绘制的U型磁铁轮廓线创建面域，单击“视图”选项卡“视觉样式”面板中的“概念”按钮，结果如图3-23所示。

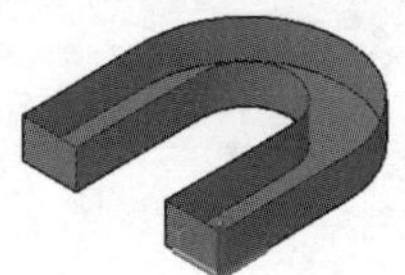

图 3-23 创建面域

（6）单击“默认”选项卡“修改”面板中的“复制”按钮，将创建的面域沿Z轴方向复制，复制距离为“7”，最终完成U型磁铁的创建，结果如图3-19所示。

3.2.5 边界网格

执行方式

命令行：EDGESURF

菜单栏：绘图→建模→网格→边界网格

功能区：单击“三维工具”选项卡的“建模”面板中的“边界曲面”按钮

操作步骤

命令行提示如下：

```
命令：EDGESURF ↙
当前线框密度：SURFTAB1=6 SURFTAB2=6
选择用作曲面边界的对象 1：（选择第一条边界线）
选择用作曲面边界的对象 2：（选择第二条边界线）
选择用作曲面边界的对象 3：（选择第三条边界线）
选择用作曲面边界的对象 4：（选择第四条边界线）
```

选项说明

系统变量SURFTAB1和SURFTAB2分别控制M、N方向的网格分段数。可通过在命令行输入“SURFTAB1”改变M方向的默认值，在命令行输入“SURFTAB2”改变N方向的默认值。

下面是生成一个简单的边界曲面的步骤。选择菜单栏中“视图”→“三维视图”→“西南等轴测”命令，将视图转换为西南等轴测视图，绘制4条首尾相连的边界，如图3-24（a）所示。在绘制边界的过程中，为了方便绘制，可以首先绘制一个基本三维表面中的立方体作为辅助立体，在它上面绘制边界，然后再将其删除。输入“EDGESURF”命令，分别选择绘制的4条边界，则得到图3-24（b）所示的边界曲面。

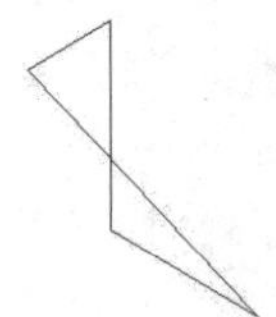
（a）边界曲线

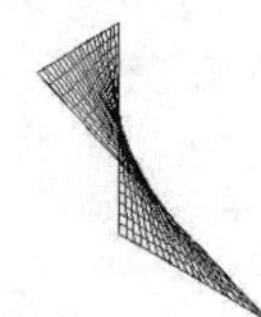
（b）生成的边界曲面

图3-24 边界曲面

3.2.6 实例——牙膏壳

本实例绘制图3-25所示的牙膏壳。

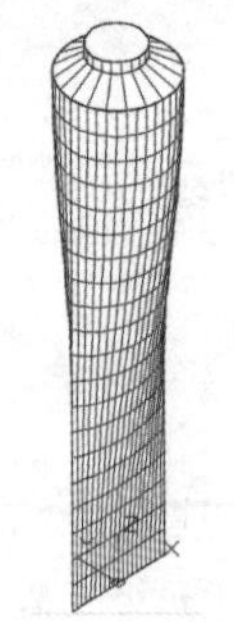

图3-25 牙膏壳

（1）在命令行中输入“SURFTAB1”和“SURFTAB2”命令，设置曲面的线框密度为“20”。将视图切换到西南等轴测视图。

（2）单击“默认”选项卡“绘图”面板中的“直线”按钮，以（-10，0）和（10，0）为两端点绘制直线。

（3）单击“默认”选项卡“绘图”面板中的“圆心-起点-角度”按钮，绘制以（0，0，90）为圆心、起点为（@-10,0）、角度为180°的圆弧，如图3-26所示。

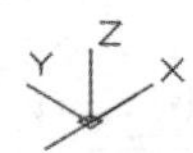

图3-26 绘制圆弧

（4）单击“默认”选项卡“绘图”面板中的“直线”按钮，连接直线和圆弧的两侧端点，结果如图3-27所示。

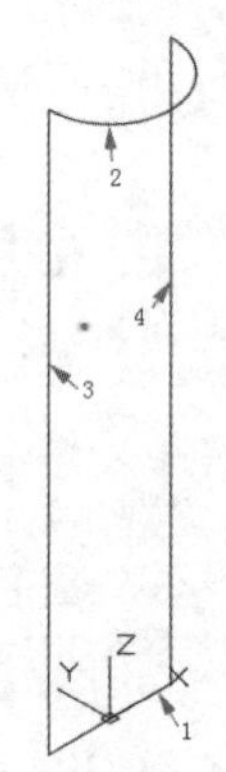

图3-27 绘制直线

（5）单击“三维工具”选项卡“建模”面板中的“边界曲面”按钮，依次选择边界对象，创建边界曲面，命令行提示与操作如下：

```
命令：_edgesurf
当前线框密度：SURFTAB1=20  SURFTAB2=20
选择用作曲面边界的对象1：(选择图3-27中的直线1)
选择用作曲面边界的对象2：(选择图3-27中的圆弧2)
选择用作曲面边界的对象3：(选择图3-27中的直线3)
选择用作曲面边界的对象4：(选择图3-27中的直线4)
```

结果如图3-28所示。

（6）单击“默认”选项卡“修改”面板中的

“镜像”按钮 ，将上一步创建的曲面以第一条直线为镜像线进行镜像。

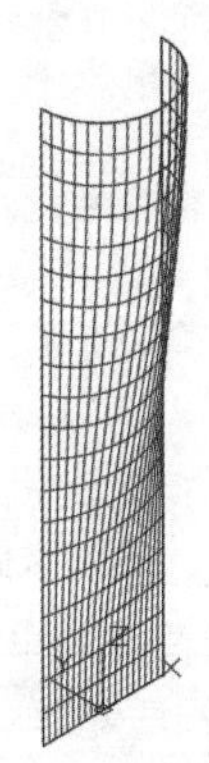

图3-28 创建边界曲面

（7）单击“默认”选项卡“绘图”面板中的“圆”按钮，绘制以（0，0，90）为圆心、半径为“10”的圆；重复“圆”命令，绘制以（0，0，93）为圆心、半径为“5”的圆。

（8）单击“三维工具”选项卡的“建模”面板中的“直纹曲面”按钮，依次选择上一步创建的圆创建直纹曲面，命令行提示与操作如下：

```
命令：_rulesurf
当前线框密度：SURFTAB1=20
选择第一条定义曲线：(选择半径为10的圆)
选择第二条定义曲线：(选择半径为5的圆)
```

结果如图3-29所示。

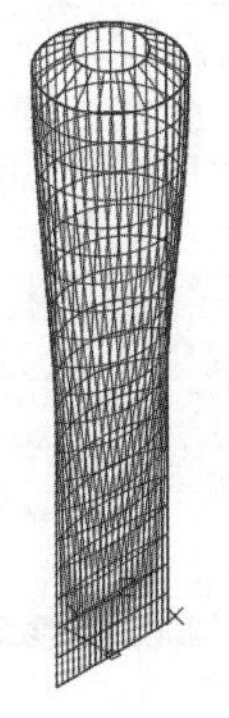

图3-29 创建直纹曲面1

（9）单击“默认”选项卡“绘图”面板中的“圆”按钮，绘制以（0，0，95）为圆心、半径为“5”的圆。

（10）单击“三维工具”选项卡的“建模”面板中的“直纹曲面”按钮，依次选择最上端的两个圆创建直纹曲面，如图3-30所示。

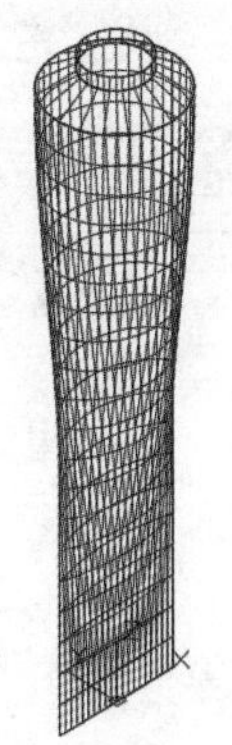

图3-30 创建直纹曲面2

（11）选择菜单栏中的“绘图”→“建模”→“曲面”→“平面”命令，选择最上端的圆创建平面曲面。完成牙膏壳的绘制，消隐后如图3-25所示。

3.2.7 旋转网格

执行方式

命令行：REVSURF

菜单栏：绘图→建模→网格→旋转网格

操作步骤

命令行提示如下：

```
命令：REVSURF↙
当前线框密度：SURFTAB1=6  SURFTAB2=6
选择要旋转的对象：(选择已绘制好的直线、圆弧、圆或二维、三维多段线)
选择定义旋转轴的对象：(选择已绘制好用作旋转轴的直线或是开放的二维、三维多段线)
指定起点角度<0>：(输入值或直接按Enter键接受默认值)
指定夹角(+=逆时针，-=顺时针)<360>：(输入值或直接按Enter键接受默认值)
```

选项说明

（1）起点角度。如果设置为非零值，平面从生成路径曲线位置的某个偏移处开始旋转。

（2）夹角。用来指定绕旋转轴旋转的角度。

（3）系统变量SURFTAB1和SURFTAB2。用来控制生成网格的密度。SURFTAB1指定在旋转方向上绘制的网格线数目，SURFTAB2指定绘制的网格线数目进行几等分。

图3-31所示为利用REVSURF命令绘制的花瓶。

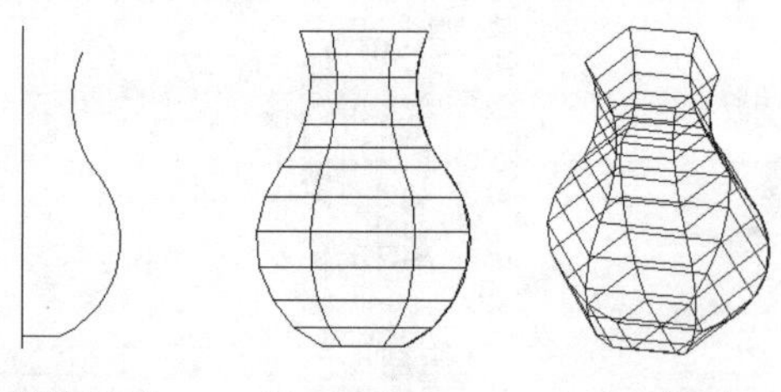
（a）轴线和回转轮廓线　（b）回转面　（c）调整视角

图3-31　绘制花瓶

3.2.8 实例——花盆

本实例绘制的花盆如图3-32所示。

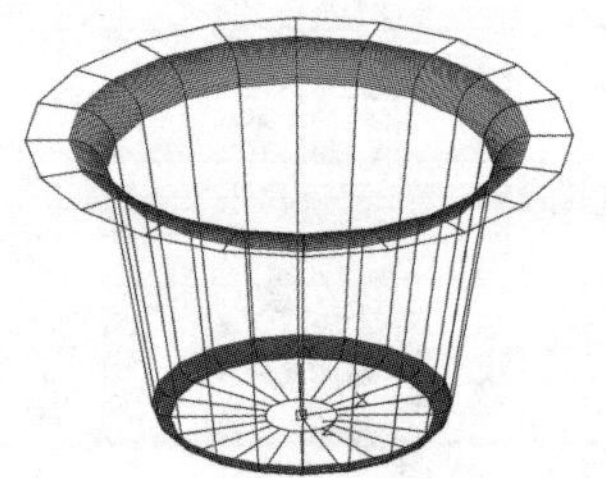
图3-32　花盆

（1）在命令行中输入“SURFTAB1”和“SURFTAB2”命令，设置曲面的线框密度为“20”。

（2）单击“默认”选项卡的“绘图”面板中的“直线”按钮，以坐标原点为起点绘制一条竖直线。

（3）单击“默认”选项卡的“绘图”面板中的“多段线”按钮，绘制花盆的轮廓线，命令行提示与操作如下：

```
命令：_pline
指定起点：10,0↙
当前线宽为 0.0000
指定下一个点或 [圆弧(A)/半宽(H)/长度(L)/放弃(U)/宽度(W)]：<正交 开> @30,0↙
指定下一点或 [圆弧(A)/闭合(C)/半宽(H)/长度(L)/放弃(U)/宽度(W)]：@80<80↙
指定下一点或 [圆弧(A)/闭合(C)/半宽(H)/长度(L)/放弃(U)/宽度(W)]：@20,0↙
指定下一点或 [圆弧(A)/闭合(C)/半宽(H)/长度(L)/放弃(U)/宽度(W)]：↙
```

结果如图3-33所示。

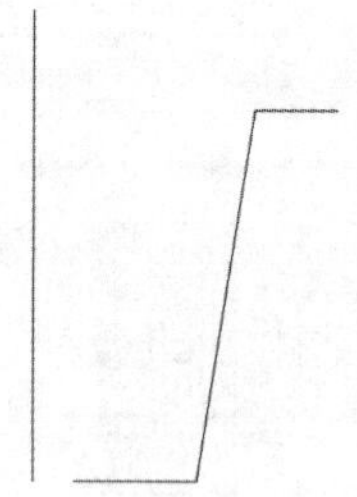
图3-33　绘制花盆轮廓

（4）单击“默认”选项卡的“修改”面板中的“圆角”按钮，设置圆角半径为“10”，对斜直线与上端水平线进行圆角处理；重复“圆角”命令，设置圆角半径为“5”，对下端水平直线与斜直线进行圆角处理，结果如图3-34所示。

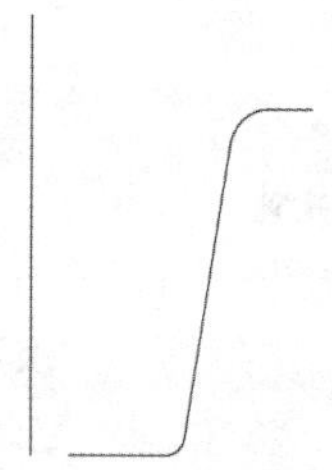
图3-34　圆角

（5）选择菜单栏中的“绘图”→“建模”→“网格”→“旋转网格”命令，将圆角和多段线绕竖直线旋转360°，命令行提示与操作如下：

```
命令：_revsurf
当前线框密度：SURFTAB1=20  SURFTAB2=20
选择要旋转的对象：(选择多段线)
选择定义旋转轴的对象：(选择竖直线)
指定起点角度 <0>：↙
指定夹角 (+=逆时针，-=顺时针) <360>:360↙
```

结果如图3-35所示。

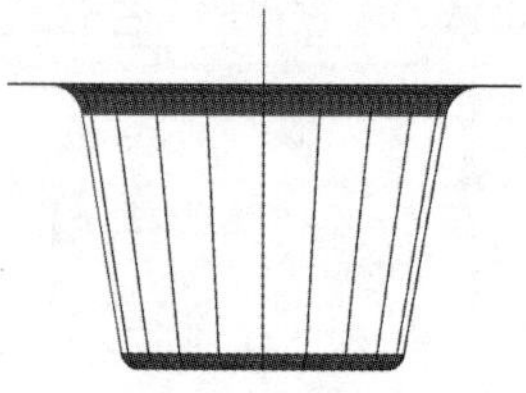
图3-35　旋转曲面

（6）单击“视图”选项卡的“导航”面板中的“自由动态观察”按钮，调整视图方向，并删除竖直线，结果如图3-32所示。

3.3 绘制基本三维网格

三维基本图元与三维基本形体表面类似，有长方体表面、圆柱体表面、棱锥面、楔体表面、球面、圆锥面、圆环面等。

3.3.1 绘制网格长方体

执行方式

命令行：MESH

菜单：绘图→建模→网格→图元→长方体

工具栏：平滑网格图元→网格长方体

功能区：单击“三维工具”选项卡“建模”面板中的“网格长方体”按钮

操作步骤

```
命令：_MESH
当前平滑度设置为：0
输入选项 [长方体(B)/圆锥体(C)/圆柱体(CY)/棱锥体(P)/球体(S)/楔体(W)/圆环体(T)/设置(SE)] <长方体>:_BOX
指定第一个角点或 [中心(C)]:(给出长方体角点)↙
指定其他角点或 [立方体(C)/长度(L)]:(给出长方体其他角点)↙
指定高度或 [两点(2P)]: (给出长方体的高度)↙
```

选项说明

(1)指定第一个角点。设置网格长方体的第一个角点。

(2)中心。设置网格长方体的中心。

(3)立方体。将长方体的所有边设置为长度相等。

(4)宽度。设置网格长方体沿*Y*轴的宽度。

(5)高度。设置网格长方体沿*Z*轴的高度。

(6)两点(高度)。基于两点之间的距离设置高度。

3.3.2 实例——三阶魔方

本实例绘制图3-36所示的三阶魔方。

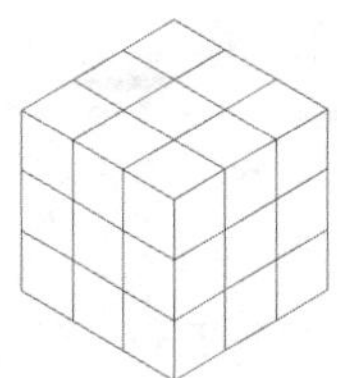

图 3-36 三阶魔方

(1)单击“可视化”选项卡“命名视图”面板中的“西南等轴测”按钮，设置视图方向。

(2)单击“三维工具”选项卡“建模”面板中的“网格长方体”按钮，绘制长度、宽度和高度均为“56”的网格长方体，结果如图3-37所示。命令行中的提示与操作如下：

```
命令：_MESH
当前平滑度设置为：0
输入选项 [长方体(B)/圆锥体(C)/圆柱体(CY)/棱锥体(P)/球体(S)/楔体(W)/圆环体(T)/设置(SE)] <长方体>:_BOX
指定第一个角点或 [中心(C)]:(适当指定一点)
指定其他角点或 [立方体(C)/长度(L)]: L↙
指定长度：<正交 开> 56↙
指定宽度：56↙
指定高度或 [两点(2P)] <47.88>: 56↙
```

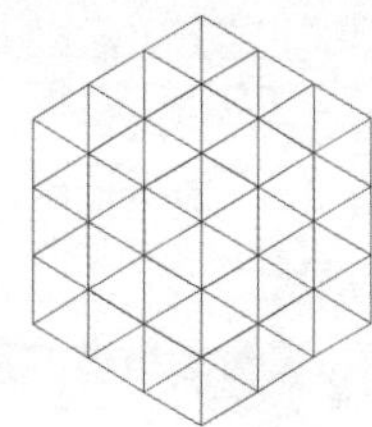

图 3-37 绘制网格长方体

(3)用“消隐”命令(HIDE)对图形进行处理，最终结果如图3-36所示。

3.3.3 绘制网格圆锥体

执行方式

命令行：MESH

菜单：绘图→建模→网格→图元→圆锥体

工具栏：平滑网格图元→ 网格圆锥体

功能区：单击“三维工具”选项卡“建模”面板中的“网格圆锥体”按钮

操作步骤

```
命令：_MESH
当前平滑度设置为：0
```

```
输入选项 [长方体(B)/圆锥体(C)/圆柱体(CY)/棱锥体(P)/球体(S)/楔体(W)/圆环体(T)/设置(SE)] <长方体>: _CONE
指定底面的中心点或 [三点(3P)/两点(2P)/切点、切点、半径(T)/椭圆(E)]: ↙
指定底面半径或 [直径(D)]: ↙
指定高度或 [两点(2P)/轴端点(A)/顶面半径(T)] <100.0000>: ↙
```

选项说明

（1）指定底面的中心点。设置网格圆锥体底面的中心点。

（2）三点（3P）。通过指定3点设置网格圆锥体的位置、大小和平面。

（3）两点（直径）。根据两点定义网格圆锥体的底面直径。

（4）切点、切点、半径。定义具有指定半径，且半径与两个对象相切的网格圆锥体的底面。

（5）椭圆。指定网格圆锥体的椭圆底面。

（6）指定底面半径。设置网格圆锥体底面的半径。

（7）直径。设置网格圆锥体的底面直径。

（8）指定高度。设置网格圆锥体沿与底面所在平面垂直的轴的高度。

（9）两点（高度）。通过指定两点之间的距离定义网格圆锥体的高度。

（10）轴端点。设置圆锥体的顶点的位置，或圆锥体平截面顶面的中心位置。轴端点的方向可以为三维空间中的任意位置。

（11）顶面半径。指定创建圆锥体平截面时圆锥体的顶面半径。

3.3.4 实例——销 3×16

本实例绘制图3-38所示的销3×16。

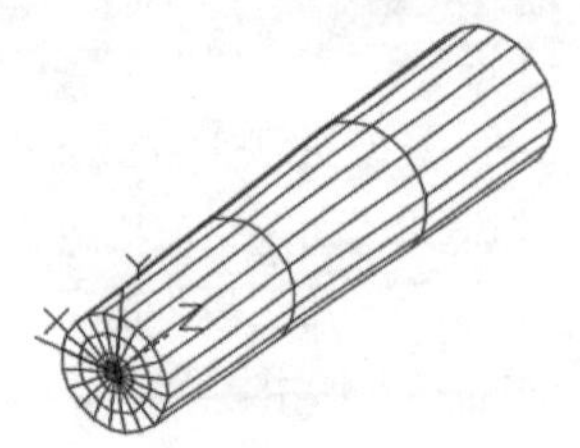

图 3-38 销 3×16

（1）在命令行中输入“DIVMESHCONEAXIS”命令，设置绕网格圆锥体底面周长的细分数目为“20”。

（2）单击“可视化”选项卡“命名视图”面板中的“西南等轴测”按钮，将当前视图设置为西南等轴测视图。

（3）单击“三维工具”选项卡“建模”面板中的“网格圆锥体”按钮，绘制销3×16，命令行提示与操作如下：

```
命令: _MESH
当前平滑度设置为: 0
输入选项 [长方体(B)/圆锥体(C)/圆柱体(CY)/棱锥体(P)/球体(S)/楔体(W)/圆环体(T)/设置(SE)] <圆柱体>: _CONE
指定底面的中心点或 [三点(3P)/两点(2P)/切点、切点、半径(T)/椭圆(E)]: 0,0,0↙
指定底面半径或 [直径(D)] <54.6396>: 1.5↙
指定高度或 [两点(2P)/轴端点(A)/顶面半径(T)] <45.8328>: T↙
指定顶面半径 <0.0000>: 1.8↙
指定高度或 [两点(2P)/轴端点(A)] <45.8328>: 16↙
```

结果如图3-39所示。

图 3-39 绘制圆锥体销

（4）单击“视图”选项卡“导航”面板上的“动态观察”下拉列表中的“自由动态观察”按钮，将观察角度进行调整，单击“视图”选项卡“视觉样式”面板中的“隐藏”按钮，最终完成销3×16的创建，如图3-38所示。

3.3.5 绘制网格圆柱体

执行方式

命令行：MESH

菜单：绘图→建模→网格→图元→圆柱体

工具栏：平滑网格图元→网格圆柱体

功能区：单击“三维工具”选项卡“建模”面

板中的“网格圆柱体”按钮

操作步骤

```
命令：_MESH
当前平滑度设置为：0
输入选项 [长方体（B）/圆锥体（C）/圆柱体（CY）/棱锥体（P）/球体（S）/楔体（W）/圆环体（T）/设置（SE）] <圆柱体>：_CYLINDER
指定底面的中心点或 [三点(3P)/两点(2P)/切点、切点、半径（T）/椭圆（E）]：↙
指定底面半径或 [直径（D）]：↙
指定高度或 [两点（2P）/轴端点（A）]：↙
```

选项说明

（1）指定底面的中心点。设置网格圆柱体底面的中心点。

（2）三点（3P）。通过指定三点设置网格圆柱体的位置、大小和平面。

（3）两点（直径）。通过指定两点设置网格圆柱体底面的直径。

（4）切点、切点、半径。定义具有指定半径，且半径与两个对象相切的网格圆柱体的底面，如果指定的条件可生成多种结果，则将使用最近的切点。

（5）椭圆。指定网格椭圆的椭圆底面。

（6）指定底面半径。设置网格圆柱体底面的半径。

（7）直径。设置圆柱体的底面直径。

（8）指定高度。设置网格圆柱体沿与底面所在平面垂直的轴的高度。

（9）轴端点。设置圆柱体顶面位置。轴端点的方向可以为三维空间中的任意位置。

（10）两点（高度）。通过指定两点之间的距离定义网格圆柱体的高度。

3.3.6 实例——石桌

本实例绘制图3-40所示的石桌。

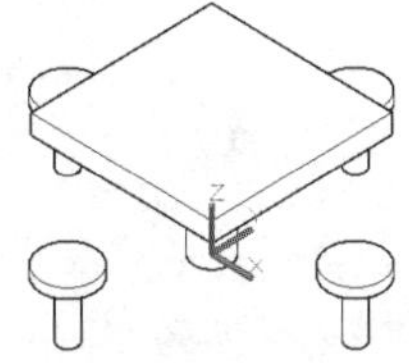

图3-40 石桌

（1）在命令行中输入“DIVMESHCYLAXIS”命令，设置网格圆柱体底面周长的细分数目为“20”。

（2）单击“可视化”选项卡“命名视图”面板中的“西南等轴测”按钮，将当前视图设置为西南等轴测视图。

（3）单击“三维工具”选项卡“建模”面板中的“网格圆柱体”按钮，绘制圆柱体的桌柱，命令行提示与操作如下：

```
命令：_MESH
当前平滑度设置为：0
输入选项 [长方体(B)/圆锥体(C)/圆柱体(CY)/棱锥体(P)/球体(S)/楔体(W)/圆环体(T)/设置(SE)] <圆锥体>：_CYLINDER
指定底面的中心点或 [三点(3P)/两点(2P)/切点、切点、半径(T)/椭圆(E)]：0,0,0↙
指定底面半径或 [直径(D)] <1.5000>：10↙
指定高度或 [两点(2P)/轴端点(A)] <16.0000>：60↙
```

（4）单击“三维工具”选项卡“建模”面板中的“网格长方体”按钮，绘制中心点坐标为（0，0，60）、长度为“100”、宽度为“100”、高度为“10”的长方体的桌面，如图3-41所示。

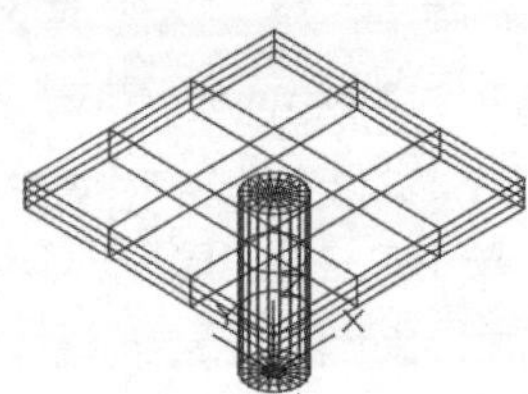

图3-41 绘制桌面

（5）单击“三维工具”选项卡“建模”面板中的“网格圆柱体”按钮，绘制底面中心点为（80，0，0）、半径为“5”、高为“30”的圆柱体；绘制底面中心点为（80，0，30）、半径为“15”、高为“5”的圆柱体的桌凳。

（6）单击“可视化”选项卡“命名视图”面板中的“东南等轴测”按钮，将当前视图切换到东南等轴测视图，绘制结果如图3-42所示。

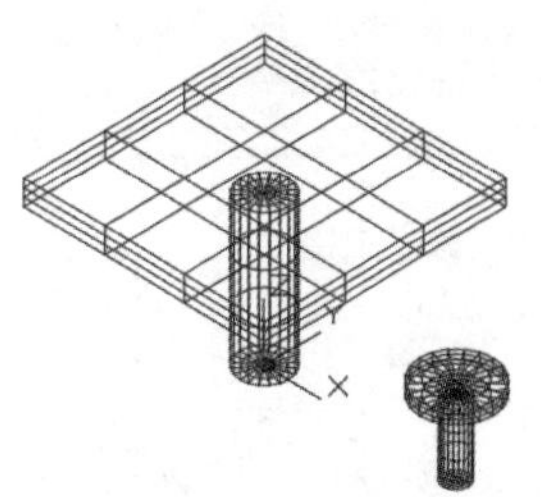

图3-42 绘制桌凳

（7）单击“默认”选项卡“修改”面板中的“环形阵列”按钮，以原点为阵列中心点，将桌凳进行阵列操作，设置阵列的项目数为“4”，结果如图3-43所示。

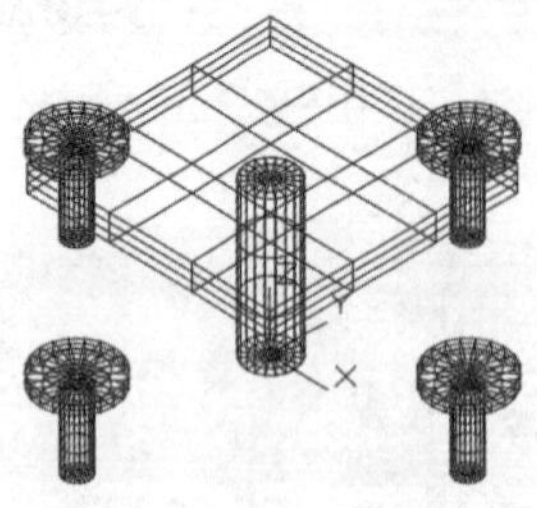

图3-43 阵列桌凳

（8）单击“视图”选项卡“视觉样式”面板中的“隐藏”按钮，将“视觉样式”设置为“隐藏”，最终完成石桌的创建，如图3-40所示。

3.3.7 绘制网格棱锥体

执行方式

命令行：MESH

菜单：绘图→建模→网格→图元→棱锥体

工具栏：平滑网格图元→网格棱锥体

功能区：单击“三维工具”选项卡“建模”面板中的“网格棱锥体”按钮

操作步骤

```
命令：_MESH
当前平滑度设置为：0
输入选项 [长方体(B)/圆锥体(C)/圆柱体(CY)/棱锥体(P)/球体(S)/楔体(W)/圆环体(T)/设置(SE)] <圆柱体>：_PYRAMID
4 个侧面 外切
指定底面的中心点或 [边(E)/侧面(S)]：↙
指定底面半径或 [内接(I)]：↙
指定高度或 [两点(2P)/轴端点(A)/顶面半径(T)]：↙
```

选项说明

（1）外切。指定棱锥体的底面是外切，还是绕底面半径绘制。

（2）指定底面的中心点。设置网格棱锥体底面的中心点。

（3）边。设置网格棱锥体底面一条边的长度，如指定的两点所指明的长度一样。

（4）侧面。设置网格棱锥体的侧面数。输入3～32之间的正值。

（5）指定底面半径。设置网格棱锥体底面的半径。

（6）内接。指定网格棱锥体的底面是内接，还是绘制在底面半径内。

（7）指定高度。设置网格棱锥体沿与底面所在的平面垂直的轴的高度。

（8）两点（高度）。通过指定两点之间的距离定义网格圆柱体的高度。

（9）轴端点。设置棱锥体顶点的位置或棱锥体平截面顶面的中心位置。轴端点的方向可以为三维空间中的任意位置。

（10）顶面半径。指定创建棱锥体平截面时网格棱锥体的顶面半径。

3.3.8 实例——铅笔

本实例绘制图3-44所示的铅笔。

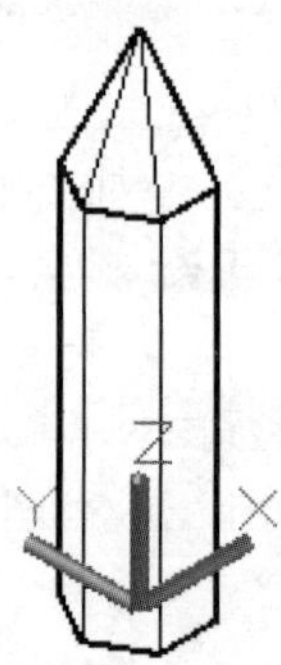

图3-44 铅笔

（1）单击“可视化”选项卡“命名视图”面板中的“西南等轴测”按钮，将当前视图设置为西南等轴测视图。

（2）单击“三维工具”选项卡“建模”面板中的“网格棱锥体”按钮，绘制网格棱锥体1，命令行提示与操作如下：

```
命令：_MESH
当前平滑度设置为：0
输入选项 [长方体(B)/圆锥体(C)/圆柱体(CY)/棱锥体(P)/球体(S)/楔体(W)/圆环体(T)/设置(SE)] <棱锥体>：_PYRAMID
4 个侧面 外切
指定底面的中心点或 [边(E)/侧面(S)]：S↙
输入侧面数 <4>：6↙
```

```
指定底面的中心点或 [边(E)/侧面(S)]: 0,0,0↙
指定底面半径或 [内接(I)]: 0.4↙
指定高度或 [两点(2P)/轴端点(A)/顶面半径(T)]: T↙
指定顶面半径 <0.0000>: 0.4↙
指定高度或 [两点(2P)/轴端点(A)]: 3↙
```

结果如图3-45所示。

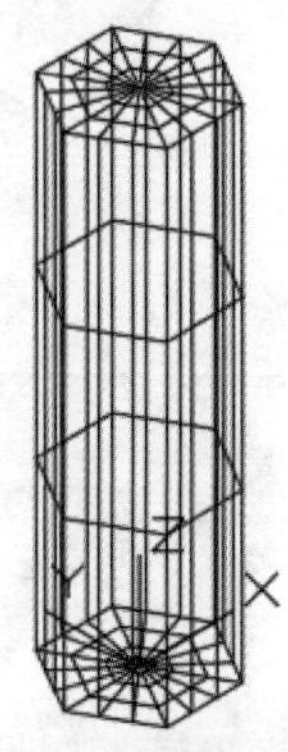

图3-45 绘制网格棱锥体

（3）单击“三维工具”选项卡“建模”面板中的“网格棱锥体”按钮，绘制网格棱锥体2，命令行提示与操作如下：

```
命令：_MESH
当前平滑度设置为：0
输入选项 [长方体(B)/圆锥体(C)/圆柱体(CY)/棱锥体(P)/球体(S)/楔体(W)/圆环体(T)/设置(SE)] <棱锥体>: _PYRAMID
4 个侧面 外切
指定底面的中心点或 [边(E)/侧面(S)]: S↙
输入侧面数 <4>: 6↙
指定底面的中心点或 [边(E)/侧面(S)]: 0,0,3↙
指定底面半径或 [内接(I)]: 0.4↙
指定高度或 [两点(2P)/轴端点(A)/顶面半径(T)]: 1↙
```

（4）单击“视图”选项卡“视觉样式”面板中的“隐藏”按钮，将“视觉样式”设置为“隐藏”，最终完成铅笔的创建，如图3-44所示。

3.3.9 绘制网格球体

执行方式

命令行：MESH

菜单：绘图→建模→网格→图元→球体

工具栏：平滑网格图元→网格球体

功能区：单击“三维工具”选项卡“建模”面板中的“网格球体”按钮

操作步骤

```
命令：_MESH
当前平滑度设置为：0
输入选项 [长方体(B)/圆锥体(C)/圆柱体(CY)/棱锥体(P)/球体(S)/楔体(W)/圆环体(T)/设置(SE)] <棱锥体>: _SPHERE
指定中心点或 [三点(3P)/两点(2P)/切点、切点、半径(T)]: ↙
指定半径或 [直径(D)] <214.2721>: ↙
```

选项说明

（1）指定中心点。设置球体的中心点。

（2）三点（3P）。通过指定三点设置网格球体的位置、大小和平面。

（3）两点（直径）。通过指定两点设置网格球体的直径。

（4）切点、切点、半径。使用与两个对象相切的指定半径定义网格球体。

3.3.10 实例——球型灯

本实例绘制图3-46所示的球型灯。

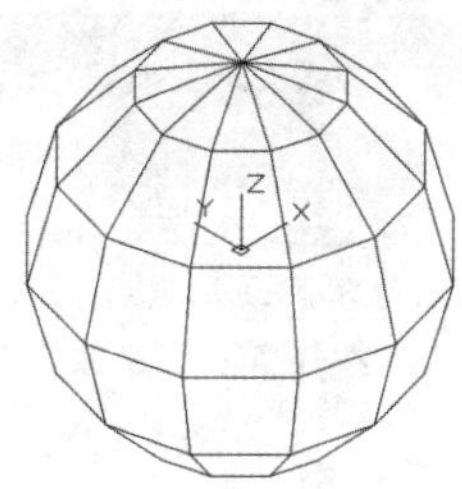

图3-46 球型灯

（1）单击“可视化”选项卡“命名视图”面板中的“西南等轴测”按钮，将当前视图设置为西南等轴测视图。

（2）单击“三维工具”选项卡“建模”面板中的“网格球体”按钮，指定半径为“120”，绘制球型灯，结果如图3-47所示。命令行提示与操作如下：

```
命令：_MESH
当前平滑度设置为：0
输入选项 [长方体(B)/圆锥体(C)/圆柱体(CY)/棱锥体(P)/球体(S)/楔体(W)/圆环体(T)/设置(SE)] <棱锥体>: _SPHERE
指定中心点或 [三点(3P)/两点(2P)/切点、切点、半径(T)]:0,0,0↙
指定半径或 [直径(D)] <0.82>: 120↙
```

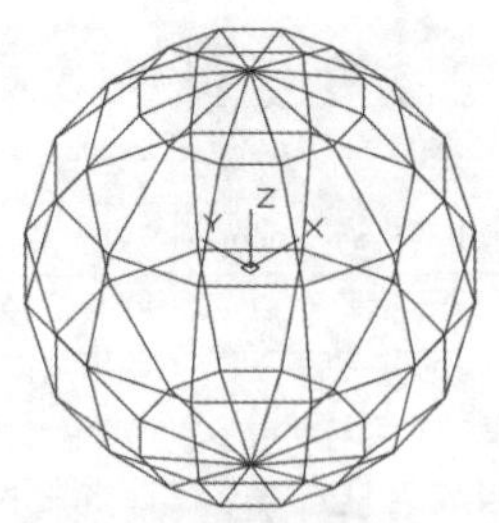

图 3-47　绘制网格球体

（3）单击“视图”选项卡“视觉样式”面板中的“隐藏”按钮，对图形进行消隐处理。完成球型灯的创建，结果如图3-46所示。

3.3.11 绘制网格楔体

执行方式

命令行：MESH

菜单：绘图→建模→网格→图元→楔体

工具栏：平滑网格图元→网格楔体

功能区：单击“三维工具”选项卡“建模”面板中的“网格楔体”按钮

操作步骤

```
命令：_MESH
当前平滑度设置为：0
输入选项 [长方体(B)/圆锥体(C)/圆柱体(CY)/棱锥体(P)/球体(S)/楔体(W)/圆环体(T)/设置(SE)] <楔体>: _WEDGE
指定第一个角点或 [中心(C)]: ↙
指定其他角点或 [立方体(C)/长度(L)]: ↙
指定高度或 [两点(2P)] <84.3347>: ↙
```

选项说明

（1）指定第一个角点。设置网格楔体底面的第一个角点。

（2）中心。设置网格楔体底面的中心点。

（3）立方体。将网格楔体底面的所有边设为长度相等。

（4）长度。设置网格楔体底面沿X轴的长度。

（5）宽度。设置网格长方体沿Y轴的宽度。

（6）高度。设置网格楔体的高度。输入正值将沿当前UCS的Z轴正方向绘制高度，输入负值将沿Z轴负方向绘制高度。

（7）两点（高度）。通过指定两点之间的距离定义网格楔体的高度。

3.3.12 实例——缺角平斜块

本实例绘制图3-48所示的缺角平斜块。

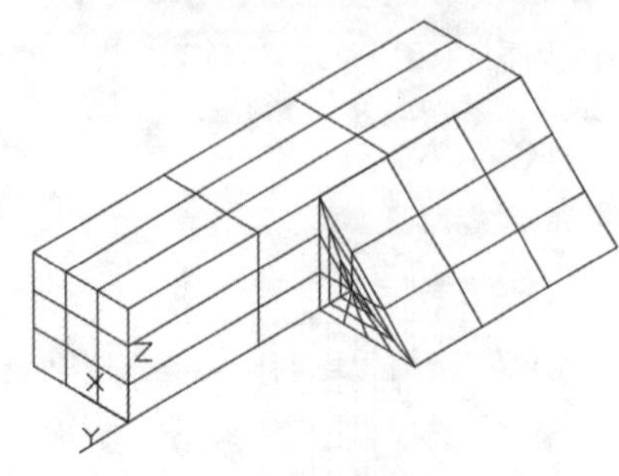

图 3-48　缺角平斜块

（1）单击“可视化”选项卡“命名视图”面板中的“西南等轴测”按钮，将视图切换到西南等轴测视图。

（2）单击“三维工具”选项卡“建模”面板中的“网格长方体”按钮，绘制以原点为第一个角点、长为“41”、宽为“10”、高为“10”的网格长方体，结果如图3-49所示。

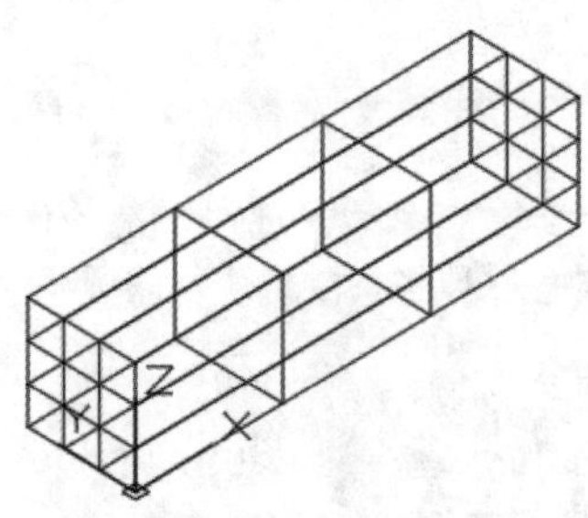

图 3-49　绘制网格长方体

（3）在命令行输入“UCS”命令，将坐标系绕Z轴旋转90°。

（4）单击“三维工具”选项卡“建模”面板中的“网格楔体”按钮，绘制网格楔体，命令行中的提示与操作如下：

```
命令：_MESH
当前平滑度设置为：0
输入选项 [长方体(B)/圆锥体(C)/圆柱体(CY)/棱锥体(P)/球体(S)/楔体(W)/圆环体(T)/设置(SE)] <长方体>: _WEDGE
指定第一个角点或 [中心(C)：(选择网格长方体右下端点为第一角点)
指定其他角点或 [立方体(C)/长度(L)]: L↙
指定长度 <41.0000>: 10↙
指定宽度 <10.0000>: 21↙
指定高度或 [两点(2P)] <10.0000>: 10↙
```

结果如图3-50所示。

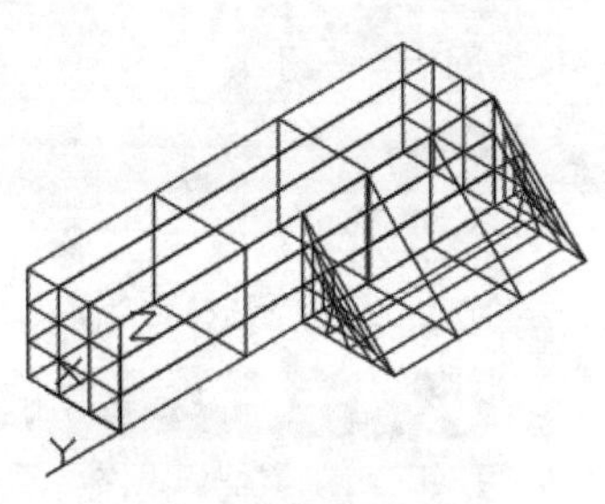

图 3-50 绘制网格楔体

(5)单击“视图”选项卡“视觉样式”面板中的“隐藏”按钮，将“视觉样式”设置为“隐藏”，最终结果如图3-48所示。

3.3.13 绘制网格圆环体

执行方式

命令行：MESH

菜单：绘图→建模→网格→图元→圆环体

工具栏：平滑网格图元→网格圆环体

功能区：单击“三维工具”选项卡“建模”面板中的“网格圆环体”按钮

操作步骤

```
命令：_MESH
当前平滑度设置为：0
输入选项 [长方体(B)/圆锥体(C)/圆柱体(CY)/棱锥体(P)/球体(S)/楔体(W)/圆环体(T)/设置(SE)] <楔体>: _TORUS
指定中心点或 [三点(3P)/两点(2P)/切点、切点、半径(T)]:
指定半径或 [直径(D)] <30.6975>:
```

选项说明

(1)指定中心点。设置网格圆环体的中心点。

(2)三点(3P)。通过指定三点设置网格圆环体的位置、大小和旋转面(圆管的路径通过指定的点)。

(3)两点(圆环体直径)。通过指定两点设置网格圆环体的直径(直径从圆环体的边开始计算，直至圆管的对边)。

(4)切点、切点、半径。定义与两个对象相切的网格圆环体半径。

(5)指定半径(圆环体)。设置网格圆环体的半径，从圆环体的中心点开始测量，直至圆管的中心点。

(6)直径(圆环体)。设置网格圆环体的直径。

(7)指定圆管半径。设置沿网格圆环体路径扫掠的轮廓半径。

(8)两点(圆管半径)。基于指定的两点之间的距离设置圆管轮廓的半径。

(9)圆管直径。设置网格圆环体圆管轮廓的直径。

3.3.14 实例——壁灯

本实例绘制图3-51所示的壁灯。

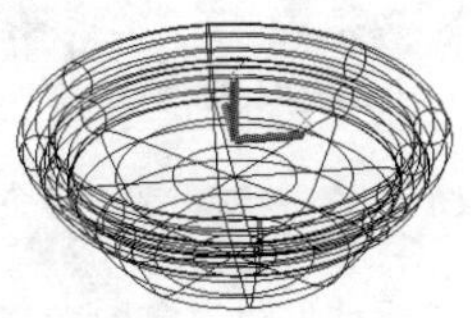
图 3-51 壁灯

(1)在命令行中输入“SURFTAB1”和“SURFTAB2”命令，设置对象上每个曲面的轮廓线数目为“10”。

(2)单击“可视化”选项卡“命名视图”面板中的“西南等轴测”按钮，切换到西南等轴测视图。

(3)单击“三维工具”选项卡“建模”面板中的“网格圆环体”按钮，创建网格圆环体1。命令行中的提示与操作如下：

```
命令：_MESH
当前平滑度设置为：0
输入选项 [长方体(B)/圆锥体(C)/圆柱体(CY)/棱锥体(P)/球体(S)/楔体(W)/圆环体(T)/设置(SE)] <圆柱体>: _TORUS
指定中心点或 [三点(3P)/两点(2P)/切点、切点、半径(T)]: 0,0,0↙
指定半径或 [直径(D)] <187.3118>: 50↙
指定圆管半径或 [两点(2P)/直径(D)]: 5↙
```

结果如图3-52所示。

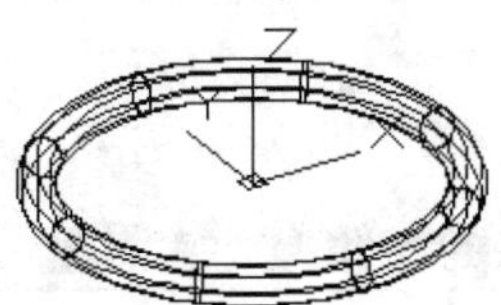

图 3-52 绘制网格圆环体 1

重复“网格圆环体”命令，绘制网格圆环体2，命令行中的提示与操作如下：

```
命令：_MESH
当前平滑度设置为：0
```

```
输入选项 [长方体(B)/圆锥体(C)/圆柱体(CY)/棱锥体(P)/球体(S)/楔体(W)/圆环体(T)/设置(SE)] <圆环体>: _TORUS
指定中心点或 [三点(3P)/两点(2P)/切点、切点、半径(T)]: 0,0,-8↙
指定半径或 [直径(D)] <187.3118>: 45↙
指定圆管半径或 [两点(2P)/直径(D)]: 4.5↙
```

结果如图3-53所示。

图3-53 绘制网格圆环体2

（4）单击“三维工具”选项卡“建模”面板中的“网格圆锥体”按钮，创建圆锥体。命令行中的提示与操作如下：

```
命令: _MESH
当前平滑度设置为: 0
输入选项 [长方体(B)/圆锥体(C)/圆柱体(CY)/棱锥体(P)/球体(S)/楔体(W)/圆环体(T)/设置(SE)] <圆锥体>: _CONE
指定底面的中心点或 [三点(3P)/两点(2P)/切点、切点、半径(T)/椭圆(E)]: 0,0,-9.5↙
指定底面半径或 [直径(D)] <187.3118>: 45↙
指定高度或 [两点(2P)/轴端点(A)/顶面半径(T)] <17.2705>: T↙
指定顶面半径 <0.0000>: 30↙
指定高度或 [两点(2P)/轴端点(A)] <17.2705>: -20↙
```

结果如图3-54所示。

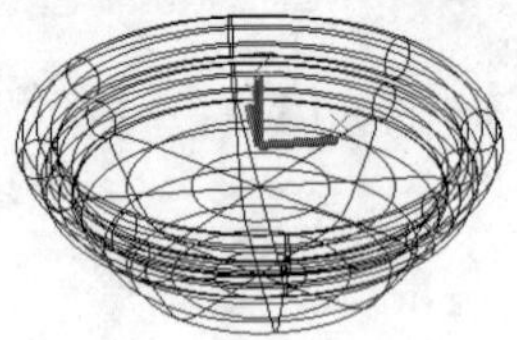

图3-54 壁灯

3.3.15 通过转换创建网格

执行方式

命令行：MESH

菜单：绘图→建模→网格→平滑网格

工具栏：平滑网格→平滑对象

功能区：单击“三维工具”选项卡“网格”面板中的“转换为网格”按钮

操作步骤

```
命令: _MESHSMOOTH
选择要转换的对象:(三维实体或曲面)
```

选项说明

（1）可以转换的对象类型。将图元实体对象转换为网格时可获得最稳定的结果。也就是说，结果网格与原实体模型的形状非常相似。尽管转换结果可能与期望的有所差别，但也可转换为其他类型的对象。这些对象包括扫掠曲面和实体、传统多边形和多面网格对象、面域、闭合多段线和使用创建的对象。对于上述对象，通常可以通过调整转换设置来改善结果。

（2）调整网格转换设置。如果转换未获得预期效果，请尝试更改“网格镶嵌选项”对话框中的设置。例如，如果“平滑网格优化”网格类型使转换不正确，可以将镶嵌形状设置为“三角形”或“主要象限点”。

还可以通过设置新面的最大距离偏移、角度、宽高比和边长来控制与原形状的相似程度。下例显示了转换为网格的三维实体模型。对已优化后的网格版本进行平滑处理，但其他两个转换的平滑度为零。但是，请注意，镶嵌值较小的主要象限点转换会创建与原版本最相似的网格对象。对此对象进行平滑处理时，会进一步改善其外观。

3.3.16 实例——纽扣

本实例将纽扣实体模型转换为图3-55所示的网格纽扣。

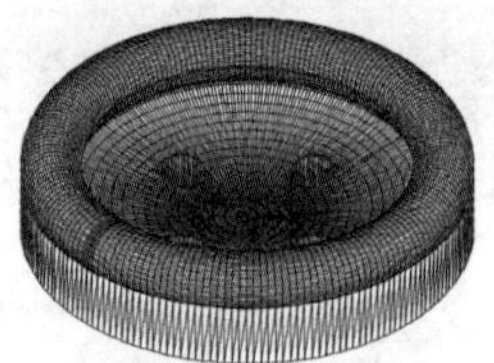

图3-55 网格纽扣

（1）打开图形文件“纽扣.dwg”，从配套资源中的“源文件\第3章”中选择“纽扣.dwg”文件，单击“打开”按钮。单击“视图”选项卡“视觉样式”面板中的“隐藏”按钮，消隐后如图3-56所示。

在转换为三维网格之前，可以通过单击三维工具选项卡，网格面板右下角的下箭头，打开“网格镶嵌选项”对话框，在该对话框中将网格类型设置为“三角形”，新面之间的最大角度设置为“0”，其他参数设置为适当值即可。

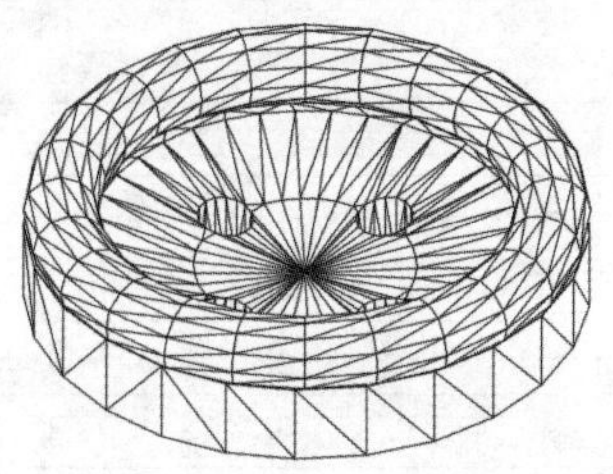

图 3-56 纽扣实体模型

（2）单击“三维工具”选项卡“网格”面板中的“转换为网格”按钮，将纽扣实体模型转换为网格，命令行中的提示与操作如下：

```
命令：_MESHSMOOTH
选择要转换的对象：找到 1 个(选择纽扣实体模型)
选择要转换的对象：↙(按Enter键后打开图3-57所示的“平滑网格-选定了非图元对象”对话框，单击“创建网格”选项，完成网格的转换，最终结果如图3-55所示)
```

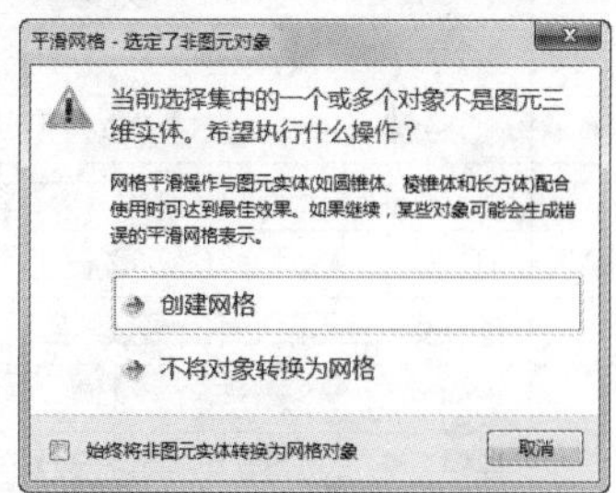

图 3-57 “平滑网格 - 选定了非图元对象”对话框

3.4 综合演练——高跟鞋

本实例绘制图3-58所示的高跟鞋，高跟鞋由鞋面、鞋跟和鞋底3部分组成。首先利用样条曲线、直线、曲面网格等命令绘制鞋面，然后利用样条曲线、曲面网格、曲面修补命令绘制鞋跟，最后利用样条曲线和曲面修补命令绘制鞋底，最终完成高跟鞋的绘制。

图 3-58 高跟鞋

3.4.1 绘制鞋面

1. 创建图层

单击“默认”选项卡的“图层”面板中的“图层特性”按钮，打开“图层特性管理器”面板，创建“曲面模型（鞋面）”“曲面模型（鞋跟）”和“曲面模型（鞋底）”3个图层，将“曲面模型（鞋面）”图层设置为当前图层，如图3-59所示。

2. 创建4条样条曲线

（1）选择菜单栏中的“视图”→“三维视图”→“西南等轴测”命令，将当前视图设置为西南等轴测

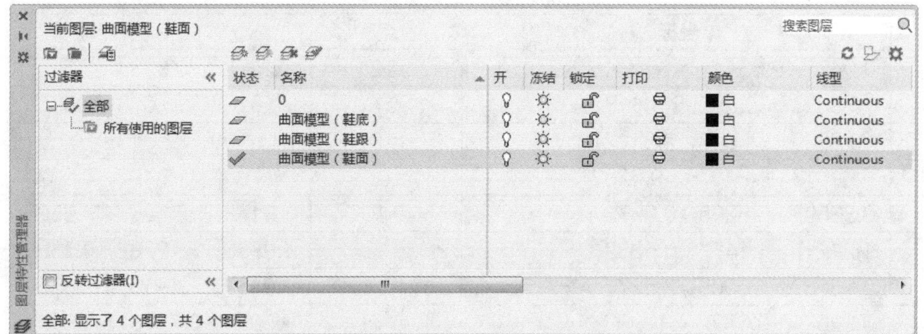

图 3-59 “图层特性管理器”面板

视图。

（2）单击“默认”选项卡的“绘图”面板中的“样条曲线拟合”按钮，绘制样条曲线1，各点的坐标见表3-1。

表3-1　样条曲线1

点	坐标	点	坐标
点1	0.0948，-0.3697，6.858	点2	-0.2121，-0.413，6.7784
点3	-0.7752，-0.8383，5.9116	点4	-0.8436，-1.0828，5.415
点5	-0.914，-1.9186，3.7269	点6	-0.9323，-2.2815，3.0409
点7	-0.9541，-3.3122，2.0538	点8	-0.9038，-3.9471，1.9782
点9	-0.7293，-4.3168，2.0353	点10	0.1345，-4.5456，2.0753
点11	0.7896，-4.3319，2.0391	点12	0.9554，-3.9815，1.9822
点13	1.0005，-3.4556，2.009	点14	0.9889，-2.31，3.001
点15	0.9671，-1.8516，3.8574	点16	0.9133，-1.113，5.3517
点17	0.8698，-0.8855，5.8154	点18	0.3679，-0.422，6.7629
点19	C（闭合）		

结果如图3-60所示。

（3）重复“样条曲线拟合”命令，绘制其余3条闭合的样条曲线，3条样条曲线各点的坐标见表3-2~表3-4。

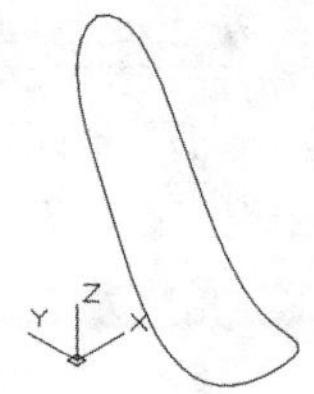

图3-60　样条曲线1

表3-2　样条曲线2

点	坐标	点	坐标
点1	0.0711，0.8625，5.5223	点2	-0.428，0.6982，5.3977
点3	-0.772，-0.5858，4.0908	点4	-0.74，-1.0844，3.3983
点5	-0.7714，-1.8076，2.0864	点6	-0.9428，-3.148，0.4616
点7	-1.0358，-4.2897，0.4227	点8	-0.6451，-5.462，0.5548
点9	0.3193，-6.6924，0.7023	点10	0.8864，-5.506，0.558
点11	1.1071，-4.2658，0.4227	点12	0.9705，-3.1464，0.4538
点13	0.857，-1.8407，2.0035	点14	0.8435，-1.1121，3.3431
点15	0.872，-0.6073，4.0646	点16	0.5314，0.6779，5.3813
点17	C（闭合曲线）		

表3-3　样条曲线3

点	坐标	点	坐标
点1	0.0427，0.8544，5.6824	点2	-0.4723，0.6933，5.5436
点3	-0.8353，-0.6989，4.1107	点4	-0.8264，-1.083，3.596
点5	-0.8659，-1.647，2.6112	点6	-1.0505，-3.2139，0.5571
点7	-1.1613，-4.1076，0.5282	点8	-0.7399，-5.492，0.667
点9	0.3359，-6.8205，0.8373	点10	1.0143，-5.3865，0.6507
点11	1.2121，-4.1477，0.5282	点12	1.0859，-3.2662，0.538
点13	0.9308，-1.6905，2.527	点14	0.9137，-1.113，3.5465
点15	0.9267，-0.632，4.1909	点16	0.5024，0.73，5.5753
点17	C（闭合曲线）		

表3-4 样条曲线4

点	坐标	点	坐标
点1	0.0696，0.5735，6.2413	点2	-0.4385，0.4823，6.1578
点3	-1.0213，-0.628，5.0022	点4	-1.0292，-1.0845，4.352
点5	-1.0569，-1.8566，2.943	点6	-1.1545，-3.148，1.4191
点7	-1.1601，-4.2897，1.3803	点8	-0.7294，-5.2339，1.4896
点9	0.3193，-5.8253，1.5639	点10	0.9563，-5.2293，1.4889
点11	1.2156，-4.2658，1.3803	点12	1.1944，-3.1464，1.4113
点13	1.1246，-1.8407，2.961	点14	1.0807，-1.113，4.2978
点15	1.0665，-0.6252，5.0003	点16	0.5308，0.474，6.1514
点17	C（闭合曲线）		

结果如图3-61所示。

3. 创建连接曲线

单击“默认”选项卡的“绘图”面板中的“样条曲线拟合”按钮，绘制8条样条曲线，各点坐标见表3-5~表3-12。

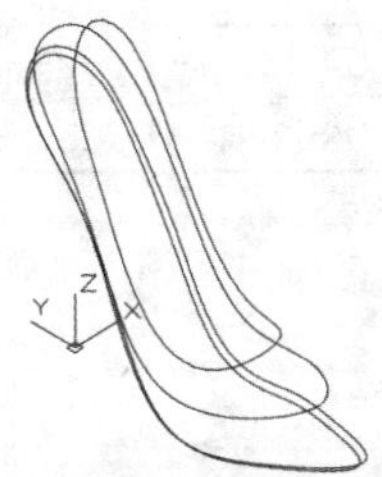

图3-61 绘制样条曲线

表3-5 样条曲线5

点	坐标	点	坐标
点1	0.0844，-0.3697，6.8581	点2	0.0597，0.5737，6.2414
点3	0.0697，0.854，5.6821	点4	0.0526，0.8629，5.5227

表3-6 样条曲线6

点	坐标	点	坐标
点1	0.9133，-1.113，5.3517	点2	1.0807，-1.113，4.2978
点3	0.9137，-1.113，3.5465	点4	0.8435，-1.1121，3.3431

表3-7 样条曲线7

点	坐标	点	坐标
点1	0.9889，-2.31，3.001	点2	1.1494，-2.3142，2.129
点3	0.9596，-2.3096，1.3437	点4	0.877，-2.3098，1.175

表3-8 样条曲线8

点	坐标	点	坐标
点1	0.8759，-4.2068，2.0153	点2	1.2035，-4.4035，1.395
点3	1.209，-4.4067，0.5519	点4	1.1067，-4.3456，0.4311

表3-9 样条曲线9

点	坐标	点	坐标
点1	0.2557，-4.5372，2.0743	点2	0.3124，-5.8268，1.5641
点3	0.3363，-6.8204，0.8373	点4	0.3398，-6.6863，0.7015

表3-10 样条曲线10

点	坐标	点	坐标
点1	-0.7847，-4.2438，2.0211	点2	-1.1195，-4.4822，1.4011
点3	-1.1257，-4.4862，0.5601	点4	-1.0217，-4.4198，0.4363

表3-11 样条曲线11

点	坐标	点	坐标
点1	-0.9323，-2.2815，3.0409	点2	-1.0846，-2.2831，2.1872
点3	-0.9195，-2.2819，1.3622	点4	-0.8226，-2.2847，1.2208

表3-12 样条曲线12

点	坐标	点	坐标
点1	-0.8436，-1.0828，5.415	点2	-1.0292，-1.0845，4.352
点3	-0.8264，-1.083，3.596	点4	-0.74，-1.0844，3.3983

结果如图3-62所示。

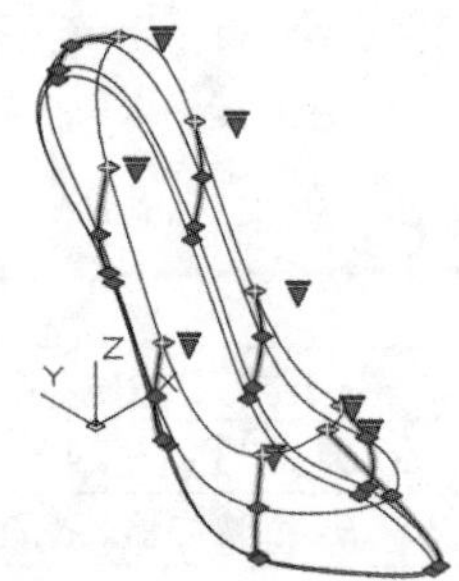

图3-62 绘制连接曲线

4. 绘制直线

单击“默认”选项卡“绘图”面板中的“直线”按钮╱，分别捕捉样条曲线6和样条曲线8的起点和端点绘制2条直线，结果如图3-63所示。

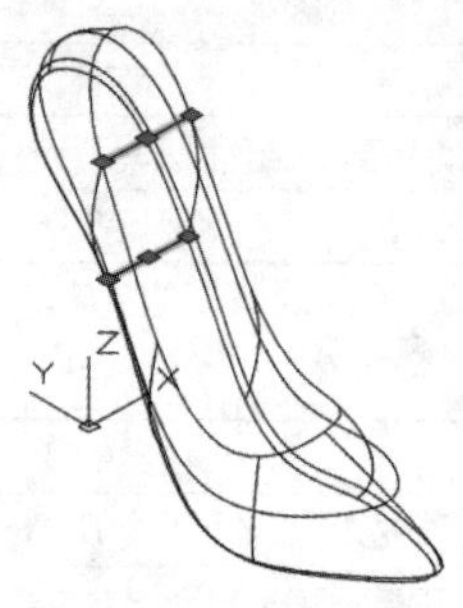

图3-63 绘制直线

5. 复制样条曲线和直线

单击“默认”选项卡“修改”面板中的“复制”按钮，将全部样条曲线和直线进行复制，基点坐标为（0，0，0），第二个点的坐标为（10，0，0），结果如图3-64所示。

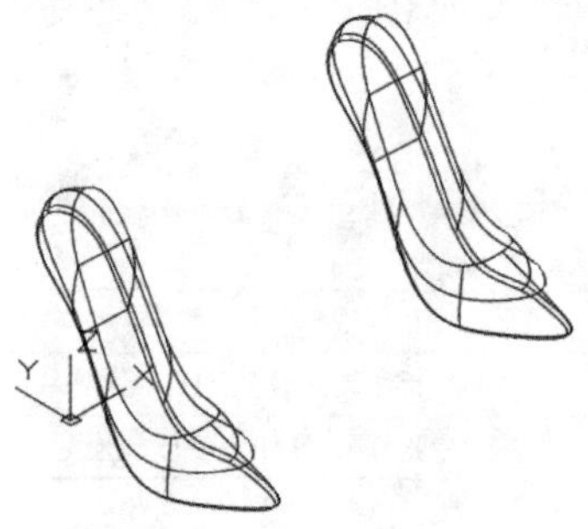

图3-64 复制样条曲线和直线

6. 修剪曲线

单击“默认”选项卡“修改”面板中的“修剪”按钮，将曲线进行修剪。将多余的线段删除，结果如图3-65所示。

图3-65 修剪曲线

7. 移动曲线

选择菜单栏中的“修改”→“三维操作”→“三维移动”命令，将复制的曲线移动到原来的位置，结果如图3-66所示。

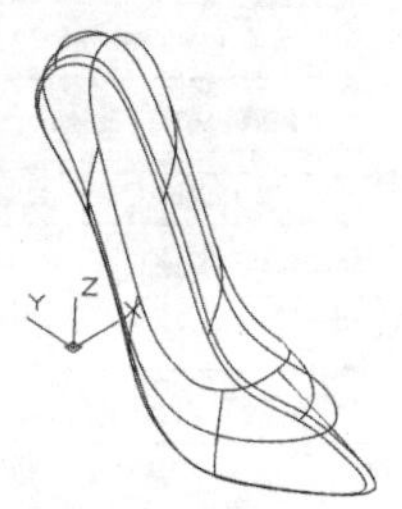

图 3-66 移动曲线

8. 创建网格曲面

（1）单击“三维工具”选项卡“曲面”面板中的“曲面网格”按钮，选择图3-67所示的样条曲线为第一个方向上的曲线，选择样条曲线5、样条曲线6、样条曲线12为第二个方向上的曲线，创建网格曲面1，结果如图3-68所示。命令行提示与操作如下：

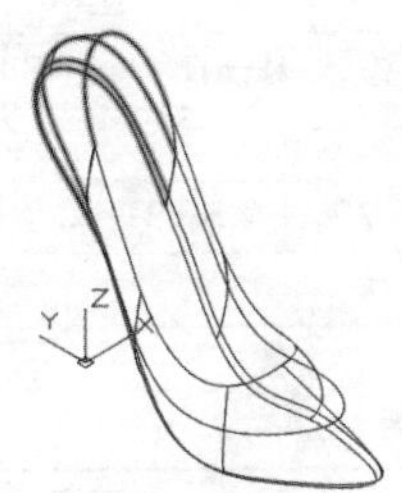

图 3-67 第一个方向上的曲线

```
命令： _SURFNETWORK
沿第一个方向选择曲线或曲面边：找到 1 个
沿第一个方向选择曲线或曲面边：找到 1 个，总计 2 个
沿第一个方向选择曲线或曲面边：找到 1 个，总计 3 个
沿第一个方向选择曲线或曲面边：找到 1 个，总计 4 个
沿第一个方向选择曲线或曲面边：↙
沿第二个方向选择曲线或曲面边：找到 1 个
沿第二个方向选择曲线或曲面边：找到 1 个，总计 2 个
沿第二个方向选择曲线或曲面边：找到 1 个，总计 3 个
沿第二个方向选择曲线或曲面边：↙
```

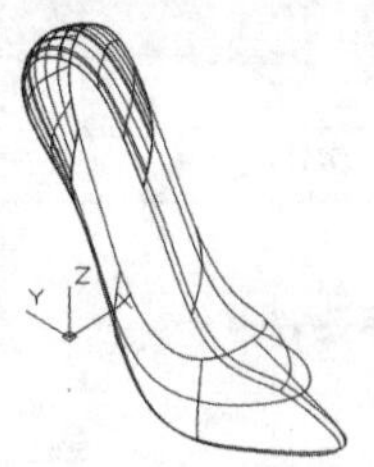

图 3-68 创建网格曲面 1

（2）重复“曲面网格”按钮，创建网格曲面2，结果如图3-69所示。至此高跟鞋鞋面绘制完成。

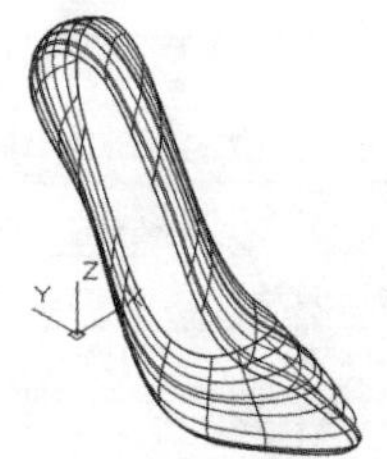

图 3-69 创建网格曲面 2

3.4.2 绘制鞋跟

1. 创建3条样条曲线

将“曲面模型（鞋跟）”图层设置为当前图层。单击“默认”选项卡的“绘图”面板中的“样条曲线拟合”按钮，绘制3条竖向的样条曲线，各点坐标见表3-13~表3-15。

表3-13 样条曲线13

点	坐标	点	坐标
点1	0.0526，0.8629，5.5227	点2	0.0526，0.8322，5.2672
点3	0.0526，0.5002，3.8367	点4	0.0526，0.3678，2.9727
点5	0.0526，0.3247，2.3997	点6	0.0526，0.3009，1.5697
点7	0.055，0.3092，-0.0014		

表3-14 样条曲线14

点	坐标	点	坐标
点1	-0.7637，-0.6724，3.9819	点2	-0.7614，-0.5675，4.0021
点3	-0.659，-0.3343，4.0068	点4	-0.3032，-0.0529，3.795
点5	-0.1658，0.0014，3.3915	点6	-0.1524，0.0014，3.2695
点7	-0.1028，-0.0003，0.2441	点8	-0.1052，0，0.0001

表3-15　样条曲线15

点	坐标	点	坐标
点1	0.8665，-0.6719，3.9819	点2	0.8665，-0.5675，4.0021
点3	0.7641，-0.3343，4.0068	点4	0.4084，-0.0529，3.795
点5	0.2709，0.0014，3.3915	点6	0.2575，0.0014，3.2695
点7	0.2079，-0.0003，0.2441	点8	0.2103，0，-0.0002

结果如图3-70所示。

2. 创建轮廓曲线

关闭“曲面模型（鞋面）”图层，单击“默认”选项卡的“绘图”面板中的“样条曲线拟合”按钮，绘制轮廓曲线，各点坐标见表3-16~表3-21。

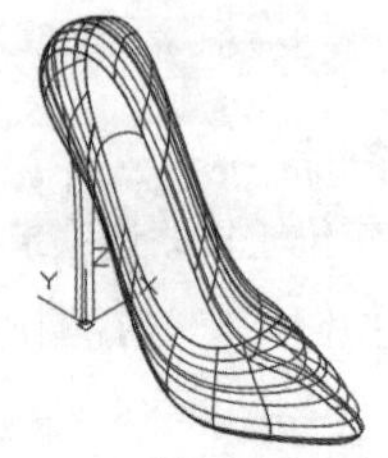

图3-70　绘制3条竖向的样条曲线

表3-16　样条曲线16

点	坐标	点	坐标
点1	0.8665，-0.6719，3.9819	点2	0.872，-0.6073，4.0646
点3	0.5314，0.6779，5.3813	点4	0.0711，0.8625，5.5223
点5	-0.428，0.6982，5.3977	点6	-0.772，-0.5858，4.0908
点7	-0.7637，-0.6724，3.9819		

表3-17　样条曲线17

点	坐标	点	坐标
点1	0.867，-0.573，4.0012	点2	0.5034，0.6928，5.2689
点3	0.0526，0.8499，5.4058	点4	-0.4283，0.6893，5.2853
点5	-0.762，-0.5732，4.0012		

表3-18　样条曲线18

点	坐标	点	坐标
点1	0.7337，-0.2972，4.0001	点2	0.6172，0.429，4.5762
点3	0.0526，0.7417，4.8015	点4	-0.4875，0.4604，4.6009
点5	-0.6327，-0.3019，4.0011		

表3-19　样条曲线19

点	坐标	点	坐标
点1	0.4528，-0.0771，3.8455	点2	0.3659，0.4011，4.0337
点3	0.0526，0.5652，4.1125	点4	-0.2549，0.3986，4.0337
点5	-0.3489，-0.0778，3.8467		

表3-20　样条曲线20

点	坐标	点	坐标
点1	0.2985，-0.0043，3.5422	点2	0.2429，0.3609，3.5428
点3	0.0526，0.4449，3.5391	点4	-0.1231，0.3568，3.5422
点5	-0.1928，-0.0041，3.5403		

表3-21 样条曲线21

点	坐标	点	坐标
点1	0.2103，0，-0.0002	点2	0.1316，0.2886，-0.0019
点3	0.0526，0.3092，-0.0014	点4	-0.0239，0.286，-0.0019
点5	-0.1052，0，0.0001		

结果如图3-71所示。

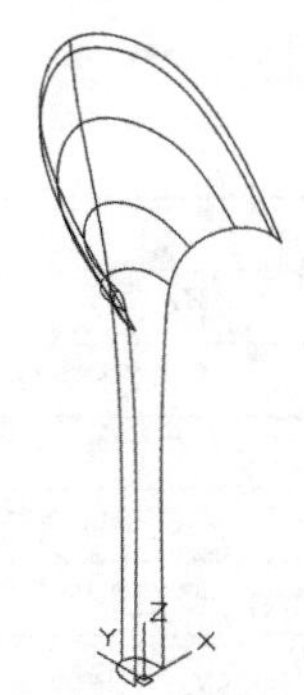

图3-71 绘制轮廓曲线

3. 创建连接曲线

单击“默认”选项卡的“绘图”面板中的“样条曲线拟合”按钮，绘制连接曲线，结果如图3-72所示。

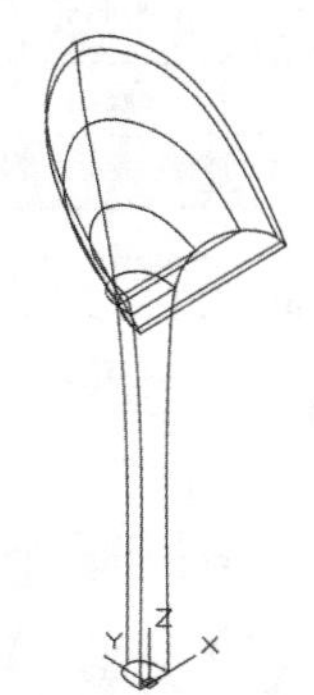

图3-72 绘制连接曲线

4. 创建网格曲面

（1）单击“三维工具”选项卡“曲面”面板中的“曲面网格”按钮，选择样条16~样条21为第一方向上的曲线，选择竖直方向上的3条样条曲线为第二个方向上的曲线，创建网格曲面3，将“视觉样式”设置为“概念”，结果如图3-73所示。

（2）单击“三维工具”选项卡“曲面”面板中的“曲面网格”按钮，选择步骤3创建的连接曲线为第一个方向上的曲线，选择样条曲线14和样条曲线15为第二个方向上的曲线，创建网格曲面4，结果如图3-74所示。

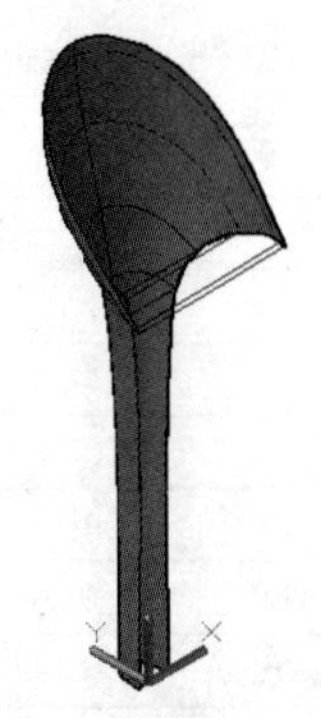

图3-73 创建网格曲面3

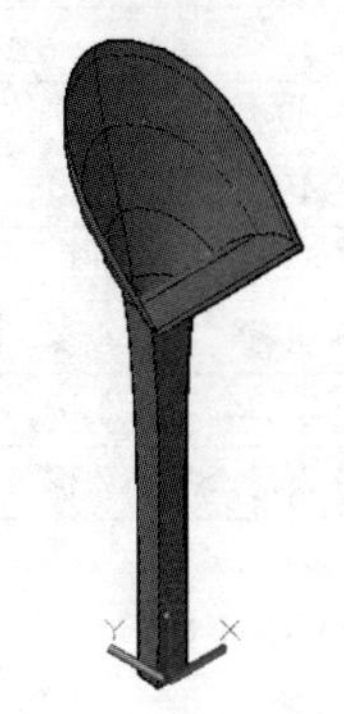

图3-74 创建网格曲面4

（3）单击“三维工具”选项卡“曲面”面板中的“曲面修补”按钮，创建鞋跟底面，命令行提示与操作如下：

```
命令： SURFPATCH
连续性 = G0 - 位置，凸度幅值 = 0.5
选择要修补的曲面边或 [链(CH)/曲线(CU)] <曲线>: CU
选择要修补的曲线或 [链(CH)/边(E)] <边>:
找到 1 个（选择样条曲线21）
选择要修补的曲线或 [链(CH)/边(E)] <边>:
找到 1 个，总计 2 个（选择鞋跟底部连接线）
选择要修补的曲线或 [链(CH)/边(E)] <边>:↙
按 Enter 键接受修补曲面或 [连续性(CON)/凸度幅值(B)/导向(G)]: ↙
```

结果如图3-75所示，至此高跟鞋鞋跟绘制完成。

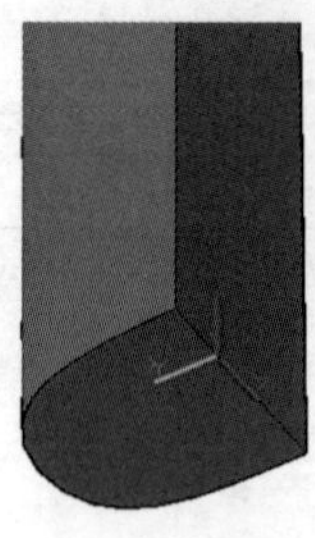

图3-75 鞋跟底面

3.4.3 绘制鞋底

1. 创建鞋底轮廓线

（1）将“曲面模型（鞋底）”图层置为当前图层，将“视觉样式”设置为“二维线框”模式。

（2）单击“默认”选项卡的“绘图”面板中的“样条曲线拟合”按钮，绘制样条曲线22和样条曲线23，各点的坐标见表3-22和表3-23。

表3-22 样条曲线22

点	坐标	点	坐标
点1	0.8665，-0.6719，3.9819	点2	0.857，-1.8407，2.0035
点3	0.9705，-3.1464，0.4538	点4	1.1071，-4.2658，0.4227
点5	0.8864，-5.506，0.558	点6	0.3193，-6.6924，0.7023
点7	-0.6451，-5.462，0.5548	点8	-1.0358，-4.2897，0.4227
点9	-0.9428，-3.148，0.4616	点10	-0.7714，-1.8076，2.0864
点11	-0.7637，-0.6724，3.9819		

表3-23 样条曲线23

点	坐标	点	坐标
点1	0.867，-0.573，4.0012	点2	0.8437，-1.7974，1.891
点3	0.9481，-3.1464，0.3414	点4	1.0811，-4.2658，0.3103
点5	0.8654，-5.506，0.4456	点6	0.3193，-6.586，0.5765
点7	-0.6091，-5.462，0.4423	点8	-1.0086，-4.2897，0.3103
点9	-0.9184，-3.148，0.3492	点10	-0.7568，-1.7611，1.974
点11	-0.762，-0.5732，4.0012		

结果如图3-76所示。

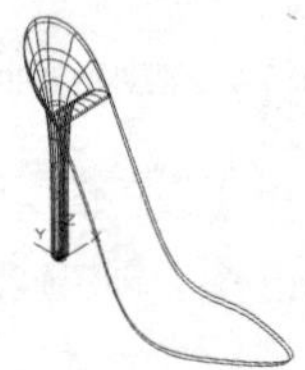

图3-76 绘制鞋底样条曲线

（3）将“曲面模型（鞋跟）”图层关闭，单击“默认”选项卡的“绘图”面板中的“样条曲线拟合”按钮，绘制连接线，结果如图3-77所示。

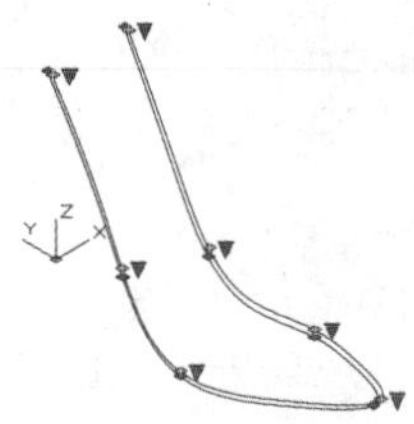

图3-77 绘制连接线

2. 创建网格曲面5

单击“三维工具”选项卡“曲面”面板中的“曲面网格”按钮，创建网格曲面5，将“视觉样式”设置为“概念”，结果如图3-78所示。

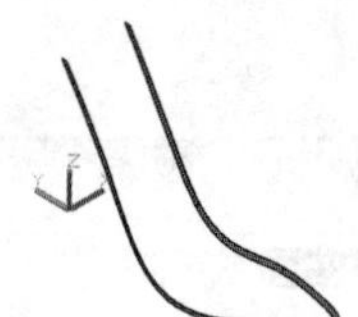

图3-78 创建网格曲面5

3. 绘制连接线

将“视觉样式”设置为“二维线框”，单击“默认”选项卡的“绘图”面板中的“样条曲线拟合”按钮，绘制连接线，如图3-79所示。

4. 创建网格曲面

（1）单击“三维工具”选项卡“曲面”面板中的“曲面修补”按钮，创建鞋底网格曲面6，结果如图3-80所示。

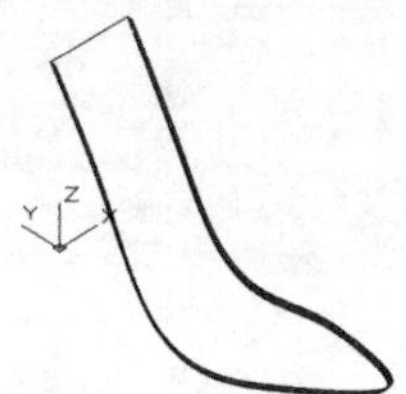

图 3-79 绘制连接线

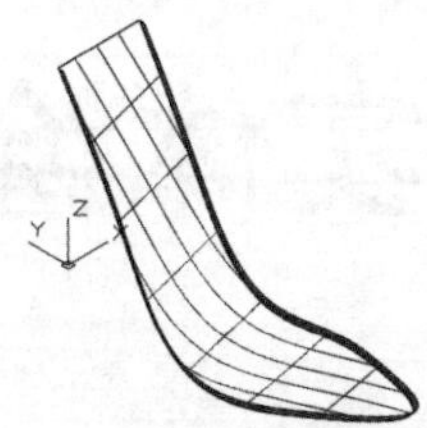

图 3-80 创建网格曲面 6

（2）打开“网格模型（鞋跟）”图层，单击“三维工具”选项卡“曲面”面板中的“曲面修补”按钮，创建鞋底网格曲面7，将“视觉样式”设置为“概念”，结果如图3-81所示。

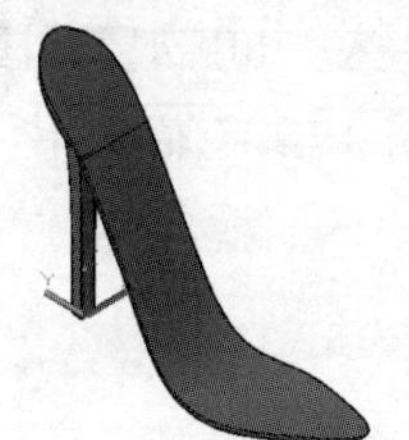

图 3-81 创建网格曲面 7

5. 合并网格曲面

关闭“网格模型（鞋底）”图层，打开“网格模型（鞋面）”图层，单击“三维工具”选项卡“实体编辑”面板中的“合并”按钮，将鞋面曲面和鞋跟曲面合并。打开“网格模型（鞋底）”图层，至此高跟鞋绘制完成，结果如图3-82所示。

图 3-82 高跟鞋

6. 着色渲染

（1）单击“默认”选项卡的“图层”面板中的“图层特性”按钮，打开“图层特性管理器”面板，新建“高跟鞋”图层，将其置为当前，将所有网格曲面转换到“高跟鞋”图层，关闭其余3个图层。

（2）单击“默认”选项卡的“特性”面板中的“特性匹配”按钮，打开“特性”面板，为高跟鞋模型着色，将“视觉样式”设置为“真实”，最终结果如图3-58所示。

第 4 章

三维实体绘制

本章导读

三维实体是绘图设计过程中相当重要的一个环节。因为图形的主要作用是表达物体的立体形状，而物体的真实度则需用三维建模进行绘制。因此，如果没有三维建模，绘制出的图样几乎都是平面的。

4.1 创建基本三维建模

4.1.1 绘制多段体

通过POLYSOLID命令，用户可以将现有的直线、二维多段线、圆弧或圆转换为具有矩形轮廓的建模。多段体可以包含曲线线段，但是在默认情况下轮廓始终为矩形。

执行方式

命令行：POLYSOLID

菜单：绘图→建模→多段体

工具栏：建模→多段体

功能区：单击“三维工具”选项卡“建模”面板中的“多段体”按钮

操作步骤

命令行提示如下：

```
命令: POLYSOLID ↙
高度 = 80.0000, 宽度 = 5.0000, 对正 = 居中
指定起点或 [对象(O)/高度(H)/宽度(W)/对正(J)] <对象>:(指定起点)
指定下一个点或 [圆弧(A)/放弃(U)]:(指定下一点)
指定下一个点或 [圆弧(A)/放弃(U)]: (指定下一点)
指定下一个点或 [圆弧(A)/闭合(C)/放弃(U)]: ↙
```

选项说明

（1）对象（O）。指定要转换为建模的对象。可以将直线、圆弧、二维多段线、圆等转换为多段体。

（2）高度（H）。指定建模的高度。

（3）宽度（W）。指定建模的宽度。

（4）对正（J）。使用命令定义轮廓时，可以将建模的宽度和高度设置为左对正、右对正或居中。对正方式由轮廓的第一条线段的起始位置决定。

4.1.2 实例——镶条挡块

本实例绘制图4-1所示的镶条挡块。

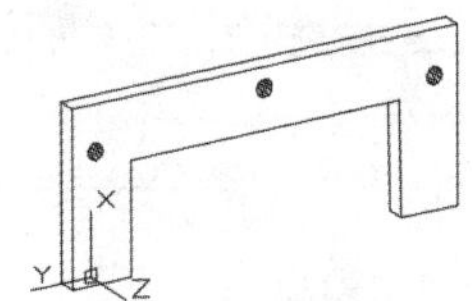

图4-1 镶条挡块

（1）单击“三维工具”选项卡“建模”面板中的“多段体”按钮，绘制多段体，命令行中的提示与操作如下：

```
命令: _Polysolid
高度 = 5.0000, 宽度 = 35.0000, 对正 = 居中
指定起点或 [对象(O)/高度(H)/宽度(W)/对正(J)] <对象>: H ↙
指定高度 <5.0000>: 5 ↙
高度 = 5.0000, 宽度 = 35.0000, 对正 = 居中
指定起点或 [对象(O)/高度(H)/宽度(W)/对正(J)] <对象>: W ↙
指定宽度 <35.0000>: 15 ↙
高度 = 5.0000, 宽度 = 15.0000, 对正 = 居中
指定起点或 [对象(O)/高度(H)/宽度(W)/对正(J)] <对象>: 0,0,0 ↙
指定下一个点或 [圆弧(A)/放弃(U)]: 35,0 ↙
指定下一个点或 [圆弧(A)/放弃(U)]: @0,-85 ↙
指定下一个点或 [圆弧(A)/闭合(C)/放弃(U)]: @-35,0 ↙
指定下一个点或 [圆弧(A)/闭合(C)/放弃(U)]: ↙
```

结果如图4-2所示。

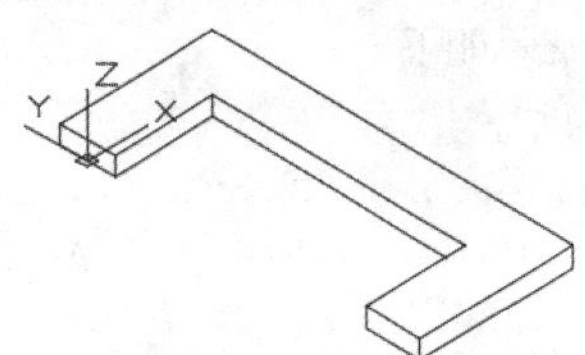

图4-2 绘制多段体

（2）单击“三维工具”选项卡“建模”面板中的“圆柱体”按钮（此命令将在4.1.7小节详细介绍），绘制圆心坐标为（31.5，1.5，0）、半径为“2”、高度为“5”的圆柱体，命令行中的提示与操作如下：

```
命令: _cylinder
指定底面的中心点或 [三点(3P)/两点(2P)/切点、切点、半径(T)/椭圆(E)]: 31.5,1.5,0 ↙
指定底面半径或 [直径(D)] <2.0000>: 2 ↙
指定高度或 [两点(2P)/轴端点(A)] <-5.0000>: 5 ↙
```

重复“圆柱体”命令，绘制圆心坐标分别为（37.5，-42.5，0）和（31.5，-86.5，0），半径为“2”、高度为“5”的圆柱体，结果如图4-3所示。

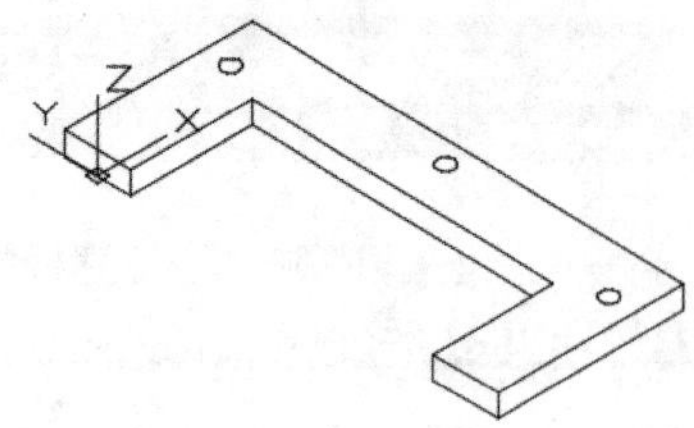

图 4-3　绘制圆柱体

（3）单击“三维工具”选项卡“实体编辑”面板中的“差集”按钮，将3个圆柱体从多段体中减去，完成镶条挡块的绘制，并将其调整到适当的方向，最终结果如图4-1所示。

4.1.3　绘制螺旋

执行方式

命令行：HELIX

菜单：绘图→螺旋

工具栏：建模→螺旋

功能区：单击“默认”选项卡“绘图”面板中的“螺旋”按钮

操作步骤

命令行提示如下：

```
命令：HELIX ↙
圈数 = 3.0000　　扭曲 =CCW
指定底面的中心点：（指定点）
指定底面半径或 [直径(D)] <1.0000>：（输入底面半径或直径）
指定顶面半径或 [直径(D)] <26.5531>：（输入顶面半径或直径）
指定螺旋高度或 [轴端点(A)/圈数(T)/圈高(H)/扭曲(W)] <1.0000>：
```

选项说明

（1）轴端点。指定螺旋轴的端点位置。它定义了螺旋的长度和方向。

（2）圈数。指定螺旋的圈（旋转）数。螺旋的圈数不能超过500。

（3）圈高。指定螺旋内一个完整圈的高度。当指定了圈高值时，螺旋中的圈数将相应地自动更新。如果已指定螺旋的圈数，则不能输入圈高的值。

（4）扭曲。指定是以顺时针（CW）方向还是以逆时针方向（CCW）绘制螺旋。螺旋扭曲的默认值是逆时针。

4.1.4　实例——螺旋线

本实例绘制图4-4所示的螺旋线。

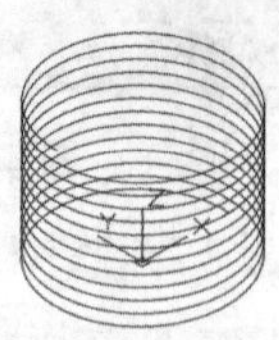

图 4-4　螺旋线

（1）单击“可视化”选项卡“命名视图”面板中的“西南等轴测”按钮，将当前视图设置为西南等轴测视图。

（2）单击“默认”选项卡“绘图”面板中的“螺旋”按钮，绘制螺旋线，命令行中的提示与操作如下：

```
命令：_Helix
圈数 = 3.0000　　扭曲 =CCW
指定底面的中心点：0,0,0 ↙
指定底面半径或 [直径(D)] <5.0000>：↙
指定顶面半径或 [直径(D)] <5.0000>：↙
指定螺旋高度或 [轴端点(A)/圈数(T)/圈高(H)/扭曲(W)] <1.0000>：T ↙
输入圈数 <3.0000>：12.5 ↙
指定螺旋高度或 [轴端点(A)/圈数(T)/圈高(H)/扭曲(W)] <1.0000>：8 ↙
```

结果如图4-4所示。

4.1.5　创建长方体

执行方式

命令行：BOX

菜单栏：绘图→建模→长方体

工具栏：建模→长方体

功能区：单击“三维工具”选项卡“建模”面板中的“长方体”按钮

操作步骤

命令行提示如下：

```
命令：BOX ↙
指定第一个角点或 [中心(C)] <0,0,0>：（指定第一点或按Enter键表示原点是长方体的角点，或输入“C”表示中心点）
```

选项说明

1. 指定第一个角点

用于确定长方体的一个顶点位置。选择该选项后，命令行提示如下：

```
指定其他角点或 [立方体(C)/长度(L)]：(指定第二点或输入选项)
```

（1）角点：用于指定长方体的其他角点。输入另一角点的数值，即可确定该长方体。如果输入的是正值，则沿着当前UCS的X、Y和Z轴的正向绘制长度；如果输入的是负值，则沿着X、Y和Z轴的负向绘制长度。图4-5所示为利用角点命令创建的长方体。

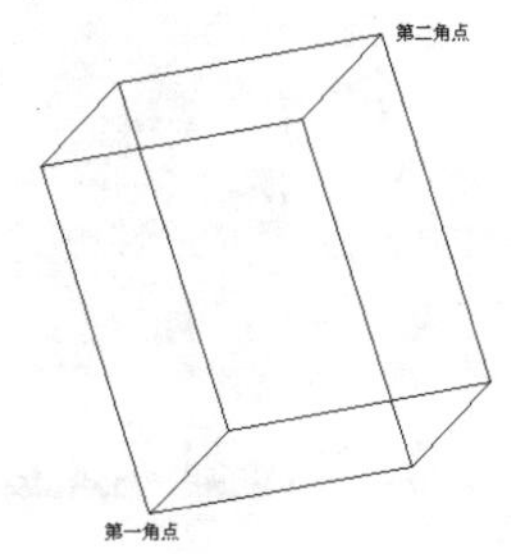

图 4-5 利用角点命令创建的长方体

（2）立方体（C）：用于创建一个长、宽、高相等的长方体。图4-6所示为利用立方体命令创建的长方体。

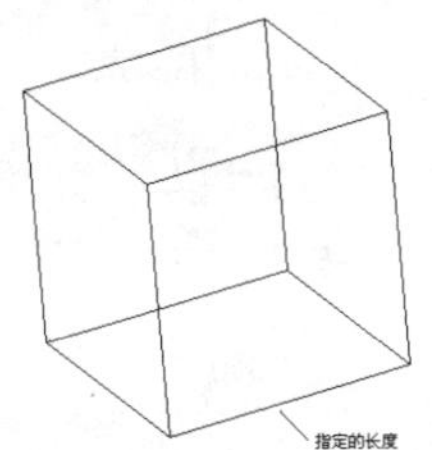

图 4-6 利用立方体命令创建的长方体

（3）长度（L）：用于创建特定长、宽、高的长方体。图4-7所示为利用长度命令创建的长方体。

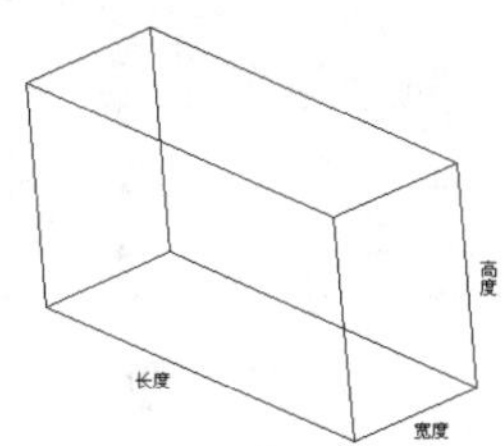

图 4-7 利用长度命令创建的长方体

2. 中心

利用指定的中心点创建长方体。图4-8所示为利用中心命令创建的长方体。

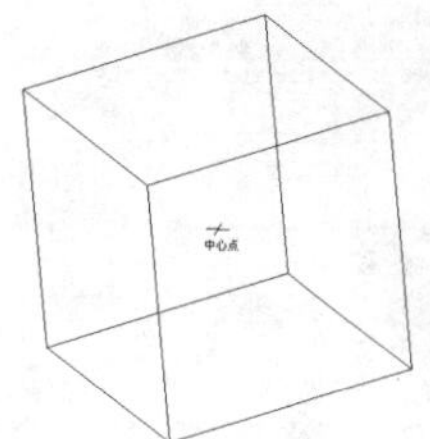

图 4-8 利用中心命令创建的长方体

如果在创建长方体时选择“立方体”或“长度”选项，还可以在单击以指定长度时指定长方体在XY平面中的旋转角度；如果选择“中心”选项，则可以利用指定中心点来创建长方体。

4.1.6 实例——压板

本实例绘制图4-9所示的压板。

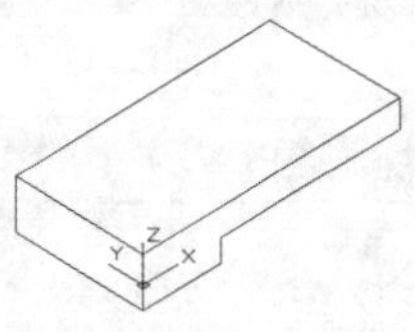

图 4-9 压板

（1）单击“可视化”选项卡“命名视图”面板中的“西南等轴测”按钮，将当前视图设置为西南等轴测视图。

（2）单击“三维工具”选项卡“建模”面板中的“长方体”按钮，绘制长方体1，命令行中的提示与操作如下：

```
命令：_box
指定第一个角点或 [中心(C)]：0,0,0↙
指定其他角点或 [立方体(C)/长度(L)]：L↙
指定长度：<正交 开> 100↙
指定宽度：50↙
指定高度或 [两点(2P)]：10↙
```

结果如图4-10所示。重复“长方体”命令，绘制角点坐标在原点，长度为“30”、宽度为“50”、高度为“-8”的长方体2，结果如图4-11所示。

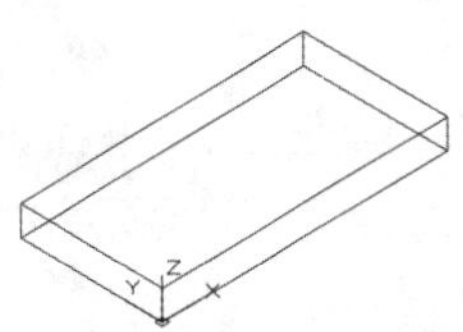

图 4-10 绘制长方体1

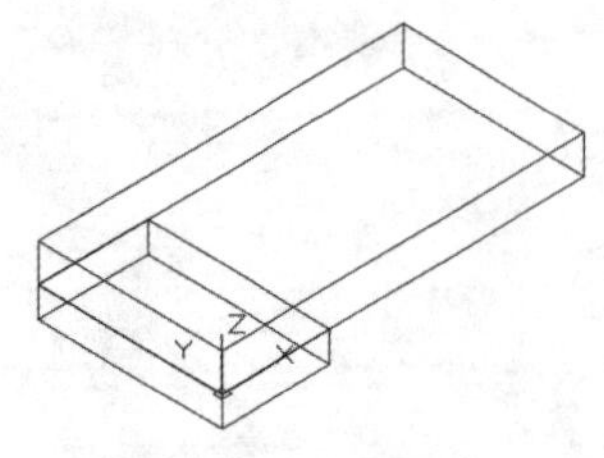

图4-11 绘制长方体2

（3）单击“三维工具”选项卡“实体编辑”面板中的“并集”按钮（此命令将在4.2.1小节中的详细介绍），将绘制的两个长方体进行布尔合并运算，命令行中的提示与操作如下：

```
命令：_union
选择对象：找到1个
选择对象：找到1个，共计2个（选择两个长方体）
选择对象：↙
```

（4）单击“视图”选项卡“视觉样式”面板中的“隐藏”按钮，将实体消隐，完成压板的绘制，最终结果如图4-9所示。

4.1.7 绘制圆柱体

执行方式

命令行：CYLINDER（快捷命令：CYL）

菜单栏：绘图→建模→圆柱体

工具条：建模→圆柱体

功能区：单击“三维工具”选项卡“建模”面板中的“圆柱体”按钮

操作步骤

命令行提示如下：

```
命令：CYLINDER↙
指定底面的中心点或[三点(3P)/两点(2P)/切点、切点、半径(T)/椭圆(E)]<0,0,0>:
```

选项说明

（1）中心点。先输入底面圆心的坐标，然后指定底面的半径和高度，此选项为系统的默认选项。AutoCAD按指定的高度创建圆柱体，且圆柱体的中心线与当前坐标系的Z轴平行，如图4-12所示。也可以通过指定另一个端面的圆心来指定高度，AutoCAD根据圆柱体两个端面的中心位置来创建圆柱体，该圆柱体的中心线就是两个端面的连线，如图4-13所示。

（2）椭圆（E）。创建椭圆柱体。椭圆端面的绘制方法与平面椭圆一样，创建的椭圆柱体如图4-14所示。

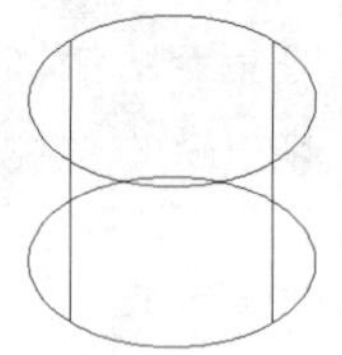

图4-12 按指定高度创建圆柱体

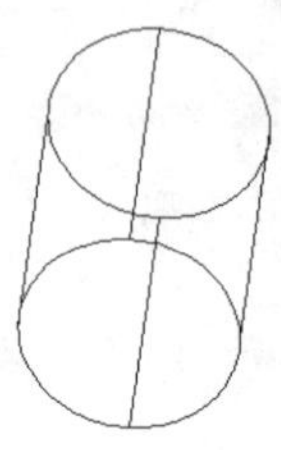

图4-13 通过指定圆柱体两个端面的中心位置来创建圆柱体

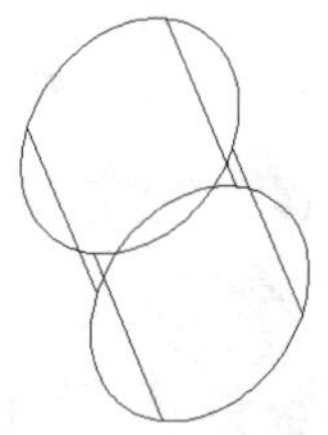

图4-14 椭圆柱体

其他的基本建模，如楔体、圆锥体、球体、圆环体等的创建方法与长方体和圆柱体类似，不再赘述。

注意：建模模型具有边和面，还有在其表面内由计算机确定的质量。建模模型是最容易使用的三维模型，与线框模型和曲面模型相比，建模模型的信息最完整、创建方式最直接，所以在AutoCAD三维绘图中，建模模型应用较为广泛。

4.1.8 实例——挡板

本实例绘制图4-15所示的挡板。

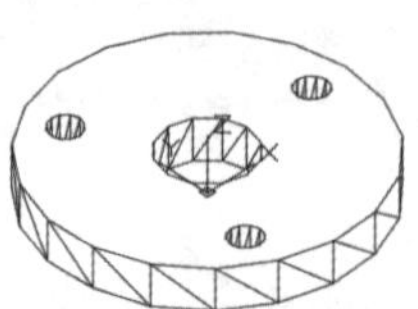

图4-15 挡板

（1）单击“可视化”选项卡“命名视图”面板中的“西南等轴测”按钮，将当前视图设置为西南等轴测视图。

（2）单击“三维工具”选项卡“建模”面板中的“圆柱体”按钮，绘制圆柱体1，命令行中的提示与操作如下：

```
命令：_cylinder
指定底面的中心点或 [三点(3P)/两点(2P)/切点、切点、半径(T)/椭圆(E)]：0,0,0↙
指定底面半径或 [直径(D)]：100↙
指定高度或 [两点(2P)/轴端点(A)] <-8.0000>：25↙
```

结果如图4-16所示。重复“圆柱体”命令，绘制底面中心点在原点、底面半径为“28.15”、高度为“25”的圆柱体2。

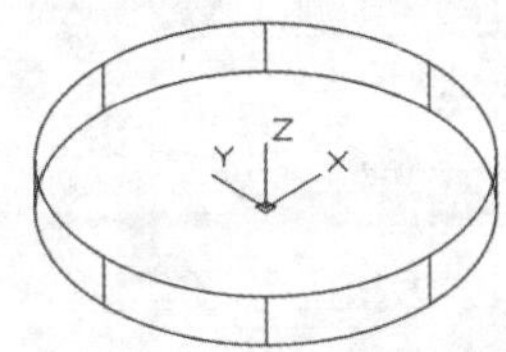

图4-16　绘制圆柱体1

（3）单击“三维工具”选项卡“实体编辑”面板中的“差集”按钮（此命令将在4.2.1小节中详细介绍），将圆柱体2从圆柱体1中减去，命令行中的提示与操作如下：

```
命令：_subtract
选择要从中减去的实体、曲面和面域...
选择对象：找到 1 个（选择圆柱体1）
选择对象：↙
选择要减去的实体、曲面和面域...
选择对象：找到 1 个（选择圆柱体2）
选择对象：↙
```

消隐后结果如图4-17所示。

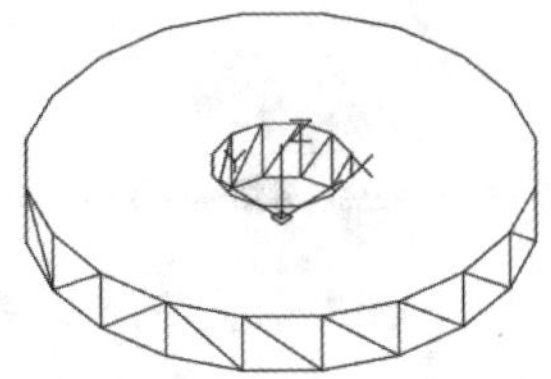

图4-17　差集运算

（4）单击“三维工具”选项卡“建模”面板中的“圆柱体”按钮，绘制底面中心点坐标为（75，0，0）、半径为“10.15”、高度为“25”的圆柱体3，结果如图4-18所示。

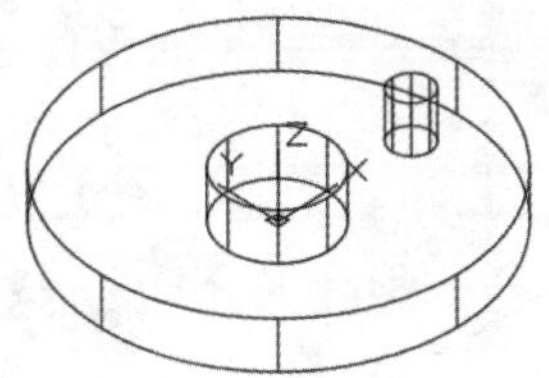

图4-18　绘制圆柱体3

（5）单击“默认”选项卡“修改”面板中的“环形阵列”按钮，将绘制的圆柱体3以原点为阵列中心点进行环形阵列，阵列项目数为“3”，结果如图4-19所示。

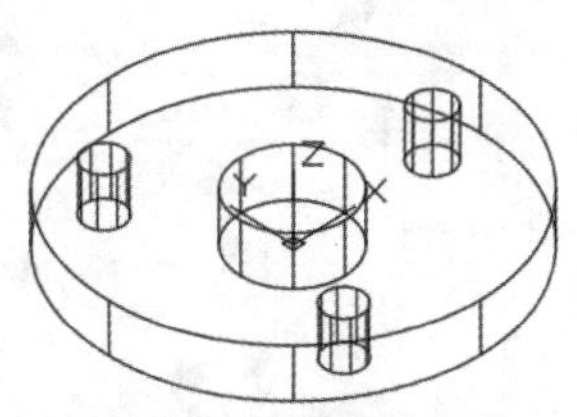

图4-19　阵列圆柱体3

（6）单击“三维工具”选项卡“实体编辑”面板中的“差集”按钮，将阵列的3个圆柱体从实体中减去，完成挡板的绘制，消隐后最终结果如图4-15所示。

4.1.9　绘制楔体

执行方式

命令行：WEDGE

菜单：绘图→建模→楔体

工具栏：建模→楔体

功能区：单击“三维工具”选项卡“建模”面板中的“楔体”按钮

操作步骤

命令行提示如下：

```
命令：WEDGE↙
指定第一个角点或 [中心(C)]：↙
```

选项说明

（1）指定第一个角点。指定楔体的第一个角点，然后按提示指定下一个角点或长、宽、高，结果如图4-20所示。

（2）指定中心点（C）。指定楔体的中心点，然后按提示指定下一个角点或长、宽、高。

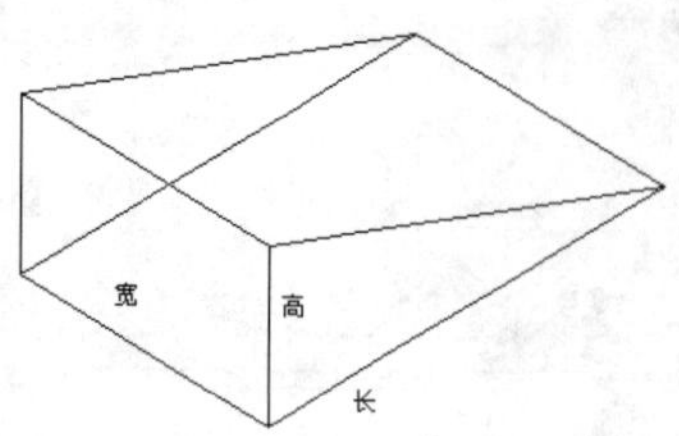

图 4-20　指定长、宽、高创建的楔体

4.1.10 实例——角凸平块

本实例绘制图 4-21 所示的角凸平块。

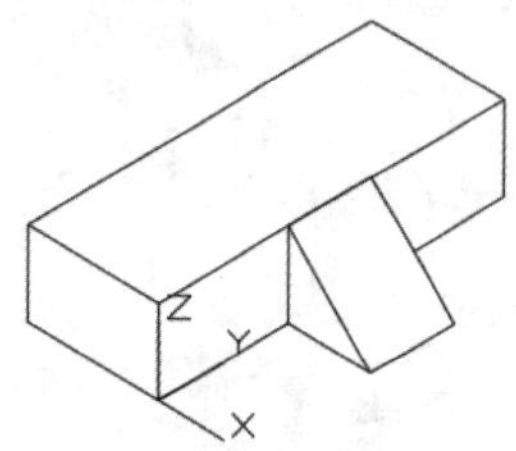

图 4-21　角凸平块

（1）单击“可视化”选项卡“命名视图”面板中的“西南等轴测”按钮，将当前视图设置为西南等轴测视图。

（2）单击“三维工具”选项卡“建模”面板中的“长方体”按钮，绘制第一个角点在原点，长度为“42”、宽度为“16”、高度为“10”的长方体，结果如图 4-22 所示。

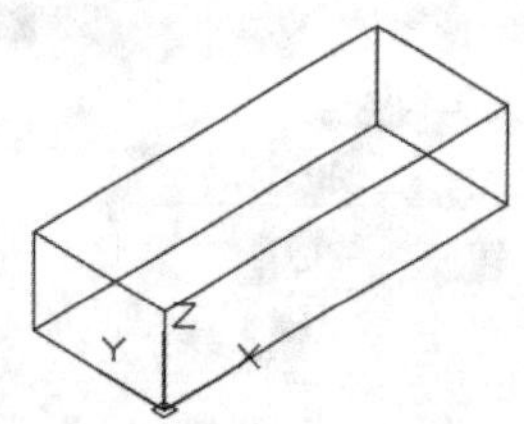

图 4-22　绘制长方体

（3）在命令行中输入“UCS”命令，将坐标系绕 Z 轴旋转 -90°。

（4）单击“三维工具”选项卡“建模”面板中的“楔体”按钮，绘制楔体，命令行中的提示与操作如下：

```
命令： _wedge
指定第一个角点或 ［中心 (C)］： from ↙
基点： （选择长方体右侧底边中点）
<偏移>： @0,-5,0 ↙
指定其他角点或 ［立方体 (C) / 长度 (L)］： L ↙
指定长度 <9.5518>： 10 ↙
指定宽度 <11.3302>： 10 ↙
指定高度或 ［两点 (2P)］ <10.0000>： 10 ↙
```

完成角凸平块的绘制，消隐后最终结果如图 4-21 所示。

4.1.11 绘制棱锥体

执行方式

命令行：PYRAMID

菜单：绘图→建模→棱锥体

工具栏：建模→棱锥体

功能区：单击“三维工具”选项卡“建模”面板中的“棱锥体”按钮

操作步骤

命令行提示如下：

```
命令： PYRAMID ↙
4 个侧面 外切
指定底面的中心点或 ［边 (E) / 侧面 (S)］： ↙（指定中心点）
指定底面半径或 ［内接 (I)］： ↙（指定底面外切圆半径）
指定高度或 ［两点 (2P) / 轴端点 (A) / 顶面半径 (T)］： ↙（指定高度）
```

选项说明

（1）指定底面的中心点。这是最基本的执行方式，然后按提示指定外切圆半径和高度，结果如图 4-23 所示。

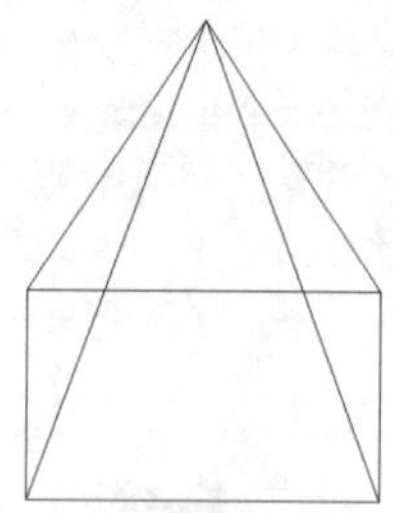

图 4-23　指定底面中心点、外切圆半径和高度创建的棱锥体

（2）边（E）。通过指定边的方式指定棱锥底面正多边形，如图 4-24 所示。选择该选项后，命令行提示：

```
命令： _pyramid
4 个侧面 内接
指定底面的中心点或 ［边 (E) / 侧面 (S)］： E ↙
指定边的第一个端点：（指定地面边的第一个端点，如图 4-24 中点 1 所示）
```

指定边的第二个端点：（指定地面边的第二个端点，如图 4-24 中点 2 所示）
指定高度或 [两点 (2P) / 轴端点 (A) / 顶面半径 (T)] <102.1225>:（按上面所述方式指定高度）

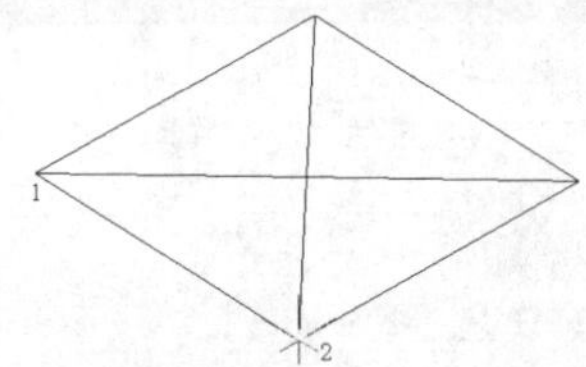

图 4-24　通过指定边的方式绘制棱锥底面

（3）侧面（S）。通过指定侧面数目的方式指定棱锥的棱数，如图4-25所示。选择该选项后，命令行提示：

命令：_pyramid
4 个侧面　内接
指定底面的中心点或 [边 (E) / 侧面 (S)]：S↙
输入侧面数 <4>：6↙（指定棱边数，图 4-28 所示为绘制的六棱锥）
指定底面的中心点或 [边 (E) / 侧面 (S)]：（按上面所述方式继续执行）

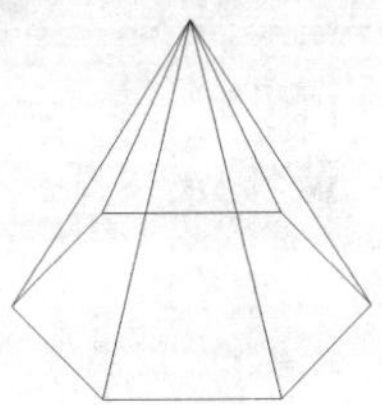

图 4-25　通过指定侧面数目的方式绘制六棱锥

（4）内接（I）。与上面讲的外切方式类似，只不过指定的底面半径是棱锥底面的内接圆半径。

（5）两点（2P）。通过指定两点的方式指定棱锥高度，两点间的距离为棱锥高度。选择该选项后，命令行提示：

指定第一个点：（指定第一个点）
指定第二个点：（指定第二个点，如图 4-26 所示）

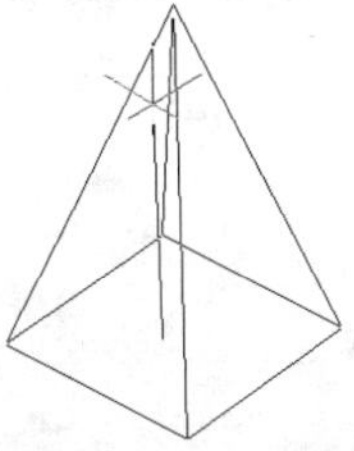

图 4-26　通过指定两点的方式绘制棱锥体

（6）轴端点（A）：通过指定轴端点的方式指定棱锥高度和倾向，指定点为棱锥顶点。由于顶点与底面中心点连线为棱锥高线，垂直于底面，所以底面方向随指定的轴端点位置不停地变动，如图4-27所示。

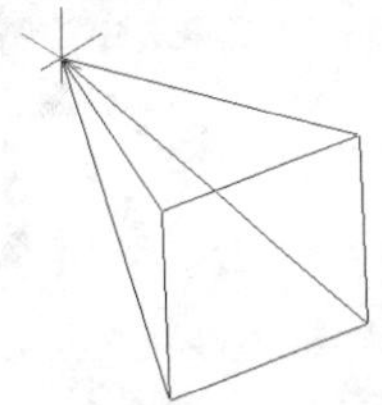

图 4-27　通过指定轴端点方式绘制棱锥体

（7）顶面半径（T）：通过指定顶面半径的方式指定棱台上顶面外切圆或内接圆半径，如图4-28所示。选择该选项后，命令行提示：

指定顶面半径 <0.0000>：↙（指定半径）
指定高度或 [两点 (2P) / 轴端点 (A)] <165.5772>：↙（指定棱台高度，同上面所述方法）

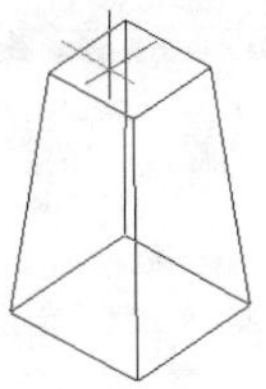

图 4-28　通过指定顶面半径方式绘制棱台

4.1.12 实例——锥角平块

本实例绘制图4-29所示的锥角平块。

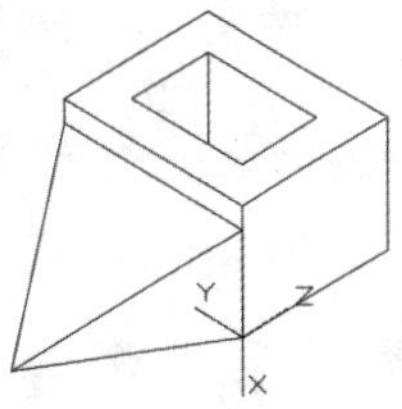

图 4-29　锥角平块

（1）单击“可视化”选项卡“命名视图”面板中的“西南等轴测”按钮，将当前视图设置为西南等轴测视图。

（2）单击“三维工具”选项卡“建模”面板中的“长方体”按钮，绘制第一角点坐标在原点，长度为“21”、宽度为“26”、高度为“16”的长方体，结果如图4-30所示。重复“长方体”命令，绘制第一角点坐标为（5，5，0），长度为“11”、宽度为“16”、高度为“16”的长方体。

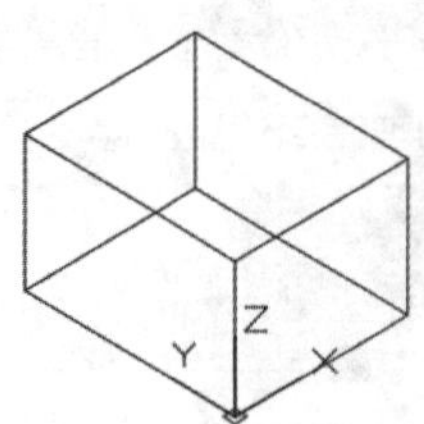

图4-30 绘制长方体

（3）单击“三维工具”选项卡“实体编辑”面板中的“差集”按钮，将绘制的两个长方体进行差集运算，消隐后结果如图4-31所示。

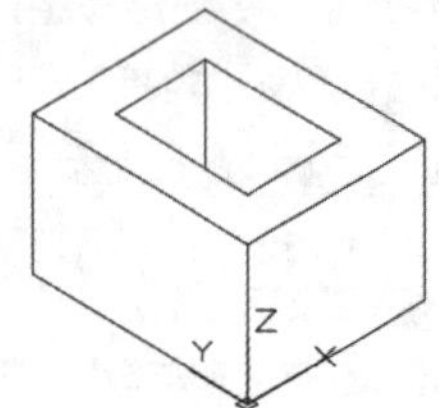

图4-31 差集运算

（4）在命令行中输入“UCS”命令，将坐标系绕Y轴旋转90°。

（5）单击“三维工具”选项卡“建模”面板中的“棱锥体”按钮，绘制棱锥体，命令行中的提示与操作如下：

```
命令：_pyramid
4 个侧面  外切
指定底面的中心点或 [边(E)/侧面(S)]: E↙
指定边的第一个端点：-13,0,0↙
指定边的第二个端点：13,0,0↙
指定高度或 [两点(2P)/轴端点(A)/顶面半径(T)] <21.0000>: -21↙
```

结果如图4-32所示。

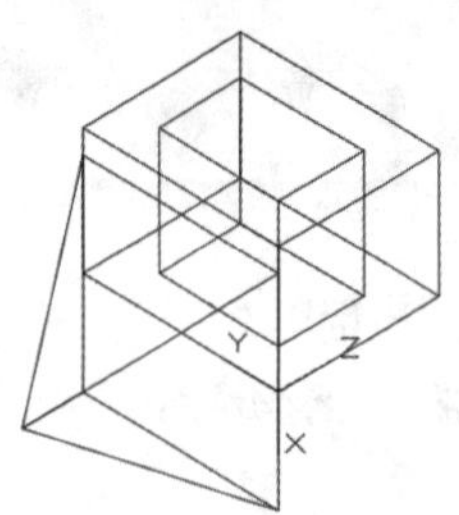

图4-32 绘制棱锥体

（6）单击“三维工具”选项卡“实体编辑”面板中的“剖切”按钮（此命令将在5.2.1小节中详细介绍），将绘制的棱锥体下半部分切除，命令行中的提示与操作如下：

```
命令：_slice
选择要剖切的对象：找到 1 个
选择要剖切的对象：↙
指定切面的起点或 [平面对象(O)/曲面(S)/z轴(Z)/视图(V)/xy(XY)/yz(YZ)/zx(ZX)/三点(3)] <三点>: YZ↙
指定 YZ 平面上的点 <0,0,0>: 0,0,0↙
在所需的侧面上指定点或 [保留两个侧面(B)] <保留两个侧面>: 0,10,0↙
（该点不可以在剖切平面上。）
在所需的侧面上指定点或 [保留两个侧面(B)] <保留两个侧面>:（指定上侧）
```

完成锥角平块的绘制，消隐后的最终结果如图4-29所示。

4.1.13 绘制圆锥体

执行方式

命令行：CONE

菜单：绘图→建模→圆锥体

工具栏：建模→圆锥体

功能区：单击“三维工具”选项卡“建模”面板中的“圆锥体”按钮

操作步骤

命令行提示如下：

```
命令：CONE↙
指定底面的中心点或 [三点(3P)/两点(2P)/切点、切点、半径(T)/椭圆(E)]: ↙
```

选项说明

（1）中心点。指定圆锥体底面的中心位置，然后指定底面半径和锥体高度或顶点位置。

（2）椭圆（E）。创建底面是椭圆的圆锥体。

图4-33所示为绘制的椭圆圆锥体，其中图（a）的线框密度为“4”；输入“ISOLINES”命令，增加线框密度至“16”后的图形如图（b）所示。

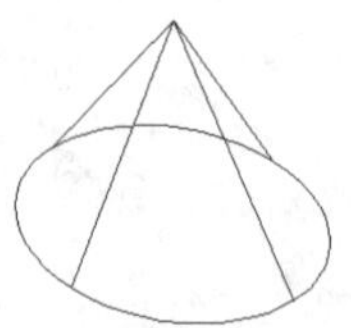
（a）ISOLINES=4

（b）ISOLINES=16

图4-33 椭圆圆锥体

4.1.14 实例——锥形管

本实例绘制图4-34所示的锥形管。

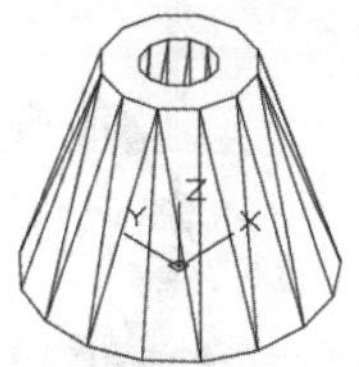

图4-34 锥形管

（1）单击“可视化”选项卡“命名视图”面板中的“西南等轴测”按钮，将当前视图设置为西南等轴测视图。

（2）单击“三维工具”选项卡“建模”面板中的“圆锥体”按钮，绘制圆台1，命令行中的提示与操作如下：

```
命令：_cone
指定底面的中心点或 [三点(3P)/两点(2P)/切点、切点、半径(T)/椭圆(E)]: 0,0,0↙
指定底面半径或 [直径(D)] <18.3848>: 20↙
指定高度或 [两点(2P)/轴端点(A)/顶面半径(T)] <-21.0000>: T↙
指定顶面半径 <21.6837>: 10↙
指定高度或 [两点(2P)/轴端点(A)] <-21.0000>: 30↙
```

结果如图4-35所示。

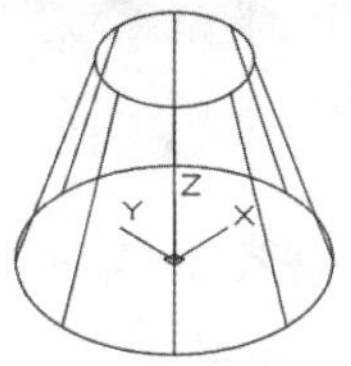

图4-35 绘制圆台1

（3）单击“三维工具”选项卡“建模”面板中的“圆锥体”按钮，绘制底面中心点在原点、底面半径为“7.5”、顶面半径为“5”、高度为“30”的圆台2，结果如图4-36所示。

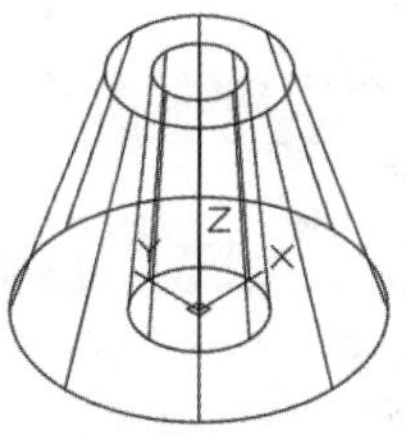

图4-36 绘制圆台2

（4）单击“三维工具”选项卡“实体编辑”面板中的“差集”按钮，将绘制的两个圆台进行差集运算，完成锥形管的绘制，消隐后的最终结果如图4-34所示。

4.1.15 绘制球体

执行方式

命令行：SPHERE

菜单：绘图→建模→球体

工具栏：建模→球体

功能区：单击“三维工具”选项卡“建模”面板中的“球体”按钮

操作步骤

命令行提示如下：

```
命令：SPHERE↙
指定中心点或 [三点(3P)/两点(2P)/切点、切点、半径(T)]：(输入球心的坐标值)↙
指定半径或 [直径(D)]：(输入相应的数值)↙
```

图4-37所示为一个半径是“80”的球体。

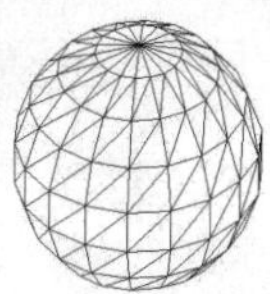

图4-37 球体

4.1.16 实例——球摆

本实例绘制图4-38所示的球摆。

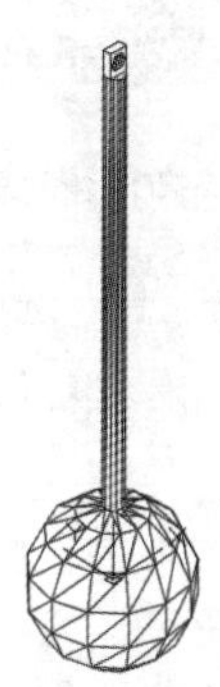

图4-38 球摆

（1）单击“可视化”选项卡“命名视图”面板中的“西南等轴测”按钮，将当前视图设置为西南等轴测视图。

（2）单击“三维工具”选项卡“建模”面板中的“圆柱体”按钮，绘制以原点为底面中心点、底面半径为“10”、高度为“500”的圆柱体，结果如图4-39所示。

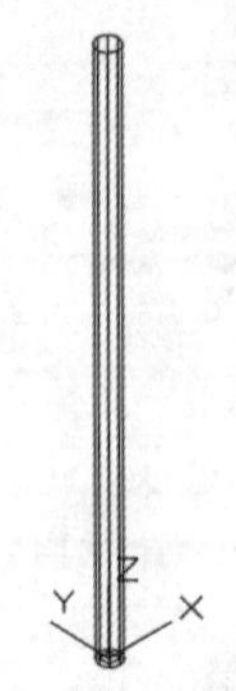

图4-39 绘制圆柱体（1）

（3）单击“三维工具”选项卡“建模”面板中的“球体”按钮，绘制球体，命令行中的提示与操作如下：

```
命令: _sphere
指定中心点或 [三点(3P)/两点(2P)/切点、切点、半径(T)]: 0,0,0↙
指定半径或 [直径(D)] <10.0000>: 75↙
```

结果如图4-40所示。

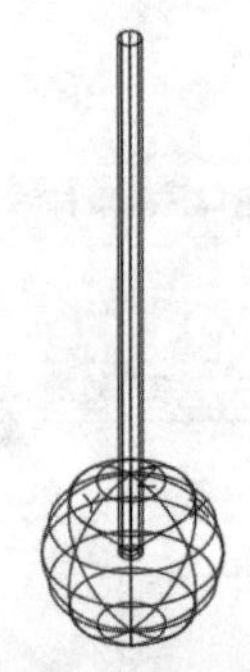

图4-40 绘制球体

（4）单击“三维工具”选项卡“实体编辑”面板中的“并集”按钮，将绘制的圆柱体和球体合并，结果如图4-41所示。

（5）单击“三维工具”选项卡“建模”面板中的“长方体”按钮，绘制第一个角点坐标为（-9，-4，500）、长度为“18”、宽度为“8”、高度为“25”的长方体。

（6）单击“三维工具”选项卡“实体编辑”面板中的“并集”按钮，将绘制的长方体与实体合并，结果如图4-42所示。

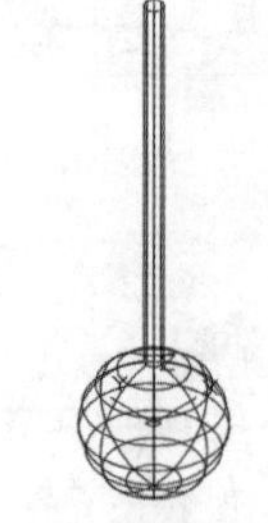

图4-41 并集运算（1）

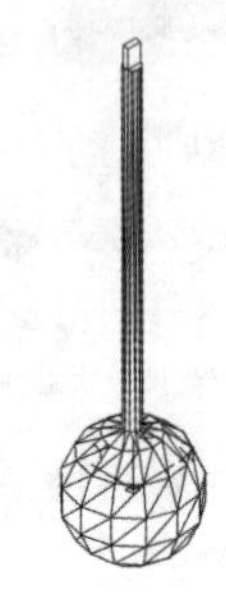

图4-42 并集运算（2）

（7）单击“三维工具”选项卡“建模”面板中的“圆柱体”按钮，绘制底面中心点坐标为（0，-4，512.5）、半径为“7.5”、轴端点坐标为（@0，8，0）的圆柱体，结果如图4-43所示。

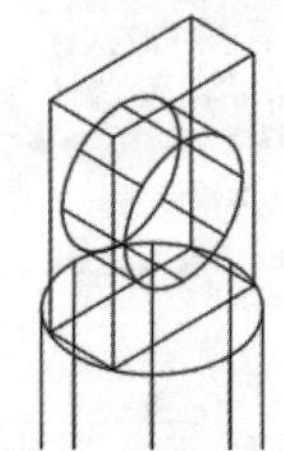

图4-43 绘制圆柱体（2）

在进行环形阵列时应将关联选项设置为否，否则差集不能运算。

（8）单击“三维工具”选项卡“实体编辑”面板中的“差集”按钮，将绘制的圆柱体与实体进行差集运算，完成球摆的绘制，消隐后最终结果如图4-38所示。

4.1.17 绘制圆环体

执行方式

命令行：TORUS

菜单：绘图→建模→圆环体

工具栏：建模→圆环体

功能区：单击“三维工具”选项卡“建模”面板中的“圆环体”按钮◎

操作步骤

命令行提示如下：

```
命令： TORUS↙
指定中心点或 [ 三点（3P）/ 两点（2P）/ 切点、切点、半径（T）]：(指定中心点）
指定半径或 [ 直径（D）]：(指定半径或直径）
指定圆管半径或 [ 两点（2P）/ 直径（D）]：(指定半径或直径）
```

图4-44所示为绘制的圆环体。

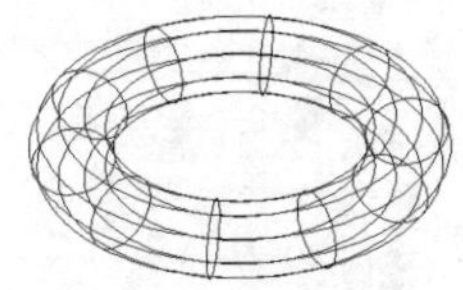

图 4-44　圆环体

4.1.18　实例——O 型密封圈建模

绘制图4-45所示的O型密封圈建模。

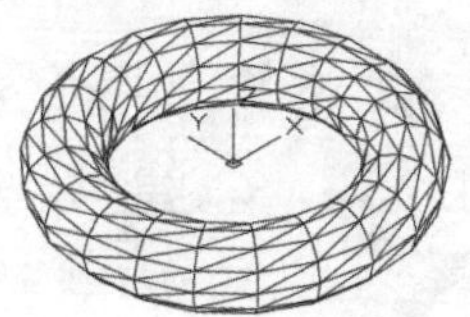

图 4-45　O 型密封圈建模

（1）单击“可视化”选项卡“命名视图”面板中的“西南等轴测”按钮◈，将当前视图设置为西南等轴测视图。

（2）单击“三维工具”选项卡“建模”面板中的“圆环体”按钮◎，绘制圆环体，命令行中的提示与操作如下：

```
命令： _torus
指定中心点或 [三点(3P)/两点(2P)/切点、切点、半径(T)]: 0,0,0↙
指定半径或 [直径(D)] <7.5000>: 4↙
指定圆管半径或 [两点(2P)/直径(D)]: 1↙
```

（3）单击“视图”选项卡“视觉样式”面板中的“隐藏”按钮，将圆环体消隐，完成O型密封圈的绘制，结果如图4-45所示。

4.2　布尔运算

4.2.1　三维建模布尔运算

布尔运算在教学的集合运算中得到广泛应用，AutoCAD也将该运算应用到了建模的创建过程中。用户可以对三维建模对象进行并集、交集、差集的运算。三维建模的布尔运算与平面图形类似。图4-46所示为3个圆柱体进行交集运算后的结果。

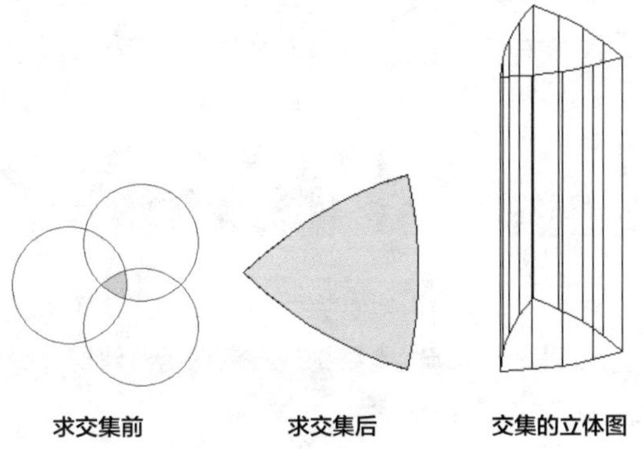

图 4-46　3 个圆柱体交集后的结果

如果某些命令第一个字母都相同的话，那么对于比较常用的命令，其快捷命令取第一个字母，其他命令的快捷命令可用2个或3个字母表示。例如“R”表示Redraw，“RA”表示Redrawall；“L”表示Line，“LT”表示LineType，“LTS”表示LTScale。

4.2.2　实例——法兰盘

本实例绘制图4-47所示的法兰盘。

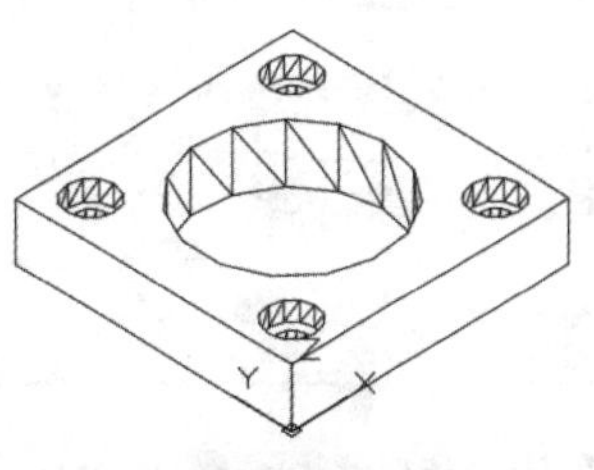

图 4-47　法兰盘

（1）单击“可视化”选项卡“命名视图”面板中的“西南等轴测”按钮◈，将当前视图设置为西南等轴测视图。

（2）单击“三维工具”选项卡“建模”面板中的“长方体”按钮，绘制第一角点在原点、长度为“30”、宽度为“30”、高度为“6”的长方体，结果如图4-48所示。

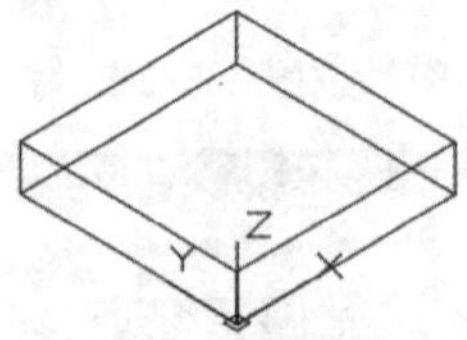

图4-48　绘制长方体

（3）单击“三维工具”选项卡“建模”面板中的“圆柱体”按钮，绘制底面中心点坐标为（15，15，0）、半径为“10”、高度为“6”的圆柱体，消隐后结果如图4-49所示。

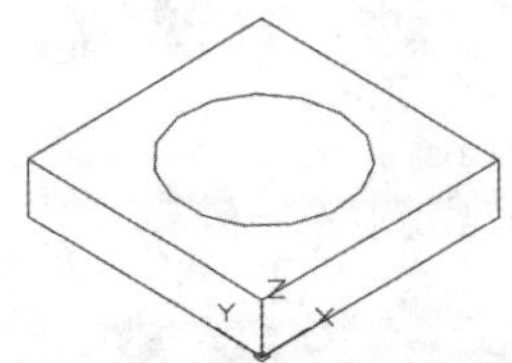

图4-49　绘制圆柱体（1）

（4）单击“三维工具”选项卡“实体编辑”面板中的“差集”按钮，将绘制的长方体和圆柱体进行差集运算，命令行中的提示与操作如下：

```
命令：_subtract
选择要从中减去的实体、曲面和面域...
选择对象：找到 1 个（选择长方体）
选择对象：✓
选择要减去的实体、曲面和面域...
选择对象：找到 1 个（选择圆柱体）
选择对象：✓
```

结果如图4-50所示。

（5）单击“三维工具”选项卡“建模”面板中的“圆柱体”按钮，绘制圆心坐标为（4，4，0）、半径为“1.5”、高度为“4”的圆柱体，重复“圆柱体”命令，绘制圆心坐标为（4，4，4）、半径为“2.5”、高度为“2”的圆柱体，结果如图4-51所示。

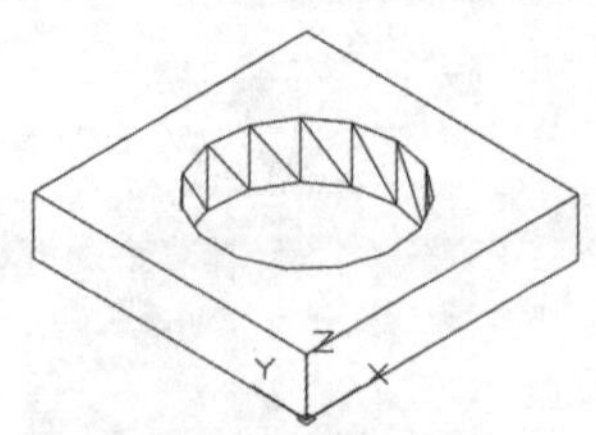

图4-50　差集运算

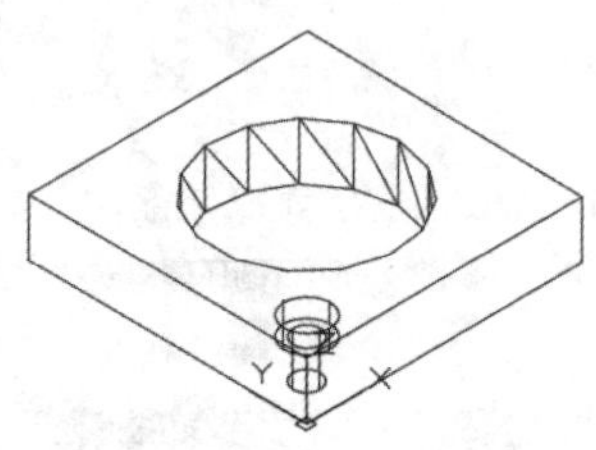

图4-51　绘制圆柱体（2）

（6）单击“三维工具”选项卡“实体编辑”面板中的“并集”按钮，将上一步绘制的两个圆柱体合并，命令行中的提示与操作如下：

```
命令：_union
选择对象：找到 1 个（选择第一个圆柱体）
选择对象：找到 1 个，总计 2 个（选择第二个圆柱体）
选择对象：✓
```

（7）单击“默认”选项卡“修改”面板中的“环形阵列”按钮，将合并后的圆柱体进行环形阵列，阵列中心点坐标为（15，15，0），阵列项目数为“4”。

（8）单击“三维工具”选项卡“实体编辑”面板中的“差集”按钮，将实体与阵列后的圆柱体进行差集运算，完成法兰盘的绘制，消隐后的最终结果如图4-47所示。

4.3 特征操作

4.3.1 拉伸

执行方式

命令行：EXTRUDE（快捷命令：EXT）

菜单栏：绘图→建模→拉伸

工具栏：建模→拉伸

功能区：单击“三维工具”选项卡“建模”面板中的“拉伸”按钮

操作步骤

命令行提示如下：

命令：EXTRUDE↙
当前线框密度：ISOLINES=4，闭合轮廓创建模式 = 实体
选择要拉伸的对象或 ［模式（MO）］：（选择绘制好的二维对象）
选择要拉伸的对象或 ［模式（MO）］：（可继续选择对象或按 Enter 键结束选择）
指定拉伸的高度或 ［方向（D）/ 路径（P）/ 倾斜角（T）/ 表达式（E）］ <52.0000>:

选项说明

（1）拉伸高度。按指定的高度拉伸出三维建模对象。输入高度值后，根据实际需要，指定拉伸的倾斜角度。如果指定的角度为“0”，AutoCAD则把二维对象按指定的高度拉伸成柱体；如果输入角度值，拉伸后建模截面沿拉伸方向按此角度变化，成为一个棱台或圆台体。图4-52所示为不同角度拉伸圆的结果。

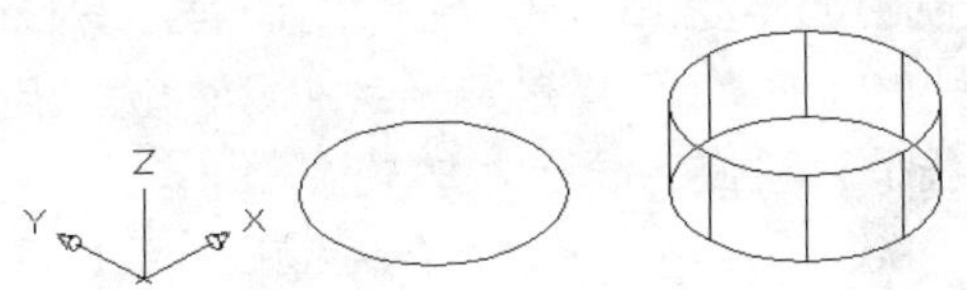

拉伸前　　拉伸的倾斜角度为“0”

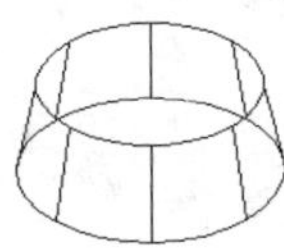

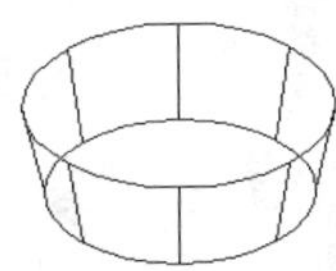

拉伸的倾斜角度为“10”　　拉伸的倾斜角度为“-10”

图 4-52　拉伸圆

（2）路径（P）。拉伸现有的图形对象以创建三维建模对象，图4-53所示为沿圆弧曲线路径拉伸圆的结果。

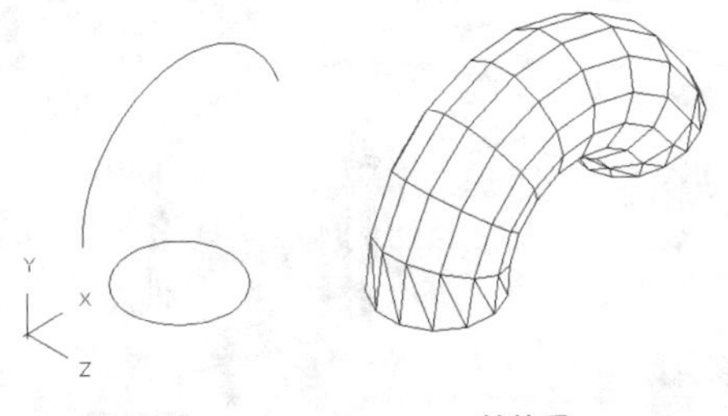

拉伸前　　拉伸后

图 4-53　沿圆弧曲线路径拉伸圆

可以使用创建圆柱体的“轴端点”命令确定圆柱体的高度和方向。轴端点是圆柱体顶面的中心点，轴端点可以位于三维空间的任意位置。

4.3.2　实例——扳手

本实例绘制图4-54所示的扳手。

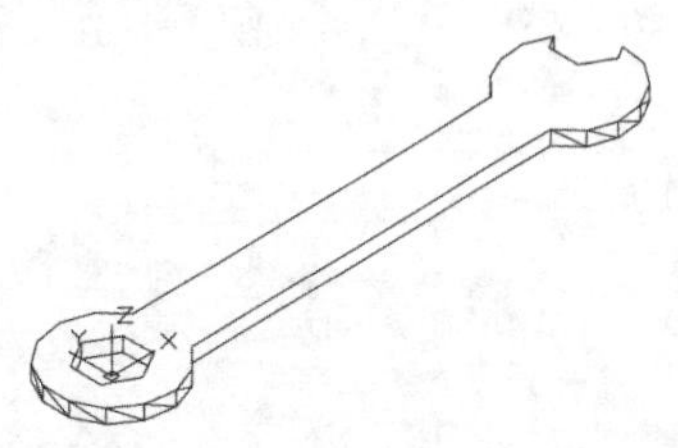

图 4-54　扳手

（1）单击“默认”选项卡“绘图”面板中的“圆”按钮，分别绘制圆心坐标为（0，0）和（402,0）、半径为“50”的圆，结果如图4-55所示。

图 4-55　绘制圆

（2）单击“默认”选项卡“绘图”面板中的“直线”按钮，连接两圆心绘制两条水平直线。单击“默认”选项卡“修改”面板中的“偏移”按钮，将绘制的水平直线分别上下偏移“25”。单击“默认”选项卡“修改”面板中的“修剪”按钮，将图形进行修剪，将多余直线删除，结果如图4-56所示。

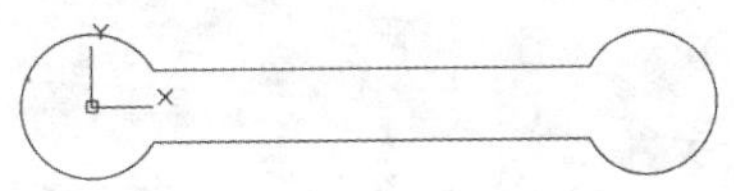

图 4-56　绘制直线

（3）单击“默认”选项卡“绘图”面板中的“多边形”按钮，绘制中心点坐标为（441，23）、内接圆半径为“26”的六边形。单击“默认”选项卡“修改”面板中的“旋转”按钮，将绘制的六边形以原点为基点旋转90°。单击“默认”选项卡“修改”面板中的“修剪”按钮，将图形进行修剪，结果如图4-57所示。

（4）单击“默认”选项卡“绘图”面板中的“面域”按钮，将绘制的图形创建为面域。

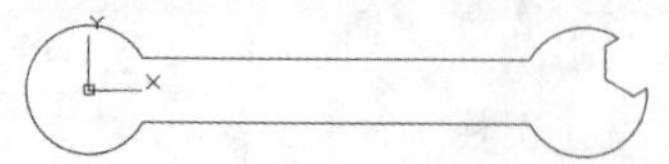

图 4-57 绘制六边形并修剪

（5）单击“默认”选项卡“绘图”面板中的“多边形”按钮，绘制中心点坐标在原点、内接圆半径为“26”的六边形。单击“默认”选项卡“修改”面板中的“旋转”按钮，将绘制的六边形以原点为基点旋转90°，结果如图4-58所示。

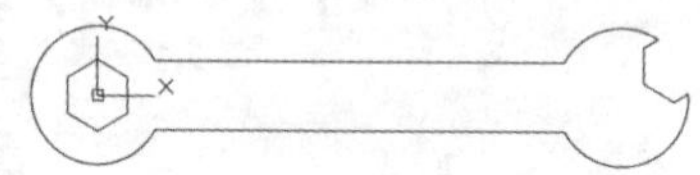

图 4-58 绘制六边形并旋转

（6）单击“可视化”选项卡“命名视图”面板中的“西南等轴测”按钮，将当前视图设置为西南等轴测视图。

（7）单击“三维工具”选项卡“建模”面板中的“拉伸”按钮，将面域和六边形进行拉伸操作，命令行中的提示与操作如下：

```
命令: _extrude
当前线框密度: ISOLINES=8，闭合轮廓创建模式 = 实体
选择要拉伸的对象或 [模式(MO)]: 指定对角点: 找到 2 个（选择面域和六边形）
选择要拉伸的对象或 [模式(MO)]: ↙
指定拉伸的高度或 [方向(D)/路径(P)/倾斜角(T)/表达式(E)] <2.0000>: 12 ↙
```

消隐后结果如图4-59所示。

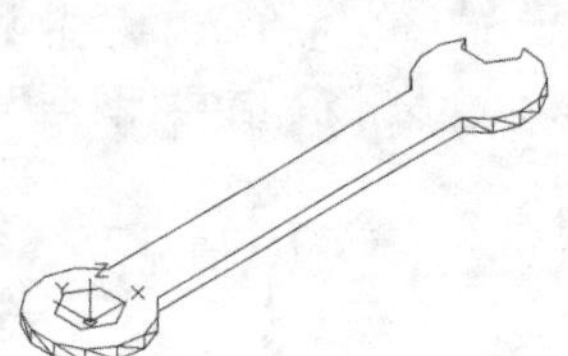

图 4-59 拉伸操作

（8）单击“三维工具”选项卡“实体编辑”面板中的“差集”按钮，将面域拉伸后的实体和多边形拉伸后的实体进行差集运算，完成扳手的创建，消隐后最终结果如图4-54所示。

4.3.3 旋转

执行方式

命令行：REVOLVE（快捷命令：REV）

菜单栏：绘图→建模→旋转

工具栏：建模→旋转

功能区：单击“三维工具”选项卡“建模”面板中的“旋转”按钮

操作步骤

命令行提示如下：

```
命令: REVOLVE ↙
当前线框密度: ISOLINES=4，闭合轮廓创建模式 = 实体
选择要旋转的对象或 [模式(MO)]: 找到 1 个
选择要旋转的对象或 [模式(MO)]: ↙
指定轴起点或根据以下选项之一定义轴 [对象(O)/X/Y/Z] <对象>: X ↙
指定旋转角度或 [起点角度(ST)/反转(R)/表达式(EX)] <360>: 115 ↙
```

选项说明

（1）指定轴起点。通过两个点来定义旋转轴。AutoCAD将按指定的角度和旋转轴旋转二维对象。

（2）对象（O）。选择已经绘制好的直线或用多段线命令绘制的直线段作为旋转轴。

（3）X/Y/Z轴。将二维对象绕当前坐标系（UCS）的X/Y/Z轴旋转。图4-60所示为矩形平面绕X轴旋转的结果。

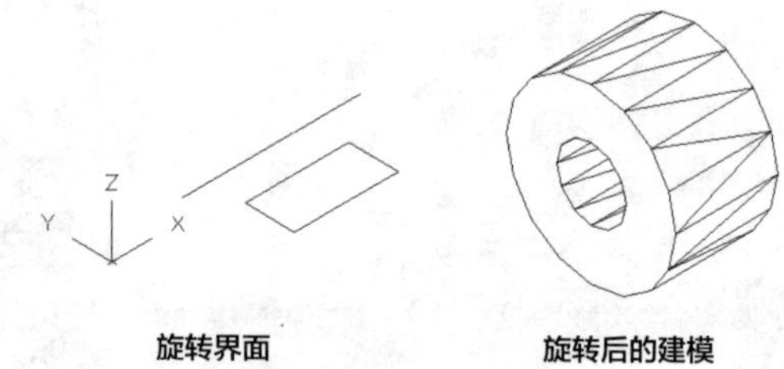

图 4-60 旋转实体

4.3.4 实例——弯管

本实例绘制图4-61所示的弯管。

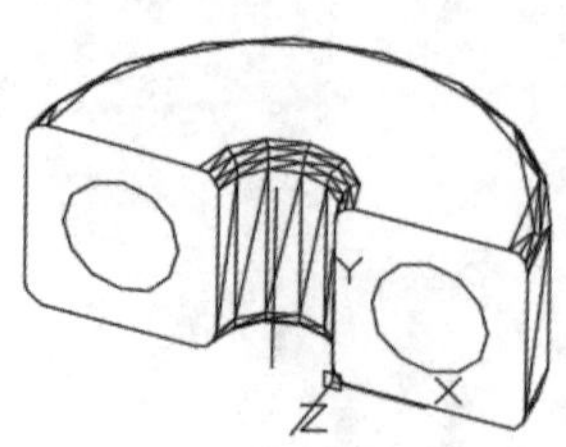

图 4-61 弯管

（1）单击“默认”选项卡“绘图”面板中的“矩形”按钮、“绘图”面板中的“圆”按钮和“修改”面板中的“圆角”按钮，绘制图4-62所示的图形，并将其作为旋转对象。

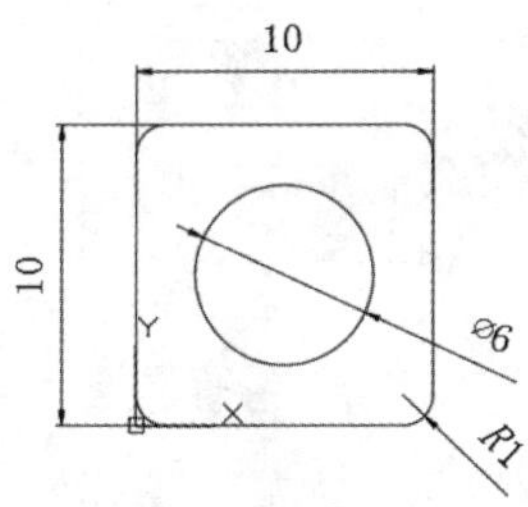

图 4-62 绘制旋转对象

（2）单击“默认”选项卡“绘图”面板中的“直线”按钮，绘制两个端点坐标为（-3，0）和（-3，10）的竖直直线，如图4-63所示。

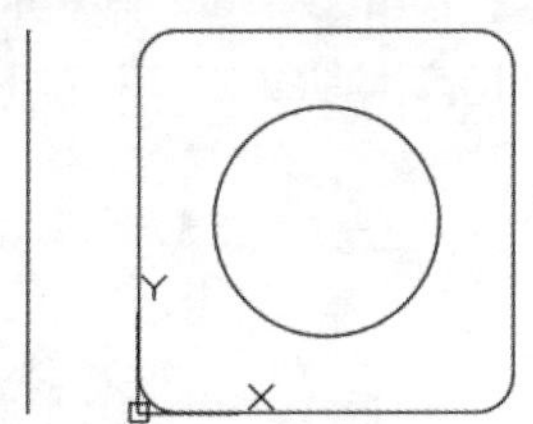

图 4-63 绘制直线

（3）单击“可视化”选项卡“命名视图”面板中的“西南等轴测”按钮，将当前视图设置为西南等轴测视图。

（4）单击“三维工具”选项卡“建模”面板中的“旋转”按钮，进行旋转操作，命令行中的提示与操作如下：

```
命令：_revolve
当前线框密度： ISOLINES=8，闭合轮廓创建模式 = 实体
选择要旋转的对象或 [ 模式 (MO)]： 指定对角点：找到 2 个 (选择步骤（1）绘制的图形 )
选择要旋转的对象或 [ 模式 (MO)]：↙
指定轴起点或根据以下选项之一定义轴 [ 对象 (O)/X/Y/Z] <对象>:（指定步骤（2）绘制的直线的上端点）
指定轴端点：（指定步骤（2）绘制的直线的下端点）
指定旋转角度或 [ 起点角度 (ST)/ 反转 (R)/ 表达式 (EX)] <360>: -180 ↙
```

（5）完成弯管的绘制，单击“视图”选项卡“导航”面板上的“动态观察”下拉列表中的“自由动态观察”按钮，将弯管旋转到适当的角度，消隐后的最终结果如图4-61所示。

4.3.5 扫掠

执行方式

命令行：SWEEP

菜单栏：绘图→建模→扫掠

工具栏：建模→扫掠

功能区：单击“三维工具”选项卡“建模”面板中的“扫掠”按钮

操作步骤

命令行提示如下：

```
命令：SWEEP ↙
当前线框密度：ISOLINES=4，闭合轮廓创建模式 = 实体
选择要扫掠的对象：(选择对象，如图 4-64(a)中的圆)
选择要扫掠的对象： ↙
选择扫掠路径或 [ 对齐 (A)/ 基点 (B)/ 比例 (S)/ 扭曲 (T)]：(选择对象，如图 4-64 (a) 中螺旋线)
```

扫掠结果如图4-64（b）所示。

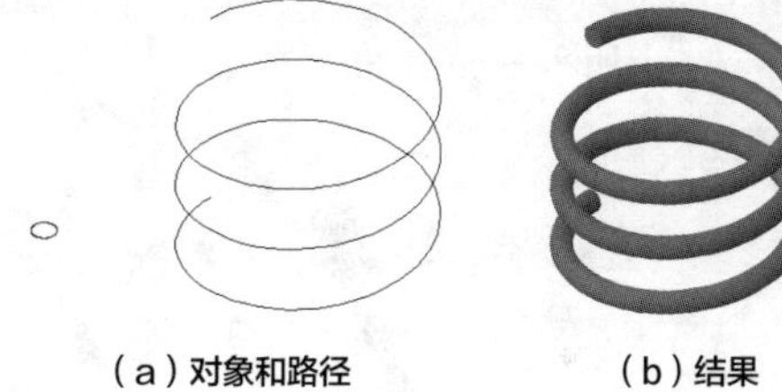

（a）对象和路径　　（b）结果

图 4-64 扫掠

选项说明

（1）对齐（A）。指定是否对齐轮廓以使其作为扫掠路径切向的法向，默认情况下轮廓是对齐的。选择该选项，命令行提示如下：

```
扫掠前对齐垂直于路径的扫掠对象 [是(Y)/否(N)] <是>:（输入“N”，指定轮廓无须对齐；按Enter键，指定轮廓将对齐）
```

使用扫掠命令，可以通过沿开放或闭合的二维或三维路径扫掠开放或闭合的平面曲线（轮廓）来创建新建模或曲面。扫掠命令用于沿指定路径以指定轮廓的形状（扫掠对象）创建建模或曲面。可以扫掠多个对象，但是这些对象必须在同一平面内。如果沿一条路径扫掠闭合的曲线，则生成建模。

（2）基点（B）。指定要扫掠对象的基点。如果指定的点不在选定对象所在的平面上，则该点将被投影到该平面上。选择该选项，命令行提示如下：

```
指定基点：（指定选择集的基点）
```

（3）比例（S）。指定比例因子以进行扫掠。从扫掠路径的开始到结束，比例因子将统一应用到扫掠的对象上。选择该选项，命令行提示如下：

```
输入比例因子或 [参照(R)] <1.0000>：（指定比例因子或输入“R”，调用参照选项；按Enter键，选择默认值）
```

其中“参照（R）”选项表示通过拾取点或输入值来根据参照的长度缩放选定的对象。

（4）扭曲（T）。设置被扫掠对象的扭曲角度。扭曲角度指定沿扫掠路径全部长度的旋转量。选择该选项，命令行提示如下：

```
输入扭曲角度或允许非平面扫掠路径倾斜 [倾斜(B)] <n>：（指定小于360°的角度值或输入“B”，打开倾斜；按Enter键，选择默认角度值）
```

其中“倾斜（B）”选项指定被扫掠的曲线是否沿三维扫掠路径（三维多线段、三维样条曲线或螺旋线）自然倾斜（旋转）。

图4-65所示为扭曲扫掠示意图。

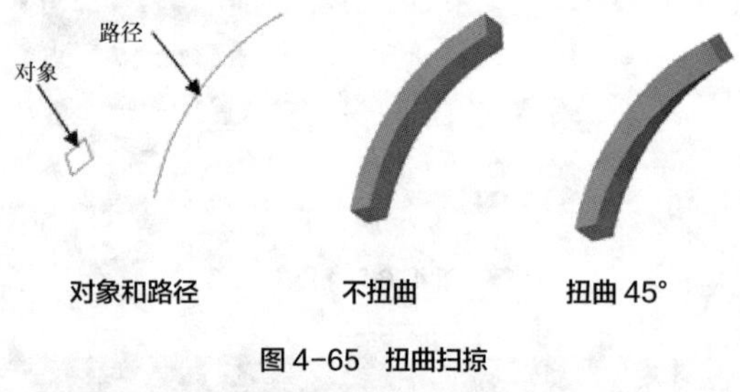

图 4-65　扭曲扫掠

4.3.6 实例——基座

本实例绘制图4-66所示的基座。

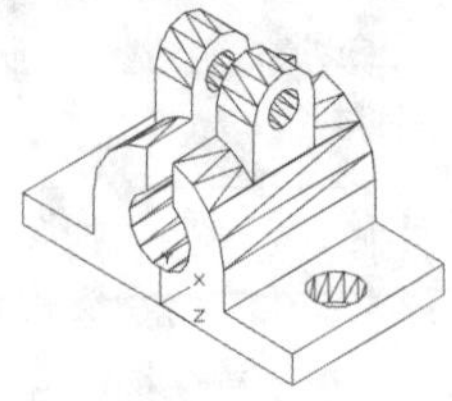

图 4-66　基座

（1）单击“可视化”选项卡“命名视图”面板中的“西南等轴测”按钮，将当前视图设置为西南等轴测视图。

（2）单击“三维工具”选项卡“建模”面板中的“长方体”按钮，绘制第一个角点坐标为（0，-62，0）、长度为“70”、宽度为“124”、高度为“12”的长方体，结果如图4-67所示。

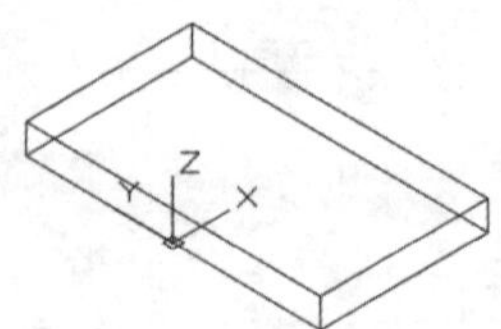

图 4-67　绘制长方体

（3）单击“三维工具”选项卡“建模”面板中的“圆柱体”按钮，分别绘制底面中心点坐标为（35，47）和（35，-47）、半径为“10”、高度为“12”的两个圆柱体。

（4）单击“三维工具”选项卡“实体编辑”面板中的“差集”按钮，将长方体和绘制的两个圆柱体进行差集运算，消隐后结果如图4-68所示。

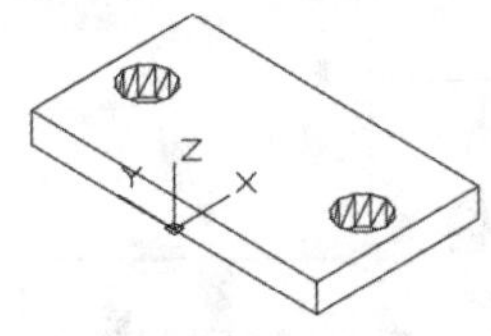

图 4-68　差集运算

（5）单击“可视化”选项卡“命名视图”面板中的“左视”按钮，将当前视图设置为左视图。

（6）单击“默认”选项卡“绘图”面板中的“圆”按钮、“绘图”面板中的“直线”按钮、“修改”面板中的“偏移”按钮和“修改”面板中的“修剪”按钮，绘制图4-69所示的图形。

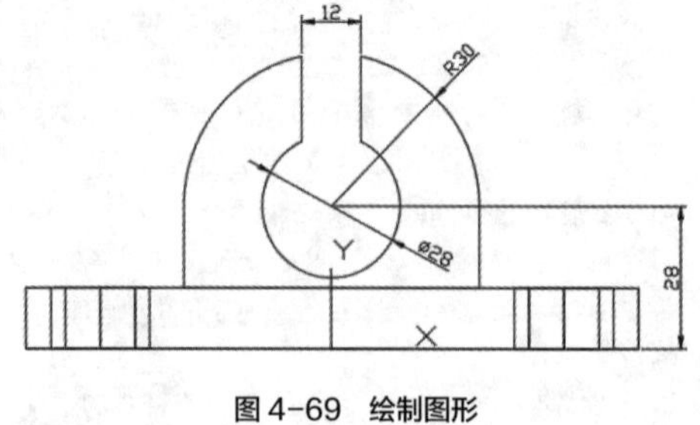

图 4-69　绘制图形

（7）单击“默认”选项卡“绘图”面板中的“面域”按钮，将步骤（6）绘制的图形创建为面域。

（8）单击“可视化”选项卡“命名视图”面

板中的“前视”按钮，将当前视图设置为前视图。单击“默认”选项卡“绘图”面板中的“直线”按钮，绘制两端端点坐标为（0，12）和（70，12）的直线，结果如图4-70所示。

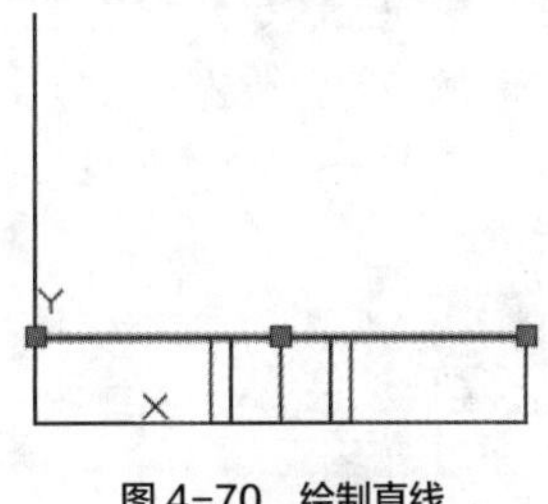

图4-70 绘制直线

（9）单击“可视化”选项卡“命名视图”面板中的“西南等轴测”按钮，将当前视图设置为西南等轴测视图。

（10）单击“三维工具”选项卡“建模”面板中的“扫掠”按钮，进行扫掠操作，命令行中的提示与操作如下：

```
命令：_sweep
当前线框密度： ISOLINES=8，闭合轮廓创建模式 = 实体
选择要扫掠的对象或 [模式(MO)]：找到 1 个（选择面域）
选择要扫掠的对象或 [模式(MO)]：↙
选择扫掠路径或 [对齐(A)/基点(B)/比例(S)/扭曲(T)]：（选择直线）
```

结果如图4-71所示。

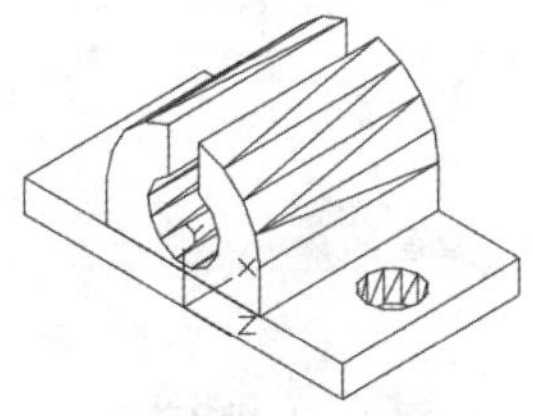

图4-71 扫掠操作

（11）单击“三维工具”选项卡“实体编辑”面板中的“并集”按钮，将实体进行合并，消隐后结果如图4-72所示。

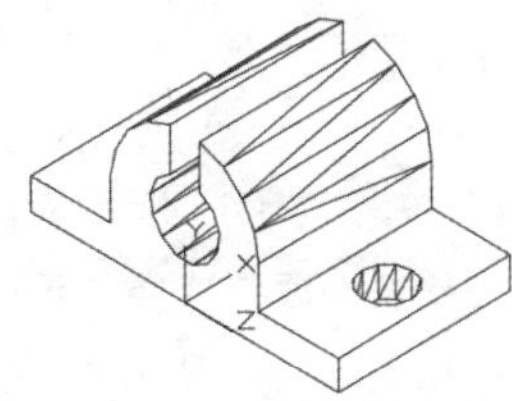

图4-72 并集运算

（12）单击“可视化”选项卡“命名视图”面板中的“前视”按钮，将当前视图设置为前视图。单击“默认”选项卡“绘图”面板中的“多段线”按钮，绘制坐标点依次为（49，69）、A、（21，69）、L、（@0，-25）、（@28，0）、C的多段线。单击“默认”选项卡“绘图”面板中的“圆”按钮，绘制圆心坐标为（35，69）、半径为“7”的圆，结果如图4-73所示。

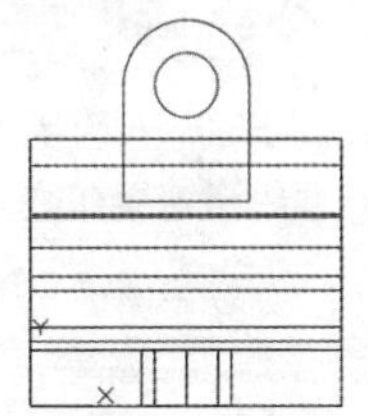

图4-73 绘制多段线和圆

（13）单击“可视化”选项卡“命名视图”面板中的“西南等轴测”按钮，将当前视图设置为西南等轴测视图。单击“默认”选项卡“修改”面板中的“移动”按钮，将绘制的多段线和圆沿*Z*轴移动“-6”，结果如图4-74所示。

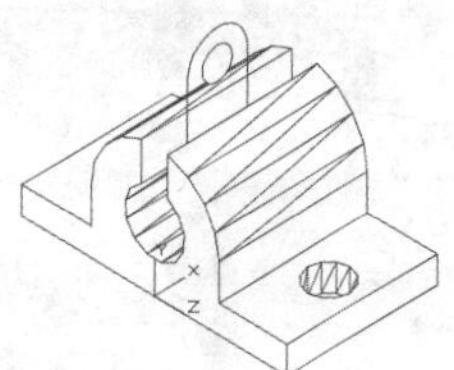

图4-74 移动多段线和圆

（14）单击“三维工具”选项卡“建模”面板中的“拉伸”按钮，将绘制的多段线和圆沿*Z*轴拉伸“-17”。

（15）单击“三维工具”选项卡“实体编辑”面板中的“差集”按钮，将拉伸的多段线和拉伸的圆进行差集运算，消隐后结果如图4-75所示。

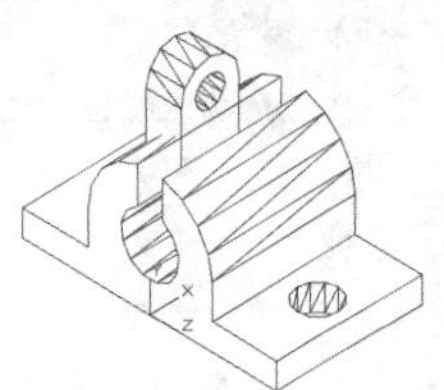

图4-75 差集运算

（16）单击“默认”选项卡“修改”面板中的“复制”按钮，将合并后的实体进行复制，将

复制得到的实体沿Z轴位移“29”，消隐后结果如图4-76所示。

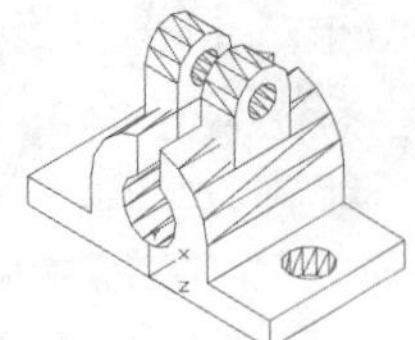

图 4-76 复制实体

（17）单击“三维工具”选项卡“实体编辑”面板中的“并集”按钮，将所有实体合并，完成基座的绘制，消隐后最终结果如图4-66所示。

4.3.7 放样

执行方式

命令行：LOFT

菜单栏：绘图→建模→放样

工具栏：建模→放样

功能区：单击“三维工具”选项卡“建模”面板中的“放样”按钮

操作步骤

命令行提示如下：

```
命令：LOFT↙
当前线框密度： ISOLINES=4，闭合轮廓创建模式 = 实体
按放样次序选择横截面或 [点(PO)/合并多条边(J)/模式(MO)]：找到 1 个
按放样次序选择横截面或 [点(PO)/合并多条边(J)/模式(MO)]：找到 1 个，总计 2 个
按放样次序选择横截面或 [点(PO)/合并多条边(J)/模式(MO)]：找到 1 个，总计 3 个
按放样次序选择横截面或 [点(PO)/合并多条边(J)/模式(MO)]：
选中了 3 个横截面（依次选择图4-77所示的3个截面）
输入选项 [导向(G)/路径(P)/仅横截面(C)/设置(S)/连续性(CO)/凸度幅值(B)] <仅横截面>:
```

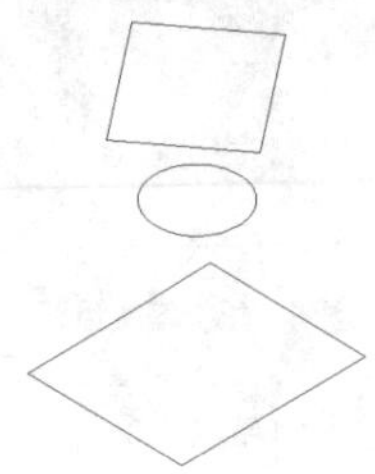

图 4-77 选择截面

（1）导向（G）。指定控制放样实体或曲面形状的导向曲线，可以使用导向曲线来控制点如何匹配相应的横截面以防止出现不希望看到的效果（例如实体或曲面中的皱褶），指定控制放样建模或曲面形状的导向曲线。导向曲线是直线或曲线，可通过将其他线框信息添加至对象来进一步定义建模或曲面的形状，如图4-78所示。选择该选项，命令行提示与操作如下：

```
选择导向曲线：（选择放样建模或曲面的导向曲线，然后按 Enter 键）
```

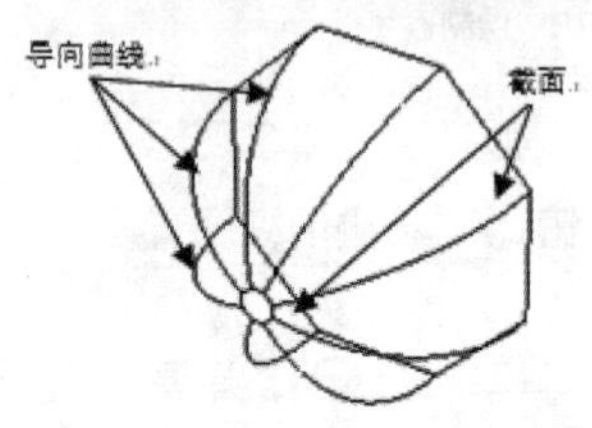

图 4-78 导向放样

（2）路径（P）。指定放样实体或曲面的单一路径，如图4-79所示。选择该选项，命令行提示与操作如下：

```
选择路径：（指定放样建模或曲面的单一路径）
```

路径曲线必须与横截面的所有平面相交。

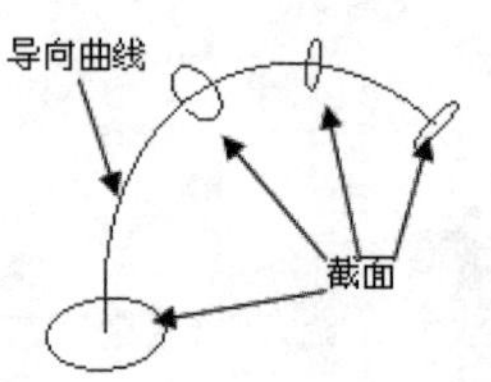

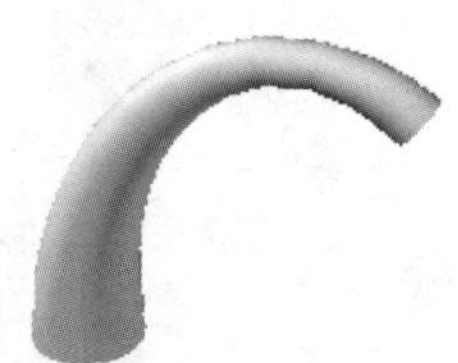

图 4-79 路径放样

（3）仅横截面（C）。在不使用导向或路径的情况下，创建放样对象。

（4）设置（S）。选择该选项，系统打开“放样设置”对话框，如图4-80所示。其中有4个单选选项，图4-81（a）所示为选“直纹”单选选项的放样结果示意图，图4-81（b）所示为选“平滑拟合”单选选项的放样结果示意图，图4-81（c）所示为选“法线指向”单选选项并选择“所有横截面”选项的放样结果示意图，图4-81（d）所示为选“拔模斜度”单选选项并设置“起点角度”为45°、“起

点幅值”为“10”、“端点角度”为60°、“端点幅值”为“10”的放样结果示意图。

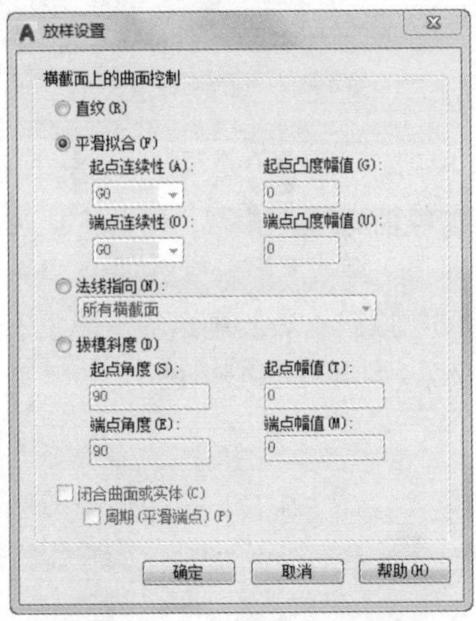

图4-80 “放样设置”对话框

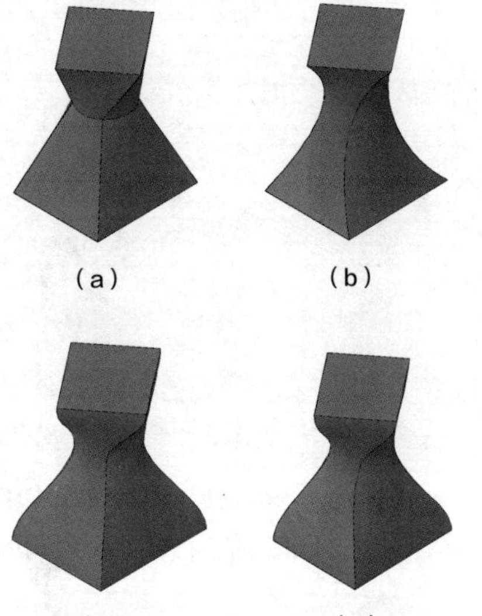

图4-81 放样示意图

每条导向曲线必须满足以下条件才能正常工作。

①与每个横截面相交。

②从第一个横截面开始。

③到最后一个横截面结束。

可以为放样曲面或建模选择任意数量的导向曲线。

4.3.8 实例——显示器

本实例绘制图4-82所示的显示器。

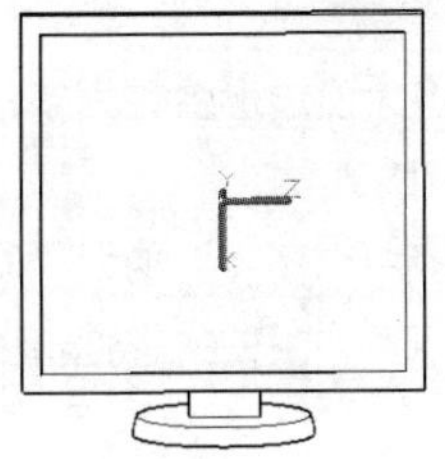

图4-82 显示器

（1）单击“可视化”选项卡“命名视图”面板中的“西南等轴测”按钮，将当前视图设置为西南等轴测视图。

（2）单击“三维工具”选项卡“建模”面板中的“长方体”按钮，绘制中心点坐标在原点、长度为“460”、宽度为“420”、高度为“15”的长方体1。重复“长方体”命令，绘制中心点坐标为（0，0，-7.5）、长度为“420”、宽度为“380”、高度为“10”的长方体2，结果如图4-83所示。

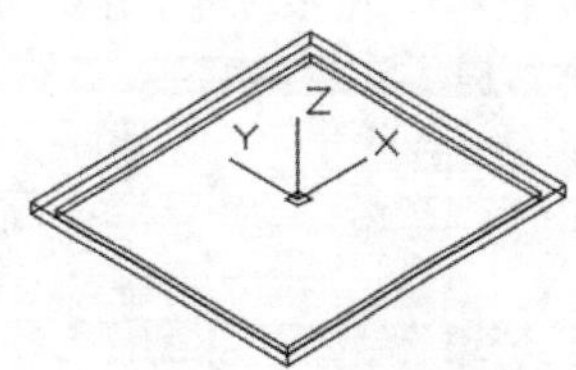

图4-83 绘制长方体

（3）单击“三维工具”选项卡“实体编辑”面板中的“差集”按钮，将长方体2从长方体1中减去。

（4）单击“可视化”选项卡“命名视图”面板中的“俯视”按钮，将当前视图设置为俯视图。单击“默认”选项卡“绘图”面板中的“直线”按钮、“修改”面板中的“偏移”按钮和“修改”面板中的“修剪”按钮，绘制图4-84所示的2个四边形。

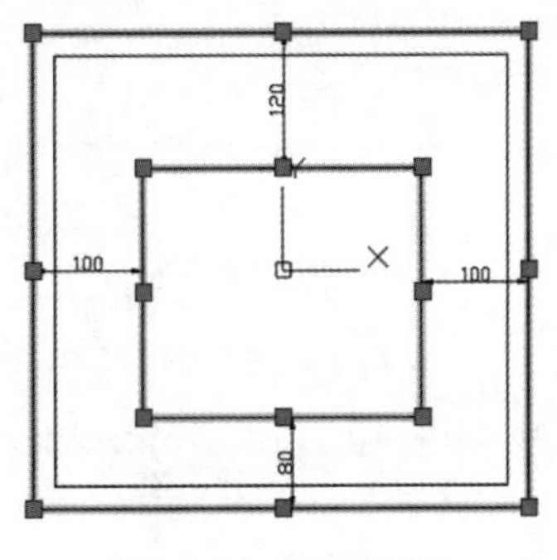

图4-84 绘制四边形

（5）选择菜单栏中的“修改”→“对象”→“多段线”命令，将大四边形合并为多段线1和将小四边形合并为多段线2。

（6）单击“可视化”选项卡“命名视图”面板中的“西南等轴测”按钮，将当前视图设置为西南等轴测视图。单击“默认”选项卡“修改”面板中的“移动”按钮，将多段线1沿Z轴方向移动“7.5”，多段线2沿Z轴方向移动“47.5”，如图4-85所示。

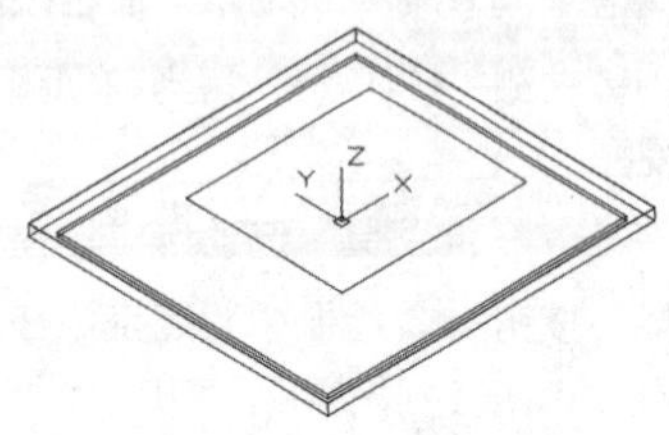

图4-85　移动多段线

（7）单击“三维工具”选项卡“建模”面板中的“放样”按钮，将多段线1和多段线2进行放样操作，命令行提示与操作如下：

```
命令：_loft
当前线框密度： ISOLINES=4，闭合轮廓创建模式 = 实体
按放样次序选择横截面或 [点(PO)/合并多条边(J)/模式(MO)]：找到 1 个(选择多段线1)
按放样次序选择横截面或 [点(PO)/合并多条边(J)/模式(MO)]：找到 1 个，总计 2 个(选择多段线2)
按放样次序选择横截面或 [点(PO)/合并多条边(J)/模式(MO)]：↙
选中了 2 个横截面
输入选项 [导向(G)/路径(P)/仅横截面(C)/设置(S)/连续性(CO)/凸度幅值(B)] <仅横截面>：↙
```

单击“视图”选项卡“视觉样式”面板中的“隐藏”按钮，消隐后结果如图4-86所示。

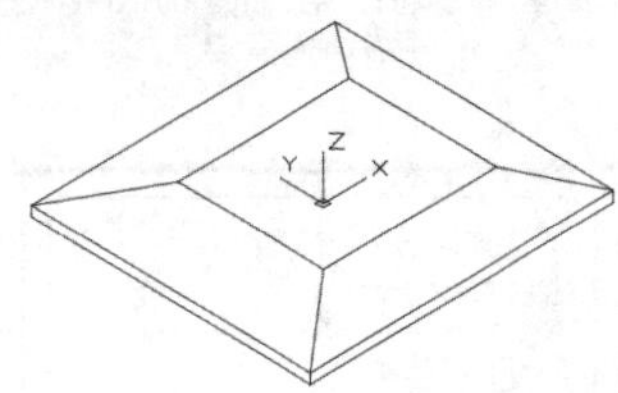

图4-86　放样操作

（8）单击“可视化”选项卡“命名视图”面板中的“左视”按钮，将当前视图设置为左视图。单击“默认”选项卡“绘图”面板中的“多段线”按钮，绘制图4-87所示的多段线3。

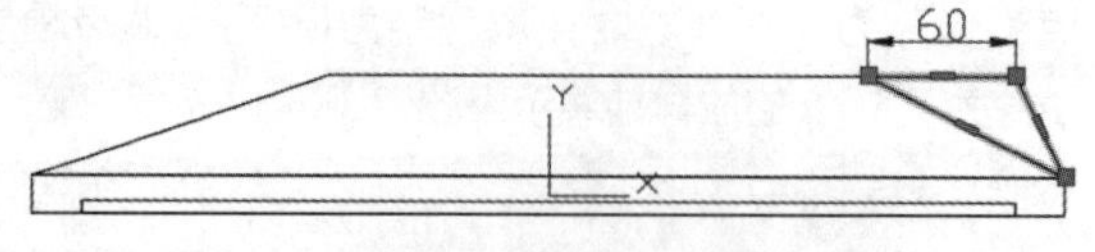

图4-87　绘制多段线3

（9）单击“可视化”选项卡“命名视图”面板中的“西南等轴测”按钮，将当前视图设置为西南等轴测视图。单击“默认”选项卡“修改”面板中的“移动”按钮，将创建的多段线3沿Z轴方向移动“75”，结果如图4-88所示。

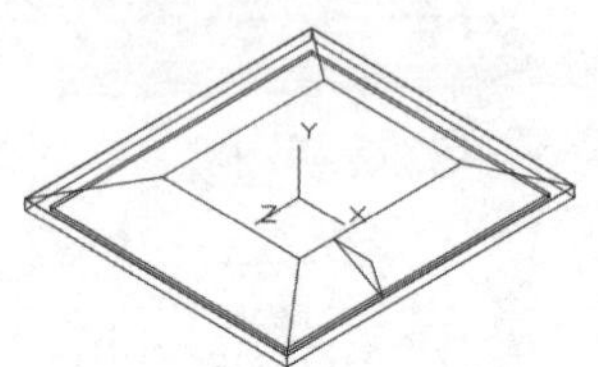

图4-88　移动多段线3

（10）单击“三维工具”选项卡“建模”面板中的“拉伸”按钮，将多段线3沿Z轴拉伸“-150”，结果如图4-89所示。

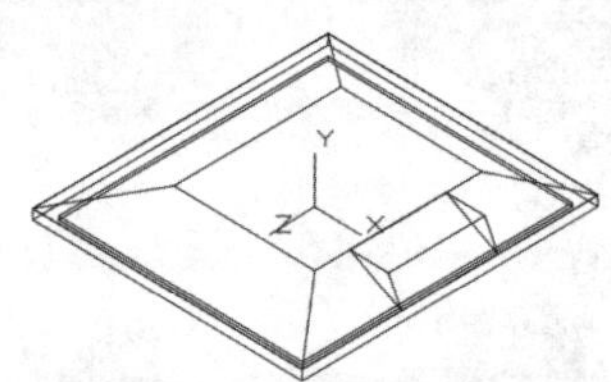

图4-89　拉伸多段线3

（11）单击“三维工具”选项卡“实体编辑”面板中的“并集”按钮，将放样实体和拉伸实体合并，结果如图4-90所示。

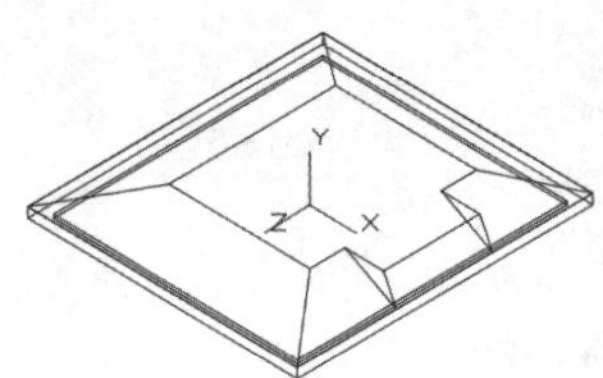

图4-90　并集运算

（12）单击“可视化”选项卡“命名视图”面板中的“左视”按钮，将当前视图设置为左视图。单击“默认”选项卡“绘图”面板中的“多段线”按钮，绘制坐标点依次为（197，34）、（@55<30）、（@0，-30）、（203，21）、C的多段线4，结果如图4-91所示。

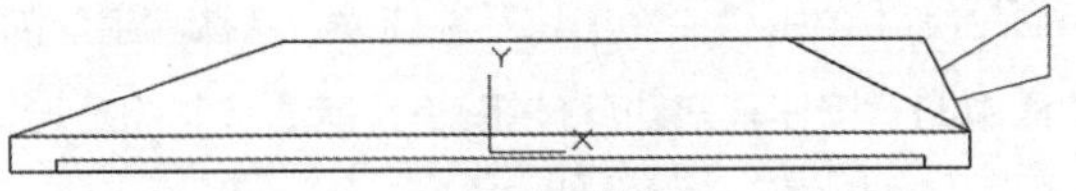

图 4-91 绘制多段线 4

（13）单击“可视化”选项卡“命名视图”面板中的“西南等轴测”按钮，将当前视图设置为西南等轴测视图。单击“默认”选项卡“修改”面板中的“移动”按钮，将多段线4沿Z轴方向移动“40”。

（14）单击“三维工具”选项卡“建模”面板中的“拉伸”按钮，将多段线4沿Z轴拉伸“-80”，结果如图4-92所示。

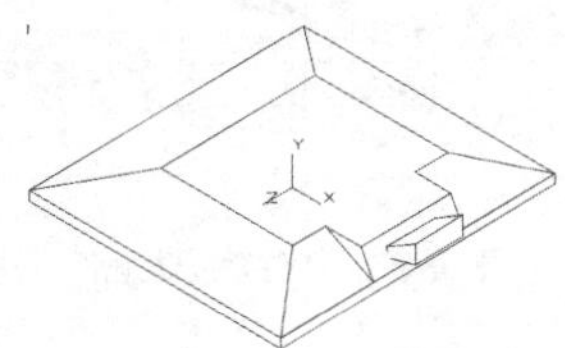

图 4-92 拉伸多段线 4

（15）单击“三维工具”选项卡“建模”面板中的“圆锥体”按钮，绘制底面中心点坐标为（245，47，0）、底面半径为“100”、顶面半径为“105.5”、高度为“20”的圆锥体，结果如图4-93所示。

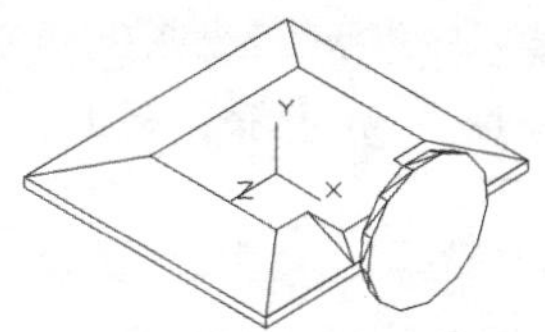

图 4-93 绘制圆锥体

（16）单击“三维工具”选项卡“实体编辑”面板中的“并集”按钮，将拉伸的多段线4和圆锥体合并。单击“视图”选项卡“导航”面板上的“动态观察”下拉列表中的“自由动态观察”按钮，将模型旋转到适当的角度，完成显示器的创建，最终结果如图4-82所示。

4.3.9 拖动

执行方式

命令行：PRESSPULL

工具栏：建模→按住并拖动

功能区：单击“三维工具”选项卡“实体编辑”面板中的“按住并拖动”按钮

操作步骤

命令行提示如下：

命令：PRESSPULL↙

使用该命令可以单击有限区域以进行按住或拖动操作。

选择有限区域后，按住鼠标左键并拖动，相应的区域就会进行拉伸变形。图4-94所示为选择圆台上表面后按住并拖动的结果。

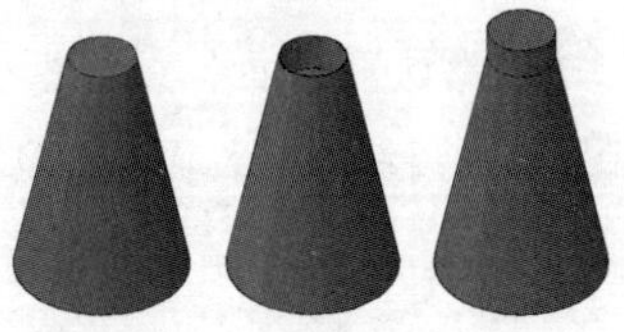

图 4-94 按住并拖动圆台上表面

4.3.10 实例——角墩

本实例绘制图4-95所示的角墩。

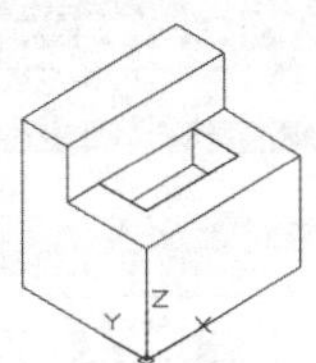

图 4-95 角墩

（1）单击“可视化”选项卡“命名视图”面板中的“西南等轴测”按钮，将当前视图设置为西南等轴测视图。

（2）单击“三维工具”选项卡“建模”面板中的“长方体”按钮，绘制角点坐标在原点、长度为“100”、宽度为“80”、高度为“60”的长方体。重复“长方体”命令，绘制角点在刚绘制的长方体左上角点、长度为“100”、宽度为“30”、高度为“30”的长方体，结果如图4-96所示。

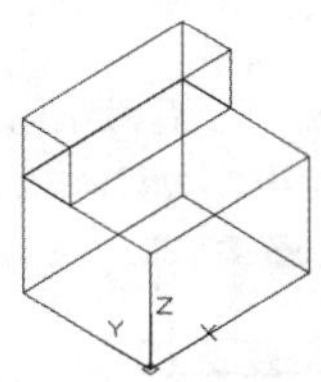

图 4-96 绘制长方体

（3）单击“三维工具”选项卡“实体编辑”面板中的“并集”按钮，将绘制的两个长方体合并，消隐后结果如图4-97所示。

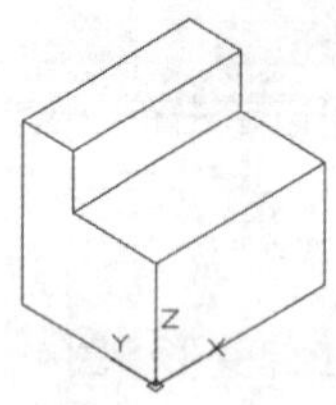

图4-97　并集运算

（4）单击“默认”选项卡“绘图”面板中的“矩形”按钮，绘制角点坐标为（20，20，60）和（79.6，50，60）的矩形，结果如图4-98所示。

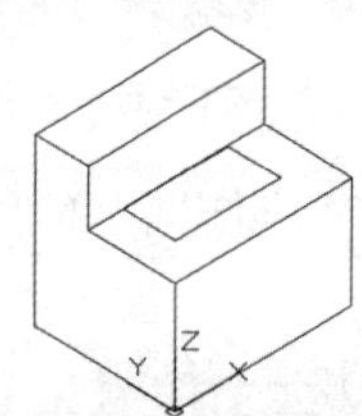

图4-98　绘制矩形

（5）单击“三维工具”选项卡“实体编辑”面板中的“按住并拖动”按钮，拖动绘制的矩形，命令行中的提示与操作如下：

```
命令：_presspull
选择对象或边界区域：(选择矩形)
指定拉伸高度或 [多个(M)]:
指定拉伸高度或 [多个(M)]:-20 ↙
已创建 1 个拉伸
选择对象或边界区域：↙
```

结果如图4-99所示。

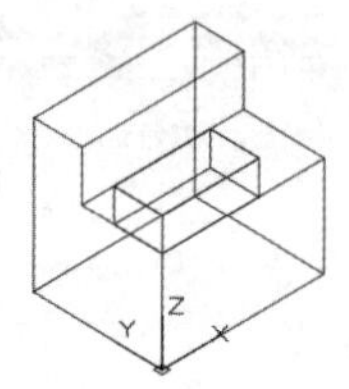

图4-99　按住并拖动矩形

（6）单击“三维工具”选项卡“实体编辑”面板中的“差集”按钮，将实体和拖动后的实体进行差集运算，完成角墩的绘制，消隐后最终结果如图4-95所示。

4.4 建模三维操作

4.4.1 倒角

执行方式

命令行：CHAMFER（快捷命令：CHA）

菜单栏：修改→倒角

工具栏：修改→倒角

功能区：单击“默认”选项卡“修改”面板中的“倒角”按钮

操作步骤

命令行提示如下：

```
命令：CHAMFER ↙
("修剪"模式) 当前倒角距离 1 = 0.0000，距离 2 = 0.0000
选择第一条直线或 [放弃(U)/多段线(P)/距离(D)/角度(A)/修剪(T)/方式(E)/多个(M)]:
选择第二条直线，或按住 Shift 键选择直线以应用角点或 [距离(D)/角度(A)/方法(M)]:
```

选项说明

1. 选择第一条直线

选择建模的一条边，此选项为系统的默认选项。选择某一条边以后，与此边相邻的两个面中的一个面的边框就变成虚线。选择建模上要倒角的边后，命令行提示如下：

```
基面选择...
输入曲面选择选项 [下一个(N)/当前(OK)] <当前(OK)>: ↙
```

该提示要求选择基面，默认选项是当前，即以虚线表示的面作为基面。如果选择“下一个（N）”选项，则以与所选边相邻的另一个面作为基面。

选择好基面后，命令行继续出现如下提示：

```
指定基面的倒角距离 <2.0000>:(输入基面上的倒角距离)
指定其他曲面的倒角距离 <2.0000>:(输入与基面相邻的另外一个面上的倒角距离)
选择边或 [环(L)]:
```

（1）选择边。确定需要进行倒角的边，此项为系统的默认选项。选择基面的某一边后，命令行提示如下：

```
选择边或 [环(L)]:
```

在此提示下，按Enter键对选择好的边进行倒角，也可以继续选择其他需要倒角的边。

（2）选择环。对基面上所有的边都进行倒角操作。

2. 其他选项

此处不再赘述。

图4-100所示为对长方体棱边倒角的结果。

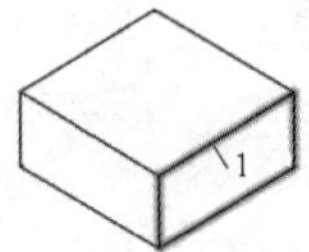

选择倒角边1

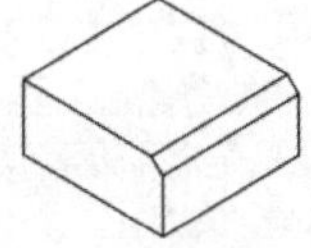

选择边倒角结果

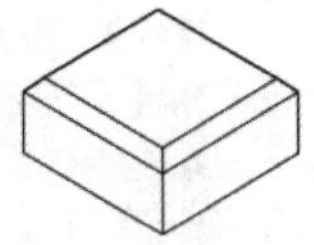

选择环倒角结果

图4-100 对长方体棱边倒角

4.4.2 实例——销轴

本实例绘制图4-101所示的销轴。

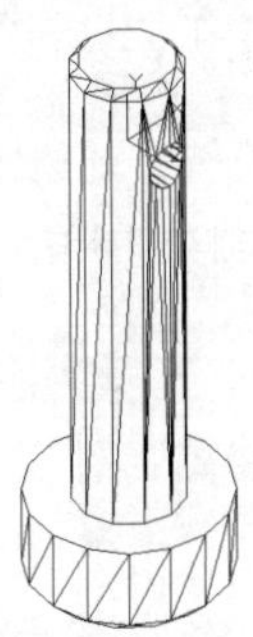

图4-101 销轴

1. 创建圆柱体

（1）单击“默认”选项卡“绘图”面板中的“圆”按钮，在坐标原点分别绘制半径为“9”和“5”的两个圆，如图4-102所示。

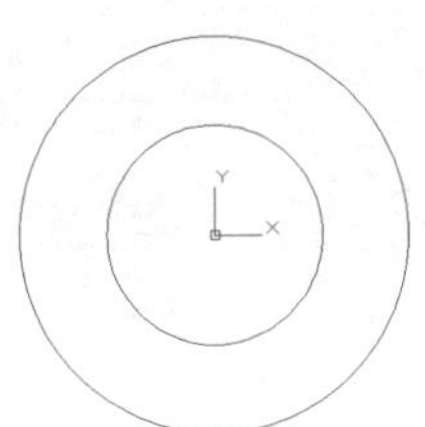

图4-102 绘制圆

（2）将视图切换到西南等轴测视图，单击“三维工具”选项卡“建模”面板中的“拉伸”按钮，将两个圆拉伸处理。命令行中的提示与操作如下：

```
命令：_extrude
当前线框密度： ISOLINES=10，闭合轮廓创建模式 = 实体
选择要拉伸的对象或 [模式(MO)]：（选择大圆）
选择要拉伸的对象或 [模式(MO)]：↙
指定拉伸的高度或 [方向(D)/路径(P)/倾斜角(T)/表达式(E)] <65.9836>: 8↙
命令：_extrude
当前线框密度： ISOLINES=10，闭合轮廓创建模式 = 实体
选择要拉伸的对象或 [模式(MO)]：（选择小圆）
选择要拉伸的对象或 [模式(MO)]：↙
指定拉伸的高度或 [方向(D)/路径(P)/倾斜角(T)/表达式(E)] <65.9836>: 50↙
```

结果如图4-103所示。

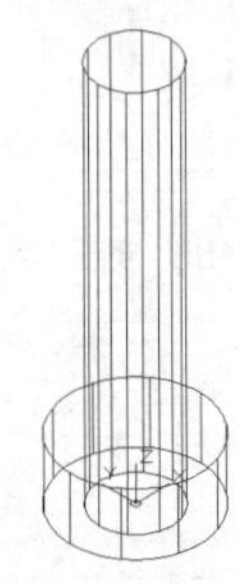

图4-103 拉伸实体

2. 布尔运算应用

单击“三维工具”选项卡“实体编辑”面板中的“并集”按钮，将拉伸后的圆柱体进行并集运算，结果如图4-104所示。

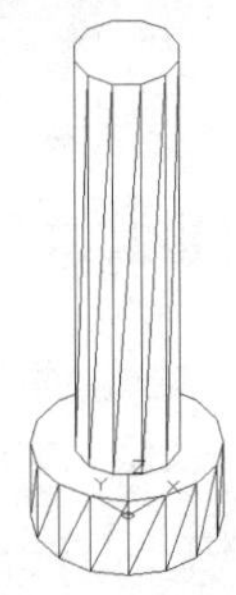

图4-104 并集运算

3. 创建销孔

（1）在命令行中输入“UCS”命令，新建坐标系，命令行提示与操作如下：

```
命令：UCS↙
当前 UCS 名称：*世界*
指定 UCS 的原点或 [面(F)/命名(NA)/对象(OB)/上一个(P)/视图(V)/世界(W)/X/Y/Z/Z轴(ZA)] <世界>: 0,0,42↙
指定 X 轴上的点或 <接受>：↙
命令：UCS↙
当前 UCS 名称：*没有名称*
```

```
指定 UCS 的原点或 [面(F)/命名(NA)/对象(OB)/上一个(P)/视图(V)/世界(W)/X/Y/Z/Z轴(ZA)] <世界>: X↙
指定绕 X 轴的旋转角度 <90>: 90↙
```

结果如图4-105所示。

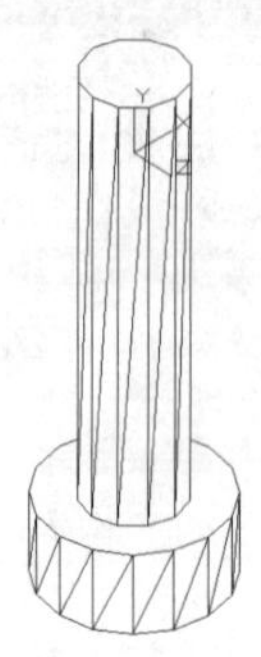

图4-105 新建坐标系

（2）单击“默认”选项卡“绘图”面板中的“圆”按钮，在坐标点（0，0，6）处绘制半径为“2”的圆。

（3）单击“三维工具”选项卡“建模”面板中的“拉伸”按钮，将大圆沿Z轴拉伸“-12”，结果如图4-106所示。

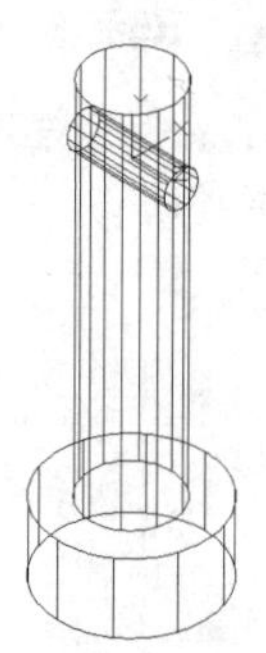

图4-106 拉伸实体

（4）单击“三维工具”选项卡“实体编辑”面板中的“差集”按钮，将圆柱体与拉伸后的实体进行差集运算，消隐后结果如图4-107所示。

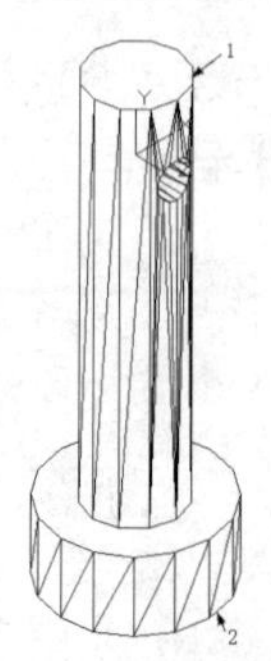

图4-107 差集运算

（5）单击“默认”选项卡“修改”面板中的“倒角”按钮，对图4-107中的1、2两条边线进行倒角，命令行中的提示与操作如下：

```
命令：_chamfer
(“不修剪”模式) 当前倒角距离 1 = 1.0000，距离 2 = 1.0000
选择第一条直线或 [放弃(U)/多段线(P)/距离(D)/角度(A)/修剪(T)/方式(E)/多个(M)]: D↙
指定 第一个 倒角距离 <1.0000>: 1↙
指定 第二个 倒角距离 <1.0000>: 1↙
选择第一条直线或 [放弃(U)/多段线(P)/距离(D)/角度(A)/修剪(T)/方式(E)/多个(M)]:(选择边1)
基面选择...
输入曲面选择选项 [下一个(N)/当前(OK)] <当前(OK)>: ↙
指定基面倒角距离或 [表达式(E)] <1.0000>: ↙
指定其他曲面倒角距离或 [表达式(E)] <1.0000>: ↙
选择边或 [环(L)]: (选择边1)
选择边或 [环(L)]: ↙
```

重复“倒角”命令，对边2倒角，倒角距离为“1”，消隐后结果如图4-108所示。

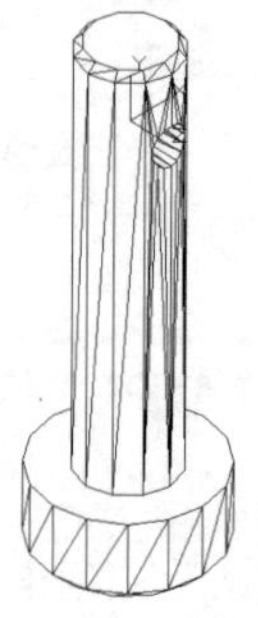

图4-108 倒角处理

4.4.3 圆角

执行方式

命令行：FILLET（快捷命令：F）

菜单栏：修改→圆角

工具栏：修改→圆角

功能区：单击“默认”选项卡“修改”面板中的“圆角”按钮

操作步骤

命令行提示如下：

```
命令: FILLET↙
当前设置: 模式 = 修剪，半径 = 0.0000
```

```
选择第一个对象或 [放弃(U)/多段线(P)/半径(R)/修剪(T)/多个(M)]:(选择建模上的一条边)
选择第二个对象，或按住 Shift 键选择对象以应用角点或 [半径(R)]: R↙
选择边或[链(C)/ 环(L)/半径(R)]:
```

选项说明

选择“链（C）”选项，表示与此边相邻的边都被选中，并对其进行圆角操作。图4-109所示为对建模棱边进行圆角的结果。

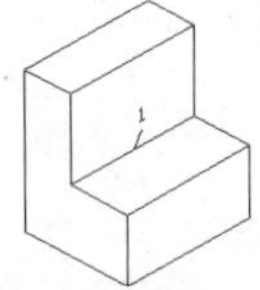

选择圆角边1

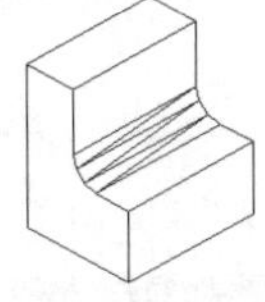

“边”圆角结果

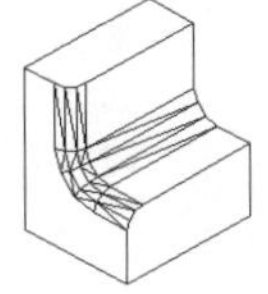

“链”圆角结果

图4-109 对建模棱边进行圆角操作

4.4.4 实例——固定支座

本实例绘制图4-110所示的固定支座。

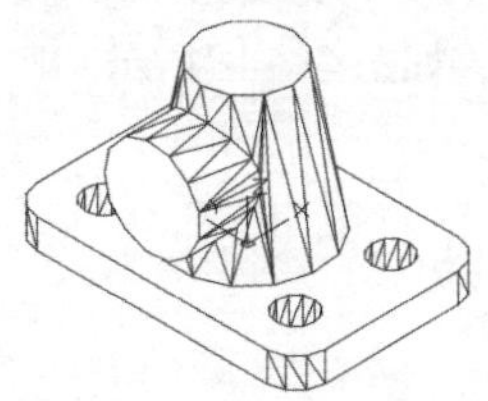

图4-110 固定支座

（1）单击“可视化”选项卡“命名视图”面板中的“西南等轴测”按钮，将当前视图设置为西南等轴测视图。

（2）单击“三维工具”选项卡“建模”面板中的“长方体”按钮，绘制中心在原点、长度为“40”、宽度为“60”、高度为“6”的长方体，结果如图4-111所示。

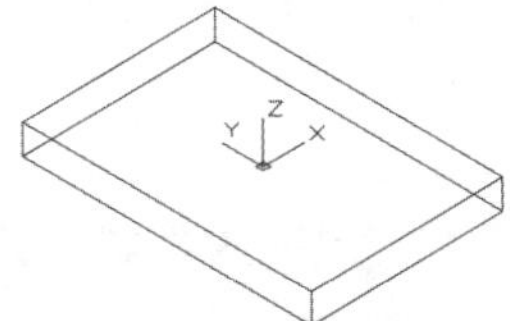

图4-111 绘制长方体

（3）单击“默认”选项卡“修改”面板中的“圆角”按钮，绘制半径为“6”的圆角，命令行中的提示与操作如下：

```
命令: _fillet
当前设置: 模式 = 修剪，半径 = 0.0000
选择第一个对象或 [放弃(U)/多段线(P)/半径(R)/修剪(T)/多个(M)]: R ↙
指定圆角半径 <0.0000>: 6↙
选择第一个对象或 [放弃(U)/多段线(P)/半径(R)/修剪(T)/多个(M)]:(选择需要倒圆角的边)
输入圆角半径或 [表达式(E)] <6.0000>:↙
选择边或 [链(C)/环(L)/半径(R)]: (选择需要倒圆角的其余3边)
选择边或 [链(C)/环(L)/半径(R)]:
选择边或 [链(C)/环(L)/半径(R)]:
选择边或 [链(C)/环(L)/半径(R)]:↙
已选定 4 个边用于圆角。
```

结果如图4-112所示。

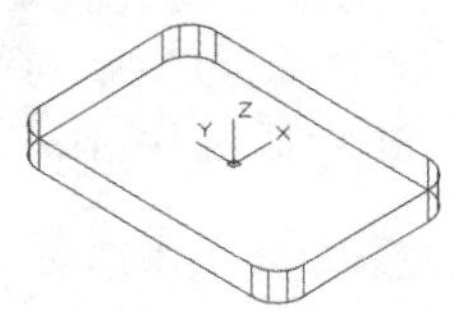

图4-112 绘制圆角

（4）单击“三维工具”选项卡“建模”面板中的“圆柱体”按钮，绘制底面中心点坐标为（10，20，3）、半径为“4”、高度为“-6”的圆柱体。重复“圆柱体”命令，绘制底面中心点分别为（-10，20，3）、（10，-20，3）、（-10，-20，3），半径为“4”，高度为“-6”的3个圆柱体，结果如图4-113所示。

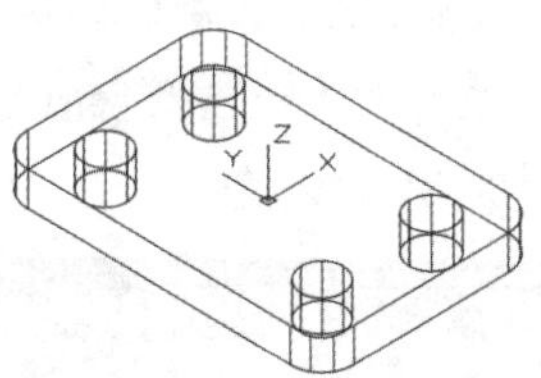

图4-113 绘制圆柱体

（5）单击“三维工具”选项卡“实体编辑”面板中的“差集”按钮，将长方体和绘制的4个圆柱体进行差集运算。

（6）单击“三维工具”选项卡“建模”面板中的“圆锥体”按钮，绘制底面中心点坐标为（0，0，3）、底面半径为“15”、顶面半径为“9.7”、高度为“30”的圆锥体，消隐后结果如图4-114所示。

（7）单击“三维工具”选项卡“建模”面板中的“圆柱体”按钮，绘制底面中心点坐标为（0，

0，18）、底面半径为“10”、轴端点坐标为（@-20，0）的圆柱体，消隐后如图4-115所示。

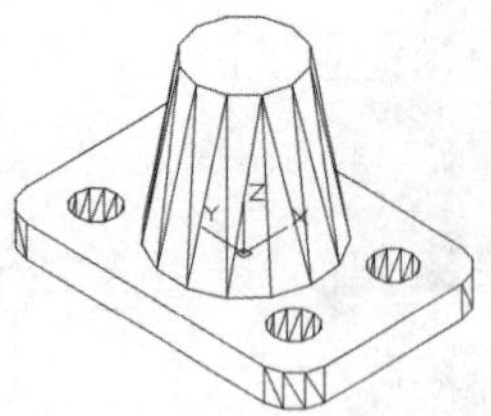

图4-114 绘制圆锥体

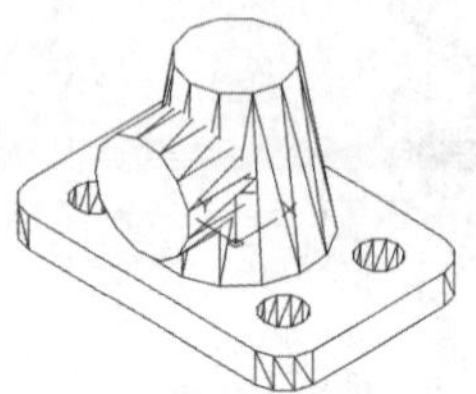

图4-115 绘制圆柱体

（8）单击“三维工具”选项卡“实体编辑”面板中的“并集”按钮，将所有实体合并，完成固定支座的绘制，消隐后最终结果如图4-110所示。

4.4.5 提取边

利用XEDGES命令，从建模、面域或曲面中提取所有边创建线框几何体。

执行方式

命令行：XEDGES

菜单栏：修改→三维操作→提取边

功能区：单击“三维工具”选项卡“实体编辑”面板中的“提取边”按钮

操作步骤

命令行提示如下：

```
命令：XEDGES ↙
选择对象：（选择要提取线框几何体的对象，然后按Enter键）
```

操作完成后，系统提取对象的边，形成线框几何体，如图4-116所示。

长方体

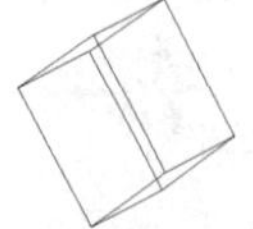

提取的边

图4-116 提取边

也可以选择提取单个边和面。按住Ctrl键即可选择边和面。

4.4.6 实例——吊座

本实例绘制图4-117所示的吊座。

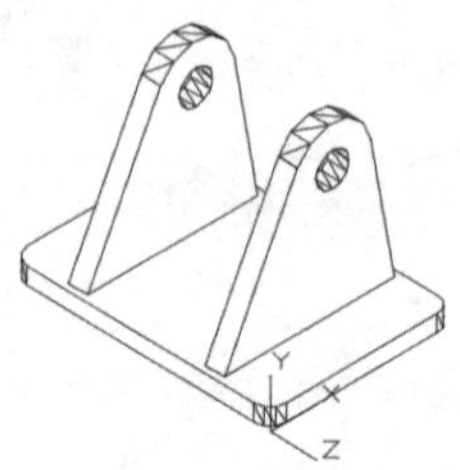

图4-117 吊座

（1）单击“可视化”选项卡“命名视图”面板中的“西南等轴测”按钮，将当前视图设置为西南等轴测视图。

（2）单击“三维工具”选项卡“建模”面板中的“长方体”按钮，绘制第一个角点坐标在原点、长度为“280”、宽度为“400”、高度为“25”的长方体，结果如图4-118所示。

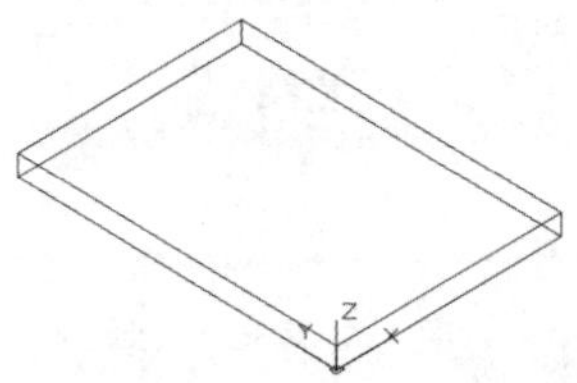

图4-118 绘制长方体

（3）单击“默认”选项卡“修改”面板中的“圆角”按钮，绘制半径为“25”的圆角，结果如图4-119所示。

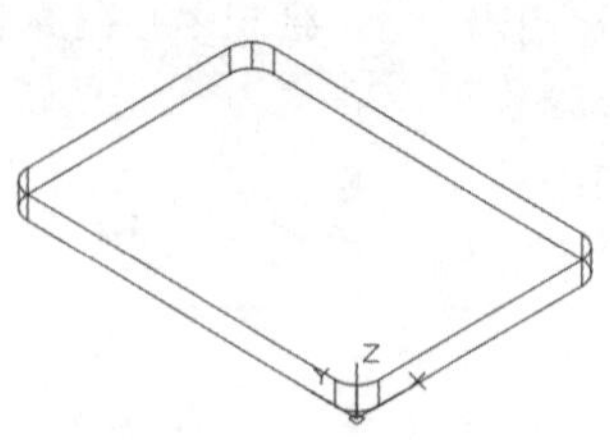

图4-119 绘制圆角

（4）单击“可视化”选项卡“命名视图”面板中的“前视”按钮，将当前视图设置为前视图。

（5）单击“默认”选项卡“绘图”面板中的“圆”按钮，绘制圆心坐标为（175，210.8）、半径为“60”的圆。单击“默认”选项卡“绘图”面板中的“直线”按钮，绘制起点坐标为（10，25）、终点与圆左侧相切的直线。重复“直线”命令，绘制起点坐标为（270，25）、终点与圆右侧相切的直线。连接两直线的起点，单击“默认”选项卡“修改”面板中的“修剪”按钮，将圆修剪，结果如图4-120所示。

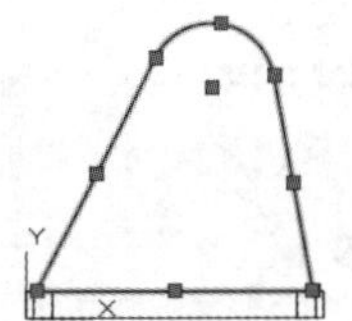

图 4-120 绘制图形

（6）单击“默认”选项卡“绘图”面板中的“面域”按钮，将上一步绘制的图形创建为面域。

（7）单击“默认”选项卡“绘图”面板中的“圆”按钮，绘制圆心坐标为（175，210.8）、半径为“25”的圆，结果如图4-121所示。

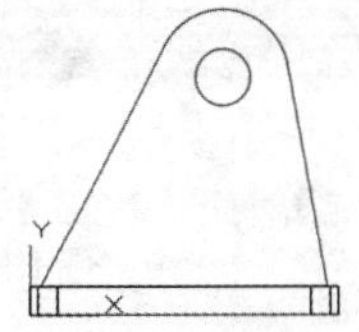

图 4-121 绘制圆

（8）单击“可视化”选项卡“命名视图”面板中的“西南等轴测”按钮，将当前视图设置为西南等轴测视图。

（9）单击“默认”选项卡“修改”面板中的“移动”按钮，将创建的面域和圆沿Z轴方向移动“-110”，结果如图4-122所示。

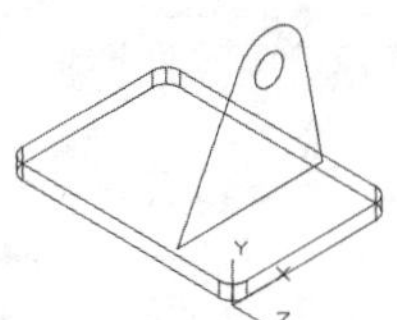

图 4-122 移动面域和圆

（10）单击“三维工具”选项卡“建模”面板中的“拉伸”按钮，将面域和圆沿Z轴拉伸“30”。

（11）单击“三维工具”选项卡“实体编辑”面板中的“差集”按钮，将面域的拉伸实体和圆的拉伸实体进行差集运算，结果如图4-123所示。

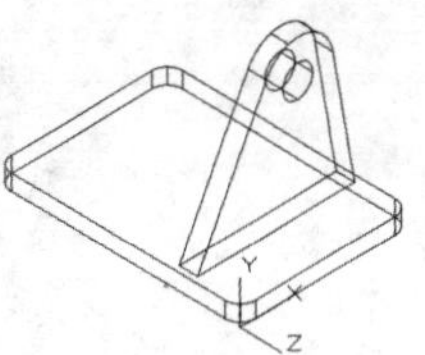

图 4-123 差集运算

（12）单击“三维工具”选项卡“实体编辑”面板中的“提取边”按钮，提取进行差集运算后的实体的边，命令行中的提示与操作如下：

```
命令： _xedges
选择对象： 找到 1 个（选择差集运算后的实体）
选择对象： ↙
```

结果如图4-124所示。

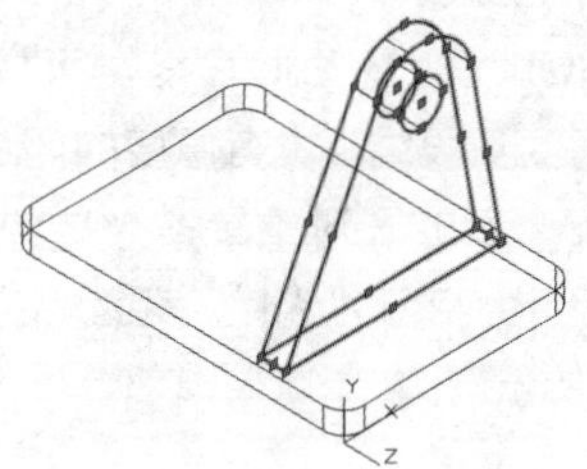

图 4-124 提取边

（13）将多余的线删除，单击“默认”选项卡“绘图”面板中的“面域”按钮，将圆以外的轮廓创建为面域，结果如图4-125所示。

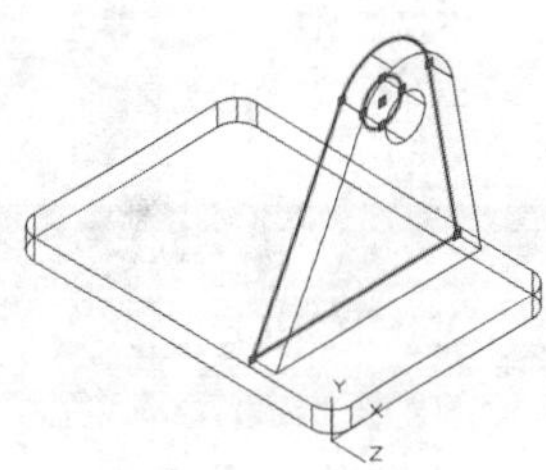

图 4-125 创建面域

（14）单击“默认”选项卡“修改”面板中的“移动”按钮，将创建的面域和圆沿Z轴方向移动“-210”。

（15）单击“三维工具”选项卡“建模”面板中的“拉伸”按钮，将面域和圆沿Z轴拉伸“30”。

（16）单击“三维工具”选项卡“实体编辑”面板中的“差集”按钮，将面域的拉伸实体和圆的拉伸实体进行差集运算，消隐后结果如图4-126所示。

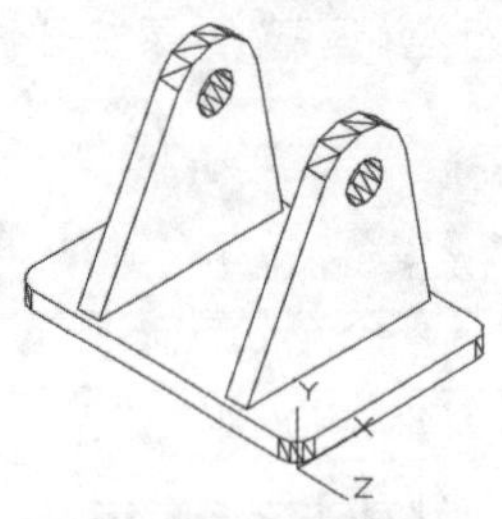

图4-126　差集运算

（17）单击“三维工具”选项卡“实体编辑”面板中的“并集”按钮，将所有实体合并，完成吊座的绘制，消隐后最终结果如图4-117所示。

4.4.7 转换为建模（曲面）

1. 转换为建模

利用CONVTOSOLID命令，可以将具有厚度的统一宽度多段线、具有厚度的闭合零宽度多段线或具有厚度的圆对象转换为拉伸三维建模。图4-127所示为将厚为“1”、宽为“2”的矩形框转换为建模的示例。

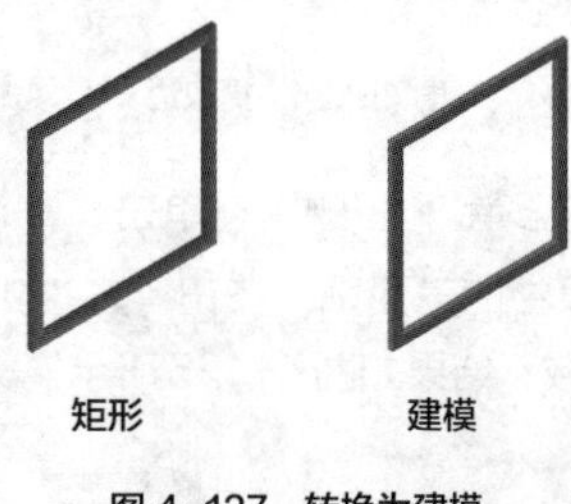

图4-127　转换为建模

执行方式

命令行：CONVTOSOLID

菜单栏：修改→三维操作→转换为实体

操作步骤

命令行提示如下：

```
命令：CONVTOSOLID ↙
选择对象：（选择要转换为建模的对象）
选择对象：↙
```

系统将对象转换为建模。

2. 转换为曲面

利用CONVTOSURFACE命令，可以将二维建模、面域、具有厚度的开放零宽度多段线、具有厚度的直线、具有厚度的圆弧或三维平面转换为曲面，如图4-128所示。

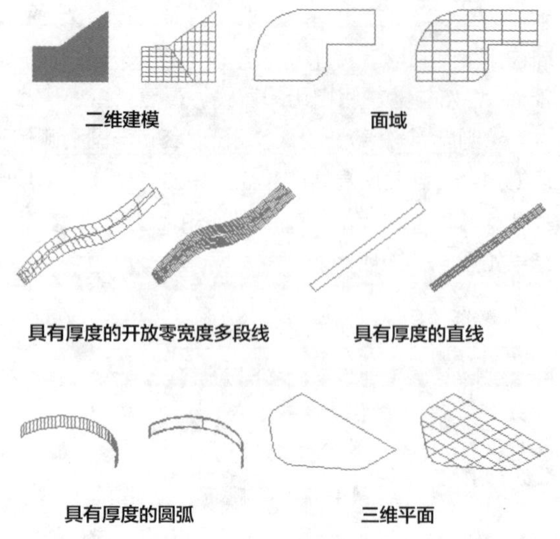

图4-128　转换为曲面

执行方式

命令行：CONVTOSURFACE

菜单栏：修改→三维操作→转换为曲面

操作步骤

命令行提示如下：

```
命令：CONVTOSURFACE ↙
选择对象：（选择要转换为曲面的对象）
选择对象：↙
```

系统将对象转换为曲面。

4.4.8 实例——电阻

本实例绘制图4-129所示的电阻。

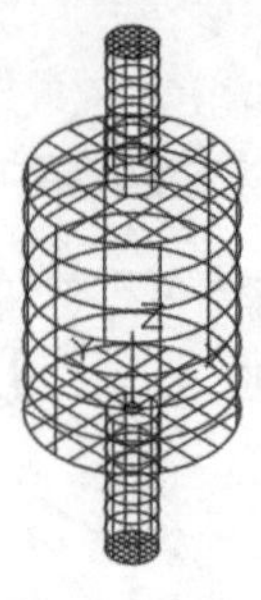

图4-129　电阻

（1）在命令行中输入“ISOLINES”命令，将线框密度设置为“20”。

（2）单击“可视化”选项卡“命名视图”面板中的“西南等轴测”按钮，将当前视图设置为西南等轴测视图。单击“三维工具”选项卡“建模”

面板中的“圆柱体”按钮，绘制底面中心点在原点、半径为“2”、高度为“5”的圆柱体。重复“圆柱体”命令，绘制底面中心点分别为圆柱体底面中心点和顶面中心点、半径为“0.5”、高为“3”的圆柱体，结果如图4-130所示。

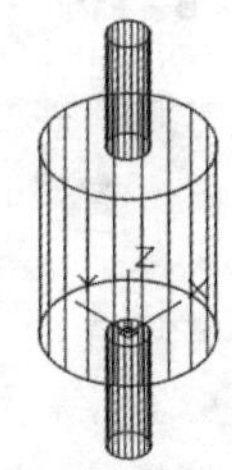

图 4-130 绘制圆柱体

（3）单击“三维工具”选项卡“实体编辑”面板中的“并集”按钮，将绘制的3个圆柱体合并，完成电阻的创建。

（4）选择菜单栏中的“修改”→“三维操作”→“转换为曲面”命令，将创建的实体转换为曲面，命令行中的提示与操作如下：

```
命令： _convtosurface
网格转换设置为： 镶嵌面处理并优化。
选择对象： 找到 1 个（选择合并后的实体）
选择对象： ↙
```

结果如图4-129所示。

4.4.9 干涉检查

干涉检查主要通过对比两组对象或一对一地检查所有建模来检查建模模型中的干涉（三维建模相交或重叠的区域）。系统将在建模相交处创建和亮显临时建模。

干涉检查常用于检查装配体立体图是否干涉，从而判断设计是否正确。

执行方式

命令行：INTERFERE（快捷命令：INF）

菜单栏：修改→三维操作→干涉检查

功能区：单击“三维工具”选项卡“实体编辑”面板中的“干涉检查”按钮

操作步骤

在此以图4-131所示的零件图为例进行干涉检查。命令行提示如下：

```
命令： INTERFERE ↙
选择第一组对象或 [ 嵌套选择 (N) / 设置 (S)]：（选择图 4-131 (b) 中的手柄）
选择第一组对象或 [ 嵌套选择 (N) / 设置 (S)]： ↙
选择第二组对象或 [ 嵌套选择 (N) / 检查第一组 (K)] <检查>：（选择图 4-131 (b) 中的套环）
选择第二组对象或 [ 嵌套选择 (N) / 检查第一组 (K)] <检查>： ↙
```

（a）零件图　（b）装配图

图 4-131 干涉检查

系统打开“干涉检查”对话框，如图4-132所示。在该对话框中列出了找到的干涉对数量，并可以通过“上一个”和“下一个”按钮来亮显干涉对，如图4-133所示。

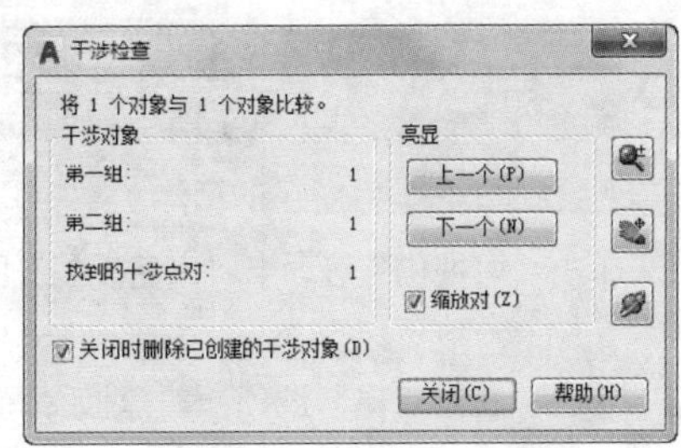

图 4-132 “干涉检查”对话框

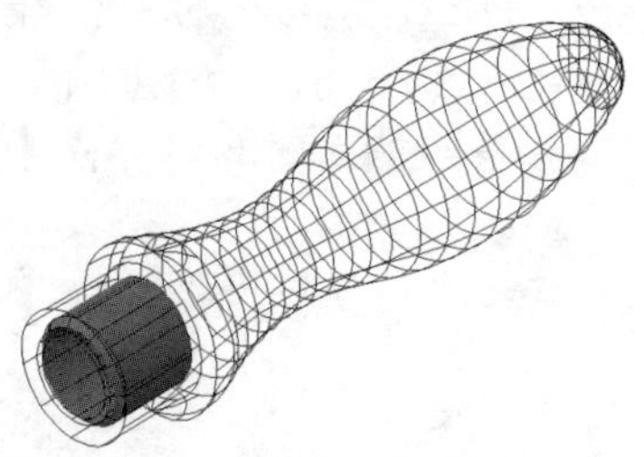

图 4-133 亮显干涉对

选项说明

（1）嵌套选择（N）：选择该选项，用户可以选择嵌套在块和外部参照中的单个建模对象。

（2）设置（S）：选择该选项，系统打开“干涉设置”对话框，如图4-134所示，可以设置干涉的相关参数。

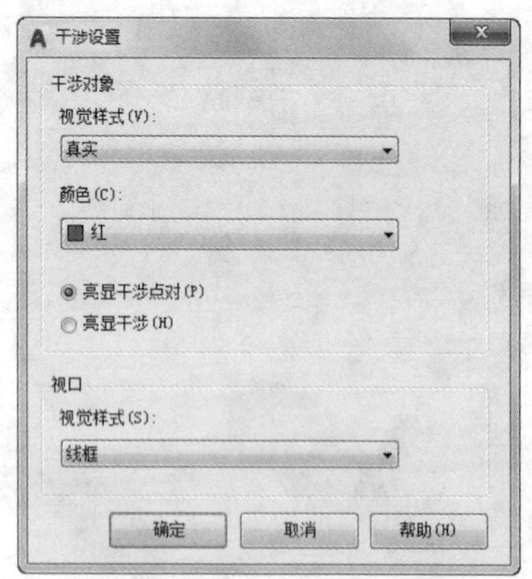

图 4-134 “干涉设置”对话框

4.4.10 实例——干涉检查

对图4-135所示的大齿轮装配图进行干涉检查。

（1）打开“大齿轮装配图.dwg”文件。

图 4-135 大齿轮装配图

（2）单击“三维工具”选项卡“实体编辑”面板中的“干涉检查”按钮，对传动轴和大轴承进行干涉检查，命令行中的提示与操作如下：

```
命令：_interfere
选择第一组对象或 [嵌套选择(N)/设置(S)]：找到 1 个(选择传动轴)
选择第一组对象或 [嵌套选择(N)/设置(S)]：↙
选择第二组对象或 [嵌套选择(N)/检查第一组(K)]<检查>：找到 1 个(选择大轴承)
选择第二组对象或 [嵌套选择(N)/检查第一组(K)]<检查>：↙
对象未干涉
```

完成传动轴和大轴承的干涉检查，对象未干涉。

4.5 综合演练——箱体

本实例绘制图4-136所示的箱体。

（1）单击“可视化”选项卡“命名视图”面板中的“西南等轴测”按钮，将当前视图设置为西南等轴测视图。

（2）单击“三维工具”选项卡“建模”面板中的“长方体”按钮，绘制第一个角点坐标在原点、长度为“305”、宽度为“563”、高度为“30”的长方体，结果如图4-137所示。

（3）单击“三维工具”选项卡“建模”面板中的“长方体”按钮，绘制第一个角点坐标为（20，20，30）、长度为“265”、宽度为“523”、高度为“140”的长方体。

（4）单击“默认”选项卡“修改”面板中的“圆角”按钮，对上一步绘制的长方体进行圆角操作，半径为“20”，消隐后结果如图4-138所示。

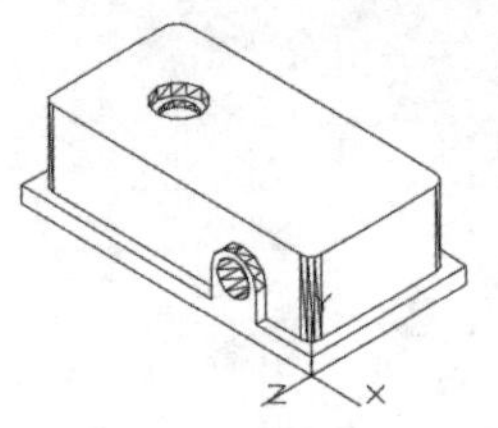

图 4-136 箱体

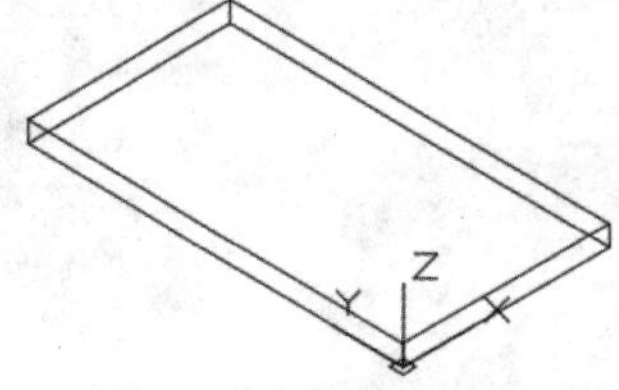

图 4-137 绘制长方体

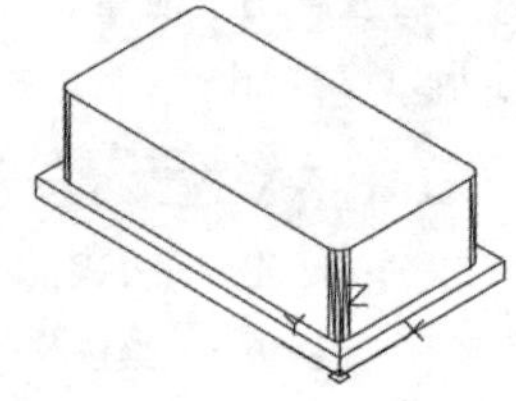

图 4-138 绘制圆角

（5）单击“三维工具”选项卡“实体编辑”面板中的“并集”按钮，将所有实体合并。

（6）单击“三维工具”选项卡“建模”面板中的“长方体”按钮，绘制第一个角点坐标为（40，40，0）、长度为“225”、宽度为“483”、高度为“150”的长方体，如图4-139所示。

（7）单击“默认”选项卡“修改”面板中的“圆角”按钮，对上一步绘制的长方体进行圆角操作，半径为“20”，结果如图4-140所示。

（8）单击“三维工具”选项卡“实体编辑”面板中的“差集”按钮，将绘制的长方体和实体进行差集运算。单击“视图”选项卡“导航”面板上的“动态观察”下拉列表中的“自由动态观察”按钮，调整角度，结果如图4-141所示。

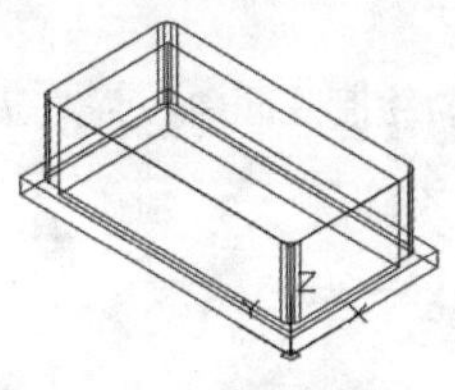
图 4-139　绘制长方体

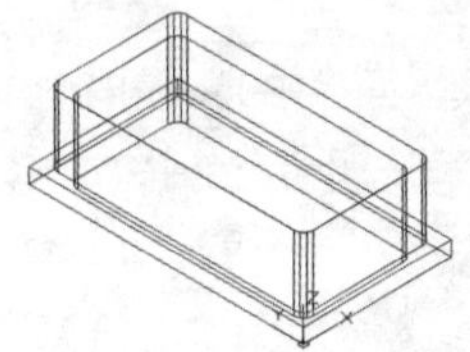
图 4-140　绘制圆角

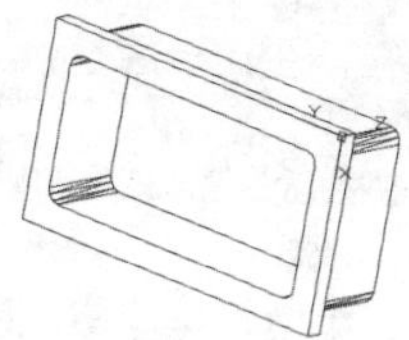
图 4-141　差集运算并调整角度

（9）单击“可视化”选项卡“命名视图”面板中的“俯视”按钮，将当前视图设置为俯视图。

（10）单击“默认”选项卡“绘图”面板中的“多段线”按钮，绘制坐标点依次为（97.5，523）、（@0，-115）、A、（@110，0）、L、@（0，115）、C的多段线，结果如图4-142所示。

（11）单击“可视化”选项卡“命名视图”面板中的“西南等轴测”按钮，将当前视图设置为西南等轴测视图。单击“默认”选项卡“修改”面板中的“移动”按钮，将绘制的多段线沿Z轴方向移动“150”，结果如图4-143所示。

（12）单击“三维工具”选项卡“建模”面板中的“拉伸”按钮，将多段线沿Z轴拉伸“-30”。

（13）单击“三维工具”选项卡“实体编辑”面板中的“并集”按钮，将拉伸实体和实体合并，结果如图4-144所示。

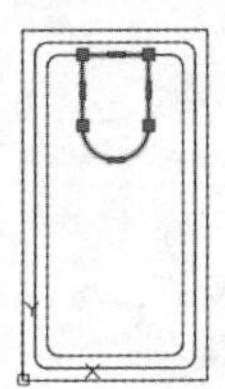
图 4-142　绘制多段线

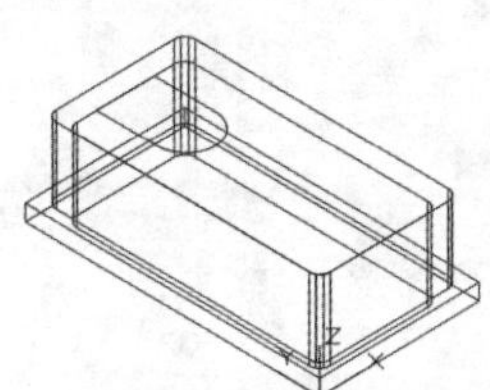
图 4-143　移动多段线

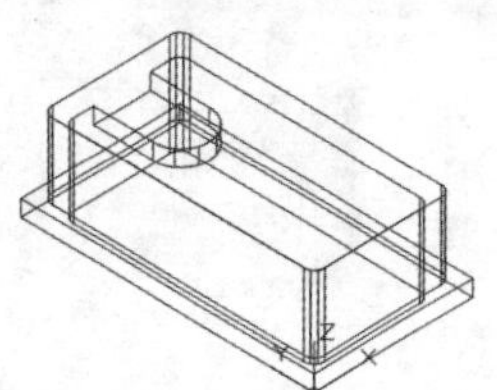
图 4-144　并集运算

（14）单击“三维工具”选项卡“建模”面板中的“圆柱体”按钮，绘制圆心坐标为（152.5，408，170）、半径为“42.5”、高度为“-20”的圆柱体。重复“圆柱体”命令，以绘制的圆柱体的圆心为中心点，绘制半径为“29.5”、高度为“-10”的圆柱体。

（15）单击“三维工具”选项卡“实体编辑”面板中的“并集”按钮，将绘制的两个圆柱体合并。

（16）单击“三维工具”选项卡“实体编辑”面板中的“差集”按钮，将实体和圆柱体进行差集运算，消隐后结果如图4-145所示。

（17）单击“可视化”选项卡“命名视图”面板中的“左视”按钮，将当前视图设置为左视图。单击“默认”选项卡“绘图”面板中的“多段线”按钮，绘制坐标点依次为（-107，30）、（@0，55）、A、（@-86，0）、L、（@0，-55）、C的多段线，结果如图4-146所示。

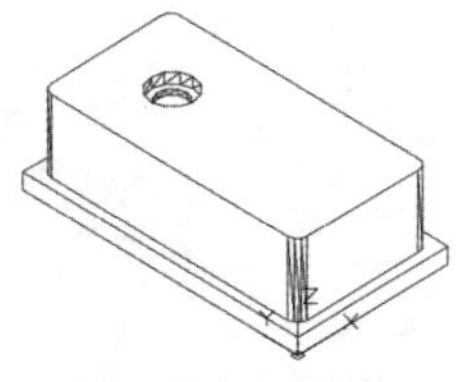
图 4-145　差集运算

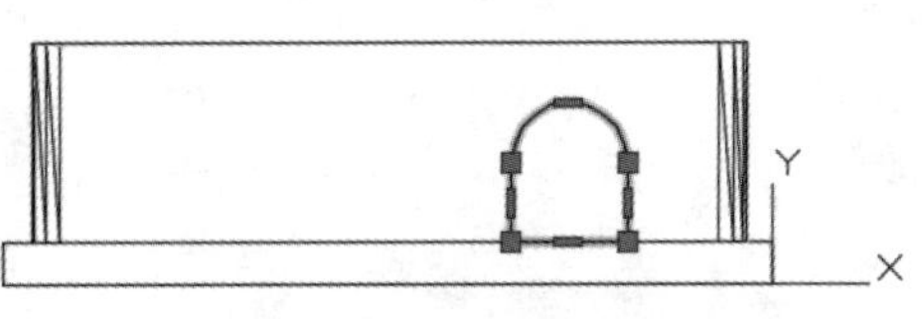

图 4-146　绘制多段线

（18）单击“可视化”选项卡“命名视图”面板中的“西南等轴测”按钮，将当前视图设置为西南等轴测视图。单击“三维工具”选项卡“建模”面板中的“拉伸”按钮，将多段线沿Z轴拉伸“-20”。

（19）单击“三维工具”选项卡“实体编辑”面板中的“并集”按钮，将实体和拉伸实体合并，结果如图4-147所示。

（20）单击“三维工具”选项卡“建模”面板中的“圆柱体”按钮，绘制底面中心点为拉伸实体圆心、半径为“31”、高度为“-40”的圆柱体，结果如图4-148所示。

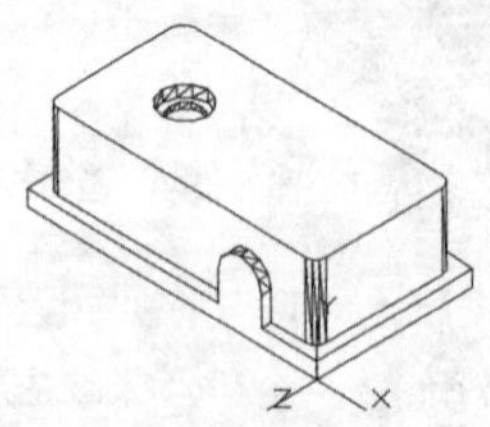

图4-147 并集运算

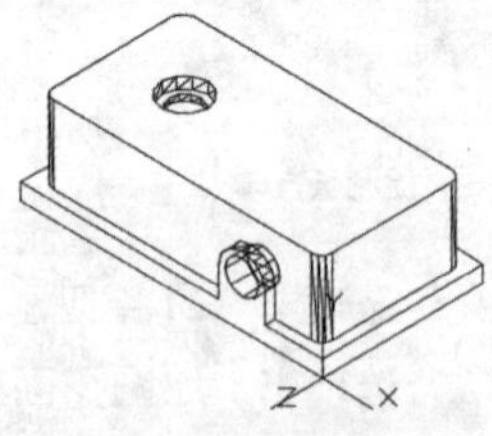

图4-148 绘制圆柱体

（21）单击“三维工具”选项卡“实体编辑”面板中的“差集”按钮，将实体与圆柱体进行差集运算，完成箱体的绘制，消隐后最终结果如图4-136所示。

第5章

三维实体编辑

本章导读

三维实体编辑主要是对三维物体进行编辑，主要内容包括编辑三维曲面、特殊视图、编辑实体、显示形式、渲染实体，并对消隐及渲染进行了详细的介绍。

5.1 编辑三维曲面

5.1.1 三维阵列

执行方式

命令行：3DARRAY

菜单栏：修改→三维操作→三维阵列

工具栏：建模→三维阵列

操作步骤

命令行提示如下：

```
命令：3DARRAY ↙
选择对象：（选择要阵列的对象）
选择对象：（选择下一个对象或按 Enter 键）
输入阵列类型 [ 矩形（R）/ 环形（P）]< 矩形 >:
```

选项说明

（1）矩形（R）。对图形进行矩形阵列复制，是系统的默认选项。选择该选项后，命令行提示如下：

```
输入行数（---）<1>：（输入行数）
输入列数（|||）<1>：（输入列数）
输入层数（…）<1>：（输入层数）
指定行间距（---）：（输入行间距）
指定列间距（|||）：（输入列间距）
指定层间距（…）：（输入层间距）
```

（2）环形（P）。对图形进行环形阵列复制。选择该选项后，命令行提示如下：

```
输入阵列中的项目数目：（输入阵列的数目）
指定要填充的角度(+=逆时针,-=顺时针)<360>:(输入环形阵列的圆心角)
旋转阵列对象？ [ 是（Y）/ 否（N）]< 是 >:（确定阵列上的每一个图形是否根据旋转轴线的位置进行旋转）
指定阵列的中心点：（输入旋转轴线上一点的坐标）
指定旋转轴上的第二点：（输入旋转轴线上另一点的坐标）
```

图5-1所示为3层3行3列间距分别为“300”的圆柱体的矩形阵列，图5-2所示为圆柱体的环形阵列。

图 5-1　圆柱体的矩形阵列

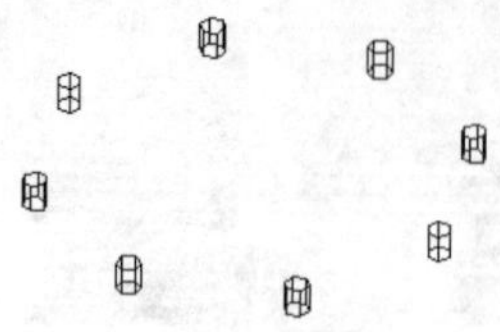

图 5-2　圆柱体的环形阵列

5.1.2 实例——端盖

本实例绘制图5-3所示的端盖。

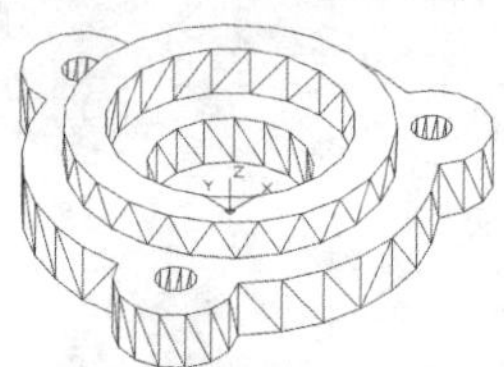

图 5-3　端盖

（1）设置对象上每个曲面的轮廓线数目为“10”。

（2）将视图切换为西南等轴测视图。单击“三维工具”选项卡的“建模”面板中的“圆柱体”按钮，绘制以坐标原点为中心点、半径为“100”、高度为“30”的圆柱体。重复“圆柱体”命令，绘制底面中心点坐标为（0,0,0）、底面半径为“80”、高度为“50”的圆柱体，如图5-4所示。

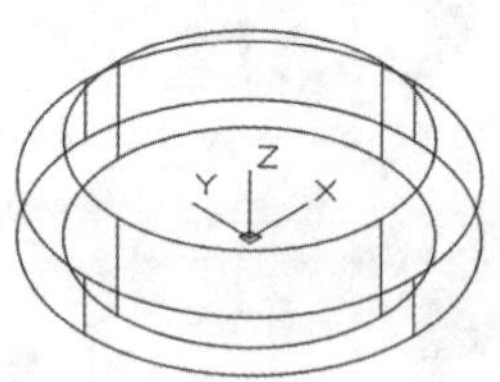

图 5-4　绘制圆柱体

（3）单击“三维工具”选项卡的“实体编辑”面板中的“并集”按钮，将上一步绘制的两个圆柱体进行并集运算，结果如图5-5所示。

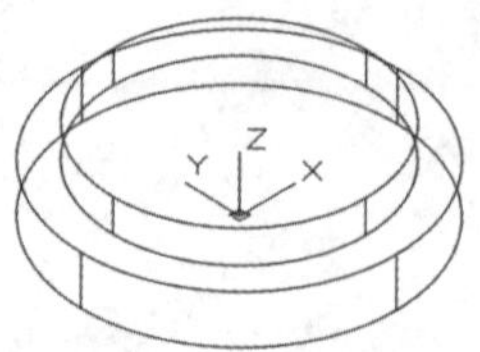

图 5-5　并集运算

（4）单击“三维工具”选项卡的“建模”面板中的“圆柱体”按钮，以坐标原点为中心点，创建半径为“40”、高为“25”的圆柱体。重复“圆柱体”命令，以该圆柱体顶面中心为中心点，创建半径为“60”、高为“25”的圆柱体。

（5）单击“三维工具”选项卡的“实体编辑”面板中的“并集”按钮，将上一步创建的两个圆柱体进行并集运算。

（6）单击“三维工具”选项卡的“实体编辑”面板中的“差集”按钮，将外圆柱体减去内圆柱体。消隐后的结果如图5-6所示。

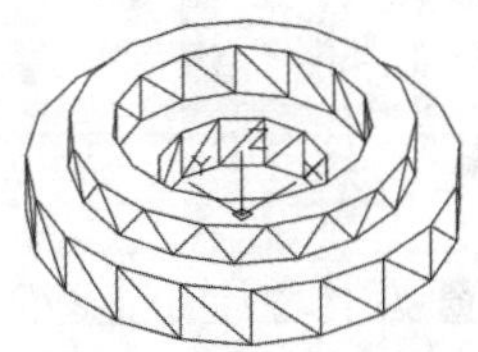

图 5-6　差集消隐后的结果

（7）将当前视图设置为俯视图。单击“三维工具”选项卡的“建模”面板中的“圆柱体”按钮，捕捉R100圆柱体底面象限点为圆心，分别创建半径为“30”和“10”、高为“30”的圆柱体。俯视图如图5-7所示。

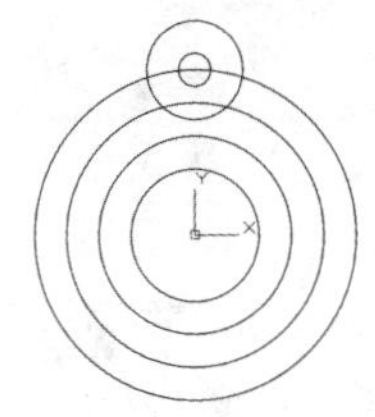

图 5-7　绘制圆柱体后的俯视图

（8）选择菜单栏中的“修改”→“三维操作”→“三维阵列”命令，将创建的两个圆柱体进行环形阵列，命令行中的提示与操作如下：

```
命令： _3darray
正在初始化 ...  已加载 3DARRAY
选择对象：(选择上一步绘制的两个圆柱体)
选择对象： ↙
输入阵列类型 [矩形(R)/环形(P)] <矩形>:P↙
输入阵列中的项目数目： 3↙
指定要填充的角度 (+=逆时针，-=顺时针) <360>:↙
旋转阵列对象？ [是(Y)/否(N)] <Y>:↙
指定阵列的中心点： 0,0,0↙
指定旋转轴上的第二点： 0,0,10↙
```

结果如图5-8所示。

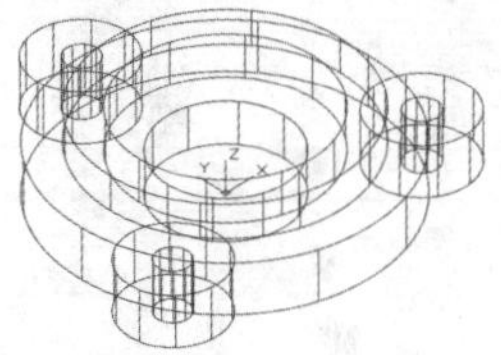

图 5-8　阵列圆柱体后的图形

（9）单击“三维工具”选项卡的“实体编辑”面板中的“并集”按钮，将阵列的3个R30圆柱体与实体进行并集运算。

（10）单击“三维工具”选项卡的“实体编辑”面板中的“差集”按钮，将并集运算后的实体与3个R10圆柱体进行差集运算。消隐后的结果如图5-3所示。

5.1.3 三维镜像

执行方式

命令行：MIRROR3D

菜单栏：修改→三维操作→三维镜像

操作步骤

命令行提示如下：

```
命令：MIRROR3D↙
选择对象：(选择要镜像的对象)
选择对象：(选择下一个对象或按 Enter 键)
指定镜像平面 (三点) 的第一个点或[对象(O)/最近的(L)/Z 轴(Z)/视图(V)/XY 平面(XY)/YZ 平面(YZ)/ZX 平面(ZX)/三点(3)] <三点>:
在镜像平面上指定第一点：
```

选项说明

（1）点。输入镜像平面上点的坐标。该选项通过3个点确定镜像平面，是系统的默认选项。

（2）*Z*轴（*Z*）。利用指定的平面作为镜像平面。选择该选项后，命令行提示如下：

```
在镜像平面上指定点：(输入镜像平面上一点的坐标)
在镜像平面的 Z 轴(法向)上指定点：(输入与镜像平面垂直的任意一条直线上任意一点的坐标)
是否删除源对象？ [是(Y)/否(N)]：(根据需要确定是否删除源对象)
```

（3）视图（V）。指定一个平行于当前视图的平面作为镜像平面。

（4）*XY*/*YZ*/*ZX*平面。指定一个平行于当前坐标系*XY*/*YZ*/*ZX*平面的平面作为镜像平面。

5.1.4 实例——脚踏座

本实例绘制图5-9所示的脚踏座。

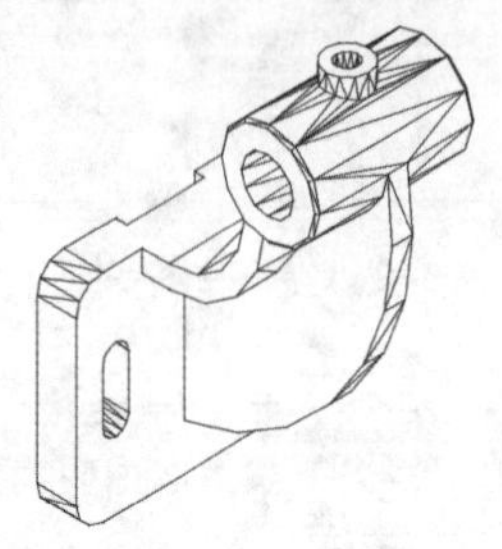

图5-9 脚踏座

（1）在命令行中输入“ISOLINES”命令，设置线框密度为“10”。

（2）将视图切换到西南等轴测视图。单击“三维工具”选项卡“建模”面板中的“长方体”按钮，以坐标原点为角点，创建长为“15”、宽为“45”、高为“80”的长方体。

（3）绘制矩形并创建面域。

① 将视图切换到左视图。单击“默认”选项卡“绘图”面板中的“矩形”按钮，捕捉长方体左下角点为第一个角点，以（@15，80）为第二个角点，绘制矩形。

② 单击“默认”选项卡“绘图”面板中的“直线”按钮，从（-10，30）到（@0，20）绘制直线。

③ 单击“默认”选项卡“修改”面板中的“偏移”按钮，将直线向左偏移“10”。

④ 单击“默认”选项卡“修改”面板中的“圆角”按钮，对偏移的两条平行线进行圆角操作，圆角半径为“5”。

⑤ 单击“默认”选项卡“绘图”面板中的“面域”按钮，将直线与圆角组成的二维图形创建为面域。结果如图5-10所示。

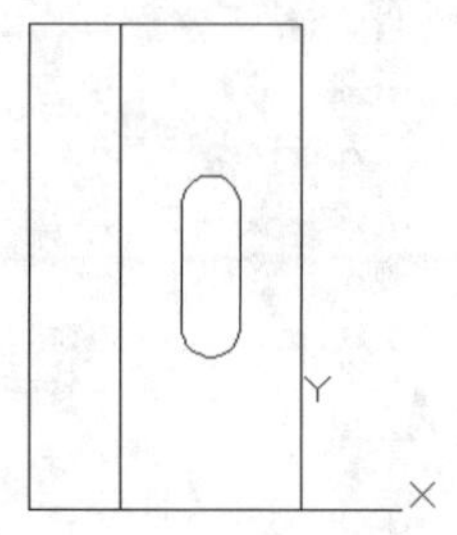

图5-10 创建面域

（4）将视图切换到西南等轴测视图。单击“三维工具”选项卡“建模”面板中的“拉伸”按钮，分别将矩形拉伸“-4”，将面域拉伸“-15”。

（5）单击“三维工具”选项卡“实体编辑”面板中的“差集”按钮，将长方体与拉伸实体进行差集运算，将视图切换到西南等轴测视图，结果如图5-11所示。

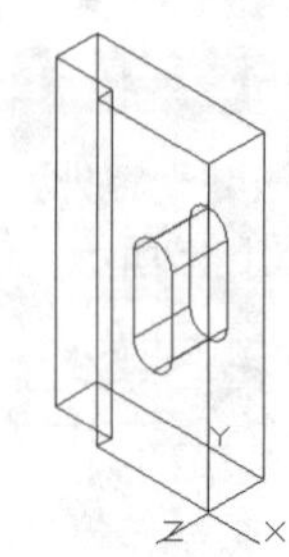

图5-11 差集运算后的实体

（6）在命令行中输入“UCS”命令，将坐标系绕系统Y轴旋转90°并将坐标原点移动到（74，135，-45）。

（7）绘制二维图形并创建为面域。

① 将视图切换到前视图。单击“默认”选项卡“绘图”面板中的“圆”按钮，以（0，0）为圆心，绘制直径为“38”的圆。

② 单击“默认”选项卡“绘图”面板中的“多段线”按钮，绘制从Φ38圆的左象限点1到（@0，-55），再到长方体角点2的多段线。

③ 单击“默认”选项卡“修改”面板中的“圆角”按钮，对多段线进行圆角操作，圆角半径为“30”。

④ 单击“默认”选项卡“修改”面板中的“偏移”按钮，将多段线向下偏移“8”，如图5-12所示。

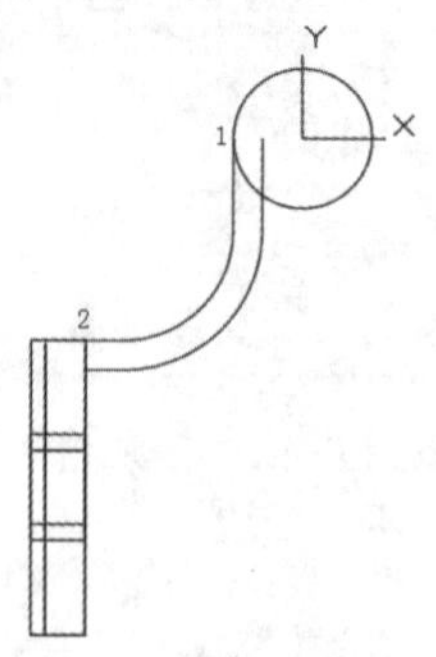

图5-12 偏移多段线

⑤ 单击“默认”选项卡“绘图”面板中的“多段线”按钮，绘制从点3（端点）到点4（象限点）的直线，绘制从点4到点5、半径为“100”、夹角为-90°的圆弧，绘制从点5到点6（端点）的直线，如图5-13所示。

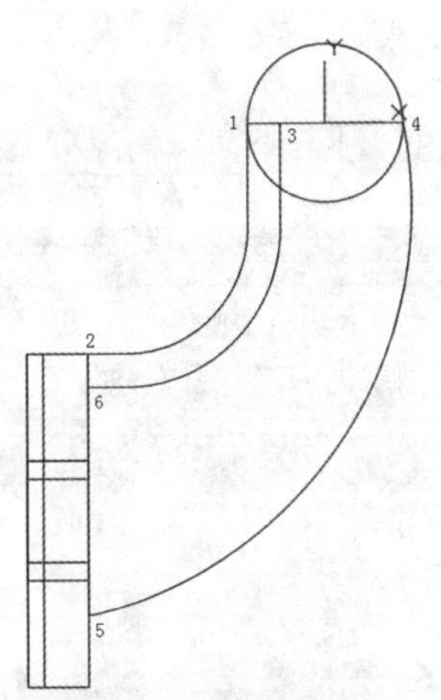

图 5-13 绘制圆弧及直线

⑥ 单击“默认”选项卡“绘图”面板中的“直线”按钮，绘制从点6到点2、从点1到点3的直线，如图5-13所示。单击“默认”选项卡的“修改”面板中的“复制”按钮，在原位置复制从点3到点6的多段线。

⑦ 单击“默认”选项卡“修改”面板中的“删除”按钮，删除Φ38圆。在命令行中输入“PEDIT”命令，将绘制的二维图形创建为面域1及面域2，结果如图5-14所示。

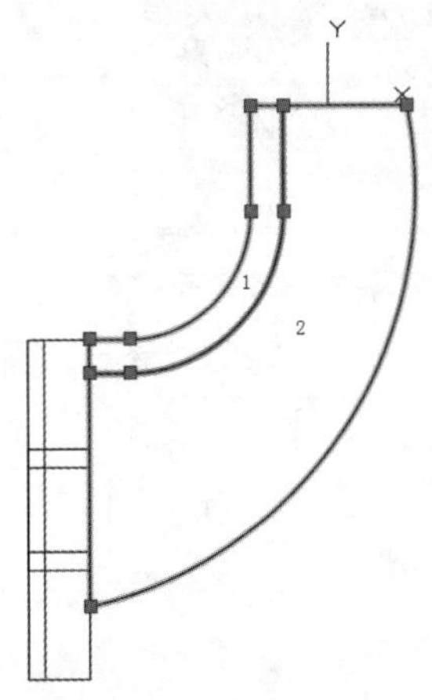

图 5-14 创建面域

（8）将视图切换到西南等轴测视图。单击“三维工具”选项卡“建模”面板中的“拉伸”按钮，将面域1拉伸“20”、面域2拉伸“4”，结果如图5-15所示。

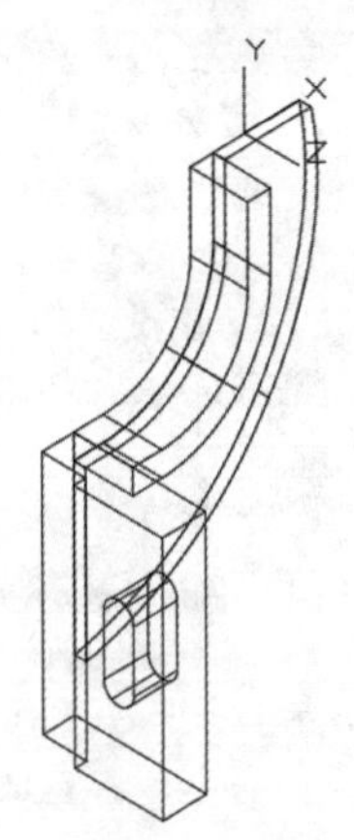

图 5-15 拉伸面域

（9）单击“三维工具”选项卡“建模”面板中的“圆柱体”按钮，以（0，0，0）为圆心，分别创建直径为“38”和“20”、高为“30”的圆柱体。

（10）单击“三维工具”选项卡“实体编辑”面板中的“差集”按钮，将Φ38圆柱体与Φ20圆柱体进行差集运算。单击“三维工具”选项卡“实体编辑”面板中的“并集”按钮，将实体与Φ38圆柱体进行并集运算。结果如图5-16所示。

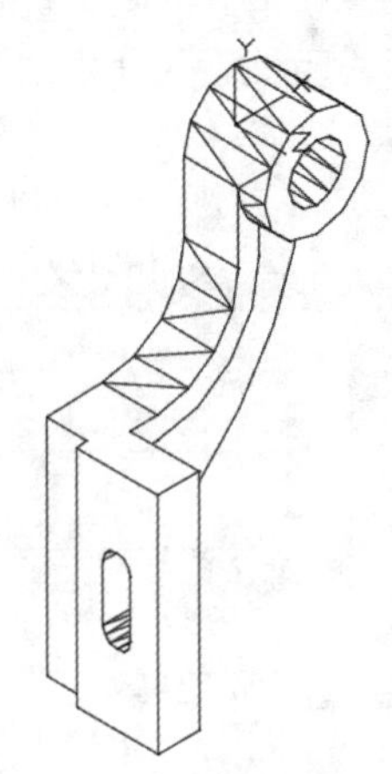

图 5-16 布尔运算后的实体

（11）单击“默认”选项卡“修改”面板中的“圆角”按钮，对长方体前端面进行圆角操作，圆角半径为“10”。单击“默认”选项卡“修改”面板中的“倒角”按钮，对Φ20圆柱体前端面进行倒角操作，倒角距离为“1”，消隐后如图5-17所示。

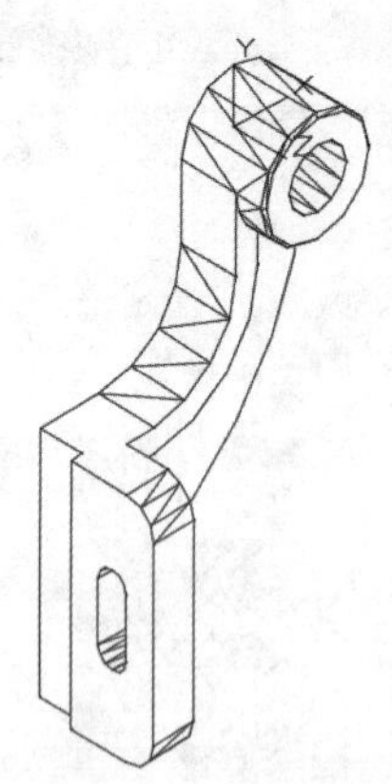

图5-17 圆角和倒角处理

（12）选择菜单栏中的“修改”→“三维操作”→“三维镜像”命令，将实体以当前*XY*平面为镜像面进行镜像操作。命令行中的提示与操作如下：

```
命令：_mirror3d
选择对象：（选择当前实体）
选择对象：↙
指定镜像平面 （三点） 的第一个点或 [对象 (O)/最近的 (L)/Z 轴 (Z)/视图 (V)/XY 平面 (XY)/YZ 平面 (YZ)/ZX 平面 (ZX)/三点 (3)] <三点>: XY↙
指定 XY 平面上的点 <0,0,0>:↙
是否删除源对象? [是 (Y)/否 (N)] <否>:↙
```

（13）单击“三维工具”选项卡“实体编辑”面板中的“并集”按钮，将所有物体进行并集运算。消隐后的结果如图5-18所示。

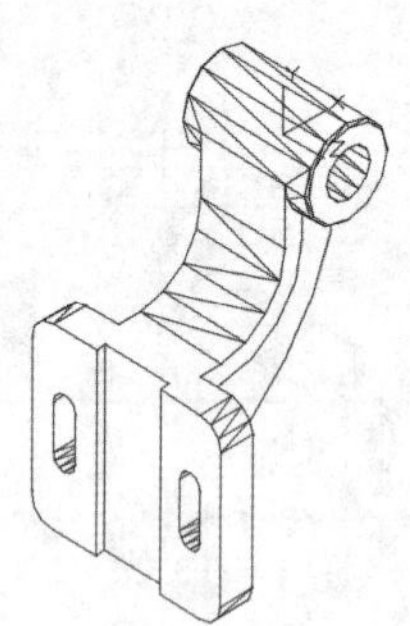

图5-18 并集运算

（14）将坐标原点移动到（0，15，0），并将其绕*X*轴旋转-90°（逆时针旋转90°）。

（15）单击“三维工具”选项卡“建模”面板中的“圆柱体”按钮，以（0，0，0）为圆心，分别创建直径为“16”、高为“10”及直径为“8”、高为“20”的圆柱体。

（16）单击“三维工具”选项卡“实体编辑”面板中的“差集”按钮，将实体及Φ16圆柱体与Φ8圆柱体进行差集运算。

（17）单击“三维工具”选项卡“实体编辑”面板中的“并集”按钮，将所有物体进行并集运算，消隐后结果如图5-9所示。

5.1.5 对齐对象

执行方式

命令行：ALIGN（快捷命令：AL）

菜单栏：修改→三维操作→对齐

操作步骤

命令行提示如下：

```
命令：ALIGN↙
选择对象：（选择要对齐的对象）
选择对象：（选择下一个对象或按Enter键）
（指定一对、两对或三对点，将选定对象对齐）
指定第一个源点：（选择点1）
指定第一个目标点：（选择点2）
指定第二个源点：↙
```

一对点对齐结果如图5-19所示。两对点对齐和三对点对齐与一对点对齐的情形类似。

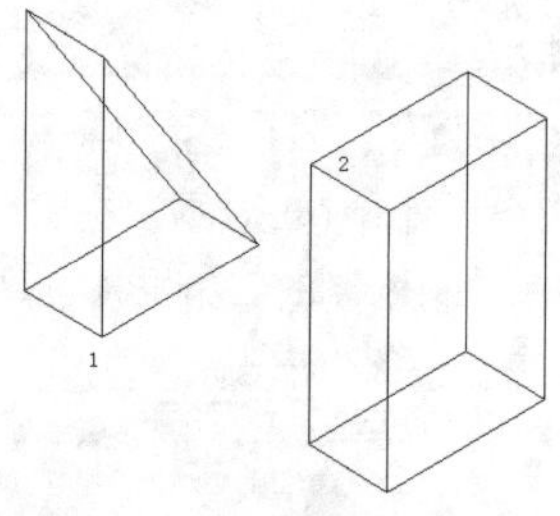

对齐前

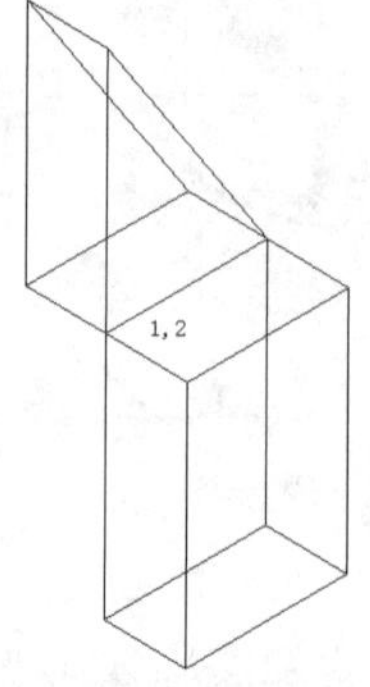

对齐后

图5-19 一对点对齐

5.1.6 实例——叉架

本实例绘制图5-20所示的叉架。

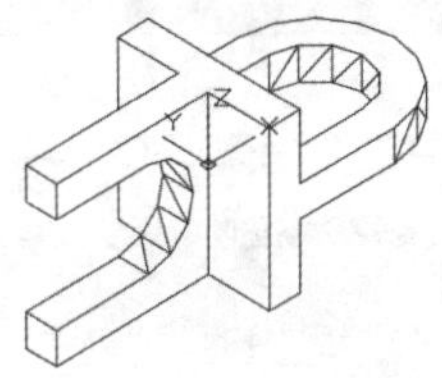

图 5-20 叉架

（1）单击“可视化”选项卡“命名视图”面板中的“西南等轴测”按钮，将当前视图设置为西南等轴测视图。

（2）单击“三维工具”选项卡“建模”面板中的“长方体”按钮，绘制中心点在原点、长度为“5”、宽度为“25”、高度为“25”的长方体1，结果如图5-21所示。

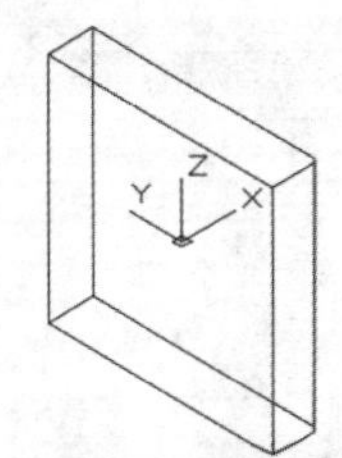

图 5-21 绘制长方体 1

（3）单击“三维工具”选项卡“建模”面板中的“长方体”按钮，在适当位置指定第一角点，绘制长度为“25”、宽度为“5”、高度为“25”的长方体2，结果如图5-22所示。

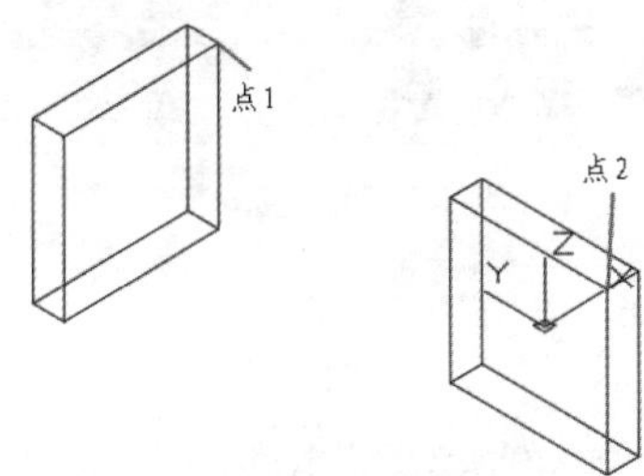

图 5-22 绘制长方体 2

（4）选择菜单栏中的“修改”→“三维操作”→“对齐”命令，将长方体对齐，命令行中的提示与操作如下：

```
命令：_align
选择对象：找到 1 个（选择长方体 2）
选择对象：↙
指定第一个源点：（选择点 1）
指定第一个目标点：（选择点 2）
指定第二个源点：↙
```

结果如图5-23所示。

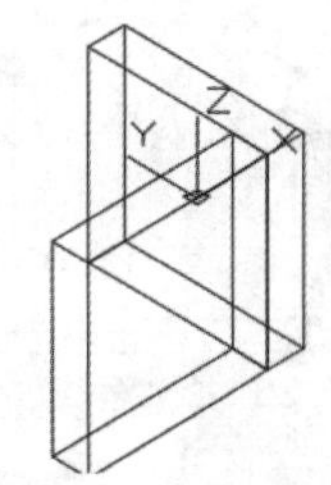

图 5-23 对齐长方体

（5）单击“默认”选项卡“修改”面板中的“移动”按钮，将长方体2以原点为基点移动，第二个点坐标为（@0，10，0），结果如图5-24所示。

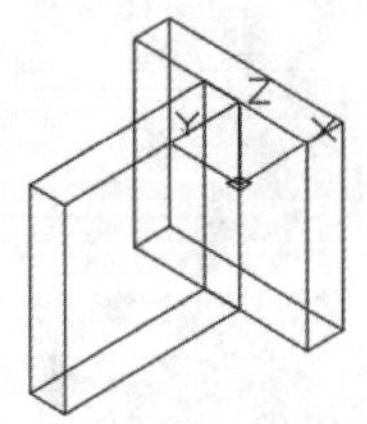

图 5-24 移动长方体 2

（6）单击“三维工具”选项卡“实体编辑”面板中的“并集”按钮，将两个长方体合并。

（7）单击“可视化”选项卡“命名视图”面板中的“前视”按钮，将当前视图设置为前视图。

（8）单击“默认”选项卡“绘图”面板中的“多段线”按钮，绘制坐标点依次为（-27.5，-7.5）、（@15，0）、A、（@0，15）、L、（@-15，0）、（-27.5，-7.5）的多段线，结果如图5-25所示。

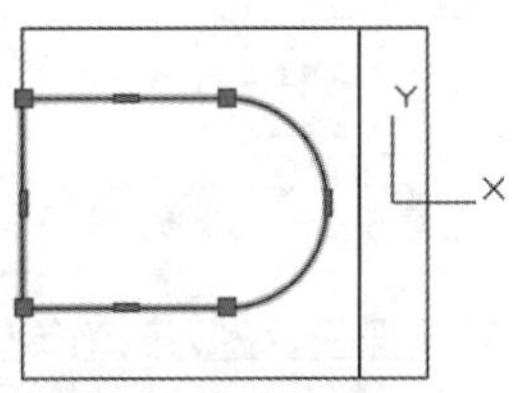

图 5-25 绘制多段线

（9）将当前视图设置为西南等轴测视图。单击“默认”选项卡“修改”面板中的“移动”按钮，将多段线沿*Z*轴方向移动“2.5”。

（10）单击“三维工具”选项卡“建模”面板中的“拉伸”按钮，将多段线拉伸，拉伸高度为“-5”，结果如图5-26所示。

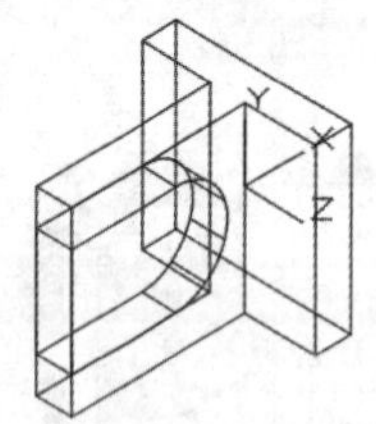

图5-26 拉伸多段线（1）

（11）单击“三维工具”选项卡“实体编辑”面板中的“差集”按钮，将实体与拉伸实体进行差集运算，消隐后结果如图5-27所示。

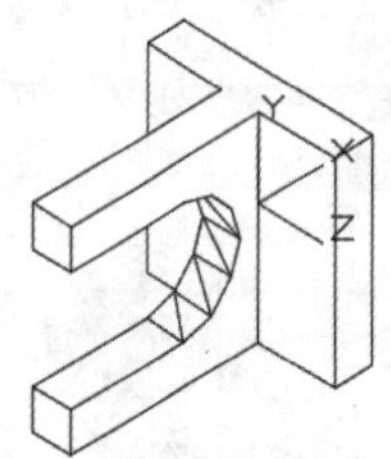

图5-27 差集运算

（12）单击“可视化”选项卡“命名视图”面板中的“俯视”按钮，将当前视图设置为俯视图。

（13）单击“默认”选项卡“绘图”面板中的“多段线”按钮，绘制坐标点依次为（2.5，12.5）、（@15，0）、A、（@0，-25）、L、（@-15，0）、（@0，5）、（@15，0）、A、（@0，15）、L、（@-15，0）、（2.5，12.5）的多段线，结果如图5-28所示。

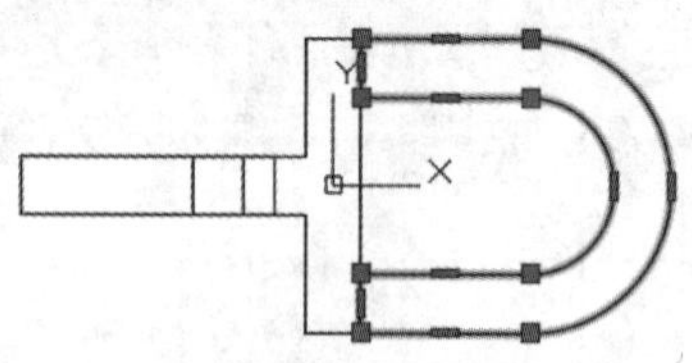

图5-28 绘制多段线

（14）将当前视图设置为西南等轴测视图。单击“默认”选项卡“修改”面板中的“移动”按钮✥，将多段线沿Z轴方向移动“-2.5”。

（15）单击“三维工具”选项卡“建模”面板中的“拉伸”按钮，将多段线拉伸，拉伸高度为“5”，结果如图5-29所示。

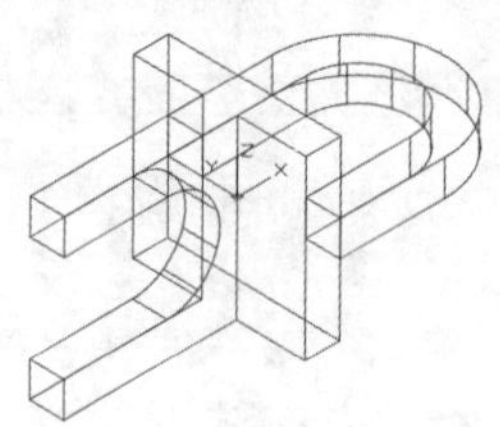

图5-29 拉伸多段线（2）

（16）单击“三维工具”选项卡“实体编辑”面板中的“并集”按钮，将实体和拉伸实体合并，完成叉架的绘制，消隐后最终结果如图5-20所示。

5.1.7 三维移动

执行方式

命令行：3DMOVE

菜单栏：修改→三维操作→三维移动

工具栏：建模→三维移动

操作步骤

命令行提示如下：

```
命令：3DMOVE↙
选择对象：找到 1 个
选择对象：↙
指定基点或 [位移(D)] <位移>:(指定基点)
指定第二个点或 <使用第一个点作为位移>:(指定第二点)
```

其操作方法与二维移动类似，图5-30所示为将滚珠从轴承中移出的情形。

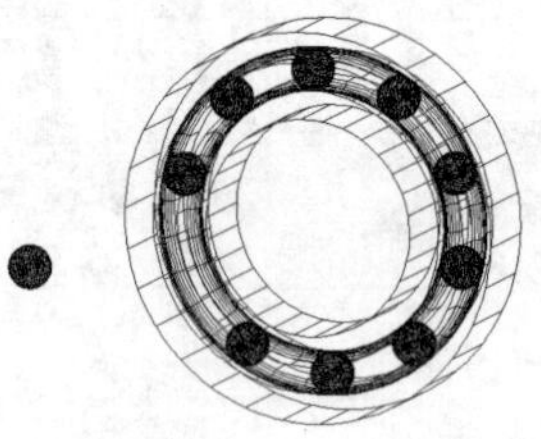

图5-30 三维移动

5.1.8 实例——轴承座

本实例制作图5-31所示的轴承座。

（1）在命令行中输入“ISOLINES”命令，设置线框密度为“10”。

（2）将视图切换到西南等轴测视图。单击“三维工具”选项卡“建模”面板中的“长方体”按钮，以坐标原点为角点，绘制长为“140”、宽为“80”、高为“15”的长方体。

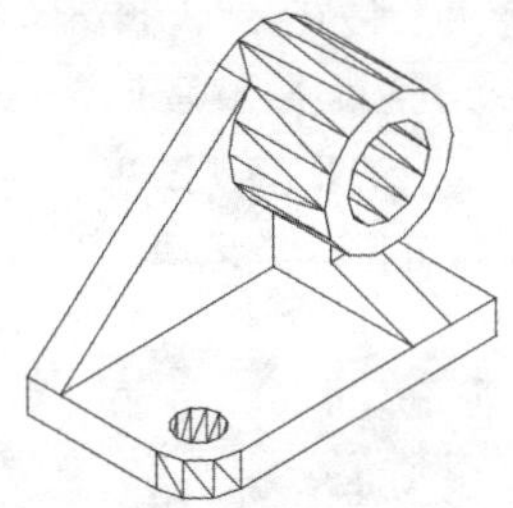

图5-31 轴承座

（3）单击“默认”选项卡“修改”面板中的“圆角”按钮，对长方体进行圆角操作，圆角半径为R20。单击“三维工具”选项卡“建模”面板中的“圆柱体”按钮，以长方体底面圆角中点为圆心，创建半径为“10”、高为“-15”的圆柱体。

（4）单击“三维工具”选项卡“实体编辑”面板中的“差集”按钮，将长方体与圆柱体进行差集运算。消隐后的结果如图5-32所示。

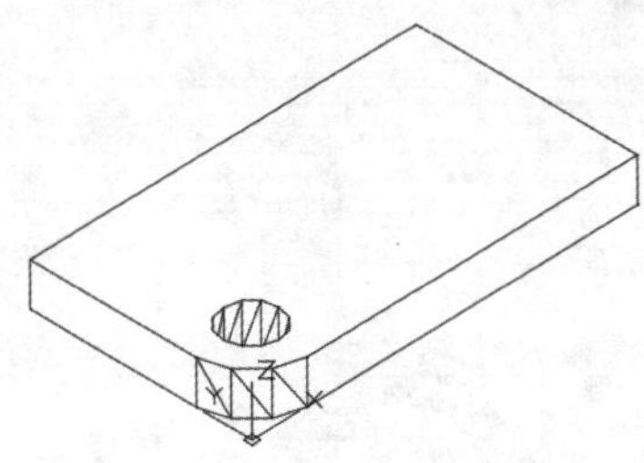

图5-32 差集运算

（5）在命令行中输入“UCS”命令，将坐标原点移动到（110，80，70），并将其绕*X*轴旋转90°。

（6）单击“三维工具”选项卡“建模”面板中的“圆柱体”按钮，以坐标原点为圆心，分别创建直径为“60”和“38”，高为“60”的圆柱体，结果如图5-33所示。

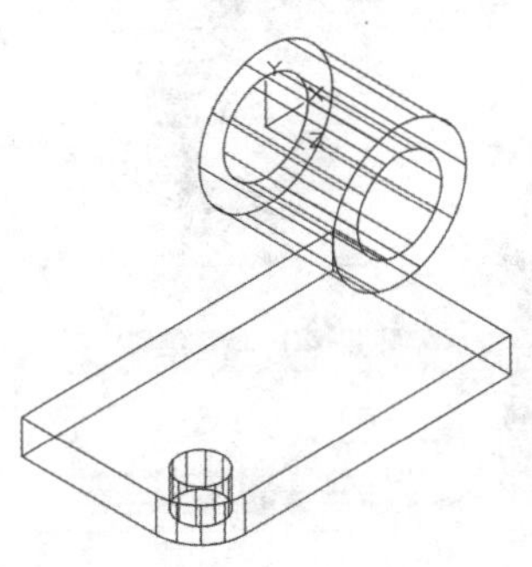

图5-33 创建圆柱体

（7）单击“默认”选项卡“绘图”面板中的“圆”按钮，以坐标原点为圆心，绘制直径为“60”的圆。

（8）单击“默认”选项卡“绘图”面板中的“直线”按钮，绘制从点1到点2再到点3（切点）的直线，绘制从点1到点4（切点）的直线，如图5-34所示。

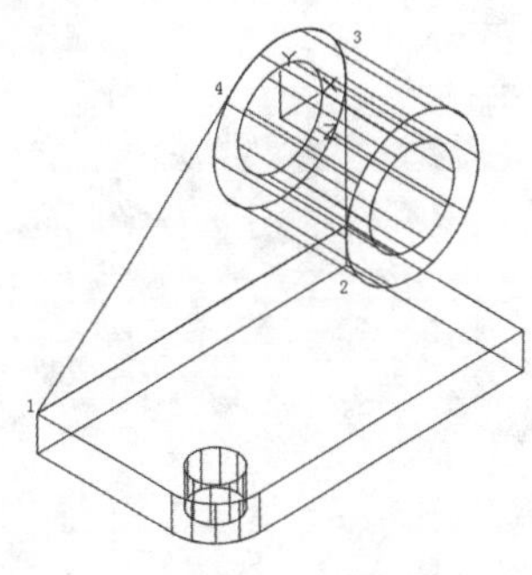

图5-34 绘制直线

（9）单击“默认”选项卡“绘图”面板中的“面域”按钮，将多段线组成的区域创建为面域。

（10）将视图切换到西南等轴测视图。单击“三维工具”选项卡“建模”面板中的“拉伸”按钮，将面域拉伸“15”，结果如图5-35所示。

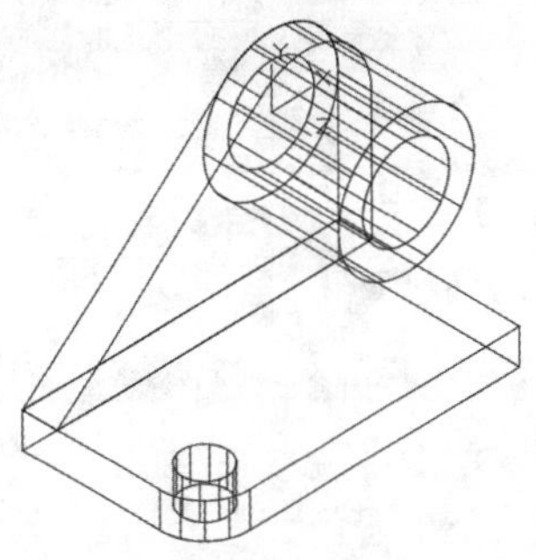

图5-35 拉伸面域

（11）在命令行中输入“UCS”命令，将坐标系恢复到WCS。

（12）将视图切换到左视图，单击“默认”选项卡“绘图”面板中的“多段线”按钮，从（0，0）到（@0，30），再依次到（@27，0）、（@0，-15）、（@38，-15）、（0，0）绘制闭合的多段线，如图5-36所示。

（13）将视图切换到西南等轴测视图。单击“三维工具”选项卡“建模”面板中的“拉伸”按钮，将辅助线拉伸“18”，结果如图5-37所示。

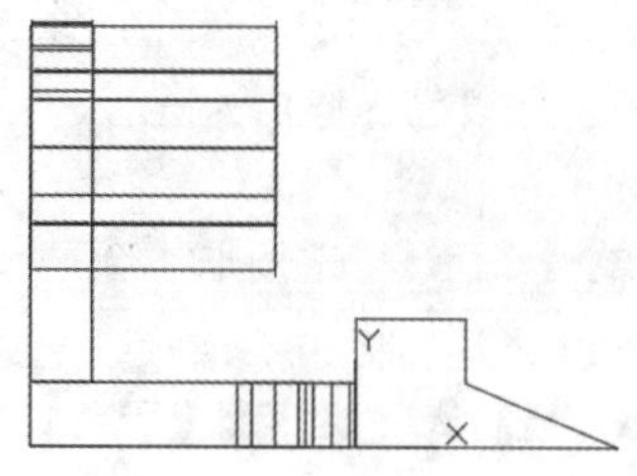
图 5-36　绘制多段线

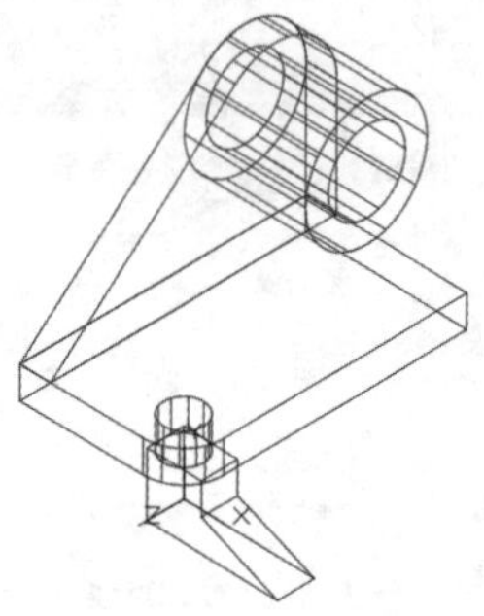
图 5-37　拉伸建模

（14）选择菜单栏中的“修改”→“三维操作”→“三维移动”命令，将上一步绘制的拉伸实体移动到适当位置，命令行中的提示与操作如下：

命令：_3dmove
选择对象：（选择上一步创建的拉伸实体）
选择对象：↙
指定基点或 [位移(D)] <位移>：（捕捉拉伸实体上端右侧边线中点）
指定第二个点或 <使用第一个点作为位移>：（捕捉主体圆柱体的下象限点）
命令：_3dmove
选择对象：（选择上一步创建的拉伸实体）
选择对象：↙
指定基点或 [位移(D)] <位移>：（拾取拉伸实体上任意一点）
指定第二个点或 <使用第一个点作为位移>：@15,5,0↙

结果如图5-38所示。

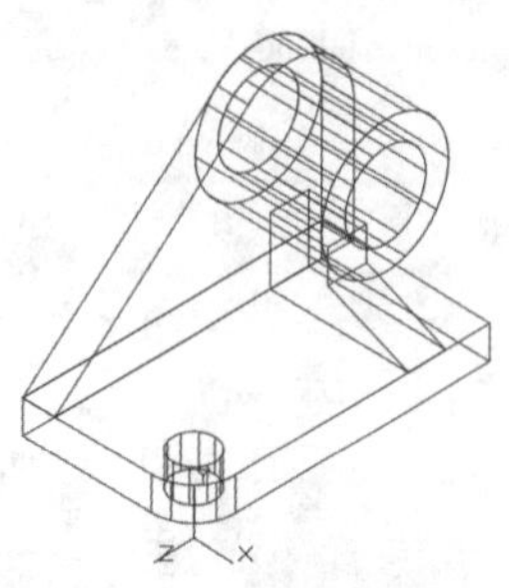
图 5-38　移动拉伸实体

（15）单击“三维工具”选项卡“实体编辑”面板中的“并集”按钮，除去Φ38圆柱体外，将所有建模进行并集运算。单击“三维工具”选项卡“实体编辑”面板中的“差集”按钮，将建模与Φ38圆柱体进行差集运算。消隐后如图5-31所示。

5.1.9　三维旋转

执行方式

命令行：3DROTATE

菜单栏：修改→三维操作→三维旋转

工具栏：建模→三维旋转

操作步骤

命令行提示如下：

命令：3DROTATE↙
UCS 当前的正角方向：ANGDIR=逆时针　ANGBASE=0
选择对象：（选择一个滚珠）
选择对象：↙
指定基点：（指定圆心位置）
拾取旋转轴：（选择图 5-39 所示的轴）
指定角的起点：（选择图 5-39 所示的中心点）
指定角的端点：（指定另一点）

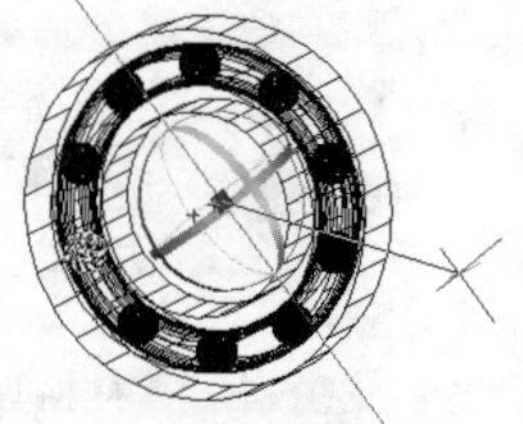
图 5-39　指定旋转参数

旋转结果如图5-40所示。

图 5-40　旋转结果

5.1.10　实例——弹簧垫圈

本实例绘制图5-41所示的弹簧垫圈。

图 5-41 弹簧垫圈

（1）在命令行中输入“ISOLINES”命令，设置线框密度为“10”。

（2）将当前视图设置为西南等轴测视图。单击“三维工具”选项卡“建模”面板中的“圆柱体”按钮，以（0，0，0）为底面中心点，创建半径分别为“6”和“7.5”、高度为“3”的两个同轴圆柱体，消隐后的结果如图5-42所示。

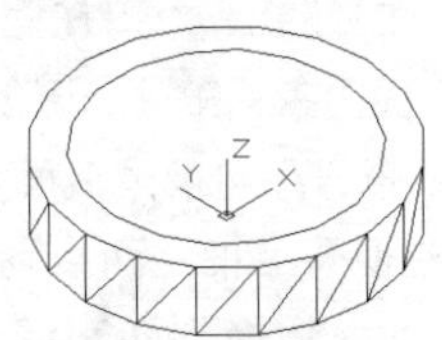

图 5-42 创建圆柱体

（3）单击“三维工具”选项卡“实体编辑”面板中的“差集”按钮，将创建的两个圆柱体进行差集运算，结果如图5-43所示。

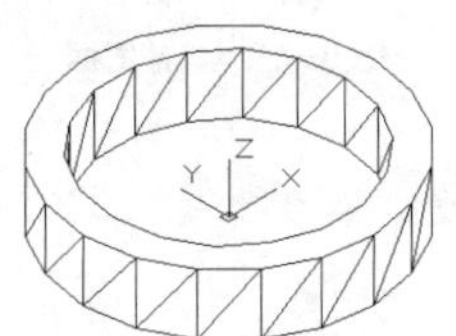

图 5-43 差集运算

（4）单击“三维工具”选项卡“建模”面板中的“长方体”按钮，以（0，-1.5，-2）和（@10，3，7）为角点创建长方体，结果如图5-44所示。

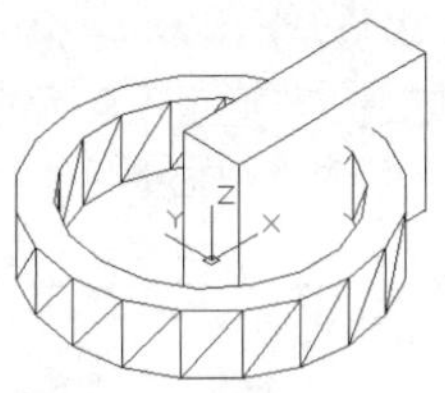

图 5-44 创建长方体

（5）选择菜单栏中的“修改”→“三维操作”→“三维旋转”命令，旋转长方体，命令行中的提示与操作如下：

```
命令： _3drotate
UCS 当前的正角方向： ANGDIR= 逆时针 ANGBASE=0
选择对象：（选择上一步创建的长方体）
选择对象：↙
指定基点：（拾取坐标原点）
拾取旋转轴：（选择 X 轴）
指定角的起点或键入角度： 15 ↙
```

结果如图5-45所示。

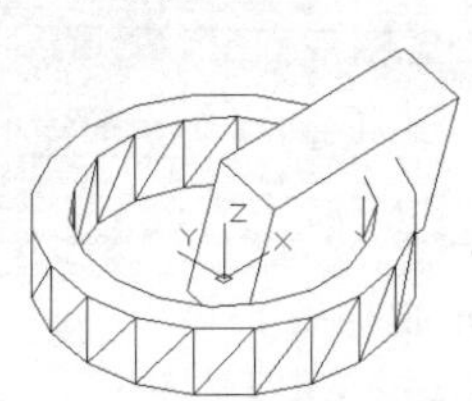

图 5-45 三维旋转长方体

（6）单击“三维工具”选项卡“实体编辑”面板中的“差集”按钮，将圆环实体与创建的长方体进行差集运算，结果如图5-41所示。

5.2 特殊视图

5.2.1 剖切

执行方式

命令行：SLICE（快捷命令：SL）

菜单栏：修改→三维操作→剖切

功能区：单击“三维工具”选项卡“实体编辑”面板中的“剖切”按钮

操作步骤

命令行提示如下：

```
命令：SLICE ↙
选择要剖切的对象：（选择要剖切的实体）
选择要剖切的对象：（继续选择或按 Enter 键结束选择）
指定切面的起点或 [平面对象(O)/曲面(S)/Z 轴(Z)/视图(V)/XY(XY)/YZ(YZ)/ZX(ZX)/三点(3)] <三点>:
指定平面上的第二个点：
```

选项说明

（1）平面对象（O）。将所选对象的所在平面作为剖切面。

（2）曲面（S）。将剪切平面与曲面对齐。

（3）视图（V）。以平行于当前视图的平面作为剖切面。

（4）*XY*（*XY*）/*YZ*（*YZ*）/*ZX*（*ZX*）。将剖切平面与当前UCS的*XY*平面/*YZ*平面/*ZX*平面对齐。

（5）三点（3）。将根据空间的3个点确定的平面作为剖切面。确定剖切面后，系统会提示保留一侧或两侧。

图5-46所示为剖切三维实体图。

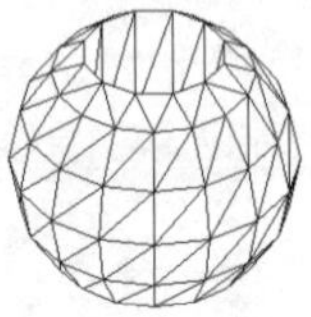

剖切前的三维实体

剖切后的三维实体

图 5-46　剖切三维实体

5.2.2 剖切截面

执行方式

命令行：SECTION（快捷命令：SEC）

操作步骤

命令行提示如下：

```
命令：SECTION ↙
选择对象：（选择要剖切的实体）
指定截面平面上的第一个点，依照［对象（O）/Z轴（Z）/视图（V）/XY/YZ/ZX/三点（3）］ <三点>:（指定一点或输入一个选项）
```

图5-47所示为断面图形。

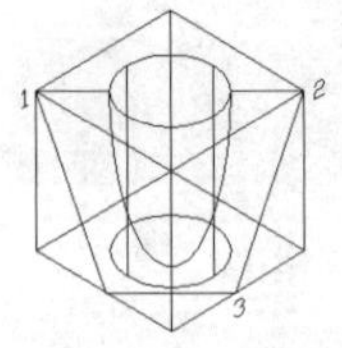

剖切平面与断面

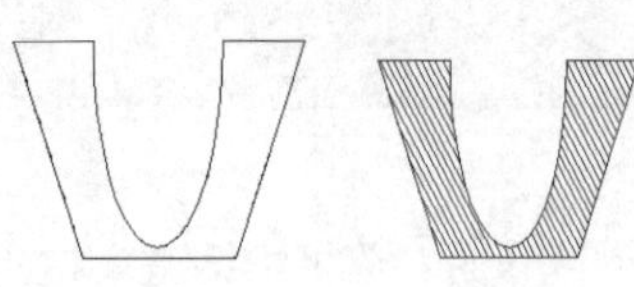

移出的断面图形　填充剖面线的断面图形

图 5-47　断面图形

5.2.3 截面平面

通过截面平面功能可以创建实体对象的二维截面平面或三维截面实体。

执行方式

命令行：SECTIONPLANE

菜单栏：绘图→建模→截面平面

功能区：单击“三维工具”选项卡“截面”面板中的“截面平面”按钮

操作步骤

命令行提示如下：

```
命令：SECTIONPLANE ↙
选择面或任意点以定位截面线或 ［绘制截面（D）/正交（O）/类型（T）］：
```

选项说明

1. 选择面或任意点以定位截面线

选择绘图区的任意点（不在面上）可以创建独立于实体的截面对象。第一点可创建截面对象旋转所围绕的点，第二点可创建截面对象。图5-48所示为在手柄主视图上指定两点创建一个截面平面，图5-49所示为转换到西南等轴测视图的情形，图中半透明的平面为活动截面，实线为截面控制线。

图 5-48　创建截面

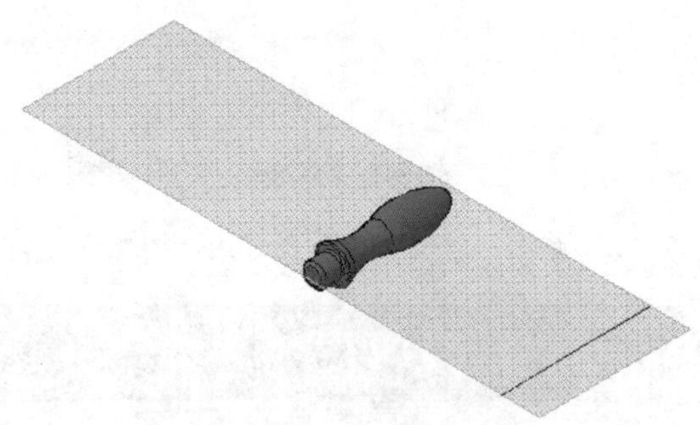

图 5-49　西南等轴测视图

单击活动截面平面，显示编辑夹点，如图5-50所示，其功能分别介绍如下。

（1）截面实体方向。表示生成截面实体时所要保留的一侧，单击该箭头，则反向。

（2）截面平移编辑夹点。选择并拖动该夹点，截面沿其法向平移。

（3）宽度编辑夹点。选择并拖动该夹点，可以调节截面宽度。

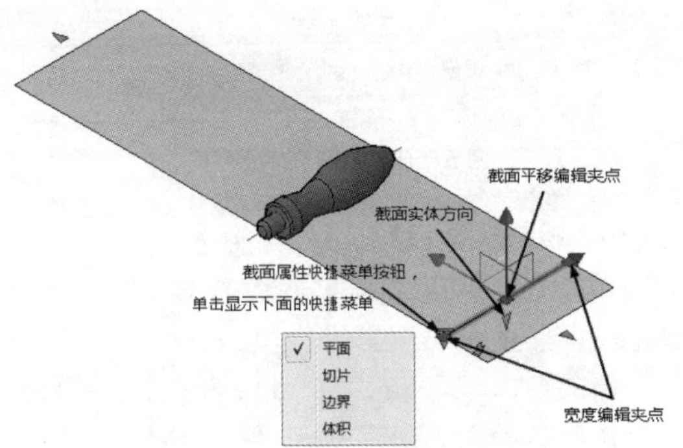

图 5-50 截面编辑夹点

（4）截面属性快捷菜单按钮。单击该按钮，显示当前截面的属性，包括截面平面（如图5-51所示）、截面边界（如图5-51所示）、截面体积（如图5-52所示）3种，分别显示截面平面相关操作的作用范围。调节相关夹点，可以调整范围。

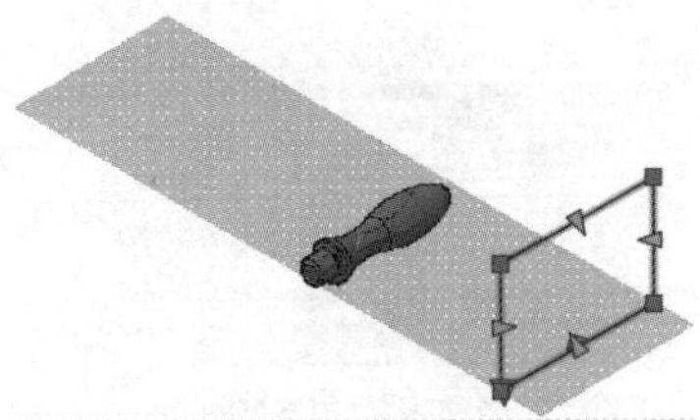

图 5-51 截面平面及截面边界

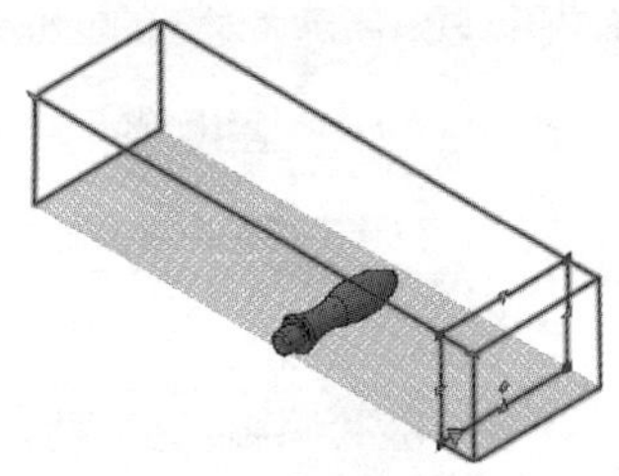

图 5-52 截面体积

2. 选择实体或面域上的面

可以产生与该面重合的截面对象。

3. 快捷菜单

在截面平面编辑状态下单击鼠标右键，系统打开快捷菜单，如图5-53所示。其中几个主要选项介绍如下。

（1）激活活动截面。选择该选项，活动截面被激活，可以对其进行编辑，同时原对象不可见，如图5-54所示。

（2）活动截面设置。选择该选项，打开“截面设置”对话框，可以设置截面各参数，如图5-55所示。

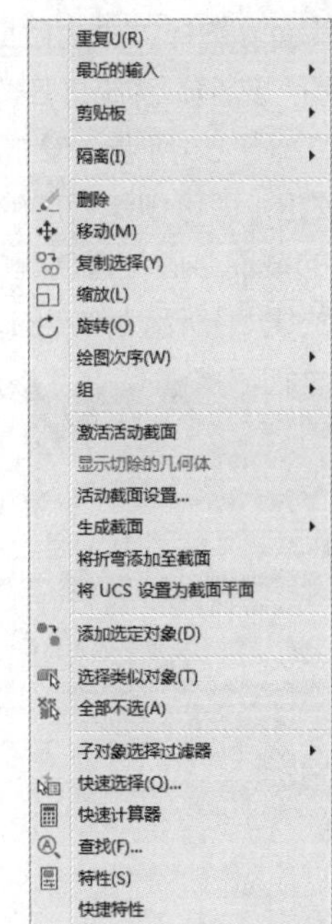

图 5-53 快捷菜单

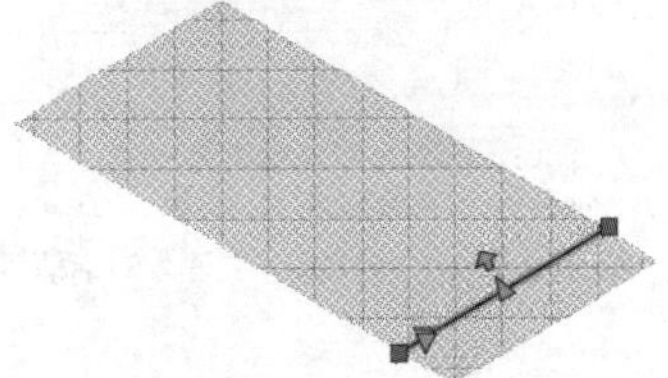

图 5-54 编辑活动截面

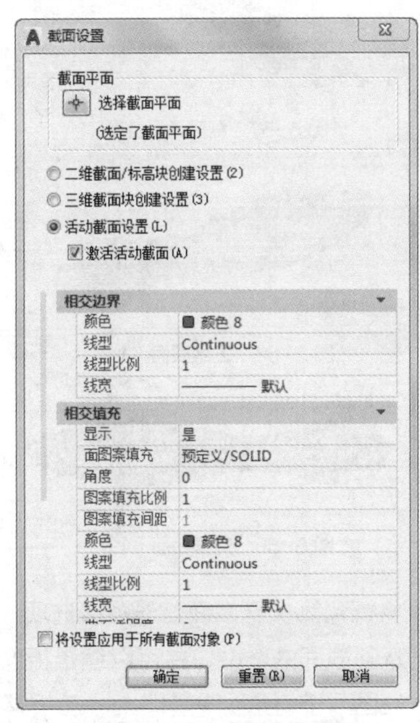

图 5-55 “截面设置”对话框

（3）生成截面。选择“生成截面”子菜单中的“二维/三维块”选项，系统打开“生成截面/立面”对话框，如图5-56所示。设置相关参数后，单击“创建”按钮，即可创建相应的图块或文件。在图5-57所示的截面平面位置创建的三维截面如图5-58所示，图5-59所示为对应的二维截面。

图5-56 “生成截面/立面”对话框

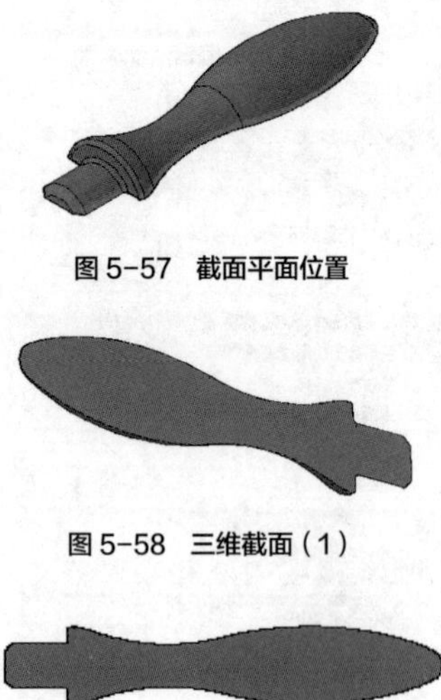

图5-57 截面平面位置

图5-58 三维截面（1）

图5-59 二维截面（1）

（4）将折弯添加至截面。选择该选项，系统提示添加折弯到截面的一端，并可以编辑折弯的位置和高度。在图5-59所示的基础上添加折弯后的截面平面如图5-60所示。

图5-60 折弯后的截面平面

4. 绘制截面（D）

选择该选项可以定义具有多个点的截面对象以创建带有折弯的截面线。选择该选项，命令行提示如下：

指定起点：（指定点1）
指定下一点：（指定点2）
指定下一点或按Enter键完成：（指定点3或按Enter键）
按截面视图的方向指定点：（指定点以指示剪切平面的方向）

该选项将创建处于“截面边界”状态的截面对象，并且活动截面会关闭，该截面线可以带有折弯，如图5-61所示。

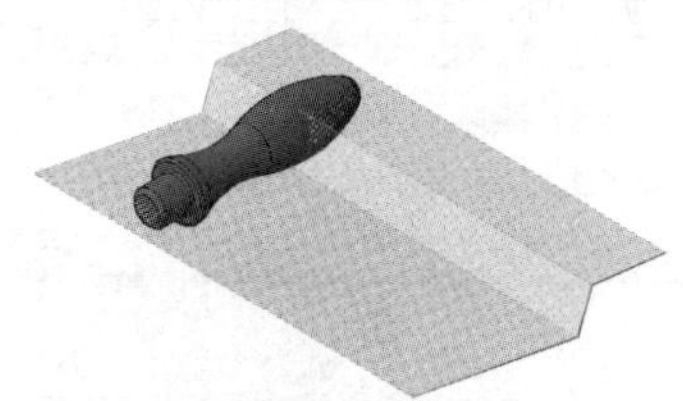

图5-61 折弯截面

图5-62所示为按图5-61所示的截面生成的三维截面对象，图5-63所示为对应的二维截面。

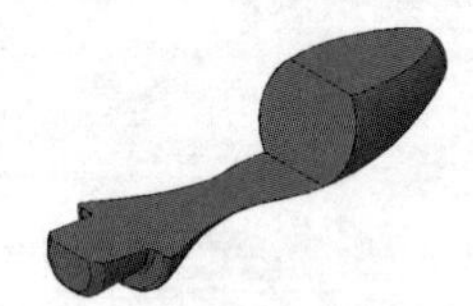

图5-62 三维截面（2）

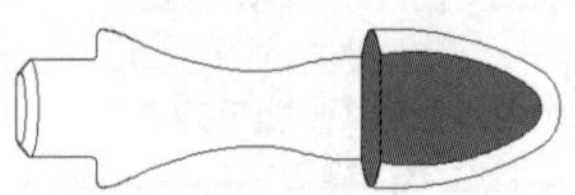

图5-63 二维截面（2）

5. 正交（O）

将截面对象与相对于UCS的正交方向对齐。选择该选项，命令行提示如下：

将截面对齐至 [前(F)/后(B)/顶部(T)/底部(B)/左(L)/右(R)]：

选择该选项后，将以相对于UCS（不是当前视图）的指定方向创建截面对象，并且该对象将包含所有三维对象。该选项将创建处于“截面边界”状态的截面对象，并且活动截面会打开。

选择该选项，可以很方便地创建工程制图中的剖视图。UCS处于图5-64所示的位置，图5-65所示为对应的左向截面。

图 5-64 UCS 位置

图 5-65 左向截面

5.2.4 实例——方向盘

本实例绘制图5-66所示的方向盘。

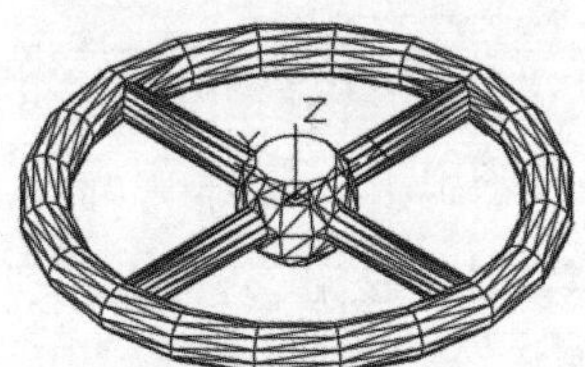

图 5-66 方向盘

（1）在命令行中输入“ISOLINES”命令，设置对象上每个曲面的轮廓线数目为“10”。

（2）将当前视图设置为西南等轴测视图。单击“三维工具”选项卡“建模”面板中的“圆环体”按钮，在坐标原点处绘制半径为“160”、圆管半径为“16”的圆环体，结果如图5-67所示。

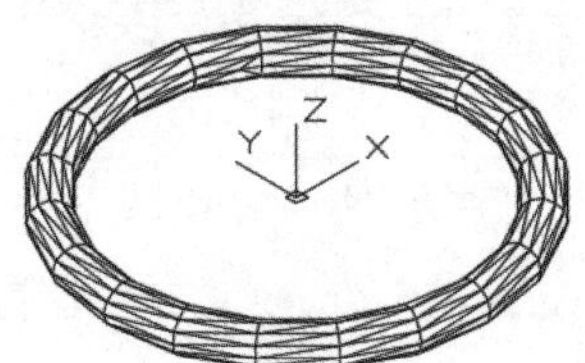

图 5-67 绘制圆环体

（3）单击“三维工具”选项卡“建模”面板中的“球体”按钮，以坐标原点为中心点，绘制半径为“40”的球体，结果如图5-68所示。

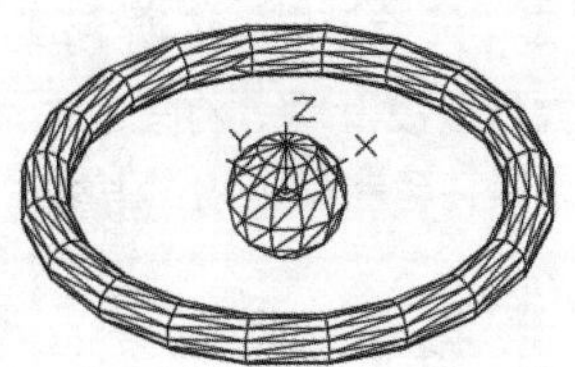

图 5-68 绘制球体

（4）单击“三维工具”选项卡的“建模”面板中的“圆柱体”按钮，绘制以坐标原点为中心点、半径为“12”、轴端点为（160，0，0）的圆柱体，结果如图5-69所示。

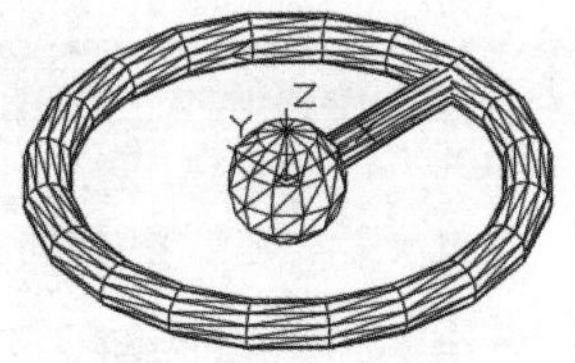

图 5-69 绘制圆柱体

（5）选择菜单栏中的“修改”→“三维操作”→“三维阵列”命令，将上一步创建的圆柱体以{（0，0，0）、（0，0，20）}为旋转轴进行环形阵列，阵列个数为“4”，填充角度为360°，消隐后如图5-70所示。

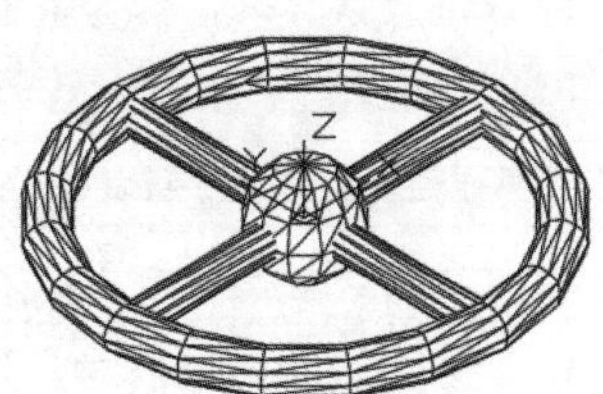

图 5-70 三维阵列

（6）单击“三维工具”选项卡的“实体建模”面板中的“剖切”按钮，剖切球体进行处理。命令行中的提示与操作如下：

```
命令： _slice
选择要剖切的对象：(选择球体)
选择要剖切的对象： ↙
指定切面的起点或 [平面对象(O)/曲面(S)/Z轴(Z)/视图(V)/xy(XY)/yz(YZ)/zx(ZX)/三点(3)]<三点>: 3↙
指定平面上的第一个点： 0,0,30 ↙
指定平面上的第二个点：0,10,30 ↙
指定平面上的第三个点：10,10,30 ↙
在所需的侧面上指定点或 [保留两个侧面(B)] <保留两个侧面>:(选择圆球的下侧)
```

（7）单击“三维工具”选项卡的“实体编辑”面板中的“并集”按钮，将圆环体、圆柱体和球体进行并集运算，结果如图5-71所示。

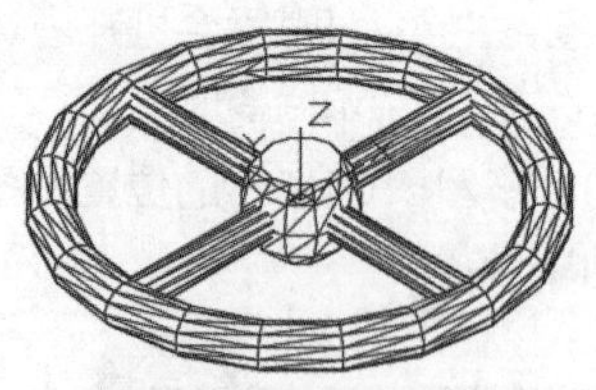

图5-71 并集运算

5.3 编辑实体

5.3.1 拉伸面

执行方式

命令行：SOLIDEDIT

菜单栏：修改→实体编辑→拉伸面

工具栏：实体编辑→拉伸面

功能区：单击“三维工具”选项卡“实体编辑”面板中的“拉伸面”按钮

操作步骤

命令行提示如下：

```
命令：_solidedit
实体编辑自动检查：SOLIDCHECK=1
输入实体编辑选项 [面(F)/边(E)/体(B)/放弃(U)/退出(X)] <退出>：_face
输入面编辑选项
[拉伸(E)/移动(M)/旋转(R)/偏移(O)/倾斜(T)/删除(D)/复制(C)/颜色(L)/材质(A)/放弃(U)/退出(X)] <退出>：_extrude
选择面或 [放弃(U)/删除(R)]:(选择要进行拉伸的面)
选择面或 [放弃(U)/删除(R)/全部(ALL)]：↙
指定拉伸高度或[路径(P)]：↙
```

选项说明

（1）指定拉伸高度。按指定的高度值来拉伸面。指定拉伸的倾斜角度后，完成拉伸操作。

（2）路径（P）。沿指定的路径曲线拉伸面。如图5-72所示为拉伸长方体顶面和侧面的结果。

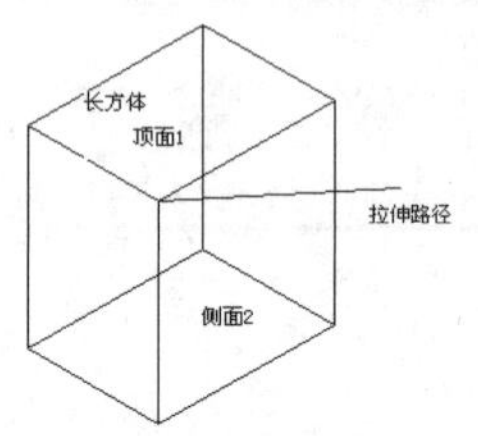

拉伸前的长方体

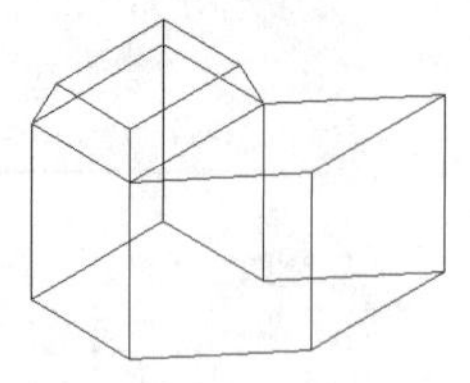

拉伸后的三维实体

图5-72 拉伸长方体

5.3.2 实例——双叶孔座

本实例绘制图5-73所示的双叶孔座。

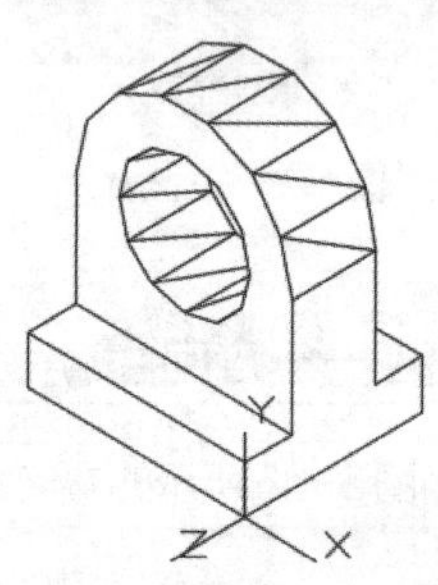

图5-73 双叶孔座

（1）单击“可视化”选项卡“命名视图”面板中的“西南等轴测”按钮，将当前视图设置为西南等轴测视图。

（2）单击“三维工具”选项卡“建模”面板中的“长方体”按钮，绘制第一个角点在原点、长度为“38”、宽度为“46”、高度为“10”的长方体，结果如图5-74所示。

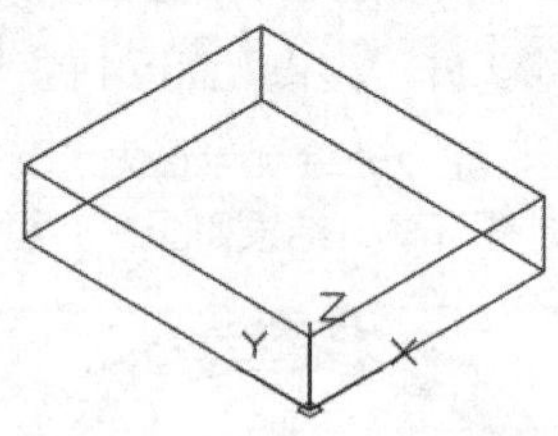

图5-74 绘制长方体

（3）单击“可视化”选项卡“命名视图”面板中的“左视”按钮，将当前视图设置为左视图。

（4）单击“默认”选项卡“绘图”面板中的“多段线”按钮，绘制坐标点依次为（-46，10）、（@0，24）、A、（@46，0）、L、（@0，-24）、C的多段线。

（5）单击“默认”选项卡“绘图”面板中的“圆”按钮，绘制圆心坐标为（-23，34）、半径为“14”的圆，结果如图5-75所示。

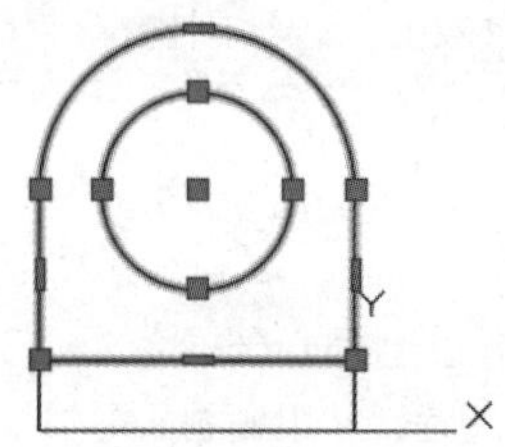

图 5-75 绘制多段线和圆

（6）单击“可视化”选项卡“命名视图”面板中的“西南等轴测”按钮，将当前视图设置为西南等轴测视图。单击“三维工具”选项卡“建模”面板中的“拉伸”按钮，将绘制的多段线和圆沿Z轴拉伸“-38”。

（7）单击“三维工具”选项卡“实体编辑”面板中的“差集”按钮，将拉伸的多段线和拉伸的圆进行差集运算，结果如图5-76所示。

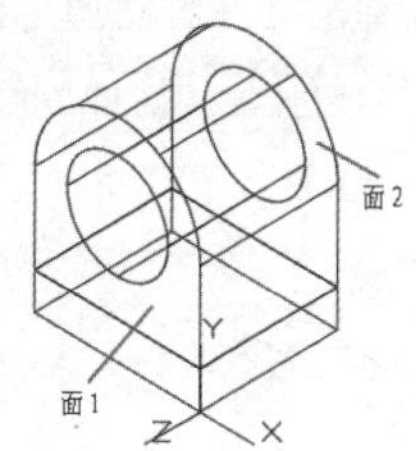

图 5-76 差集运算

（8）单击“三维工具”选项卡“实体编辑”面板中的“拉伸面”按钮，对面1进行拉伸操作，命令行中的提示与操作如下：

```
命令：_solidedit
实体编辑自动检查： SOLIDCHECK=1
输入实体编辑选项 [面(F)/边(E)/体(B)/放弃(U)/退出(X)] <退出>: _face
输入面编辑选项
[拉伸(E)/移动(M)/旋转(R)/偏移(O)/倾斜(T)/删除(D)/复制(C)/颜色(L)/材质(A)/放弃(U)/退出(X)] <退出>: _extrude
选择面或 [放弃(U)/删除(R)]: 找到一个面。(选择面 1)
选择面或 [放弃(U)/删除(R)/全部(ALL)]: ↙
指定拉伸高度或 [路径(P)]: -10↙
指定拉伸的倾斜角度 <0>: ↙
已开始实体校验。
已完成实体校验。
输入面编辑选项
[拉伸(E)/移动(M)/旋转(R)/偏移(O)/倾斜(T)/删除(D)/复制(C)/颜色(L)/材质(A)/放弃(U)/退出(X)] <退出>: ↙
实体编辑自动检查： SOLIDCHECK=1
输入实体编辑选项 [面(F)/边(E)/体(B)/放弃(U)/退出(X)] <退出>: ↙
```

消隐后结果如图5-77所示。重复“拉伸面”命令，将面2沿Z轴拉伸“-10”，结果如图5-78所示。

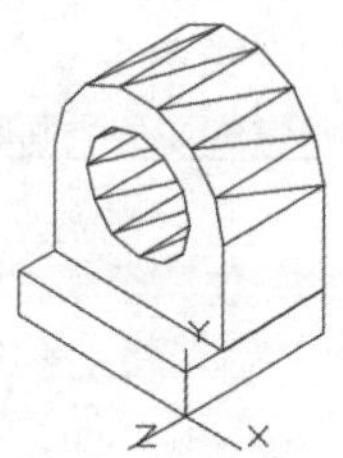

图 5-77 拉伸面 1

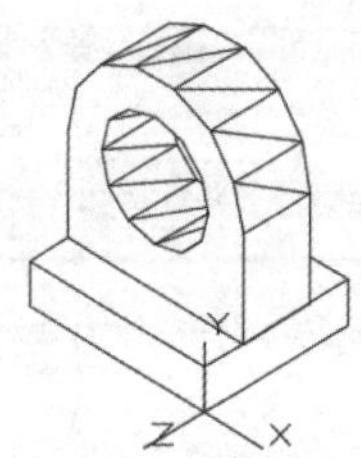

图 5-78 拉伸面 2

（9）单击“三维工具”选项卡“实体编辑”面板中的“并集”按钮，将所有实体合并，完成双叶孔座的绘制，消隐后最终结果如图5-73所示。

5.3.3 移动面

执行方式

命令行：SOLIDEDIT

菜单栏：修改→实体编辑→移动面

工具栏：实体编辑→移动面

功能区：单击“三维工具”选项卡“实体编辑”面板中的“移动面”按钮

操作步骤

命令行提示如下：

```
命令：_solidedit
实体编辑自动检查： SOLIDCHECK=1
输入实体编辑选项 [面(F)/边(E)/体(B)/放弃(U)/退出(X)] <退出>: _face
```

输入面编辑选项
[拉伸(E)/移动(M)/旋转(R)/偏移(O)/倾斜(T)/删除(D)/复制(C)/颜色(L)/ 材质(A)/放弃(U)] <退出>: _move
选择面或 [放弃(U)/删除(R)]:(选择要进行移动的面)
选择面或 [放弃(U)/删除(R)/全部(ALL)]:(继续选择移动面或按Enter键结束选择)
指定基点或位移:(输入具体的坐标值或选择关键点)
指定位移的第二点:(输入具体的坐标值或选择关键点)

各选项的含义在前面介绍的命令中都有涉及，如有问题，请查询相关命令（拉伸面、移动等）。图5-79所示为移动三维实体的结果。

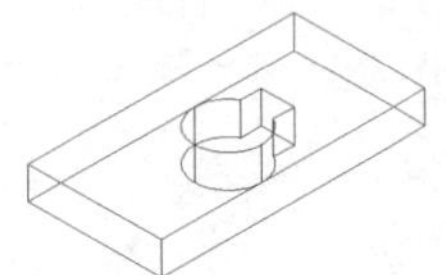

移动前的图形

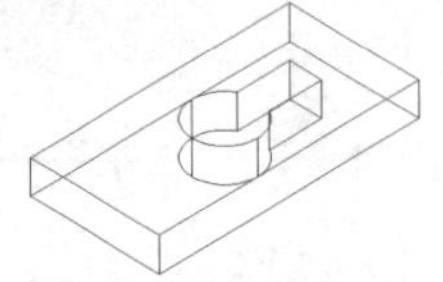

移动后的图形

图5-79 移动三维实体

5.3.4 实例——梯槽孔座

本实例绘制图5-80所示的梯槽孔座。

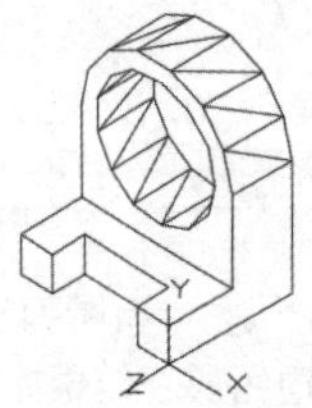

图5-80 梯槽孔座

（1）单击“可视化”选项卡“命名视图”面板中的“西南等轴测”按钮，将当前视图设置为西南等轴测视图。

（2）单击“三维工具”选项卡“建模”面板中的“长方体”按钮，绘制第一个角点在原点、长度为“37”、宽度为“47”、高度为“10”的长方体，结果如图5-81所示。

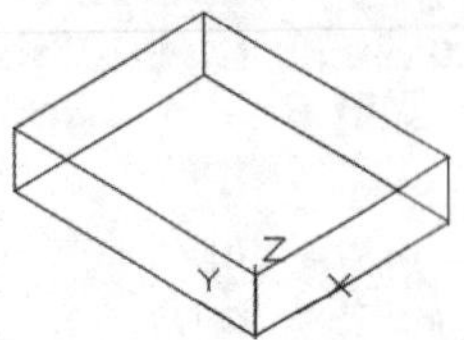

图5-81 绘制长方体

（3）单击“可视化”选项卡“命名视图”面板中的“左视”按钮，将当前视图设置为左视图。

（4）单击“默认”选项卡“绘图”面板中的“多段线”按钮，绘制坐标点依次为（-47，10）、（@0，24）、A、（@47，0）、L、（@0，-24）、C的多段线。

（5）单击“默认”选项卡“绘图”面板中的“圆”按钮，绘制圆心坐标为（-23.5，34）、半径为“18.5”的圆，结果如图5-82所示。

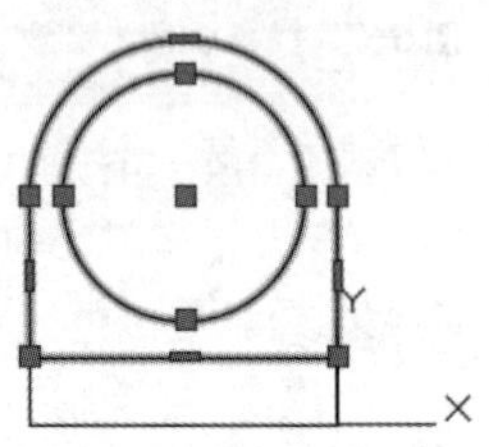

图5-82 绘制多段线和圆

（6）单击“可视化”选项卡“命名视图”面板中的“西南等轴测”按钮，将当前视图设置为西南等轴测视图。单击“三维工具”选项卡“建模”面板中的“拉伸”按钮，拉伸高度为“-37”，结果如图5-83所示。

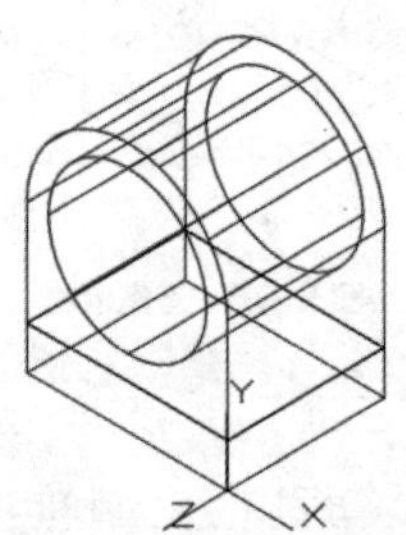

图5-83 拉伸多段线和圆

（7）单击“三维工具”选项卡“实体编辑”面板中的“差集”按钮，将拉伸的多段线和拉伸的圆进行差集运算，结果如图5-84所示。

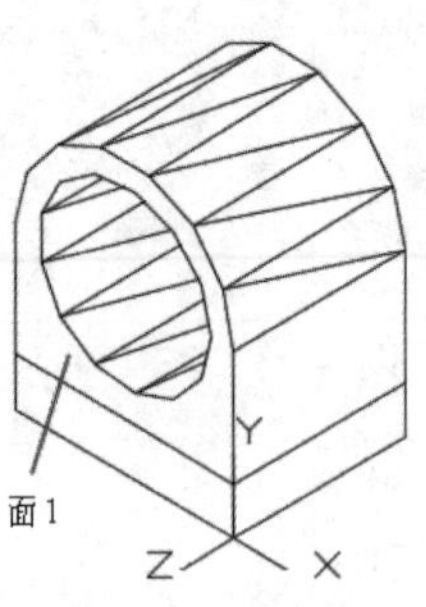

图5-84 差集运算

（8）单击“三维工具”选项卡“实体编辑”面板中的“移动面”按钮，将面1移动，命令行中的提示与操作如下：

```
命令： _solidedit
实体编辑自动检查： SOLIDCHECK=1
输入实体编辑选项 [ 面 (F) / 边 (E) / 体 (B) / 放弃 (U) / 退出 (X)] < 退出 >: _face
输入面编辑选项
[ 拉 伸 (E) / 移 动 (M) / 旋 转 (R) / 偏 移 (O) / 倾 斜 (T) / 删除 (D) / 复制 (C) / 颜色 (L) / 材质 (A) / 放弃 (U) / 退出 (X)] <退出>: _move
选择面或 [ 放弃 (U) / 删除 (R)]: 找到一个面。（选择面 1）
选择面或 [ 放弃 (U) / 删除 (R) / 全部 (ALL)]: ↙
指定基点或位移：（指定面 1 的圆心）
指定位移的第二点： @0,0,-19 ↙
已开始实体校验。
已完成实体校验。
输入面编辑选项
[ 拉 伸 (E) / 移 动 (M) / 旋 转 (R) / 偏 移 (O) / 倾 斜 (T) / 删除 (D) / 复制 (C) / 颜色 (L) / 材质 (A) / 放弃 (U) / 退出 (X)] <退出>: ↙
实体编辑自动检查： SOLIDCHECK=1
输入实体编辑选项 [ 面 (F) / 边 (E) / 体 (B) / 放弃 (U) / 退出 (X)] < 退出 >: ↙
```

结果如图5-85所示。

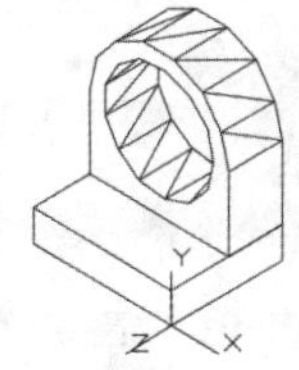

图 5-85 移动面 1

（9）单击“三维工具”选项卡“实体编辑”面板中的“并集”按钮，将所有实体合并，结果如图5-86所示。

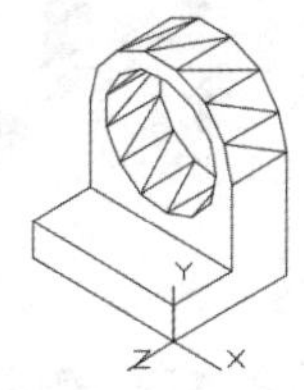

图 5-86 并集运算

（10）单击“三维工具”选项卡“建模”面板中的“长方体”按钮，绘制第一个角点坐标为（-10，0，0）、长度为“-27”、宽度为“10”、高度为“-10”的长方体，结果如图5-87所示。

（11）单击“三维工具”选项卡“实体编辑”面板中的“差集”按钮，将实体与长方体进行差集运算，完成梯槽孔座的绘制，消隐后最终结果如图5-80所示。

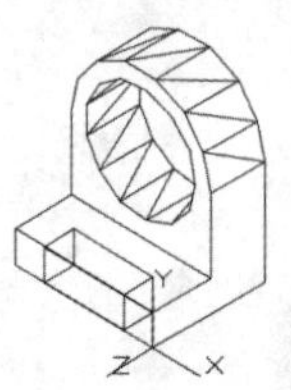

图 5-87 绘制长方体

5.3.5 偏移面

执行方式

命令行：SOLIDEDIT

菜单栏：修改→实体编辑→偏移面

工具栏：实体编辑→偏移面

功能区：单击“三维工具”选项卡“实体编辑”面板中的“偏移面”按钮

操作步骤

命令行提示如下：

```
命令： _solidedit
实体编辑自动检查： SOLIDCHECK=1
输入实体编辑选项 [ 面 (F) / 边 (E) / 体 (B) / 放弃 (U) / 退出 (X)] < 退出 >: _face
输入面编辑选项
[拉伸 (E) / 移动 (M) / 旋转 (R) / 偏移 (O) / 倾斜 (T) / 删除 (D) / 复制 (C) / 颜色 (L) / 材质 (A) / 放弃 (U)] <退出>: _offset
选择面或 [ 放弃 (U) / 删除 (R)]:（选择要进行偏移的面）
指定偏移距离：（输入要偏移的距离值）
```

图5-88所示为通过偏移命令改变哑铃手柄大小的结果。

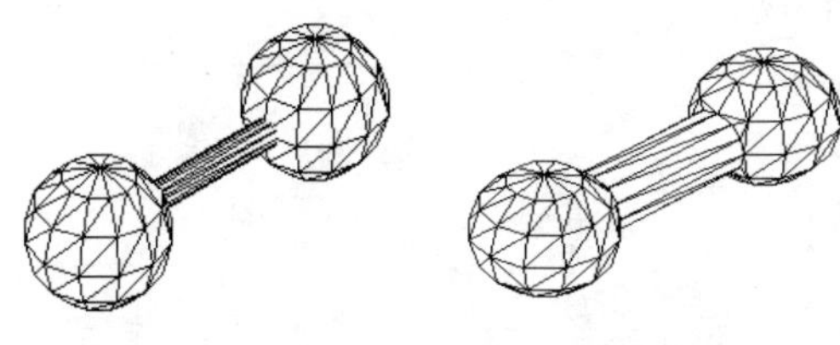

图 5-88 偏移对象

5.3.6 实例——调整哑铃手柄

本实例利用前面学习的偏移面功能对哑铃的手柄进行偏移，即图5-89所示的哑铃手柄。

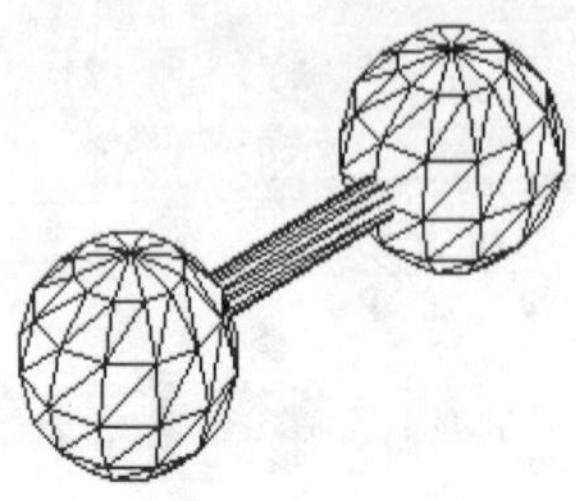

图5-89 哑铃手柄

（1）单击“打开”按钮，打开图形文件“哑铃.dwg”，如图5-89所示。

（2）单击“三维工具”选项卡的“实体编辑”面板中的“偏移面”按钮，对哑铃的手柄进行偏移，命令行中的提示与操作如下：

```
命令： _solidedit
实体编辑自动检查： SOLIDCHECK=1
输入实体编辑选项 [面(F)/边(E)/体(B)/放弃(U)/退出(X)] <退出>: _face
输入面编辑选项
[拉伸(E)/移动(M)/旋转(R)/偏移(O)/倾斜(T)/删除(D)/复制(C)/颜色(L)/材质(A)/放弃(U)/退出(X)]<退出>: _offset
选择面或 [放弃(U)/删除(R)]:(选择哑铃的手柄)
选择面或 [放弃(U)/删除(R)/全部(ALL)]: ↙
指定偏移距离： 10↙
已开始实体校验。
已完成实体校验。
输入面编辑选项
[拉伸(E)/移动(M)/旋转(R)/偏移(O)/倾斜(T)/删除(D)/复制(C)/颜色(L)/材质(A)/放弃(U)/退出(X)] <退出>:↙
实体编辑自动检查： SOLIDCHECK=1
输入实体编辑选项 [面(F)/边(E)/体(B)/放弃(U)/退出(X)] <退出>:↙
```

结果如图5-90所示。

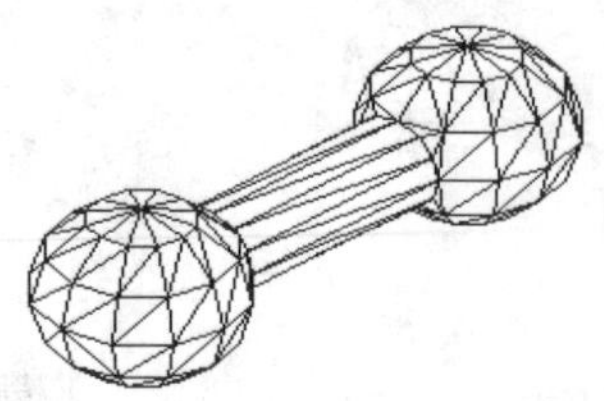

图5-90 调整结果

5.3.7 删除面

执行方式

命令行：SOLIDEDIT

菜单：修改→实体编辑→删除面

工具栏：实体编辑→删除面

功能区：单击“三维工具”选项卡“实体编辑”面板中的“删除面”按钮

操作步骤

命令行提示如下：

```
命令： _solidedit
实体编辑自动检查： SOLIDCHECK=1
输入实体编辑选项 [面(F)/边(E)/体(B)/放弃(U)/退出(X)] <退出>: _face
输入面编辑选项
[拉伸(E)/移动(M)/旋转(R)/偏移(O)/倾斜(T)/删除(D)/复制(C)/颜色(L)/材质(A)/放弃(U)/退出(X)] <退出>: _delete
选择面或 [放弃(U)/删除(R)]:(选择要删除的面)
```

图5-91为删除长方体的倒角面后的结果。

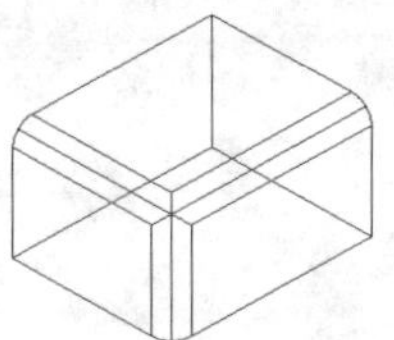

倒角后的长方体　　删除倒角面后

图5-91 删除倒角面

5.3.8 实例——圆顶凸台双孔块

本实例绘制图5-92所示的圆顶凸台双孔块。

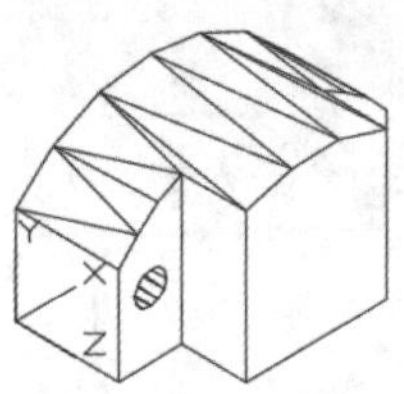

图5-92 圆顶凸台双孔块

（1）单击“可视化”选项卡“命名视图”面板中的“左视”按钮，将当前视图设置为左视图。

（2）单击“默认”选项卡“绘图”面板中的“多段线”按钮，绘制坐标点依次为（0，0）、

（42，0）、（@0，15）、A、R、27、（0，15）、L、（0，0）的多段线，结果如图5-93所示。

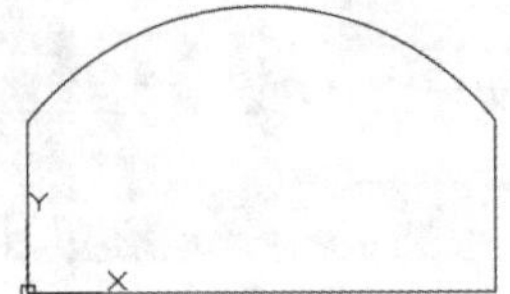

图 5-93 绘制多段线

（3）单击“可视化”选项卡“命名视图”面板中的“西北等轴测”按钮，将当前视图设置为西北等轴测视图。

（4）单击“三维工具”选项卡“建模”面板中的“拉伸”按钮，将绘制的多段线拉伸“16”，结果如图5-94所示。

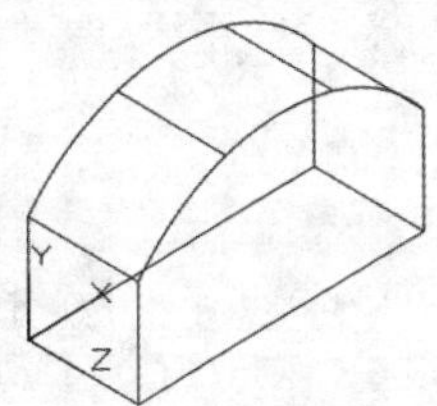

图 5-94 拉伸多段线

（5）单击“默认”选项卡“修改”面板中的“复制”按钮，将拉伸的实体以原点为基点，以坐标点（0，0，16）为第二点进行复制，结果如图5-95所示。

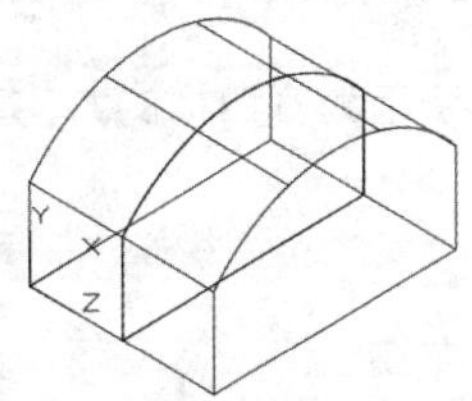

图 5-95 复制拉伸实体

（6）单击“三维工具”选项卡“实体编辑”面板中的“拉伸面”按钮，选择图5-96所示的面拉伸“-6”，结果如图5-97所示。

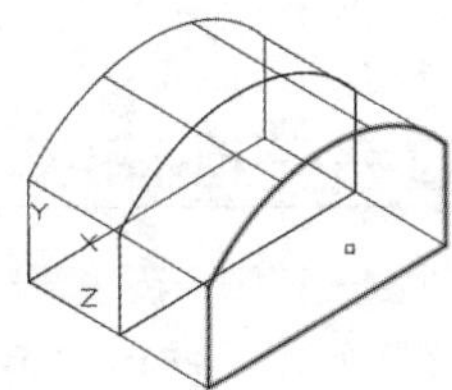

图 5-96 选择拉伸面（1）

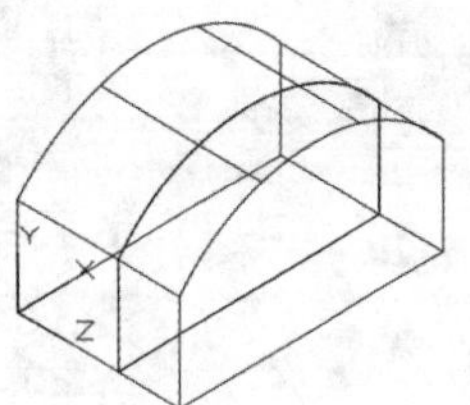

图 5-97 拉伸面（1）

（7）单击“三维工具”选项卡“实体编辑”面板中的“拉伸面”按钮，选择图5-98所示的面拉伸“-10”。重复“拉伸面”命令，将另一侧的面拉伸“-10”，结果如图5-99所示。

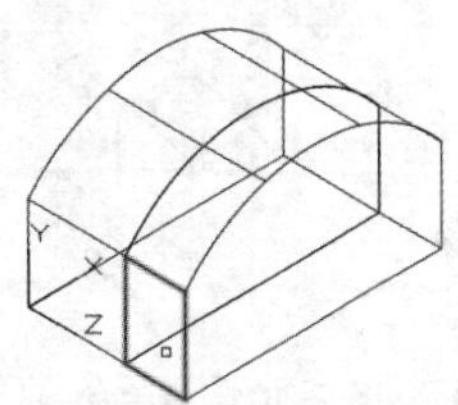

图 5-98 选择拉伸面（2）

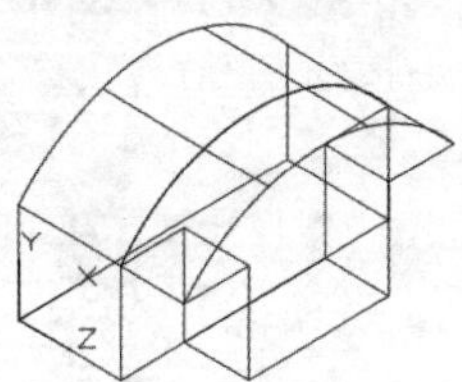

图 5-99 拉伸面（2）

（8）单击“三维工具”选项卡“实体编辑”面板中的“删除面”按钮，删除面，命令行中提示与操作如下：

```
命令： _solidedit
实体编辑自动检查： SOLIDCHECK=1
输入实体编辑选项 [面(F)/边(E)/体(B)/放弃(U)/退出(X)] <退出>: _face
输入面编辑选项
[拉伸(E)/移动(M)/旋转(R)/偏移(O)/倾斜(T)/删除(D)/复制(C)/颜色(L)/材质(A)/放弃(U)/退出(X)] <退出>: _delete
选择面或 [放弃(U)/删除(R)]: 找到一个面。
选择面或 [放弃(U)/删除(R)/全部(ALL)]: 找到一个面。（选择图 5-100 所示的面）
选择面或 [放弃(U)/删除(R)/全部(ALL)]: ↙
已开始实体校验。
已完成实体校验。
输入面编辑选项
[拉伸(E)/移动(M)/旋转(R)/偏移(O)/倾斜(T)/删除(D)/复制(C)/颜色(L)/材质(A)/放弃(U)/退出(X)] <退出>: ↙
```

```
实体编辑自动检查： SOLIDCHECK=1
输入实体编辑选项 [面(F)/边(E)/体(B)/放弃(U)/退出(X)] <退出>:↙
```

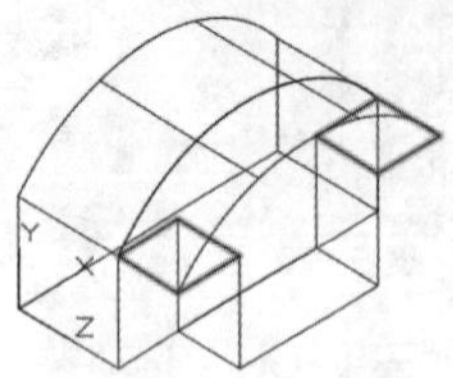

图5-100　选择删除面

结果如图5-101所示。

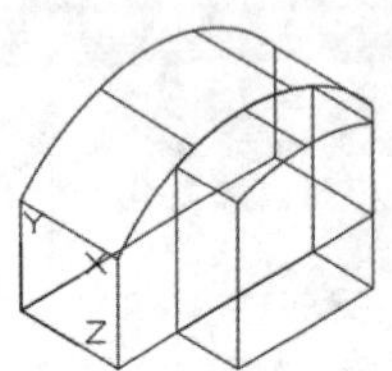

图5-101　删除面

（9）单击“三维工具”选项卡“实体编辑”面板中的“并集”按钮，将实体合并，结果如图5-102所示。

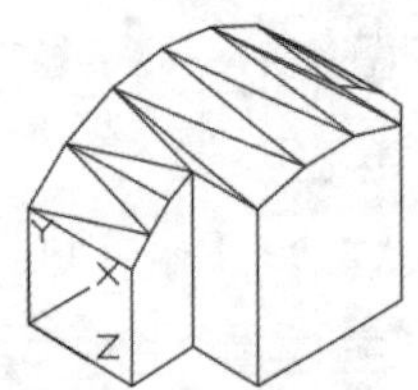

图5-102　并集运算

（10）单击“三维工具”选项卡“建模”面板中的“圆柱体”按钮，绘制以坐标点（5，10，0）为圆心、半径为“2.5”、高度为“16”的圆柱体。重复“圆柱体”命令，绘制以坐标点（31，10，0）为圆心、半径为“2.5”、高度为“16”的圆柱体，结果如图5-103所示。

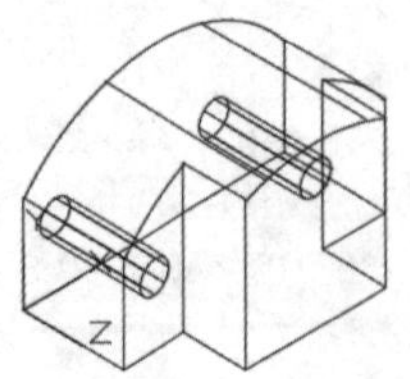

图5-103　绘制圆柱体

（11）单击“三维工具”选项卡“实体编辑”面板中的“差集”按钮，将实体与圆柱体进行差集运算，完成圆顶凸台双孔块，消隐后最终结果如图5-92所示。

5.3.9 旋转面

执行方式

命令行：SOLIDEDIT

菜单：修改→实体编辑→旋转面

工具栏：实体编辑→旋转面

功能区：单击“三维工具”选项卡“实体编辑”面板中的“旋转面”按钮

操作步骤

命令行提示如下：

```
命令： _solidedit
实体编辑自动检查： SOLIDCHECK=1
输入实体编辑选项 [面(F)/边(E)/体(B)/放弃(U)/退出(X)] <退出>: _face
输入面编辑选项
[拉伸(E)/移动(M)/旋转(R)/偏移(O)/倾斜(T)/删除(D)/复制(C)/颜色(L)/材质(A)/放弃(U)/退出(X)] <退出>: _rotate
选择面或 [放弃(U)/删除(R)]:(选择要旋转的面)
选择面或 [放弃(U)/删除(R)/全部(ALL)]: (选择或按 Enter 键结束选择)
指定轴点或 [经过对象的轴(A)/视图(V)/X 轴(X)/Y 轴(Y)/Z 轴(Z)] <两点>:↙(选择一种确定轴线的方式)
指定旋转角度或 [参照(R)]: (输入旋转角度)
```

图5-104所示为开口槽的方向旋转90°后的结果。

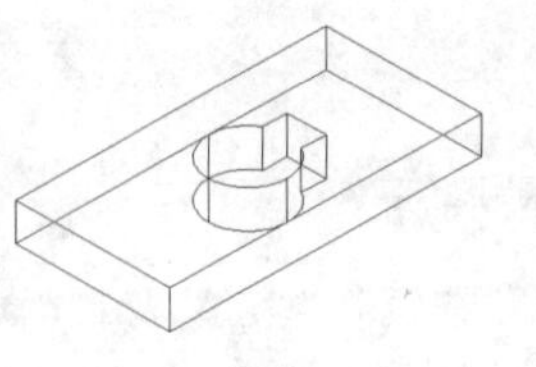

旋转前

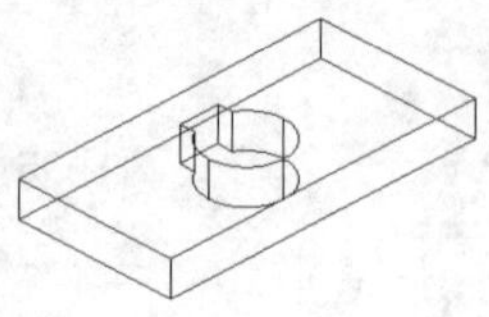

旋转后

图5-104　开口槽旋转90°前后

5.3.10 实例——箱体吊板

本实例绘制图5-105所示的箱体吊板。

（1）单击“可视化”选项卡“命名视图”面板中的“左视”按钮，将当前视图设置为左视图。

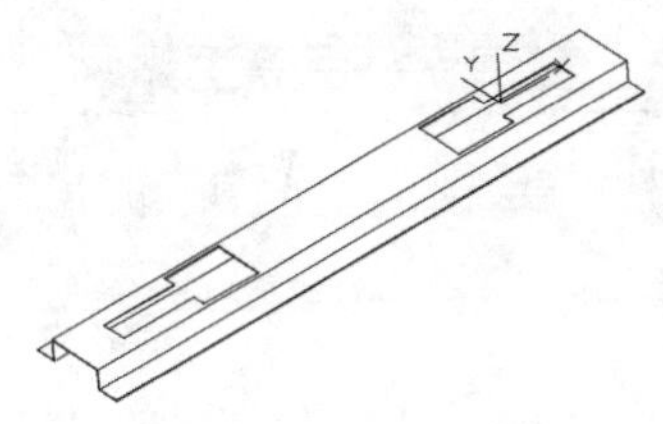

图 5-105 箱体吊板

（2）单击“默认”选项卡“绘图”面板中的“多段线”按钮，绘制坐标点依次为（0，0）、（@12.5，0）、（@0，12）、（@35，0）、（@0，-12）、（@12.5，0）、（@0，-0.6）、（@-13.1，0）、（@0，12）、（@-33.8，0）、（@0，-12）、（@-13.1，0）、（0，0）的多段线，结果如图 5-106 所示。

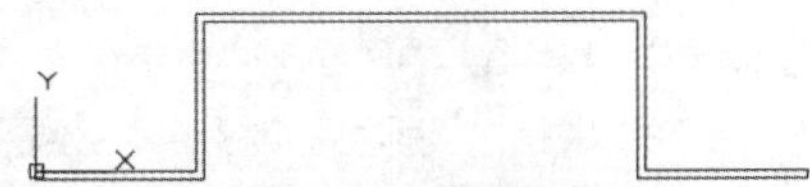

图 5-106 绘制多段线

（3）单击“可视化”选项卡“命名视图”面板中的“西南等轴测”按钮，将当前视图设置为西南等轴测视图。

（4）单击“三维工具”选项卡“建模”面板中的“拉伸”按钮，将多段线沿 Z 轴方向拉伸“-340”，结果如图 5-107 所示。

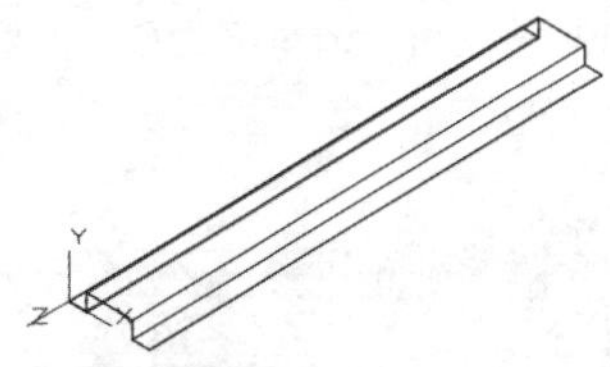

图 5-107 拉伸多段线（1）

（5）单击“可视化”选项卡“命名视图”面板中的“俯视”按钮，将当前视图设置为俯视图。

（6）单击“默认”选项卡“绘图”面板中的“多段线”按钮，绘制坐标点依次为（25，-22.5）、（@45，0）、（@0，7.5）、（@35，0）、（@0，-30）、（@-35，0）、（@0，7.5）、（@-45，0）、（25，-22.5）的多段线。

（7）单击“可视化”选项卡“命名视图”面板中的“西南等轴测”按钮，将当前视图设置为西南等轴测视图。

（8）单击“默认”选项卡“修改”面板中的“移动”按钮，将绘制的多段线沿 Z 轴移动“12”。

（9）单击“三维工具”选项卡“建模”面板中的“拉伸”按钮，将多段线沿 Z 轴拉伸“-0.6”，结果如图 5-108 所示。

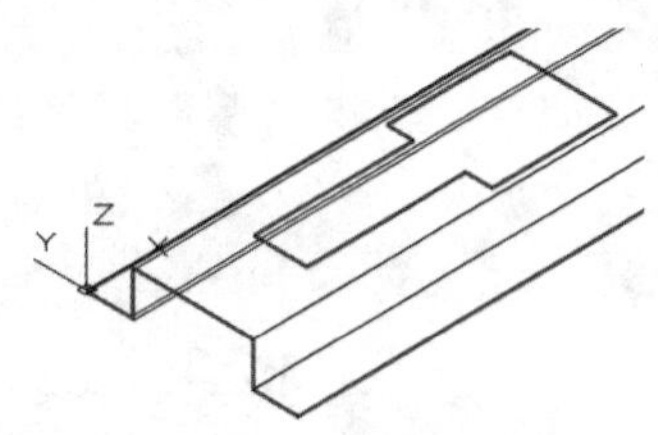

图 5-108 拉伸多段线（2）

（10）单击“默认”选项卡“修改”面板中的“复制”按钮，复制拉伸的实体，并将其沿 X 轴移动“210”，结果如图 5-109 所示。

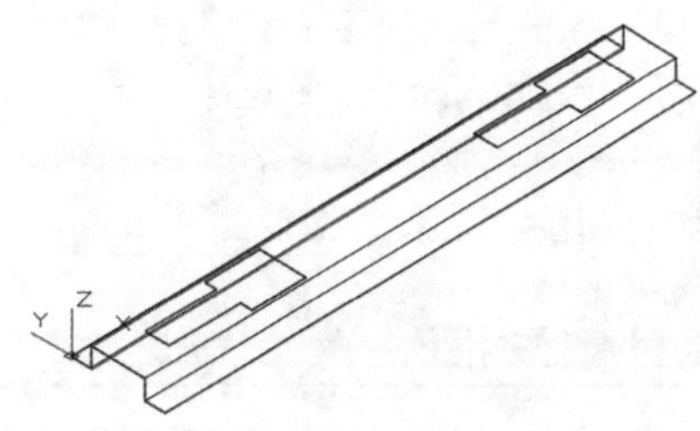

图 5-109 复制拉伸实体

（11）在命令行中输入“UCS”命令，将坐标系移动到坐标点（275，-30，12.6）。

（12）单击“三维工具”选项卡“实体编辑”面板中的“旋转面”按钮，将复制的拉伸实体旋转，命令行中的提示与操作如下：

```
命令：_solidedit
实体编辑自动检查： SOLIDCHECK=1
输入实体编辑选项 [面(F)/边(E)/体(B)/放弃(U)/退出(X)] <退出>: _face
输入面编辑选项
[拉伸(E)/移动(M)/旋转(R)/偏移(O)/倾斜(T)/删除(D)/复制(C)/颜色(L)/材质(A)/放弃(U)/退出(X)] <退出>: _rotate
选择面或 [放弃(U)/删除(R)]: 找到一个面。(选择复制的拉伸实体的任意一个面)
选择面或 [放弃(U)/删除(R)/全部(ALL)]: ALL↙
找到 9 个面。
选择面或 [放弃(U)/删除(R)/全部(ALL)]: ↙
指定轴点或 [经过对象的轴(A)/视图(V)/x 轴(X)/y 轴(Y)/z 轴(Z)] <两点>: 0,0,0↙
在旋转轴上指定第二个点: 0,0,10↙
指定旋转角度或 [参照(R)]: 180↙
已开始实体校验。
已完成实体校验。
```

```
输入面编辑选项
[拉伸(E)/移动(M)/旋转(R)/偏移(O)/倾斜(T)/删除(D)/复制(C)/颜色(L)/材质(A)/放弃(U)/退出(X)] <退出>:↙
实体编辑自动检查: SOLIDCHECK=1
输入实体编辑选项 [面(F)/边(E)/体(B)/放弃(U)/退出(X)] <退出>:↙
```

结果如图5-110所示。

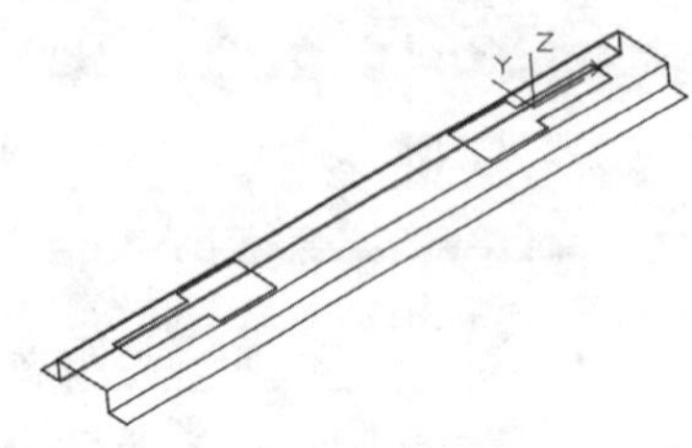

图5-110 旋转拉伸实体

（13）单击“三维工具”选项卡“实体编辑”面板中的“差集”按钮，将实体与两个拉伸实体进行差集运算，完成箱体吊板的绘制，消隐后最终结果如图5-105所示。

5.3.11 倾斜面

执行方式

命令行：SOLIDEDIT

菜单：修改→实体编辑→倾斜面

工具栏：实体编辑→倾斜面

功能区：单击“三维工具”选项卡“实体编辑”面板中的“倾斜面”按钮

操作步骤

命令行提示如下：

```
命令: _solidedit
实体编辑自动检查: SOLIDCHECK=1
输入实体编辑选项 [面(F)/边(E)/体(B)/放弃(U)/退出(X)] <退出>: _face
输入面编辑选项
[拉伸(E)/移动(M)/旋转(R)/偏移(O)/倾斜(T)/删除(D)/复制(C)/颜色(L)/材质(A)/放弃(U)/退出(X)] <退出>: _taper
选择面或 [放弃(U)/删除(R)]:(选择要倾斜的面)
选择面或 [放弃(U)/删除(R)/全部(ALL)]:(继续选择或按Enter键结束选择)
指定基点:(选择倾斜的基点，即倾斜后不动的点)
指定沿倾斜轴的另一个点:(选择另一点，即倾斜后改变方向的点)
指定倾斜角度:(输入倾斜角度)
```

5.3.12 实例——锅盖主体

本实例主要绘制图5-111所示的锅盖主体。

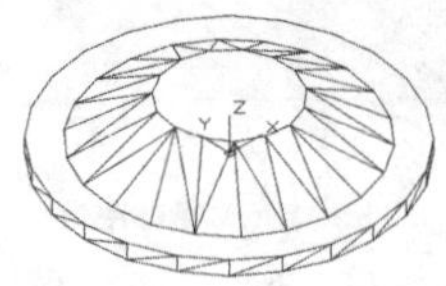

图5-111 锅盖主体

（1）在命令行中输入“ISOLINES”命令，设置线框密度为“10”。

（2）将视图切换至西南等轴测视图。单击“三维工具”选项卡的“建模”面板中的“圆柱体”按钮，绘制以坐标原点为底面圆心、直径为“121”、高度为“5.5”的圆柱体。重复“圆柱体”命令，绘制以（0，0，5.5）为底面圆心、半径为“49”、高度为“15”的圆柱体，消隐后如图5-112所示。

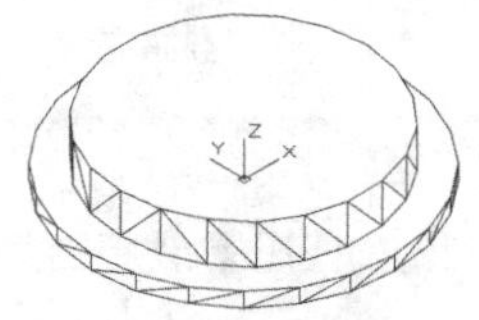

图5-112 绘制圆柱体

（3）单击“三维工具”选项卡的“实体编辑”面板中的“倾斜面”按钮，选择半径为“49”的圆柱体的外圆柱面创建角度为60°的倾斜面，命令行提示与操作如下：

```
命令: _solidedit
实体编辑自动检查: SOLIDCHECK=1
输入实体编辑选项 [面(F)/边(E)/体(B)/放弃(U)/退出(X)] <退出>: _face
输入面编辑选项
[拉伸(E)/移动(M)/旋转(R)/偏移(O)/倾斜(T)/删除(D)/复制(C)/颜色(L)/材质(A)/放弃(U)/退出(X)] <退出>: _taper
选择面或 [放弃(U)/删除(R)]:(选择半径为49的圆柱面)
选择面或 [放弃(U)/删除(R)/全部(ALL)]:↙
指定基点:(选择第二个圆柱体下底面圆心)
指定沿倾斜轴的另一个点:(选择第二个圆柱体上表面圆心)
指定倾斜角度: 60↙
输入面编辑选项
[拉伸(E)/移动(M)/旋转(R)/偏移(O)/倾斜(T)/删除(D)/复制(C)/颜色(L)/材质(A)/放弃(U)/退出(X)] <退出>:↙
```

（4）单击“三维工具”选项卡的“实体编辑”面板中的“并集”按钮，将两个圆柱体进行并集运算，绘制结果如图5-111所示。

5.3.13 复制面

执行方式

命令行：SOLIDEDIT

菜单：修改→实体编辑→复制面

工具栏：实体编辑→复制面

功能区：单击“三维工具”选项卡“实体编辑”面板中的“复制面”按钮

操作步骤

命令行提示如下：

```
命令：_solidedit
实体编辑自动检查：SOLIDCHECK=1
输入实体编辑选项 [面(F)/边(E)/体(B)/放弃(U)/退出(X)] <退出>：_face
输入面编辑选项
[拉伸(E)/移动(M)/旋转(R)/偏移(O)/倾斜(T)/删除(D)/复制(C)/颜色(L)/材质(A)/放弃(U)/退出(X)] <退出>：_copy
选择面或 [放弃(U)/删除(R)]：(选择要复制的面)
选择面或 [放弃(U)/删除(R)/全部(ALL)]：(继续选择或按 Enter 键结束选择)
指定基点或位移：(输入基点的坐标)
指定位移的第二点：(输入第二点的坐标)
```

5.3.14 实例——转椅

本实例绘制图5-113所示的转椅。

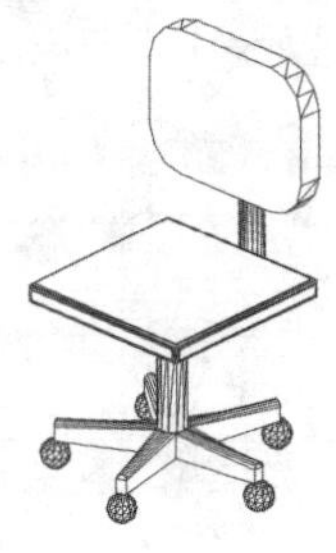

图 5-113 转椅

1. 绘制支架和底座

（1）单击“默认”选项卡的“绘图”面板中的“多边形”按钮，绘制中心点为（0，0）、外切圆半径为“30”的正五边形。

（2）单击“三维工具”选项卡的“建模”面板中的“拉伸”按钮，拉伸正五边形，设置拉伸高度为“50”。将当前视图设为西南等轴测视图，结果如图5-114所示。

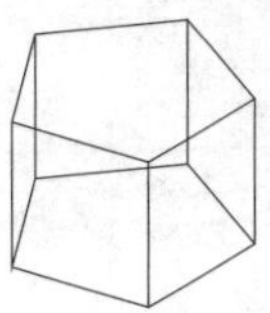

图 5-114 绘制正五边形并拉伸

（3）单击“三维工具”选项卡的“实体编辑”面板中的“复制面”按钮，复制图5-115所示的阴影面，命令行中的提示与操作如下：

```
命令：_solidedit
实体编辑自动检查：SOLIDCHECK=1
输入实体编辑选项 [面(F)/边(E)/体(B)/放弃(U)/退出(X)] <退出>：_face
输入面编辑选项
[拉伸(E)/移动(M)/旋转(R)/偏移(O)/倾斜(T)/删除(D)/复制(C)/颜色(L)/材质(A)/放弃(U)/退出(X)] <退出>：_copy
选择面或 [放弃(U)/删除(R)]：(选择图5-21所示的阴影面)
选择面或 [放弃(U)/删除(R)/全部(ALL)]：↙
指定基点或位移：(在阴影位置处指定一端点)
指定位移的第二点：(继续在基点位置处指定端点)
输入面编辑选项
[拉伸(E)/移动(M)/旋转(R)/偏移(O)/倾斜(T)/删除(D)/复制(C)/颜色(L)/材质(A)/放弃(U)/退出(X)] <退出>：↙
实体编辑自动检查：SOLIDCHECK=1
输入实体编辑选项 [面(F)/边(E)/体(B)/放弃(U)/退出(X)] <退出>：↙
```

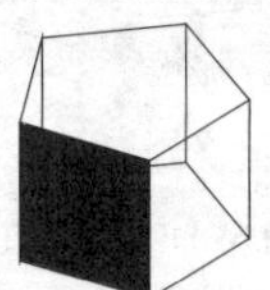

图 5-115 复制阴影面

（4）单击“三维工具”选项卡的“建模”面板中的“拉伸”按钮，选择复制的面进行拉伸，设置倾斜角度为“3”，拉伸高度为“200”，绘制结果如图5-116所示。

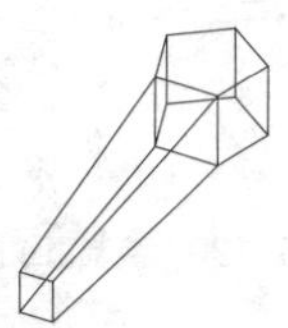

图 5-116 拉伸面

重复上述操作，对其他4个面也进行复制拉伸，如图5-117所示。

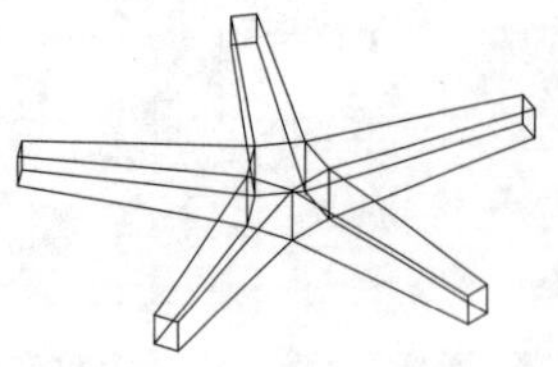

图 5-117 拉伸其他面

（5）在命令行中输入“UCS”命令，将坐标系绕*X*轴旋转90°。

（6）单击“默认”选项卡的“绘图”面板中的“圆弧”下拉列表中的“圆心，起点，端点”按钮，捕捉底座一个支架界面上一条边的中点做圆心，以其端点到中点距离为半径，绘制一段圆弧，绘制结果如图5-118所示。

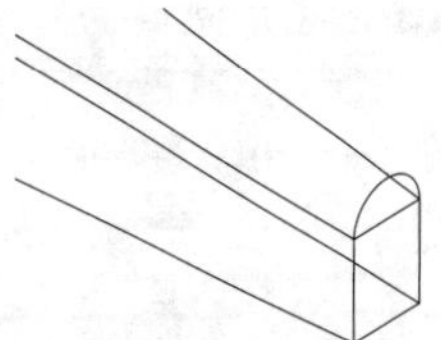

图 5-118 绘制圆弧

（7）单击“默认”选项卡的“绘图”面板中的“直线”按钮，绘制直线，选择图5-119所示的两个端点。

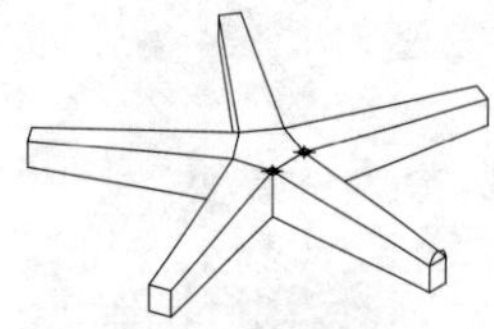

图 5-119 绘制直线

（8）单击“三维工具”选项卡的“建模”面板中的“直纹曲面”按钮，绘制直纹曲线，绘制结果如图5-120所示。

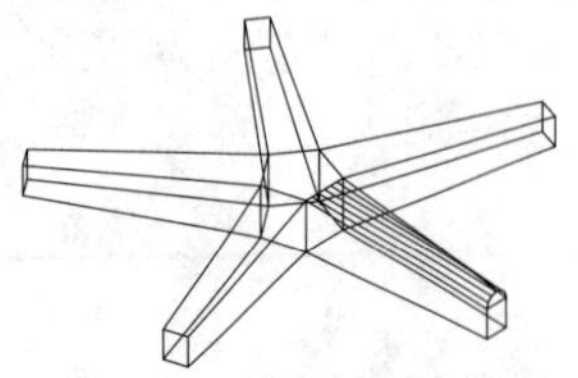

图 5-120 绘制直纹曲线

（9）单击“视图”选项卡的“坐标”面板中的“世界”按钮，将坐标系还原为原坐标系。

（10）单击“三维工具”选项卡的“建模”面板中的“球体”按钮，以（0，-230，-19）为中心点绘制半径为“30”的球体，绘制结果如图5-121所示。

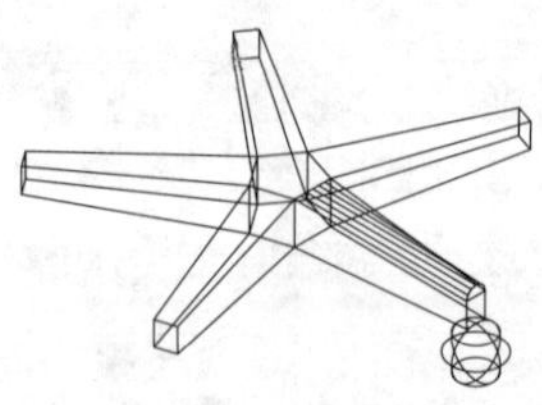

图 5-121 绘制球体

（11）单击“默认”选项卡的“修改”面板中的“环形阵列”按钮，选择上述直纹曲线与球体为阵列对象，阵列总数为“5”，中心点为（0，0），绘制结果如图5-122所示。

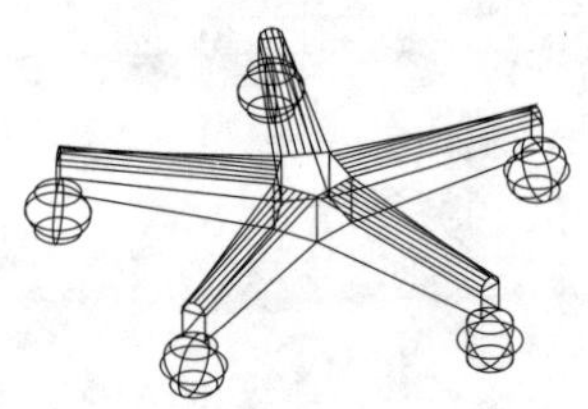

图 5-122 阵列处理

（12）单击“三维工具”选项卡的“建模”面板中的“圆柱体”按钮，绘制以（0，0，50）为底面中心点、半径为“30”、高度为“200”的圆柱体。继续利用圆柱体命令，绘制底面中心点为（0，0，250）、半径为“20”、高度为“80”的圆柱体，绘制结果如图5-123所示。

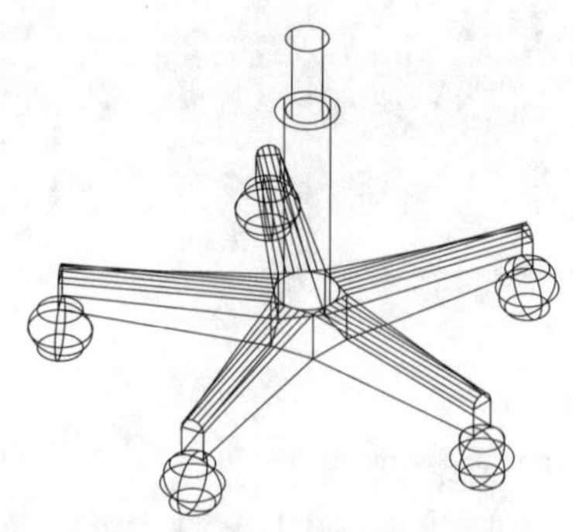

图 5-123 绘制圆柱体

2. 椅面和椅背

（1）单击“三维工具”选项卡的“建模”面板中的“长方体”按钮，绘制以（0，0，350）为中心点、长为“400”、宽为“400”、高为“40”的长方体，如图5-124所示。

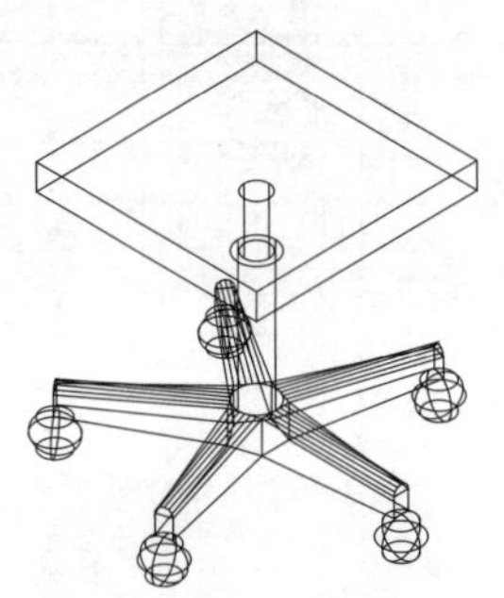

图 5-124 绘制长方体

（2）在命令行中输入“UCS”命令，将坐标系绕*X*轴旋转90°。

（3）单击“默认”选项卡的“绘图”面板中的“多段线”按钮，绘制坐标点依次为（0，330）、（@200，0）、（@0，300）的多段线。

（4）在命令行中输入“UCS”命令，将坐标系绕*Y*轴旋转90°。

（5）单击“默认”选项卡的“绘图”面板中的“圆”按钮，绘制以（0，330，0）为圆心、半径为“25”的圆。

（6）单击“三维工具”选项卡的“建模”面板中的“拉伸”按钮，将圆沿多段线路径拉伸图形，绘制结果如图5-125所示。

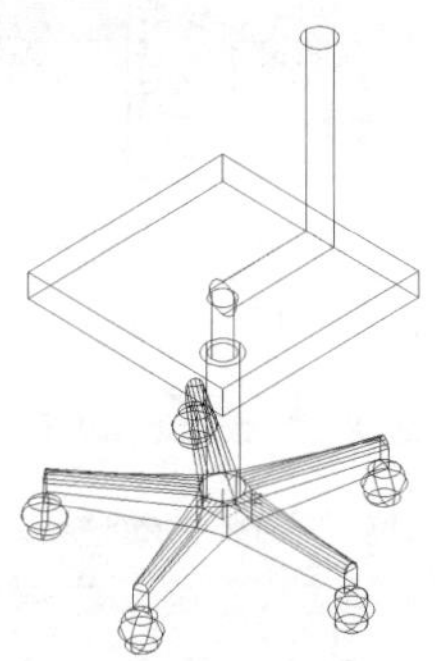

图 5-125 拉伸图形

（7）单击“三维工具”选项卡的“建模”面板中的“长方体”按钮，绘制以（0，630，175）为中心点、长为“400”、宽为“300”、高为“50”的长方体。

（8）单击“三维工具”选项卡的“实体编辑”面板中的“圆角边”按钮，将长度为“50”的棱边进行圆角处理，圆角半径为“80”；再将座椅的椅面做圆角处理，圆角半径为“10”，绘制结果如图5-113所示。

5.3.15 着色面

执行方式

命令行：SOLIDEDIT

菜单：修改→实体编辑→着色面

工具栏：实体编辑→着色面

功能区：单击“三维工具”选项卡“实体编辑”面板中的“着色面”按钮

操作步骤

命令行提示如下：

```
命令：_solidedit
实体编辑自动检查：SOLIDCHECK=1
输入实体编辑选项 [面(F)/边(E)/体(B)/放弃(U)/退出(X)] <退出>：_face
输入面编辑选项
[拉伸(E)/移动(M)/旋转(R)/偏移(O)/倾斜(T)/删除(D)/复制(C)/颜色(L)/材质(A)/放弃(U)/退出(X)] <退出>：_color
选择面或 [放弃(U)/删除(R)]：(选择要着色的面)
选择面或 [放弃(U)/删除(R)/全部(ALL)]：↙(继续选择或按 Enter 键结束选择)
```

选择好要着色的面后，AutoCAD打开“选择颜色”对话框，根据需要选择合适颜色作为要着色面的颜色。操作完成后，该表面将被相应的颜色覆盖。

5.3.16 实例——牌匾

本实例绘制图5-126所示的牌匾。

图 5-126 牌匾

（1）单击“三维工具”选项卡“建模”面板中的“长方体”按钮，绘制一个长方体，命令行提示与操作如下：

```
命令：_box
指定第一个角点或［中心（C）］：0,0,0↙
指定其他角点或［立方体（C）/ 长度（L）］：50,10,
100↙
```

同理，继续利用“长方体”命令，绘制角点为（5，0，5）和（@40，5，90）的长方体。

（2）单击“视图”选项卡“命名视图”面板中的“恢复视图”下拉列表中的“西南等轴测”按钮，将当前视图设置为西南等轴测视图，结果如图5-127所示。

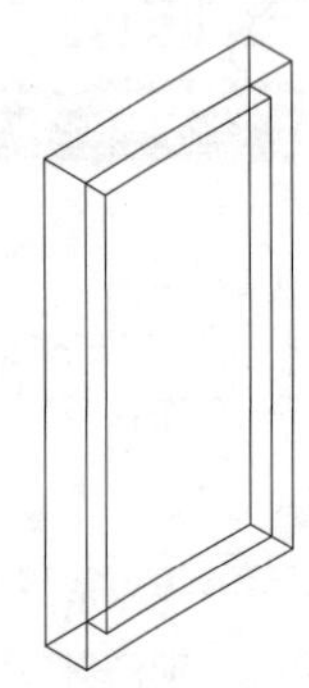

图 5-127　绘制长方体

（3）单击“三维工具”选项卡“实体编辑”面板中的“差集”按钮，将小长方体从大长方体中减去。

（4）单击“三维工具”选项卡“实体编辑”面板中的“着色面”按钮，将图5-128所示的阴影面进行着色，命令行提示与操作如下：

```
命令：_solidedit
实体编辑自动检查：SOLIDCHECK=1
输入实体编辑选项［面（F）/ 边（E）/ 体（B）/ 放弃
（U）/ 退出（X）］<退出>：_face
输入面编辑选项
［拉伸（E）/ 移动（M）/ 旋转（R）/ 偏移（O）/ 倾斜（T）/
删除（D）/ 复制（C）/ 颜色（L）/ 材质（A）/ 放弃（U）/
退出（X）］ <退出>：_color
选择面或［放弃（U）/ 删除（R）］：（选择图 5-128
所示的阴影面然后按 Enter 键）
选择面或［放弃（U）/ 删除（R）/ 全部（ALL）］：（打
开图 5-129 所示的对话框）
输入面编辑选项
［拉伸（E）/ 移动（M）/ 旋转（R）/ 偏移（O）/ 倾斜（T）/
删除（D）/ 复制（C）/ 颜色（L）/ 材质（A）/ 放弃（U）/
退出（X）］<退出>：↙
实体编辑自动检查：SOLIDCHECK=1
输入实体编辑选项［面（F）/ 边（E）/ 体（B）/ 放弃
（U）/ 退出（X）］<退出>：↙
```

重复上述步骤，将牌匾边框着色为褐色。

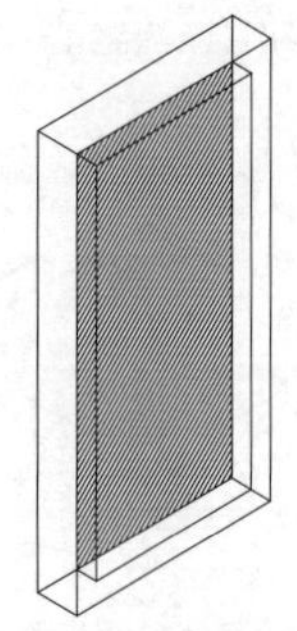

图 5-128　阴影面

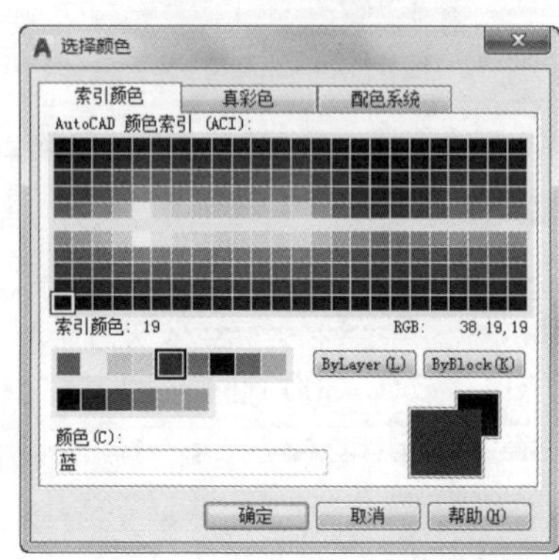

图 5-129　“选择颜色”对话框

（5）单击“三维工具”选项卡“实体编辑”面板中的“圆角边”按钮，将牌匾边框进行圆角处理，圆角半径为“1”，绘制结果如图5-130所示。

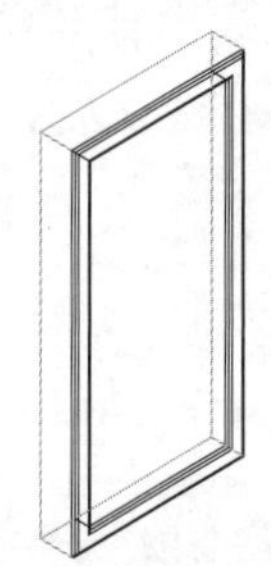

图 5-130　圆角处理

（6）单击“可视化”选项卡“命名视图”面板中的“恢复视图”下拉列表中的“前视”按钮，将当前视图设为前视图。

（7）单击“默认”选项卡“注释”面板中的“多行文字”按钮 A，输入文字，命令行提示与操作如下：

```
命令：_mtext
当前文字样式：“Standard”　文字高度：2.5
  注释性：否
指定第一角点：15,0↙
```

```
指定对角点或 [高度(H)/对正(J)/行距(L)/旋转(R)/样式(S)/宽度(W)/栏(C)]: H↙
指定高度 <2.5>: 10↙
指定对角点或 [高度(H)/对正(J)/行距(L)/旋转(R)/样式(S)/宽度(W)/栏(C)]: 35,90↙(输入文字“富豪大厦”，将字体设为华文行楷)
```

绘制结果如图5-131所示。

图5-131 编辑文字

（8）渲染处理。

① 单击“视图”选项卡“命名视图”面板中的“恢复视图”下拉列表中的“西南等轴测”按钮，将当前视图设为西南等轴测视图。

② 单击“可视化”选项卡“渲染”面板中的“渲染到尺寸”按钮，渲染实体，效果如图5-126所示。

5.3.17 复制边

执行方式

命令行：SOLIDEDIT

菜单：修改→实体编辑→复制边

工具栏：实体编辑→复制边

功能区：单击“三维工具”选项卡“实体编辑”面板中的“复制边”按钮

操作步骤

命令行提示如下：

```
命令: _solidedit
实体编辑自动检查: SOLIDCHECK=1
输入实体编辑选项 [面(F)/边(E)/体(B)/放弃(U)/退出(X)] <退出>: _edge
输入边编辑选项 [复制(C)/着色(L)/放弃(U)/退出(X)] <退出>: _copy
选择边或 [放弃(U)/删除(R)]: (选择曲线边)
选择边或 [放弃(U)/删除(R)]: (按Enter键)
指定基点或位移: (单击确定复制基准点)
指定位移的第二点: (单击确定复制目标点)
```

图5-132所示为复制边的结果。

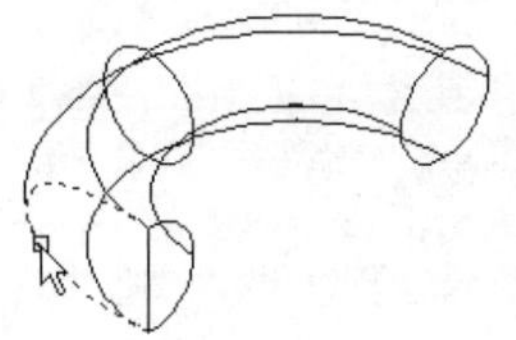

选择边

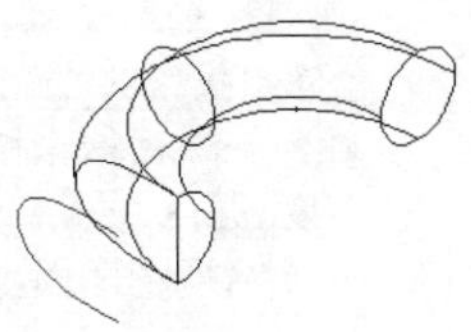

复制边

图5-132 复制边

5.3.18 实例——泵盖

本实例绘制图5-133所示的泵盖。

图5-133 泵盖

（1）启动AutoCAD 2020，使用默认设置绘图环境。

（2）在命令行中输入“ISOLINES”命令，设置线框密度为“10”。

（3）单击“默认”选项卡的“绘图”面板中的“多段线”按钮，绘制多段线，命令行提示与操作如下：

```
命令: _pline
指定起点: 0,0↙
当前线宽为 0.0000
指定下一个点或 [圆弧(A)/半宽(H)/长度(L)/放弃(U)/宽度(W)]: @36,0↙
指定下一点或 [圆弧(A)/闭合(C)/半宽(H)/长度(L)/放弃(U)/宽度(W)]: A↙
指定圆弧的端点(按住 Ctrl 键以切换方向)或[角度(A)/圆心(CE)/闭合(CL)/方向(D)/半宽(H)/直线(L)/半径(R)/第二个点(S)/放弃(U)/宽度(W)]: 36,80↙
指定圆弧的端点(按住 Ctrl 键以切换方向)或[角度(A)/圆心(CE)/闭合(CL)/方向(D)/半宽(H)/直线(L)/半径(R)/第二个点(S)/放弃(U)/宽度(W)]: L↙
指定下一点或 [圆弧(A)/闭合(C)/半宽(H)/长度(L)/放弃(U)/宽度(W)]: @-36,0↙
指定下一点或 [圆弧(A)/闭合(C)/半宽(H)/长度(L)/放弃(U)/宽度(W)]: A↙
指定圆弧的端点(按住 Ctrl 键以切换方向)或[角度(A)/圆心(CE)/闭合(CL)/方向(D)/半宽(H)/直线(L)/半径(R)/第二个点(S)/放弃(U)/宽度(W)]: 0,0↙
```

```
指定圆弧的端点（按住 Ctrl 键以切换方向）或
[角度(A)/圆心(CE)/闭合(CL)/方向(D)/半宽
(H)/直线(L)/半径(R)/第二个点(S)/放弃(U)/
宽度(W)]：↙
```

（4）将视图切换到西南等轴测视图，单击“三维工具”选项卡的“建模”面板中的“拉伸”按钮，将创建的多段线拉伸“12”，结果如图5-134所示。

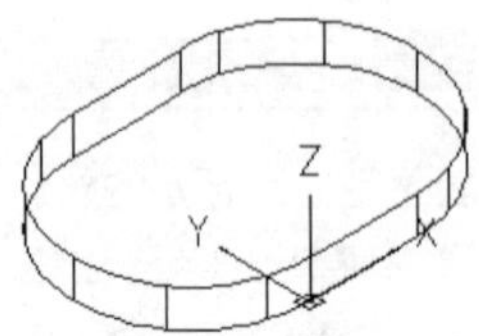

图 5-134 拉伸多段线

（5）单击“三维工具”选项卡“实体编辑”面板中的“复制边”按钮，复制实体底面的边线。命令行提示与操作如下：

```
命令：_solidedit
实体编辑自动检查： SOLIDCHECK=1
输入实体编辑选项 [面(F)/边(E)/体(B)/放弃
(U)/退出(X)] <退出>：_edge
输入边编辑选项 [复制(C)/着色(L)/放弃(U)/
退出(X)] <退出>：_copy
选择边或 [放弃(U)/删除(R)]：(用鼠标依次选
择实体底面边线)
选择边或 [放弃(U)/删除(R)]：↙
指定基点或位移：0,0,0↙
指定位移的第二点：0,0,0↙
输入边编辑选项 [复制(C)/着色(L)/放弃(U)/
退出(X)] <退出>：↙
实体编辑自动检查： SOLIDCHECK=1
输入实体编辑选项 [面(F)/边(E)/体(B)/放弃
(U)/退出(X)] <退出>：↙
```

结果如图5-135所示。

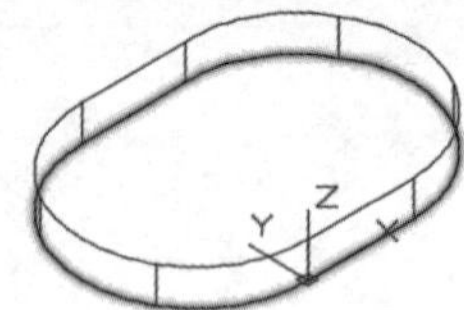

图 5-135 复制选择的边

（6）单击“默认”选项卡的“修改”面板中的“编辑多段线”按钮，将复制的实体底边合并。命令行提示与操作如下：

```
命令：_pedit
选择多段线或 [多条(M)]：M↙
选择对象：找到 1 个（用鼠标依次选择复制的4个
线段）
选择对象：找到 1 个，总计 2 个
选择对象：找到 1 个，总计 3 个
选择对象：找到 1 个，总计 4 个
选择对象：↙
是否将直线、圆弧和样条曲线转换为多段线？[是
(Y)/否(N)]? <Y>↙
输入选项 [闭合(C)/打开(O)/合并(J)/宽度
(W)/拟合(F)/样条曲线(S)/非曲线化(D)/线型
生成(L)/反转(R)/放弃(U)]：J↙
合并类型 = 延伸
输入模糊距离或 [合并类型(J)] <0.0000>：↙
多段线已增加 3 条线段
输入选项 [闭合(C)/打开(O)/合并(J)/宽度
(W)/拟合(F)/样条曲线(S)/非曲线化(D)/线型
生成(L)/反转(R)/放弃(U)]：↙
```

（7）单击“默认”选项卡的“修改”面板中的“偏移”按钮，将合并后的多段线向内偏移“22”，结果如图5-136所示。

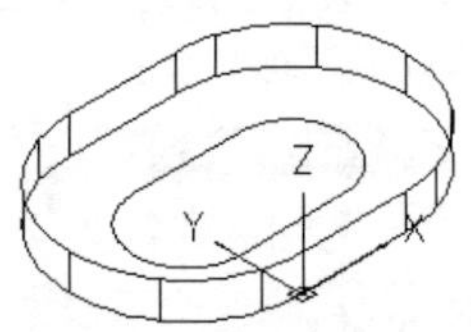

图 5-136 偏移边线

（8）单击“三维工具”选项卡的“建模”面板中的“拉伸”按钮，将偏移的边线拉伸“24”。

（9）单击“三维工具”选项卡“建模”面板中的“圆柱体”按钮，捕捉拉伸形成的实体左边顶端部分的圆心为中心点，创建半径为R18、高为“36”的圆柱体。

（10）单击“三维工具”选项卡“实体编辑”面板中的“并集”按钮，对绘制的所有实体进行并集运算，结果如图5-137所示。

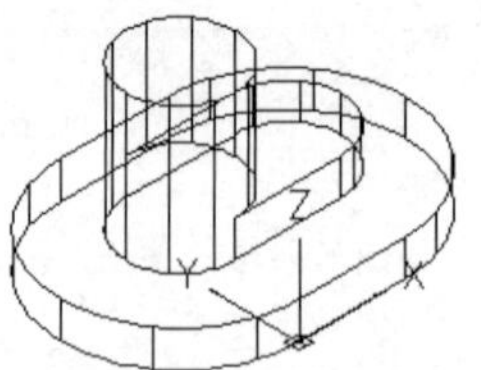

图 5-137 并集运算

（11）单击“可视化”选项卡“命名视图”面板中的“俯视”按钮，将当前视图设置为俯视图。

（12）单击“默认”选项卡“修改”面板中的

“偏移”按钮，将复制的边线向内偏移“11”。

（13）单击“三维工具”选项卡“建模”面板中的“圆柱体”按钮，捕捉偏移形成的辅助线左边圆弧的象限点为中心点，创建半径为R4、高为“6”的圆柱体，结果如图5-138所示。

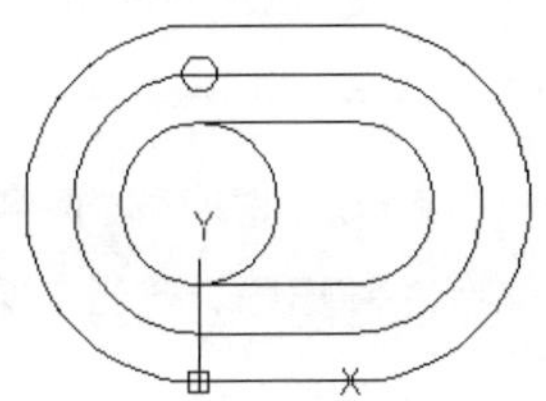

图5-138 绘制圆柱体（1）

（14）单击“视图”选项卡“命名视图”面板中的“恢复视图”下拉列表中的“西南等轴测”按钮，将当前视图设置为西南等轴测视图。

（15）单击“三维工具”选项卡“建模”面板中的“圆柱体”按钮，捕捉R4圆柱体顶面圆心为中心点，创建半径为R7、高为“6”的圆柱体。

（16）单击“三维工具”选项卡“实体编辑”面板中的“并集”按钮，将创建的R4与R7圆柱体进行并集运算。

（17）单击“默认”选项卡的“修改”面板中的“复制”按钮，将并集运算后的圆柱体复制，命令行提示与操作如下：

```
命令：_copy
选择对象：（选择并集运算后的圆柱体）
选择对象：↙
当前设置：复制模式 = 多个
指定基点或 [位移(D)/模式(O)] <位移>:（在对象捕捉模式下选择圆柱体的圆心）
指定第二个点或 [阵列(A)] <使用第一个点作为位移>:（在对象捕捉模式下选择圆弧象限点）
指定第二个点或 [阵列(A)/退出(E)/放弃(U)] <退出>:↙
```

结果如图5-139所示。

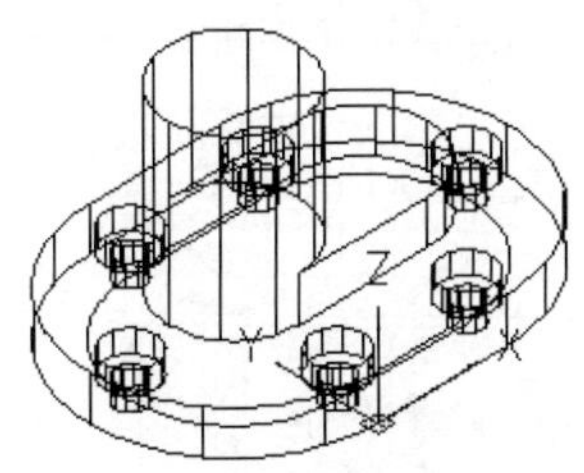

图5-139 复制圆柱体

（18）单击“三维工具”选项卡“实体编辑”面板中的“差集”按钮，将并集的圆柱体从并集的实体中减去。

（19）单击“默认”选项卡的“修改”面板中的“删除”按钮，将复制及偏移的边线删除。

（20）将坐标原点移动到R18圆柱体顶面中心点。

（21）单击“三维工具”选项卡“建模”面板中的“圆柱体”按钮，以坐标原点为圆心，创建直径为ф17、高为“-60”的圆柱体；以（0，0，-20）为圆心，创建直径为ф25，高为“-7”的圆柱体；以实体右边R18柱面顶部圆心为中心点，创建直径为ф17、高为“-24”的圆柱体。结果如图5-140所示。

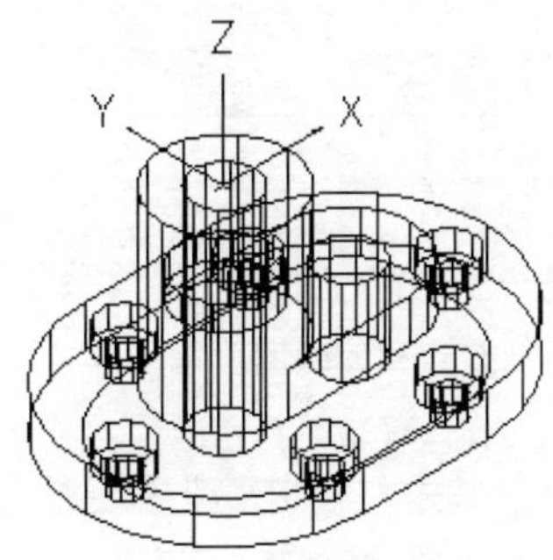

图5-140 绘制圆柱体（2）

（22）单击“三维工具”选项卡“实体编辑”面板中的“差集”按钮，将实体与绘制的圆柱体进行差集运算。消隐后如图5-141所示。

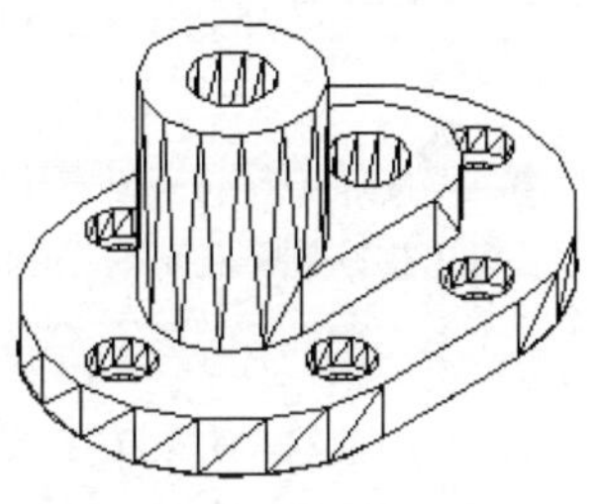

图5-141 差集运算

（23）单击“三维工具”选项卡的“实体编辑”面板中的“圆角边”按钮，进行圆角处理，圆角半径为“4”。

（24）单击“三维工具”选项卡的“实体编辑”面板中的“倒角边”按钮，进行倒角处理，倒角距离为“2”。消隐后如图5-142所示。

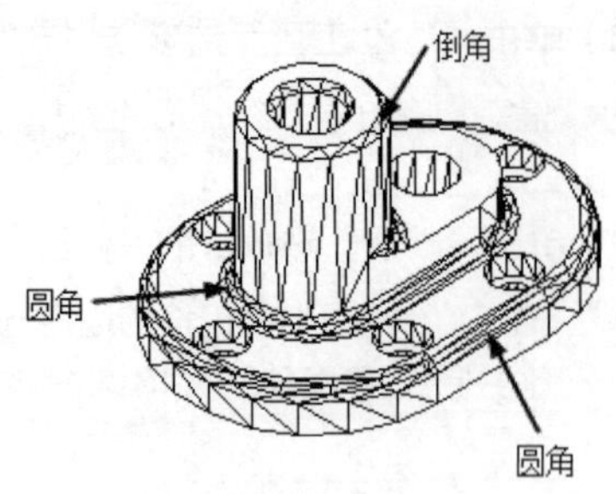

图 5-142 倒角处理（1）

（25）单击“可视化”选项卡的“材质”面板中的“材质浏览器”按钮，选择适当的材质，然后单击“可视化”选项卡的“渲染”面板中的“渲染到尺寸”按钮，进行渲染。渲染后的效果如图5-133所示。

5.3.19 着色边

执行方式

命令行：SOLIDEDIT

菜单：修改→实体编辑→着色边

工具栏：实体编辑→着色边

功能区：单击“三维工具”选项卡“实体编辑”面板中的“着色边”按钮

操作步骤

命令行提示如下：

```
命令： _solidedit
实体编辑自动检查： SOLIDCHECK=1
输入实体编辑选项 [面 (F)/边 (E)/体 (B)/放弃 (U)/退出 (X)] <退出>: _edge
输入边编辑选项 [复制 (C)/着色 (L)/放弃 (U)/退出 (X)] <退出>:_color
选择边或 [放弃 (U)/删除 (R)]:(选择要着色的边)
选择面或 [放弃 (U)/删除 (R)/全部 (ALL)]:(继续选择或按 Enter 键结束选择)
```

选择好边后，AutoCAD将打开“选择颜色”对话框，根据需要选择合适的颜色作为要着色的边的颜色。

5.3.20 实例——轴套

本实例绘制图5-143所示的轴套。

（1）在命令行中输入“ISOLINES”命令，将线框密度设置为“10”。

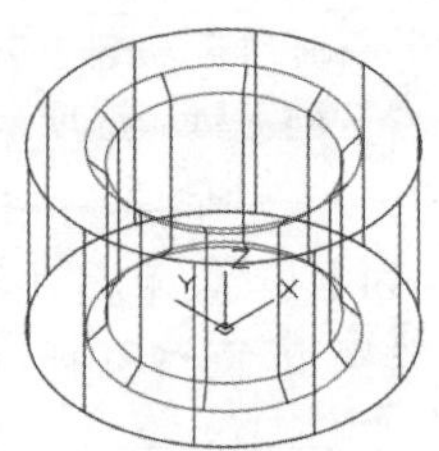

图 5-143 轴套

（2）单击“可视化”选项卡“命名视图”面板中的“西南等轴测”按钮，将当前视图设置为西南等轴测视图。

（3）单击“三维工具”选项卡“建模”面板中的“圆柱体”按钮，绘制底面中心点在原点、半径为“6”、高度为“11”的圆柱体。重复“圆柱体”命令，绘制底面中心点在原点、半径为“10”、高度为“11”的圆柱体，结果如图5-144所示。

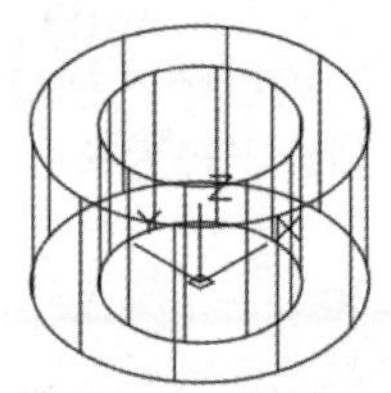

图 5-144 绘制圆柱体

（4）单击“三维工具”选项卡“实体编辑”面板中的“差集”按钮，对绘制的两个圆柱体进行差集运算，结果如图5-145所示。

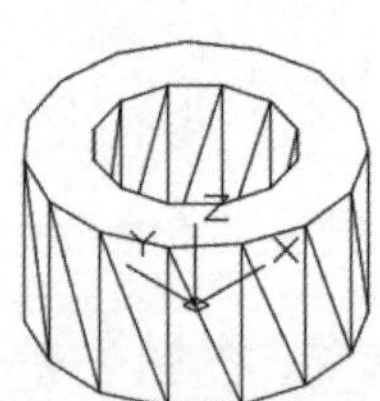

图 5-145 差集运算

（5）单击“默认”选项卡“修改”面板中的“倒角”按钮，绘制倒角，倒角长度为“1”，角度为45°，结果如图5-146所示。

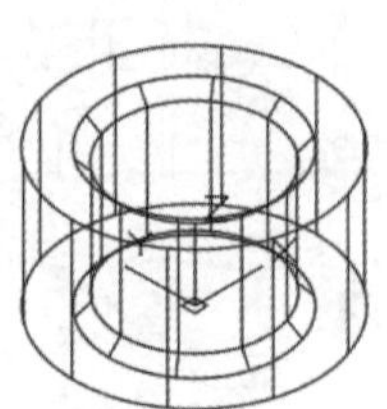

图 5-146 倒角处理（2）

（6）单击“三维工具”选项卡“实体编辑”面板中的“着色边”按钮，对倒角边进行着色，命令行中的提示与操作如下：

```
命令：_solidedit
实体编辑自动检查： SOLIDCHECK=1
输入实体编辑选项 [面(F)/边(E)/体(B)/放弃(U)/退出(X)] <退出>: _edge
输入边编辑选项 [复制(C)/着色(L)/放弃(U)/退出(X)] <退出>: _color
选择边或 [放弃(U)/删除(R)]:（选择倒角边）
选择边或 [放弃(U)/删除(R)]: ↙（按Enter键结束选择，打开“选择颜色”对话框，选择所需的颜色，单击“确定”按钮，关闭“选择颜色”对话框）
输入边编辑选项 [复制(C)/着色(L)/放弃(U)/退出(X)] <退出>: ↙
实体编辑自动检查： SOLIDCHECK=1
输入实体编辑选项 [面(F)/边(E)/体(B)/放弃(U)/退出(X)] <退出>: ↙
```

结果如图5-143所示。

5.3.21 压印边

执行方式

命令行：IMPRINT

菜单：修改→实体编辑→压印边

工具栏：实体编辑→压印

功能区：单击“三维工具”选项卡“实体编辑”面板中的“压印”按钮

操作步骤

命令行提示如下：

```
命令： IMPRINT ↙
选择三维实体或曲面:
选择要压印的对象：
是否删除源对象 [是(Y)/否(N)] <N>: ↙
```

依次选择三维实体、要压印的对象，以及设置是否删除源对象。图5-147所示为将五角星压印在长方体上的结果。

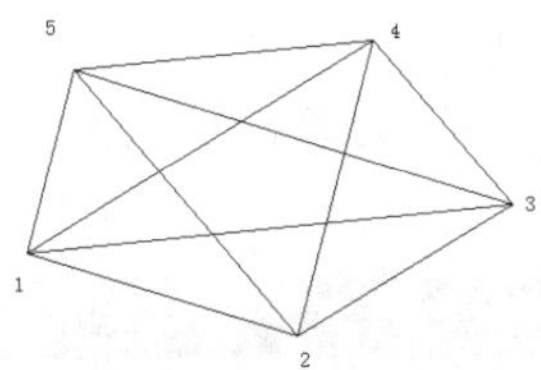

五角星和五边形

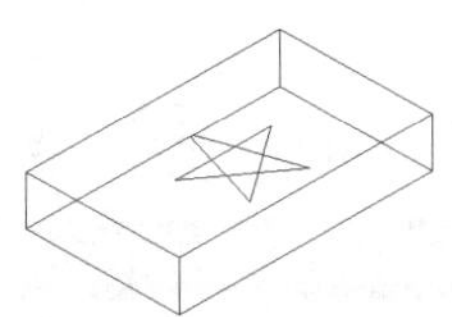

压印后的长方体和五角星

图5-147 压印边

5.3.22 实例——电线盒

本实例绘制图5-148所示的电线盒。

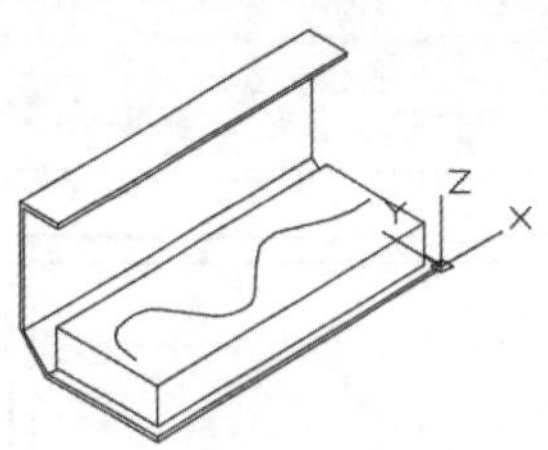

图5-148 电线盒

（1）单击“可视化”选项卡“命名视图”面板中的“西南等轴测”按钮，将当前视图设置为西南等轴测视图。

（2）在命令行中输入“UCS”命令，将坐标系绕Y轴旋转-90°。

（3）单击“三维工具”选项卡“建模”面板中的“多段体”按钮，绘制宽度为“2”、高度为“160”，坐标点依次为（0，0，0）、（@0，60）、（@20<45）、（@58，0）、（@0，20）的多段体，结果如图5-149所示。

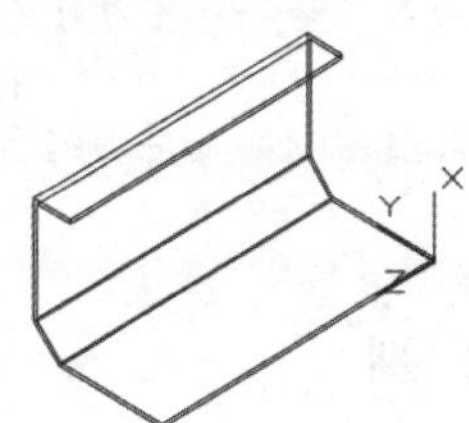

图5-149 绘制多段体

（4）单击“三维工具”选项卡“建模”面板中的“长方体”按钮，绘制第一个角点坐标为（0，5，5）、长度为“55”、宽度为“20”、高度为“150”的长方体，结果如图5-150所示。

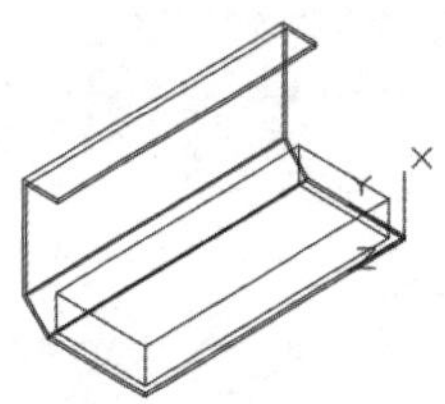

图5-150 绘制长方体

（5）单击“三维工具”选项卡“实体编辑”面板中的“并集”按钮，将多段体和长方体合并。

（6）单击“可视化”选项卡“命名视图”面板

中的“俯视”按钮，将当前视图设置为俯视图。

（7）单击“默认”选项卡“绘图”面板中的“样条曲线拟合”按钮，绘制样条曲线，结果如图5-151所示。

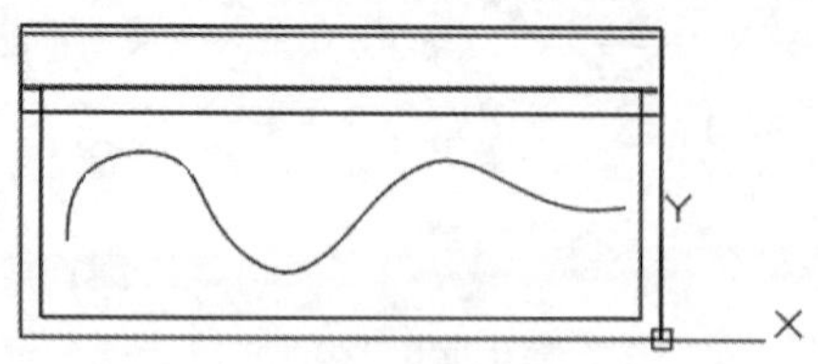

图 5-151　绘制样条曲线

（8）单击“可视化”选项卡“命名视图”面板中的“西南等轴测”按钮，将当前视图设置为西南等轴测视图。

（9）单击“三维工具”选项卡“实体编辑”面板中的“压印”按钮，将样条曲线压印在电线盒内，命令行中的提示与操作如下：

```
命令：_imprint
选择三维实体或曲面：(选择实体)
选择要压印的对象：(选择样条曲线)
是否删除源对象 [是(Y)/否(N)] <N>: Y↙
选择要压印的对象：↙
```

完成电线盒的绘制，消隐后最终结果如图5-148所示。

5.3.23 分割

执行方式

命令行：SOLIDEDIT

菜单：修改→实体编辑→分割

工具栏：实体编辑→分割

功能区：单击“三维工具”选项卡“实体编辑”面板中的“分割”按钮

操作步骤

命令行提示如下：

```
命令：_solidedit
实体编辑自动检查：SOLIDCHECK=1
输入实体编辑选项 [面(F)/边(E)/体(B)/放弃(U)/退出(X)] <退出>: _body
输入体编辑选项
[压印(I)/分割实体(P)/抽壳(S)/清除(L)/检查(C)/放弃(U)/退出(X)] <退出>: _sperate
选择三维实体：(选择要分割的对象)
```

5.3.24 实例——分割长方体

本实例分割图5-152所示的长方体。

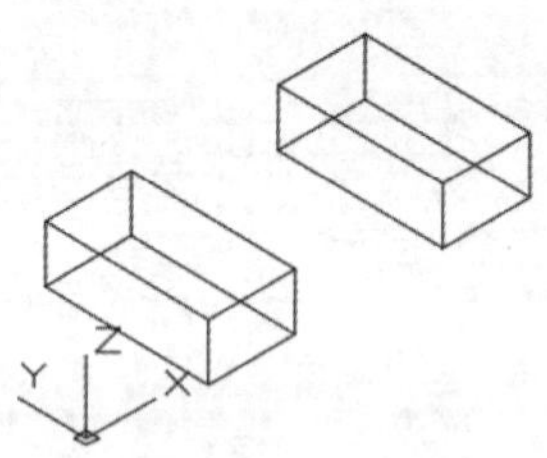

图 5-152　分割长方体

（1）选择配套资源中的“源文件\第5章\分割.dwg”，单击“打开”按钮，打开图形文件“分割.dwg”。

（2）单击“三维工具”选项卡“实体编辑”面板中的“分割”按钮，将两个合并在一起的长方体分割，命令行中的提示与操作如下：

```
命令：_solidedit
实体编辑自动检查：SOLIDCHECK=1
输入实体编辑选项 [面(F)/边(E)/体(B)/放弃(U)/退出(X)] <退出>: _body
输入体编辑选项
[压印(I)/分割实体(P)/抽壳(S)/清除(L)/检查(C)/放弃(U)/退出(X)] <退出>: _separate
选择三维实体：(选择实体)
输入体编辑选项
[压印(I)/分割实体(P)/抽壳(S)/清除(L)/检查(C)/放弃(U)/退出(X)] <退出>:↙
实体编辑自动检查：SOLIDCHECK=1
输入实体编辑选项 [面(F)/边(E)/体(B)/放弃(U)/退出(X)] <退出>:↙
```

完成分割，将一个实体分割成了两个实体。

5.3.25 抽壳

执行方式

命令行：SOLIDEDIT

菜单栏：修改→实体编辑→抽壳

工具栏：实体编辑→抽壳

功能区：单击“三维工具”选项卡“实体编辑”面板中的“抽壳”按钮

操作步骤

命令行提示如下：

```
命令：_solidedit
实体编辑自动检查：SOLIDCHECK=1
```

```
输入实体编辑选项 [面(F)/边(E)/体(B)/放弃(U)/退出(X)] <退出>: _body
输入体编辑选项
[压印(I)/分割实体(P)/抽壳(S)/清除(L)/检查(C)/放弃(U)/退出(X)] <退出>: _shell
选择三维实体:(选择三维实体)
删除面或 [放弃(U)/添加(A)/全部(ALL)]:(选择开口面)
输入抽壳偏移距离:(指定壳体的厚度值)
```

图5-153所示为利用“抽壳”命令创建的花盆。

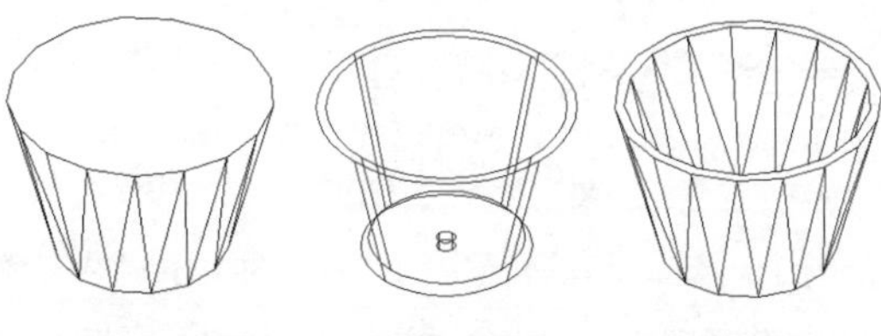

图 5-153 花盆

> **注意** 抽壳是用指定的厚度创建一个空的薄层。可以为所有面指定一个固定的薄层厚度，通过选择面将这些面排除在壳外。一个三维实体只能有一个壳，通过将现有面偏移出其原位置来创建新的面。

5.3.26 实例——锅盖

本实例绘制图5-154所示的锅盖。

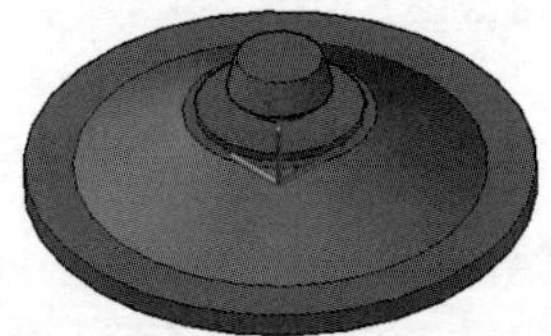

图 5-154 锅盖

（1）单击“视图”选项卡的“导航”面板中的“自由动态观察”按钮，调整视图的角度，使实体的最大面朝上，以方便选择。

（2）单击“三维工具”选项卡的“实体编辑”面板中的“抽壳”按钮，选择实体的最大面为删除面，对实体进行抽壳处理，抽壳厚度为“1”，命令行提示与操作如下：

```
命令: _solidedit
实体编辑自动检查: SOLIDCHECK=1
输入实体编辑选项 [面(F)/边(E)/体(B)/放弃(U)/退出(X)] <退出>: _body
输入体编辑选项
[压印(I)/分割实体(P)/抽壳(S)/清除(L)/检查(C)/放弃(U)/退出(X)]<退出>: _shell
选择三维实体:(选择实体)
删除面或 [放弃(U)/添加(A)/全部(ALL)]:(选择实体的最大面)
删除面或 [放弃(U)/添加(A)/全部(ALL)]: ↙
输入抽壳偏移距离: 1↙
已开始实体校验。
已完成实体校验。
输入体编辑选项
[压印(I)/分割实体(P)/抽壳(S)/清除(L)/检查(C)/放弃(U)/退出(X)] <退出>:↙
实体编辑自动检查: SOLIDCHECK=1
输入实体编辑选项 [面(F)/边(E)/体(B)/放弃(U)/退出(X)] <退出>:↙
```

消隐后结果如图5-155所示。

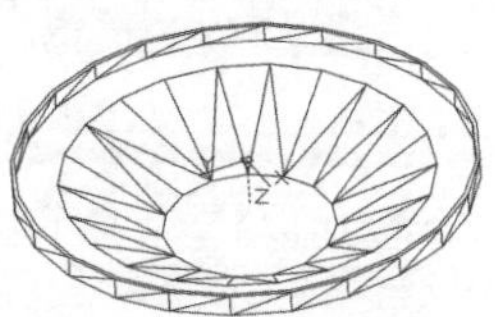

图 5-155 抽壳处理

（3）将视图切换至西南等轴测视图。单击“三维工具”选项卡的“建模”面板中的“圆柱体”按钮，绘制以（0，0，20.5）为底面圆心、半径为“20”、高度为“2”的圆柱体。重复“圆柱体”命令，绘制以（0，0，22.5）为底面圆心、半径为“7.5”、高度为“5”的圆柱体。重复“圆柱体”命令，绘制以（0，0，27.5）为底面圆心、半径为“12.5”、高度为“8”的圆柱体，消隐后如图5-156所示。

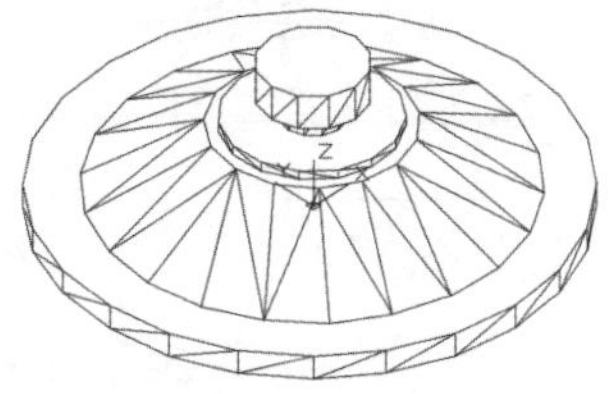

图 5-156 绘制圆柱体

（4）单击“三维工具”选项卡的“实体编辑”面板中的“倾斜面”按钮，选择半径为“12.5”的圆柱体的外圆柱面，创建角度为15°的倾斜面，命令行提示与操作如下：

```
命令: _solidedit
```

```
实体编辑自动检查： SOLIDCHECK=1
输入实体编辑选项 [面(F)/边(E)/体(B)/放弃(U)/退出(X)] <退出>: _face
输入面编辑选项
[拉伸(E)/移动(M)/旋转(R)/偏移(O)/倾斜(T)/删除(D)/复制(C)/颜色(L)/材质(A)/放弃(U)/退出(X)] <退出>: _taper
选择面或 [放弃(U)/删除(R)]:(选择半径为"12.5"的圆柱体的外圆柱面)
选择面或 [放弃(U)/删除(R)/全部(ALL)]: ↙
指定基点：(选择此圆柱体下底面圆心)
指定沿倾斜轴的另一个点：(选择此圆柱体上表面圆心)
指定倾斜角度： 15↙
已开始实体校验。
已完成实体校验。
输入面编辑选项
[拉伸(E)/移动(M)/旋转(R)/偏移(O)/倾斜(T)/删除(D)/复制(C)/颜色(L)/材质(A)/放弃(U)/退出(X)] <退出>:↙
```

消隐后结果如图5-157所示。

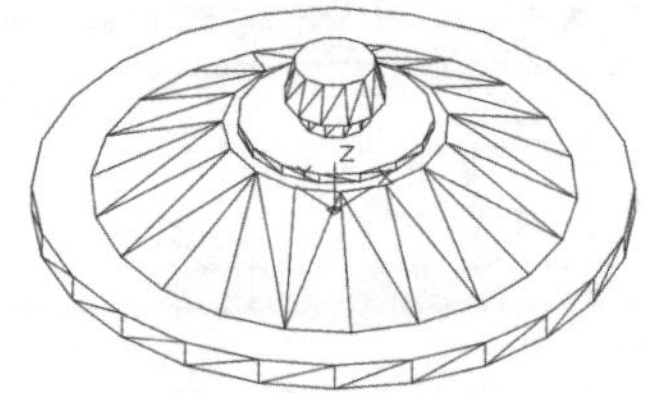

图5-157 创建倾斜面

（5）单击“三维工具”选项卡的“实体编辑”面板中的“并集”按钮，将图中所有实体进行并集运算，着色效果如图5-154所示。

5.3.27 检查

执行方式

命令行：SOLIDEDIT

菜单：修改→实体编辑→检查

工具栏：实体编辑→检查

功能区：单击“三维工具”选项卡“实体编辑”面板中的“检查”按钮

操作步骤

命令行提示如下：

```
命令： _solidedit
实体编辑自动检查： SOLIDCHECK=1
输入实体编辑选项 [面(F)/边(E)/体(B)/放弃(U)/退出(X)] <退出>: _body
输入体编辑选项
[压印(I)/分割实体(P)/抽壳(S)/清除(L)/检查(C)/放弃(U)/退出(X)] <退出>: _check
选择三维实体：(选择要检查的三维实体)
```

选择实体后，AutoCAD将在命令行中显示出该对象是否是有效的实体。

5.3.28 实例——检查电线盒

本实例检查图5-158所示的电线盒。

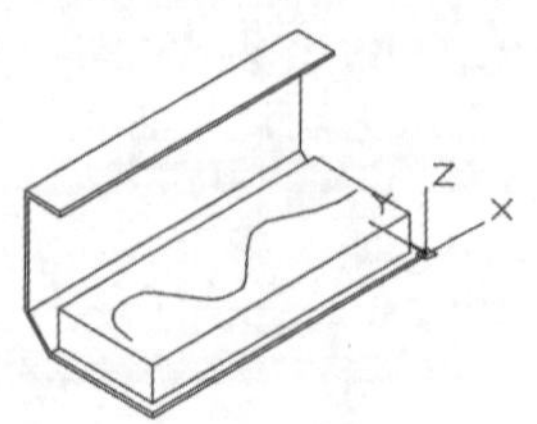

图5-158 电线盒

（1）选择配套资源中的“源文件\第5章\电线盒.dwg”，单击“打开”按钮，打开图形文件“电线盒.dwg”。

（2）单击“三维工具”选项卡“实体编辑”面板中的“检查”按钮，检查电线盒，命令行中的提示与操作如下：

```
命令： _solidedit
实体编辑自动检查： SOLIDCHECK=1
输入实体编辑选项 [面(F)/边(E)/体(B)/放弃(U)/退出(X)] <退出>: _body
输入体编辑选项
[压印(I)/分割实体(P)/抽壳(S)/清除(L)/检查(C)/放弃(U)/退出(X)] <退出>: _check
选择三维实体：(选择电线盒)
此对象是有效的 ShapeManager 实体。
输入体编辑选项
[压印(I)/分割实体(P)/抽壳(S)/清除(L)/检查(C)/放弃(U)/退出(X)] <退出>:↙
实体编辑自动检查： SOLIDCHECK=1
输入实体编辑选项 [面(F)/边(E)/体(B)/放弃(U)/退出(X)] <退出>:↙
```

检查结果是电线盒是有效的实体。

5.3.29 夹点编辑

利用夹点编辑功能，可以很方便地对三维实体进行编辑，二维对象的夹点编辑功能与三维对象的夹点编辑功能相似。

方法很简单，单击要编辑的对象，系统显示编辑夹点，选择某个夹点，按住鼠标左键拖动，则三维对象随之改变。选择不同的夹点，可以编辑对象的不同参数，红色夹点为当前编辑夹点，如图5-159所示。

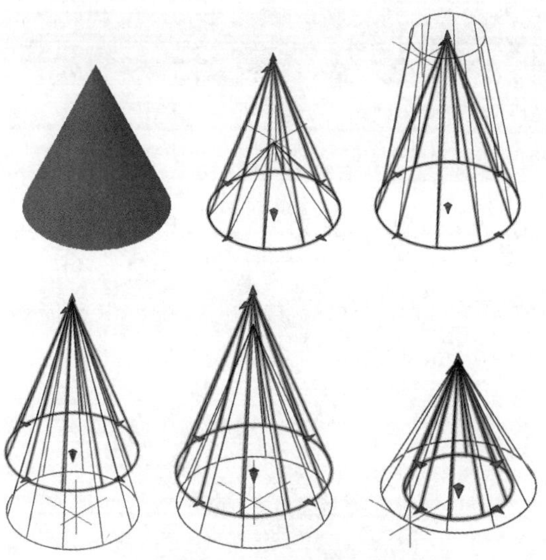

图 5-159　圆锥体及其编辑夹点

5.3.30 实例——滚轮

本实例绘制图 5-160 所示的滚轮。

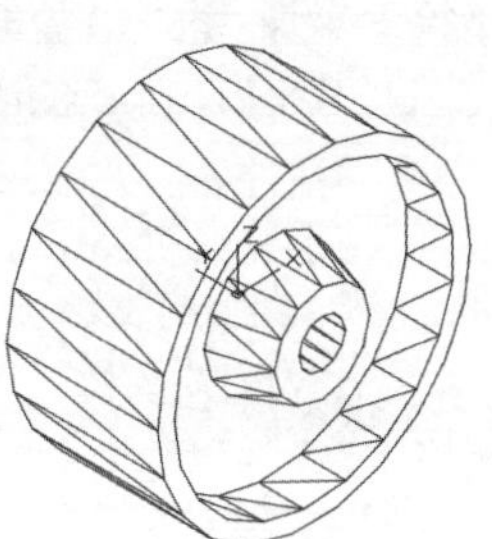

图 5-160　滚轮

（1）单击“默认”选项卡“绘图”面板中的“直线”按钮 和“修改”面板中的“镜像”按钮 等，绘制图 5-161 所示的滚轮轮廓线。

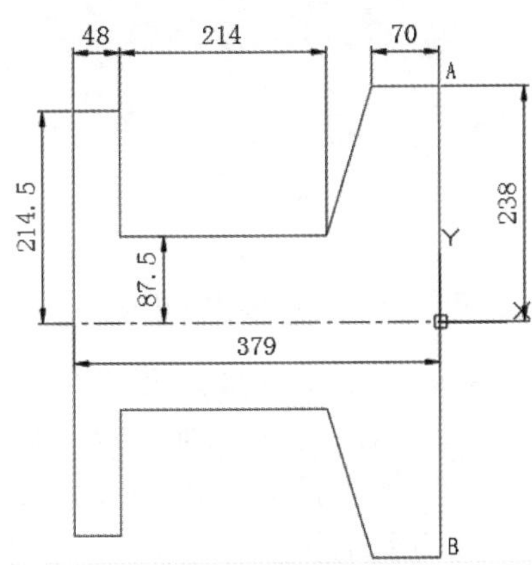

图 5-161　绘制轮廓线

（2）单击“默认”选项卡“绘图”面板中的“面域”按钮，将绘制的轮廓线创建为面域。

（3）单击“可视化”选项卡“命名视图”面板中的“西南等轴测”按钮，将当前视图设置为西南等轴测视图。单击“三维工具”选项卡“建模”面板中的“旋转”按钮，以创建的面域为旋转对象，A点、B点为旋转轴的起点和端点进行旋转，结果如图 5-162 所示。

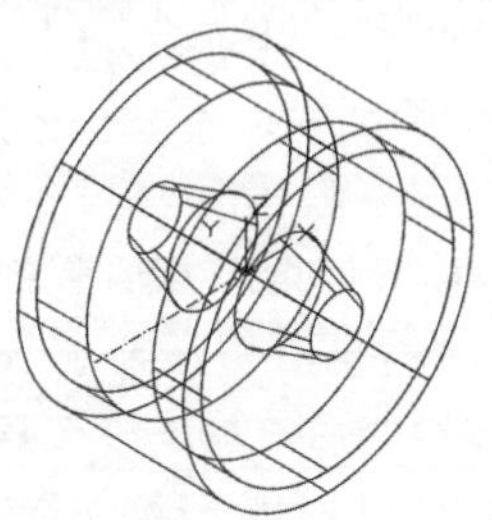

图 5-162　旋转操作

（4）选择实体，将鼠标指针放置在图 5-163 所示的夹点处，夹点变为红色后单击，在命令行中输入拉伸点的坐标，命令行中的提示与操作如下：

```
命令：
** 拉伸 **
指定拉伸点或 [基点 (B)/复制 (C)/放弃 (U)/退出 (X)]: @-65,0,0 ↙
```

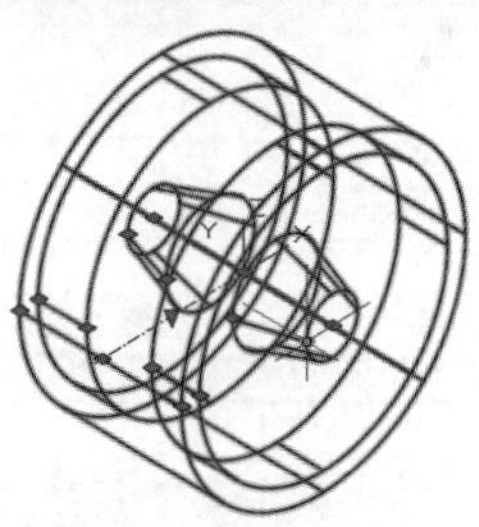

图 5-163　选择夹点

绘制半径为“65”的孔，完成滚轮的绘制，如图 5-164 所示。消隐后最终结果如图 5-160 所示。

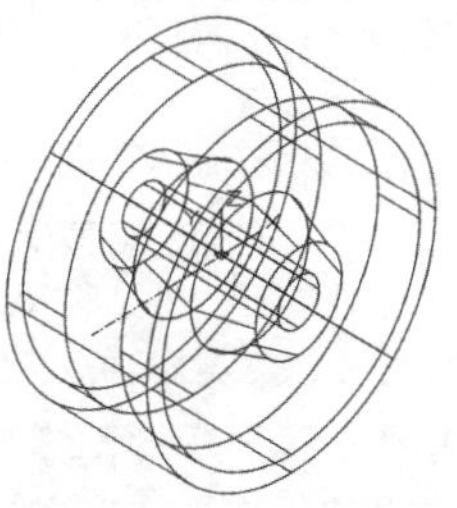

图 5-164　绘制孔

5.4 显示形式

在AutoCAD中，三维实体有多种显示形式，包括二维线框、三维线框、三维消隐、真实、概念、消隐显示等。

5.4.1 消隐

执行方式

命令行：HIDE（快捷命令：HI）

菜单栏：视图→消隐

工具栏：渲染→隐藏

功能区：单击“视图”选项卡“视觉样式”面板中的“隐藏”按钮

执行上述操作后，系统将被其他对象挡住的图线隐藏起来，以增强三维视觉效果，结果如图5-165所示。

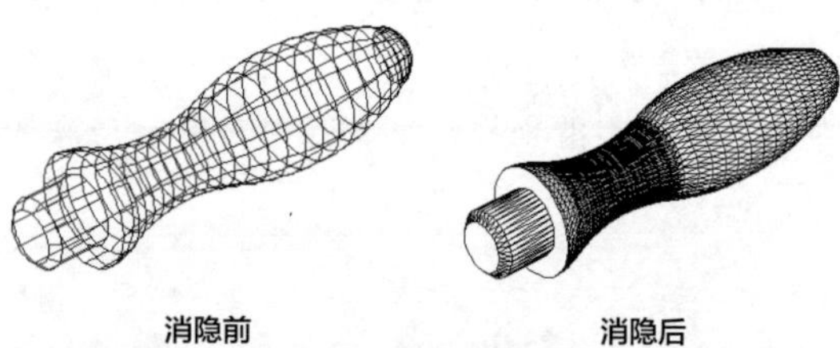

消隐前　　消隐后

图 5-165　消隐结果

5.4.2 视觉样式

执行方式

命令行：VSCURRENT

菜单栏：视图→视觉样式→二维线框

工具栏：视觉样式→二维线框

功能区：单击“视图”选项卡“视觉样式”面板中的“二维线框”按钮

操作步骤

命令行提示如下：

```
命令：_vscurrent
输入选项 [二维线框(2)/线框(W)/隐藏(H)/真实(R)/概念(C)/着色(S)/带边缘着色(E)/灰度(G)/勾画(SK)/X射线(X)/其他(O)] <二维线框>: _2
```

选项说明

（1）二维线框（2）。用直线和曲线表示对象的边界。光栅、OLE对象、线型和线宽都是可见的。将COMPASS系统变量的值设置为“1”，它则也不会出现在二维线框视图中。图5-166所示为UCS坐标和手柄的二维线框图。

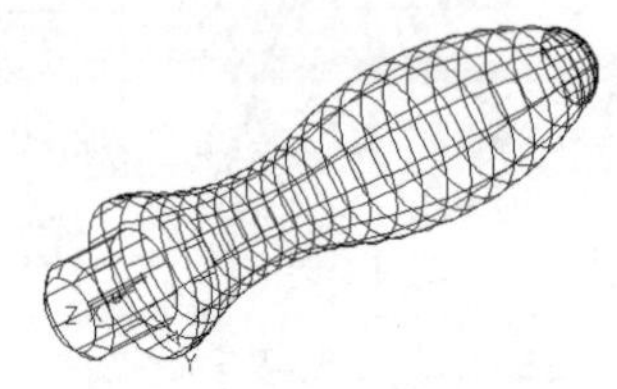

图 5-166　UCS 坐标和手柄的二维线框图

（2）线框（W）。显示用直线和曲线表示边界的对象，显示着色的三维UCS图标。可将COMPASS系统变量设定为“1”来查看坐标球。图5-167所示是UCS坐标和手柄的线框图。

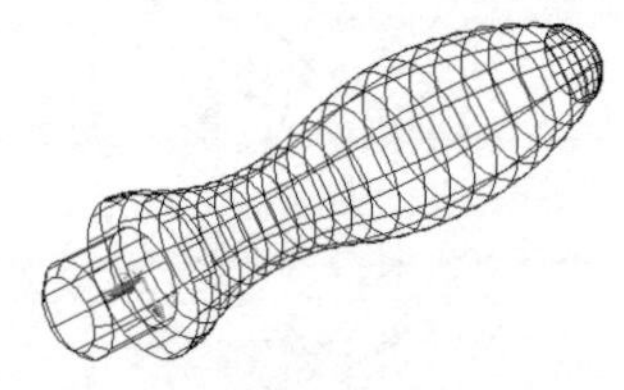

图 5-167　UCS 坐标和手柄的线框图

（3）隐藏（H）。显示用线框表示的对象并隐藏表示后向面的直线。图5-168所示是UCS坐标和手柄的消隐图。

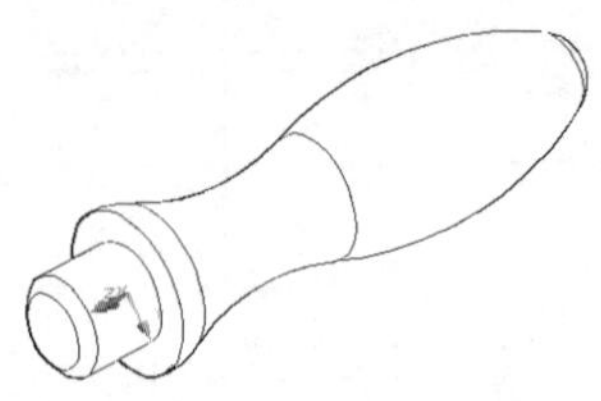

图 5-168　UCS 坐标和手柄消隐图

（4）真实（R）。将多边形平面间的对象着色，并使对象的边平滑化。如果已为对象附着材质，将显示已附着到对象的材质。图5-169所示是UCS坐标和手柄的真实图。

（5）概念（C）。将多边形平面间的对象着色，并使对象的边平滑化。着色时使用冷色和暖色之间颜色的过渡，效果缺乏真实感，但是可以更方便地查看模型的细节。图5-170所示是UCS坐标和手柄的概念图。

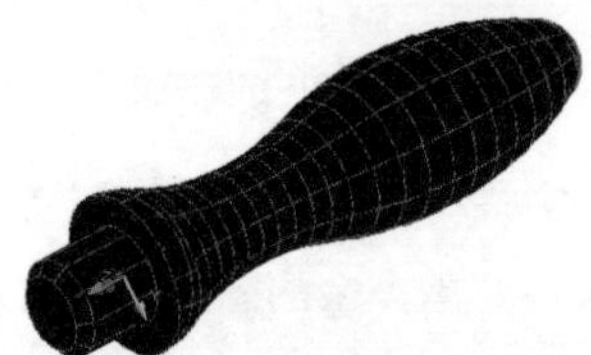

图 5-169 UCS 坐标和手柄真实图

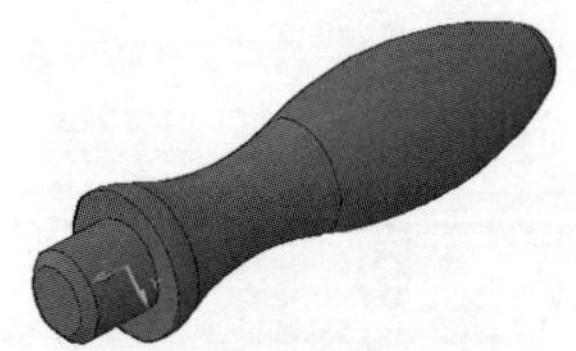

图 5-170 UCS 坐标和手柄概念图

（6）着色（S）。产生平滑的着色模型。

（7）带边缘着色（E）。产生平滑、带有可见边的着色模型。

（8）灰度（G）。使用单色颜色模式，可以产生灰色效果。

（9）勾画（SK）。使用外伸和抖动产生手绘效果。

（10）X射线（X）。更改面的不透明度，使整个场景变成部分透明。

（11）其他（O）。输入当前图形中的视觉样式的名称或输入“?”以显示名称列表并重复该提示。

5.4.3 视觉样式管理器

执行方式

命令行：VISUALSTYLES

菜单栏：视图→视觉样式→视觉样式管理器或工具→选项板→视觉样式

工具栏：视觉样式→管理视觉样式

执行上述操作后，打开“视觉样式管理器”面板被打开，可以对视觉样式的各参数进行设置，如图5-171所示。图5-172所示为按图5-171所示进行设置的概念图显示结果，读者可以与图5-170进行比较，感受它们之间的差别。

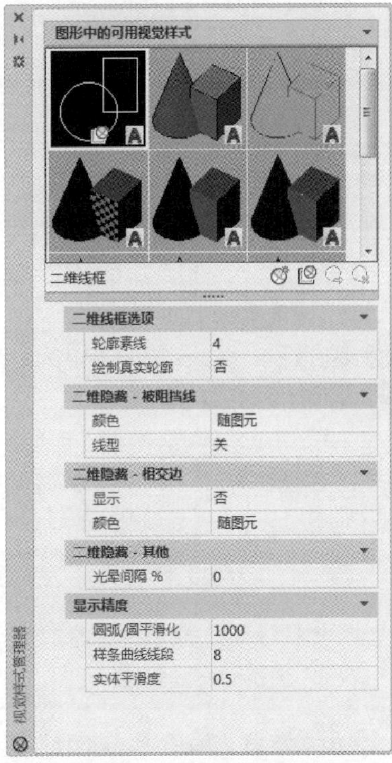

图 5-171 “视觉样式管理器”面板

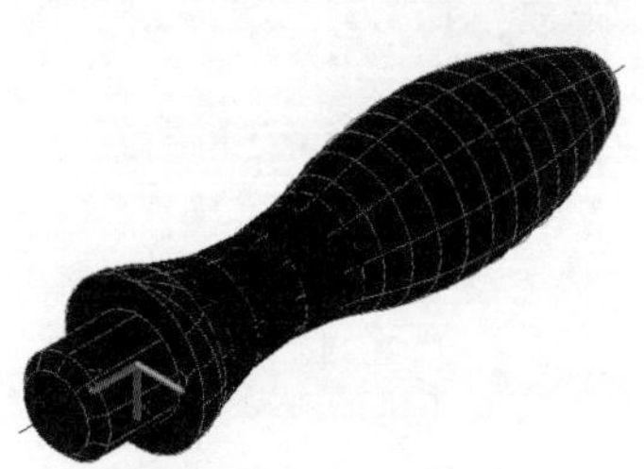

图 5-172 显示结果

5.4.4 实例——短齿轮轴

本实例绘制图5-173所示的短齿轮轴。

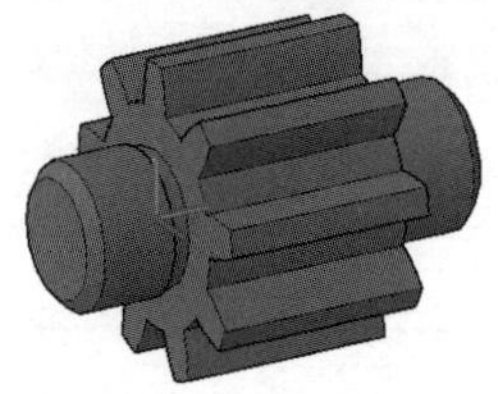

图 5-173 短齿轮轴

1. 绘制齿轮

（1）单击“默认”选项卡“绘图”面板中的“圆”按钮，在坐标原点分别绘制半径为“12”和“17”的圆，结果如图5-174 所示。

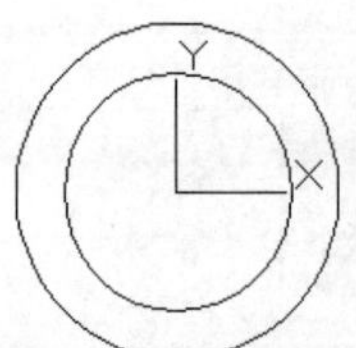

图5-174　绘制圆

（2）单击“默认”选项卡“绘图”面板中的“直线”按钮╱，分别绘制两个端点坐标点为{(0，0)、(@20<95)}和{(0，0)、(@20<101)}的两条直线，结果如图5-175所示。

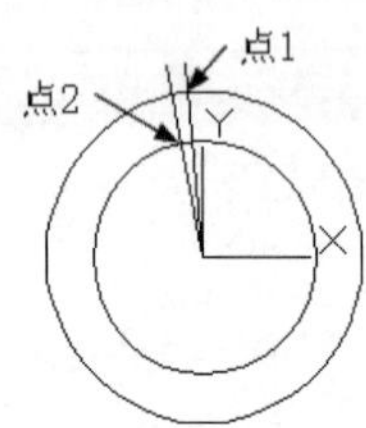

图5-175　绘制直线

（3）单击“默认”选项卡“绘图”面板中的“圆弧”按钮，绘制以图5-175中的点1为起点、点2为端点、半径为“15.28”的圆弧，结果如图5-176所示。

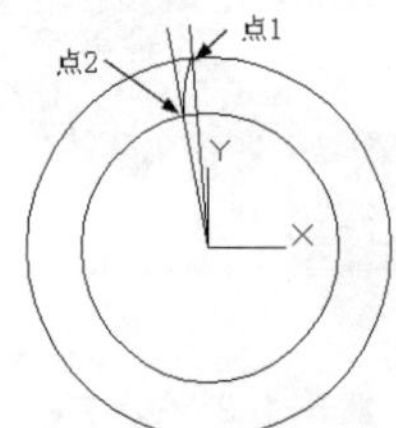

图5-176　绘制圆弧

（4）单击“默认”选项卡“修改”面板中的“删除”按钮，删除图5-176中的直线1和直线2，结果如图5-177所示。

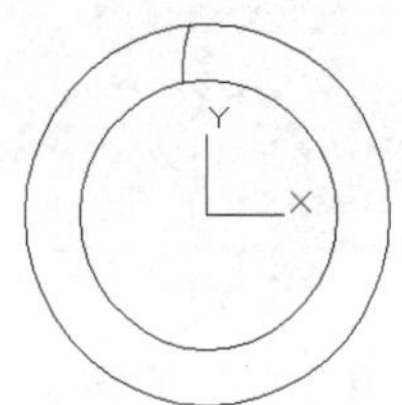

图5-177　删除直线

（5）单击“默认”选项卡“修改”面板中的“镜像”按钮，对图5-177 中的圆弧进行镜像，结果如图5-178所示。

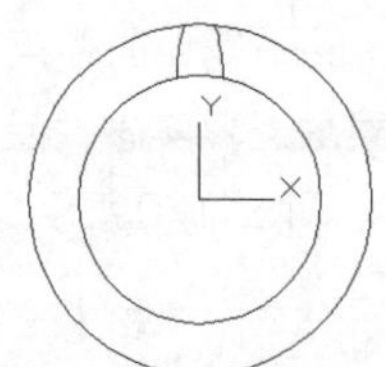

图5-178　镜像圆弧

（6）单击“默认”选项卡“修改”面板中的“修剪”按钮，修剪多余的图形，结果如图5-179所示。

绘制齿轮时，首先要绘制单个齿的轮廓，再使用“环形阵列”命令绘制全部齿，然后把整个轮廓线拉伸为一个齿轮立体图。

（7）单击“默认”选项卡“修改”面板中的“环形阵列”按钮，将图5-179中的齿形进行非关联阵列，阵列中心点为圆心，阵列项目数为“9”，结果如图5-180所示。

图5-179　修剪多余图形（1）

图5-180　阵列齿形

在执行“环形阵列”命令时，必须取消阵列的关联性。

（8）单击“默认”选项卡“修改”面板中的“修剪”按钮，修剪多余的图形，结果如图5-181所示。

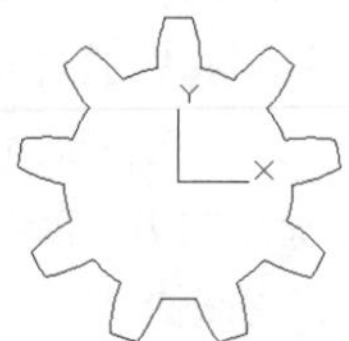

图5-181　修剪多余图形（2）

（9）单击“视图”选项卡“视图”面板中的“西南等轴测”按钮，将当前视图设置为西南等轴测视图，结果如图5-182所示。

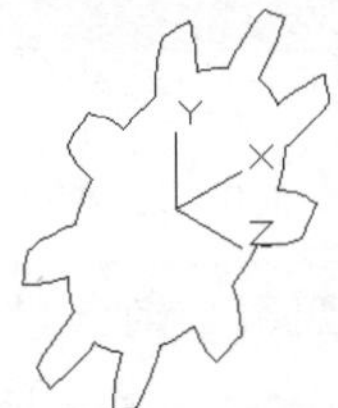

图 5-182 西南等轴测视图

（10）选择菜单栏中的“修改”→“对象”→“多段线”命令，将所有线段合并为多段线。

（11）单击“三维工具”选项卡“建模”面板中的“拉伸”按钮，将合并后的多段线进行拉伸处理，拉伸高度为“24”。消隐后的结果如图5-183所示。

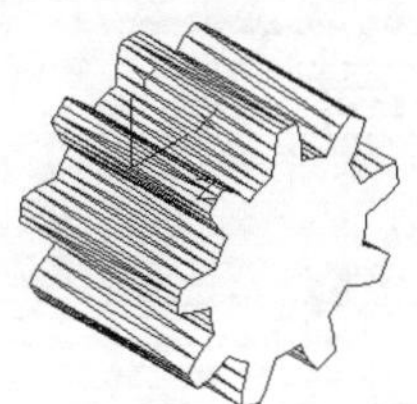

图 5-183 拉伸多段线

在执行“拉伸”命令时，拉伸的对象必须是一个连续的线段。在拉伸齿轮时，因为外形轮廓不是一个连续的线段，所以要将其合并为一个连续的多段线。

2. 绘制齿轮轴

（1）单击“三维工具”选项卡“建模”面板中的“圆柱体”按钮，绘制底面中心点坐标为（0，0，24）、底面半径为“7.5”、轴端点坐标为（@0，0，2）的圆柱体。重复“圆柱体”命令，绘制底面中心点坐标为（0，0，26）、底面半径为“8”、轴端点坐标为（@0,0,10）的圆柱体，消隐后结果如图5-184所示。

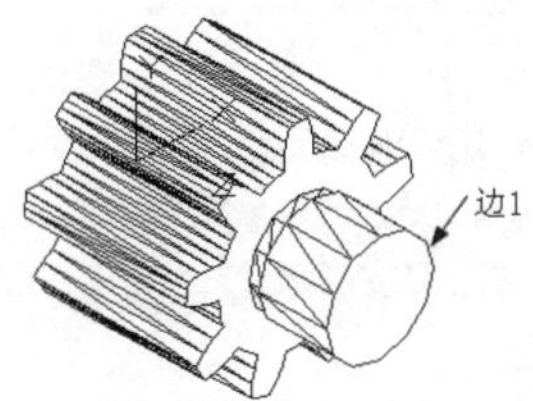

图 5-184 绘制圆柱体

（2）单击“默认”选项卡“修改”面板中的“倒角”按钮，对图5-184中的边1进行倒角处理，倒角距离为“1.5”，结果如图5-185所示。

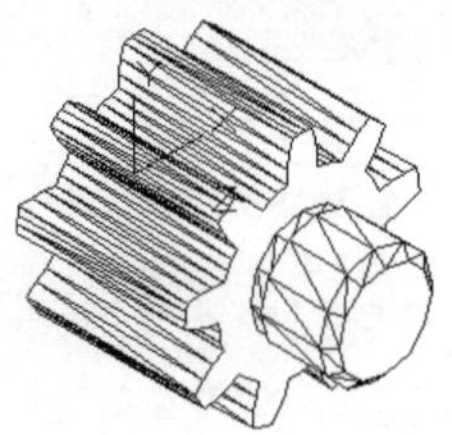

图 5-185 倒角处理

（3）单击“视图”选项卡“视图”面板中的“左视”按钮，将当前视图设置为左视图，消隐后的结果如图5-186所示。

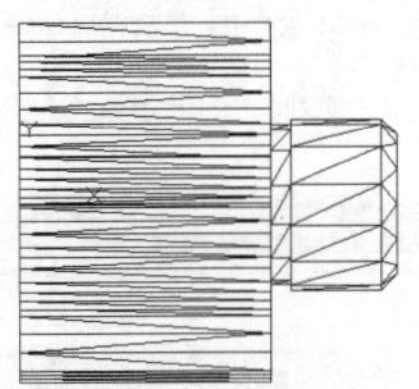

图 5-186 左视图

（4）单击“默认”选项卡“修改”面板中的“镜像”按钮，将图5-186中右侧的两个圆柱体以花键轴的中点为镜像点进行镜像处理，结果如图5-187所示。

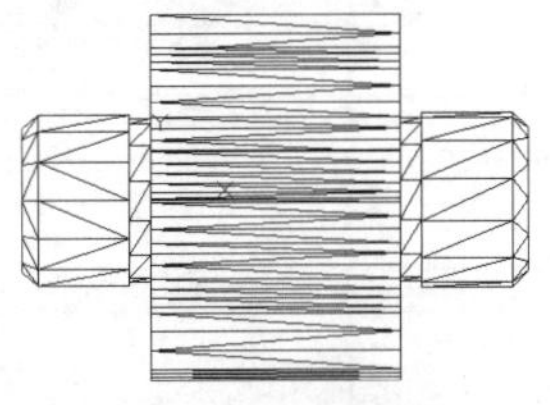

图 5-187 镜像处理

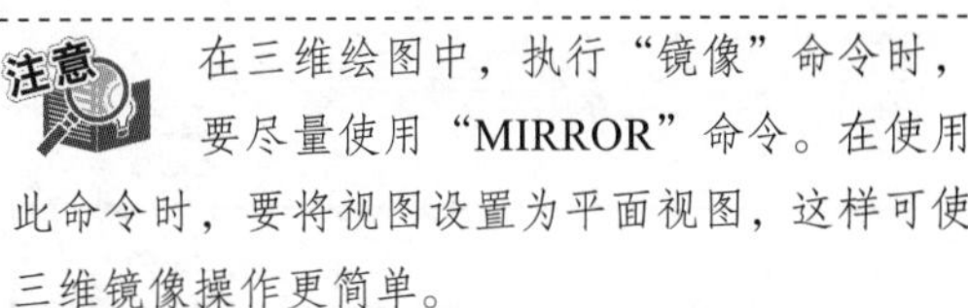

在三维绘图中，执行“镜像”命令时，要尽量使用“MIRROR”命令。在使用此命令时，要将视图设置为平面视图，这样可使三维镜像操作更简单。

（5）单击“视图”选项卡“视图”面板中的“西南等轴测”按钮，将当前视图设置为西南等轴测视图。

（6）单击“三维工具”选项卡“实体编辑”面板中的“并集”按钮，对所有实体进行并集运算，结果如图5-188所示。

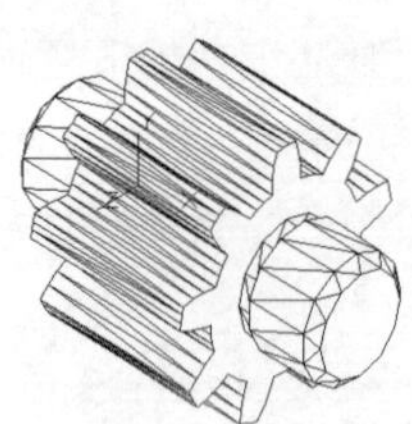

图 5-188　并集运算

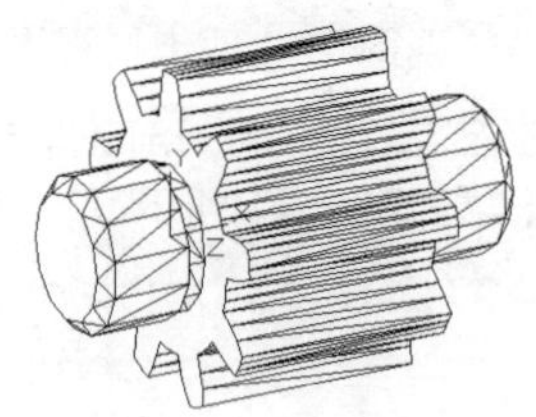

图 5-189　设置视图方向

（7）选择菜单栏中的“视图”→“动态观察”→“受约束的动态观察”命令，将当前视图调整到能够看到另一个边轴的位置，结果如图5-189所示。

（8）单击“视图”选项卡“视觉样式”面板中的“概念”按钮，对实体进行渲染，结果如图5-173所示。

5.5 渲染实体

渲染是为三维对象加上颜色、材质、灯光、背景、场景等的操作，使三维对象能够更真实地表达图形的外观和纹理。渲染是输出前的关键步骤，尤其是在结果图的设计中。

5.5.1 设置光源

执行方式

命令行：LIGHT

菜单：视图→渲染→光源（如图5-190所示）

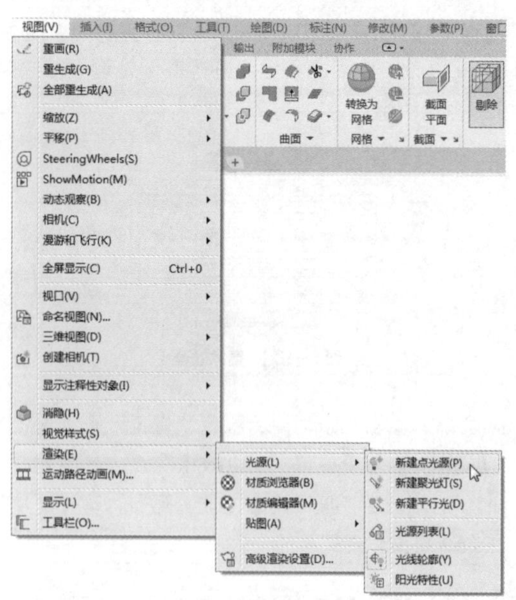

图 5-190　“光源”子菜单

工具栏：渲染→光源（“渲染”工具栏如图5-191所示）

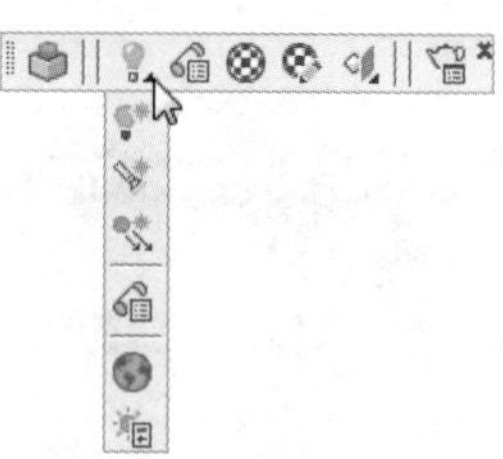

图 5-191　“渲染”工具栏

功能区：单击“可视化”选项卡“光源”面板中的“创建光源”下拉按钮（如图5-192所示）

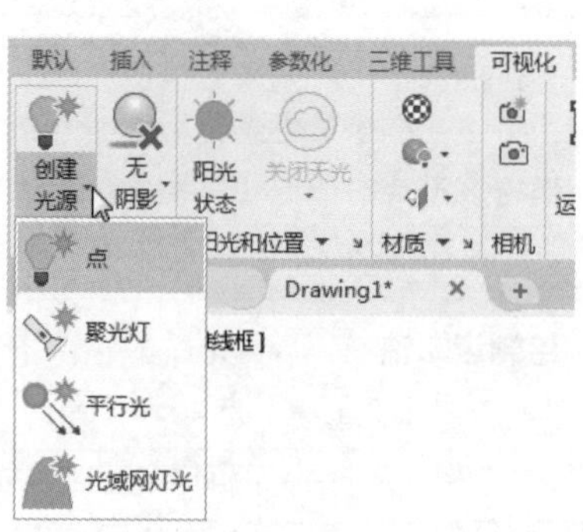

图 5-192　“创建光源”下拉列表

操作步骤

命令：LIGHT↙

输入光源类型 [点光源(P)/聚光灯(S)/光域网(W)/目标点光源(T)/自由聚光灯(F)/自由光域(B)/平行光(D)] <自由聚光灯>:↙

选项说明

1. 点光源

创建点光源（P）。选择该选项，命令行提示如下：

指定源位置 <0,0,0>：（指定位置）
输入要更改的选项 [名称 (N) / 强度因子 (I) / 状态 (S) / 光度 (P) / 阴影 (W) / 衰减 (A) / 过滤颜色 (C) / 退出 (X)] <退出>:

上面各项含义如下。

（1）名称（N）指定光源的名称。可以在名称中使用大写字母、小写字母、数字、空格、连字符（-）和下划线（_）。最大长度为256个字符。选择该选项，命令行提示如下：

输入光源名称:

（2）强度因子（I）设置光源的强度或亮度。取值范围为0.00到系统支持的最大值。选择该选项，命令行提示如下：

输入强度 (0.00 - 最大浮点数) <1>:

（3）状态（S）指定打开或关闭光源。如果没有启用光源，则该设置没有影响。选择该选项，命令行提示如下：

输入状态 [开 (N) / 关 (F)] <开>:

（4）阴影（W）可以设置投影。选择该选项，命令行提示如下：

输入阴影设置 [关 (O) / 鲜明 (S) / 柔和 (F)] <鲜明>:

① 关。关闭光源的阴影显示和阴影计算。关闭阴影将提高性能。

② 鲜明。显示带有强烈边界的阴影。使用此选项可以提高性能。

③ 柔和。显示带有柔和边界的真实阴影。

（5）衰减（A）设置系统的衰减特性。选择该选项，命令行提示如下：

输入要更改的选项 [衰减类型 (T) / 使用界限 (U) / 衰减起始界限 (L) / 衰减结束界限 (E) / 退出 (X)] <退出>:

① 衰减类型。控制光线如何随着距离增加而衰减。对象距点光源越远，则越暗。选择该选项，命令行提示如下：

输入衰减类型 [无 (N) / 线性反比 (I) / 平方反比 (S)] <线性反比>: ↙

无。设置无衰减。此时对象不论距离点光源是远还是近，明暗程度都一样。

线性反比。将衰减设置为与距离点光源的线性距离成反比。例如，距离点光源两个单位时，光线强度是点光源的一半；而距离点光源4个单位时，光线强度是点光源的四分之一。线性反比的默认值是最大强度的一半。

平方反比。将衰减设置为与距离点光源的距离的平方成反比。例如，距离点光源两个单位时，光线强度是点光源的四分之一；而距离点光源4个单位时，光线强度是点光源的十六分之一。

② 衰减起始界限。指定一个点，光线的亮度相对于光源中心的衰减于该点开始。默认值为0。选择该选项，命令行提示如下：

指定起始界限偏移 (0-??) 或 [关 (O)]:

③ 衰减结束界限。指定一个点，光线的亮度相对于光源中心的衰减于该点结束。在此点之后，将不会投射光线。在光线很微弱以致计算将浪费处理时间的位置处，设置结束界限将提高性能。选择该选项，命令行提示如下：

指定结束界限偏移或 [关 (O)]:

（6）过滤颜色（C）控制光源的颜色。选择该选项，命令行提示如下：

输入真彩色 (R,G,B) 或输入选项 [索引颜色 (I) / HSL(H) / 配色系统 (B)]<255,255,255>:

颜色设置与前面第4章中颜色设置一样，不再赘述。

2. 聚光灯

创建聚光灯（S）。选择该选项，命令行提示如下：

指定源位置 <0,0,0>: （输入坐标值或使用定点设备）
指定目标位置 <1,1,1>: （输入坐标值或使用定点设备）
输入要更改的选项 [名称 (N) / 强度因子 (I) / 状态 (S) / 光度 (P) / 聚光角 (H) / 照射角 (F) / 阴影 (W) / 衰减 (A) / 过滤颜色 (C) / 退出 (X)] <退出>:

其中大部分选项与点光源项相同，只对其特别的加以说明。

（1）聚光角（H）指定最亮光锥的角度，也称为光束角。聚光角的取值范围为0° ~ 160° 或基于别的角度单位的等价值。选择该选项，命令行提示如下：

输入聚光角角度 (0.00-160.00):

（2）照射角（F）指定完整光锥的角度，也称为现场角。照射角的取值范围为0° ~ 160° 或基于别的角度单位的等价值，默认值为45°。

输入照射角角度 (0.00-160.00):

照射角角度必须大于或等于聚光角角度。

3．平行光

创建平行光（D）。选择该选项，命令行提示如下：

指定光源方向 FROM <0,0,0> 或 [矢量(V)]:（指定点或输入 v ）
指定光源方向 TO <1,1,1>:（指定点 ）

如果输入“V”，命令行提示如下：

指定矢量方向 <0.0000,-0.0100,1.0000>:（输入矢量）

指定光源方向后，命令行提示如下：

输入要更改的选项 [名称(N)/强度(I)/状态(S)/阴影(W)/颜色(C)/退出(X)] <退出>:

其中各项与前面所述相同，不再赘述。

有关光源设置的命令还有光源列表和阳光特性等几项，下面分别说明。

4．光源列表

执行方式

命令行：LIGHTLIST

菜单：视图→渲染→光源→光源列表

工具栏：渲染→光源→光源列表

功能区：单击“可视化”选项卡“光源”面板中的“对话框启动器”按钮

操作步骤

命令：LIGHTLIST↙

执行上述命令后，系统打开“模型中的光源”面板，如图5-193所示，显示模型中已经建立的光源。

图5-193 “模型中的光源”面板

5．阳光特性

执行方式

命令行：SUNPROPERTIES

菜单：视图→渲染→光源→阳光特性

工具栏：渲染→光源→阳光特性

功能区：单击“可视化”选项卡“阳光和位置”面板中的“对话框启动器”按钮

操作步骤

命令：SUNPROPERTIES↙

执行上述命令后，系统打开“阳光特性”面板，如图5-194所示，可以修改已经设置好的阳光特性。

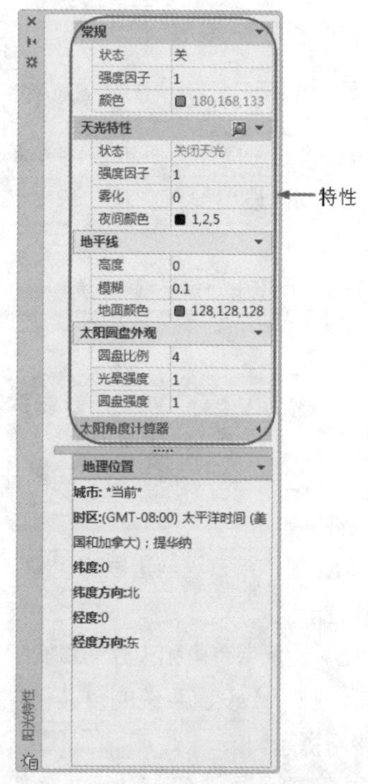

图5-194 “阳光特性”面板

5.5.2 渲染环境

执行方式

命令行：RENDERENVIRONMENT

菜单：视图→渲染→渲染环境

功能区：单击“可视化”选项卡“渲染”面板中的“渲染环境和曝光”按钮

操作步骤

命令：RENDERENVIRONMENT↙

执行该命令后，AutoCAD弹出图5-195所示的“渲染环境和曝光”面板，可以从中设置渲染环境的有关参数。

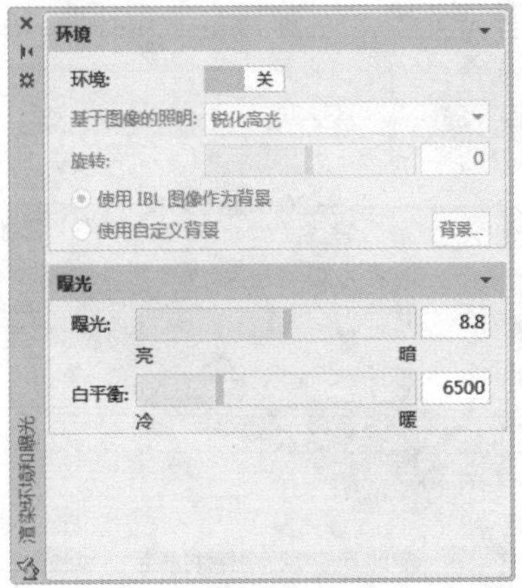

图 5-195 “渲染环境和曝光”选项板

5.5.3 贴图

贴图的功能是在实体附着带纹理的材质后，调整实体或面上纹理贴图的方向。当材质被映射后，调整材质以适应对象的形状，将合适的材质贴图类型应用到对象中，可以使之更加适合对象。

执行方式

命令行：MATERIALMAP

菜单栏：视图→渲染→贴图（如图5-196所示）

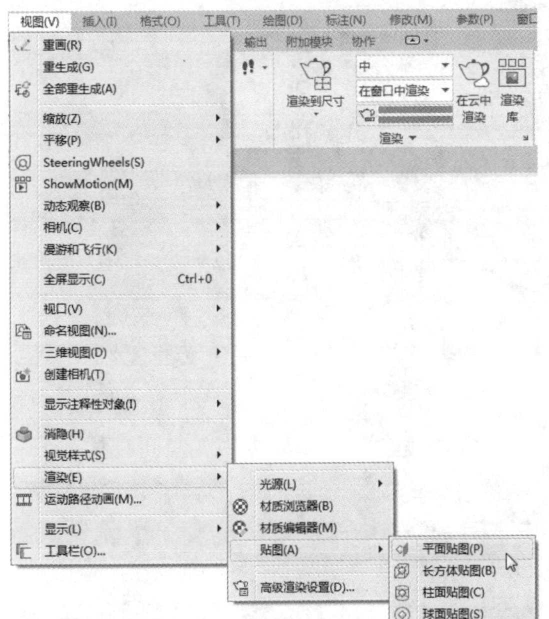

图 5-196 “贴图”子菜单

工具栏：渲染→贴图（如图5-197所示）或“贴图”工具栏中的按钮（如图5-198所示）

图 5-197 “渲染”工具栏

图 5-198 “贴图”工具栏

操作步骤

命令行提示如下：

命令：MATERIALMAP↙
选择选项 [长方体 (B) / 平面 (P) / 球面 (S) / 柱面 (C) / 复制贴图至 (Y) / 重置贴图 (R)] < 长方体 >:

选项说明

（1）长方体（B）。将图像映射到类似长方体的实体上。该图像将在对象的每个面上重复使用。

（2）平面（P）。将图像映射到对象上，就像将其从幻灯片投影器投影到二维曲面上一样，图像不会失真，但是会被缩放以适应对象。该贴图最常用于面。

（3）球面（S）。在水平和垂直两个方向上同时使图像弯曲。纹理贴图的顶边在球体的“北极”压缩为一个点；同样，底边在“南极”压缩为一个点。

（4）柱面（C）。将图像映射到圆柱体对象上，水平边将一起弯曲，但顶边和底边不会弯曲。图像的高度将沿圆柱体的轴进行缩放。

（5）复制贴图至（Y）。将贴图从原始对象或面应用到选定对象。

（6）重置贴图（R）。将UV坐标重置为贴图的默认坐标。

图5-199所示是球面贴图实例。

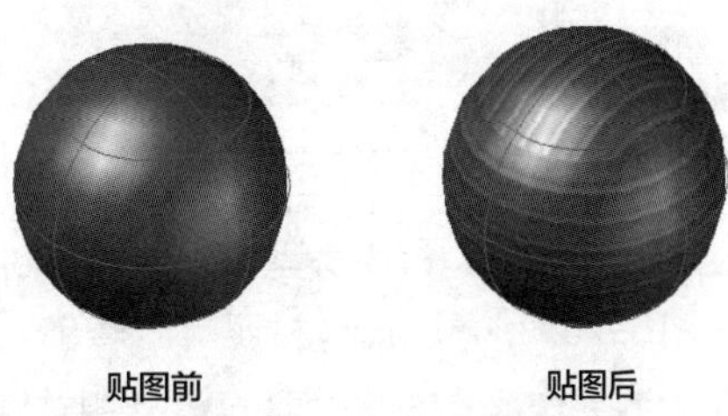

图 5-199 球面贴图

5.5.4 材质

1. 附着材质

AutoCAD 2020将常用的材质都集成到工具选项板中。

执行方式

命令行：MATBROWSEROPEN

菜单：视图→渲染→材质浏览器

工具栏：渲染→材质浏览器

功能区：单击“可视化”选项卡“材质”面板中的“材质浏览器”按钮或单击“视图”选项卡“选项板”面板中的“材质浏览器”按钮

操作格式

命令：MATBROWSEROPEN ↙

执行该命令后，AutoCAD弹出图5-200所示的“材质浏览器”面板。通过该面板，可以对材质的有关参数进行设置。具体附着材质的步骤如下。

（1）选择菜单栏中的“视图”→“渲染”→“材质浏览器”命令，打开“材质浏览器”面板，如图5-200所示。

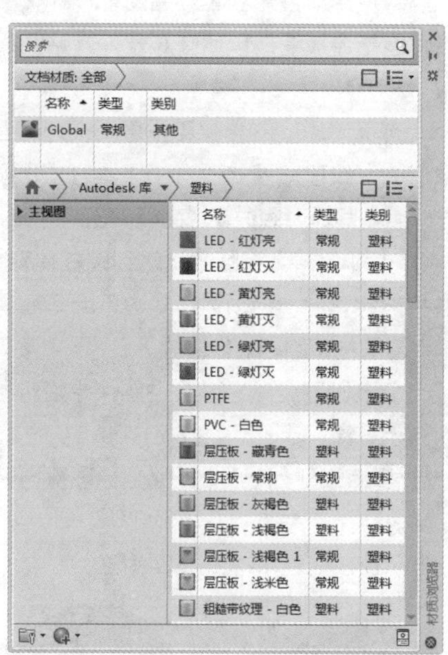

图5-200 “材质浏览器”面板

（2）选择需要的材质类型，直接拖动到对象上，如图5-201所示。这样材质就附着了。当将“视觉样式”转换成“真实”时，显示出附着材质后的实体，如图5-202所示。

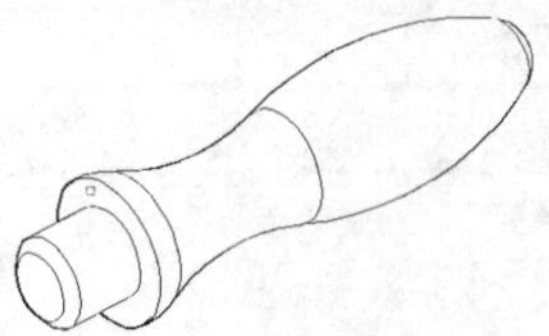

图5-201 指定对象

图5-202 附着材质后

2. 设置材质

执行方式

命令行：MATEDITOROPEN

菜单：视图→渲染→材质编辑器

工具栏：渲染→材质编辑器

功能区：单击“视图”选项卡“选项板”面板中的“材质编辑器”按钮

操作格式

命令：MATEDITOROPEN ↙

执行该命令后，AutoCAD弹出图5-203所示的“材质编辑器”面板。

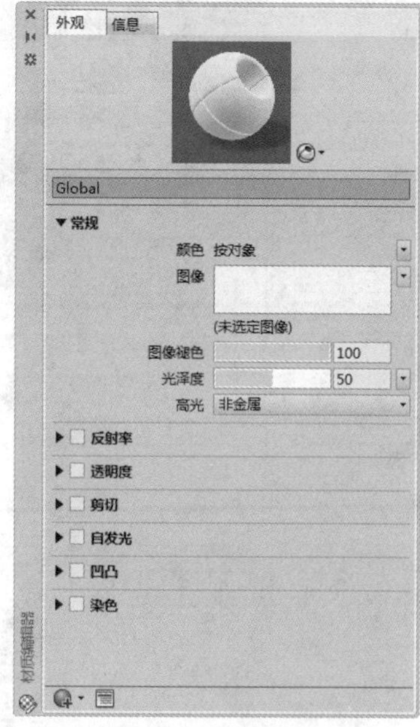

图5-203 “材质编辑器”面板

选项说明

（1）“外观”选项卡。包含用于编辑材质特性的控件。可以更改材质的名称、颜色、光泽度、反射度、透明等。

（2）“信息”选项卡。包含用于编辑和查看材质的关键字信息的所有控件。

5.5.5 渲染

1. 高级渲染设置

执行方式

命令行：RPREF（快捷命令：RPR）

菜单栏：视图→渲染→高级渲染设置

工具栏：渲染→高级渲染设置

执行上述操作后，系统打开图5-204所示的“渲染预设管理器”面板。通过该面板，可以对渲染的有关参数进行设置。

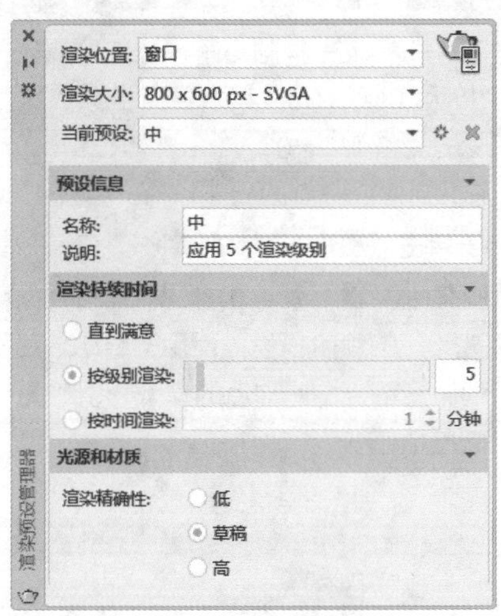

图 5-204 “渲染预设管理器”面板

功能区：单击“视图”选项卡“选项板”面板中的“高级渲染设置”按钮

2. 渲染

执行方式

命令行：RENDER（快捷命令：RR）

菜单栏：视图→渲染→渲染到尺寸

功能区：单击“可视化”选项卡“渲染”面板中的“渲染到尺寸”按钮

执行上述操作后，系统打开图5-205所示的“渲染”窗口，显示渲染结果和相关参数。

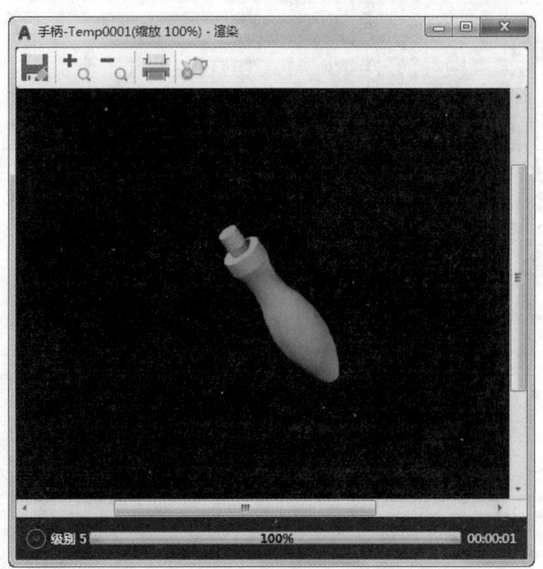

图 5-205 “渲染”窗口

注意 在AutoCAD 2020中，渲染代替了传统的使用水彩、有色蜡笔和油墨等生成建筑、机械和工程图形最终演示的渲染结果图。渲染的过程一般分为以下4步。

（1）准备渲染模型。包括遵从正确的绘图技术、删除消隐面、创建光滑的着色网格和设置视图的分辨率。

（2）创建和放置光源，以及创建阴影。

（3）定义材质并建立材质与可见表面间的联系。

（4）进行渲染，包括检验渲染对象的准备、照明和颜色的中间步骤。

5.5.6 实例——凉亭

本实例绘制图5-206所示的凉亭。

图 5-206 凉亭

1. 绘制凉亭

（1）打开AutoCAD 2020并新建一个文件，单击快速访问工具栏中的“保存”按钮，将文件保存为“凉亭.dwg”。

（2）单击“默认”选项卡“绘图”面板中的“多边形”按钮，绘制一个边长为“120”的正六边形。单击“三维工具”选项卡“建模”面板中的“拉伸”按钮，将正六边形拉伸成高度为“30”的棱柱体。

（3）选择菜单栏中的“视图”→“三维视图”→“视点预设”命令，弹出“视点预设”对话框，如图5-207所示。将“自 : X轴”文本框内的值改为“305”，将“自 : XY平面”文本框内的值改为“20”，单击“确定”按钮关闭对话框。切换视图，此时的亭基视图如图5-208所示。

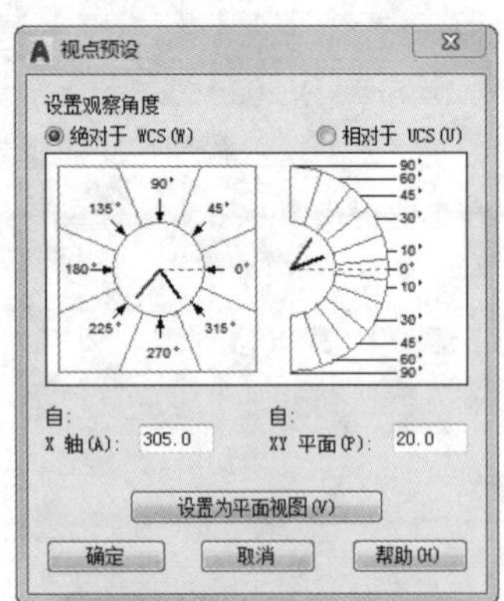

图 5-207 “视点预设”对话框

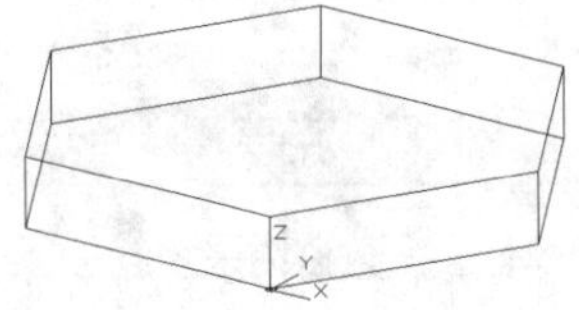

图 5-208 亭基视图

（4）使用“UCS”命令建立图5-209所示的新坐标系，重复“UCS”命令，将坐标系绕*Y*轴旋转-90°得到图5-210所示的坐标系，命令行中的提示与操作如下：

命令：UCS↙
当前 UCS 名称：*世界*
指定 UCS 的原点或 [面(F)/命名(NA)/对象(OB)/上一个(P)/视图(V)/世界(W)/X/Y/Z/Z轴(ZA)] <世界>:（输入新坐标系原点，打开目标捕捉功能，选择图5-209中的1角点）
指定 X 轴上的点或 <接受> <309.8549,44.5770,0.0000>:（选择图5-209中的2角点）
指定 XY 平面上的点或 <接受><307.1689,45.0770,0.0000>:（选择图5-209中的3角点）

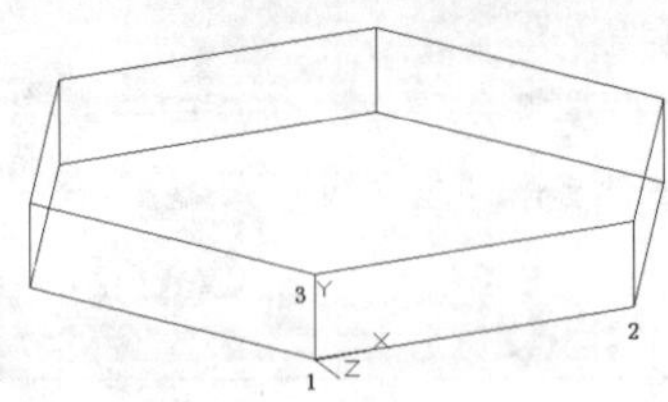

图 5-209 建立新坐标系

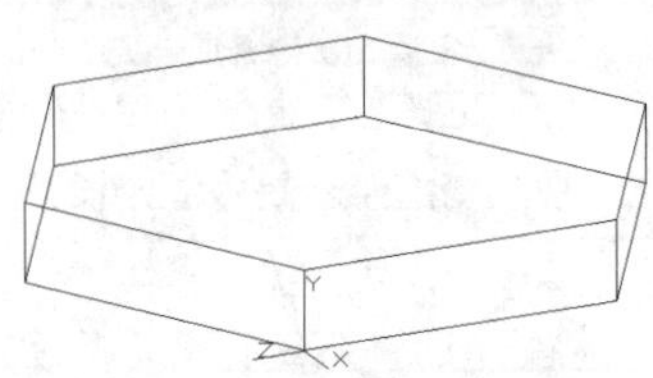

图 5-210 旋转变换后的新坐标系

（5）单击“默认”选项卡“绘图”面板中的“多段线”按钮，绘制台阶横截面轮廓线。多段线起点坐标为（0，0），其余各点坐标依次为（0，30）、（20，30）、（20，20）、（40，20）、（40，10）、（60，10）、（60，0）和（0，0）。

（6）单击“三维工具”选项卡“建模”面板中的“拉伸”按钮，将多段线沿*Z*轴负方向拉伸成宽度为“80”的台阶模型。使用三维动态观察工具将视点稍做偏移，拉伸前后的模型分别如图5-211和图5-212所示。

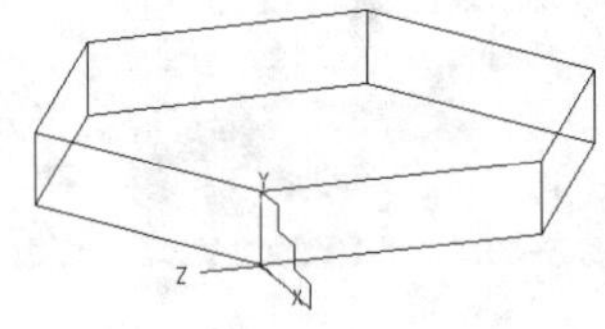

图 5-211 台阶横截面轮廓线

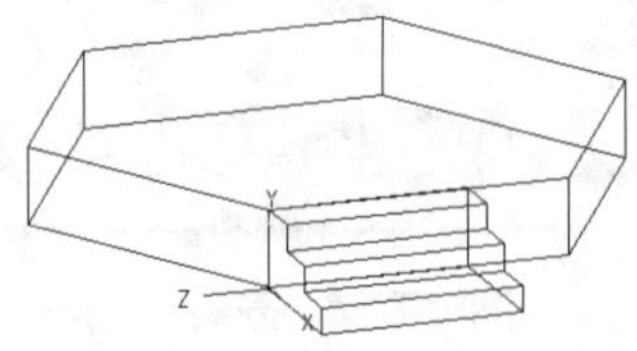

图 5-212 台阶模型

（7）单击“默认”选项卡“修改”面板中的“移动”按钮，将台阶移动到其所在边的中心位置，如图5-213所示。

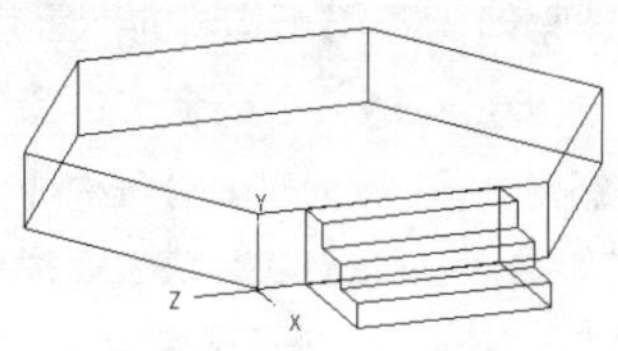

图5-213 移动后的台阶模型

（8）单击“默认”选项卡“绘图”面板中的“多段线”按钮，绘制出滑台横截面轮廓线。

（9）单击“三维工具”选项卡“建模”面板中的“拉伸”按钮，将其拉伸成高度为“20”的三维实体。

（10）单击“默认”选项卡“修改”面板中的“复制”按钮，复制滑台并将其移到台阶的另一侧，建立台阶两侧的滑台模型。

（11）单击“三维工具”选项卡“实体编辑”面板中的“并集”按钮，将亭基、台阶和滑台合并成一个整体，结果如图5-214所示。

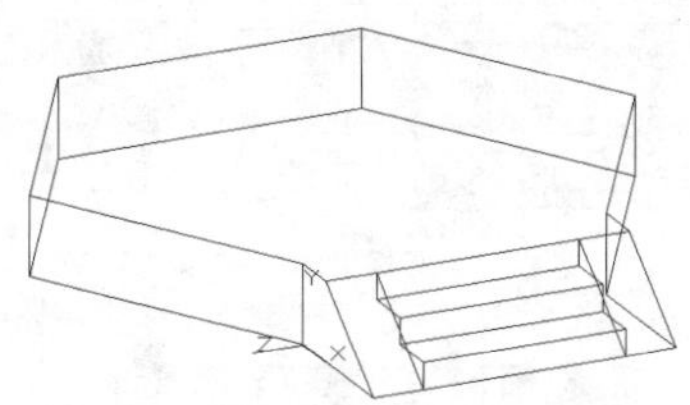

图5-214 并集运算

（12）单击“默认”选项卡“绘图”面板中的“直线”按钮，绘制3条对角线作为辅助线。

（13）在命令行中输入“UCS”命令，利用“三点”方式建立新坐标系的方法建立图5-215所示的新坐标系。

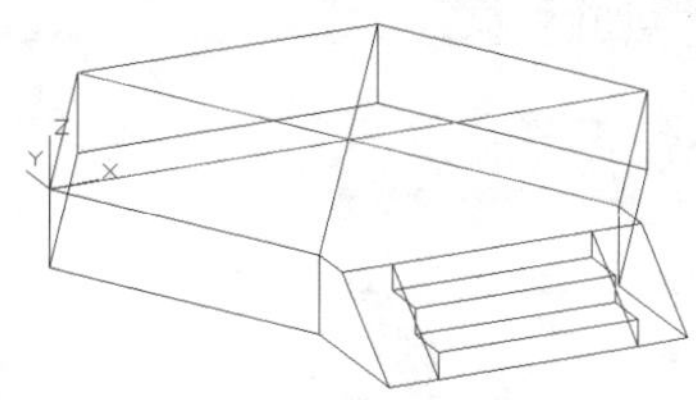

图5-215 建立新坐标系

（14）单击“三维工具”选项卡“建模”面板中的“圆柱体”按钮，绘制一个底面中心坐标在点（20，0，0）、底面半径为“8”、高为“200”的圆柱体作为凉亭立柱。

（15）选择菜单栏中的“修改”→“三维操作”→“三维阵列”命令，阵列得到凉亭的6根立柱，阵列中心点为前面绘制的辅助线交点，旋转轴另一点为Z轴上任意点。

（16）单击“视图”选项卡“导航”面板中的“范围”下拉列表中的“实时”按钮，利用“ZOOM”命令使模型全部可见。接着单击“视图”选项卡“视觉样式”面板中的“隐藏”按钮，对模型进行消隐，如图5-216所示。

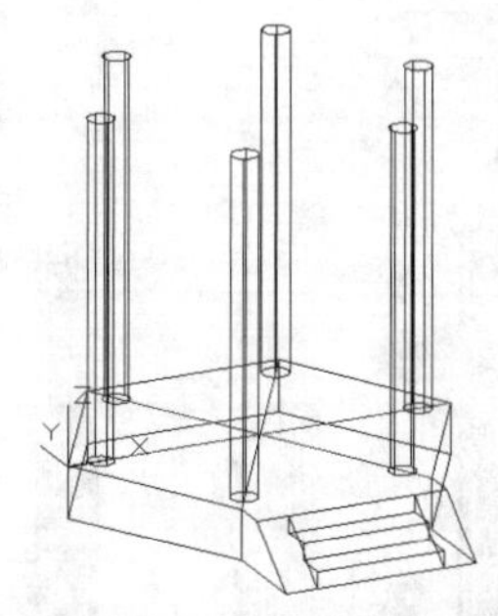

图5-216 三维阵列后的立柱模型

（17）打开圆心捕捉功能，单击“默认”选项卡“绘图”面板中的“多段线”按钮，连接6根立柱的顶面中心。单击“默认”选项卡“修改”面板中的“偏移”按钮，将多段线分别向内和向外偏移“3”。单击“默认”选项卡“修改”面板中的“删除”按钮，删除中间的多段线。单击“三维工具”选项卡“建模”面板中的“拉伸”按钮，将两条多段线分别拉伸成高度为“-15”的实体。单击“三维工具”选项卡“实体编辑”面板中的“差集”按钮，生成连梁。

（18）单击“默认”选项卡“修改”面板中的“复制”按钮，复制连梁，并将连梁向下移动“25”，消隐完成的连梁模型如图5-217所示。

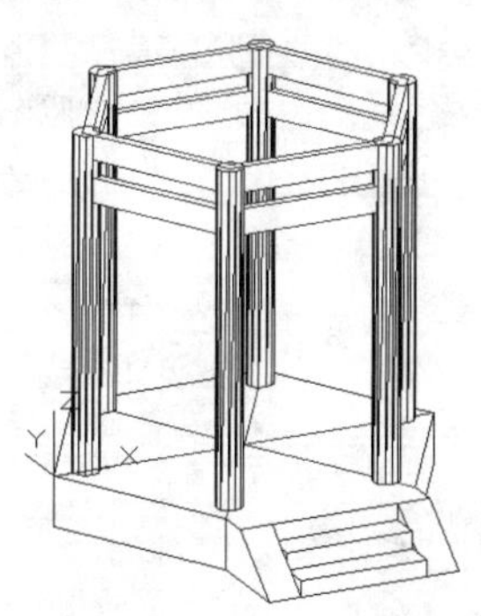

图5-217 完成连梁后的凉亭模型

（19）在命令行中输入“UCS”命令，利用“三点”方式建立坐标系的方式建立一个坐标原点在凉亭台阶所在边的连梁外表面的顶部左上角点、X轴与连梁方向相同的新坐标系。单击“三维工具”选项卡“建模”面板中的“长方体”按钮，绘制一个长为“40”、宽为“20”、高为“3”的长方体。单击“默认”选项卡“修改”面板中的“移动”按钮，将其移动到连梁中心位置，如图5-218所示。最后单击“默认”选项卡“注释”面板中的“多行文字”按钮A，在牌匾上题上亭名（如“东庭”）。

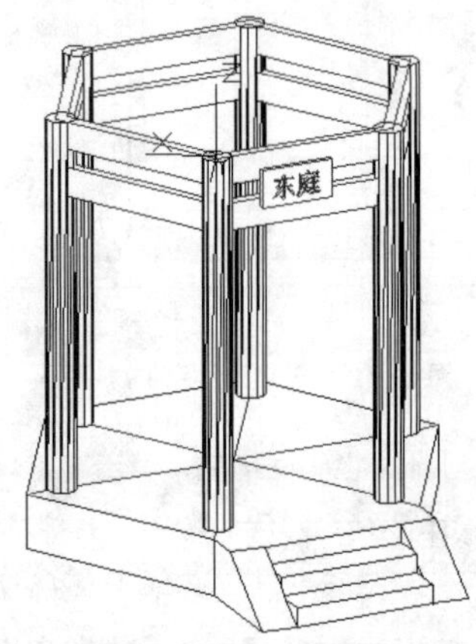

图5-218　加上牌匾的凉亭模型

（20）利用“UCS”命令设置坐标系。

（21）为了方便绘图，新建“图层1”图层，绘制图5-219所示的辅助线。单击“默认”选项卡“绘图”面板中的“多段线”按钮，绘制连接柱顶中心的封闭多段线。单击“默认”选项卡“绘图”面板中的“直线”按钮，连接柱顶面正六边形的对角线。单击“默认”选项卡“修改”面板中的“偏移”按钮，将封闭多段线向外偏移“80”。单击“默认”选项卡“绘图”面板中的“直线”按钮，画一条起点在对角线交点、高为“60”的竖线，并在竖线顶端绘制一个外切圆半径为“10”的正六边形。

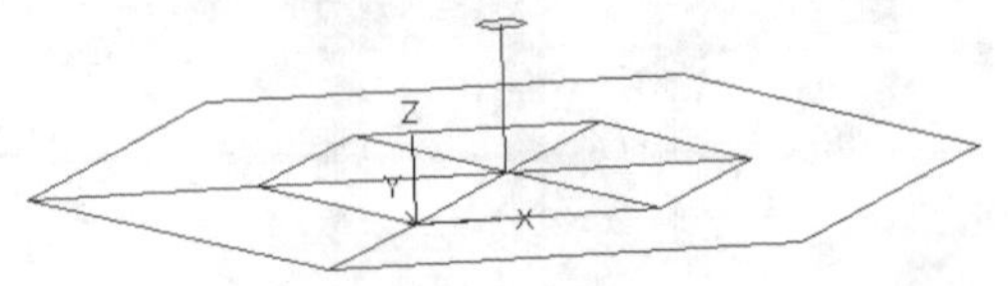

图5-219　亭顶辅助线1

（22）单击“默认”选项卡“绘图”面板中的“直线”按钮，按图5-220所示连接辅助线，并移动坐标系到点1、2、3所构成的平面上。

（23）单击“默认”选项卡“绘图”面板中的“圆弧”按钮，在点1、2、3所构成的平面内绘制一条弧线作为亭顶的一条脊线。选择菜单栏中的“修改”→“三维操作”→“三维镜像”命令，将其镜像到另一侧，在镜像时，选择图5-221中点1、点2、点3的中点作为镜像平面上的3点。

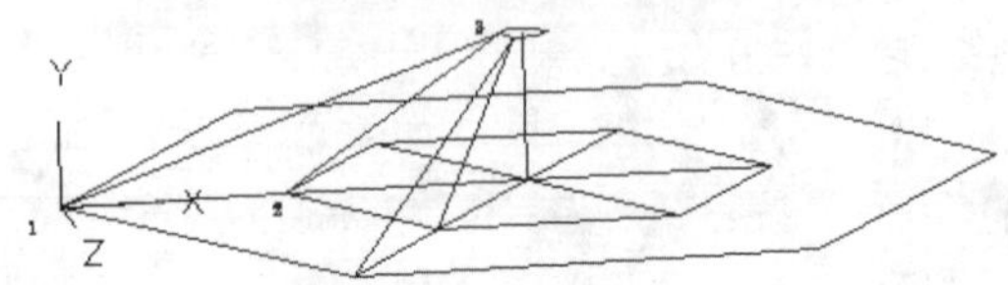

图5-220　亭顶辅助线2

（24）将坐标系绕X轴旋转90°，将坐标系恢复到先前状态。单击“默认”选项卡“绘图”面板中的“圆弧”按钮，在亭顶的底面绘制弧线，绘制出的亭顶轮廓线如图5-221所示。

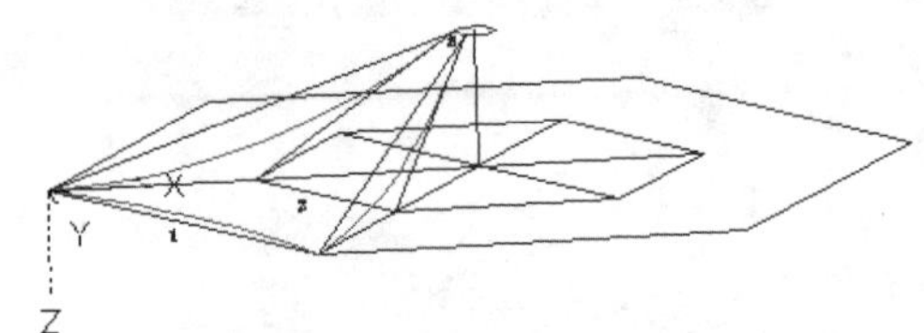

图5-221　亭顶轮廓线

（25）单击“默认”选项卡“绘图”面板中的“直线”按钮，连接两条弧线的顶部。选择菜单栏中的“绘图”→“建模”→“网格”→“边界网格”命令，当前工作空间的菜单中未提供命令生成边缘曲面。将坐标系恢复到先前状态，如图5-222所示。4条边界线为上面绘制的3条圆弧线以及连接两条弧线的顶部的直线。

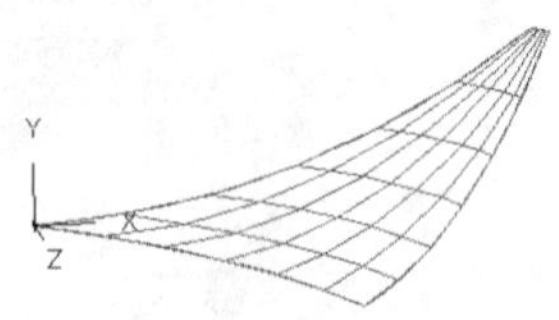

图5-222　亭顶曲面（部分）

（26）单击“默认”选项卡“修改”面板中的“复制”按钮，复制下边缘轮廓线并将其向下移动“5”。单击“默认”选项卡“绘图”面板中的“直线”按钮，连接两条弧线的端点，选择菜单栏中的“绘图”→“建模”→“网格”→“边界网格”命令，生成边缘曲面。

（27）使用“三点”方式建立新坐标系，使坐标原点位于脊线的一个端点，且Z轴方向与弧线相切。单击“默认”选项卡“绘图”面板中的“圆”按钮，在其一个端点绘制一个半径为“5”的圆，最后使用拉伸工具将圆按弧线拉伸成实体。

（28）将坐标系绕Y轴旋转90°，然后按照步骤（27）所示的方法在其一端绘制半径为“5”的圆并将其拉伸成实体。单击“三维工具”选项卡“建模”面板中的“球体”按钮，在挑角的末端绘制一个半径为“5”的球体。单击“三维工具”选项卡“实体编辑”面板中的“并集”按钮，将脊线和挑角连成一个实体。单击“视图”选项卡“视觉样式”面板中的“隐藏”按钮，消隐得到图5-223所示的结果。

（29）选择菜单栏中的“修改”→“三维操作”→“三维阵列”命令，将图5-223所示图形阵列，得到完整的顶面，如图5-224所示。

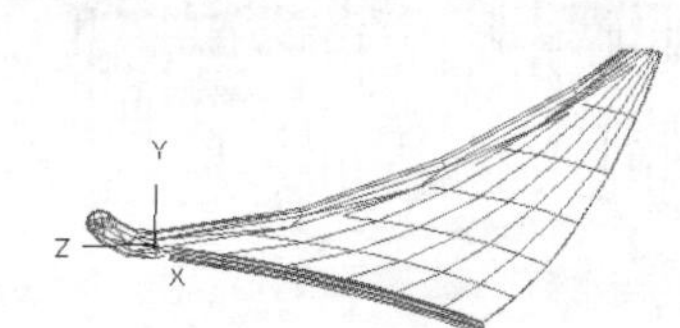

图 5-223 亭顶脊线和挑角

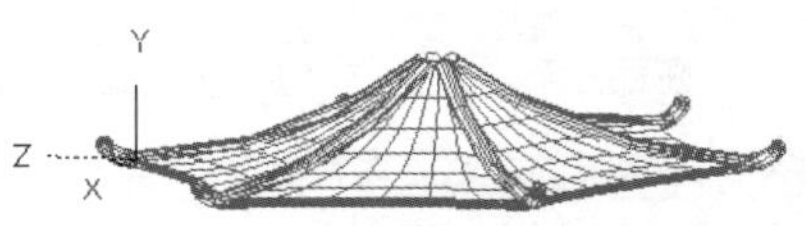

图 5-224 阵列后的亭顶

（30）将坐标系移动到顶部中心位置，且使XY平面在竖直面内。单击“默认”选项卡“绘图”面板中的“多段线”按钮，绘制顶缨半截面。单击“三维工具”选项卡“建模”面板中的“旋转”按钮，绕中轴线旋转生成实体。完成的亭顶外表面如图5-225所示。

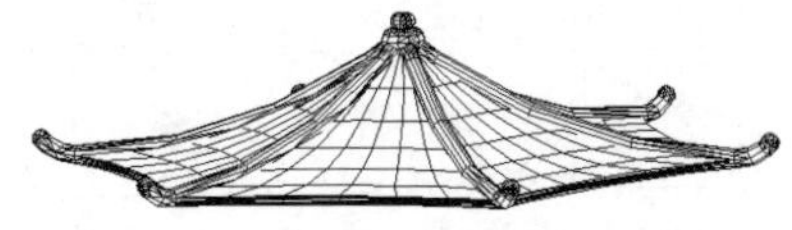

图 5-225 完成的亭顶外表面

（31）新建“图层2”图层，将图5-226所示的正六边形和直线放置在“图层2”图层中，关闭“图层1”图层。单击“默认”选项卡“绘图”面板中的“直线”按钮，绘制边界线。选择菜单栏中的“绘图”→“建模”→“网格”→“边界网格”命令，生成边缘曲面，绘制图5-226所示的亭顶内表面。选择菜单栏中的“修改”→“三维操作”→“三维阵列”命令，将其阵列到整个亭顶，如图5-227所示。

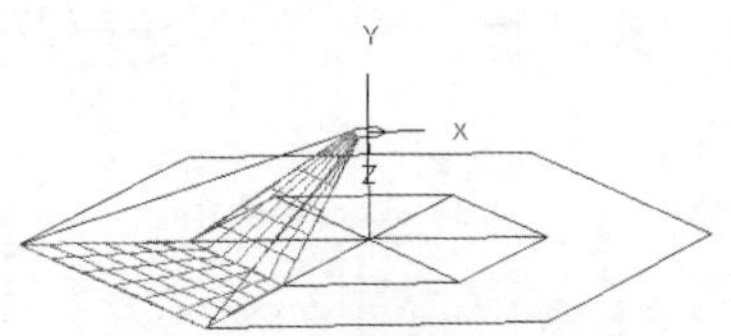

图 5-226 亭顶内表面（局部）

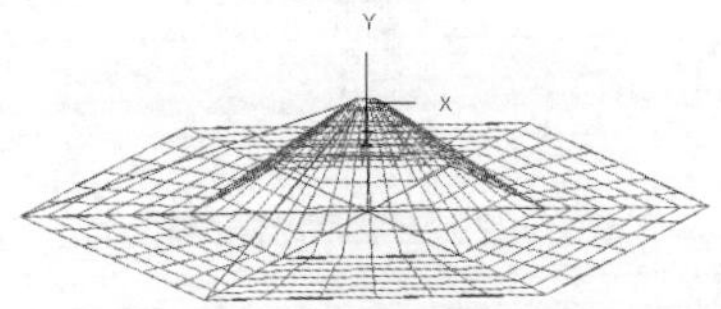

图 5-227 亭顶内表面（完全）

（32）单击“视图”选项卡“视觉样式”面板中的“隐藏”按钮，消隐模型，结果如图5-228所示。

图 5-228 凉亭结果图

2. 绘制凉亭内桌椅

（1）在命令行中输入“UCS”命令，将坐标系移至亭基的中心点。

（2）单击“三维工具”选项卡“建模”面板中的“圆柱体”按钮，绘制一个底面中心在亭基上表面中心位置、底面半径为“5”、高为“40”的圆柱体。利用“ZOOM”命令放大桌脚部分视图。在命令行中输入“UCS”命令将坐标系移动到桌脚顶面圆心处。

（3）单击“三维工具”选项卡“建模”面板中的“圆柱体”按钮，绘制一个底面中心在桌脚顶面圆心处、底面半径为“40”、高为“3”的圆柱体。

（4）单击“三维工具”选项卡“实体编辑”面板中的“并集”按钮，将桌脚和桌面连成一个整体。

（5）单击“视图”选项卡“视觉样式”面板中的“隐藏”按钮，绘制完成的桌子如图5-229所示。

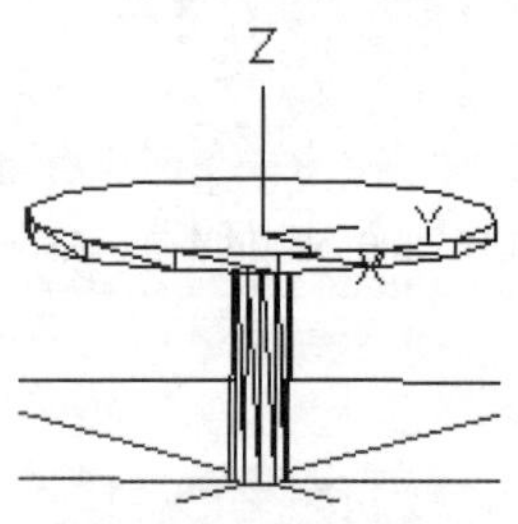

图5-229 消隐后的桌子模型

（6）在命令行中输入“UCS”命令，移动坐标系至桌脚底部中心处。

（7）单击“默认”选项卡“绘图”面板中的“圆”按钮，绘制一个中心点为（0，0）、半径为“50”的辅助圆。

（8）在命令行中输入“UCS”命令，将坐标系移动到辅助圆的某一个四分点上，并将其绕*X*轴旋转90°，得到图5-230所示的坐标系。

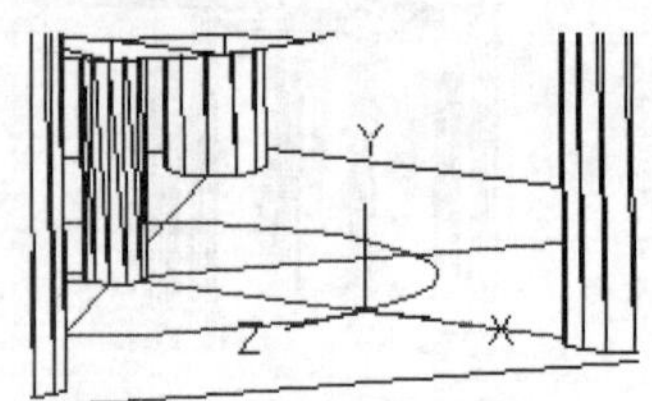

图5-230 经平移和旋转后的新坐标系

（9）单击“默认”选项卡“绘图”面板中的“多段线”按钮，绘制坐标点依次为（0，0）、（0,25）、（10,25）、（10,24）、（a）、（6,0）、（l）、（c）的多段线作为椅子的半剖面。

（10）单击“三维工具”选项卡“建模”面板中的“旋转”按钮，旋转步骤（9）绘制的多段线。

（11）单击“视图”选项卡“视觉样式”面板中的“隐藏”按钮，生成的椅子如图5-231所示。

图5-231 旋转生成的椅子模型

（12）选择菜单栏中的“修改”→“三维操作”→“三维阵列”命令，在桌子四周阵列得到4张椅子。

（13）单击“默认”选项卡“修改”面板中的“删除”按钮，删除辅助圆。

（14）单击“视图”选项卡“视觉样式”面板中的“隐藏”按钮，观看建立的桌椅模型，如图5-232所示。

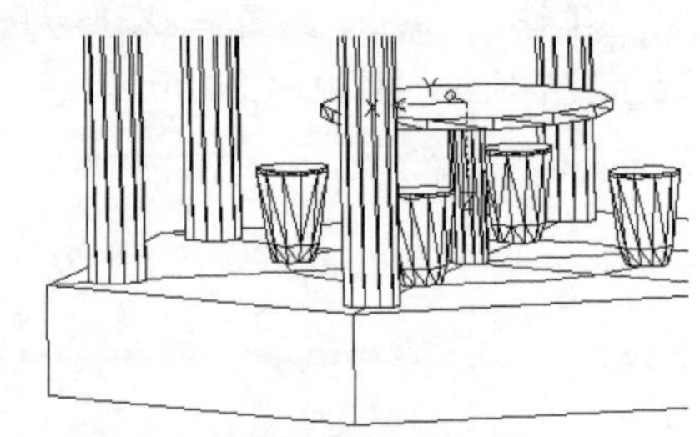

图5-232 消隐后的桌椅模型

（15）在命令行中输入“UCS”命令，并将其绕*X*轴旋转90°。单击“三维工具”选项卡“建模”面板中的“长方体”按钮，绘制一个两个对角顶点分别为（0，-8，0）和（100，16，3）的长方体，然后将其向上平移“20”。

（16）单击“三维工具”选项卡“建模”面板中的“长方体”按钮，绘制高为“20”、厚为“3”、宽为“16”的凳脚。单击“默认”选项卡“修改”面板中的“复制”按钮，复制凳脚并将其移到合适的位置。单击“三维工具”选项卡“实体编辑”面板中的“并集”按钮，将凳脚和凳面合并成一个实体。

（17）选择菜单栏中的“修改”→“三维操作”→“三维阵列”命令，将长凳阵列到其他方向，然后删除台阶所在边的长凳，完成的凉亭模型如图5-233所示。

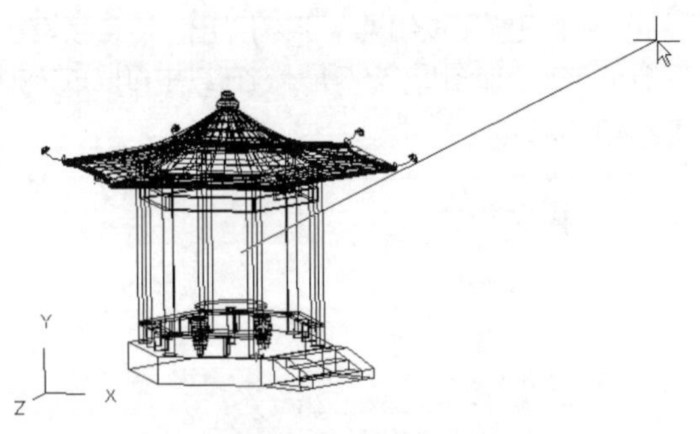

图 5-233　凉亭模型图

3. 创建凉亭灯光

（1）单击“可视化”选项卡“光源”面板中的“点”按钮，命令行中的提示与操作如下：

```
命令：_pointlight
指定源位置 <0,0,0>:（适当指定位置，如图 5-233 所示）
输入要更改的选项 [名称(N)/强度因子(I)/状态(S)/光度(P)/阴影(W)/衰减(A)/过滤颜色(C)/退出(X)] <退出>:A↙
输入要更改的选项 [衰减类型(T)/使用界限(U)/衰减起始界限(L)/衰减结束界限(E)/退出(X)]<退出>: T↙
输入衰减类型 [无(N)/线性反比(I)/平方反比(S)] <无>: I↙
输入要更改的选项 [衰减类型(T)/使用界限(U)/衰减起始界限(L)/衰减结束界限(E)/退出(X)]<退出>: U↙
界限 [开(N)/关(F)] <关>: N↙
输入要更改的选项 [衰减类型(T)/使用界限(U)/衰减起始界限(L)/衰减结束界限(E)/退出(X)]<退出>: L↙
指定起始界限偏移 <1>: 10↙
输入要更改的选项 [衰减类型(T)/使用界限(U)/衰减起始界限(L)/衰减结束界限(E)/退出(X)]<退出>:↙
输入要更改的选项 [名称(N)/强度因子(I)/状态(S)/阴影(W)/衰减(A)/颜色(C)/退出(X)] <退出>: ↙
```

上述操作完成后，点光源就设置完成，但该光源设置是否合理还不太清楚。为了观看该光源设置的结果，可以用“RENDER”命令预览，渲染后的凉亭如图5-234所示。

（2）单击“可视化”选项卡“光源”面板中的“聚光灯”按钮，命令行中的提示与操作如下：

```
命令：_spotlight
指定源位置 <0,0,0>:（适当指定一点）
指定目标位置 <0,0,-10>:（适当指定一点）
输入要更改的选项 [名称(N)/强度(I)/状态(S)/光度(P)/聚光角(H)/照射角(F)/阴影(W)/衰减(A)/颜色(C)/退出(X)] <退出>: H↙
输入聚光角 (0.00-160.00) <45>: 60↙
输入要更改的选项 [名称(N)/强度(I)/状态(S)/光度(P)/聚光角(H)/照射角(F)/阴影(W)/衰减(A)/颜色(C)/退出(X)] <退出>: F↙
输入照射角 (0.00-160.00) <60>: 75↙
输入要更改的选项 [名称(N)/强度(I)/状态(S)/光度(P)/聚光角(H)/照射角(F)/阴影(W)/衰减(A)/颜色(C)/退出(X)] <退出>: ↙
```

当创建完某个光源（点光源、平行光源或聚光灯）后，如果对该光源不满意，可以在屏幕上直接将其删除。

图 5-234　光源照射下的凉亭渲染图

（3）单击“可视化”选项卡“材质”面板中的“材质浏览器”按钮，如图5-235所示。打开其中的“塑料材质库”选项卡，选择其中一种材质，将其拖动到绘制的柱子实体上。用同样的方法为凉亭其他部分添加合适的材质。

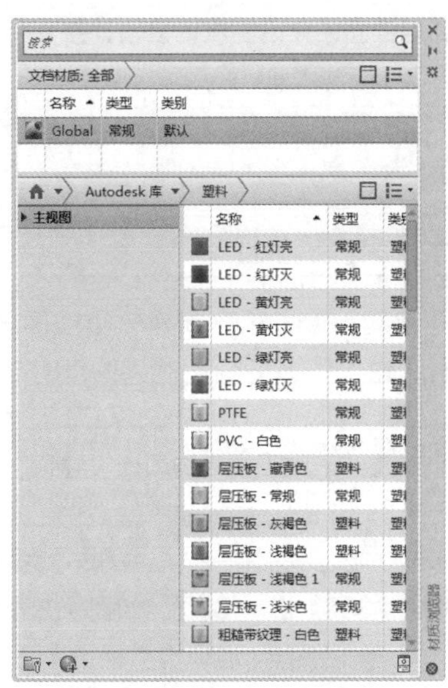

图 5-235　“材质浏览器”面板

（4）单击“可视化”选项卡“渲染”面板中的“渲染环境和曝光”按钮，系统弹出“渲染环境和曝光”面板，如图5-236所示，在其中可以进行相关参数设置。

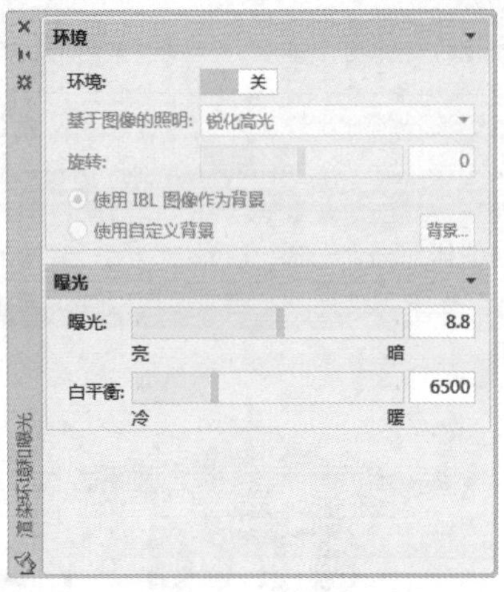

图5-236　“渲染环境和曝光”面板

（5）单击“视图”选项卡“选项板”面板中的“高级渲染设置”按钮，系统弹出“渲染预设管理器”面板，如图5-237所示，在其中可以进行相关参数的设置。

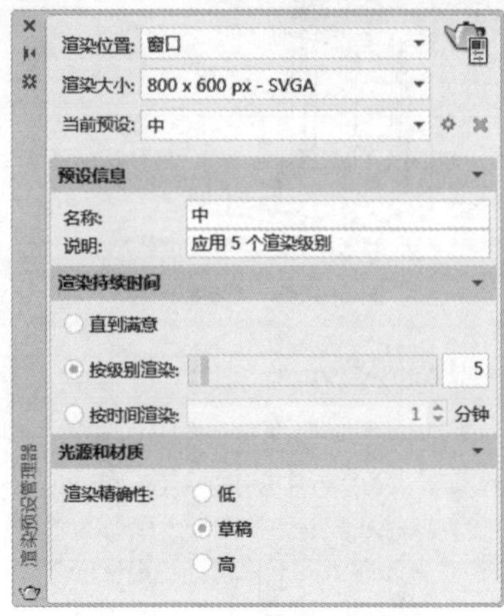

图5-237　“渲染预设管理器”面板

（6）单击“可视化”选项卡“渲染”面板中的“渲染到尺寸”按钮，对实体进行渲染。

5.6　综合演练——饮水机

绘制图5-238所示的饮水机，其绘制思路是：先利用“长方体”“圆角”等命令和布尔运算绘制饮水机主体及水龙头放置口，利用“平移网格”“楔形表面”等命令绘制放置台，然后利用“长方体”“圆柱体”“剖切”“拉伸”“三维镜像”等命令绘制水龙头，再利用锥面命令绘制水桶接口，接着利用“旋转网格”命令绘制水桶，最后进行渲染。

图5-238　饮水机

5.6.1　饮水机机座

（1）启动AutoCAD，新建一个空图形文件，在命令行中输入“LIMITS”，输入图纸的左下角和右下角的坐标，即（0，0）和（1200，1200）。

（2）单击“三维工具”选项卡“建模”面板中的“长方体”按钮，输入起始点（100,100,0）。在命令行输入“L”，然后输入长方体的长、宽和高，分别为“450”“350”和“1000”，如图5-239所示。

（3）单击“视图”选项卡“视图”面板中的“西南等轴测”按钮，将视图设定为西南等轴测视图。然后单击“视图”→“显示”→“UCS图标”→“开”命令，隐藏坐标轴，饮水机主体的外形如图5-240所示。

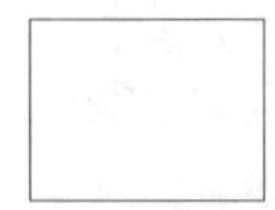

图5-239　绘制长方体

（4）单击“默认”选项卡“修改”面板中的“圆角”按钮，设置圆角半径为“40”，然后选择除地面4条棱之外要进行圆角处理的各条棱。圆角处理完成后如图5-241所示。

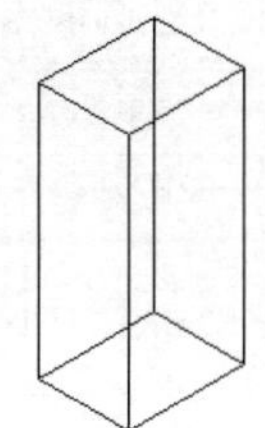

图 5-240 饮水机主体

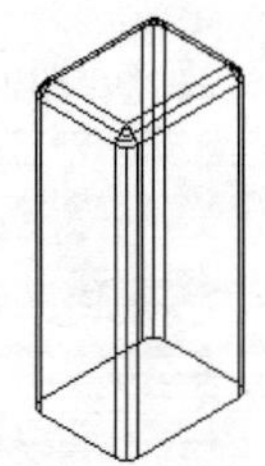

图 5-241 圆角处理

（5）单击“视图”选项卡“视觉样式”面板中的“隐藏”按钮，进行消隐，消隐后的效果如图5-242所示。

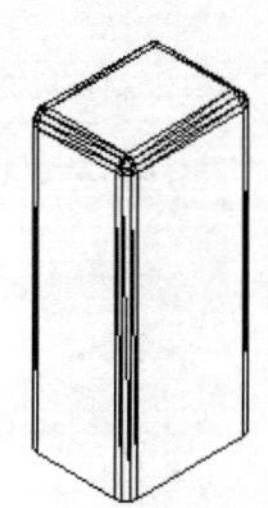

图 5-242 消隐后的效果

（6）单击“三维工具”选项卡“建模”面板中的“长方体”按钮，绘制一个长、宽、高分别为“220”“20”和“300”的长方体，如图5-243所示。

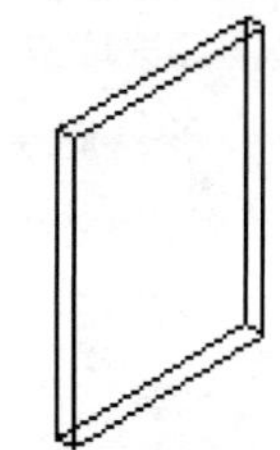

图 5-243 绘制长方体

（7）单击“默认”选项卡“修改”面板中的“圆角”按钮，设置圆角半径为“10”，然后选择需要进行圆角处理的各条棱。圆角处理完成后如图5-244所示。

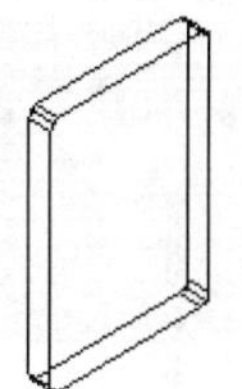

图 5-244 生成长方体

（8）打开状态栏上的“对象捕捉”按钮，单击“默认”选项卡“修改”面板中的“移动”按钮，选择刚生成的长方体的一个顶点为移动的基点，将长方体移动至图5-245所示的位置。

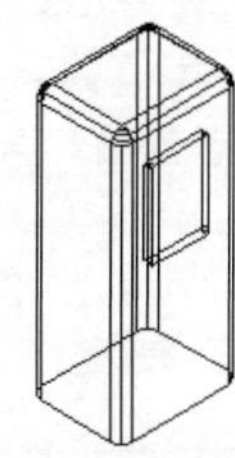

图 5-245 移动长方体到合适位置

（9）单击“三维工具”选项卡“实体编辑”面板中的“差集”按钮，执行差集运算命令，选择大长方体为“从中减去的对象”，小长方体为“减去对象”，生成饮水机放置水龙头的空间。

（10）单击“视图”选项卡“视觉样式”面板中的“隐藏”按钮，进行消隐，消隐后的效果如图5-246所示。

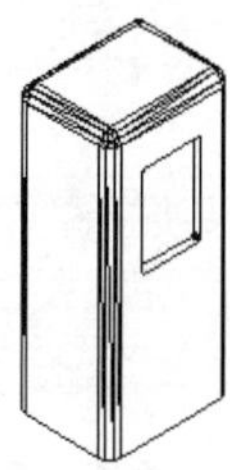

图 5-246 生成放置水龙头的空间

（11）单击“视图”选项卡“视图”面板中的“前视”按钮，显示前视图，如图5-247所示。

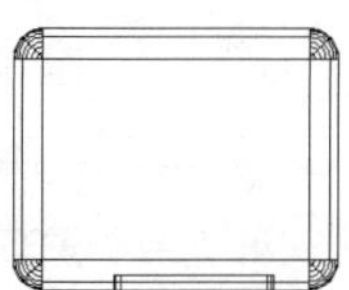

图 5-247 前视图

（12）单击“默认”选项卡“绘图”面板中的“多段线”按钮，绘制长度分别为“64”“260”和“64”的3段直线，如图5-248所示。

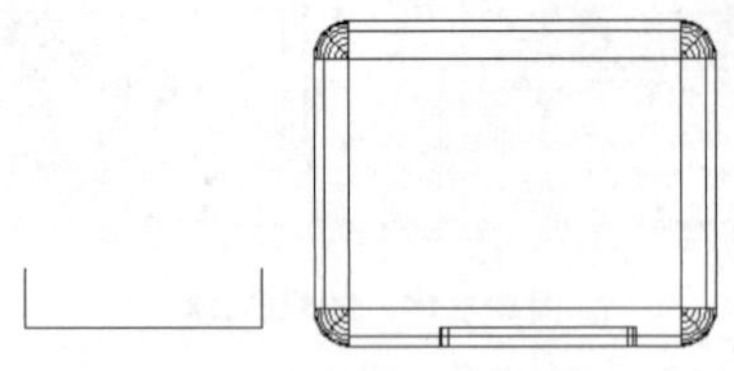

图5-248 绘制多段线

（13）单击“视图”选项卡“视图”面板中的“右视”按钮，显示右视图。单击“默认”选项卡“绘图”面板中的“直线”按钮，绘制长度为“75”的直线。单击“视图”选项卡“视图”面板中的“西南等轴测”按钮，显示西南等轴测视图，如图5-249所示。

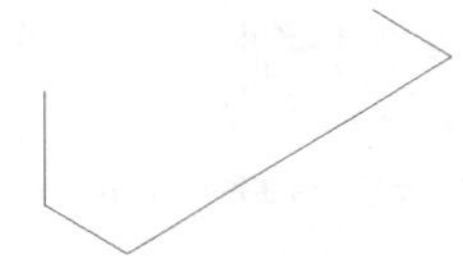

图5-249 西南等轴测视图

（14）选择菜单栏中的“绘图”→“建模”→“网格”→“平移网格”命令，命令行中的提示与操作如下：

```
命令：_tabsurf
当前线框密度：SURFTAB1=6
选择用作轮廓曲线的对象：（选择用“多段线”命令生成的图形）
选择用作方向矢量的对象：（选择用“直线”命令生成的直线）
```

平移后的效果如图5-250所示。

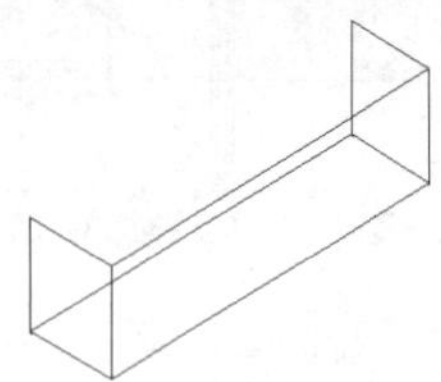

图5-250 平移曲面

（15）单击“默认”选项卡“修改”面板中的“删除”按钮，删除作为平移方向矢量的直线。

（16）单击“三维工具”选项卡“建模”面板中的“楔体”按钮，在适当位置指定一点，绘制长度为“150”、宽度为“260”、高度为“64”的楔体。单击“三维工具”选项卡“实体编辑”面板中的“抽壳”按钮，进行抽壳处理，抽壳距离为“1”。结果如图5-251所示。

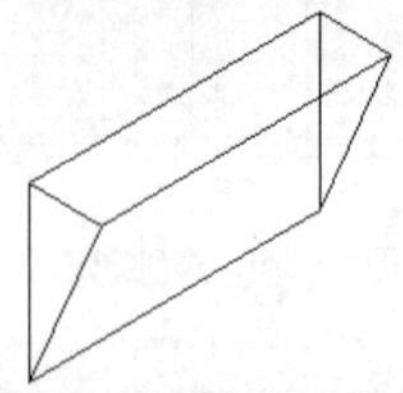

图5-251 绘制楔体

（17）单击“默认”选项卡“修改”面板中的“移动”按钮，将楔体移动至图5-252所示的位置。

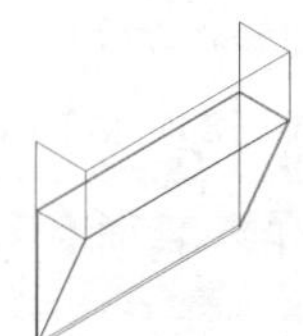

图5-252 移动楔体

（18）单击“默认”选项卡“修改”面板中的“移动”按钮，将图5-252所示的实体移至图5-253所示的位置。

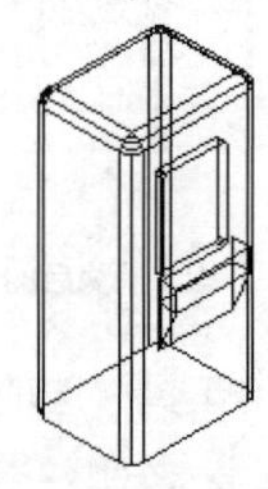

图5-253 移动实体

（19）单击“视图”选项卡“视觉样式”面板中的“隐藏”按钮，进行消隐，消隐后的效果如图5-254所示。

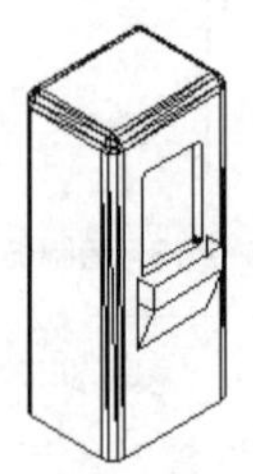

图5-254 消隐后的效果

（20）单击“三维工具”选项卡“建模”面板中的“圆柱体”按钮，绘制直径为“25”、高度为“12”的圆柱体作为饮水机水龙头开关，如图5-255所示。

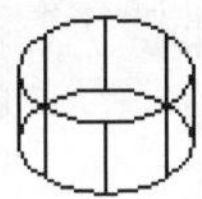

图 5-255 绘制圆柱体

（21）单击“三维工具”选项卡“建模”面板中的“长方体”按钮，绘制一个长、宽、高分别为“80”“30”和“30”的长方体，如图5-256所示。

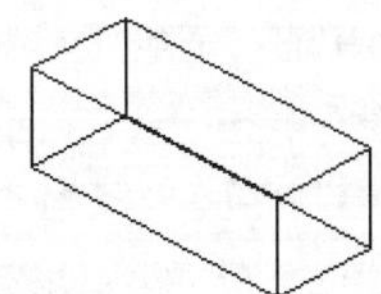

图 5-256 生成水管

（22）单击“默认”选项卡“修改”面板中的“移动”按钮，将圆柱体移动至图5-257所示位置。在移动圆柱体时，可以选择移动的基点为上表面或下表面的圆心。

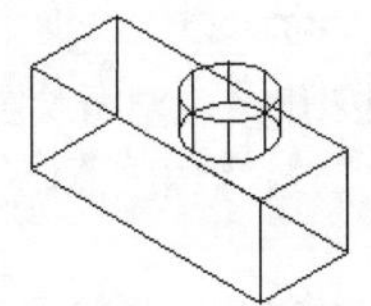

图 5-257 生成水管开关

（23）选择菜单栏中的“修改”→“三维操作”→“剖切”命令，选择长方体为被剖切对象，指定三点确定剖切面，使剖切面与长方体表面成45°角，并且剖切面经过长方体的一条棱；选择保留一侧的任一点。剖切后的效果如图5-258所示。

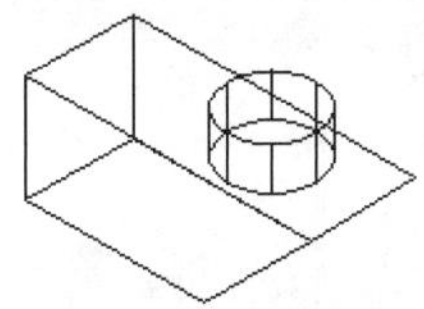

图 5-258 剖切水管

（24）将水管左侧面所在的平面设置为当前UCS所在平面，单击“默认”选项卡“绘图”面板中的“多段线”按钮，绘制多边形，其中多边形一条边与水管斜棱重合，如图5-259所示。

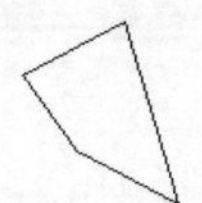

图 5-259 绘制多边形

（25）单击“三维工具”选项卡“建模”面板中的“拉伸”按钮，指定拉伸高度为“30”，也可以使用拉伸路径，在垂直于多边形所在平面的方向上指定距离为“30”的两点。指定拉伸的倾斜角度0°，生成水龙头的嘴，如图5-260所示。

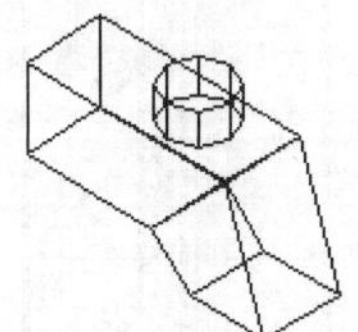

图 5-260 生成水龙头的嘴

（26）单击“默认”选项卡“修改”面板中的“移动”按钮，选择水龙头的嘴作为移动对象，选择拉伸面的一个顶点为基点，将水龙头移动至图5-261所示的位置。

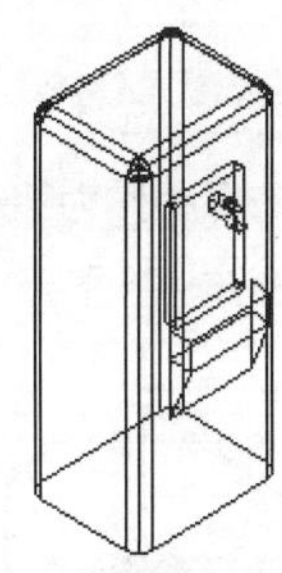

图 5-261 安装水龙头后的效果

（27）单击“视图”选项卡“视觉样式”面板中的“隐藏”按钮，进行消隐，消隐后的效果如图5-262所示。

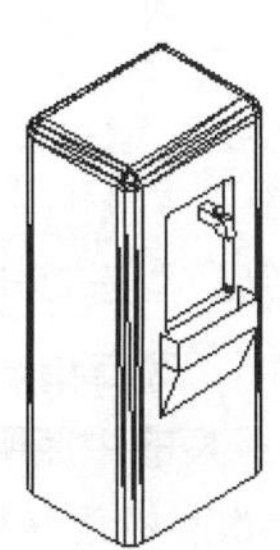

图 5-262 消隐后的效果

（28）选择菜单栏中的“工具”→“新建UCS”→“上一个”命令，将当前UCS转换到原来的UCS。

（29）选择菜单栏中的“修改”→“三维操作”→“三维镜像”命令，选择水龙头作为镜像的对象，指定镜像平面为*YZ*平面，打开对象捕捉功能，捕捉中点作为*YZ*平面上的一点。保留镜像的源对象，如图5-263所示。

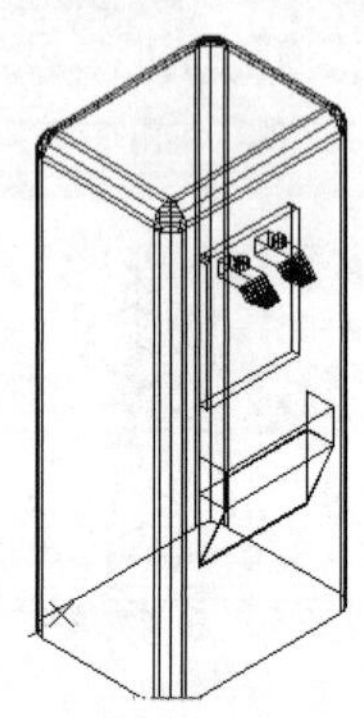

图5-263　镜像处理

（30）单击“默认”选项卡“绘图”面板中的“圆”按钮，生成一个半径为“12”的圆作为饮水机水开关的指示灯。

（31）单击“默认”选项卡“修改”面板中的“移动”按钮，选择圆作为移动对象，将其移动至水龙头上方，如图5-264所示。

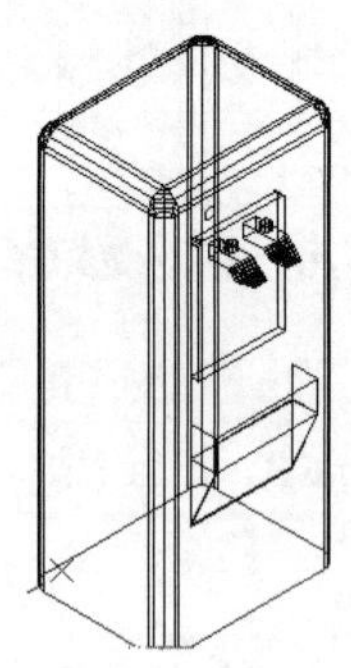

图5-264　绘制指示灯

（32）单击“默认”选项卡“修改”面板中的“镜像”按钮，选择指示灯作为镜像对象，选择饮水机前面两条棱的中点所在直线为镜像线。生成另外一个表示饮水机正在加热的指示灯，如图5-265所示。

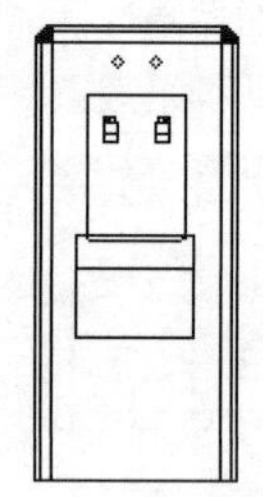

图5-265　镜像指示灯

5.6.2 水桶

（1）在命令行输入“ISOLINES”命令，设置线密度为“12”。单击“三维工具”选项卡“建模”面板中的“圆锥体”按钮，在适当位置指定一点为底面中心点，绘制底面半径为“50”、顶面半径为“100”、高度为“64”的水桶接口圆锥体，结果如图5-266所示。

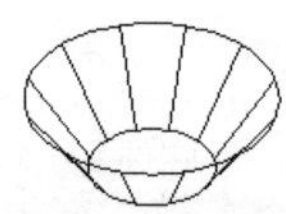

图5-266　绘制圆锥体

（2）单击“三维工具”选项卡“实体编辑”面板中的“抽壳”按钮，对所绘圆锥体进行抽壳处理，抽壳距离为“1”，结果如图5-267所示。

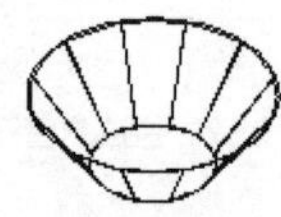

图5-267　抽壳处理圆锥体

（3）单击“默认”选项卡“修改”面板中的“移动”按钮，选择圆锥体作为移动对象，将圆锥体移到饮水机上，使圆锥体底面与饮水机上表面的垂直距离为“50”，如图5-268所示。

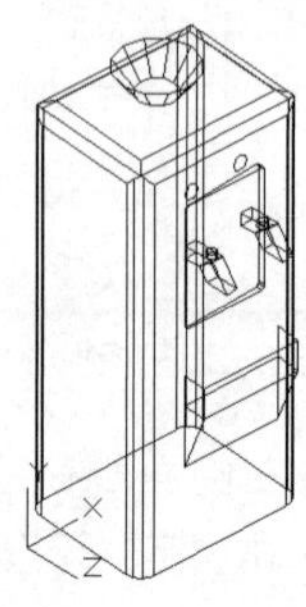

图5-268　生成饮水机与水桶的接口

（4）单击“默认”选项卡“绘图”面板中的“直线”按钮 ，绘制一条垂直于*XY*平面的直线。单击“默认”选项卡“绘图”面板中的“多段线”按钮 ，绘制一条多段线，使多段线上面的水平线段长度为“140”，垂直线段长度为“340”，下面的水平线段为“25”，如图5-269所示。

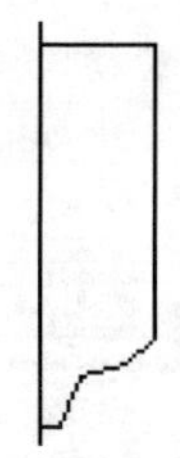

图 5-269 生成水桶的多段线

（5）选择菜单栏中的“绘图”→“建模”→“网格”→“旋转网格”命令，指定多段线为旋转对象，指定直线为旋转轴对象，指定起点角度为0°，包含角为360°，旋转生成水桶，如图5-270所示。

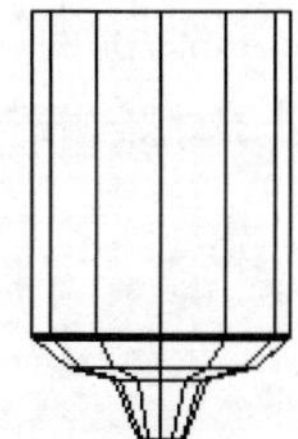

图 5-270 旋转曲面生成水桶

（6）单击“默认”选项卡“修改”面板中的“移动”按钮 ，选择水桶作为移动对象，选择水桶的下底中点为基点，将其移动至水桶接口锥面下底中点位置。

（7）单击“视图”选项卡“视觉样式”面板中的“隐藏”按钮 ，进行消隐，消隐后的效果如图5-271所示。

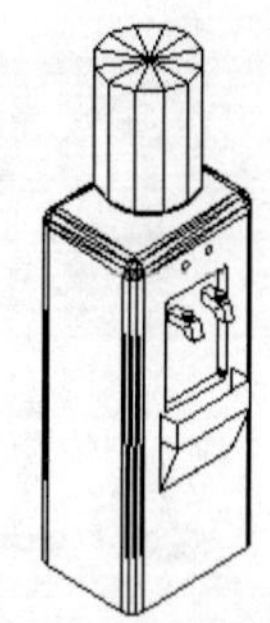

图 5-271 消隐后的饮水机

（8）单击“可视化”选项卡“材质”面板中的“材质浏览器”按钮 ，系统弹出“材质浏览器”面板，为饮水机选择适当的材质，如图5-272所示。

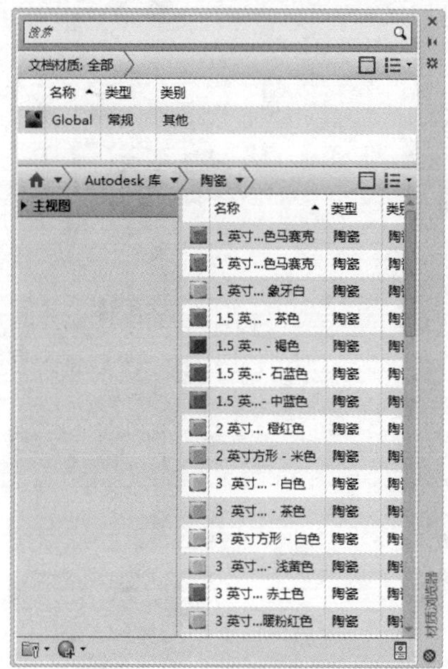

图 5-272 “材质浏览器”面板

（9）单击“可视化”选项卡“渲染”面板中的“渲染到尺寸”按钮 ，进行渲染。渲染效果如图5-238所示。

第 6 章

三维曲面造型绘制

本章导读

本章主要介绍不同三维曲面造型的绘制方法、曲面编辑和网格编辑，包括平面曲面、偏移曲面、过渡曲面、提高平滑度、优化网格等。

6.1 绘制三维曲面

AutoCAD 2020提供了基准命令来创建和编辑曲面，本节主要介绍几种绘制和编辑曲面的方法，帮助读者熟悉三维曲面的功能。

6.1.1 平面曲面

执行方式

命令行：PLANESURF

菜单：绘图→建模→曲面→平面

工具栏：曲面创建→平面曲面

功能区：单击“三维工具”选项卡“曲面”面板中的“平面曲面”按钮（如图6-1所示）

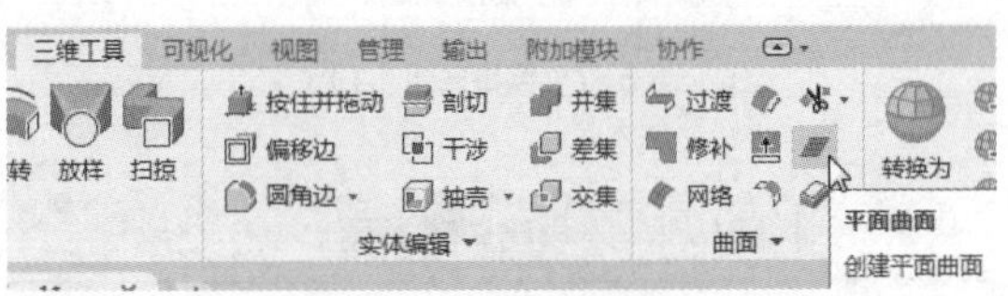

图6-1 “曲面”面板

操作步骤

```
命令：PLANESURF ↙
指定第一个角点或 [对象(O)] <对象>:(指定第一角点)
指定其他角点：(指定第二角点)
```

下面生成一个简单的平面曲面。

首先将视图转换为西南等轴测视图，然后绘制图6-2（a）所示的矩形作为草图，执行“RLANESURF”命令，分别拾取矩形为边界对象，得到的平面曲面如图6-2（b）所示。

（a）作为草图的矩形

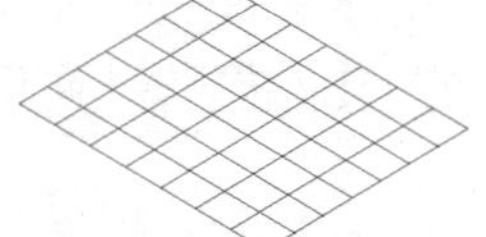

（b）生成的平面曲面

图6-2 绘制平面曲面

6.1.2 实例——葫芦

本实例绘制图6-3所示的葫芦。

（1）将视图切换到前视图，单击“默认”选项卡的“绘图”面板中的“直线”按钮和“样条曲线拟合”按钮，绘制图6-4所示的图形。

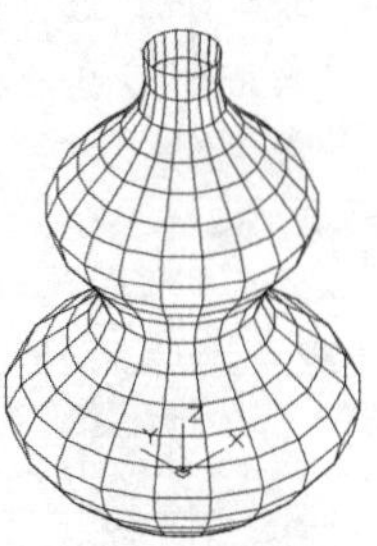

图6-3 葫芦

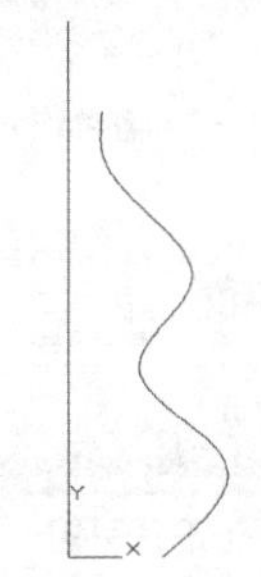

图6-4 绘制图形

（2）在命令行中输入“SURFTAB1”和“SURFTAB2”命令，设置曲面的线框密度为“20”。

（3）将视图切换到西南等轴测视图，选择菜单栏中的“绘图”→“建模”→“网格”→“旋转网格”命令，将样条曲线绕竖直线旋转360°，创建旋转网格，结果如图6-5所示。

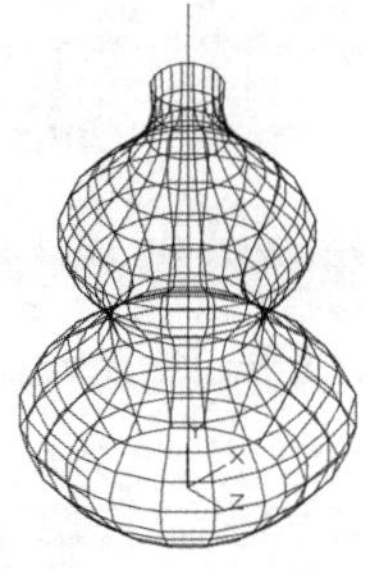

图6-5 旋转曲面

（4）在命令行中输入“UCS”命令，将坐标系恢复到WCS。

（5）单击“默认”选项卡的“绘图”面板中的

“圆”按钮，以坐标原点为圆心，捕捉旋转曲面下方端点绘制圆。

（6）单击“三维工具”选项卡的“曲面”面板中的“平面曲面”按钮，以圆为对象创建平面。命令行提示与操作如下：

```
命令：_Planesurf
指定第一个角点或 [对象(O)] <对象>：O↙
选择对象：（选择步骤（6）绘制的圆）
选择对象：↙
```

结果如图6-6所示。

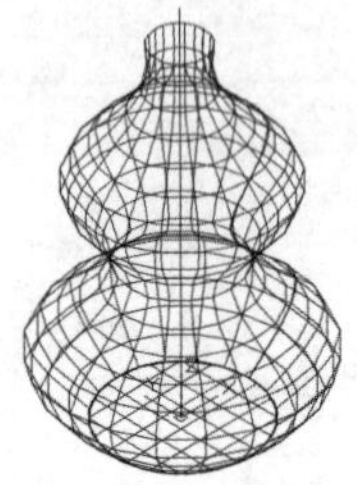

图6-6 平面曲面（1）

6.1.3 偏移曲面

执行方式

命令行：SURFOFFSET

菜单：绘图→建模→曲面→偏移

工具栏：曲面创建→曲面偏移

功能区：单击“三维工具”选项卡“曲面”面板中的“曲面偏移”按钮

操作步骤

```
命令：SURFOFFSET↙
连接相邻边 = 否
选择要偏移的曲面或面域：(选择要偏移的曲面)
指定偏移距离或 [翻转方向(F)/两侧(B)/实体(S)/连接(C)/表达式(E)] <0.0000>：(指定偏移距离)
```

选项说明

（1）指定偏移距离。指定偏移曲面和原始曲面之间的距离。

（2）翻转方向（F）。反转箭头显示的偏移方向。

（3）两侧（B）。沿两个方向偏移曲面。

（4）实体（S）。从偏移创建实体。

（5）连接（C）。如果原始曲面是连接的，则选择该选项可连接多个偏移曲面。

图6-7所示为利用“SURFOFFSET”命令创建偏移曲面的过程。

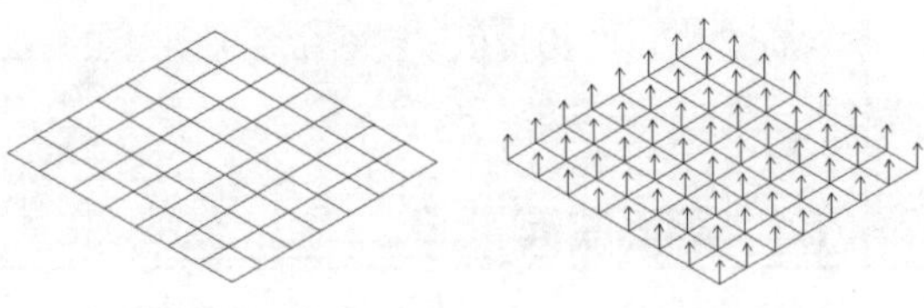

（a）原始曲面　　（b）偏移方向

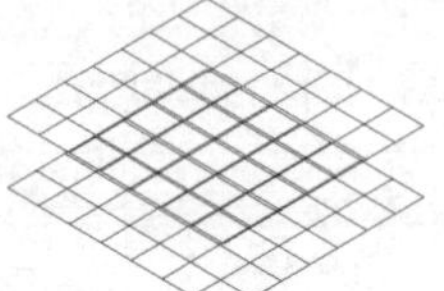

（c）偏移曲面

图6-7 偏移曲面（1）

6.1.4 实例——偏移曲面

本实例创建图6-8所示的偏移曲面。

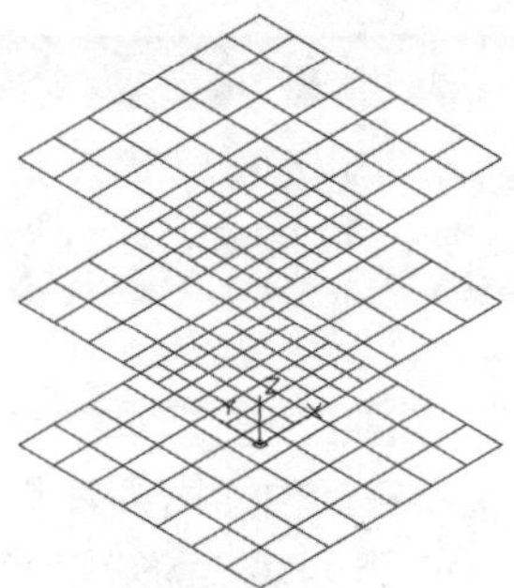

图6-8 偏移曲面（2）

（1）单击“三维工具”选项卡的“曲面”面板中的“平面曲面”按钮，以（0，0）和（50，50）为角点创建平面曲面，如图6-9所示。

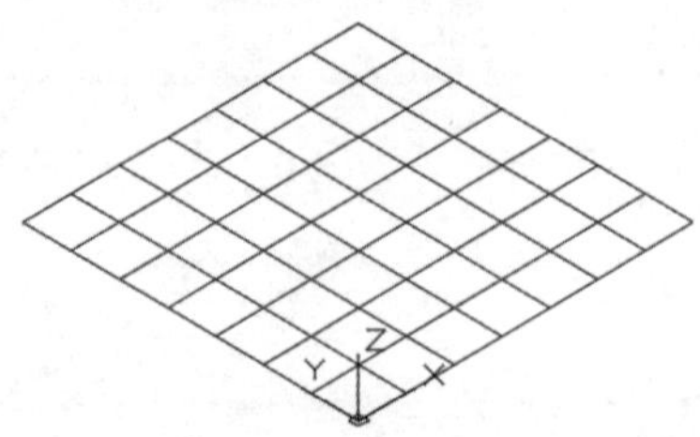

图6-9 平面曲面（2）

（2）单击“三维工具”选项卡的“曲面”面板中的“曲面偏移”按钮，将上一步创建的曲面向上偏移，偏移距离为“25”，命令行提示与操作如下：

命令：_SURFOFFSET
连接相邻边 = 否
选择要偏移的曲面或面域：(选择上一步创建的曲面，显示偏移方向，如图 6-10 所示)
选择要偏移的曲面或面域：↙
指定偏移距离或 [翻转方向 (F) / 两侧 (B) / 实体 (S) / 连接 (C) / 表达式 (E)] <0.0000>: B↙
将针对每项选择创建 2 个偏移曲面。(显示图 6-11 所示的偏移方向)
指定偏移距离或 [翻转方向 (F) / 两侧 (B) / 实体 (S) / 连接 (C) / 表达式 (E)] <0.0000>: 25↙
1 个对象将偏移。
2 个偏移操作成功完成。

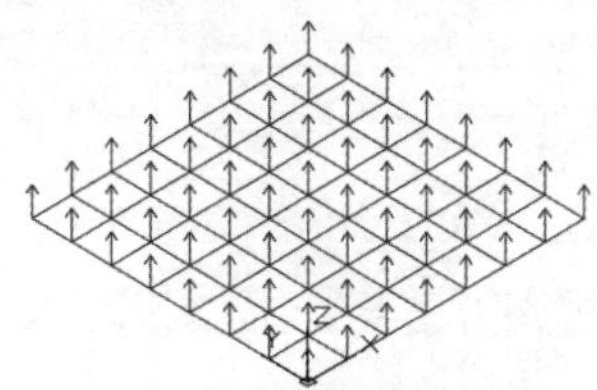

图 6-10 显示偏移方向

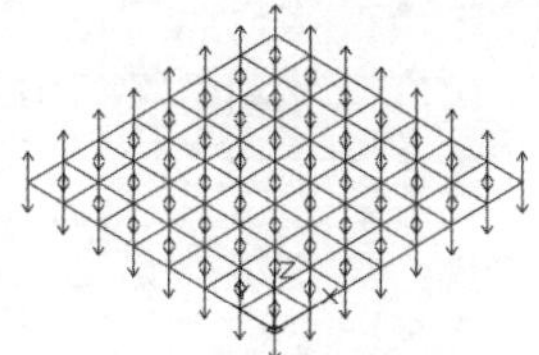

图 6-11 显示两侧偏移方向

结果如图6-8所示。

6.1.5 过渡曲面

执行方式

命令行：SURFBLEND

菜单：绘图→建模→曲面→过渡

工具栏：曲面创建→曲面过渡

功能区：单击“三维工具”选项卡“曲面”面板中的“曲面过滤”按钮

操作步骤

命令：SURFBLEND↙
连续性 = G1 - 相切，凸度幅值 = 0.5
选择要过渡的第一个曲面的边或 [链 (CH)]：(选择图 6-12 所示第一个曲面上的边 1、2)
选择要过渡的第二个曲面的边或 [链 (CH)]：(选择图 6-12 所示第二个曲面上的边 3、4)
按 Enter 键接受过渡曲面或 [连续性 (CON) / 凸度幅值 (B)]：(按 Enter 键确认，结果如图 6-13 所示)

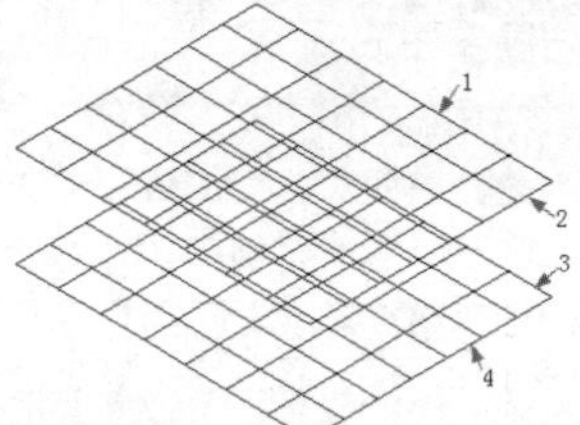

图 6-12 选择边

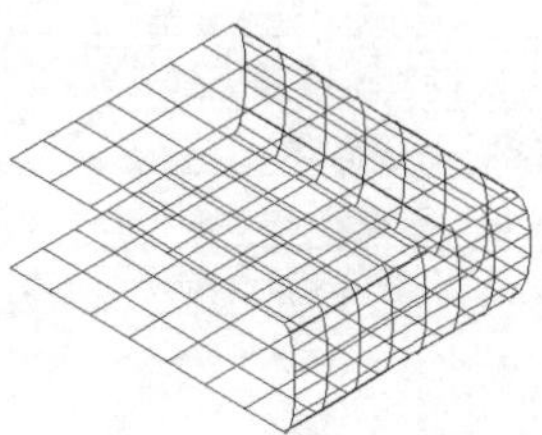

图 6-13 创建过渡曲面

选项说明

（1）选择曲面边。选择边对象、曲面或面域作为第一条边和第二条边。

（2）链（CH）。选择连续的连接边。

（3）连续性（CON）。测量曲面彼此融合的平滑程度，默认值为G0。可以选择一个值或使用夹点来更改连续性。

（4）凸度幅值（B）。设定过渡曲面边与其原始曲面相交处该过渡曲面边的圆度。

6.1.6 实例——过渡曲面

本实例创建图6-14所示的过渡曲面。

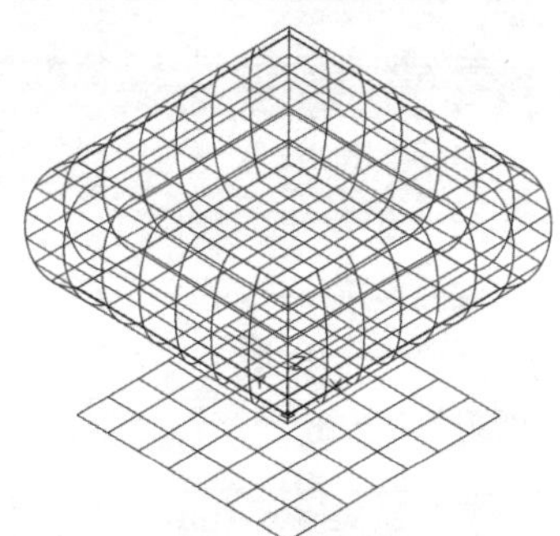

图 6-14 过渡曲面

（1）单击“打开”按钮，打开图形文件“过渡曲面.dwg”。

（2）单击“三维工具”选项卡的“曲面”面板中的“曲面过渡”按钮，创建过渡曲面，命令行中的提示与操作如下：

```
命令：_SURFBLEND
连续性 = G1 - 相切，凸度幅值 = 0.5
选择要过渡的第一个曲面的边或 [链(CH)]:（选择图 6-15 所示第一个曲面上的边 1、2、3、4）
选择要过渡的第一个曲面的边或 [链(CH)]: ↙
选择要过渡的第二个曲面的边或 [链(CH)]:（选择图 6-15 所示第二个曲面上的边 5、6、7、8）
选择要过渡的第二个曲面的边或 [链(CH)]: ↙
按 Enter 键接受过渡曲面或 [连续性(CON)/凸度幅值(B)]: B↙
第一条边的凸度幅值 <0.5000>: 1↙
第二条边的凸度幅值 <0.5000>: 1↙
按 Enter 键接受过渡曲面或 [连续性(CON)/凸度幅值(B)]: ↙
```

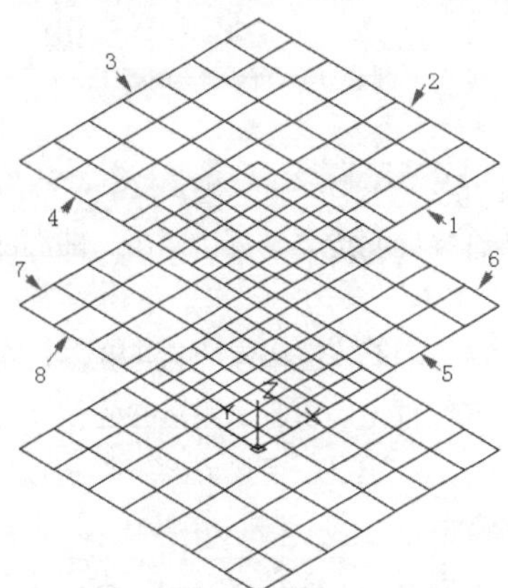

图 6-15　选择边线

结果如图6-14所示。

6.1.7 圆角曲面

执行方式

命令行：SURFFILLET

菜单：绘图→建模→曲面→圆角

工具栏：曲面创建→曲面圆角

功能区：单击“三维工具”选项卡“曲面”面板中的“曲面圆角”按钮

操作步骤

```
命令：SURFFILLET↙
半径 =0.0000，修剪曲面 = 是
选择要圆角化的第一个曲面或面域或者 [半径(R)/修剪曲面(T)]:
```

选项说明

（1）第一个曲面或面域。指定第一个曲面或面域。

（2）半径（R）。指定圆角半径。可以使用圆角夹点或输入值来更改半径，输入的值不能小于曲面之间的间隙。

（3）修剪曲面（T）。将原始曲面或面域修剪到圆角曲面的边。

6.1.8 实例——圆角曲面

本实例创建图6-16所示的圆角曲面。

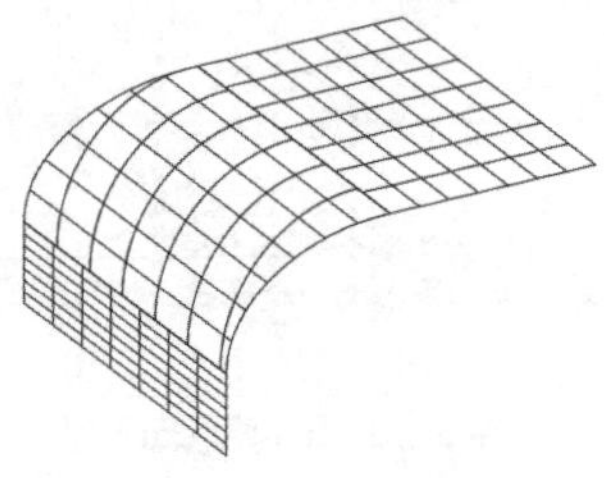

图 6-16　圆角曲面

（1）单击“打开”按钮，打开图形文件“曲面圆角.dwg”，如图6-17所示。

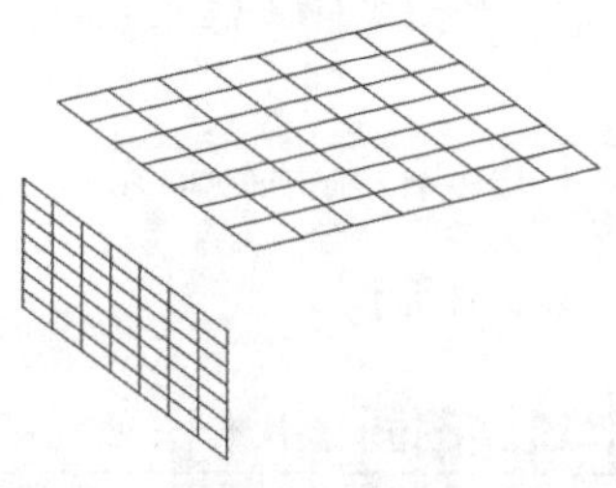

图 6-17　曲面

（2）单击“三维工具”选项卡的“曲面”面板中的“曲面圆角”按钮，对曲面进行圆角处理，命令行中的提示与操作如下：

```
命令：_SURFFILLET
半径 =0.0000，修剪曲面 = 是
选择要圆角化的第一个曲面或面域或者 [半径(R)/修剪曲面(T)]: R↙
指定半径或 [表达式(E)] <1.0000>:30↙
选择要圆角化的第一个曲面或面域或者 [半径(R)/修剪曲面(T)]:（选择竖直曲面）
选择要圆角化的第二个曲面或面域或者 [半径(R)/修剪曲面(T)]:（选择水平曲面）
按 Enter 键接受圆角曲面或 [半径(R)/修剪曲面(T)]: ↙
```

结果如图6-16所示。

6.1.9 网络曲面

执行方式

命令行：SURFNETWORK

菜单栏：选择菜单栏中的“绘图”→“建模”→“曲面”→“网络”命令

工具栏：曲面创建→曲面网络

功能区：单击“三维工具”选项卡“曲面”面板中的“曲面网络”按钮

操作步骤

命令：SURFNETWORK↙

沿第一个方向选择曲线或曲面边：(选择图 6-18 (a) 中曲线 1)

沿第一个方向选择曲线或曲面边：(选择图 6-18 (a) 中曲线 2)

沿第一个方向选择曲线或曲面边：(选择图 6-18 (a) 中曲线 3)

沿第一个方向选择曲线或曲面边：(选择图 6-18 (a) 中曲线 4)

沿第一个方向选择曲线或曲面边：↙ (也可以继续选择相应的对象)

沿第二个方向选择曲线或曲面边：(选择图 6-18 (a) 中曲线 5)

沿第二个方向选择曲线或曲面边：(选择图 6-18 (a) 中曲线 6)

沿第二个方向选择曲线或曲面边：(选择图 6-18 (a) 中曲线 7)

沿第二个方向选择曲线或曲面边：↙ (也可以继续选择相应的对象)

结果如图6-18（b）所示。

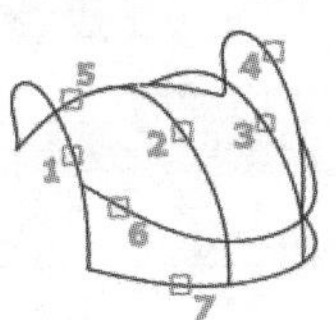

（a）已有曲线

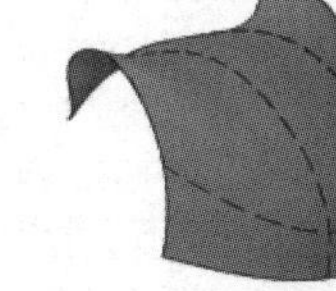

（b）三维曲面

图 6-18 创建三维曲面

6.1.10 实例——灯罩

本实例绘制图6-19所示的灯罩。

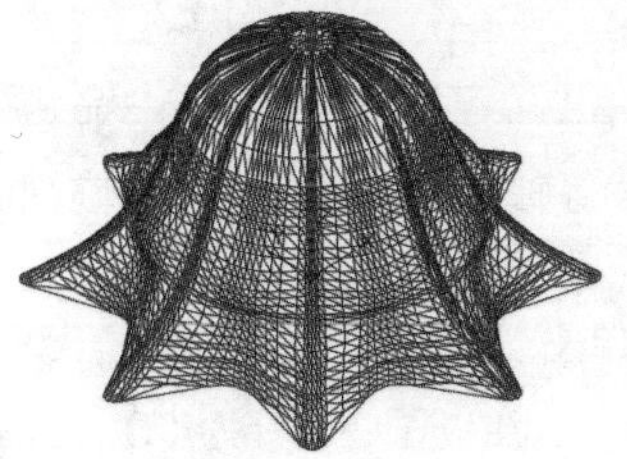

图 6-19 灯罩

（1）单击“默认”选项卡“绘图”面板中的“直线”按钮，绘制坐标点为（75，0）和（@40<151）的直线。重复“直线”命令，绘制坐标点为（75，0）和（@40<-151）的直线，结果如图6-20所示。

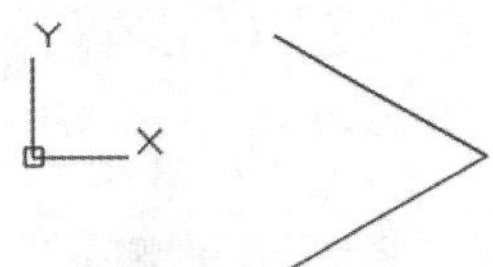

图 6-20 绘制直线

（2）单击“默认”选项卡“修改”面板中的“环形阵列”按钮，将绘制的两条直线以原点为阵列中心点进行环形阵列，阵列项目数为“8”，结果如图6-21所示。

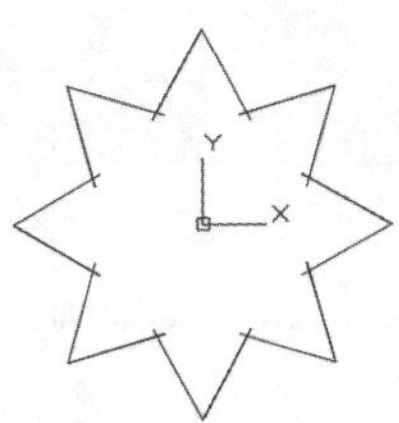

图 6-21 阵列直线

（3）单击“默认”选项卡“修改”面板中的“圆角”按钮，分别绘制半径为“3”和“10”的圆角，结果如图6-22所示。

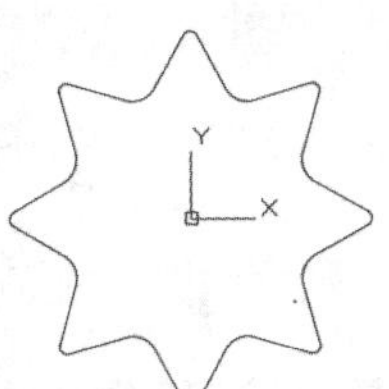

图 6-22 绘制圆角

（4）选择菜单栏中的“修改”→“对象”→“多段线”命令，将上一步绘制圆角后的图形合并为多段线。

（5）单击“可视化”选项卡“命名视图”面板中的“西南等轴测”按钮，将当前视图设置为西南等轴测视图。

（6）单击“默认”选项卡“绘图”面板中的“圆”按钮，绘制圆心坐标为（0，0，20）、半径为“45”的圆1，圆心坐标为（0，0，40）、半径为“35”的圆2，圆心坐标为（0，0，60）、半径为“25”的圆3，圆心坐标为（0，0，70）、半径为“5”的圆4，结果如图6-23所示。

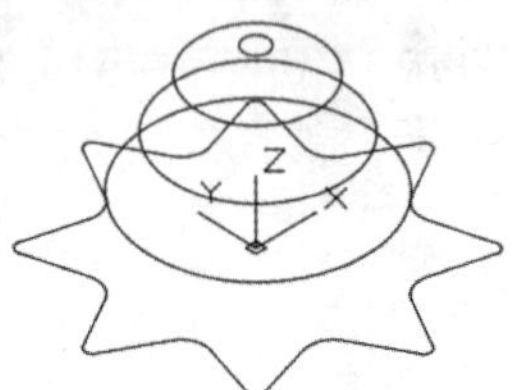

图6-23 绘制圆

（7）单击“默认”选项卡“绘图”面板中的“样条曲线拟合”按钮，捕捉象限点绘制样条曲线，结果如图6-24所示。

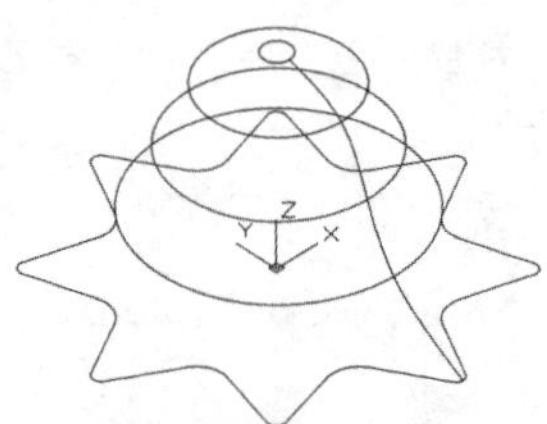

图6-24 绘制样条曲线

（8）单击“默认”选项卡“修改”面板中的“环形阵列”按钮，将绘制的样条曲线以圆心为阵列中心点阵列，阵列的项目数为“8”，结果如图6-25所示。

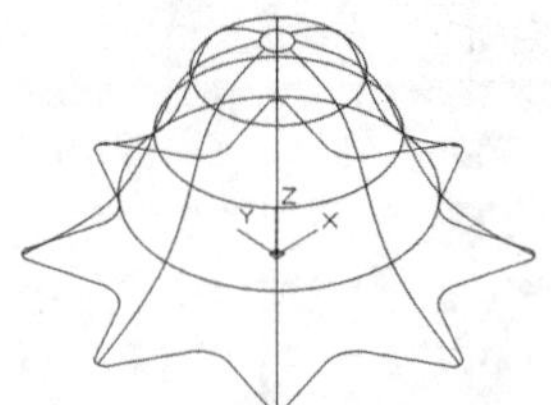

图6-25 阵列样条曲线

（9）单击“默认”选项卡“修改”面板中的“复制”按钮，复制所有图形并将其沿*X*轴移动“200”，结果如图6-26所示。

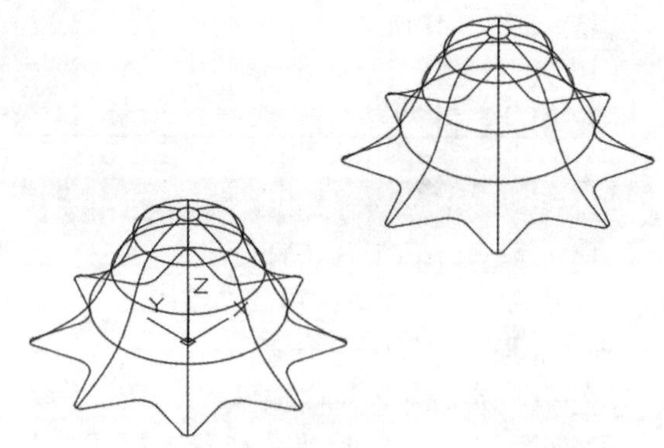

图6-26 复制图形

（10）单击“默认”选项卡“修改”面板中的“修剪”按钮，将图形进行修剪，结果如图6-27所示。

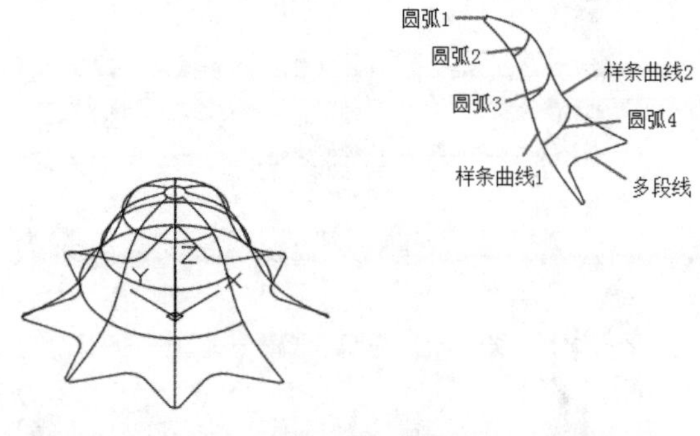

图6-27 修剪图形

（11）单击“三维工具”选项卡“曲面”面板中的“曲面网络”按钮，绘制曲面，命令行中提示与操作如下：

```
命令：_SURFNETWORK
沿第一个方向选择曲线或曲面边：找到 1 个（选择圆弧1）
沿第一个方向选择曲线或曲面边：找到 1 个，总计2 个（选择圆弧2）
沿第一个方向选择曲线或曲面边：找到 1 个，总计3 个（选择圆弧3）
沿第一个方向选择曲线或曲面边：找到 1 个，总计4 个（选择圆弧4）
沿第一个方向选择曲线或曲面边：找到 1 个，总计5 个（选择多段线）
沿第一个方向选择曲线或曲面边：↙
沿第二个方向选择曲线或曲面边：找到 1 个（选择样条曲线1）
沿第二个方向选择曲线或曲面边：找到 1 个，总计2 个（选择样条曲线2）
沿第二个方向选择曲线或曲面边：↙
```

结果如图6-28所示。

图 6-28 绘制右侧曲面

（12）重复"曲面网络"命令，将左侧图形创建为曲面，结果如图6-29所示。

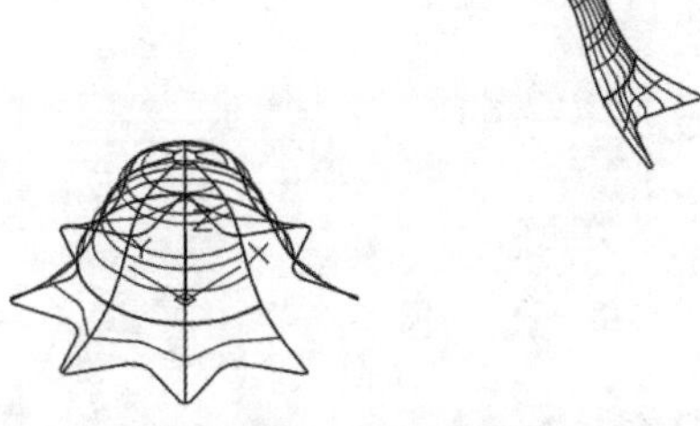

图 6-29 绘制左侧曲面

（13）单击"默认"选项卡"修改"面板中的"移动"按钮✥，将右侧曲面以原点为基点移动，移动的第二点坐标为（-200，0，0），结果如图6-30所示。

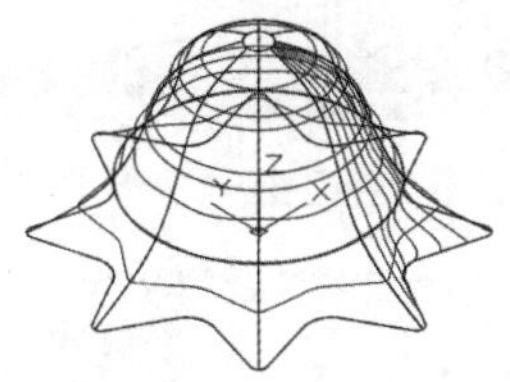

图 6-30 移动曲面

（14）单击"默认"选项卡"图层"面板中的"图层特性"按钮，建立新图层，命名为"灯罩"，将其置为当前图层。将创建的两个曲面移到"灯罩"图层，将"0"图层关闭。

（15）单击"三维工具"选项卡"实体编辑"面板中的"并集"按钮，将两个曲面合并，完成灯罩的绘制，消隐后最终结果如图6-19所示。

6.1.11 修补曲面

创建修补曲面是指通过在已有的封闭曲面边上构建一个曲面的方式来创建一个新曲面，如图6-31所示，图6-31（a）所示是已有曲面，图6-31（b）所示是创建出的修补曲面。

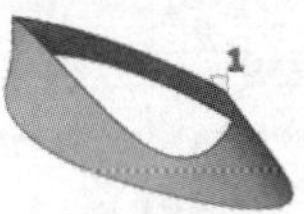

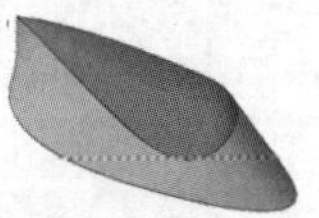

（a）已有曲面　（b）创建的修补曲面

图 6-31 创建修补曲面

执行方式

命令行：SURFPATCH

菜单栏：绘图→建模→曲面→修补

工具栏：曲面创建→曲面修补

功能区：单击"三维工具"选项卡"曲面"面板中的"曲面修补"按钮

操作步骤

```
命令：SURFPATCH↙
连续性 = G0 - 位置，凸度幅值 = 0.5
选择要修补的曲面边或 [链(CH)/曲线(CU)] <曲线>:（选择对应的曲面边或曲线）
选择要修补的曲面边或 [链(CH)/曲线(CU)] <曲线>:↙（也可以继续选择曲面边或曲线）
按 Enter 键接受修补曲面或 [连续性(CON)/凸度幅值(B)/导向(G)]:
```

选项说明

（1）连续性（CON）。设置修补曲面的连续性。

（2）凸度幅值（B）。设置修补曲面与原始曲面相交时的圆滑程度。

（3）导向（G）。使用其他导向曲线以塑造修补曲面的形状。导向曲线可以是曲线，也可以是点。

6.1.12 实例——角铁

本实例绘制图6-32所示的角铁。

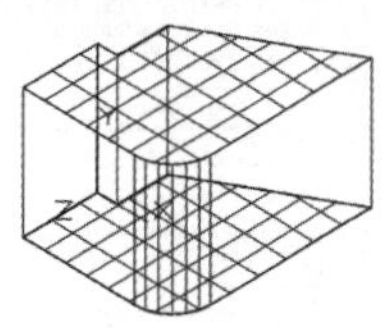

图 6-32 角铁

（1）单击"默认"选项卡"绘图"面板中的"直线"按钮╱和"修改"面板中的"圆角"按钮，绘制角铁轮廓，结果如图6-33所示。

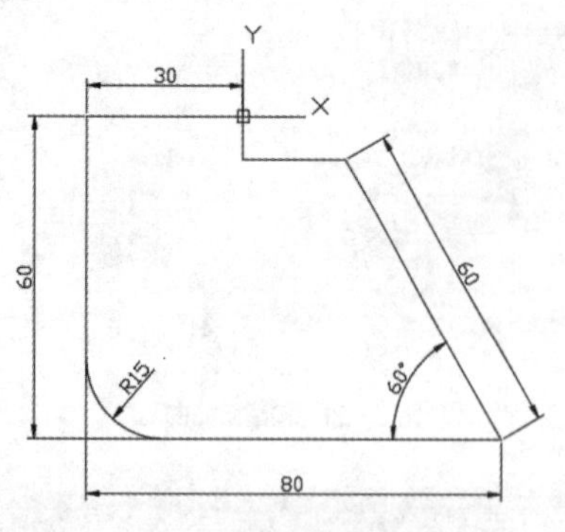

图 6-33 绘制角铁轮廓

（2）选择菜单栏中的“修改”→“对象”→“多段线”命令，将绘制的轮廓合并为多段线。

（3）单击“可视化”选项卡“命名视图”面板中的“左视”按钮，将当前视图设置为左视图。

（4）单击“默认”选项卡“绘图”面板中的“直线”按钮，绘制坐标点为（0，0）和（0，50）的直线。

（5）单击“可视化”选项卡“命名视图”面板中的“西南等轴测”按钮，将当前视图设置为西南等轴测视图，结果如图6-34所示。

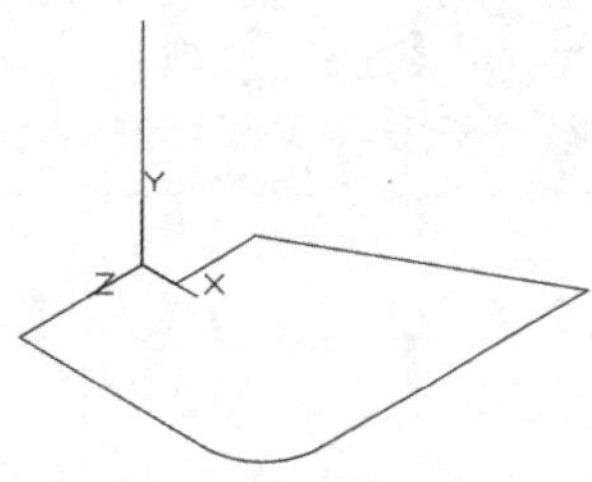

图 6-34 绘制直线

（6）选择菜单栏中的“绘图”→“建模”→“网格”→“平移网格”命令，以多段线为轮廓曲线，以直线为方向矢量，创建平移曲面，消隐后结果如图6-35所示。

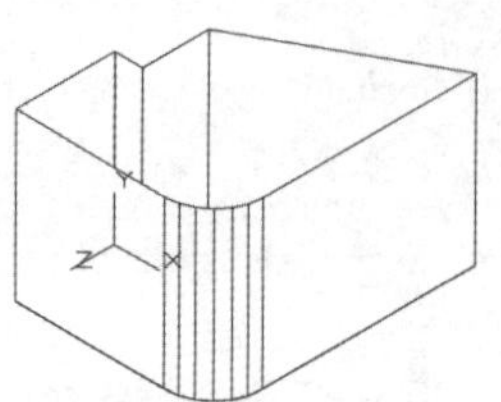

图 6-35 创建平移曲面

（7）单击“三维工具”选项卡“曲面”面板中的“曲面修补”按钮，将平移曲面底端修补，命令行中的提示与操作如下：

```
命令：_SURFPATCH
连续性 = G0 - 位置，凸度幅值 = 0.5
选择要修补的曲面边或 [链(CH)/曲线(CU)] <曲线>: CU↙
选择要修补的曲线或 [链(CH)/边(E)] <边>:
找到 1 个（选择合并的多段线）
选择要修补的曲线或 [链(CH)/边(E)] <边>:↙
按 Enter 键接受修补曲面或 [连续性(CON)/凸度幅值(B)/导向(G)]: ↙
```

结果如图6-36所示。

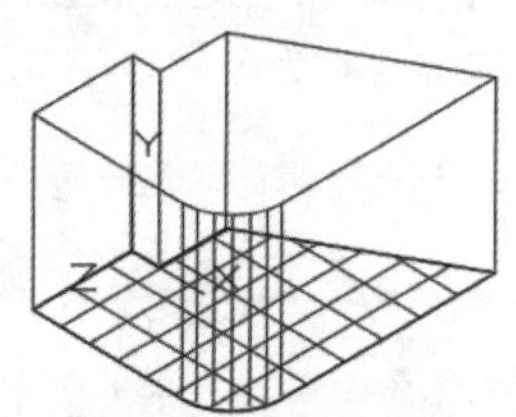

图 6-36 修补底端面

（8）单击“默认”选项卡“修改”面板中的“复制”按钮，复制修补的曲面并将其移到顶端面，完成角铁的绘制，消隐后最终结果如图6-32所示。

6.2 曲面编辑

一个曲面绘制完成后，有时需要修改其中的错误或者在此基础上形成更复杂的造型。本节主要介绍如何加厚曲面、修剪曲面和延伸曲面。

6.2.1 加厚曲面

通过加厚曲面，可以从任何曲面类型中创建三维建模。

执行方式

命令行：THICKEN

菜单栏：修改→三维操作→加厚

功能区：单击“三维工具”选项卡“曲面”面

板中的“加厚”按钮

操作步骤

命令行提示如下：

```
命令：THICKEN ↙
选择要加厚的曲面：(选择曲面)
选择要加厚的曲面：↙
指定厚度 <0.0000>: 10 ↙
```

图6-37所示为将平面曲面加厚的结果。

平面曲面

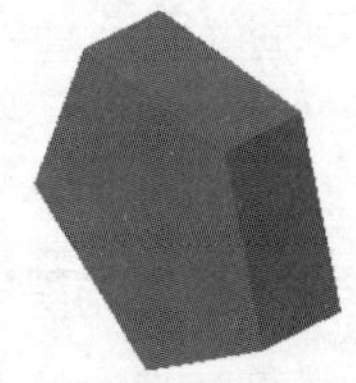

加厚的结果

图 6-37 加厚

6.2.2 实例——五角星

本实例绘制图6-38所示的五角星。

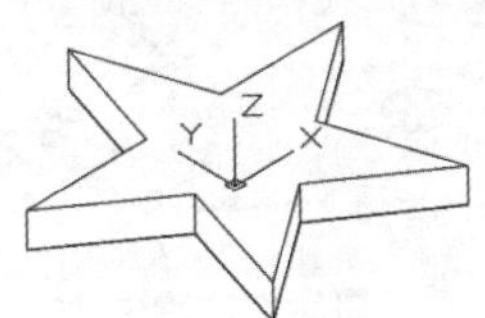

图 6-38 五角星

（1）单击“默认”选项卡“绘图”面板中的“多边形”按钮，绘制中心点在原点、内接圆半径为“1”的正五边形，结果如图6-39所示。

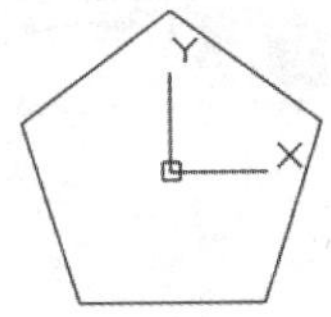

图 6-39 绘制正五边形

（2）单击“默认”选项卡“绘图”面板中的“直线”按钮，绘制连接线，结果如图6-40所示。

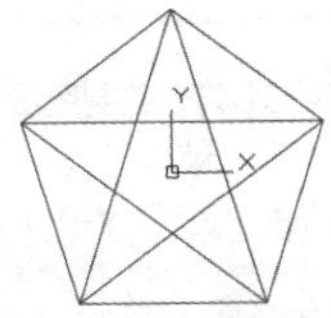

图 6-40 绘制连接线

（3）单击“默认”选项卡“修改”面板中的“修剪”按钮，修剪图形，结果如图6-41所示。

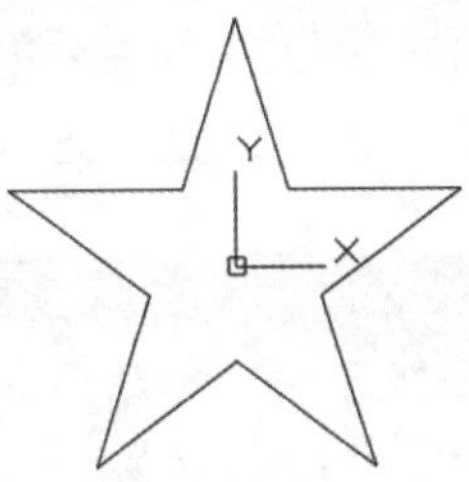

图 6-41 修剪图形

（4）单击“三维工具”选项卡“曲面”面板中的“平面曲面”按钮，将修剪后的图形生成平面曲面，结果如图6-42所示。

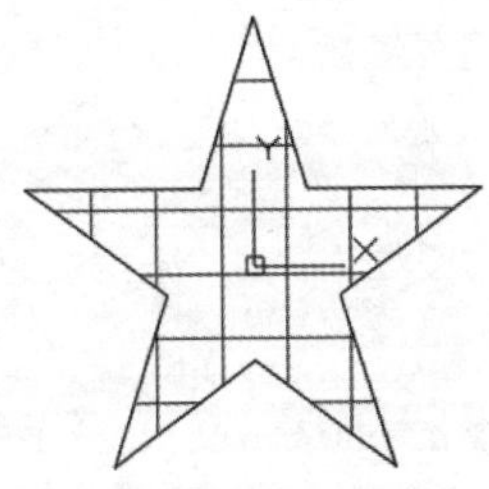

图 6-42 生成平面曲面

（5）单击“可视化”选项卡“命名视图”面板中的“西南等轴测”按钮，将当前视图设置为西南等轴测视图。

（6）单击“三维工具”选项卡“曲面”面板中的“加厚”按钮，将曲面加厚，命令行中的提示与操作如下：

```
命令：_Thicken
选择要加厚的曲面：找到 1 个（选择生成的曲面）
选择要加厚的曲面：↙
指定厚度 <0.0000>: 0.2 ↙
```

完成五角星的绘制，消隐后最终结果如图6-38所示。

6.2.3 修剪曲面

执行方式

命令行：SURFTRIM

菜单栏：修改→曲面编辑→修剪

工具栏：曲面编辑→曲面修剪

功能区：单击“三维工具”选项卡“曲面”面板中的“曲面修剪”按钮（如图6-43所示）

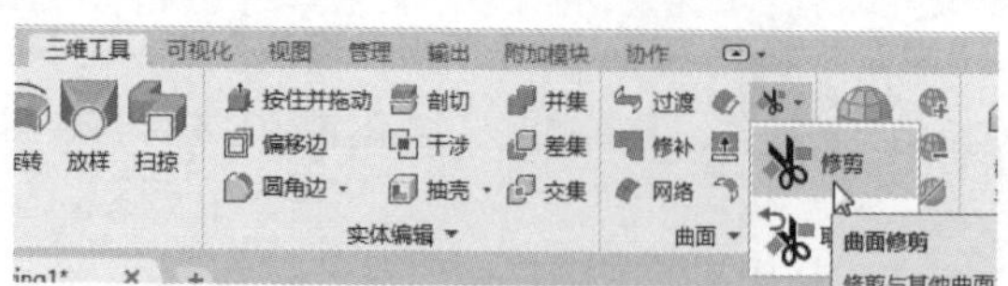

图6-43 “曲面”面板

操作步骤

执行上述操作后，命令行提示与操作如下：

```
命令：SURFTRIM↙
延伸曲面 = 是，投影 = 自动
选择要修剪的曲面或面域或者 [延伸(E)/投影方向(PRO)]：(选择图6-44中的曲面)
选择剪切曲线、曲面或面域：(选择图6-44中的曲线)
选择要修剪的区域 [放弃(U)]：(选择图6-44中的区域，修剪结果如图6-45所示)
```

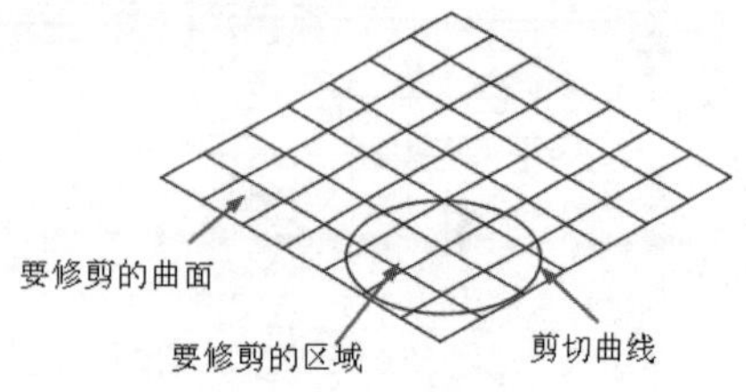

图6-44 原始曲面

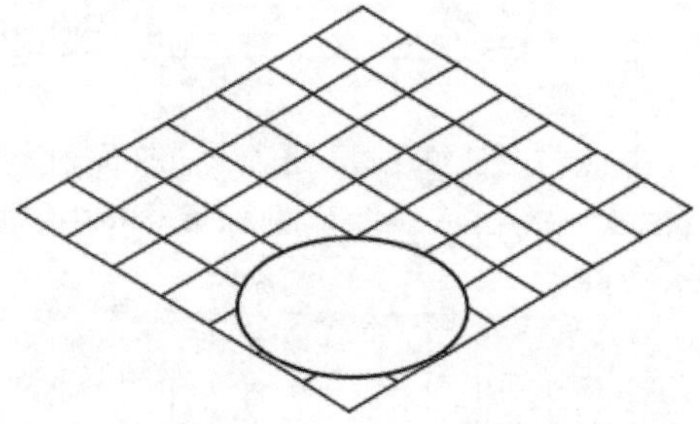

图6-45 修剪曲面

选项说明

（1）要修剪的曲面或面域。选择要修剪的一个或多个曲面或面域。

（2）延伸（E）。控制是否延伸剪切曲线以与修剪曲面的边相交。选择该选项，命令行提示与操作如下：

```
延伸修剪几何图形 [是(Y)/否(N)] <是>:
```

（3）投影方向（PRO）。剪切几何图形会投影到曲面。选择该选项，命令行提示与操作如下：

```
指定投影方向 [自动(A)/视图(V)/UCS(U)/无(N)] <自动>:
```

① 自动（A）。在平面平行视图中修剪曲面或面域时，剪切几何图形将沿视图方向投影到曲面上；使用平面曲线在角度平行视图或透视视图中修剪曲面或面域时，剪切几何图形将沿曲线平面垂直的方向投影到曲面上；使用三维曲线在角度平行视图或透视视图中修剪曲面或面域时，剪切几何图形将沿与当前UCS的Z轴平行的方向投影到曲面上。

② 视图（V）。基于当前视图投影几何图形。

③ UCS（U）。沿当前UCS的$+Z$和$-Z$轴投影几何图形。

④ 无（N）。当剪切曲线位于曲面上时才修剪曲面。

6.2.4 实例——垫片

本实例绘制图6-46所示的垫片。

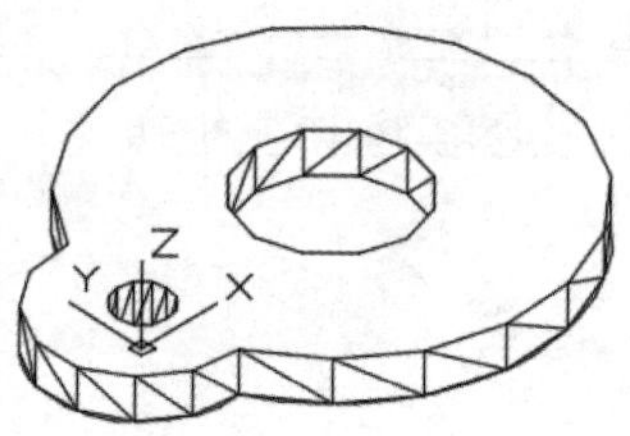

图6-46 垫片

（1）单击“默认”选项卡“绘图”面板中的“圆”按钮和“修改”面板中的“修剪”按钮，绘制图6-47所示的图形。

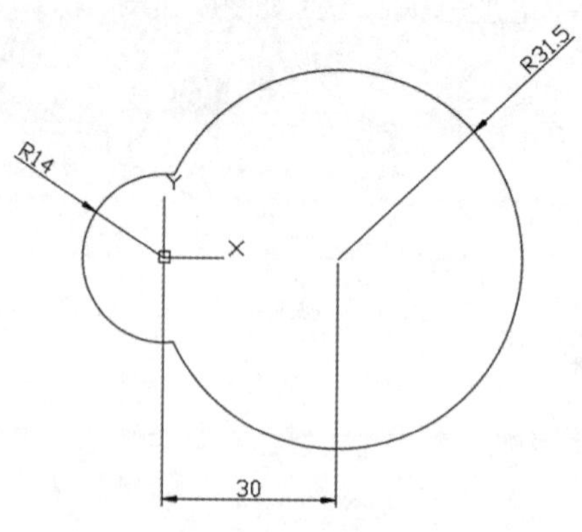

图6-47 绘制图形

（2）单击“三维工具”选项卡“曲面”面板中的“平面曲面”按钮，选择上一步绘制的图形生成曲面。

（3）单击“默认”选项卡“绘图”面板中的“圆”按钮，绘制圆心坐标为原点、半径为“4”的圆1。重复“圆”命令，绘制圆心坐标为（30，0）、半径为“12”的圆2，结果如图6-48所示。

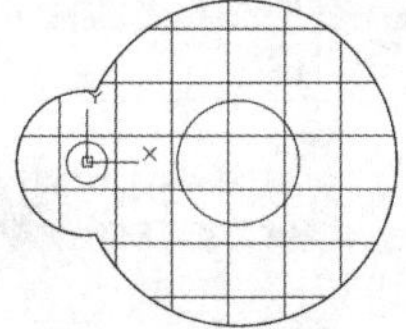

图 6-48　绘制圆

（4）单击“三维工具”选项卡“曲面”面板中的“曲面修剪”按钮，将生成的曲面修剪，命令行中的提示与操作如下：

```
命令：_SURFTRIM
延伸曲面 = 是，投影 = 自动
选择要修剪的曲面或面域或者 [延伸(E)/投影方向(PRO)]：找到 1 个（选择曲面）
选择要修剪的曲面或面域或者 [延伸(E)/投影方向(PRO)]：↙
选择剪切曲线、曲面或面域：找到 1 个（选择圆 1）
选择剪切曲线、曲面或面域：找到 1 个，总计 2 个（选择圆 2）
选择剪切曲线、曲面或面域：↙
选择要修剪的区域 [放弃(U)]：（选择圆 1 内部任意一点）
选择要修剪的区域 [放弃(U)]：（选择圆 2 内部任意一点）
选择要修剪的区域 [放弃(U)]：↙
```

结果如图6-49所示。

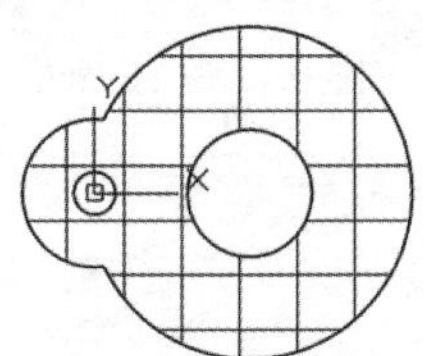

图 6-49　修剪曲面

（5）单击“三维工具”选项卡“建模”面板中的“拉伸”按钮，将修剪后的曲面沿Z轴拉伸“6”，完成垫片的绘制，将当前视图设置为西南等轴测视图，消隐后最终结果如图6-46所示。

6.2.5 取消修剪曲面

执行方式

命令行：SURFUNTRIM

菜单栏：修改→曲面编辑→取消修剪

工具栏：曲面编辑→曲面取消修剪

功能区：单击“三维工具”选项卡“曲面”面板中的“取消修剪”按钮

操作步骤

执行上述操作后，命令行提示与操作如下：

```
命令：SURFUNTRIM↙
选择要取消修剪的曲面边或 [曲面(SUR)]：（选择图 6-45 中的曲面，修剪结果如图 6-44 所示）
```

6.2.6 实例——护口板

本实例绘制图6-50所示的护口板。

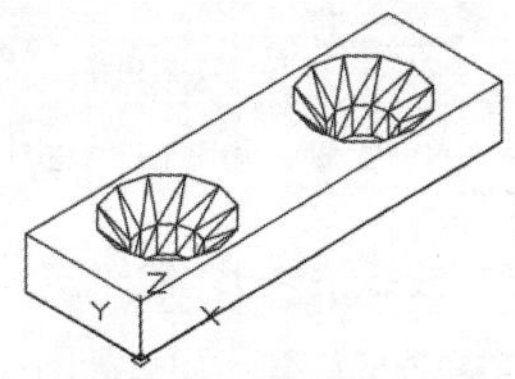

图 6-50　护口板

（1）单击“默认”选项卡“绘图”面板中的“矩形”按钮，绘制第一角点坐标在原点、长度为“74”、宽度为“23”的长方形，结果如图6-51所示。

图 6-51　绘制矩形

（2）单击“三维工具”选项卡“曲面”面板中的“平面曲面”按钮，将绘制的长方形生成曲面，结果如图6-52所示。

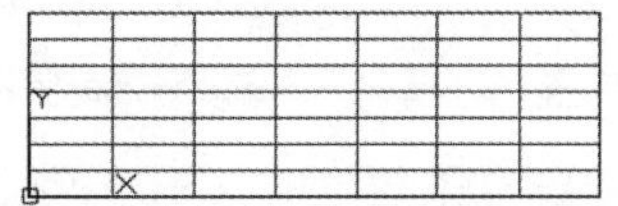

图 6-52　生成曲面

（3）单击“默认”选项卡“绘图”面板中的“圆”按钮，绘制圆心坐标为（17，11.5）、半径为“5.5”的圆1。重复“圆”命令，绘制圆心坐标为（57，11.5）、半径为“5.5”的圆2，结果如图6-53所示。

（4）单击“三维工具”选项卡“曲面”面板中的“曲面修剪”按钮，将曲面修剪，选择圆1和圆2为剪切曲线，指定图6-53所示的区域为修剪的区域，修剪结果如图6-54所示。

图6-53　绘制圆

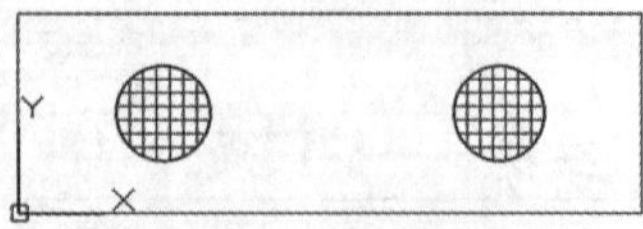

图6-54　修剪曲面

（5）单击“三维工具”选项卡“曲面”面板中的“取消修剪”按钮，取消上一步的修剪，命令行中提示与操作如下：

```
命令：_SURFUNTRIM
选择要取消修剪的曲面边或 [曲面(SUR)]: 找到 1 个（选择圆 1）
选择要取消修剪的曲面边或 [曲面(SUR)]: 找到 1 个，总计 2 个（选择圆 2）
选择要取消修剪的曲面边或 [曲面(SUR)]: ↙
```

结果如图6-53所示。

（6）单击“三维工具”选项卡“曲面”面板中的“曲面修剪”按钮，将取消修剪后的曲面进行修剪，选择圆1和圆2为剪切曲线，指定圆1和圆2的内部为修剪的区域，修剪结果如图6-55所示。

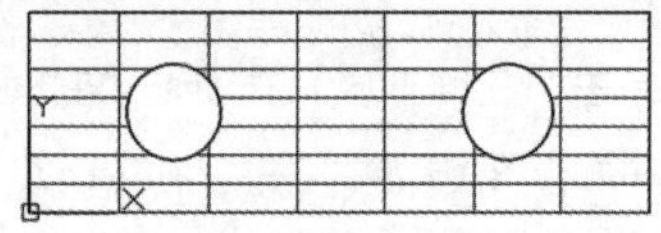

图6-55　修剪曲面

（7）单击“可视化”选项卡“命名视图”面板中的“西南等轴测”按钮，将当前视图设置为西南等轴测视图。

（8）单击“三维工具”选项卡“建模”面板中的“拉伸”按钮，将修剪后的曲面沿Z轴拉伸“10”，结果如图6-56所示。

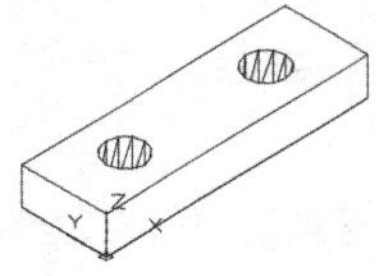

图6-56　拉伸曲面

（9）单击“三维工具”选项卡“实体编辑”面板中的“倒角边”按钮，绘制距离为“5”的倒角，完成护口板的绘制，消隐后最终结果如图6-50所示。

6.2.7　延伸曲面

执行方式

命令行：SURFEXTEND

菜单栏：修改→曲面编辑→延伸

工具栏：曲面编辑→曲面延伸

功能区：单击“三维工具”选项卡“曲面”面板中的“曲面延伸”按钮

操作步骤

执行上述操作后，命令行提示与操作如下：

```
命令：SURFEXTEND↙
模式 = 延伸，创建 = 附加
选择要延伸的曲面边：（选择图 6-57 中的边）
选择要延伸的曲面边：↙
指定延伸距离或 [表达式(E)/模式(M)]:（输入延伸距离，或者将其拖动到适当位置，如图 6-58 所示）
```

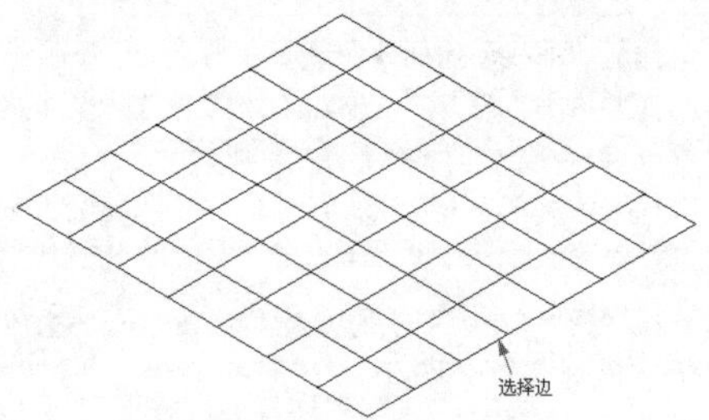

图6-57　选择延伸边

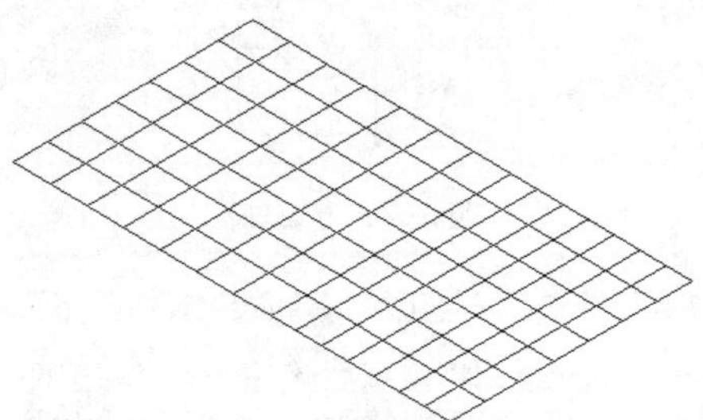

图6-58　延伸曲面

选项说明

（1）指定延伸距离。指定延伸长度。

（2）模式（M）。选择该选项，命令行提示与操作如下：

```
延伸模式 [ 延伸 (E) / 拉伸 (S)] < 延伸 >:S
创建类型 [ 合并 (M) / 附加 (A)] < 附加 >:
```

① 延伸（E）。以尝试模仿并延续曲面形状的方式拉伸曲面。

② 拉伸（S）。拉伸曲面，而不尝试模仿并延续曲面形状。

③ 合并（M）。将曲面延伸指定的距离，而不创建新曲面。如果原始曲面为NURBS曲面，则延伸的曲面也为NURBS曲面。

④ 附加（A）。创建与原始曲面相邻的新延伸曲面。

6.2.8 实例——轴承固定套

本实例绘制图6-59所示的轴衬固定套。

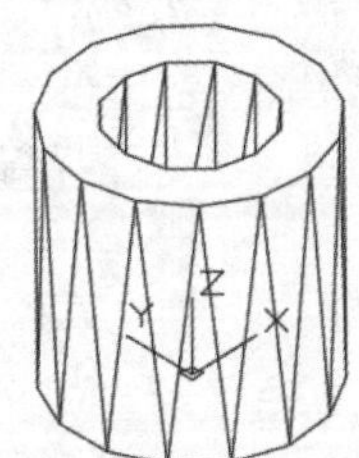

图 6-59 轴承固定套

（1）单击“默认”选项卡“绘图”面板中的“圆”按钮，绘制圆心在原点、半径为“3”的圆，结果如图6-60所示。

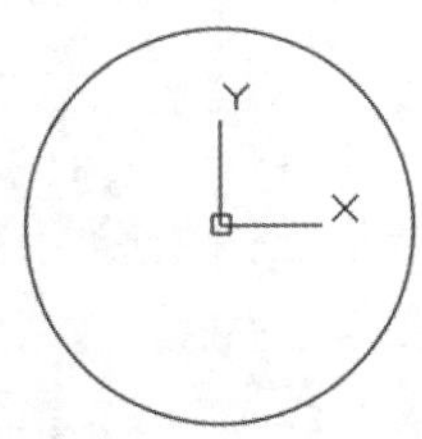

图 6-60 绘制圆

（2）单击“三维工具”选项卡“曲面”面板中的“平面曲面”按钮，将绘制的圆生成曲面，结果如图6-61所示。

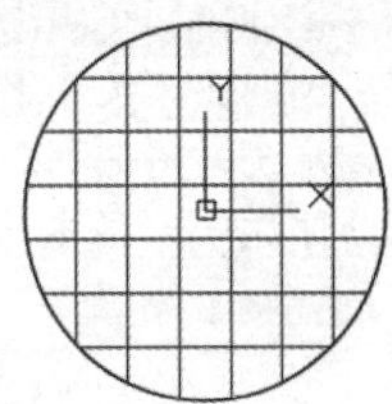

图 6-61 生成曲面

（3）单击“三维工具”选项卡“曲面”面板中的“曲面延伸”按钮，将生成的曲面延伸，命令行中的提示与操作如下：

```
命令：_SURFEXTEND
模式 = 拉伸，创建 = 附加
选择要延伸的曲面边：找到 1 个（选择曲面的边）
选择要延伸的曲面边：↙
指定延伸距离 [ 表达式 (E) / 模式 (M)]: 2 ↙
```

结果如图6-62所示。

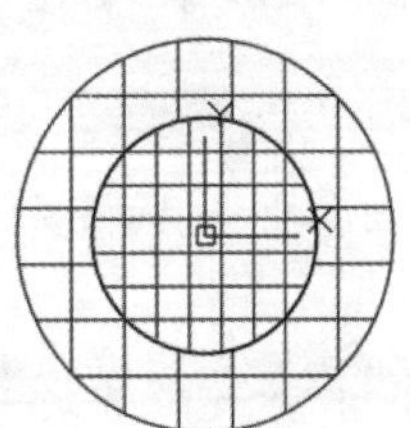

图 6-62 延伸曲面

（4）将步骤（2）生成的曲面删除，单击“可视化”选项卡“命名视图”面板中的“西南等轴测”按钮，将当前视图设置为西南等轴测视图。

（5）单击“三维工具”选项卡“曲面”面板中的“加厚”按钮，将延伸的曲面加厚“10”，完成轴承固定套的绘制，消隐后最终结果如图6-59所示。

6.3 网格编辑

6.3.1 提高（降低）平滑度

利用AutoCAD 2020提供的新功能可以提高（降低）网格曲面的平滑度。

执行方式

命令行：MESHSMOOTHMORE（MESHSMOOTHLESS）

菜单栏：修改→网格编辑→提高平滑度（或降低平滑度）

工具栏：平滑网格→提高网格平滑度（或降低网格平滑度）

功能区：单击“三维工具”选项卡“网格”面板中的“提高平滑度”按钮或“降低平滑度”按钮

操作步骤

命令行提示如下：

```
命令：MESHSMOOTHMORE ↙
选择要提高平滑度的网格对象：(选择网格对象)
选择要提高平滑度的网格对象：↙
```

选择对象后，系统就将提高对象网格平滑度，图6-63和图6-64所示为提高网格平滑度前后的对比。

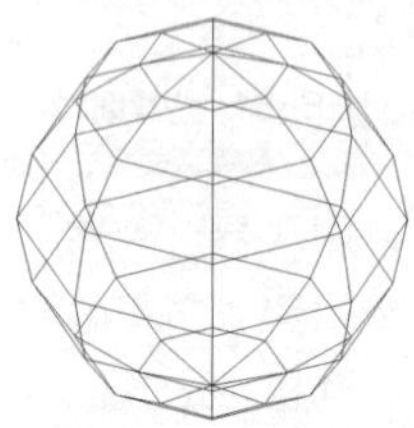

图 6-63 提高平滑度前

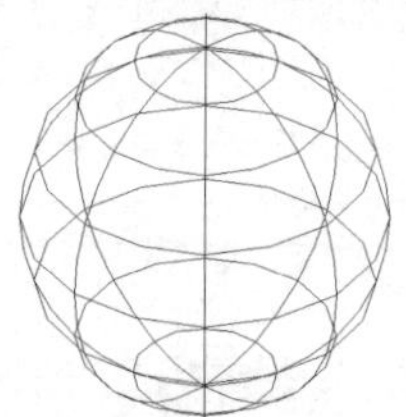

图 6-64 提高平滑度后

6.3.2 实例——提高手环平滑度

本实例将提高手环的平滑度，如图6-65所示。

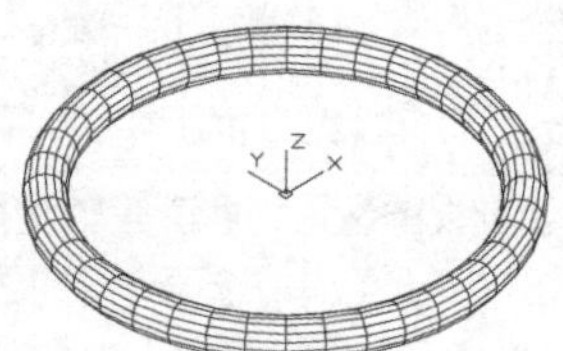

图 6-65 提高手环的平滑度

（1）选择配套资源中的“源文件\第6章\手环.dwg”，单击“打开”按钮，打开图形文件“手环.dwg”。

（2）单击“三维工具”选项卡的“网格”面板中的“提高平滑度”按钮，提高手环的平滑度，使手环看起来更加光滑，命令行中的提示与操作如下：

```
命令：_MESHSMOOTHMORE
选择要提高平滑度的网格对象：(选择手环)
选择要提高平滑度的网格对象：↙
```

消隐后结果如图6-65所示。

6.3.3 锐化（取消锐化）

锐化功能能使选定的平滑的曲面变得尖锐。取消锐化功能则是锐化功能的逆过程。

执行方式

命令行：MESHCREASE（MESHUNCREASE）

菜单：修改→网格编辑→锐化（取消锐化）

工具栏：平滑网格→锐化网格（取消锐化）

操作步骤

命令行提示如下：

```
命令：_MESHCREASE
选择要锐化的网格子对象：(选择曲面上的子网格，被选中的子网格高亮显示，如图 6-66 所示)
选择要锐化的网格子对象：↙
指定锐化值 [始终(A)] <始终>: 12 ↙
```

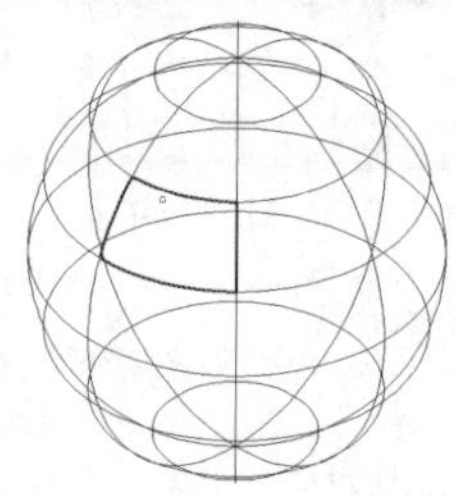

图 6-66 选择子网格对象

结果如图6-67所示。图6-68为渲染后的曲面锐化前后的对比。

图 6-67 锐化结果

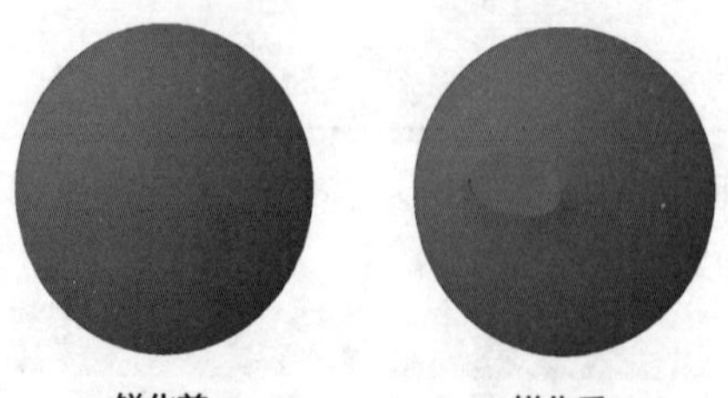

锐化前　　锐化后

图 6-68 渲染后的曲面锐化前后对比

6.3.4 实例——锐化手环

本实例对手环进行锐化，如图6-69所示。

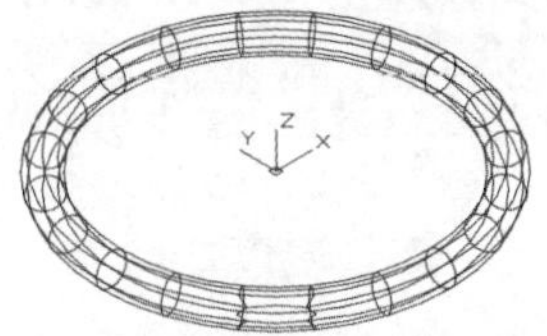

图6-69 锐化手环

（1）选择配套资源中的“源文件\第6章\手环.dwg”文件，单击“打开”按钮，打开图形文件“手环.dwg”。

（2）单击“平滑网格”工具栏中的“锐化网格”按钮，对手环进行锐化，命令行中的提示与操作如下：

```
命令：_MESHCREASE
选择要锐化的网格子对象：（选择手环曲面上的子网格，被选中的子网格高亮显示，如图6-70所示）
选择要锐化的网格子对象：↙
指定锐化值 [始终(A)] <始终>: 20↙
```

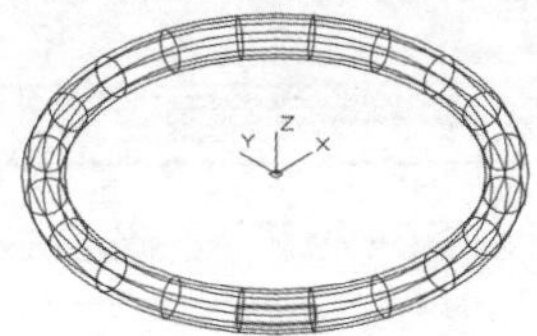

图6-70 选择子网格对象

结果如图6-71所示。

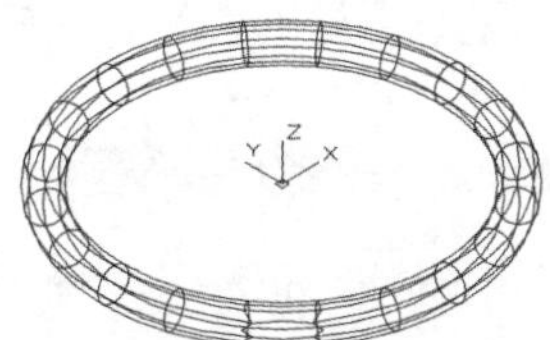

图6-71 锐化结果

（3）单击“可视化”选项卡的“渲染”面板中的“渲染到尺寸”按钮，对手环进行渲染，结果如图6-72所示。

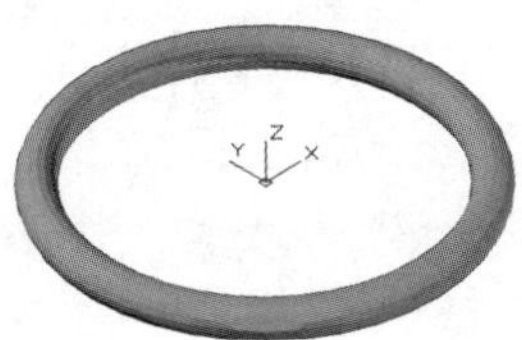

图6-72 渲染后的曲面锐化

（4）单击“平滑网格”工具栏中的“取消锐化网格”按钮，对刚锐化的网格取消锐化，命令行提示与操作如下：

```
命令：_MESHUNCREASE
选择要删除的锐化：选择锐化后的曲面
选择要删除的锐化：↙
```

结果如图6-70所示。

6.3.5 优化网格

优化网格对象可增加可编辑面的数目，从而加强对精细建模细节的附加控制。

执行方式

命令行：MESHREFINE

菜单：修改→网格编辑→优化网格

工具栏：平滑网格→优化网格

功能区：单击“三维工具”选项卡“网格”面板中的“优化网格”按钮

操作步骤

命令行提示如下：

```
命令：MESHREFINE↙
选择要优化的网格对象或面子对象：（选择图6-73所示的球体曲面）
选择要优化的网格对象或面子对象：↙
```

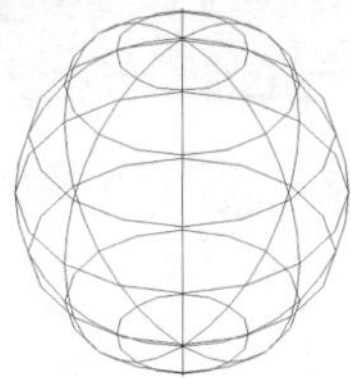

图6-73 优化前

结果如图6-74所示，可以看出可编辑面增加了。

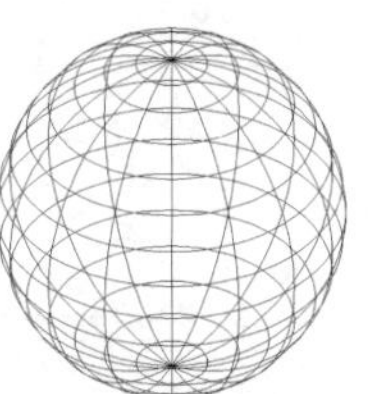

图6-74 优化后

6.3.6 实例——优化手环

本实例对手环进行优化，如图6-75所示。

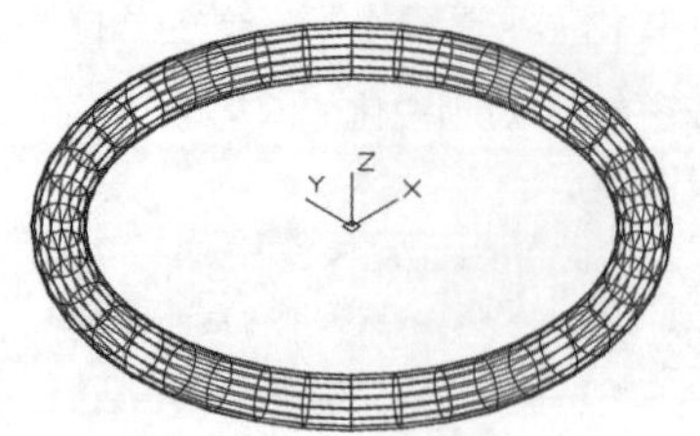

图 6-75　优化手环

（1）单击“打开”按钮，打开“手环.dwg”文件。

（2）单击“三维工具”选项卡的“网格”面板中的“优化网格”按钮，对手环进行优化，命令行中的提示与操作如下：

```
命令：'_MESHREFINE
选择要优化的网格对象或面子对象：（选择手环曲面）
选择要优化的网格对象或面子对象：↙
```

结果如图6-75所示，可以看出可编辑面增加了。

6.3.7 分割面

分割面功能可以把一个网格分割成两个网格，从而增加局部网格数。

执行方式

命令行：MESHSPLIT

菜单：修改→网格编辑→分割面

操作步骤

命令行提示如下：

```
命令：MESHSPLIT↙
选择要分割的网格面：（选择图 6-76 所示的网格面）
指定面边缘上的第一个分割点或 [顶点 (V)]：↙（指定一个分割点）
指定面边缘上的第二个分割点 [顶点 (V)]：↙（指定另一个分割点，如图 6-77 所示）
```

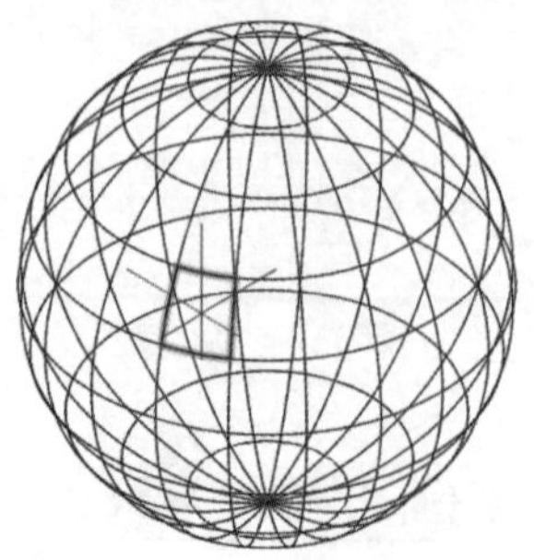

图 6-76　选择网格面

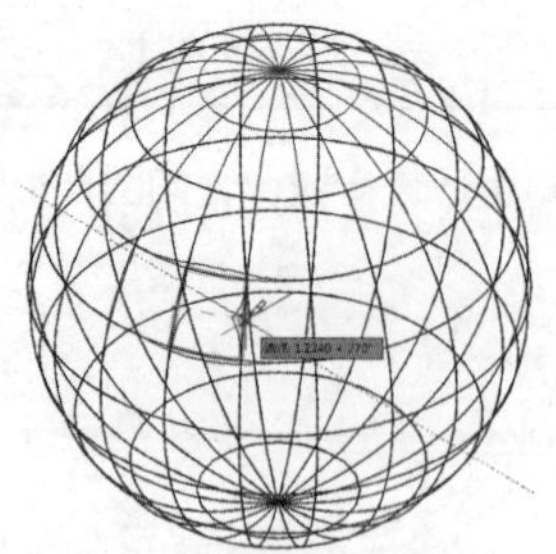

图 6-77　指定分割点

结果如图6-78所示，一个网格面被指定的分割线分割成两个网格面，并且生成的新网格面与原来的整个网格系统匹配。

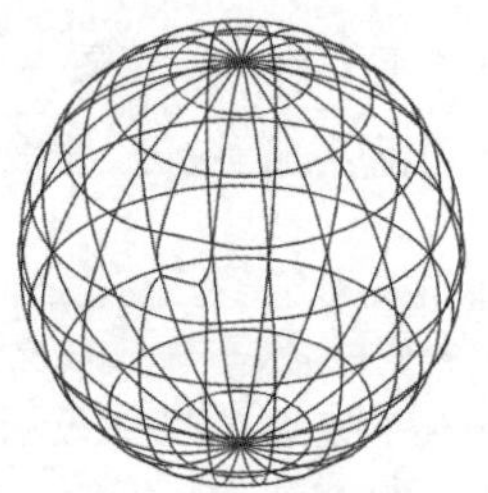

图 6-78　分割结果

6.3.8 实例——分割面

本实例分割图6-79所示的网格圆锥体的面。

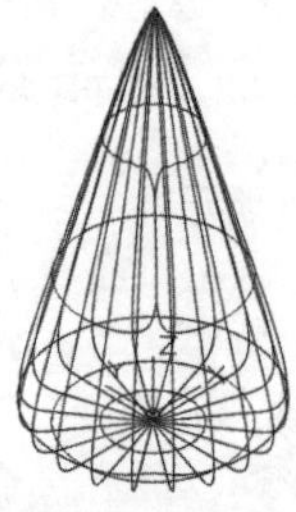

图 6-79　分割面

（1）单击“打开”按钮，打开“网格圆锥体.dwg”文件，如图6-80所示。

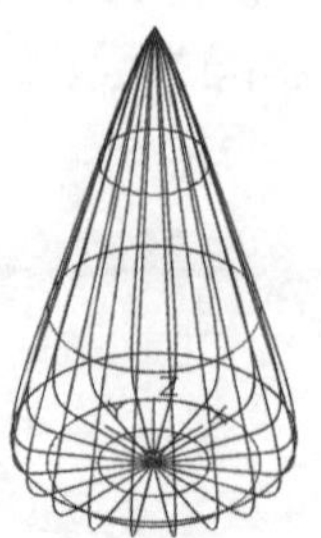

图 6-80　网格圆锥体

（2）选择菜单栏中的“修改”→“网格编辑”→“分割面”命令，分割网格面，命令行中的提示与操作如下：

```
命令：_MESHSPLIT
选择要分割的网格面：(选择图 6-81 所示的网格面)
指定面边缘上的第一个分割点或 [顶点 (V)]：(选择网格面上边的一点)
指定面边缘上的第二个分割点 [顶点 (V)]：(选择网格面下边的一点)
```

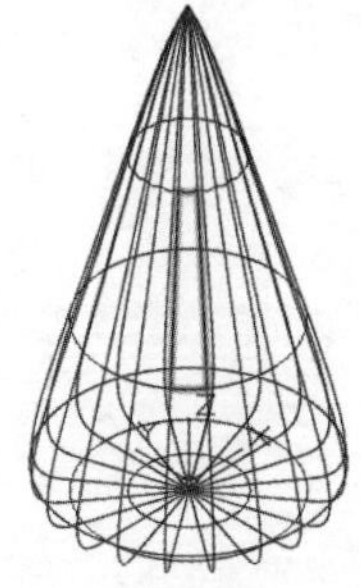

图 6-81 选择分割的网格面

完成网格面的分割，结果如图6-79所示。

6.3.9 其他网格编辑命令

AutoCAD 2020的“修改”菜单中的“网格编辑”子菜单还提供以下几个菜单命令。

（1）转换为具有镶嵌面的实体。将图6-82所示网格转换成图6-83所示的具有镶嵌面的实体。

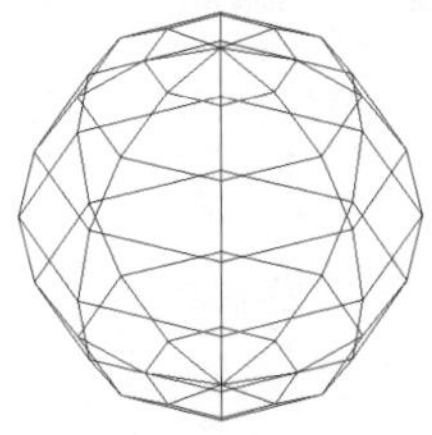

图 6-82 网格

（2）转换为具有镶嵌面的曲面。将图6-82所示网格转换成图6-84所示的具有镶嵌面的曲面。

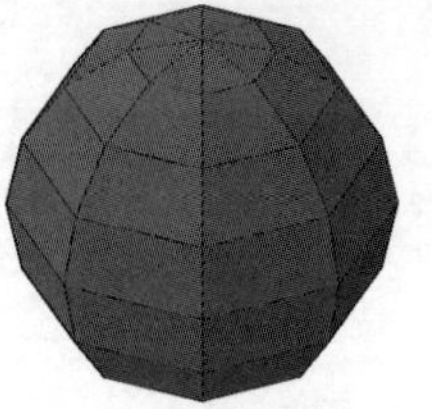

图 6-83 具有镶嵌面的实体

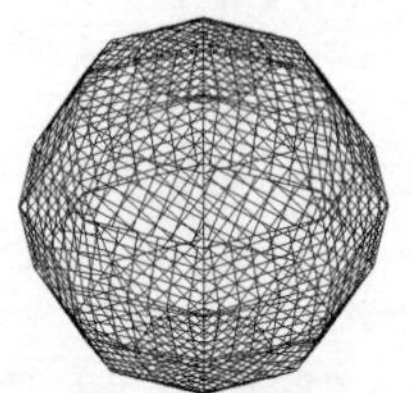

图 6-84 具有镶嵌面的曲面

（3）转换为平滑实体。将图6-84所示网格转换成图6-85所示的平滑实体。

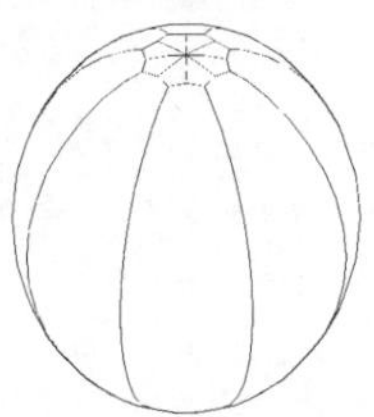

图 6-85 平滑实体

（4）转换为平滑曲面。将图6-85所示网格转换成图6-86所示的平滑曲面。

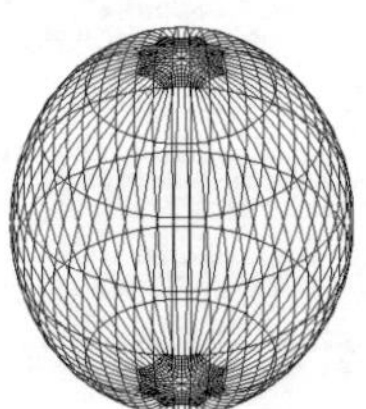

图 6-86 平滑曲面

第二篇　专业设计实例篇

本篇导读

本篇按应用领域分类介绍了生活用品造型设计实例、电子产品造型设计实例、机械零件造型设计实例、基本建筑单元设计实例和三维建筑模型设计实例。

内容要点

- 生活用品造型设计实例
- 电子产品造型设计实例
- 机械零件造型设计实例
- 基本建筑单元设计实例
- 三维建筑模型设计实例

第7章 生活用品造型设计实例

本章导读

读者在学习了 AutoCAD 2020 的三维绘图功能以后，本章将在此基础上，通过设计一些简单的造型，使读者对 AutoCAD 有更详细的认识，并能逐步掌握三维绘图的过程和设计思路。

7.1 杯子的绘制

本实例绘制图7-1所示的杯子，首先利用“圆柱体”和“差集”命令绘制杯子主体，然后利用“扫掠”命令绘制杯子手柄，完成杯子的绘制。

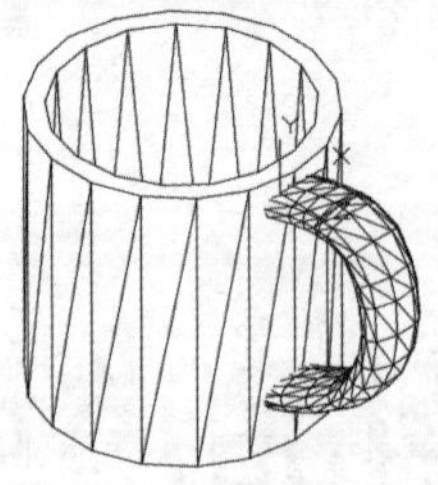

图 7-1 杯子

7.1.1 绘制杯子主体

（1）在命令行中输入“ISOLINES”命令，设置对象上每个曲面的轮廓线数目为“10”。

（2）将当前视图设置为西南等轴测视图。单击“三维工具”选项卡“建模”面板中的“圆柱体”按钮，绘制底面中心点在原点、直径为“35”、高度为“35”的圆柱体，结果如图7-2所示。

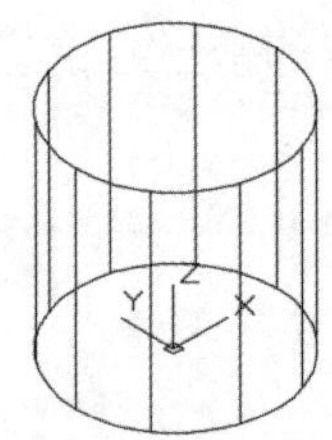

图 7-2 绘制圆柱体

（3）单击“三维工具”选项卡“建模”面板中的“圆柱体”按钮，绘制底面中心点在原点（0，0，0）、直径为“30”、高度为“35”的圆柱体。

（4）单击“三维工具”选项卡“实体编辑”面板中的“差集”按钮，将外形圆柱体轮廓和内部圆柱体轮廓进行差集运算，结果如图7-3所示。

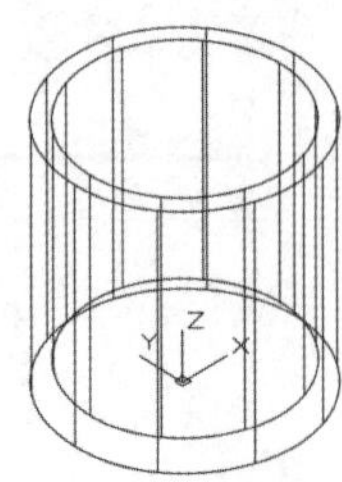

图 7-3 差集运算

7.1.2 绘制杯子手柄

（1）将视图切换到前视图。单击“默认”选项卡“绘图”面板中的“样条曲线拟合”按钮，绘制图7-4所示的样条曲线。

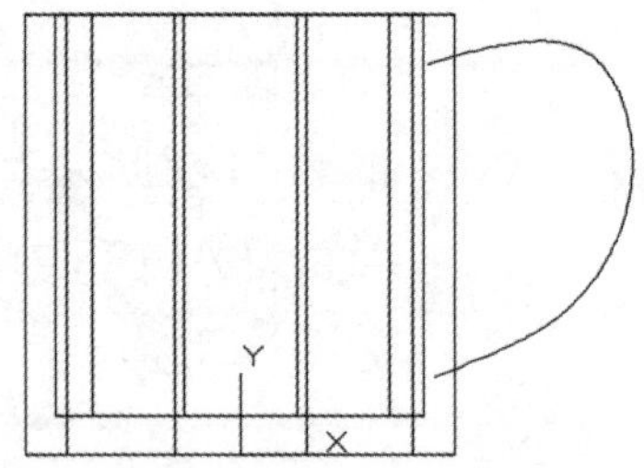

图 7-4 绘制样条曲线

（2）将视图切换到西南等轴测视图。在命令行中输入“UCS”命令，将坐标系移动到样条曲线的上端点。重复“UCS”命令，将坐标系绕*Y*轴旋转90°，结果如图7-5所示。

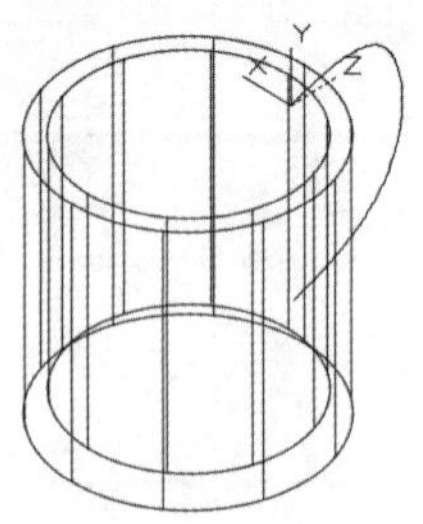

图 7-5 移动坐标系

（3）单击“默认”选项卡“绘图”面板中的“椭圆”按钮，在坐标原点处绘制长半轴为“4”、短半轴为“2”的椭圆，如图7-6所示。

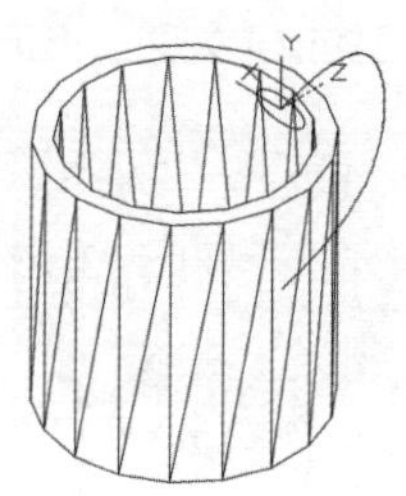

图 7-6 绘制椭圆

（4）单击“三维工具”选项卡“建模”面板中的“扫掠”按钮，将椭圆沿样条曲线扫掠成杯把。将视图切换到东南等轴测视图，消隐后如图7-7所示。

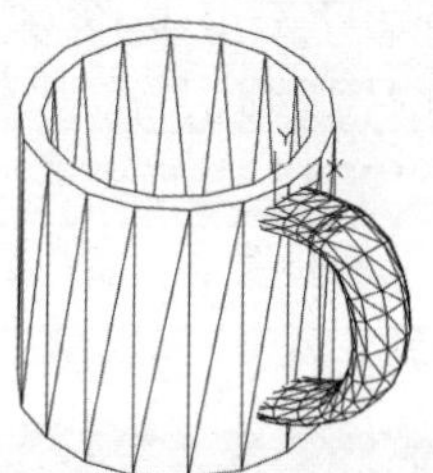

图 7-7 创建杯把

7.2 LED 灯的绘制

本实例绘制图7-8所示的LED灯，首先利用“网格圆锥体”和“网格圆柱体”命令绘制塑料嵌铝外壳，然后利用“网格旋转”等命令绘制扩散泡，完成灯的绘制。

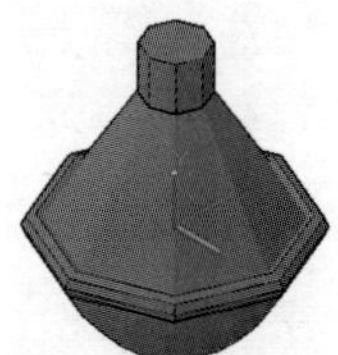

图 7-8 LED 灯

7.2.1 绘制塑料嵌铝外壳

（1）将视图切换到西南等轴测视图。单击“三维工具”选项卡“建模”面板中的“网格圆锥体”按钮，绘制底面中心点坐标在原点、底面半径为“30”、顶面半径为“8”、高度为“35”的网格圆锥体，结果如图7-9所示。

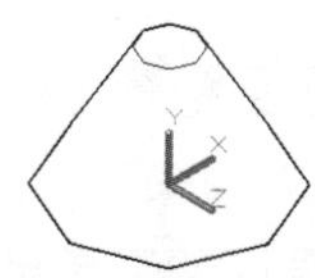

图 7-9 绘制网格圆锥体

（2）单击“三维工具”选项卡“建模”面板中的“网格圆柱体”按钮，绘制中心点在原点、半径为“30”、高度为“3”的网格圆柱体，结果如图7-10所示。

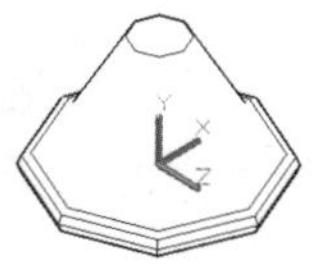

图 7-10 绘制网格圆柱体

（3）单击“三维工具”选项卡“建模”面板中的“网格圆柱体”按钮，绘制中心点坐标为（0，0,35）、半径为“8”、高度为“12”的网格圆柱体。

7.2.2 绘制扩散泡

（1）将当前视图设置为前视图。单击“默认”选项卡“绘图”面板中的“圆”按钮，在任意位置绘制半径为“30”的圆。

（2）单击“默认”选项卡“绘图”面板中的“直线”按钮，绘制两条过圆心的水平线和垂直线。

（3）单击“默认”选项卡“修改”面板中的“修剪”按钮，对圆进行修剪。效果如图7-11所示。

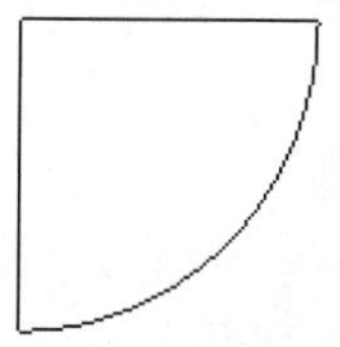

图 7-11 绘制二维图形

（4）选择菜单栏中的“绘图”→“建模”→“网格”→“旋转网格”命令，拾取绘制的圆弧，拾取垂直线为旋转轴创建旋转角度为360°的实体。将当前视图设置为西南等轴测视图，结果如图7-12所示。

（5）单击“默认”选项卡“修改”面板中的“移动”按钮✥，将步骤（4）创建的旋转曲面以圆心为基点移动到（0，0，0）点。将“视觉样式”设置为“概念”后的效果如图7-8所示。

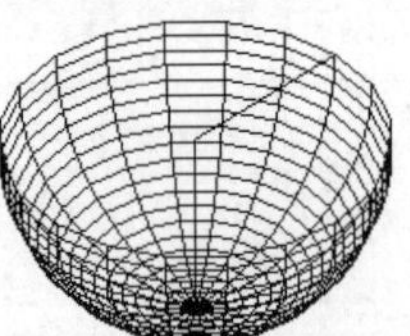

图7-12 创建旋转曲面

7.3 簸箕的绘制

本实例绘制图7-13所示的簸箕，首先利用“楔体”和“长方体”等命令绘制簸箕斗，然后利用“圆柱体”和“球体”命令绘制簸箕杆，完成簸箕的绘制。

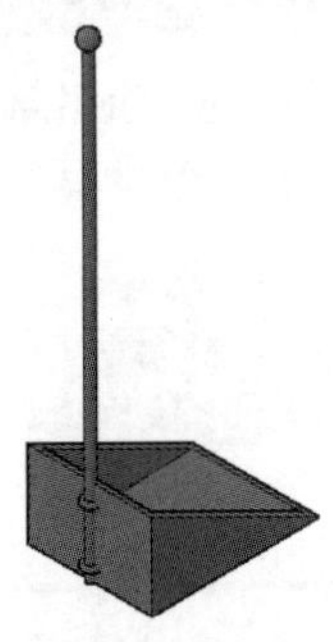

图7-13 簸箕

7.3.1 绘制簸箕斗

（1）单击“三维工具”选项卡“建模”面板中的“楔体”按钮，在绘图区指定第一个角点，其他角点坐标为（@40，30），高度为“20”，绘制簸箕基体，如图7-14所示。

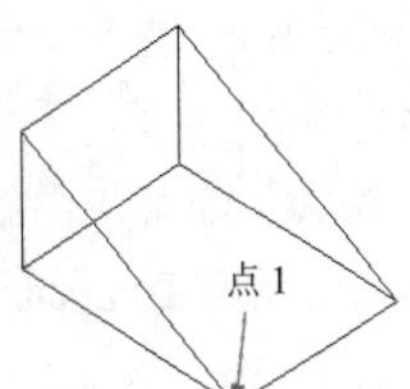

图7-14 创建楔体

（2）单击“三维工具”选项卡“建模”面板中的“长方体”按钮，绘制长方体，命令行中的提示与操作如下：

```
命令：_box
指定第一个角点或 [中心(C)]: from↙
基点：(指定点1)  <偏移>: 2↙
指定其他角点或 [立方体(C)/长度(L)]: @-38,24↙
指定高度或 [两点(2P)] <193.1923>: 30↙
```

结果如图7-15所示。

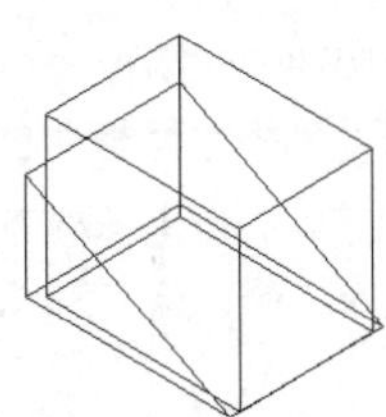

图7-15 创建长方体

（3）单击“默认”选项卡“修改”面板中的“移动”按钮✥，将步骤（2）绘制的长方体向上移动“1”。

（4）单击“三维工具”选项卡“实体编辑”面板中的“差集”按钮，对楔体和长方体进行差集运算，如图7-16所示。

图7-16 差集运算

7.3.2 绘制簸箕杆

（1）单击“三维工具”选项卡“建模”面板中的“圆柱体”按钮，以图7-16所示的棱边中点为圆心，绘制半径为“1”、高度为“110”的圆柱体，如图7-17所示。

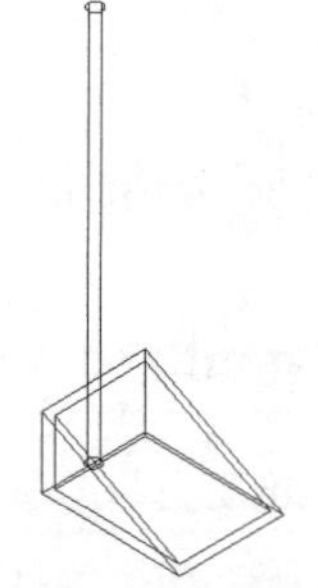

图 7-17　绘制圆柱体

（2）单击“三维工具”选项卡“建模”面板中的“圆环体”按钮，绘制圆环体，命令行中的提示与操作如下：

```
命令：_torus
指定中心点或 [三点(3P)/两点(2P)/切点、切点、半径(T)]: from↙
基点：(拾取圆柱体底面圆心) <偏移>: 3↙
指定半径或 [直径(D)] <90.9643>: 1.5↙
指定圆管半径或 [两点(2P)/直径(D)]: 0.5↙
```

重复“圆环体”命令，在距圆柱体底面“16”的位置创建第二个圆环体。将当前视图设置为西南等轴测视图，结果如图7-18所示。

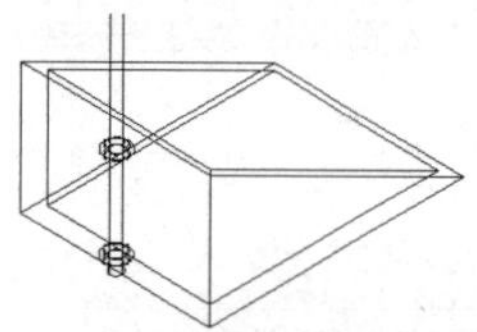

图 7-18　绘制圆环体

（3）单击“三维工具”选项卡“建模”面板中的“球体”按钮，以圆柱体上端面中心为球心，绘制半径为“2”的球体，将绘图区左上角视觉样式改为概念后的结果，如图7-19所示。

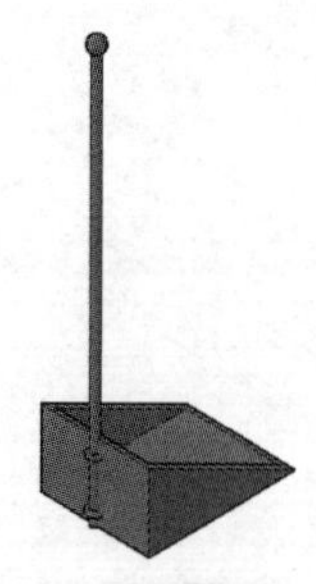

图 7-19　创建球体

7.4 书柜的绘制

本实例绘制图7-20所示的书柜，运用“长方体”“圆锥体”“三维阵列”和“圆角”命令完成书柜的绘制。

图 7-20　书柜

7.4.1 绘制书柜主体

（1）单击“三维工具”选项卡“建模”面板中的“长方体”按钮，绘制中心点在原点、长度为“3050”、宽度为“450”、高度为“100”的长方体。

（2）选择菜单栏中的“视图”→“三维视图”→“西南等轴测”命令，绘制结果如图7-21所示。

（3）单击“三维工具”选项卡“建模”面板

中的“长方体”按钮，绘制中心点坐标为（0，0，2700）、长度为“3050”、宽度为“450”、高度为“100”的长方体。重复“长方体”命令，绘制中心点坐标为（0，0，1000）、长度为“2090”、宽度为“450”、高度为“40”的长方体，结果如图7-22所示。

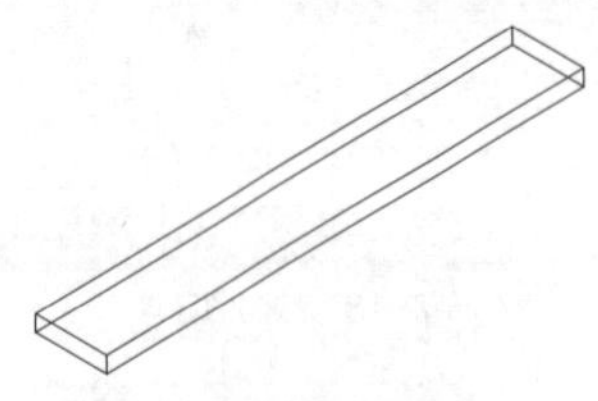

图7-21 绘制长方体（1）

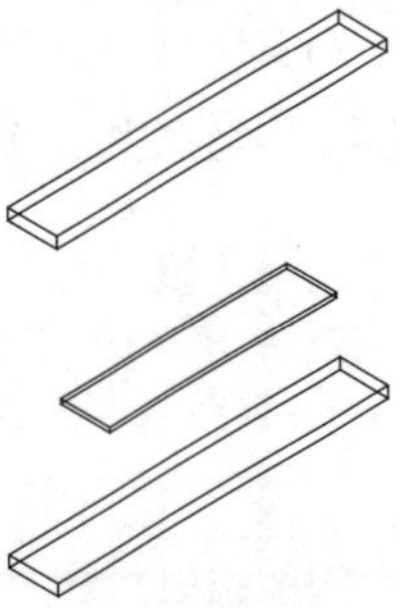

图7-22 绘制长方体（2）

（4）选择菜单栏中的“修改”→“三维操作”→“三维阵列”命令，将最小的长方体进行矩形阵列，阵列行数为“1”、列数为“1”、层数为“4”、层间距为“400”，结果如图7-23所示。

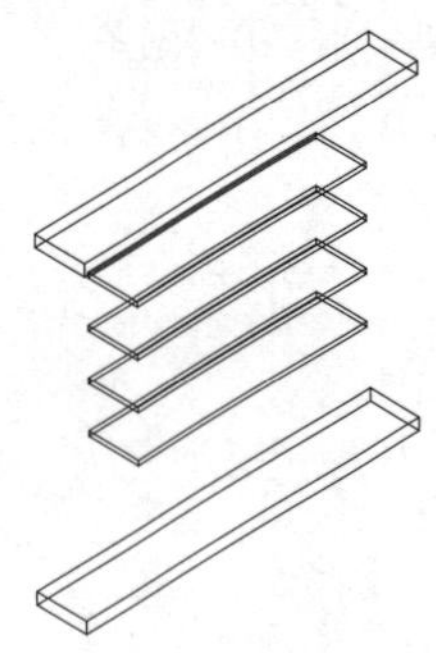

图7-23 三维阵列处理

（5）单击“三维工具”选项卡“建模”面板中的“长方体”按钮，绘制中心点坐标为（1505，0，1350）、长度为“40”、宽度为“450”、高度为“2700”的长方体。重复“长方体”命令，绘制中心点坐标为（-1505，0，1350）、长度为“40”、宽度为“450”、高度为“2700”的长方体，结果如图7-24所示。

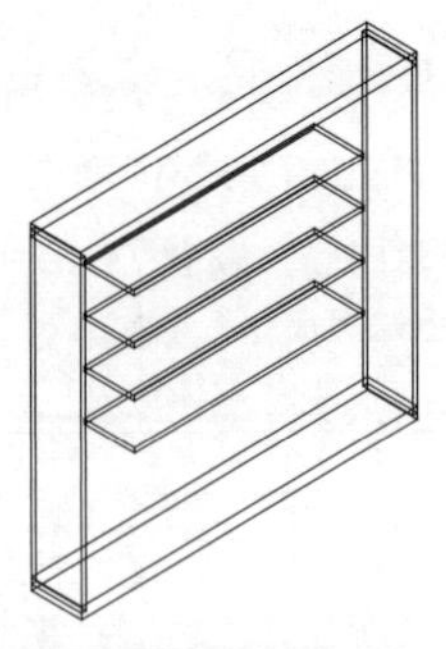

图7-24 绘制长方体（3）

7.4.2 绘制书柜门

（1）单击“三维工具”选项卡“建模”面板中的“长方体”按钮，绘制长方体，命令行提示与操作如下：

```
命令：_box
指定第一个角点或 [中心(C)]: -1045,-225,0↙
指定其他角点或 [立方体(C)/长度(L)]: @-480,40,2700↙
命令：_box
指定第一个角点或 [中心(C)]: 1045,-225,0↙
指定其他角点或 [立方体(C)/长度(L)]: @480,40,2700↙
命令：_box
指定第一个角点或 [中心(C)]: -1525,265,-50↙
指定其他角点或 [立方体(C)/长度(L)]: 1525,225,2750↙
命令：_box
指定第一个角点或 [中心(C)]: -20,-225,1020↙
指定其他角点或 [立方体(C)/长度(L)]: @40,450,1630↙
命令：_box
指定第一个角点或 [中心(C)]: -1045,-225,0↙
指定其他角点或 [立方体(C)/长度(L)]:@1045,40,920↙
命令：_box
指定长方体的角点或 [中心点(CE)] <0,0,0>: 1045,-225,0↙
指定角点或 [立方体(C)/长度(L)]: 0,-185,920↙
```

绘制结果如图7-25所示。

（2）单击“默认”选项卡“修改”面板中的“圆角”按钮，将圆角半径设为“10”，将柜门的每条棱边进行圆角处理。单击“视图”选项卡“视觉样式”面板中的“隐藏”按钮，消隐之后结果如图7-26所示。

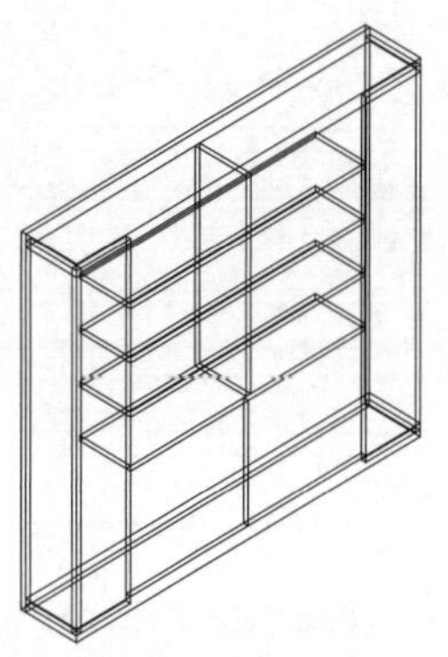
图 7-25 绘制长方体

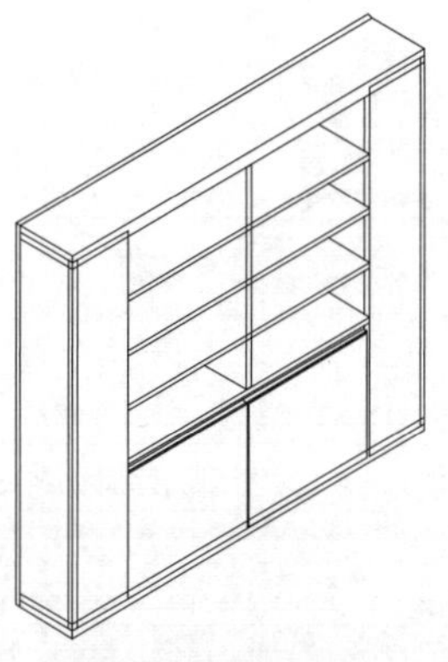
图 7-26 圆角处理

（3）单击“三维工具”选项卡“建模”面板中的“圆锥体”按钮，绘制底面中心点坐标为（-150，-275，455）、底面半径为“30”、轴端点坐标为（@0，100，0）的圆锥体。重复“圆锥体”命令，绘制底面中心点坐标为（150，-275，455）、底面半径为“30”、轴端点坐标为（@0，100，0）的圆锥体，消隐之后结果如图7-27所示。

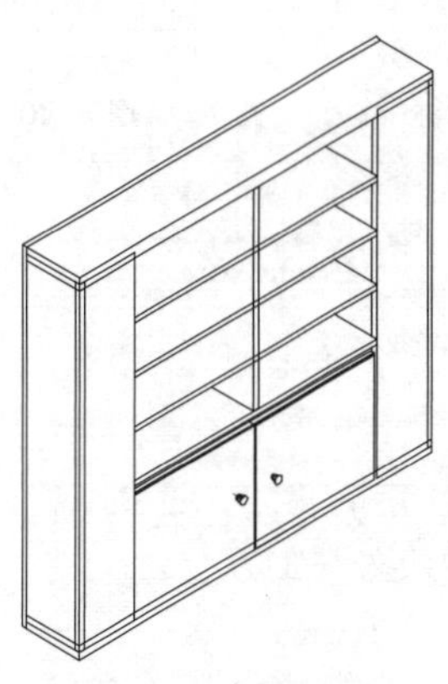
图 7-27 绘制圆锥体

7.5 几案的绘制

本实例将详细介绍几案的绘制方法，首先利用“长方体”命令绘制几案面、几案腿以及隔板，然后利用“移动”命令移动隔板到合适位置，再利用“圆角”命令对几案面进行圆角处理，并对所有实体进行并集运算，最后添加材质并进行渲染，绘制结果如图7-28所示。

图 7-28 几案

7.5.1 绘制几案面和几案腿

（1）单击“可视化”选项卡“命名视图”面板中的“东南等轴测”按钮，将当前视图设置为东南等轴测视图。

（2）单击“三维工具”选项卡“建模”面板中的“长方体”按钮，绘制两角点坐标为（10，10）和（@70，40）、高度为“6”的长方体，完成几案面的绘制，结果如图7-29所示。

（3）单击“三维工具”选项卡“建模”面板中的“长方体”按钮，在几案的4个角点绘制4个尺寸为6×6×28的长方体，完成几案腿的绘制，如图7-30所示。

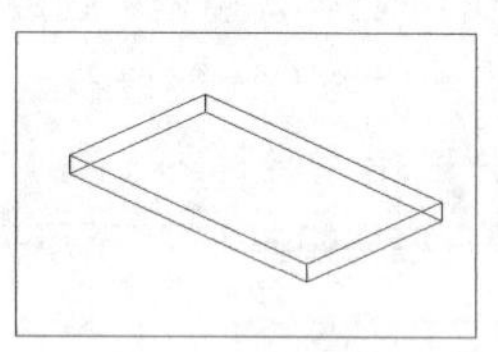

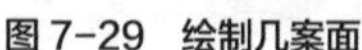

图7-29　绘制几案面

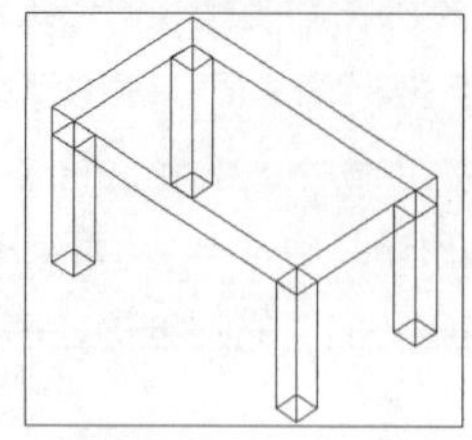

图7-30　绘制几案腿

7.5.2 绘制几案隔板

（1）单击“三维工具”选项卡“建模”面板中的“长方体”按钮，以几案的两条对角腿的外角点为对角点，绘制厚度为“2”的长方体，完成隔板的绘制，结果如图7-31所示。

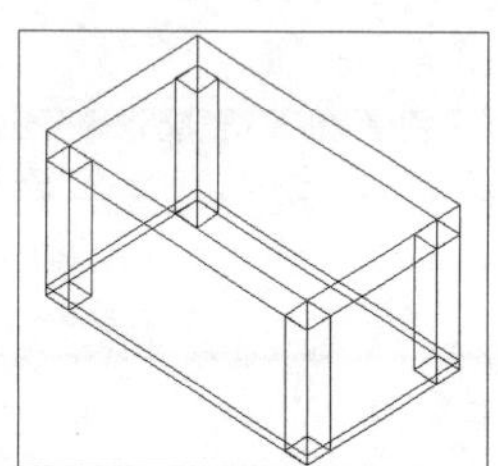

图7-31　绘制隔板

（2）单击“默认”选项卡“修改”面板中的“移动”按钮，移动隔板，基点坐标为（80，10，-28），第二个点坐标为（@0，0，10），结果如图7-32所示。

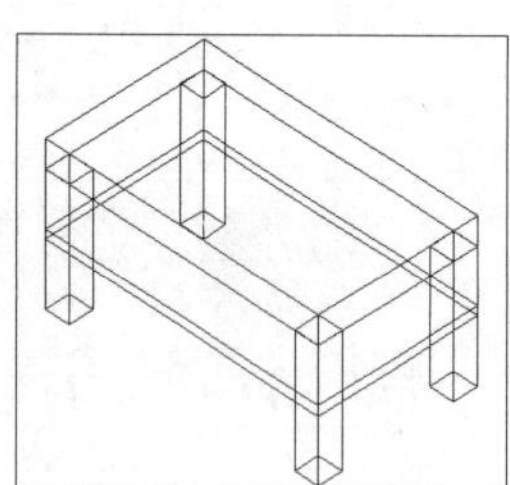

图7-32　移动隔板

（3）单击“默认”选项卡“修改”面板中的“圆角”按钮，设置圆角半径为“4”，对长方体各条边进行圆角处理，结果如图7-33所示。

（4）单击“三维工具”选项卡“实体编辑”面板中的“并集”按钮，将几案桌面、腿和隔板合并。

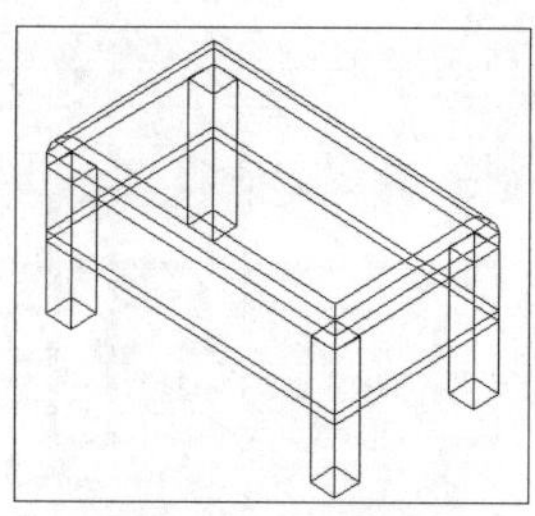

图7-33　圆角处理

（5）单击“视图”选项卡“视觉样式”面板中的“隐藏”按钮，进行消隐处理，结果如图7-34所示。

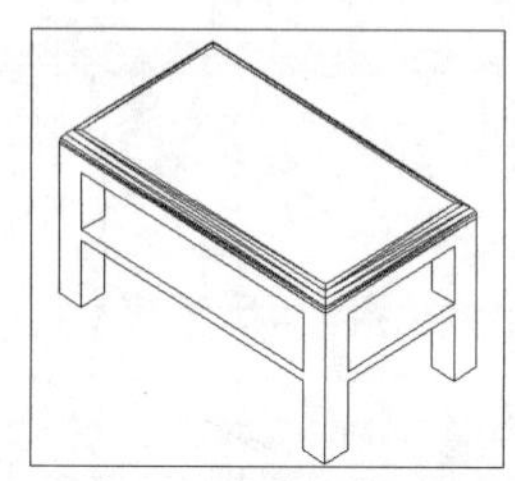

图7-34　并集运算后消隐的结果

7.5.3 渲染

（1）选择菜单栏中的“视图”→“视觉样式”→“真实”命令，系统自动改变实体的视觉样式。

（2）选择菜单栏中的“视图”→“渲染”→“材质浏览器”命令，打开“材质浏览器”面板，如图7-35所示。打开其中的“木材”选项卡，选择其中一种材质，将其拖动到绘制的几案实体上，结果如图7-28所示。

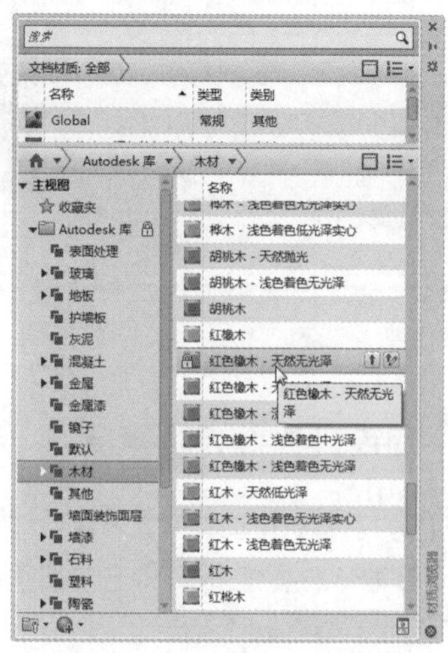

图7-35　“材质浏览器”面板

7.6 吸顶灯的绘制

本实例绘制图7-36所示的吸顶灯，主要用到“圆环”命令和“三维曲面”命令。

图 7-36 吸顶灯

7.6.1 绘制吸顶灯

（1）在命令行中输入“SURFTAB1”和“SURFTAB2”命令，设置对象上每个曲面的轮廓线数目为“10”。

（2）单击“可视化”选项卡“命名视图”面板中的“西南等轴测”按钮，将当前视图设置为西南等轴测视图。

（3）单击“三维工具”选项卡“建模”面板中的“圆环体”按钮，绘制圆环体中心在原点、圆环体半径为“50”、圆管半径为“5”的圆环体。重复“圆环体”命令，绘制圆环体中心坐标为（0，0，-8）、圆环体半径为“45”、圆管半径为“4.5”的圆环体，结果如图7-37所示。

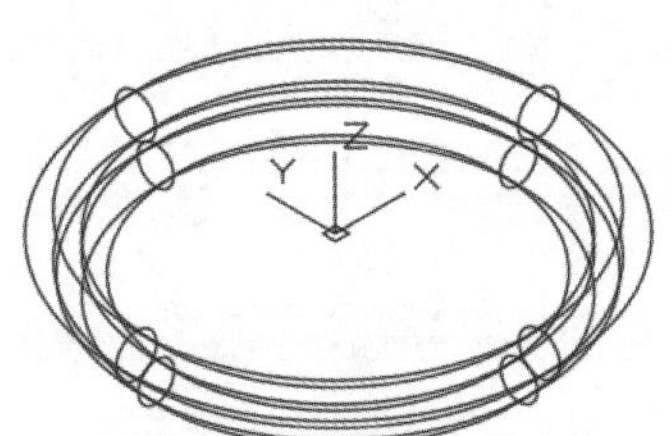

图 7-37 绘制圆环体

（4）单击“可视化”选项卡“命名视图”面板中的“前视”按钮，将当前视图设置为前视图。

（5）单击“默认”选项卡“绘图”面板中的“直线”按钮，绘制两端点坐标点为（0，-9.5）和（@0，-45）的直线。

（6）单击“默认”选项卡“绘图”面板中的“圆弧”按钮，绘制起点为直线的下端点、端点坐标为（45，-8）、半径为“45”的圆弧，结果如图7-38所示。

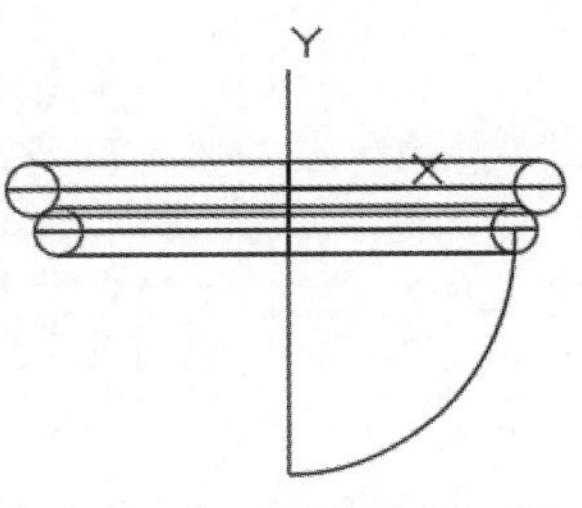

图 7-38 绘制直线和圆弧

（7）单击“可视化”选项卡“命名视图”面板中的“西南等轴测”按钮，将当前视图设为西南等轴测视图。

（8）单击“三维工具”选项卡“建模”面板中的“旋转”按钮，将圆弧进行旋转，以直线为旋转轴，旋转360°，结果如图7-39所示。

图 7-39 旋转圆弧

7.6.2 渲染

（1）选择菜单栏中的“视图”→“视觉样式”→“真实”命令，系统自动改变实体的视觉样式。

（2）选择菜单栏中的“视图”→“渲染”→“材质浏览器”命令，打开“材质浏览器”面板，如图7-40所示。打开其中的“塑料”选项卡，选择其中一种材质，将其拖动到绘制的吸顶灯上，结果如图7-36所示。

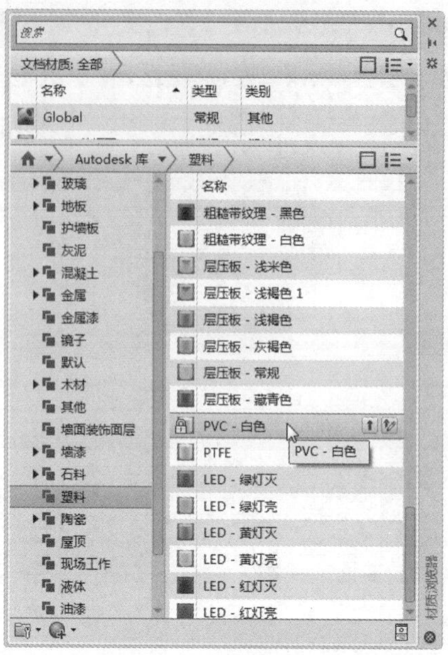

图 7-40 “材质浏览器”面板

7.7 电脑桌的绘制

本实例绘制图7-41所示的电脑桌。首先打开平面图并对平面图进行整理，删除不需要的图形，然后在侧立面图的基础上进行“拉伸”“抽壳”“长方体”等命令，完成电脑桌的绘制。

图 7-41 电脑桌

7.7.1 绘制桌面

（1）单击快速访问工具栏中的“打开”按钮，打开“电脑桌平面图.dwg”，然后单击“另存为”按钮，将其另存为“电脑桌.dwg”。

（2）单击“默认”选项卡“图层”面板中的“图层特性”按钮，打开“图层特性管理器”面板，将“0”图层设置为当前图层，然后关闭“尺寸”图层，使“尺寸”图层不可见，将侧立面图以外的其他视图删除。

（3）单击“默认”选项卡“修改”面板中的“打断于点”按钮，将最右端的竖直线在图7-42的点1处打断。单击“默认”选项卡“绘图”面板中的“面域”按钮，选择图7-42中区域2创建为面域。

（4）将视图切换到西南等轴测视图，单击“三维工具”选项卡“建模”面板中的“拉伸”按钮，将上一步创建的面域进行拉伸，拉伸距离为

900mm，如图7-43所示。

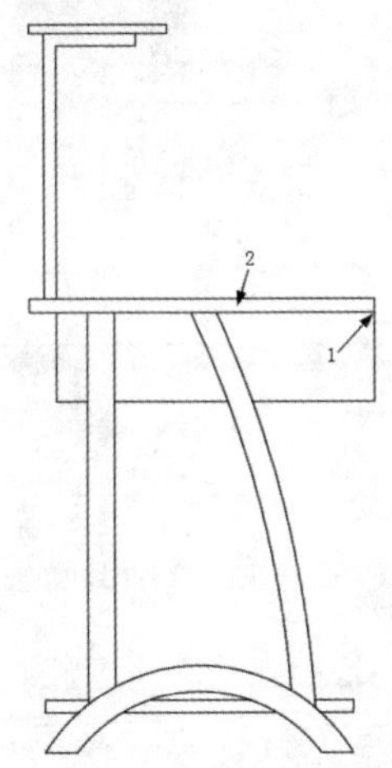

图 7-42 打断直线

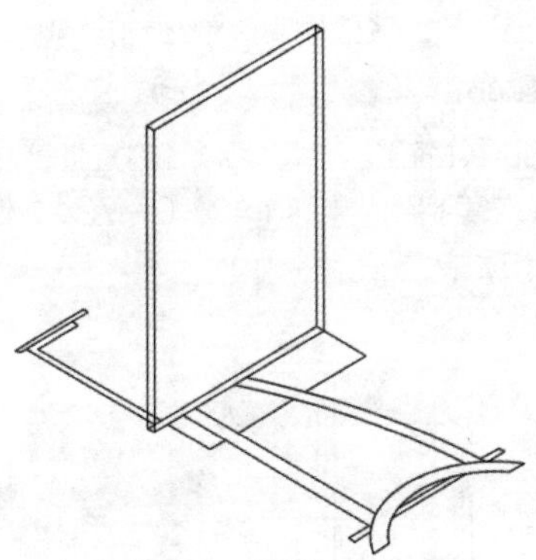

图 7-43 创建拉伸实体

7.7.2 绘制顶板和支架

（1）将视图切换到俯视图，单击“默认”选项卡“绘图”面板中的“直线”按钮╱，绘制图7-44所示的直线。单击“默认”选项卡“绘图”面板中的“面域”按钮◎，选择刚创建的封闭区域以将其创建为面域。

（2）将视图切换到西南等轴测视图，单击“三维工具”选项卡“建模”面板中的“拉伸”按钮■，将上一步创建的面域进行拉伸，拉伸距离为20mm。单击“默认”选项卡“修改”面板中的“移动”按钮✥，将拉伸实体沿Z轴方向移动，移动距离为280mm。在命令行中输入“MIRROR3D”命令，选择移动后的拉伸实体为镜像对象，选择第一个拉伸实体在Z轴方向上的边线中点作为镜像平面，结果如图7-45所示。

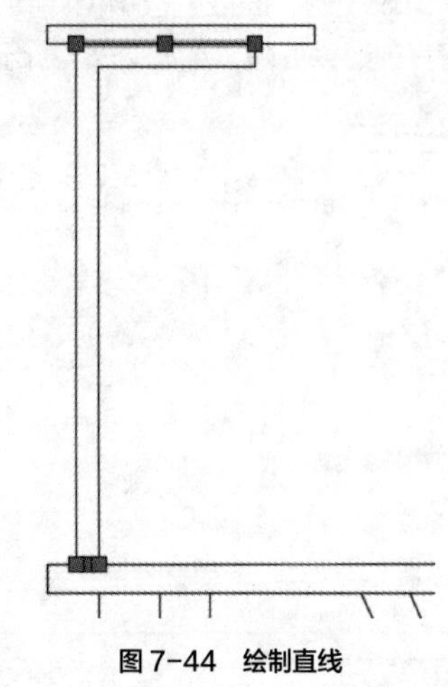

图 7-44 绘制直线

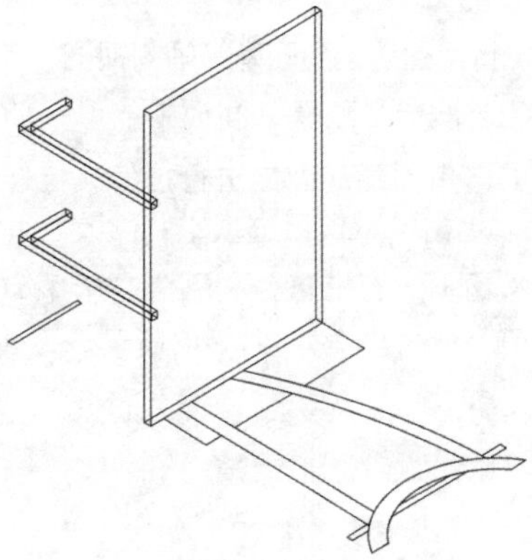

图 7-45 创建并镜像拉伸实体

（3）为了便于观察，在命令行中输入“3DROTATE”命令，将视图中的所有图形绕X轴旋转90°，然后再绕Z轴旋转90° ，结果如图7-46所示。

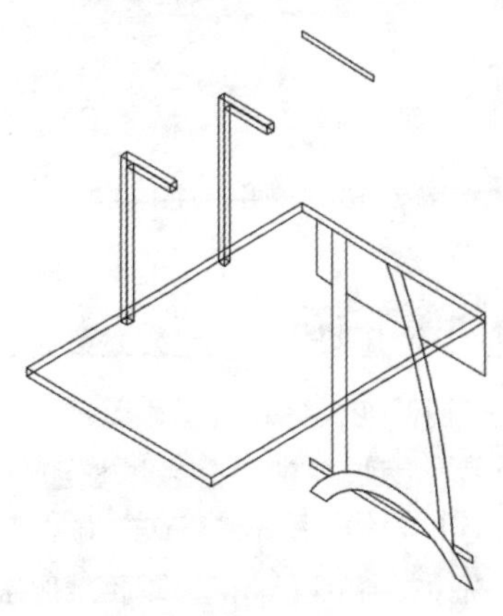

图 7-46 旋转图形

（4）将视图切换到左视图，单击“默认”选项卡“绘图”面板中的“面域”按钮，选择最上端的矩形以将其创建为面域，如图7-47所示。

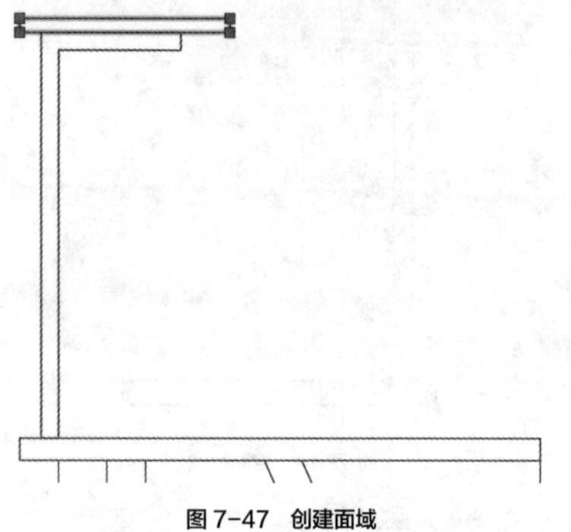

图7-47 创建面域

（5）将视图切换到西南等轴测视图，单击“三维工具”选项卡“建模”面板中的“拉伸”按钮，将上一步创建的面域进行拉伸，拉伸距离为500mm。单击“默认”选项卡“修改”面板中的“移动”按钮，将拉伸实体沿Z轴方向移动，移动距离为200mm，结果如图7-48所示。

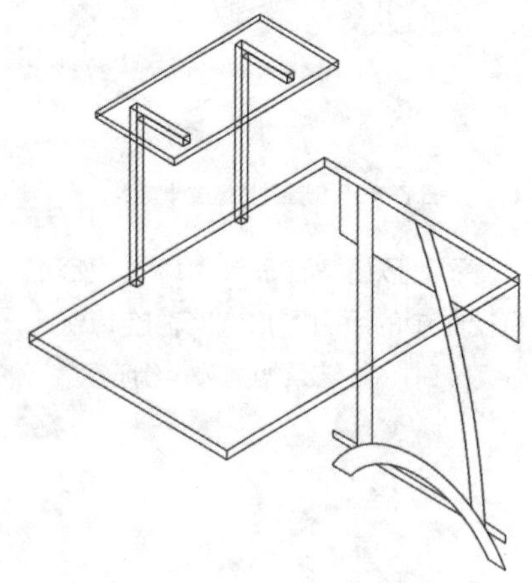

图7-48 创建并移动拉伸实体

7.7.3 绘制抽屉

（1）将视图切换到左视图，单击“默认”选项卡“绘图”面板中的“直线”按钮，绘制图7-49所示的直线。单击“默认”选项卡“绘图”面板中的“面域”按钮，选择刚绘制的封闭区域以将其创建为面域，如图7-49所示。

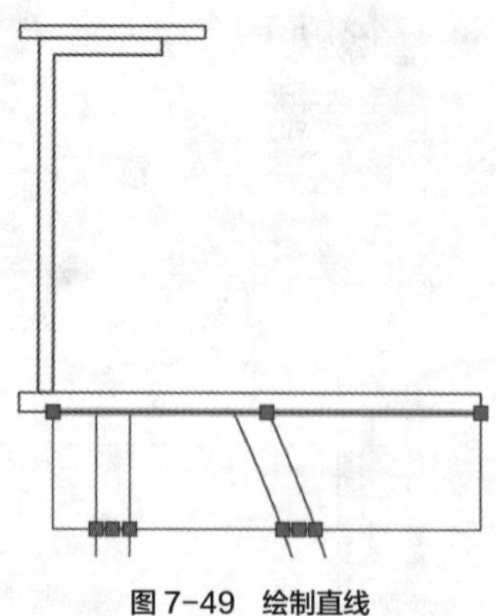

图7-49 绘制直线

（2）将视图切换到西南等轴测视图，单击“三维工具”选项卡“建模”面板中的“拉伸”按钮，将上一步创建的面域进行拉伸，拉伸距离为16mm。单击“默认”选项卡“修改”面板中的“移动”按钮，将拉伸实体沿Z轴方向移动，移动距离为75mm。单击“默认”选项卡“修改”面板中的“复制”按钮，将移动后的拉伸实体以右下端点为基点复制到坐标（@0，0，734）处，结果如图7-50所示。

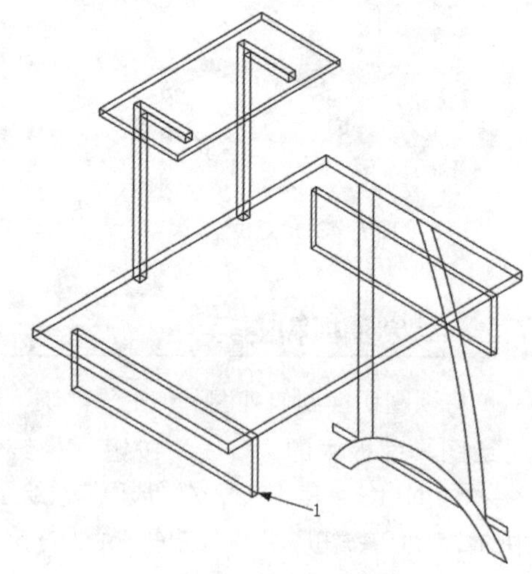

图7-50 创建并复制拉伸实体

（3）在命令行中输入“UCS”命令，将坐标系移动到图7-42所示的点1处。在命令行中输入“PLAN”命令，将视图切换到当前UCS视图。

（4）单击“默认”选项卡“绘图”面板中的“直线”按钮，单击“默认”选项卡“修改”面板中的“偏移”按钮和“修剪”按钮等，绘制图7-51所示的图形。单击“默认”选项卡“绘图”

面板中的“面域”按钮，选择刚绘制的封闭区域以将其创建为面域。

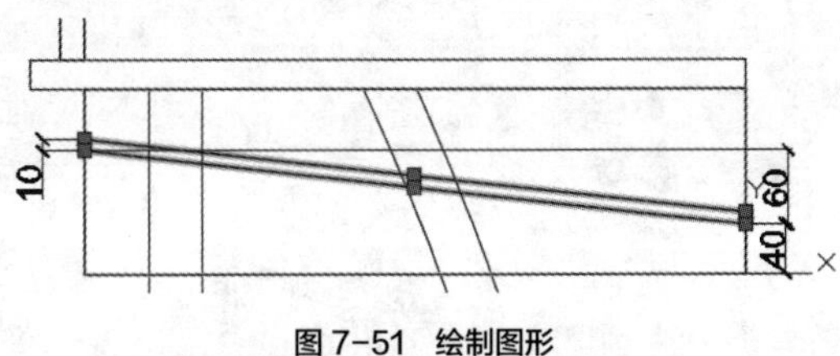

图 7-51 绘制图形

（5）将视图切换到西南等轴测视图，单击“三维工具”选项卡“建模”面板中的“拉伸”按钮，将上一步创建的面域进行拉伸，拉伸距离为-718mm，结果如图7-52所示。

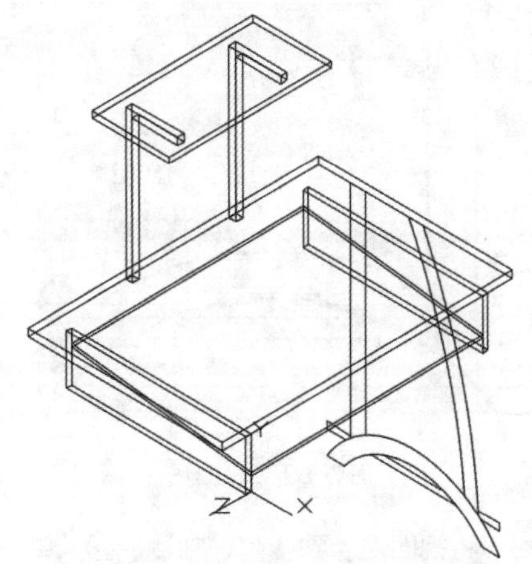

图 7-52 创建拉伸实体

7.7.4 绘制桌架和底板

（1）将视图切换到左视图，单击“默认”选项卡“绘图”面板中的“面域”按钮，选择电脑桌下端圆弧封闭区域以将其创建为面域，如图7-53所示。

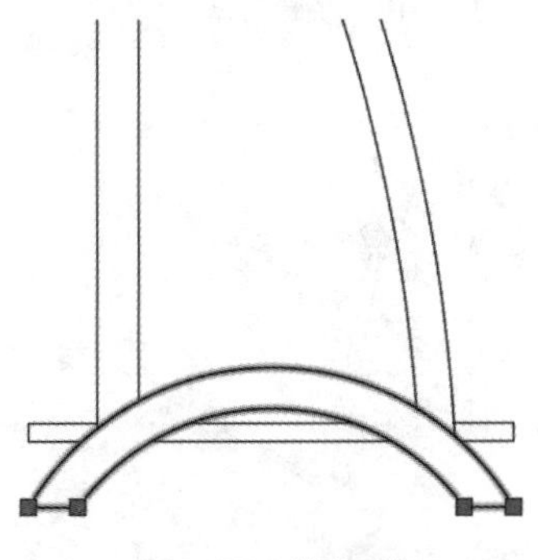

图 7-53 创建面域

（2）将视图切换到西南等轴测视图，单击“三维工具”选项卡“建模”面板中的“拉伸”按钮，将上一步创建的面域进行拉伸，拉伸距离为44mm。单击“默认”选项卡“修改”面板中的“移动”按钮，将拉伸实体沿Z轴方向移动，移动距离为25mm，结果如图7-54所示。

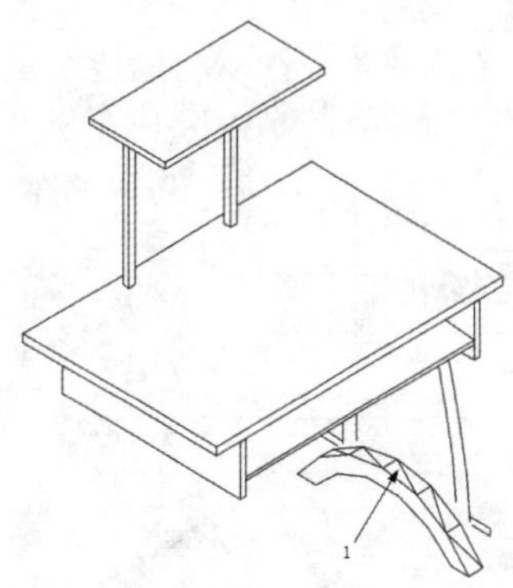

图 7-54 创建并移动拉伸实体

（3）单击“三维工具”选项卡“实体编辑”面板中的“抽壳”按钮，选择上一步创建的拉伸实体为要抽壳的实体，选择图7-55中的面1为删除面，输入抽壳偏移距离为2mm，完成抽壳操作，结果如图7-55所示。

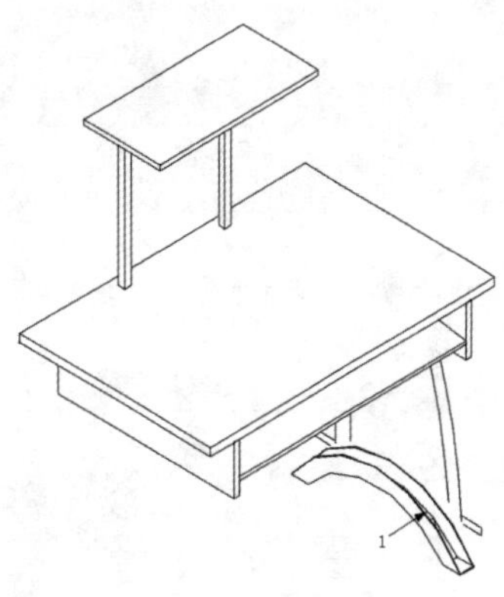

图 7-55 抽壳处理

（4）单击“三维工具”选项卡“实体编辑”面板中的“复制边”按钮，复制图7-55中的边线1，并以此边线的前下端点为基点，将其移到（@0，0，-25）处。

（5）切换视图到左视图，将“0”图层关闭，将轮廓线层设置为当前图层。单击“默认”选项卡“修改”面板中的“延伸”按钮，将腿部的直线和圆弧线延伸至复制的边线。单击“默认”选项卡

“修改”面板中的“修剪”按钮，修剪多余的线段。单击“默认”选项卡“绘图”面板中的“直线”按钮，绘制直线使腿部图形封闭。单击“默认”选项卡“绘图”面板中的“面域”按钮，分别选择两个封闭区域以将它们创建成面域，如图7-56所示。

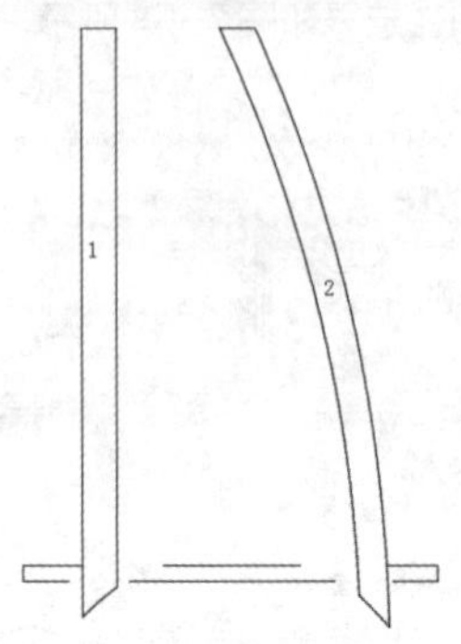

图7-56 创建面域

（6）打开“0”图层并将其设置为当前图层，将视图切换到西南等轴测视图。单击“三维工具”选项卡“建模”面板中的“拉伸”按钮，将上一步创建的面域进行拉伸，拉伸距离为40mm。单击“默认”选项卡“修改”面板中的“移动”按钮，将拉伸实体沿Z轴方向移动，移动距离为27mm，结果如图7-57所示。

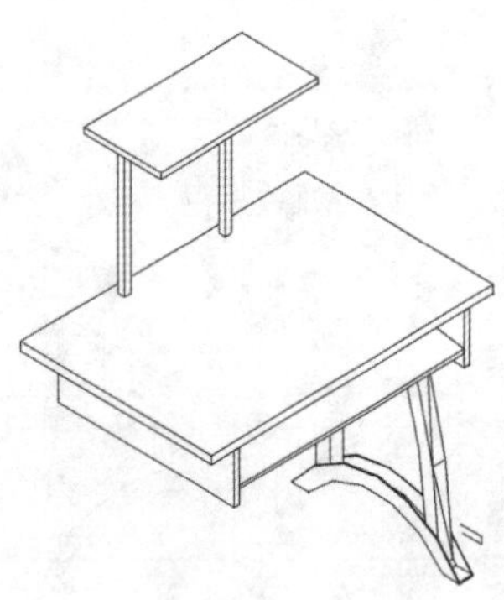

图7-57 创建并移动拉伸实体（1）

（7）在命令行中输入“MIRROR3D”，选择腿部拉伸实体为镜像对象，选择第一个拉伸实体在X轴方向上的边线中点作为镜像平面，结果如图7-58所示。

（8）切换视图到左视图，单击“默认”选项卡“绘图”面板中的“直线”按钮，绘制图7-59所示的直线。单击“默认”选项卡“绘图”面板中的“面域”按钮，选择刚绘制的封闭区域以将其创建成面域。

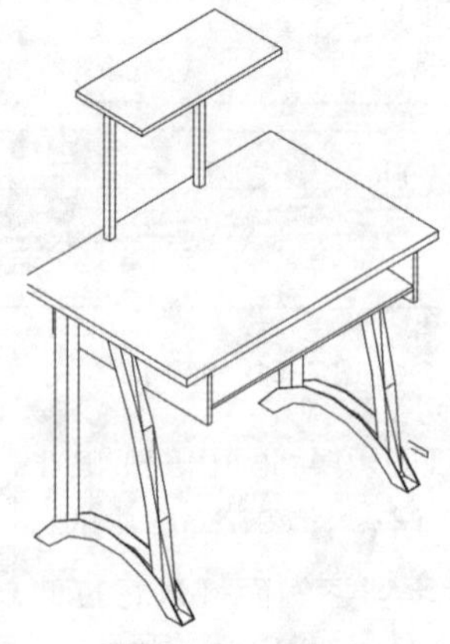

图7-58 镜像腿部实体

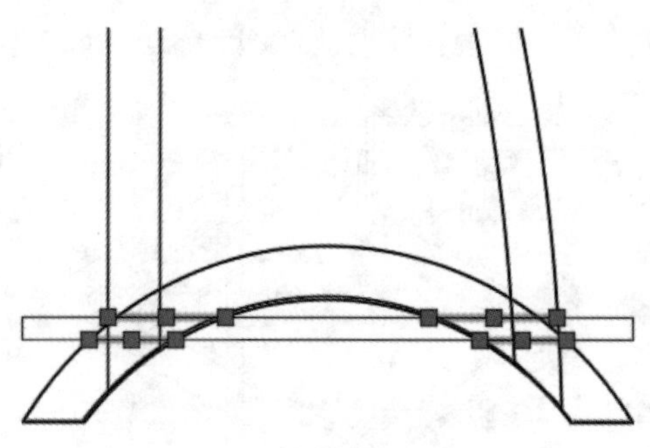

图7-59 绘制直线

（9）将视图切换到西南等轴测视图，单击“三维工具”选项卡“建模”面板中的“拉伸”按钮，将上一步创建的面域进行拉伸，拉伸距离为766mm。单击“默认”选项卡“修改”面板中的“移动”按钮，将拉伸实体沿Z轴方向移动，移动距离为67mm，结果如图7-60所示。

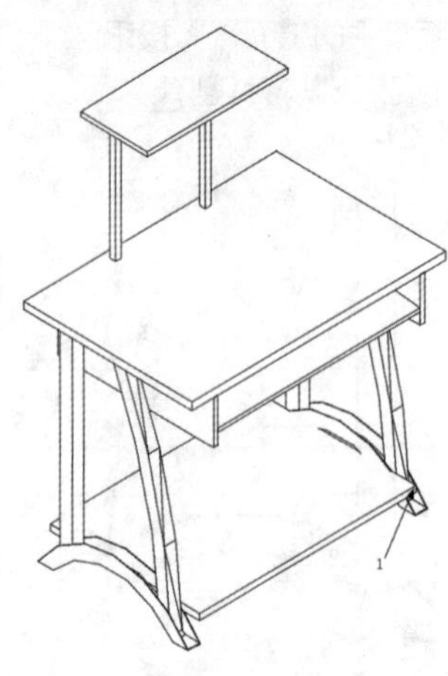

图7-60 创建并移动拉伸实体（2）

（10）在命令行中输入“UCS”命令，将坐标系移动到图7-66中的点1处。单击“三维工具”选项卡“建模”面板中的“长方体”按钮，绘制以坐标系原点为第一角点、（@-535，20，220）为第二角点的长方体，结果如图7-61所示。

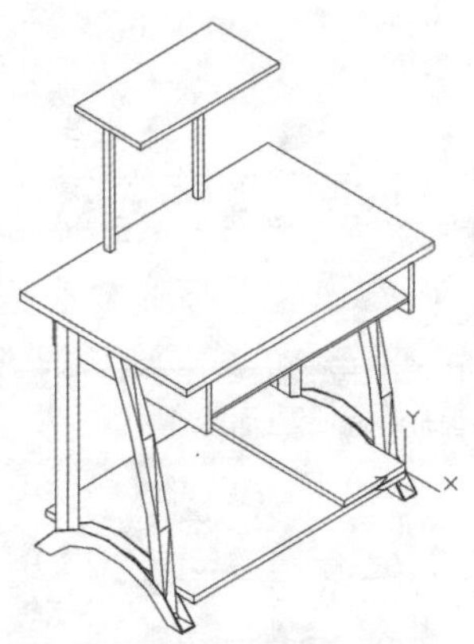

图7-61　绘制长方体

（11）单击“视图”下拉菜单的“视觉样式”控件中的“真实”样式，将坐标系返回到WCS。

（12）单击“可视化”选项卡“材质”面板中的“材质浏览器”按钮，弹出“材质浏览器”面板。单击“主视图”→“Autodesk库”→“金属”→“钢”，然后选择“钢”材质拖动到电脑桌的支架和腿上，如图7-62所示。

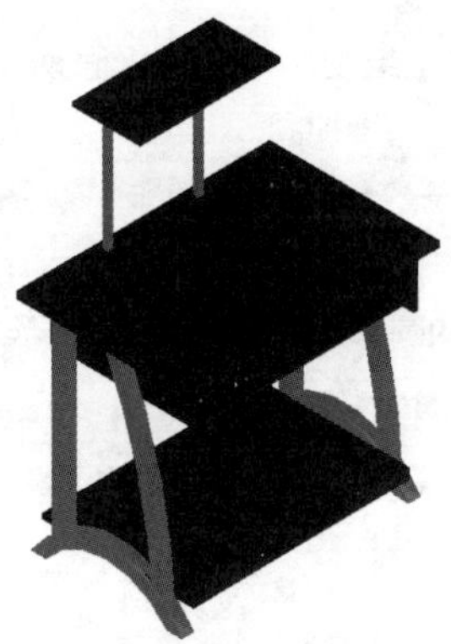
图7-62　添加钢材质

（13）单击“主视图”→“Autodesk库”→“木材”，然后选择“红橡木”材质拖动到电脑桌的板上，如图7-63所示。

（14）在“可视化”选项卡“光源”面板中设置光源的曝光和白平衡，如图7-64所示，结果如图7-65所示。

图7-63　添加红橡木材质

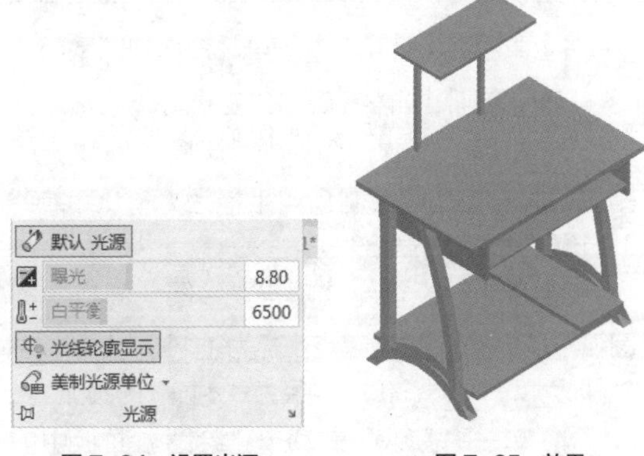

图7-64　设置光源　　图7-65　效果

（15）在“可视化”选项卡“渲染”面板中设置渲染级别为中，选择在窗口中渲染，单击“可视化”选项卡“渲染”面板中“渲染到尺寸”按钮，打开“渲染”窗口，渲染结果如图7-66所示。

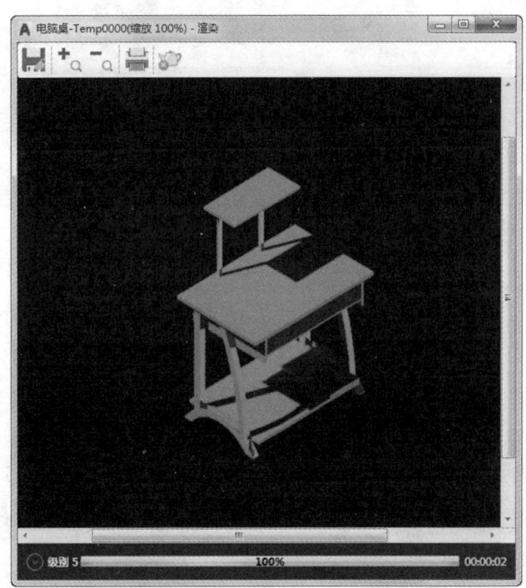

图7-66　渲染

7.8 锁的绘制

本实例绘制图7-67所示的锁，可以看出，该实体的结构简单。本实例要求用户对锁的结构熟悉，且能灵活运用三维表面模型的基本图形的“绘图”命令和“编辑”命令。

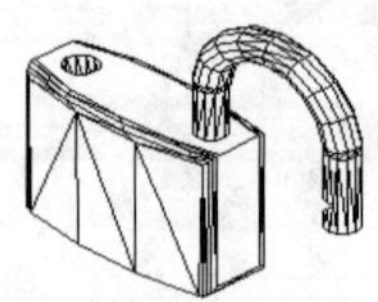

图7-67 锁

7.8.1 绘制锁身

（1）单击“可视化”选项卡“命名视图”面板中的“西南等轴测”按钮，改变视图。

（2）单击“默认”选项卡“绘图”面板中的“矩形”按钮，绘制角点坐标为（-100，30）和（100，-30）的矩形。

（3）单击“默认”选项卡“绘图”面板中的“圆弧”按钮，绘制起点坐标为（100，30）、端点坐标为（-100，30）、半径为“340”的圆弧。

（4）单击“默认”选项卡“绘图”面板中的“圆弧”按钮，绘制起点坐标为（-100，-30）、端点坐标为（100，-30）、半径为“340”的圆弧。利用“镜像”命令得到另一侧圆弧，如图7-68所示。

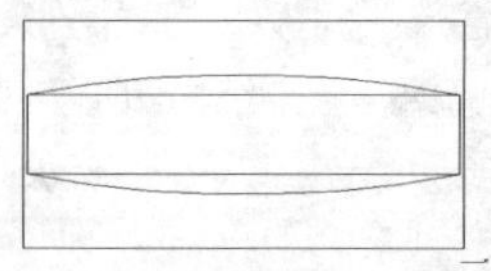

图7-68 绘制圆弧后的图形

（5）单击“默认”选项卡“修改”面板中的“修剪”按钮，对上述圆弧和矩形进行修剪，结果如图7-69所示。

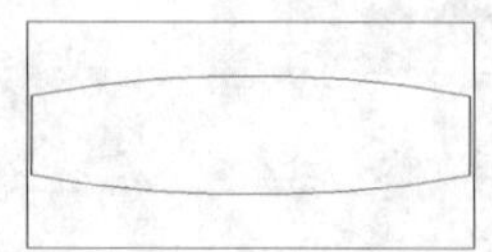

图7-69 修剪后的图形

（6）单击“默认”选项卡“修改”面板中的“编辑多段线”按钮，将上述多段线合并为一个整体。

（7）单击“三维工具”选项卡“建模”面板中的“拉伸”按钮，将上一步创建的面域拉伸“150”，结果如图7-70所示。

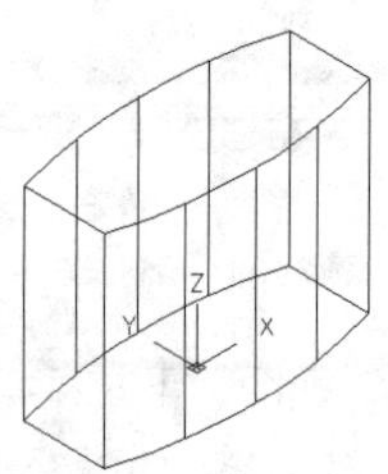

图7-70 拉伸

7.8.2 绘制锁梁

（1）在命令行中输入“UCS”命令，将新的坐标原点移动到点（0，0，150）。选择菜单栏中的“视图”→“三维视图”→“平面视图”→“当前UCS”命令，切换视图。

（2）单击“默认”选项卡“绘图”面板中的“圆”按钮，绘制圆心坐标为（-70，0，0）、半径为“15”的圆，结果如图7-71所示。

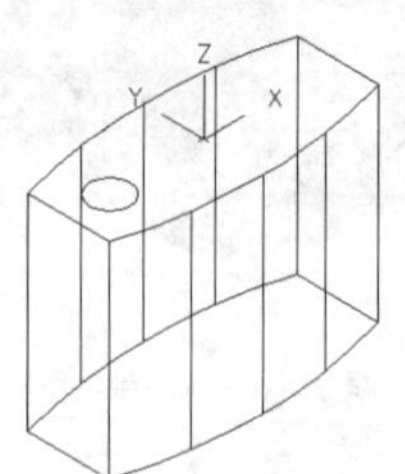

图7-71 绘制圆

（3）单击“可视化”选项卡“命名视图”面板中的“前视”按钮，将当前视图设置为前视图。

（4）在命令行中输入“UCS”命令，将新的坐标原点移动到点（0，150，0）。

（5）单击“默认”选项卡“绘图”面板中的“多段线”按钮，绘制多段线，命令行中的提示与操作如下：

```
命令：_pline
指定起点：-70,0↙
当前线宽为 0.0000
指定下一个点或 [圆弧(A)/半宽(H)/长度(L)/放弃(U)/宽度(W)]：@50<90↙
指定下一点或 [圆弧(A)/闭合(C)/半宽(H)/长度(L)/放弃(U)/宽度(W)]：A↙
指定圆弧的端点(按住 Ctrl 键以切换方向)或[角度(A)/圆心(CE)/闭合(CL)/方向(D)/半宽(H)/直线(L)/半径(R)/第二个点(S)/放弃(U)/宽度(W)]:A↙
指定夹角：-180↙
指定圆弧的端点(按住 Ctrl 键以切换方向)或[圆心(CE)/半径(R)]：R↙
指定圆弧的半径：70↙
指定圆弧的弦方向(按住 Ctrl 键以切换方向)<90>：0↙
指定圆弧的端点(按住 Ctrl 键以切换方向)或[角度(A)/圆心(CE)/闭合(CL)/方向(D)/半宽(H)/直线(L)/半径(R)/第二个点(S)/放弃(U)/宽度(W)]：L↙
指定下一点或 [圆弧(A)/闭合(C)/半宽(H)/长度(L)/放弃(U)/宽度(W)]：70,0↙
指定下一点或 [圆弧(A)/闭合(C)/半宽(H)/长度(L)/放弃(U)/宽度(W)]：↙
```

结果如图7-72所示。

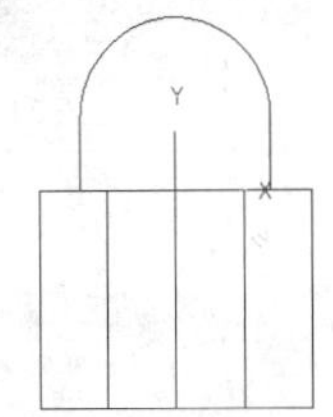

图 7-72 绘制多段线

（6）单击“可视化”选项卡“命名视图”面板中的“西南等轴测”按钮，将当前视图设置为西南等轴测视图。

（7）单击“三维工具”选项卡“建模”面板中的“扫掠”按钮，将绘制的圆沿多段线进行扫掠处理。

（8）单击“三维工具”选项卡“建模”面板中的“圆柱体”按钮，绘制底面中心点为（-70，0，0）、底面半径为“20”、轴端点为（-70，-30，0）的圆柱体，结果如图7-73所示。

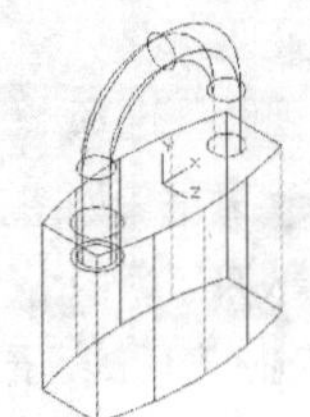

图 7-73 绘制圆柱体

（9）在命令行中输入“UCS”命令，将新的坐标原点绕*X*轴旋转90°。

（10）单击“三维工具”选项卡“建模”面板中的“楔体”按钮，绘制第一个角点坐标为（-50，-50，-20）、其他角点坐标为（-80，-50，-20）、高度为“20”的楔体。

（11）单击“三维工具”选项卡“实体编辑”面板中的“差集”按钮，将扫掠实体与楔体进行差集运算，如图7-74所示。

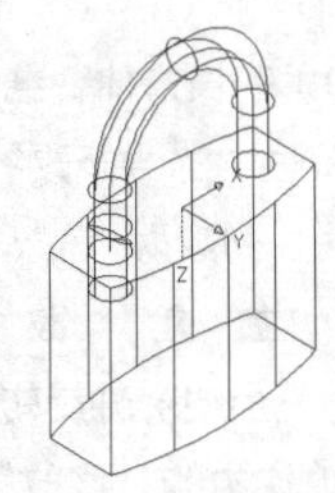

图 7-74 差集运算

（12）选择菜单栏中的“修改”→“三维操作”→“三维旋转”命令，将上述锁柄绕着右边的圆的中心垂线旋转180°，旋转的结果如图7-75所示。

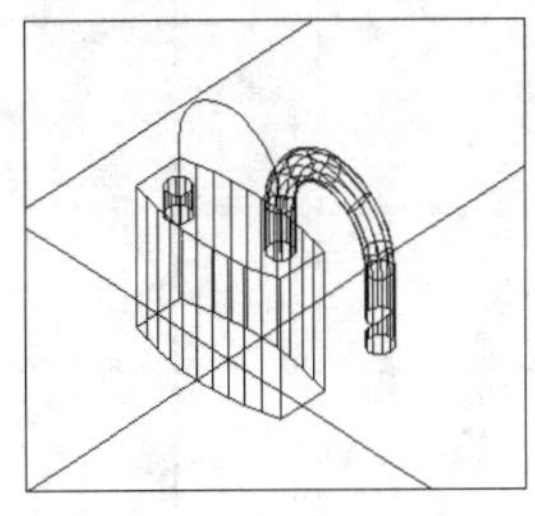

图 7-75 旋转处理

（13）单击“三维工具”选项卡“实体编辑”面板中的“差集”按钮，将左边小圆柱体与锁体进行差集运算，在锁体上打孔。

（14）单击“默认”选项卡“修改”面板中的“圆角”按钮，设置圆角半径为“10”，对锁体四周的边进行圆角处理。

（15）单击“视图”选项卡“视觉样式”面板中的“隐藏”按钮，结果如图7-76所示。

（16）单击“默认”选项卡“修改”面板中的“删除”按钮，删除多段线。最终结果如图7-67所示。

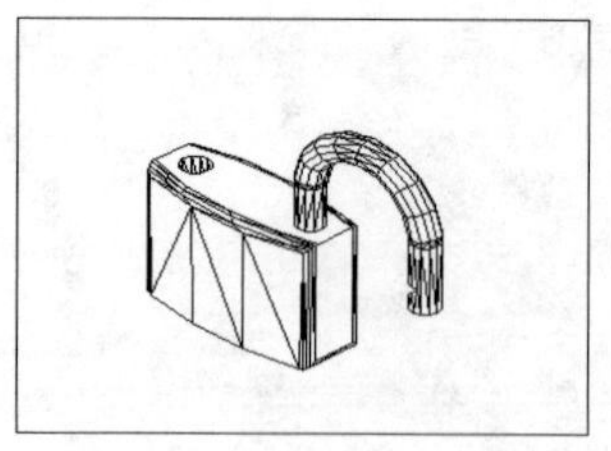

图7-76 消隐处理

7.9 脚手架的绘制

本实例绘制图7-77所示的脚手架，主要运用“圆柱体”“长方体”“三维阵列”“三维镜像”和“渲染”命令，使读者进一步掌握三维实体的绘制和编辑。

（1）单击“三维工具”选项卡“建模”面板中的“圆柱体”按钮，绘制一个底面中心点在原点、底面半径为“20”、高度为“1000”的圆柱体。重复“圆柱体”命令，绘制底面中心点坐标为（0，200，0）、底面半径为“20”、高度为“1000”的圆柱体，结果如图7-78所示。

（2）单击“三维工具”选项卡“建模”面板中的“长方体”按钮，绘制两角点坐标为（-100，-100，1000）和（@150，400，20）的长方体。重复“长方体”命令，绘制两角点坐标为（-15，0，150）和（@30，200，20）的长方体，结果如图7-79所示。

（3）选择菜单栏中的“修改”→“三维操作”→“三维阵列”命令，阵列上一步中绘制的第二个长方体，阵列的行数为“1”、列数为“1”、层数为“5”、层间距为“180”，结果如图7-80所示。

（4）选择菜单栏中的“修改”→“三维操作”→“三维旋转”命令，进行三维旋转操作，根据提示选择长方体右上角点为基点绕Y轴旋转，旋转角度为“-10”。结果如图7-81所示。

（5）选择菜单栏中的“修改”→“三维操作”→“三维镜像”命令，对绘制的所有实体进行镜像操作，镜像平面上3个点的坐标为（50，300，1020）、（@0，0，1000）和（@0，200，0），结果如图7-82所示。

（6）单击“视图”选项卡“视觉样式”面板中的“概念”按钮，将“视觉样式”设置为“概念”，完成脚手架的绘制，最终结果如图7-77所示。

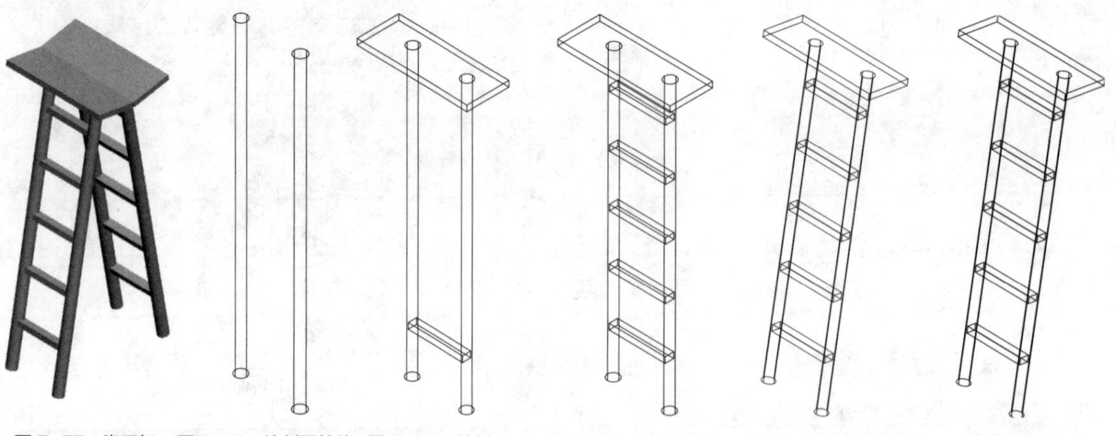

图7-77 脚手架　图7-78 绘制圆柱体　图7-79 绘制长方体　图7-80 阵列处理　图7-81 三维旋转　图7-82 三维镜像

第 8 章

电子产品造型设计实例

本章导读

第 6 章和第 7 章已经初步介绍了 AutoCAD 三维绘图的基本方法与技巧。AutoCAD 不仅应用于生活用品的造型设计，还可以对电子产品进行造型设计。本章主要介绍常用电子产品的造型设计，并通过这些造型设计，加深读者对三维绘图方法的认识与了解。

本章介绍的电子产品主要有电容、显示屏、电脑接口。

8.1 电容的绘制

本节绘制的电容如图8-1所示。首先利用“拉伸”命令绘制主体，然后绘制封盖，最后绘制管脚。

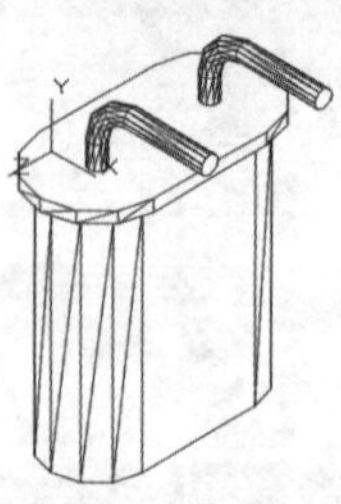

图8-1 电容

8.1.1 绘制主体

（1）单击“默认”选项卡“绘图”面板中的“多段线”按钮，绘制坐标点依次为（0，0）、（@20，0）、A、（@0，-16）、L、（@-20，0）、A、（0，0）的多段线，如图8-2所示。

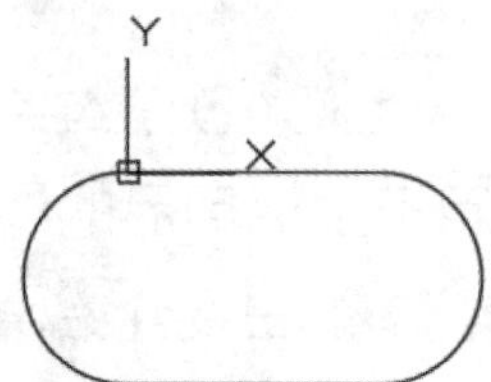

图8-2 绘制多段线（1）

（2）单击“可视化”选项卡“命名视图”面板中的“西南等轴测”按钮，将当前视图设置为西南等轴测视图。

（3）单击“三维工具”选项卡“建模”面板中的“拉伸”按钮，将绘制的多段线沿Z轴拉伸“40”，结果如图8-3所示。

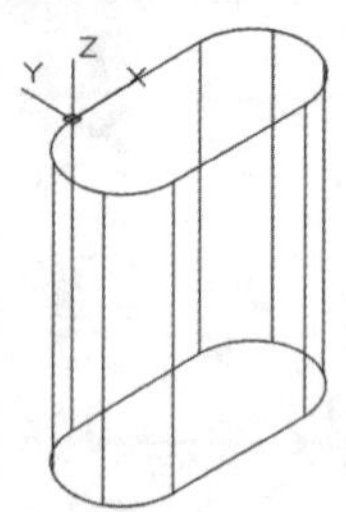

图8-3 拉伸多段线（1）

8.1.2 绘制封盖

（1）单击“可视化”选项卡“命名视图”面板中的“俯视”按钮，将当前视图设置为俯视图。

（2）单击“默认”选项卡“绘图”面板中的“多段线”按钮，绘制坐标点依次为（0，-18）、（@20，0）、A、（@0，20）、L、（@-20，0）、A、（0，-18）的多段线，如图8-4所示。

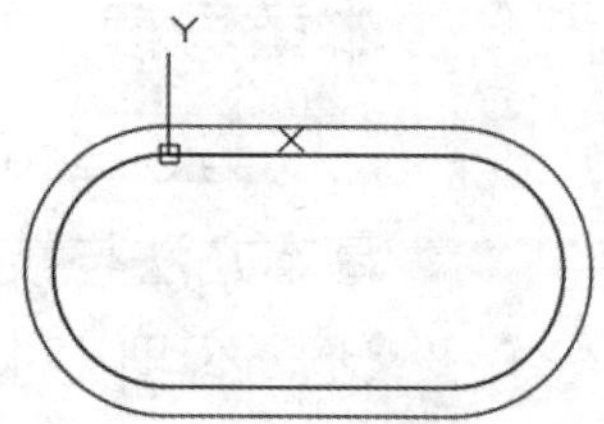

图8-4 绘制多段线（2）

（3）单击“可视化”选项卡“命名视图”面板中的“西南等轴测”按钮，将当前视图设置为西南等轴测视图。

（4）单击“三维工具”选项卡“建模”面板中的“拉伸”按钮，将绘制的多段线沿Z轴拉伸“2”，结果如图8-5所示。

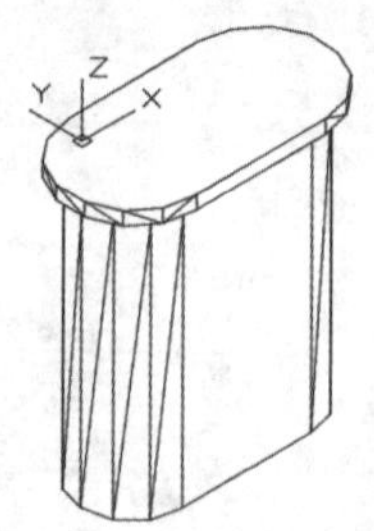

图8-5 拉伸多段线（2）

8.1.3 绘制管脚

（1）单击“可视化”选项卡“命名视图”面板

中的“俯视”按钮，将当前视图设置为俯视图。

（2）单击“默认”选项卡“绘图”面板中的“圆”按钮，绘制圆心坐标为（0，-8）、半径为“1.5”的圆，结果如图8-6所示。

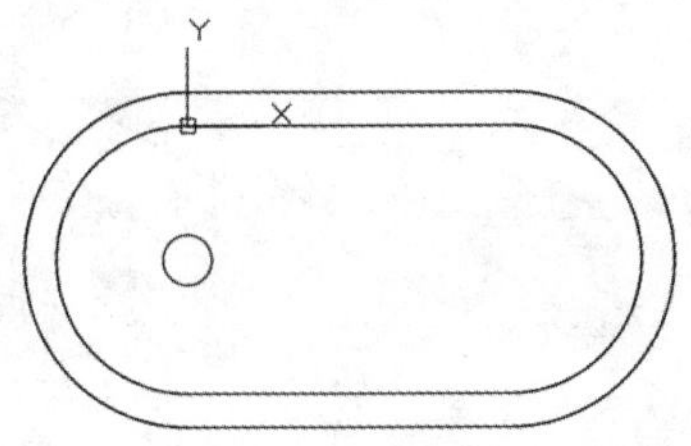

图 8-6　绘制圆

（3）单击“可视化”选项卡“命名视图”面板中的“左视”按钮，将当前视图设置为左视图。

（4）单击“默认”选项卡“绘图”面板中的“多段线”按钮，绘制坐标点依次为（8，0）、（@0，4）、A、（@6，6）、L、（@14，0）的多段线，结果如图8-7所示。

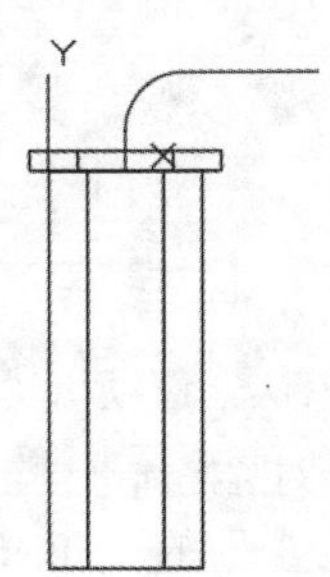

图 8-7　绘制多段线

（5）单击“可视化”选项卡“命名视图”面板中的“西南等轴测”按钮，将当前视图设置为西南等轴测视图。

（6）单击“默认”选项卡“修改”面板中的“移动”按钮，将绘制的圆和多段线沿*Y*轴移动“2”，结果如图8-8所示。

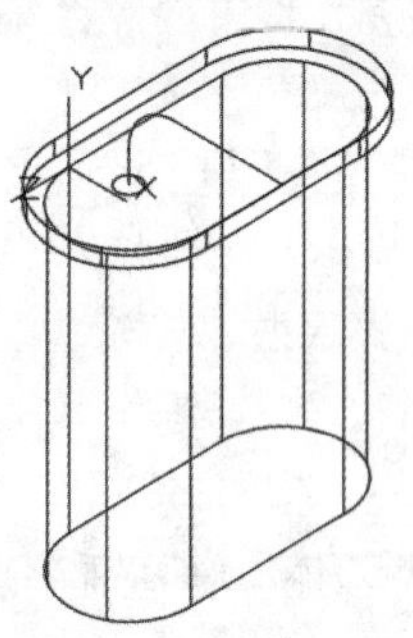

图 8-8　移动圆和多段线

（7）单击“三维工具”选项卡“建模”面板中的“扫掠”按钮，以圆为扫掠对象、多段线为扫掠路径进行扫掠，消隐后结果如图8-9所示。

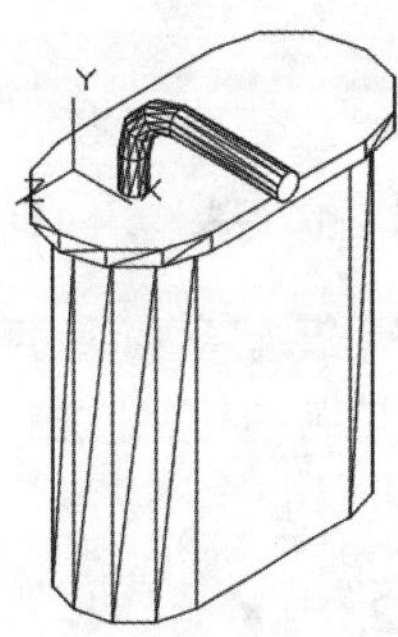

图 8-9　扫掠操作

（8）单击“默认”选项卡“修改”面板中的“复制”按钮，复制扫掠实体并将其沿*Z*轴方向移动“-20”，完成电容的绘制，消隐后最终结果如图8-1所示。

8.2 显示屏的绘制

本节绘制的显示屏如图8-10所示。显示屏是电脑的I/O设备，即输入/输出设备，用于将一定的电子文件通过特定的传输设备显示到屏幕上，再映射到人眼中。显示屏有多种类型，目前常用的有CRT、LCD等。在本实例中，将首先绘制显示屏主体部分，然后再绘制细节部分，完成显示屏的绘制。

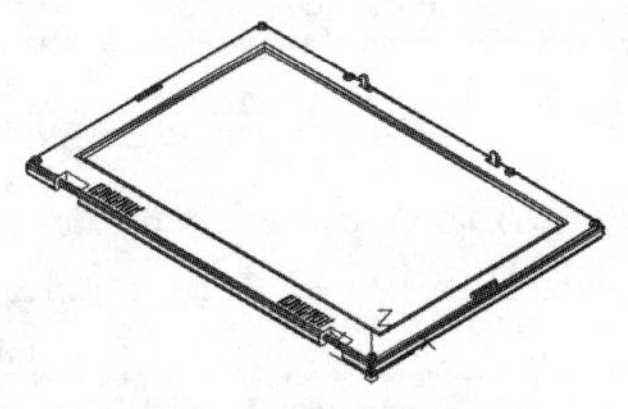

图 8-10　显示屏

8.2.1 绘制主体

（1）单击“可视化”选项卡“命名视图”面板中的“西南等轴测”按钮，将当前视图设置为西南等轴测视图。

（2）单击“三维工具”选项卡“建模”面板中的“长方体”按钮，绘制第一角点坐标在原点、长度为“205”、宽度为“300”、高度为“10”的长方体1。重复“长方体”命令，绘制第一角点坐标为（25.25，18.5，8）、长度为“165”、宽度为“265”、高度为“2”的长方体2，结果如图8-11所示。

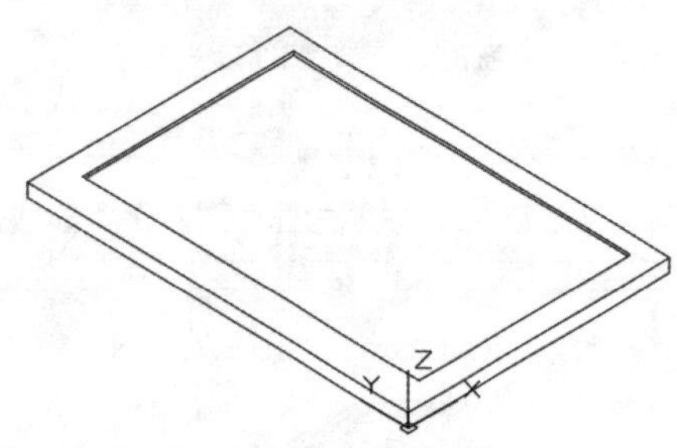

图8-11 绘制长方体1和2

（3）单击“三维工具”选项卡“实体编辑”面板中的“差集”按钮，将长方体2从长方体1中减去。

（4）单击“默认”选项卡“修改”面板中的“圆角”按钮，绘制半径为“6”的圆角，结果如图8-12所示。

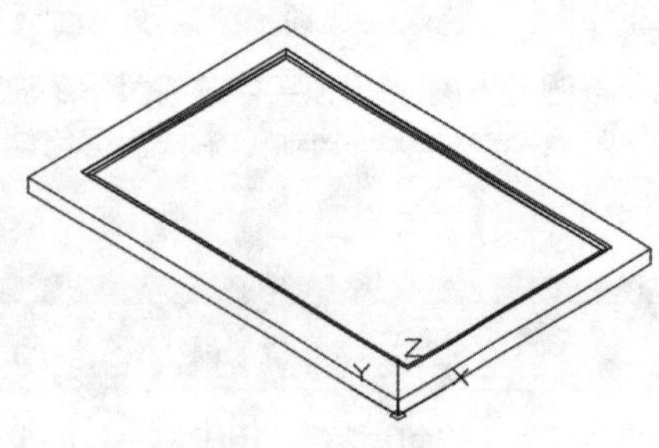

图8-12 绘制圆角（1）

8.2.2 绘制细节部分

（1）单击“三维工具”选项卡“建模”面板中的“圆柱体”按钮，绘制圆心坐标为（200，295，10）、半径为“3”、高度为“3”的圆柱体1。重复“圆柱体”命令，绘制坐标分别为（5，295，10）和（200，220，10）、半径为“3”、高度为“3”的圆柱体2和圆柱体3，消隐后结果如图8-13所示。

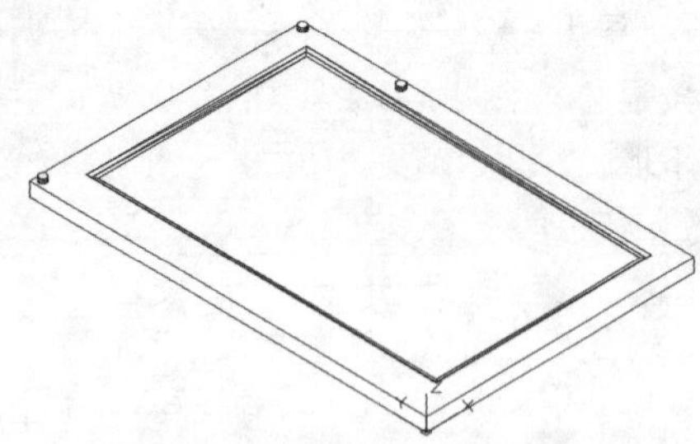

图8-13 绘制圆柱体1、2和3

（2）单击“三维工具”选项卡“建模”面板中的“长方体”按钮，绘制第一角点坐标为（92.5，293.5，10）、长度为“20”、宽度为“3”、高度为“3”的长方体3，结果如图8-14所示。

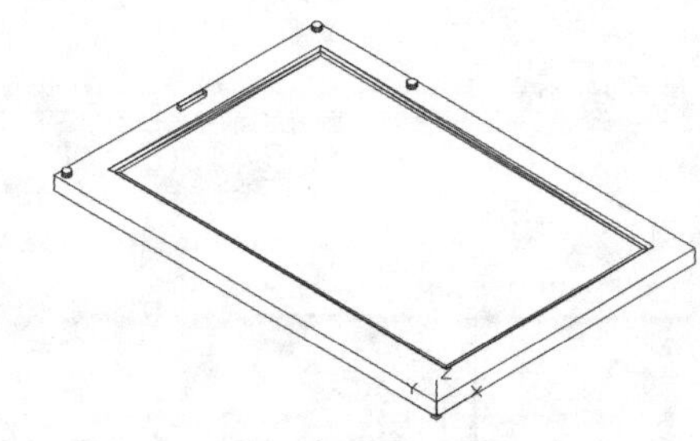

图8-14 绘制长方体3

（3）单击“默认”选项卡“修改”面板中的“圆角”按钮，对圆柱体1、圆柱体2和圆柱体3的顶边进行半径为“3”的圆角处理，对长方体3上端面长边进行半径为“1.5”的圆角处理，结果如图8-15所示。

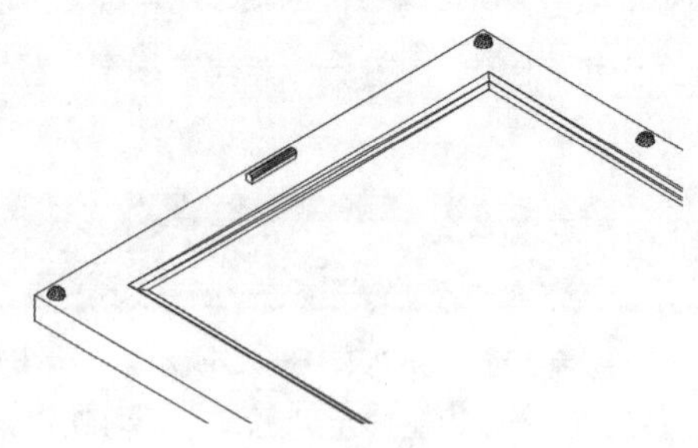

图8-15 绘制圆角（2）

（4）单击“三维工具”选项卡“建模”面板中的“长方体”按钮，绘制第一个角点坐标为（198.75，200，8.5）、长度为“2.5”、宽度为“10”、高度为“2.5”的长方体4。

（5）单击“默认”选项卡“修改”面板中的“镜像”按钮，将绘制的长方体4以长方体1上端面两长边中点为镜像点进行镜像处理。

（6）单击“三维工具”选项卡“实体编辑”面板中的“差集”按钮，将绘制的长方体及镜像实体从主体实体中减去，消隐后结果如图8-16所示。

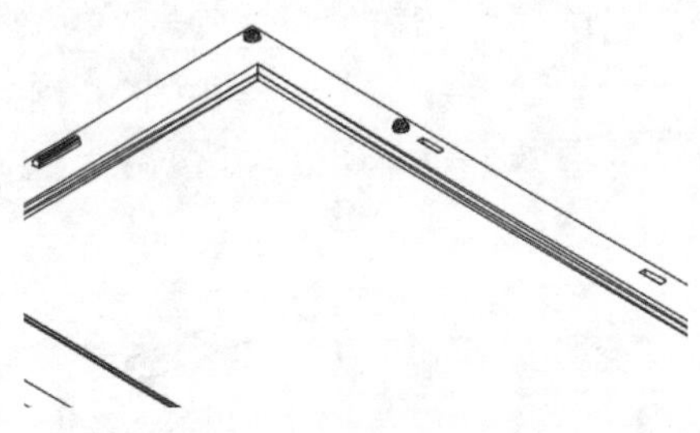

图 8-16　差集运算（1）

（7）单击“三维工具”选项卡“建模”面板中的“长方体”按钮，绘制第一个角点坐标为（199，204，8）、长度为“2”、宽度为“4”、高度为“10”的长方体5，重复“长方体”命令，绘制第一个角点坐标为（199，208，15）、长度为“2”、宽度为“3”、高度为“3”的长方体6。

（8）单击“三维工具”选项卡“实体编辑”面板中的“并集”按钮，将长方体5和长方体6合并，消隐后结果如图8-17所示。

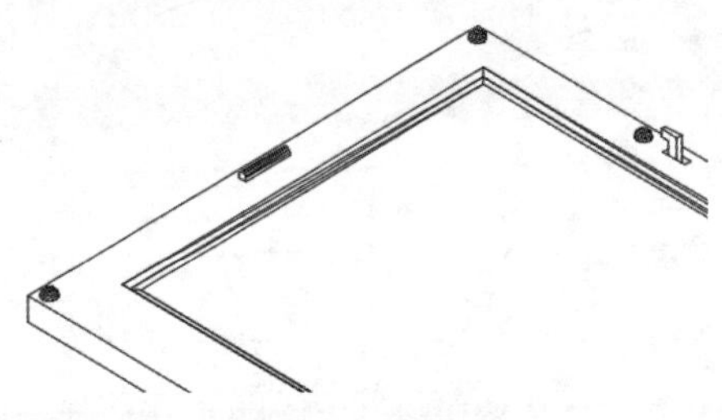

图 8-17　并集运算

（9）单击“默认”选项卡“修改”面板中的“倒角”按钮，对合并后的实体进行倒角处理，倒角距离为“3”，消隐后结果如图8-18所示。

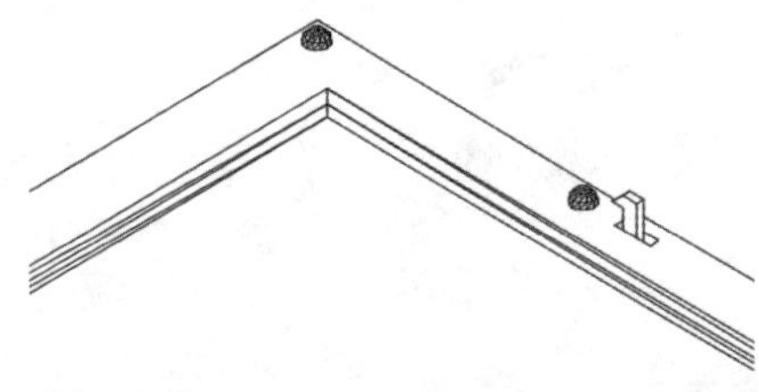

图 8-18　倒角

（10）单击“三维工具”选项卡“建模”面板中的“长方体”按钮，绘制第一角点坐标为（0，254，0）、长度为“10”、宽度为“20”、高度为“10”的长方体7。

（11）单击“默认”选项卡“修改”面板中的“镜像”按钮，将绘制的长方体7以长方体1上端面两长边中点为镜像点进行镜像处理。

（12）单击“三维工具”选项卡“实体编辑”面板中的“差集”按钮，将绘制的长方体及镜像实体从主体实体中减去，消隐后结果如图8-19所示。

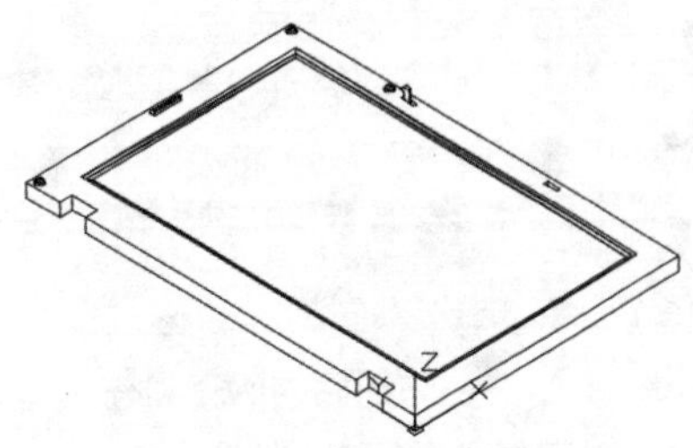

图 8-19　差集运算（2）

（13）单击“默认”选项卡“修改”面板中的“镜像”按钮，将绘制的长方体3、长方体5和长方体6进行并集运算后得到的实体、圆柱体1、圆柱体2和圆柱体3以长方体1上端面两长边中点为镜像点进行镜像处理，消隐后结果如图8-20所示。

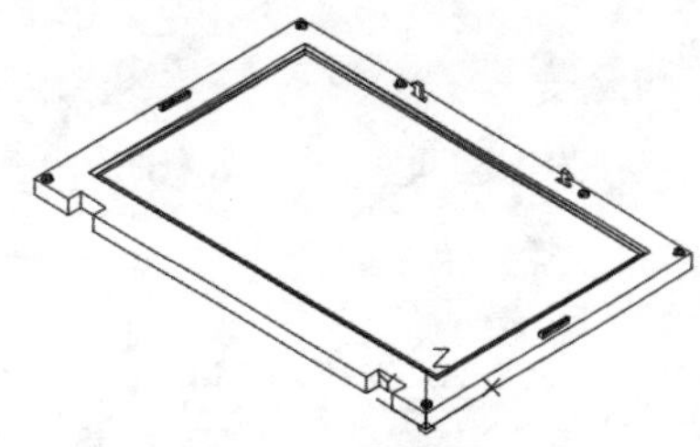

图 8-20　镜像实体

（14）单击“三维工具”选项卡“建模”面板中的“圆柱体”按钮，绘制底面中心点坐标为（6，250，6）、半径为“0.5”、高度为“4”的圆柱体4，结果如图8-21所示。

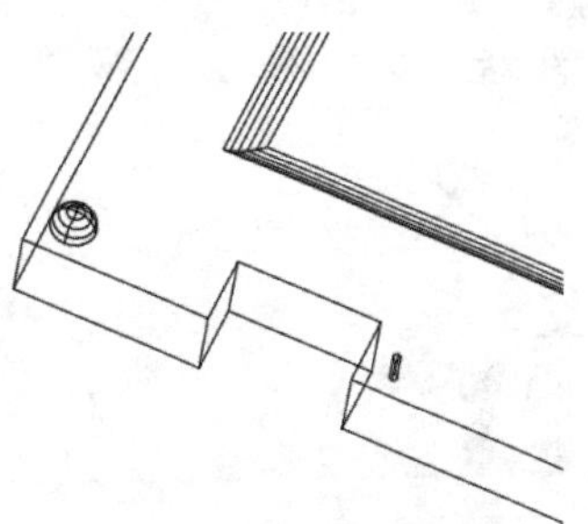

图 8-21　绘制圆柱体 4

（15）单击“默认”选项卡“修改”面板中的“矩形阵列”按钮，将绘制的圆柱体4阵列，列数为“6”、列间距为“2”、行数为“13”、行间距为“-3”，结果如图8-22所示。

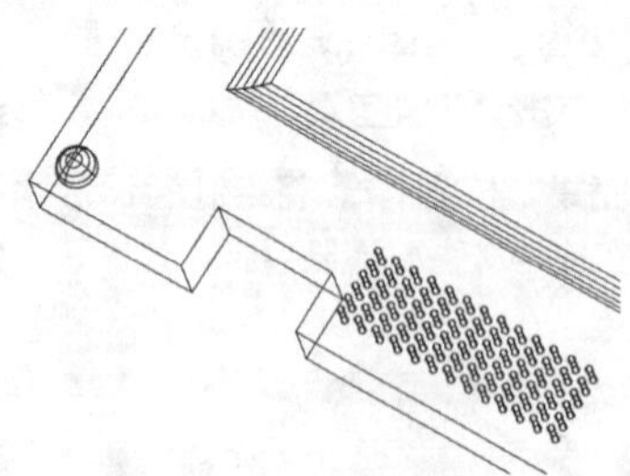

图8-22 阵列圆柱体

（16）单击“默认”选项卡“修改”面板中的“镜像”按钮，将阵列后的所有圆柱体以上端面两长边中点为镜像点进行镜像处理。

（17）单击“三维工具”选项卡“实体编辑”面板中的“差集”按钮，将阵列后的圆柱体和镜像后的圆柱体从主体实体中减去，完成散热孔的绘制，消隐后结果如图8-23所示。

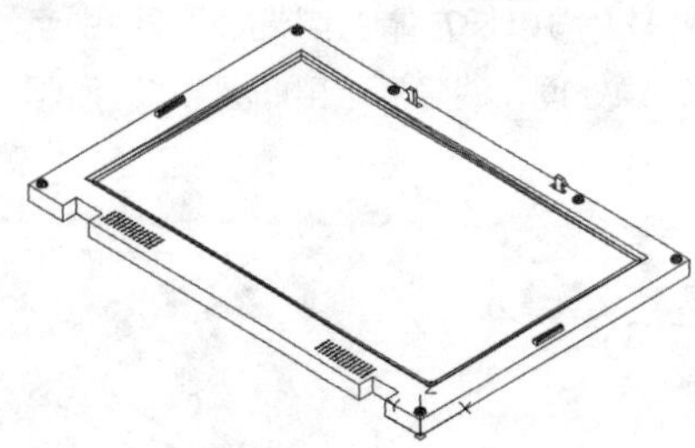

图8-23 差集运算（1）

（18）单击“三维工具”选项卡“建模”面板中的“长方体”按钮，绘制第一个角点坐标为（0，20，0）、长度为“195”、宽度为“260”、高度为“0.5”的长方体8。

（19）单击“三维工具”选项卡“实体编辑”面板中的“差集”按钮，将长方体8从主体实体中减去，消隐后结果如图8-24所示。

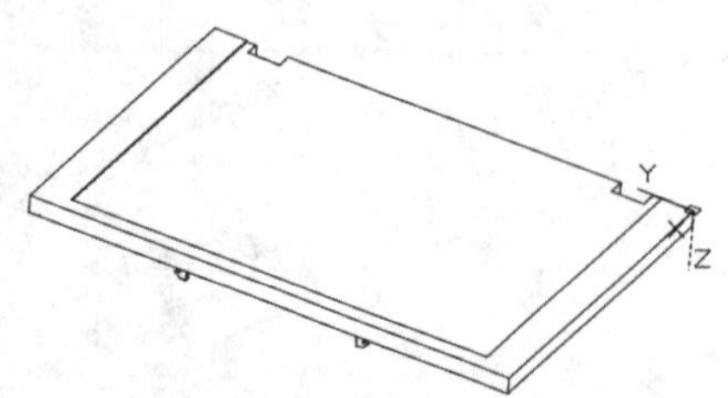

图8-24 差集运算（2）

（20）单击“三维工具”选项卡“建模”面板中的“长方体”按钮，绘制第一个角点坐标为（0，46，0.5）、长度为“25”、宽度为“208”、高度为“-0.5”的长方体9。

（21）单击“三维工具”选项卡“实体编辑”面板中的“并集”按钮，将绘制的长方体和主体实体合并，消隐后结果如图8-25所示。

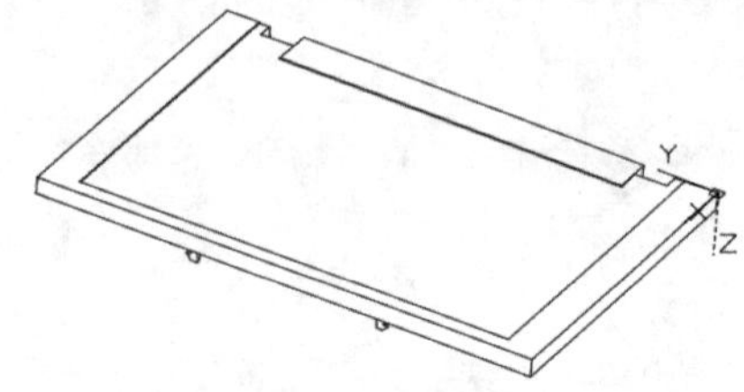

图8-25 并集运算

（22）单击“三维工具”选项卡“建模”面板中的“圆柱体”按钮，绘制底面中心点坐标为（102.5，150，0.5）、半径为“18”、高度为“-0.5”的圆柱体5，消隐后结果如图8-26所示。

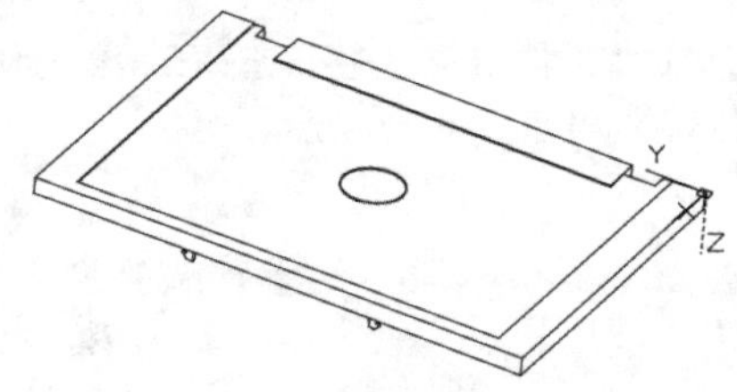

图8-26 绘制圆柱体5

（23）单击“三维工具”选项卡“建模”面板中的“圆柱体”按钮，绘制底面中心点坐标为（5，26，5）、半径为“2”、轴端点坐标为（@0，20，0）的圆柱体6，结果如图8-27所示。

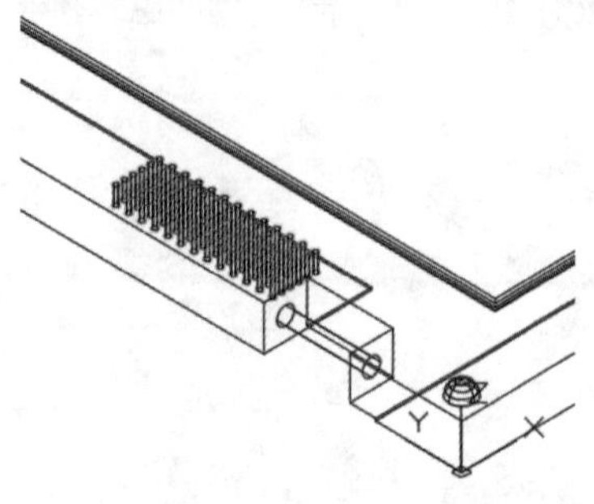

图8-27 绘制圆柱体6

（24）单击“默认”选项卡“修改”面板中的

“镜像”按钮⚠，将上一步绘制的圆柱体以上端面两长边中点为镜像点进行镜像处理，消隐后结果如图8-28所示。

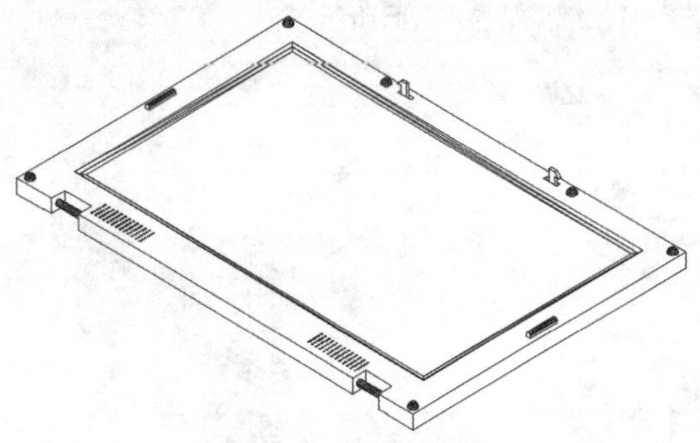

图 8-28 镜像圆柱体 6

（25）单击“默认”选项卡“修改”面板中的“圆角”按钮，选择图8-29所示的边进行圆角处理，圆角半径为“3”。重复“圆角”命令，选择图8-30所示的边进行圆角处理，圆角半径为“3”。完成显示屏的绘制，最终结果如图8-10所示。

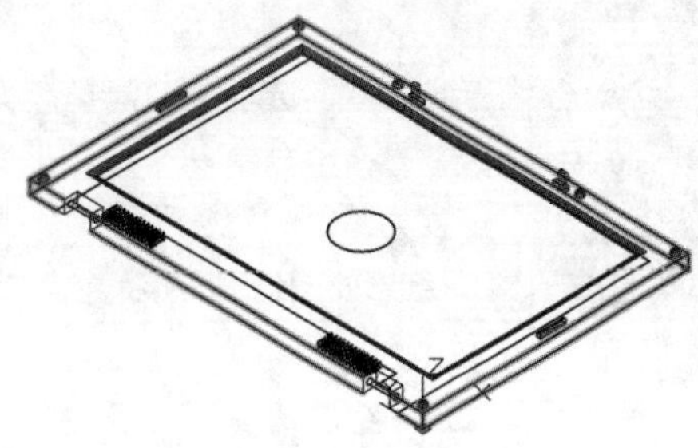

图 8-29 选择圆角边（1）

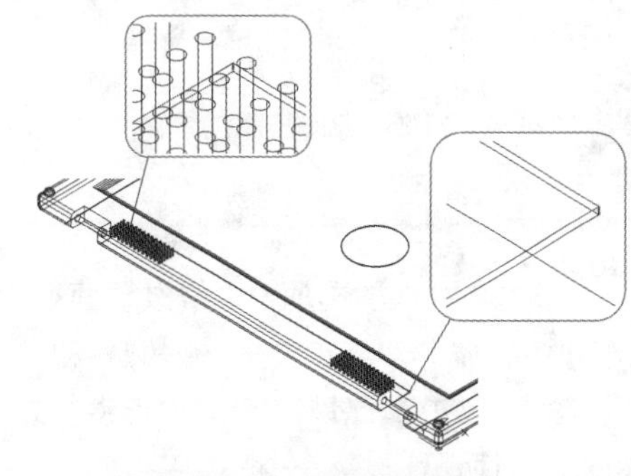

图 8-30 选择圆角边（2）

8.3 电脑接口的绘制

本节绘制图8-31所示的电脑接口模型，主要绘制主体部分，即与机箱连接的部分。首先绘制主体，接着再绘制插槽主体部分，最后绘制电脑接口的管脚部分。

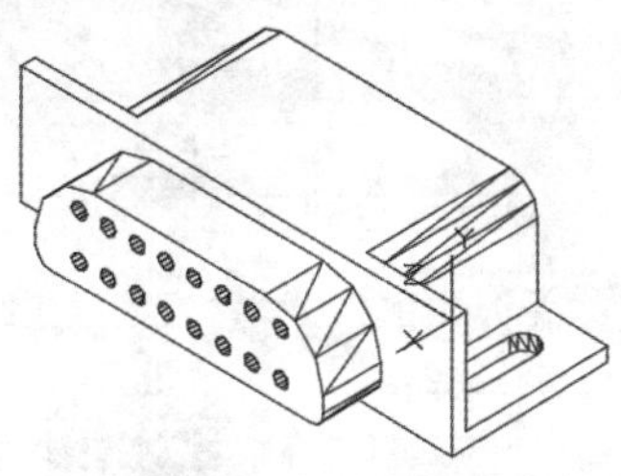

图 8-31 电脑接口

8.3.1 绘制主体

（1）单击“可视化”选项卡“命名视图”面板中的“西南等轴测”按钮，将当前视图设置为西南等轴测视图。

（2）单击“三维工具”选项卡“建模”面板中的“长方体”按钮，绘制第一个角点坐标在原点、长度为“30”、宽度为“1”、高度为“-8”的长方体1。重复“长方体”命令，绘制第一角点坐标为（-1，0，-8）、长度为“30”、宽度为“10”、高度为“1”的长方体2，结果如图8-32所示。

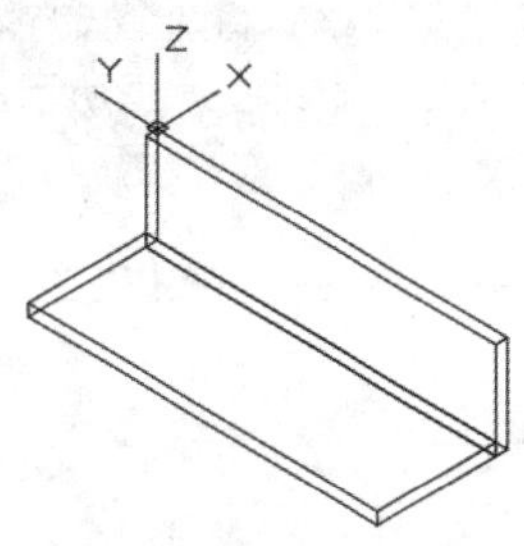

图 8-32 绘制长方体 1 和 2

（3）单击“三维工具”选项卡“实体编辑”面板中的“并集”按钮，将绘制的两个长方体合并。

（4）单击“三维工具”选项卡“建模”面板中的“长方体”按钮，绘制第一个角点坐标为（-9，-2，-8）、长度为“6”、宽度为“2”、高度为“1”的长方体3，结果如图8-33所示。

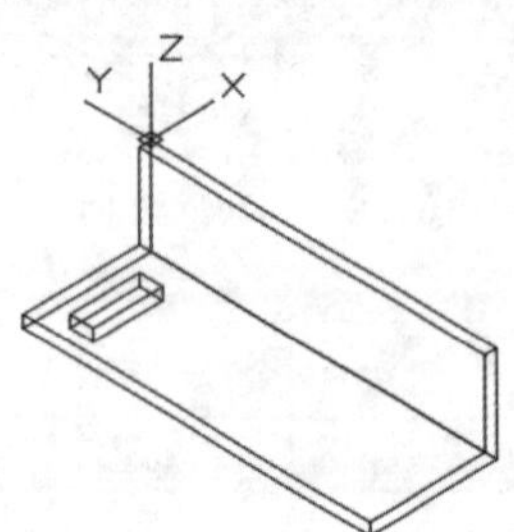

图8-33　绘制长方体3

（5）单击“默认”选项卡“修改”面板中的“镜像”按钮，以坐标点（-11，-15）和（-1，-15）为镜像线的点，对长方体3进行镜像处理，结果如图8-34所示。

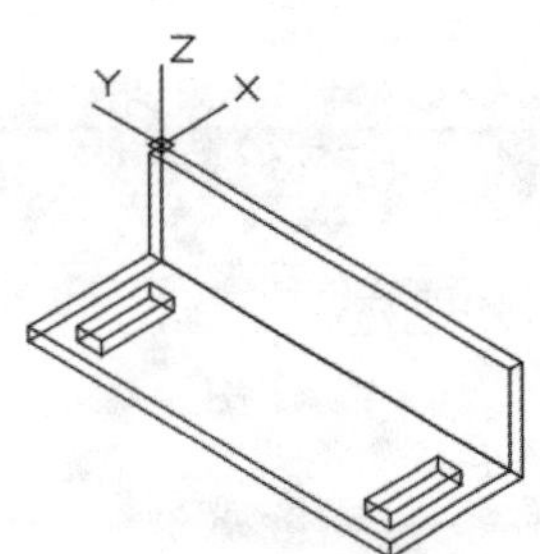

图8-34　镜像长方体3

（6）单击“默认”选项卡“修改”面板中的“圆角”按钮，设置圆角半径为“1”，对长方体进行圆角处理。

（7）单击“三维工具”选项卡“实体编辑”面板中的“差集”按钮，将两个长方体与实体进行差集运算，消隐后结果如图8-35所示。

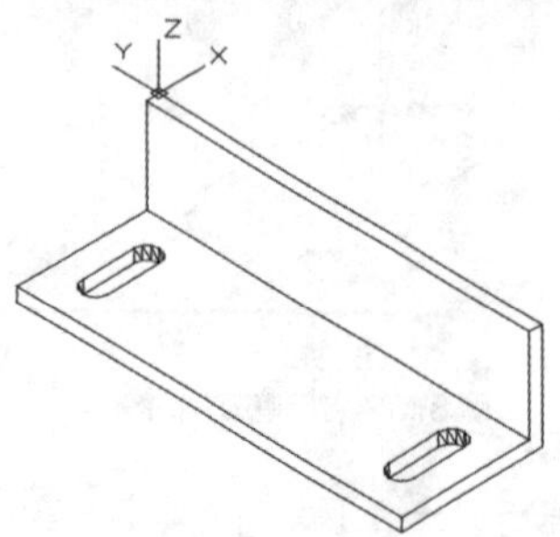

图8-35　差集运算

（8）单击“三维工具”选项卡“建模”面板中的“长方体”按钮，绘制第一角点坐标为（-1，-5，-7）、其他角点坐标为（-11，-25，0）的长方体4，结果如图8-36所示。

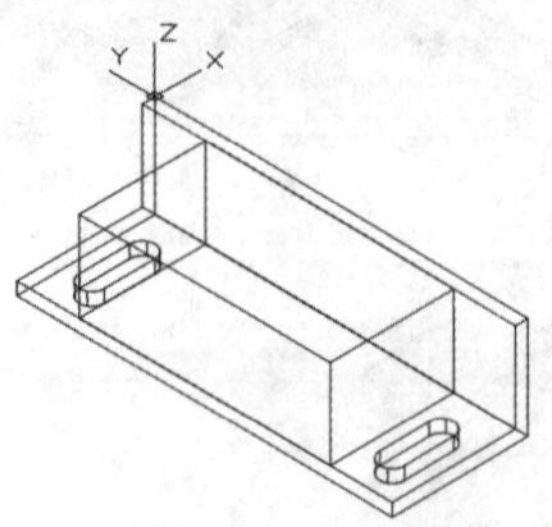

图8-36　绘制长方体4

（9）单击“三维工具”选项卡“实体编辑”面板中的“并集”按钮，将所有实体合并。

（10）单击“可视化”选项卡“命名视图”面板中的“东北等轴测”按钮，将当前视图设置为东北等轴测视图。

（11）单击“默认”选项卡“修改”面板中的“圆角”按钮，设置圆角半径为“2”，对长方体进行圆角处理，结果如图8-37所示。

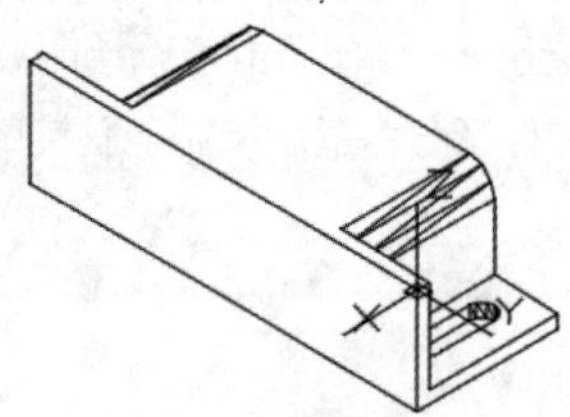

图8-37　圆角处理

8.3.2　绘制插槽主体

（1）单击“三维工具”选项卡“建模”面板中的“长方体”按钮，绘制第一角点坐标为（0，-25，-1）、其他角点坐标为（4，-5，-7）的长方体5，结果如图8-38所示。

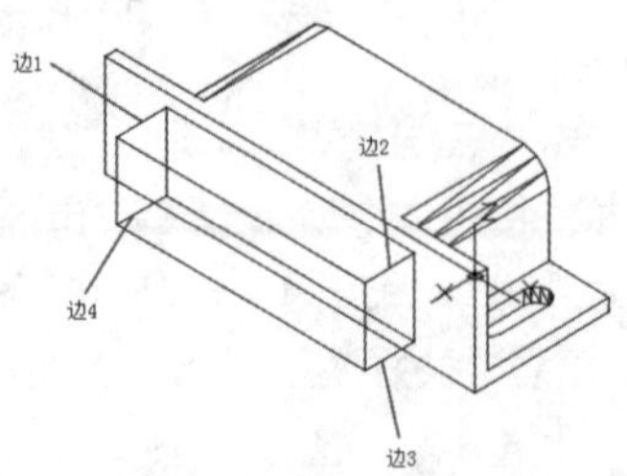

图8-38　绘制长方体5

（2）单击“默认”选项卡“修改”面板中的“圆角”按钮，对长方体5的4条边进行圆角处理，设置边1和边2的圆角半径为“4”，边3和边4的圆角半径为“1”，结果如图8-39所示。

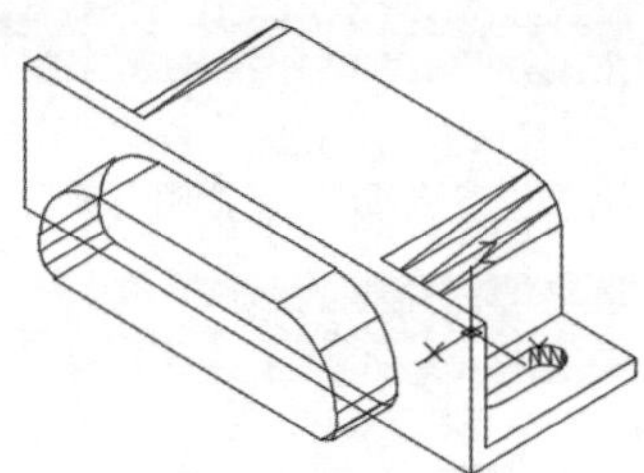

图 8-39 圆角处理

（3）单击“三维工具”选项卡“实体编辑”面板中的“并集”按钮，将所有实体合并。

（4）单击“三维工具”选项卡“建模”面板中的“圆柱体”按钮，绘制底面中心点坐标为（4，-22，-5.5）、半径为“0.5”、轴端点坐标为（@-5，0，0）的圆柱体，结果如图8-40所示。

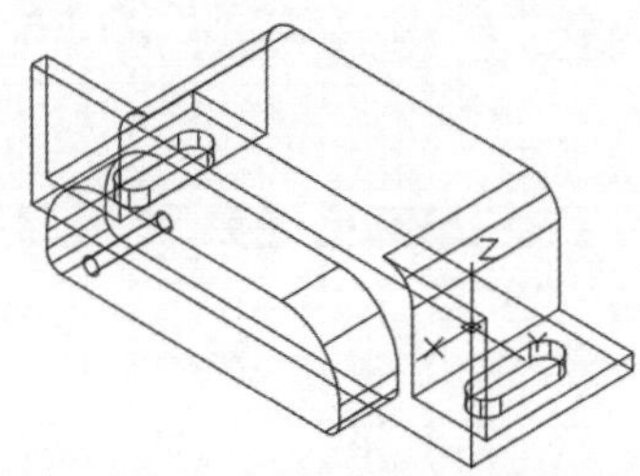

图 8-40 绘制圆柱体

（5）单击“默认”选项卡“修改”面板中的“矩形阵列”按钮，将绘制的圆柱体进行非关联矩形阵列，阵列行数为“8”、层数为“2”、列数为“1”、行间距为“2”、层间距为“3”、列间距为“1”。

（6）单击“三维工具”选项卡“实体编辑”面板中的“差集”按钮，将圆柱体和实体进行差集运算，消隐后结果如图8-41所示。

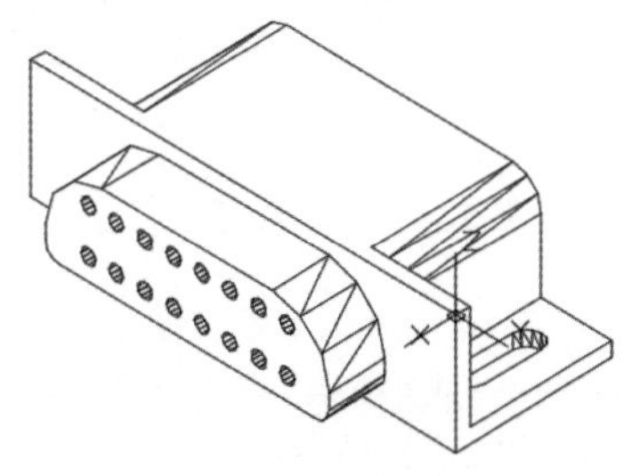

图 8-41 差集运算

8.3.3 绘制管脚部分

（1）单击“可视化”选项卡“命名视图”面板中的“左视”按钮，将当前视图设置为左视图。

（2）单击“默认”选项卡“绘图”面板中的“矩形”按钮，绘制两角点坐标为（8.5，-3）和（8.5，-3.5）的矩形，结果如图8-42所示。

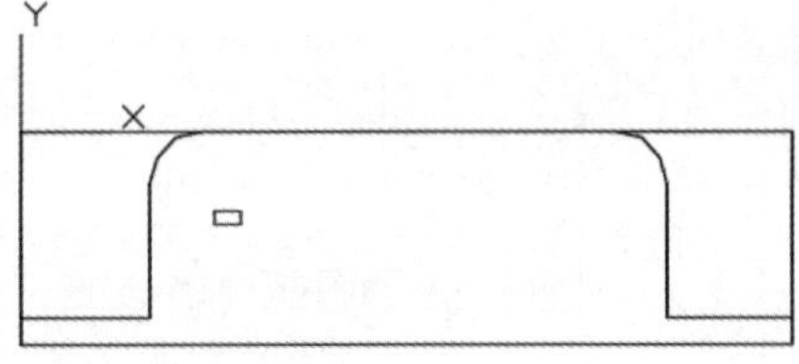

图 8-42 绘制矩形

（3）单击“可视化”选项卡“命名视图”面板中的“前视”按钮，将当前视图设置为前视图。单击“默认”选项卡“绘图”面板中的“多段线”按钮，绘制坐标点依次为（-11，-3）、（@-0.8，0）、（@0，-6）的多段线，结果如图8-43所示。

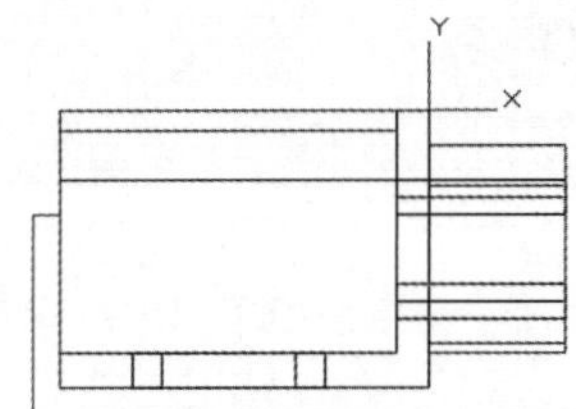

图 8-43 绘制多段线

（4）单击“可视化”选项卡“命名视图”面板中的“西北等轴测”按钮，将当前视图设置为西北等轴测视图。

（5）单击“默认”选项卡“修改”面板中的“移动”按钮，将绘制的矩形沿*X*轴移动“-11”，再将绘制的多段线沿*Z*轴方向移动“8.5”，结果如图8-44所示。

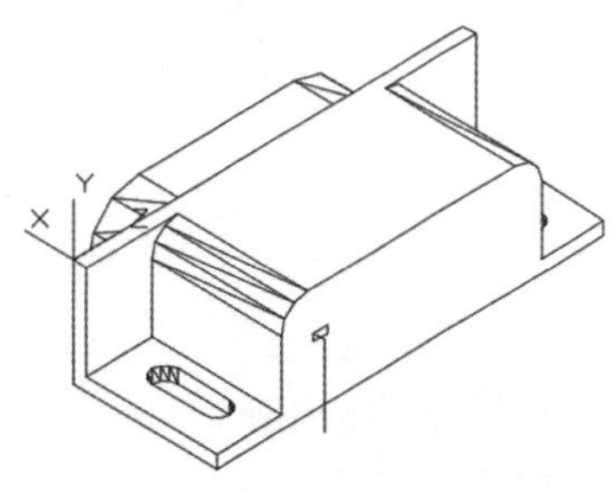

图 8-44 移动矩形和多段线

（6）单击“三维工具”选项卡“建模”面板中的“扫掠”按钮，以矩形为扫掠对象、多段线为扫掠路径进行扫掠，结果如图8-45所示。

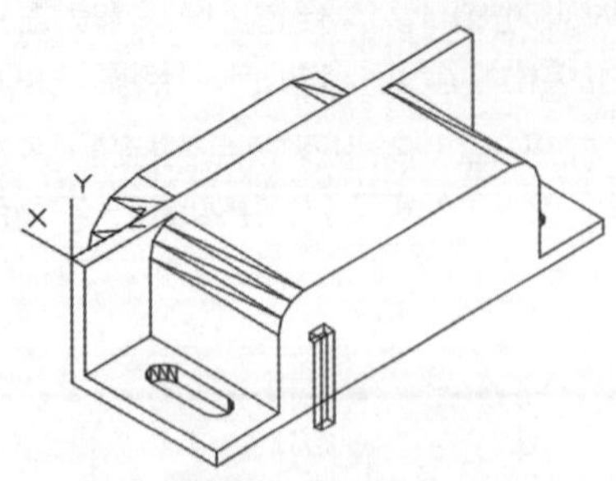

图8-45 扫掠操作

（7）单击“默认”选项卡“修改”面板中的“矩形阵列”按钮，将扫掠的实体进行阵列，层数为“8”、层间距为“2”、行数为“1”、行间距为“1”、列数为“1”、列间距为“1”，结果如图8-46所示。

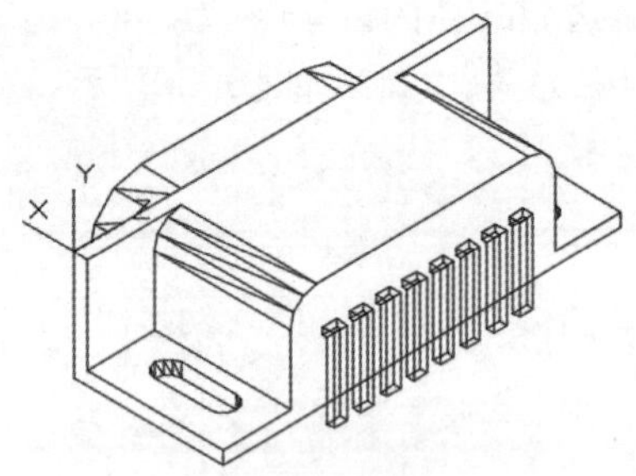

图8-46 阵列扫掠实体

（8）单击“三维工具”选项卡“实体编辑”面板中的“并集”按钮，将所有实体合并，完成电脑接口的绘制，再将当前视图设置为东北等轴测视图，消隐后最终结果如图8-31所示。

第 9 章

机械零件造型设计实例

本章导读

AutoCAD 的平面绘图功能在机械零件的造型设计中有广泛的应用，而且三维绘图功能对于常用零件的三维造型设计也有广泛的应用。本章将详细介绍一些常用机械零件的绘制方法与技巧，主要包括棘轮、皮带轮、通气器、圆柱滚子轴承、锥齿轮、泵体。

9.1 棘轮的绘制

本节绘制图9-1所示的棘轮。首先利用“圆”“多段线”和“环形阵列”等命令绘制截面轮廓线，然后通过“拉伸”命令完成棘轮的绘制。

图 9-1 棘轮

9.1.1 绘制截面轮廓线

（1）在命令行中输入“ISOLINES”命令，设置线框密度为“10”。

（2）单击“默认”选项卡“绘图”面板中的“圆”按钮，绘制3个半径分别为“90”“60”“40”的同心圆。

（3）单击“默认”选项卡“实用工具”面板中的“点样式”按钮，选择点样式为“×”，再单击“默认”选项卡“绘图”面板中的“定数等分”按钮，将R90的圆定数等分为12段。重复“定数等分”命令，等分R60圆，结果如图9-2所示。

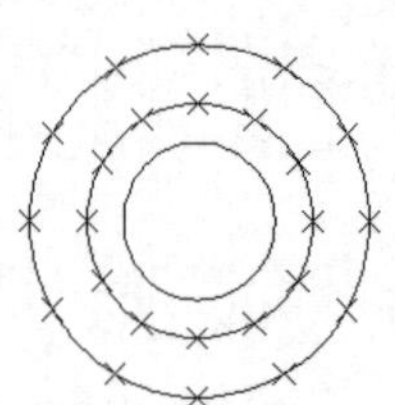

图 9-2 等分圆周

（4）单击“默认”选项卡“绘图”面板中的“多段线”按钮，分别捕捉内外圆的等分点，绘制棘轮轮齿截面，结果如图9-3所示。

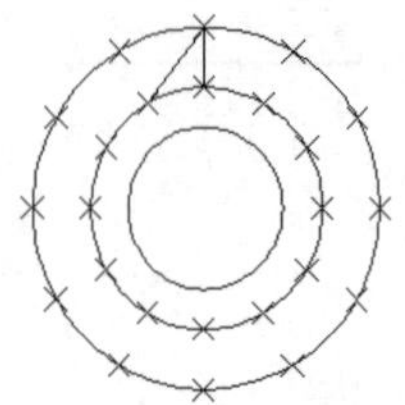

图 9-3 棘轮轮齿截面

（5）单击“默认”选项卡“修改”面板中的“环形阵列”按钮，将绘制的多段线进行环形阵列，阵列中心为圆心，数目为“12”。

（6）单击“默认”选项卡“修改”面板中的“删除”按钮，删除R90及R60圆，并将点样式更改为无，结果如图9-4所示。

图 9-4 阵列轮齿并删除圆

（7）单击状态栏中的“正交”按钮，打开正交模式。单击“默认”选项卡“绘图”面板中的“构造线”按钮，过圆心绘制两条辅助线。

（8）单击“默认”选项卡“修改”面板中的“移动”按钮，将水平辅助线向上移动“45”，将竖直辅助线向左移动“11”。

（9）单击“默认”选项卡“修改”面板中的“偏移”按钮，将移动后的竖直辅助线向右偏移“22”，结果如图9-5所示。

图 9-5 偏移辅助线

（10）单击“默认”选项卡“修改”面板中的“修剪”按钮，对辅助线和圆进行剪裁，结果如图9-6所示。

图 9-6 键槽图

9.1.2 绘制棘轮主体

（1）单击“默认”选项卡“绘图”面板中的“面域”按钮，选择全部图形以将其创建为面域。

（2）单击“三维工具”选项卡“建模”面板中的“拉伸”按钮，选择全部图形进行拉伸，拉伸高度为“30”。

（3）单击“可视化”选项卡“命名视图”面板中的“西南等轴测”按钮，切换到西南等轴测视图。

（4）单击“三维工具”选项卡“实体编辑”面板中的“差集”按钮，对实体进行差集运算。

（5）单击“视图”选项卡“视觉样式”面板中的“隐藏”按钮，进行消隐后，结果如图9-7所示。

图 9-7 消隐

（6）单击“三维工具”选项卡“实体编辑”面板中的“圆角边”按钮，对棘轮轮齿进行圆角操作，圆角半径为R5，结果如图9-8所示。

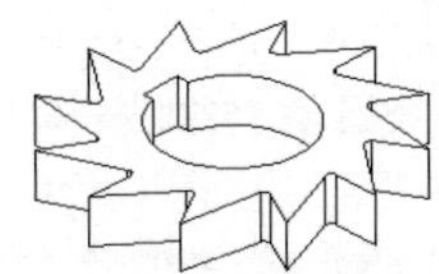

图 9-8 圆角操作

（7）单击“视图”选项卡“视觉样式”面板中的“概念”按钮，将视觉样式设置为概念，最终结果如图9-1所示。

9.2 皮带轮的绘制

本节绘制图9-9所示的皮带轮。首先利用“圆柱体”“拉伸”和“三维镜像”等命令绘制皮带轮主体，然后利用“圆柱体”“三维移动”和“三维阵列”等命令绘制孔，最后通过“拉伸”等命令完成键槽的绘制。

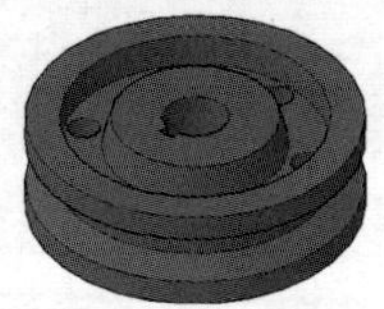

图 9-9 皮带轮

9.2.1 绘制皮带轮主体

（1）启动AutoCAD 2020，使用默认绘图环境。单击快速访问工具栏中的“新建”按钮，打开“选择样板”对话框，以“无样板打开-公制（M）”方式建立新文件，将新文件命名为“皮带轮立体图.dwg”并保存。

（2）在命令行中输入“ISOLINES”命令，默认值为“8”，设置系统变量值为“10”。

（3）单击“可视化”选项卡“命名视图”面板中的“西南等轴测”按钮，切换到西南等轴测视图。

（4）单击“三维工具”选项卡“建模”面板中的“圆柱体”按钮，绘制以坐标原点为圆心、半径为“100”、高为“60”的圆柱体1。继续以坐标原点为圆心，创建半径为“80”、高为“20”的圆柱体2，结果如图9-10所示。

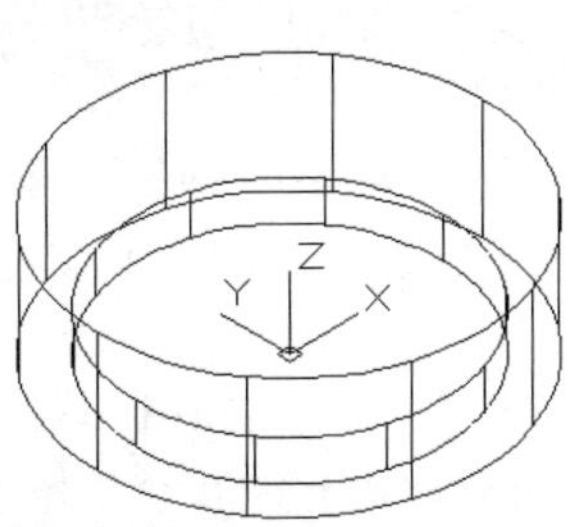

图 9-10 创建圆柱体 1 和 2

（5）单击“默认”选项卡“修改”面板中的“复制”按钮，复制圆柱体2并将其圆心移到点（0，0，40），得到圆柱体3，结果如图9-11所示。

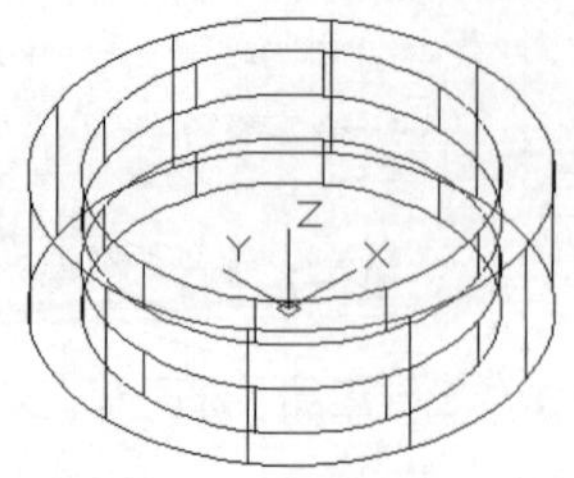

图 9-11 复制圆柱体 2

（6）单击“三维工具”选项卡“实体编辑”面板中的“差集”按钮，对圆柱体1与圆柱体2、3进行差集运算。

（7）单击“可视化”选项卡“命名视图”面板中的“前视”按钮，对视图进行切换。

高手支招

执行“前视”操作后，坐标系发生旋转。

（8）单击“默认”选项卡“绘图”面板中的“多段线”按钮，绘制坐标点依次为（-100，30，0）、（@0，15）、（@18<-30）、（@0，-12）、（@18<210）的多段线，最后闭合图形，再绘制旋转截面1，结果如图9-12所示。

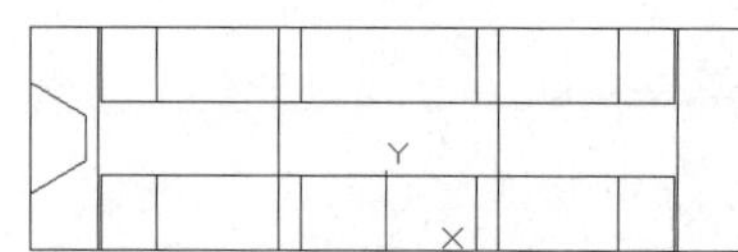

图 9-12 绘制多段线

（9）单击“三维工具”选项卡“建模”面板中的“旋转”按钮，将绘制的旋转截面1绕Y轴旋转360°。

（10）单击“三维工具”选项卡“实体编辑”面板中的“差集”按钮，将创建的圆柱体与旋转实体进行差集运算。

（11）单击“可视化”选项卡“命名视图”面板中的“西南等轴测”按钮，切换到西南等轴测视图。

（12）单击“视图”选项卡“视觉样式”面板中的“隐藏”按钮，进行消隐后的实体如图9-13所示。

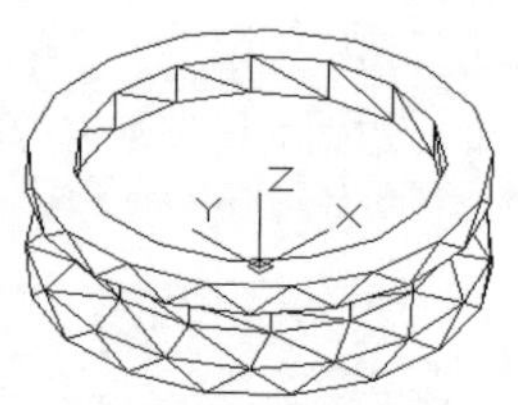

图 9-13 消隐结果

（13）在命令行中输入“UCS”命令，将坐标系返回默认的WCS。

（14）单击“默认”选项卡“绘图”面板中的“圆”按钮，绘制以原点为中心、半径为“50”的圆。

（15）单击“三维工具”选项卡“建模”面板中的“拉伸”按钮，拉伸绘制的圆，拉伸高度为“30”，倾斜角度为“-15”，结果如图9-14所示。

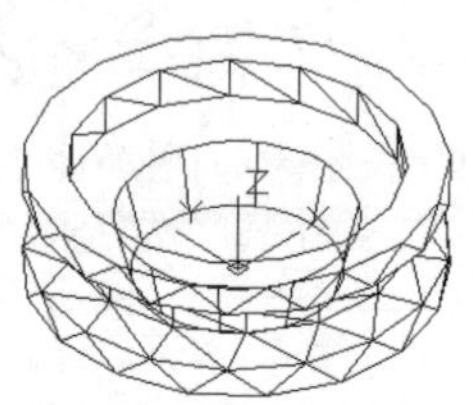

图 9-14 创建凸台

（16）选择菜单栏中的“修改”→“三维操作”→“三维镜像”命令，镜像凸台，命令行中的提示与操作如下：

```
命令： _mirror3d
选择对象： （选择凸台）
选择对象： ↙
指定镜像平面 （三点） 的第一个点或 [对象 (O)/最近的 (L)/Z 轴 (Z)/视图 (V)/XY 平面 (XY)/YZ 平面 (YZ)/ZX 平面 (ZX)/三点 (3)] <三点>: 0,0,30 ↙
在镜像平面上指定第二点： 30,50,30 ↙
在镜像平面上指定第三点： 50,0,30 ↙
是否删除源对象? [是 (Y)/否 (N)] <否>: ↙
```

（17）单击“三维工具”选项卡“实体编辑”面板中的“并集”按钮，将创建的凸台与皮带轮外轮廓实体进行并集运算，结果如图9-15所示。

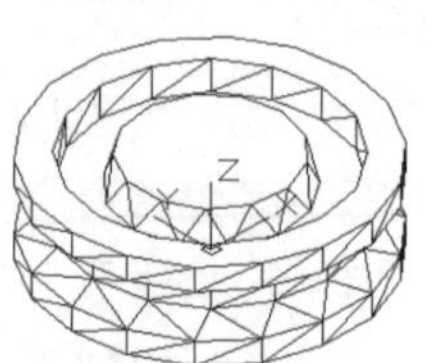

图 9-15 并集结果

9.2.2 绘制孔

（1）单击“三维工具”选项卡“建模”面板中的“圆柱体”按钮，以坐标原点为圆心，创建半径为“10”、高为“50”的圆柱体4。

（2）选择菜单栏中的“修改”→“三维操作”→“三维移动”命令，将圆柱体4沿X轴方向移动“68”。

（3）单击“视图”选项卡“视觉样式”面板中的“隐藏”按钮，隐藏实体，结果如图9-16所示。

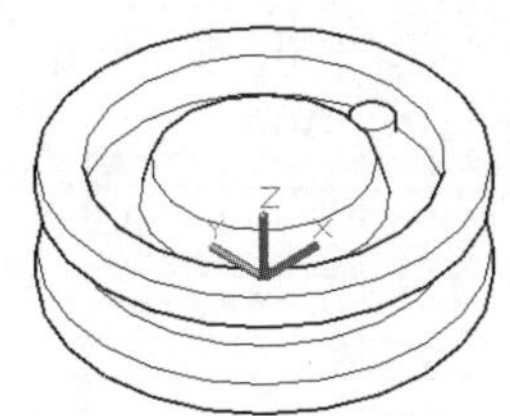

图 9-16 消隐结果

（4）选择菜单栏中的“修改”→“三维操作”→“三维阵列”命令，将移动后的圆柱体4进行矩形阵列，阵列的项目数为“6”，阵列的中心点为（0，0，0），旋转轴上的第二点坐标为（0，0，50）。

高手支招

在执行“三维阵列”命令时，尽量关闭所有捕捉模式，否则在选择阵列中心点时，系统会忽略命令行中输入的点坐标，而选择自动捕捉最近点，从而无法得到需要的阵列结果。

（5）单击“三维工具”选项卡“实体编辑”面板中的“差集”按钮，将创建的实体与阵列的圆柱体进行差集运算，结果如图9-17所示。

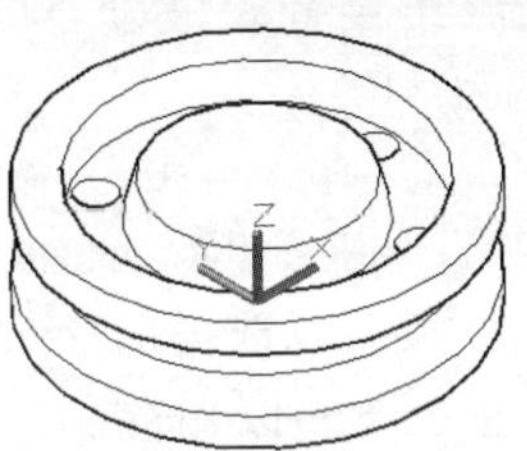

图 9-17 差集结果

9.2.3 绘制键槽

（1）绘制图9-18所示键槽孔截面，圆半径为“20”，槽长、宽分别为“5”“10”，并进行拉伸。

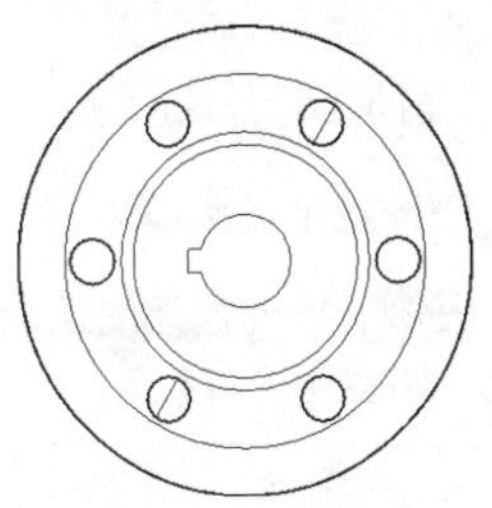

图 9-18 绘制键槽孔截面

（2）单击“三维工具”选项卡“实体编辑”面板中的“差集”按钮，将创建的实体与拉伸实体进行差集运算。

（3）选择菜单栏中的“视图”→“显示”→“UCS图标”→“开”命令，完全显示实体。

（4）单击“视图”选项卡“视觉样式”面板中的“概念”按钮，将“视觉样式”设置为“概念”，最终结果如图9-9所示。

9.3 通气器的绘制

本节绘制图9-19所示的通气器。首先绘制通气器的正六边形头部，然后绘制一个螺纹并进行阵列得到整个零件基体，最后绘制两个圆柱体并运用差集运算得到通气孔。

图 9-19 通气器

9.3.1 绘制通气器主体

（1）在命令行中输入“ISOLINES”命令，将线框密度设置为“10”。

（2）在命令行中输入“UCS”命令，将坐标系绕*X*轴旋转90°，将视图切换到西南等轴测视图。

（3）单击“默认”选项卡“绘图”面板中的“多边形”按钮，绘制以坐标原点为中心点、内接圆半径为“8.5”的正六边形，如图9-20所示。

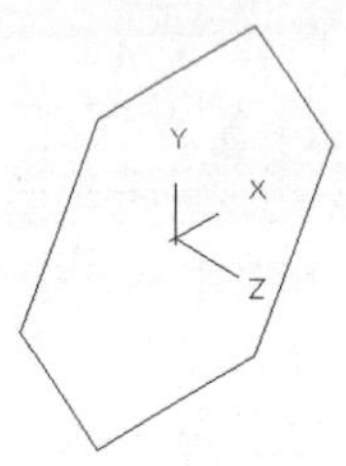

图9-20 绘制正六边形

（4）单击“三维工具”选项卡“建模”面板中的“拉伸”按钮，拉伸创建的正六边形，拉伸高度为“9”，结果如图9-21所示。

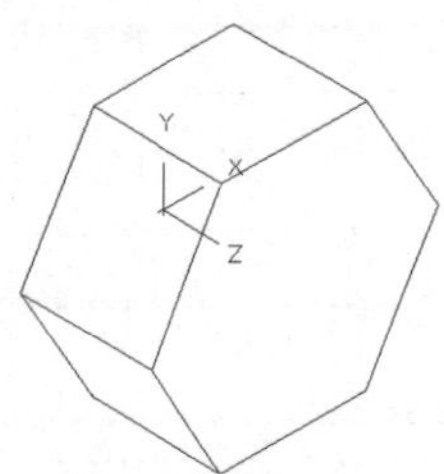

图9-21 拉伸正六边形

（5）单击“三维工具”选项卡“建模”面板中的“圆柱体”按钮，以坐标点（0,0,9）为圆心，绘制半径为“11”、高为“2”的圆柱体1，结果如图9-22所示。

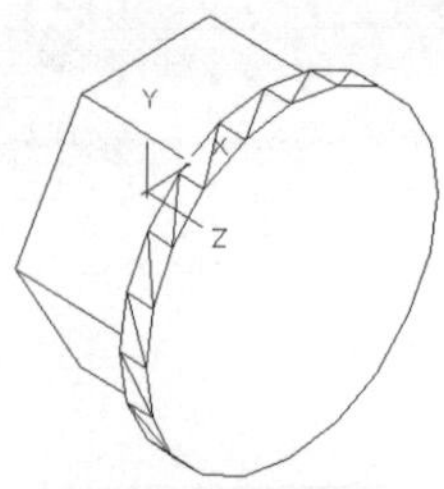

图9-22 绘制圆柱体1

（6）单击“三维工具”选项卡“建模”面板中的“圆柱体”按钮，以坐标点（0，0，11）为圆心，绘制半径为“7”、高为“2”的圆柱体2，结果如图9-23所示。

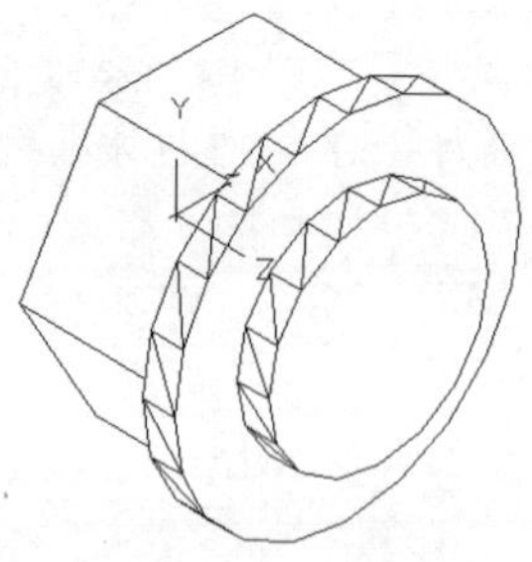

图9-23 绘制圆柱体2

（7）将视图切换到俯视图。单击“默认”选项卡“绘图”面板中的“多段线”按钮，绘制坐标点依次为（0，-13）、（@7，0）、（@1，-1）、（@-1，-1）、（@-7，0）的多段线，如图9-24所示。

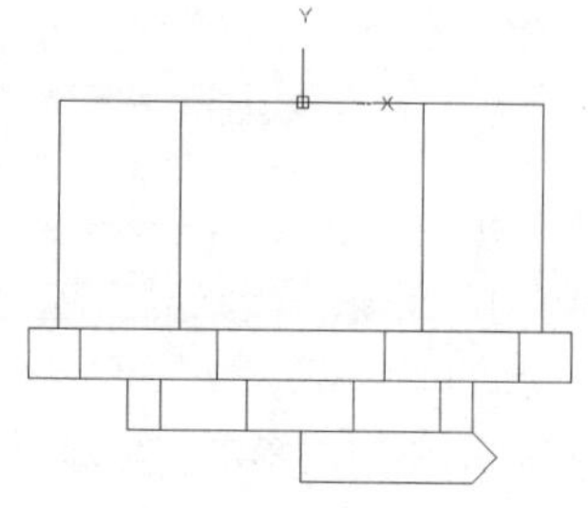

图9-24 绘制多段线

（8）将视图切换到西南等轴测视图。单击“三维工具”选项卡“建模”面板中的“旋转”按钮，将步骤（7）中绘制的多段线绕*Y*轴旋转360°，隐藏后结果如图9-25所示。

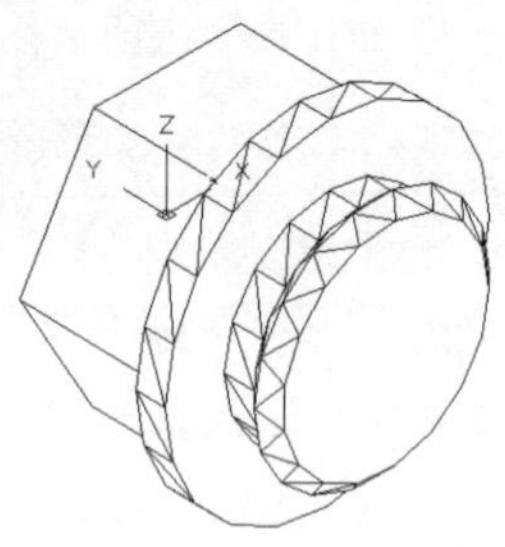

图9-25 三维旋转

（9）选择菜单栏中的“修改”→“三维操作”→“三维阵列”命令，将步骤（8）中创建的旋转实体进行矩形阵列，阵列行数为“5”、行间距为“-2”，隐藏后结果如图9-26所示。

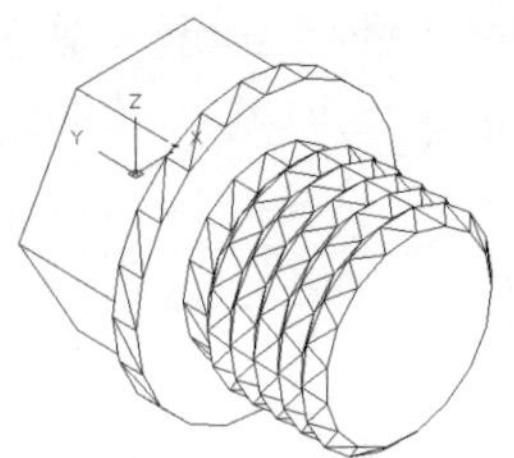
图 9-26　阵列螺纹

（10）单击“三维工具”选项卡“实体编辑”面板中的“并集”按钮，将视图中所有的实体进行并集运算，隐藏后结果如图 9-27 所示。

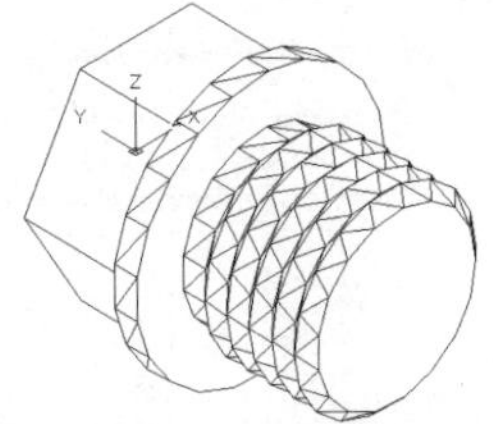
图 9-27　并集运算

9.3.2 绘制孔

（1）单击“三维工具”选项卡“建模”面板中的“圆柱体”按钮，绘制以（0，-4.5，-10）为圆心、半径为“2.5”、高为“20”的圆柱体3，隐藏后结果如图 9-28 所示。

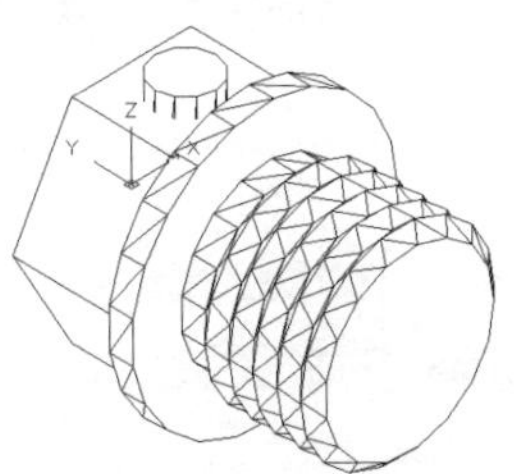
图 9-28　绘制圆柱体 3

（2）在命令行中输入“UCS”命令，将坐标系绕X轴旋转90°。单击“三维工具”选项卡“建模”面板中的“圆柱体”按钮，绘制以（0，0，23）为圆心、半径为“2.5”、高为“-21”的圆柱体4，隐藏后结果如图 9-29 所示。

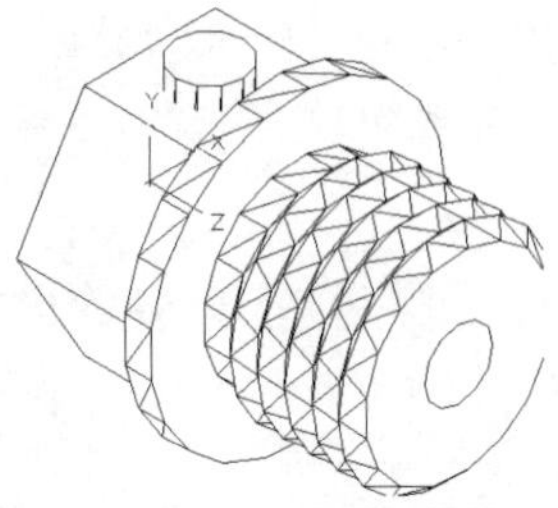
图 9-29　绘制圆柱体 4

（3）单击“三维工具”选项卡“实体编辑”面板中的“差集”按钮，将合并后的实体与圆柱体进行差集运算，隐藏后结果如图 9-30 所示。

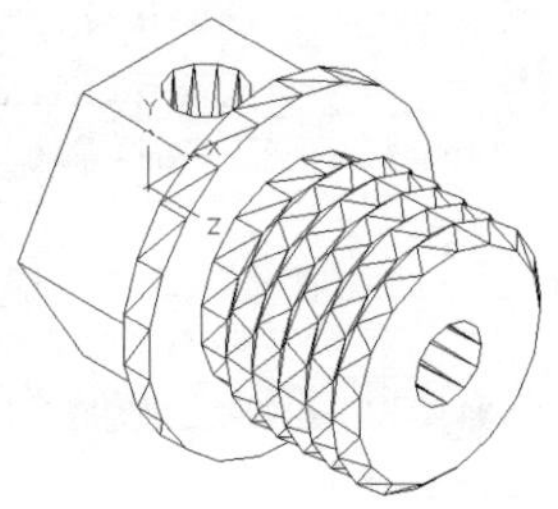
图 9-30　差集运算

（4）渲染视图

选择菜单栏中的“视图”→“动态观察”→“自由动态观察”命令，将视图调整到适当位置。然后单击“视图”选项卡“视觉样式”面板中的“概念”按钮，效果如图 9-19 所示。

9.4 圆柱滚子轴承的绘制

本节绘制图 9-31 所示的圆柱滚子轴承。首先利用二维绘图的方法绘制平面图形，然后利用“旋转曲面”命令形成回转体，最后创建滚动体形成滚子。

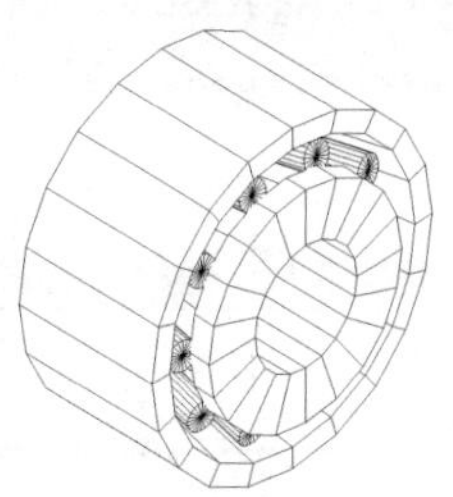
图 9-31　圆柱滚子轴承

9.4.1 绘制圆柱滚子轴承主体

（1）在命令行中输入“SURFTAB1”和“SURFTAB2”命令，设置线框密度，设置SURFTAB1的新值为“20”、SURFTAB2的新值为“20”。

（2）利用“直线”“偏移”“镜像”“修剪”“延伸”等命令绘制图9-32所示的3个平面图形及辅助线。

> **提示** 图9-32中图形2和图形3重合的部位需要用图线重新绘制一次，为后面生成多段线做准备。

（3）单击“默认”选项卡“绘图”面板中的“多段线”按钮，将图9-32中的图形1、图形2和图形3转换为多段线。

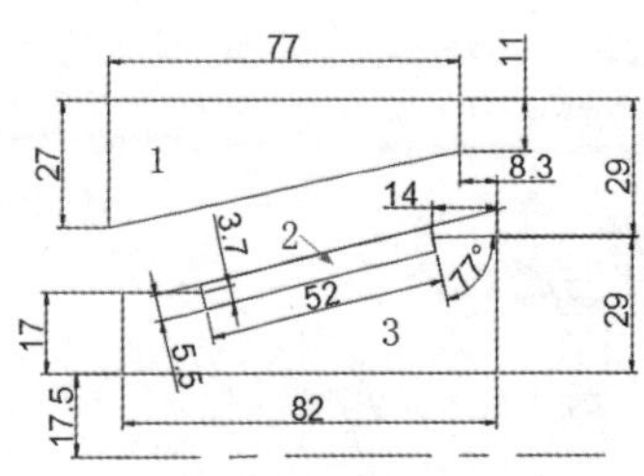

图9-32 绘制的二维图形

（4）选择菜单栏中的“绘图”→“建模”→“网格”→“旋转网格”命令，将多段线1和多段线3以水平辅助轴线为旋转轴旋转360°，创建轴承内外圈，结果如图9-33所示。

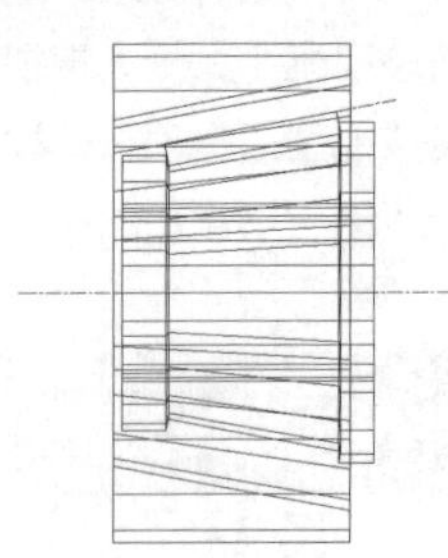

图9-33 旋转多段线

9.4.2 绘制滚动体

（1）选择菜单栏中的“绘图”→“建模”→“网格”→“旋转网格”命令，以多段线2的上边延长的斜线为轴线，旋转多段线2，创建滚动体。

（2）单击“可视化”选项卡“命名视图”面板中的“左视”按钮，切换视图，结果如图9-34所示。

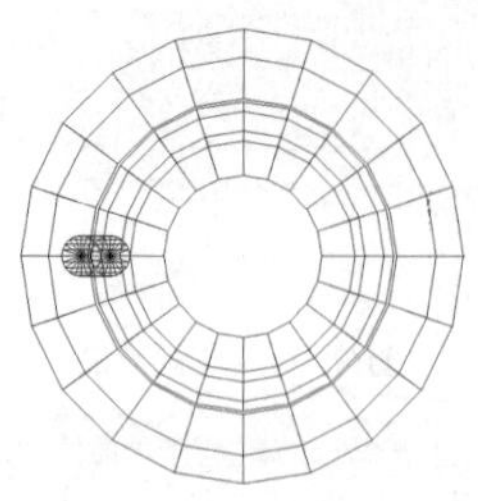

图9-34 创建滚动体后的左视图

（3）单击“默认”选项卡“修改”面板中的“环形阵列”按钮，将创建的滚动体进行环形阵列，阵列中心为图9-34中水平轴线在左视图中显示的点，数目为“10”，结果如图9-35所示。

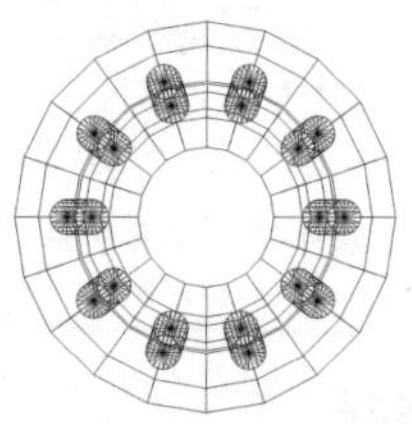

图9-35 阵列滚动体

（4）单击“可视化”选项卡“命名视图”面板中的“东南等轴测”按钮，切换到东南等轴测视图。

（5）单击“默认”选项卡“修改”面板中的“删除”按钮，删除辅助轴线，结果如图9-36所示。

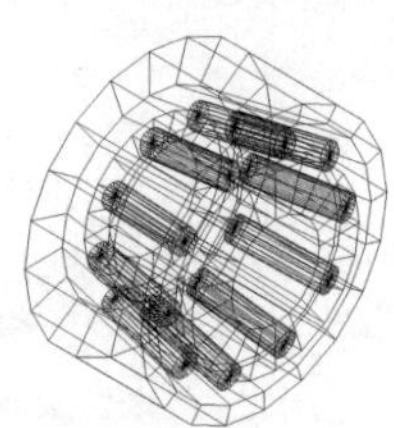

图9-36 删除辅助线

（6）单击“视图”选项卡“视觉样式”面板中的“隐藏”按钮，进行消隐后的实体如图9-37所示。

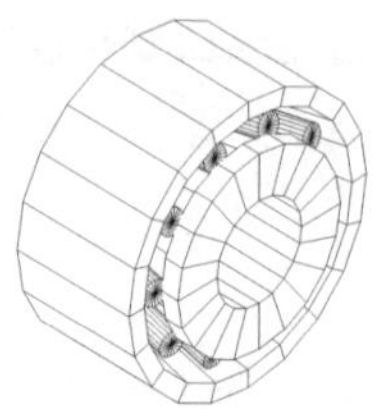

图9-37 消隐后的轴承

9.5 锥齿轮的绘制

本节绘制图9-38所示的锥齿轮，绘制的锥齿轮由轮毂、轮齿、轴孔及键槽等部分组成。锥齿轮通常用于垂直相交两轴之间的传动，由于锥齿轮的轮齿位于圆锥面上，因此齿厚是变化的。

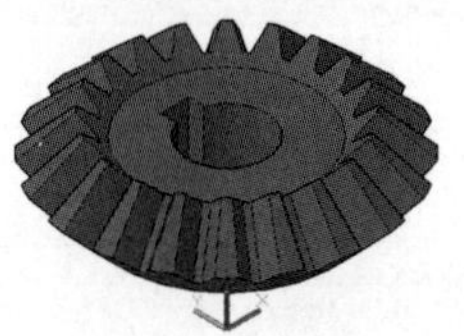

图 9-38　锥齿轮

首先绘制轮毂的轮廓，然后使用“旋转”命令创建轮毂，然后再绘制轮齿，最后绘制键槽和轴孔。

9.5.1 绘制轮毂

（1）在命令行中输入“ISOLINES”命令，设置线框密度为“10”。

（2）单击“视图”选项卡“视图”面板中的“前视”按钮，将当前视图设置为前视图。

（3）单击“默认”选项卡“绘图”面板中的“圆”按钮，在坐标原点绘制3个直径分别为“65.72”“70.72”和“74.72”的圆。

（4）单击“默认”选项卡“绘图”面板中的“直线”按钮，以坐标原点为起点，绘制一条水平直线和竖直直线。重复“直线”命令，绘制一条与*X*轴成45°夹角的斜直线。重复“直线”命令，以直径为“70.72”的圆与45°斜直线的交点为起点，绘制一条与斜直线垂直的直线。重复“直线”命令，以竖直线与斜直线的交点为起点，以45°斜直线与直径“74.72”的圆的交点为端点，绘制一条直线，结果如图9-39所示。

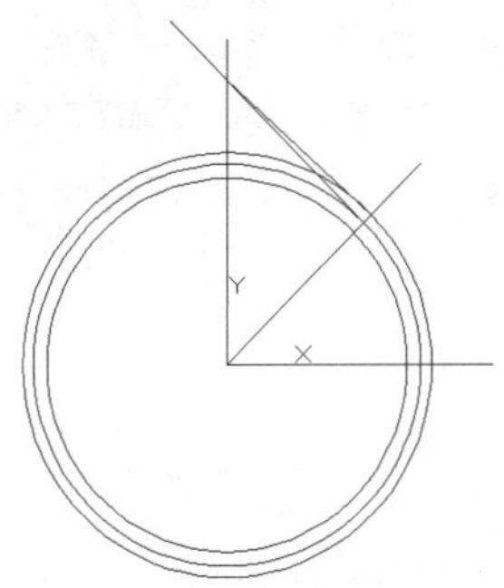

图 9-39　绘制直线

（5）单击“默认”选项卡“修改”面板中的“偏移”按钮，将水平直线向上偏移“19”和“29”。重复“偏移”命令，将45°斜直线向上偏移“10”，结果如图9-40所示。

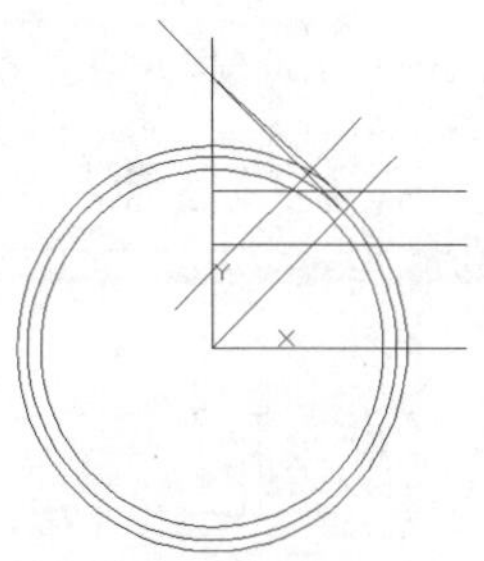

图 9-40　偏移直线

（6）单击“默认”选项卡“修改”面板中的“修剪”按钮和“删除”按钮，修剪和删除多余的线段，结果如图9-41所示。

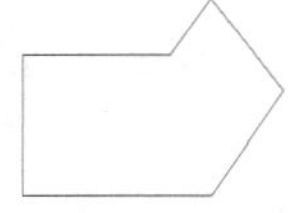

图 9-41　修剪图形

（7）单击“默认”选项卡“绘图”面板中的“面域”按钮，将上一步绘制的线段创建为面域。

（8）选择菜单栏中的“视图”→“三维视图”→“西南等轴测”命令，将当前视图设置为西南等轴测视图。

（9）单击“三维工具”选项卡“建模”面板中的“旋转”按钮，将步骤（7）创建的面域绕*Y*轴旋转，旋转角度为360°，结果如图9-42所示。

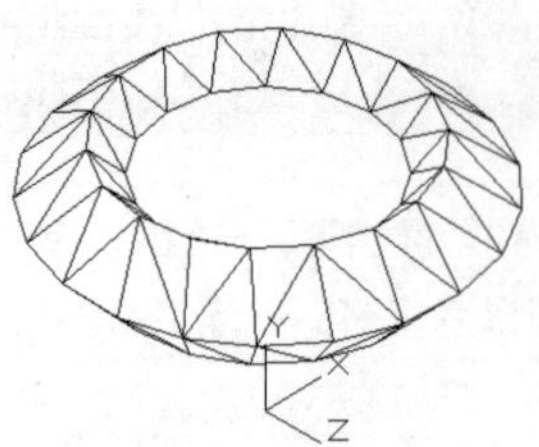

图 9-42 旋转实体

9.5.2 绘制轮齿

（1）在命令行中输入“UCS”命令，将坐标系切换到WCS。重复UCS命令，将坐标系绕X轴旋转45°。

（2）选择菜单栏中的“视图”→“三维视图”→“平面视图”→“当前UCS”命令，将视图切换到当前UCS视图，结果如图9-43所示。

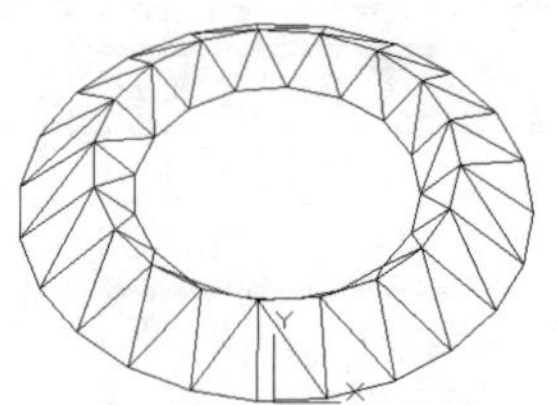

图 9-43 切换视图方向

（3）单击“默认”选项卡“图层”面板中的“图层特性”按钮，打开“图层特性管理器”面板，新建“轮齿”图层并将其设置为当前图层，隐藏“0”图层。

（4）单击“默认”选项卡“绘图”面板中的“圆”按钮，在坐标原点绘制3个直径分别为“65.72”“70.72”和“75”的圆，结果如图9-44所示。

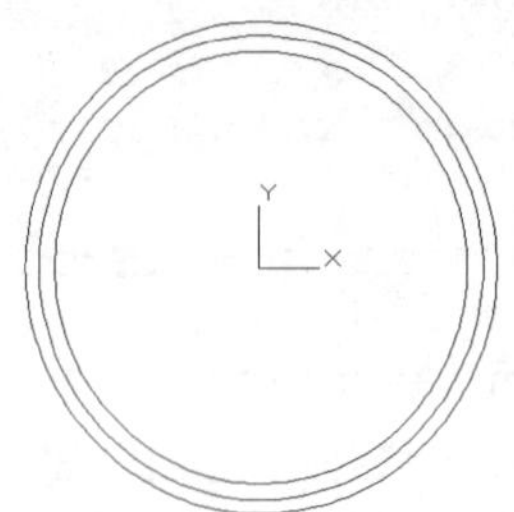

图 9-44 绘制圆

（5）单击“默认”选项卡“绘图”面板中的“直线”按钮，以坐标原点为起点，分别绘制一条竖直直线和一条与X轴成92.57°的斜直线，结果如图9-45所示。

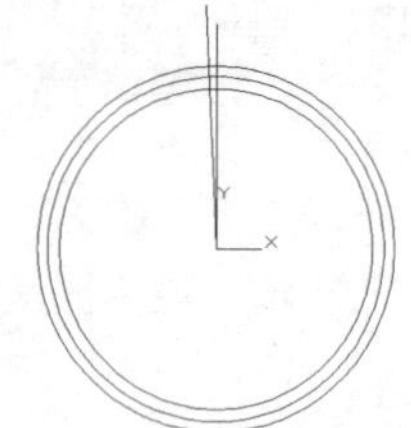

图 9-45 绘制直线

（6）单击“默认”选项卡“修改”面板中的“偏移”按钮，将竖直直线向左偏移，偏移距离分别为“0.55”和“2.7”，结果如图9-46所示。

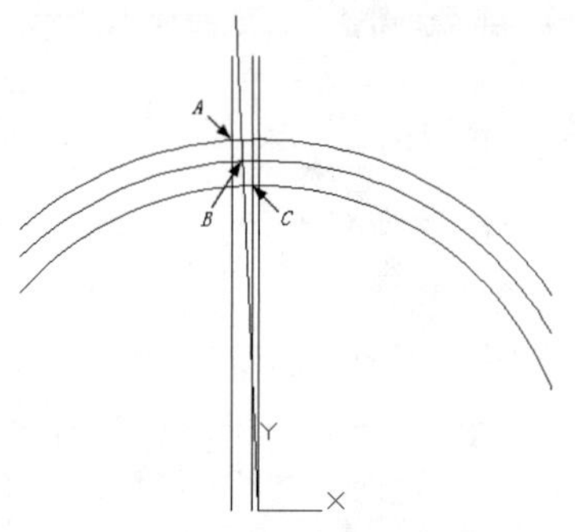

图 9-46 偏移直线

（7）单击“默认”选项卡“绘图”面板中的“圆弧”按钮，捕捉图9-46中的点A、B和C绘制圆弧，结果如图9-47所示。

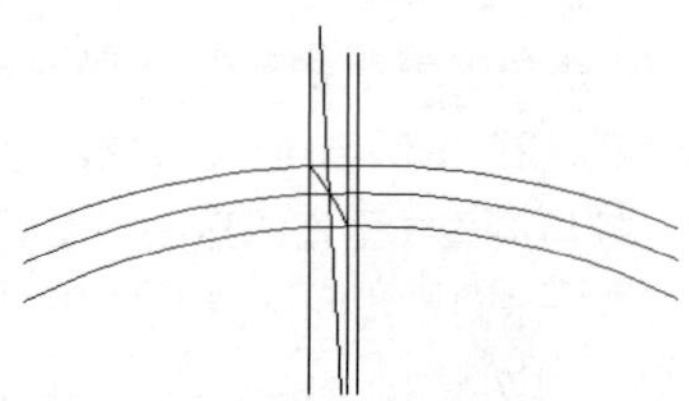

图 9-47 绘制圆弧

（8）单击“默认”选项卡“修改”面板中的“镜像”按钮，将上一步绘制的圆弧以步骤（5）绘制的竖直直线为中心线进行镜像处理，结果如图9-48所示。

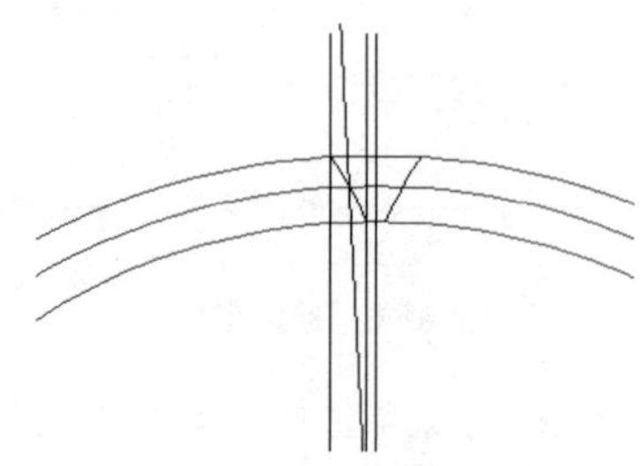

图 9-48 镜像圆弧

（9）单击“默认”选项卡“修改”面板中的“修剪”按钮 和“删除”按钮 ，修剪和删除多余的线段，结果如图9-49所示。

图 9-49 修剪和删除多余的线段

（10）单击“默认”选项卡“绘图”面板中的“面域”按钮，将上一步绘制的线段创建为面域。

（11）将“0”图层显示。在命令行中输入“UCS”命令，将坐标系切换到WCS，并绕*Y*轴旋转90°。

（12）选择菜单栏中的“视图”→“三维视图”→“平面视图”→“当前UCS”命令，将视图切换到当前UCS 视图。

（13）单击“默认”选项卡“绘图”面板中的“圆”按钮，在坐标原点处绘制直径为“70.72”的圆。

（14）单击“默认”选项卡“绘图”面板中的“直线”按钮，以坐标原点为起点，绘制一条水平直线和一条与*X*轴成135°的斜直线。重复“直线”命令，绘制一条以斜直线与圆的交点为起点且与斜直线垂直的直线，结果如图9-50所示。

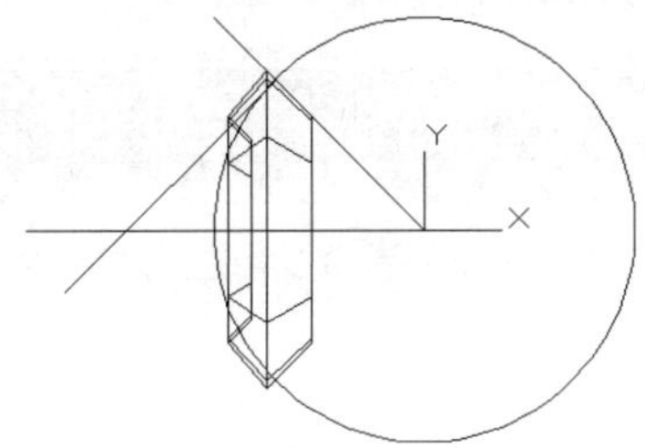

图 9-50 绘制直线

（15）单击“默认”选项卡“修改”面板中的“删除”按钮，删除多余的线段，结果如图9-51所示。

（16）选择菜单栏中的“视图”→“三维视图”→“西北等轴测”命令，将当前视图设置为西北等轴测视图。

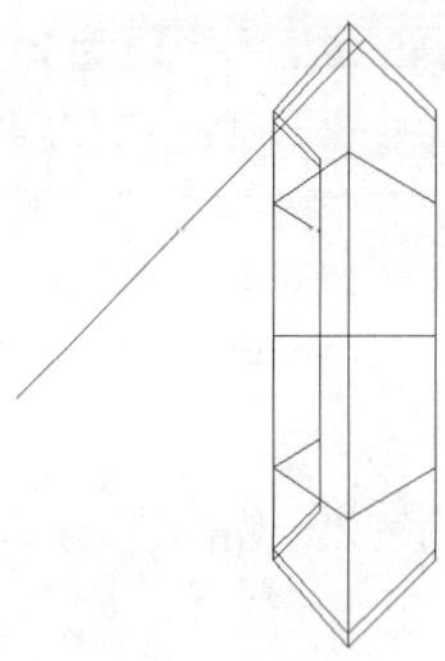

图 9-51 删除线段

（17）单击“三维工具”选项卡“建模”面板中的“扫掠”按钮，选择轮齿轮廓为扫掠对象，选择斜直线为扫掠路径，结果如图9-52所示。

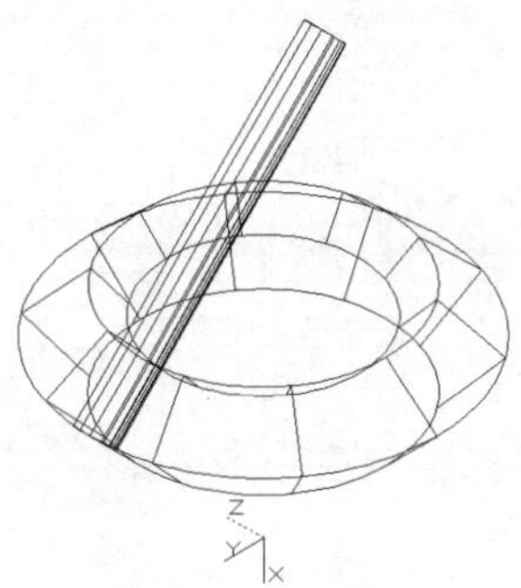

图 9-52 扫掠轮齿

（18）选择菜单栏中的“修改”→“三维操作”→“三维阵列”命令，将上一步创建的轮齿绕*X*轴进行环形阵列，阵列个数为“20”。

（19）单击“三维工具”选项卡“实体编辑”面板中的“差集”按钮，将齿轮主体与轮齿进行差集运算，结果如图9-53所示。

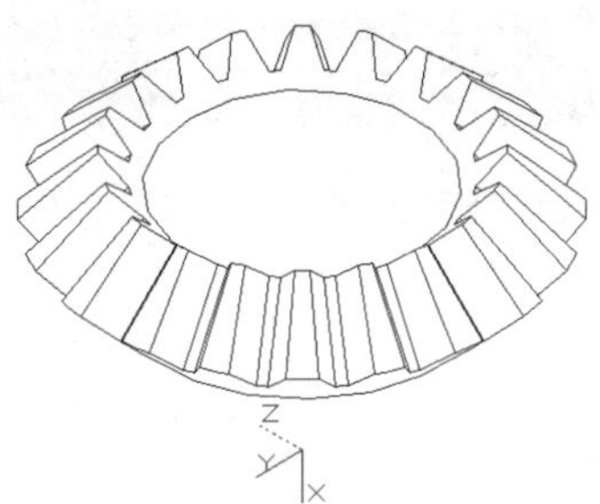

图 9-53 差集运算

9.5.3 绘制键槽和轴孔

（1）在命令行中输入“UCS”命令，将坐标系切换到WCS。

（2）单击“三维工具”选项卡“建模”面板中的“圆柱体”按钮，以坐标点（0，0，16）为底面中心，分别创建半径为“12.5”、高度为“3”和半径为“7”、高度为“15”的圆柱体。

（3）单击“三维工具”选项卡“实体编辑”面板中的“并集”按钮，将半径为“12.5”的圆柱体和齿轮主体合并为一体。单击“三维工具”选项卡“实体编辑”面板中的“差集”按钮，将齿轮主体与半径为“7”的圆柱体进行差集运算，结果如图9-54所示。

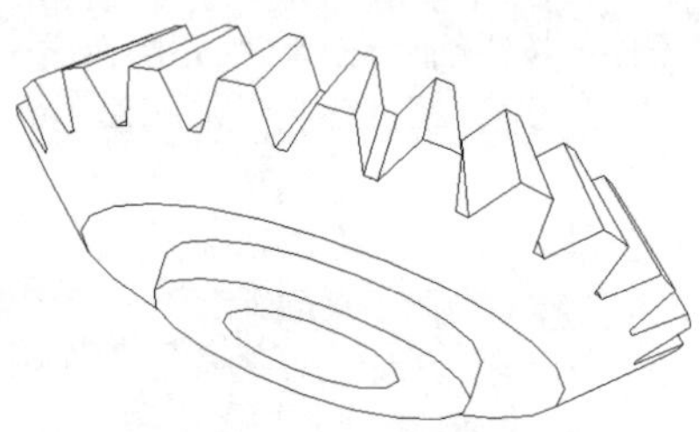

图9-54 布尔运算

（4）选择菜单栏中的“视图”→“三维视图”→“平面视图”→“当前UCS”命令，将视图切换到当前UCS视图。

（5）单击“默认”选项卡“绘图”面板中的“直线”按钮，绘制高度为“9.3”、宽度为“5”的矩形，结果如图9-55所示。

（6）单击“默认”选项卡“绘图”面板中的“面域”按钮，将上一步绘制的线段创建为面域。

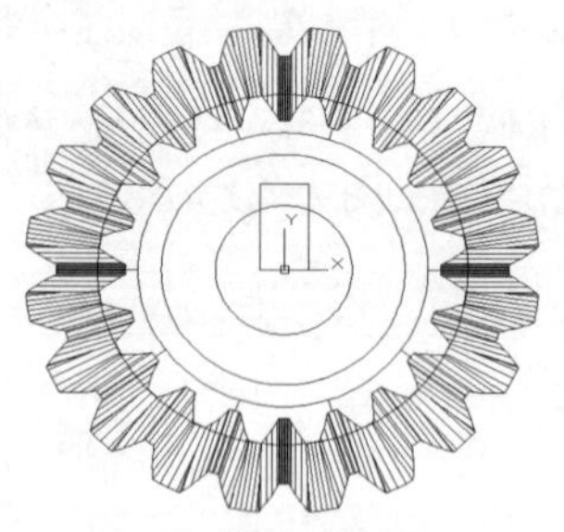

图9-55 绘制矩形

（7）选择菜单栏中的“视图”→“三维视图”→“西南等轴测”命令，将当前视图设置为西南等轴测视图。

（8）单击“三维工具”选项卡“建模”面板中的“拉伸”按钮，将创建的面域进行拉伸，拉伸高度为“30”。

（9）单击“三维工具”选项卡“实体编辑”面板中的“差集”按钮，将齿轮主体与拉伸实体进行差集运算，结果如图9-56所示。

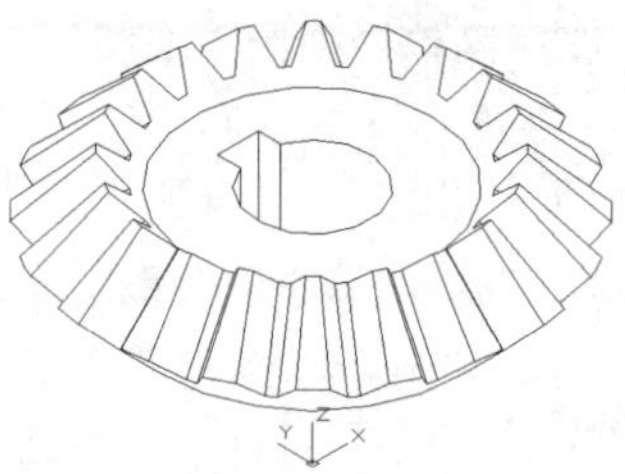

图9-56 差集运算

（10）单击“视图”选项卡“视觉样式”面板中的“概念”按钮，对实体进行渲染，结果如图9-38所示。

9.6 泵体的绘制

本节绘制图9-57所示的泵体。首先利用“多段线”“拉伸”和“长方体”等命令绘制泵体主体部分，然后利用“圆柱体”和“差集”等命令绘制连接孔和进出油孔。

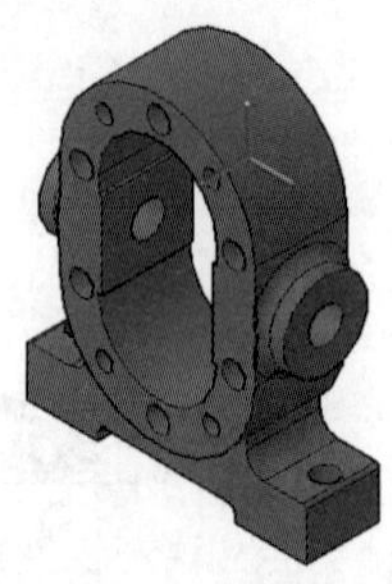

图9-57 泵体

9.6.1 绘制泵体主体

（1）在命令行中输入“ISOLINES”命令，设置线框密度为“10”。

（2）单击“视图”选项卡“视图”面板中的“前视”按钮，将当前视图设置为前视图。

（3）单击“默认”选项卡“绘图”面板中的“多段线”按钮，绘制多段线，命令行中的提示与操作如下：

```
命令 :_pline
指定起点 : -28,-29.76 ↙
当前线宽为 0.0000
指定下一个点或 [ 圆弧 (A)/ 半宽 (H)/ 长度 (L)/ 放弃 (U)/ 宽度 (W)]: @0,29.76 ↙
指定下一点或 [ 圆弧 (A)/ 闭合 (C)/ 半宽 (H)/ 长度 (L)/ 放弃 (U)/ 宽度 (W)]: A ↙
指定圆弧的端点 ( 按住 Ctrl 键以切换方向 ) 或 [ 角度 (A)/ 圆心 (CE)/ 闭合 (CL)/ 方向 (D)/ 半宽 (H)/ 直线 (L)/ 半径 (R)/ 第二个点 (S)/ 放弃 (U)/ 宽 度 (W)]: A ↙
指定夹角 : -180 ↙
指定圆弧的端点 ( 按住 Ctrl 键以切换方向 ) 或 [ 圆心 (CE)/ 半径 (R)]: @56,0 ↙
指定圆弧的端点 ( 按住 Ctrl 键以切换方向 ) 或 [ 角度 (A)/ 圆心 (CE)/ 闭合 (CL)/ 方向 (D)/ 半宽 (H)/ 直线 (L)/ 半径 (R)/ 第二个点 (S)/ 放弃 (U)/ 宽度 (W)]: L ↙
指定下一点或 [ 圆弧 (A)/ 闭合 (C)/ 半宽 (H)/ 长度 (L)/ 放弃 (U)/ 宽度 (W)]: @0,-29.76 ↙
指定下一点或 [ 圆弧 (A)/ 闭合 (C)/ 半宽 (H)/ 长度 (L)/ 放弃 (U)/ 宽度 (W)]: A ↙
指定圆弧的端点 ( 按住 Ctrl 键以切换方向 ) 或 [ 角度 (A)/ 圆心 (CE)/ 闭合 (CL)/ 方向 (D)/ 半宽 (H)/ 直线 (L)/ 半径 (R)/ 第二个点 (S)/ 放弃 (U)/ 宽度 (W)]:(捕捉多段线的起点)
指定圆弧的端点 ( 按住 Ctrl 键以切换方向 ) 或 [ 角度 (A)/ 圆心 (CE)/ 闭合 (CL)/ 方向 (D)/ 半宽 (H)/ 直线 (L)/ 半径 (R)/ 第二个点 (S)/ 放弃 (U)/ 宽度 (W)]: * 取消 *
```

结果如图9-58所示。

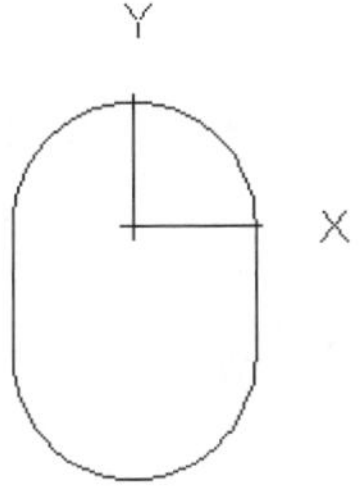

图 9-58 绘制多段线

（4）选择菜单栏中的“视图”→“三维工具”→“西南等轴测”命令，将当前视图设置为西南等轴测视图。

（5）单击“三维工具”选项卡“建模”面板中的“拉伸”按钮，将绘制的多段线进行拉伸处理，拉伸高度为“26”，结果如图9-59所示。

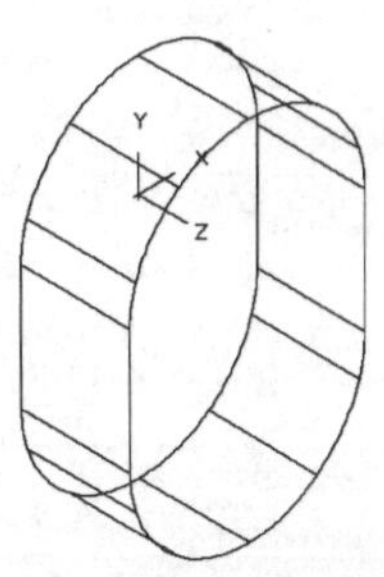

图 9-59 拉伸多段线

（6）选择菜单栏中的“视图”→“三维工具”→“前视”命令，将当前视图设置为前视图。

（7）单击“默认”选项卡“绘图”面板中的“多段线”按钮，绘制多段线，命令行中的提示与操作如下：

```
命令 :_pline
指定起点 : -16.25,-28.76 ↙
当前线宽为 0.0000
指定下一个点或 [ 圆弧 (A)/ 半宽 (H)/ 长度 (L)/ 放弃 (U)/ 宽度 (W)]: @0,24 ↙
指定下一点或 [ 圆弧 (A)/ 闭合 (C)/ 半宽 (H)/ 长度 (L)/ 放弃 (U)/ 宽度 (W)]: @-1,0 ↙
指定下一点或 [ 圆弧 (A)/ 闭合 (C)/ 半宽 (H)/ 长度 (L)/ 放弃 (U)/ 宽度 (W)]: @0,4.76 ↙
指定下一点或 [ 圆弧 (A)/ 闭合 (C)/ 半宽 (H)/ 长度 (L)/ 放弃 (U)/ 宽度 (W)]: A ↙
指定圆弧的端点 ( 按住 Ctrl 键以切换方向 ) 或 [ 角度 (A)/ 圆心 (CE)/ 闭合 (CL)/ 方向 (D)/ 半宽 (H)/ 直线 (L)/ 半径 (R)/ 第二个点 (S)/ 放弃 (U)/ 宽 度 (W)]: A ↙
指定夹角 : -180 ↙
指定圆弧的端点 ( 按住 Ctrl 键以切换方向 ) 或 [ 圆心 (CE)/ 半径 (R)]: @34.5,0 ↙
指定圆弧的端点 ( 按住 Ctrl 键以切换方向 ) 或 [ 角度 (A)/ 圆心 (CE)/ 闭合 (CL)/ 方向 (D)/ 半宽 (H)/ 直线 (L)/ 半径 (R)/ 第二个点 (S)/ 放弃 (U)/ 宽度 (W)]: L ↙
指定下一点或 [ 圆弧 (A)/ 闭合 (C)/ 半宽 (H)/ 长度 (L)/ 放弃 (U)/ 宽度 (W)]: @0,-4.76 ↙
指定下一点或 [ 圆弧 (A)/ 闭合 (C)/ 半宽 (H)/ 长度 (L)/ 放弃 (U)/ 宽度 (W)]: @-1,0 ↙
```

指定下一点或 [圆弧 (A)/ 闭合 (C)/ 半宽 (H)/ 长度 (L)/ 放弃 (U)/ 宽度 (W)]: @0,-24 ↙
指定下一点或 [圆弧 (A)/ 闭合 (C)/ 半宽 (H)/ 长度 (L)/ 放弃 (U)/ 宽度 (W)]: @1,0 ↙
指定下一点或 [圆弧 (A)/ 闭合 (C)/ 半宽 (H)/ 长度 (L)/ 放弃 (U)/ 宽度 (W)]: A ↙
指定圆弧的端点 (按住 Ctrl 键以切换方向) 或 [角度 (A)/ 圆心 (CE)/ 闭合 (CL)/ 方向 (D)/ 半宽 (H)/ 直线 (L)/ 半径 (R)/ 第二个点 (S)/ 放弃 (U)/ 宽 度 (W)]: A ↙
指定夹角 : -180 ↙
指定圆弧的端点 (按住 Ctrl 键以切换方向) 或 [圆心 (CE)/ 半径 (R)]: @-34.5,0 ↙
指定圆弧的端点 (按住 Ctrl 键以切换方向) 或 [角度 (A)/ 圆心 (CE)/ 闭合 (CL)/ 方向 (D)/ 半宽 (H)/ 直线 (L)/ 半径 (R)/ 第二个点 (S)/ 放弃 (U)/ 宽度 (W)]: L ↙
指定下一点或 [圆弧 (A)/ 闭合 (C)/ 半宽 (H)/ 长度 (L)/ 放弃 (U)/ 宽度 (W)]: @1,0 ↙
指定下一点或 [圆弧 (A)/ 闭合 (C)/ 半宽 (H)/ 长度 (L)/ 放弃 (U)/ 宽度 (W)]: ↙

结果如图9-60所示。

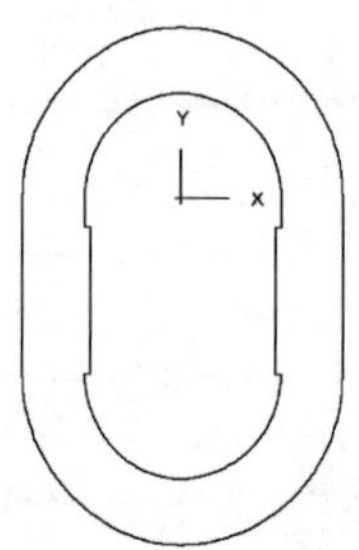

图9-60 绘制多段线

（8）选择菜单栏中的“视图”→“三维工具”→“西南等轴测”命令，将当前视图设置为西南等轴测视图。

（9）单击“三维工具”选项卡“建模”面板中的“拉伸”按钮，对步骤（7）中创建的多段线进行拉伸处理，拉伸高度为“26”，结果如图9-61所示。

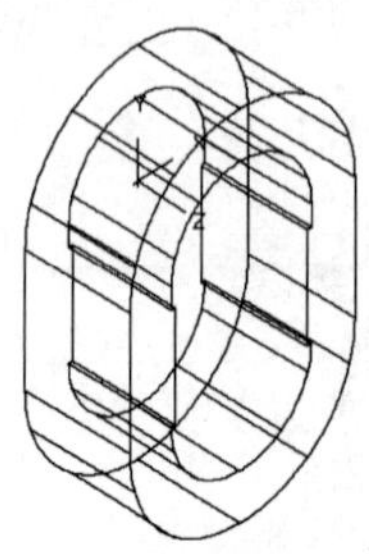

图9-61 拉伸多段线

（10）单击“三维工具”选项卡“实体编辑”面板中的“差集”按钮，对外部拉伸实体和内部拉伸实体进行差集运算。消隐后的结果如图9-62所示。

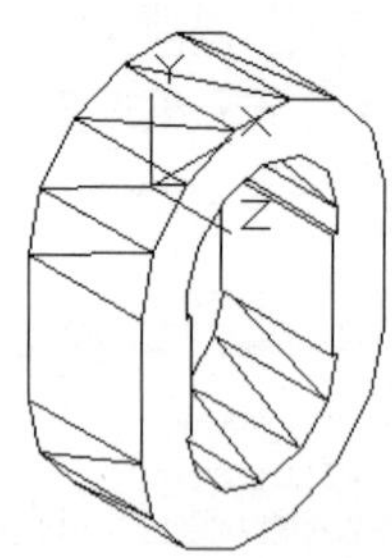

图9-62 差集运算

（11）单击“三维工具”选项卡“建模”面板中的“圆柱体”按钮，以（-28，-16.76，13）为中心点，绘制半径为“12”、轴端点为（@-7，0，0）的圆柱体。重复“圆柱体”命令，以（28，-16.76，13）为中心点，绘制半径为“12”、轴端点为（@7，0，0）的圆柱体，结果如图9-63所示。

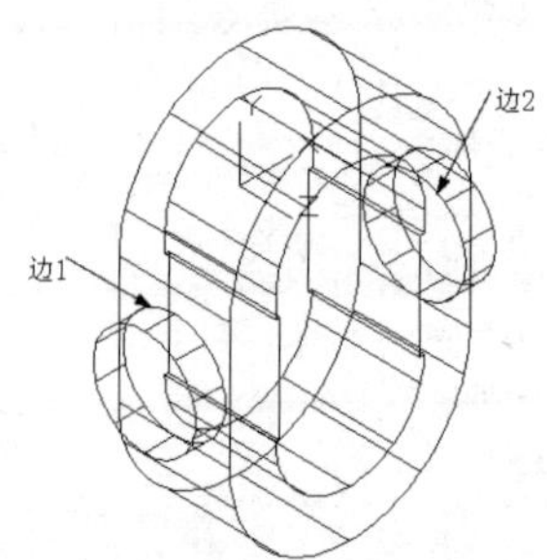

图9-63 绘制圆柱体

（12）单击“三维工具”选项卡“实体编辑”面板中的“并集”按钮，将视图中所有的实体合并。

（13）单击“默认”选项卡“修改”面板中的“圆角”按钮，对图9-63中的边1和边2进行圆角处理，圆角半径为“3”，结果如图9-64所示。

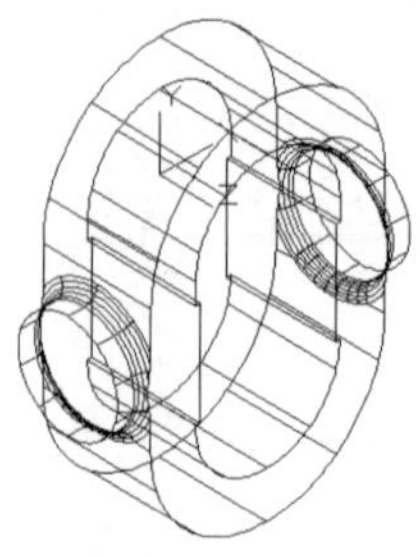

图9-64 圆角处理

（14）单击“三维工具”选项卡“建模”面板中的“长方体”按钮，创建角点坐标为（-40，-67，2.6）和（@80，14，20.8）的长方体。重复“长方体”命令，创建角点坐标为（-23，-53，2.6）和（@46，10，20.8）的长方体，结果如图9-65所示。

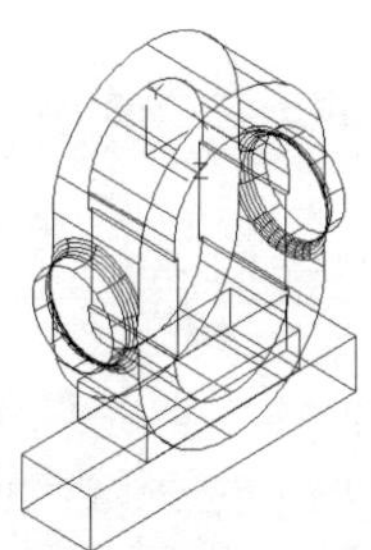

图 9-65 绘制长方体

（15）单击“三维工具”选项卡“实体编辑”面板中的“并集”按钮，将视图中所有的实体合并，结果如图9-66所示。

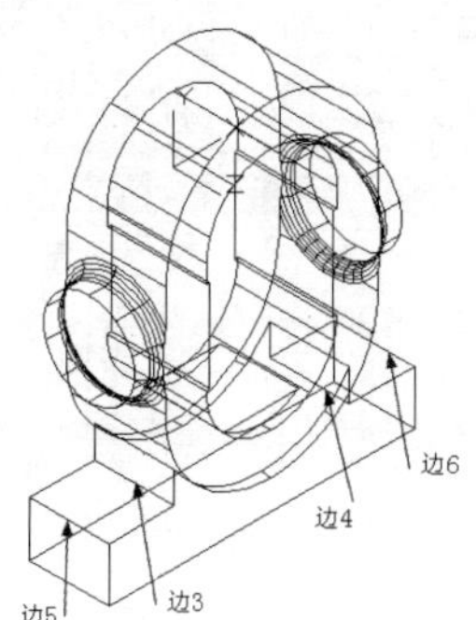

图 9-66 并集运算

（16）单击“默认”选项卡“修改”面板中的“圆角”按钮，对图9-66中的边3和边4进行圆角处理，圆角半径为“5”。重复“圆角”命令，对图9-66中的边5和边6进行圆角处理，圆角半径为“1”，结果如图9-67所示。

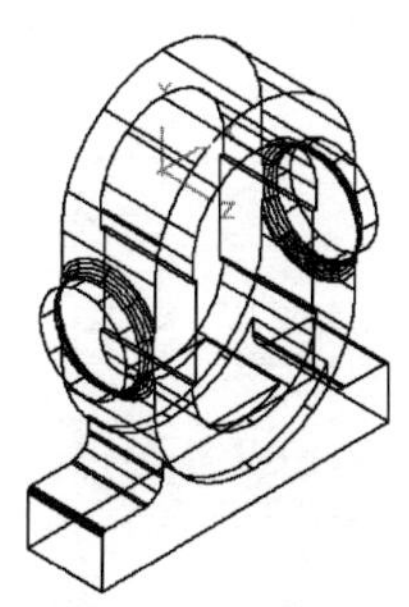

图 9-67 圆角处理

（17）单击“视图”选项卡“视图”面板中的“前视”按钮，将当前视图设置为前视图。

（18）单击“默认”选项卡“绘图”面板中的“多段线”按钮，绘制多段线，命令行中的提示与操作如下：

```
命令 :_pline
指定起点 : -17.25,-28.76 ↙
当前线宽为 0.0000
指定下一个点或 [ 圆弧 (A)/ 半宽 (H)/ 长度 (L)/放弃 (U)/ 宽度 (W)]: @34.5,0 ↙
指定下一点或 [ 圆弧 (A)/ 闭合 (C)/ 半宽 (H)/ 长度 (L)/ 放弃 (U)/ 宽度 (W)]: A ↙
指定圆弧的端点 ( 按住 Ctrl 键以切换方向 ) 或 [角度 (A)/ 圆心 (CE)/ 闭合 (CL)/ 方向 (D)/ 半宽(H)/ 直线 (L)/ 半径 (R)/ 第二个点 (S)/ 放弃 (U)/宽 度 (W)]: A ↙
指定夹角 : -180 ↙
指定圆弧的端点 ( 按住 Ctrl 键以切换方向 ) 或 [圆心 (CE)/ 半径 (R)]: @-34.5,0 ↙
指定圆弧的端点 ( 按住 Ctrl 键以切换方向 ) 或 [角度 (A)/ 圆心 (CE)/ 闭合 (CL)/ 方向 (D)/ 半宽(H)/ 直线 (L)/ 半径 (R)/ 第二个点 (S)/ 放弃 (U)/宽度 (W)]: ↙
```

结果如图9-68所示。

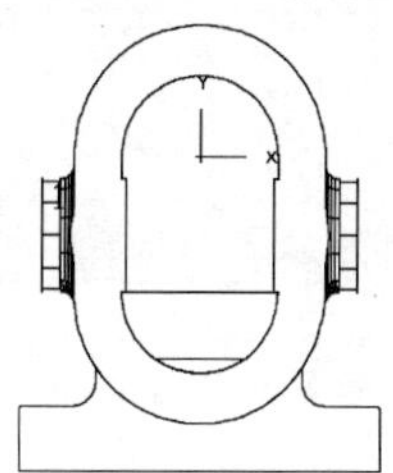

图 9-68 绘制多段线

（19）选择菜单栏中的“视图”→“三维工具”→“西南等轴测”命令，将当前视图设置为西南等轴测视图。

（20）单击“三维工具”选项卡“建模”面板中的“拉伸”按钮，将步骤（18）中绘制的多段线进行拉伸处理，拉伸高度为“26”，结果如图9-69所示。

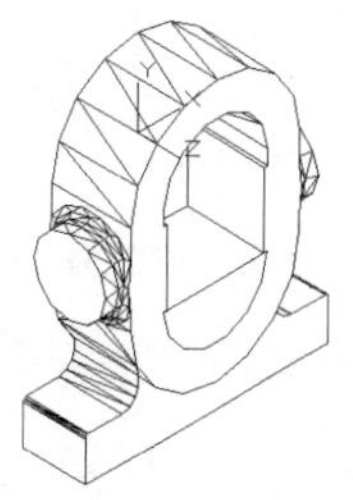

图 9-69 拉伸多段线

（21）单击“三维工具”选项卡“实体编辑”面板中的“差集”按钮，对泵体和步骤（20）中创建的拉伸实体进行差集运算，结果如图9-70所示。

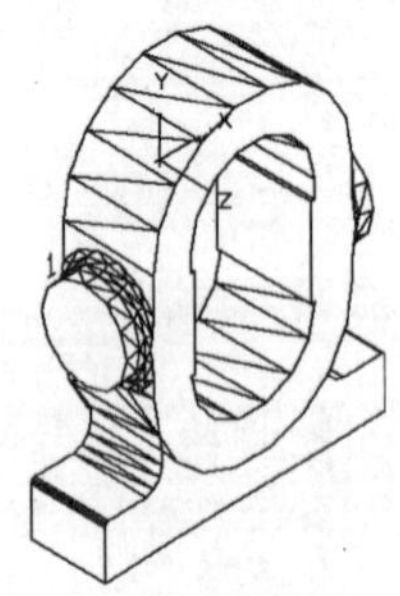

图9-70 差集运算（1）

（22）单击“三维工具”选项卡“建模”面板中的“长方体”按钮，绘制角点为（-20，-67，2.6）和（@40，4，20.8）的长方体，结果如图9-71所示。

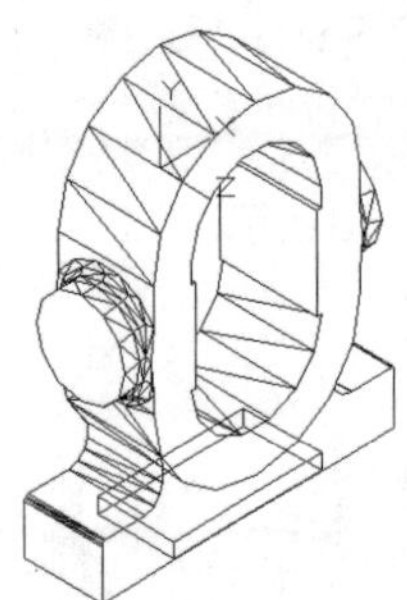

图9-71 绘制长方体

（23）单击“三维工具”选项卡“实体编辑”面板中的“差集”按钮，对泵体和步骤（22）中创建的长方体进行差集运算，结果如图9-72所示。

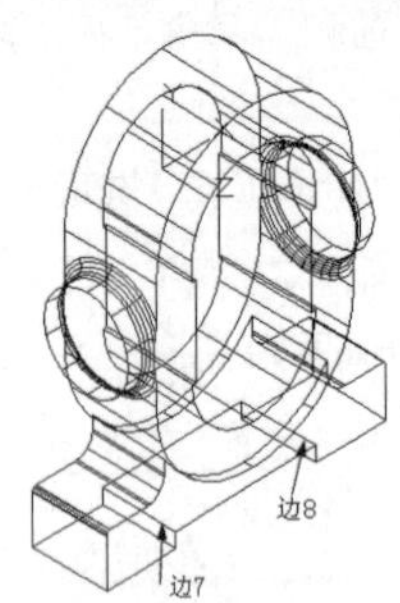

图9-72 差集运算（2）

（24）单击“默认”选项卡“修改”面板中的“圆角”按钮，对图9-72中的边7和边8进行圆角处理，圆角半径为“2”，结果如图9-73所示。

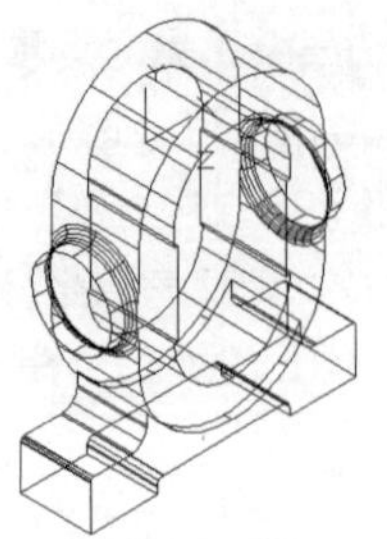

图9-73 圆角处理

9.6.2 绘制连接孔

（1）选择菜单栏中的“视图”→“三维工具”→“前视”命令，将当前视图设置为前视图。

（2）单击“默认”选项卡“绘图”面板中的“圆”按钮，绘制圆心为（-22，0）、半径为“3.5”的圆。

（3）单击“默认”选项卡“修改”面板中的“复制”按钮，复制上一步绘制的圆并将其分别移到（@0，-29.76）、（0，-50.76）、（22，-29.76）、（22，0）和（0，22）处，结果如图9-74所示。

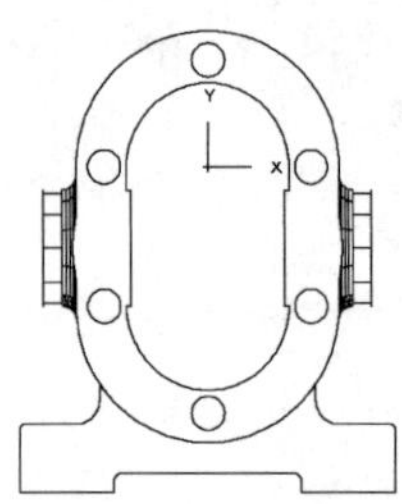

图9-74 复制圆

（4）选择菜单栏中的“视图”→“三维工具”→“西南等轴测”命令，将当前视图设置为西南等轴测视图。

（5）单击“三维工具”选项卡“建模”面板中的“拉伸”按钮，对6个圆进行拉伸处理，拉伸高度为“26”，结果如图9-75所示。

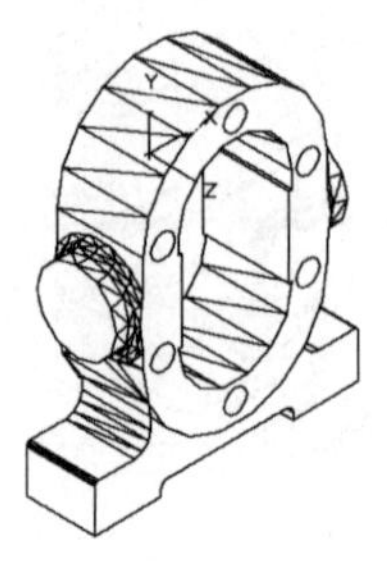

图9-75 拉伸圆

（6）单击“三维工具”选项卡“实体编辑”面板中的“差集”按钮，分别对泵体与拉伸后的6个圆柱体进行差集运算，结果如图9-76所示。

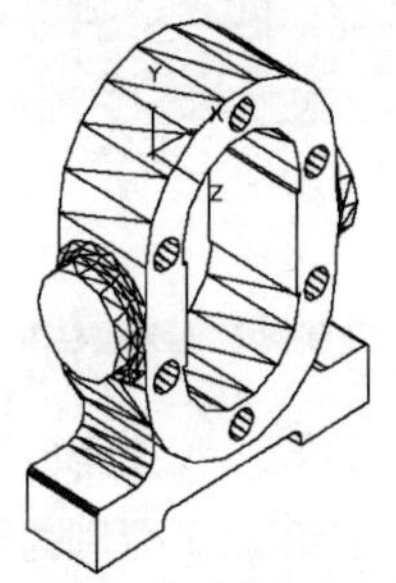

图 9-76 差集运算（1）

（7）单击“三维工具”选项卡“建模”面板中的“圆柱体”按钮，以坐标点（-35，-67，13）为中心点，绘制半径为“3.5”、轴端点为（@0，14，0）的圆柱体。重复“圆柱体”命令，以坐标点（35，-67，13）为中心点，绘制半径为“3.5”、轴端点为（@0，14，0）的圆柱体，消隐后的结果如图9-77所示。

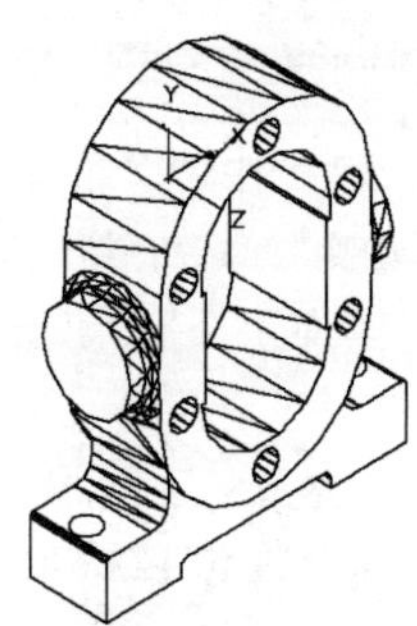

图 9-77 绘制圆柱体

（8）单击“三维工具”选项卡“实体编辑”面板中的“差集”按钮，分别对泵体与步骤（7）中创建的两个圆柱体进行差集运算，结果如图9-78所示。

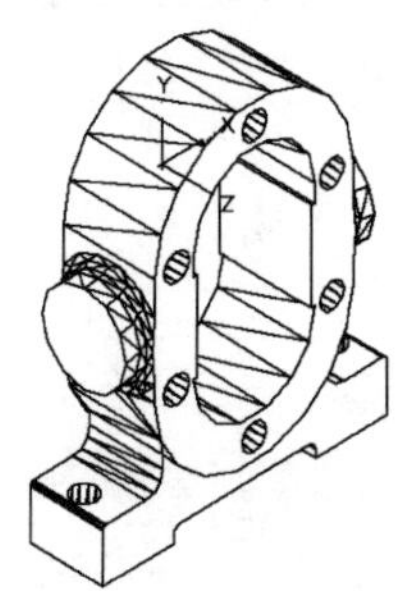

图 9-78 差集运算（2）

（9）选择菜单栏中的“视图”→“三维工具”→“前视”命令，将当前视图设置为前视图，结果如图9-79所示。

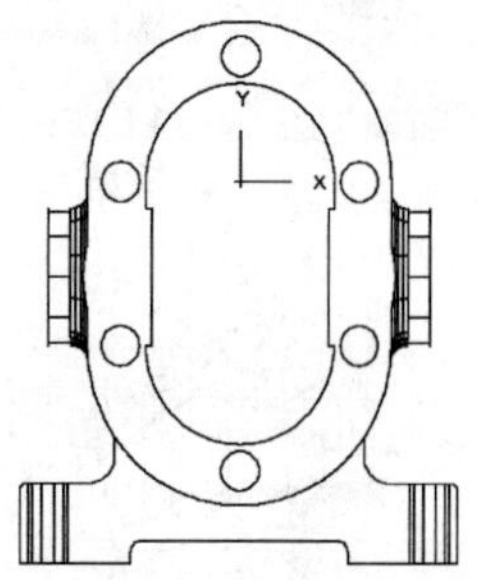

图 9-79 前视图

（10）单击“默认”选项卡“绘图”面板中的“圆”按钮，绘制圆心为（0，0）、半径为“2.5”的圆。

（11）单击“默认”选项卡“修改”面板中的“复制”按钮，复制上一步绘制的圆并将其分别移到坐标点（@22<45）、（@22<135）和（@29.76<270），得到圆2、圆3和圆4。重复“复制”命令，复制圆4并将其分别移到坐标点（@22<-45）和（@22<-135），得到圆5和圆6，结果如图9-80所示。

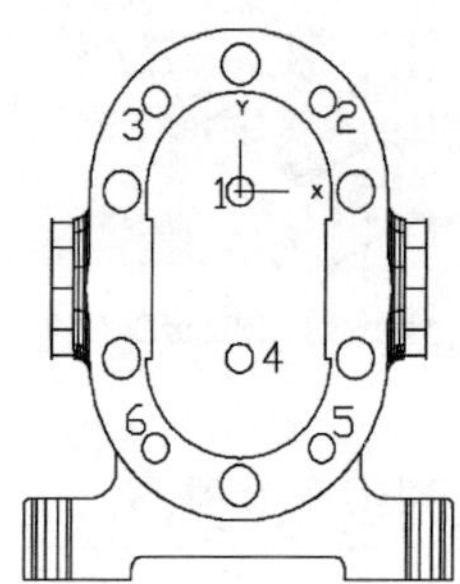

图 9-80 复制圆

（12）单击“默认”选项卡“修改”面板中的“删除”按钮，删除图9-80中的圆1和圆4，结果如图9-81所示。

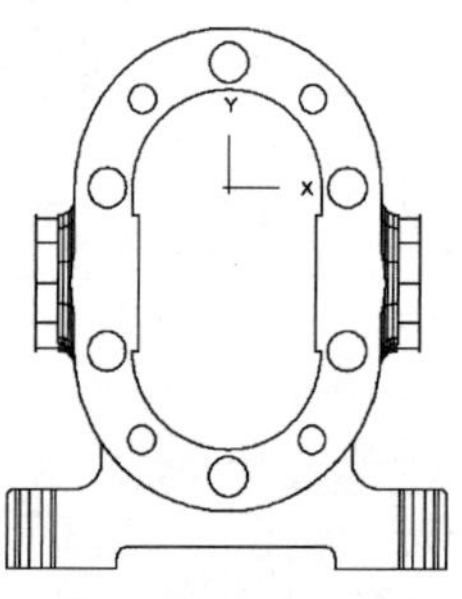

图 9-81 删除圆

（13）选择菜单栏中的“视图”→“三维工具”→“西南等轴测”命令，将当前视图设置为西南等轴测视图。

（14）单击“三维工具”选项卡“建模”面板中的“拉伸”按钮，对步骤（11）中创建的4 个圆进行拉伸处理，拉伸高度为“26”，结果如图9-82所示。

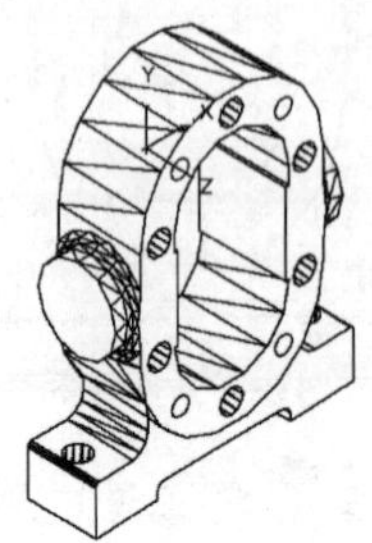

图 9-82 拉伸圆

（15）单击“三维工具”选项卡“实体编辑”面板中的“差集”按钮，分别对泵体与拉伸后的4个圆柱体进行差集运算，结果如图9-83所示。

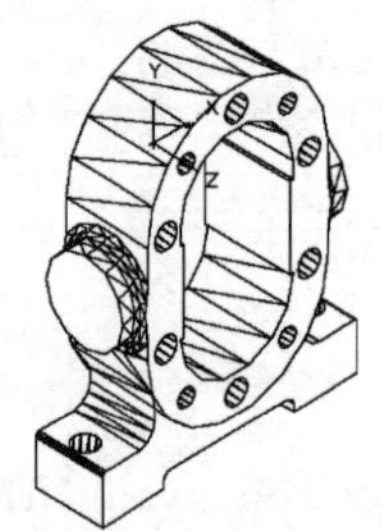

图 9-83 差集运算（1）

9.6.3 绘制进出油孔

（1）单击“三维工具”选项卡“建模”面板中的“圆柱体”按钮，以坐标点（-35，-16.76，13）为中心点，绘制半径为“5”、轴端点为（@35，0，0）的圆柱体。重复“圆柱体”命令，以坐标点（0，-16.76，13）为中心点，绘制半径为“5”、轴端点为（@35，0，0）的圆柱体，结果如图9-84所示。

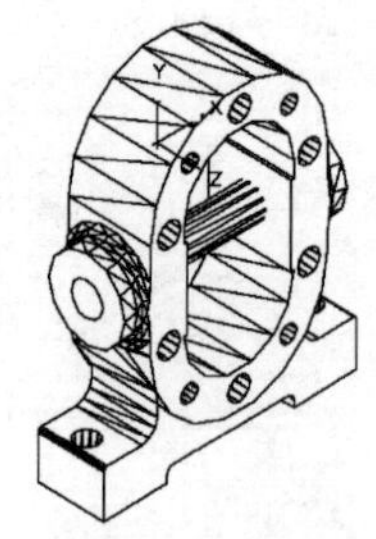

图 9-84 绘制圆柱体

（2）单击“三维工具”选项卡“实体编辑”面板中的“差集”按钮，分别对泵体与步骤（1）中创建的两个圆柱体进行差集运算，结果如图9-85所示。

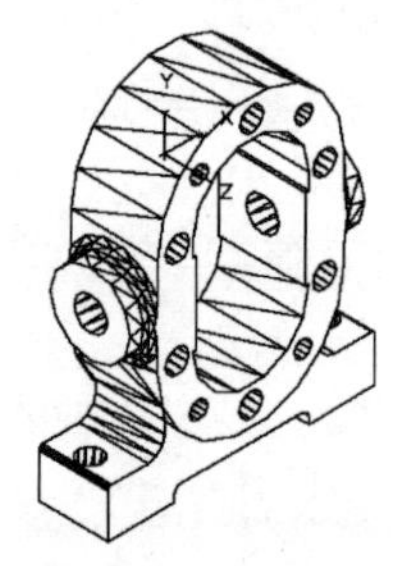

图 9-85 差集运算（2）

（3）选择菜单栏中的“视图”→“三维工具”→“东南等轴测”命令，将当前视图设置为东南等轴测视图，结果如图9-86所示。

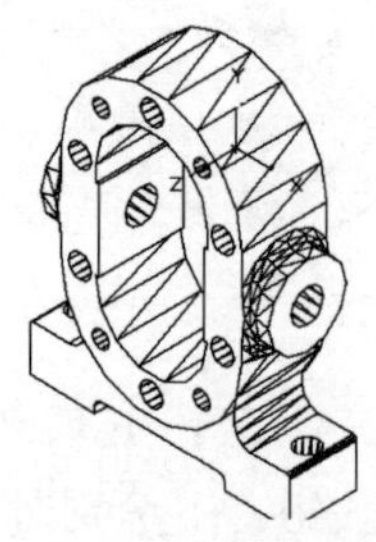

图 9-86 东南等轴测视图

（4）单击“视图”选项卡“视觉样式”面板中的“概念”按钮，渲染后如图9-57所示。

第 10 章

基本建筑单元设计实例

本章导读

AutoCAD 在建筑设计领域有着广泛的应用，而三维绘图功能为建筑设计图的绘制增加了便利性。本章将详细介绍一些常见的基本建筑单元的绘制方法与技巧，主要包括写字台、井字梁、衣橱、罗马柱、六角形拱顶、长凳、木板椅。

10.1 写字台的绘制

本节绘制图10-1所示的写字台，首先利用“矩形”和“拉伸”命令绘制桌面，然后利用“长方体”和“复制”命令绘制支撑腿。

图10-1 写字台

10.1.1 绘制写字台桌面

（1）在命令行中输入“ISOLINES”命令，设置线框密度为“10”。

（2）将当前视图设置为西南等轴测视图。单击“默认”选项卡“绘图”面板中的“矩形”按钮，以（-60，-30，76.5）和（60，30，76.5）为角点绘制矩形。

（3）单击“三维工具”选项卡“建模”面板中的“拉伸”按钮，将上一步绘制的矩形沿Z轴拉伸“3”，结果如图10-2所示。

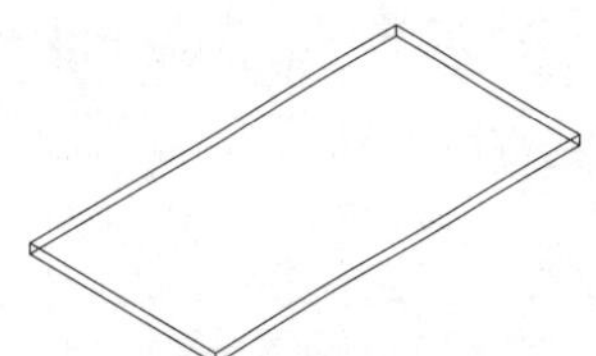

图10-2 拉伸矩形

10.1.2 绘制写字台支撑腿

（1）单击“三维工具”选项卡“建模”面板中的“长方体”按钮，绘制第一角点坐标为（-50，-25，0）、长度为“20”、宽度为“50”、高度为“78”的长方体，结果如图10-3所示。

（2）单击“默认”选项卡“修改”面板中的“复制”按钮，将上一步绘制的长方体复制，复制基点为原点，复制的第二点坐标为（@80,0,0），结果如图10-4所示。

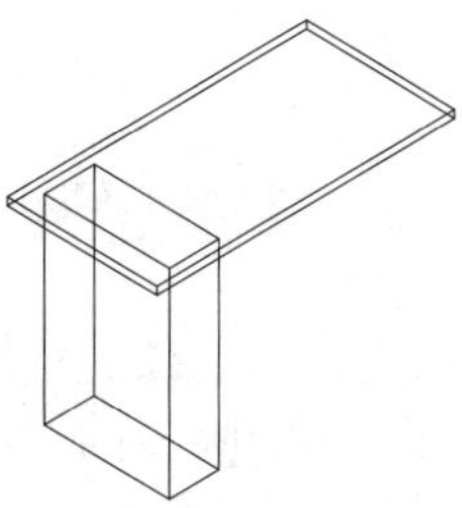

图10-3 绘制长方体（1）

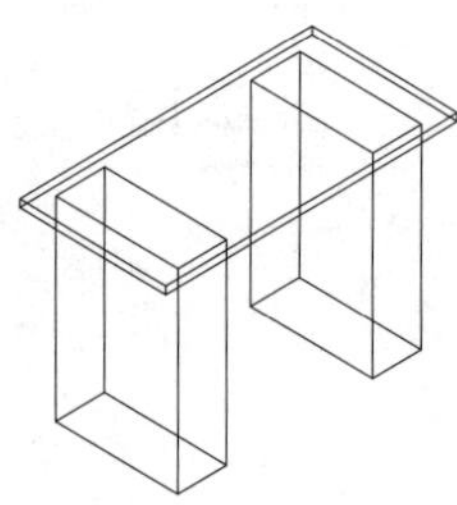

图10-4 复制长方体

（3）单击“三维工具”选项卡“建模”面板中的“长方体”按钮，以（-35,-25,33）和（35,-27,10）为角点绘制长方体，结果如图10-5所示。

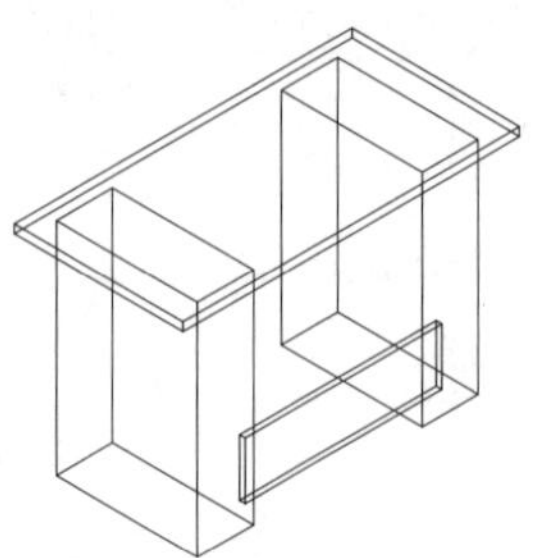

图10-5 绘制长方体（2）

10.1.3 渲染

（1）单击“视图”选项卡“视觉样式”面板中的“真实”按钮，将“视觉样式”设置为“真实”。

（2）选择菜单栏中的“视图”→“渲染”→“材质浏览器”命令，打开“材质浏览器”面板，如图10-6所示。在“Autodesk库”下拉列表框中选择“木材”，再选择适当的材质并将其拖动到模型中，最终结果如图10-1所示。

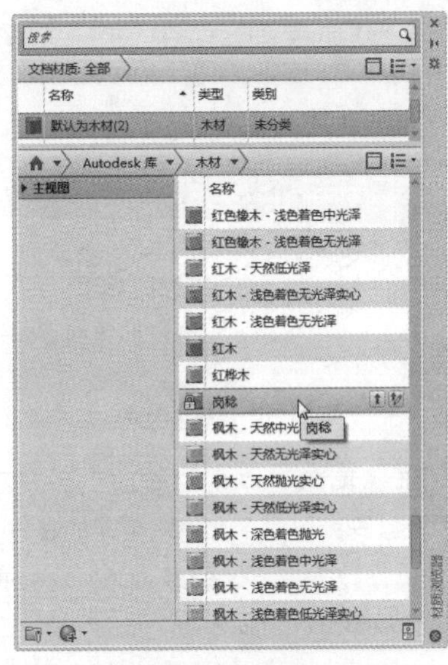

图 10-6 “材质浏览器”面板

10.2 井字梁的绘制

本节绘制图10-7所示的井字梁，主要运用“矩形”命令、“拉伸”命令、“三维阵列”命令和布尔运算。

图 10-7 井字梁

10.2.1 绘制纵向梁

（1）在命令行中输入“ISOLINES”命令，将线框密度设置为“10”。

（2）单击“三维工具”选项卡“建模”面板中的“长方体”按钮，以（0，0，0）为角点，绘制长为“10”、宽为“200”、高为“30”的长方体，结果如图10-8所示。

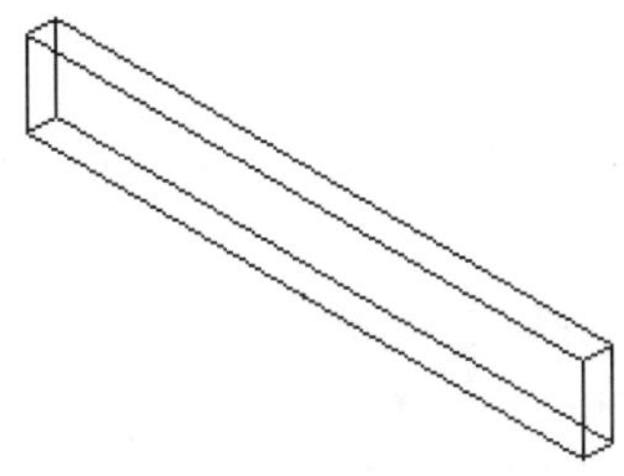

图 10-8 绘制长方体

（3）选择菜单栏中的“修改”→“三维操作”→“三维阵列”命令，将上一步绘制的长方体进行矩形阵列，阵列行数为“1”、列数为“6”、层数为“1”、列间距为“30”，结果如图10-9所示。

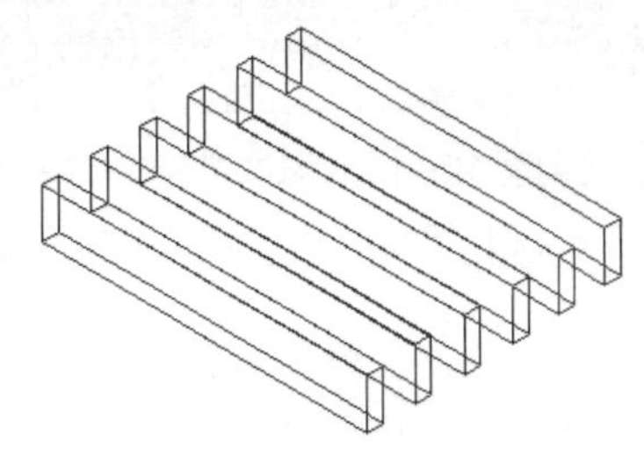

图 10-9 阵列处理

10.2.2 绘制横向梁

（1）单击“三维工具”选项卡“建模”面板中

的“长方体”按钮，以（-20，20，0）为角点，绘制长为“200”、宽为“10”、高为“30”的长方体，结果如图10-10所示。

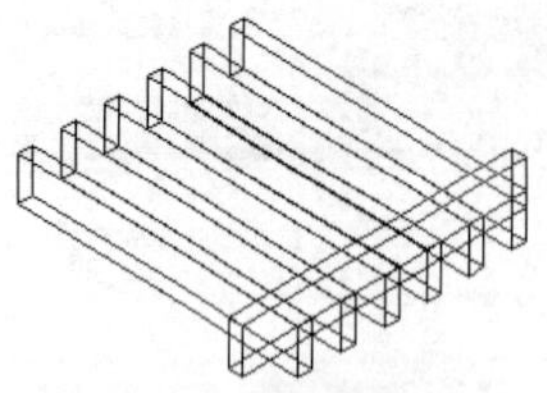

图10-10　绘制长方体

（2）选择菜单栏中的“修改”→“三维操作”→“三维阵列”命令，将刚创建的长方体进行矩形阵列，行数为“6”、列数为“1”、行间距为“30”，结果如图10-11所示。

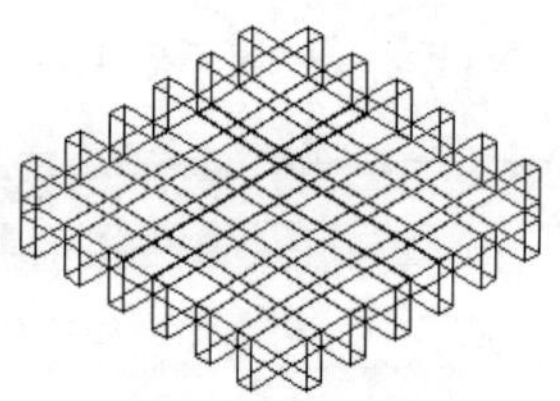

图10-11　阵列处理

（3）单击“三维工具”选项卡“实体编辑”面板中的“并集”按钮，将所有的实体合并，消隐后如图10-12所示。

图10-12　并集运算

10.2.3 渲染

（1）单击“视图”选项卡“视觉样式”面板中的“真实”按钮，将“视觉样式”设置为“真实”。

（2）选择菜单栏中的“视图”→“渲染”→“材质浏览器”命令，打开“材质浏览器”面板，如图10-13所示。在“Autodesk库”下拉列表框中选择“灰泥”，选择适当的材质并将其拖动到模型中，最终结果如图10-7所示。

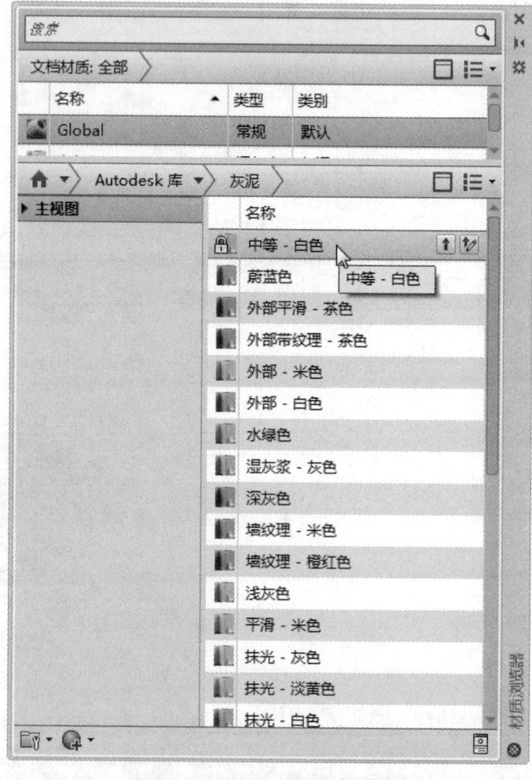

图10-13　“材质浏览器”面板

10.3 衣橱的绘制

本节绘制图10-14所示的衣橱，首先利用“长方体”和“镜像”等命令绘制主体部分，然后利用“拉伸”“长方体”和“剖切”等命令绘制衣橱门。

图10-14　衣橱

10.3.1 绘制衣橱主体

（1）在命令行中输入“ISOLINES”命令，将线框密度设置为“10”。

（2）单击“三维工具”选项卡“建模”面板中的“长方体”按钮，以（10，10，0）为角点，创建长为“76”、宽为“48”、高为“10”的长方体；以长方体左下角的顶点为角点，创建长为“3”、宽为“52”、高为“180”的长方体，结果如图 10-15 所示。

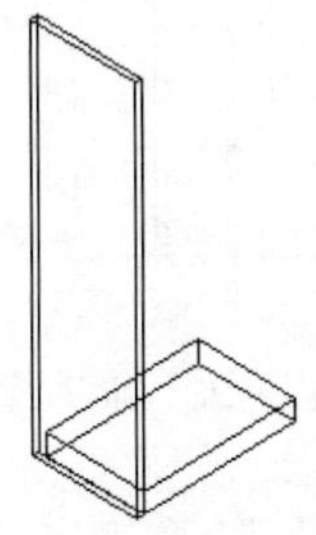

图 10-15 创建长方体（1）

（3）选择菜单栏中的“修改”→“三维操作”→“三维镜像”命令，将第二个长方体以 *YZ* 平面为对称面进行镜像处理，结果如图 10-16 所示。

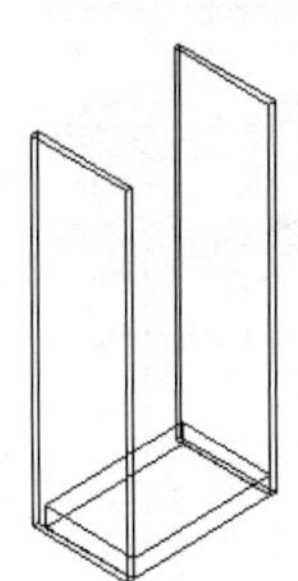

图 10-16 镜像处理

（4）单击“三维工具”选项卡“建模”面板中的“长方体”按钮，以（10，58，0）为角点，创建长为“76”、宽为“4”、高为“180”的长方体，结果如图 10-17 所示。

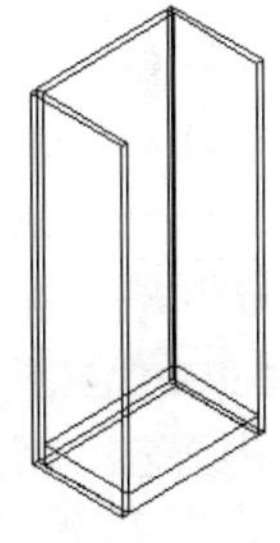

图 10-17 创建长方体（2）

（5）单击“默认”选项卡“绘图”面板中的“矩形”按钮，以（10，10，180）和（86，58，177）为角点绘制矩形，结果如图 10-18 所示。

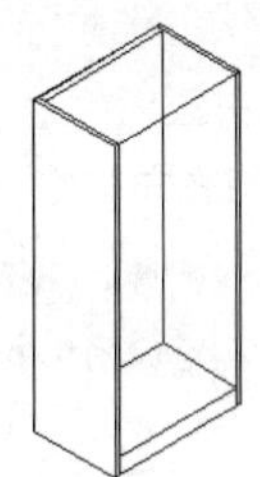

图 10-18 绘制矩形

10.3.2 绘制衣橱门

（1）单击“默认”选项卡“绘图”面板中的“圆”按钮，绘制半径为“26”的圆。

（2）单击“默认”选项卡“绘图”面板中的“矩形”按钮，以圆直径作为矩形的一边，绘制长为“52”、宽为“137”的矩形。

（3）单击“三维工具”选项卡“建模”面板中的“拉伸”按钮，将圆和矩形拉伸，高度为“3”，结果如图 10-19 所示。

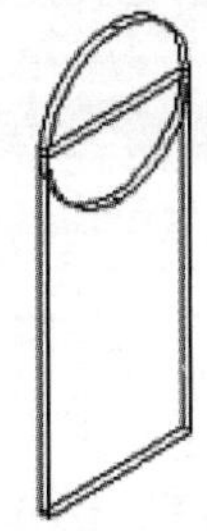

图 10-19 拉伸实体

（4）单击“三维工具”选项卡“实体编辑”面板中的“并集”按钮，将拉伸后的实体合并，结果如图 10-20 所示。

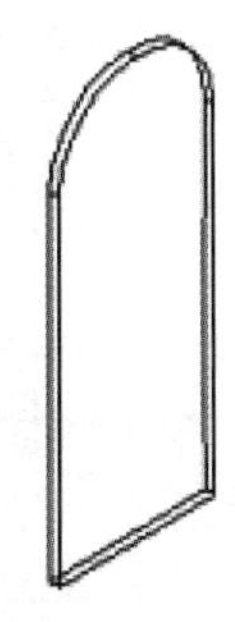

图 10-20 并集运算

（5）单击“三维工具”选项卡“建模”面板中的“长方体”按钮，创建长为“76”、宽为“3”、高为“170”的长方体。

（6）单击“默认”选项卡“修改”面板中的“移动”按钮，将并集运算后的实体移动，使其底面中心点与长方体的底面中心点对齐。单击“三维工具”选项卡“实体编辑”面板中的“差集”按钮，将并集后的实体与长方体进行差集运算，结果如图10-21所示。

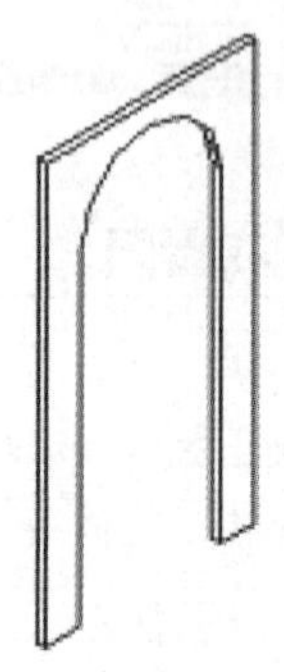

图10-21 差集运算

（7）单击“三维工具”选项卡“实体编辑”面板中的“剖切”按钮，对差集运算后的实体进行剖切处理，命令行中的提示与操作如下：

```
命令：_slice
选择对象：（选择差集运算后的实体）
选择对象：↙
指定切面上的第一个点，依照 [对象(O)/Z 轴(Z)/视图(V)/XY 平面(XY)/YZ 平面(YZ)/ZX 平面(ZX)/三点(3)] <三点>:
指定平面上的第二个点：
指定平面上的第三个点：（在实体的对称轴上方轮廓选择 3 点）
在要保留的一侧指定点或 [保留两侧(B)]：B↙
```

结果如图10-22所示。

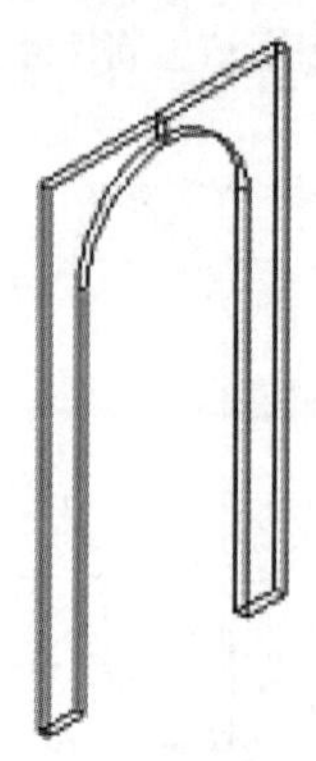

图10-22 剖切处理

（8）单击“三维工具”选项卡“建模”面板中的“长方体”按钮，在实体的对称轴处创建长为“4”、宽为“3”、高为“163”的长方体，结果如图10-23所示。

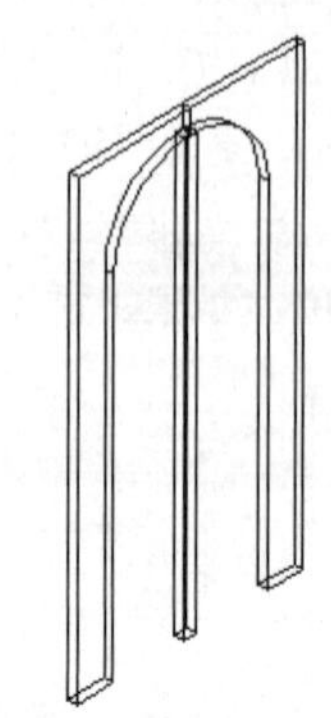

图10-23 创建长方体

（9）单击“默认”选项卡“修改”面板中的“移动”按钮，移动长方体和剖切的实体，使长方体底边中点与衣橱底座上棱中点重合，结果如图10-24所示。

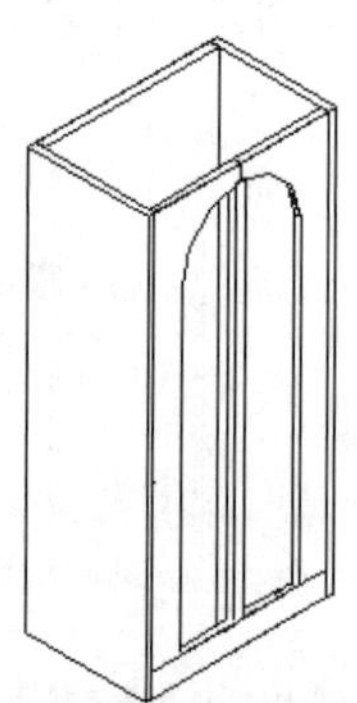

图10-24 移动长方体和剖切的实体

10.3.3 渲染

（1）单击“视图”选项卡“视觉样式”面板中的“真实”按钮，将“视觉样式”设置为“真实”。

（2）选择菜单栏中的“视图”→“渲染”→“材质浏览器”命令，打开“材质浏览器”面板，在“Autodesk库”下拉列表框中选择“木材”，选择“柚木-天然中光泽实心”材质和“黄色松木-天然无光泽”材质并将其拖动到模型中，最终结果如图10-14所示。

10.4 罗马柱的绘制

本节绘制图10-25所示的罗马柱，首先利用“圆柱体”和“球体”等命令绘制柱身，然后利用“旋转”和“三维镜像”等命令绘制柱础和柱帽。

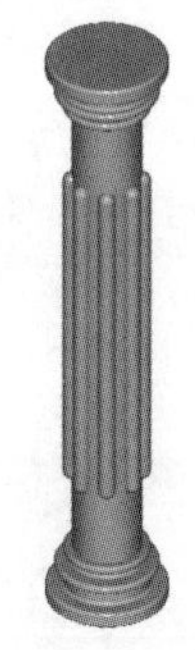

图10-25 罗马柱

10.4.1 绘制罗马柱柱身

（1）在命令行中输入“ISOLINES”命令，将线框密度设置为“10”。

（2）单击“三维工具”选项卡“建模”面板中的“圆柱体”按钮，以原点为底面圆心，创建半径为“20”、高为“300”的圆柱体；以（20，0，50）为底面圆心，绘制半径为“5”、高为“200”的圆柱体，结果如图10-26所示。

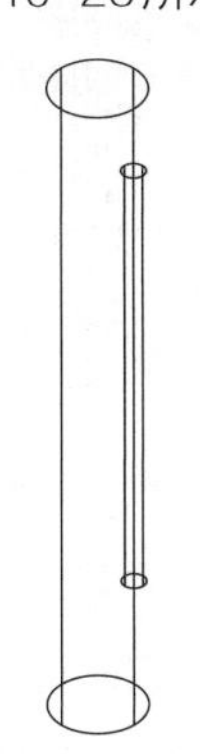

图10-26 绘制圆柱体

（3）单击“三维工具”选项卡“建模”面板中的“球体”按钮，绘制中心点坐标为（20，0，50）、半径为“5”的球体。重复“球体”命令，以（20，0，250）为中心点，绘制半径为“5”的球体，结果如图10-27所示。

（4）单击“三维工具”选项卡“实体编辑”面板中的“并集”按钮，将两个球体与半径为“5”的圆柱体进行并集运算。

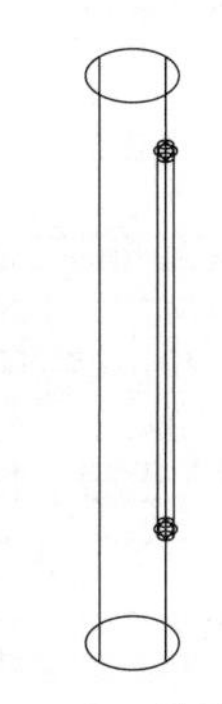

图10-27 绘制球体

（5）选择菜单栏中的“修改”→“三维操作”→“三维阵列”命令，选择并集运算后的实体进行环形阵列，阵列总数为“8”、填充角度为360°、中心点为（0，0），结果如图10-28所示。

图10-28 阵列处理

（6）单击“三维工具”选项卡“实体编辑”面板中的“并集”按钮，将所有实体进行并集运算。

10.4.2 绘制罗马柱柱础和柱帽

（1）单击“默认”选项卡“绘图”面板中的“多段线”按钮，绘制坐标点依次为（0，0，300）、（@25，0，0）、（@0，0，5）、（@-5，0，0）、（@0，0，5）、（@10，0，0）、（@0，0，5）、（@-5,0,0）、（@0,0,10）、（@10,0,0）、（@0，0，10）、（@-35，0，0）、C的多段线，结果如图10-29所示。

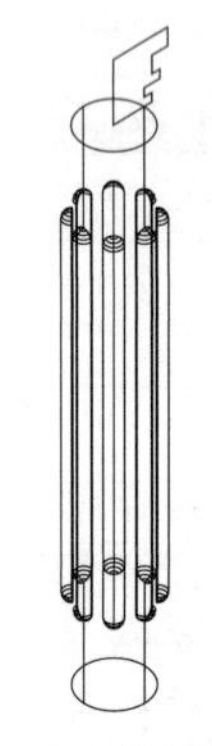

图10-29 绘制多段线

（2）选择菜单栏中的“修改”→“三维操作”→“三维旋转”命令，将多段线以*Z*轴为旋转轴进行旋转，结果如图10-30所示。

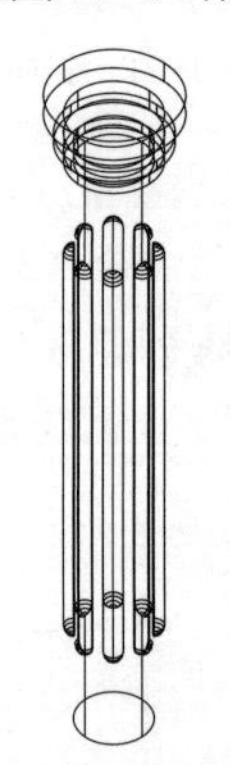

图10-30 旋转多段线

（3）单击“默认”选项卡“修改”面板中的“圆角”按钮，将旋转实体的棱边做圆角处理，圆角半径为“2”，结果如图10-31所示。

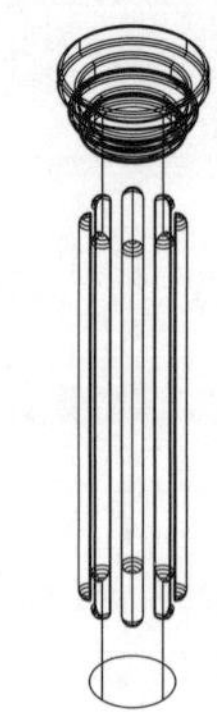

图10-31 圆角处理

（4）选择菜单栏中的“修改”→“三维操作”→“三维镜像”命令，选择圆角处理后的实体，以（0，0，150）、（0，10，150）、（10，10，150）这3点所在的平面为镜像面，进行镜像处理，结果如图10-32所示。

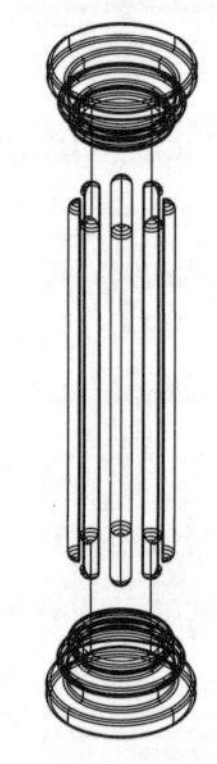

图10-32 镜像处理

（5）单击“视图”选项卡“视觉样式”面板中的“概念”按钮，将“视觉样式”设置为“概念”，最终结果如图10-25所示。

10.5 六角形拱顶的绘制

本节绘制图10-33所示的六角形拱顶。首先利用“拉伸”和“旋转曲面”等命令绘制主体，然后利用“拉伸”和“阵列”等命令绘制垂脊，最后利用“圆锥体”和“球体”命令绘制宝顶。

图10-33 六角形拱顶

10.5.1 绘制拱顶主体

（1）在命令行中输入“ISOLINES”命令，将线框密度设置为“10”。

（2）单击“默认”选项卡“绘图”面板中的“多边形”按钮，以（0，0，0）为中心点，绘制内接圆半径为“150”的正六边形。单击“三维工具”选项卡“建模”面板中的“拉伸”按钮，拉伸正六边形，拉伸高度为“10”，结果如图 10-34 所示。

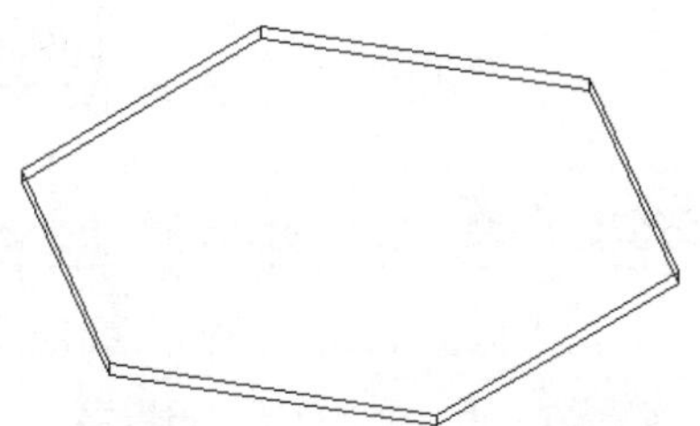

图 10-34　绘制正六边形并拉伸（1）

（3）单击“默认”选项卡“绘图”面板中的“多边形”按钮，以（0，0，10）为中心点，绘制外切圆半径为“145”的正六边形。单击“三维工具”选项卡“建模”面板中的“拉伸”按钮，将其拉伸，拉伸高度为“5”。以（0，0，15）为中心点，绘制外切圆半径为“150”的正六边形，然后将其拉伸，拉伸高度为“5”，结果如图 10-35 所示。

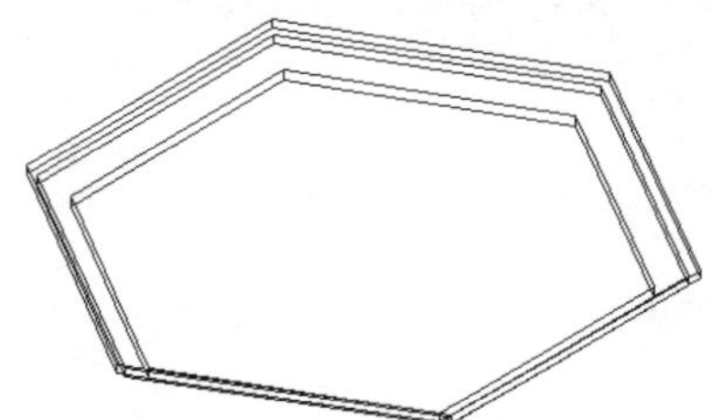

图 10-35　绘制正六边形并拉伸（2）

（4）单击“默认”选项卡“绘图”面板中的“直线”按钮，绘制坐标点为（0，0，35）和（0，0，135）的直线，结果如图 10-36 所示。

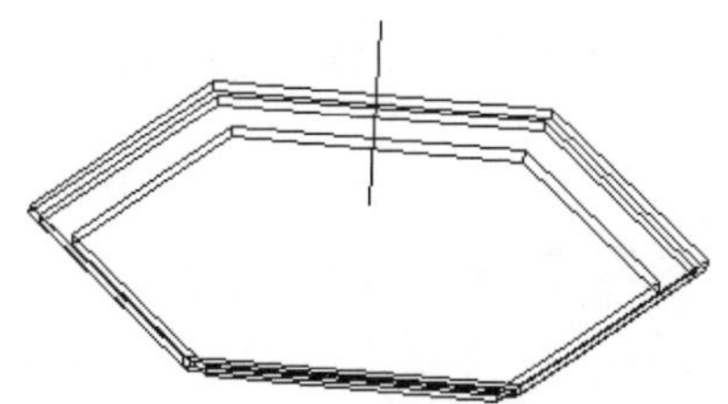

图 10-36　绘制直线

（5）单击“默认”选项卡“绘图”面板中的“圆弧”按钮，以直线的上端点为起点，以下端点为圆心，绘制弧长为“160”的圆弧，结果如图 10-37 所示。

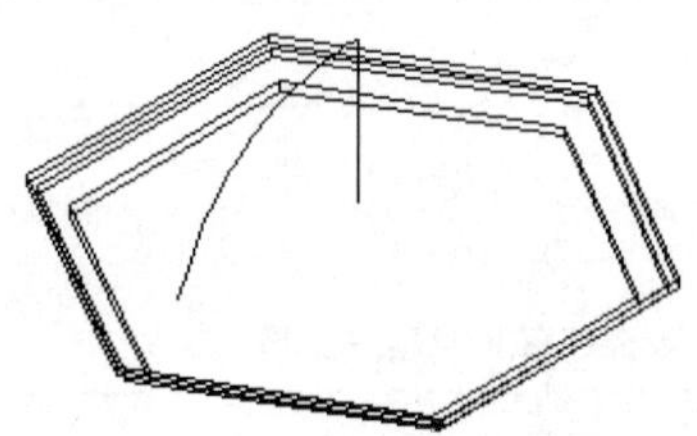

图 10-37　绘制圆弧

（6）单击“三维工具”选项卡“建模”面板中的“旋转”按钮，将圆弧以直线为旋转轴旋转 360°，结果如图 10-38 所示。

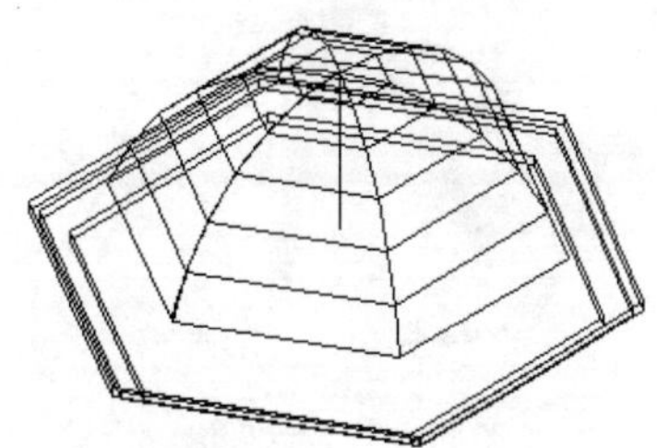

图 10-38　旋转曲面

10.5.2 绘制拱顶垂脊

（1）单击“默认”选项卡“绘图”面板中的“圆”按钮，以弧线下端点为圆心，绘制半径为“5”的圆。单击“三维工具”选项卡“建模”面板中的“拉伸”按钮，将圆沿弧线拉伸，然后删除弧线，结果如图 10-39 所示。

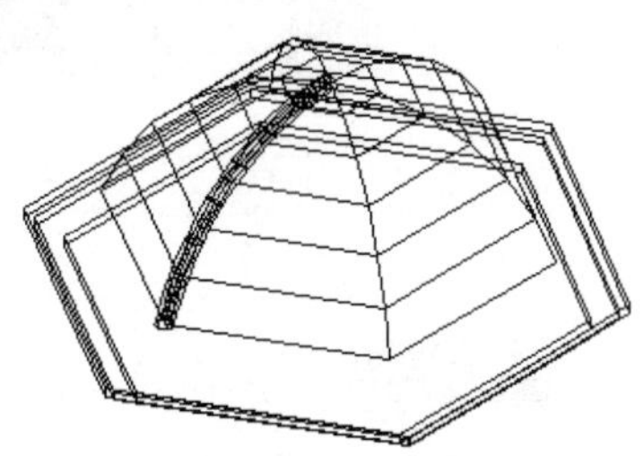

图 10-39　绘制圆并拉伸

（2）单击“默认”选项卡“修改”面板中的“环形阵列”按钮，将拉伸后的实体以（0，0，0）为中心进行环形阵列，阵列总数为“6”、填充角度为 360°，结果如图 10-40 所示。

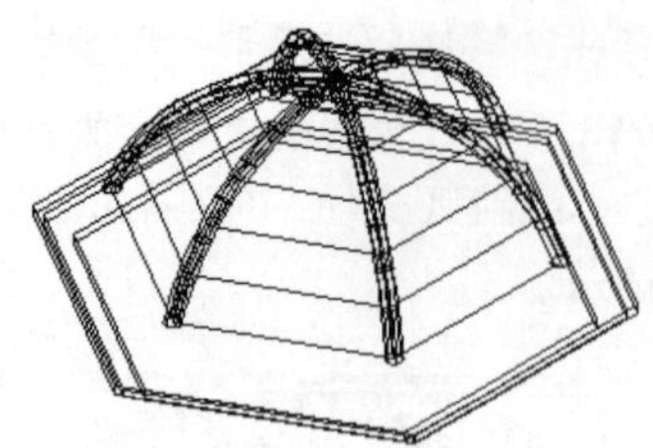

图 10-40　阵列处理

10.5.3　绘制拱顶宝顶

（1）单击“三维工具”选项卡“建模”面板中的“圆锥体”按钮，以（0，0，135）为底面中心，绘制半径为“10”、高为“50”的圆锥体，结果如图 10-41 所示。

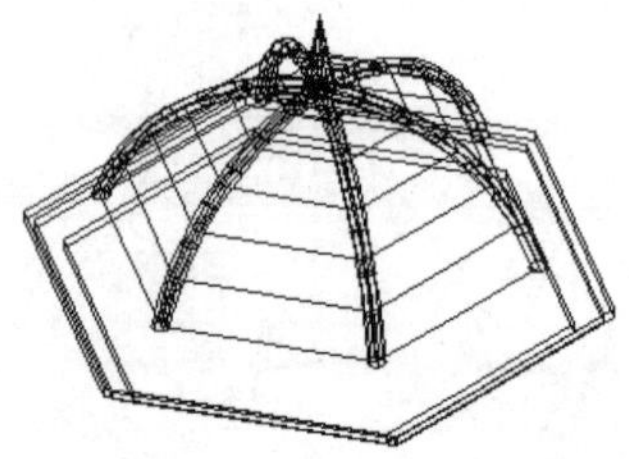

图 10-41　绘制圆锥体

（2）单击“三维工具”选项卡“建模”面板中的“球体”按钮，以（0，0，185）为中心点，绘制半径为“5”的球体，结果如图 10-42 所示。

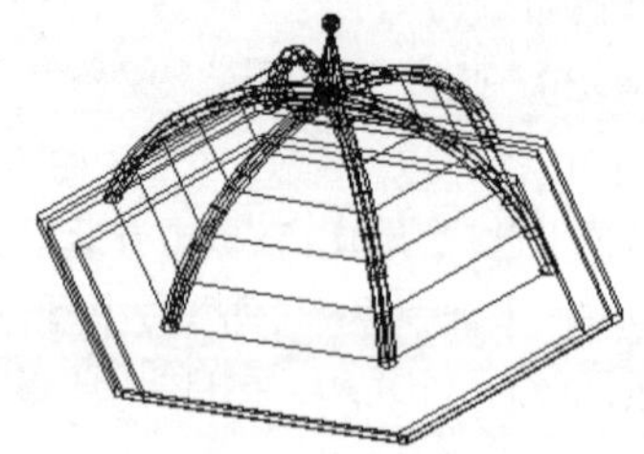

图 10-42　绘制球体

10.5.4　渲染

（1）单击“视图”选项卡“视觉样式”面板中的“真实”按钮，将“视觉样式”设置为“真实”。

（2）选择菜单栏中的“视图”→“渲染”→“材质浏览器”命令，打开“材质浏览器”面板，在“Autodesk库”下拉列表框中选择“石料”，选择“精细抛光-白色”材质，将其拖动到模型中，最终结果如图 10-33 所示。

10.6　长凳的绘制

本节绘制图 10-43 所示的长凳。首先打开平面图并对平面图进行整理，删除不需要的图形，然后在平面图的基础上利用“拉伸”“三维镜像”等命令创建立体图，最后添加材质。

图 10-43　长凳

10.6.1　绘制坐面

（1）单击快速访问工具栏中的“打开”按钮，打开“长凳平面图.dwg”，然后单击“另存为”按钮，将其另存为“长凳立体图.dwg”。

（2）单击“默认”选项卡“图层”面板中的“图层特性”按钮，打开“图层特性管理器”面板，将“0”图层设置为当前图层，然后关闭“尺寸”和“填充”图层，使尺寸线和填充不可见，最后删除立面图和侧立面，如图 10-44 所示。

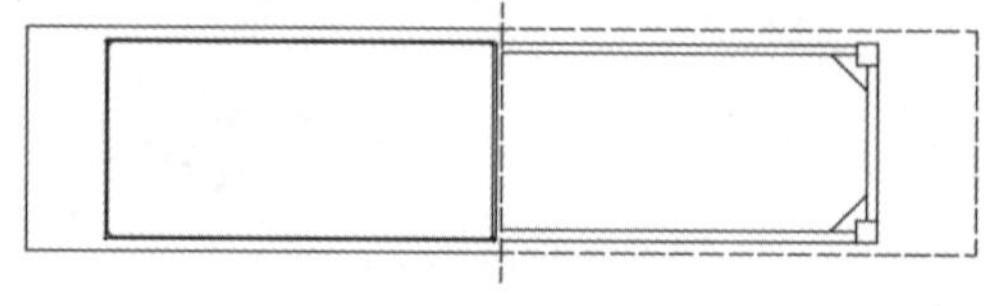

图 10-44　整理图形

（3）单击“默认”选项卡“绘图”面板中的“面域”按钮，选择图10-44中最外侧的直线和虚线以将其创建为面域。

（4）将视图切换到西南等轴测视图。单击“三维工具”选项卡“建模”面板中的“拉伸”按钮，将上一步创建的面域进行拉伸，拉伸距离为50mm，如图10-45所示。

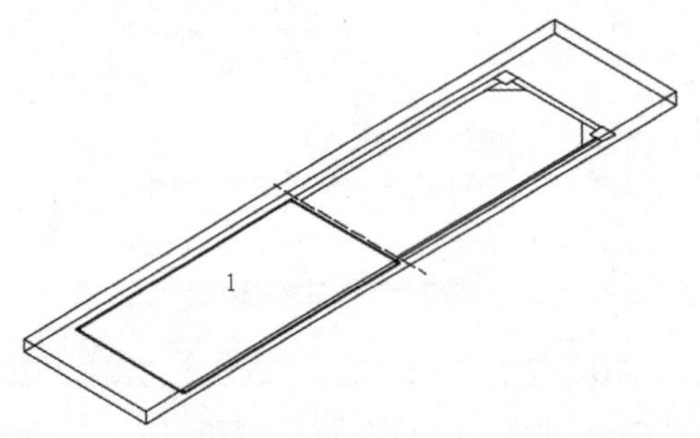

图10-45　创建拉伸实体（1）

（5）删除图10-45区域1中的内部图形，然后单击“默认”选项卡“绘图”面板中的“面域”按钮，再选择区域1外侧的图形以将其创建为面域。

（6）单击“三维工具”选项卡“建模”面板中的“拉伸”按钮，将上一步创建的面域进行拉伸，拉伸距离为60mm。

（7）单击“默认”选项卡“修改”面板中的“移动”按钮，将上一步创建的拉伸实体沿Z轴移动50mm。捕捉拉伸实体上任意点为基点，移动点坐标为（@0，0，50），结果如图10-46所示。

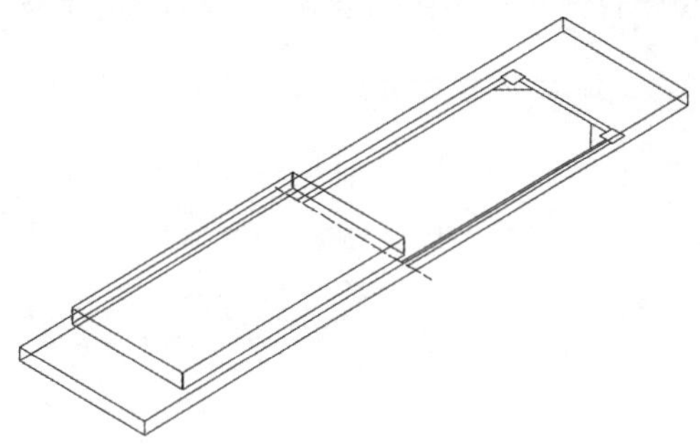

图10-46　移动拉伸实体

（8）单击“默认”选项卡“修改”面板中的“复制”按钮，复制上一步移动后的拉伸实体沿X轴移动，距离为1000mm。捕捉拉伸实体上任意点为基点，复制点坐标为（@1000，0，0）即可，结果如图10-47所示。

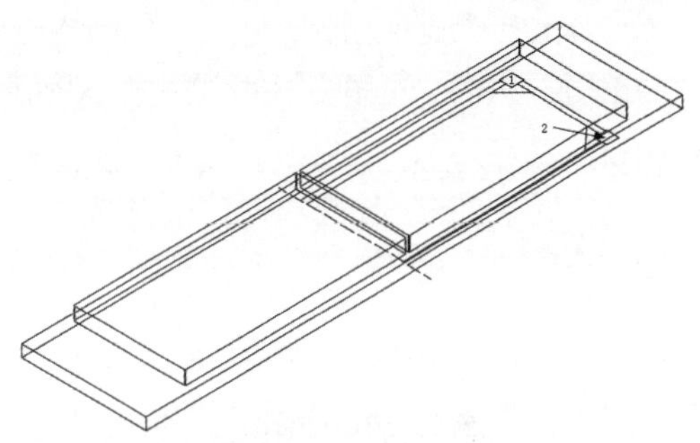

图10-47　复制拉伸体

10.6.2 绘制腿支架

（1）单击“默认”选项卡“绘图”面板中的“面域”按钮，分别选择图10-47中区域1和区域2中的直线以将其创建为面域。

（2）单击“三维工具”选项卡“建模”面板中的“拉伸”按钮，将上一步创建的面域进行拉伸，拉伸距离为-340mm，结果如图10-48所示。

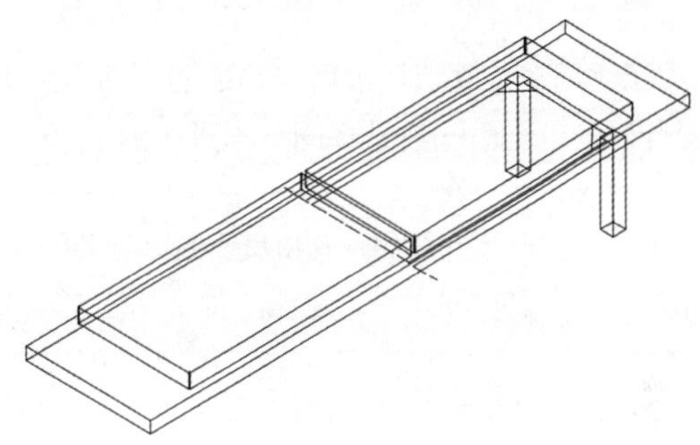

图10-48　创建拉伸实体（2）

（3）选择菜单栏中的“修改”→“三维操作”→“三维镜像”命令，选择上一步创建的拉伸实体为镜像对象，再选择第一个拉伸实体两侧面的中点创建镜像平面，结果如图10-49所示。

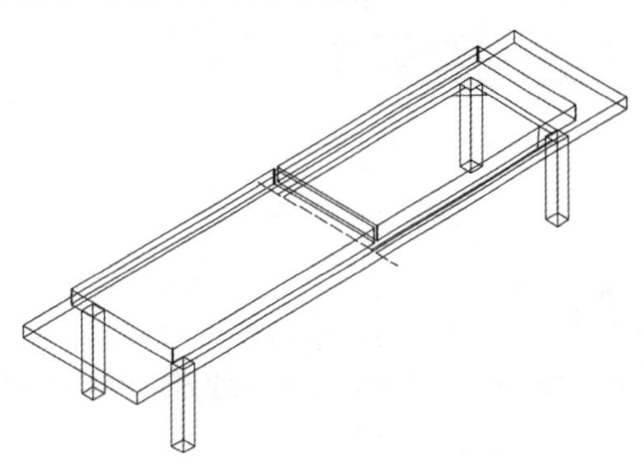

图10-49　镜像拉伸实体

（4）将视图切换到俯视图，将“轮廓线”图层设置为当前图层，关闭“0”图层，结果如图10-50所示。

图10-50 关闭图层

（5）单击“默认”选项卡“绘图”面板中的“直线”按钮╱，连接各直线端点，分别创建封闭图形，如图10-51所示。

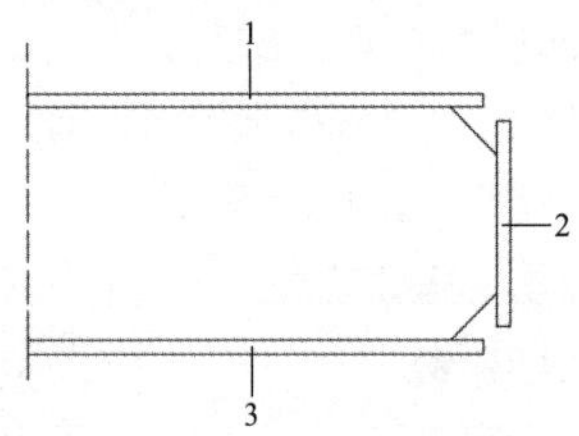

图10-51 绘制封闭图形

（6）单击“默认”选项卡“绘图”面板中的“面域”按钮，分别选择图10-51中的1、2、3这3个区域创建为面域。

（7）打开“0”图层，并将其设置为当前图层。单击“三维工具”选项卡“建模”面板中的“拉伸”按钮，将上一步创建的面域进行拉伸，拉伸距离为-80mm，结果如图10-52所示。

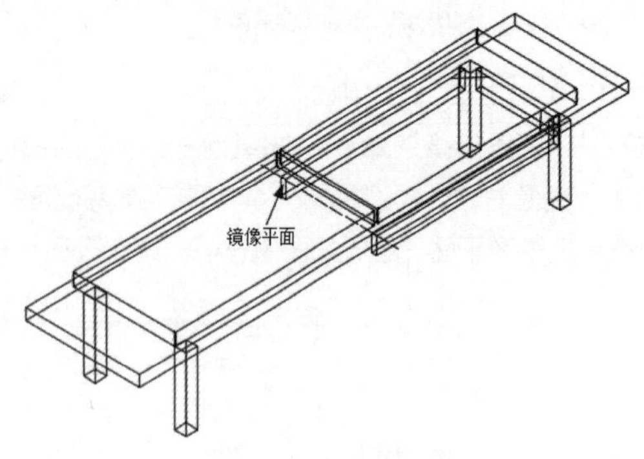

图10-52 创建拉伸实体

（8）选择菜单栏中的“修改”→“三维操作”→“三维镜像”命令，选择上一步创建的拉伸实体为镜像对象，再选择图10-52所示的平面中的3个端点以创建镜像平面。

（9）单击“三维工具”选项卡“实体编辑”面板中的“并集”按钮，分别选择镜像前和镜像后的左右两侧面的拉伸实体做并集运算，结果如图10-53所示。

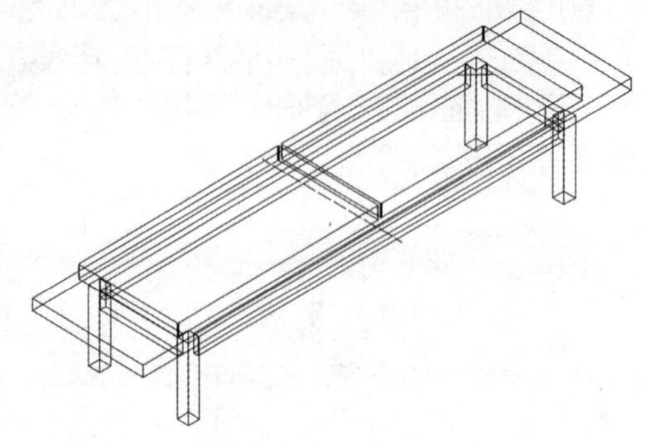

图10-53 并集运算

（10）单击“三维工具”选项卡“实体编辑”面板中的“拾取边”按钮，提取图10-54所示的拉伸实体的边线。

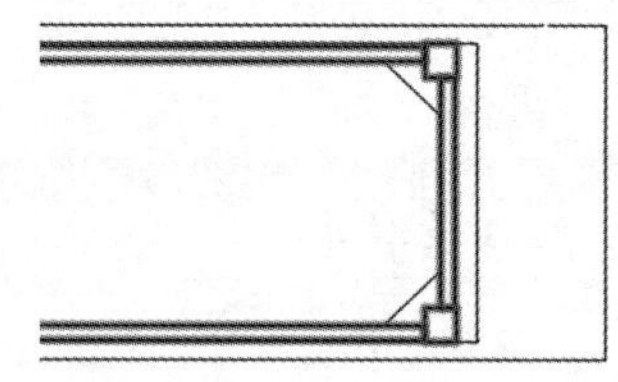

图10-54 提取边

（11）单击“默认”选项卡“修改”面板中的“修剪”按钮，修剪和删除多余的线段。单击“默认”选项卡“绘图”面板中的“面域”按钮，分别选择图10-55中2个区域以将其创建为面域。

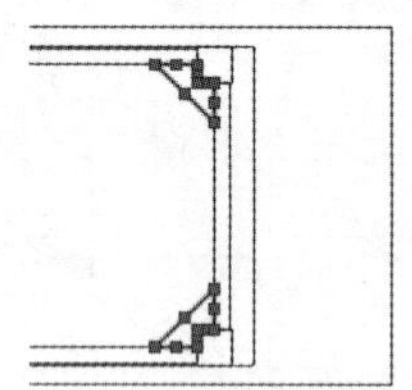

图10-55 创建面域

（12）单击“默认”选项卡“修改”面板中的“镜像”按钮，选择上一步创建的面域，以竖直虚线为镜像线进行镜像。

（13）将视图切换至西南等轴测视图。单击“三维工具”选项卡“建模”面板中的“拉伸”按钮，将上一步创建的4个面域进行拉伸，拉伸距离为-80mm，删除虚线，结果如图10-56所示。

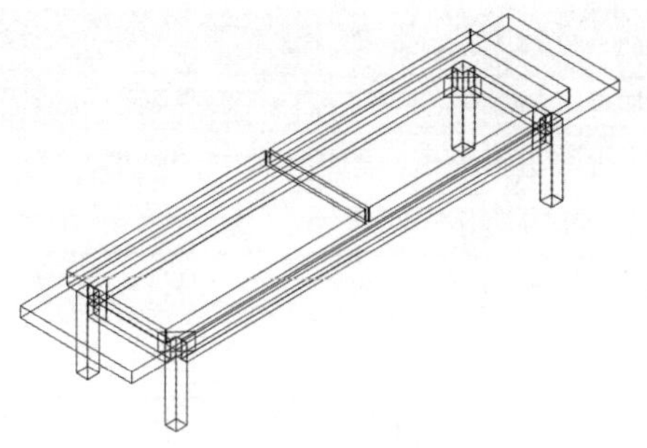

图10-56 创建拉伸实体

10.6.3 渲染

（1）单击“视图”下拉列表的“视觉样式”中的“概念”样式，结果如图10-57所示。

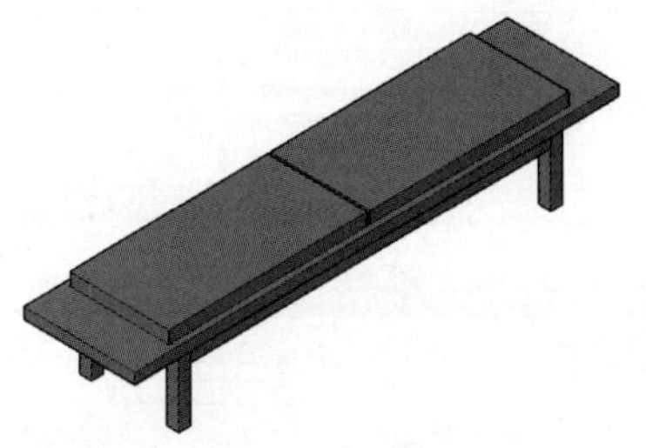

图10-57 概念样式

（2）单击“可视化”选项卡“材质”面板中的“材质浏览器”按钮，打开“材质浏览器”面板，单击“主视图”→“Autodesk库”→“织物”→“皮革”，然后选择“深褐色”材质，如图10-58所示，单击旁边的“将材质添加到文档中”按钮，将材质添加到“材质浏览器”面板上端的“文档材质”列表中。将刚添加的材质拖动到视图中长凳的海绵垫上，如图10-59所示。

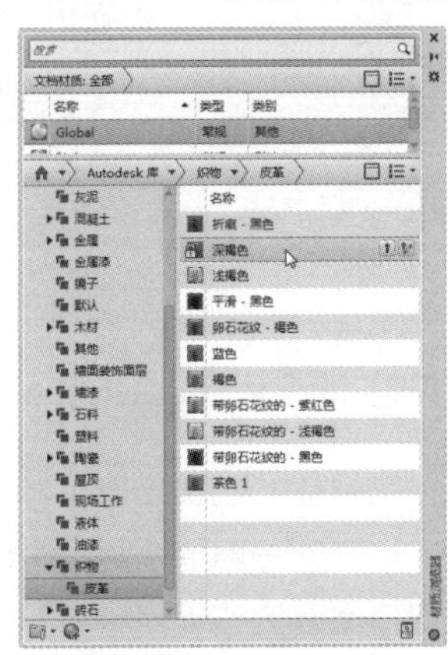

图10-58 选择材质

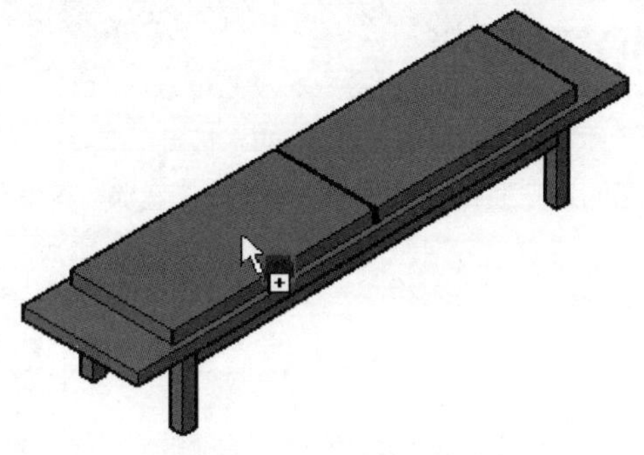

图10-59 添加材质（1）

（3）单击视图界面左上角的“视觉样式控件”下拉列表中的“真实”样式，结果如图10-60所示。

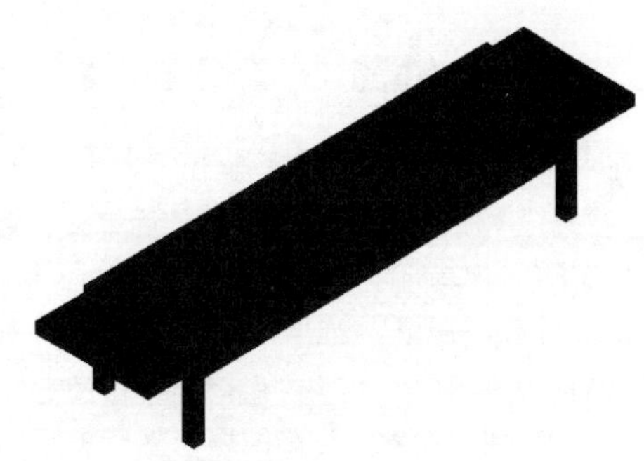

图10-60 真实样式

（4）单击“主视图”→“Autodesk库”→“木材”，然后选择“红橡木”材质并单击旁边的“将材质添加到文档中”按钮，将材质添加到“材质浏览器”面板上端的“文档材质”列表中。将刚添加的材质拖动到视图中长凳的其他位置，结果如图10-61所示。

图10-61 添加材质（2）

10.7 木板椅的绘制

本节绘制图10-62所示的木板椅。首先打开平面图并对平面图进行整理，删除不需要的图形，然后在平面图的基础上利用“拉伸”“放样”“扫掠”等命令创建立体图，最后添加材质。

图10-62　木板椅

10.7.1 绘制椅面

（1）单击快速访问工具栏中的“打开”按钮，打开“木板椅平面图.dwg”，然后单击“另存为”按钮，将其另存为“木板椅.dwg”。

（2）单击“默认”选项卡“图层”面板中的“图层特性”按钮，打开“图层特性管理器”面板，将“0”图层设置为当前图层，然后关闭“尺寸”和“木纹”图层，使尺寸线和填充不可见。

（3）单击“默认”选项卡“绘图”面板中的“直线”按钮，绘制图10-63所示的直线。

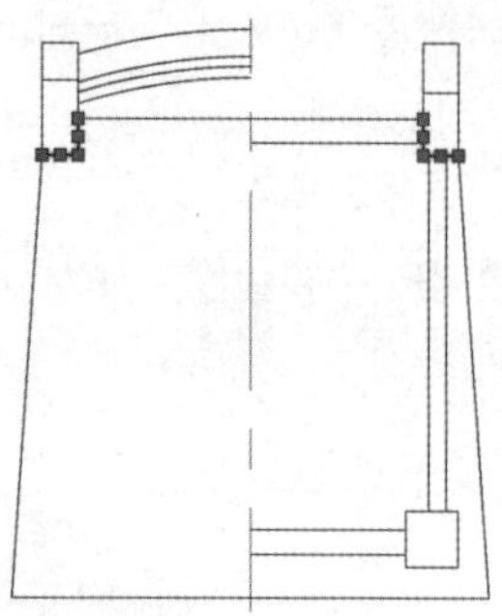

图10-63　绘制直线（1）

（4）单击“默认”选项卡“绘图”面板中的“面域”按钮，选择图10-63中最外侧的直线以将其创建为面域。

（5）将视图切换到西南等轴测视图。单击“三维工具”选项卡“建模”面板中的“拉伸”按钮，将上一步创建的面域进行拉伸，拉伸距离为20mm，如图10-64所示。

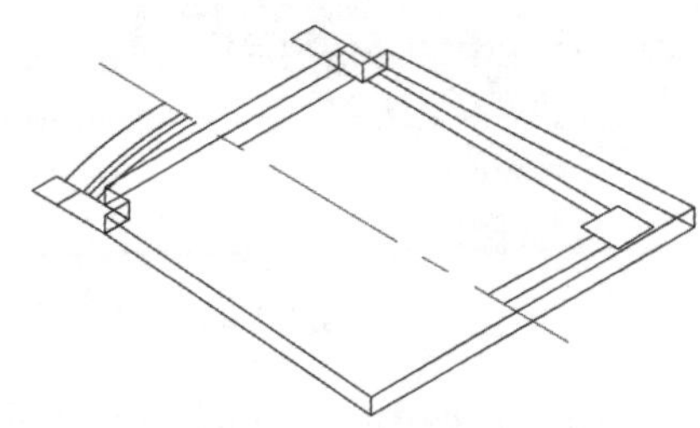

图10-64　创建拉伸实体

（6）将视图切换到俯视图。单击“默认”选项卡“绘图”面板中的“直线”按钮，绘制图10-65所示的直线。

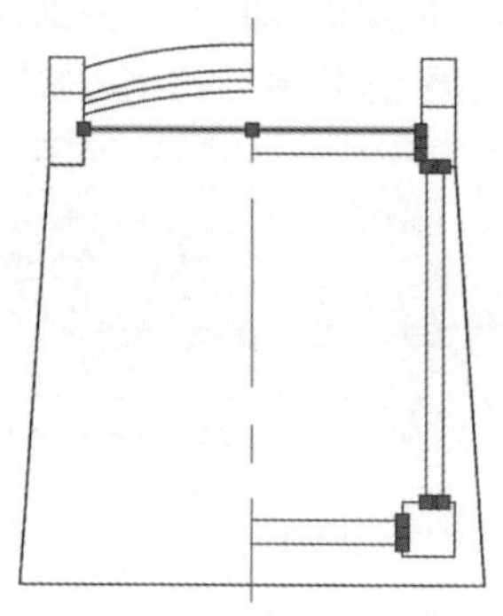

图10-65　绘制直线（2）

（7）单击“默认”选项卡“修改”面板中的“镜像”按钮，选择图10-66所示的图形为镜像对象，选择中心线为镜像线，结果如图10-67所示。

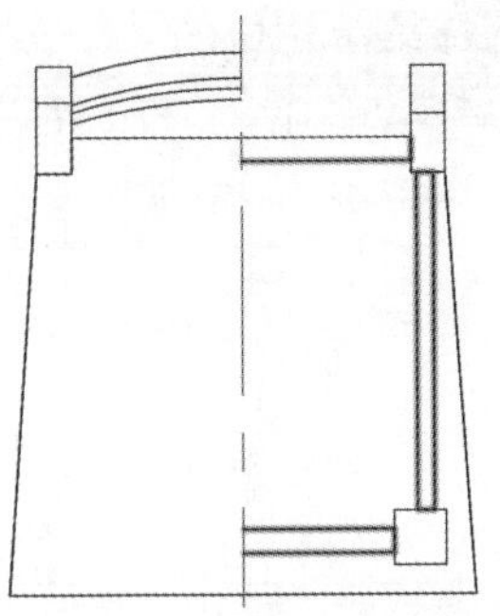

图10-66 选择对象

（8）单击“默认”选项卡“绘图”面板中的“面域”按钮，分别选择图10-67中4个区域以将其创建为面域。

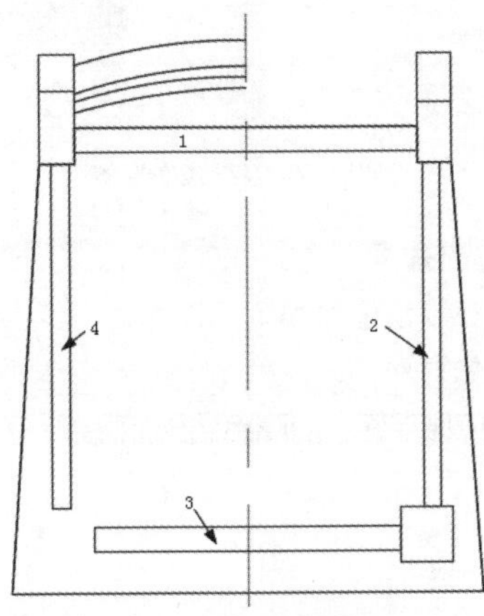

图10-67 镜像图形

（9）将视图切换到西南等轴测视图。单击“三维工具”选项卡“建模”面板中的“拉伸”按钮，将上一步创建的面域进行拉伸，拉伸距离为-45mm，如图10-68所示。

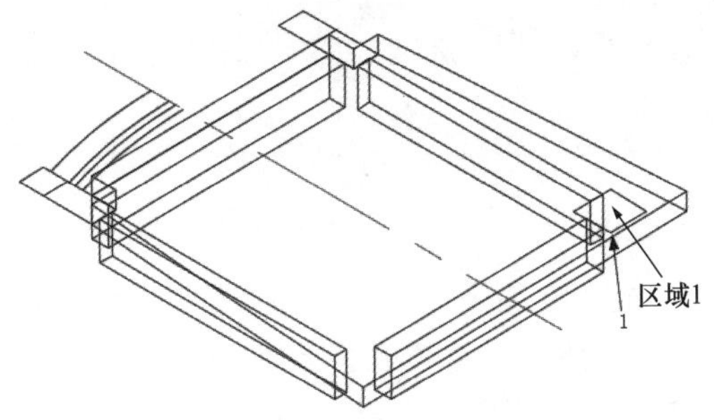

图10-68 创建拉伸实体

10.7.2 绘制椅靠背

（1）在命令行中输入“UCS”命令，将坐标点移动到图10-68中的点1处。单击“默认”选项卡“绘图”面板中的“矩形”按钮，以坐标点（0，0，-420）为第一角点，绘制45×35的矩形。

（2）单击“默认”选项卡“绘图”面板中的“面域”按钮，将图10-68中区域1创建为面域。单击“三维工具”选项卡“建模”面板中的“放样”按钮，选择面域和上一步创建的矩形为放样截面，结果如图10-69所示。

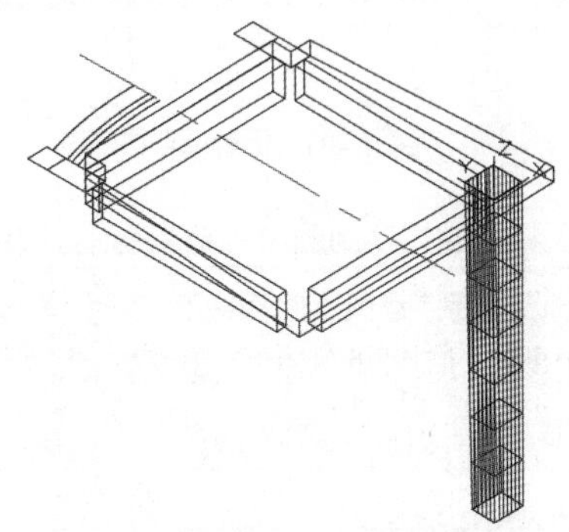

图10-69 创建放样实体

（3）选择菜单栏中的“修改”→“三维操作”→“三维镜像”命令，选择上一步创建的放样实体为镜像对象，选择第一个拉伸实体两侧面的中点以创建镜像平面，结果如图10-70所示。

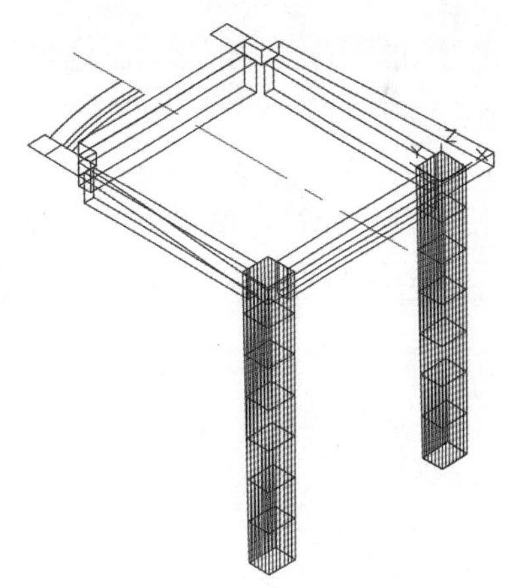

图10-70 镜像椅腿

（4）单击“默认”选项卡“修改”面板中的“修剪”按钮和“延伸”按钮，整理侧立面图，结果如图10-71所示。

（5）单击“默认”选项卡“绘图”面板中的“面域”按钮，将图10-71中区域1创建为面域。

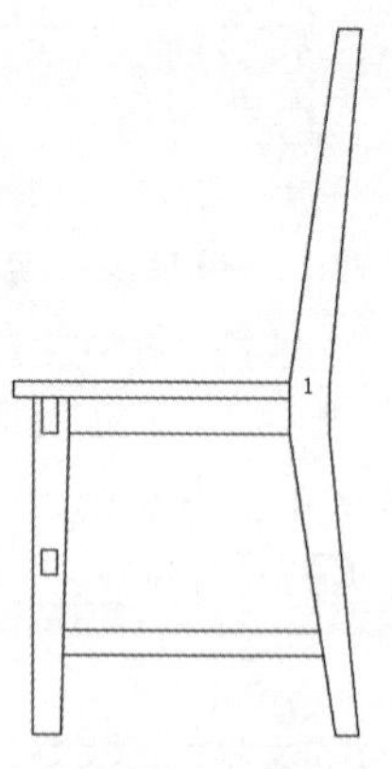

图 10-71　整理图形

（6）将视图切换到西南等轴测视图。单击“三维工具”选项卡“建模”面板中的“拉伸”按钮，将上一步创建的面域进行拉伸，拉伸距离为30mm，如图10-72所示。

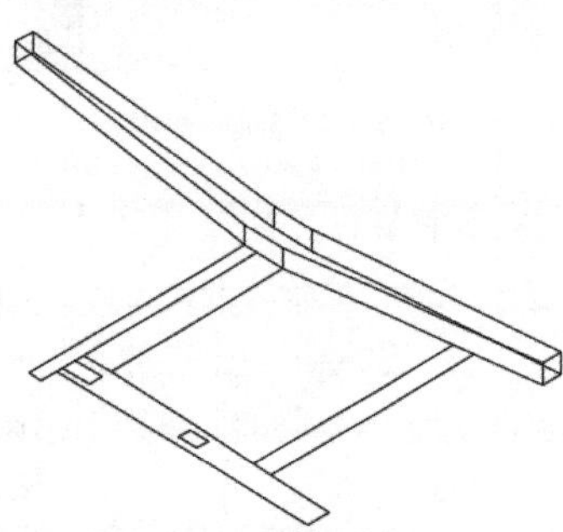

图 10-72　创建拉伸实体

（7）选择菜单栏中的“修改”→“三维操作”→“三维旋转”命令，将拉伸实体绕*X*轴旋转90°，然后再绕*Z*轴旋转90°，结果如图10-73所示。

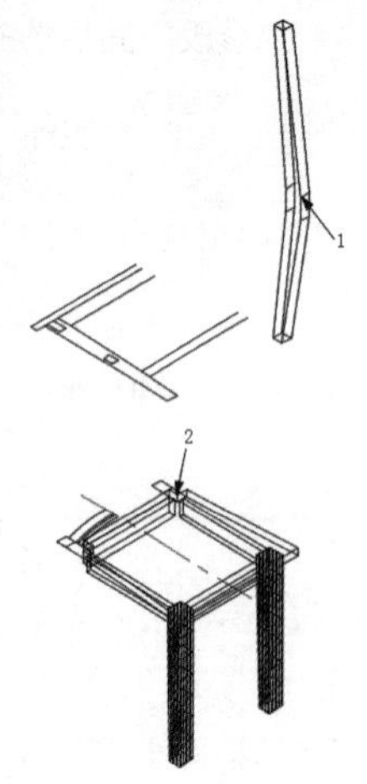

图 10-73　旋转拉伸实体

（8）选择菜单栏中的“修改”→“三维操作”→“三维移动”命令，将拉伸实体从图10-73中的点1移动到点2，结果如图10-74所示。

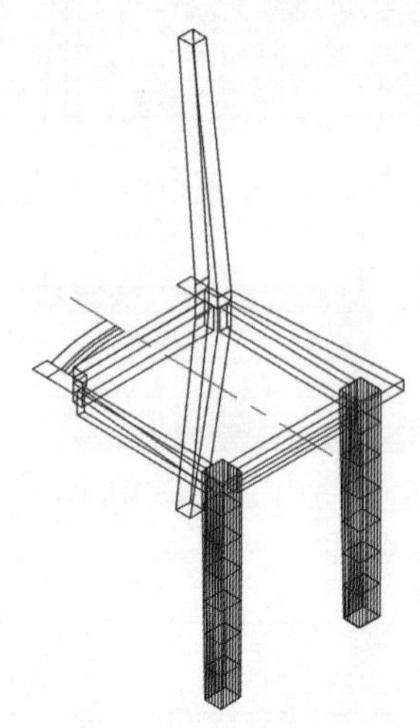

图 10-74　移动拉伸实体

（9）选择菜单栏中的“修改”→“三维操作”→“三维镜像”命令，选择上一步创建的拉伸实体为镜像对象，选择第一个拉伸实体两侧面的中点以创建镜像平面，消隐后结果如图10-75所示。

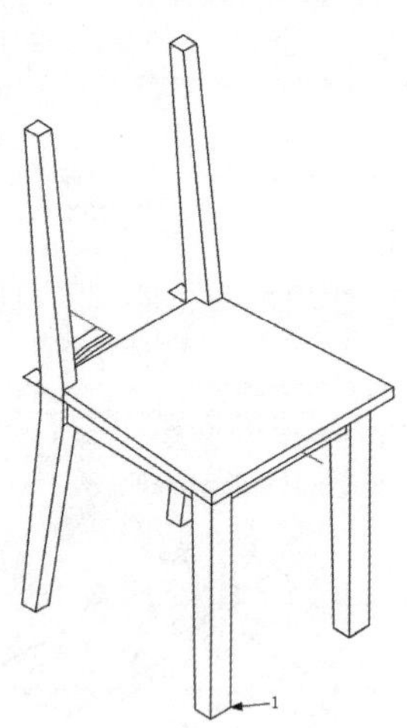

图 10-75　镜像拉伸实体

（10）在命令行中输入“UCS”命令，捕捉图10-75所示的点1为坐标原点，然后再绕*Y*轴旋转90°。

（11）单击“三维工具”选项卡“建模”面板中的“长方体”按钮，以（200，10，0）和（@40，20，280）为角点绘制长方体，结果如图10-76所示。

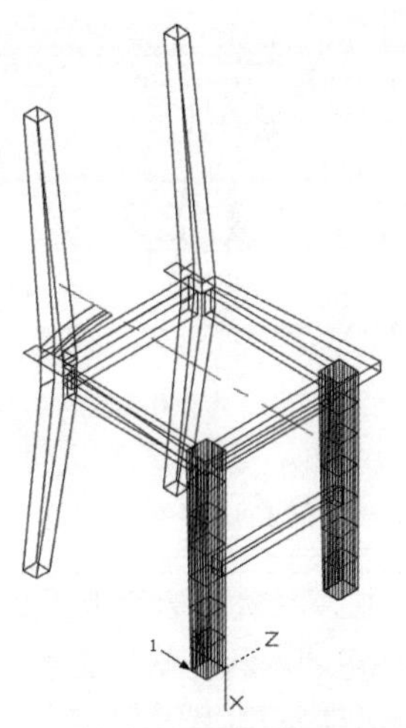

图 10-76 绘制长方体

（12）在命令行中输入“UCS”命令，捕捉图10-76所示的点1为坐标原点，然后再绕X轴旋转90°。

（13）单击“三维工具”选项卡“建模”面板中的“长方体”按钮，以（-100，5，10）和（@-30，30，-370）为角点绘制长方体。

（14）选择菜单栏中的“修改”→“三维操作”→“三维镜像”命令，选择上一步创建的长方体为镜像对象，选择第一个拉伸实体两侧面的中点以创建镜像平面，消隐后结果如图10-77所示。

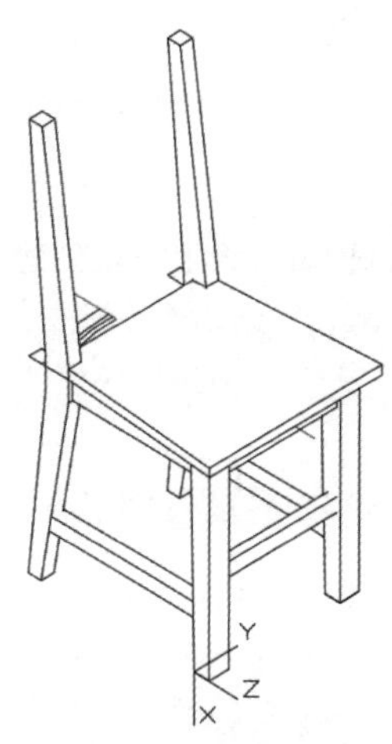

图 10-77 镜像长方体

（15）将视图切换至左视图。单击“三维工具”选项卡“实体编辑”面板中的“复制边”按钮，选择左上端点为基点，并在基点处复制图10-78所示的边。

图 10-78 复制边

（16）单击“默认”选项卡“修改”面板中的“偏移”按钮，将复制后的水平直线向下偏移，偏移距离为70mm。重复“偏移”命令，将复制后的斜直线向右偏移，偏移距离为22mm。单击“默认”选项卡“修改”面板中的“修剪”按钮，修剪多余的线段，结果如图10-79所示。

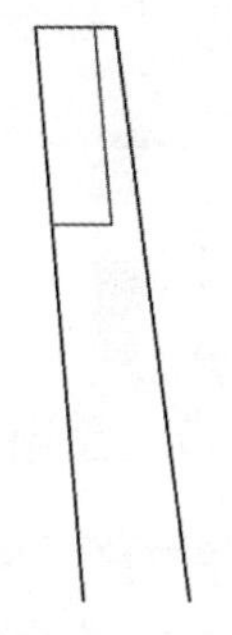

图 10-79 修剪图形

（17）单击“默认”选项卡“绘图”面板中的“面域”按钮，将上一步创建的图形创建为面域。

（18）将视图切换至俯视图。单击“默认”选项卡“修改”面板中的“镜像”按钮，选择最外侧的半圆弧线，以竖直中心线为镜像线进行镜像。单击“默认”选项卡“修改”面板中的“编辑多段线”按钮，将镜像前和镜像后的圆弧线合并为一条多段线，结果如图10-80所示。

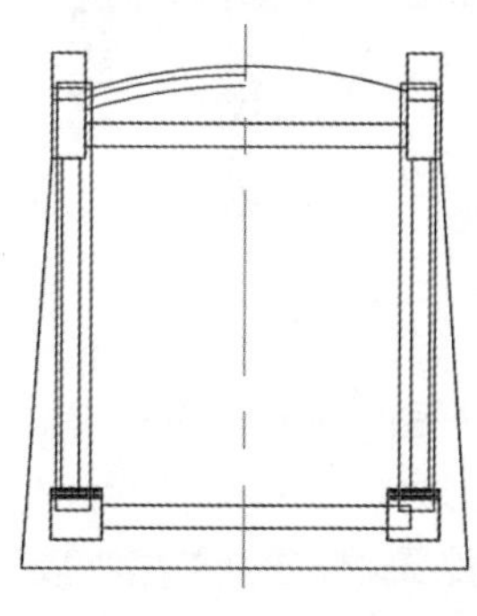

图 10-80 合并圆弧

（19）单击“默认”选项卡“修改”面板中的“移动”按钮✥，将上一步创建的多段线移动到椅子的左侧端点处。重复“移动”命令，将步骤（17）创建的面域移动到多段线的端点处。

（20）单击“默认”选项卡“修改”面板中的“复制”按钮，将移动后的面域以左上端点为基点复制到圆弧的节点和端点处，结果如图10-81所示。

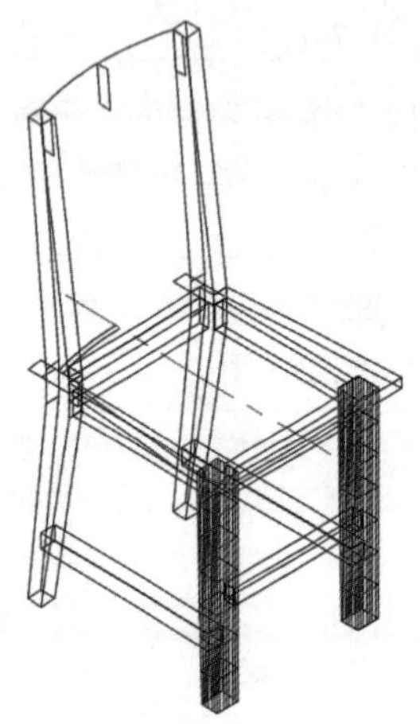

图10-81　复制面域

（21）单击“三维工具”选项卡“建模”面板中的“放样”按钮，选择移动后的面域和上一步复制得到的面域为放样截面，结果如图10-82所示。

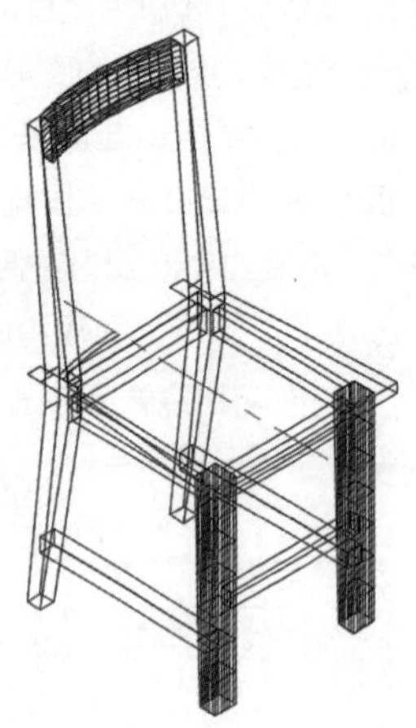

图10-82　放样实体

（22）将视图切换至左视图。单击“三维工具”选项卡“实体编辑”面板中的“复制边”按钮，选择左上端点为基点，并在基点处复制图10-83所示的边。

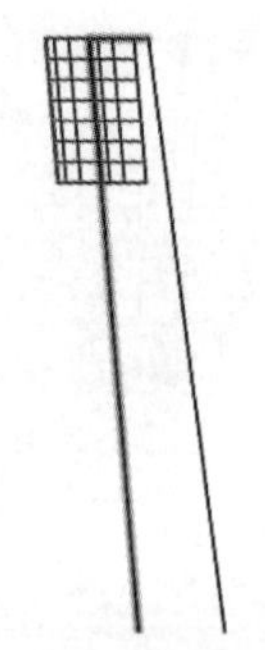

图10-83　复制边

（23）单击“默认”选项卡“修改”面板中的“偏移”按钮⊆，将复制后的水平直线向下偏移，偏移距离分别为140mm和170mm。重复“偏移”命令，将复制后的斜直线向右偏移，偏移距离为20mm。单击“默认”选项卡“修改”面板中的“修剪”按钮和“延伸”按钮，修剪多余的线段并延伸线段使其成为封闭的图形。切换到西南等轴测视图，结果如图10-84所示。

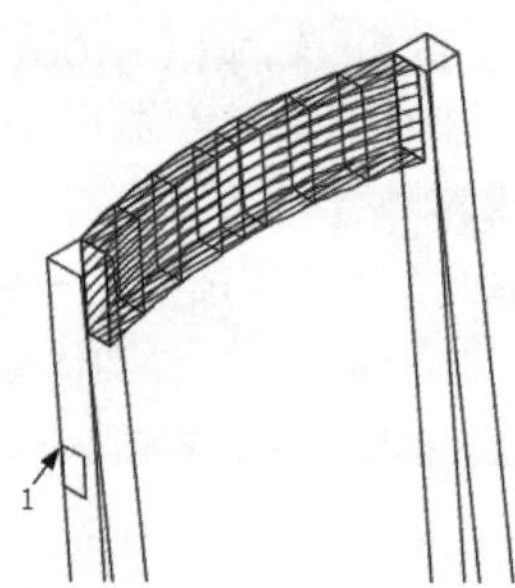

图10-84　绘制封闭图形

（24）单击“默认”选项卡“绘图”面板中的“面域”按钮，将上一步创建的图形创建为面域。单击“默认”选项卡“修改”面板中的“移动”按钮✥，选择刚创建的面域为移动对象，选择图10-84中的点1为基点，将图形向Z轴方向移动-30mm，结果如图10-85所示。

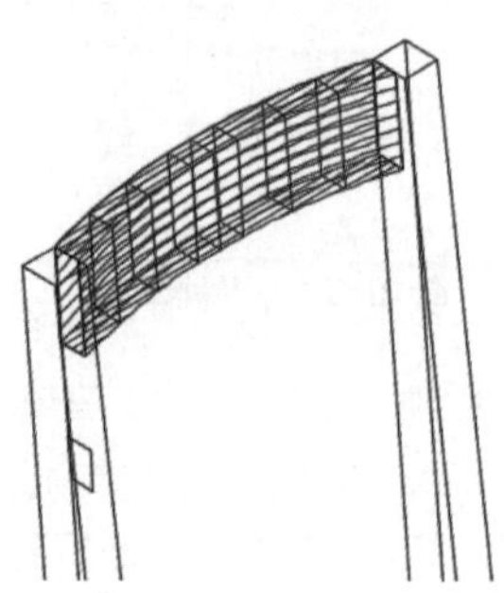

图10-85　移动图形

（25）将视图切换至俯视图。单击“默认”选项卡“修改”面板中的“镜像”按钮，选择最外侧的半圆弧线，以竖直中心线为镜像线进行镜像。单击“默认”选项卡“修改”面板中的“编辑多段线”按钮，将镜像前和镜像后的圆弧线合并为一条多段线，结果如图 10-86 所示。

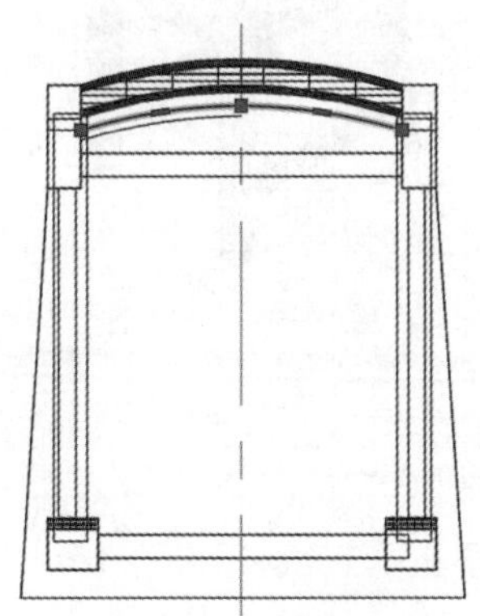

图 10-86　合并圆弧

（26）单击“默认”选项卡“修改”面板中的“移动”按钮，将上一步创建的多段线移动到步骤（24）创建的面域的左上端点处。

（27）单击“默认”选项卡“修改”面板中的“复制”按钮，将步骤（24）创建的面域以左上端点为基点复制到圆弧的节点和端点处，结果如图 10-87 所示。

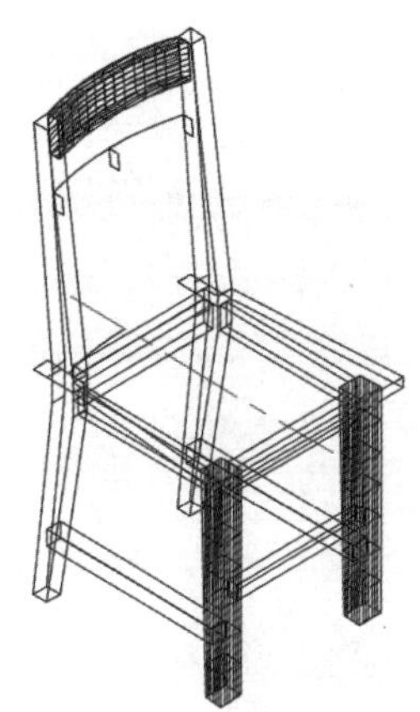

图 10-87　复制面域

（28）单击“三维工具”选项卡“建模”面板中的“放样”按钮，选择步骤（24）创建的面域和上一步复制得到的面域为放样截面，消隐后结果如图 10-88 所示。

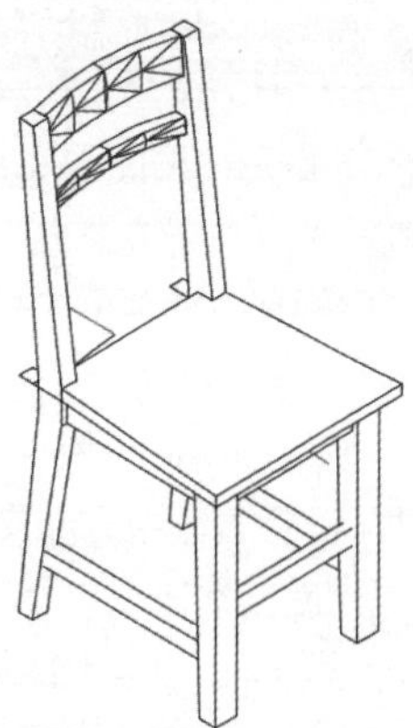

图 10-88　放样实体

（29）重复步骤（24）~（28），创建图 10-89 所示的放样实体，具体尺寸可以参照平面图。

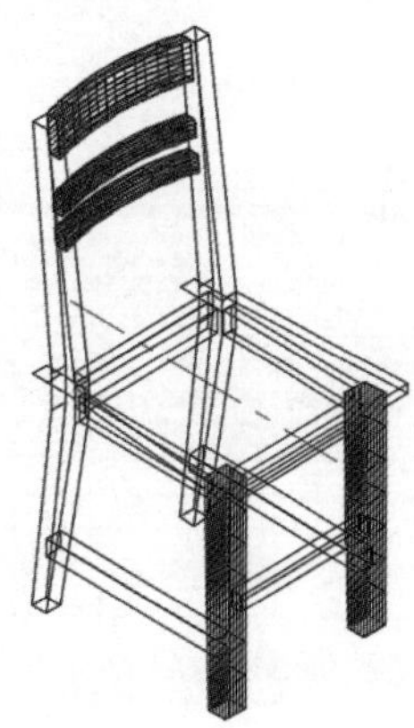

图 10-89　创建放样实体

（30）关闭“0”图层，删除视图中多余的线段，然后打开“0”图层，消隐后的木板椅如图 10-90 所示。

图 10-90　消隐后的木板椅

10.7.3 渲染

（1）单击视图下拉列表的“视觉样式”控件中的“真实”样式。

（2）单击“可视化”选项卡“材质”面板中的“材质浏览器”按钮，打开“材质浏览器”面板，单击“主视图”→“Autodesk库”→“木材”，然后选择“樱桃木-深色着色中光泽实心”材质，并单击旁边的“将材质添加到文档中”按钮，将材质添加“材质浏览器”面板上端的“文档材质”列表中，将刚添加的材质拖动到视图中的椅子上，如图10-91所示。

图10-91 添加材质

第 11 章

三维建筑模型设计实例

本章导读

通过前面对基本建筑单元的介绍，我们对三维建筑设计有了初步的了解，这一章将主要介绍复杂建筑模型的造型方法和技巧。

本章介绍的三维建筑有穹顶、地台和体育场。

11.1 穹顶的绘制

本节绘制图11-1所示的穹顶。首先利用“旋转”“三维旋转”和“扫掠”等命令绘制穹顶，接着利用“旋转”命令绘制楼身，然后利用“拉伸”“三维阵列”和“差集”等命令绘制窗户，最后利用“拉伸”和“三维阵列”等命令绘制装饰部分。

图11-1 穹顶

11.1.1 绘制穹顶

（1）打开“穹顶轮廓线.dwg”文件，如图11-2所示。

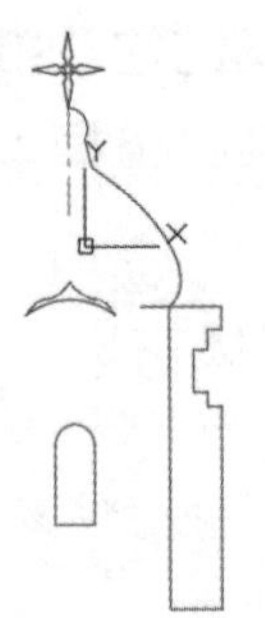

图11-2 穹顶轮廓线

（2）将“穹顶轮廓线”图层设置为当前图层，关闭其余图层。单击“可视化”选项卡“命名视图”面板中的“西南等轴测”按钮，将当前视图设置为西南等轴测视图。单击“三维工具”选项卡“建模”面板中的“旋转”按钮，选择穹顶轮廓线为要旋转的对象、中心线为旋转轴、旋转角度为360°进行旋转，消隐后结果如图11-3所示。

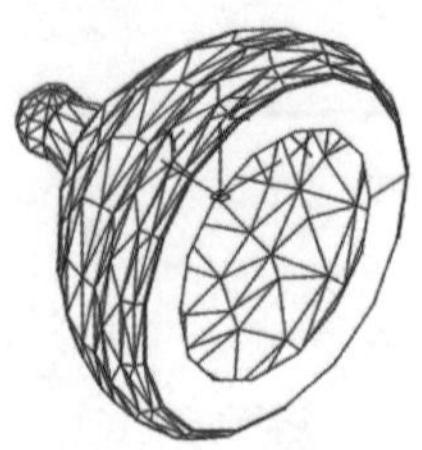

图11-3 旋转轮廓线

（3）单击“可视化”选项卡“命名视图”面板中的“左视”按钮，将当前视图设置为左视图。单击“默认”选项卡“绘图”面板中的“圆”按钮，捕捉轮廓线右端点为圆心，绘制半径为“3”的圆，结果如图11-4所示。

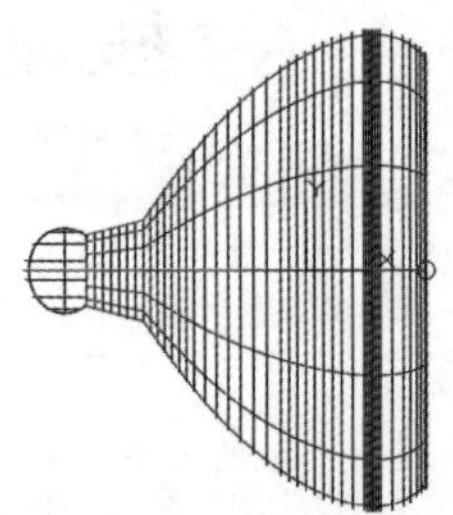

图11-4 绘制圆

（4）单击“可视化”选项卡“命名视图”面板中的“俯视”按钮，将当前视图设置为俯视图。单击“默认”选项卡“绘图”面板中的“多段线”按钮，绘制多段线，如图11-5所示。

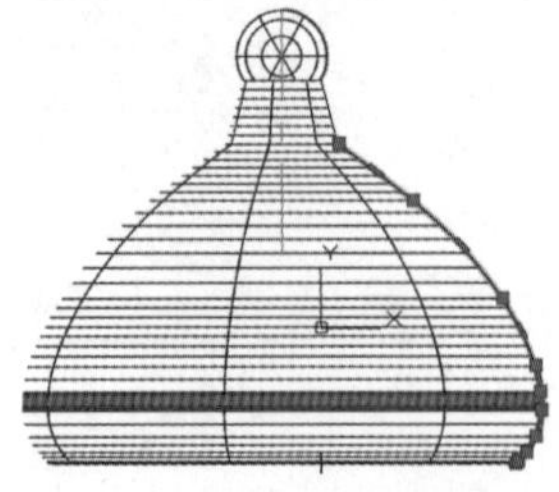

图11-5 绘制多段线

（5）单击“默认”选项卡“修改”面板中的“移动”按钮，将绘制的圆以圆心为基点移动到多段线下端点。

（6）选择菜单栏中的“修改”→“三维操作”→“三维旋转”命令，以圆心为基点、Z轴为旋转轴，将圆旋转51°。单击“视图”选项卡“导航”面板上的“动态观察”下拉列表中的“自由动态观察”按钮，调整视图方向，结果如图11-6所示。

图 11-6　旋转圆

（7）单击“三维工具”选项卡“建模”面板中的“扫掠”按钮，以圆为扫掠对象，多段线为扫掠路径进行扫掠操作，结果如图11-7所示。

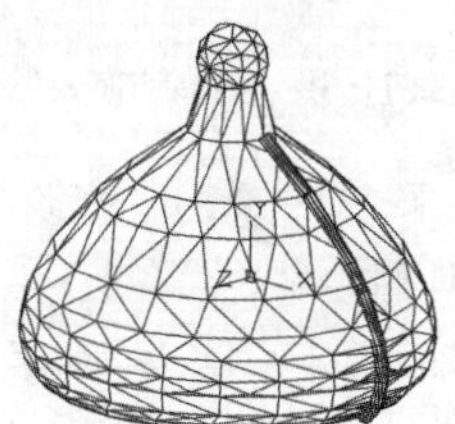

图 11-7　扫掠操作

（8）选择菜单栏中的“修改”→“三维操作”→“三维阵列”命令，将扫掠实体进行环形阵列，阵列的项目数为“12”，填充角度为360°，以穹顶中心线起点为阵列中心点，穹顶中心线终点为旋转轴上的第二点，结果如图11-8所示。

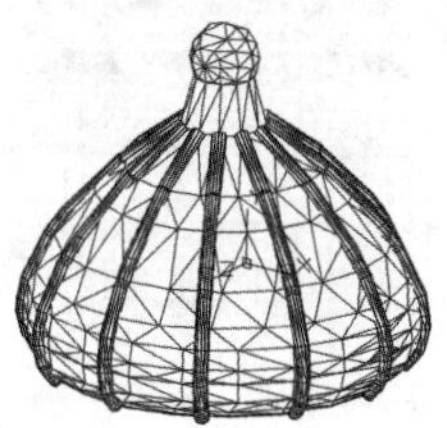

图 11-8　阵列扫掠实体

11.1.2 绘制楼身

（1）将“楼身轮廓线”图层打开，置为当前图层。

（2）单击“三维工具”选项卡“建模”面板中的“旋转”按钮，将楼身轮廓线以穹顶轮廓线中的中心线为旋转轴进行旋转，结果如图11-9所示。

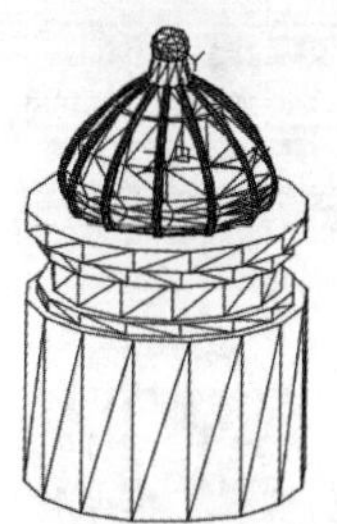

图 11-9　旋转楼身轮廓线

11.1.3 绘制窗户

（1）将“窗户轮廓线”图层打开，置为当前图层。

（2）单击“默认”选项卡“修改”面板中的“移动”按钮，将窗户轮廓线沿Z轴移动“120”。

（3）单击“三维工具”选项卡“建模”面板中的“拉伸”按钮，将窗户轮廓线沿Z轴拉伸“-240”，结果如图11-10所示。

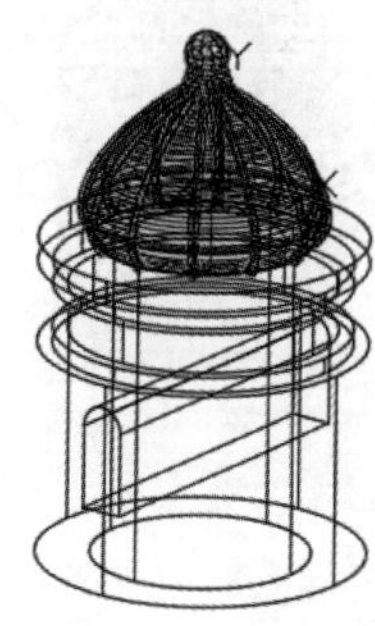

图 11-10　拉伸轮廓线

（4）选择菜单栏中的“修改”→“三维操作”→“三维阵列”命令，将拉伸实体进行环形阵列，阵列数目为“3”，以穹顶中心线起点为阵列中心点，穹顶中心线终点为旋转轴上的第二点，阵列结果如图11-11所示。

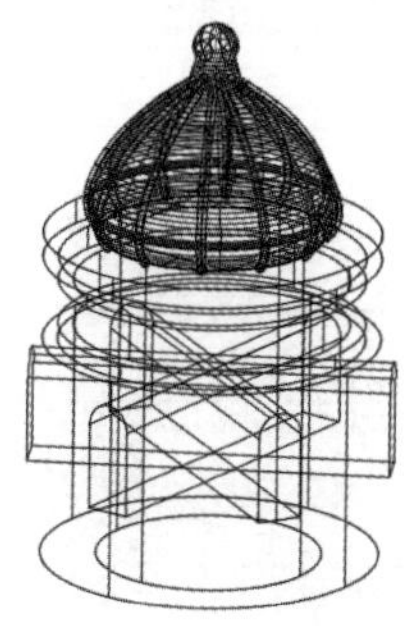

图 11-11　阵列拉伸实体

（5）单击“三维工具”选项卡“实体编辑”面板中的“差集”按钮，将阵列后的3个拉伸实体从楼身实体中减去，并将“视觉样式”设置为“概念”，完成窗户的绘制，结果如图11-12所示。

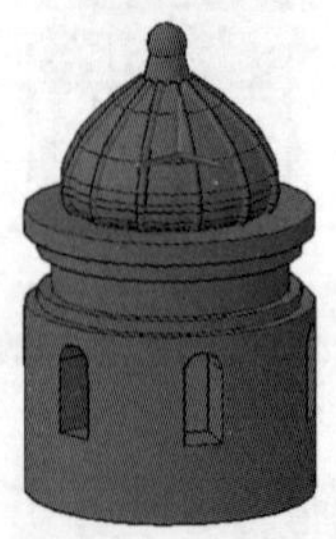

图11-12　差集运算

（6）单击“默认”选项卡“修改”面板中的“圆角”按钮，对窗户的各边（底边除外）进行圆角处理，圆角半径为“12”，结果如图11-13所示。

图11-13　圆角处理

11.1.4 绘制装饰

（1）将“楼顶标志轮廓线”图层打开，置为当前图层 。

（2）单击“三维工具”选项卡“建模”面板中的“拉伸”按钮，将楼顶标志轮廓线沿Z轴拉伸“8”，结果如图11-14所示。

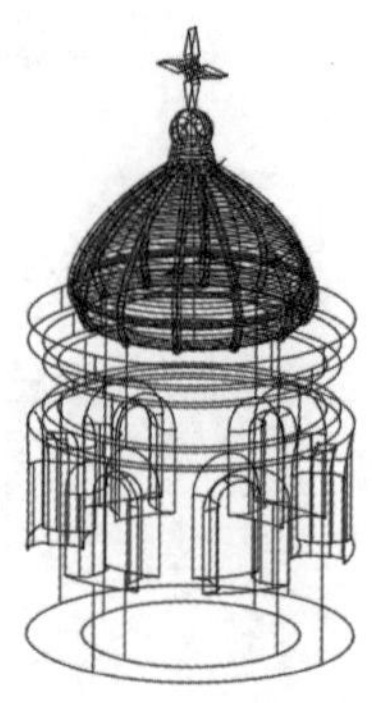

图11-14　拉伸轮廓线

（3）将“装饰轮廓线”图层打开，置为当前图层。

（4）单击“默认”选项卡“修改”面板中的“移动”按钮，将装饰轮廓线沿Z轴移动“70”。

（5）单击“三维工具”选项卡“建模”面板中的“拉伸”按钮，将移动后的轮廓线沿Z轴拉伸“30”，结果如图11-15所示。

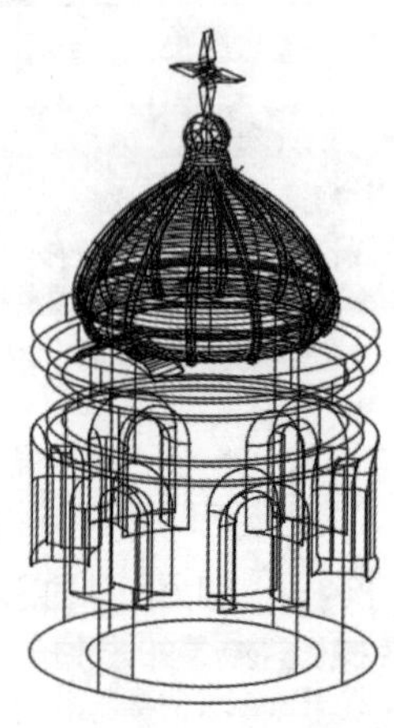

图11-15　拉伸装饰轮廓线

（6）选择菜单栏中的“修改”→“三维操作”→“三维阵列”命令，将上一步的拉伸实体进行环形阵列，阵列数目为“6”，阵列中心点为穹顶轮廓线起点，旋转轴上的第二点为穹顶轮廓线终点，完成穹顶的绘制，结果如图11-16所示。

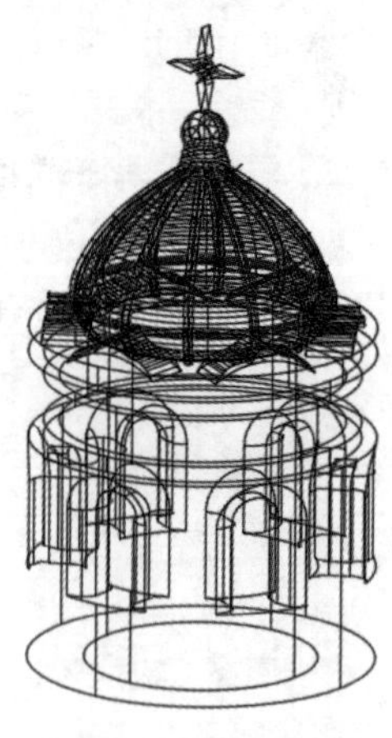

图11-16　阵列拉伸实体

（7）选择穹顶，然后在“默认”选项卡“特性”面板中“对象颜色”下拉列表中选择所需颜色。单击“视图”选项卡“视觉样式”面板中的“真实”按钮，将“视觉样式”设置为“真实”，最终结果如图11-1所示。

11.2 地台的绘制

本节绘制图11-17所示的地台。首先利用“长方体”“拉伸”和“楔体”等命令绘制地台主体，然后利用“长方体”“拉伸”“复制”等命令绘制石栏杆。

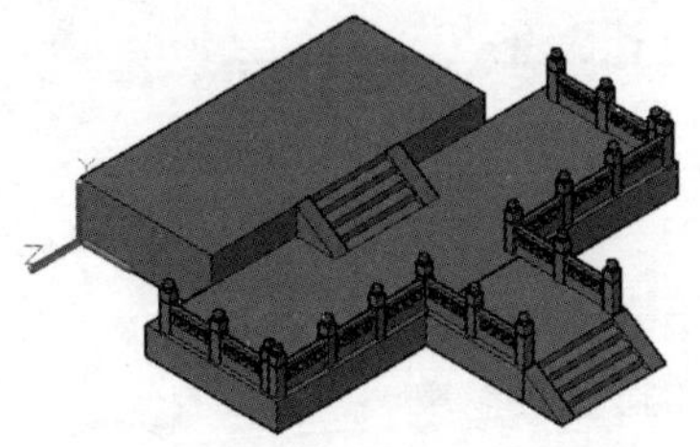

图 11-17　地台

11.2.1 绘制地台主体

（1）单击“可视化”选项卡“命名视图”面板中的“西南等轴测”按钮，将当前视图设置为西南等轴测视图。

（2）单击“三维工具”选项卡“建模”面板中的“长方体”按钮，绘制第一角点坐标在原点、长度为“840”、宽度为“400”、高度为“160”的长方体1。重复“长方体”命令，绘制第一角点坐标为（-200，-400，0）、长度为“1240”、宽度为“400”、高度为“80”的长方体2。绘制第一角点坐标为（260，-800，0）、长度为“320”、宽度为“300”、高度为“80”的长方体3，结果如图11-18所示。

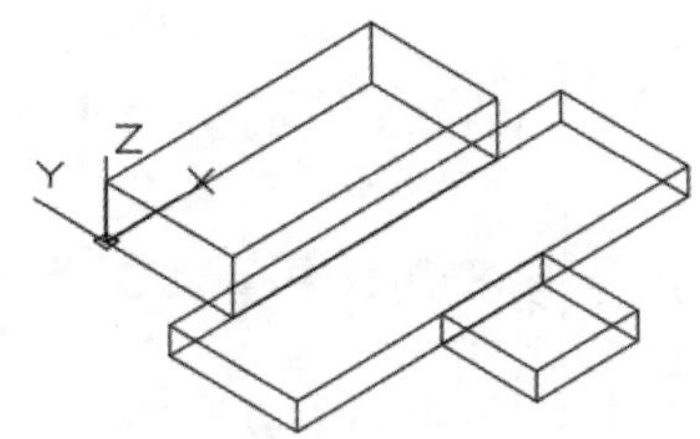

图 11-18　绘制长方体 1、2 和 3

（3）单击“可视化”选项卡“命名视图”面板中的“左视”按钮，将当前视图设置为左视图。

（4）单击“默认”选项卡“绘图”面板中的“多段线”按钮，绘制坐标点依次为（400，160）、（@0，-20）、（@30，0）、（@0，-20）、（@30,0）、（@0,-20）、（@30,0）、（@0,-20）、（@30，0）的多段线1，结果如图11-19所示。

（5）单击“可视化”选项卡“命名视图”面板中的“西南等轴测”按钮，将当前视图设置为西南等轴测视图。

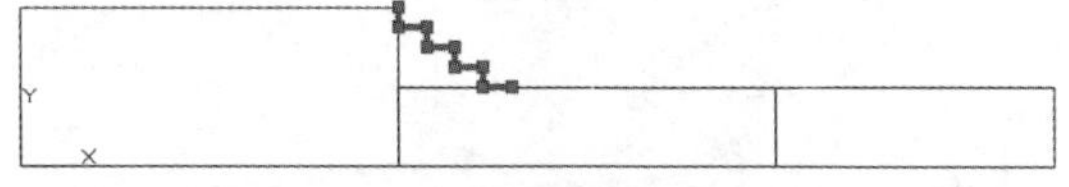

图 11-19　绘制多段线 1

（6）单击“默认”选项卡“修改”面板中的“移动”按钮，将多段线1沿Z轴移动“-300”，结果如图11-20所示。

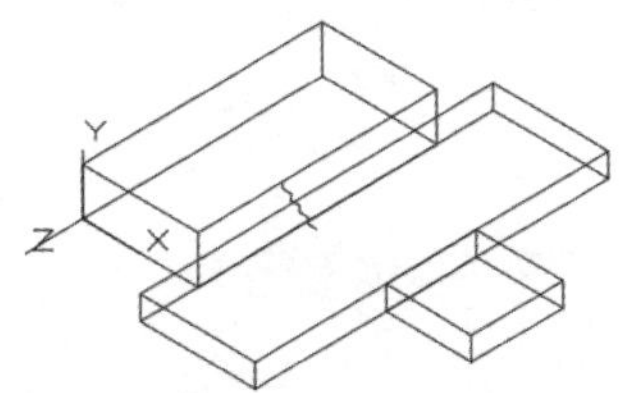

图 11-20　移动多段线 1

（7）单击“三维工具”选项卡“建模”面板中的“拉伸”按钮，将多段线1沿Z轴方向拉伸“-240”，结果如图11-21所示。

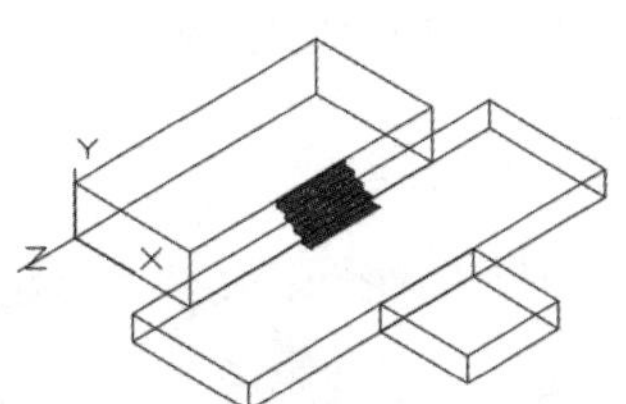

图 11-21　拉伸多段线 1

（8）单击“可视化”选项卡“命名视图”面板中的“左视”按钮，将当前视图设置为左视图。

（9）单击“默认”选项卡“绘图”面板中的“多段线”按钮，绘制坐标点依次为（400，160）、（@0，-80）、（@120，0）、C的多段线2，结果如图11-22所示。

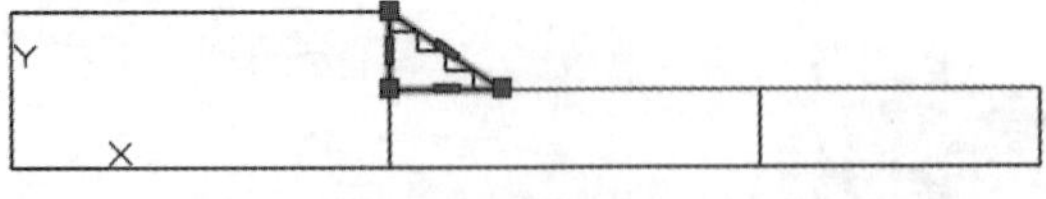

图11-22 绘制多段线2

（10）将当前视图方向设置为西南等轴测方向。单击“默认”选项卡“修改”面板中的“移动”按钮，将多段线2沿Z轴移动“-300”，结果如图11-23所示。

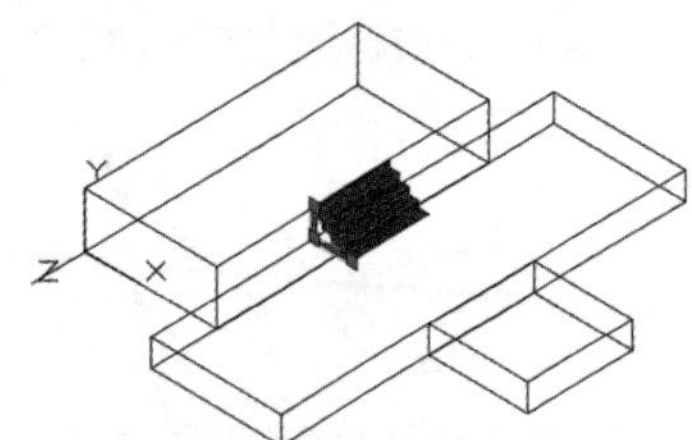

图11-23 移动多段线2

（11）单击“三维工具”选项卡“建模”面板中的“拉伸”按钮，将多段线2沿Z轴方向拉伸“40”，结果如图11-24所示。

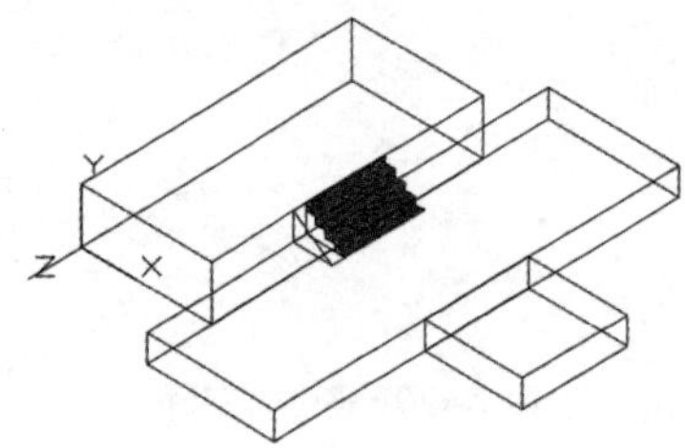

图11-24 拉伸多段线2

（12）单击“默认”选项卡“修改”面板中的“镜像”按钮，将拉伸多段线2得到的实体以长方体1上端面长边中心线为镜像点进行镜像操作，结果如图11-25所示。

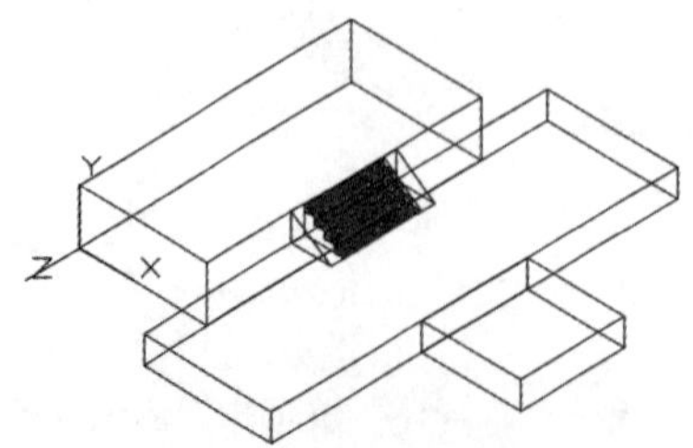

图11-25 镜像拉伸实体

（13）单击“默认”选项卡“修改”面板中的“复制”按钮，将拉伸多段线1得到的实体、拉伸多段线2得到的实体和镜像的拉伸实体进行复制，捕捉图11-26所示的端点为基点，捕捉图11-27所示的点为复制的第二个点，复制结果如图11-28所示。

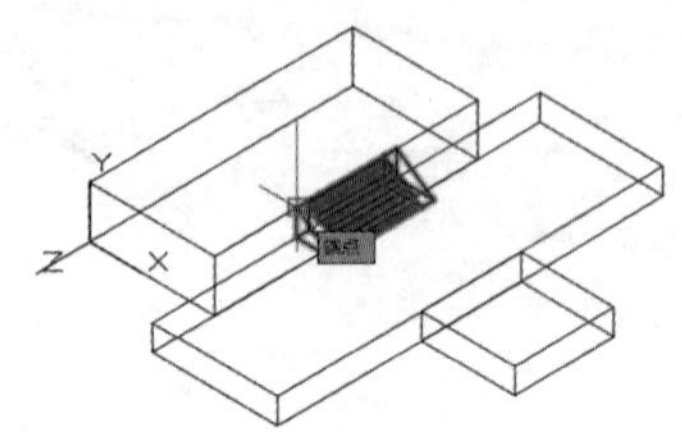

图11-26 捕捉基点

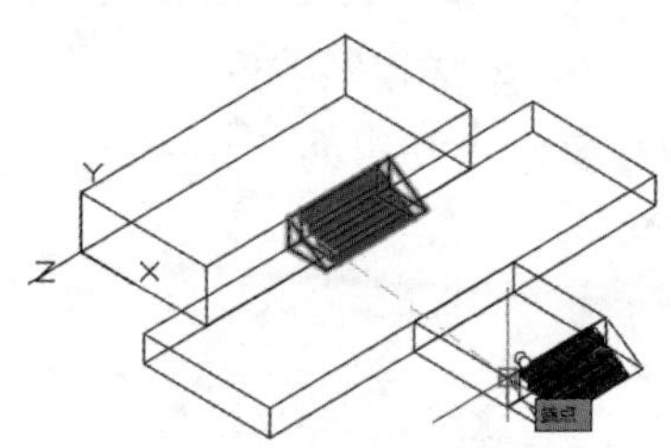

图11-27 捕捉第二个点

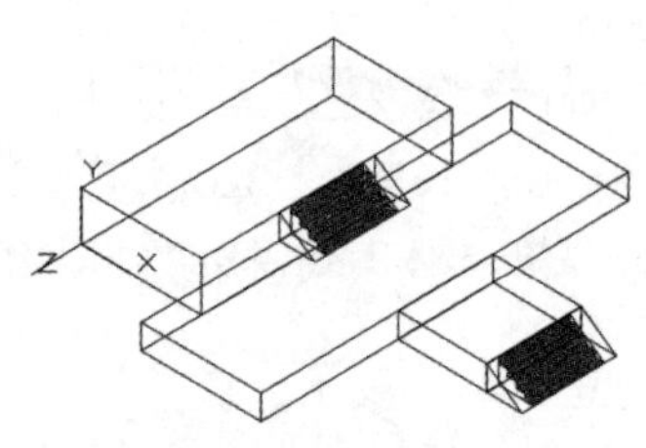

图11-28 复制实体

11.2.2 绘制石栏杆

（1）单击“三维工具”选项卡“建模”面板中的“长方体”按钮，绘制第一个角点坐标为（0,0,0）、长度为“24”、宽度为“78”、高度为“24”的长方体4。重复“长方体”命令，绘制第一角点坐标为（2，78，2）、长度为“20”、宽度为“32”、高度为“20”的长方体5。重复“长方体”命令，绘制第一个角点坐标为（0，82，0）、长度为“24”、宽度为“24”、高度为“24”的长方体6，结果如图11-29所示。

（2）单击“三维工具”选项卡“实体编辑”面板中的“并集”按钮，将绘制的3个长方体合并。

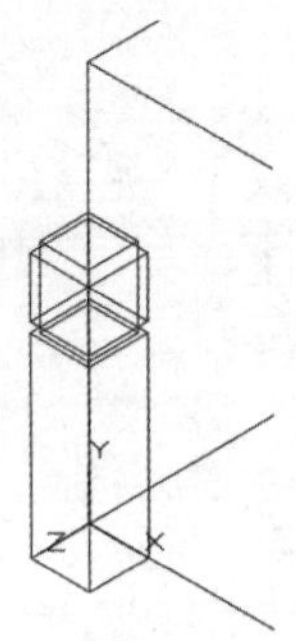

图 11-29 绘制长方体 4、5 和 6

（3）单击“可视化”选项卡“命名视图”面板中的“左视”按钮，将当前视图设置为左视图。

（4）单击“默认”选项卡“绘图”面板中的“多段线”按钮，绘制坐标点依次为（12，126）、（5，126）、A、S、（2，121）、（6，116）、S、（5，113）、（7，110）、L、（12，110）的多段线3，结果如图 11-30 所示。

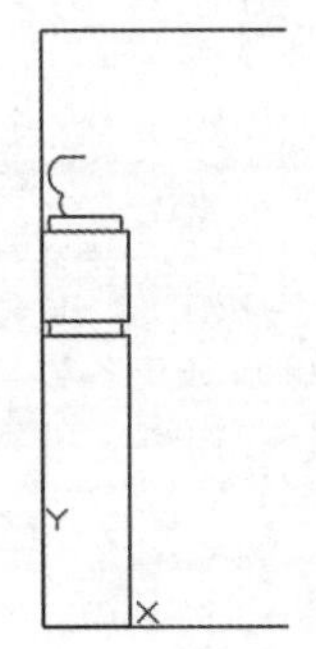

图 11-30 绘制多段线 3

（5）单击“可视化”选项卡“命名视图”面板中的“西南等轴测”按钮，将当前视图设置为西南等轴测视图。

（6）单击“默认”选项卡“修改”面板中的“移动”按钮，将绘制的多段线3沿*Z*轴移动“12”，结果如图 11-31 所示。

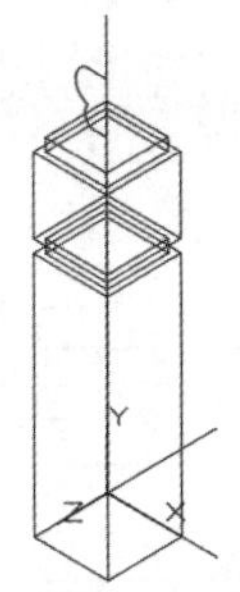

图 11-31 移动多段线 3

（7）单击“三维工具”选项卡“建模”面板中的“旋转”按钮，将多段线3以多段线3的起点和终点为旋转轴的起点和端点进行旋转，结果如图 11-32 所示。

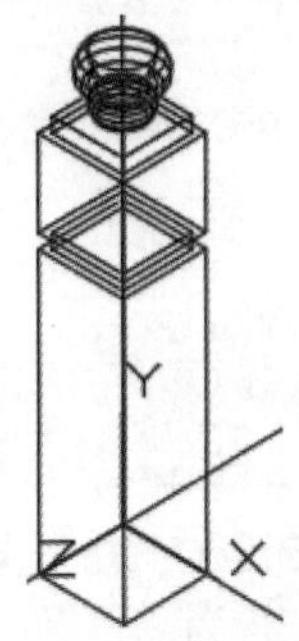

图 11-32 旋转多段线 3

（8）单击“默认”选项卡“修改”面板中的“移动”按钮，选择图 11-33 所示的实体，以原点为基点、移动的第二点坐标为（436，80，168）进行移动，结果如图 11-34 所示。

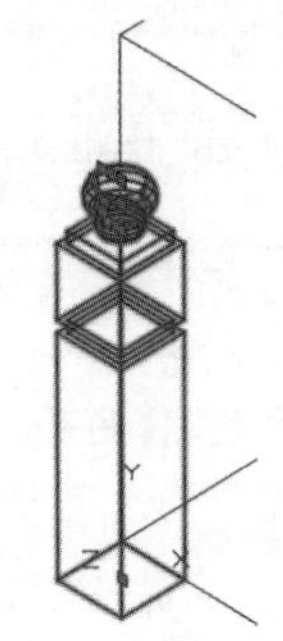
图 11-33 选择移动对象

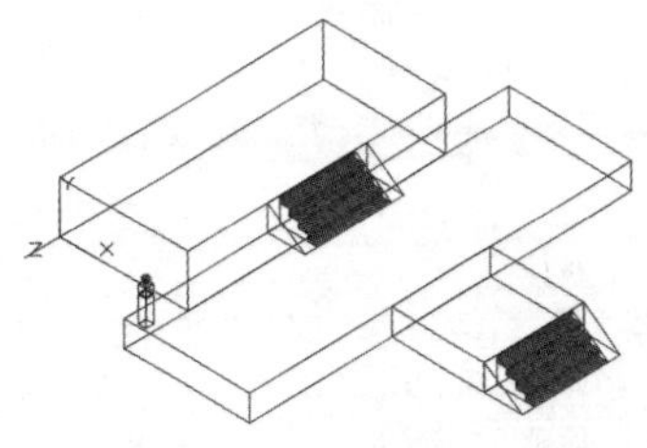
图 11-34 移动实体

（9）单击“三维工具”选项卡“建模”面板中的“长方体”按钮，绘制第一个角点坐标在原点、长度为“130”、宽度为“70”、高度为“-12”的长方体7。重复“长方体”命令，绘制第一个角点坐标为（10，30，0）、长度为“110”、宽度为“30”、高度为“-12”的长方体8，结果如图 11-35 所示。

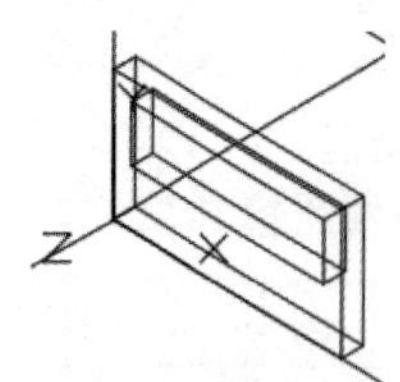

图11-35　绘制长方体7和8

（10）单击“三维工具”选项卡“实体编辑”面板中的“差集”按钮，将上一步绘制的长方体进行差集运算。

（11）单击“三维工具”选项卡“建模”面板中的“长方体”按钮，绘制第一个角点坐标为（10，30，-1）、长度为“110”、宽度为“30”、高度为“-10”的长方体9，结果如图11-36所示。

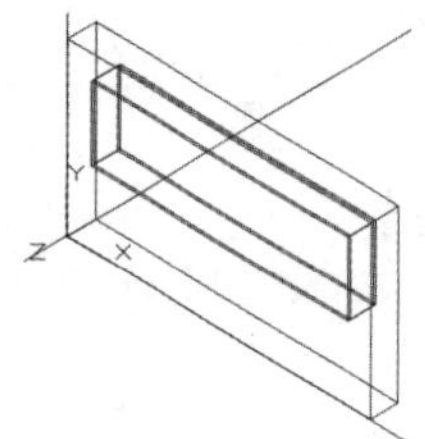

图11-36　绘制长方体9

（12）单击“三维工具”选项卡“实体编辑”面板中的“并集”按钮，将绘制的长方体和步骤（10）中差集运算后的实体合并。

（13）单击“默认”选项卡“绘图”面板中的“多段线”按钮，绘制多段线4，命令行中的提示与操作如下：

```
命令：_pline
指定起点：11.5,42.5↙
当前线宽为 0.0000
指定下一个点或 [圆弧(A)/半宽(H)/长度(L)/放弃(U)/宽度(W)]：@0,5↙
指定下一点或 [圆弧(A)/闭合(C)/半宽(H)/长度(L)/放弃(U)/宽度(W)]：A↙
指定圆弧的端点（按住 Ctrl 键以切换方向）或[角度(A)/圆心(CE)/闭合(CL)/方向(D)/半宽(H)/直线(L)/半径(R)/第二个点(S)/放弃(U)/宽度(W)]：CE↙
指定圆弧的圆心：@0,10↙
指定圆弧的端点（按住 Ctrl 键以切换方向）或[角度(A)/长度(L)]：@10,0↙
指定圆弧的端点（按住 Ctrl 键以切换方向）或[角度(A)/圆心(CE)/闭合(CL)/方向(D)/半宽(H)/直线(L)/半径(R)/第二个点(S)/放弃(U)/宽度(W)]：L↙
指定下一点或 [圆弧(A)/闭合(C)/半宽(H)/长度(L)/放弃(U)/宽度(W)]：@5,0↙
指定下一点或 [圆弧(A)/闭合(C)/半宽(H)/长度(L)/放弃(U)/宽度(W)]：A↙
指定圆弧的端点（按住 Ctrl 键以切换方向）或[角度(A)/圆心(CE)/闭合(CL)/方向(D)/半宽(H)/直线(L)/半径(R)/第二个点(S)/放弃(U)/宽度(W)]：CE↙
指定圆弧的圆心：@10,0↙
指定圆弧的端点（按住 Ctrl 键以切换方向）或[角度(A)/长度(L)]：@0,-10↙
指定圆弧的端点（按住 Ctrl 键以切换方向）或[角度(A)/圆心(CE)/闭合(CL)/方向(D)/半宽(H)/直线(L)/半径(R)/第二个点(S)/放弃(U)/宽度(W)]：L↙
指定下一点或 [圆弧(A)/闭合(C)/半宽(H)/长度(L)/放弃(U)/宽度(W)]：@0,-5↙
指定下一点或 [圆弧(A)/闭合(C)/半宽(H)/长度(L)/放弃(U)/宽度(W)]：A↙
指定圆弧的端点（按住 Ctrl 键以切换方向）或[角度(A)/圆心(CE)/闭合(CL)/方向(D)/半宽(H)/直线(L)/半径(R)/第二个点(S)/放弃(U)/宽度(W)]：CE↙
指定圆弧的圆心：@0,-10↙
指定圆弧的端点（按住 Ctrl 键以切换方向）或[角度(A)/长度(L)]：@-10,0↙
指定圆弧的端点（按住 Ctrl 键以切换方向）或[角度(A)/圆心(CE)/闭合(CL)/方向(D)/半宽(H)/直线(L)/半径(R)/第二个点(S)/放弃(U)/宽度(W)]：L↙
指定下一点或 [圆弧(A)/闭合(C)/半宽(H)/长度(L)/放弃(U)/宽度(W)]：@-5,0↙
指定下一点或 [圆弧(A)/闭合(C)/半宽(H)/长度(L)/放弃(U)/宽度(W)]：A↙
指定圆弧的端点（按住 Ctrl 键以切换方向）或[角度(A)/圆心(CE)/闭合(CL)/方向(D)/半宽(H)/直线(L)/半径(R)/第二个点(S)/放弃(U)/宽度(W)]：CE↙
指定圆弧的圆心：@-10,0↙
指定圆弧的端点（按住 Ctrl 键以切换方向）或[角度(A)/长度(L)]：@0,10↙
指定圆弧的端点（按住 Ctrl 键以切换方向）或[角度(A)/圆心(CE)/闭合(CL)/方向(D)/半宽(H)/直线(L)/半径(R)/第二个点(S)/放弃(U)/宽度(W)]：↙
```

结果如图11-37所示。

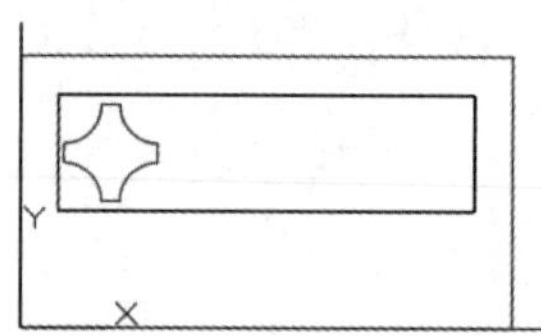

图11-37　绘制多段线4

（14）单击“默认”选项卡“修改”面板中的“矩形阵列”按钮，将上一步绘制的多段线4阵列，列数为“4”、列间距为“27”、行数为“1”、行间距为“1”，结果如图11-38所示。

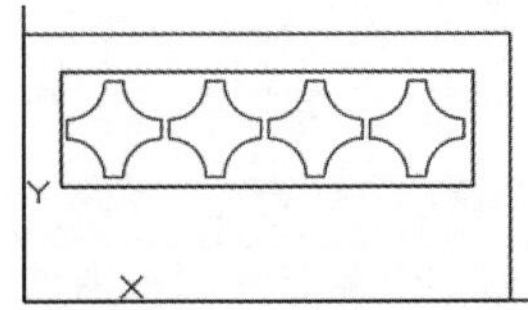

图11-38 阵列多段线

（15）单击“默认”选项卡“修改”面板中的“移动”按钮，将阵列后的多段线沿Z轴移动“-1”。

（16）单击“三维工具”选项卡“建模”面板中的“拉伸”按钮，将移动后的多段线沿Z轴拉伸“-10”，结果如图11-39所示。

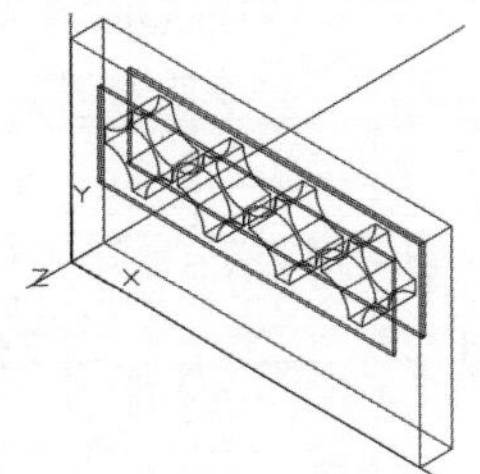

图11-39 拉伸多段线

（17）单击“三维工具”选项卡“实体编辑”面板中的“差集”按钮，将上一步拉伸后的实体与步骤（12）并集运算后的实体进行差集运算。

（18）单击“默认”选项卡“修改”面板中的“移动”按钮，选择上一步差集运算后的实体，以原点为基点、移动的第二点坐标为（460，80，186）进行移动，结果如图11-40所示。

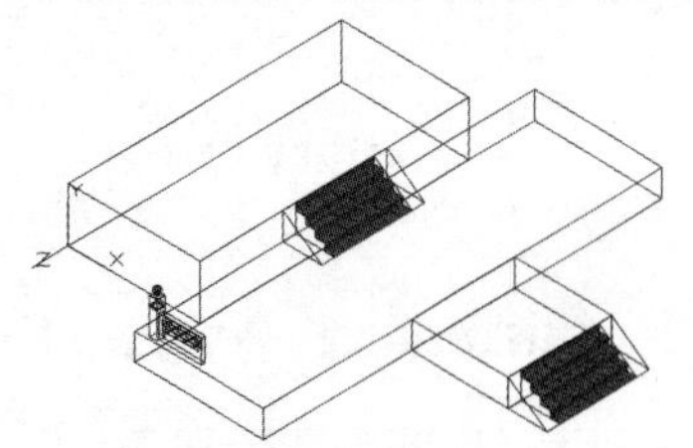

图11-40 移动实体

（19）单击“默认”选项卡“修改”面板中的“复制”按钮，和“修改”菜单栏中的“三维旋转”命令和“三维镜像”命令，对石栏杆进行布置，完成地台的绘制，结果如图11-41所示。

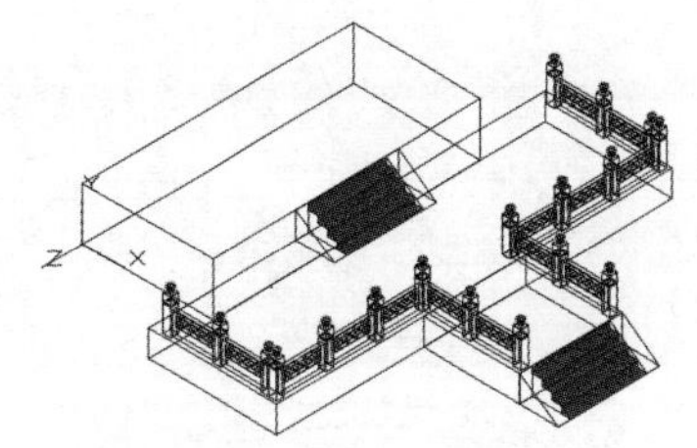

图11-41 布置石栏杆

（20）单击“视图”选项卡“视觉样式”面板中的“概念”按钮，将“视觉样式”设置为“概念”，最终结果如图11-17所示。

11.3 体育场的绘制

本节绘制图11-42所示的体育馆。首先利用“圆柱体”“长方体”和“差集”等命令绘制主体，接着利用“多段线”和“旋转”命令绘制看台，然后利用“矩形”和“拉伸”命令绘制场地，最后绘制教练席和球门。

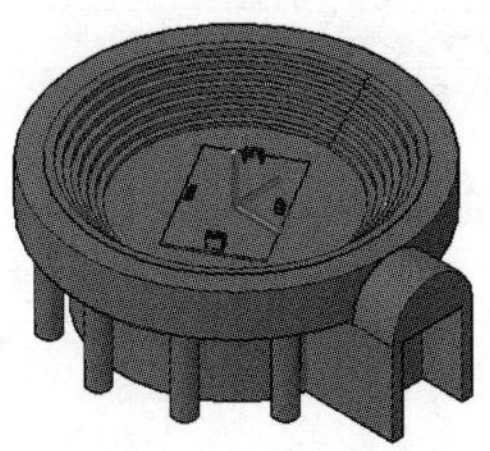

图11-42 体育场

11.3.1 设置图层

单击“默认”选项卡“图层”面板中的“图层特性”按钮，打开“图层特性管理器”面板，建立图11-43所示的图层。

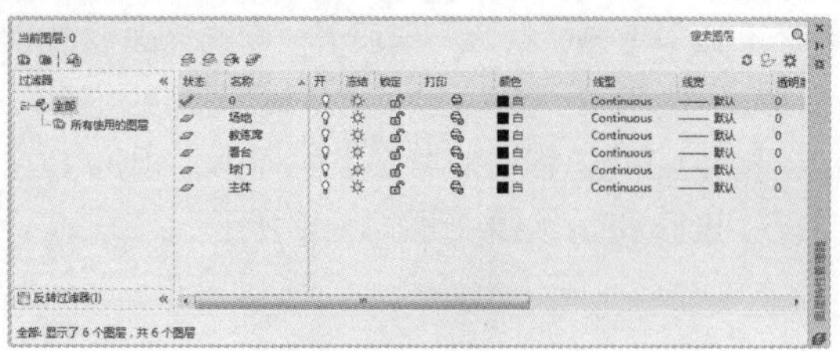

图11-43 设置图层

11.3.2 绘制主体

（1）将“主体”图层设置为当前图层。

（2）在命令行中输入“ISOLINES”命令，设置线框密度为“10”。

（3）单击“可视化”选项卡“命名视图”面板中的“西南等轴测”按钮，将当前视图设置为西南等轴测视图。单击“三维工具”选项卡“建模”面板中的“圆柱体”按钮，绘制以原点为中心点、半径为“800”、高度为“200”的圆柱体1。重复“圆柱体”命令，绘制以原点为中心点、半径为“700”、高度为“200”的圆柱体2，结果如图11-44所示。

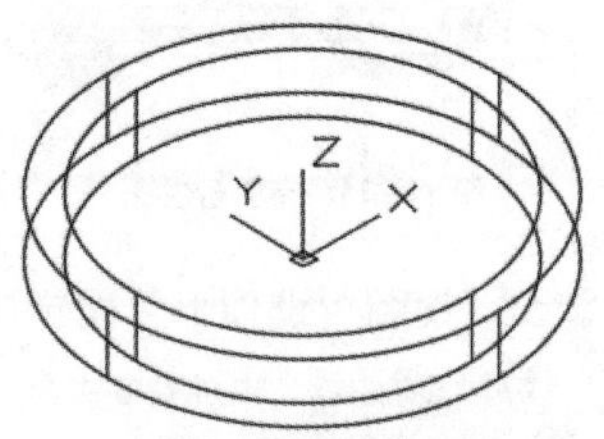

图11-44 绘制圆柱体1和2

（4）单击“三维工具”选项卡“实体编辑”面板中的“差集”按钮，将绘制的圆柱体2从圆柱体1中减去。

（5）单击“三维工具”选项卡“建模”面板中的“圆柱体”按钮，绘制以原点为中心点、半径为“600”、高度为“-400”的圆柱体3，结果如图11-45所示。

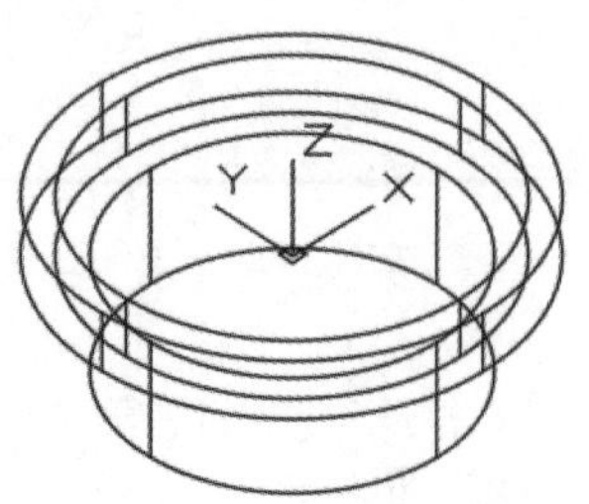

图11-45 绘制圆柱体3

（6）单击“三维工具”选项卡“建模”面板中的“长方体”按钮，绘制第一个角点坐标为（-200，-1000，-400）、长度为“400”、宽度为“500”、高度为“400”的长方体1，结果如图11-46所示。

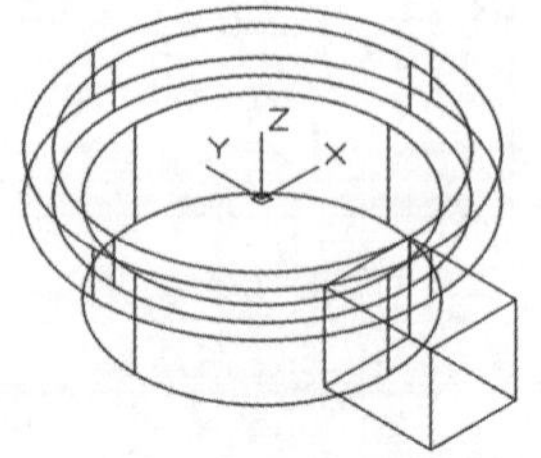

图11-46 绘制长方体1

（7）单击“三维工具”选项卡“建模”面板中的“圆柱体”按钮，绘制中心点坐标为（0，-1000，0）、半径为“200”、轴端点坐标为（@0，200，0）的圆柱体4，结果如图11-47所示。

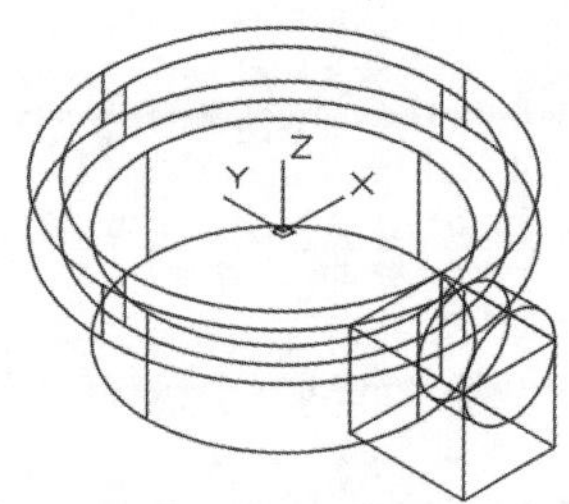

图11-47 绘制圆柱体4

（8）单击“三维工具”选项卡“实体编辑”面板中的“并集”按钮，将绘制的长方体1和圆柱体进行并集运算，结果如图11-48所示。

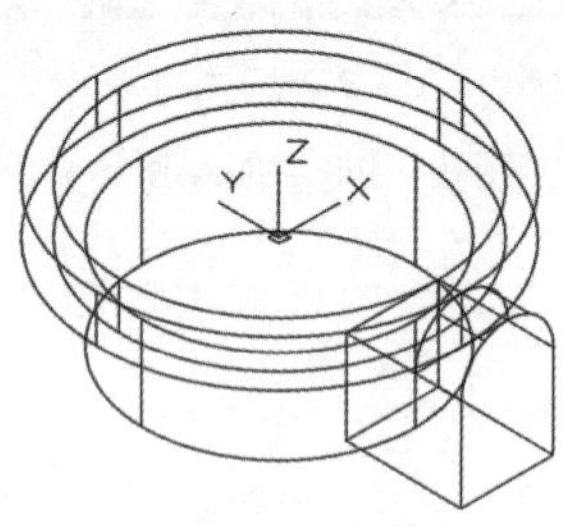

图11-48 并集运算

（9）单击“三维工具”选项卡“建模”面板中的“长方体”按钮，绘制第一个角点坐标为（-150，-1000，-400）、长度为“300”、宽度为“200”、高度为“400”的长方体2，结果如图11-49所示。

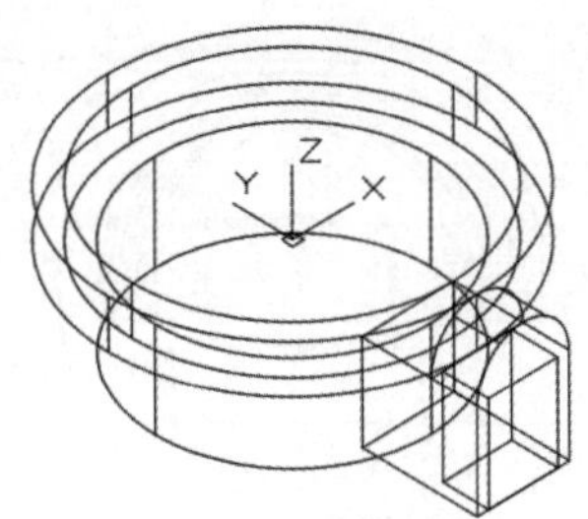

图 11-49 绘制长方体 2

（10）单击“三维工具”选项卡“实体编辑”面板中的“差集”按钮，将绘制的长方体2从步骤（8）并集运算后的实体中减去，结果如图11-50所示。

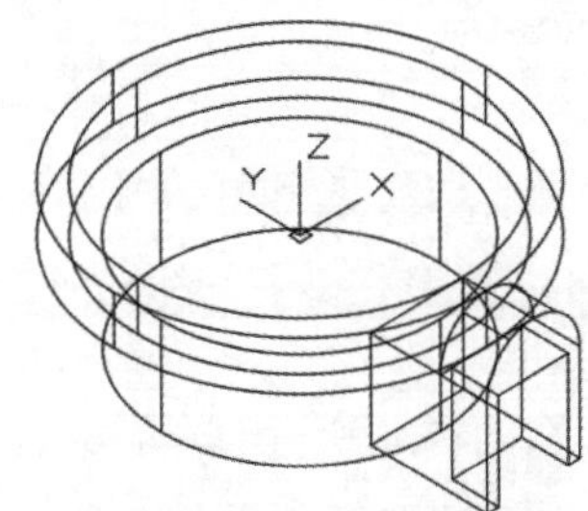

图 11-50 差集运算

（11）单击“三维工具”选项卡“建模”面板中的“圆柱体”按钮，绘制中心点坐标为（700，0，0）、半径为“50”、高度为“-400”的圆柱体5，结果如图11-51所示。

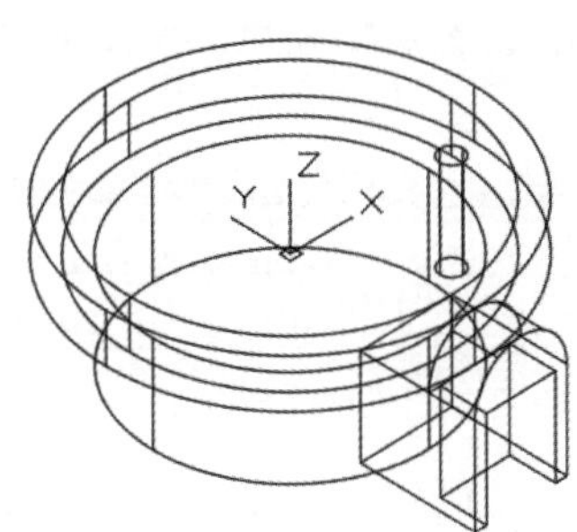

图 11-51 绘制圆柱体 5

（12）单击“默认”选项卡“修改”面板中的“环形阵列”按钮，将绘制的圆柱体5以原点为阵列中心点进行环形阵列，阵列的项目数为“12”，结果如图11-52所示。

（13）单击“三维工具”选项卡“实体编辑”面板中的“并集”按钮，将阵列后的圆柱体和步骤（4）差集运算后的实体合并。

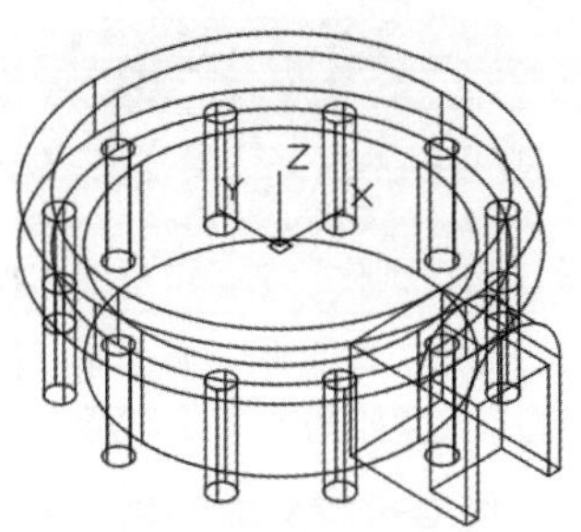

图 11-52 阵列圆柱体 5

11.3.3 绘制看台

（1）将“看台”图层设置为当前图层。

（2）单击“可视化”选项卡“命名视图”面板中的“前视”按钮，将当前视图设置为前视图。

（3）单击“默认”选项卡“绘图”面板中的“多段线”按钮，绘制多段线，命令行提示与操作如下：

```
命令：_pline
指定起点：480,0↙
当前线宽为 0.0000
指定下一点或 [圆弧(A)/闭合(C)/半宽(H)/长度(L)/放弃(U)/宽度(W)]：@0,30↙
指定下一点或 [圆弧(A)/闭合(C)/半宽(H)/长度(L)/放弃(U)/宽度(W)]：@30,0↙
指定下一点或 [圆弧(A)/闭合(C)/半宽(H)/长度(L)/放弃(U)/宽度(W)]：@0,30↙
指定下一点或 [圆弧(A)/闭合(C)/半宽(H)/长度(L)/放弃(U)/宽度(W)]：@30,0↙
指定下一点或 [圆弧(A)/闭合(C)/半宽(H)/长度(L)/放弃(U)/宽度(W)]：@0,30↙
指定下一点或 [圆弧(A)/闭合(C)/半宽(H)/长度(L)/放弃(U)/宽度(W)]：@30,0↙
指定下一点或 [圆弧(A)/闭合(C)/半宽(H)/长度(L)/放弃(U)/宽度(W)]：@0,30↙
指定下一点或 [圆弧(A)/闭合(C)/半宽(H)/长度(L)/放弃(U)/宽度(W)]：@30,0↙
指定下一点或 [圆弧(A)/闭合(C)/半宽(H)/长度(L)/放弃(U)/宽度(W)]：@0,30↙
指定下一点或 [圆弧(A)/闭合(C)/半宽(H)/长度(L)/放弃(U)/宽度(W)]：@30,0↙
指定下一点或 [圆弧(A)/闭合(C)/半宽(H)/长度(L)/放弃(U)/宽度(W)]：@0,30↙
指定下一点或 [圆弧(A)/闭合(C)/半宽(H)/长度(L)/放弃(U)/宽度(W)]：@30,0↙
指定下一点或 [圆弧(A)/闭合(C)/半宽(H)/长度(L)/放弃(U)/宽度(W)]：@0,20↙
```

```
指定下一点或 [圆弧(A)/闭合(C)/半宽(H)/长度(L)/放弃(U)/宽度(W)]: @40,0↙
指定下一点或 [圆弧(A)/闭合(C)/半宽(H)/长度(L)/放弃(U)/宽度(W)]: ↙
```

（4）单击“可视化”选项卡“命名视图”面板中的“西南等轴测”按钮，将当前视图设置为西南等轴测视图，结果如图11-53所示。

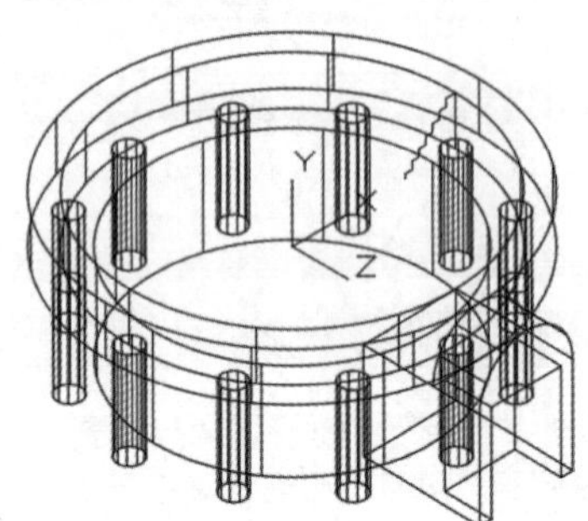

图11-53 绘制多段线

（5）单击“三维工具”选项卡“建模”面板中的“旋转”按钮，将绘制的多段线以Y轴为旋转轴旋转360°。单击“视图”选项卡“视觉样式”面板中的“概念”按钮，将“视觉样式”设置为“概念”，结果如图11-54所示。

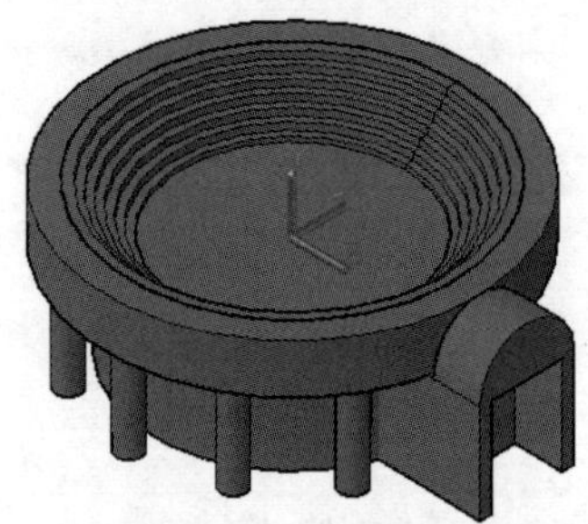

图11-54 旋转多段线

11.3.4 绘制场地

（1）将“场地”图层设置为当前图层。

（2）单击“可视化”选项卡“命名视图”面板中的“俯视”按钮，将当前视图设置为俯视图。单击“视图”选项卡“视觉样式”面板中的“二维线框”按钮，将“视觉样式”设置为“二维线框”。

（3）单击“默认”选项卡“绘图”面板中的“矩形”按钮，绘制两角点坐标为（-300，197）和（300，-197）的矩形，结果如图11-55所示。

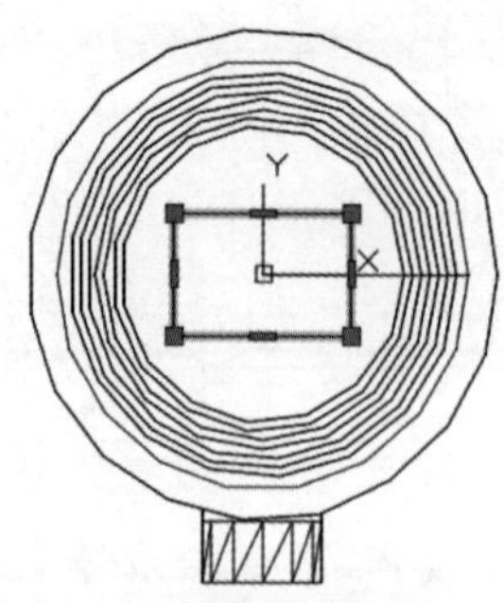

图11-55 绘制矩形

（4）将当前视图设置为西南等轴测视图。单击“三维工具”选项卡“建模”面板中的“拉伸”按钮，将绘制的矩形沿Z轴拉伸“10”，消隐后结果如图11-56所示。

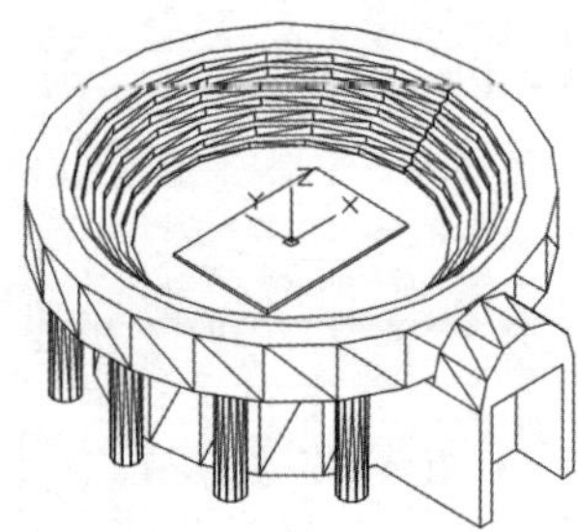

图11-56 拉伸矩形

11.3.5 绘制教练席

（1）将“教练席”图层设置为当前图层，关闭其余图层。

（2）单击“可视化”选项卡“命名视图”面板中的“左视”按钮，将当前视图设置为左视图。

（3）单击“默认”选项卡“绘图”面板中的“多段线”按钮，绘制多段线，命令行提示与操作如下：

```
命令：_pline
指定起点：0,0↙
当前线宽为 0.0000
指定下一个点或 [圆弧(A)/半宽(H)/长度(L)/放弃(U)/宽度(W)]: 0,148↙
指定下一点或 [圆弧(A)/闭合(C)/半宽(H)/长度(L)/放弃(U)/宽度(W)]: A↙
指定圆弧的端点（按住 Ctrl 键以切换方向）或
[角度(A)/圆心(CE)/闭合(CL)/方向(D)/半宽(H)/直线(L)/半径(R)/第二个点(S)/放弃(U)/宽度(W)]: R↙
```

```
指定圆弧的半径：188↙
指定圆弧的端点（按住 Ctrl 键以切换方向）或 [角度(A)]：-130,0↙
指定圆弧的端点（按住 Ctrl 键以切换方向）或 [角度(A)/圆心(CE)/闭合(CL)/方向(D)/半宽(H)/直线(L)/半径(R)/第二个点(S)/放弃(U)/宽度(W)]：L↙
指定下一点或 [圆弧(A)/闭合(C)/半宽(H)/长度(L)/放弃(U)/宽度(W)]：0,0↙
指定下一点或 [圆弧(A)/闭合(C)/半宽(H)/长度(L)/放弃(U)/宽度(W)]：↙
```

结果如图 11-57 所示。

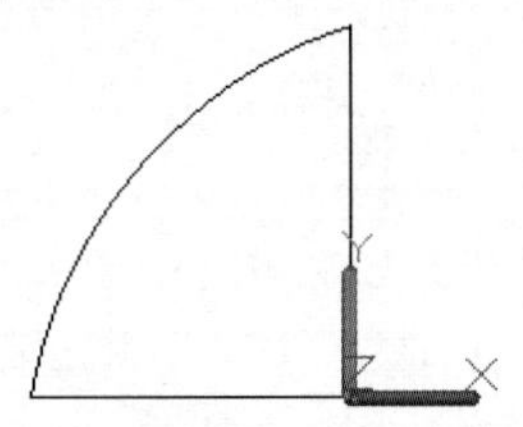

图 11-57　绘制多段线

（4）单击“可视化”选项卡“命名视图”面板中的“西南等轴测”按钮，将当前视图设置为西南等轴测视图。

（5）单击“三维工具”选项卡“建模”面板中的“拉伸”按钮，将多段线沿 Z 轴方向拉伸“-1”，结果如图 11-58 所示。

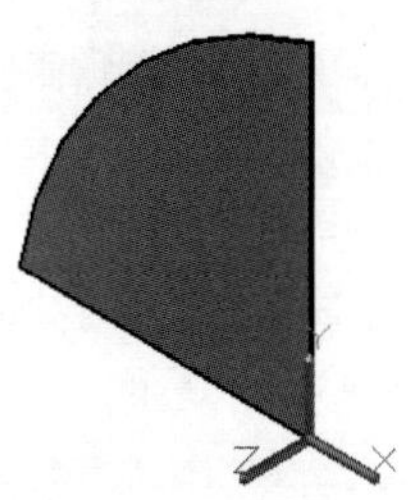

图 11-58　拉伸多段线

（6）选择“默认”选项卡“绘图”面板中的“圆弧”→“起点，端点，半径”命令，绘制起点坐标为（20，153）、端点坐标为（-130，0）、半径为“181”的圆弧，结果如图 11-59 所示。

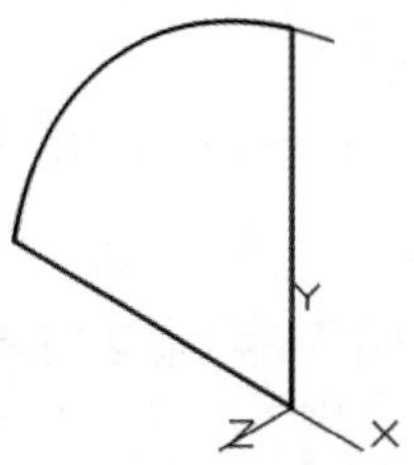

图 11-59　绘制圆弧

（7）单击“可视化”选项卡“命名视图”面板中的“俯视”按钮，将当前视图设置为俯视图。单击“默认”选项卡“绘图”面板中的“圆”按钮，绘制圆心坐标为（0，130）、半径为“5”的圆。单击“可视化”选项卡“命名视图”面板中的“西南等轴测”按钮，将当前视图设置为西南等轴测视图，结果如图 11-60 所示。

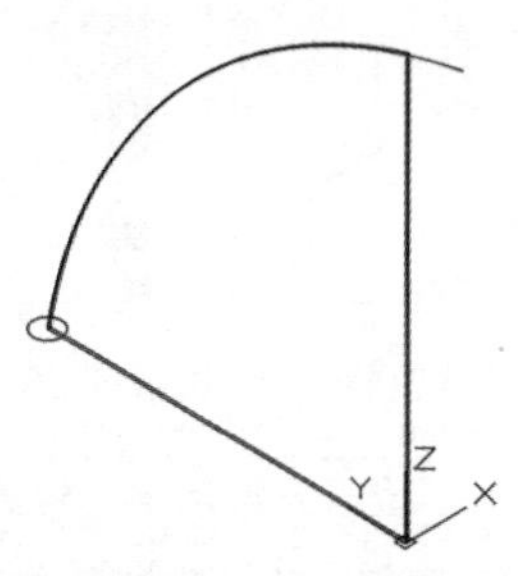

图 11-60　绘制圆

（8）单击“三维工具”选项卡“建模”面板中的“扫掠”按钮，选择步骤（7）绘制的圆为扫掠对象、步骤（6）绘制的圆弧为扫掠路径进行扫掠操作，结果如图 11-61 所示。

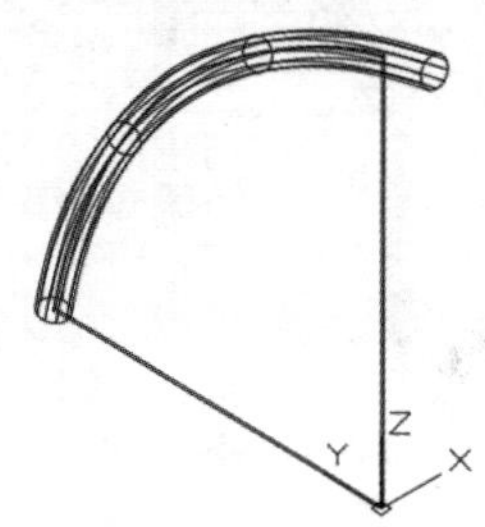

图 11-61　扫掠操作

（9）单击“默认”选项卡“绘图”面板中的“圆”按钮，以原点为圆心，绘制半径为“5”的圆。

（10）单击“默认”选项卡“绘图”面板中的“直线”按钮，以原点为起点，沿 Z 轴方向绘制长度为“148”的竖直直线，结果如图 11-62 所示。

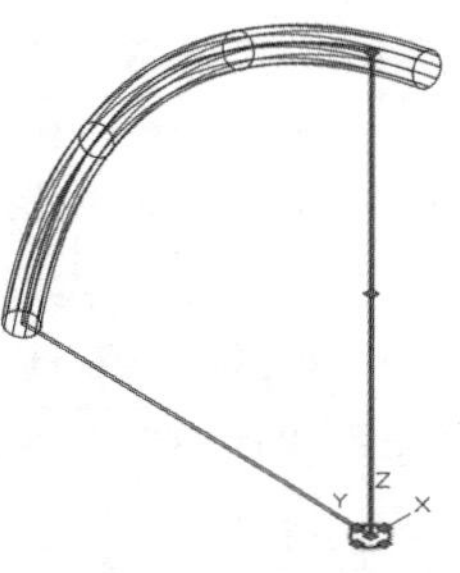

图 11-62　绘制圆和直线

（11）单击“三维工具”选项卡“建模”面板中的“扫掠”按钮，选择步骤（9）绘制的圆为扫掠对象、步骤（10）绘制的直线为扫掠路径进行扫掠操作，结果如图11-63所示。

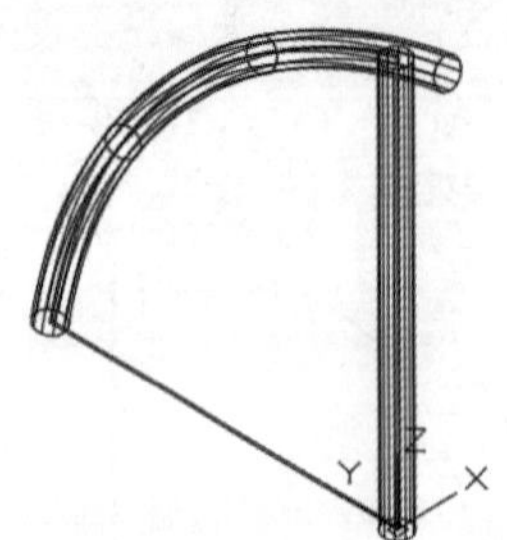

图11-63 扫掠操作

（12）单击“默认”选项卡“修改”面板中的“矩形阵列”按钮，将所有实体进行矩形阵列，行数为“1”、行间距为“1”、列数为“3”、列间距为“150”，结果如图11-64所示。

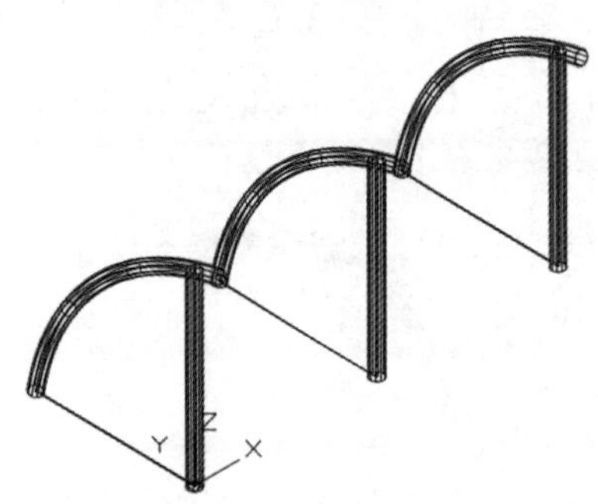

图11-64 阵列操作

（13）单击“可视化”选项卡“命名视图”面板中的“左视”按钮，将当前视图设置为左视图。选择“默认”选项卡“绘图”面板中的“圆弧”→“起点，端点，半径”命令，绘制起点坐标为（20，153）、端点坐标为（-130，0）、半径为“181”的圆弧，结果如图11-59所示。

（14）单击“可视化”选项卡“命名视图”面板中的“西南等轴测”按钮，将当前视图设置为西南等轴测视图。单击“三维工具”选项卡“建模”面板中的“拉伸”按钮，将绘制的圆弧沿Z轴方向拉伸“-300”。单击“视图”选项卡“视觉样式”面板中的“概念”按钮，将“视觉样式”设置为“概念”。单击“视图”选项卡“导航”面板上的“动态观察”下拉列表中的“自由动态观察”按钮，将方向进行调整，结果如图11-65所示。

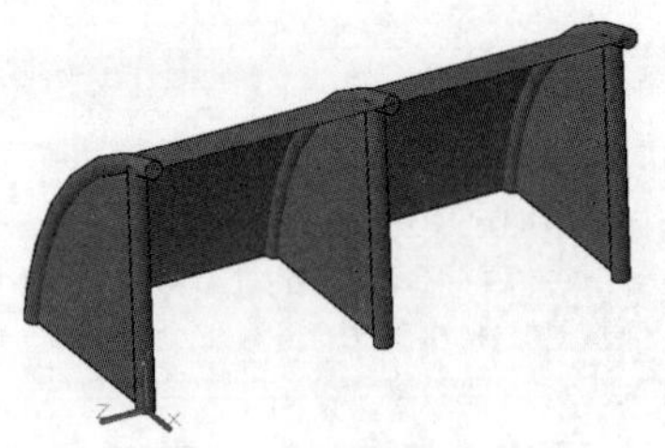

图11-65 拉伸圆弧

（15）单击“可视化”选项卡“命名视图”面板中的“左视”按钮，将当前视图设置为左视图，将当前显示模式设置为“二维线框”。单击“默认”选项卡“绘图”面板中的“圆”按钮，绘制圆心坐标为（20，153）、半径为“5”的圆，结果如图11-66所示。

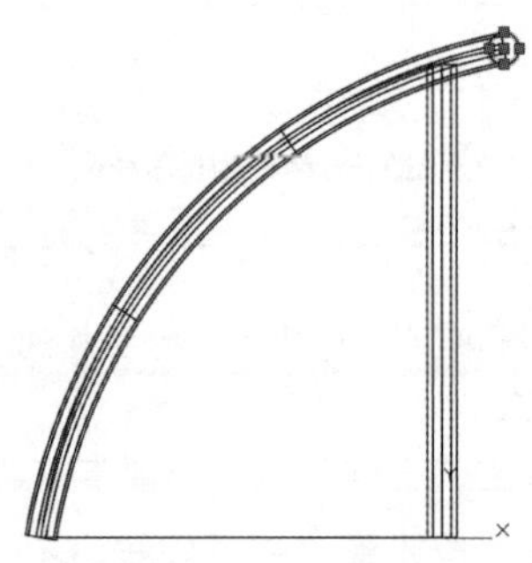

图11-66 绘制圆

（16）单击“可视化”选项卡“命名视图”面板中的“西南等轴测”按钮，将当前视图设置为西南等轴测视图。单击“三维工具”选项卡“建模”面板中的“拉伸”按钮，将绘制的圆沿Z轴拉伸“300”。结果如图11-67所示。

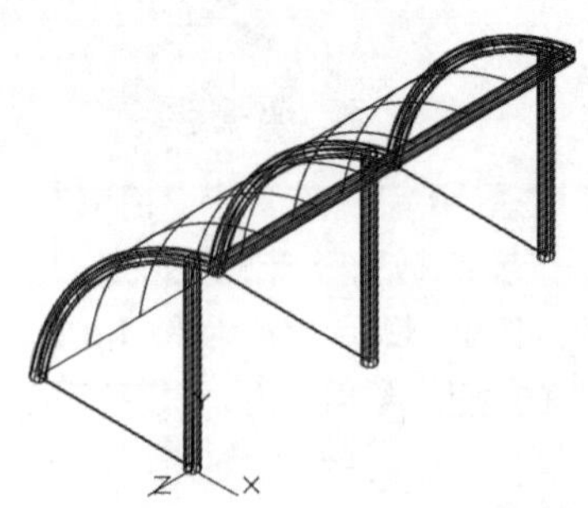

图11-67 拉伸圆

（17）单击“可视化”选项卡“命名视图”面板中的“左视”按钮，将当前视图设置为左视图。

（18）单击“默认”选项卡“绘图”面板中的“多段线”按钮，绘制坐标点依次为（-11，

33)、(-56，28)和(-82，81)的多段线，结果如图11-68所示。

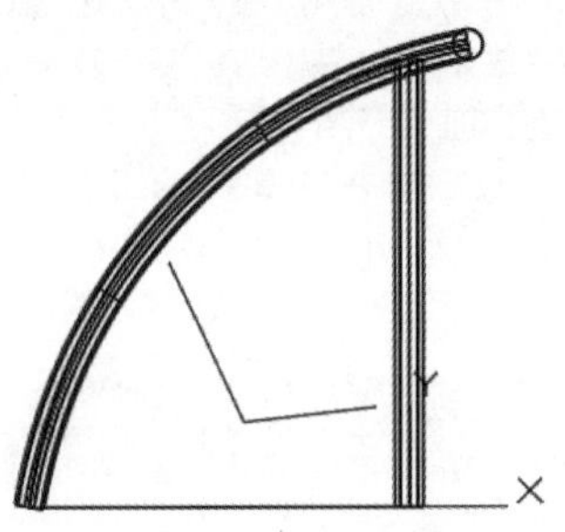

图 11-68 绘制多段线

(19)单击“默认”选项卡“修改”面板中的“偏移”按钮⊆，将绘制的多段线向上偏移“5”。

(20)单击“默认”选项卡“绘图”面板中的“直线”按钮╱，连接两条多段线的端点。

(21)单击“默认”选项卡“修改”面板中的“圆角”按钮╭，对偏移后的多段线进行圆角处理，圆角半径为“10”。

(22)单击“默认”选项卡“绘图”面板中的“面域”按钮，将绘制的图形创建为面域，结果如图11-69所示。

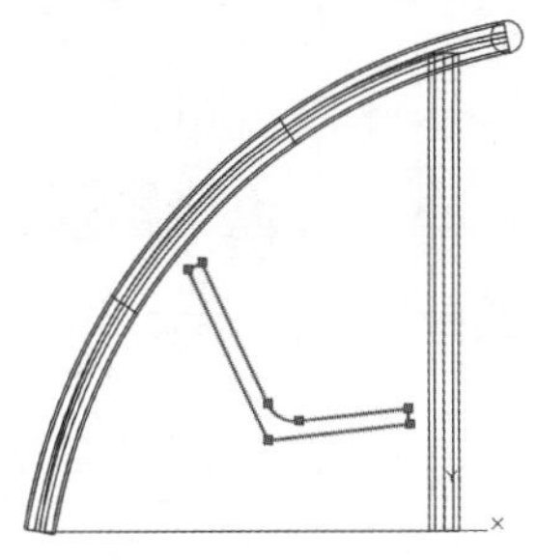

图 11-69 创建面域

(23)将当前视图设置为西南等轴测视图。单击“三维工具”选项卡“建模”面板中的“拉伸”按钮，将创建的面域沿Z轴方向拉伸“-37”，结果如图11-70所示。

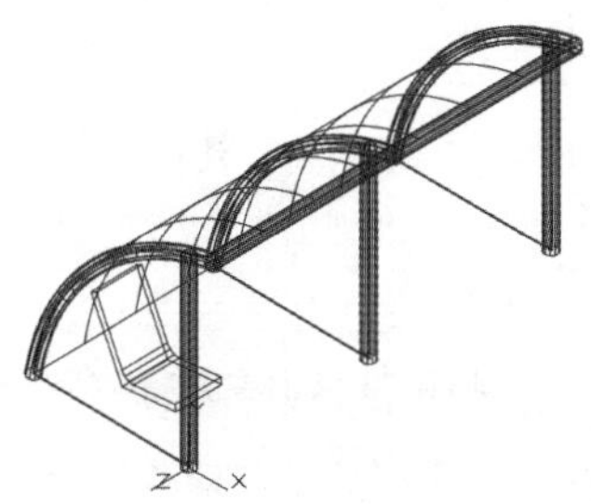

图 11-70 拉伸面域

(24)单击“默认”选项卡“修改”面板中的“圆角”按钮╭，绘制半径为“2”的圆角，结果如图11-71所示。

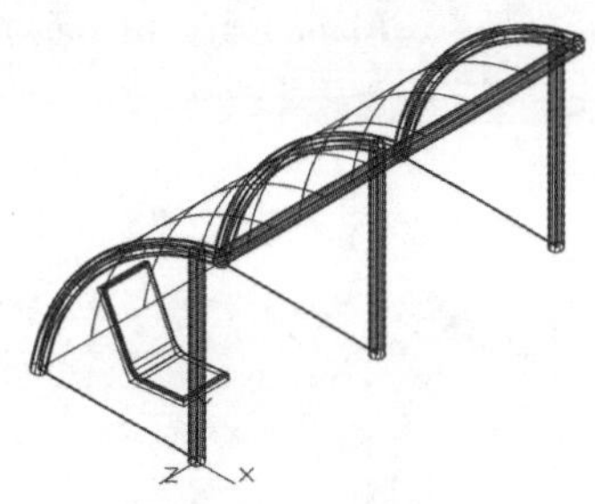

图 11-71 绘制圆角

(25)单击“默认”选项卡“修改”面板中的“移动”按钮✥，将绘制好的椅子沿Z轴方向移动“-1”。

(26)单击“默认”选项卡“修改”面板中的“矩形阵列”按钮，将绘制的椅子进行阵列操作，行数为“1”、列数为“1”、层数为“4”、层间距为“-37”，结果如图11-72所示。

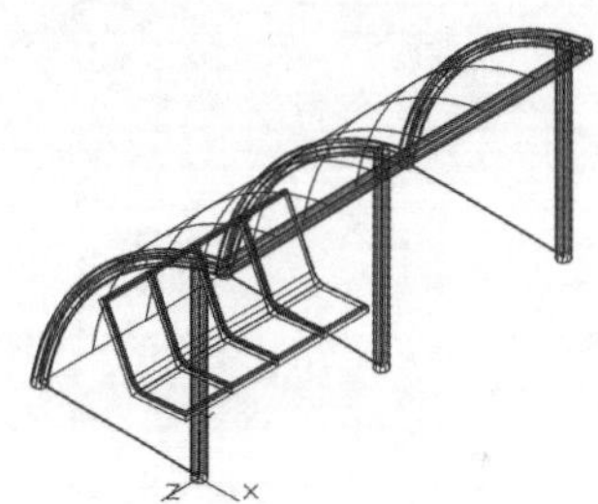

图 11-72 阵列椅子

(27)单击“默认”选项卡“修改”面板中的“复制”按钮，复制阵列后的椅子并将其沿Z轴移动“-150”，结果如图11-73所示。

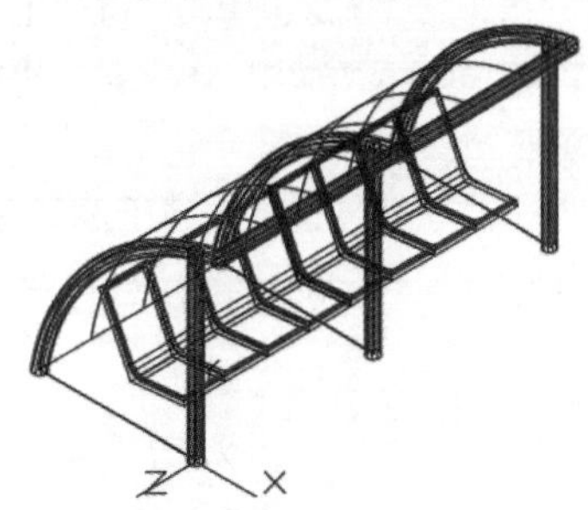

图 11-73 复制椅子

(28)单击“默认”选项卡“修改”面板中的“缩放”按钮，将绘制的教练席缩小，比例因子为0.17。

（29）打开“场地”图层，单击“默认”选项卡“修改”面板中的“移动”按钮✥，将绘制的教练席以原点为基点、移动的第二点坐标为（-160，10，25）进行移动，结果如图11-74所示。

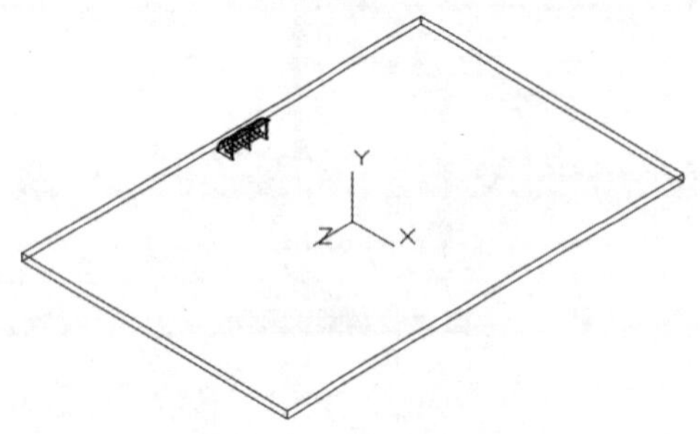

图11-74　移动教练席

（30）选择菜单栏中的“修改”→“三维操作”→“三维镜像”命令，将教练席以*YZ*平面为镜像面进行镜像处理，结果如图11-75所示。

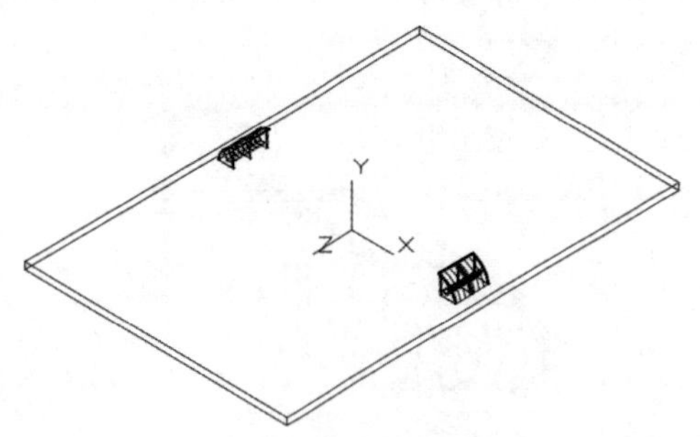

图11-75　镜像教练席

11.3.6 绘制球门

（1）将“球门”图层设置为当前图层，关闭“场地”和“教练席”图层。单击“可视化”选项卡“命名视图”面板中的“前视”按钮，将当前视图设置为前视图。

（2）单击“默认”选项卡“绘图”面板中的“多段线”按钮，绘制多段线，命令行提示与操作如下：

```
命令：_pline
指定起点：0,0↙
当前线宽为 0.0000
指定下一个点或 [圆弧(A)/半宽(H)/长度(L)/放弃(U)/宽度(W)]：0,40↙
指定下一点或 [圆弧(A)/闭合(C)/半宽(H)/长度(L)/放弃(U)/宽度(W)]：-19,40↙
指定下一点或 [圆弧(A)/闭合(C)/半宽(H)/长度(L)/放弃(U)/宽度(W)]：-32,0↙
指定下一点或 [圆弧(A)/闭合(C)/半宽(H)/长度(L)/放弃(U)/宽度(W)]：C↙
```

结果如图11-76所示。

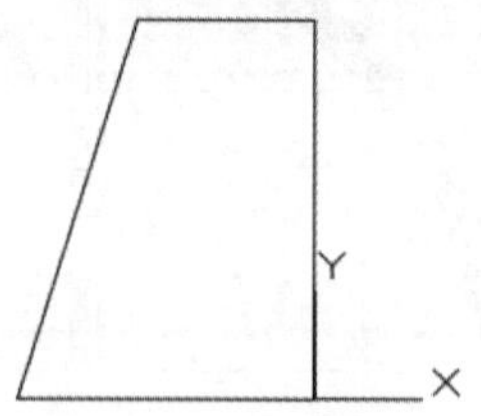

图11-76　绘制多段线

（3）将当前视图设置为西南等轴测视图。单击“三维工具”选项卡“建模”面板中的“拉伸”按钮，将绘制的多段线沿*Z*轴拉伸“-0.4”，结果如图11-77所示。

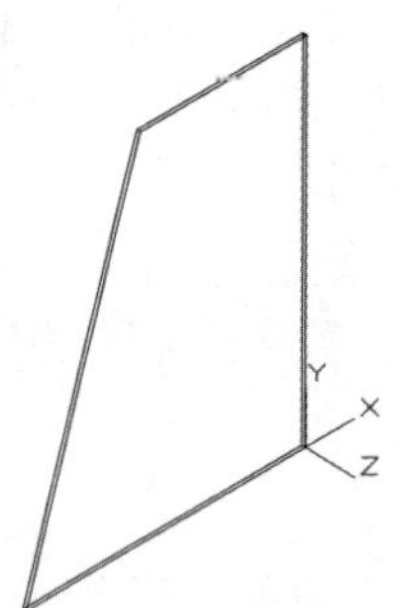

图11-77　拉伸多段线

（4）单击“三维工具”选项卡“实体编辑”面板中的“复制边”按钮，选择图11-78所示的边进行复制。

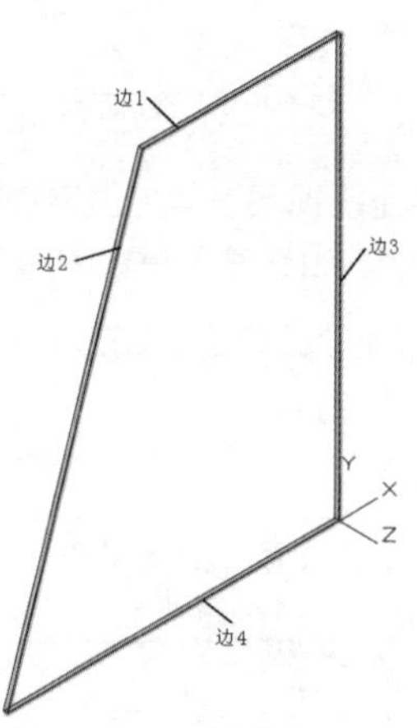

图11-78　选择要复制的边

（5）选择菜单栏中的“修改”→“对象”→“多段线”命令，将边1、边2、边3和边4合并为多段线。

（6）单击“默认”选项卡“修改”面板中的“圆角”按钮，绘制圆半径为“1”的圆角，结果如图 11-79 所示。

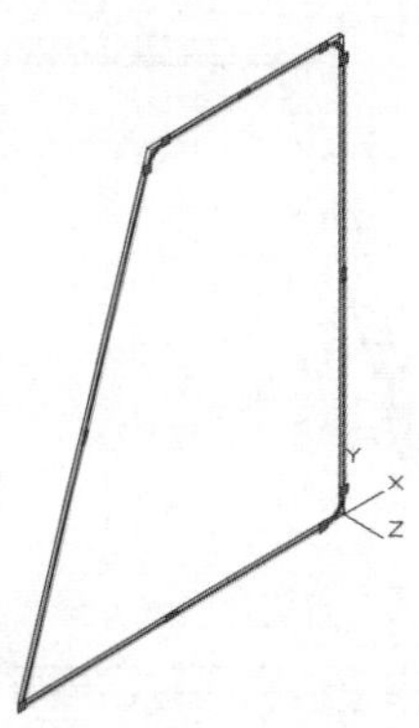

图 11-79　绘制圆角

（7）单击“默认”选项卡“绘图”面板中的“圆”按钮，绘制以原点为圆心、半径为“1”的圆，结果如图 11-80 所示。

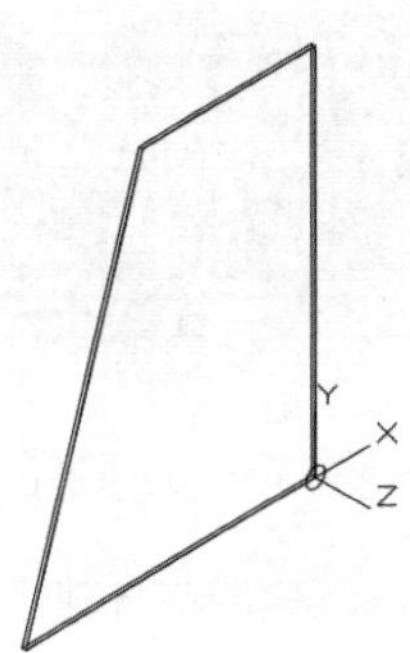

图 11-80　绘制圆

（8）选择菜单栏中的“修改”→“三维操作”→“三维旋转”命令，将绘制的圆以原点为基点、X 轴为旋转轴旋转 90°，结果如图 11-81 所示。

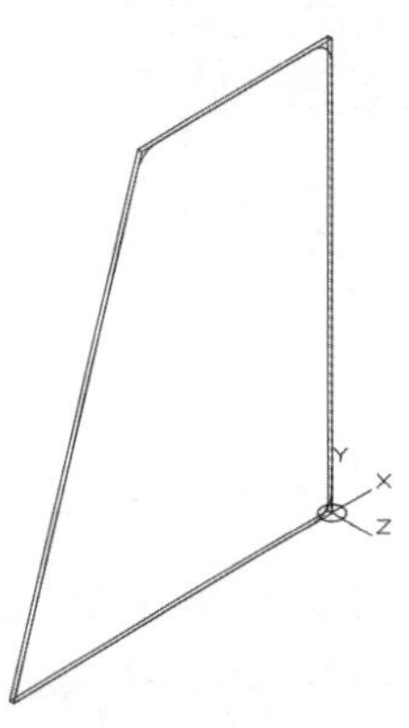

图 11-81　旋转圆

（9）单击“三维工具”选项卡“建模”面板中的“扫掠”按钮，选择旋转后的圆为扫掠对象、步骤（5）合并的多段线为扫掠路径，进行扫掠，结果如图 11-82 所示。

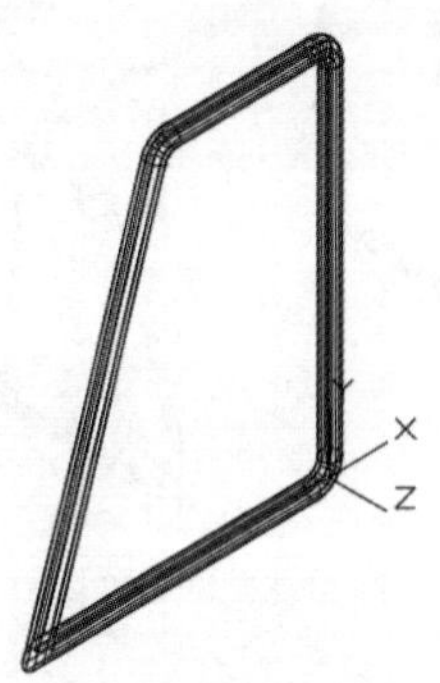

图 11-82　扫掠实体

（10）单击“默认”选项卡“修改”面板中的“移动”按钮，将扫掠的实体沿 Z 轴移动“-0.2”。

（11）单击“默认”选项卡“修改”面板中的“复制”按钮，复制所有实体并将其沿 Z 轴移动“-60”，结果如图 11-83 所示。

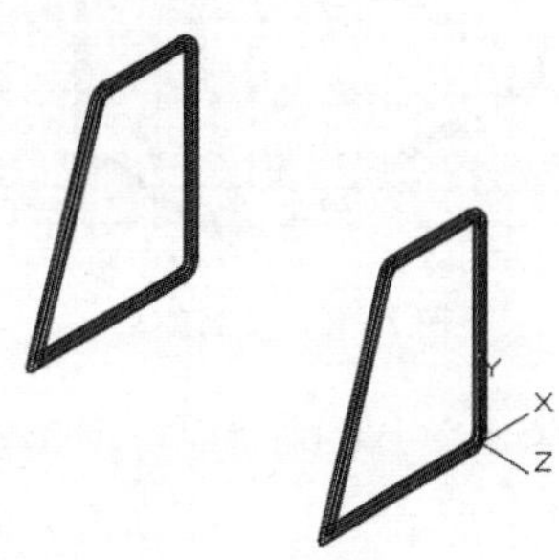

图 11-83　复制实体

（12）单击“默认”选项卡“绘图”面板中的“圆”按钮，绘制以原点为圆心、半径为“1”的圆。

（13）单击“三维工具”选项卡“建模”面板中的“拉伸”按钮，将绘制的圆沿 Z 轴拉伸“-60”，结果如图 11-84 所示。

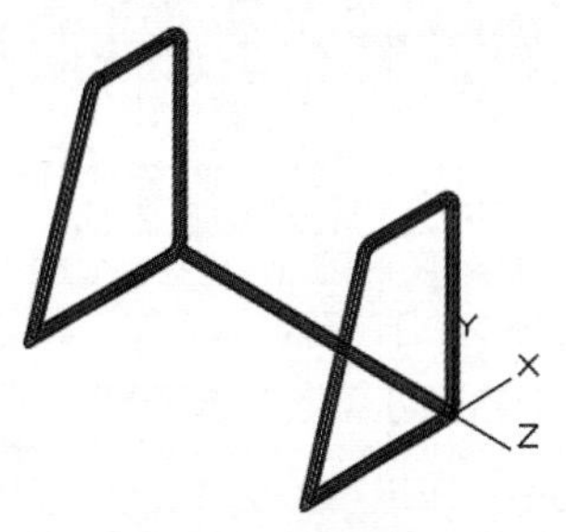

图 11-84　拉伸圆

（14）单击“默认”选项卡“修改”面板中的“移动”按钮✥，将拉伸后的实体沿Y轴移动“41”，结果如图11-85所示。

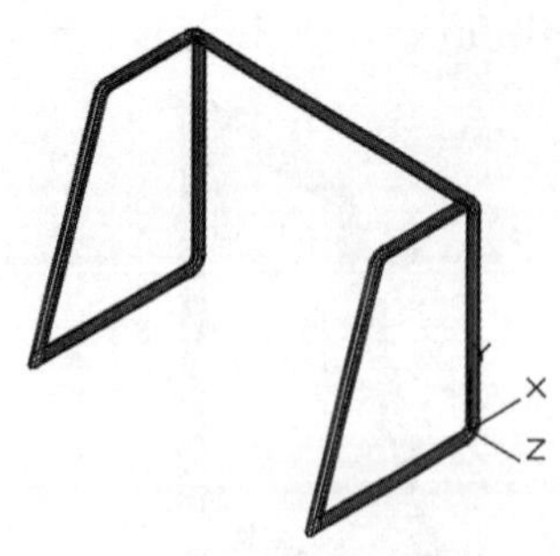

图11-85 移动实体

（15）单击“默认”选项卡“修改”面板中的“复制”按钮，复制移动后的实体并移动它们的位置，结果如图11-86所示。

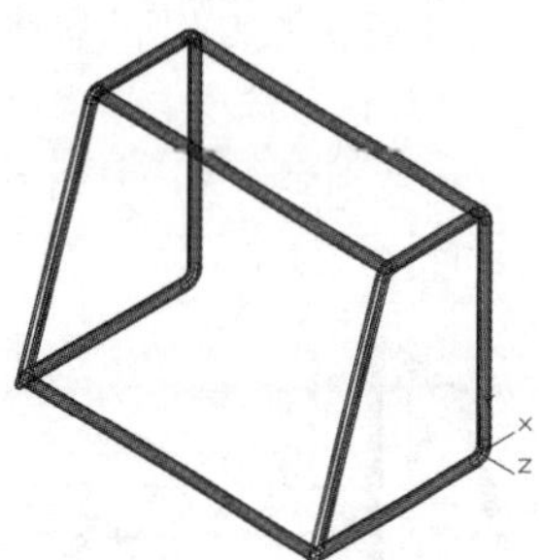

图11-86 复制实体

（16）单击“可视化”选项卡“命名视图”面板中的“前视”按钮，将当前视图设置为前视图。单击“默认”选项卡“绘图”面板中的“多段线”按钮，绘制多段线，命令行提示与操作如下：

```
命令：_pline
指定起点：-19.7,40.3↙
当前线宽为 0.0000
指定下一个点或 [圆弧(A)/半宽(H)/长度(L)/放弃(U)/宽度(W)]：-20.1,40.4↙
指定下一点或 [圆弧(A)/闭合(C)/半宽(H)/长度(L)/放弃(U)/宽度(W)]：-33.5,-0.9↙
指定下一点或 [圆弧(A)/闭合(C)/半宽(H)/长度(L)/放弃(U)/宽度(W)]：-33.2,-1↙
指定下一点或 [圆弧(A)/闭合(C)/半宽(H)/长度(L)/放弃(U)/宽度(W)]：C↙
```

结果如图11-87所示。

（17）单击“可视化”选项卡“命名视图”面板中的“西南等轴测”按钮，将当前视图设置为西南等轴测视图。单击“三维工具”选项卡“建模”面板中的“拉伸”按钮，将绘制的多段线沿Z轴方向拉伸“-60”。单击“视图”选项卡“视觉样式”面板中的“概念”按钮，将“视觉样式”设置为“概念”，结果如图11-88所示。

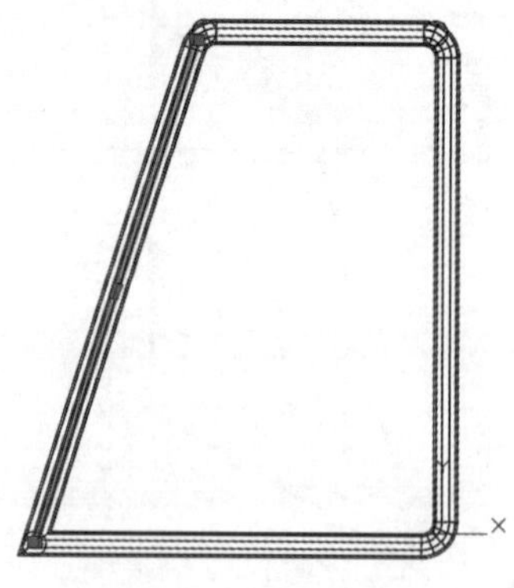

图11-87 绘制多段线

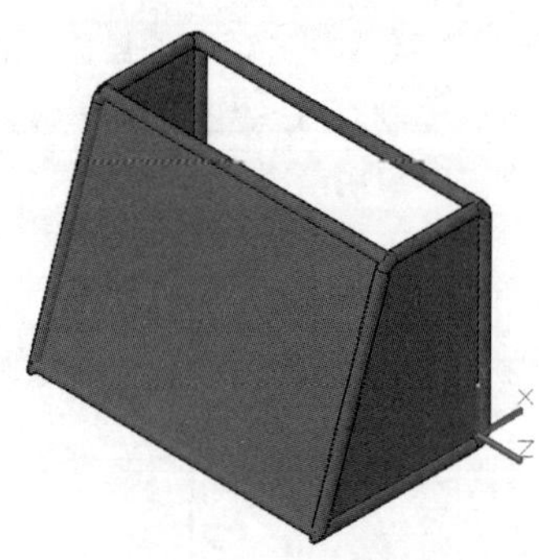

图11-88 拉伸多段线

（18）将“场地”图层打开，将“视觉样式”设置为“二维线框”。单击“默认”选项卡“修改”面板中的“移动”按钮✥，将绘制的球门以原点为基点、移动的第二点坐标为（-250，12，30）进行移动，结果如图11-89所示。

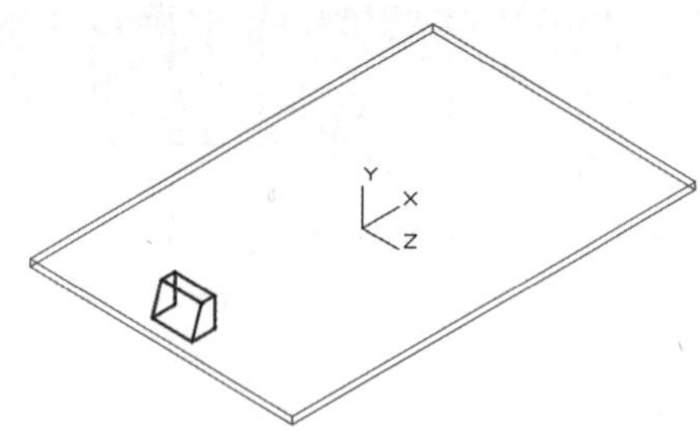

图11-89 移动球门

（19）选择菜单栏中的“修改”→“三维操作”→“三维镜像”命令，将移动后的球门以YZ平面为镜像平面进行镜像操作，结果如图11-90所示。

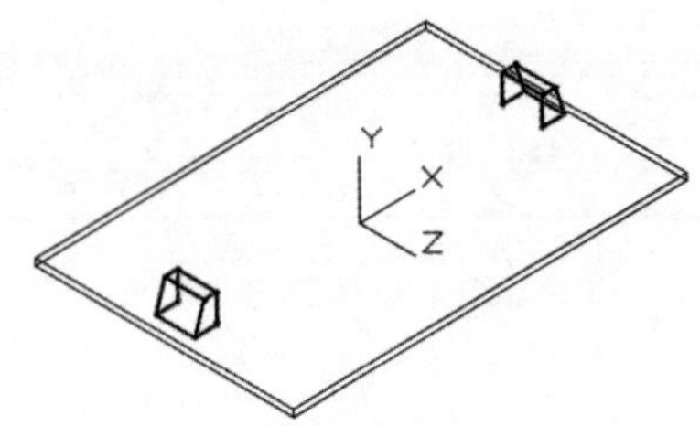

图 11-90　镜像球门

（20）将所有的图层都打开，选择菜单栏中的“修改”→“三维操作”→“三维旋转”命令，将场地、教练席和球门以原点为基点旋转，旋转轴为 *Y* 轴，旋转角度为 30°，结果如图 11-91 所示。

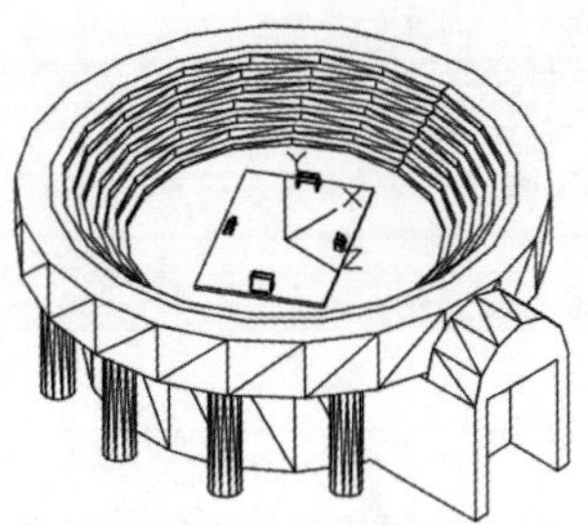

图 11-91　三维旋转操作

（21）单击“视图”选项卡“视觉样式”面板中的“概念”按钮，将“视觉样式”设置为“概念”，最终结果如图 11-42 所示。

第三篇　手压阀三维设计篇

本篇导读

本篇内容通过介绍手压阀实例，使读者加深对 AutoCAD 三维造型功能的理解和掌握，熟悉各种三维造型的绘制方法。

内容要点

- 手压阀零件设计
- 手压阀装配立体图

第 12 章

手压阀零件设计

本章导读

本章将通过对手压阀三维设计实例的讲解进一步介绍 AutoCAD 三维设计的各个功能及操作方法。

12.1 标准件立体图的绘制

本节以密封垫和胶垫为例，介绍手压阀标准件立体图的绘制过程。

12.1.1 密封垫立体图的绘制

本实例主要利用“圆柱体”“倒角”等命令绘制图12-1所示的密封垫。

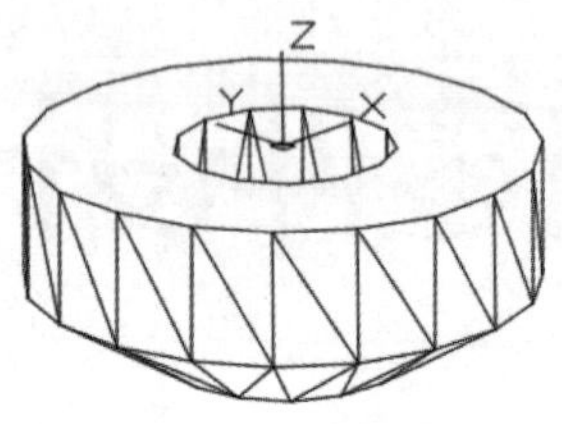

图12-1 密封垫

（1）在命令行输入“ISOLINES”命令，默认值是“4”，更改设定值为“10”。

（2）单击“可视化”选项卡“命名视图”面板中的“西南等轴测”按钮，将视图切换到西南等轴测视图。单击“三维工具”选项卡“建模”面板中的“圆柱体”按钮，在坐标原点处绘制直径分别为“10”和“23”、高度为“-9.75”的两个圆柱体，如图12-2所示。

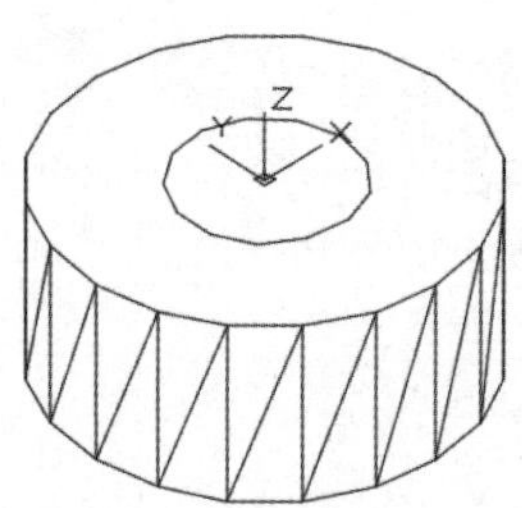

图12-2 绘制圆柱体

（3）单击“三维工具”选项卡“实体编辑”面板中的“差集”按钮，将绘制的两个圆柱体进行差集运算，如图12-3所示。

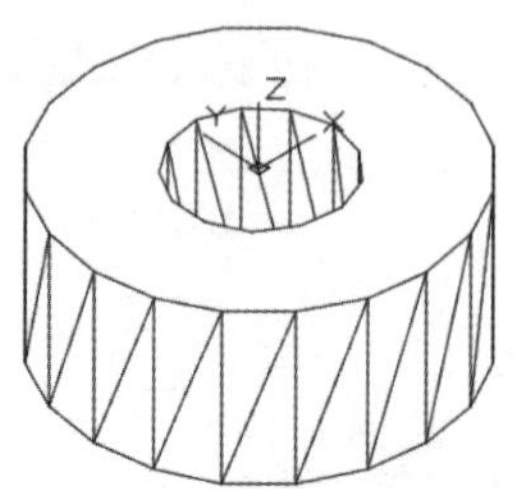

图12-3 差集运算

（4）单击“三维工具”选项卡“实体编辑”面板中的“倒角边”按钮，倒角距离1为“6.5”，倒角距离2为“3.75”，将差集运算后的实体进行倒角处理，最终结果如图12-1所示。

12.1.2 胶垫立体图的绘制

本实例主要利用“拉伸”命令绘制图12-4所示的胶垫。

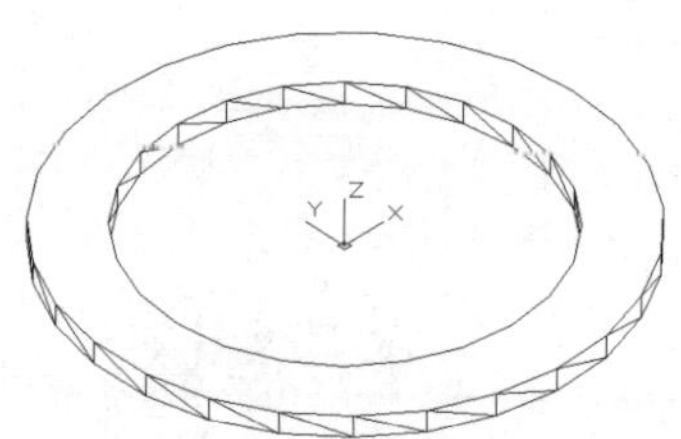

图12-4 胶垫

（1）在命令行输入“ISOLINES”命令，默认值是“4”，更改设定值为“10”。

（2）绘制图形。

① 单击“默认”选项卡“绘图”面板中的“圆”按钮，在坐标原点分别绘制半径“25”和“18.5”的两个圆，如图12-5所示。

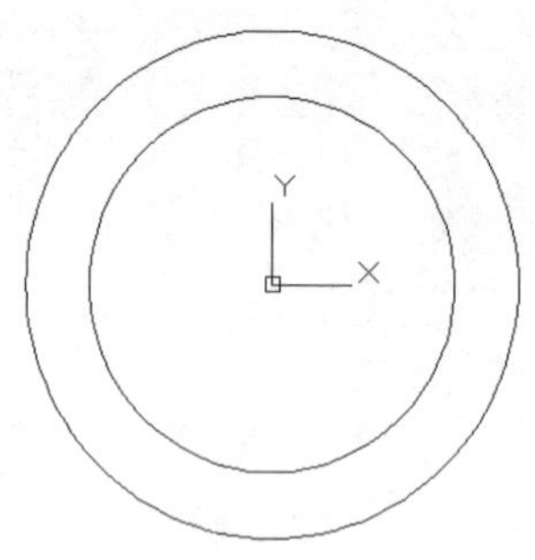

图12-5 绘制圆

② 单击“可视化”选项卡“命名视图”面板中的“西南等轴测”按钮，将视图切换到西南等轴测视图。单击“三维工具”选项卡“建模”面板中的“拉伸”按钮，将两个圆拉伸“2”，如图12-6所示。

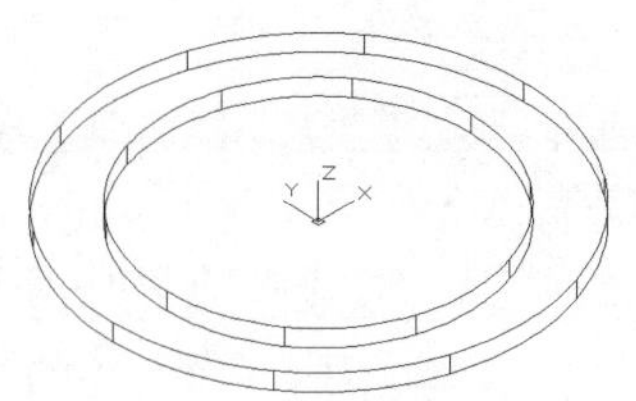

图 12-6 拉伸实体

③ 单击“三维工具”选项卡“实体编辑”面板中的“差集”按钮，将拉伸后的大圆减去小圆，如图 12-7 所示。

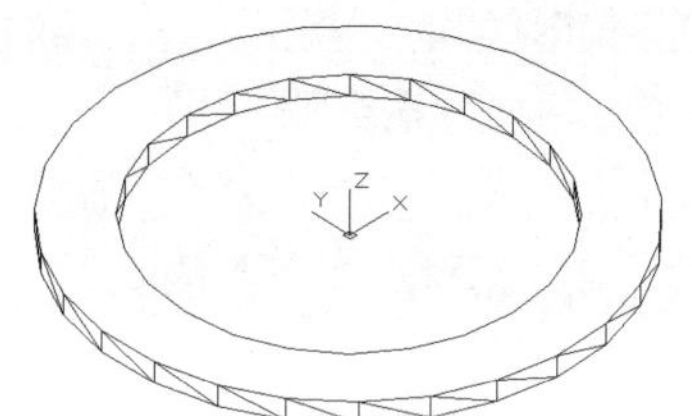

图 12-7 差集运算

12.2 非标准件立体图的绘制

本节以胶木球、手把和阀杆为例，介绍手压阀非标准件立体图的绘制过程。

12.2.1 胶木球立体图的绘制

创建图 12-8 所示的胶木球。

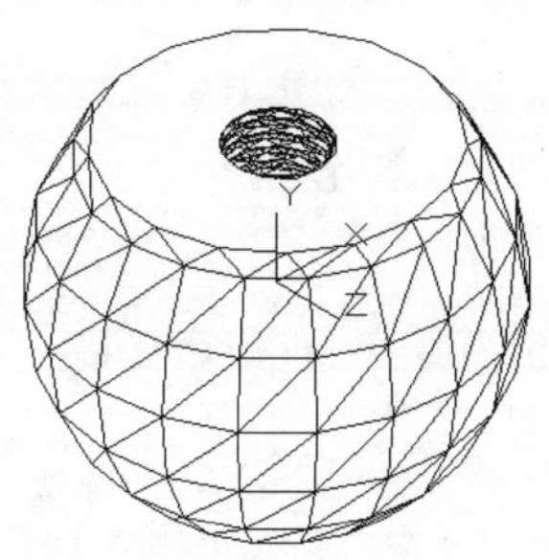

图 12-8 胶木球

（1）单击菜单栏中的“文件”→“新建”命令，打开“选择样板”对话框，单击“打开”按钮右侧的按钮，以“无样板打开-公制（M）”方式建立新文件，将新文件命名为“胶木球.dwg”并保存。

（2）设置线框密度，设定默认值是“8”，更改设定值为“10”。

（3）创建球体。

① 单击“三维工具”选项卡“建模”面板中的“球体”按钮，在坐标原点绘制半径为“9”的球体，命令行中的提示与操作如下：

```
命令： _sphere
指定中心点或 [三点(3P)/两点(2P)/切点、切点、半径(T)]: 0,0,0↙
指定半径或 [直径(D)]: 9↙
```

结果如图 12-9 所示。

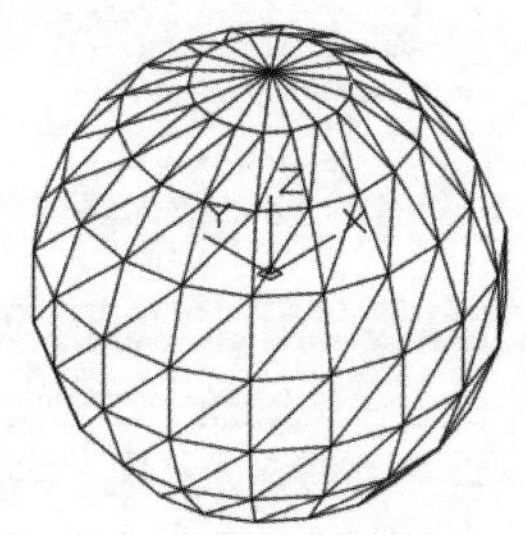

图 12-9 绘制球体

② 选择菜单栏中的“修改”→“三维操作”→“剖切”命令，对球体进行剖切，命令行中的提示与操作如下：

```
命令： _slice
选择要剖切的对象： （选择球）
选择要剖切的对象： ↙
指定 切面 的起点或 [平面对象(O)/曲面(S)/Z轴(Z)/视图(V)/XY(XY)/YZ(YZ)/ZX(ZX)/三点(3)] <三点>: XY↙
指定 XY 平面上的点 <0,0,0>: 0,0,6↙
在所需的侧面上指定点或 [保留两个侧面(B)] <保留两个侧面>:（选择球体下方）
```

结果如图 12-10 所示。

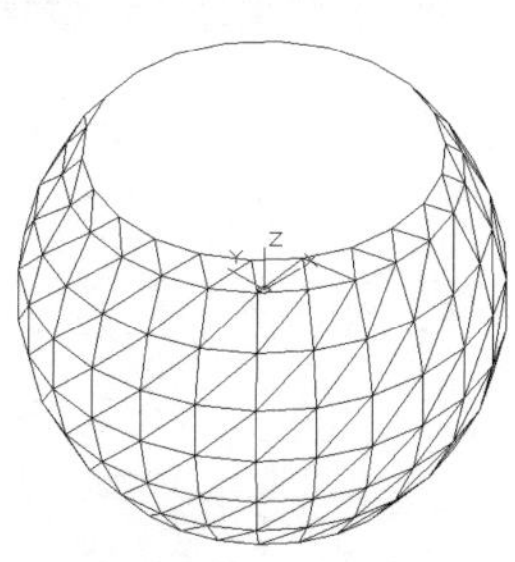

图 12-10 剖切球体

（4）创建旋转实体。

① 选择菜单栏中的“视图”→“三维视图”→“左视”命令，将视图切换到左视图。

② 单击“默认”选项卡“绘图”面板中的“直线”按钮，绘制图12-11所示的图形。

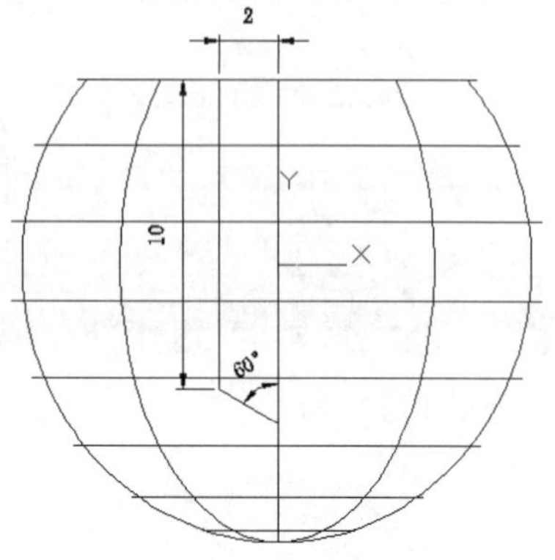

图12-11 绘制的旋转截面图

③ 单击“默认”选项卡“绘图”面板中的“面域”按钮，将上一步绘制的图形创建为面域。

④ 单击“三维工具”选项卡“建模”面板中的“旋转”按钮，将上一步创建的面域绕Y轴进行旋转，结果如图12-12所示。

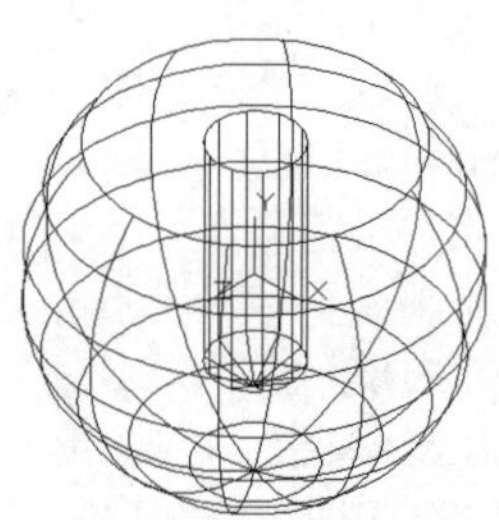

图12-12 旋转实体

⑤ 单击“三维工具”选项卡“实体编辑”面板中的“差集”按钮，将并集运算后的实体和旋转实体进行差集运算，结果如图12-13所示。

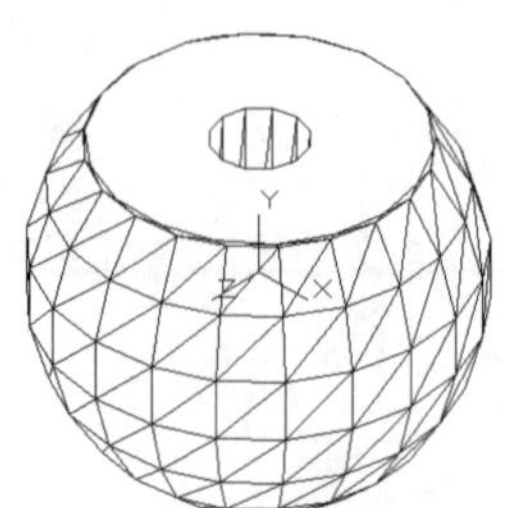

图12-13 差集运算

（5）创建螺纹。

① 在命令行输入“UCS”命令，将坐标系恢复成WCS。

② 单击“默认”选项卡“绘图”面板中的“螺旋”按钮，创建螺旋线，命令行中的提示与操作如下：

```
命令: _Helix
圈数 = 3.0000    扭曲 =CCW
指定底面的中心点: 0,0,8↙
指定底面半径或 [直径(D)] <1.0000>: 2↙
指定顶面半径或 [直径(D)] <2.0000>:↙
指定螺旋高度或 [轴端点(A)/圈数(T)/圈高(H)/扭曲(W)] <1.0000>: H↙
指定圈间距 <3.6667>: 0.58↙
指定螺旋高度或 [轴端点(A)/圈数(T)/圈高(H)/扭曲(W)] <12.0000>: -9↙
```

结果如图12-14所示。

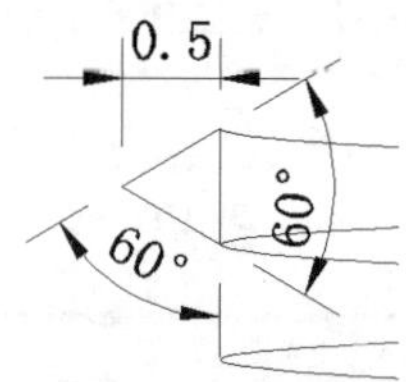

图12-14 绘制螺旋线

③ 选择菜单栏中的“视图”→“三维视图”→“前视”命令，将视图切换到前视图。

④ 单击“默认”选项卡“绘图”面板中的“直线”按钮，捕捉螺旋线的上端点以绘制牙型截面轮廓。单击“默认”选项卡“绘图”面板中的“面域”按钮，将其创建成面域，结果如图12-15所示。

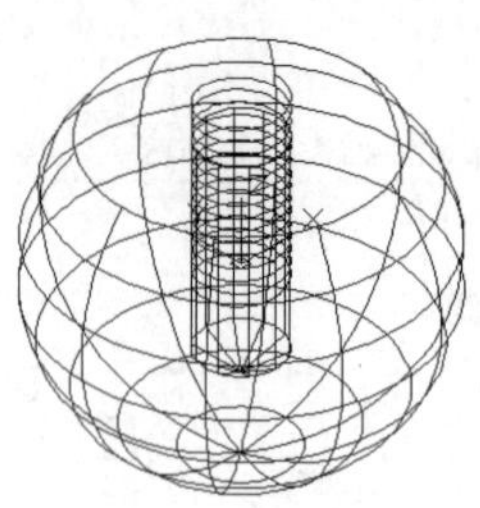

图12-15 绘制截面轮廓

⑤ 单击“可视化”选项卡“命名视图”面板中的“西南等轴测”按钮，将视图切换到西南等轴测视图。单击“三维工具”选项卡“建模”面板中的“扫掠”按钮，命令行中的提示与操作如下：

```
命令：_sweep
当前线框密度： ISOLINES=10，闭合轮廓创建模式 = 实体
选择要扫掠的对象或 [模式(MO)]： （选择三角牙型轮廓）
选择要扫掠的对象或 [模式(MO)]： ↙
选择扫掠路径或 [对齐(A)/基点(B)/比例(S)/扭曲(T)]：（选择螺纹线）
```

结果如图12-16所示。

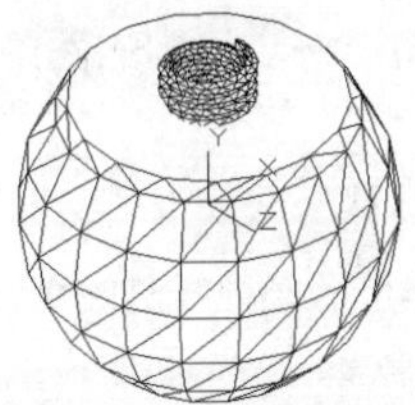

图12-16 扫掠结果

⑥ 单击“三维工具”选项卡“实体编辑”面板中的“差集”按钮，从主体中减去上一步绘制的扫掠实体，结果如图12-17所示。

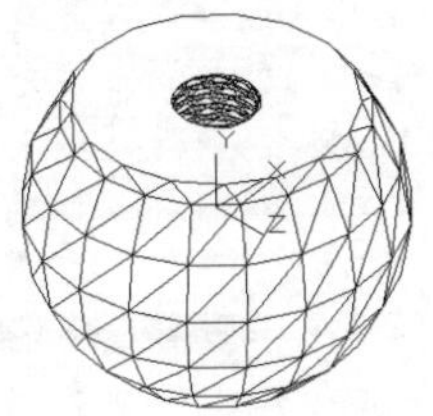

图12-17 差集运算（1）

12.2.2 手把立体图的绘制

本实例主要利用“拉伸”“圆角”等命令绘制图12-18所示的手把。

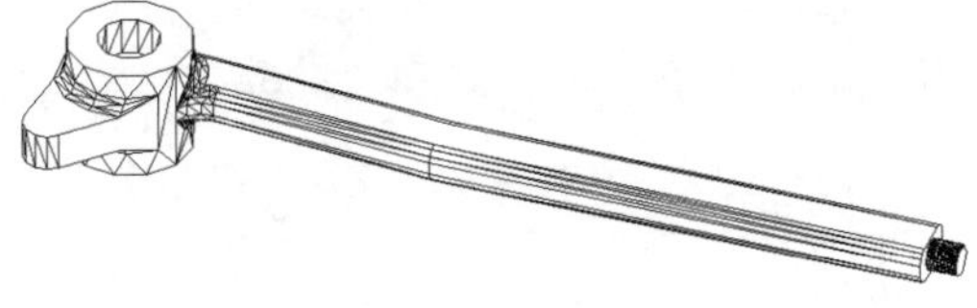

图12-18 手把

（1）单击菜单栏中的“文件”→“新建”命令，打开“选择样板”对话框，单击“打开”按钮右侧的按钮，以“无样板打开-公制（M）”方式建立新文件，将新文件命名为“手把.dwg”并保存。

（2）设置线框密度，默认值是“8”，更改设定值为“10”。

（3）创建圆柱体。

① 单击“三维工具”选项卡“建模”面板中的“圆柱体”按钮，在坐标原点处创建半径分别为“5”和“10”、高度为“18”的两个圆柱体。

② 单击“三维工具”选项卡“实体编辑”面板中的“差集”按钮，从大圆柱体中减去小圆柱体，结果如图12-19所示。

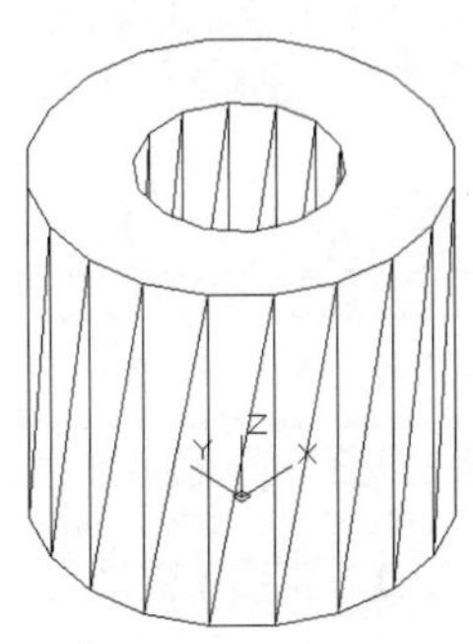

图12-19 差集运算（2）

（4）创建拉伸实体。

① 在命令行中输入“UCS”命令，将坐标系移动到坐标点（0，0，6）处。

② 选择菜单栏中的“视图”→“三维视图”→“平面视图”→“当前UCS”命令，将视图切换到当前坐标系。

③ 单击“默认”选项卡“绘图”面板中的“直线”按钮，绘制通过圆心的十字线。

④ 单击“默认”选项卡“修改”面板中的“偏移”按钮，将水平线向下偏移“18”，如图12-20所示。

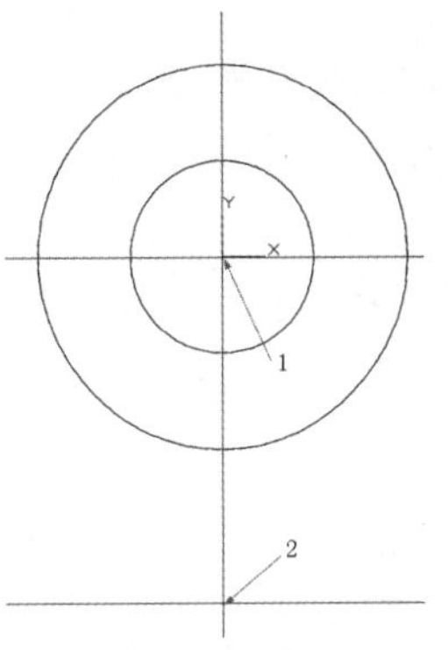

图12-20 绘制辅助线

⑤ 单击“默认”选项卡“绘图”面板中的“圆”按钮，在点1处绘制半径为“10”的圆，

在点2处绘制半径为“4”的圆。

⑥ 单击“默认”选项卡“绘图”面板中的“直线”按钮，绘制两个圆的切线，如图12-21所示。

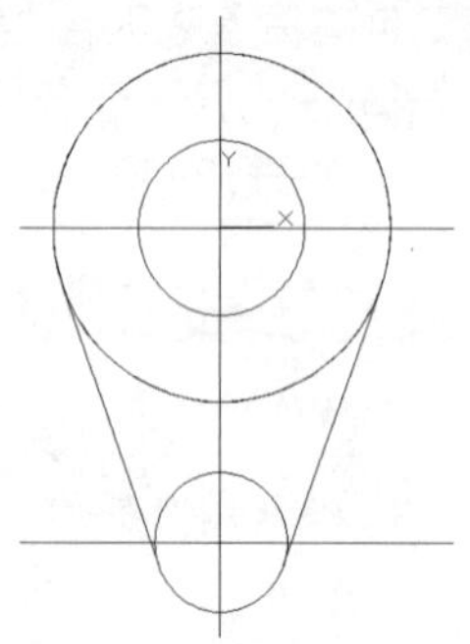

图12-21 绘制截面轮廓（1）

⑦ 单击“默认”选项卡“修改”面板中的“修剪”按钮，修剪多余线段。单击“默认”选项卡“修改”面板中的“删除”按钮，删除步骤③中绘制的十字线。

⑧ 单击“默认”选项卡“绘图”面板中的“面域”按钮，将修剪后的图形创建成面域，如图12-22所示。

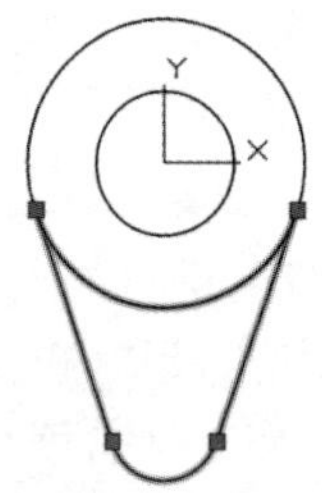

图12-22 创建截面面域（1）

⑨ 单击“可视化”选项卡“命名视图”面板中的“西南等轴测”按钮，将视图切换到西南等轴测视图。单击“三维工具”选项卡“建模”面板中的“拉伸”按钮，将上一步创建的面域进行拉伸处理，拉伸距离为“6”，结果如图12-23所示。

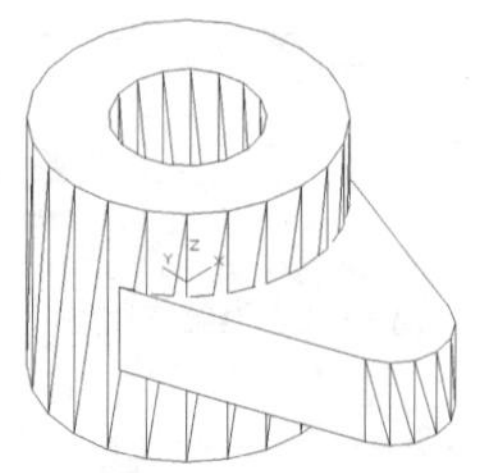

图12-23 拉伸实体

（5）创建拉伸实体。

① 选择菜单栏中的“视图”→“三维视图”→“平面视图”→“当前UCS”命令，将视图切换到当前坐标系。

② 单击“默认”选项卡“绘图”面板中的“直线”按钮，以坐标原点为起点，绘制坐标依次为（@50<20）、（@80<25）的直线。

③ 单击“默认”选项卡“修改”面板中的“偏移”按钮，将上一步绘制的两条直线向上偏移，偏移距离为“10”。

④ 单击“默认”选项卡“绘图”面板中的“直线”按钮，连接两条直线的端点。

⑤ 单击“默认”选项卡“绘图”面板中的“圆”按钮，在坐标原点绘制半径为“10”的圆，结果如图12-24所示。

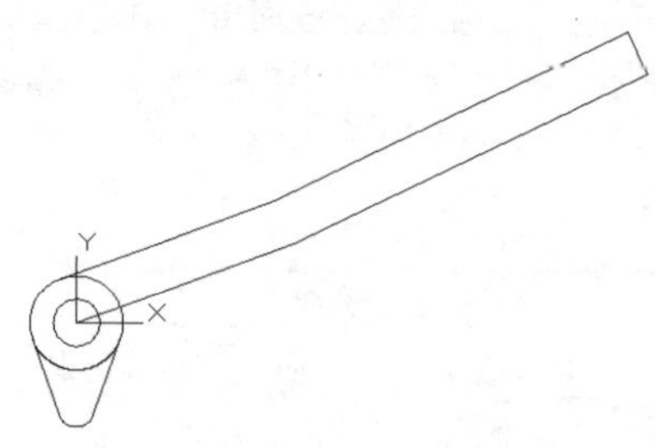

图12-24 绘制截面轮廓（2）

⑥ 单击“默认”选项卡“修改”面板中的“修剪”按钮，修剪多余线段。

⑦ 单击“默认”选项卡“绘图”面板中的“面域”按钮，将修剪后的图形创建成面域，如图12-25所示。

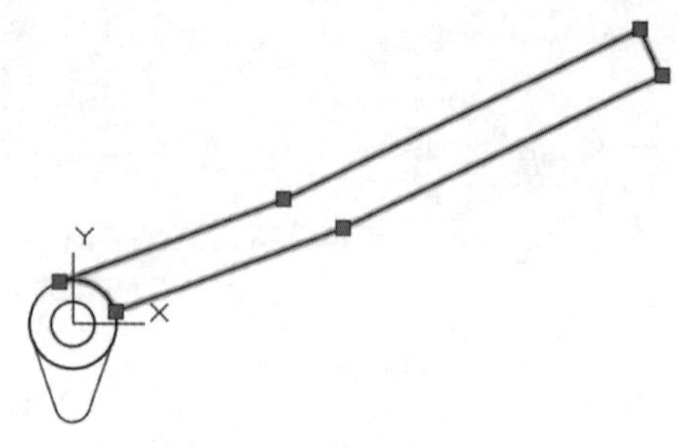

图12-25 创建截面面域（2）

⑧ 单击“可视化”选项卡“命名视图”面板中的“西南等轴测”按钮，将视图切换到西南等轴测视图。单击“三维工具”选项卡“建模”面板中的“拉伸”按钮，将上一步创建的面域进行拉伸

处理，拉伸距离为“6”，结果如图12-26所示。

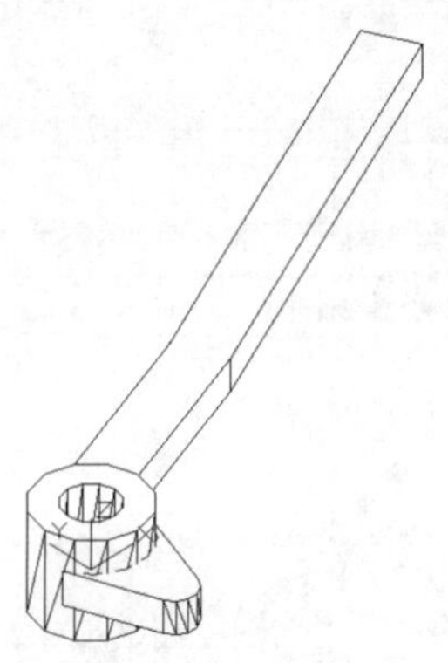

图12-26 拉伸实体

（6）创建圆柱体。

① 单击“可视化”选项卡“命名视图”面板中的“东南等轴测”按钮，将视图切换到东南等轴测视图，如图12-27所示。

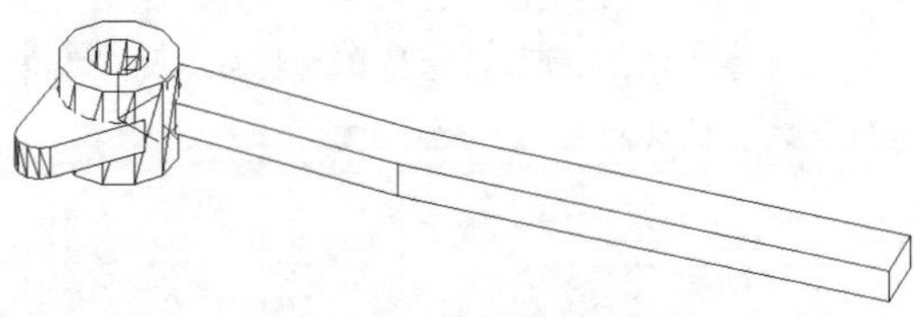

图12-27 东南等轴测视图

② 在命令行中输入“UCS”命令，将坐标系移动到把手端点，如图12-28所示。

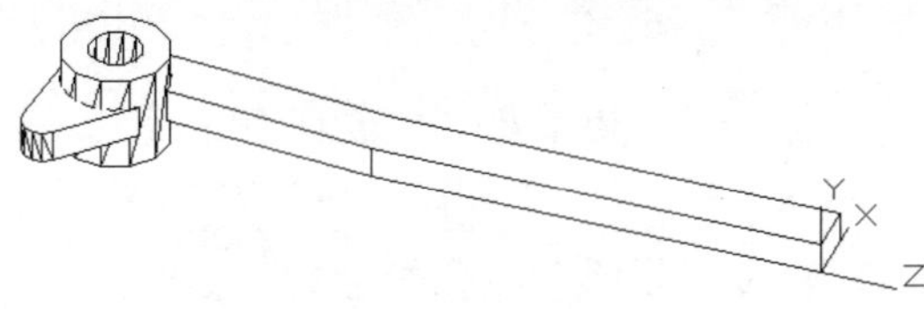

图12-28 建立新坐标系（1）

③ 单击“三维工具”选项卡“建模”面板中的“圆柱体”按钮，以坐标点（5，3，0）为原点，绘制半径为“2.5”、高度为“5”的圆柱体，如图12-29所示。

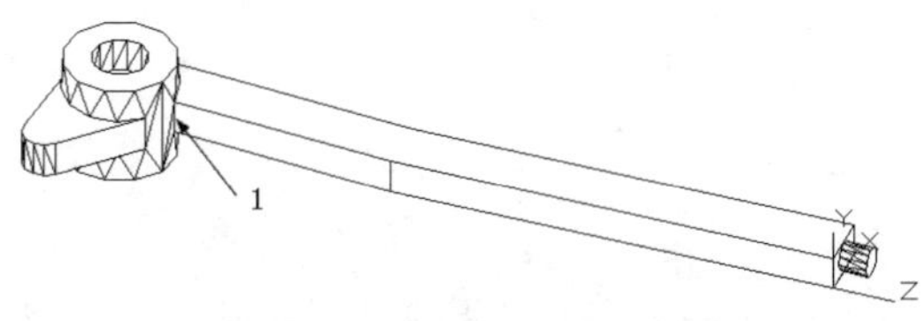

图12-29 绘制圆柱体

④ 单击“三维工具”选项卡“实体编辑”面板中的“并集”按钮，将视图中所有实体合并为一体。

（7）创建圆角。

① 单击“默认”选项卡“修改”面板中的“圆角”按钮，选择图12-29所示的交线进行圆角处理，半径为“5”，如图12-30所示。

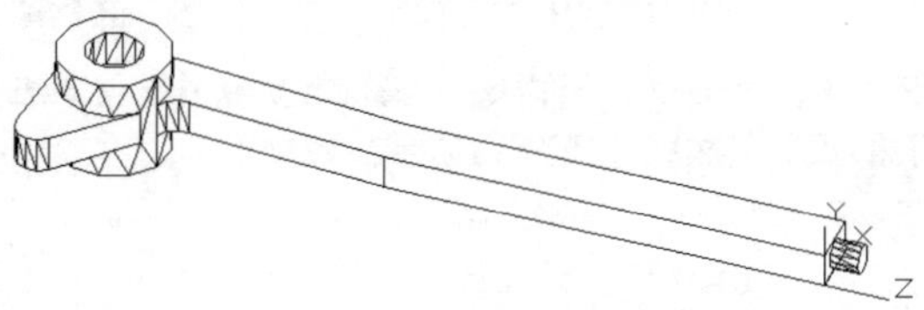

图12-30 绘制圆角（1）

② 单击“默认”选项卡“修改”面板中的“圆角”按钮，对其余棱角进行圆角处理，半径为“2”，如图12-31所示。

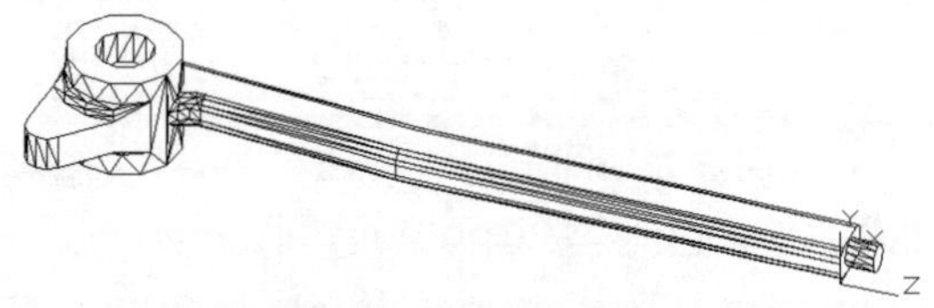

图12-31 绘制圆角（2）

（8）创建螺纹。

① 在命令行中输入“UCS”命令，将坐标系移动到把手端点，如图12-32所示。

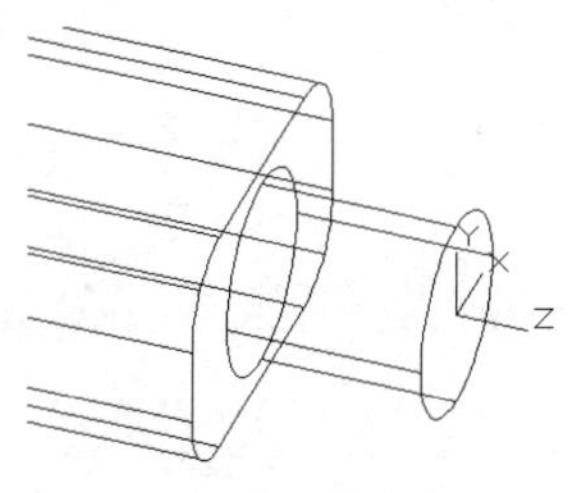

图12-32 建立新坐标系（2）

② 单击“可视化”选项卡“命名视图”面板中的“西南等轴测”按钮，将视图切换到西南等轴测视图。

③ 单击“默认”选项卡“绘图”面板中的“螺旋”按钮，创建螺旋线，命令行中的提示与操作如下：

```
命令：_Helix
```

```
圈数 = 3.0000    扭曲 =CCW
指定底面的中心点 : 0,0,2 ↙
指定底面半径或 [ 直径 (D) ] <1.0000>: 2.5 ↙
指定顶面半径或 [ 直径 (D) ] <2.5.0000>: ↙
指定螺旋高度或 [ 轴端点 (A) / 圈数 (T) / 圈高 (H) / 扭曲 (W) ] <1.0000>: H ↙
指定圈间距 <0.2500>: 0.58 ↙
指定螺旋高度或 [ 轴端点 (A) / 圈数 (T) / 圈高 (H) / 扭曲 (W) ] <1.0000>: -8 ↙
```

④ 单击“可视化”选项卡“命名视图”面板中的“东南等轴测”按钮，将视图切换到东南等轴测视图，结果如图12-33所示。

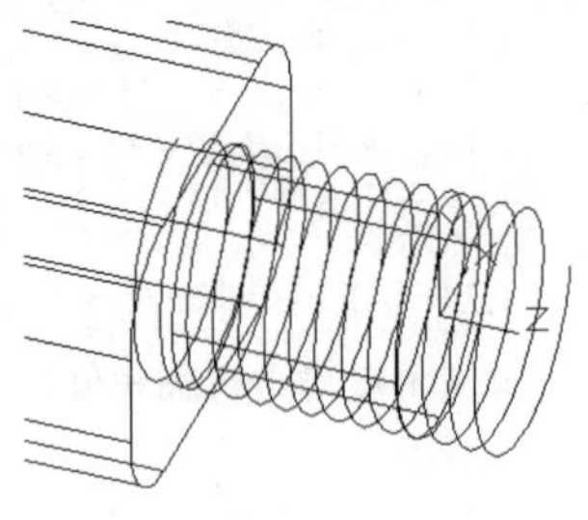

图12-33　创建螺旋线

⑤ 选择菜单栏中的“视图”→“三维视图”→“俯视”命令，将视图切换到俯视图。

⑥ 单击“默认”选项卡“绘图”面板中的“直线”按钮，捕捉螺旋线的上端点以绘制牙型截面轮廓，尺寸参照图12-34。单击“默认”选项卡“绘图”面板中的“面域”按钮，将其创建成面域。

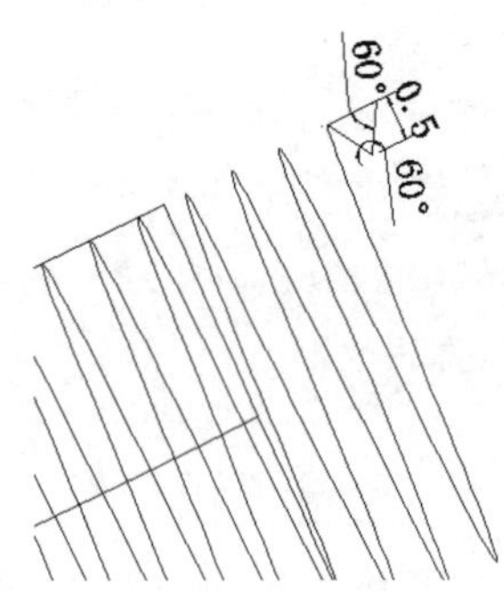

图12-34　创建截面轮廓

⑦ 单击“可视化”选项卡“命名视图”面板中的“西南等轴测”按钮，将视图切换到西南等轴测视图。单击“三维工具”选项卡“建模”面板中的“扫掠”按钮，命令行中的提示与操作如下：

```
命令 : _sweep
当前线框密度 : ISOLINES=10，闭合轮廓创建模式 = 实体
选择要扫掠的对象或 [ 模式 (MO) ]: （选择三角牙型轮廓）
选择要扫掠的对象或 [ 模式 (MO) ]: ↙
选择扫掠路径或 [ 对齐 (A) / 基点 (B) / 比例 (S) / 扭曲 (T) ]:（选择螺纹线）
```

结果如图12-35所示。

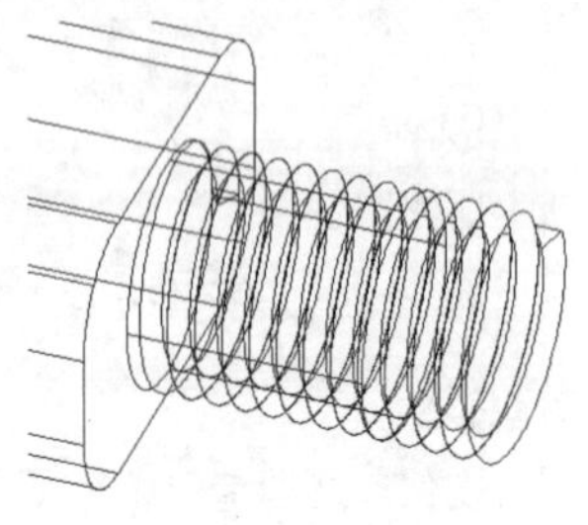

图12-35　扫掠实体

⑧ 单击“三维工具”选项卡“实体编辑”面板中的“差集”按钮，从主体中减去上一步绘制的扫掠实体，结果如图12-36所示。

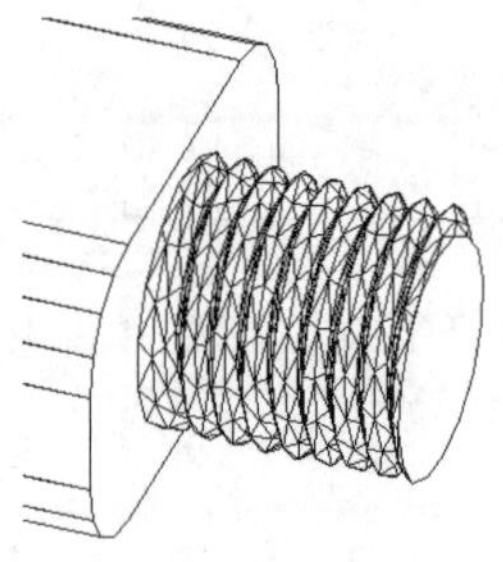

图12-36　差集运算

12.2.3 阀杆立体图的绘制

本实例主要利用“旋转”命令绘制图12-37所示的阀杆。

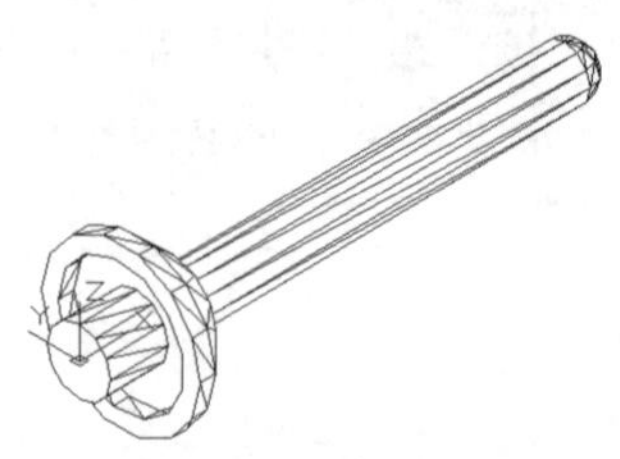

图12-37　阀杆

（1）在命令行输入“ISOLINES”命令，设置线框密度，默认值是“4”，更改设定值为“10”。

（2）单击“默认”选项卡“绘图”面板中的“直线”按钮 ，在坐标原点绘制一条水平直线和竖直直线。

（3）单击“默认”选项卡“修改”面板中的“偏移”按钮 ，将上一步绘制的水平直线向上偏移，偏移距离分别为“5”“6”“8”“12”和“15”。重复“偏移”命令，将竖直直线分别向右偏移“8”“11”“18”和“93”，结果如图 12-38 所示。

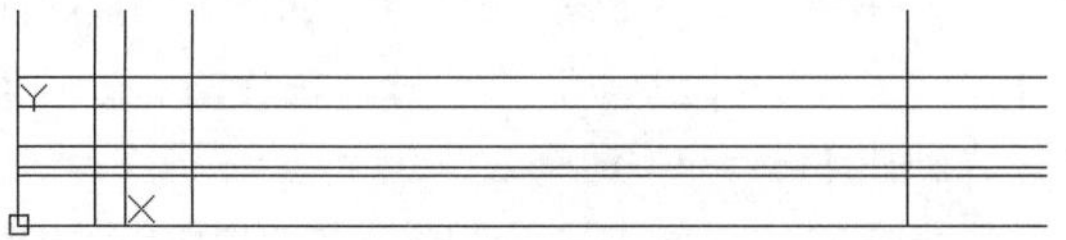

图 12-38 偏移直线

（4）单击“默认”选项卡“绘图”面板中的“直线”按钮 ，绘制直线。

（5）单击“默认”选项卡“绘图”面板中的“圆弧”按钮 ，绘制半径为“5”的圆弧，结果如图 12-39 所示。

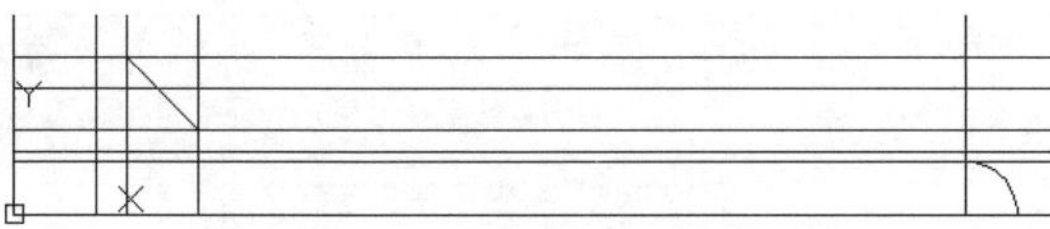

图 12-39 绘制直线和圆弧

（6）单击“默认”选项卡“修改”面板中的“修剪”按钮 ，修剪多余线段。结果如图 12-40 所示。

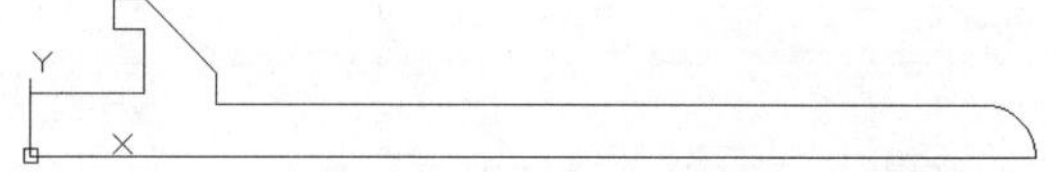

图 12-40 修剪多余线段

（7）单击“默认”选项卡“绘图”面板中的“面域”按钮 ，将修剪后的图形创建成面域。

（8）单击“三维工具”选项卡“建模”面板中的“旋转”按钮 ，将创建的面域沿 X 轴旋转，命令行中的提示与操作如下：

```
命令： _revolve
当前线框密度： ISOLINES=10，闭合轮廓创建模式 = 实体
选择要旋转的对象或 [ 模式 (MO)]：找到 1 个（选择面域）
选择要旋转的对象或 [ 模式 (MO)]：↙
指定轴起点或根据以下选项之一定义轴 [ 对象 (O)/X/Y/Z] <对象>：X↙
指定旋转角度或 [ 起点角度 (ST)/ 反转 (R)/ 表达式 (EX)] <360>：↙
```

结果如图 12-41 所示。

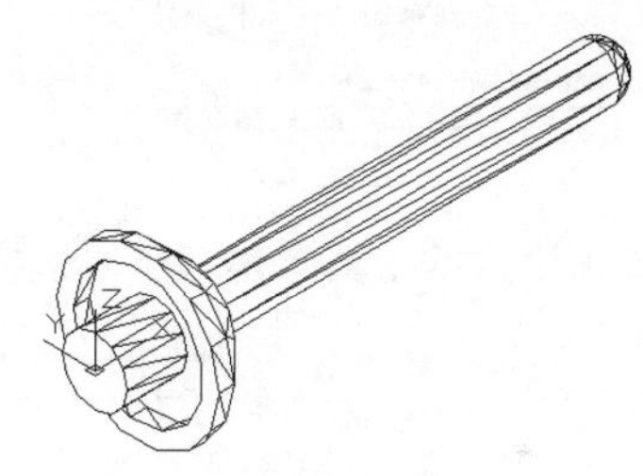

图 12-41 旋转实体

12.3 阀体与底座立体图的绘制

本节介绍手压阀底座立体图和阀体的绘制过程。

12.3.1 底座立体图的绘制

本实例主要利用前面学习的“拉伸”“圆柱体”“扫掠”等命令绘制图 12-42 所示的手压阀底座。

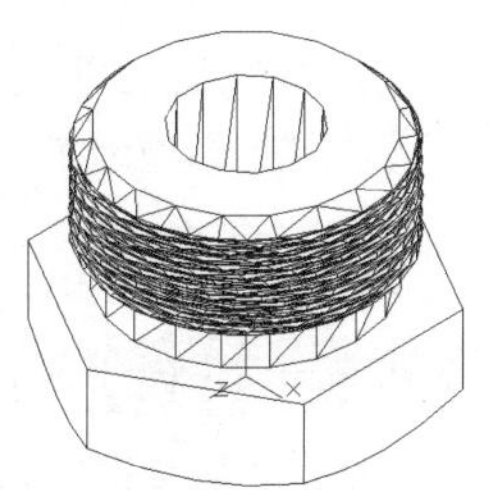

图 12-42 底座

（1）单击菜单栏中的“文件”→“新建”命令，打开“选择样板”对话框，单击“打开”按钮右侧的 按钮，以“无样板打开-公制（M）”方式建立新文件，将新文件命名为“底座.dwg”并保存。

（2）设置线框密度，默认值是“4”，更改设定值为“10”。

（3）创建图形。

① 单击“默认”选项卡“绘图”面板中的“多边形”按钮 ，在坐标原点处绘制外接圆半径为“25”的正六边形，结果如图 12-43 所示。

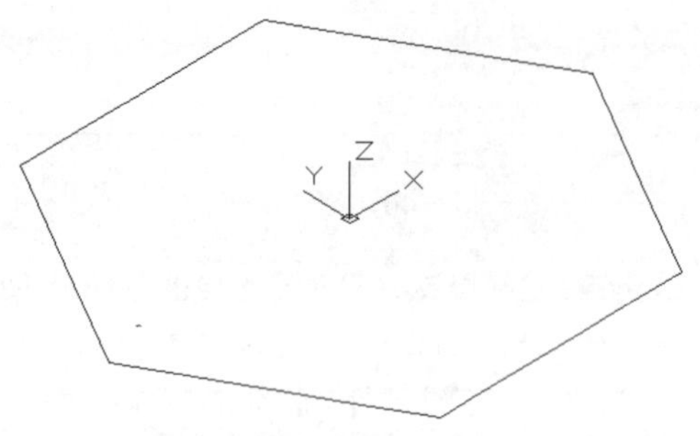

图 12-43 绘制正六边形

② 单击“三维工具”选项卡“建模”面板中的“拉伸”按钮，将上一步绘制的正六边形进行拉伸，拉伸距离为“8”，结果如图 12-44 所示。

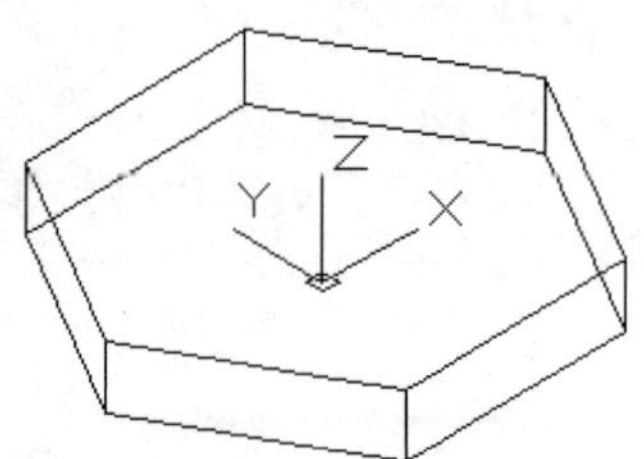

图 12-44 拉伸实体

③ 单击“三维工具”选项卡“建模”面板中的“圆柱体”按钮，绘制半径分别为“16”“18”和“12”的圆柱体，命令行中的提示与操作如下：

```
命令：_cylinder
指定底面的中心点或 [三点(3P)/两点(2P)/切点、切点、半径(T)/椭圆(E)]: 0,0,8↙
指定底面半径或 [直径(D)] <9.0000>: 16↙
指定高度或 [两点(2P)/轴端点(A)] <8.0000>: 3.4↙
命令：_cylinder
指定底面的中心点或 [三点(3P)/两点(2P)/切点、切点、半径(T)/椭圆(E)]: 0,0,12.4↙
指定底面半径或 [直径(D)] <10.5000>: 18↙
指定高度或 [两点(2P)/轴端点(A)] <3.4000>: 10.6↙
命令：_cylinder
指定底面的中心点或 [三点(3P)/两点(2P)/切点、切点、半径(T)/椭圆(E)]: 0,0,22↙
指定底面半径或 [直径(D)] <12.0000>: 12↙
指定高度或 [两点(2P)/轴端点(A)] <8.6000>: -10↙
```

结果如图 12-45 所示。

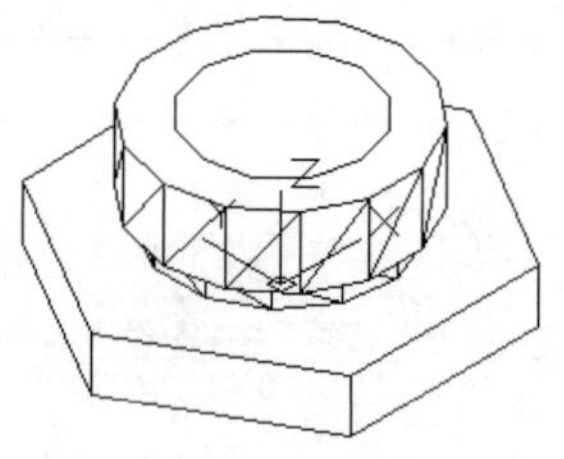

图 12-45 绘制圆柱体

④ 单击“三维工具”选项卡“实体编辑”面板中的“并集”按钮，将六棱柱和R16、R18两个大圆柱体进行并集运算。

⑤ 单击“三维工具”选项卡“实体编辑”面板中的“差集”按钮，将并集运算后的实体和R12圆柱体进行差集运算，结果如图 12-46 所示。

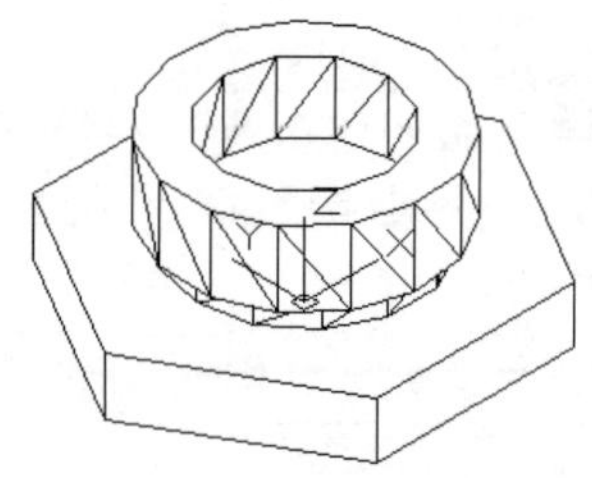

图 12-46 并集及差集运算

⑥ 选择菜单栏中的“视图”→“三维视图”→“前视”命令，将视图切换到前视图。

⑦ 单击“默认”选项卡“绘图”面板中的“直线”按钮，绘制图 12-47 所示的图形。

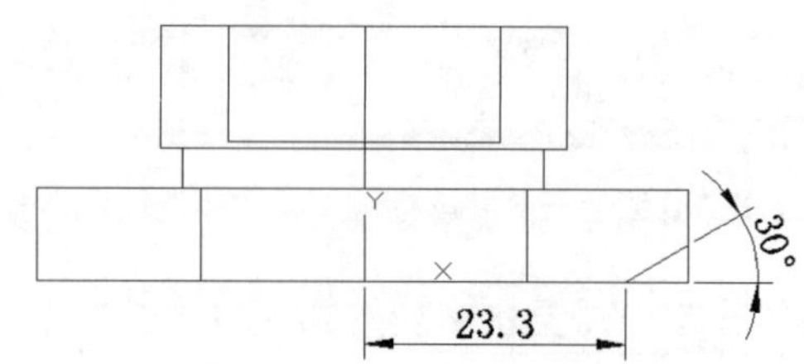

图 12-47 绘制截面轮廓

⑧ 单击“默认”选项卡“绘图”面板中的“面域”按钮，将上一步绘制的图形创建为面域。

⑨ 单击“三维工具”选项卡“建模”面板中的“旋转”按钮，将上一步创建的面域绕 Y 轴进行旋转，结果如图 12-48 所示。

⑩ 单击“三维工具”选项卡“实体编辑”面板中的“差集”按钮，将并集运算后的实体和小圆柱体进行差集运算，结果如图 12-49 所示。

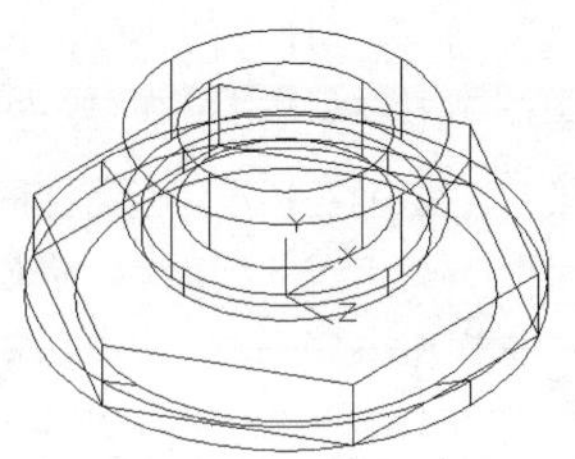

图 12-48 创建旋转实体

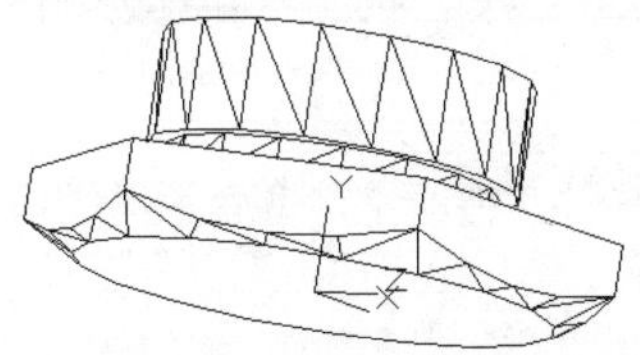

图 12-49 差集运算（1）

（4）在命令行输入“UCS”命令，将坐标系恢复。单击“默认”选项卡“绘图”面板中的“螺旋”按钮，绘制螺旋线。命令行中的提示与操作如下：

```
命令：_Helix
圈数 = 3.0000    扭曲 =CCW
指定底面的中心点：0,0,24↙
指定底面半径或 [直径(D)] <1.0000>: 18↙
指定顶面半径或 [直径(D)] <18.0000>:↙
指定螺旋高度或 [轴端点(A)/圈数(T)/圈高(H)/扭曲(W)] <1.0000>: H↙
指定圈间距 <0.2500>: 0.58↙
指定螺旋高度或 [轴端点(A)/圈数(T)/圈高(H)/扭曲(W)] <1.0000>: -13↙
```

结果如图 12-50 所示。

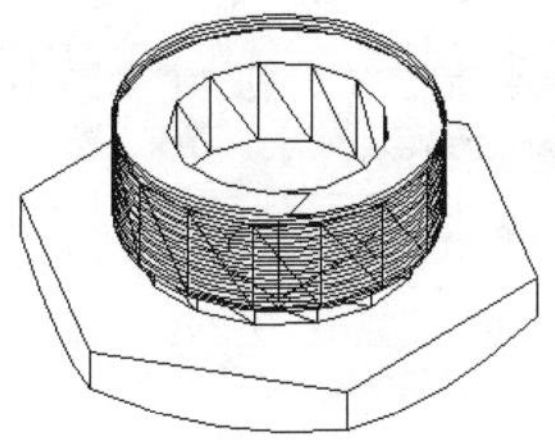

图 12-50 绘制螺旋线

（5）在命令行输入“UCS”命令，将坐标系恢复。

（6）选择菜单栏中的“视图”→“三维视图”→“前视”命令，将视图切换到前视图。

（7）单击“默认”选项卡“绘图”面板中的“直线”按钮，捕捉螺旋线的上端点以绘制牙型截面轮廓，尺寸参照图 12-51。单击“默认”选项卡“绘图”面板中的“面域”按钮，将其创建成面域，结果如图 12-51 所示。

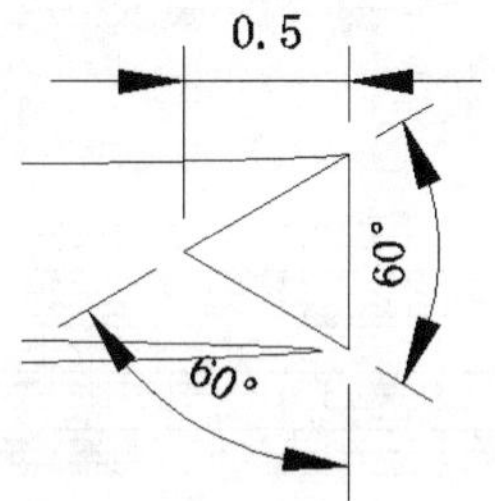

图 12-51 绘制牙型截面轮廓

（8）单击“可视化”选项卡“命名视图”面板中的“西南等轴测”按钮，将视图切换到西南等轴测视图。单击“三维工具”选项卡“建模”面板中的“扫掠”按钮，命令行中的提示与操作如下：

```
命令：_sweep
当前线框密度： ISOLINES=4，闭合轮廓创建模式 = 实体
选择要扫掠的对象或 [模式(MO)]：（选择三角牙型轮廓）
选择要扫掠的对象或 [模式(MO)]：↙
选择扫掠路径或 [对齐(A)/基点(B)/比例(S)/扭曲(T)]：(选择螺纹线)
```

结果如图 12-52 所示。

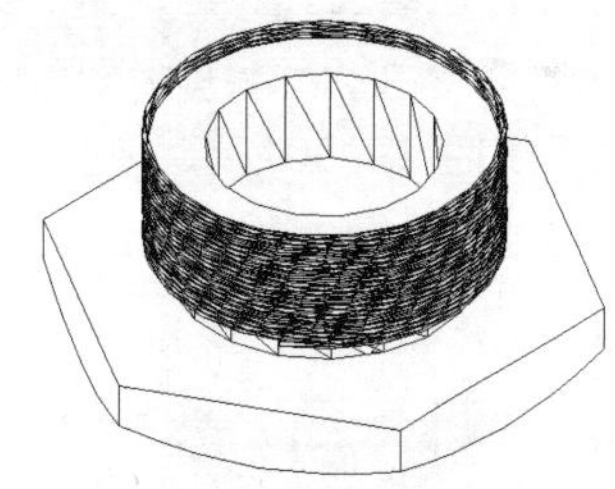

图 12-52 扫掠实体

（9）单击“三维工具”选项卡“实体编辑”面板中的“差集”按钮，从主体中减去上一步绘制的扫掠实体，结果如图 12-53 所示。

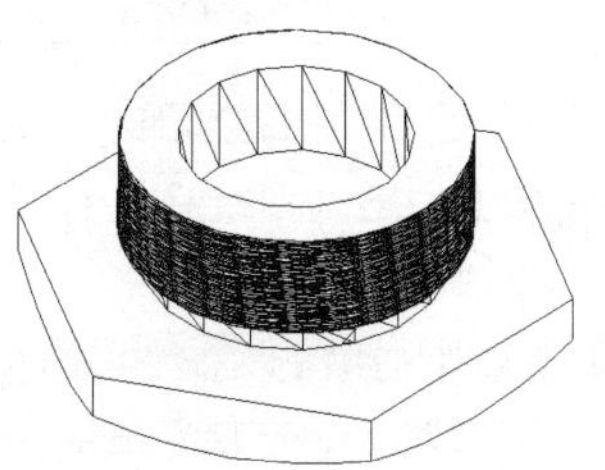

图 12-53 差集运算（2）

（10）在命令行输入“UCS”命令，将坐标系恢复。

（11）选择菜单栏中的“视图”→“三维视图”→“左视”命令，将视图切换到左视图。

（12）单击“默认”选项卡“绘图”面板中的“直线”按钮╱，绘制图12-54所示的图形。

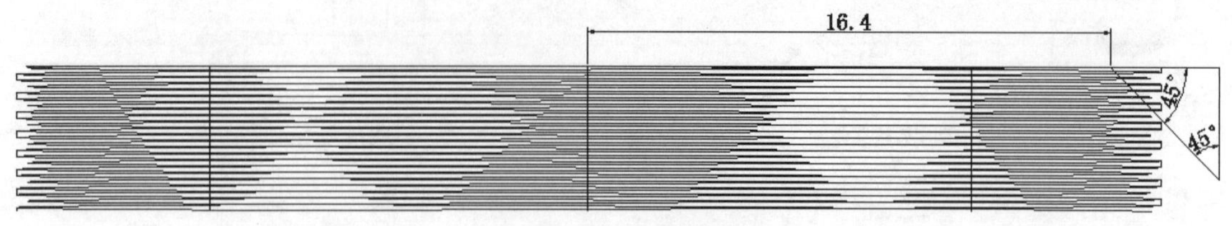

图12-54 绘制截面轮廓

（13）单击“默认”选项卡“绘图”面板中的“面域”按钮，将上一步绘制的图形创建为面域。

（14）单击“三维工具”选项卡“建模”面板中的“旋转”按钮，将上一步创建的面域绕 Y 轴进行旋转，结果如图12-55所示。

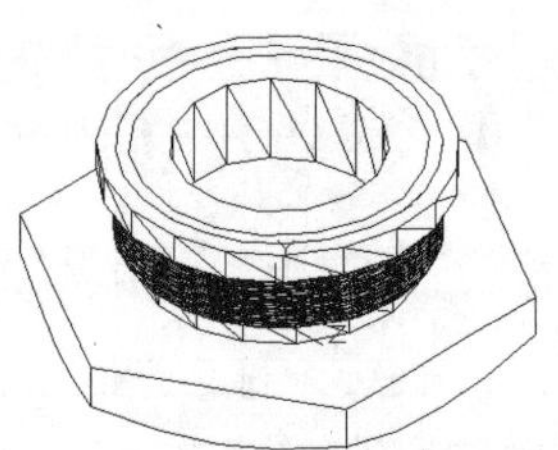

图12-55 创建旋转实体

（15）单击“三维工具”选项卡“实体编辑”面板中的“差集”按钮，将旋转实体与主体进行差集运算，结果如图12-56所示。

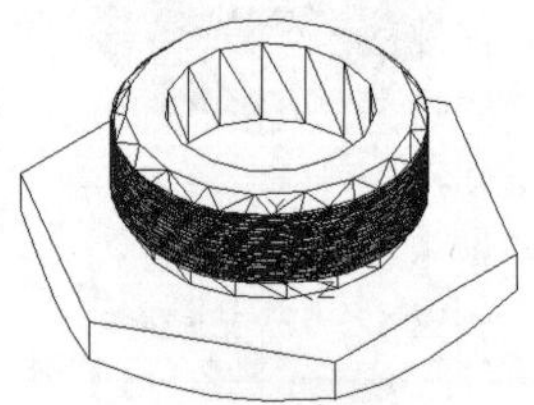

图12-56 差集运算

12.3.2 阀体立体图的绘制

本实例主要利用前面学习的“拉伸”“圆柱体”“扫掠”“圆角”等命令绘制图12-57所示的手压阀阀体。

（1）单击菜单栏中的“文件”→“新建”命令，打开“选择样板”对话框，单击“打开”按钮右侧的按钮，以“无样板打开-公制（M）”方式建立新文件，将新文件命名为“阀体.dwg”并保存。

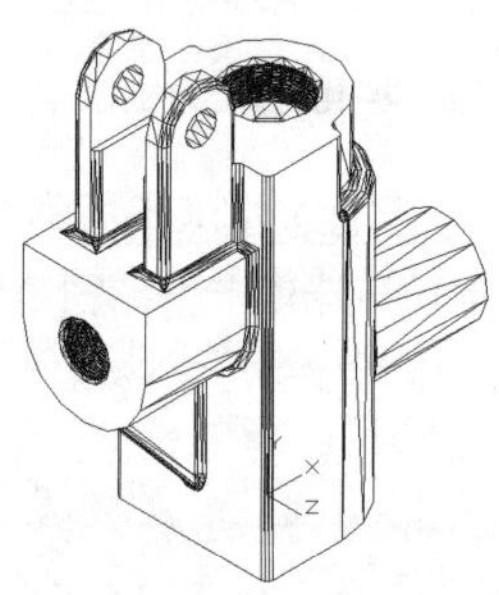

图12-57 手压阀阀体

（2）设置线框密度，默认值是“8”，更改设定值为“10”。

（3）创建拉伸实体。

① 单击“默认”选项卡“绘图”面板中的“圆弧”按钮，在坐标原点处绘制半径为“25”、角度为180°的圆弧。

② 单击“默认”选项卡“绘图”面板中的“直线”按钮╱，绘制长度分别为“25”和“50”的直线。结果如图12-58所示。

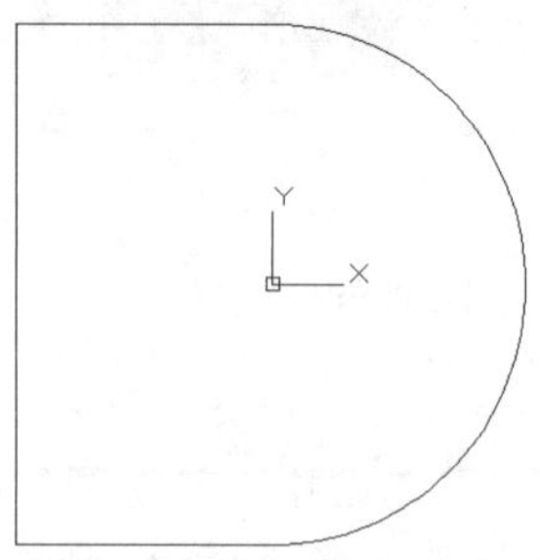

图12-58 绘制截面图形

③ 单击“默认”选项卡“绘图”面板中的“面域”按钮，将绘制好的图形创建成面域。

④ 单击“可视化”选项卡“命名视图”面板中的“西南等轴测”按钮，将视图切换到西南等轴测视图。单击“三维工具”选项卡“建模”面板中的“拉伸”按钮，将上一步创建的面域进行拉伸处理，拉伸距离为“113”，结果如图 12-59 所示。

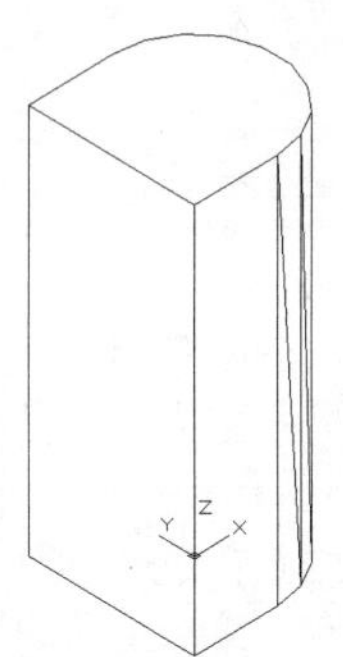

图 12-59 拉伸实体（1）

（4）创建圆柱体

① 单击“可视化”选项卡“命名视图”面板中的“东北等轴测”按钮，将视图切换到东北等轴测视图。

② 在命令行中输入“UCS”命令，将坐标系绕 Y 轴旋转 90°。

③ 单击“三维工具”选项卡“建模”面板中的“圆柱体”按钮，以坐标点（-35，0，0）为圆点，绘制半径为“15”、高为“58”的圆柱体，结果如图 12-60 所示。

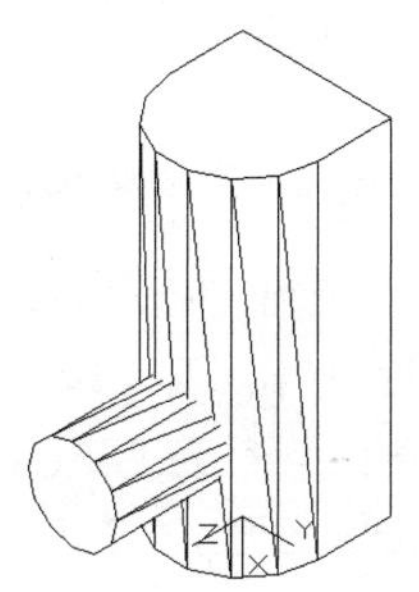

图 12-60 绘制圆柱体

④ 在命令行中输入“UCS”命令，将坐标移动到坐标点（-70，0，0），并将坐标系绕 Z 轴旋转 -90°。

⑤ 选择菜单栏中的“视图”→“三维视图”→“平面视图”→“当前 UCS”命令，将视图切换到当前坐标系。

⑥ 单击“默认”选项卡“绘图”面板中的“圆弧”按钮，绘制半径为“20”、角度为 180° 的圆弧。

⑦ 单击“默认”选项卡“绘图”面板中的“直线”按钮，绘制长度分别为“20”和“40”的直线。

⑧ 单击“默认”选项卡“绘图”面板中的“面域”按钮，将绘制好的图形创建成面域，结果如图 12-61 所示。

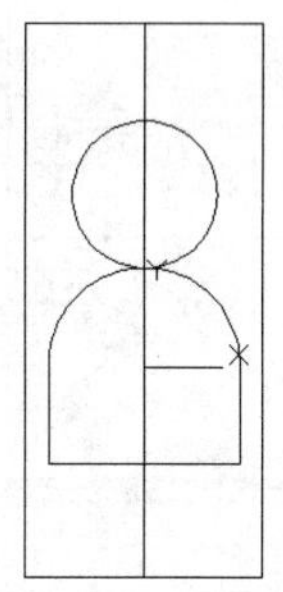

图 12-61 创建截面面域

⑨ 单击“可视化”选项卡“命名视图”面板中的“西南等轴测”按钮，将视图切换到西南等轴测视图。单击“三维工具”选项卡“建模”面板中的“拉伸”按钮，将上一步创建的面域进行拉伸处理，拉伸距离为“60”，结果如图 12-62 所示。

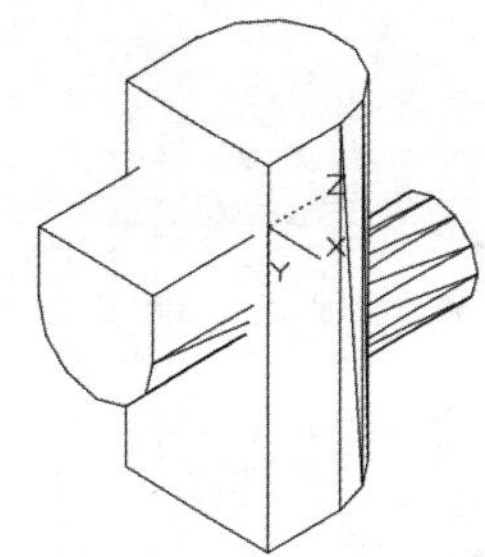

图 12-62 拉伸实体（2）

（5）创建长方体。

① 在命令行中输入“UCS”命令，将坐标系绕 Y 轴旋转 180°，然后将坐标系移动到坐标（0，-20，25）处，然后再将坐标系绕 Z 轴旋转 180°。

② 单击“三维工具”选项卡“建模”面板中的“长方体”按钮，绘制长方体，命令行中的提示与操作如下：

```
命令: _box
指定第一个角点或 [中心(C)]: 15,0,0↙
指定其他角点或 [立方体(C)/长度(L)]:L↙
指定长度:30↙
指定宽度:38↙
指定高度或 [两点(2P)] <60.0000>:24↙
```

结果如图12-63所示。

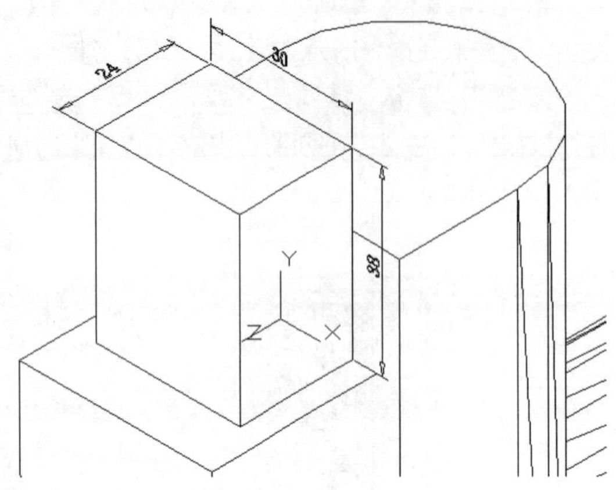

图12-63 绘制长方体（1）

（6）创建圆柱体。

① 在命令行中输入“UCS”命令，将坐标系绕*Y*轴旋转90°。

② 单击“三维工具”选项卡“建模”面板中的“圆柱体”按钮，以坐标点（-12，38，-15）为起点，绘制半径为“12”、高度为“30”的圆柱体，结果如图12-64所示。

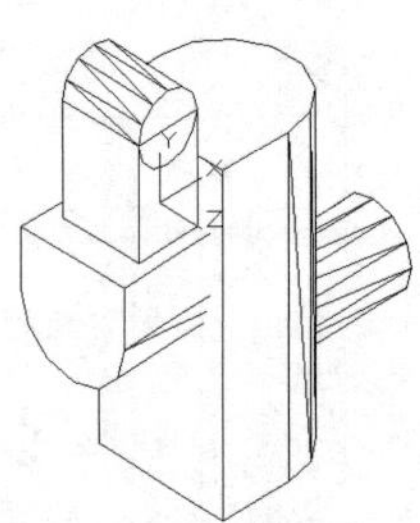

图12-64 绘制圆柱体（1）

（7）单击“三维工具”选项卡“实体编辑”面板中的“并集”按钮，将视图中所有实体进行并集运算，消隐后如图12-65所示。

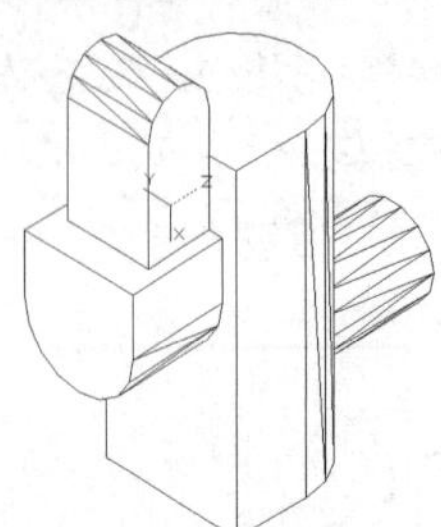

图12-65 并集运算

（8）单击“三维工具”选项卡“建模”面板中的“长方体”按钮，绘制长方体，命令行中的提示与操作如下：

```
命令：_box
指定第一个角点或 [中心(C)]: 0,0,-7↙
指定其他角点或 [立方体(C)/长度(L)]: L↙
指定长度：24↙
指定宽度：50↙
指定高度或 [两点(2P)] <60.0000>: 14↙
```

结果如图12-66所示。

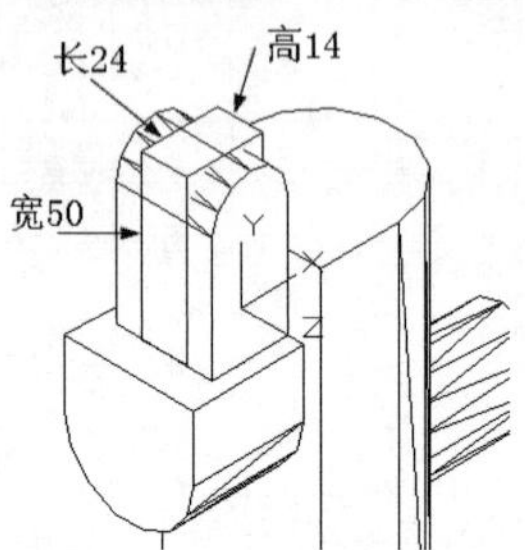

图12-66 绘制长方体（2）

（9）单击“三维工具”选项卡“实体编辑”面板中的“差集”按钮，在视图中减去长方体，消隐后结果如图12-67所示。

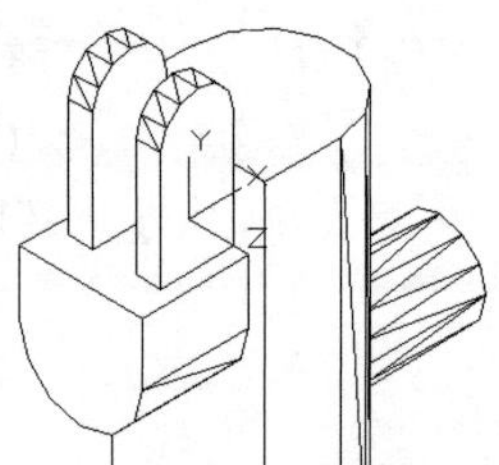

图12-67 差集运算

（10）单击“三维工具”选项卡“建模”面板中的“圆柱体”按钮，以坐标点（-12，38，-15）为起点，绘制半径为“5”、高度为“30”的圆柱体，消隐后结果如图12-68所示。

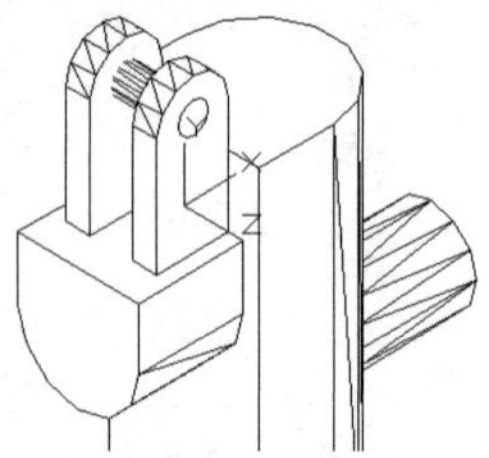

图12-68 绘制圆柱体（2）

（11）单击“三维工具”选项卡“实体编辑”面板中的“差集”按钮，在视图中减去圆柱体，消隐后结果如图 12-69 所示。

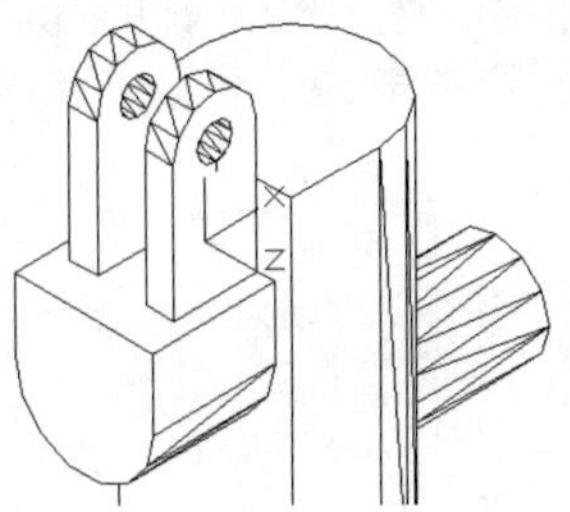

图 12-69 差集运算（1）

（12）单击“三维工具”选项卡“建模”面板中的“长方体”按钮，绘制长方体，命令行中的提示与操作如下：

```
命令： _box
指定第一个角点或 [ 中心 (C)]: 0,26,9↙
指定其他角点或 [ 立方体 (C)/ 长度 (L)]: L↙
指定长度 : 24↙
指定宽度 : 24↙
指定高度或 [ 两点 (2P)] <60.0000>: -18↙
```

结果如图 12-70 所示。

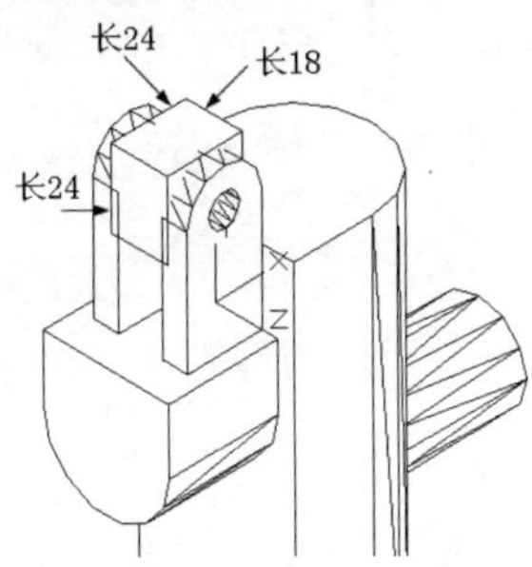

图 12-70 绘制长方体

（13）单击“三维工具”选项卡“实体编辑”面板中的“差集”按钮，在视图中减去长方体，消隐后结果如图 12-71 所示。

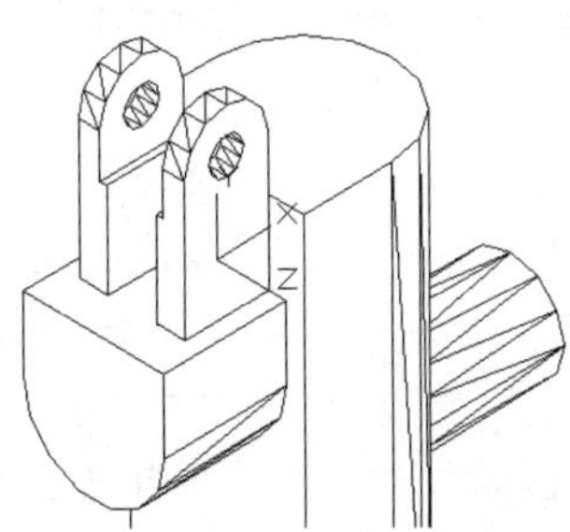

图 12-71 差集运算（2）

（14）创建旋转实体。

① 在命令行中输入“UCS”命令，将坐标系恢复到WCS。

② 选择菜单栏中的“视图”→“三维视图”→“前视”命令，将视图切换到前视图。

③ 单击“默认”选项卡“绘图”面板中的“直线”按钮、“修改”面板中的“偏移”按钮和“修剪”按钮，绘制一系列直线。

④ 单击“默认”选项卡“绘图”面板中的“面域”按钮，将绘制好的图形创建成面域，结果如图 12-72 所示。

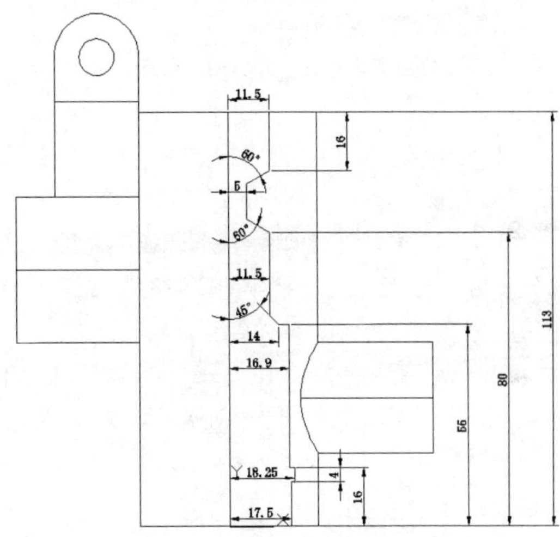

图 12-72 创建截面

⑤ 单击“可视化”选项卡“命名视图”面板中的“东北等轴测”按钮，将视图切换到东北等轴测视图。

⑥ 单击“三维工具”选项卡“建模”面板中的“旋转”按钮，将步骤④创建的面域绕 Y 轴旋转，结果如图 12-73 所示。

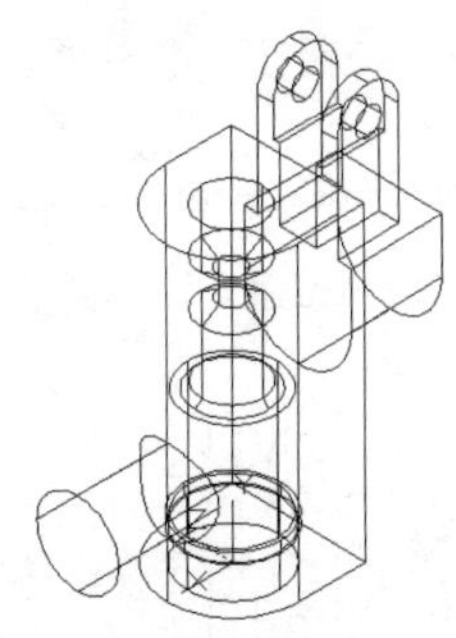

图 12-73 旋转实体

（15）单击“三维工具”选项卡“实体编辑”面板中的“差集”按钮，对旋转实体进行差集运算，结果如图 12-74 所示。

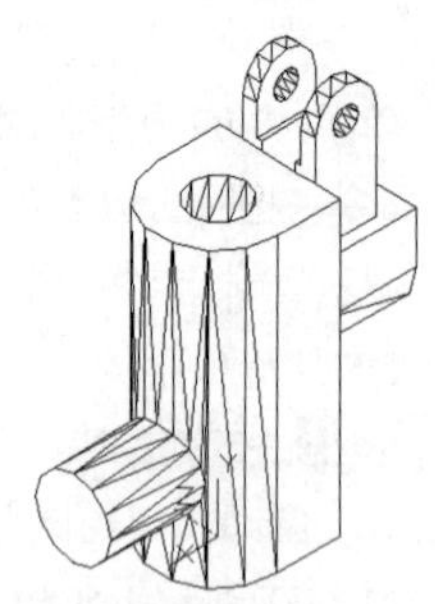

图 12-74　差集运算（1）

（16）创建旋转实体。

① 在命令行中输入“UCS”命令，将坐标系恢复到WCS。

② 选择菜单栏中的“视图”→“三维视图”→“前视”命令，将视图切换到前视图。

③ 单击“默认”选项卡“绘图”面板中的“直线”按钮、“修改”面板中的“偏移”按钮和“修剪”按钮，绘制一系列直线。

④ 单击“默认”选项卡“绘图”面板中的“面域”按钮，将绘制好的图形创建成面域，结果如图 12-75 所示。

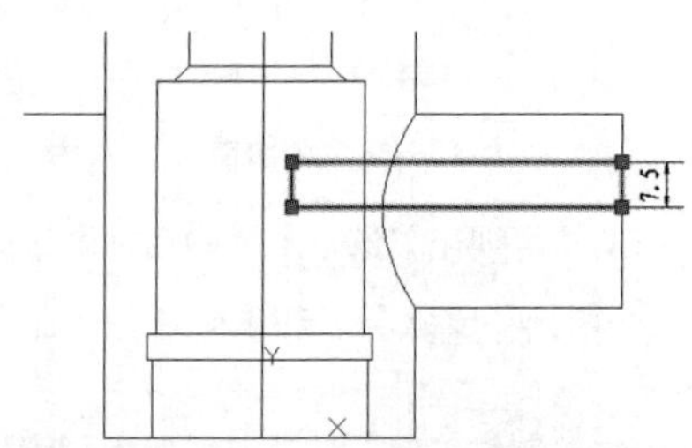

图 12-75　创建截面面域

⑤ 单击“可视化”选项卡“命名视图”面板中的“西南等轴测”按钮，将视图切换到西南等轴测视图。

⑥ 在命令行中输入“UCS”命令，将坐标系移动到图 12-76 所示位置。

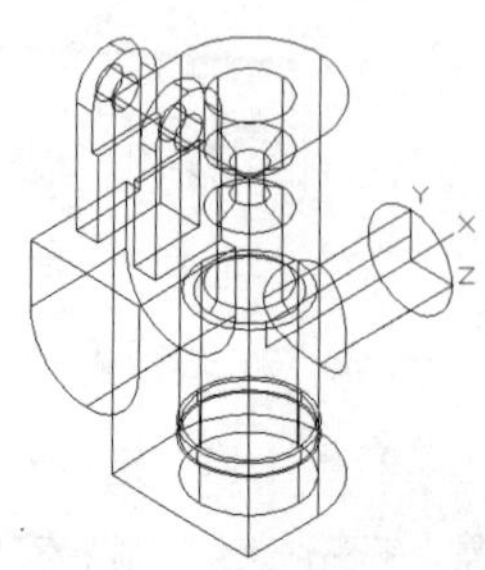

图 12-76　建立新坐标系

⑦ 单击“三维工具”选项卡“建模”面板中的“旋转”按钮，将步骤④创建的面域绕X轴旋转，结果如图 12-77 所示。

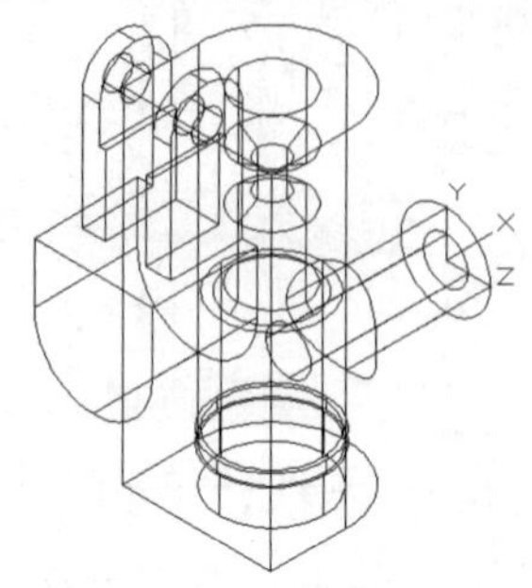

图 12-77　旋转实体

（17）差集运算。

① 单击“可视化”选项卡“命名视图”面板中的“东北等轴测”按钮，将视图切换到东北等轴测视图。

② 单击“三维工具”选项卡“实体编辑”面板中的“差集”按钮，对旋转实体进行差集运算，结果如图 12-78 所示。

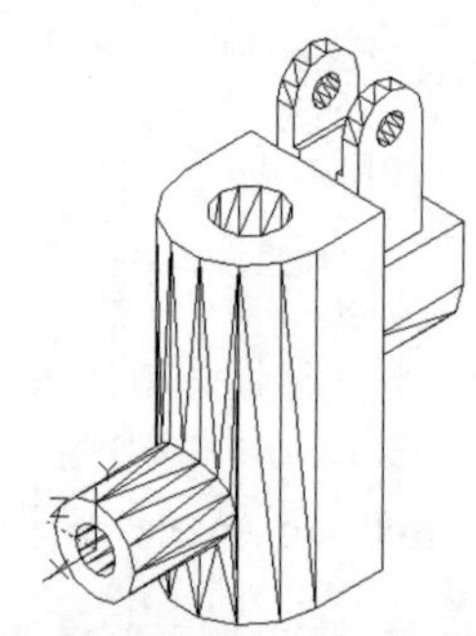

图 12-78　差集运算（2）

（18）创建旋转实体。

① 在命令行中输入“UCS”命令，将坐标系恢复到WCS。

② 选择菜单栏中的“视图”→“三维视图”→“前视”命令，将视图切换到前视图。

③ 单击“默认”选项卡“绘图”面板中的“直线”按钮、“修改”面板中的“偏移”按钮和“修改”面板中的“修剪”按钮，绘制一系列直线。

④ 单击“默认”选项卡“绘图”面板中的“面域”按钮，将绘制好的图形创建成面域，结果如图 12-79 所示。

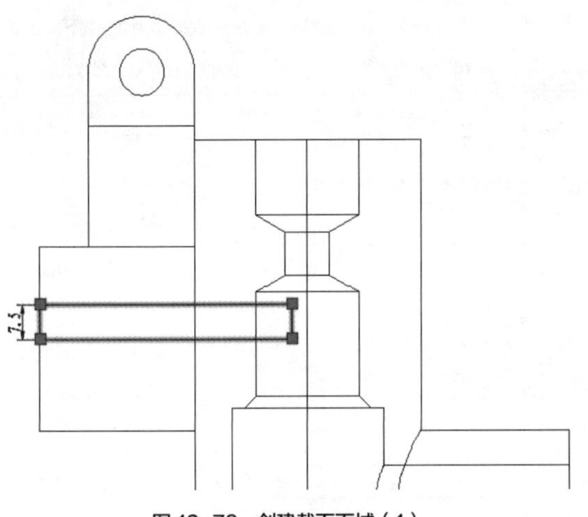

图12-79 创建截面面域（1）

⑤ 单击“可视化”选项卡“命名视图”面板中的“西南等轴测”按钮，将视图切换到西南等轴测视图。

⑥ 在命令行中输入“UCS”命令，将坐标系移动到图12-80所示位置。

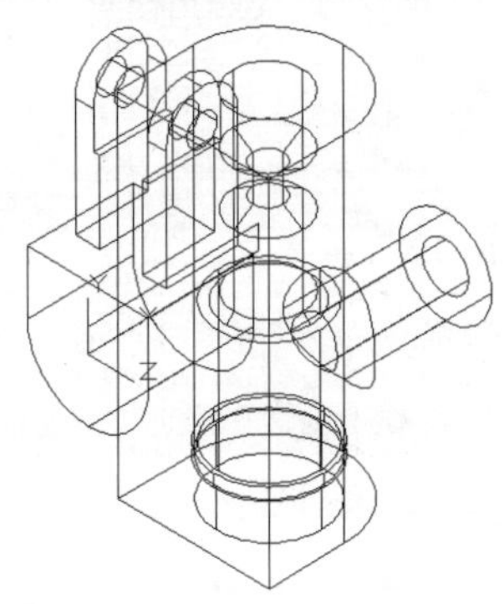
图12-80 建立新坐标系

⑦ 单击“三维工具”选项卡“建模”面板中的“旋转”按钮，将步骤④创建的面域绕*X*轴旋转，结果如图12-81所示。

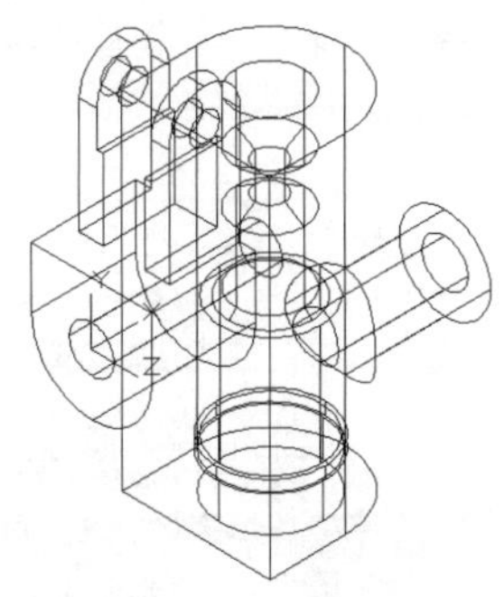
图12-81 旋转实体

（19）单击“三维工具”选项卡“实体编辑”面板中的“差集”按钮，对旋转实体进行差集运算，结果如图12-82所示。

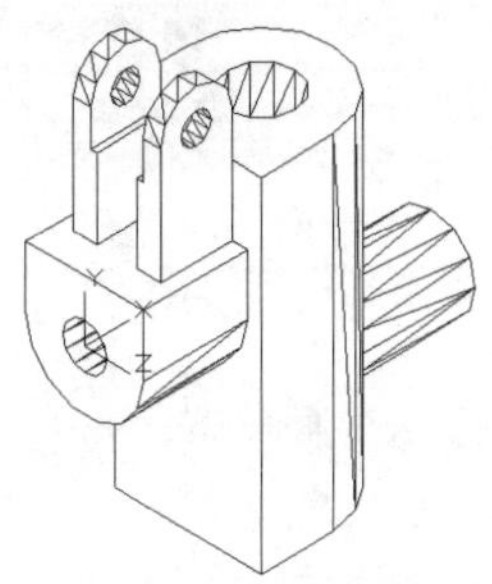
图12-82 差集运算

（20）创建圆柱体。

① 在命令行中输入“UCS”命令，将坐标系恢复到WCS。

② 在命令行中输入“UCS”命令，将坐标系移动到坐标（0，0，113）处。

③ 选择菜单栏中的“视图”→“三维视图”→“平面视图”→“当前UCS”命令，将视图切换到当前坐标系。

④ 单击“默认”选项卡“绘图”面板中的“圆”按钮，在坐标原点处绘制半径分别为“20”和“25”的圆。

⑤ 单击“默认”选项卡“绘图”面板中的“直线”按钮，过中心点绘制一条竖直直线。

⑥ 单击“默认”选项卡“修改”面板中的“修剪”按钮，修剪多余的线段。

⑦ 单击“默认”选项卡“绘图”面板中的“面域”按钮，将绘制的图形创建成面域，如图12-83所示。

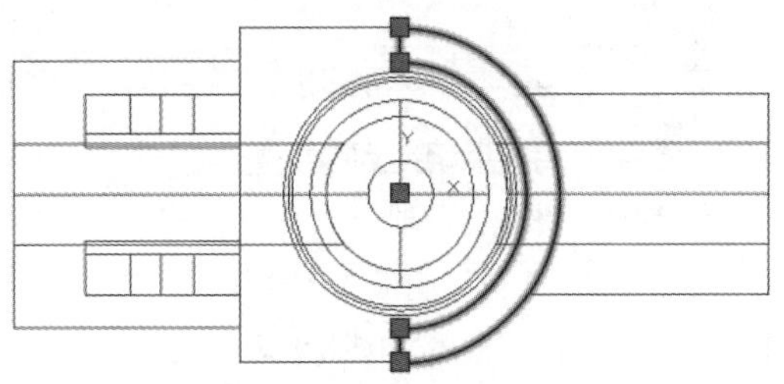
图12-83 创建截面面域（2）

⑧ 单击“可视化”选项卡“命名视图”面板中的“东北等轴测”按钮，将视图切换到东北等轴测视图。单击“三维工具”选项卡“建模”面板中

的“拉伸”按钮，将上一步创建的面域进行拉伸处理，拉伸距离为“-23”，消隐后结果如图12-84所示。

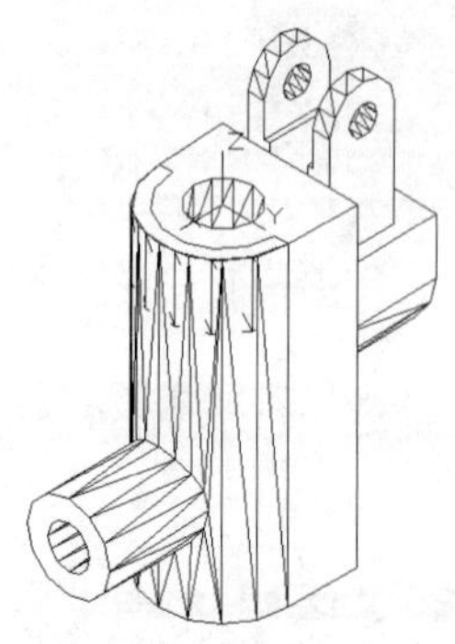

图12-84 拉伸实体（1）

（21）单击“三维工具”选项卡“实体编辑”面板中的“差集”按钮，在视图中用实体减去拉伸实体。单击“可视化”选项卡“命名视图”面板中的“东北等轴测”按钮，将视图切换到东北等轴测视图。消隐后结果如图12-85所示。

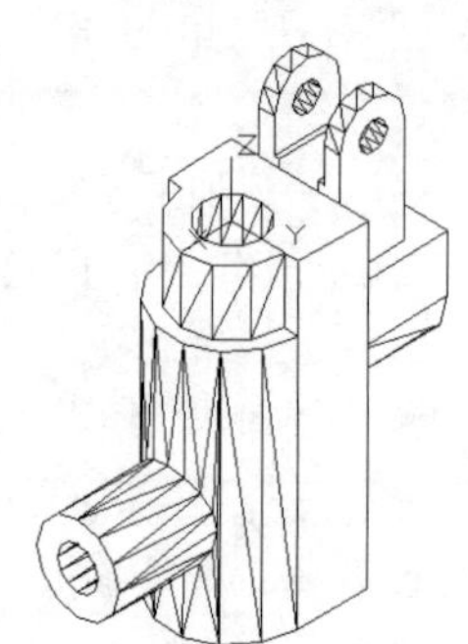

图12-85 差集运算

（22）创建加强筋。

① 在命令行中输入“UCS”命令，将坐标系恢复到WCS。

② 选择菜单栏中的“视图”→“三维视图”→“前视”命令，将视图切换到前视图。

③ 单击“默认”选项卡“绘图”面板中的“直线”按钮、“修改”面板中的“偏移”按钮和“修改”面板中的“修剪”按钮，绘制线段。单击“默认”选项卡“绘图”面板中的“面域”按钮，将绘制的图形创建成面域，结果如图12-86所示。

④ 单击“可视化”选项卡“命名视图”面板中的“西南等轴测”按钮，将视图切换到西南等轴测视图。单击“三维工具”选项卡“建模”面板中的“拉伸”按钮，将上一步创建的面域进行拉伸处理，拉伸高度为“3”，结果如图12-87所示。

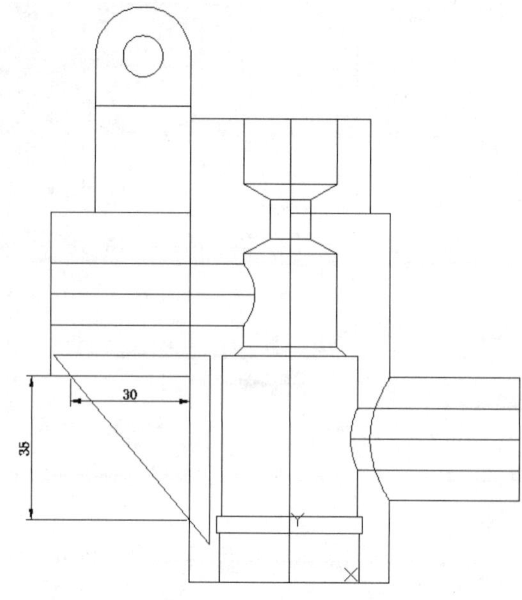

图12-86 创建截面面域

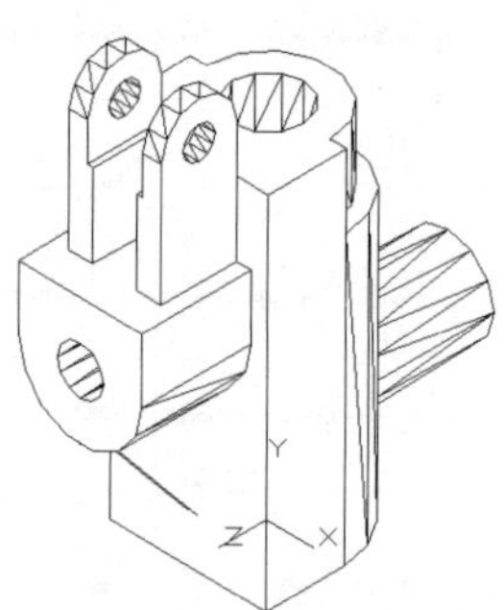

图12-87 拉伸实体（2）

⑤ 在命令行中输入“UCS”命令，将坐标系恢复到WCS。

⑥ 选择菜单栏中的“修改”→“三维操作”→“三维镜像”命令，对拉伸的实体进行镜像处理，命令行中的提示与操作如下：

```
命令：_mirror3d
选择对象：(选择上一步的拉伸实体)
选择对象：↙
指定镜像平面 (三点) 的第一个点或[对象(O)/最近的(L)/Z 轴(Z)/视图(V)/XY 平面(XY)/YZ 平面(YZ)/ZX 平面(ZX)/三点(3)] <三点>: 0,0,0↙
在镜像平面上指定第二点：0,0,10↙
在镜像平面上指定第三点：10,0,0↙
是否删除源对象？[是(Y)/否(N)] <否>:↙
```

消隐后的结果如图12-88所示。

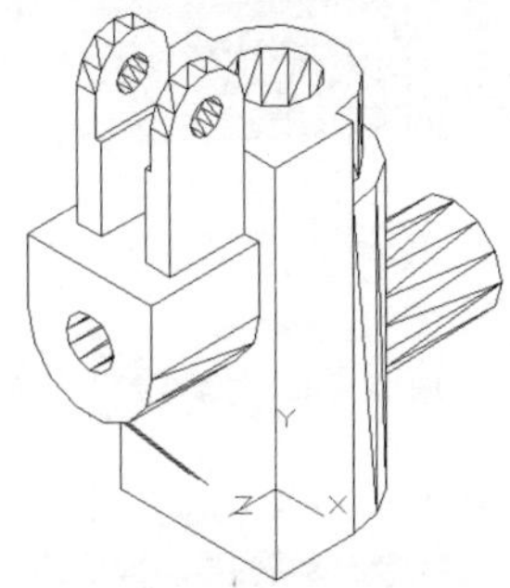

图12-88 镜像实体

（23）单击“三维工具”选项卡“实体编辑”面板中的“并集”按钮，将视图中的实体和上一步镜像处理的拉伸实体进行并集运算，结果如图12-89所示。

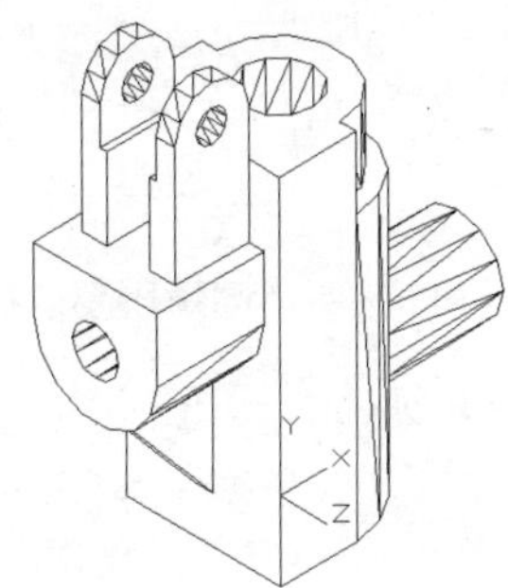

图12-89 并集运算

（24）单击“默认”选项卡“修改”面板中的“倒角”按钮，对实体孔处进行倒角处理，倒角分别为“1.5”和“1”，结果如图12-90所示。

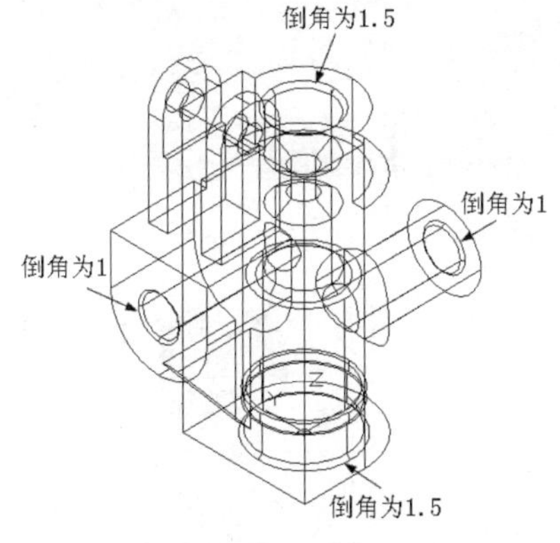

图12-90 倒角处理

（25）创建螺纹1。

① 在命令行中输入“UCS”命令，将坐标系恢复到WCS。

② 单击“默认”选项卡“绘图”面板中的“螺旋”按钮，创建螺旋线，命令行中的提示与操作如下：

```
命令: _Helix
圈数 = 3.0000    扭曲 =CCW
指定底面的中心点: 0,0,-2↙
指定底面半径或 [直径(D)] <12.0000>:17.5↙
指定顶面半径或 [直径(D)] <12.0000>:17.5↙
指定螺旋高度或 [轴端点(A)/圈数(T)/圈高(H)/扭曲(W)] <1.0000>: H↙
指定圈间距 <0.2500>: 0.58↙
指定螺旋高度或 [轴端点(A)/圈数(T)/圈高(H)/扭曲(W)] <1.0000>: 15↙
```

结果如图12-91所示。

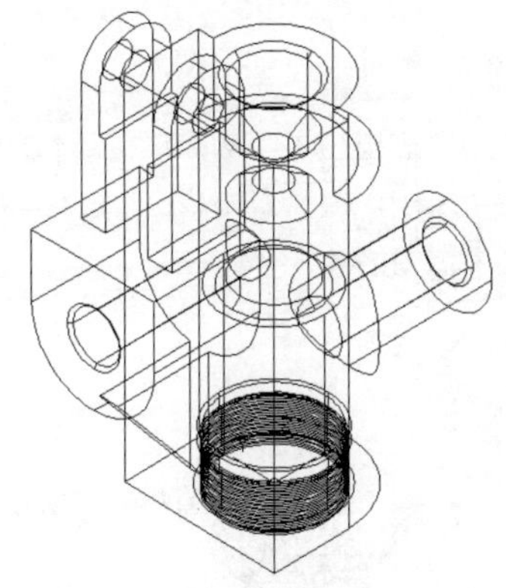

图12-91 创建螺旋线面域

③ 选择菜单栏中的“视图”→“三维视图”→“前视”命令，将视图切换到前视图。

④ 单击“默认”选项卡“绘图”面板中的“直线”按钮，绘制截面。单击“默认”选项卡“绘图”面板中的“面域”按钮，将其创建成面域，结果如图12-92所示。

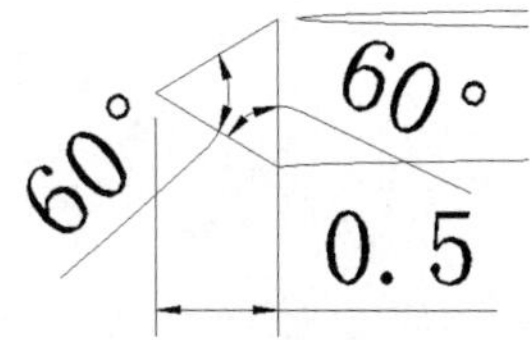

图12-92 创建截面面域

⑤ 单击“可视化”选项卡“命名视图”面板中的“西南等轴测”按钮，将视图切换到西南等轴测视图。单击“三维工具”选项卡“建模”面板中的“扫掠”按钮，命令行中的提示与操作如下：

```
命令：_sweep
当前线框密度： ISOLINES=10，闭合轮廓创建模式 = 实体
选择要扫掠的对象或 [模式(MO)]：（选择三角牙型轮廓）
选择要扫掠的对象或 [模式(MO)]：↙
选择扫掠路径或 [对齐(A)/基点(B)/比例(S)/扭曲(T)]：(选择螺纹线)
```

结果如图12-93所示。

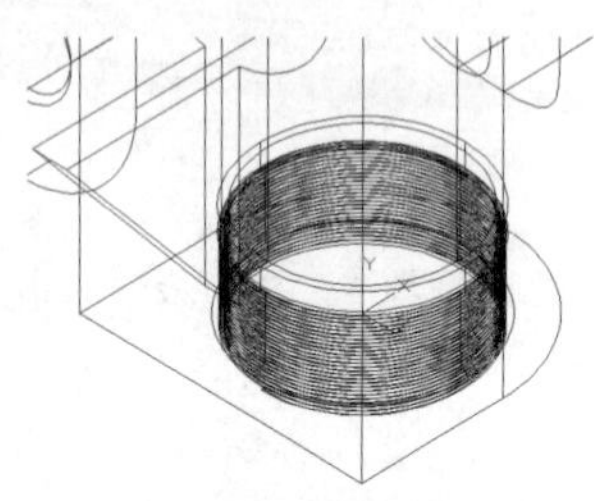

图12-93　扫掠实体（1）

⑥ 单击“三维工具”选项卡“实体编辑”面板中的“差集”按钮，从主体中减去上一步绘制的扫掠实体，结果如图12-94所示。

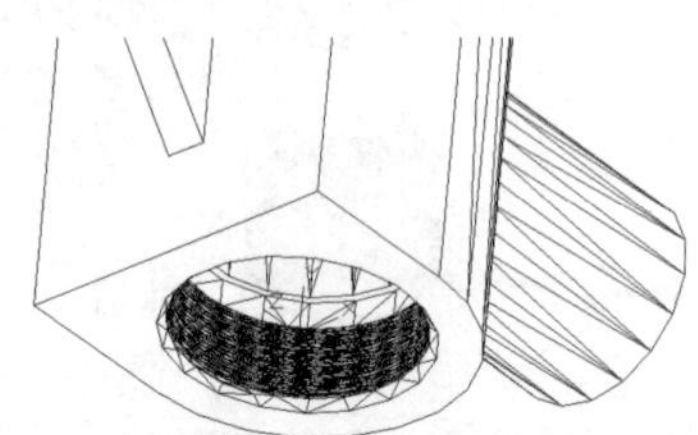

图12-94　差集运算

（26）创建螺纹2。

① 在命令行中输入“UCS”命令，将坐标系恢复到WCS。在命令行中输入“UCS”命令，将坐标系移动到坐标（0，0，113）处。

② 单击“默认”选项卡“绘图”面板中的“螺旋”按钮，创建螺旋线，命令行中的提示与操作如下：

```
命令：_Helix
圈数 = 3.0000    扭曲=CCW
指定底面的中心点：0,0,2↙
指定底面半径或 [直径(D)] <12.0000>:12.5↙
指定顶面半径或 [直径(D)] <12.0000>:12.5↙
指定螺旋高度或 [轴端点(A)/圈数(T)/圈高(H)/扭曲(W)] <1.0000>: H↙
指定圈间距 <0.2500>: 0.58↙
指定螺旋高度或 [轴端点(A)/圈数(T)/圈高(H)/扭曲(W)] <1.0000>: -13↙
```

结果如图12-95所示。

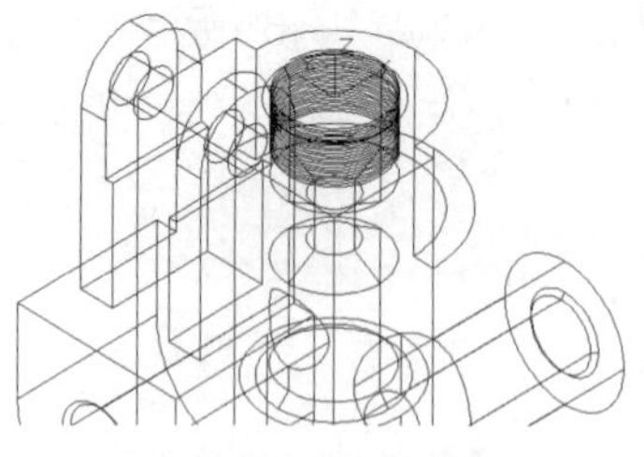

图12-95　创建螺旋线

③ 选择菜单栏中的“视图”→“三维视图”→“左视”命令，将视图切换到左视图。

④ 单击“默认”选项卡“绘图”面板中的“直线”按钮，绘制截面。单击“默认”选项卡“绘图”面板中的“面域”按钮，将其创建成面域，结果如图12-96所示。

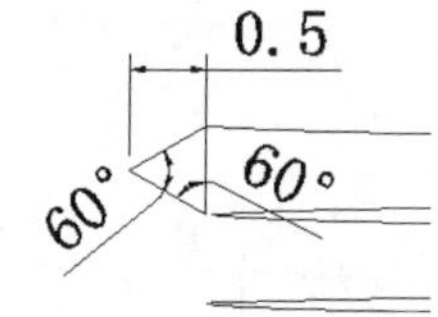

图12-96　创建截面面域

⑤ 单击“可视化”选项卡“命名视图”面板中的“西南等轴测”按钮，将视图切换到西南等轴测视图。单击“三维工具”选项卡“建模”面板中的“扫掠”按钮，命令行中的提示与操作如下：

```
命令：_sweep
当前线框密度： ISOLINES=10，闭合轮廓创建模式 = 实体
选择要扫掠的对象或 [模式(MO)]：（选择三角牙型轮廓）
选择要扫掠的对象或 [模式(MO)]：↙
选择扫掠路径或 [对齐(A)/基点(B)/比例(S)/扭曲(T)]：(选择螺纹线)
```

结果如图12-97所示。

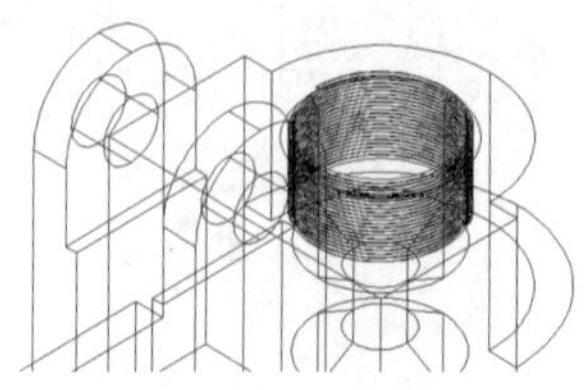

图12-97　扫掠实体（2）

⑥ 单击“三维工具”选项卡“实体编辑”面板中的“差集”按钮，从主体中减去上一步绘制的

扫掠实体，结果如图12-98所示。

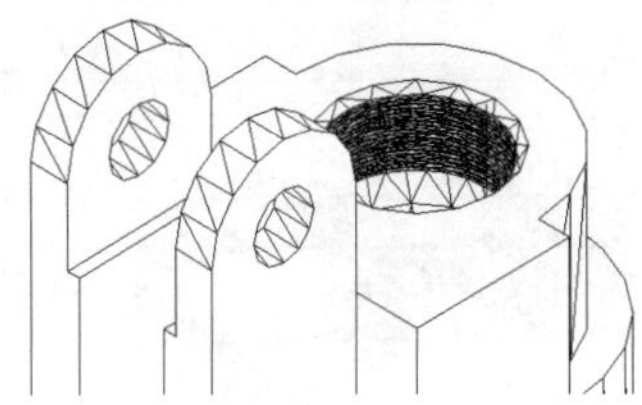

图12-98 差集运算

（27）创建螺纹3。

① 在命令行中输入“UCS”命令，将坐标系恢复到WCS。在命令行中输入“UCS”命令，将坐标系移到图12-99所示位置。

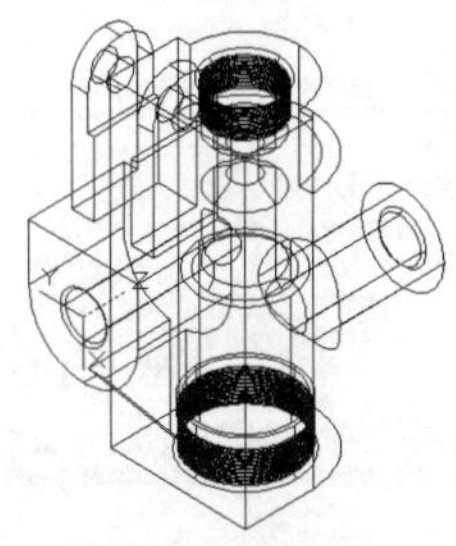

图12-99 建立新坐标系

② 单击“默认”选项卡“绘图”面板中的“螺旋”按钮，创建螺旋线，命令行中的提示与操作如下：

```
命令：_Helix
圈数 = 3.0000    扭曲 =CCW
指定底面的中心点：0,0,-2↙
指定底面半径或 [直径(D)] <12.0000>:7.5↙
指定顶面半径或 [直径(D)] <12.0000>:7.5↙
指定螺旋高度或 [轴端点(A)/圈数(T)/圈高(H)/扭曲(W)] <1.0000>: H↙
指定圈间距 <0.2500>: 0.58↙
指定螺旋高度或 [轴端点(A)/圈数(T)/圈高(H)/扭曲(W)] <1.0000>: 22.5↙
```

结果如图12-100所示。

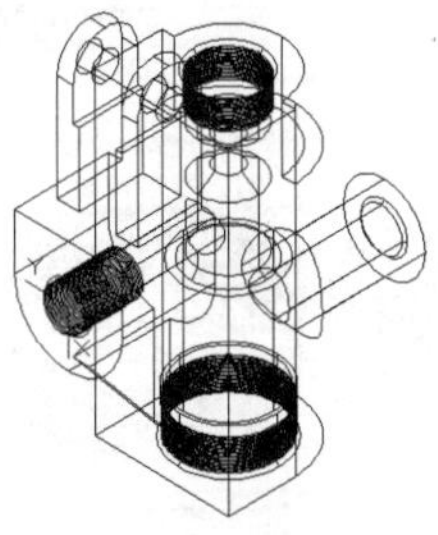

图12-100 创建螺旋线

③ 选择菜单栏中的“视图”→“三维视图”→“前视”命令，将视图切换到前视图。

④ 单击“默认”选项卡“绘图”面板中的“直线”按钮，绘制截面。单击“默认”选项卡“绘图”面板中的“面域”按钮，将其创建成面域，结果如图12-101所示。

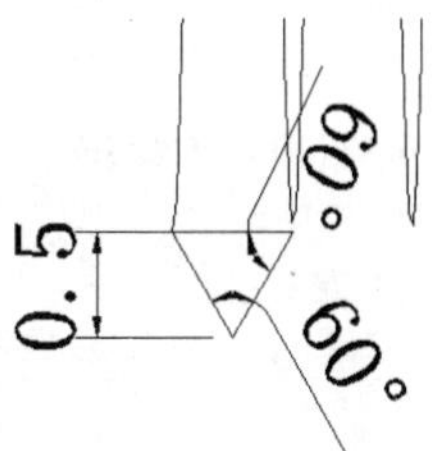

图12-101 创建截面面域

⑤ 单击“可视化”选项卡“命名视图”面板中的“西南等轴测”按钮，将视图切换到西南等轴测视图。单击“三维工具”选项卡“建模”面板中的“扫掠”按钮，命令行中的提示与操作如下：

```
命令：_sweep
当前线框密度： ISOLINES=10，闭合轮廓创建模式 = 实体
选择要扫掠的对象或 [模式(MO)]：（选择三角牙型轮廓）
选择要扫掠的对象或 [模式(MO)]：↙
选择扫掠路径或 [对齐(A)/基点(B)/比例(S)/扭曲(T)]:（选择螺纹线）
```

结果如图12-102所示。

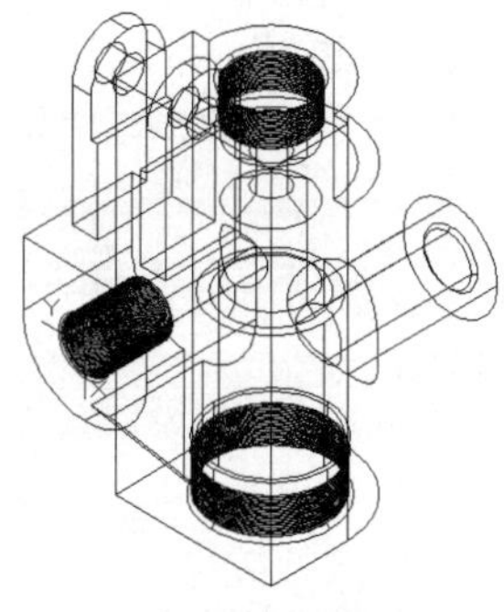

图12-102 扫掠实体

⑥ 单击“三维工具”选项卡“实体编辑”面板中的“差集”按钮，从主体中减去上一步绘制的扫掠实体，结果如图12-103所示。

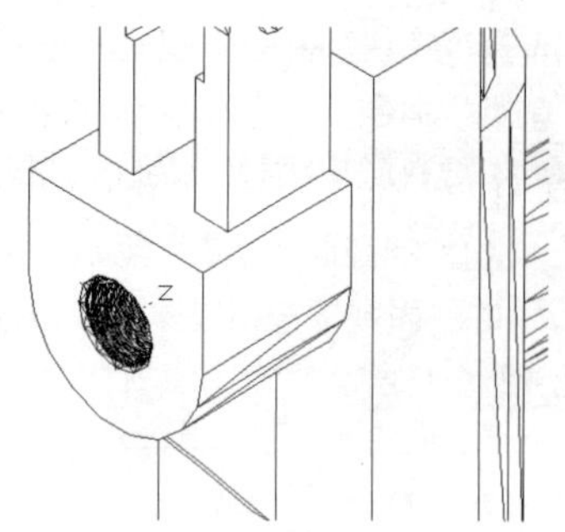
图12-103 差集运算

（28）创建螺纹4。

① 在命令行中输入“UCS”命令，将坐标系恢复到WCS。

② 单击“可视化”选项卡“命名视图”面板中的“东北等轴测”按钮，将视图切换到东北等轴测视图。

③ 在命令行中输入“UCS”命令，将坐标系移到图12-104所示位置。

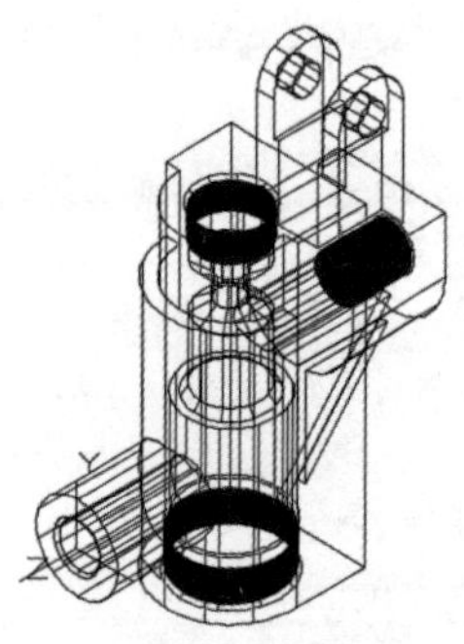
图12-104 建立新坐标系

④ 单击“默认”选项卡“绘图”面板中的“螺旋”按钮，创建螺旋线，命令行中的提示与操作如下：

```
命令：_Helix
圈数 = 3.0000    扭曲 =CCW
指定底面的中心点：0,0,2↙
指定底面半径或 [直径(D)] <12.0000>:7.5↙
指定顶面半径或 [直径(D)] <12.0000>:7.5↙
指定螺旋高度或 [轴端点(A)/圈数(T)/圈高(H)/扭曲(W)] <1.0000>: H↙
指定圈间距 <0.2500>:0.58↙
指定螺旋高度或 [轴端点(A)/圈数(T)/圈高(H)/扭曲(W)] <1.0000>:-22↙
```

结果如图12-105所示。

⑤ 单击“可视化”选项卡“命名视图”面板中的“俯视”按钮，将视图切换到俯视图。

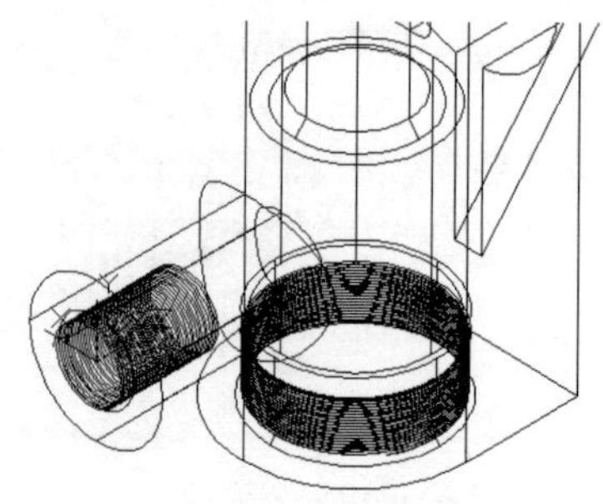
图12-105 创建螺旋线

⑥ 单击“默认”选项卡“绘图”面板中的“直线”按钮，绘制截面。单击“默认”选项卡“绘图”面板中的“面域”按钮，将其创建成面域，结果如图12-106所示。

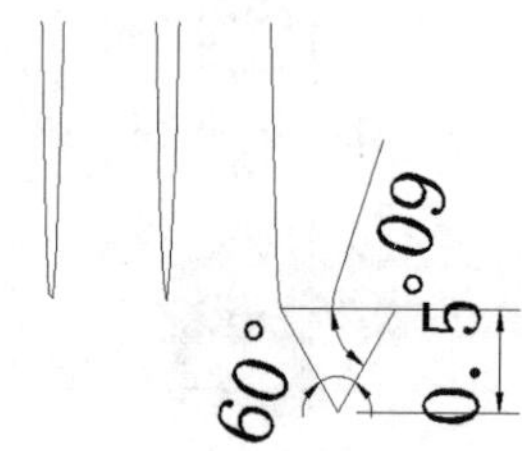

图12-106 创建截面面域

⑦ 单击“可视化”选项卡“命名视图”面板中的“西南等轴测”按钮，将视图切换到西南等轴测视图。单击“三维工具”选项卡“建模”面板中的“扫掠”按钮，命令行中的提示与操作如下：

```
命令：_sweep
当前线框密度： ISOLINES=10，闭合轮廓创建模式 = 实体
选择要扫掠的对象或 [模式(MO)]：（选择三角牙型轮廓）
选择要扫掠的对象或 [模式(MO)]：↙
选择扫掠路径或 [对齐(A)/基点(B)/比例(S)/扭曲(T)]：(选择螺纹线)
```

结果如图12-107所示。

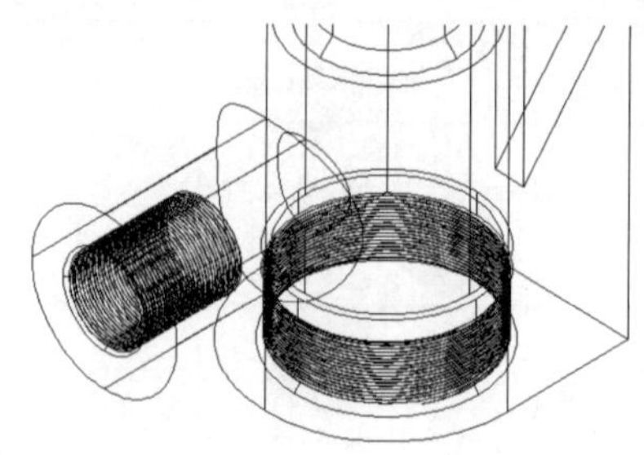
图12-107 扫掠实体

⑧ 单击“三维工具”选项卡“实体编辑”面板中的“差集”按钮，从主体中减去上一步绘制的扫掠实体，结果如图12-108所示。

图12-108 差集运算

（29）单击“默认”选项卡“修改”面板中的“圆角”按钮，对棱角进行圆角处理，半径为“2”，结果如图12-109所示。

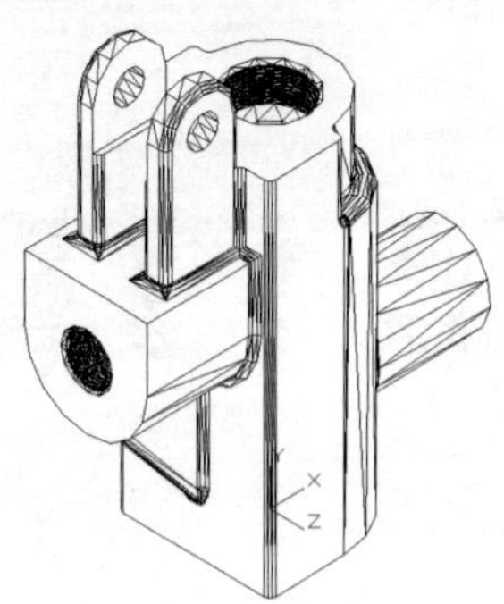

图12-109 圆角处理

第 13 章

手压阀装配立体图

本章导读

本章将详细讲解手压阀装配立体图的绘制过程。装配图设计的构思、工作原理和装配关系，表达了各零件间的相互位置、尺寸及结构形状。本章将详细介绍如何装配手压阀立体图，希望通过本章的学习，读者能够掌握三维立体装配图的绘制方法和步骤。

13.1 手压阀三维装配图

手压阀三维装配图由阀体、阀杆、密封垫、压紧螺母、弹簧、胶垫、底座、手把、销轴、销、胶木球等零件图组成，如图 13-1 所示。

图 13-1 手压阀

13.1.1 配置绘图环境

（1）启动AutoCAD 2020，使用默认的绘图环境。

（2）选择菜单栏中的“文件”→“新建”命令，打开“选择样板”对话框，单击“打开”按钮右侧的▾按钮，以“无样板打开-公制（M）”方式建立新文件，将新文件命名为“手压阀装配图.dwg”并保存。

（3）设置对象上每个曲面的轮廓线数目，默认设置是“8”，有效值的范围为0 ~ 2047，该设置保存在图形中。在命令行中输入“ISOLINES”，设置线框密度为“10”。

（4）选择菜单栏中的“视图”→“三维视图”→“西南等轴测”命令，将当前视图设置为西南等轴测视图。

13.1.2 装配阀体

（1）选择菜单栏中的“文件”→“打开”命令，打开文件“源文件\第13章\阀体.dwg”，如图 13-2 所示。

（2）选择菜单栏中的“视图”→“三维视图”→“前视”命令，将当前视图设置为前视图。

图 13-2 阀体

（3）选择菜单栏中的“编辑”→“带基点复制”命令，选择基点为（0，0，0），将“阀体”复制到“手压阀装配图.dwg”文件的前视图中，指定的插入点为（0，0，0），结果如图 13-3 所示。图 13-4 所示为西南等轴测视图的手压阀装配立体图。

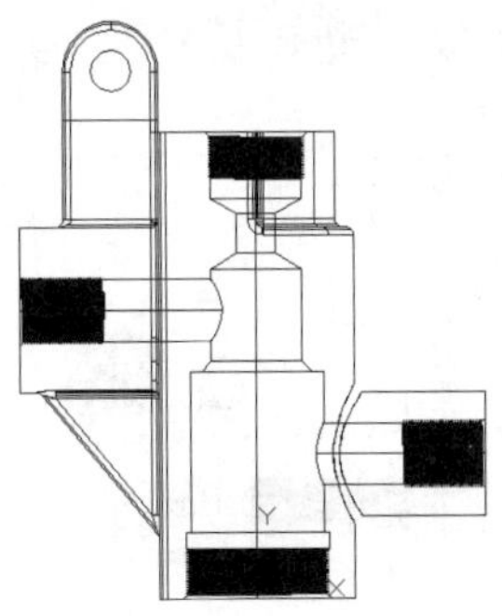

图 13-3 装入阀体

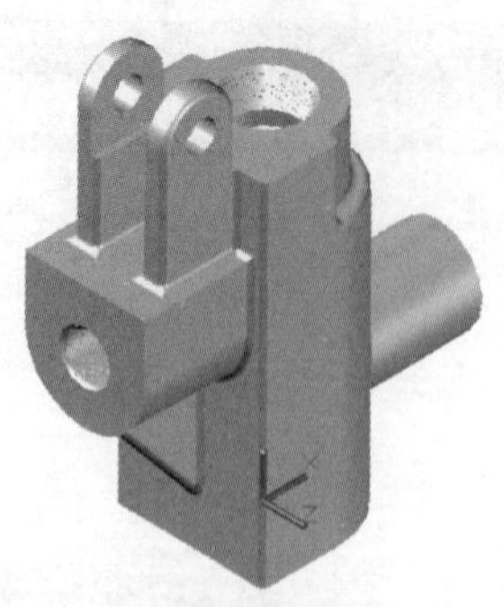

图13-4　西南等轴测视图

13.1.3　装配阀杆

（1）选择菜单栏中的“文件”→“打开”命令，打开文件“源文件\第12章\阀杆立体图.dwg”，如图13-5所示。

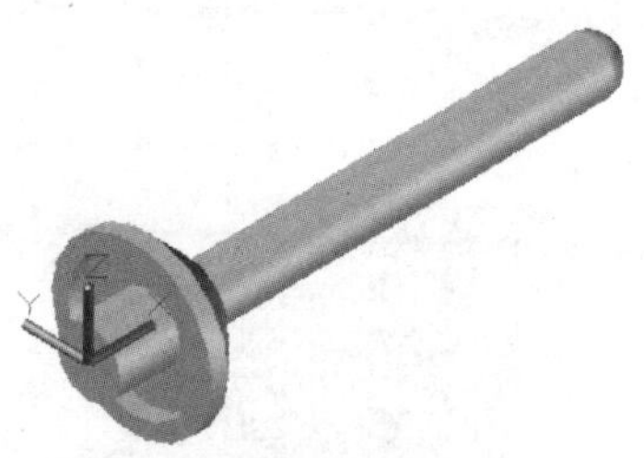

图13-5　阀杆

（2）单击“可视化”选项卡“命名视图”面板中的“前视”按钮，将当前视图设置为前视图。

（3）选择菜单栏中的“编辑”→“带基点复制”命令，选择基点为（0，0，0），将“阀杆”复制到“手压阀装配图.dwg”文件的前视图中，指定的插入点为（0，0，0），结果如图13-6所示。

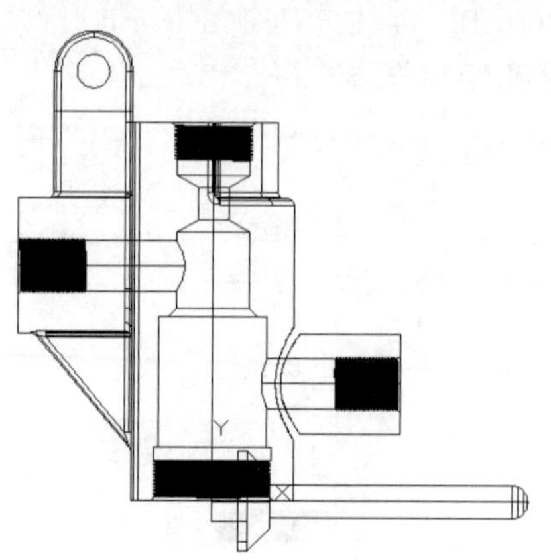

图13-6　复制阀杆

（4）单击“默认”选项卡“修改”面板中的“旋转”按钮，将阀杆以原点为基点，沿Z轴旋转，角度为90°，结果如图13-7所示。

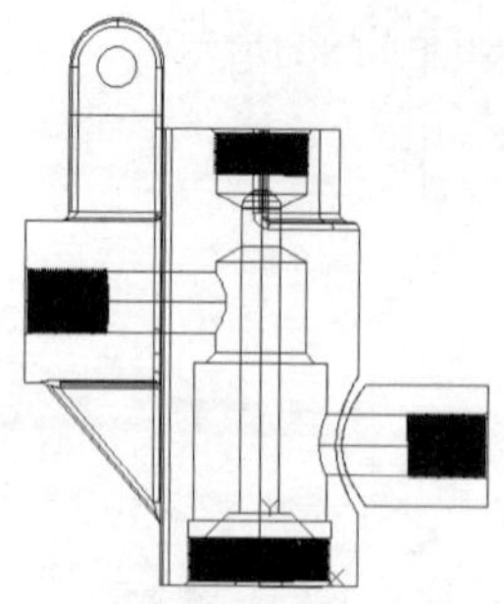

图13-7　旋转阀杆

（5）单击“默认”选项卡“修改”面板中的“移动”按钮，以坐标点（0，0，0）为基点，将阀杆沿Y轴移到坐标（0，43，0）处，结果如图13-8所示。

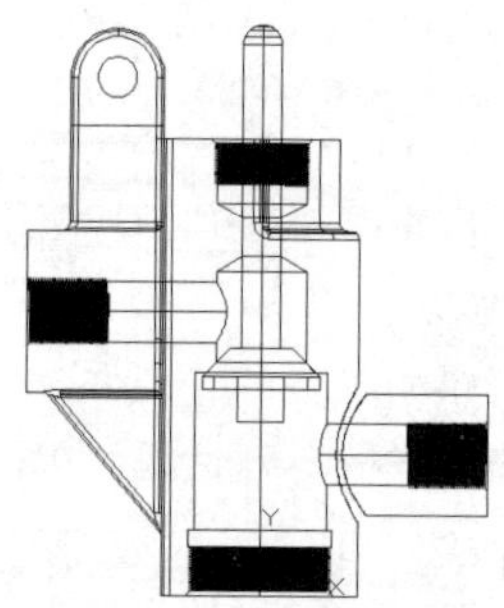

图13-8　移动阀杆

（6）单击“可视化”选项卡“命名视图”面板中的“西南等轴测”按钮，将当前视图设置为西南等轴测视图。

（7）单击“三维工具”选项卡“实体编辑”面板中的“着色面”按钮，将视图中的面按照需要进行着色，如图13-9所示。

图13-9　着色

13.1.4 装配密封垫

（1）选择菜单栏中的“文件”→“打开”命令，打开“源文件\第12章\密封垫立体图.dwg”，如图13-10所示。

图13-10 密封垫

（2）单击“可视化”选项卡“命名视图”面板中的“前视”按钮，将当前视图设置为前视图。

（3）选择菜单栏中的“编辑”→“带基点复制”命令，选择基点为（0，0，0），将“密封垫”复制到“手压阀装配图.dwg”文件的前视图中，指定的插入点为（0，0，0），结果如图13-11所示。

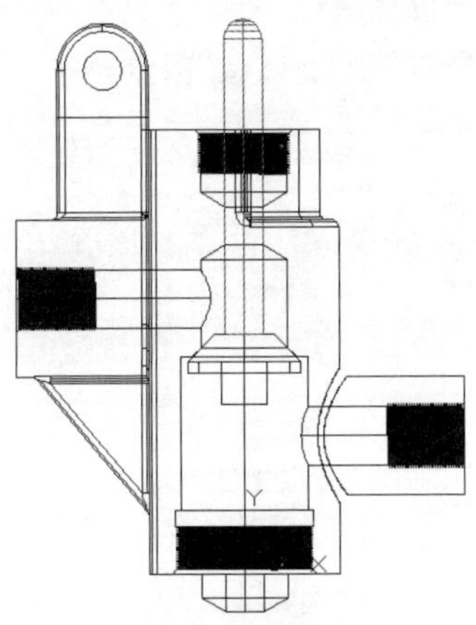

图13-11 复制密封垫

（4）单击“默认”选项卡“修改”面板中的“移动”按钮，以坐标点（0，0，0）为基点，将密封垫沿Y轴移到坐标（0，103，0）处，结果如图13-12所示。

（5）单击“可视化”选项卡“命名视图”面板中的“西南等轴测”按钮，将当前视图设置为西南等轴测视图。

（6）单击“三维工具”选项卡“实体编辑”面板中的“着色面”按钮，将视图中的面按照需要进行着色，结果如图13-13所示。

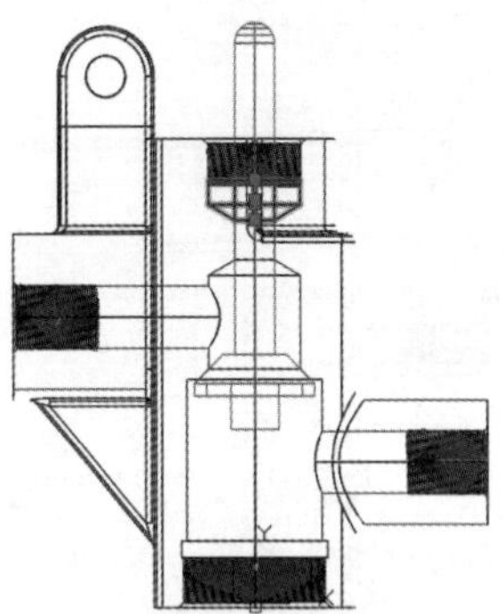

图13-12 移动密封垫

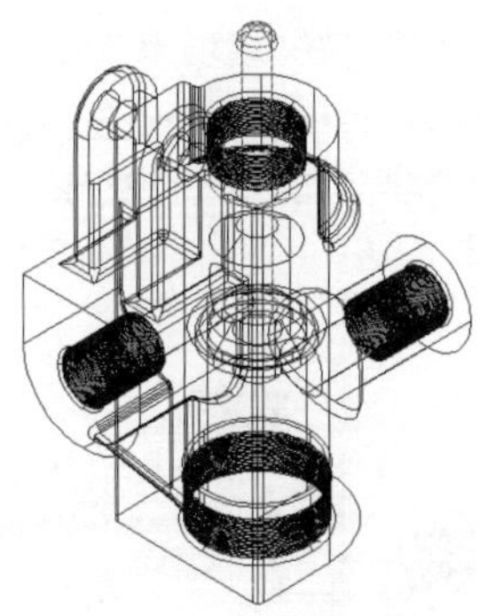

图13-13 着色

13.1.5 装配压紧螺母

（1）选择菜单栏中的“文件”→“打开”命令，打开“源文件\第13章\压紧螺母.dwg”，如图13-14所示。

图13-14 压紧螺母

（2）单击“可视化”选项卡“命名视图”面板中的“前视”按钮，将当前视图设置为前视图。

（3）选择菜单栏中的“编辑”→“带基点复制”命令，选择基点为（0，0，0），将“压紧螺母”复制到“手压阀装配图.dwg”文件的前视图中，指定的插入点为(0，0，0)，结果如图13-15所示。

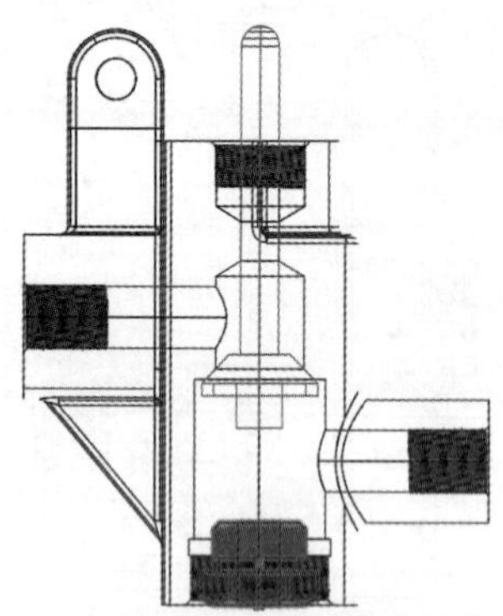

图 13-15 复制压紧螺母

（4）单击“默认”选项卡“修改”面板中的“旋转”按钮 ，将压紧螺母绕坐标原点旋转，旋转角度为 180°，结果如图 13-16 所示。

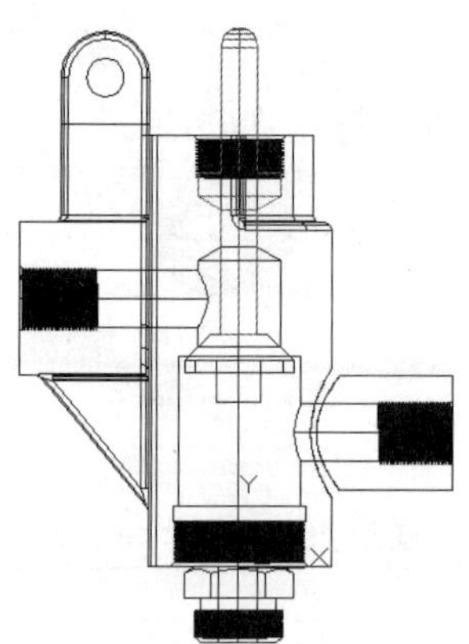

图 13-16 旋转压紧螺母

（5）单击“默认”选项卡“修改”面板中的“移动”按钮 ，以坐标点（0，0，0）为基点，将压紧螺母沿 Y 轴移到坐标（0，123，0）处，结果如图 13-17 所示。

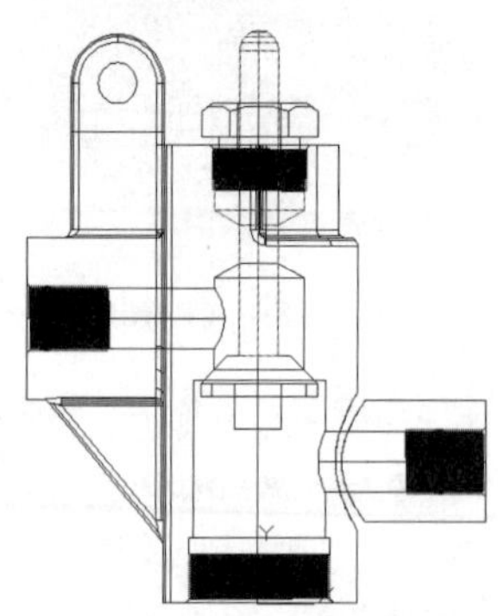

图 13-17 移动压紧螺母

（6）单击“可视化”选项卡“命名视图”面板中的“西南等轴测”按钮 ，将当前视图设置为西南等轴测视图。

（7）单击“三维工具”选项卡“实体编辑”面板中的“着色面”按钮 ，将视图中的面按照需要进行着色，结果如图 13-18 所示。

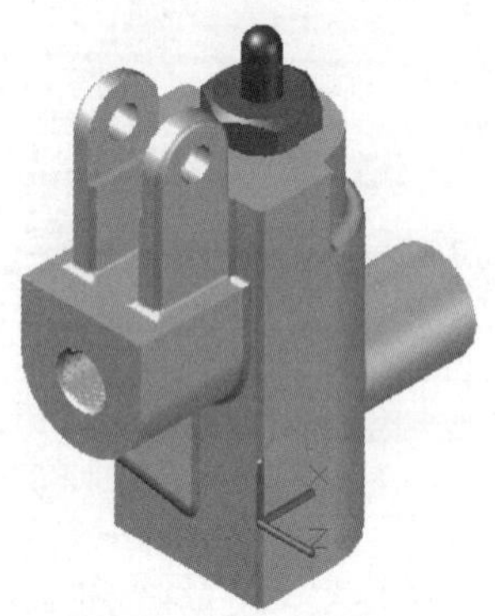

图 13-18 着色

13.1.6 装配弹簧

（1）选择菜单栏中的“文件”→“打开”命令，打开文件“源文件\第 13 章\弹簧.dwg”，如图 13-19 所示。

图 13-19 弹簧

（2）单击“可视化”选项卡“命名视图”面板中的“前视”按钮 ，将当前视图设置为前视图。

（3）选择菜单栏中的“编辑”→“带基点复制”命令，选择基点为（0，0，0），将“弹簧”复制到“手压阀装配图.dwg”文件的前视图中，指定的插入点为（0，0，0），结果如图 13-20 所示。

（4）单击“可视化”选项卡“命名视图”面板中的“西南等轴测”按钮 ，将视图切换到西南等轴测视图。

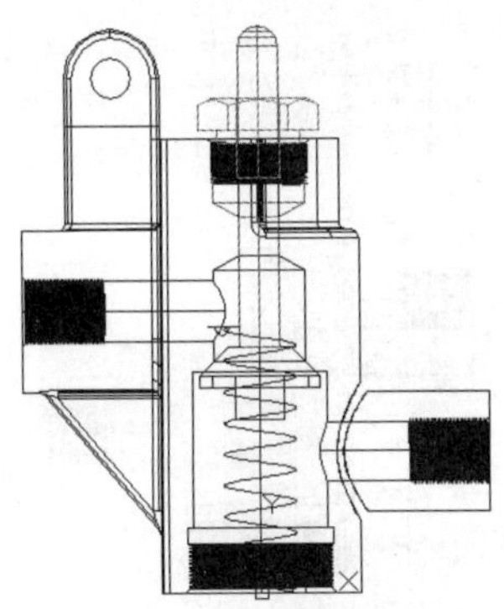

图 13-20 复制弹簧

（5）在命令行中输入“UCS”命令，将坐标系恢复到WCS。

（6）单击“三维工具”选项卡“建模”面板中的“圆柱体”按钮，以坐标点（0，0，54）为起点，绘制半径为“14”、高度为“30”的圆柱体，如图 13-21 所示。

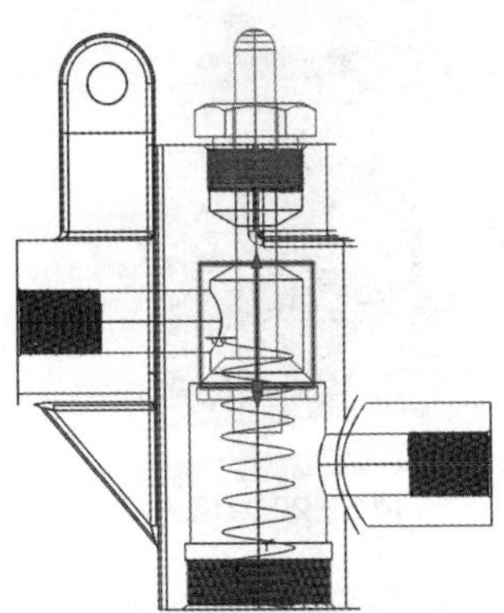

图 13-21 绘制圆柱体（1）

（7）单击“三维工具”选项卡“实体编辑”面板中的“差集”按钮，将弹簧实体与上一步创建的圆柱体进行差集运算，如图 13-22 所示。

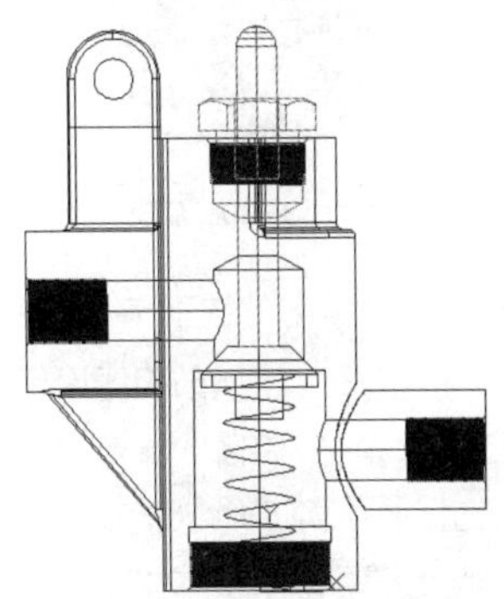

图 13-22 差集运算（1）

（8）选择菜单栏中的“视图”→“三维视图”→“西南等轴测”命令，将视图切换到西南等轴测视图。

（9）在命令行中输入“UCS”命令，将坐标系恢复到WCS。

（10）单击“三维工具”选项卡“建模”面板中的“圆柱体”按钮，以坐标点（0，0，-2）为起点，绘制半径为“14”、高度为“4”的圆柱体，如图 13-23 所示。

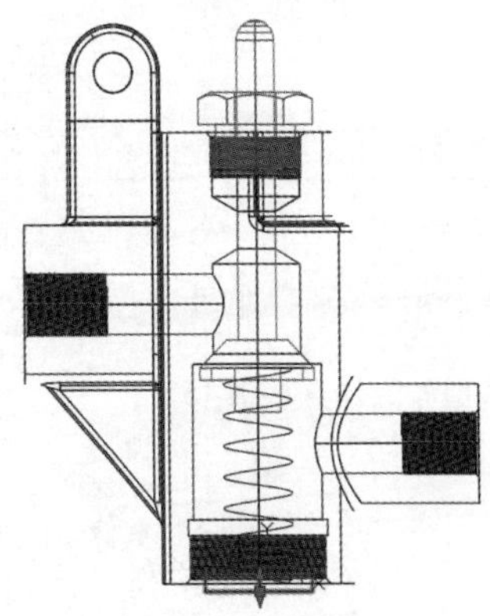

图 13-23 绘制圆柱体（2）

（11）单击“三维工具”选项卡“实体编辑”面板中的“差集”按钮，将弹簧实体与上一步创建的圆柱体进行差集运算，如图 13-24 所示。

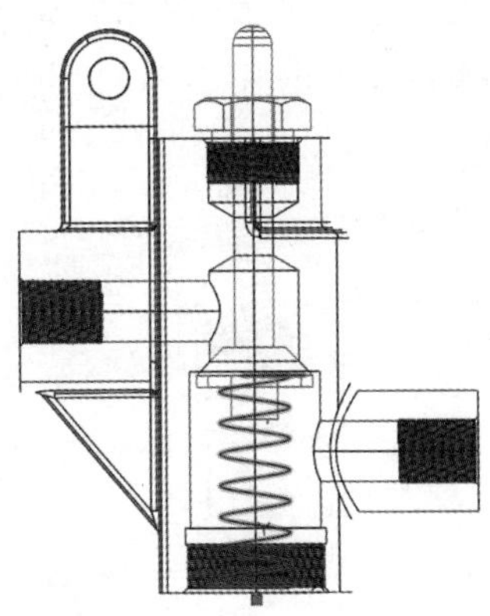

图 13-24 差集运算（2）

（12）单击“可视化”选项卡“命名视图”面板中的“西南等轴测”按钮，将当前视图设置为西南等轴测视图。

（13）单击“三维工具”选项卡“实体编辑”面板中的“着色面”按钮，将视图中的面按照需要进行着色，结果如图 13-25 所示。

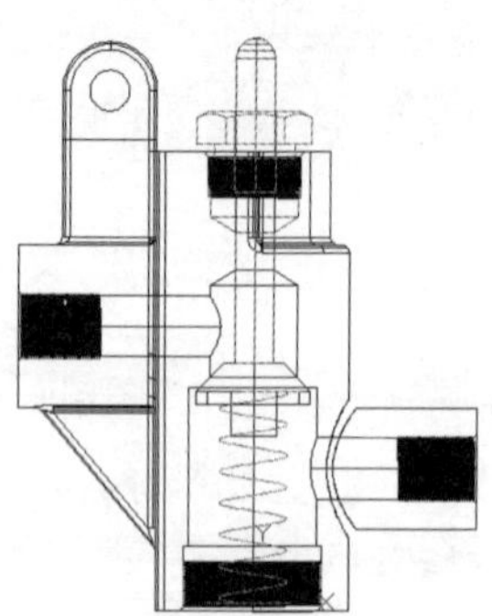

图 13-25　着色（1）

13.1.7 装配胶垫

（1）选择菜单栏中的“文件”→“打开”命令，打开“胶垫.dwg”文件，如图 13-26 所示。

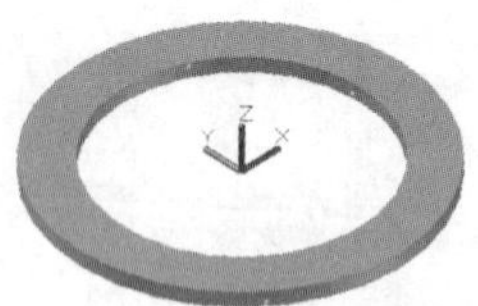

图 13-26　胶垫

（2）单击“可视化”选项卡“命名视图”面板中的“前视”按钮，将当前视图设置为前视图。

（3）选择菜单栏中的“编辑”→“带基点复制”命令，选择基点为（0，0，0），将“胶垫”复制到“手压阀装配图.dwg”文件的前视图中，指定的插入点为（0，0，0），如图 13-27 所示。

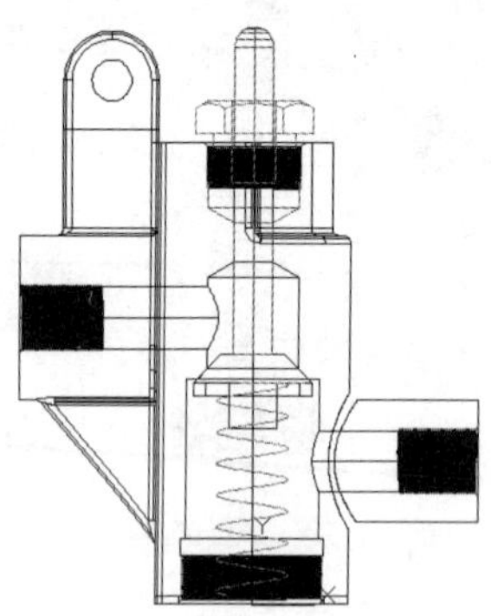

图 13-27　复制胶垫

（4）单击“默认”选项卡“修改”面板中的“移动”按钮，以坐标点（0，0，0）为基点，将胶垫沿 *Y* 轴移到坐标（0，-2，0）处，如图 13-28 所示。

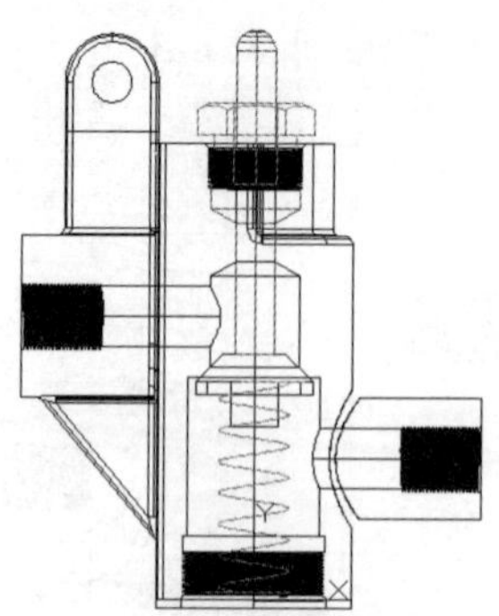

图 13-28　移动胶垫

（5）单击“可视化”选项卡“命名视图”面板中的“西南等轴测”按钮，将当前视图设置为西南等轴测视图。

（6）单击“三维工具”选项卡“实体编辑”面板中的“着色面”按钮，将视图中的面按照需要进行着色，如图 13-29 所示。

图 13-29　着色（2）

13.1.8 装配底座

（1）选择菜单栏中的“文件”→“打开”命令，打开“底座.dwg”文件，如图 13-30 所示。

图 13-30　底座

（2）单击“可视化”选项卡“命名视图”面板中的“前视”按钮，将当前视图设置为前视图。

（3）选择菜单栏中的“编辑”→“带基点复制”命令，选择基点为（0，0，0），将“底座”复制到“手压阀装配图.dwg”文件的前视图中，指定的插入点为（0，0，0），如图 13-31 所示。

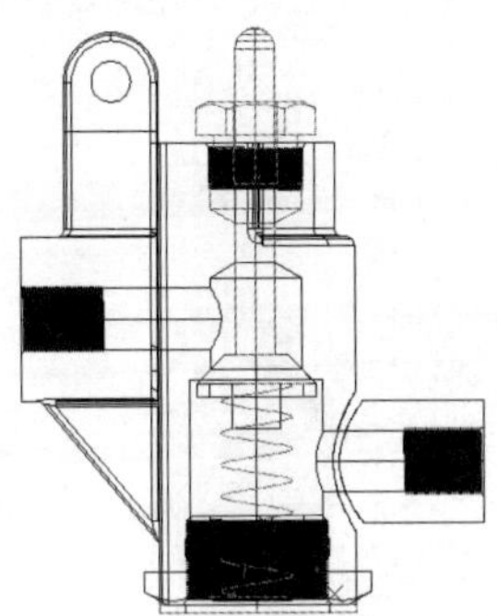
图 13-31 复制底座

（4）单击“默认”选项卡“修改”面板中的“移动”按钮，以坐标点（0，0，0）为基点，将底座沿 Y 轴移到坐标（0，-10，0）处，如图 13-32 所示。

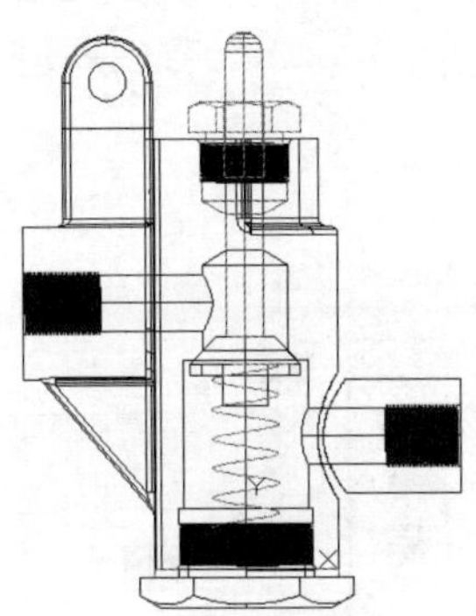
图 13-32 移动底座

（5）单击“可视化”选项卡“命名视图”面板中的“西南等轴测”按钮，将当前视图设置为西南等轴测视图。

（6）单击“三维工具”选项卡“实体编辑”面板中的“着色面”按钮，将视图中的面按照需要进行着色，如图 13-33 所示。

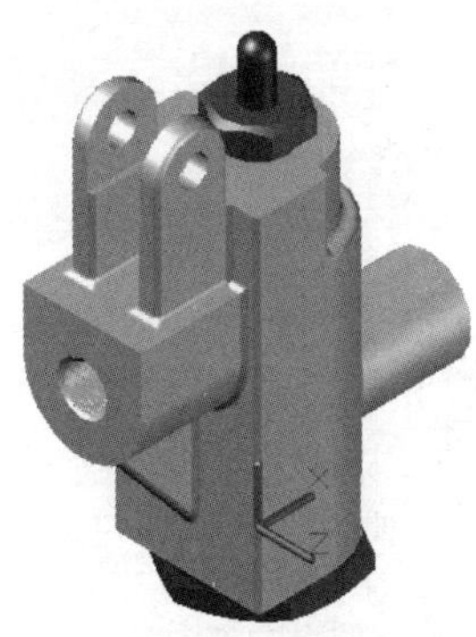
图 13-33 着色

13.1.9 装配手把

（1）选择菜单栏中的“文件”→“打开”命令，打开“手把.dwg”，如图 13-34 所示。

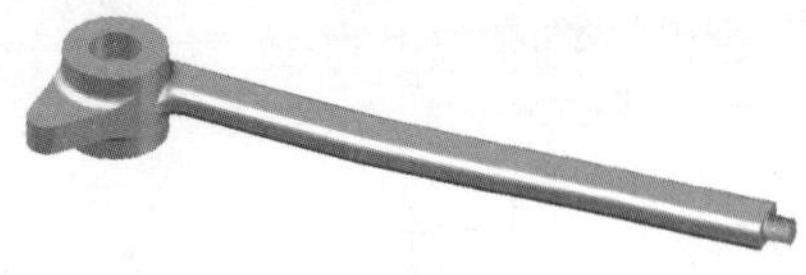
图 13-34 手把

（2）单击“可视化”选项卡“命名视图”面板中的“俯视”按钮，将当前视图设置为俯视图。

（3）选择菜单栏中的“编辑”→“带基点复制”命令，选择基点为（0，0，0），将“手把”复制到“手压阀装配图.dwg”文件的前视图中，指定的插入点为（0，0，0），如图 13-35 所示。

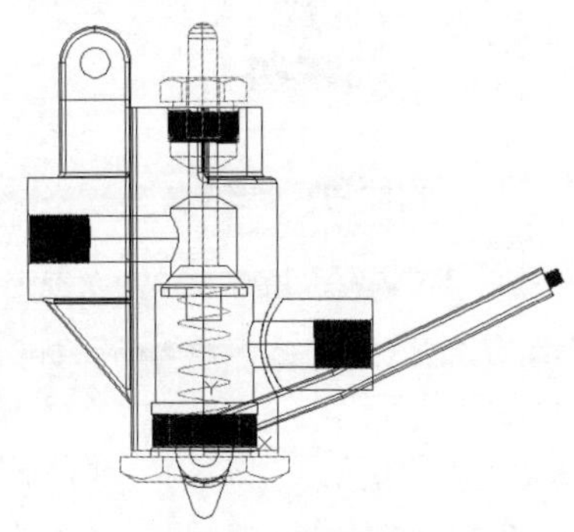
图 13-35 复制手把

（4）单击“默认”选项卡“修改”面板中的“移动”按钮，以坐标点（0，0，0）为基点，将手把移到坐标（-37，128，0）处，如图 13-36 所示。

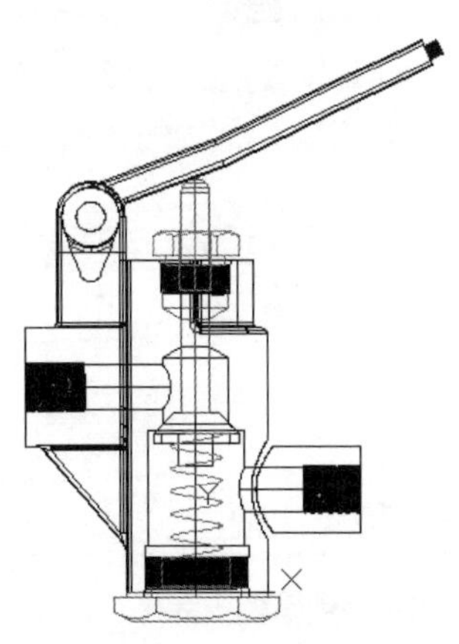
图 13-36 移动手把

（5）单击“可视化”选项卡“命名视图”面板中的“左视”按钮，将当前视图设置为左视图。

（6）单击“默认”选项卡“修改”面板中的“移动”按钮，以坐标点（0，0，0）为基点，将手把沿X轴移到坐标（-9，0，0）处，如图13-37所示。

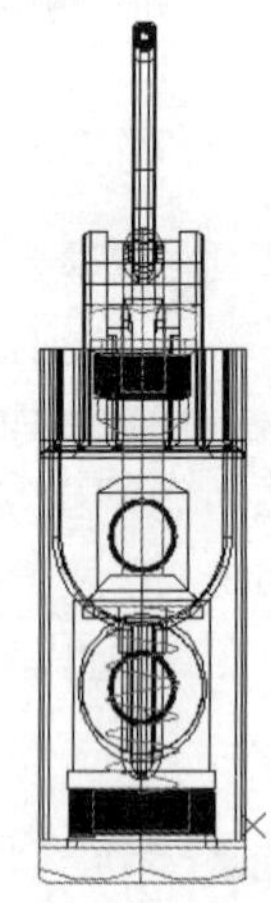

图13-37　移动手把

（7）单击“可视化”选项卡“命名视图”面板中的“西南等轴测”按钮，将当前视图设置为西南等轴测视图。

（8）单击“三维工具”选项卡“实体编辑”面板中的“着色面”按钮，将视图中的面按照需要进行着色，如图13-38所示。

图13-38　着色

13.1.10　装配销轴

（1）选择菜单栏中的“文件”→“打开”命令，打开“销轴.dwg”文件，如图13-39所示。

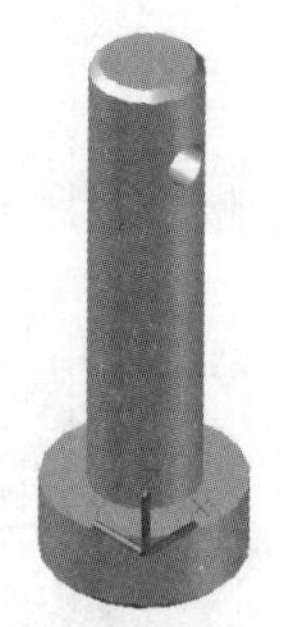

图13-39　销轴

（2）单击“可视化”选项卡“命名视图”面板中的“俯视”按钮，将当前视图设置为俯视图。

（3）选择菜单栏中的“编辑”→“带基点复制”命令，选择基点为（0，0，0），将“销轴”复制到“手压阀装配图.dwg”文件的前视图中，指定的插入点为（0，0，0），如图13-40所示。

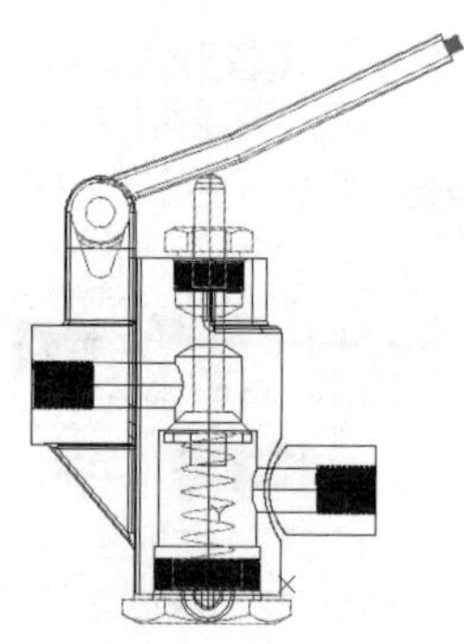

图13-40　复制销轴

（4）单击“默认”选项卡“修改”面板中的“移动”按钮，以坐标点（0，0，0）为基点，将销轴移到坐标（-37，128，0）处，如图13-41所示。

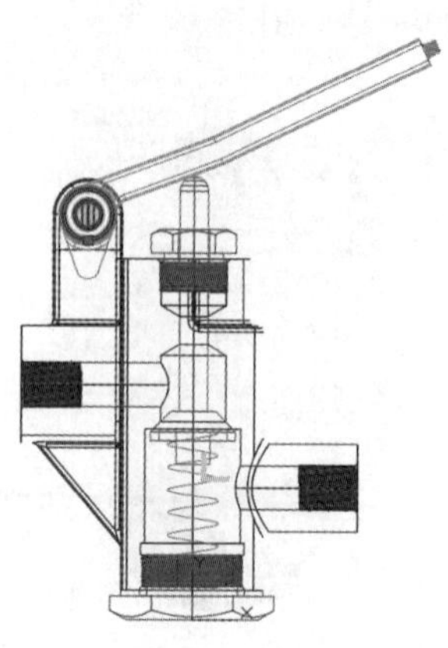

图13-41　移动销轴

（5）单击“可视化”选项卡“命名视图”面板中的“左视”按钮，将当前视图设置为左视图。

（6）单击“默认”选项卡“修改”面板中的“移动”按钮，以坐标点（0，0，0）为基点，将销轴沿X轴移到坐标（-23，0，0）处，如图13-42所示。

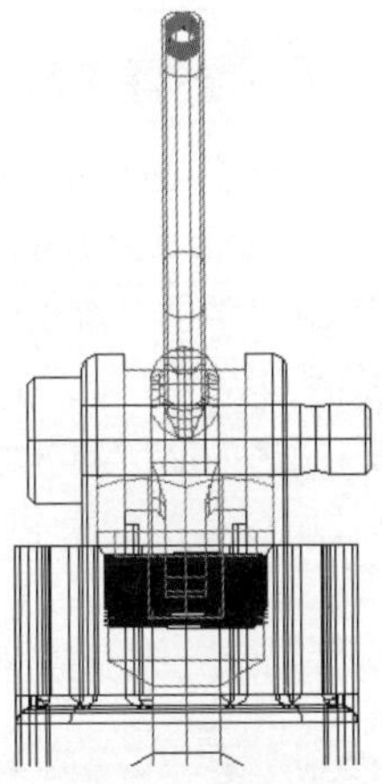

图13-42 移动销轴

（7）单击“可视化”选项卡“命名视图”面板中的“西南等轴测”按钮，将当前视图设置为西南等轴测视图。

（8）单击“三维工具”选项卡“实体编辑”面板中的“着色面”按钮，将视图中的面按照需要进行着色，如图13-43所示。

图13-43 着色

13.1.11 装配销

（1）选择菜单栏中的“文件”→“打开”命令，打开“销.dwg”文件，如图13-44所示。

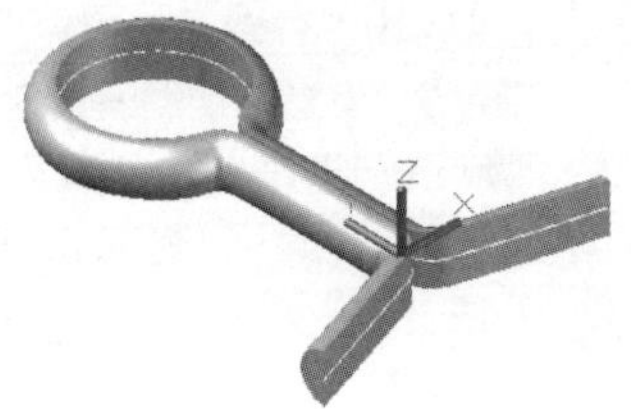

图13-44 销

（2）单击“可视化”选项卡“命名视图”面板中的“俯视”按钮，将当前视图设置为俯视图。

（3）选择菜单栏中的“编辑”→“带基点复制”命令，选择基点为（0，0，0），将“销”复制到“手压阀装配图.dwg”文件的前视图中，指定的插入点为（0，0，0），如图13-45所示。

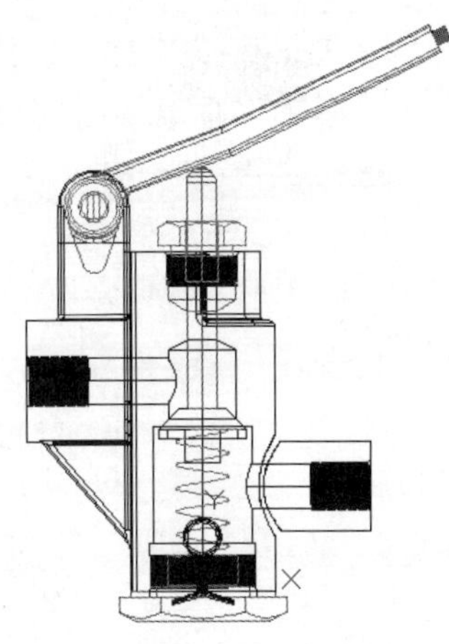

图13-45 复制销

（4）单击“默认”选项卡“修改”面板中的“移动”按钮，以坐标点（0，0，0）为基点，将销移到坐标（-37，122.5，0）处，如图13-46所示。

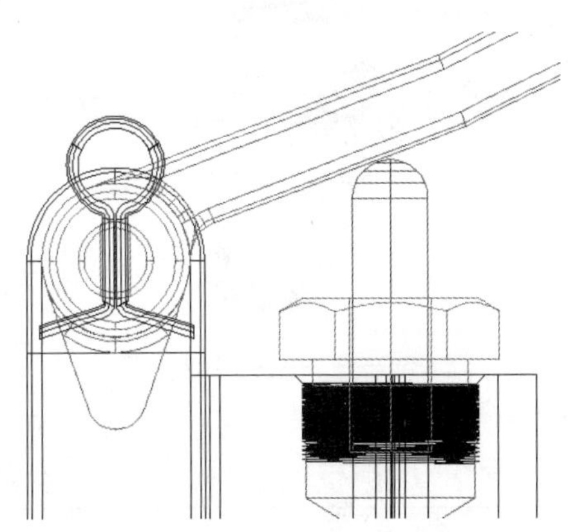

图13-46 移动销

（5）单击“可视化”选项卡“命名视图”面板中的“左视”按钮，将当前视图设置为左视图。

（6）单击“默认”选项卡“修改”面板中的“移动”按钮，以坐标点（0，0，0）为基点，将销沿X轴移到坐标（19，0，0）处，如图13-47所示。

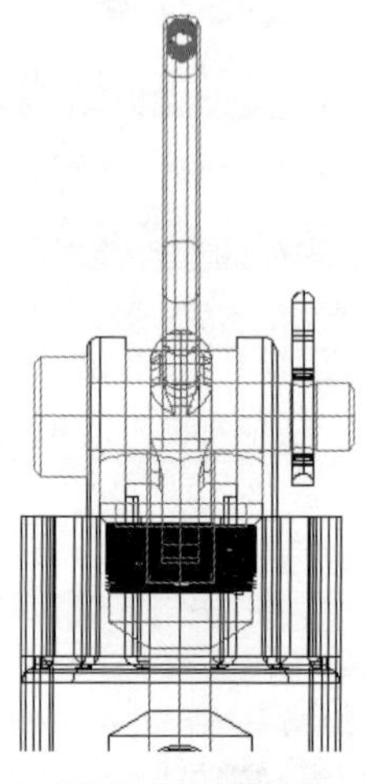

图13-47　移动销

（7）单击“可视化”选项卡“命名视图”面板中的“西南等轴测”按钮，将当前视图设置为西南等轴测视图。

（8）单击“三维工具”选项卡“实体编辑”面板中的“着色面”按钮，将视图中的面按照需要进行着色，如图13-48所示。

图13-48　着色

13.1.12 装配胶木球

（1）选择菜单栏中的“文件”→“打开”命令，打开“胶木球.dwg”文件，如图13-49所示。

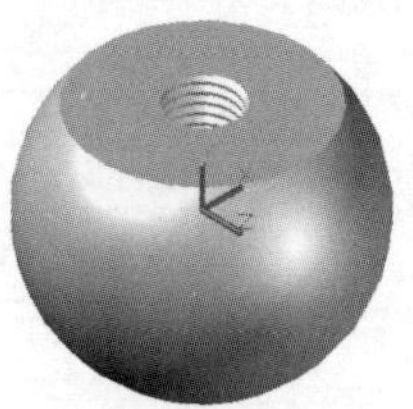

图13-49　胶木球

（2）单击“可视化”选项卡“命名视图”面板中的“前视”按钮，将当前视图设置为前视图。

（3）选择菜单栏中的“编辑”→“带基点复制”命令，选择基点为（0，0，0），将“胶木球”复制到“手压阀装配图.dwg”文件的前视图中，指定的插入点为（0，0，0），如图13-50所示。

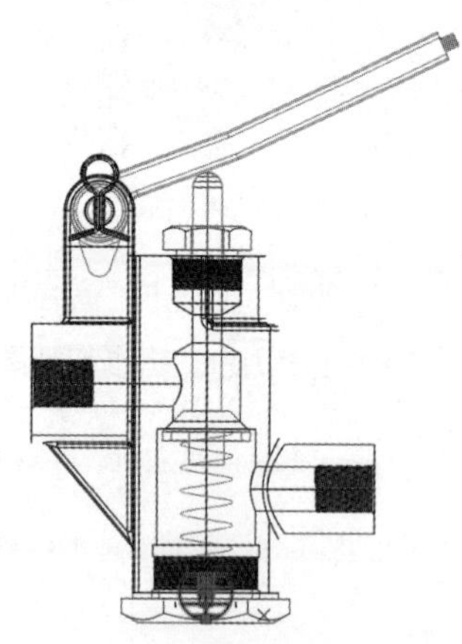

图13-50　复制胶木球

（4）单击“默认”选项卡“修改”面板中的“旋转”按钮，将胶木球以原点为基点，沿Z轴旋转，角度为115°，结果如图13-51所示。

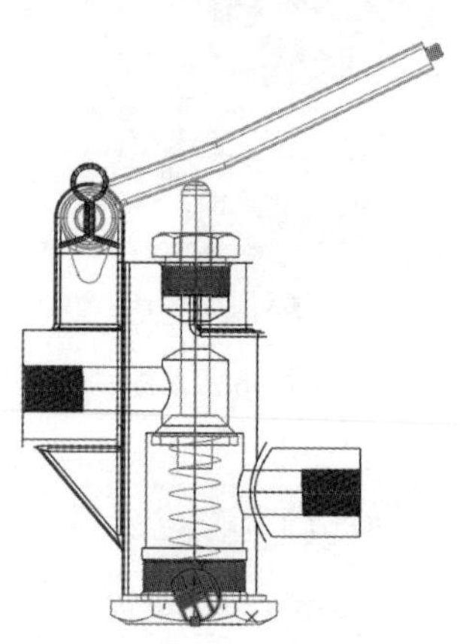

图13-51　旋转胶木球

（5）单击“默认”选项卡“修改”面板中的“移动”按钮，选择图13-52所示的点为基点，选择图13-53所示的点为插入点，移动后结果如图13-54所示。

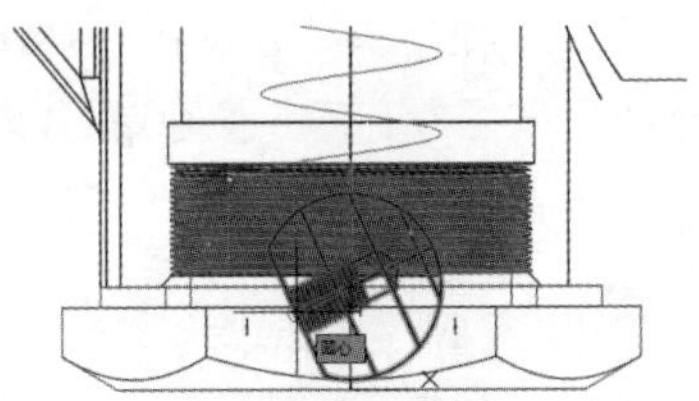

图13-52 选择基点

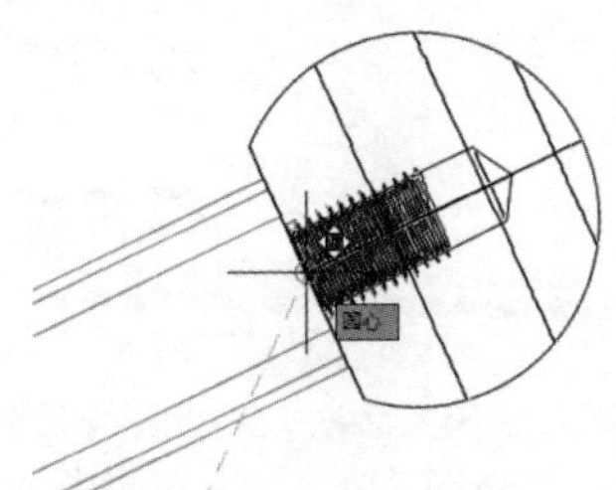

图13-53 选择插入点

（6）单击“可视化”选项卡“命名视图”面板中的“西南等轴测”按钮，将当前视图设置为西南等轴测视图。

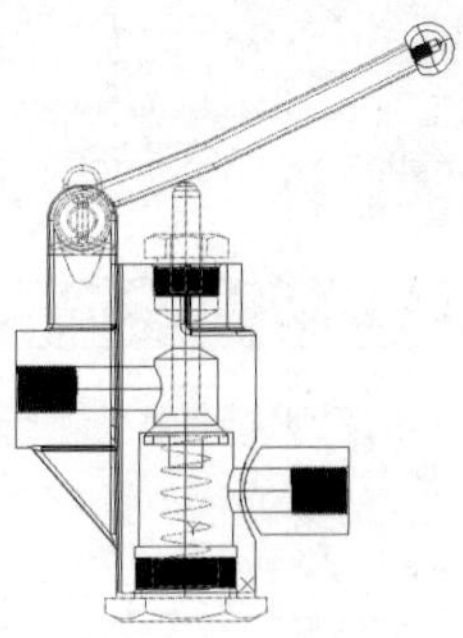

图13-54 移动胶木球

（7）单击“三维工具”选项卡“实体编辑”面板中的“着色面”按钮，将视图中的面按照需要进行着色，如图13-55所示。

图13-55 着色

13.2 剖切手压阀装配立体图

13.2.1 1/2 剖切手压阀装配图

本实例打开手压阀装配图，然后使用剖切命令对装配体进行1/2剖切处理，最后进行消隐处理，结果如图13-56所示。

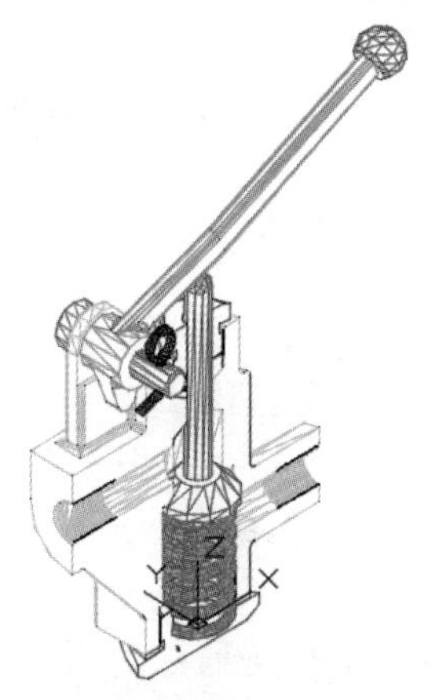

图13-56 消隐后的1/2剖切视图

（1）选择菜单栏中的“文件”→“打开”命令，打开“手压阀装配图.dwg”文件。

（2）单击“可视化”选项卡“命名视图”面板中的“西南等轴测”按钮，将当前视图设置为西南等轴测视图。

（3）在命令行中输入“UCS”命令，将坐标系恢复到WCS。

（4）单击“三维工具”选项卡“实体编辑”面板中的“剖切”按钮，对手压阀装配体进行剖切，命令行提示与操作如下：

```
命令：_slice
选择要剖切的对象：（依次选择阀体、压紧螺母、密封垫、胶垫、底座 5 个零件）
选择要剖切的对象：↙
指定 切面 的起点或 [平面对象(O)/曲面(S)/Z 轴(Z)/视图(V)/XY(XY)/YZ(YZ)/ZX(ZX)/三点(3)] <三点>: ZX↙
指定 ZX 平面上的点 <0,0,0>: ↙
```

```
在所需的侧面上指定点或 [保留两个侧面 (B)] <保留两个侧面 >:（指定保留的一侧）
```

消隐后效果如图 13-56 所示。

13.2.2 1/4 剖切手压阀装配图

本实例打开手压阀装配图，然后使用剖切命令对装配体进行 1/4 剖切处理，最后进行消隐处理，结果如图 13-57 所示。

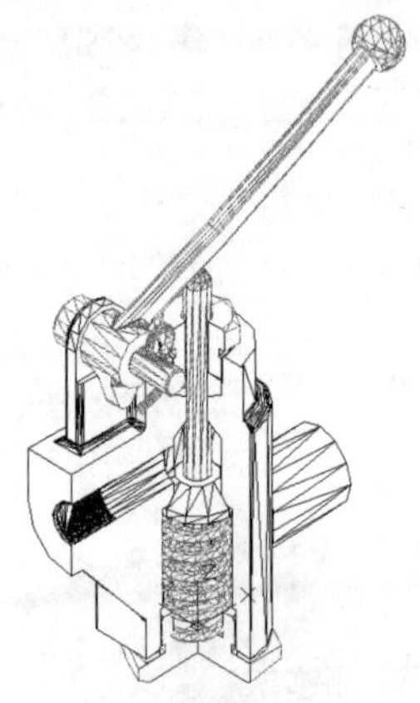

图 13-57　消隐后的 1/4 剖切视图

（1）选择菜单栏中的“文件”→“打开”命令，打开“手压阀装配图.dwg”文件。

（2）单击“可视化”选项卡“命名视图”面板中的“西南等轴测”按钮，将当前视图设置为西南等轴测视图。

（3）在命令行中输入“UCS”命令，将坐标系恢复到WCS。

（4）单击“三维工具”选项卡“实体编辑”面板中的“剖切”按钮，对手压阀装配体进行剖切，命令行提示与操作如下：

```
命令：_slice
选择要剖切的对象：（依次选择阀体、压紧螺母、密封垫、胶垫、底座 5 个零件）
选择要剖切的对象：↙
指定 切面 的起点或 [平面对象 (O)/曲面 (S)/Z 轴 (Z)/视图 (V)/XY(XY)/YZ(YZ)/ZX(ZX)/三点 (3)] <三点>: ZX↙
指定 ZX 平面上的点 <0,0,0>:↙
在所需的侧面上指定点或 [保留两个侧面 (B)] <保留两个侧面 >: B↙
命令：_slice
选择对象：（用鼠标依次选择阀体、压紧螺母、密封垫、胶垫、底座 5 个零件）
选择对象：↙
指定切面上的第一个点，依照 [对象 (O)/Z 轴 (Z)/视图 (V)/XY 平面 (XY)/YZ 平面 (YZ)/ZX 平面 (ZX)/三点 (3)] <三点>: YZ↙
指定 ZX 平面上的点 <0,0,0>:↙
在要保留的一侧指定点或 [保留两侧 (B)]: 10,0,0↙
```

消隐后效果如图 13-57 所示。

第四篇　减速器三维设计篇

本篇导读

本篇主要绘制减速器三维实体。

通过本篇的学习，读者可以掌握机械零件的三维造型设计基本方法与技巧。

内容要点

- 减速器零部件设计
- 减速器附件及箱座设计
- 减速器立体图装配

第 14 章

减速器零部件设计

本章导读

减速器是工程机械中广泛运用的一种机械装置，其主要功能是通过齿轮的啮合改变转速。减速器的传动形式主要有锥齿轮传动、圆柱齿轮传动、涡轮蜗杆传动。本章主要介绍圆柱齿轮传动。圆柱齿轮传动箱主要由一对啮合的齿轮、箱座、轴承，以及各种连接件和附件组成，本章将详细介绍各部分的三维造型绘制过程。

14.1 通用标准件立体图的绘制

本节将详细讲解几种简单三维实体的绘制方法，通过对销、平键、螺母、螺栓、轴承和齿轮等几种实体的绘制，读者可以进一步掌握绘制三维实体的基础知识。

14.1.1 销立体图

本实例绘制销立体图，首先运用基本二维命令绘制二维图形，然后结合三维命令中的“旋转”命令完成销的绘制。销为标准件，在此以销A10×60为例，如图14-1所示。

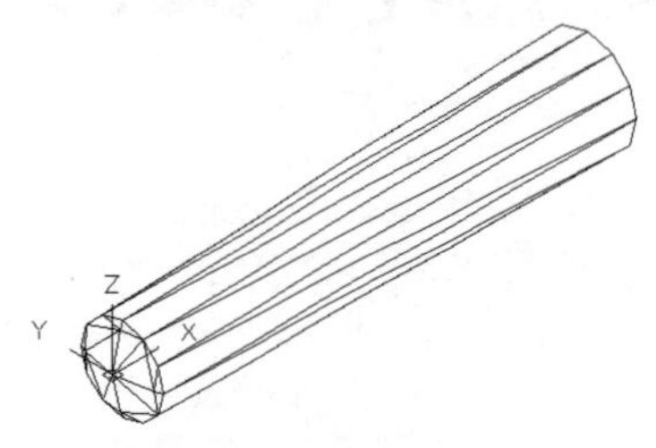

图14-1 销A10×60

1. 建立新文件

选择菜单栏中的“文件”→“新建”命令，打开“选择样板”对话框，单击“打开”按钮右侧的▾按钮，以“无样板打开-公制（M）”方式建立新文件，然后将新文件命名为“销立体图.dwg”并保存。

2. 设置线框密度

线框密度默认值为“8”，将其更改为“10”。

3. 绘制图形

（1）单击“默认”选项卡“绘图”面板中的“直线”按钮╱，以坐标原点为起点，绘制一条长度为“41.8”的水平直线。再次单击“默认”选项卡“绘图”面板中的“直线”按钮╱，以坐标原点为起点，绘制一条长度为“3”的竖直直线。重复“直线”命令，在另一端绘制长度为“3.4”的竖直线，如图14-2所示。

图14-2 绘制直线（1）

（2）单击“默认”选项卡“修改”面板中的“偏移”按钮⋐，将左侧竖直直线向右偏移，偏移距离为“0.8”。重复“偏移”命令，将右侧竖直线向左偏移，偏移距离为“1”，效果如图14-3所示。

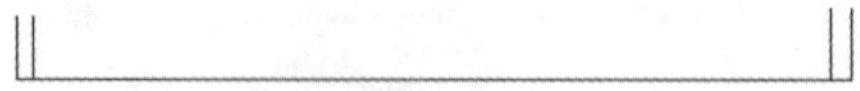

图14-3 偏移直线

（3）单击“默认”选项卡“绘图”面板中的“直线”按钮╱，连接左侧竖直线端点和右侧竖直线端点，结果如图14-4所示。

图14-4 绘制直线（2）

（4）单击“默认”选项卡“修改”面板中的“镜像”按钮⚠，将步骤（3）创建的图形以水平直线为镜像线进行镜像，结果如图14-5所示。

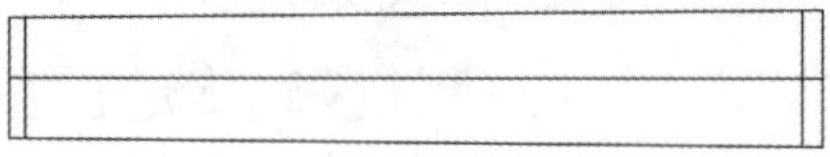

图14-5 镜像图形

（5）单击“默认”选项卡“绘图”面板中的“圆弧”按钮⌒，采用“三点”圆弧的绘制方式绘制圆弧，如图14-6所示。

图14-6 绘制圆弧

（6）单击“默认”选项卡“修改”面板中的“修剪”按钮✂和“删除”按钮✎，修剪并删除多余的线段，如图14-7所示。

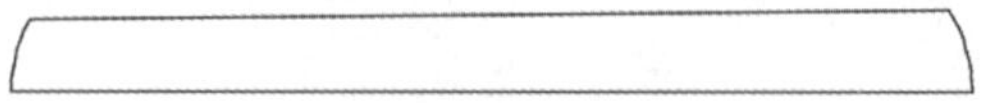

图14-7 整理图形

（7）在命令行中输入“PEDIT”命令，将步骤（6）创建的销轮廓合并为一条多段线，如图14-8

所示，命令行中的提示与操作如下：

```
命令： _pedit
选择多段线或 [ 多条 (M)]: M↙
选择对象：（选择视图中所有的线段）
选择对象：↙
是否将直线、圆弧和样条曲线转换为多段线？ [ 是 (Y)/ 否 (N)]? <Y>↙
输入选项 [闭合(C)/打开(O)/合并(J)/宽度(W)/拟合(F)/样条曲线(S)/非曲线化(D)/线型生成(L)/ 反转(R)/放弃(U)]: J↙
合并类型 = 延伸
输入模糊距离或 [ 合并类型 (J)] <0.0000>:↙
多段线已增加 4 条线段
输入选项 [闭合(C)/打开(O)/合并(J)/宽度(W)/拟合(F)/样条曲线(S)/非曲线化(D)/线型生成(L)/放弃(U)]: ↙
```

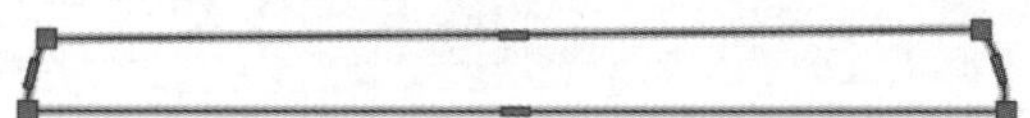

图 14-8 合并多段线

（8）选择菜单栏中的“绘图”→“建模”→“旋转”命令，将步骤（7）创建的多段线绕X轴旋转360°，消隐后的效果如图14-9所示，命令行中的提示与操作如下：

```
命令： _revolve
当前线框密度： ISOLINES=10，闭合轮廓创建模式 = 实体
选择要旋转的对象或 [ 模式 (MO)]: _MO 闭合轮廓创建模式 [ 实体 (SO)/ 曲面 (SU)] < 实体 >: _SO
选择要旋转的对象或 [ 模式 (MO)]:（选择合并后的多段线）
选择要旋转的对象或 [ 模式 (MO)]: ↙
指定轴起点或根据以下选项之一定义轴 [ 对象 (O)/ X/Y/Z] < 对象 >: （拾取下部直线的两端点）
指定旋转角度或 [ 起点角度 (ST)/ 反转 (R)/ 表达式 (EX)] <360>:↙
```

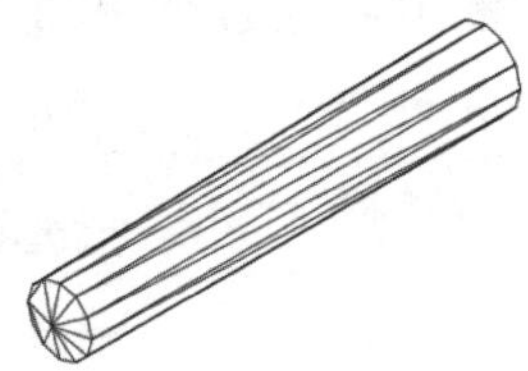

图 14-9 旋转多段线

14.1.2 平键立体图

本实例绘制平键立体图，如图14-10所示。应首先绘制二维轮廓线，再通过“拉伸”命令生成三维实体，最后利用“倒角”命令对平键实体进行倒角操作。下面以平键A10×8×36立体图为例进行介绍。

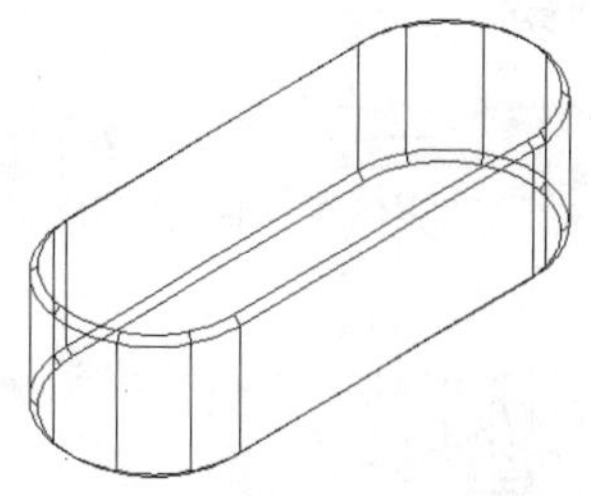

图 14-10 平键 A10×8×36 立体图

（1）选择菜单栏中的“文件”→“新建”命令，打开“选择样板”对话框，单击“打开”按钮右侧的按钮，以“无样板打开-公制（M）”方式建立新文件，然后将新文件命名为“平键A10×8×36立体图.dwg”并保存。

（2）设置线框密度，线框密度默认值为“8”，将其更改为“10”。单击“默认”选项卡“绘图”面板中的“矩形”按钮，绘制圆角半径为“5”、角点为（0，0）和（36，10）的矩形，命令行中的提示与操作如下：

```
命令： _rectang
当前矩形模式： 圆角 =1.0000
指定第一个角点或 [ 倒角 (C)/ 标高 (E)/ 圆角 (F)/ 厚度 (T)/ 宽度 (W)]: F↙
指定矩形的圆角半径 <1.0000>:5↙
指定第一个角点或 [ 倒角 (C)/ 标高 (E)/ 圆角 (F)/ 厚度 (T)/ 宽度 (W)]: 0,0↙
指定另一个角点或 [ 面积 (A)/ 尺寸 (D)/ 旋转 (R)]: 36,10↙
```

结果如图14-11所示。

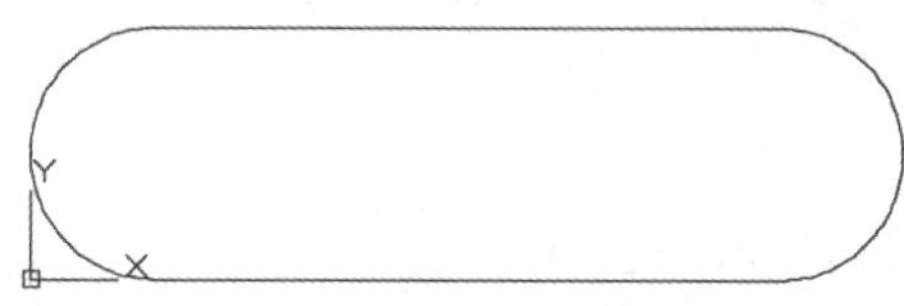

图 14-11 绘制矩形

（3）将视图切换到西南等轴测视图。单击“三维工具”选项卡“建模”面板中的“拉伸”按钮，将上一步创建的面域拉伸“8”，消隐后的效果如图14-12所示，命令行中的提示与操作如下：

```
命令： _extrude
```

```
当前线框密度： ISOLINES=10，闭合轮廓创建模式 = 实体
选择要拉伸的对象或 [模式(MO)]：找到 1 个
选择要拉伸的对象或 [模式(MO)]：↙
指定拉伸的高度或 [方向(D)/路径(P)/倾斜角(T)/表达式(E)]：8↙
```

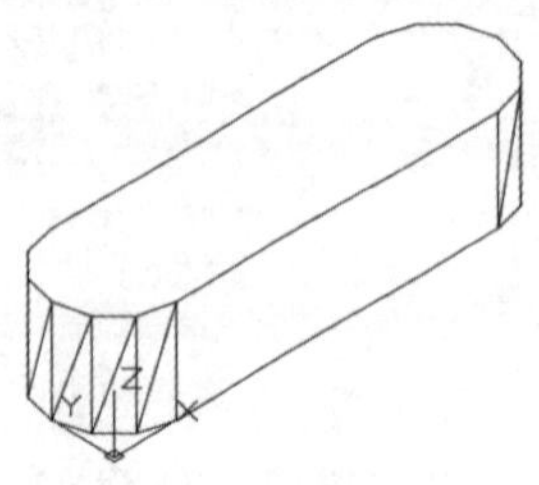

图 14-12 拉伸实体

（4）单击“默认”选项卡“修改”面板中的“倒角”按钮，进行倒角处理，倒角距离为“0.5”，倒角结果如图 14-13 所示，命令行中的提示与操作如下：

```
命令：_chamfer
("修剪"模式) 当前倒角距离 1 = 1.0000，距离 2 = 1.0000
选择第一条直线或 [放弃(U)/多段线(P)/距离(D)/角度(A)/修剪(T)/方式(E)/多个(M)]：(选择图14-12中实体上表面的任意一条边)
基面选择...
输入曲面选择选项 [下一个(N)/当前(OK)] <当前(OK)>：N↙
输入曲面选择选项 [下一个(N)/当前(OK)] <当前(OK)>：↙
指定基面倒角距离或 [表达式(E)] <1.0000>：0.5↙
指定其他曲面倒角距离或 [表达式(E)] <1.0000>：0.5↙
选择边或 [环(L)]：L↙
选择环边或 [边(E)]：(选择图14-12中实体上表面的各条边)
选择环边或 [边(E)]：↙
```

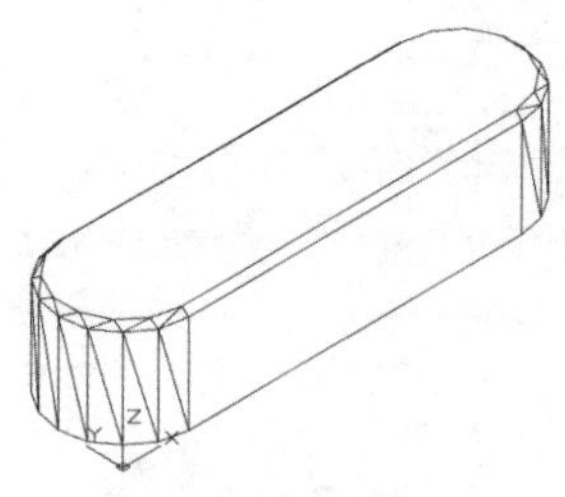

图 14-13 实体倒角

（5）单击“默认”选项卡“修改”面板中的“倒角”按钮，对平键底面进行倒角操作。至此，简单的平键实体绘制完毕，效果如图 14-14 所示。

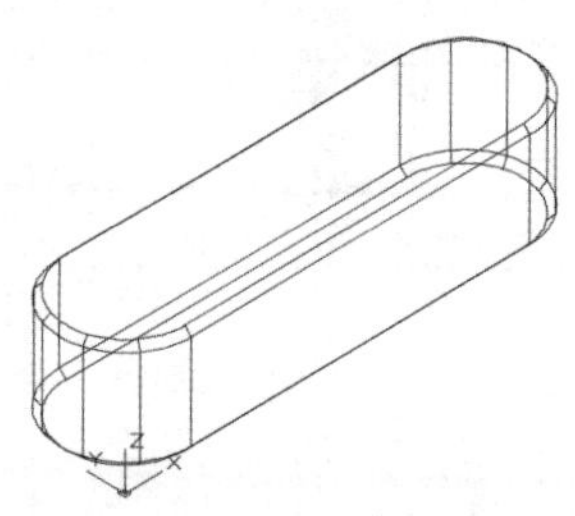

图 14-14 平键 A10×8×36

平键 A18×11×53 立体图绘制方法与平键 A10×8×36 立体图的绘制方法一样，平键的绘制也可以采用先利用“长方体”命令绘制主体后再对其进行圆角处理的方法。读者可以根据平键的设计尺寸自行绘制，如图 14-15 所示。

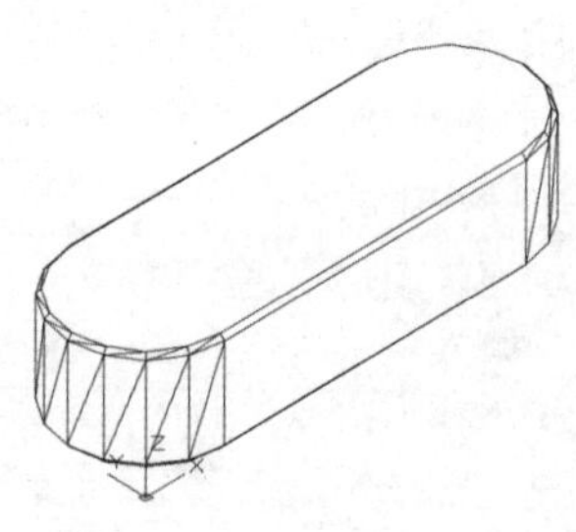

图 14-15 平键 A18×11×53

14.2 螺纹连接件立体图的绘制

本节主要介绍螺母和螺栓这两种基本螺纹零件立体图的绘制方法。

14.2.1 螺母立体图

本实例绘制图 14-16 所示的螺母。具体制作思路是：首先绘制外形轮廓，然后绘制螺旋线，通过扫掠得到螺纹，最后进行差集运算。

（1）选择菜单栏中的“文件”→“新建”命令，打开“选择样板”对话框，单击“打开”按钮右侧的按钮，以“无样板打开-公制（M）”方式建立新文件，然后将新文件命名为“M12 螺母立体

图.dwg”并保存。

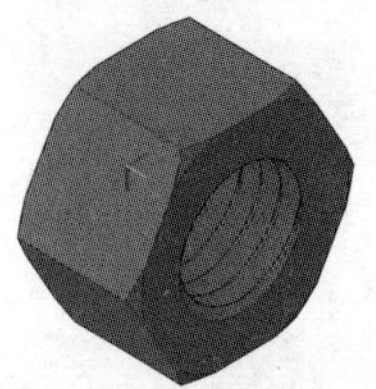

图 14-16 螺母立体图

（2）设置线框密度，线框密度默认值为“8”，将其更改为“10”。

（3）将视图切换到西南等轴测视图，然后绕X轴旋转90°。

（4）单击“默认”选项卡“绘图”面板中的“多边形”按钮，绘制以坐标点（0，0，0）为中心点、外切圆半径为“9”的正六边形，如图14-17所示。

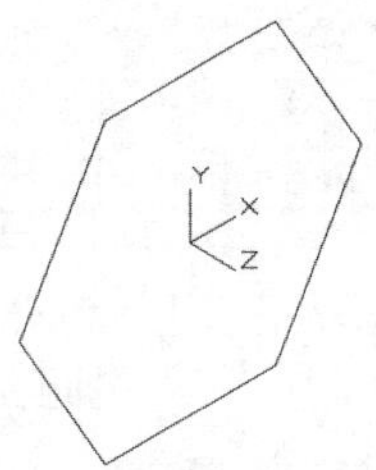

图 14-17 绘制正六边形

（5）单击“三维工具”选项卡“建模”面板中的“拉伸”按钮，拉伸步骤（4）创建的正六边形，拉伸高度为“10.8”，结果如图14-18所示。

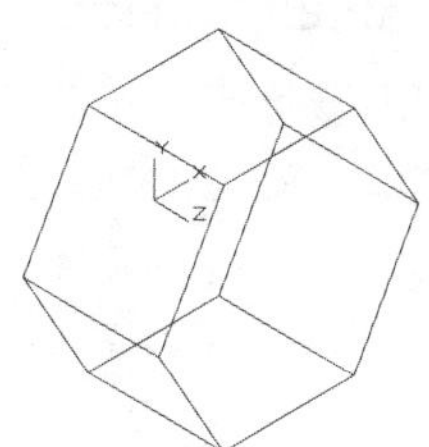

图 14-18 拉伸正六边形

（6）单击“三维工具”选项卡“建模”面板中的“圆柱体”按钮，在坐标点（0，0，0）处绘制半径为“6”、高度为“10.8”的圆柱体。

（7）单击“三维工具”选项卡“实体编辑”面板中的“差集”按钮，对拉伸实体与圆柱体进行差集运算，消隐后如图14-19所示。

（8）单击“默认”选项卡“绘图”面板中的“螺旋”按钮，绘制螺纹轮廓，命令行中的提示与操作如下：

```
命令：_Helix
圈数 = 3.0000    扭曲 =CCW
指定底面的中心点：0,0,-2↙
指定底面半径或 [直径(D)] <1.0000>: 6↙
指定顶面半径或 [直径(D)] <3.0000>: 6↙
指定螺旋高度或 [轴端点(A)/圈数(T)/圈高(H)/扭曲(W)] <1.0000>: H↙
指定圈间距 <0.2500>: 1.75↙
指定螺旋高度或 [轴端点(A)/圈数(T)/圈高(H)/扭曲(W)] <1.0000>: 17.5↙
```

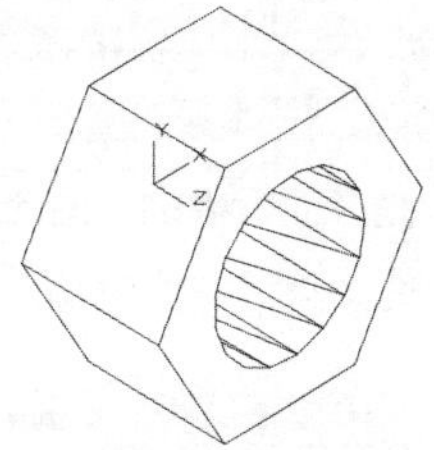

图 14-19 差集运算

将当前视图切换至西南等轴测视图，结果如图14-20所示。

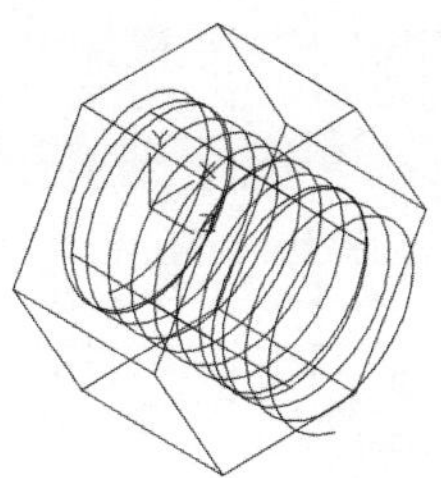

图 14-20 绘制螺旋线

（9）在命令行中执行“UCS”命令，命令行中的提示与操作如下：

```
命令：UCS↙
当前 UCS 名称：*前视*
指定 UCS 的原点或 [面(F)/命名(NA)/对象(OB)/上一个(P)/视图(V)/世界(W)/X/Y/Z/Z 轴(ZA)] <世界>:（捕捉螺旋线的上端点）
指定 X 轴上的点或 <接受>:(捕捉螺旋线上一端点)
命令：UCS↙
当前 UCS 名称：*没有名称*
指定 UCS 的原点或 [面(F)/命名(NA)/对象(OB)/上一个(P)/视图(V)/世界(W)/X/Y/Z/Z 轴(ZA)] <世界>: Y↙
指定绕 y 轴的旋转角度 <90>:↙
```

结果如图14-21所示。

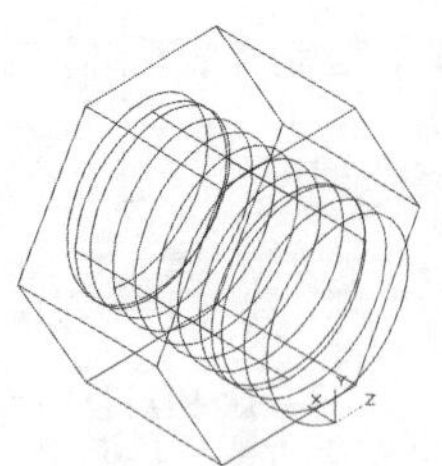

图 14-21　改变坐标系

（10）选择菜单栏中的“视图”→“三维视图”→“平面视图”→“当前UCS”命令，将视图切换到当前坐标系。单击“默认”选项卡“绘图”面板中的“直线”按钮，捕捉螺旋线的上端点以绘制牙型截面轮廓，尺寸参照图14-22。单击“默认”选项卡“绘图”面板中的“面域”按钮，将其创建成面域，结果如图14-23所示。

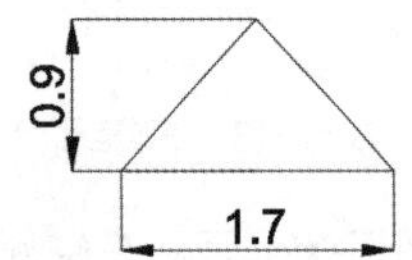

图 14-22　绘制牙形截面

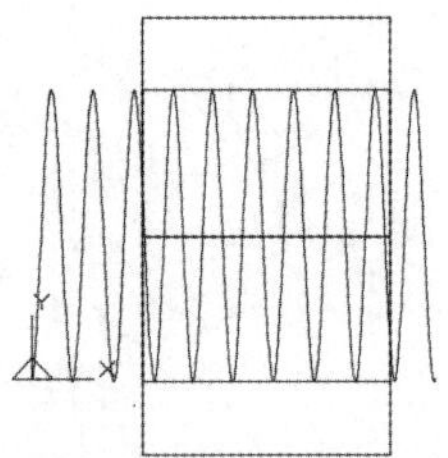

图 14-23　创建面域

（11）将视图切换到西南等轴测视图。单击“三维工具”选项卡“建模”面板中的“扫掠”按钮，命令行中的提示与操作如下：

```
命令：_sweep
当前线框密度： ISOLINES=4，闭合轮廓创建模式 = 实体
选择要扫掠的对象或 [模式(MO)]：（选择三角形面域）
选择要扫掠的对象或 [模式(MO)]：↙
选择扫掠路径或 [对齐(A)/基点(B)/比例(S)/扭曲(T)]：A↙
扫掠前对齐垂直于路径的扫掠对象 [是(Y)/否(N)] <是>：N↙
选择扫掠路径或 [对齐(A)/基点(B)/比例(S)/扭曲(T)]：（选择螺旋线）
```

消隐后结果如图14-24所示。

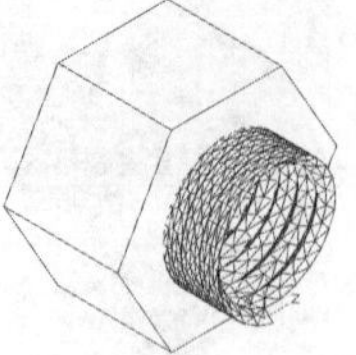

图 14-24　扫掠螺旋

（12）在命令行中输入“UCS”命令，命令行中的提示与操作如下：

```
命令：UCS↙
当前 UCS 名称：*没有名称*
指定 UCS 的原点或 [面(F)/命名(NA)/对象(OB)/上一个(P)/视图(V)/世界(W)/X/Y/Z/Z 轴(ZA)] <世界>：W↙
命令：UCS↙
当前 UCS 名称：*前视*
指定 UCS 的原点或 [面(F)/命名(NA)/对象(OB)/上一个(P)/视图(V)/世界(W)/X/Y/Z/Z 轴(ZA)] <世界>：X↙
指定绕 X 轴的旋转角度 <90>：↙
```

单击“三维工具”选项卡“建模”面板中的“圆柱体”按钮，在坐标点（0，0，0）处绘制半径为“8”、高度为“-3”的圆柱体1。在坐标点（0，0，10.8）处绘制半径为“8”、高度为“10”的圆柱体2。

（13）单击“三维工具”选项卡“实体编辑”面板中的“并集”按钮，将扫掠实体与六棱柱进行并集运算。单击“三维工具”选项卡“实体编辑”面板中的“差集”按钮，将合并后的实体减去圆柱体1和圆柱体2，消隐后的结果如图14-25所示。

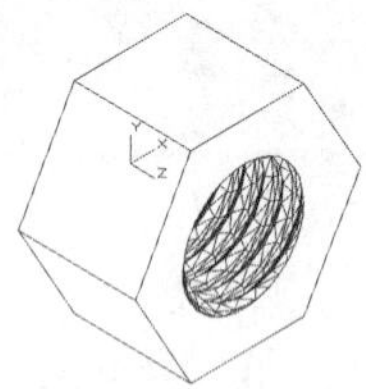

图 14-25　布尔运算

（14）选择菜单栏中的“视图”→“三维视图”→“平面视图”→“当前UCS”命令，将视图切换到当前坐标系。单击“默认”选项卡“绘图”面板中的“直线”按钮，绘制图14-26所示的截面。单击“默认”选项卡“绘图”面板中的“面域”按钮，将其创建成面域。

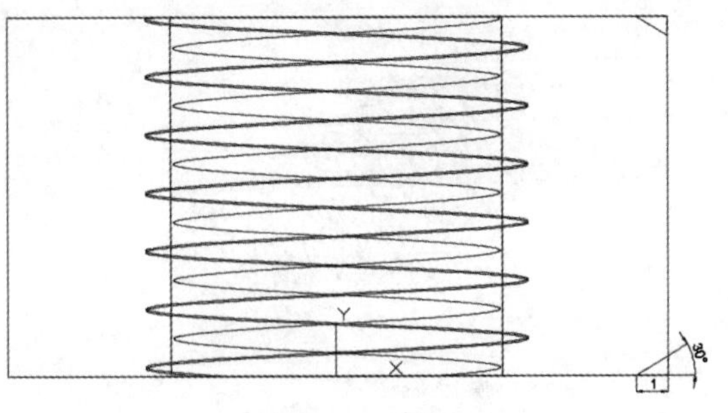

图 14-26 绘制截面

（15）将视图切换到西南等轴测视图，单击“三维工具”选项卡“建模”面板中的“旋转”按钮，将面域绕Y轴旋转360°。

（16）单击“三维工具”选项卡“实体编辑”面板中的“差集”按钮，将合并后的实体减去旋转实体，消隐后的结果如图14-27所示。

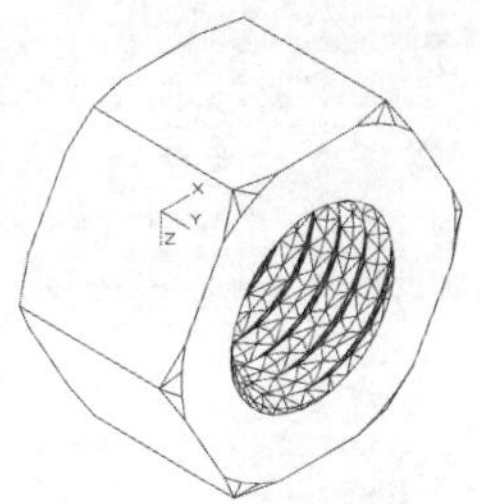

图 14-27 差集运算

14.2.2 螺栓立体图

本实例绘制螺栓，如图14-28所示，型号为M12×110（GB 5782），具体制作思路是：首先绘制螺旋线，然后扫掠绘制螺纹，再绘制中间的连接圆柱体，最后绘制螺栓头。

图 14-28 螺栓立体图

1. 建立新文件

选择菜单栏中的“文件”→“新建”命令，打开“选择样板”对话框，单击“打开”按钮右侧的按钮，以“无样板打开-公制（M）”方式建立新文件，然后将新文件命名为“M12螺栓立体图.dwg”并保存。

2. 设置线框密度

线框密度默认值为“8”，将其更改为“10”。

3. 设置视图方向

单击“可视化”选项卡“命名视图”面板中的“前视”按钮，将当前视图设置为前视图。再将当前视图设置为西南等轴测视图。

4. 绘制螺纹

（1）单击“默认”选项卡“绘图”面板中的“螺旋”按钮，绘制螺纹轮廓，命令行中的提示与操作如下：

```
命令：_Helix
圈数 = 3.0000    扭曲 =CCW
指定底面的中心点：0,0,-2↙
指定底面半径或 [直径(D)] <1.0000>: 5.1↙
指定顶面半径或 [直径(D)] <3.0000>: 5.1↙
指定螺旋高度或 [轴端点(A)/圈数(T)/圈高(H)/扭曲(W)] <1.0000>: H↙
指定圈间距 <0.2500>: 1.75↙
指定螺旋高度或 [轴端点(A)/圈数(T)/圈高(H)/扭曲(W)] <1.0000>: 34↙
```

将当前视图切换至西南等轴测视图，结果如图14-29所示。

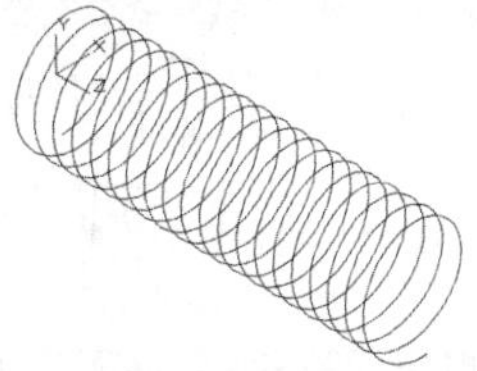

图 14-29 绘制螺旋线

（2）在命令行中输入“UCS”命令，命令行中的提示与操作如下：

```
命令：UCS↙
当前 UCS 名称：*前视*
指定 UCS 的原点或 [面(F)/命名(NA)/对象(OB)/上一个(P)/视图(V)/世界(W)/X/Y/Z/Z 轴(ZA)] <世界>:(捕捉螺旋线的上端点)
指定 X 轴上的点或 <接受>:(捕捉螺旋线上一端点)
命令：UCS↙
当前 UCS 名称：*没有名称*
指定 UCS 的原点或 [面(F)/命名(NA)/对象(OB)/上一个(P)/视图(V)/世界(W)/X/Y/Z/Z 轴(ZA)] <世界>: Y↙
指定绕 Y 轴的旋转角度 <90>:↙
```

结果如图14-30所示。

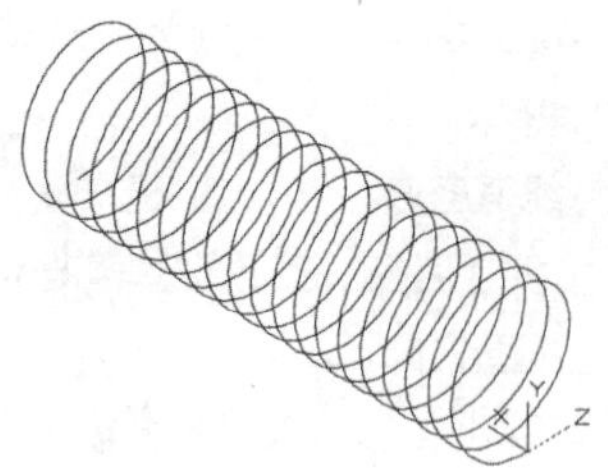

图14-30 改变坐标系（1）

（3）选择菜单栏中的“视图”→“三维视图”→“平面视图”→“当前UCS”命令，将视图切换到当前坐标系。单击“默认”选项卡“绘图”面板中的“直线”按钮，捕捉螺旋线的上端点以绘制牙型截面轮廓，尺寸参照图14-31。单击“默认”选项卡“绘图”面板中的“面域”按钮，将其创建成面域，结果如图14-32所示。

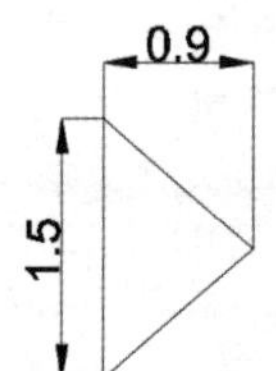

图14-31 牙型尺寸

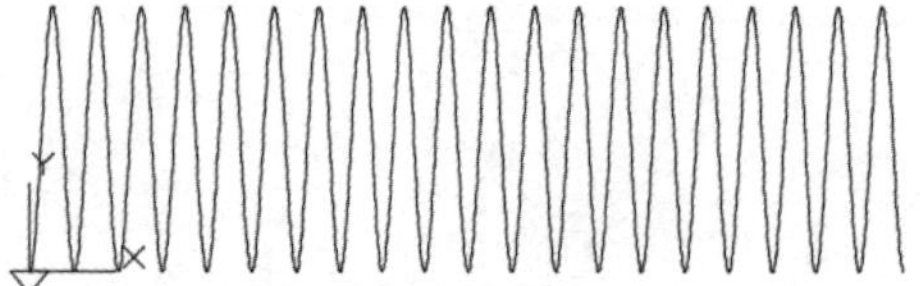

图14-32 绘制牙型截面轮廓

（4）将视图切换到西南等轴测视图。单击“三维工具”选项卡“建模”面板中的“扫掠”按钮，命令行中的提示与操作如下：

```
命令： _sweep
当前线框密度： ISOLINES=4，闭合轮廓创建模式 = 实体
选择要扫掠的对象或 [模式(MO)]： （选择三角形面域）
选择要扫掠的对象或 [模式(MO)]：↙
选择扫掠路径或 [对齐(A)/基点(B)/比例(S)/扭曲(T)]：A
扫掠前对齐垂直于路径的扫掠对象 [是(Y)/否(N)] <是>：N
选择扫掠路径或 [对齐(A)/基点(B)/比例(S)/扭曲(T)]： （选择螺旋线）
```

消隐后结果如图14-33所示。

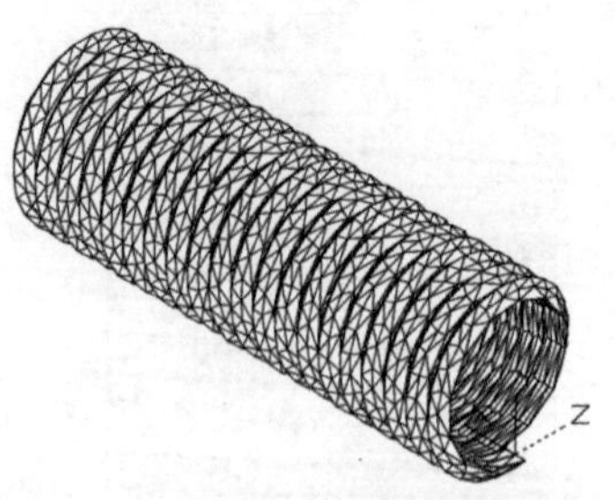

图14-33 扫掠实体

（5）在命令行执行“UCS”命令，命令行中的提示与操作如下：

```
命令：UCS↙
当前 UCS 名称：*没有名称*
指定 UCS 的原点或 [面(F)/命名(NA)/对象(OB)/上一个(P)/视图(V)/世界(W)/X/Y/Z/Z 轴(ZA)] <世界>：W↙
命令：UCS↙
当前 UCS 名称：*前视*
指定 UCS 的原点或 [面(F)/命名(NA)/对象(OB)/上一个(P)/视图(V)/世界(W)/X/Y/Z/Z 轴(ZA)] <世界>：X↙
指定绕 X 轴的旋转角度 <90>：↙
```

结果如图14-34所示。

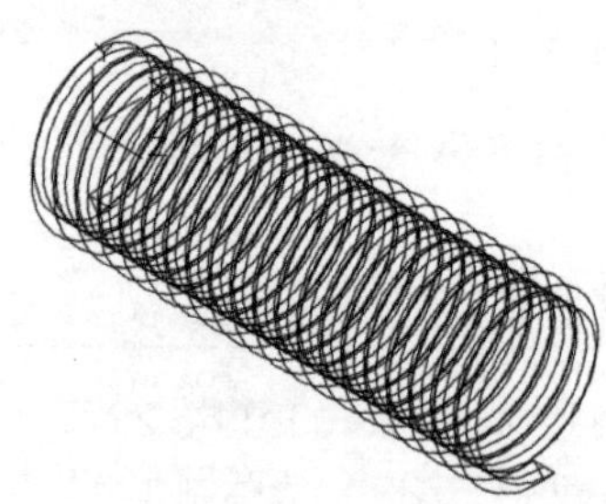

图14-34 改变坐标系（2）

（6）单击“三维工具”选项卡“建模”面板中的“圆柱体”按钮，在坐标点（0，0，-2）处绘制半径为“5.1”、高度为“34”的圆柱体1；在坐标点（0，0，0）处绘制半径为“7”、高度为“-3”的圆柱体2；在坐标点（0，0，30）处绘制半径为“7”、高度为“5”的圆柱体3，

（7）单击“三维工具”选项卡“实体编辑”面板中的“并集”按钮，将扫掠实体与圆柱体1进行并集运算。单击“三维工具”选项卡“实体编辑”面板中的“差集”按钮，将合并后的实体减去圆柱体2和圆柱体3，消隐后的结果如图14-35所示。

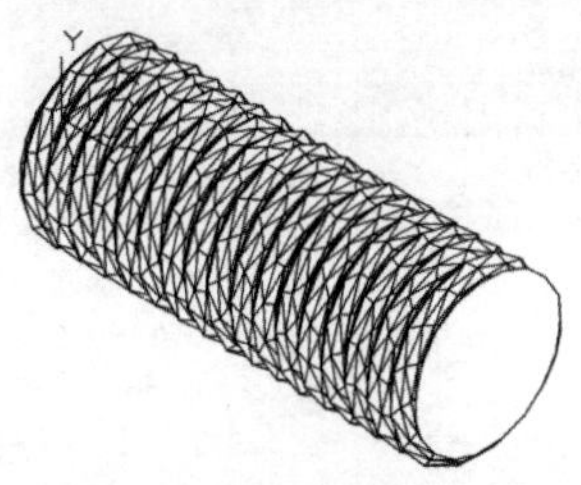

图 14-35 布尔运算

（8）单击“三维工具”选项卡“建模”面板中的“圆柱体”按钮，以坐标点（0，0，30）为圆心，绘制半径为“6”、高为“80”的圆柱体，结果如图 14-36 所示。

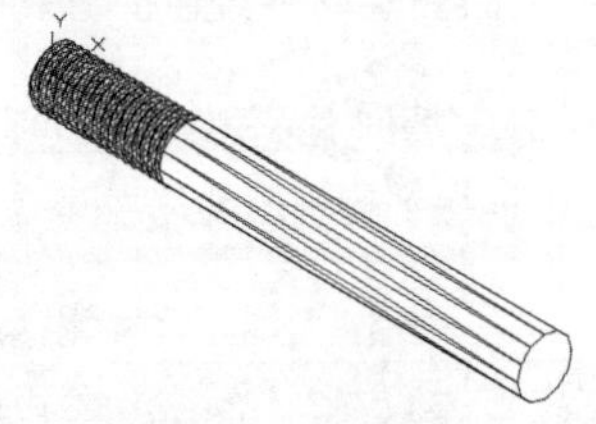

图 14-36 绘制圆柱体

（9）单击“默认”选项卡“绘图”面板中的“多边形”按钮，绘制以坐标点（0，0，110）为中心点、外切圆半径为“9”的正六边形，如图 14-37 所示。

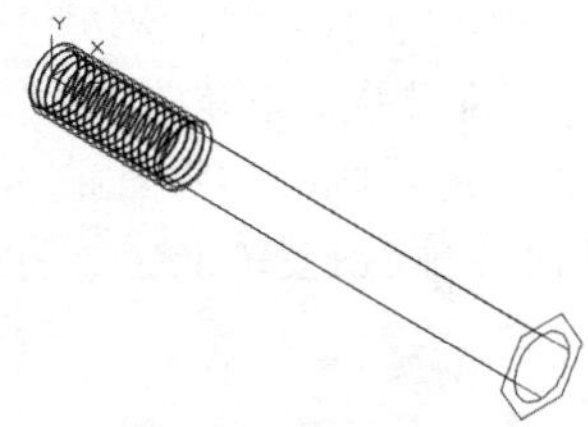

图 14-37 绘制正六边形

（10）单击“三维工具”选项卡“建模”面板中的“拉伸”按钮，拉伸步骤（9）创建的正六边形，拉伸高度为“7.5”，结果如图 14-38 所示。

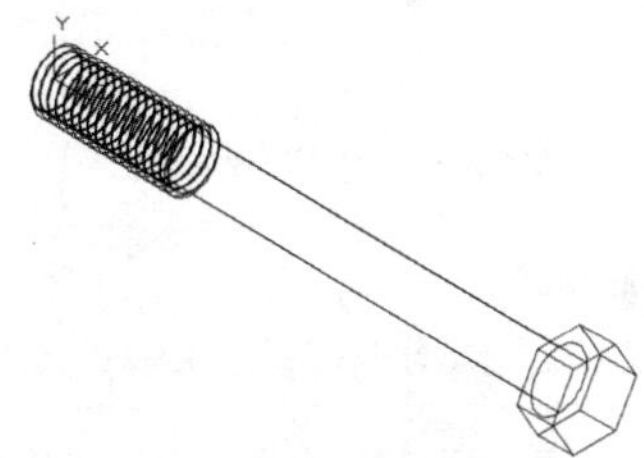

图 14-38 拉伸正六边形

（11）单击“三维工具”选项卡“实体编辑”面板中的“并集”按钮，将图中所有实体进行合并，消隐后如图 14-39 所示。

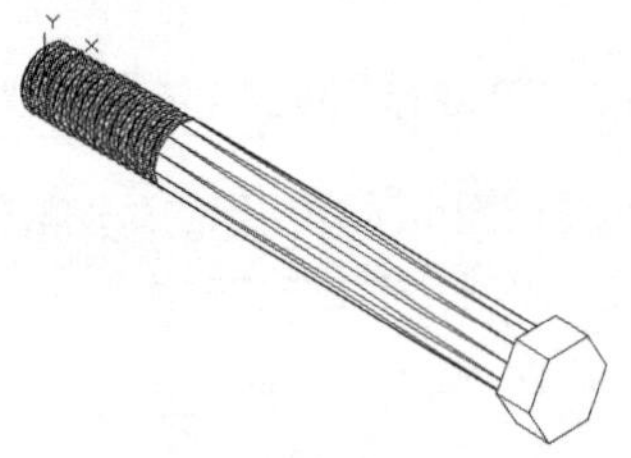

图 14-39 并集运算

（12）在命令行中输入“UCS”命令，将坐标系绕 X 轴旋转 90 度。选择菜单栏中的“视图”→“三维视图”→“平面视图”→“当前 UCS”命令，将视图切换到当前坐标系。

（13）单击“默认”选项卡“绘图”面板中的“直线”按钮，绘制图 14-40 所示的图形。

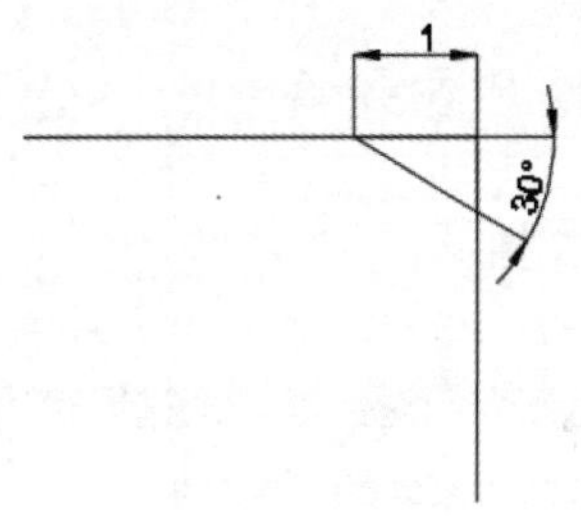

图 14-40 绘制图形

（14）单击“默认”选项卡“绘图”面板中的“面域”按钮，将绘制的图形创建成面域。

（15）将视图切换到西南等轴测视图，单击“三维工具”选项卡“建模”面板中的“旋转”按钮，将面域绕 Y 轴旋转 360°。

（16）单击“三维工具”选项卡“实体编辑”面板中的“差集”按钮，将合并后的实体减去旋转实体，消隐后的结果如图 14-41 所示。

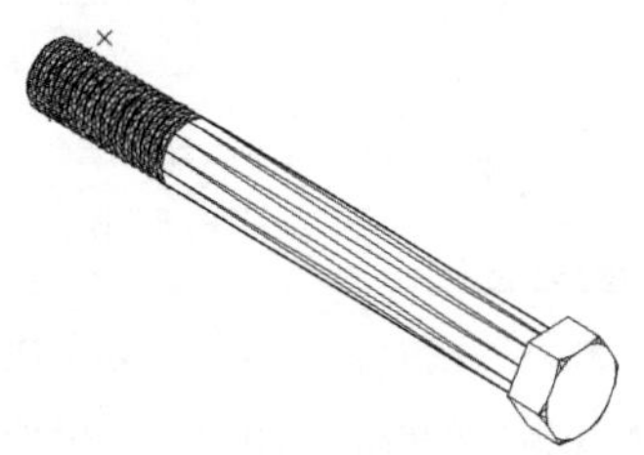

图 14-41 差集运算

14.3 轴承的绘制

轴承是重要的机械零部件，本节将主要介绍几种轴承的绘制方法。

14.3.1 角接触球轴承（7206C）立体图

本实例绘制图14-42所示的角接触球轴承，首先创建轴承的内圈、外圈及滚动体，然后用“阵列”命令对滚动体进行环形阵列操作。

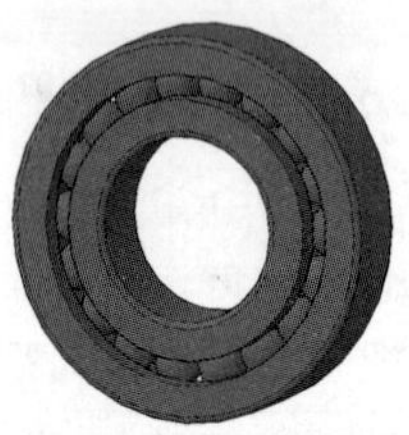

图14-42 角接触球轴承（7206C）

1. 打开文件

选择菜单栏中的“文件”→“打开”命令，打开“选择文件”对话框，选择14.1.2小节的“平键立体图”。

2. 保存文件

选择菜单栏中的“文件”→“另存为”命令，打开“图形另存为”对话框，将其另存为“角接触球轴承（7206C）立体图.dwg”。

3. 整理图形

删除图形中的尺寸和多余的线段，结果如图14-43所示。

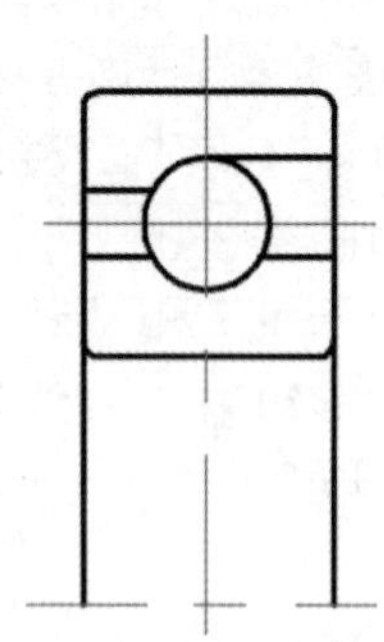

图14-43 整理图形

4. 修剪图形

单击“默认”选项卡“修改”面板中的“修剪”按钮，修剪多余的线段，如图14-44所示。

5. 设置线框密度

线框密度默认值为“8”，将其更改为“10”。

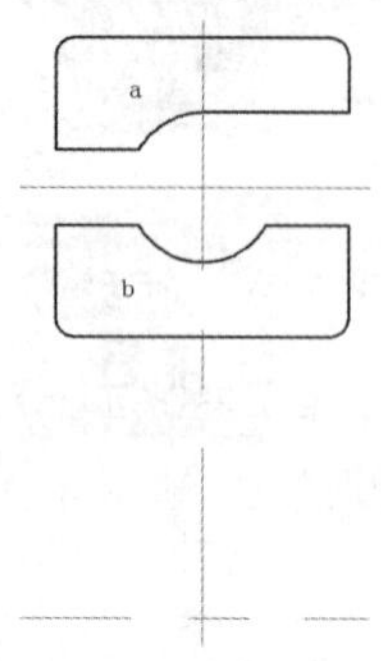

图14-44 修剪图形

单击“默认”选项卡“绘图”面板中的“面域”按钮，将整理得到的图形创建为面域，命令行提示与操作如下：

```
命令：_region
选择对象：（选择图14-44中的a部分）
选择对象：↙
已提取 1 个环。
已创建 1 个面域。
```

同理，将图14-44中的b部分创建成面域。

6. 创建内外圈

将视图切换到西南等轴测视图。单击“三维工具”选项卡“建模”面板中的“旋转”按钮，将图14-44中的a部分绕最下端的水平中心线旋转360度。重复“旋转”命令，将图14-44中的b部分绕最下端的水平中心线旋转360°，消隐后结果如图14-45所示。

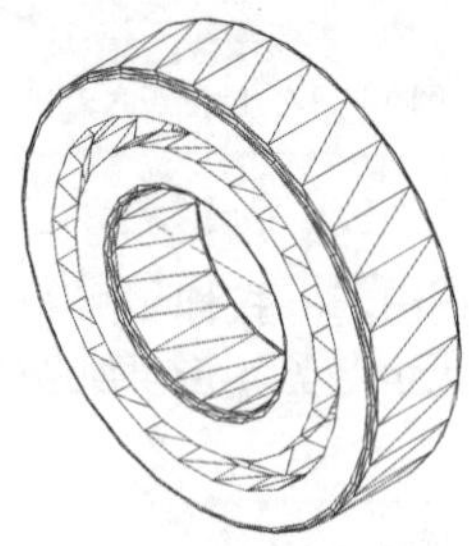

图14-45 创建轴承内外圈

7. 绘制滚珠

（1）将视图切换到俯视图。单击“默认”选项卡“绘图”面板中的“圆”按钮，以上端水平中心线和竖直中心线的交点为圆心，绘制半径为“4”的圆。

（2）单击“默认”选项卡“绘图”面板中的“直线”按钮╱，捕捉圆的左右两个象限点绘制直线。

（3）单击“默认”选项卡“修改”面板中的“修剪”按钮✂，修剪多余的线段，如图14-46所示。

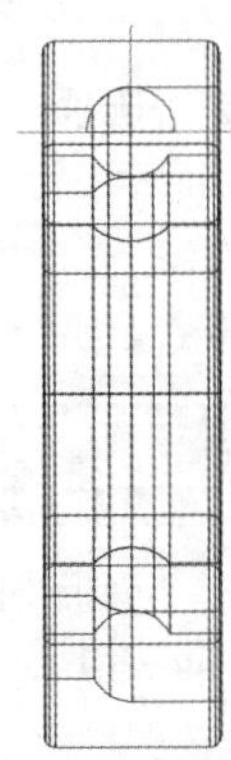

图14-46 修剪图形

（4）单击“默认”选项卡“绘图”面板中的“面域”按钮，将圆弧和直线创建成面域。

（5）将视图切换到西南等轴测视图。单击“三维工具”选项卡“建模”面板中的“旋转”按钮，将上一步创建的面域绕水平中心线旋转360°，结果如图14-47所示。

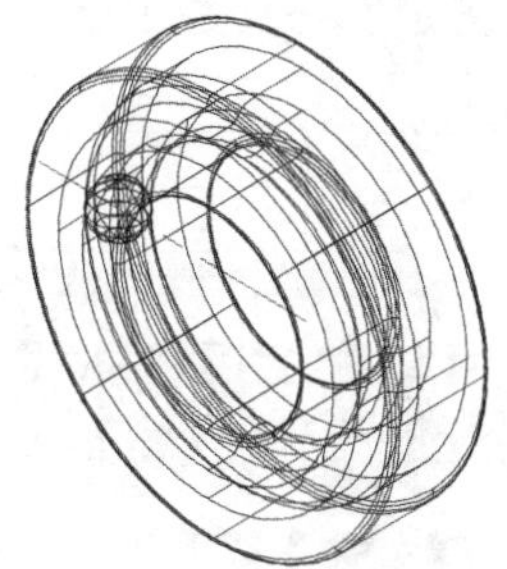

图14-47 旋转实体

8. 阵列滚珠

选择菜单栏中的“修改”→“三维操作”→“三维阵列”命令，对创建的滚珠进行环形阵列，数目为“18”，命令行提示与操作如下：

```
命令：_3darray
选择对象：（选择上一步绘制的滚动体）
输入阵列类型 [矩形(R)/环形(P)] <矩形>:P↙
输入阵列中的项目数目：18↙
指定要填充的角度 (+=逆时针，-=顺时针)<360>:↙
旋转阵列对象？ [是(Y)/否(N)] <Y>: N↙
指定阵列的中心点：（捕捉内圈的圆心）
指定旋转轴上的第二点：（捕捉外圈的圆心）
```

结果如图14-48所示。

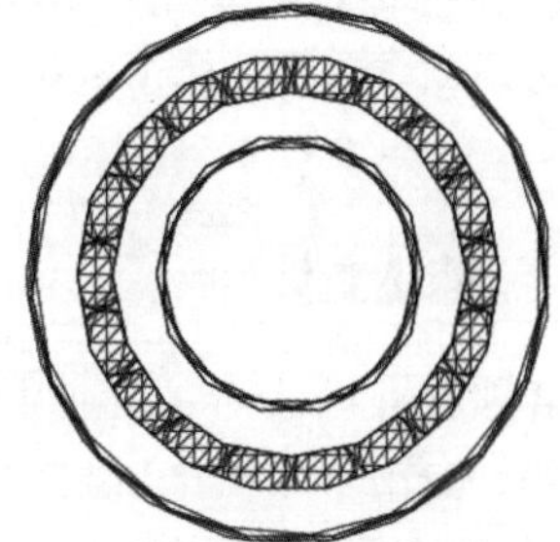

图14-48 阵列滚珠

选择菜单栏中的“修改”→“三维操作”→“三维移动”命令，以外圈左侧圆心为基点，将外圈左侧圆心移到坐标原点，如图14-49所示。

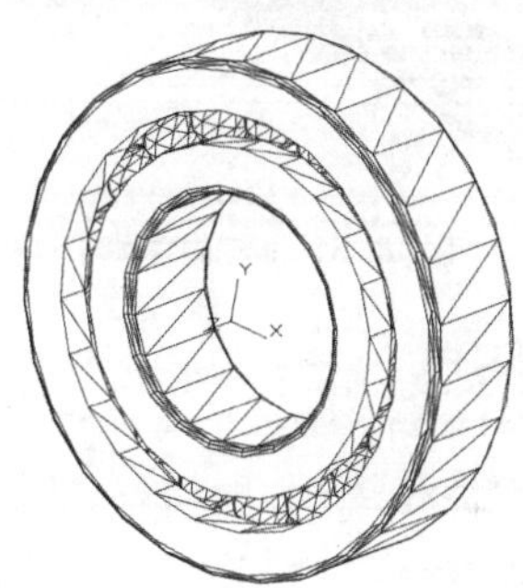

图14-49 移动外圈

9. 渲染处理

选择菜单栏中的“视图”→“视觉样式”→“真实”命令，最终效果如图14-42所示。

14.3.2 角接触球轴承（7210C）立体图

角接触球轴承7210C的绘制与角接触球轴承7206C类似，这里不再赘述，如图14-50所示。

图14-50 角接触球轴承（7210C）

14.4 圆柱齿轮和齿轮轴的绘制

圆柱齿轮和齿轮轴是比较典型的机械零件，应用非常广泛。本节在分析这种零件结构的基础上，将深入讲解每一种零件三维实体的绘制方法和技巧。首先绘制实体在二维平面上的截面轮廓线，然后通过旋转二维曲面生成三维实体，再进行必要的细化处理，如倒角、圆角及绘制键槽。对于轮齿，则采用环形阵列的方法生成。

14.4.1 低速轴立体图

本实例绘制图14-51所示的低速轴立体图。第一步，通过旋转的方法生成轴的三维实体；第二步，利用拉伸的方法生成两个键槽。

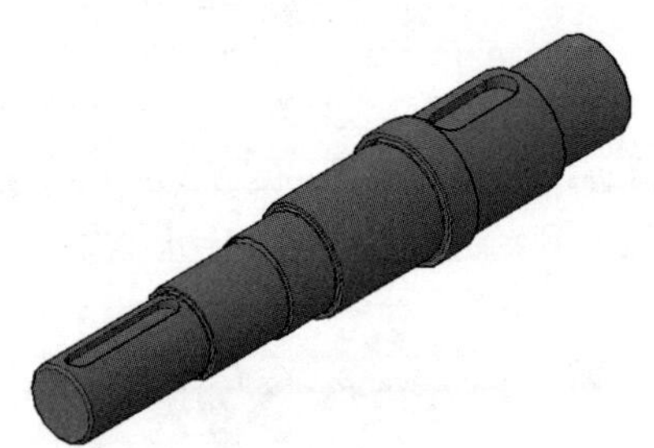

图14-51 低速轴立体图

1. 打开文件

选择菜单栏中的“文件”→“打开”命令，打开“选择文件”对话框，选择“低速轴”零件图文件。

2. 保存文件

选择菜单栏中的“文件”→“另存为”命令，打开“图形另存为”对话框，将其另存为“低速轴立体图.dwg”。

3. 整理图形

（1）删除图形中的尺寸和多余的线段，结果如图14-52所示。

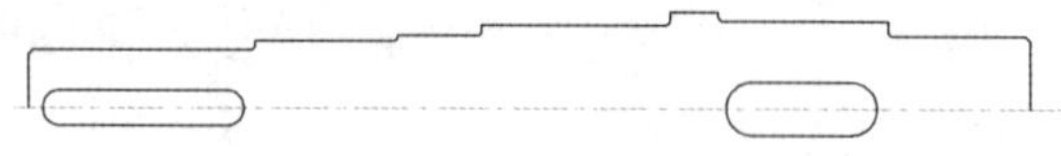

图14-52 整理图形

（2）单击“默认”选项卡“绘图”面板中的“直线”按钮，连接图形的两端，如图14-53所示。

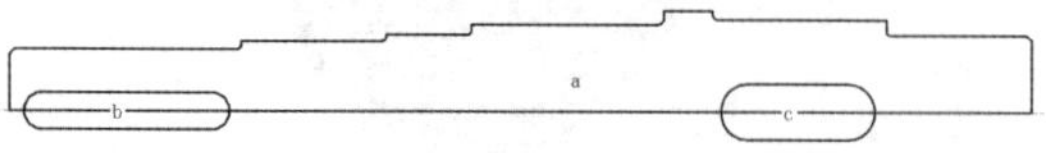

图14-53 绘制直线

（3）单击“默认”选项卡“绘图”面板中的“面域”按钮，分别将图14-53中的a、b、c这3部分创建成面域。

4. 设置线框密度

（1）线框密度默认值为“8”，将其更改为“10”。

（2）将视图切换到西南等轴测视图。单击“三维工具”选项卡“建模”面板中的“旋转”按钮，将a部分绕中心线旋转360°，命令行提示与操作如下：

```
命令：_revolve
当前线框密度：  ISOLINES=10，闭合轮廓创建模式 = 实体
选择要旋转的对象或 [ 模式 (MO)]：  （选择图14-13 中的 a 部分）
选择要旋转的对象或 [ 模式 (MO)]：↙
指定轴起点或根据以下选项之一定义轴  [ 对象 (O)/X/Y/Z] <对象>：O↙
选择对象：（选择中心线）
指定旋转角度或 [ 起点角度 (ST)/ 反转 (R)/ 表达式 (EX)] <360>：↙
```

如图14-54所示。

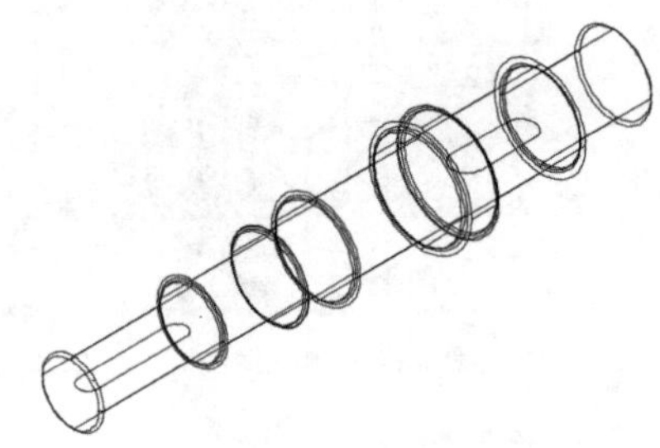

图14-54 旋转实体

5. 绘制键槽

（1）单击“三维工具”选项卡“建模”面板中的“拉伸”按钮，将图14-53中的b部分拉伸“6”，结果如图14-55所示。

（2）选择菜单栏中的“修改”→“三维操作”→“三维移动”命令，选择拉伸实体为移动对象，捕捉拉伸实体上任意点为基点，输入位移为

(@0, 0, 15), 消隐后结果如图 14-56 所示。

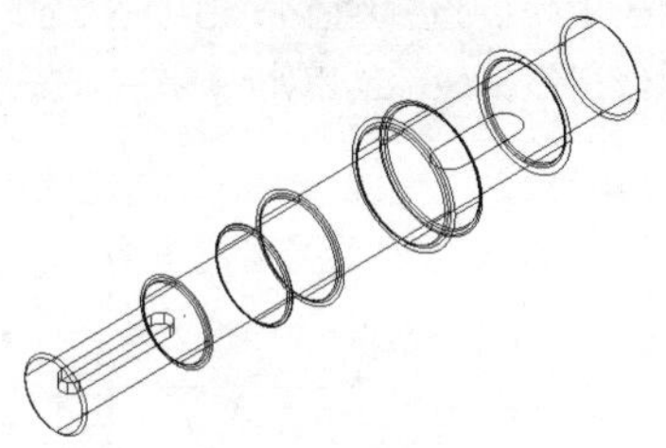

图 14-55 拉伸实体

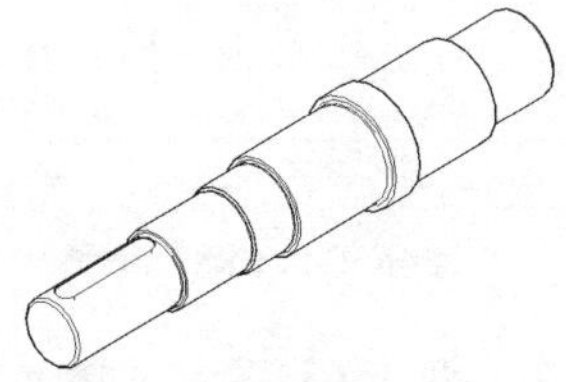

图 14-56 移动实体(1)

(3)单击"三维工具"选项卡"建模"面板中的"拉伸"按钮，将图 14-53 中的c部分拉伸"8", 结果如图 14-55 所示。

(4)选择菜单栏中的"修改"→"三维操作"→"三维移动"命令，选择拉伸实体为移动对象，捕捉拉伸实体上任意点为基点，输入位移为(@0, 0, 23), 消隐后结果如图 14-57 所示。

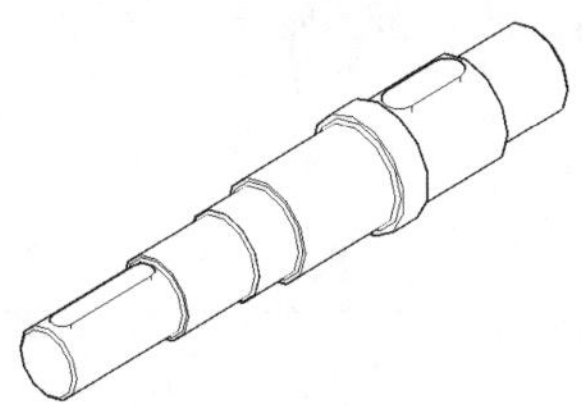

图 14-57 移动实体(2)

(5)单击"三维工具"选项卡"实体编辑"面板中的"差集"按钮，选择低速轴和两个拉伸实体进行差集运算，从而在低速轴上形成键槽，命令行提示与操作如下：

```
命令： _subtract
选择要从中减去的实体、曲面和面域 ...
选择对象： (选择旋转实体)
选择对象： ↙
选择要减去的实体、曲面和面域 ..
选择对象： (选择两个拉伸实体)
选择对象： 找到 1 个，总计 2 个
选择对象：↙
```

如图 14-58 所示。

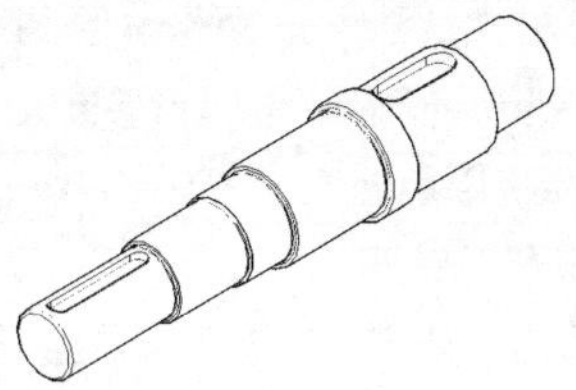

图 14-58 差集运算

将视图切换到东南等轴测视图。选择菜单栏中的"修改"→"三维操作"→"三维移动"命令，以第二段圆柱体的圆心为基点，将其移动到坐标原点，如图 14-59 所示。

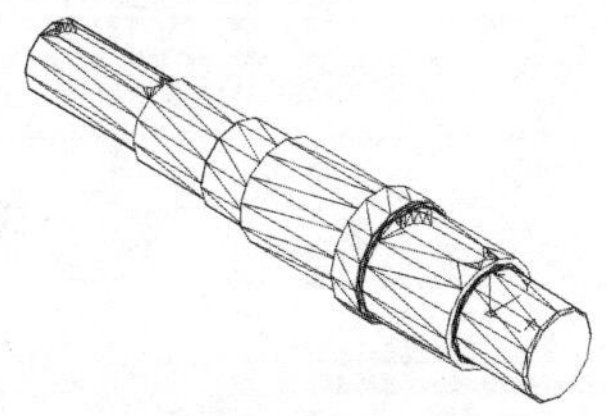

图 14-59 移动低速轴

6. 渲染视图

选择菜单栏中的"视图"→"视觉样式"→"概念"命令，最终效果如图 14-51 所示。

14.4.2 大齿轮立体图

本实例绘制图 14-60 所示的大齿轮立体图。具体方法为：首先绘制齿轮的齿形，然后通过放样创建齿轮主体；再调用"圆柱体"和"长方体"命令，配合布尔运算绘制齿轮的键槽、轴孔和减轻孔。

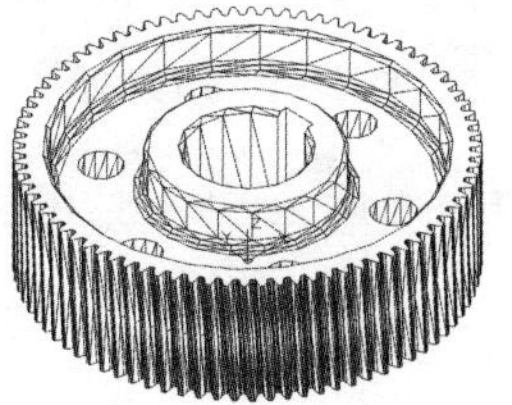

图 14-60 大齿轮

1. 建立新文件

(1)选择菜单栏中的"文件"→"新建"命令，打开"选择样板"对话框，单击"打开"按钮右侧的按钮，以"无样板打开-公制(M)"方式建立新文件，然后将新文件命名为"大齿轮.dwg"并保存。

（2）单击“默认”选项卡“绘图”面板中的“直线”按钮╱，绘制一条竖直线和水平线，两条线的交点在坐标原点处。

2. 绘制齿轮轮廓

（1）单击“默认”选项卡“绘图”面板中的“圆”按钮⊙，以原点为圆心，绘制直径分别为“206.75”“213”“218”的同心圆，结果如图14-61所示。

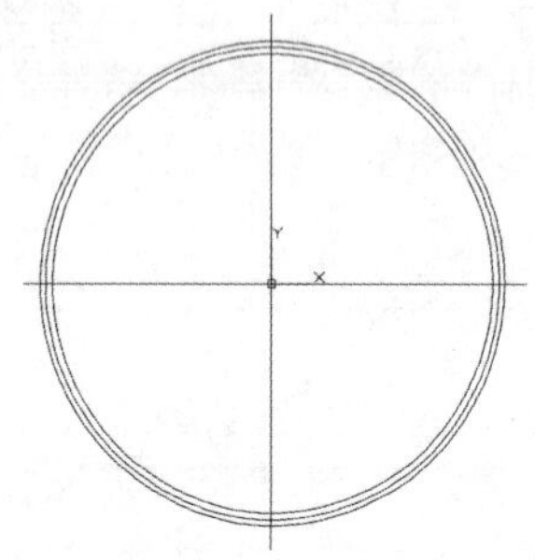

图14-61　绘制圆

（2）单击“默认”选项卡“修改”面板中的“偏移”按钮⊆，将竖直线向左偏移，偏移距离分别为“1”“2”“2.65”，如图14-62所示。

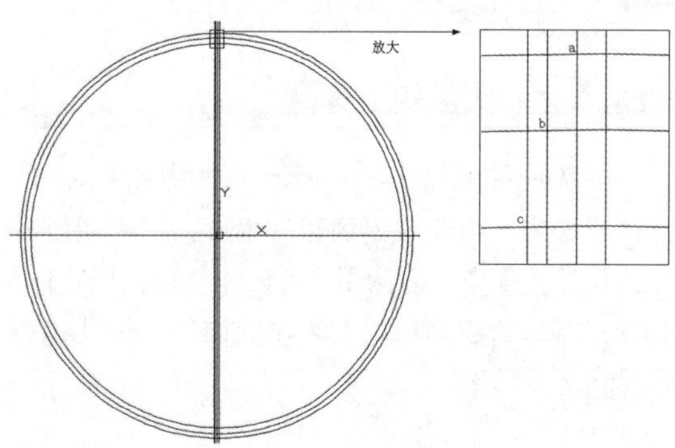

图14-62　偏移直线

（3）单击“默认”选项卡“绘图”面板中的“圆弧”按钮⌒，捕捉图14-62中的a、b、c这3点绘制圆弧，如图14-63所示。

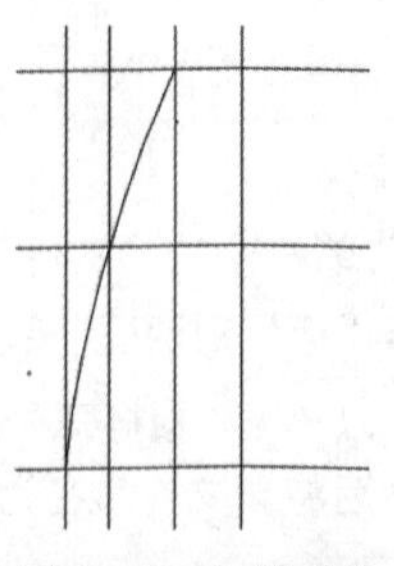

图14-63　绘制圆弧

（4）单击“默认”选项卡“修改”面板中的“镜像”按钮⚠，选择图14-63中的圆弧，以竖直线为镜像线进行镜像，结果如图14-64所示。

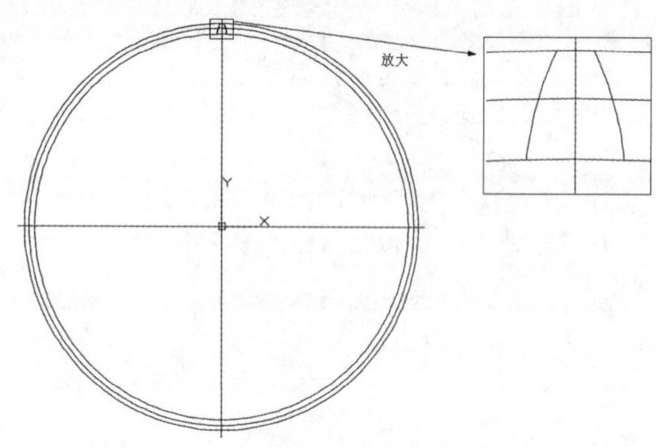

图14-64　镜像圆弧

（5）单击“默认”选项卡“修改”面板中的“圆角”按钮⌐，对圆弧和小圆进行圆角处理，圆角半径为“1”。

（6）单击“默认”选项卡“修改”面板中的“修剪”按钮✂，修剪和删除相关图线，结果如图14-65所示。图14-66是齿廓的局部放大图。

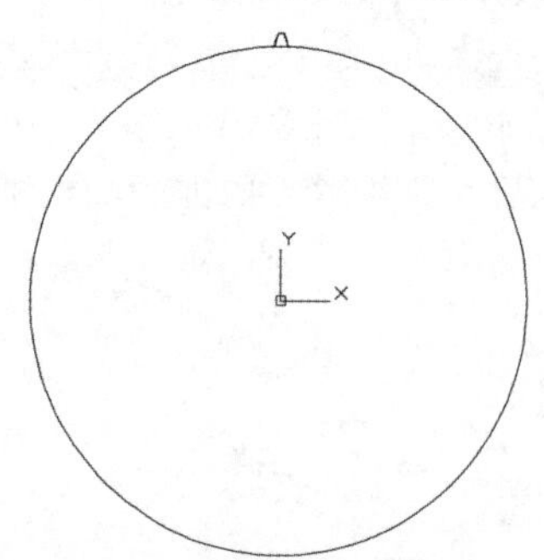

图14-65　修剪后全图

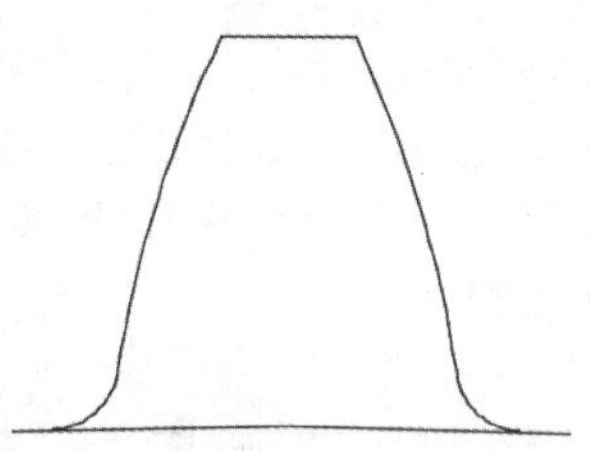

图14-66　齿廓局部放大图

（7）单击“默认”选项卡“修改”面板中的“环形阵列”按钮⁘，选择图14-66中的齿廓线，以原点为阵列中心点，设置阵列数目为“82”，结果如图14-67所示。

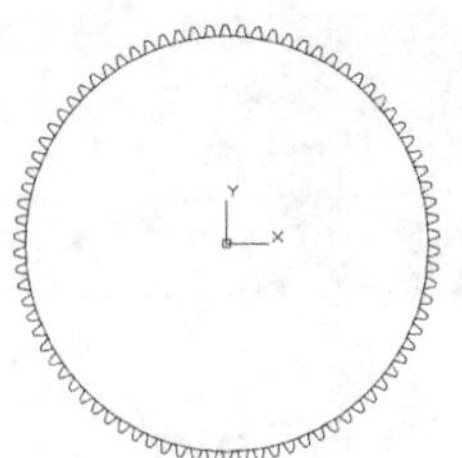

图 14-67 阵列齿廓

（8）单击“默认”选项卡“修改”面板中的“修剪”按钮，对圆形进行修剪，修剪后的最终图形如图 14-68 所示。

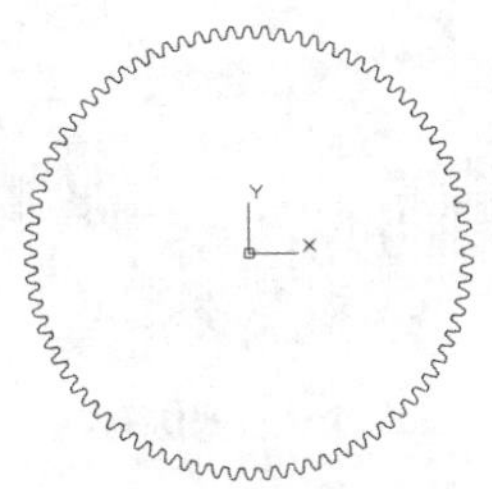

图 14-68 修剪后的图形

（9）选择菜单栏中的“修改”→“对象”→“多段线”命令，将上面修剪后的多条线段生成一条多段线，命令行提示与操作如下：

```
命令： _pedit
选择多段线或 [ 多条 (M)]: M↙
选择对象： （选择图中所有线段）
选择对象： ↙
是否将直线、圆弧和样条曲线转换为多段线？ [ 是 (Y) / 否 (N)]? <Y>: ↙
输入选项 [闭合(C)/打开(O)/合并(J)/宽度(W)/拟合(F)/样条曲线(S)/非曲线化(D)/线型生成(L)/反转(R)/放弃(U)]: J↙
合并类型 = 延伸
输入模糊距离或 [ 合并类型 (J)] <0.0000>: ↙
多段线已增加 491 条线段
输入选项 [闭合(C)/打开(O)/合并(J)/宽度(W)/拟合(F)/样条曲线(S)/非曲线化(D)/线型生成(L)/反转(R)/放弃(U)]: ↙
```

结果如图 14-69 所示。

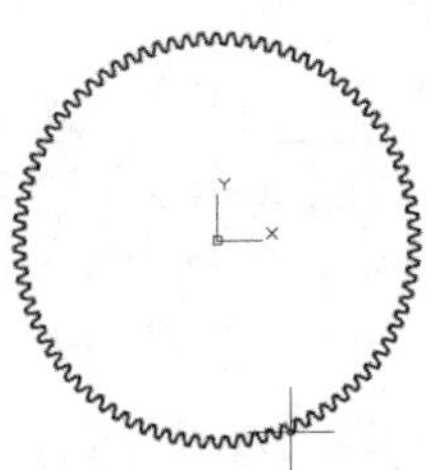

图 14-69 生成多段线

3. 绘制其余部分

（1）将视图切换到西南等轴测视图。单击“常用”选项卡“修改”面板中的“复制”按钮，将上一步创建的面域以（0，0，0）为基点复制到（0，0，63）处，命令行提示与操作如下：

```
命令： _copy
选择对象： （选择上一步创建的面域）
选择对象： ↙
当前设置： 复制模式 = 多个
指定基点或 [位移(D)/模式(O)] <位移>:0,0,0↙
指定第二个点或 [阵列(A)] <使用第一个点作为位移>: 0,0,63↙
指定第二个点或 [阵列(A)/退出(E)/放弃(U)] <退出>: ↙
```

结果如图 14-70 所示。

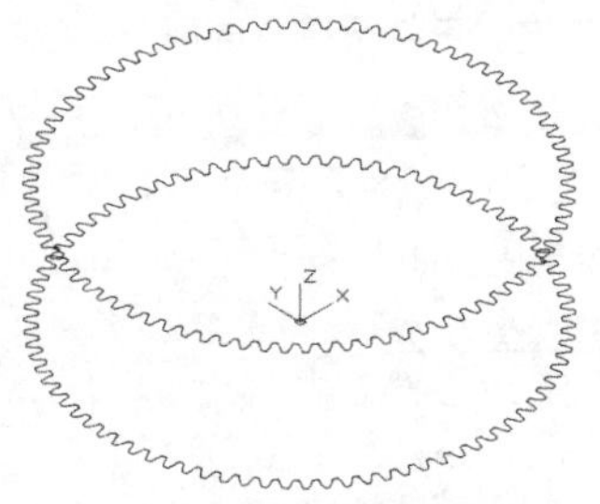

图 14-70 复制图形

（2）选择菜单栏中的“修改”→“三维操作”→“三维旋转”命令，将复制后的图形以坐标原点为基点绕 Z 轴旋转 15.6°，结果如图 14-71 所示。

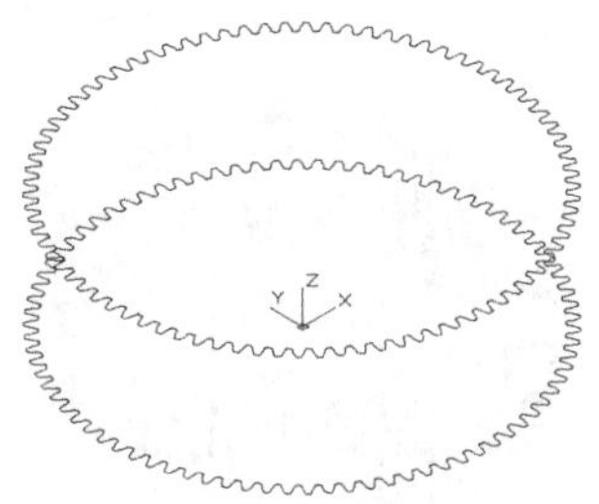

图 14-71 旋转图形

（3）单击“三维工具”选项卡“建模”面板中的“放样”按钮，选择前面绘制的两个截面进行放样，命令行提示与操作如下：

```
命令： _loft
当前线框密度： ISOLINES=8，闭合轮廓创建模式 = 实体
按放样次序选择横截面或 [点(PO)/合并多条边(J)/模式(MO)]: （选择第一个截面）
```

```
按放样次序选择横截面或 [点(PO)/合并多条边(J)/模式(MO)]：(选择复制旋转后的截面)
按放样次序选择横截面或 [点(PO)/合并多条边(J)/模式(MO)]：↙
选中了 2 个横截面
输入选项 [导向(G)/路径(P)/仅横截面(C)/设置(S)] <仅横截面>:↙
```

消隐后的结果如图14-72所示。

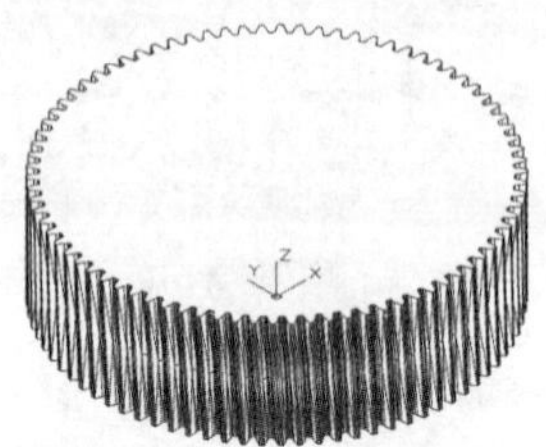

图14-72 放样后的实体

（4）单击“三维工具”选项卡“建模”面板中的“圆柱体”按钮，以（0，0，0）为圆心，创建直径为“186.75”、高度为“22.5”的圆柱体1，命令行提示与操作如下：

```
命令：_cylinder
指定底面的中心点或 [三点(3P)/两点(2P)/切点、切点、半径(T)/椭圆(E)]：0,0,0↙
指定底面半径或 [直径(D)] <5.0000>：D↙
指定直径 <10.0000>：186.75↙
指定高度或 [两点(2P)/轴端点(A)] <46.0000>：22.5↙
```

重复“圆柱体”命令，以（0，0，0）为圆心，创建直径为“96”、高度为“22.5”的圆柱体2，如图14-73所示。

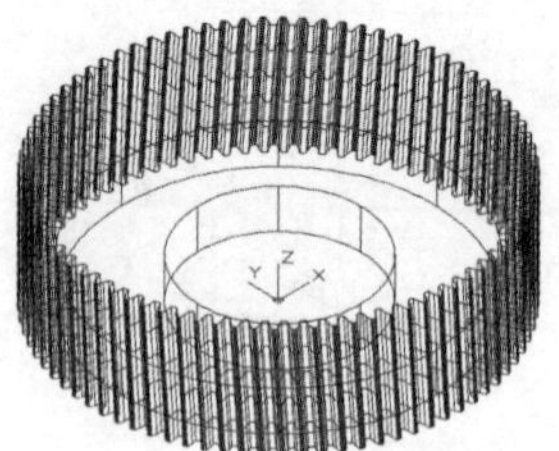

图14-73 绘制圆柱体（1）

（5）单击“三维工具”选项卡“实体编辑”面板中的“差集”按钮，从圆柱体1中减去圆柱体2。

（6）选择菜单栏中的“修改”→“三维操作”→“三维镜像”命令，将差集运算后的实体进行镜像处理，镜像的平面是由（0，0，31.5）、（0，100，31.5）、（100，0，31.5）组成的，命令行提示与操作如下：

```
命令：_mirror3d
选择对象：(选择差集运算后的实体)
选择对象：↙
指定镜像平面 (三点) 的第一个点或[对象(O)/最近的(L)/Z 轴(Z)/视图(V)/XY 平面(XY)/YZ 平面(YZ)/ZX 平面(ZX)/三点(3)] <三点>：↙
在镜像平面上指定第一点：0,0,31.5↙
在镜像平面上指定第二点：0,100,31.5↙
在镜像平面上指定第三点：100,0,31.5↙
是否删除源对象？[是(Y)/否(N)] <否>：↙
```

三维镜像结果如图14-74所示。

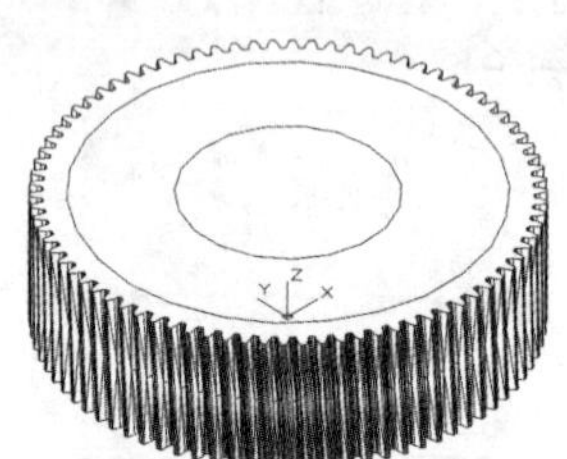

图14-74 镜像实体

（7）单击“三维工具”选项卡“实体编辑”面板中的“差集”按钮，将主体和镜像前后的两个实体进行差集运算，如图14-75所示。

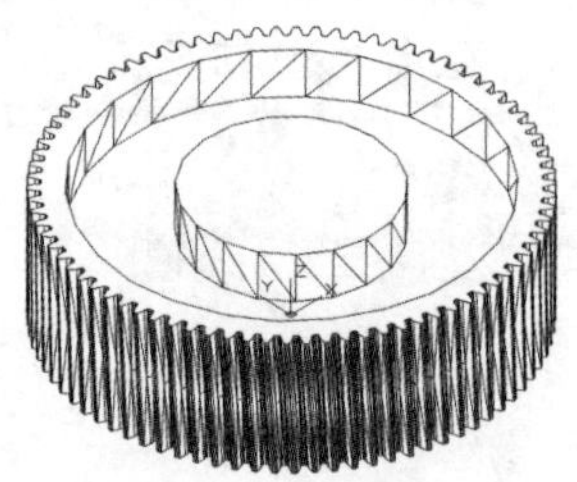

图14-75 差集运算

（8）单击“三维工具”选项卡“建模”面板中的“圆柱体”按钮，以（0，0，0）为圆心，创建直径为“60”、高度为“63”的圆柱体，如图14-76所示。

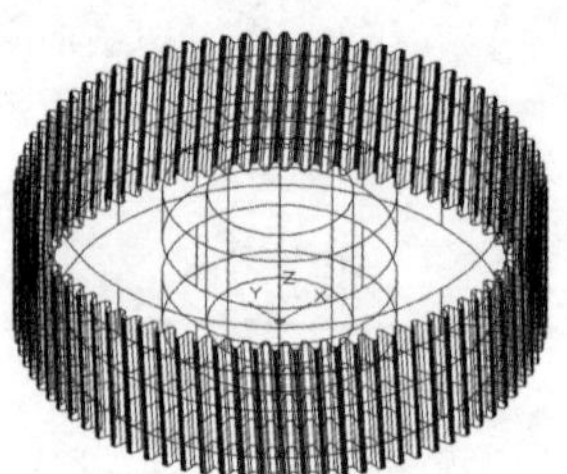

图14-76 绘制圆柱体（2）

（9）单击“三维工具”选项卡“建模”面板中的“长方体”按钮，以（34.4，-9，0）为角点，绘制长度为“34.4”、宽度为“18”、高度为“63”的长方体，命令行提示与操作如下：

```
命令：_box
指定第一个角点或 [中心(C)]: 34.4,-9,0↙
指定其他角点或 [立方体(C)/长度(L)]: L↙
指定长度：34.4↙（打开正交）
指定宽度：18↙
指定高度或 [两点(2P)] <22.5000>: 63↙
```

（10）单击“三维工具”选项卡“实体编辑”面板中的“差集”按钮，将主体与长方体和圆柱体进行差集运算，消隐后如图14-77所示。

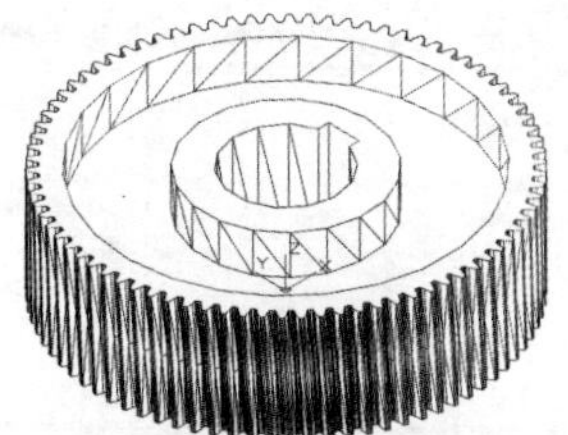

图14-77 差集运算（1）

（11）单击“三维工具”选项卡“建模”面板中的“圆柱体”按钮，以（70.5，0，0）为圆心，绘制直径为“22”、高度为“63”的圆柱体，如图14-78所示。

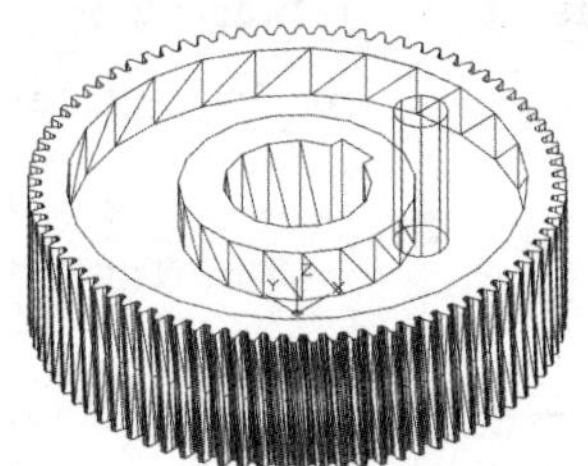

图14-78 绘制圆柱体

（12）选择菜单栏中的“修改”→“三维操作”→“三维阵列”命令，将上一步绘制的圆柱体进行环形阵列，命令行提示与操作如下：

```
命令：_3darray
选择对象：（选择上一步创建的圆柱体）
选择对象：↙
输入阵列类型 [矩形(R)/环形(P)] <矩形>:P↙
输入阵列中的项目数目：6↙
指定要填充的角度 (+=逆时针，-=顺时针) <360>:↙
旋转阵列对象? [是(Y)/否(N)] <Y>:↙
指定阵列的中心点：0,0,0↙
指定旋转轴上的第二点：0,0,10↙
```

消隐后结果如图14-79所示。

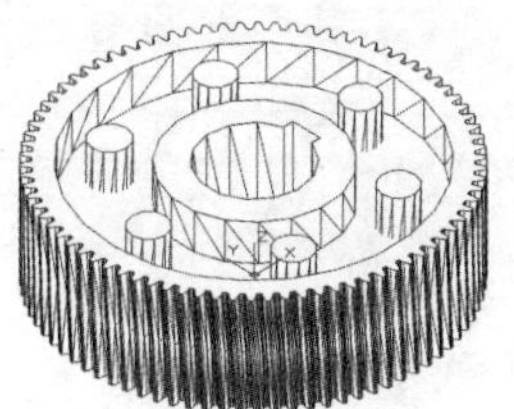

图14-79 阵列圆柱体

（13）单击“三维工具”选项卡“实体编辑”面板中的“差集”按钮，将主体与阵列后的圆柱体进行差集运算，消隐后如图14-80所示。

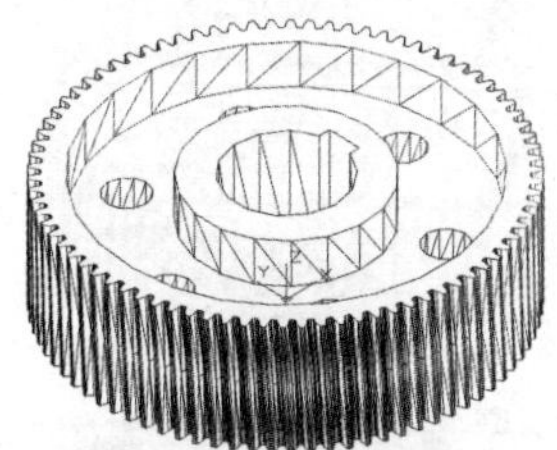

图14-80 差集运算（2）

（14）单击“三维工具”选项卡“实体编辑”面板中的“圆角边”按钮，对凹槽部分的上、下边缘进行圆角处理，圆角半径为“5”，命令行提示与操作如下：

```
命令：_FILLETEDGE
半径 = 5.0000
选择边或 [链(C)/环(L)/半径(R)]: R↙
输入圆角半径或 [表达式(E)] <5.0000>: 5↙
选择边或 [链(C)/环(L)/半径(R)]:（选择凹槽上下边缘）
选择边或 [链(C)/环(L)/半径(R)]: ↙
已选定 4 个边用于圆角。
按 Enter 键接受圆角或 [半径(R)]: ↙
```

消隐后的结果如图14-81所示。

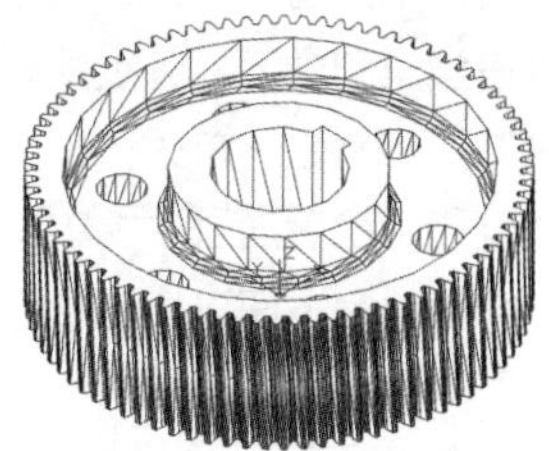

图14-81 圆角处理

（15）单击“三维工具”选项卡“实体编辑”面板中的“倒角边”按钮，对凹槽部分的上、下边缘和轴孔上下边缘进行倒角处理，距离为“2”，命令行提示与操作如下：

```
命令： _CHAMFEREDGE 距离 1 = 1.0000，距离 2 = 1.0000
选择一条边或 [环(L)/距离(D)]: D↙
指定距离 1 或 [表达式(E)] <1.0000>: 2↙
指定距离 2 或 [表达式(E)] <1.0000>: 2↙
选择一条边或 [环(L)/距离(D)]: (选择凹槽上边缘)
选择同一个面上的其他边或 [环(L)/距离(D)]: ↙
按 Enter 键接受倒角或 [距离(D)]: ↙
```

采用相同的方法，对其他边进行倒角处理，消隐后结果如图14-82所示。

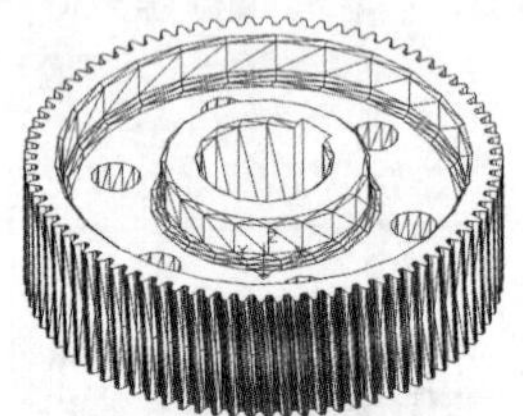

图14-82 倒角处理

中间轴大齿轮的绘制方法和低速轴大齿轮的绘制方法类似，读者可以根据平面图尺寸自行绘制，在这里就不再详细介绍，其立体图如图14-83所示。

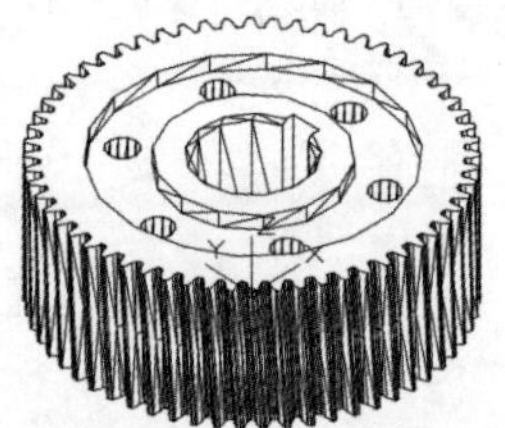

图14-83 中间轴大齿轮

14.4.3 齿轮轴立体图

本实例以高速轴为例，绘制图14-84所示的齿轮轴。齿轮轴由齿轮和轴两部分组成，另外还需要绘制键槽。其制作思路是：首先绘制齿轮，然后绘制轴，再绘制键槽，最后通过“并集”命令将全部实体合并为一个整体。下面以高速轴为例介绍齿轮轴的绘制方法，如图14-84所示。

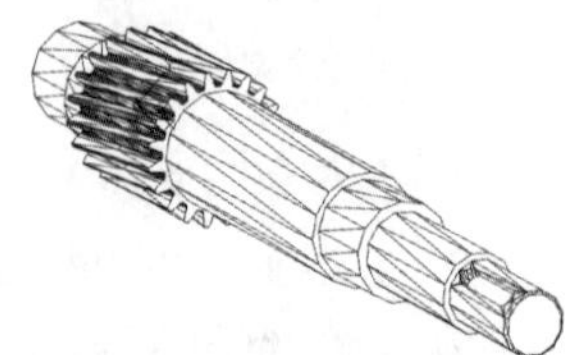

图14-84 齿轮轴

（1）选择菜单栏中的“文件”→“新建”命令，打开“选择样板”对话框，单击“打开”按钮右侧的按钮，以“无样板打开-公制（M）”方式建立新文件，将新文件命名为“齿轮轴立体图.dwg”并保存。

（2）单击“默认”选项卡“绘图”面板中的“直线”按钮，绘制一条竖直直线和水平直线，两条线的交点在坐标原点处。

（3）单击“默认”选项卡“绘图”面板中的“圆”按钮，以原点为圆心，绘制直径分别为“36.5”“41.5”“45.5”的同心圆，结果如图14-85所示。

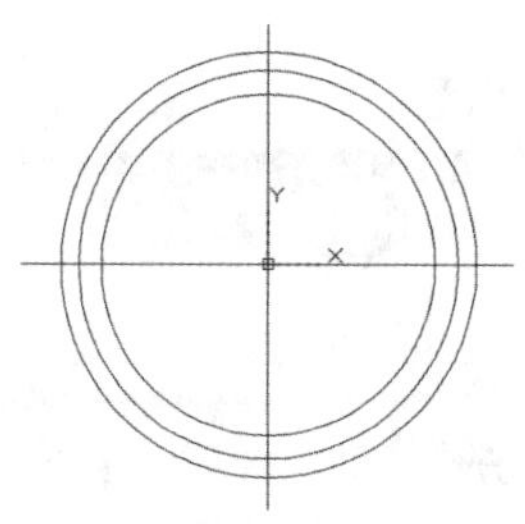

图14-85 绘制圆

（4）单击“默认”选项卡“修改”面板中的“偏移”按钮，将竖直线向左偏移，偏移距离分别为“0.65”“1.38”“1.72”，如图14-86所示。

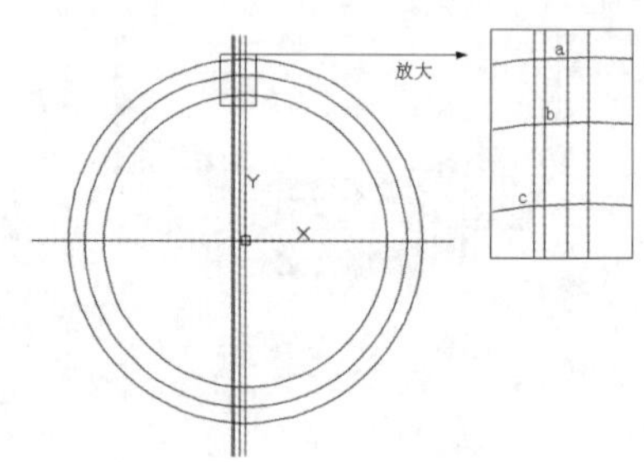

图14-86 偏移直线

（5）单击“默认”选项卡“绘图”面板中的“圆弧”按钮，捕捉图14-86中的a、b、c这3点绘制圆弧，如图14-87所示。

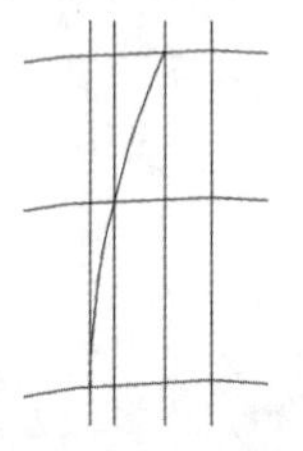

图14-87 绘制圆弧

（6）删除偏移后的直线。单击“默认”选项卡“修改”面板中的“镜像”按钮，选择图14-87中的圆弧，以竖直直线为镜像线进行镜像，结果如图14-88所示。

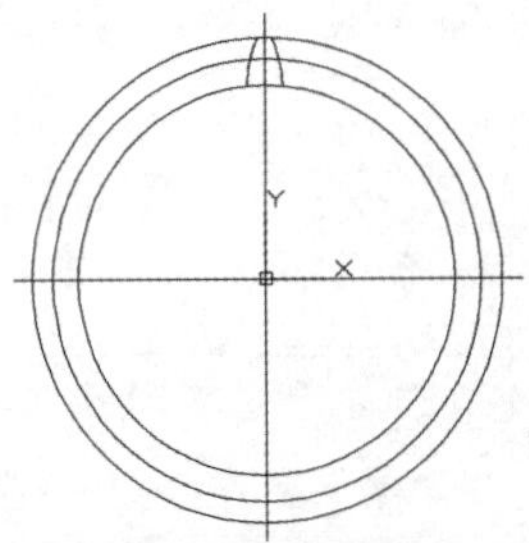

图14-88 镜像圆弧

（7）单击“默认”选项卡“修改”面板中的“圆角”按钮，对圆弧和小圆进行圆角处理，圆角半径为“0.8”。

（8）单击“默认”选项卡“修改”面板中的“修剪”按钮，修剪和删除相关图线，结果如图14-89所示。

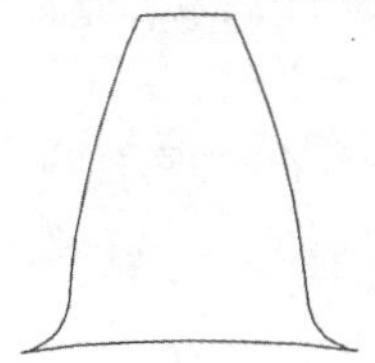

图14-89 齿廓图

（9）选择菜单栏中的“修改”→“对象”→“多段线”命令，将图14-89中的所有线生成一条多段线，为后面拉伸做准备。

（10）将视图切换到西南等轴测视图。单击“默认”选项卡“修改”面板中的“复制”按钮，将上一步创建的多段线以（0，0，0）为基点复制到（0，0，53）处，如图14-90所示。

图14-90 复制齿廓

（11）选择菜单栏中的“修改”→“三维操作”→“三维旋转”命令，将复制后的图形以坐标原点为基点绕Z轴旋转-15.5°，结果如图14-91所示。

图14-91 旋转图形

（12）单击“三维工具”选项卡“建模”面板中的“放样”按钮，选择前面绘制的两个截面进行放样，命令行提示与操作如下：

```
命令：_loft
当前线框密度： ISOLINES=8，闭合轮廓创建模式 = 实体
按放样次序选择横截面或 [点(PO)/合并多条边(J)/模式(MO)]：（选择第一个截面）
按放样次序选择横截面或 [点(PO)/合并多条边(J)/模式(MO)]：（选择复制旋转后的截面）
按放样次序选择横截面或 [点(PO)/合并多条边(J)/模式(MO)]：↙
选中了 2 个横截面
输入选项 [导向(G)/路径(P)/仅横截面(C)/设置(S)] <仅横截面>：↙
```

结果如图14-92所示。

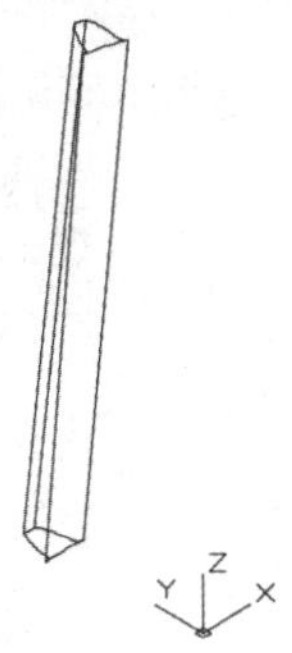

图14-92 放样后的实体

（13）单击“三维工具”选项卡“建模”面板中的“圆柱体”按钮，以坐标原点为底面圆心，绘制直径为“36.5”、高度为“53”的圆柱体。动态观察，消隐后如图14-93所示。

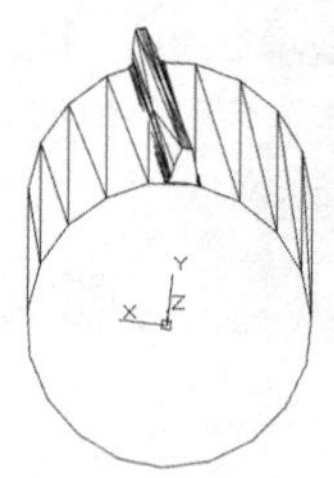

图 14-93　绘制圆柱体（1）

（14）选择菜单栏中的“修改”→“三维操作”→“三维阵列”命令，将放样创建的齿条进行环形阵列，阵列个数为“20”，命令行提示与操作如下：

```
命令： _3darray
正在初始化...  已加载 3DARRAY。
选择对象： （选择放样创建的齿条）
选择对象： ↙
输入阵列类型 [矩形(R)/环形(P)] <矩形>:P↙
输入阵列中的项目数目： 20↙
指定要填充的角度 (+=逆时针， -=顺时针) <360>:↙
旋转阵列对象？ [是(Y)/否(N)] <Y>:↙
指定阵列的中心点： 0,0,0↙
指定旋转轴上的第二点： 0,0,10↙
```

结果如图 14-94 所示。

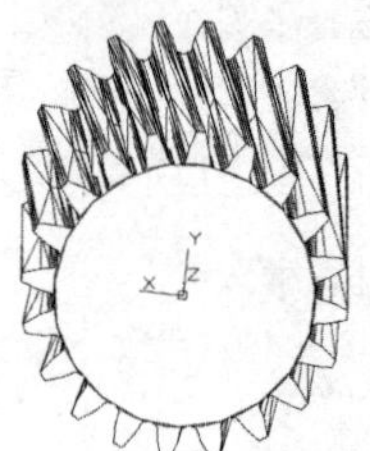

图 14-94　阵列齿条

（15）单击“三维工具”选项卡“实体编辑”面板中的“并集”按钮，将视图中所有实体合并，消隐后的结果如图 14-95 所示。

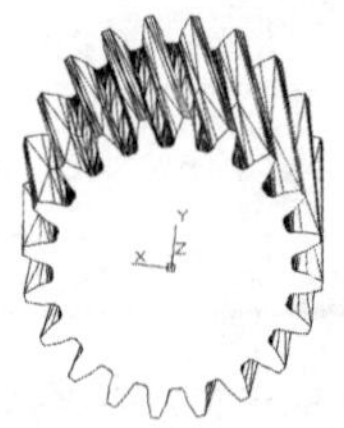

图 14-95　并集运算

（16）单击“三维工具”选项卡“建模”面板中的“圆柱体”按钮，绘制两个圆柱体。

① 以（0，0，0）为底面圆心、直径为“34”、高度为“-13”。

② 以（0，0，-13）为底面圆心、直径为“30”、高度为“-26”。

（17）选择菜单栏中的“视图”→“动态观察”→“自由动态观察”命令，切换视图方向，如图 14-96 所示。

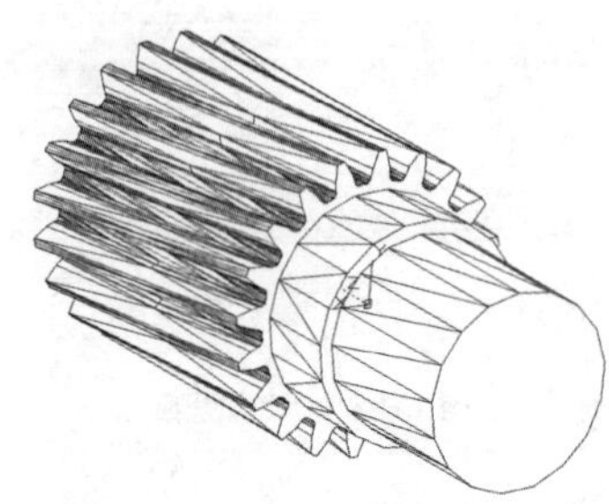

图 14-96　绘制圆柱体（2）

（18）单击“三维工具”选项卡“建模”面板中的“圆柱体”按钮，绘制 4 个圆柱体。

① 以（0，0，53）为底面圆心、直径为“34”、高度为“98”。

② 以（0,0,151）为底面圆心、直径为“30”、高度为“26”。

③ 以（0,0,177）为底面圆心、直径为“24”、高度为“50”。

④ 以（0,0,227）为底面圆心、直径为“20”、高度为“38”。

消隐后的结果如图 14-97 所示。

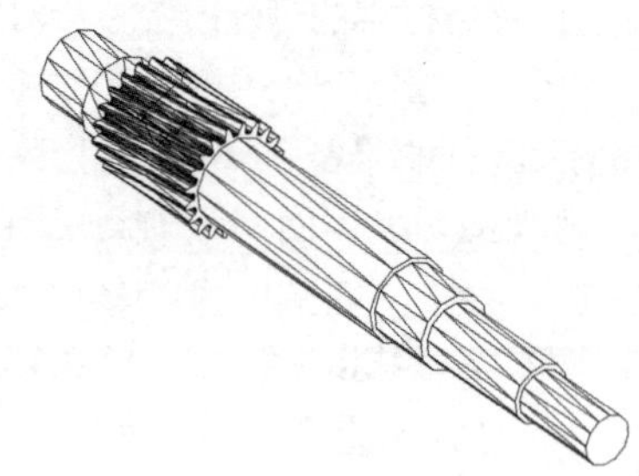

图 14-97　绘制 4 个圆柱体

（19）单击“三维工具”选项卡“实体编辑”面板中的“并集”按钮，将视图中所有实体合并。

（20）单击“三维工具”选项卡“实体编辑”面板中的“倒角边”按钮，对轴的两端边缘进行倒角处理，距离为“1”，消隐后结果如图 14-98 所示。

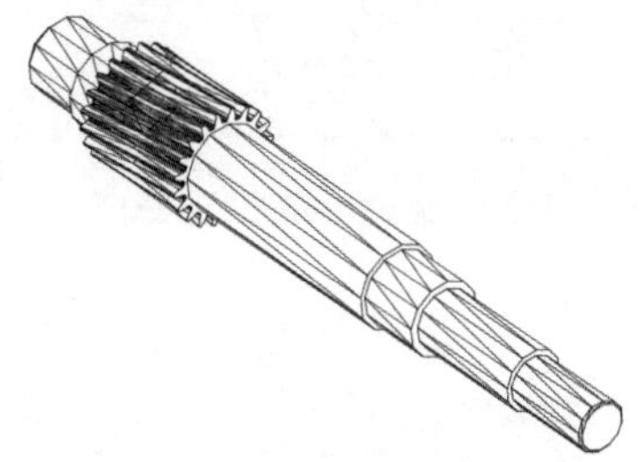

图 14-98 倒角处理

（21）在命令行中输入“UCS”命令，旋转坐标系，并将坐标系移动到（0，0，6.5）处，建立新的UCS，命令行提示与操作如下：

```
命令： UCS↙
当前 UCS 名称： *世界*
指定 UCS 的原点或 [面(F)/命名(NA)/对象(OB)/上一个(P)/视图(V)/世界(W)/X/Y/Z/Z轴(ZA)] <世界>: Y↙
指定绕 Y 轴的旋转角度 <90>: -90↙
命令： UCS↙
当前 UCS 名称： *没有名称*
指定 UCS 的原点或 [面(F)/命名(NA)/对象(OB)/上一个(P)/视图(V)/世界(W)/X/Y/Z/Z轴(ZA)] <世界>: 0,0,6.5↙
指定 X 轴上的点或 <接受>: ↙
```

（22）选择菜单栏中的“视图”→“三维视图”→“平面视图”→“当前UCS”命令，切换到当前*XY*平面方向。

（23）单击“默认”选项卡“绘图”面板中的“矩形”按钮，绘制一个圆角半径为“3”、第一角点为（230，3）、第二角点为（@32，-6）的矩形，命令行提示与操作如下：

```
命令： _rectang
指定第一个角点或 [倒角(C)/标高(E)/圆角(F)/厚度(T)/宽度(W)]: F↙
指定矩形的圆角半径 <0.0000>: 3↙
指定第一个角点或 [倒角(C)/标高(E)/圆角(F)/厚度(T)/宽度(W)]: 230,3↙
指定另一个角点或 [面积(A)/尺寸(D)/旋转(R)]: @32，-6↙
```

结果如图 14-99 所示。

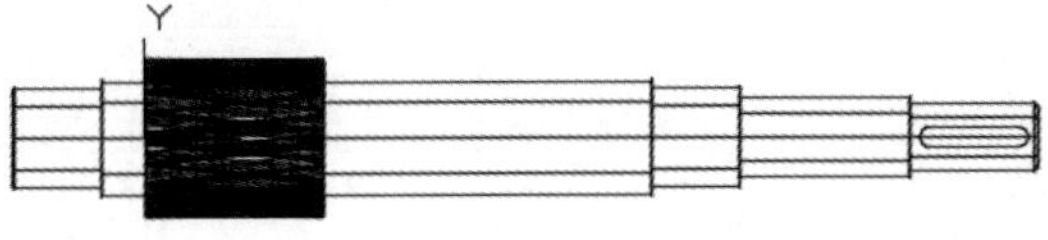

图 14-99 绘制矩形

（24）单击“三维工具”选项卡“建模”面板中的“拉伸”按钮，将上一步绘制的矩形拉伸5mm。利用“自由动态观察”工具，将视图切换成图 14-100 所示视图。

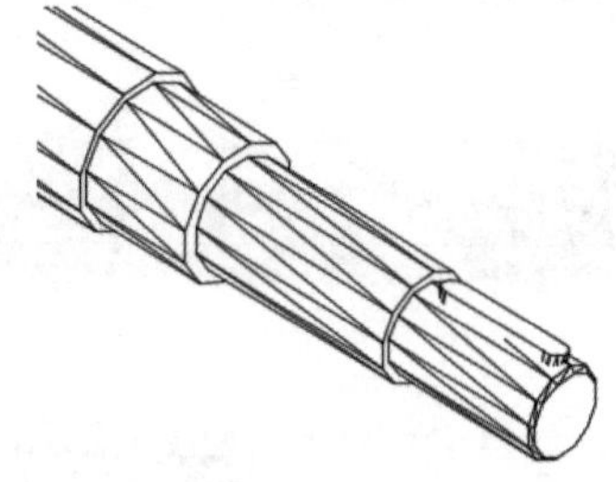

图 14-100 拉伸矩形

（25）单击“三维工具”选项卡“实体编辑”面板中的“差集”按钮，将绘制的主体与拉伸后的实体进行差集运算，消隐后的结果如图 14-101 所示。

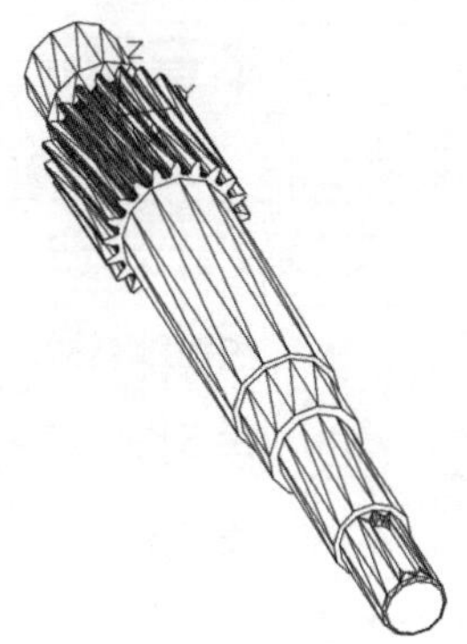

图 14-101 差集运算

（26）在命令行中输入“UCS”命令，将坐标系恢复到WCS。

中间轴的绘制方法和高速轴的绘制方法类似，读者可以根据平面图尺寸自行绘制，在这里就不再详细介绍，中间轴立体图如图 14-102 所示。

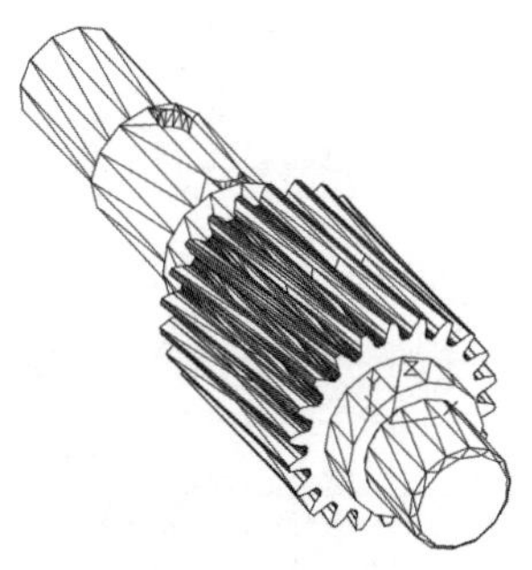

图 14-102 中间轴

第 15 章

减速器附件及箱座设计

本章导读

箱座和箱盖是减速器的主要支撑结构。为了支撑和固定齿轮与轴，并保持齿轮润滑，在箱座上还有一系列的附件。本章将详细介绍减速器及附件的三维造型设计。通过本章的学习，读者将掌握机械零件的三维造型设计的基本方法与技巧。

15.1 附件设计

本节将详细讲解箱座端盖、油标尺立体图等的设计和绘制过程，进一步巩固和复习多个三维绘图与编辑命令，与此同时，读者还将学习到一些常用的三维绘图技巧和方法。

15.1.1 套筒的绘制

下面介绍两种套筒的画法。

1. 中间轴上的套筒

首先绘制两个圆柱体，然后通过差集运算得到三维实体。下面以中间轴上的套筒为例介绍套筒的三维绘制方法。

（1）选择菜单栏中的“文件”→“新建”命令，打开“选择样板”对话框，单击“打开”按钮右侧的▾按钮，以“无样板打开－公制（M）”方式建立新文件，同时将新文件命名为“中间轴套筒立体图.dwg”并保存。

（2）将视图切换到西南等轴测视图。单击“三维工具”选项卡“建模”面板中的“圆柱体”按钮，以（0，0，0）为圆心，创建半径为“15”、高度为“16.5”的圆柱体1，命令行中的提示与操作如下：

```
命令：_cylinder
指定底面的中心点或 [三点(3P)/两点(2P)/切点、切点、半径(T)/椭圆(E)]：0,0,0↙
指定底面半径或 [直径(D)] <5.0000>：15↙
指定高度或 [两点(2P)/轴端点(A)] <46.0000>：16.5↙
```

重复“圆柱体”命令，以（0，0，0）为圆心，绘制半径为“21”、高度为“16.5”的圆柱体2，如图15-1所示。

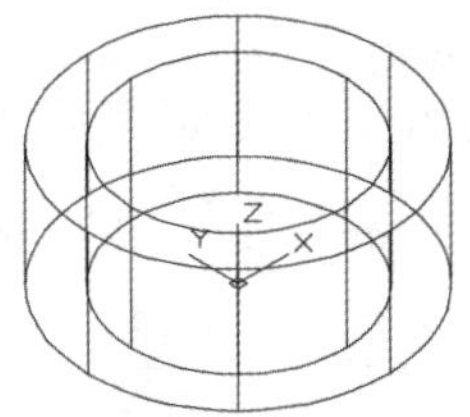

图 15-1　绘制圆柱体

（3）单击“三维工具”选项卡“实体编辑”面板中的“差集”按钮，将两个圆柱体进行差集运算，命令行中的提示与操作如下：

```
命令：_subtract
选择要从中减去的实体、曲面和面域...
选择对象：(选择大圆柱体)
选择对象：↙
选择要减去的实体、曲面和面域...
选择对象：(选择小圆柱体)
选择对象：↙
```

消隐后的结果如图15-2所示。

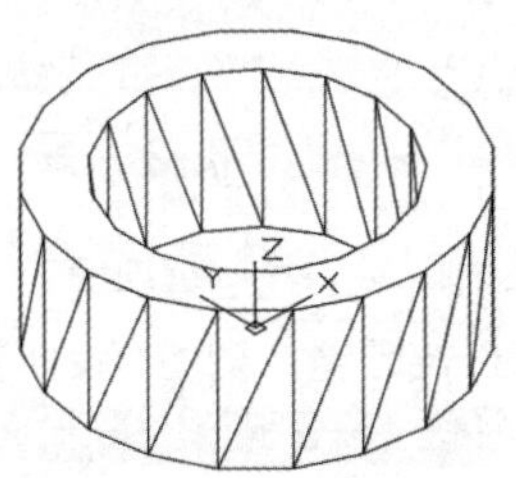

图 15-2　差集运算

2. 低速轴上的套筒

首先绘制套筒的截面草图，然后通过“拉伸”命令得到三维实体。下面以低速轴上的套筒为例介绍套筒的三维绘制方法。

（1）选择菜单栏中的“文件”→“新建”命令，打开“选择样板”对话框，单击“打开”按钮右侧的▾按钮，以“无样板打开－公制（M）”方式建立新文件，同时将新文件命名为“低速轴套筒立体图.dwg”并保存。

（2）单击“默认”选项卡“绘图”面板中的“圆”按钮，以（0，0）为圆心绘制半径分别为“25”和“34”的同心圆，如图15-3所示。

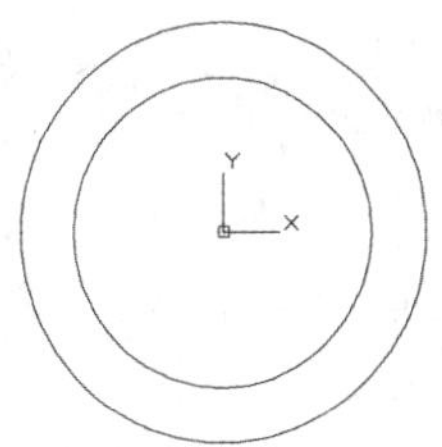

图 15-3　绘制同心圆

将视图切换到西南等轴测视图。单击“三维工具”选项卡“建模”面板中的“拉伸”按钮，将上一步绘制的圆进行拉伸，拉伸距离为“16.5”，命令行中的提示与操作如下：

```
命令：_extrude
当前线框密度： ISOLINES=8，闭合轮廓创建模式 = 实体
选择要拉伸的对象或 [模式(MO)]：（选择上一步绘制的两个圆）
选择要拉伸的对象或 [模式(MO)]：↙
指定拉伸的高度或 [方向(D)/路径(P)/倾斜角(T)/表达式(E)] <16.5000>: 16.5↙
```

消隐后结果如图15-4所示。

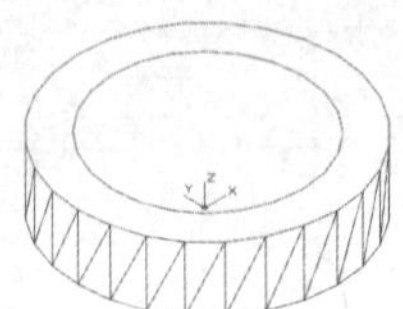

图15-4　拉伸实体

（3）单击“三维工具”选项卡“实体编辑”面板中的“差集”按钮，对两个拉伸实体进行差集运算，消隐后如图15-5所示。

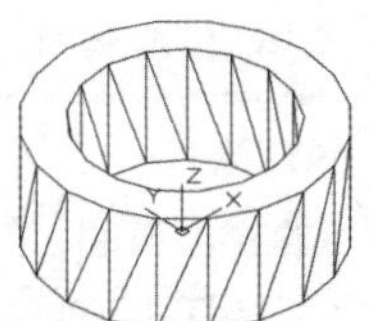

图15-5　差集运算

15.1.2　封油盘的绘制

首先绘制封油盘截面，然后通过“旋转”命令得到封油盘。下面以高速轴上的封油盘为例介绍封油盘的绘制方法。

（1）单击“默认”选项卡“绘图”面板中的“直线”按钮，过坐标原点绘制一条竖直直线和水平直线。

（2）单击“默认”选项卡“修改”面板中的“偏移”按钮，将竖直线向右偏移，偏移距离分别为“15”“18”和“31”。重复“偏移”命令，将水平直线向上偏移，偏移距离分别为“6”和“10”，如图15-6所示。

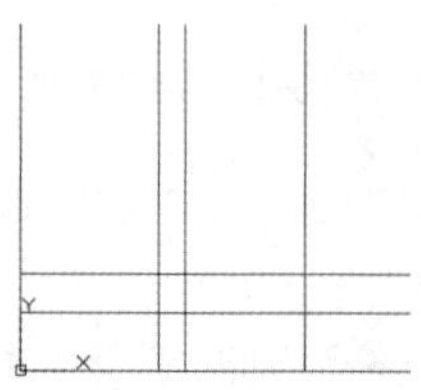

图15-6　偏移直线

（3）单击“默认”选项卡“修改”面板中的“修剪”按钮，修剪和删除多余的线段，如图15-7所示。

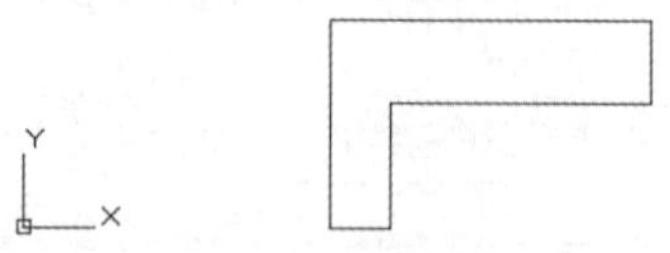

图15-7　修剪图形（1）

（4）单击“默认”选项卡“绘图”面板中的“直线”按钮，绘制锯齿线。

（5）单击“默认”选项卡“修改”面板中的“修剪”按钮，修剪和删除多余的线段，如图15-8所示。

图15-8　修剪图形（2）

（6）单击“默认”选项卡“绘图”面板中的“面域”按钮，将上一步修剪后的图形创建为面域。

（7）将视图切换到西南等轴测视图。单击“三维工具”选项卡“建模”面板中的“旋转”按钮，将面域绕Y轴旋转360°，命令行中的提示与操作如下：

```
命令：_revolve
当前线框密度： ISOLINES=8，闭合轮廓创建模式 = 实体
选择要旋转的对象或 [模式(MO)]：（选择上一步创建的面域）
选择要旋转的对象或 [模式(MO)]：↙
指定轴起点或根据以下选项之一定义轴 [对象(O)/X/Y/Z] <对象>：Y↙
指定旋转角度或 [起点角度(ST)/反转(R)/表达式(EX)] <360>:↙
```

消隐后结果如图15-9所示。

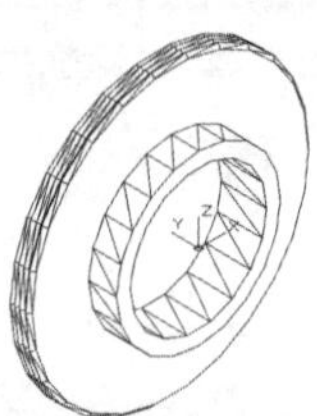

图15-9　旋转实体

低速轴上的封油盘创建方法同高速轴上的封油盘的创建方法一样，读者可以参考平面装配上的尺寸绘制，这里就不再一一讲解，如图 15-10 所示。

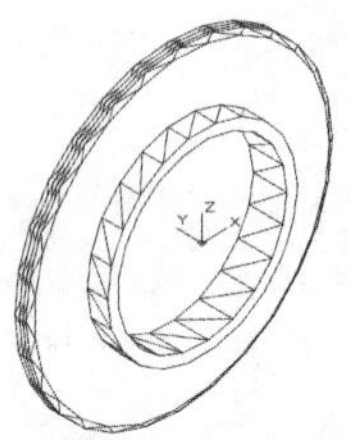

图 15-10 低速轴封油盘

15.1.3 箱座端盖的绘制

本小节中箱座端盖立体图的绘制将采用以下方法：旋转二维草图来生成三维实体。下面以小闷盖为例介绍箱座端盖的三维绘制，如图 15-11 所示。

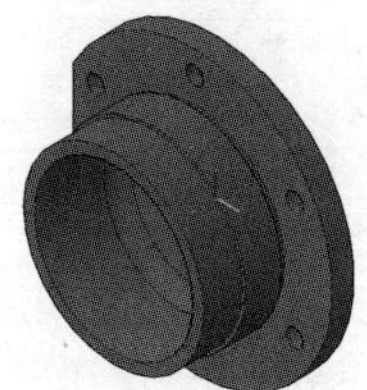

图 15-11 箱座端盖

1. 打开文件

选择菜单栏中的“文件”→“打开”命令，打开“选择文件”对话框，选择“小闷盖”零件图。

2. 保存文件

选择菜单栏中的“文件”→“另存为”命令，打开“图形另存为”对话框，将其另存为“小闷盖三维.dwg”。

3. 整理图形

（1）删除图形中的尺寸和多余的线段，并单击“默认”选项卡“绘图”面板中的“直线”按钮／，补全视图，结果如图 15-12 所示。

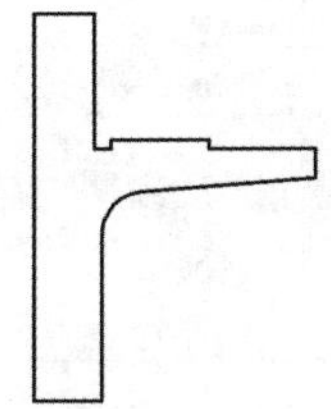

图 15-12 整理图形

（2）单击“默认”选项卡“绘图”面板中的“面域”按钮，将整理后的图形创建成面域。

（3）单击“默认”选项卡“修改”面板中的“移动”按钮✥，将上一步创建的面域以左下端点为基点移动到坐标原点处，如图 15-13 所示。

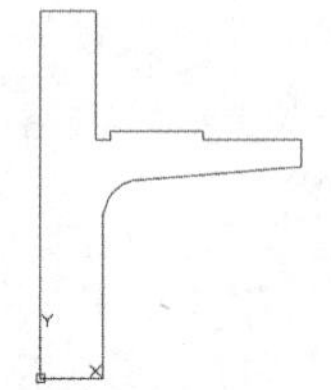

图 15-13 移动图形

4. 旋转实体

（1）将视图切换到东北等轴测视图。单击“三维工具”选项卡“建模”面板中的“旋转”按钮，将面域绕 X 轴旋转 360°，消隐后如图 15-14 所示。

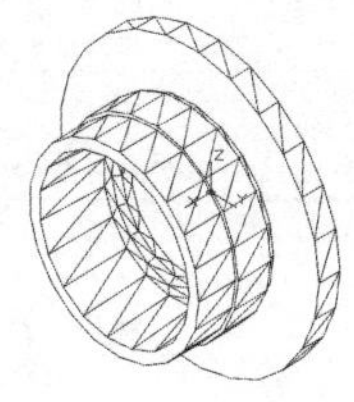

图 15-14 旋转实体

（2）在命令行中输入“UCS”命令，将坐标系绕 Y 轴旋转 90°，命令行中的提示与操作如下：

```
命令：UCS↙
当前 UCS 名称：*世界*
指定 UCS 的原点或 [面(F)/命名(NA)/对象(OB)/上一个(P)/视图(V)/世界(W)/X/Y/Z/Z轴(ZA)] <世界>: Y↙
指定绕 Y 轴的旋转角度 <90>: ↙
```

5. 创建圆柱体

（1）单击“三维工具”选项卡“建模”面板中的“圆柱体”按钮，采用指定两个底面圆心点和底面半径的模式，绘制圆心为（-38.5，0，0）、半径为“3”、高为“7.2”的圆柱体，结果如图 15-15 所示。

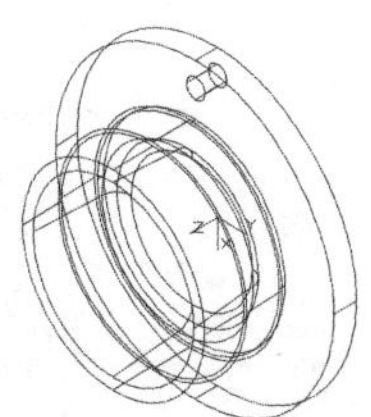

图 15-15 绘制圆柱体

（2）选择菜单栏中的“修改”→“三维操作”→“三维阵列”命令，将上一步创建的圆柱体以坐标原点为中心进行环形阵列，阵列个数为“6”，指定旋转轴上的第二个点为（0，0，10），结果如图15-16所示。

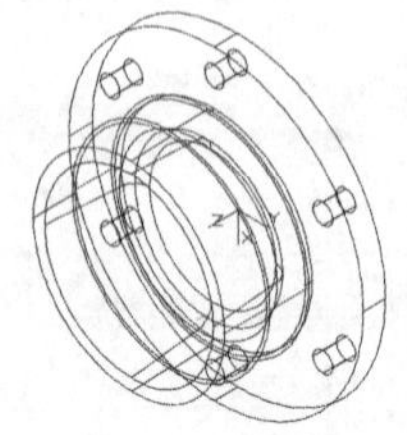

图15-16　三维阵列圆柱体

（3）单击“三维工具”选项卡“实体编辑”面板中的“差集”按钮，从端盖中减去6个圆柱体，消隐后的结果如图15-17所示。

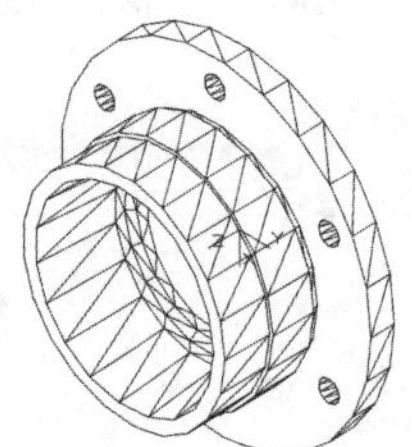

图15-17　绘制孔

（4）将视图切换到西北等轴测视图。单击“三维工具”选项卡“建模”面板中的“圆柱体”按钮，以坐标原点为圆心，绘制半径为“31”、高为“1”的圆柱体。

（5）单击“三维工具”选项卡“实体编辑”面板中的“差集”按钮，将端盖与圆柱体进行差集运算，消隐后的结果如图15-18所示。

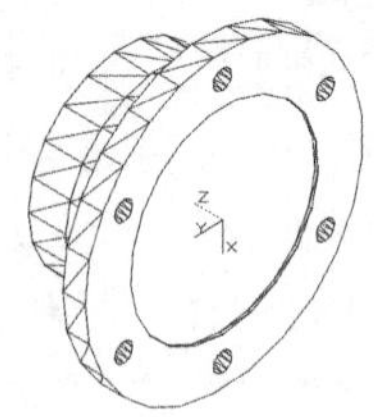

图15-18　绘制端盖凹槽

（6）单击“三维工具”选项卡“实体编辑”面板中的“圆角边”按钮，对进行差集运算后的凹槽底边进行圆角处理，圆角半径为“1”，命令行中的提示与操作如下：

```
命令：_FILLETEDGE
半径 = 1.0000
选择边或 [链(C)/环(L)/半径(R)]: L↙
选择环边或 [边(E)/链(C)/半径(R)]:（选择进行差集运算后的凹槽底边）
输入选项 [接受(A)/下一个(N)] <接受>: ↙
选择环边或 [边(E)/链(C)/半径(R)]: ↙
已选定 1 个边用于圆角。
按 Enter 键接受圆角或 [半径(R)]: ↙
```

消隐后的结果如图15-19所示。

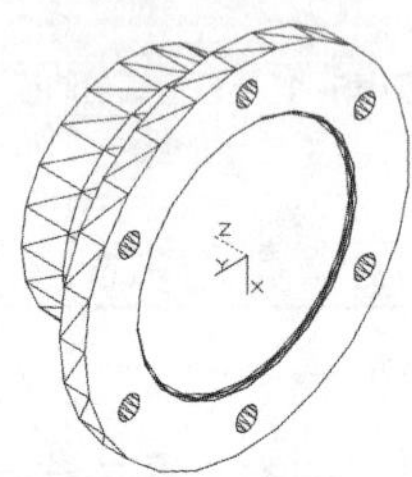

图15-19　圆角处理

（7）单击“三维工具”选项卡“建模”面板中的“长方体”按钮，以（-50，-40.5，0）为第一角点、（@100,-20,10）为第二角点创建长方体。

（8）单击“三维工具”选项卡“实体编辑”面板中的“差集”按钮，将小闷盖主体与长方体进行差集运算。消隐后，将当前视图切换至西南等轴测视图，结果如图15-20所示。

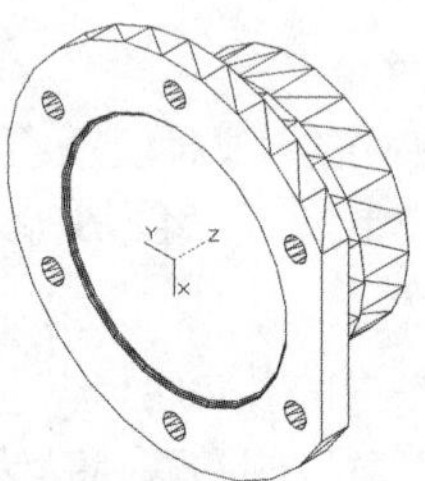

图15-20　差集运算

根据平面图尺寸，按照小闷盖的绘制方法绘制的小透盖、大闷盖和大透盖如图15-21~图15-23所示。

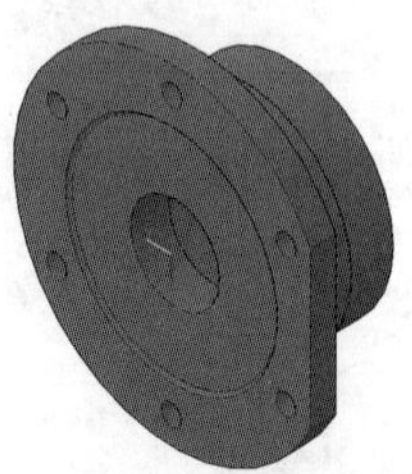

图15-21　小透盖

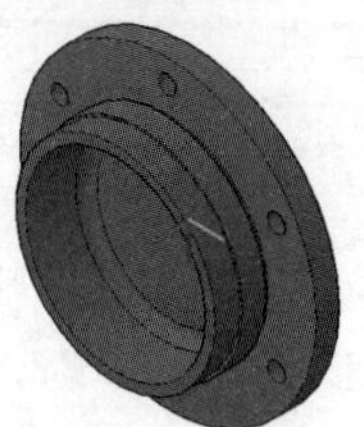

图 15-22 大闷盖

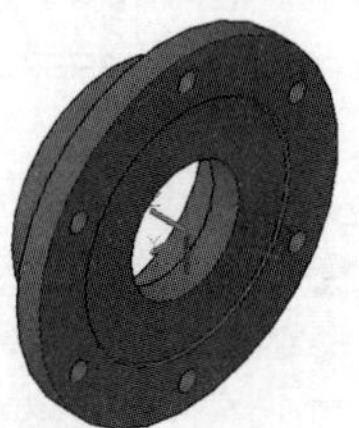

图 15-23 大透盖

15.1.4 胶垫的绘制

首先绘制截面草图，然后通过“拉伸”命令得到三维实体，最后进行差集运算。下面以小闷盖上的胶垫为例介绍胶垫的三维绘制方法，如图 15-24 所示。

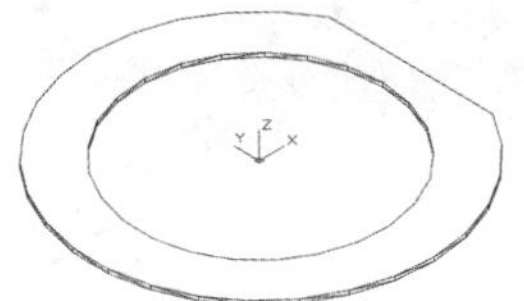

图 15-24 小胶垫

（1）选择菜单栏中的“文件”→“新建”命令，打开“选择样板”对话框，单击“打开”按钮右侧的按钮，以“无样板打开-公制（M）”方式建立新文件，同时将新文件命名为“小胶垫立体图.dwg”并保存。

（2）单击“默认”选项卡“绘图”面板中的“圆”按钮，以（0，0）为圆心绘制半径分别为“46”和“33”的同心圆，如图 15-25 所示。

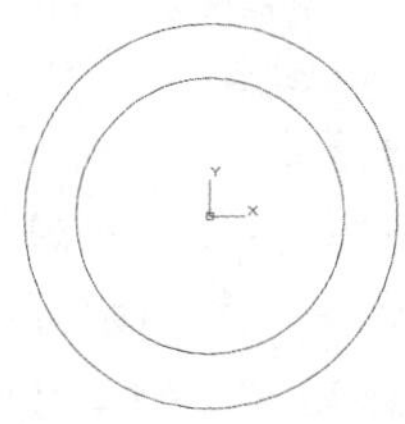

图 15-25 绘制同心圆

（3）单击“默认”选项卡“绘图”面板中的“直线”按钮，以（40.5，50）为起点绘制一条长度为“100”的竖直线。

（4）单击“默认”选项卡“修改”面板中的“修剪”按钮，修剪多余的线段，结果如图 15-26 所示。

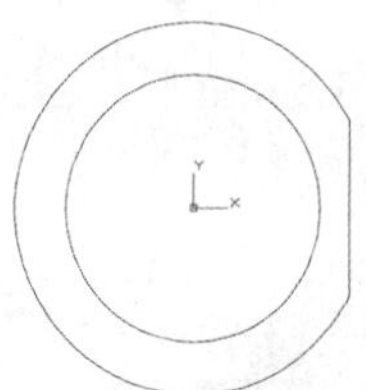

图 15-26 修剪图形

（5）单击“默认”选项卡“绘图”面板中的“面域”按钮，将修剪后的图形创建成面域。

（6）将视图切换到西南等轴测视图。单击“三维工具”选项卡“建模”面板中的“拉伸”按钮，将上一步创建的面域进行拉伸，拉伸距离为“1”，消隐后结果如图 15-27 所示。

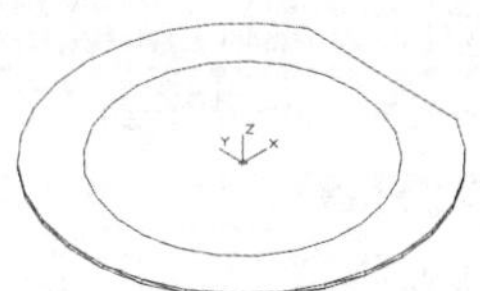

图 15-27 拉伸实体

（7）单击“三维工具”选项卡“实体编辑”面板中的“差集”按钮，将两个拉伸实体进行差集运算，消隐后如图 15-28 所示。

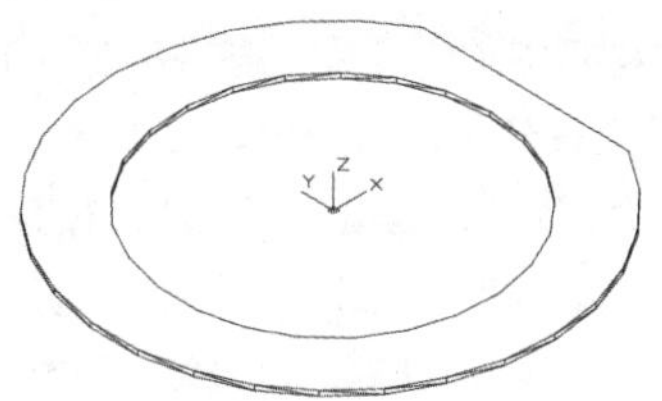

图 15-28 差集运算

根据平面装配图尺寸绘制的大胶垫如图 15-29 所示。

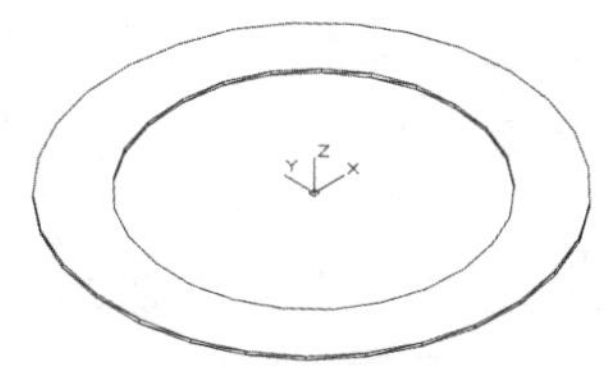

图 15-29 大胶垫

15.1.5 油标尺立体图

油标尺零件由一系列同轴的圆柱体组成，从下到上为标尺、连接螺纹、密封环和油标尺帽4个部分。因此，在绘制过程中，可以首先绘制一组圆柱体，然后调用“圆环体”和“差集”命令细化油标尺，最后对其进行倒角处理，最终完成立体图的绘制。油标尺立体图如图15-30所示。

图15-30 油标尺

1. 建立新文件

选择菜单栏中的“文件”→“新建”命令，打开“选择样板”对话框，单击“打开”按钮右侧的▾按钮，以“无样板打开-公制（M）”方式建立新文件，同时将新文件命名为“油标尺三维.dwg”并保存。

2. 设置线框密度

线框密度默认值为“8”，将其更改为“10”。

3. 绘制油标尺

（1）在命令行中输入“UCS”命令，将坐标系绕X轴旋转90°。

（2）将视图切换到西南等轴测视图。单击“三维工具”选项卡“建模”面板中的“圆柱体”按钮，以坐标原点为圆心绘制半径为“13”、高度为“8”的圆柱体1；以圆柱体1的端点圆心为圆心绘制半径为“11”、高度为“15”的圆柱体2；以圆柱体2的端点圆心为圆心绘制半径为“6”、高度为“2”的圆柱体3；以圆柱体3的端点圆心为圆心绘制半径为“8”、高度为“10”的圆柱体4；以圆柱体4的端点圆心为圆心绘制半径为“3”、高度为“55”的圆柱体5，消隐后结果如图15-31所示。

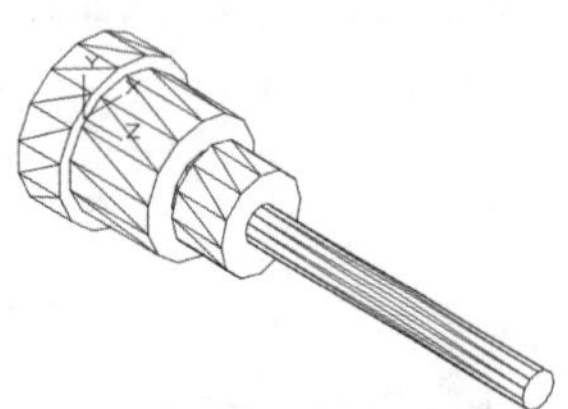

图15-31 绘制圆柱体

（3）单击“三维工具”选项卡“建模”面板中的“圆环体”按钮，绘制以（0,0,13）为中心、圆环半径为“11”、圆管半径为“5”的圆环体，命令行中的提示与操作如下：

```
命令: _torus
指定中心点或 [三点(3P)/两点(2P)/切点、切点、半径(T)]: 0,0,13↙
指定半径或 [直径(D)] <3.0000>: 11↙
指定圆管半径或 [两点(2P)/直径(D)]: 5↙
```

消隐后结果如图15-32所示。

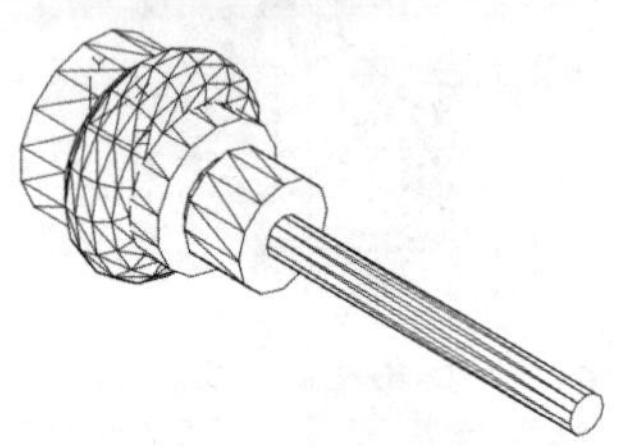

图15-32 绘制圆环体

（4）单击“三维工具”选项卡“实体编辑”面板中的“差集”按钮，从圆柱体2中减去圆环体，消隐后的结果如图15-33所示。

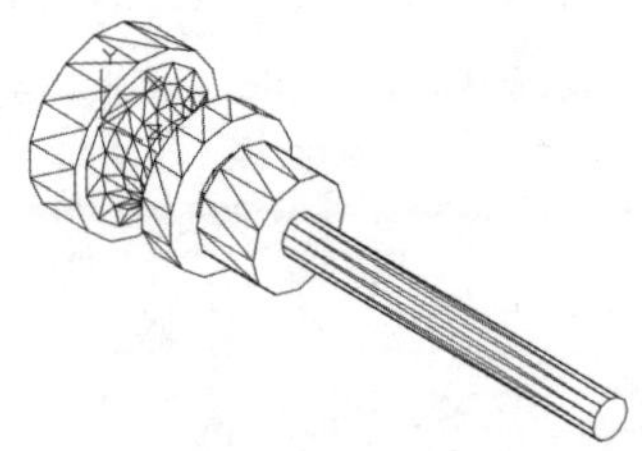

图15-33 差集运算

（5）单击“三维工具”选项卡“实体编辑”面板中的“倒角边”按钮，对圆柱体1的两端进行倒角处理，倒角距离为“1”，命令行中的提示与操作如下：

```
命令: _CHAMFEREDGE 距离 1 = 1.0000，距离 2 = 1.0000
选择一条边或 [环(L)/距离(D)]:（选择圆柱体1的一侧边线）
选择同一个面上的其他边或 [环(L)/距离(D)]:（选择圆柱体1的另一侧边线）
选择同一个面上的其他边或 [环(L)/距离(D)]: ↙
按 Enter 键接受倒角或 [距离(D)]: ↙
```

对圆柱体4的下端面进行倒角处理，倒角距离为“1”，消隐后的结果如图15-34所示。

（6）单击“三维工具”选项卡“实体编辑”面板中的“并集”按钮，将图15-34中的所有实体合并为一个实体，调整视图，如图15-35所示。

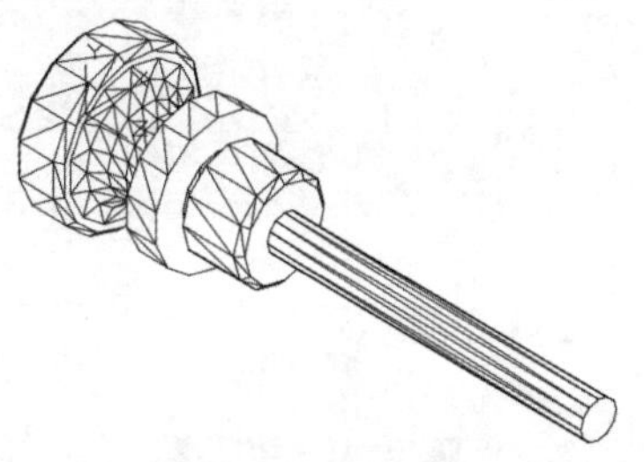

图15-34 倒角处理

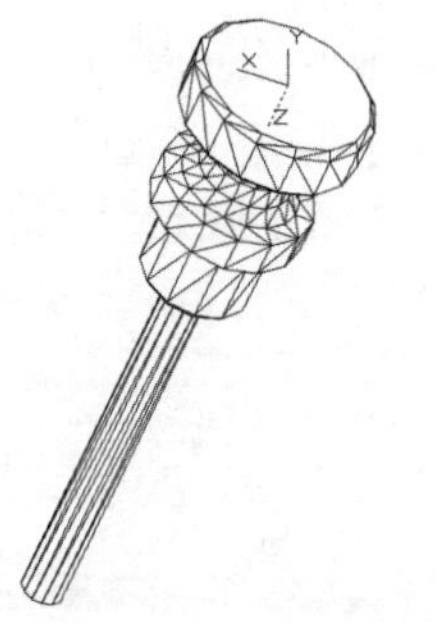

图15-35 并集运算

4. 渲染视图

选择菜单栏中的“视图”→“视觉样式”→“概念”命令，效果如图15-30所示。

15.1.6 通气器立体图

首先绘制通气器的六边形头部，然后绘制两个圆柱体得到整个零件基体，再通过三维旋转命令创建倒角，最后绘制两个圆柱体并进行差集运算得到通气孔，即可完成通气器的绘制。通气器立体图如图15-36所示。

图15-36 通气器立体图

1. 建立新文件

选择菜单栏中的“文件”→“新建”命令，打开“选择样板”对话框，单击“打开”按钮右侧的按钮，以“无样板打开-公制（M）”方式建立新文件，同时将新文件命名为“通气器.dwg”并保存。

2. 设置线框密度

线框密度默认值为“8”，将其更改为“10”。

3. 绘制图形

（1）在命令行中输入“UCS”命令，将坐标系绕*X*轴旋转90°，将视图切换到西南等轴测视图。

（2）单击“默认”选项卡“绘图”面板中的“多边形”按钮，绘制以坐标原点为中心点、内接圆半径为“8.5”的正六边形，如图15-37所示。

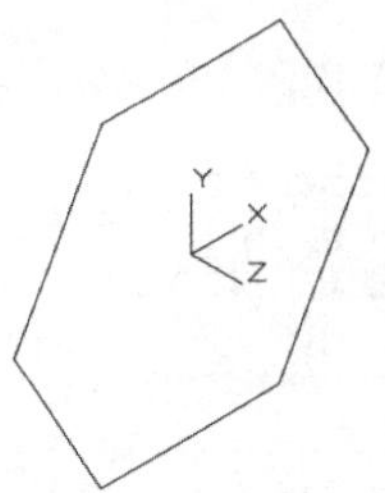

图15-37 绘制正六边形

（3）单击“三维工具”选项卡“建模”面板中的“拉伸”按钮，拉伸步骤（2）创建的正六边形，拉伸高度为“7”，结果如图15-38所示。

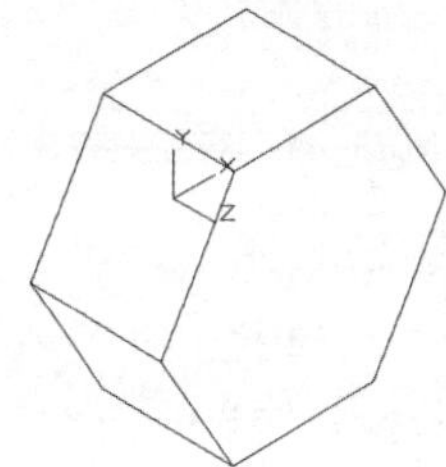

图15-38 拉伸正六边形

（4）单击“三维工具”选项卡“建模”面板中的“圆柱体”按钮，以坐标点（0,0,7）为圆心，绘制半径为“11”、高为“2”的圆柱体1，结果如图15-39所示。

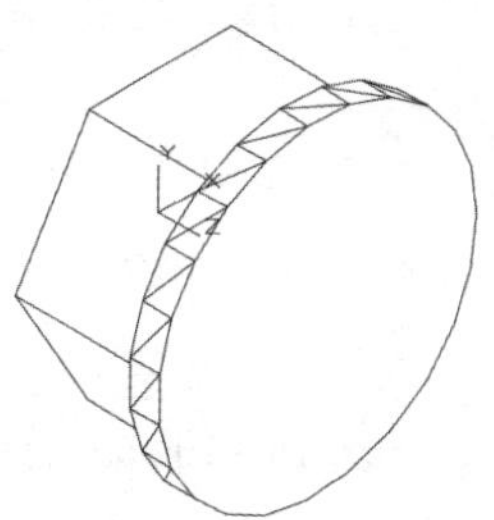

图15-39 绘制圆柱体1

（5）单击“三维工具”选项卡“建模”面板中的“圆柱体”按钮，以坐标点（0,0,9）为圆心，绘制半径为“7”、高为“2”的圆柱体2，结果如图15-40所示。

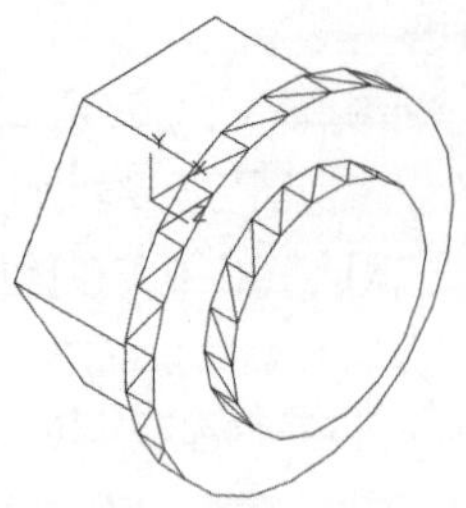

图15-40 绘制圆柱体2

（6）单击“三维工具”选项卡“建模”面板中的“圆柱体”按钮，以坐标点（0，0，11）为圆心，绘制半径为“8”、高为“10”的圆柱体3，结果如图15-41所示。

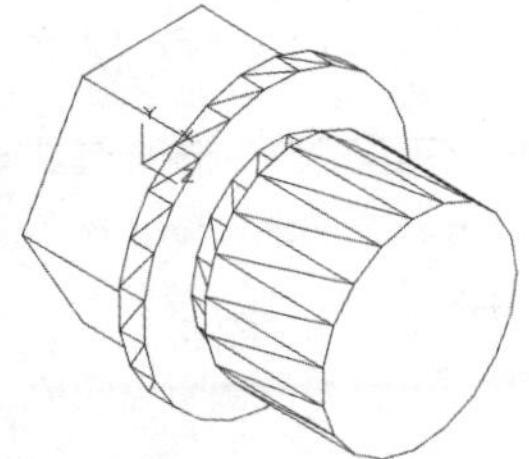

图15-41 绘制圆柱体3

（7）在命令行中输入“UCS”命令，将坐标系恢复到WCS。选择菜单栏中的“视图”→“三维视图”→“平面视图”→“当前UCS”命令，将视图切换到当前坐标系。

（8）单击“默认”选项卡“绘图”面板中的“直线”按钮，绘制图15-42所示的图形。

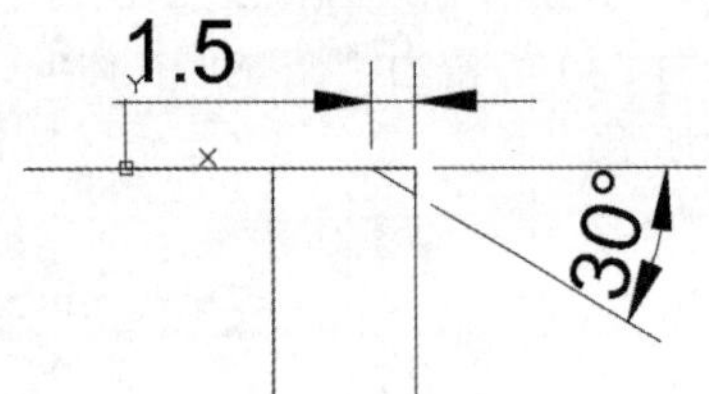

图15-42 绘制图形

（9）单击“默认”选项卡“绘图”面板中的“面域”按钮，将整理后的图形创建成面域。

（10）将视图切换到东北等轴测视图。单击“三维工具”选项卡“建模”面板中的“旋转”按钮，将面域绕Y轴旋转360°。

（11）单击“三维工具”选项卡“实体编辑”面板中的“差集”按钮，将拉伸实体与旋转实体进行差集运算，消隐后如图15-43所示。

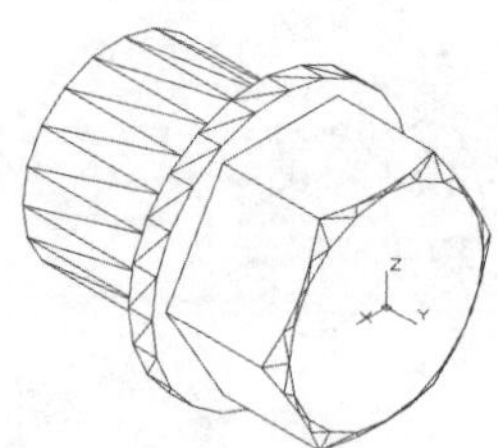

图15-43 差集运算

（12）将视图切换到西南等轴测视图。单击“三维工具”选项卡“实体编辑”面板中的“倒角边”按钮，对圆柱体3的两端进行倒角处理，倒角距离为“1”，结果如图15-44所示。

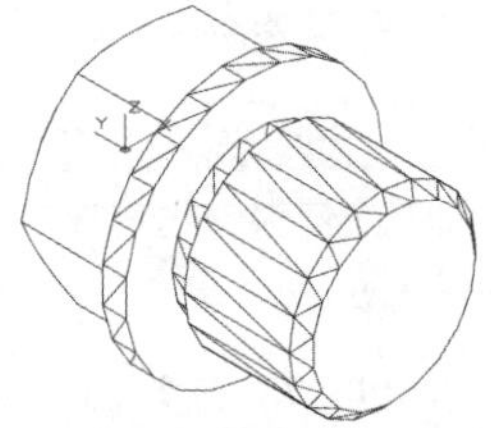

图15-44 倒角处理

（13）单击“三维工具”选项卡“实体编辑”面板中的“并集”按钮，将视图中所有的实体进行并集运算。

（14）单击“三维工具”选项卡“建模”面板中的“圆柱体”按钮，绘制以（0，-4.5，0）为圆心、半径为“2.5”、高为“10”的圆柱体4，消隐后如图15-45所示。

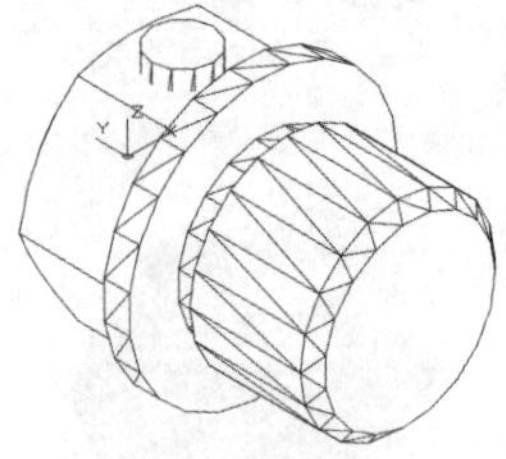

图15-45 绘制圆柱体4

（15）在命令行中输入“UCS”，将坐标系绕X轴旋转90°。单击“三维工具”选项卡“建模”面板中的“圆柱体”按钮，绘制以（0，0，23）为圆心、半径为“2.5”、高为“-21”的圆柱体5，如图15-46所示。

（16）单击“三维工具”选项卡“实体编辑”面板中的“差集”按钮，将合并后的实体与圆柱体4和5进行差集运算，结果如图15-47所示。

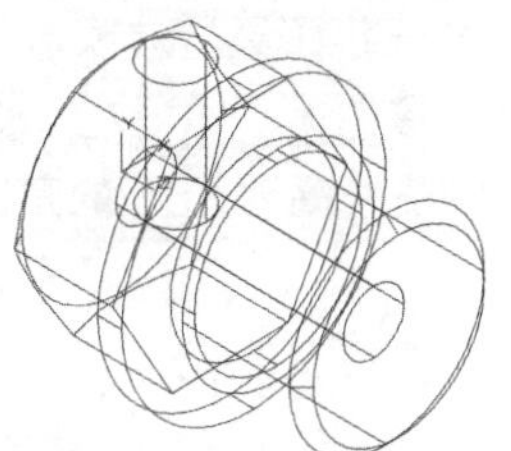

图 15-46 绘制圆柱体 5

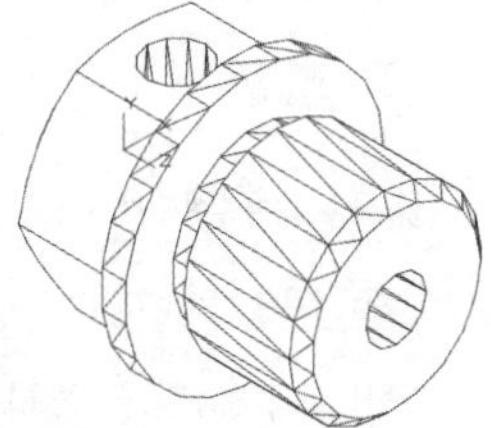

图 15-47 差集运算

4. 渲染视图

选择菜单栏中的“视图”→“动态观察”→“自由动态观察”命令，将视图调整到适当位置。然后选择菜单栏中的“视图”→“视觉样式”→“概念”命令，效果如图 15-36 所示。

15.1.7 视孔盖立体图

视孔盖的基体绘制可以采用前面绘制平键的方法，首先绘制二维轮廓，然后拉伸实体，最后倒角处理；也可以采用“长方体”命令创建长方体后进行圆角处理的方法。最后利用“圆柱体”命令绘制 4 个圆柱体，并进行差集运算生成安装孔。视孔盖绘制完成，立体图如图 15-48 所示。

图 15-48 视孔盖

1. 建立新文件

选择菜单栏中的“文件”→“新建”命令，打开“选择样板”对话框，单击“打开”按钮右侧的按钮，以“无样板打开 - 公制（M）”方式建立新文件，同时将新文件命名为“视孔盖三维.dwg”并保存。

2. 设置线框密度

线框密度默认值为“8”，将其更改为“10”。

3. 绘制图形

（1）将视图切换到西南等轴测视图。单击“三维工具”选项卡“建模”面板中的“长方体”按钮，采用两个角点模式绘制长方体，第一个角点为（0，0，0），第二个角点为（150，100，4），命令行中的提示与操作如下：

```
命令： _box
指定第一个角点或 [ 中心 (C)]： 0,0,0↙
指定其他角点或 [ 立方体 (C)/ 长度 (L)]： 150,
100,4↙
```

结果如图 15-49 所示。

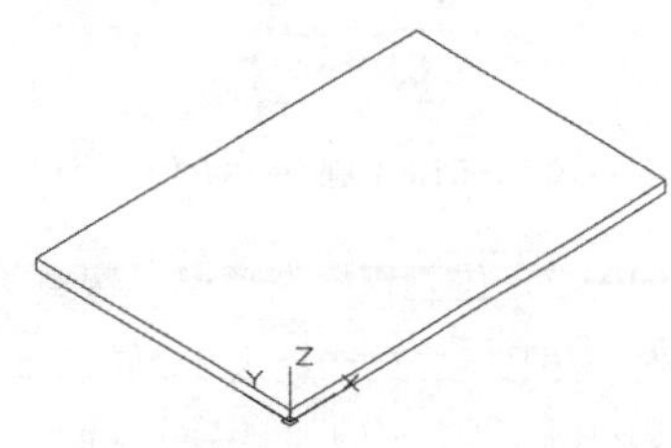

图 15-49 绘制长方体

（2）单击“默认”选项卡“修改”面板中的“圆角”按钮，对图 15-49 中的 4 个棱边进行圆角处理，圆角半径为“10”，结果如图 15-50 所示，命令行中的提示与操作如下：

```
命令： _fillet
当前设置： 模式 = 修剪，半径 = 0.0000
选择第一个对象或 [ 放弃 (U)/ 多段线 (P)/ 半径
(R)/ 修剪 (T)/ 多个 (M)]： M↙
选择第一个对象或 [ 放弃 (U)/ 多段线 (P)/ 半径
(R)/ 修剪 (T)/ 多个 (M)]：(选择一条棱边)
输入圆角半径或 [ 表达式 (E)]： 10↙
选择边或 [ 链 (C)/ 环 (L)/ 半径 (R)]：(选择第
二条棱边)
选择边或 [ 链 (C)/ 环 (L)/ 半径 (R)]： (选择第
三条棱边)
选择边或 [ 链 (C)/ 环 (L)/ 半径 (R)]： (选择第
四条棱边)
已选定 4 个边用于圆角。
```

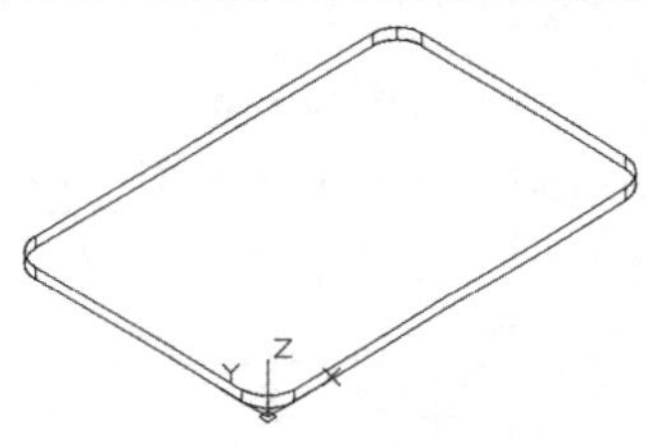

图 15-50 绘制圆角

（3）单击“三维工具”选项卡“建模”面板中的“圆柱体”按钮，以（10，10，-2）为圆心绘制半径为“2.5”、高为“8”的圆柱体，结果如图15-51所示，命令行中的提示与操作如下：

```
命令：_cylinder
指定底面的中心点或 [三点(3P)/两点(2P)/切点、切点、半径(T)/椭圆(E)]: 10,10,-2↙
指定底面半径或 [直径(D)] <5.0000>: 2.5↙
指定高度或 [两点(2P)/轴端点(A)] <6.0000>:8↙
```

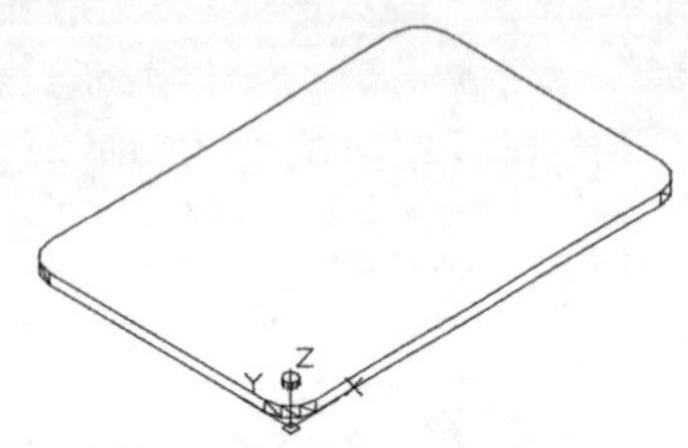

图15-51 绘制圆柱体（1）

（4）单击“三维工具”选项卡“建模”面板中的“圆柱体”按钮，绘制其余3个圆柱体。

① 以（10，90，-2）为底面圆心、半径为“2.5”、高为“8”。

② 以（140，10，-2）为底面圆心、半径为“2.5”、高为“8”。

③ 以（140，90，-2）为底面圆心、半径为“2.5”、高为“8”。

结果如图15-52所示。

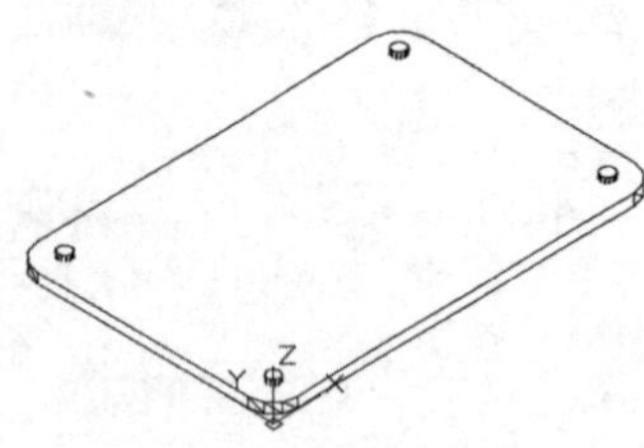

图15-52 绘制其余圆柱体

（5）单击“三维工具”选项卡“实体编辑”面板中的“差集”按钮，将视孔盖基体和绘制的4个圆柱体进行差集运算，消隐后的结果如图15-53所示。

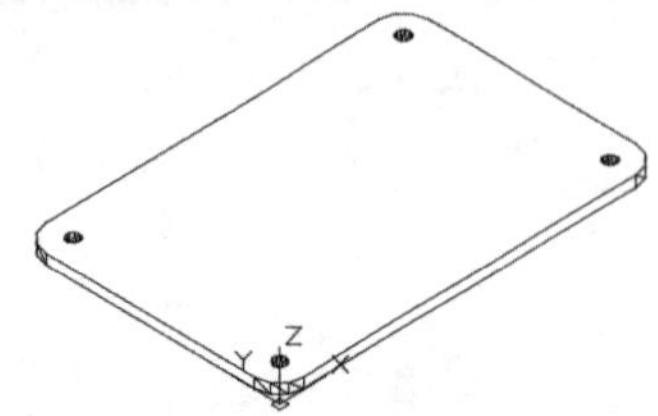

图15-53 差集运算

（6）单击“三维工具”选项卡“建模”面板中的“圆柱体”按钮，以（75，50，-2）为圆心绘制半径为“9”、高为“8”的圆柱体，结果如图15-54所示。

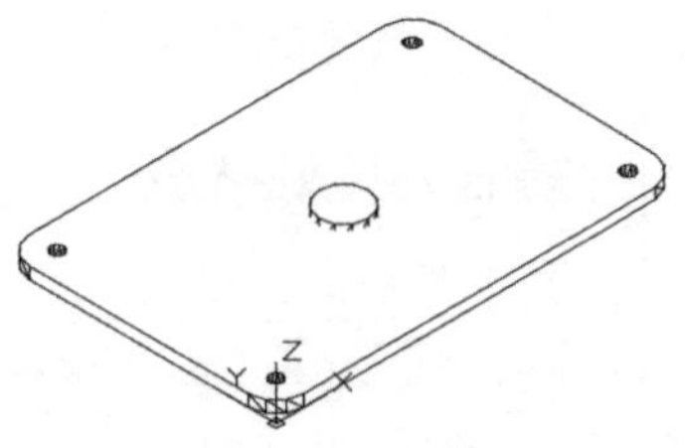

图15-54 绘制圆柱体（2）

（7）单击“三维工具”选项卡“实体编辑”面板中的“差集”按钮，将视孔盖基体和绘制的4个圆柱体进行差集运算，消隐后的结果如图15-55所示。

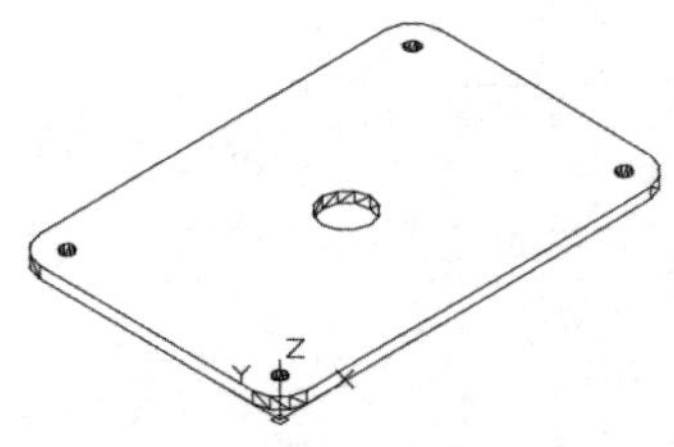

图15-55 差集运算

4. 渲染视图

选择菜单栏中的“视图”→“视觉样式”→“概念”命令，结果如图15-48所示。

15.1.8 螺塞立体图

螺塞与螺栓形状类似，与通气器前面步骤相同：首先绘制通气器的六边形头部，然后绘制圆柱并进行倒角，最后将所有实体进行并集运算。螺塞的立体图如图15-56所示。

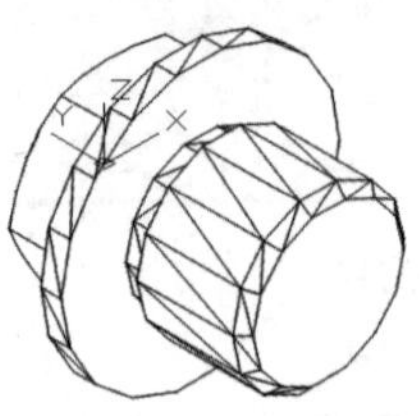

图15-56 螺塞

1. 建立新文件

选择菜单栏中的“文件”→“新建”命令，打开“选择样板”对话框，单击“打开”按钮右侧的按钮，以“无样板打开-公制（M）”方式建立新文件，同时将新文件命名为“螺塞.dwg”并保存。

2. 绘制图形

（1）在命令行中输入“UCS”命令，将坐标系绕X轴旋转90°，将视图切换到西南等轴测视图。

（2）单击“默认”选项卡“绘图”面板中的“多边形”按钮，绘制以坐标原点为中心点、外切圆半径为“8.5”的正六边形，如图15-57所示。

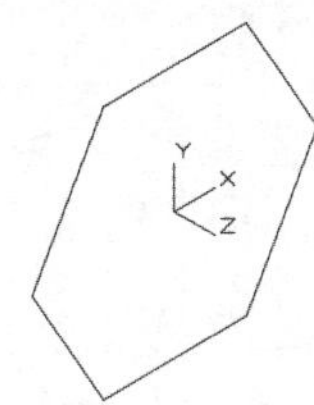

图15-57 绘制正六边形

（3）单击“三维工具”选项卡“建模”面板中的“拉伸”按钮，拉伸步骤（2）创建的正六边形，拉伸高度为“7”，结果如图15-58所示。

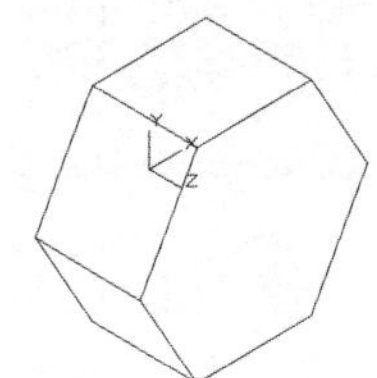

图15-58 拉伸正六边形

（4）单击“三维工具”选项卡“建模”面板中的“圆柱体”按钮，以坐标点（0,0,7）为圆心，绘制半径为“13”、高为“2”的圆柱体1，结果如图15-59所示。

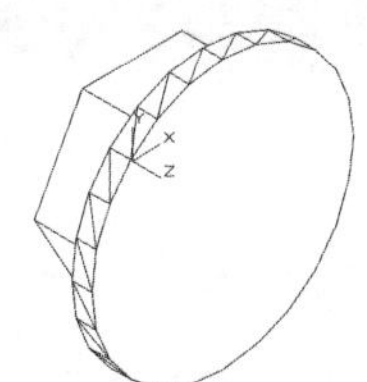

图15-59 绘制圆柱体1

（5）单击“三维工具”选项卡“建模”面板中的“圆柱体”按钮，以坐标点（0,0,9）为圆心，绘制半径为“7”、高为“2”的圆柱体2，结果如图15-60所示。

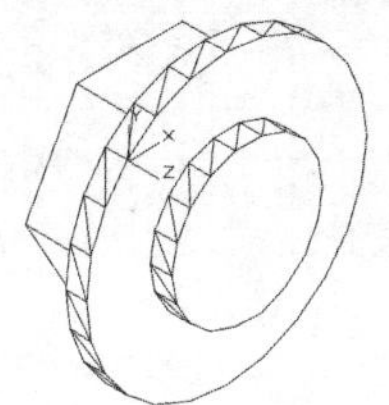

图15-60 绘制圆柱体2

（6）单击“三维工具”选项卡“建模”面板中的“圆柱体”按钮，以坐标点（0，0，11）为圆心，绘制半径为“8”、高为“10”的圆柱体3，结果如图15-61所示。

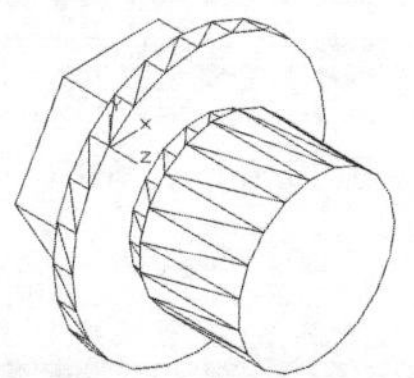

图15-61 绘制圆柱体3

（7）在命令行中输入“UCS”命令，将坐标系恢复到WCS。选择菜单栏中的“视图”→“三维视图”→“平面视图”→“当前UCS”命令，将视图切换到当前坐标系。

（8）单击“默认”选项卡“绘图”面板中的“直线”按钮，绘制图15-62所示的图形。

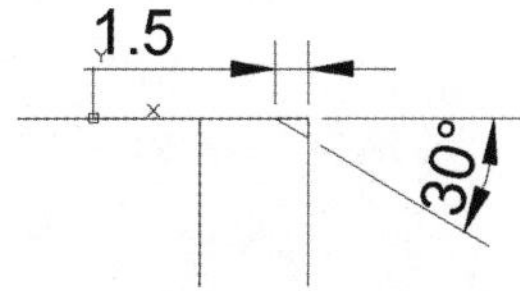

图15-62 绘制图形

（9）单击“默认”选项卡“绘图”面板中的“面域”按钮，将整理后的图形创建成面域。

（10）将视图切换到东北等轴测视图，单击“三维工具”选项卡“建模”面板中的“旋转”按钮，将面域绕Y轴旋转360°。

（11）单击“三维工具”选项卡“实体编辑”面板中的“差集”按钮，将拉伸实体与旋转实体进行差集运算，消隐后如图15-63所示。

（12）将视图切换到西南等轴测视图。单击“三维工具”选项卡“实体编辑”面板中的“倒角边”按钮，对圆柱体3的两端进行倒角处理，倒角距离为“1”，结果如图15-64所示。

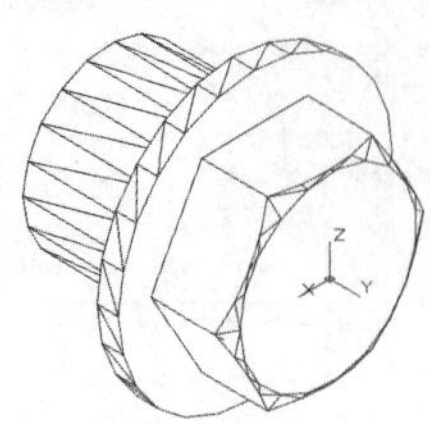

图 15-63　差集运算（1）

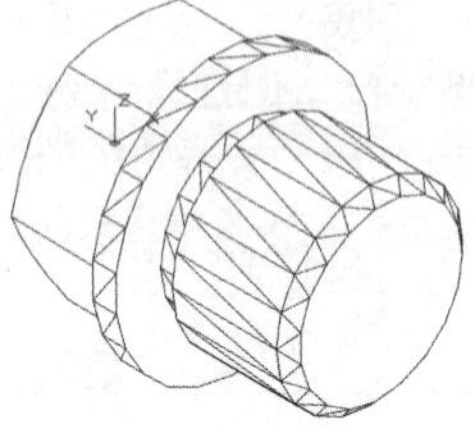

图 15-64　倒角处理

（13）单击“三维工具”选项卡“实体编辑”面板中的“并集”按钮，将视图中所有的实体进行并集运算，结果如图 15-65 所示。

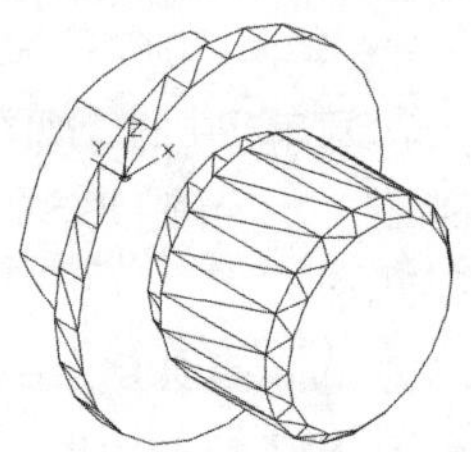

图 15-65　并集运算

15.1.9　螺塞垫片立体图

首先绘制两个圆柱体，然后通过差集运算得到三维实体。下面以螺塞垫片为例介绍绘制方法。

（1）选择菜单栏中的“文件”→“新建”命令，打开“选择样板”对话框，单击“打开”按钮右侧的按钮，以“无样板打开-公制（M）”方式建立新文件，同时将新文件命名为“垫片立体图.dwg”并保存。

（2）将视图切换到西南等轴测视图。单击“三维工具”选项卡“建模”面板中的“圆柱体”按钮，以（0，0，0）为圆心，创建半径为“13”、高度为“2”的圆柱体 1。重复“圆柱体”命令，以（0,0,0）为圆心，创建半径为“8.5”、高度为“2”的圆柱体 2，如图 15-66 所示。

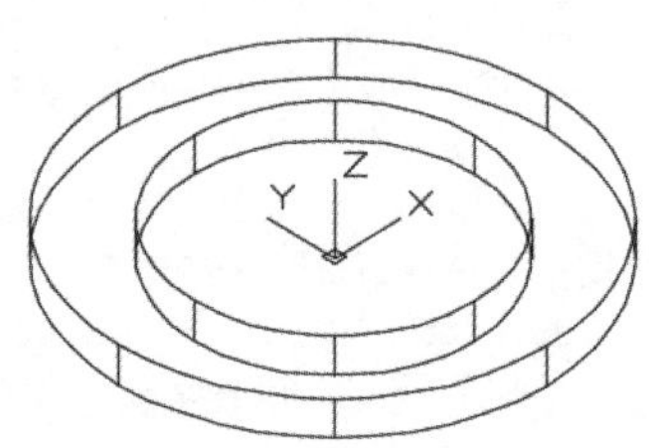

图 15-66　绘制圆柱体 1、2

（3）单击“三维工具”选项卡“实体编辑”面板中的“差集”按钮，将两个圆柱体进行差集运算，消隐后如图 15-67 所示。

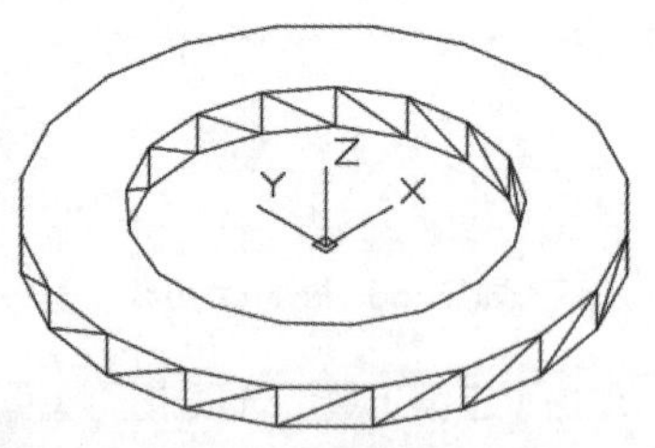

图 15-67　差集运算（2）

15.2　箱座与箱盖设计

箱座与箱盖是变速箱的重要零件，本节介绍箱座与箱盖的绘制方法。

15.2.1　减速器箱座的绘制

本实例绘制图 15-68 所示的减速器箱座。减速器箱座的绘制过程可以说是三维实体制作中比较经典的实例，从绘图环境的设置、多种三维实体绘制命令、UCS 的建立到剖切实体等操作都有涉及，是系统使用 AutoCAD 2020 三维绘图功能的综合实例。本实例的制作思路是：首先绘制减速器箱座的主体部分，从底向上依次绘制减速器箱座底板、中间膛体和顶板，然后绘制箱座的轴承支座、螺栓筋板和侧面肋板，调用布尔运算；然后绘制箱座底板和顶板上的螺纹、销等孔系；最后绘制箱座上的耳片实体和油标尺插孔实体，对实体进行渲染得到箱座三维立体图。

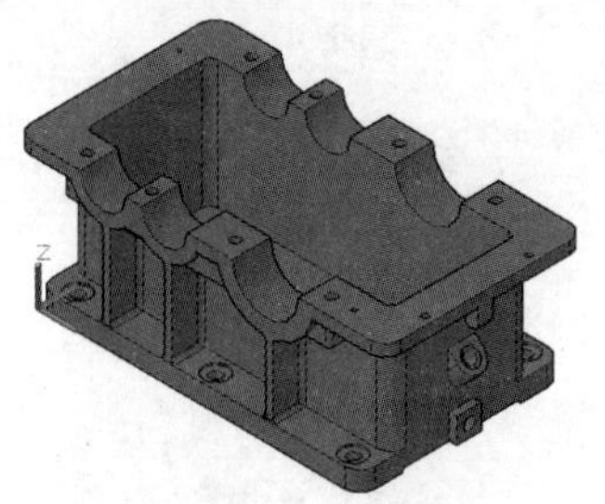

图 15-68 箱座立体图

1. 建立新文件

选择菜单栏中的“文件”→“新建”命令，打开“选择样板”对话框，单击“打开”按钮右侧的按钮，以“无样板打开-公制（M）”方式建立新文件，同时将新文件命名为“箱座立体图.dwg”并保存。

2. 设置线框密度

线框密度默认值为“8”，将其更改为“10”。

3. 绘制箱座主体

（1）将当前视图设置为西南等轴测视图。

（2）单击“三维工具”选项卡“建模”面板中的“长方体”按钮，绘制底板、中间膛体和顶板，采用角点和长宽高模式绘制3个长方体。

① 以（0，0，0）为角点、长度为“432”、宽度为“272”、高度为“25”。

② 以（0，42，25）为角点、长度为“432”、宽度为“188”、高度为“144”。

③ 以（-32,8,169）为角点、长度为“496”、宽度为“255”、高度为“15”。

结果如图 15-69 所示。

在绘制三维实体造型时，如果使用视图的切换功能，例如使用“俯视图”“东南等轴测视图”等，视图的切换也可能导致空间三维坐标系的暂时旋转，即使用户没有执行UCS命令。长方体的长、宽、高分别对应*X*、*Y*、*Z*方向上的长度，所以坐标系的不同会导致长方体的形状大不相同。因此若采用角点和长宽高模式绘制长方体，一定要注意观察当前所提示的坐标系。

（3）单击“三维工具”选项卡“建模”面板中的“圆柱体”按钮，绘制轴承支座，采用指定两个底面圆心点和底面半径的模式绘制3个圆柱体。

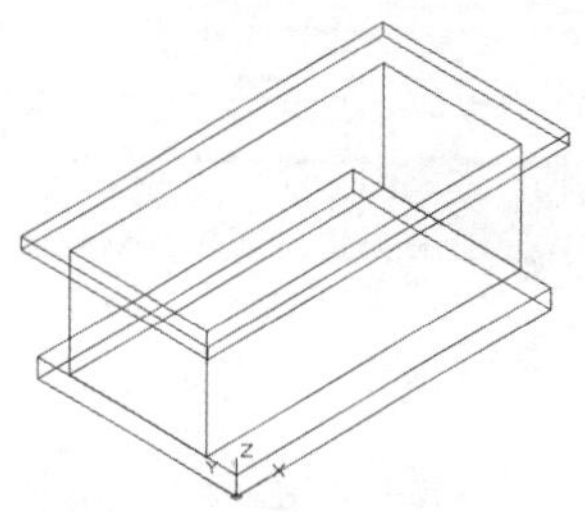

图 15-69 绘制底板、中间膛体和顶板

① 以（85，2，184）为底面中心点、半径为“46”、轴端点为（85，270，184）。

② 以（168，2，184）为底面中心点、半径为“46”、轴端点为（168，270，184）。

③ 以（303，2，184）为底面中心点、半径为“65”、轴端点为（303，270，184）。

结果如图 15-70 所示。

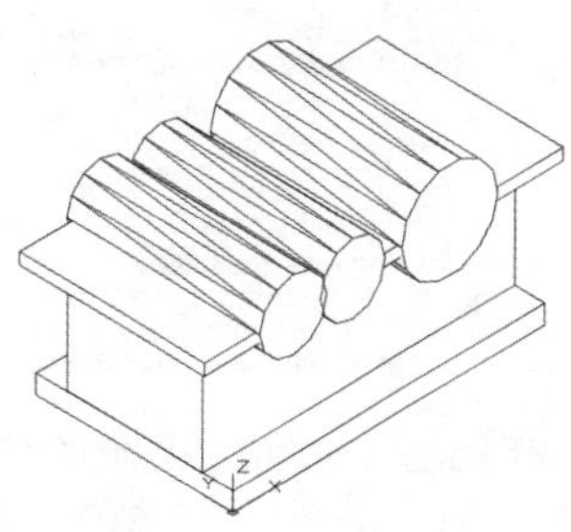

图 15-70 绘制轴承支座

（4）单击“三维工具”选项卡“建模”面板中的“长方体”按钮，绘制螺栓筋板，采用角点和长宽高模式绘制长方体，角点为（25，10，139）、长度为“361”、宽度为“252”、高度为“45”。

（5）单击“三维工具”选项卡“建模”面板中的“长方体”按钮，采用角点和长宽高模式绘制长方体，角点为（85，2，149）、长度为“83”、宽度为“268”、高度为“35”。

（6）单击“三维工具”选项卡“建模”面板中的“长方体”按钮，绘制侧面肋板，采用角点和长宽高模式绘制3个长方体。

① 以（85，2，25）为角点、长度为“9”、宽度为“268”、高度为“145”。

② 以（168，2，25）为角点、长度为“9”、宽度为“268”、高度为“145”。

③ 以（303，2，25）为角点、长度为“9”、宽度为“268”、高度为“100”。

结果如图 15-71 所示。

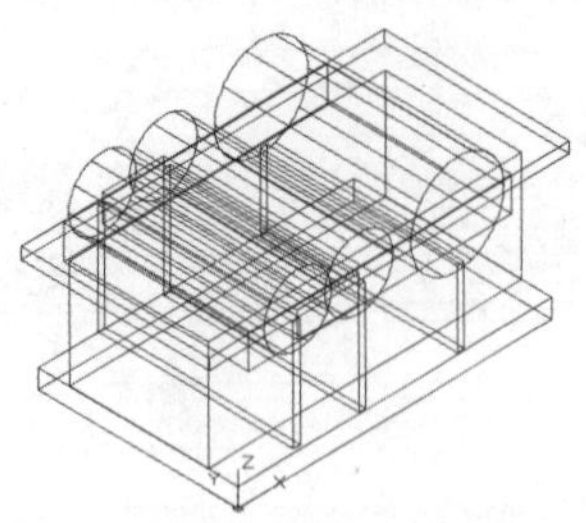

图 15-71　绘制螺栓筋板和侧面肋板

（7）单击“三维工具”选项卡“实体编辑”面板中的“并集”按钮，将现有的所有实体合并，使之成为一个三维实体，结果如图 15-72 所示。

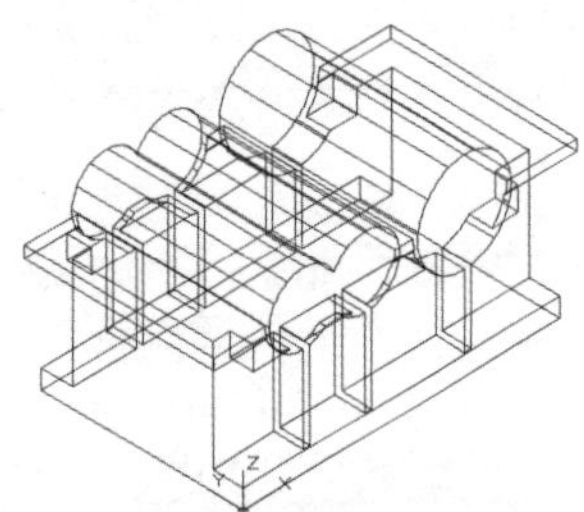

图 15-72　并集运算

（8）单击“三维工具”选项卡“建模”面板中的“长方体”按钮，采用角点和长宽高模式绘制长方体，角点为（10，52，15）、长度为“412”、宽度为“168”、高度为“169”，结果如图 15-73 所示。

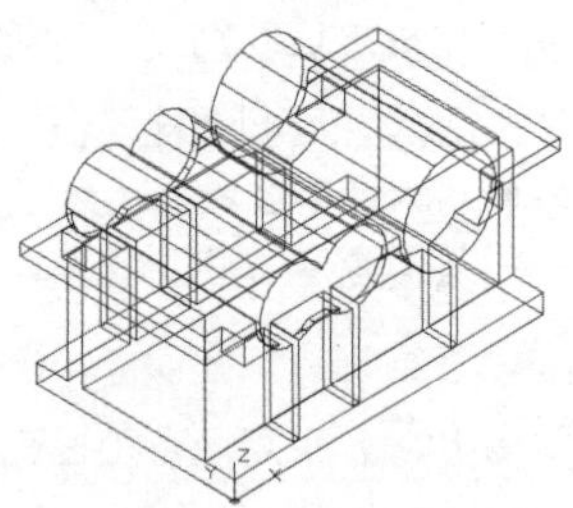

图 15-73　绘制膛体

（9）单击“三维工具”选项卡“建模”面板中的“圆柱体”按钮，采用指定两个底面圆心点和底面半径的模式绘制 3 个圆柱体。

① 以（85，2，184）为底面中心点、半径为“31”、轴端点为（85，270，184）。

② 以（168，2，184）为底面中心点、半径为“31”、轴端点为（168，270，184）。

③ 以（303，2，184）为底面中心点、半径为“45”、轴端点为（303，270，184）。

结果如图 15-74 所示。

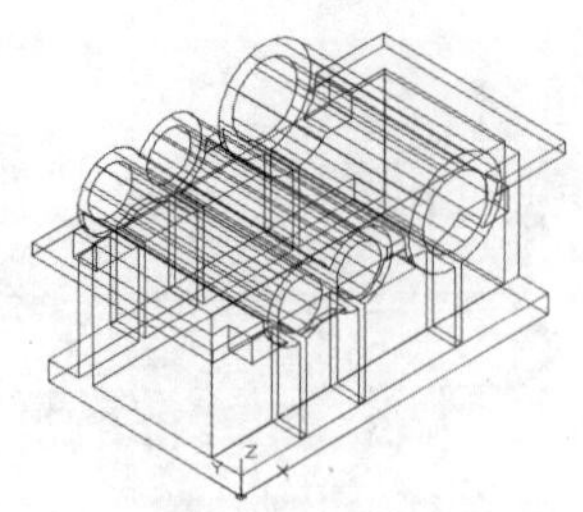

图 15-74　绘制轴承通孔

（10）单击“三维工具”选项卡“实体编辑”面板中的“差集”按钮，从箱座主体中减去膛体长方体和 3 个轴承通孔，消隐后的结果如图 15-75 所示。

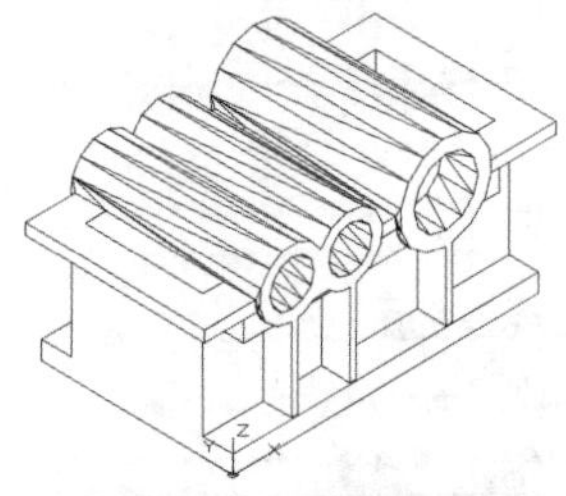

图 15-75　差集运算

（11）单击“三维工具”选项卡“实体编辑”面板中的“剖切”按钮，从箱座主体中剖切掉顶部多余的实体，沿由点（0，0，184）、（100，0，184）、（0，100，184）组成的平面将实体剖切开，保留箱座下方，结果如图 15-76 所示，命令行中的提示与操作如下：

```
命令：_slice
选择要剖切的对象：找到 1 个
选择要剖切的对象：↙
指定切面的起点或 [平面对象(O)/曲面(S)/Z 轴(Z)/视 图(V)/XY(XY)/YZ(YZ)/ZX(ZX)/三 点(3)] <三点>: 3↙
指定平面上的第一个点：0,0,184↙
指定平面上的第二个点：100,0,184↙
指定平面上的第三个点：0,100,184↙
在所需的侧面上指定点或 [保留两个侧面(B)]
<保留两个侧面>:(选择箱座下半部分)
```

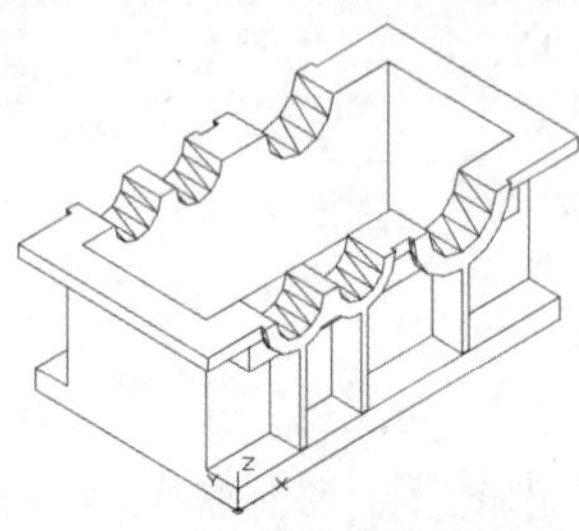

图 15-76　剖切实体图

4. 绘制箱座孔系

（1）单击“三维工具”选项卡“建模”面板中的“圆柱体”按钮，采用指定底面圆心点、底面半径和圆柱高度的模式，分别绘制中心点为（33，20，0）、（218，20，0）和（403，20，0），半径为“8”，高度为“40”的底座沉孔。

（2）用同样的方法绘制底面圆心分别为（33，20，22）、（218，20，22） 和（403，20，22），半径为“16.5”，高度为“10”的圆柱体，结果如图 15-77 所示。

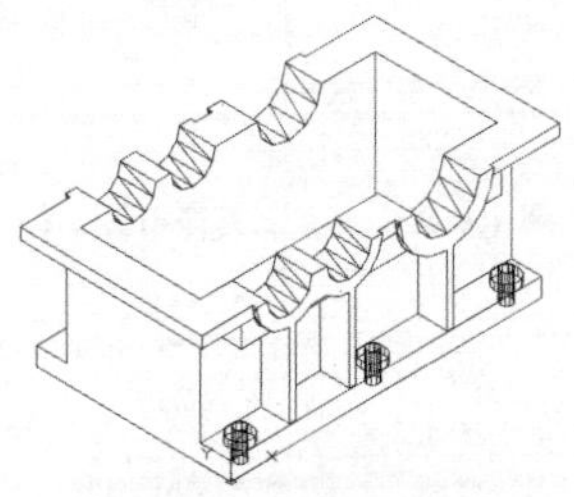

图 15-77 绘制底座沉孔

（3）单击“三维工具”选项卡“建模”面板中的“圆柱体”按钮，采用指定底面圆心点、底面半径和圆柱高度的模式，分别绘制中心点为（39，26，135）、（126.5，26，135）、（238，26，135）和（368，26，135），半径为“6.5”，高度为“70”的圆柱体。

（4）单击“三维工具”选项卡“建模”面板中的“圆柱体”按钮，采用指定底面圆心点、底面半径和圆柱高度的模式，分别绘制中心点为（39，26，139）、（126.5，26，139）、（238，26，139）和（368，26，139），半径为“12”，高度为“1.5”的圆柱体，结果如图 15-78 所示。

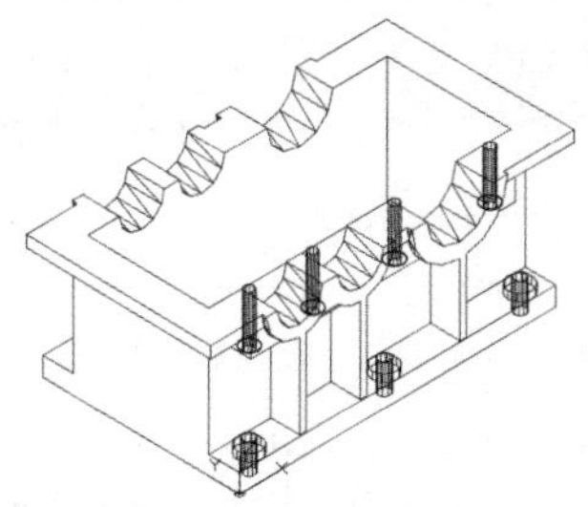

图 15-78 绘制螺栓通孔（1）

（5）选择菜单栏中的“修改”→“三维操作”→“三维镜像”命令，将步骤（1）~（4）创建的圆柱体进行镜像处理，镜像的平面为由（0，136，0）、（0，136，184）、（432，136，0）组成的平面，命令行中的提示与操作如下：

```
命令： _mirror3d
选择对象： （选择步骤（1）~（4）创建的圆柱体）
选择对象： ↙
指定镜像平面 （三点） 的第一个点或 [ 对象 (O) / 最近的 (L) / Z 轴 (Z) / 视图 (V) / XY 平面 (XY) / YZ 平面 (YZ) / ZX 平面 (ZX) / 三点 (3)] <三点>: 3↙
在镜像平面上指定第一点 : 0,136,0↙
在镜像平面上指定第二点 : 0,136,184↙
在镜像平面上指定第三点 : 432,136,0↙
是否删除源对象? [ 是 (Y) / 否 (N)] <否>: ↙
```

三维镜像结果如图 15-79 所示。

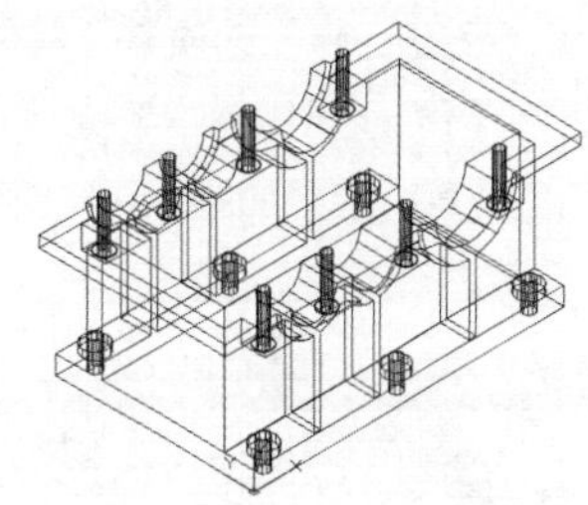

图 15-79 三维镜像

（6）单击“三维工具”选项卡“建模”面板中的“圆柱体”按钮，采用指定底面圆心点、底面半径和圆柱高度的模式绘制两个圆柱体。

① 底面中心点为（453，66，150）、半径为“4.5”、高度为“40”。

② 底面中心点为（453，206，150）、半径为“4.5”、高度为“40”。

结果如图 15-80 所示。

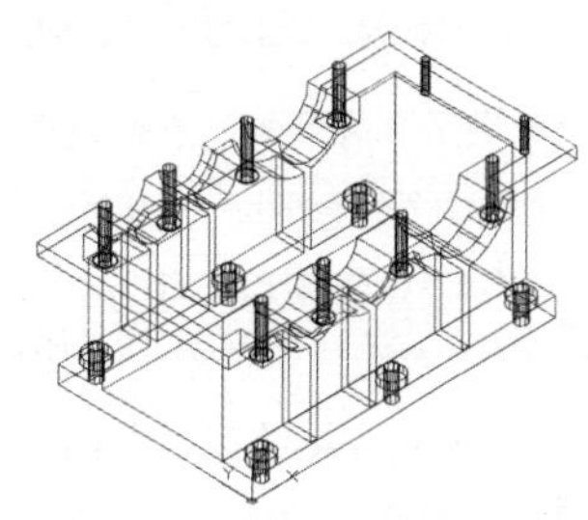

图 15-80 绘制螺栓通孔（2）

（7）单击“三维工具”选项卡“建模”面板中的“圆柱体”按钮，采用指定底面圆心点、底面半径和圆柱高度的模式绘制销孔。

① 底面中心点为（-16，206，150）、半径为“3”、高度为“40”。

② 底面中心点为（398，26，150）、半径为

“3”、高度为“40”。

结果如图15-81所示。

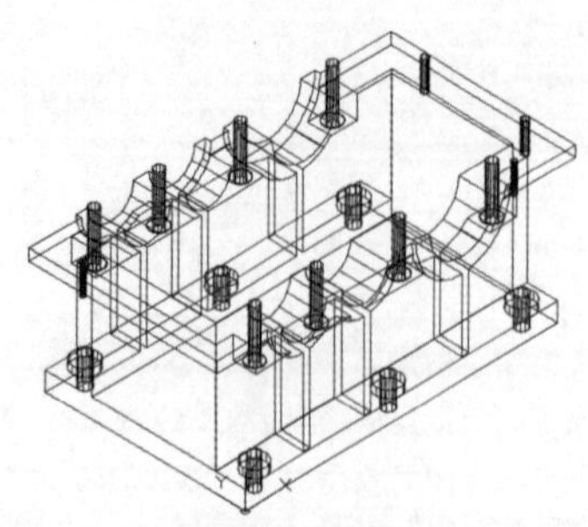

图15-81 绘制销孔

（8）单击“三维工具”选项卡“实体编辑”面板中的“差集”按钮，从箱座主体中减去所有圆柱体，形成箱座孔系，结果如图15-82所示。

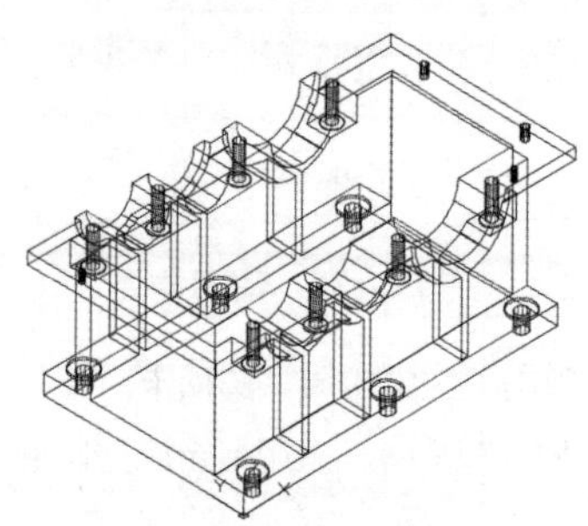

图15-82 箱座孔系

5. 绘制箱座其他部件

（1）单击“三维工具”选项卡“建模”面板中的“长方体”按钮，采用角点和长宽高模式绘制长方体。

① 以（-32，126，143）为角点、长度为“32”、宽度为“20”、高度为“26”。

② 以（432，126，143）为角点、长度为“32”、宽度为“20”、高度为“26”。

（2）单击“三维工具”选项卡“建模”面板中的“圆柱体”按钮，采用指定两个底面圆心点和底面半径的模式绘制两个圆柱体。

① 以（-8，126，151）为底面圆心、半径为“8”、顶圆圆心为（-8，146，151）。

② 以（440，126，151）为底面圆心、半径为“8”、顶圆圆心为（440，146，151）。

（3）单击“三维工具”选项卡“建模”面板中的“长方体”按钮，采用角点和长宽高模式绘制长方体。

① 以（-16，126，151）为角点、长度为“16”、宽度为“20”、高度为“-8”。

② 以（432，126，151）为角点、长度为“16”、宽度为“20”、高度为“-8”。

结果如图15-83所示。

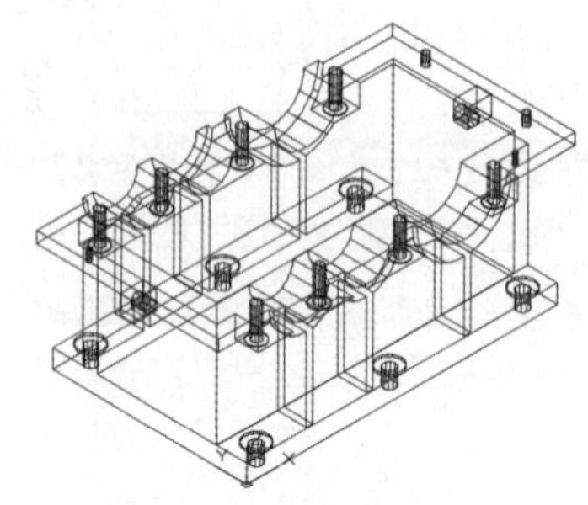

图15-83 绘制长方体和圆柱体

（4）单击“三维工具”选项卡“实体编辑”面板中的“差集”按钮，从左右2个大长方体中减去圆柱体和小长方体，形成左右耳片。

（5）单击“三维工具”选项卡“实体编辑”面板中的“并集”按钮，将现有的左右耳片与箱座主体合并，使之成为一个三维实体，如图15-84所示。

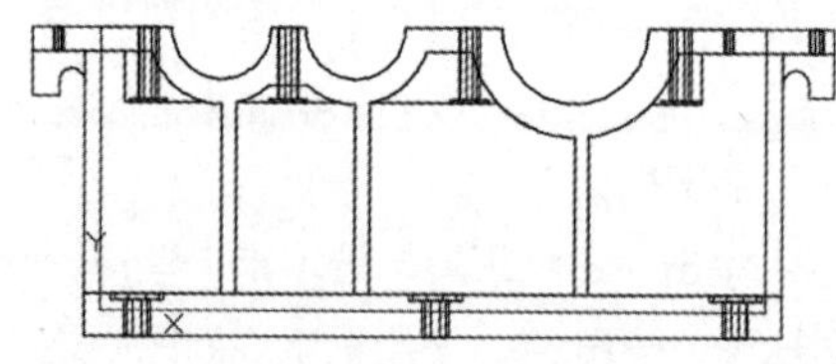

图15-84 并集运算

（6）单击“默认”选项卡“图层”面板中的“图层特性”按钮，打开“图层特性管理器”面板，新建“主体”图层，采用默认设置，将视图中所有实体转换到“主体”图层，并关闭此图层。

（7）单击“三维工具”选项卡“建模”面板中的“圆柱体”按钮，以（0，0，0）为圆心绘制半径为“18”、高度为“50”的圆柱体。

（8）单击“三维工具”选项卡“建模”面板中的“长方体”按钮，以（-18，-18，0）为第一角点，以（@18，36，50）为第二角点绘制长方体。

（9）单击“三维工具”选项卡“实体编辑”面板中的“并集”按钮，将圆柱体和长方体合并为一个整体，结果如图15-85所示。

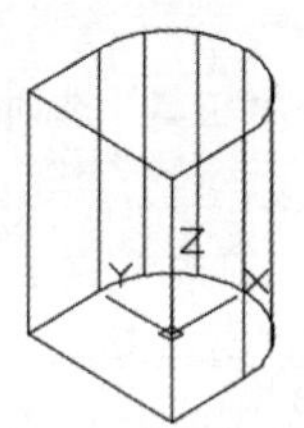

图 15-85 并集运算

（10）选择菜单栏中的“修改”→“三维操作”→“三维旋转”命令，将上一步创建的实体旋转-45°，命令行中的提示与操作如下：

```
命令： _3drotate
UCS 当前的正角方向： ANGDIR=逆时针 ANGBASE=0
选择对象：(选择上一步合并后的实体)
选择对象：↙
指定基点：(选择实体左下端点)
拾取旋转轴：(选择与 Y 轴平行的轴线)
指定角的起点或键入角度： -45 ↙
```

结果如图 15-86 所示。

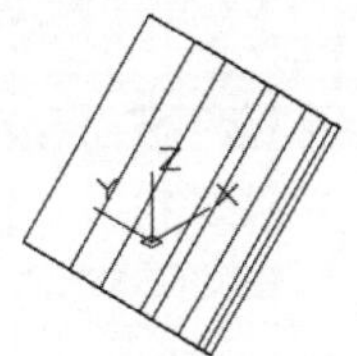

图 15-86 旋转实体

（11）显示箱座主体，并将视图切换到东南等轴测视图。选择菜单栏中的“修改”→“三维操作”→“三维移动”命令，命令行中的提示与操作如下：

```
命令： _3dmove
选择对象：(选择上一步旋转后的实体)
选择对象：↙
指定基点或 [位移 (D)] <位移>:(捕捉上端圆心)
指定第二个点或 <使用第一个点作为位移>:
444.7,136,98 ↙
```

结果如图 15-87 所示。

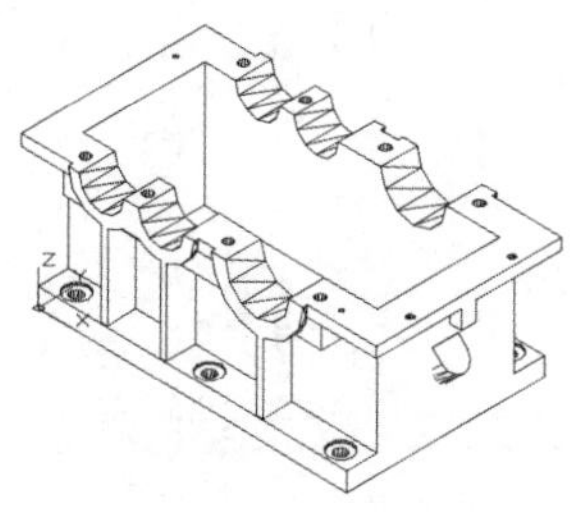

图 15-87 移动实体

（12）在命令行中输入“UCS”命令，将坐标系恢复到WCS。将当前视图设置为前视图。选择菜单栏中的“修改”→“三维操作”→“剖切”命令，剖切掉移动实体左侧实体，剖切平面上的3点为（422，0，0）、（422，0，100）、（422，100，0），保留两个圆柱体右侧，剖切结果如图 15-88 所示。

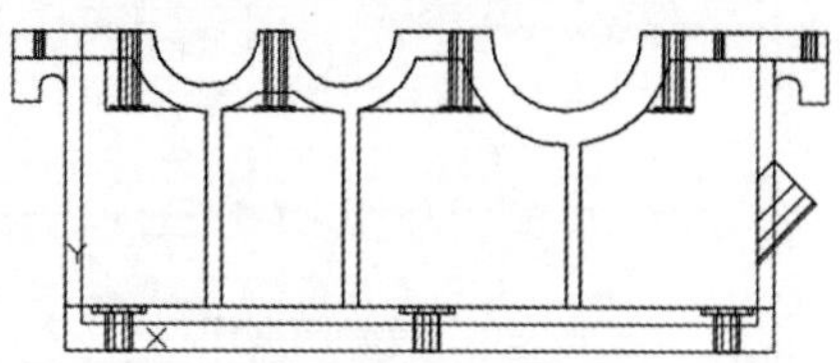

图 15-88 剖切实体

（13）单击“三维工具”选项卡“实体编辑”面板中的“并集”按钮，将箱座和剖切后的实体合并为一个整体，得到油标尺座，结果如图 15-89 所示。

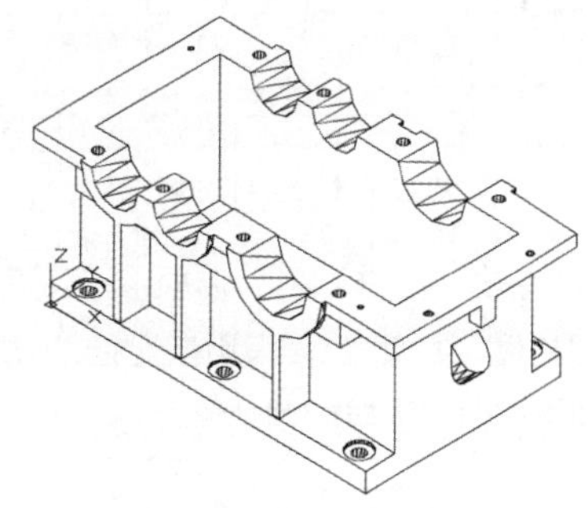

图 15-89 绘制的油标尺座

（14）在命令行中输入“UCS”命令，将坐标系移动到油标尺座的圆心，并将坐标系绕 Y 轴旋转45°。

（15）单击“三维工具”选项卡“建模”面板中的“圆柱体”按钮，以（0，0，0）为圆心绘制半径为“12”、高度为“-2”的圆柱体。重复“圆柱体”命令，以（0，0，-2）为圆心绘制半径为“8”、高度为“-50”的圆柱体。

（16）单击“三维工具”选项卡“实体编辑”面板中的“差集”按钮，从箱座中减去小圆柱体，形成油标尺插孔，消隐后结果如图 15-90 所示。

（17）在命令行中输入“UCS”命令，将坐标系返回到WCS。单击“三维工具”选项卡“建模”面板中的“长方体”按钮，采用角点和长宽高模式绘制长方体，角点为（432，120，5）、长度为“32”、宽度为“10”、高度为“32”，消隐后如图15-91所示。

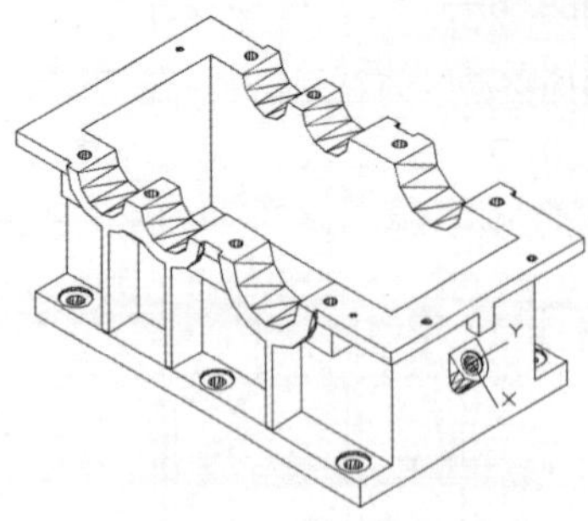

图15-90 绘制油标尺插孔

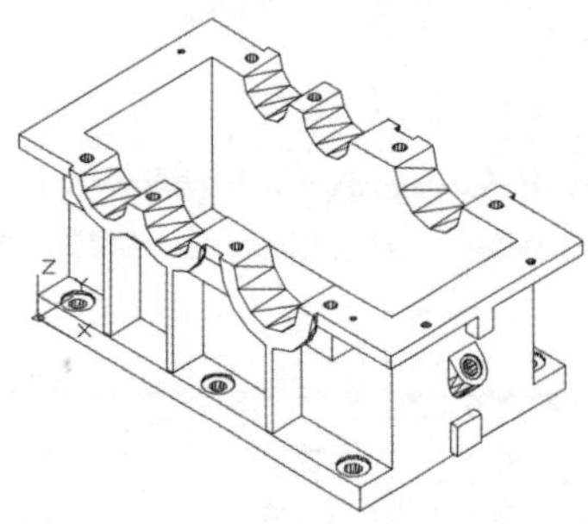

图15-91 绘制长方体

（18）单击“三维工具”选项卡“建模”面板中的“圆柱体”按钮，采用指定两个底面圆心点和底面半径的模式绘制圆柱体，以（442，136，21）为底面圆心、半径为“8”、顶圆圆心为（422，136，21）。

（19）单击“三维工具”选项卡“实体编辑”面板中的“并集”按钮，将箱座和长方体合并为一个整体。

（20）单击“三维工具”选项卡“实体编辑”面板中的“差集”按钮，从箱座中减去圆柱体，消隐后如图15-92所示。

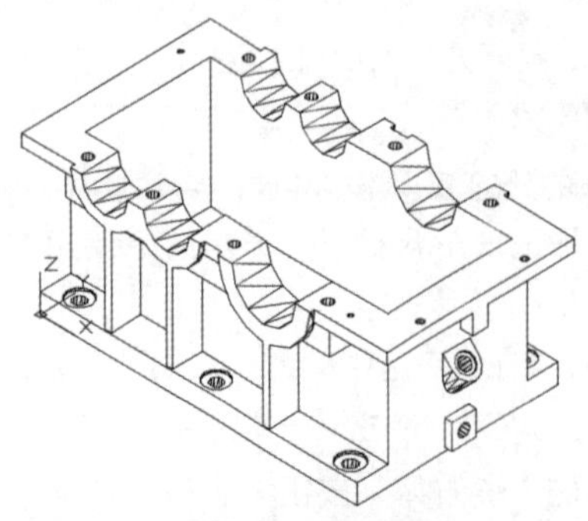

图15-92 绘制放油孔

6. 细化箱座

（1）单击“三维工具”选项卡“实体编辑”面板中的“圆角边”按钮，对箱座顶板的4个直角外沿进行圆角处理，圆角半径为“30”。

（2）用同样的方法对箱座中间膛体和底板的各自4个直角外沿进行圆角处理，圆角半径为“20”。

（3）用同样的方法对箱座膛体4个直角内沿进行圆角处理，圆角半径为“10”。

（4）用同样的方法对箱座前后肋板与箱座连接处边进行圆角处理，圆角半径为“5”。

（5）用同样的方法对箱座左右两个耳片直角边沿进行圆角处理，圆角半径为“5”。

（6）用同样的方法对箱座顶板下方的螺栓筋板的直角边沿进行圆角处理，圆角半径为“5”，结果如图15-93所示。

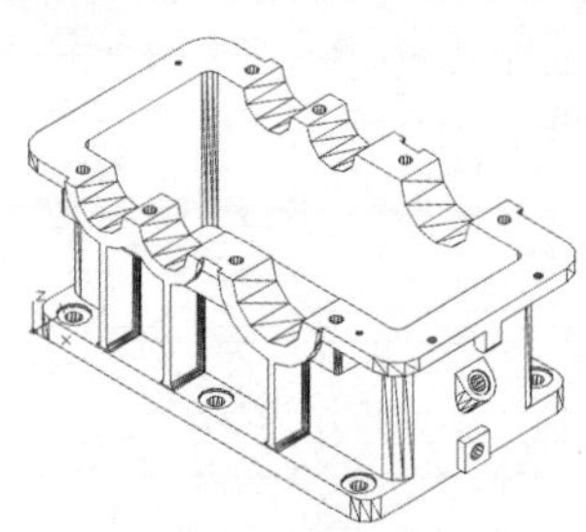

图15-93 圆角处理

（7）单击“三维工具”选项卡“建模”面板中的“长方体”按钮，采用角点和长宽高模式绘制长方体，角点为（0，56，0）、长度为“432”、宽度为“160”、高度为“5”。

（8）单击“三维工具”选项卡“实体编辑”面板中的“差集”按钮，从箱座中减去长方体。

（9）单击“三维工具”选项卡“实体编辑”面板中的“圆角边”按钮，对经差集运算得到的凹槽的直角内沿进行圆角处理，圆角半径为5mm，结果如图15-94所示。

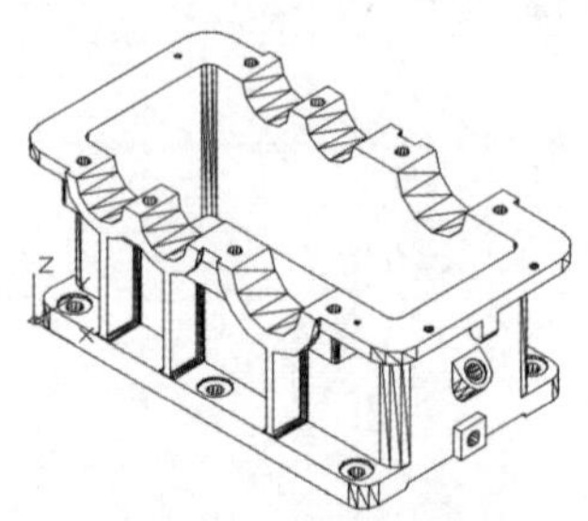

图15-94 绘制底板凹槽

15.2.2 减速器箱盖的绘制

本实例的绘制思路是：首先绘制减速器箱盖的主体部分、轴承通孔和侧面肋板，调用布尔运算；然后绘制箱盖底板上的螺纹、销等孔系；最后对实体进行圆角处理得到箱盖三维立体图。箱盖立体图如图15-95所示。

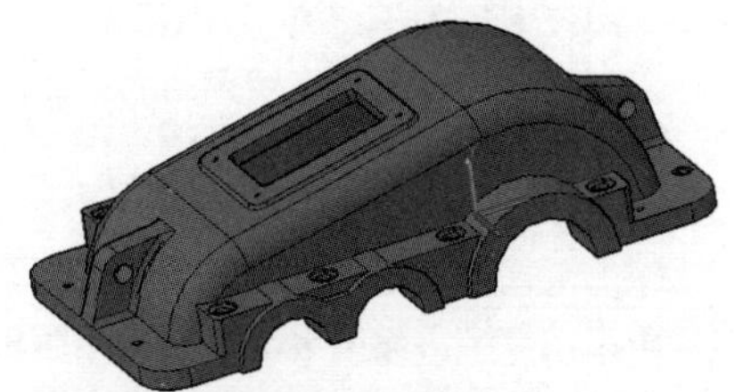

图15-95 箱盖立体图

1. 打开文件

选择菜单栏中的“文件”→“打开”命令，打开“选择文件”对话框，选择“箱盖”零件图，关闭“尺寸线”图层。

2. 复制图形

按<Ctrl+C>键，选择箱盖主视图。

3. 建立新文件

选择菜单栏中的“文件”→“新建”命令，打开“选择样板”对话框，单击“打开”按钮右侧的按钮，以“无样板打开-公制（M）”方式建立新文件，同时将新文件命名为“箱盖立体图.dwg”并保存。

4. 粘贴图形

按<Ctrl+V>键，将前面复制的主视图放置到图中适当位置。

5. 移动图形

单击“默认”选项卡“修改”面板中的“移动”按钮，以主视图的大轴承孔圆心为基点将其复制到坐标原点处，如图15-96所示。

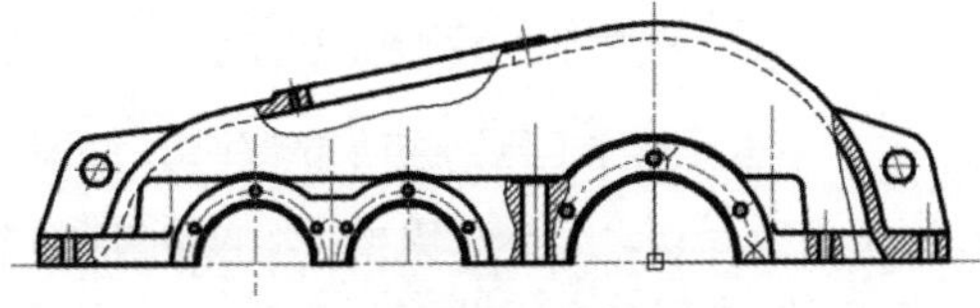

图15-96 移动图形

6. 整理图形

单击“默认”选项卡“修改”面板中的“修剪”按钮，删除和修剪多余的线段，并利用绘图命令补全视图，结果如图15-97所示。

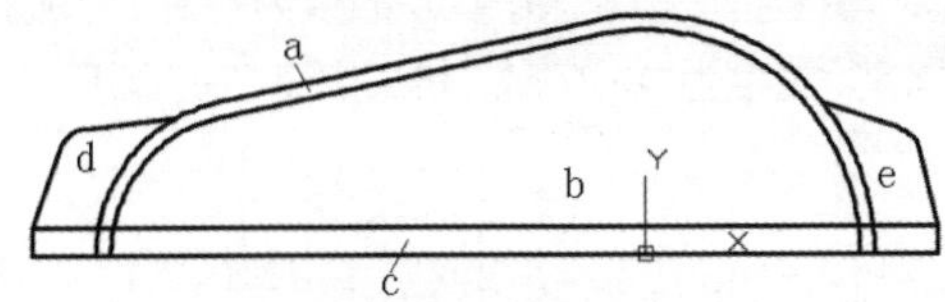

图15-97 整理图形

单击“默认”选项卡“绘图”面板中的“面域”按钮，分别将图15-97中的各个部分创建成面域。

注意：在创建d和e部分时，需要的圆弧线可以直接用“圆弧”命令来绘制，也可以单击“常用”选项卡“实体编辑”面板中的“提取边”按钮来提取所需的圆弧。

7. 设置线框密度

线框密度默认值为“4”，将其更改为“10”。

8. 绘制箱座主体

（1）将当前视图设置为西南等轴测视图。单击“三维工具”选项卡“建模”面板中的“拉伸”按钮，将面域a拉伸94mm，结果如图15-98所示。

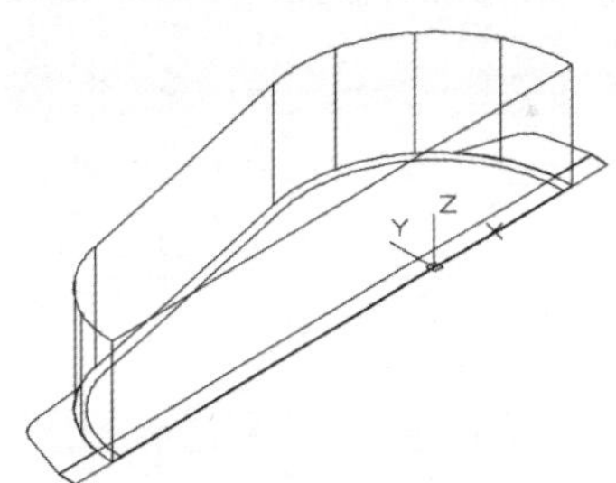

图15-98 拉伸面域 a

（2）单击“三维工具”选项卡“建模”面板中的“拉伸”按钮，将面域c拉伸127.5mm，结果如图15-99所示。

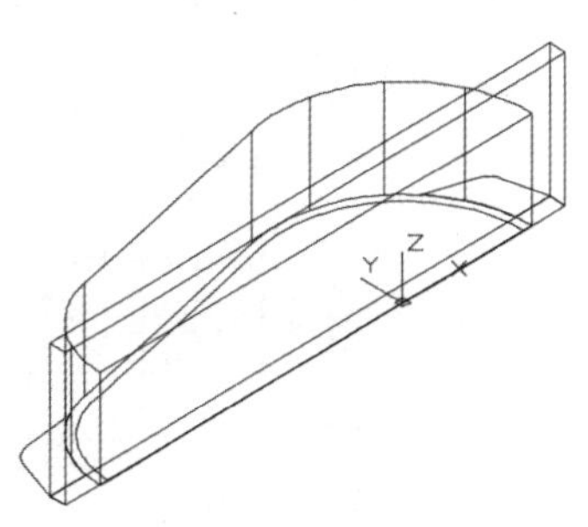

图15-99 拉伸面域 c

（3）单击“三维工具”选项卡“建模”面板中的“长方体”按钮，采用角点和长宽高模式绘制长方体，角点为（-278，0，0）、长度为“361”、宽度为“45”、高度为“127.5”，结果如图15-100所示。

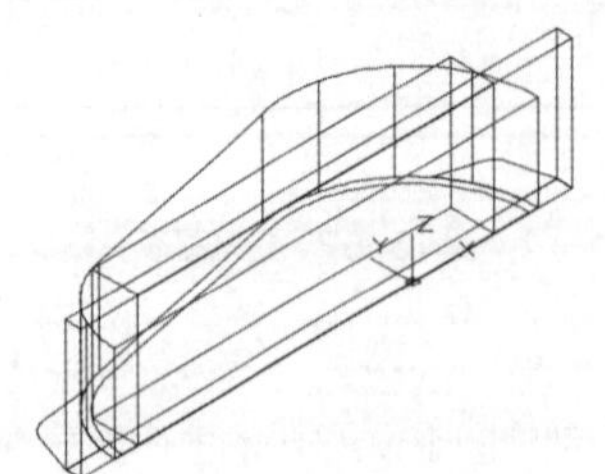

图15-100　绘制长方体（1）

（4）单击“三维工具”选项卡“建模”面板中的“圆柱体”按钮，采用指定两个底面圆心点和底面半径的模式，绘制3个圆柱体。

① 以（-135，0，0）为底面中心点、半径为“46”、高度为“134”。

② 以（-218，0，0）为底面中心点、半径为“46”、高度为“134”。

③ 以（0,0,0）为底面中心点、半径为“65”、高度为“134”。

结果如图15-101所示。

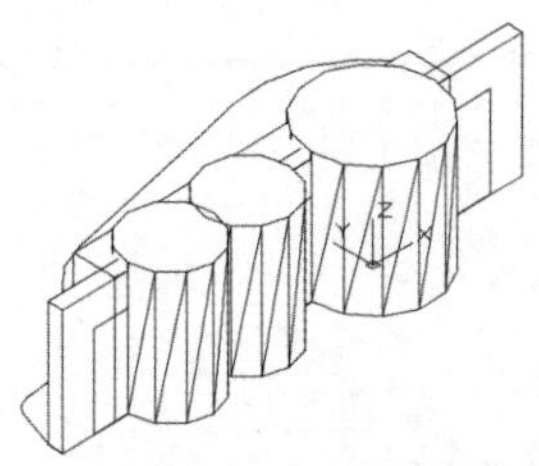

图15-101　绘制圆柱体

（5）单击“三维工具”选项卡“建模”面板中的“长方体”按钮，采用角点和长宽高模式绘制长方体，角点为（-135，0，0）、长度为“83”（光标沿X轴负向移动）、宽度为“35”、高度为“134”，结果如图15-102所示。

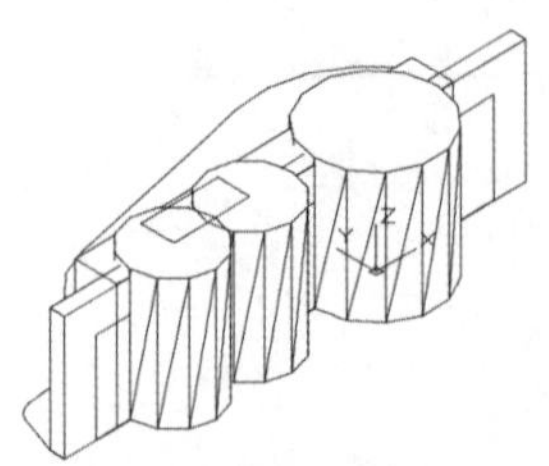

图15-102　绘制长方体（2）

（6）单击“三维工具”选项卡“建模”面板中的“拉伸”按钮，分别将面域d和e拉伸10mm，结果如图15-103所示。

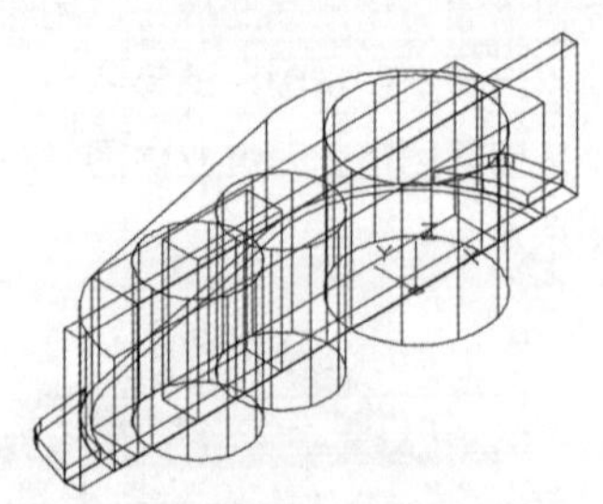

图15-103　拉伸面域d和e

（7）单击“三维工具”选项卡“实体编辑”面板中的“并集”按钮，将现有的所有实体合并，使之成为一个三维实体，结果如图15-104所示。

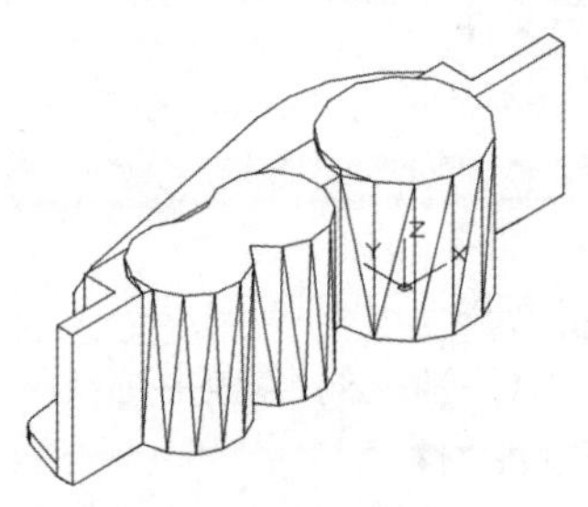

图15-104　并集运算

9. 绘制剖切部分

（1）单击“三维工具”选项卡“建模”面板中的“拉伸”按钮，将面域b进行拉伸，拉伸距离为86mm，结果如图15-105所示。

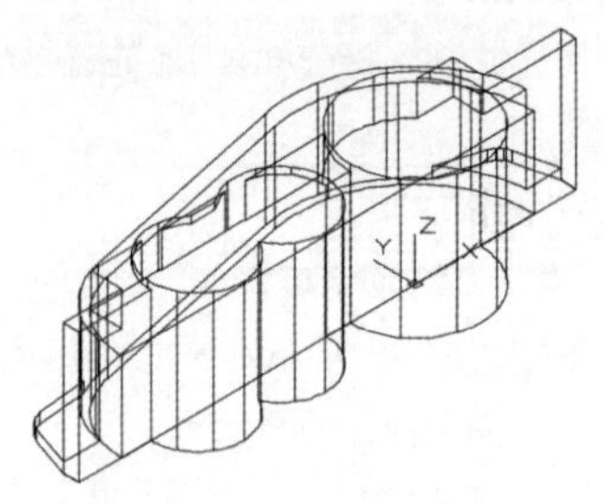

图15-105　拉伸面域b

（2）单击“三维工具”选项卡“建模”面板中的“圆柱体”按钮，采用指定两个底面圆心点和底面半径的模式绘制3个圆柱体。

①以（-135，0，0）为底面中心点、半径为“31”、高度为“134”。

② 以（-218，0，0）为底面中心点、半径为

“31”、高度为“134”。

③ 以（0,0,0）为底面中心点、半径为“45”、高度为“134”。

结果如图 15-106 所示。

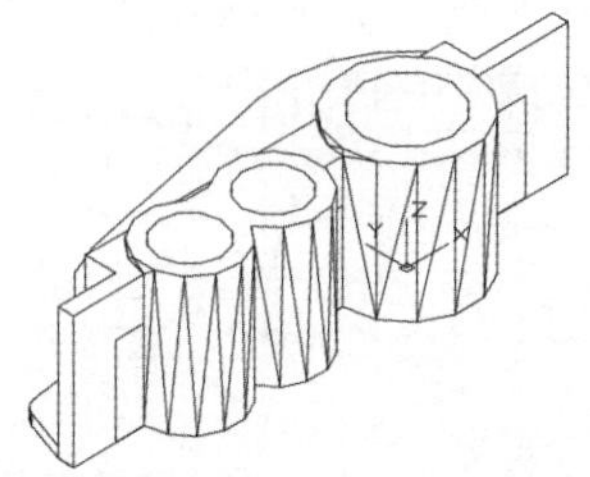

图 15-106 绘制轴承通孔

（3）单击“三维工具”选项卡“实体编辑”面板中的“差集”按钮，从箱盖主体中减去拉伸部分和3个轴承通孔。消隐后自由动态观察，结果如图 15-107 所示。

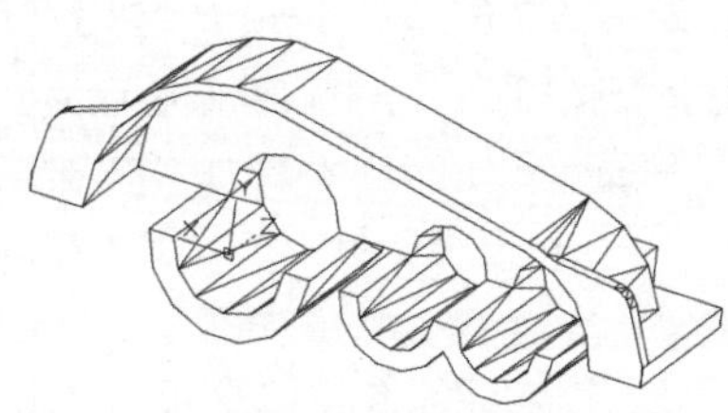

图 15-107 差集运算

（4）单击“三维工具”选项卡“实体编辑”面板中的“剖切”按钮，沿*ZX*平面将实体剖切开，从箱座主体中剖切掉箱盖下方多余的实体，保留箱盖上方，结果如图 15-108 所示。

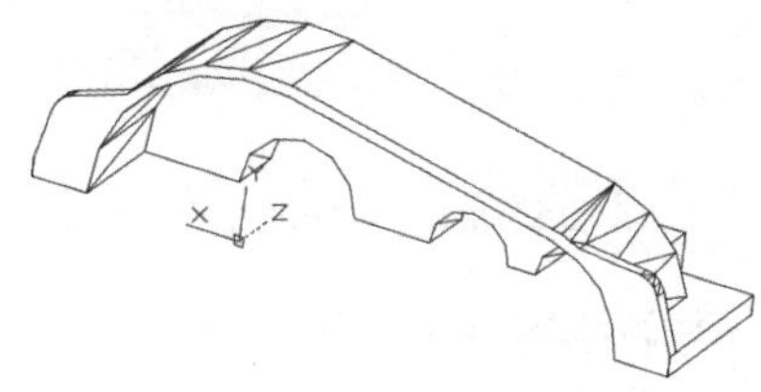

图 15-108 剖切实体图

（5）选择菜单栏中的“修改”→“三维操作”→“三维镜像”命令，将步骤（4）创建的箱盖部分进行镜像处理，镜像的平面为*XY*平面。三维镜像结果如图 15-109 所示。

（6）单击“三维工具”选项卡“实体编辑”面板中的“并集”按钮，将两个实体合并，使之成为一个三维实体，结果如图 15-110 所示。

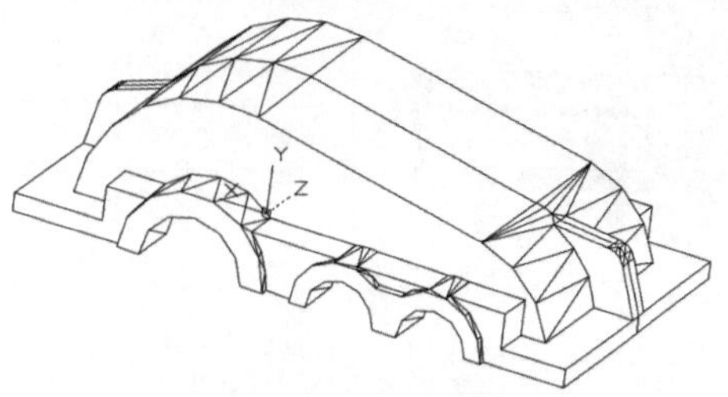

图 15-109 镜像处理

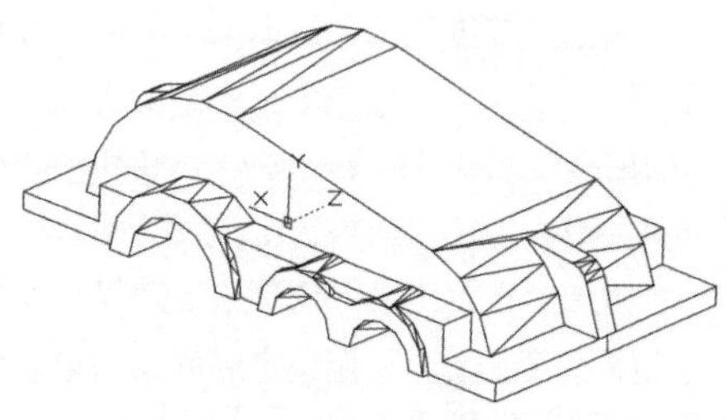

图 15-110 并集运算

10. 绘制箱盖孔系

（1）在命令行中输入“UCS”命令，将坐标系绕*X*轴旋转-90°。单击“三维工具”选项卡“建模”面板中的“圆柱体”按钮，分别以（65，110，0）、（-65，110，0）、（-176.5，110，0）、（-264，110，0）为底面中心点，创建半径为“6.5”、高度为“60”的圆柱体。

（2）单击“三维工具”选项卡“建模”面板中的“圆柱体”按钮，分别以（65，110，43）、（-65，110，43）、（-176.5，110，43）、（-264，110，43）为底面中心点，创建半径为“12”、高度为“5”的圆柱体。

结果如图 15-111 所示。

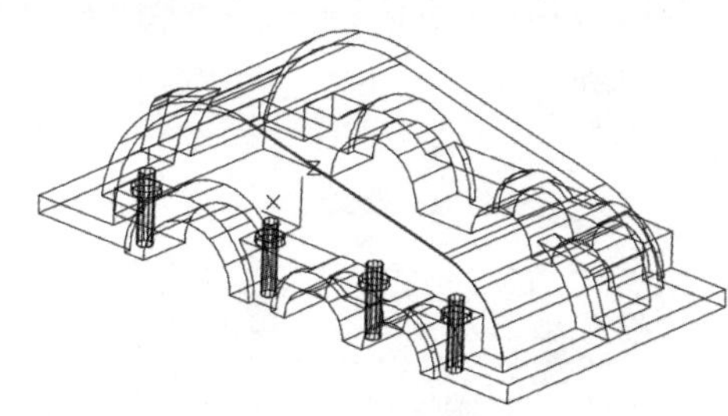

图 15-111 绘制螺栓通孔

（3）选择菜单栏中的“修改”→“三维操作”→“三维镜像”命令，将步骤（1）和（2）创建的两组圆柱体进行镜像处理，镜像的平面为*ZX*平面。三维镜像结果如图 15-112 所示。

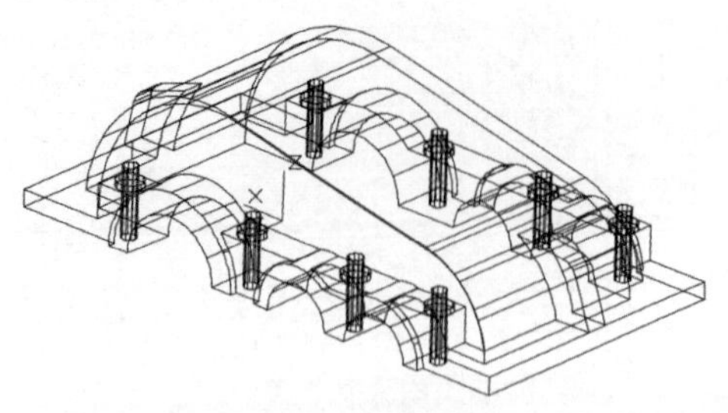

图 15-112　三维镜像（1）

（4）单击“三维工具”选项卡“建模”面板中的“圆柱体”按钮，采用指定底面圆心点、底面半径和圆柱高度的模式绘制圆柱体，底面中心点为（150，70，0）、半径为“4.5”、高度为“20”。

（5）单击“三维工具”选项卡“建模”面板中的“圆柱体”按钮，采用指定底面圆心点、底面半径和圆柱高度的模式绘制圆柱体，底面中心点为（150，70，14）、半径为“8”、高度为“2”。进行自由动态观察，结果如图 15-113 所示。

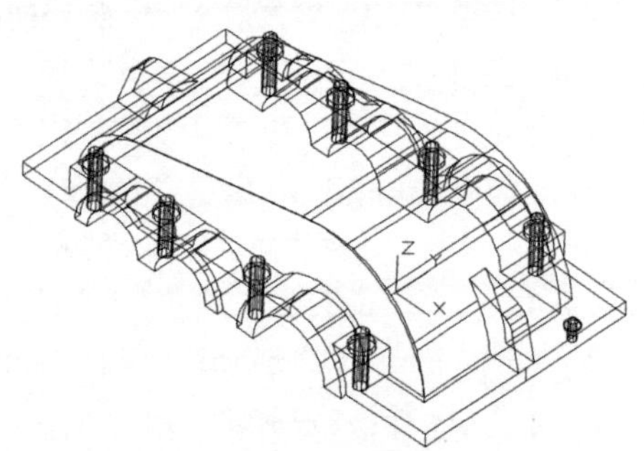

图 15-113　绘制螺栓通孔

（6）选择菜单栏中的“修改”→“三维操作”→“三维镜像”命令，镜像对象为刚绘制的两个圆柱体，镜像平面为*ZX*面。三维镜像结果如图 15-114 所示。

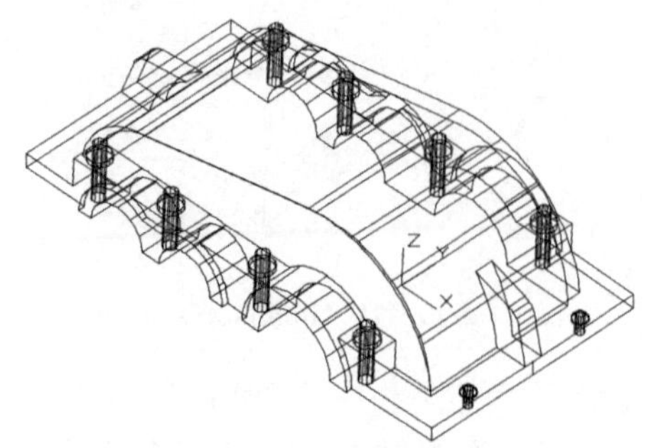

图 15-114　三维镜像（2）

（7）单击“三维工具”选项卡“建模”面板中的“圆柱体”按钮，采用指定底面圆心点、底面半径和圆柱高度的模式，绘制底面中心点为（95，-110，0）、半径为“3”、高度为“20”的销孔。

（8）用同样的方法绘制另一圆柱体，底面圆心点为（-319，70，0）、底面半径为“3”、高度为“20”，结果如图 15-115 所示。

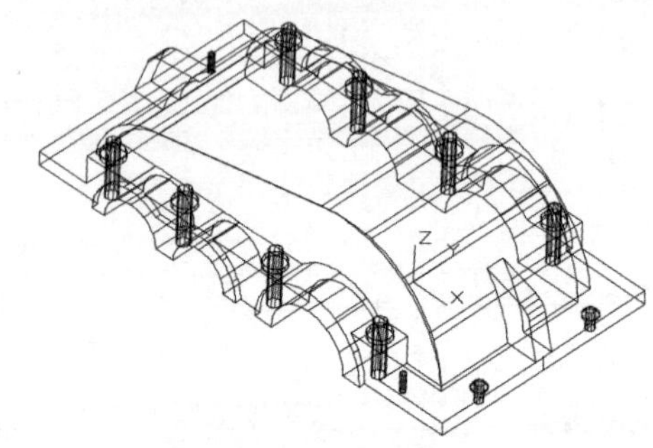

图 15-115　绘制销孔

（9）单击“三维工具”选项卡“建模”面板中的“圆柱体”按钮，绘制底面圆心点为（-319，-60，0）、底面半径为“4”、高度为“20”的圆柱体。

（10）单击“三维工具”选项卡“实体编辑”面板中的“差集”按钮，从箱盖主体中减去所有圆柱体，形成箱盖孔系，结果如图 15-116 所示。

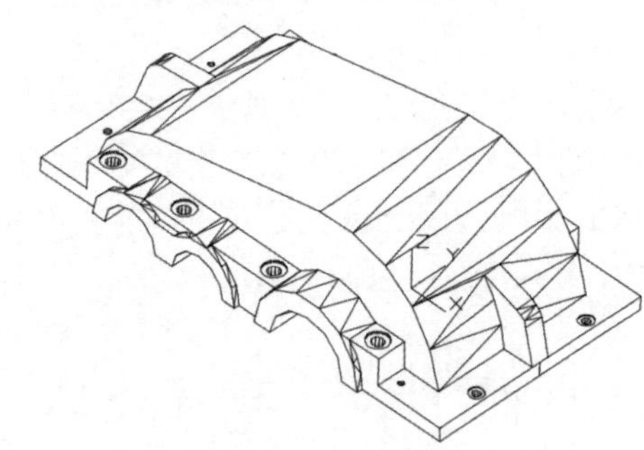

图 15-116　绘制箱盖孔系

11. 绘制箱盖的其他部件

（1）在命令行中输入“UCS”命令，将坐标系恢复到WCS。单击“三维工具”选项卡“建模”面板中的“圆柱体”按钮，采用指定两个底面圆心点和底面半径的模式绘制两个圆柱体。

① 以（134，50，-20）为底面圆心、半径为“8”、高为“40”。

② 以（-303.5，50，-20）为底面圆心、半径为“8”、高为“40”。

结果如图 15-117 所示。

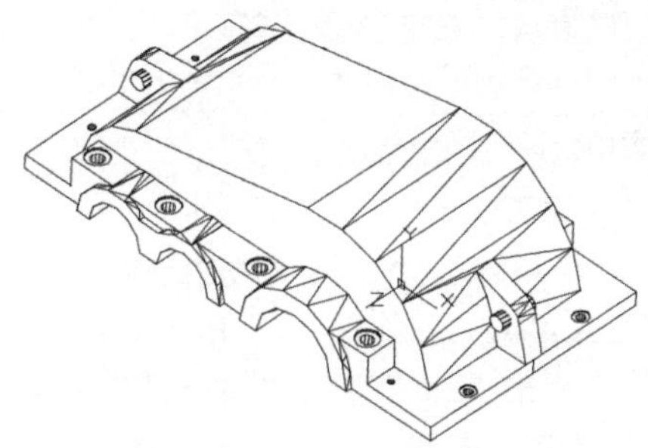

图 15-117 绘制圆柱体

（2）单击“三维工具”选项卡“实体编辑”面板中的“差集”按钮，从箱盖中减去两个圆柱体，形成左右耳孔，结果如图 15-118 所示。

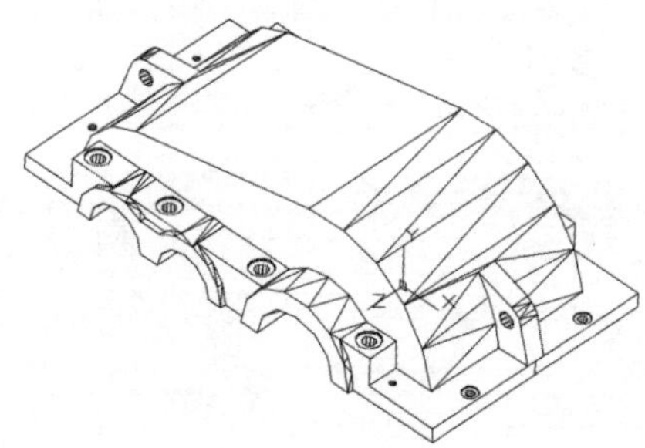

图 15-118 绘制耳孔

12. 绘制视孔

（1）在命令行中输入“UCS”命令，捕捉箱盖上边缘中点，将坐标系移动到箱盖上边缘中点，然后将坐标系绕 Z 轴旋转，使 X 轴与边缘重合。重复“UCS”命令，将坐标系绕 X 轴旋转 -90°，结果如图 15-119 所示。

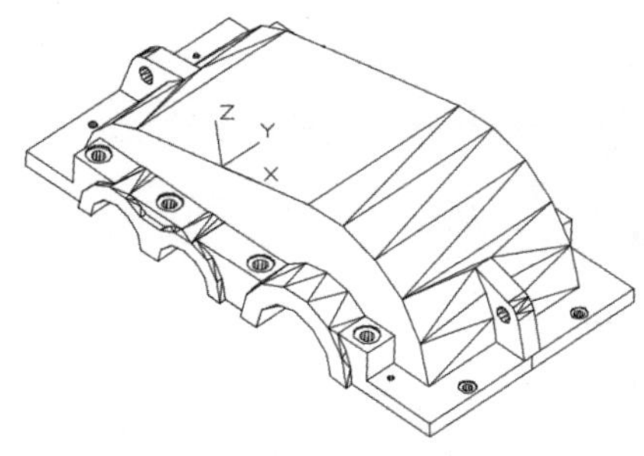

图 15-119 移动并旋转坐标系

（2）单击“三维工具”选项卡“建模”面板中的“长方体”按钮，以（-75，39，-5）为一角点，创建长为“150”、宽为“110”、高为“8”的长方体。

（3）单击“三维工具”选项卡“实体编辑”面板中的“并集”按钮，将两个实体合并，使之成为一个三维实体，消隐后结果如图 15-120 所示。

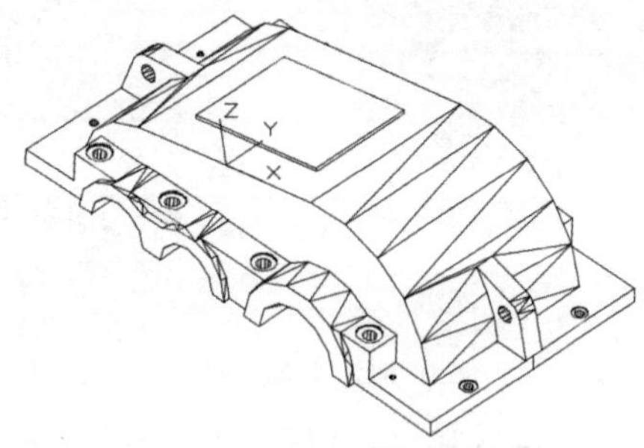

图 15-120 并集运算

（4）单击“三维工具”选项卡“建模”面板中的“长方体”按钮，以（-57，59，-10）为角点，创建长为“114”、宽为“70”、高为“20”的长方体（高度方向沿 Z 轴负向）。

（5）单击“三维工具”选项卡“实体编辑”面板中的“差集”按钮，从箱盖中减去长方体，形成视孔，消隐后如图 15-121 所示。

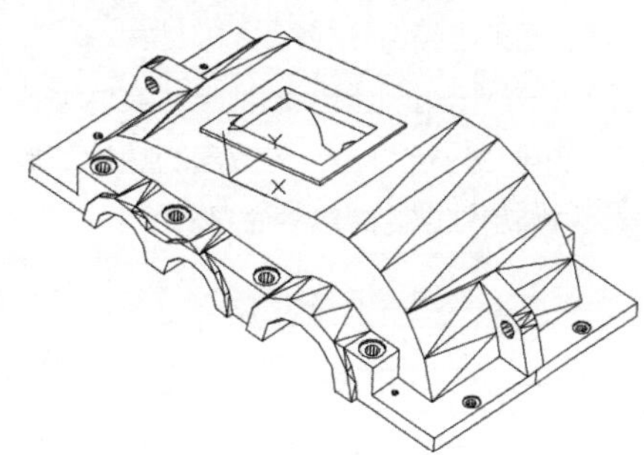

图 15-121 绘制视孔

（6）单击“三维工具”选项卡“建模”面板中的“圆柱体”按钮，采用指定底面圆心点和底面半径的模式绘制 4 个圆柱体。

① 以（-65，54，-10）为底面圆心、半径为“2”、高为“20”。

② 以（-65，134，-10）为底面圆心、半径为“2”、高为“20”。

③ 以（65，54，-10）为底面圆心、半径为“2”、高为“20”。

④ 以（65，134，-10）为底面圆心、半径为“2”、高为“20”。

（7）单击“三维工具”选项卡“实体编辑”面板中的“差集”按钮，从箱盖中减去 4 个圆柱体，形成安装孔，结果如图 15-122 所示。利用 UCS 命令将坐标系恢复到 WCS。

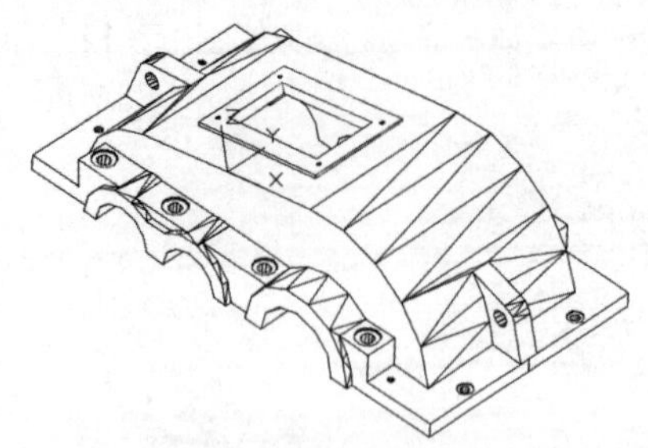

图 15-122　绘制安装孔

13. 细化箱盖

（1）单击“三维工具”选项卡“实体编辑”面板中的“圆角边”按钮，对箱盖底板的各自4个直角外沿进行圆角处理，圆角半径为“30”。

（2）单击“三维工具”选项卡“实体编辑”面板中的“圆角边”按钮，对箱盖的中间外沿进行圆角处理，圆角半径为“20”。

（3）单击“三维工具”选项卡“实体编辑”面板中的“圆角边”按钮，对箱盖的中间内沿进行圆角处理，圆角半径为“10”。

（4）单击“三维工具”选项卡“实体编辑”面板中的“圆角边”按钮，对箱盖的螺栓筋板的直角边沿进行圆角处理，圆角半径为“5”。

（5）单击“三维工具”选项卡“实体编辑”面板中的“圆角边”按钮，对箱盖与吊钩的连接处进行圆角处理，圆角半径为“5”。

（6）单击“三维工具”选项卡“实体编辑”面板中的“圆角边”按钮，对箱盖顶板上方的外孔板的直角边沿进行圆角处理，圆角半径为“10”。

（7）单击“三维工具”选项卡“实体编辑”面板中的“圆角边”按钮，对箱盖顶板上方的内孔板的直角边沿进行圆角处理，圆角半径为“5”。

（8）单击“三维工具”选项卡“实体编辑”面板中的“圆角边”按钮，对箱盖顶板与主体连接处进行圆角处理，圆角半径为“3”，结果如图 15-123 所示。

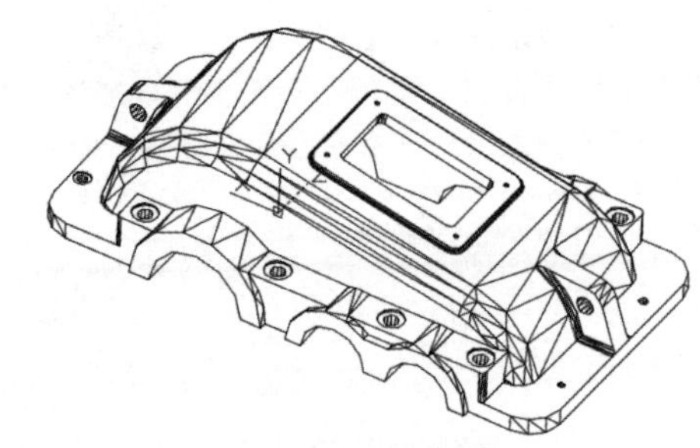

图 15-123　圆角处理

第16章

减速器立体图装配

本章导读

三维造型装配图可以形象直观地反映机械部件或机器的整体组合装配关系和空间相对位置。本章将详细介绍减速器部件及整体的三维装配设计。通过本章的学习，读者可以掌握机械零件的三维装配设计基本方法与技巧。

16.1 减速器齿轮组件装配

本节主要介绍减速器各个部件的装配方法。

16.1.1 创建图块

1. 创建高速轴图块

（1）单击快速访问工具栏中的“打开”按钮，打开“选择文件”对话框，打开“高速轴立体图.dwg”文件，将视图切换到左视图，如图16-1所示。

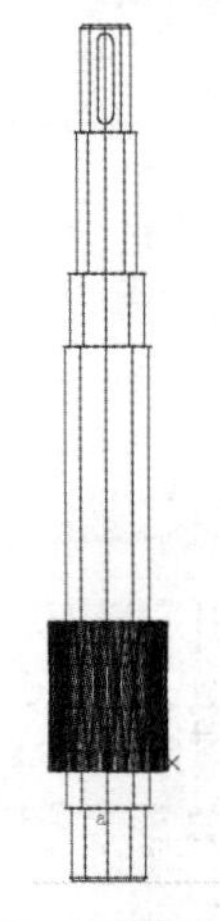

图16-1 高速轴立体图

（2）在命令行中输入“WBLOCK”命令，并按Enter键，打开“写块”对话框，如图16-2所示。在“源”选项组中选择“对象”模式，选择“高速轴”为对象，捕捉图16-1所示的a点为基点，在“目标”选项组中选择路径并输入块名称为“高速轴立体图块”，单击“确定”按钮即可完成零件图块的保存。至此，在以后使用高速轴立体图零件时，可以直接将其以块的形式插入目标文件中。

图16-2 “写块”对话框

2. 创建中间轴图块

（1）单击快速访问工具栏中的“打开”按钮，打开“选择文件”对话框，找到“中间轴立体图.dwg”文件，将视图切换到左视图。

（2）仿照前面创建与保存图块的操作方法，在命令行中输入“WBLOCK”命令，将图16-1中的b点设置为“基点”，其他选项使用默认设置，创建并保存“中间轴立体图块.dwg”，结果如图16-3所示。

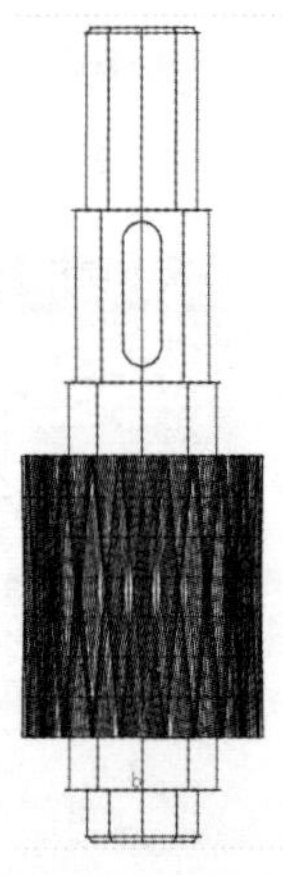

图16-3 中间轴立体图

3. 创建低速轴大齿轮图块

（1）单击快速访问工具栏中的“打开”按钮，打开“选择文件”对话框，找到“低速轴大齿轮立体图.dwg”文件，将视图切换到左视图。

（2）仿照前面创建与保存图块的操作方法，在命令行中输入“WBLOCK”命令，将图16-4中的c点设置为“基点”，其他选项使用默认设置，创建并保存“低速轴大齿轮立体图块.dwg”，结果如图16-4所示。

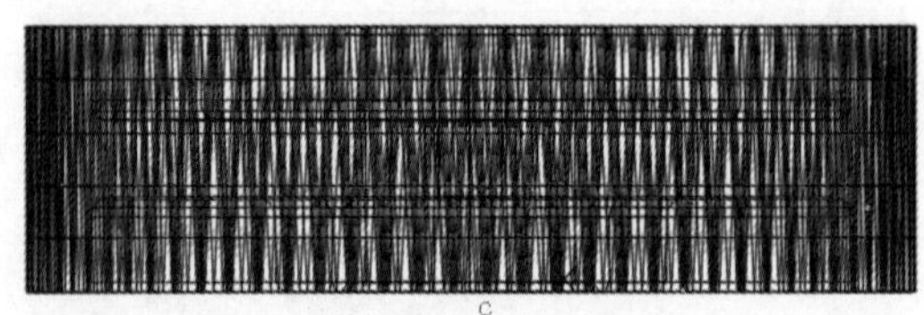

图16-4 低速轴大齿轮立体图

4. 创建中间轴大齿轮图块

（1）单击快速访问工具栏中的“打开”按钮，打开“选择文件”对话框，找到“中间轴大齿轮立体图.dwg”文件，将视图切换到左视图。

（2）仿照前面创建与保存图块的操作方法，在命令行中输入“WBLOCK”命令，将图16-5中的d点设置为“基点”，其他选项使用默认设置，创建并保存“中间轴大齿轮立体图块.dwg”，结果如图16-5所示。

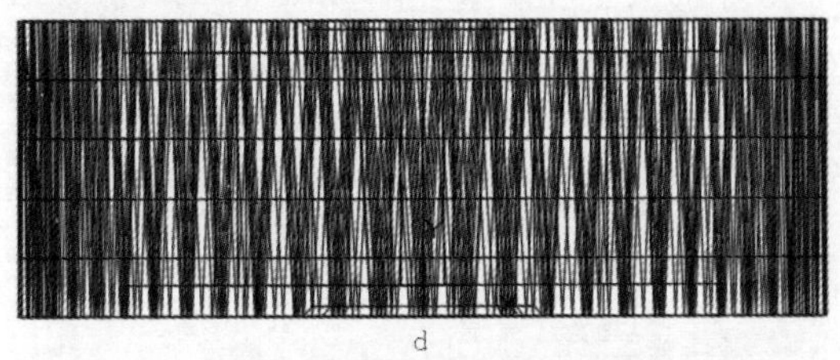

图16-5　中间轴大齿轮立体图块

5. 创建低速轴图块

（1）单击快速访问工具栏中的“打开”按钮，打开“选择文件”对话框，找到“低速轴立体图.dwg”文件，将视图切换到俯视图。

（2）仿照前面创建与保存图块的操作方法，在命令行中输入“WBLOCK”命令，将图16-6中的e点设置为“基点”，其他选项使用默认设置，创建并保存“低速轴立体图块.dwg”，结果如图16-6所示。

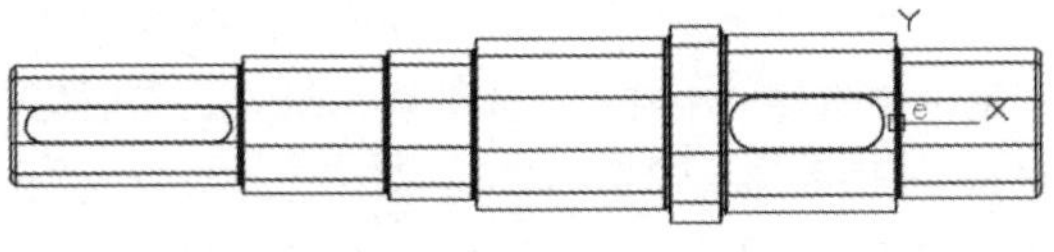

图16-6　低速轴立体图块

6. 创建轴承图块

（1）单击快速访问工具栏中的“打开”按钮，打开“选择文件”对话框，分别打开“大轴承立体图.dwg”“小轴承立体图.dwg”文件。

（2）仿照前面创建与保存图块的操作方法，在命令行中输入“WBLOCK”命令，大轴承立体图块的“基点”设置为（0，0，0），小轴承立体图块的“基点”设置为（0，0，0），其他选项使用默认设置，创建并保存为“大轴承立体图块.dwg”和“小轴承立体图块.dwg”，结果如图16-7所示。

图16-7　大、小轴承立体图块

7. 创建平键图块

（1）单击快速访问工具栏中的“打开”按钮，打开“选择文件”对话框，打开“平键A10×8×36立体图.dwg”和“平键A18×11×53立体图.dwg”文件。

（2）仿照前面创建与保存图块的操作方法，在命令行中输入“WBLOCK”命令，平键立体图块的“基点”设置为（0，0，0），其他选项使用默认设置，创建并保存“平键A10×8×36立体图块.dwg”和“平键A18×11×53立体图块.dwg”，结果如图16-8所示。

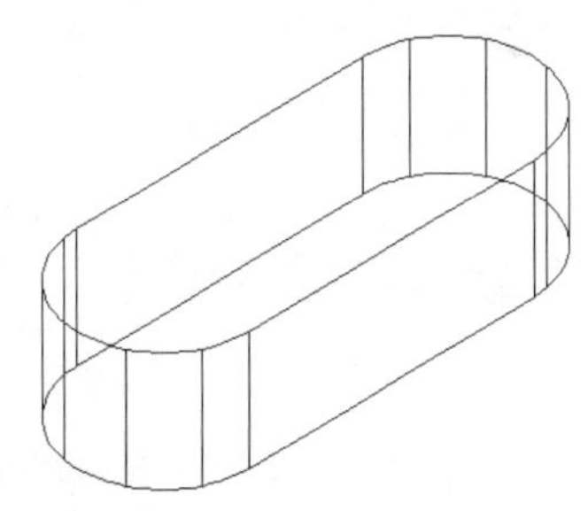

图16-8　平键立体图块

8. 创建封油盘图块

（1）单击快速访问工具栏中的“打开”按钮，打开“选择文件”对话框，打开“高速轴封油盘立体图.dwg”和“低速轴封油盘立体图.dwg”文件。

（2）仿照前面创建与保存图块的操作方法，在命令行中输入“WBLOCK”命令，封油盘立体图块的“基点”设置为（0，0，0），其他选项使用默认设置，创建并保存“小封油盘立体图块.dwg”和“大封油盘立体图块.dwg”，如图16-9所示。

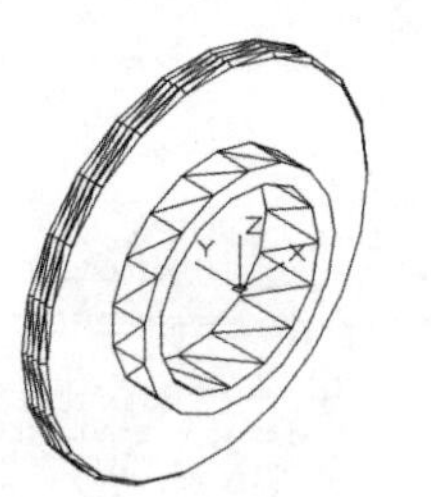
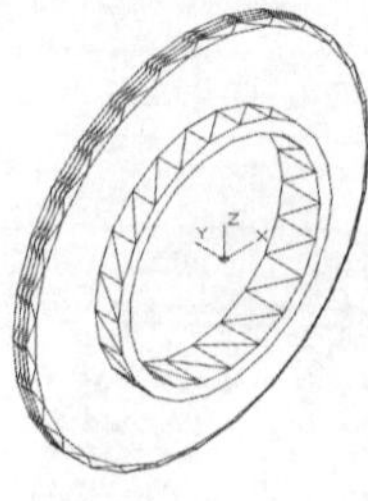

图 16-9　小、大封油盘立体图块

9. 创建套筒图块

（1）单击快速访问工具栏中的“打开”按钮，打开“选择文件”对话框，打开“中间轴套筒立体图.dwg”和“低速轴套筒立体图.dwg”文件。

（2）仿照前面创建与保存图块的操作方法，在命令行中输入“WBLOCK”命令，套筒立体图块的“基点”设置为（0，0，0），其他选项使用默认设置，创建并保存“小套筒立体图块.dwg”和“大套筒立体图块.dwg”，如图16-10所示。

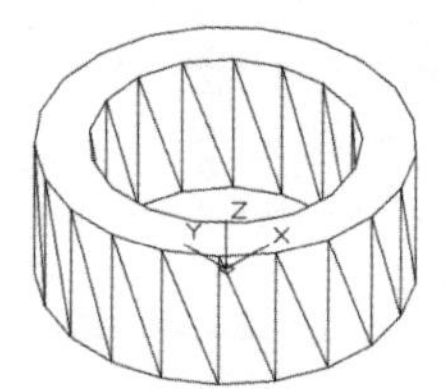
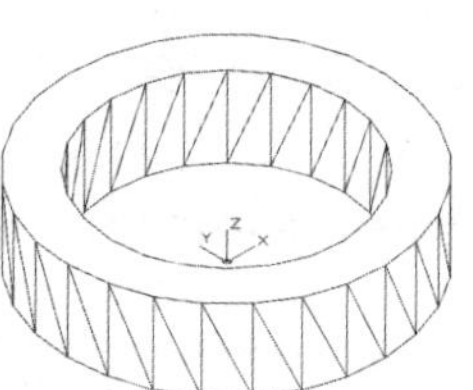

图 16-10　小、大套筒立体图块

16.1.2 装配高速轴组件

1. 建立新文件

选择菜单栏中的“文件”→“新建”命令，打开“选择样板”对话框，以“无样板打开-公制（M）”方式建立新文件，同时将新文件命名为“高速轴装配图.dwg”并保存。

2. 插入“齿轮轴立体图块.dwg”

（1）单击“默认”选项卡“块”面板中的“插入”下拉列表中“最近使用的块”选项，打开“块”面板，如图16-11所示。

（2）单击“浏览”按钮 ··· ，打开“选择图形文件”对话框，如图16-12所示。选择“高速轴立体图块.dwg”，单击“打开”按钮，返回到“块”面板。设置“插入点”坐标为（0，0，0），缩放比例和旋转使用默认设置。鼠标右键单击“其他图形”选项卡中的“高速轴立体图块.dwg”，在打开的快捷菜单中选择“插入”选项，完成块插入操作。

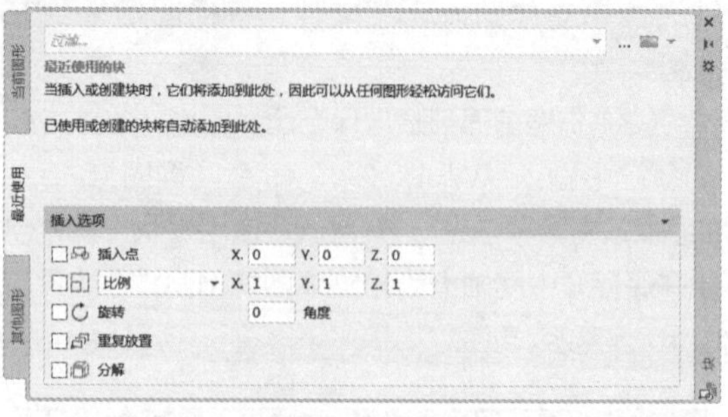

图 16-11　“块”面板

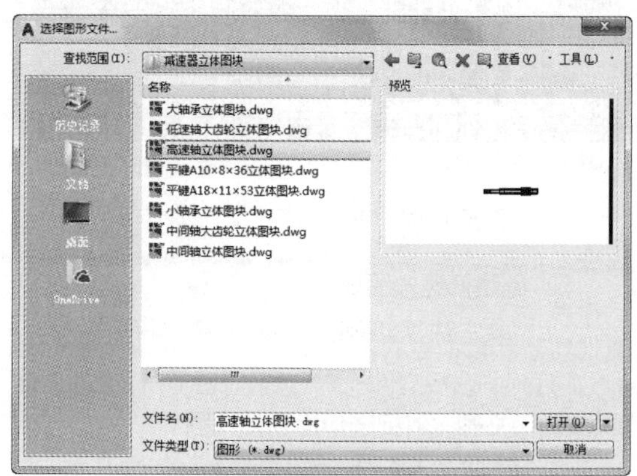

图 16-12　“选择图形文件”对话框

3. 插入“小轴承立体图块.dwg”并设置

（1）单击“默认”选项卡“块”面板中的“插入”下拉列表中“最近使用的块”选项，打开“块”面板。单击“浏览”按钮 ··· ，在“选择图形文件”对话框中选择“小轴承立体图块.dwg”。设置插入选项：“插入点”设置为（0，0，0），缩放比例和旋转使用默认设置。鼠标右键单击“其他图形”选项卡中的“小轴承立体图块.dwg”，在打开的快捷菜单中选择“插入”选项，完成块插入操作，结果如图16-13所示。

（2）将视图切换到西南等轴测视图。选择菜单栏中的“修改”→“三维操作”→“三维旋转”命令，将小轴承立体图块绕X轴旋转90°。

（3）选择菜单栏中的“修改”→“三维操作”→“三维移动”命令，将小轴承立体图块以（0，0，0）为基点移动到高速轴底端圆心。切换视图到俯视图，结果如图16-14所示。

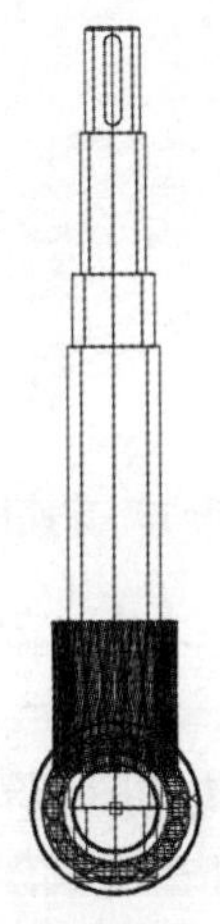

图 16-13　插入齿轮轴和小轴承立体图块

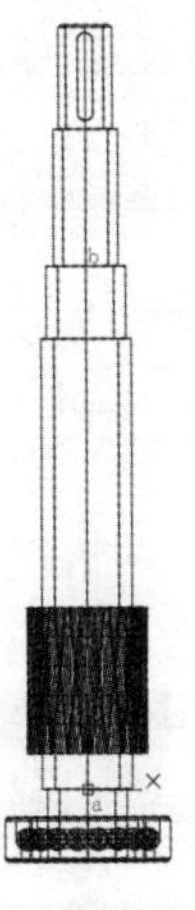

图 16-14　旋转并移动小轴承立体图块

（4）单击“默认”选项卡“修改”面板中的“复制”按钮，将小轴承立体图块从a点复制到b点，结果如图16-15所示。

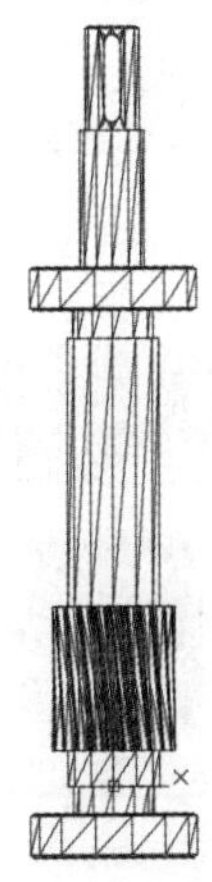

图 16-15　复制小轴承立体图块

4. 插入“小封油盘立体图块.dwg”

（1）单击“默认”选项卡“块”面板中的“插入”下拉列表中“最近使用的块”选项，打开“块”面板。单击“浏览”按钮 ⋯ ，在“选择图形文件”对话框中选择“小封油盘立体图块.dwg”。设置插入选项：选择“插入点”选项，缩放比例和旋转使用默认设置。在“其他图形”选项卡中单击“小封油盘立体图块.dwg”，在绘图区捕捉第一个轴承的上端圆心，完成块插入操作，结果如图16-16所示。

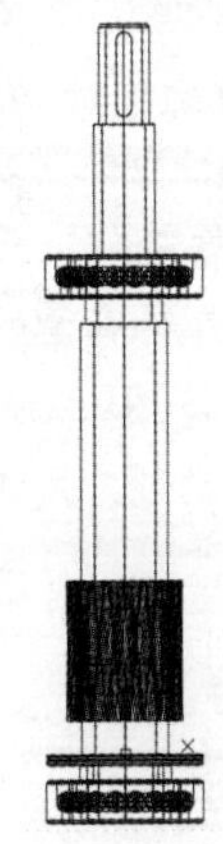

图 16-16　插入封油盘

（2）单击“默认”选项卡“块”面板中的“插入”下拉列表中“最近使用的块”选项，打开“块”面板。单击“浏览”按钮 ⋯ ，在“选择图形文件”对话框中选择“小封油盘立体图块.dwg”。设置插入选项：选择“插入点”选项，旋转角度设为180°。在“其他图形”选项卡单击“小封油盘立体图块.dwg”，在绘图区捕捉第二个轴承的下端圆心，完成块插入操作，结果如图16-17所示。

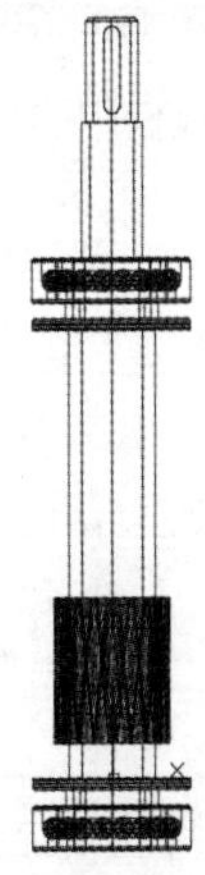

图 16-17　插入另一个封油盘

16.1.3 装配中间轴组件

1. 建立新文件

选择菜单栏中的“文件”→“新建”命令，打开“选择样板”对话框，以“无样板打开-公制（M）”方式建立新文件，同时将新文件命名为“中间轴装配图.dwg”并保存。

2. 插入“中间轴立体图块.dwg”

单击“默认”选项卡“块”面板中的“插入”下拉列表中“最近使用的块”选项，打开“块”面板。单击“浏览”按钮 ⋯ ，在“选择图形文件”对话框中选择“中间轴立体图块.dwg”。设置插入选项：“插入点”设置为（0，0，0），缩放比例和旋转使用默认设置。鼠标右键单击“其他图形”选项卡中的“中间轴立体图块.dwg”，在打开的快捷菜单中选择“插入”选项，完成块插入操作，结果如图16-18所示。

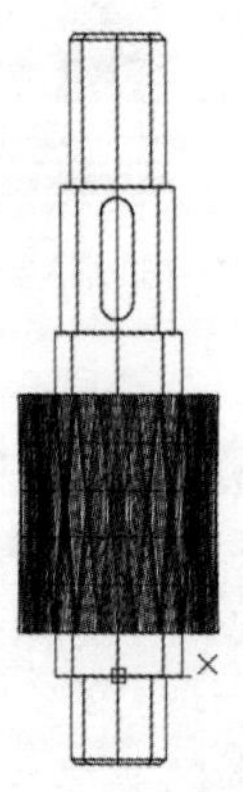

图16-18 插入中间轴

3. 插入“平键A10×8×36立体图块.dwg”

（1）单击“默认”选项卡“块”面板中的“插入”下拉列表中“最近使用的块”选项，打开“块”面板。单击“浏览”按钮 ⋯ ，在“选择图形文件”对话框中选择“平键A10×8×36立体图块.dwg”。设置插入选项：“插入点”设置为（0，0，0），旋转角度为90°。鼠标右键单击“其他图形”选项卡中的“平键A10×8×36立体图块.dwg”，在打开的快捷菜单中选择“插入”选项，完成块插入操作。

（2）利用“自由动态观察”工具调整视图方向。选择菜单栏中的“修改”→“三维操作”→“三维移动”命令，捕捉键图块的右端底面圆心为基点，将其移动到键槽的右端底面圆心，结果如图16-19所示。

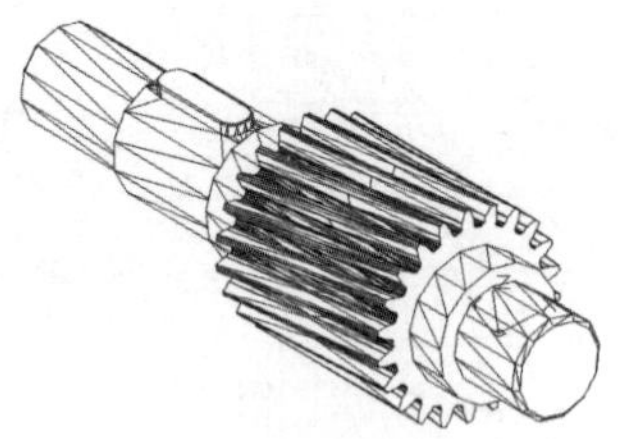

图16-19 安装平键

4. 插入“中间轴大齿轮立体图块.dwg”

（1）单击“默认”选项卡“块”面板中的“插入”下拉列表中“最近使用的块”选项，打开“块”面板。单击“浏览”按钮 ⋯ ，在“选择图形文件”对话框中选择“中间轴大齿轮立体图块.dwg”。设置插入选项：“插入点”设置为（0，0，0），缩放比例和旋转使用默认设置。鼠标右键单击“其他图形”选项卡中的“中间轴大齿轮立体图块.dwg”，在打开的快捷菜单中选择“插入”选项，完成块插入操作，俯视结果如图16-20所示。

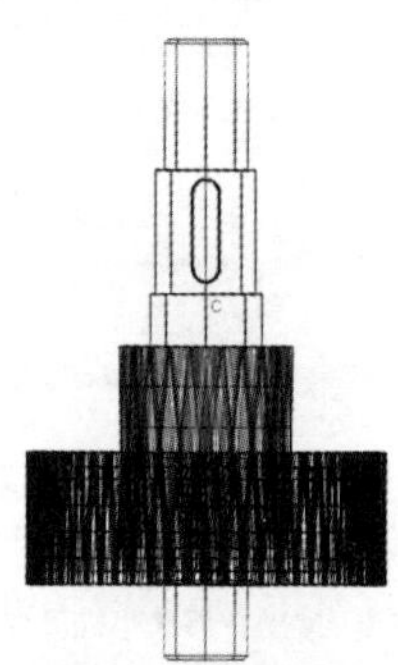

图16-20 插入大齿轮

（2）关闭UCS坐标显示。选择菜单栏中的“修改”→“三维操作”→“三维移动”命令，选择大齿轮下端圆心为基点，将其移动到中间轴齿轮C点圆心，结果如图16-21所示。

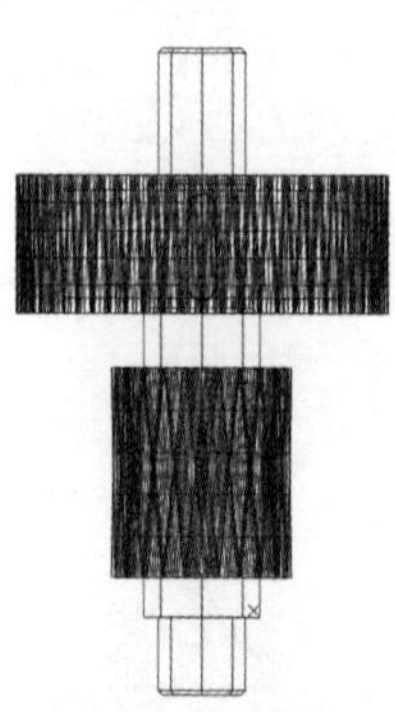

图16-21 移动大齿轮

（3）切换到前视图，如图16-22所示。

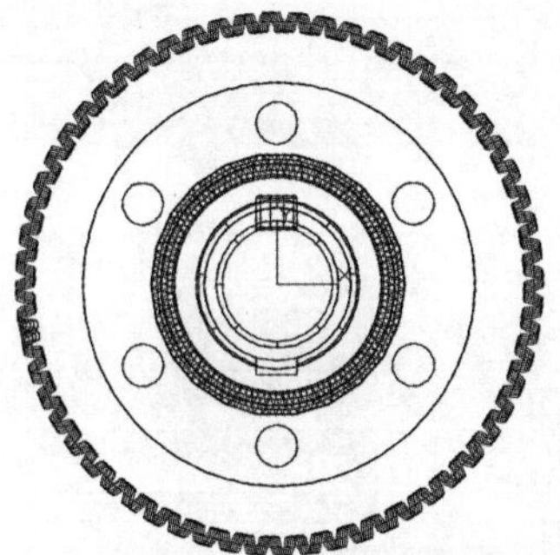

图16-22 切换观察视角

（4）单击“默认”选项卡“修改”面板中的“旋转”按钮 ↻，将大齿轮图块绕坐标原点旋转180°，如图16-23所示。

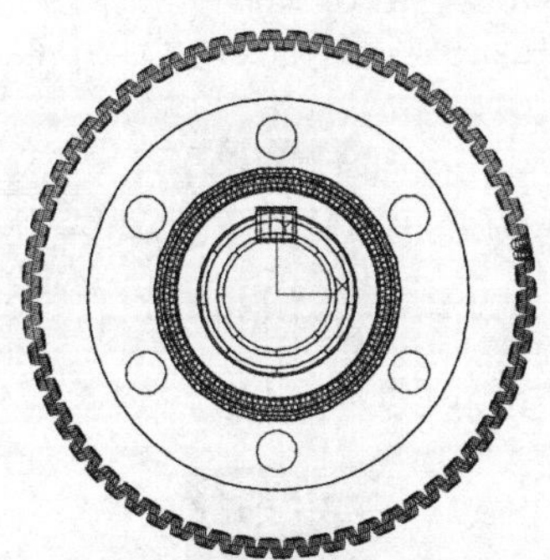

图16-23 旋转大齿轮

5. 插入“小轴承立体图块.dwg”

（1）新建“图层1”图层，将大齿轮切换到“图层1”图层上，并将“图层1”图层冻结。

（2）将视图切换到俯视图。单击“默认”选项卡“块”面板中的“插入”下拉列表中“最近使用的块”选项，打开“块”面板。单击“控制选项”中的“浏览”按钮 ···，在“选择图形文件”对话框中选择“小轴承立体图块.dwg”。设置插入选项：“插入点”设置为（0，0，0），缩放比例和旋转使用默认设置。鼠标右键单击“其他图形”选项卡中的“小轴承立体图块.dwg”，在打开的快捷菜单中选择“插入”选项，完成块插入操作，结果如图16-24所示。

（3）利用“自由动态观察”工具调整视图方向。选择菜单栏中的“修改”→“三维操作”→“三维旋转”命令，对轴承图块进行三维旋转，将轴承的轴线与齿轮轴的轴线相重合，即将小轴承图块绕X轴旋转-90°，如图16-25所示。

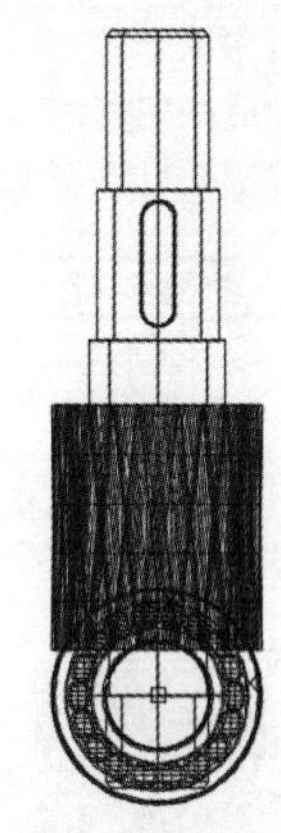

图16-24 插入小轴承

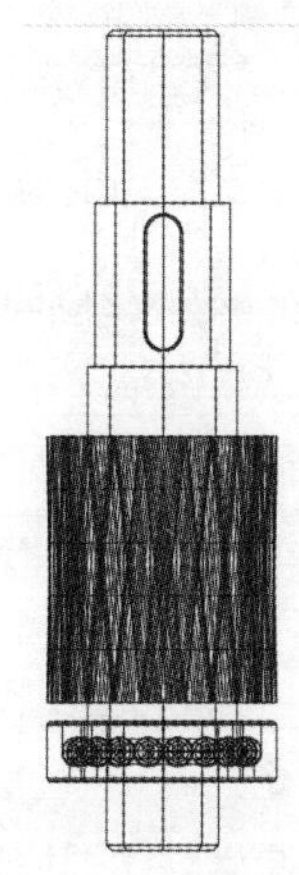

图16-25 旋转小轴承

（4）选择菜单栏中的“修改”→“三维操作”→“三维移动”命令，捕捉小轴承下端圆心作为基点，将其移动到中间轴下端圆心。切换到俯视图，如图16-26所示。

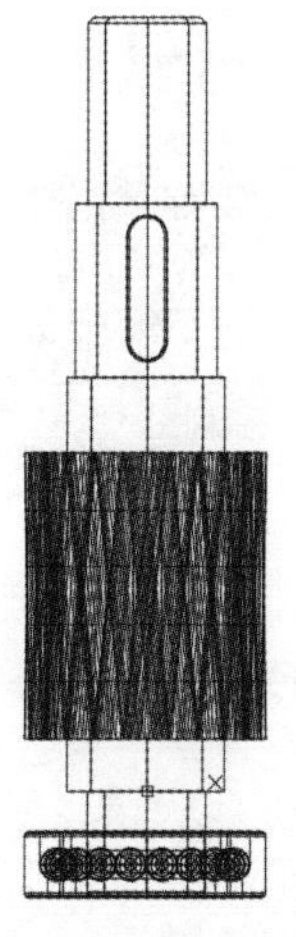

图16-26 移动小轴承

（5）单击“默认”选项卡“修改”面板中的“复制”按钮，捕捉小轴承图块上端圆心为基点，并将其复制到轴上端圆心处，结果如图16-27所示。

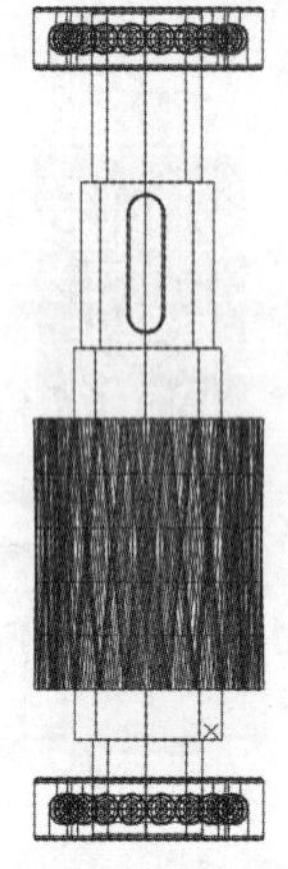

图16-27 复制小轴承

6. 插入“小封油盘立体图块.dwg”

（1）单击“默认”选项卡“块”面板中的“插入”下拉列表中“最近使用的块”选项，打开“块”面板。单击“浏览”按钮…，在“选择图形文件”对话框中选择“小封油盘立体图块.dwg”。设置插入选项：“插入点”设置为（0，0，0），缩放比例和旋转使用默认设置。鼠标右键单击“其他图形”选项卡中的“小封油盘立体图块.dwg”，在打开的快捷菜单中选择“插入”选项，完成块插入操作，结果如图16-28所示。

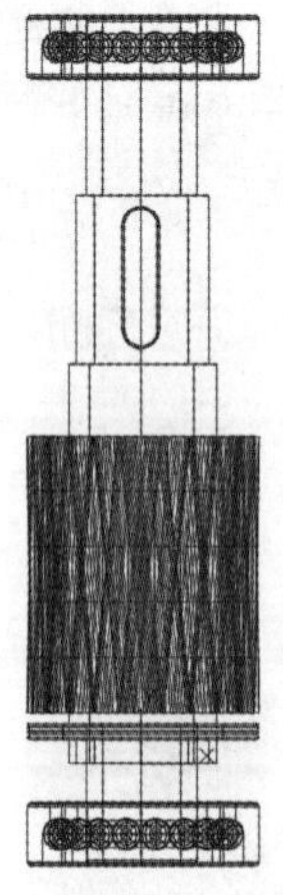

图16-28 插入小封油盘

（2）选择菜单栏中的“修改”→“三维操作”→“三维移动”命令，将小封油盘从原点移动到（0，-10，0），结果如图16-29所示。

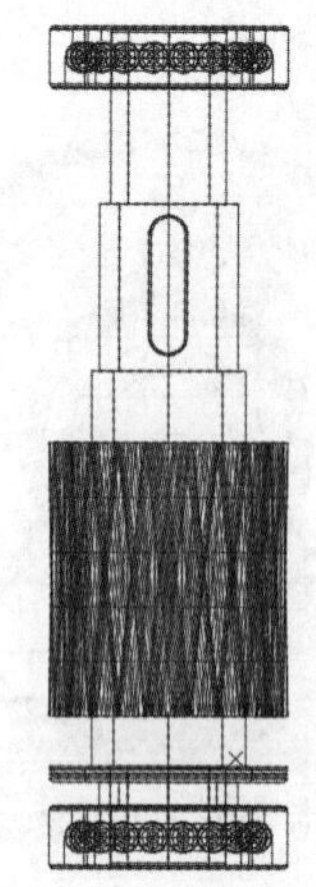

图16-29 移动小封油盘

（3）单击“默认”选项卡“修改”面板中的“复制”按钮，捕捉小封油盘下端圆心，并将其复制到另一端轴承下端圆心处，结果如图16-30所示。

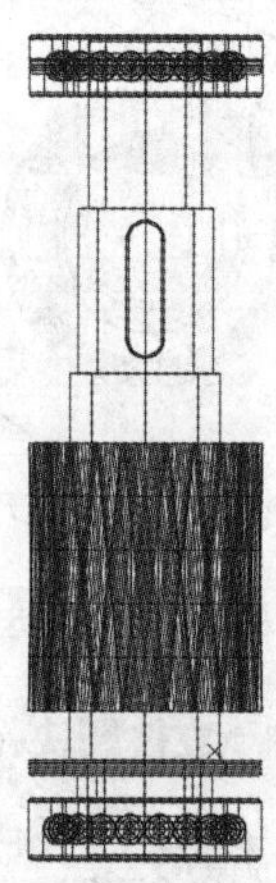

图16-30 复制小封油盘

（4）利用“自由动态观察”工具调整视图方向。选择菜单栏中的“修改”→“三维操作”→“三维旋转”命令，捕捉小封油盘下端圆心为基点，以与X轴平行的轴为旋转轴，将小封油盘旋转180°，俯视图结果如图16-31所示。

7. 插入“小套筒立体图块.dwg”

（1）单击“默认”选项卡“块”面板中的“插入”下拉列表中“最近使用的块”选项，打开“块”面板。单击“浏览”按钮…，在“选择图形文件”对话框中选择“小套筒立体图块.dwg”。设置插入选项：选择“插入点”选项，缩放比例和旋转使用默认设置。单击“小套筒立体图块.dwg”，在绘图区捕捉图16-31中的d点，完成块插入操作，如图16-32所示。

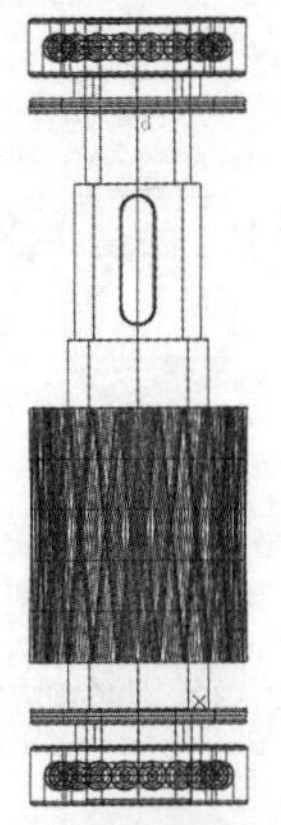

图16-31 旋转小封油盘

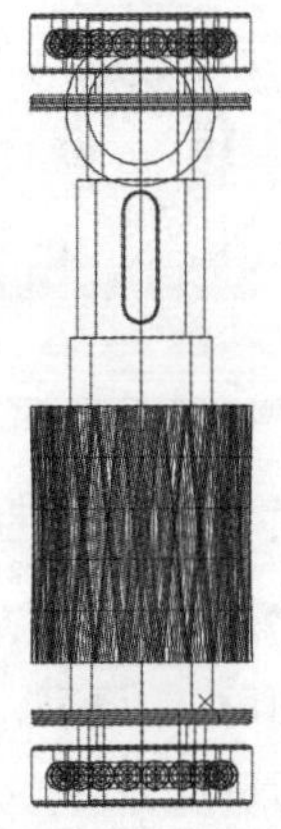

图16-32 插入小套筒

（2）利用“自由动态观察”工具调整视图方向。选择菜单栏中的“修改”→“三维操作”→“三维旋转”命令，捕捉小套筒下端圆心为基点，以与X轴平行的轴为旋转轴，将其旋转90°，俯视图结果如图16-33所示。

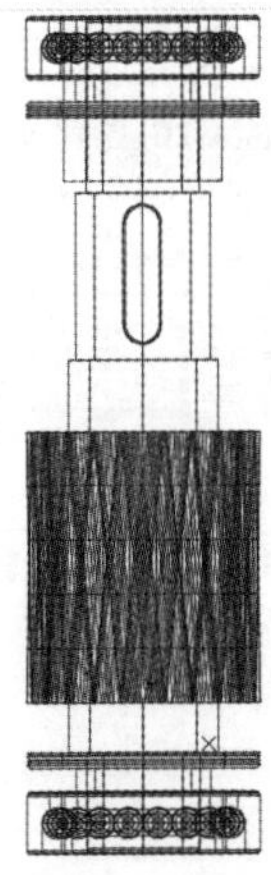

图16-33 旋转小套筒

8. 更改大齿轮图层属性

打开大齿轮图层，显示大齿轮实体，更改其图层属性为实体层。至此，完成了中间轴组件装配立体图的设计，如图16-34所示。

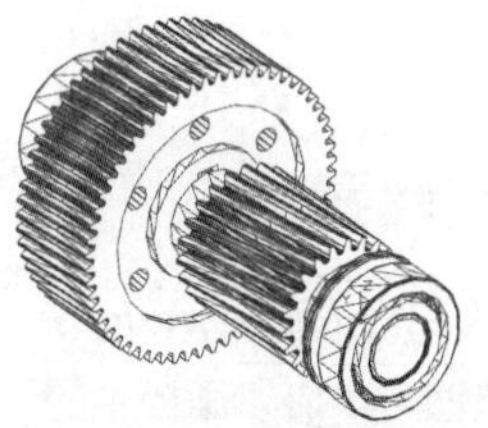

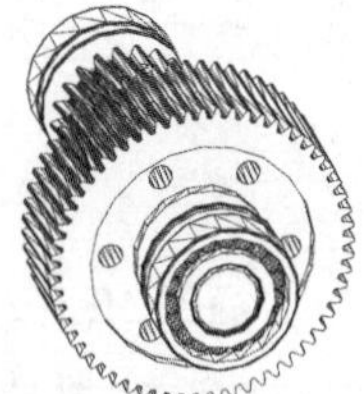

图16-34 中间轴组件装配立体图

16.1.4 装配低速轴组件

1. 建立新文件

选择菜单栏中的“文件”→“新建”命令，打开“选择样板”对话框，以“无样板打开-公制（M）”方式建立新文件，同时将新文件命名为“低速轴装配图.dwg”并保存。

2. 插入“低速轴大齿轮立体图块.dwg”

单击“默认”选项卡“块”面板中的“插入”下拉列表中“最近使用的块”选项，打开“块”面板。单击“浏览”按钮 ⋯ ，在“选择图形文件”对话框中选择“低速轴大齿轮立体图块.dwg”。设置插入选项：“插入点”设置为（0，0，0），缩放比例和旋转使用默认设置。鼠标右键单击“其他图形”选项卡中的“低速轴大齿轮立体图块.dwg”，在打开的快捷菜单中选择“插入”选项，完成块插入操作。

3. 插入“平键A18×11×53立体图块.dwg”

（1）单击“默认”选项卡“块”面板中的“插入”下拉列表中“最近使用的块”选项，打开“块”面板。单击“浏览”按钮 ⋯ ，在“选择图形文件”对话框中选择“平键A18×11×53立体图块.dwg”。设置插入选项：“插入点”设置为（0，0，0），缩放比例和旋转使用默认设置。鼠标右键单击“其他图形”选项卡中的“平键A18×11×53立体图块.dwg”，在打开的快捷菜单中选择“插入”选项，完成块插入操作。

（2）利用“自由动态观察”工具调整视图方向。选择菜单栏中的“修改”→“三维操作”→“三维移动”命令，捕捉键图块的右端底面圆心为基点，并将其移动到键槽的右端底面圆心，结果如图16-35所示。

图 16-35　安装平键

4. 插入“低速轴大齿轮立体图块.dwg”

（1）单击“默认”选项卡“块”面板中的“插入”下拉列表中“最近使用的块”选项，打开“块”面板。单击“浏览”按钮 ⋯，在“选择图形文件”对话框中选择“低速轴大齿轮立体图块.dwg”。设置插入选项：“插入点”设置为（0，0，0），旋转角度为-90°。鼠标右键单击“其他图形”选项卡中的“低速轴大齿轮立体图块.dwg”，在打开的快捷菜单中选择“插入”选项，完成块插入操作，俯视结果如图 16-36 所示。

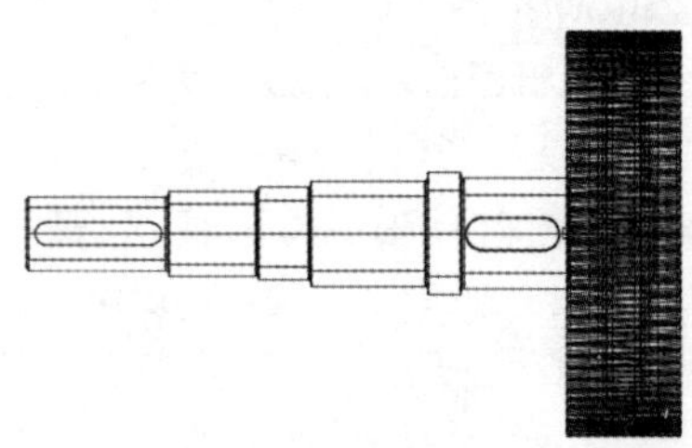

图 16-36　插入大齿轮

（2）选择菜单栏中的“修改”→“三维操作”→“三维移动”命令，选择大齿轮图块，“基点”任意选择，“相对位移”为（@-60，0，0），结果如图 16-37 所示。

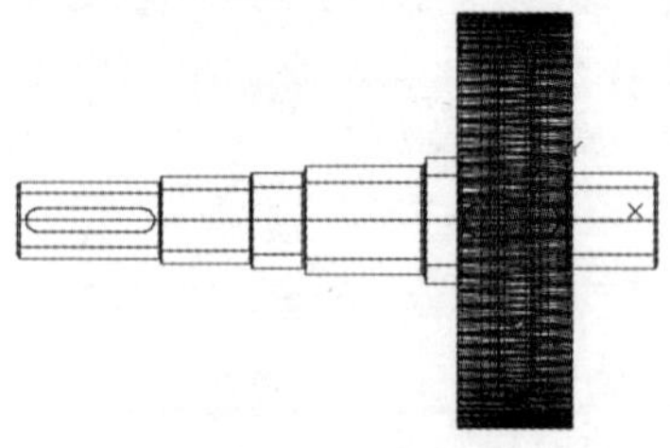

图 16-37　移动大齿轮

（3）切换到左视图，如图 16-38 所示。

（4）单击“默认”选项卡“修改”面板中的“旋转”按钮 ↻，将大齿轮图块绕原点旋转 180°，结果如图 16-39 所示。

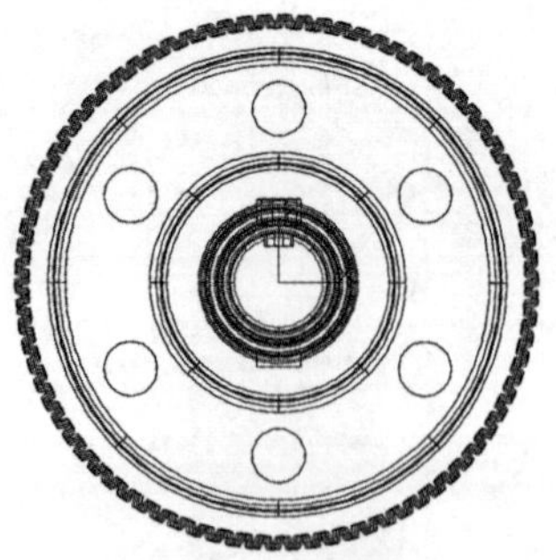

图 16-38　切换观察视角

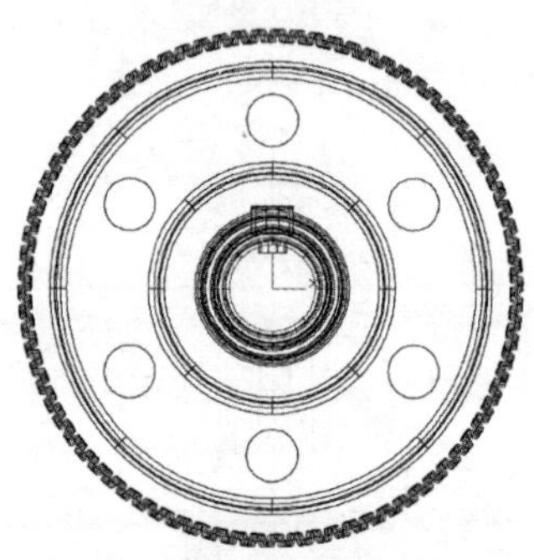

图 16-39　旋转大齿轮

5. 插入“大轴承立体图块.dwg”

（1）新建“图层 1”图层，将大齿轮切换到“图层 1”图层上，并将“图层 1”图层冻结。

（2）切换视图到俯视图。单击“默认”选项卡“块”面板中的“插入”下拉列表中“最近使用的块”选项，打开“块”面板。单击“浏览”按钮 ⋯，在“选择图形文件”对话框中选择“大轴承立体图块.dwg”。设置插入选项：“插入点”设置为（0，0，0），缩放比例和旋转使用默认设置。鼠标右键单击“其他图形”选项卡中的“大轴承立体图块.dwg”，在打开的快捷菜单中选择“插入”选项，完成块插入操作，结果如图 16-40 所示。

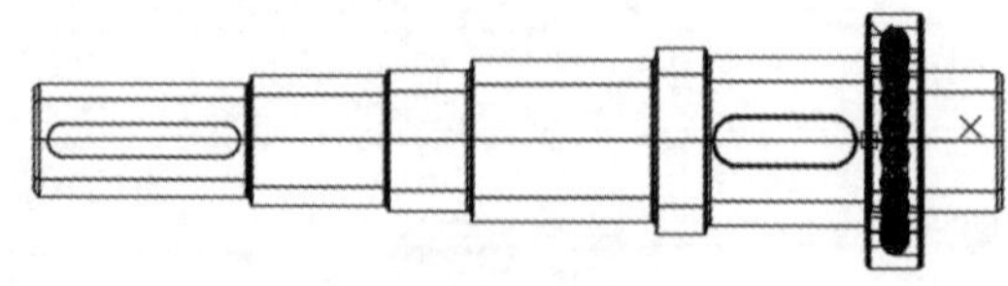

图 16-40　插入大轴承

（3）选择菜单栏中的“修改”→“三维操作”→“三维移动”命令，捕捉大轴承图块的右端圆心为基点，将其移动到轴右端圆心，结果如图 16-41 所示。

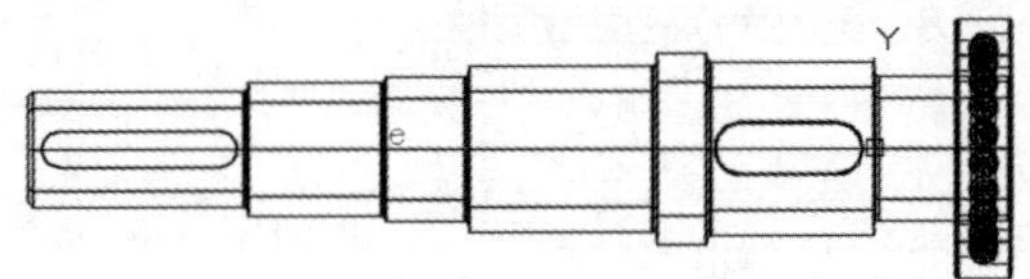

图16-41 移动大轴承

（4）单击“默认”选项卡“修改”面板中的“复制”按钮，捕捉轴承的左端圆心为基点，将轴承复制到图16-41中的e点圆心处，结果如图16-42所示。

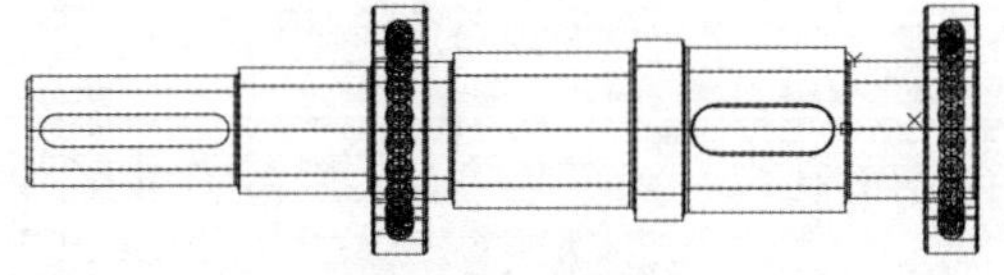

图16-42 复制大轴承

6. 插入“大封油盘立体图块.dwg”

（1）单击“默认”选项卡“块”面板中的“插入”下拉列表中“最近使用的块”选项，打开“块”面板。单击“浏览”按钮 ···，在“选择图形文件”对话框中选择“大封油盘立体图块.dwg”。设置插入选项：“插入点”设置为（0，0，0），旋转角度为90°。在“其他图形”选项卡右键“大封油盘立体图块”，在打开的快捷菜单中选择“插入”选项，完成块插入操作。单击“确定”按钮完成块插入操作，结果如图16-43所示。

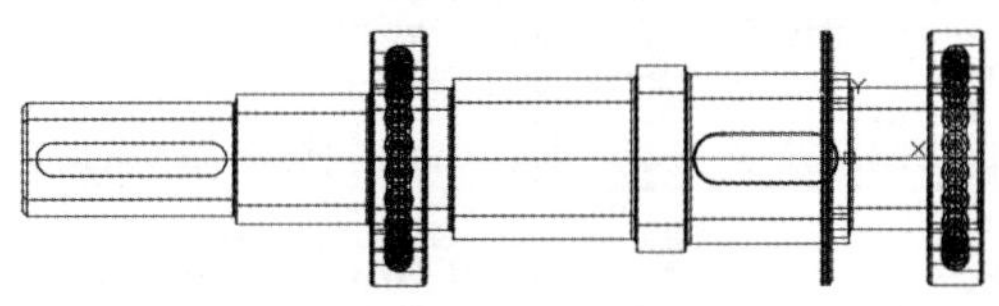

图16-43 插入大封油盘

（2）选择菜单栏中的“修改”→“三维操作”→“三维移动”命令，将大封油盘从原点移动到（29.5，0，0），结果如图16-44所示。

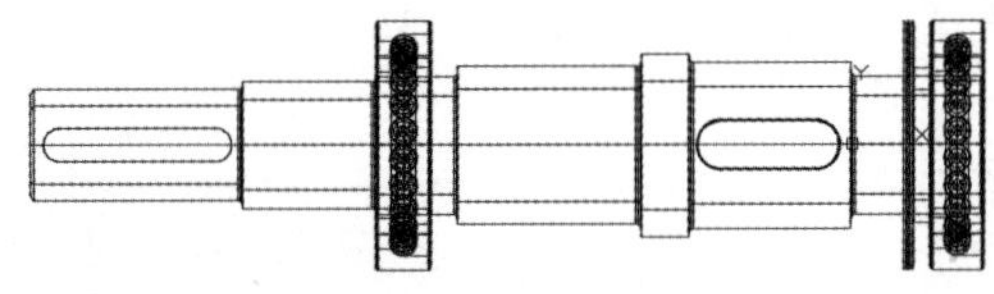

图16-44 移动大封油盘

（3）单击“默认”选项卡“块”面板中的“插入”下拉列表中“最近使用的块”选项，打开“块”面板。单击“浏览”按钮，在“选择图形文件”对话框中选择“大封油盘立体图块.dwg”。设置插入选项：“插入点”设置为（0，0，0），旋转角度为-90°。鼠标右键单击“其他图形”选项卡中的“大封油盘立体图块.dwg”，在打开的快捷菜单中选择“插入”选项，完成块插入操作，如图16-45所示。

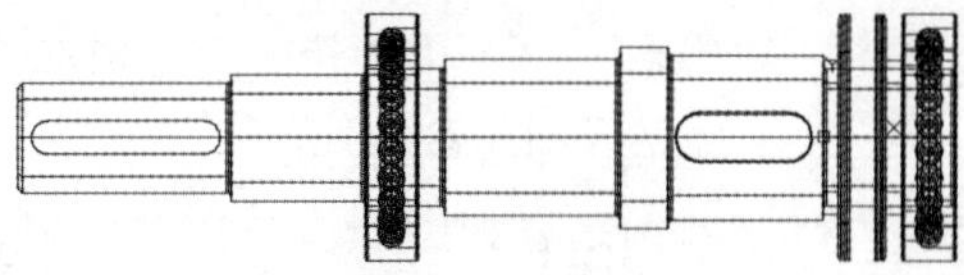

图16-45 插入大封油盘

（4）选择菜单栏中的“修改”→“三维操作”→“三维移动”命令，将大封油盘从原点移动到（-154.5，0，0），结果如图16-46所示。

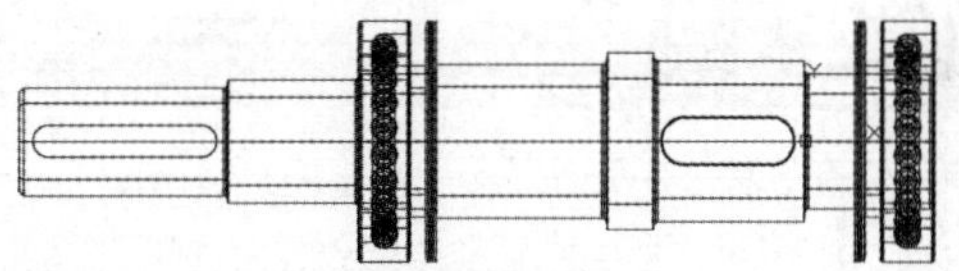

图16-46 移动封油盘

7. 插入“大套筒立体图块.dwg”

（1）单击“默认”选项卡“块”面板中的“插入”下拉列表中“最近使用的块”选项，打开“块”面板。单击“浏览”按钮 ···，在“选择图形文件”对话框中选择“大套筒立体图块.dwg”。设置插入选项：“插入点”设置为（0，0，0），缩放比例和旋转角度采用默认设置。鼠标右键单击“其他图形”选项卡中的“大套筒立体图块.dwg”，在打开的快捷菜单中选择“插入”选项，完成块插入操作，结果如图16-47所示。

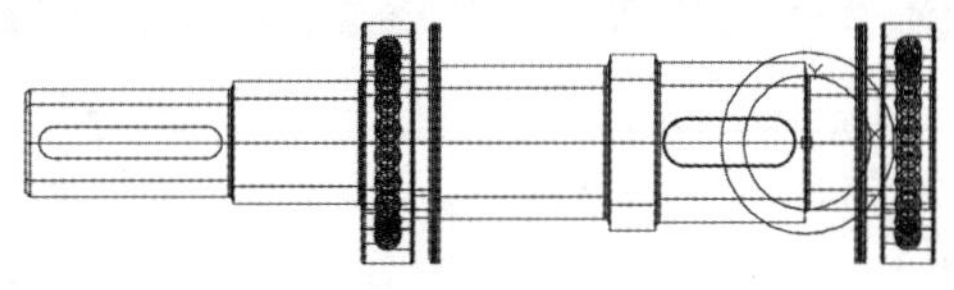

图16-47 插入大套筒

（2）利用“自由动态观察”工具调整视图方向。选择菜单栏中的“修改”→“三维操作”→“三维旋转”命令，捕捉大套筒下端圆心为基点，以与Y轴平行的轴为旋转轴，旋转90°，俯视图结果如图16-48所示。

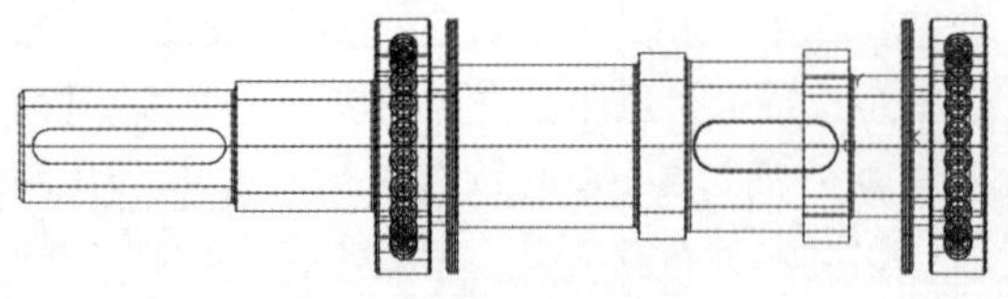

图 16-48 旋转大套筒

（3）选择菜单栏中的“修改”→“三维操作”→“三维移动”命令，将大套筒从原点移动到（19.5，0，0），结果如图 16-49 所示。

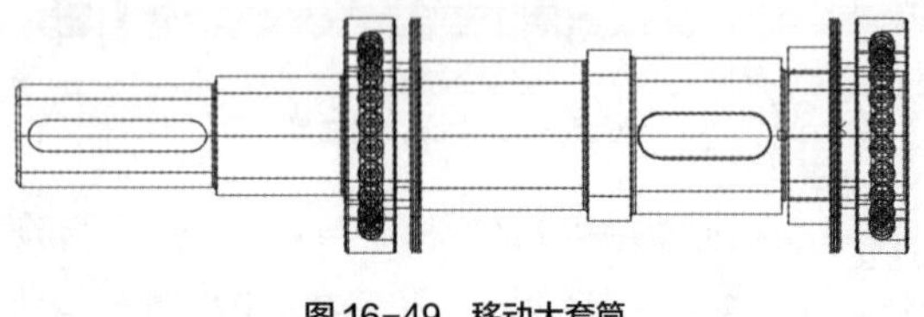

图 16-49 移动大套筒

8. 更改大齿轮图层属性

打开大齿轮图层，显示大齿轮实体，更改其图层属性为实体层。至此，完成了大齿轮组件装配立体图的设计，如图 16-50 所示。

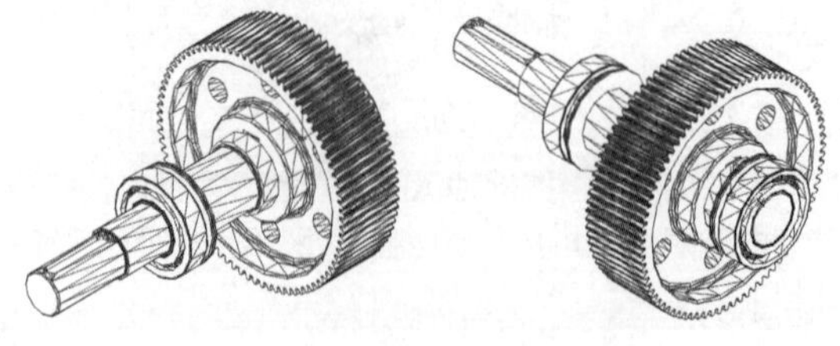

图 16-50 大齿轮组件装配立体图

16.2 总装立体图

本节绘制图 16-51 所示的总装立体图。制作思路是：先将减速器箱座图块插入预先设置好的装配图样中，起到为后续零件装配定位的作用；然后分别插入 14.1 节中保存过的组件装配图块，调用“三维移动”和“三维旋转”命令将它们安装到减速器箱座中合适的位置；插入减速器其他装配零件，并将其放置到箱座合适位置，完成减速器总装立体图的设计与绘制。

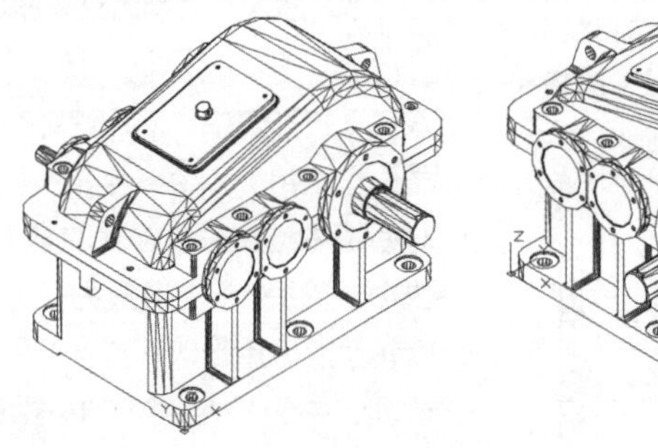

图 16-51 总装立体图

16.2.1 创建箱座图块

单击快速访问工具栏中的“打开”按钮，打开“选择文件”对话框，打开“箱座立体图.dwg”文件。

在命令行中输入“WBLOCK”命令，并按 Enter 键，打开“写块”对话框，如图 16-2 所示。在“源”选项组中选择“对象”模式，选择箱座立体图为对象，基点设置为（0，0，0），在“目标”选项组中选择路径并输入块名称为“箱座立体图块”，完成零件图块的保存，结果如图 16-52 所示。至此，在以后使用箱座立体图零件时，可以直接以块的形式插入目标文件中。

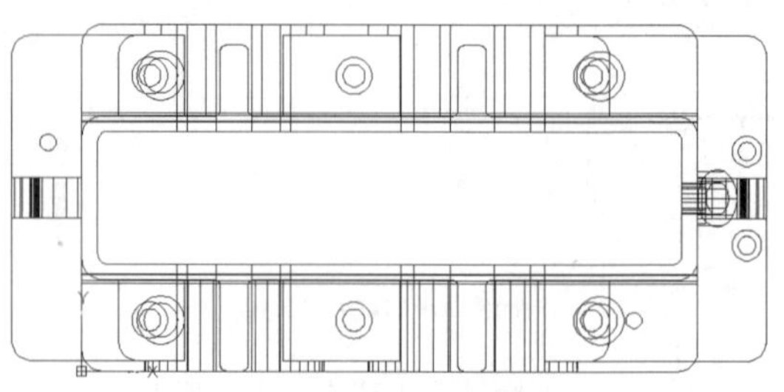

图 16-52 箱座立体图块

16.2.2 创建箱盖图块

1. 打开文件

单击快速访问工具栏中的“打开”按钮，打开“选择文件”对话框，打开“减速器箱盖立体图.dwg”文件，切换视图到前视图。

2. 创建并保存减速器箱盖立体图图块

仿照前面创建与保存图块的操作方法，在命令行中输入“WBLOCK”命令，箱盖图块的“基点”设置为（0，-134，0），其他选项使用默认设置，创建并保存“箱盖立体图块.dwg”，如图16-53所示。

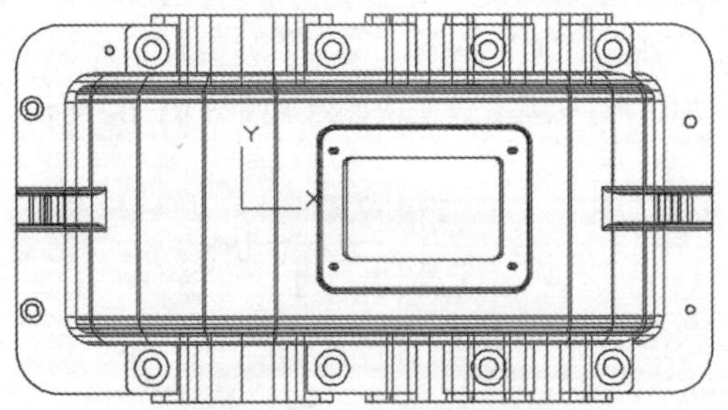

图16-53 箱盖立体图块

16.2.3 创建齿轮组件图块

1. 创建并保存高速轴组件立体图块

仿照前面创建与保存图块的操作方法，在命令行中输入“WBLOCK”命令，“基点”设置为（0，0，0），其他选项使用默认设置，创建并保存“高速轴组件立体图块.dwg”，结果如图16-54所示。

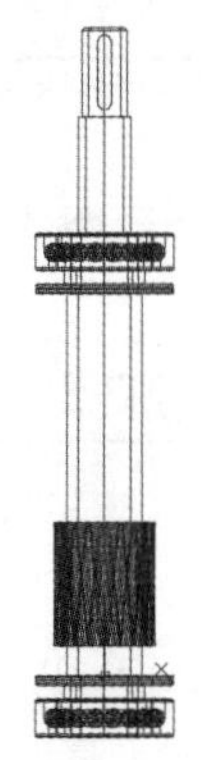

图16-54 高速轴组件立体图块

2. 创建并保存中间轴组件立体图块

仿照前面创建与保存图块的操作方法，依次在命令行中输入“WBLOCK”命令，“基点”设置为（0，0，0），其他选项使用默认设置，创建并保存“中间轴组件立体图块.dwg”，结果如图16-55所示。

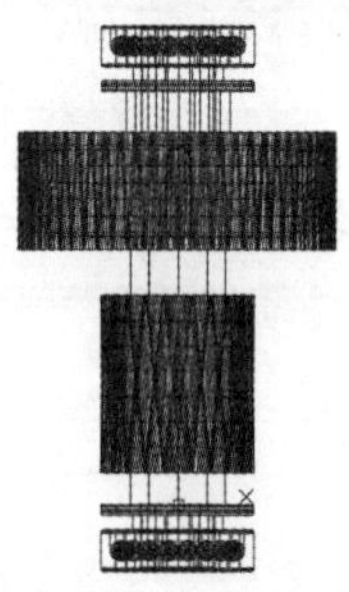

图16-55 中间轴组件立体图块

3. 创建并保存低速轴组件立体图块

仿照前面创建与保存图块的操作方法，依次在命令行中输入“WBLOCK”命令，“基点”设置为（0,0,0），其他选项使用默认设置，创建并保存“低速轴组件立体图块.dwg”，结果如图16-56所示。

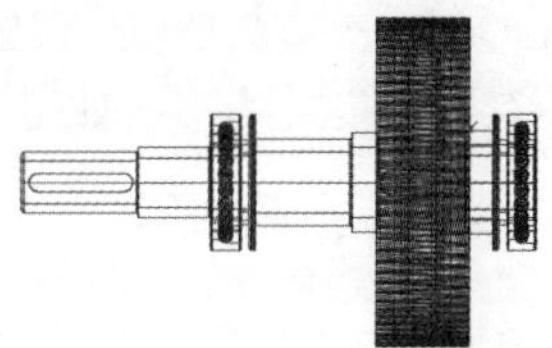

图16-56 低速轴组件立体图块

16.2.4 创建其他零件图块

1. 创建并保存箱座端盖立体图块

仿照前面创建与保存图块的操作方法，分别打开大闷盖、大透盖、小闷盖、小透盖立体图，切换到俯视图，如图16-57所示。在命令行中输入“WBLOCK”命令，“基点”设置为（0，0，0），创建各立体图块。

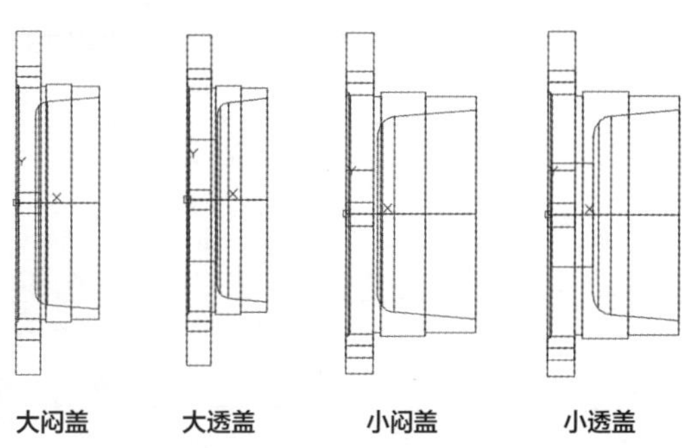

图16-57 端盖立体图块

2. 创建并保存端盖上的胶垫立体图块

仿照前面创建与保存图块的操作方法，分别打开小胶垫和大胶垫立体图，切换到前视图，如图16-58所示。在命令行中输入“WBLOCK”命令，“基点”设置为（0，0，0），创建各立体图块。

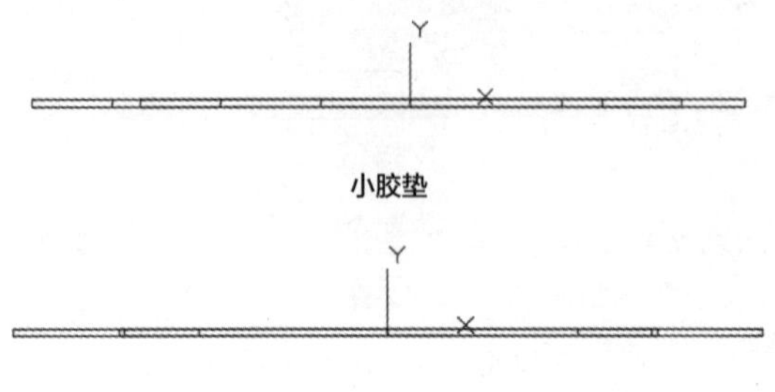

图16-58　胶垫立体图块

3. 创建并保存油标尺立体图块

仿照前面创建与保存图块的操作方法，打开“油标尺立体图.dwg”，切换到俯视图。在命令行中输入“WBLOCK”命令，“基点”设置为（0，0，0），创建和保存油标尺立体图块，如图16-59所示。

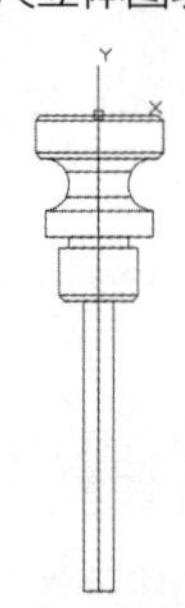

图16-59　油标尺立体图块

4. 创建并保存通气器立体图块

仿照前面创建与保存图块的操作方法，打开“通气器立体图.dwg”，切换到俯视图。在命令行中输入“WBLOCK”命令，“基点”设置为（0,0,0），创建和保存通气器立体图块，结果如图16-60所示。

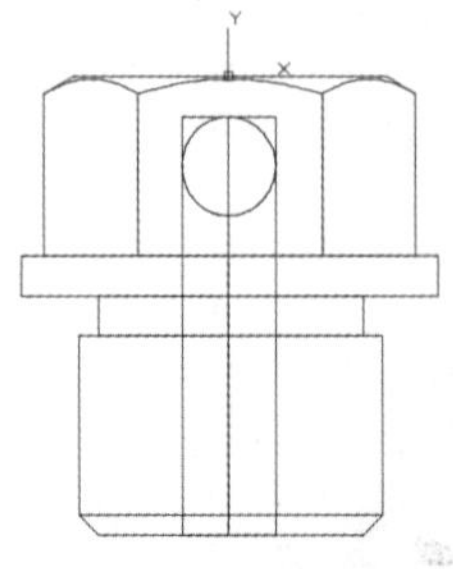

图16-60　通气器立体图块

5. 创建并保存视孔盖立体图块

仿照前面创建与保存图块的操作方法，打开“视孔盖立体图.dwg”，切换到前视图。在命令行中输入“WBLOCK”命令，“基点”设置为（0,0,0），创建和保存视孔盖立体图块，结果如图16-61所示。

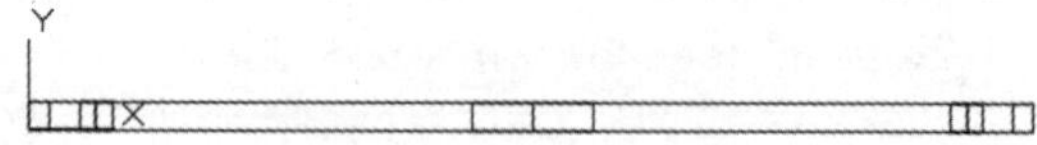

图16-61　视孔盖立体图块

6. 创建并保存螺塞立体图块

仿照前面创建与保存图块的操作方法，打开“螺塞立体图.dwg”，切换到俯视图。在命令行中输入“WBLOCK”命令，“基点”设置为（0，0，0），创建和保存螺塞立体图块，结果如图16-62所示。

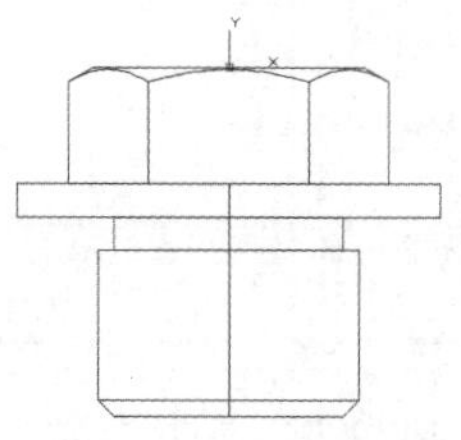

图16-62　螺塞立体图块

7. 创建并保存垫片立体图块

仿照前面创建与保存图块的操作方法，打开“螺塞垫片立体图.dwg”，切换到前视图。在命令行中输入“WBLOCK”命令，“基点”设置为（0，0，0），创建和保存垫片立体图块，结果如图16-63所示。

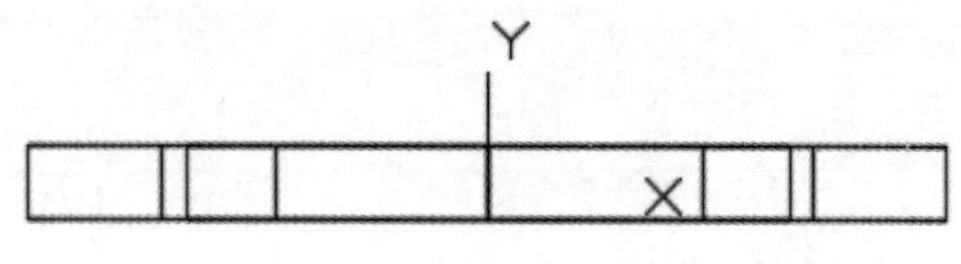

图16-63　垫片立体图块

16.2.5　总装减速器

1. 建立新文件

选择菜单栏中的“文件”→“新建”命令，打开“选择样板”对话框，以“无样板打开-公制（M）”方式建立新文件，同时将新文件命名为“减速器装配立体图.dwg”并保存。

2. 插入“箱座立体图块.dwg”

单击“默认”选项卡“块”面板中的“插入”

下拉列表中“最近使用的块”选项，打开“块”面板。单击“浏览”按钮 ⋯ ，在“选择图形文件”对话框中选择“箱座立体图块.dwg”。设置插入选项：“插入点”设置为（0，0，0），缩放比例和旋转使用默认设置。鼠标右键单击“其他图形”选项卡中的“箱座立体图块.dwg”，在打开的快捷菜单中选择“插入”选项，完成块插入操作。

3. 插入“高速轴组件立体图块.dwg”

（1）单击“默认”选项卡“块”面板中的“插入”下拉列表中“最近使用的块”选项，打开“块”面板。单击“浏览”按钮 ⋯ ，在“选择图形文件”对话框中选择“高速轴组件立体图块.dwg”。设置插入选项：“插入点”设置为（0，0，0），缩放比例和旋转角度采用默认设置。鼠标右键单击“其他图形”选项卡中的“高速轴组件立体图块.dwg”，在打开的快捷菜单中选择“插入”选项，完成块插入操作，结果如图16-64所示。

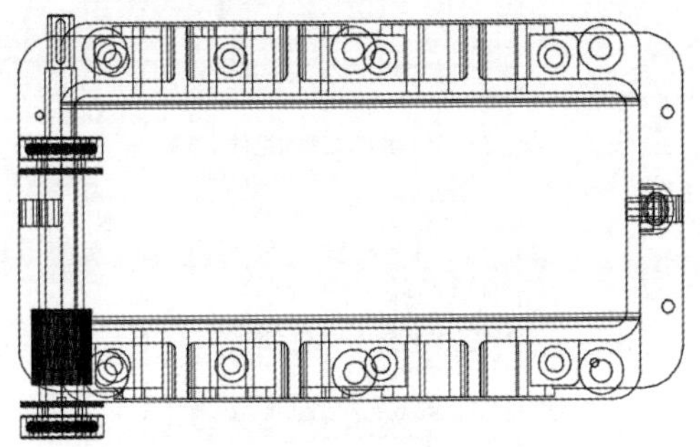

图 16-64 插入高速轴组件

（2）选择菜单栏中的“修改”→“三维操作”→“三维移动”命令，捕捉高速轴组件的原点作为基点，将其移动到箱座左下侧轴孔圆心处，如图16-65所示。

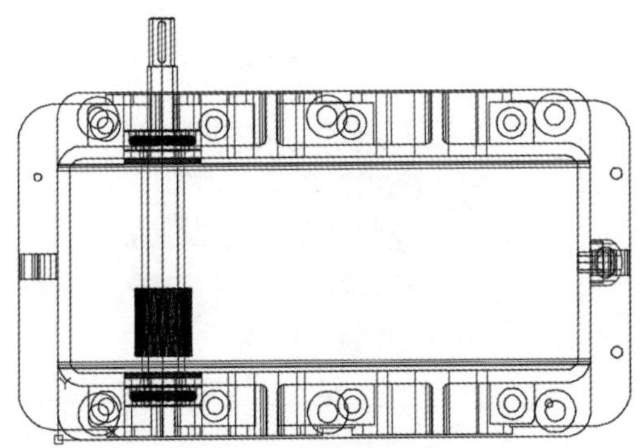

图 16-65 移动高速轴组件（1）

（3）选择菜单栏中的“修改”→“三维操作”→“三维移动”命令，捕捉高速轴组件的任意点作为基点，将其移动到坐标点（@0，2，0）处，如图16-66所示。

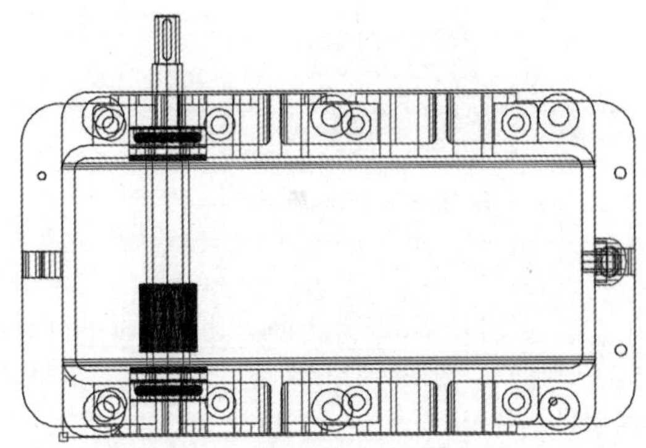

图 16-66 移动高速轴组件（2）

4. 插入“中间轴组件立体图块.dwg”

（1）单击“默认”选项卡“块”面板中的“插入”下拉列表中“最近使用的块”选项，打开“块”面板。单击“浏览”按钮 ⋯ ，在“选择图形文件”对话框中选择“中间轴组件立体图块.dwg”。设置插入选项：“插入点”设置为（0，0，0），旋转角度为180°。鼠标右键单击“其他图形”选项卡中的“中间轴组件立体图块.dwg”，在打开的快捷菜单中选择“插入”选项，完成块插入操作，结果如图16-67所示。

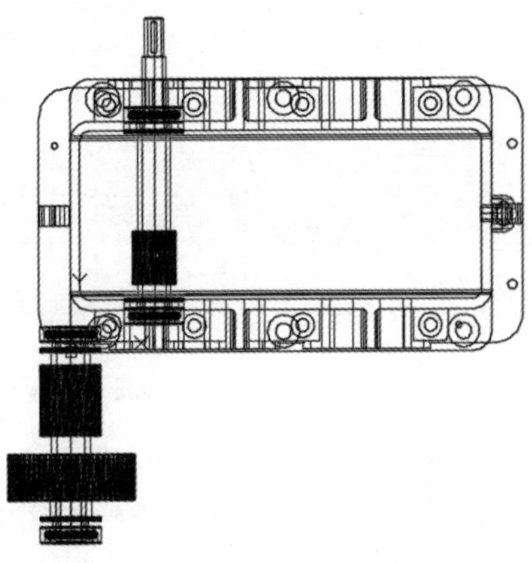

图 16-67 插入中间轴组件

（2）选择菜单栏中的“修改”→“三维操作”→“三维移动”命令，捕捉中间轴组件的原点作为基点，将其移动到箱座中间轴孔上端圆心处，结果如图16-68所示。

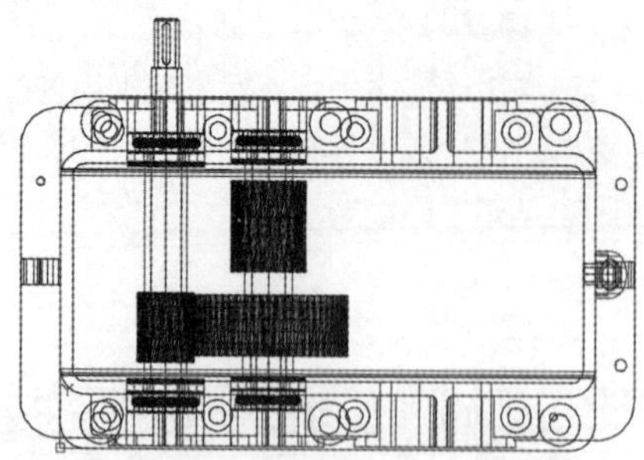

图16-68 移动中间轴组件（1）

（3）选择菜单栏中的“修改”→“三维操作”→“三维移动”命令，捕捉中间轴组件的任意点作为基点，将其移动到坐标点（@0，-2，0），结果如图16-69所示。

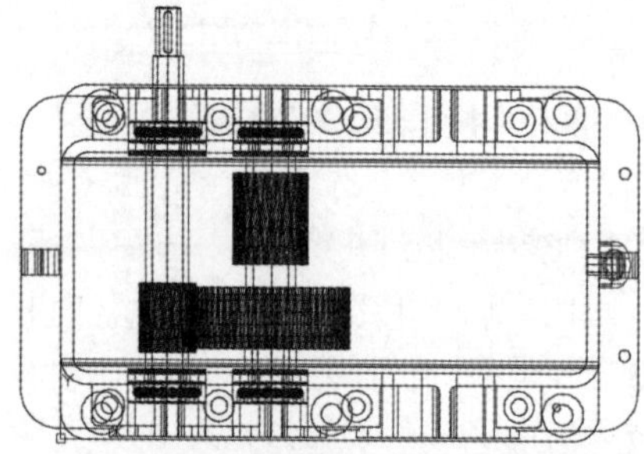

图16-69 移动中间轴组件（2）

5. 插入“低速轴组件立体图块.dwg”

（1）单击“默认”选项卡“块”面板中的“插入”下拉列表中“最近使用的块”选项，打开“块”面板。单击“浏览”按钮 ⋯ ，在“选择图形文件”对话框中选择“低速轴组件立体图块.dwg”。设置插入选项：“插入点”设置为（0，0，0），旋转角度为90°。鼠标右键单击“其他图形”选项卡中的“低速轴组件立体图块.dwg”，在打开的快捷菜单中选择“插入”选项，完成块插入操作，结果如图16-70所示。

（2）选择菜单栏中的“修改”→“三维操作”→“三维移动”命令，捕捉低速轴组件的原点作为基点，将其移动到箱座右侧轴孔上端圆心处，结果如图16-71所示。

（3）选择菜单栏中的“修改”→“三维操作”→“三维移动”命令，捕捉低速轴组件的任意点作为基点，将其移动到坐标点（@0，-18.5，0）处，如图16-72所示。将当前视图切换到西南等轴测视图，如图16-73所示。

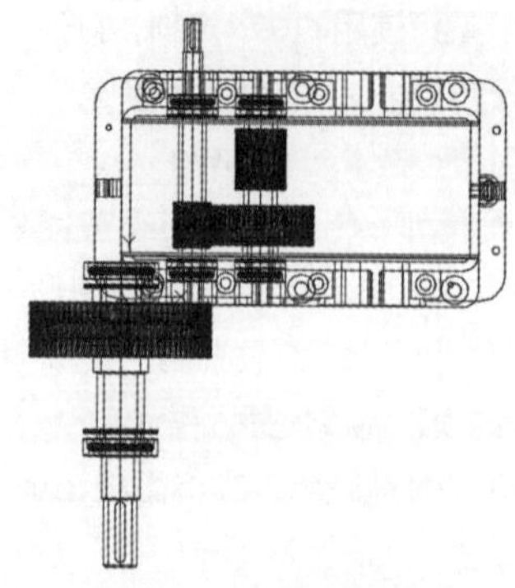

图16-70 插入低速轴组件

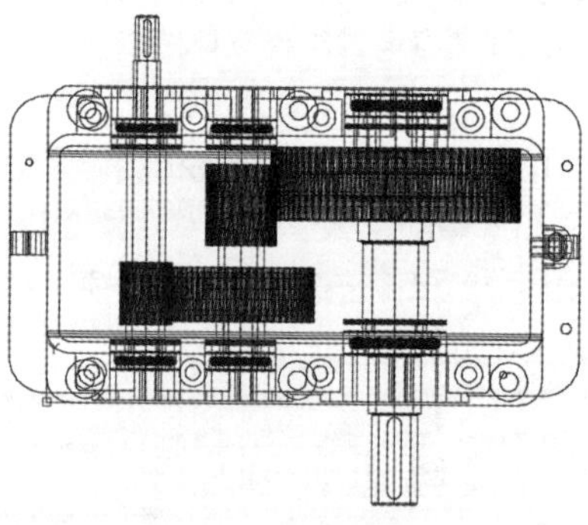

图16-71 移动低速轴组件（1）

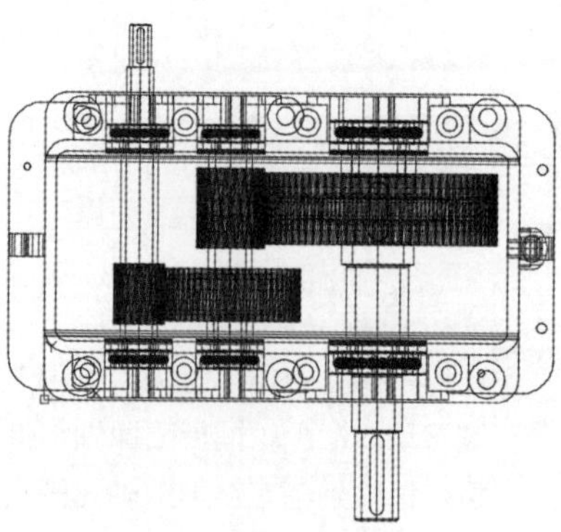

图16-72 移动低速轴组件（2）

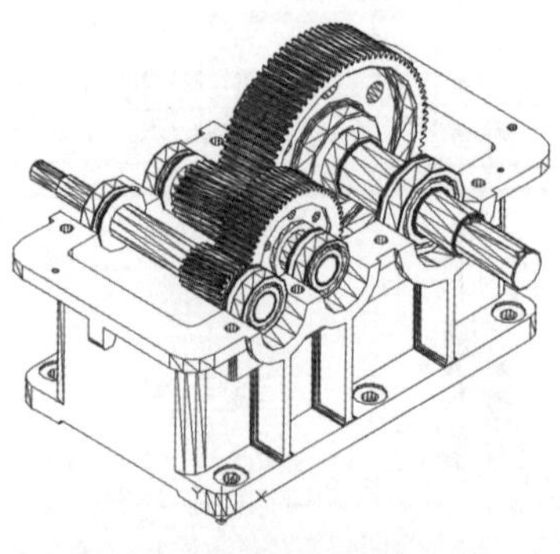

图16-73 箱座与齿轮组件的装配

6. 插入“箱盖立体图块.dwg”

单击“默认”选项卡“块”面板中的“插入”下拉列表中“最近使用的块”选项，打开“块”面板。单击“浏览”按钮 …，在“选择图形文件”对话框中选择“箱盖立体图块.dwg”。设置插入选项：“插入点”设置为（303，270，184），“比例”为（1，1，1），“旋转”为180°。鼠标右键单击“其他图形”选项卡中的“箱盖立体图块.dwg”，在打开的快捷菜单中选择“插入”选项，完成块插入操作，结果如图16-74所示。

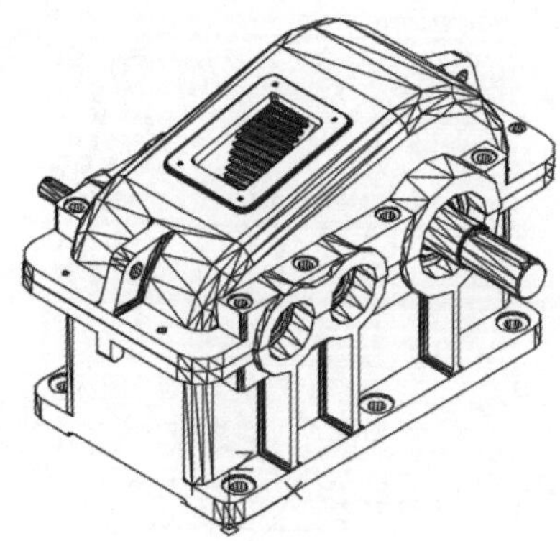

图16-74 插入箱盖

读者也可以采用前面的方法，通过移动来定位箱盖。

7. 插入胶垫

（1）将视图切换到俯视图。单击“默认”选项卡“块”面板中的“插入”下拉列表中“最近使用的块”选项，打开“块”面板。单击“浏览”按钮 …，在“选择图形文件”对话框中选择“小胶垫立体图块.dwg”。设置插入选项：“插入点”设置为（0，0，0），缩放比例和旋转角度采用默认设置。鼠标右键单击“其他图形”选项卡中的“小胶垫立体图块.dwg”，在打开的快捷菜单中选择“插入”选项，完成块插入操作，结果如图16-75所示。

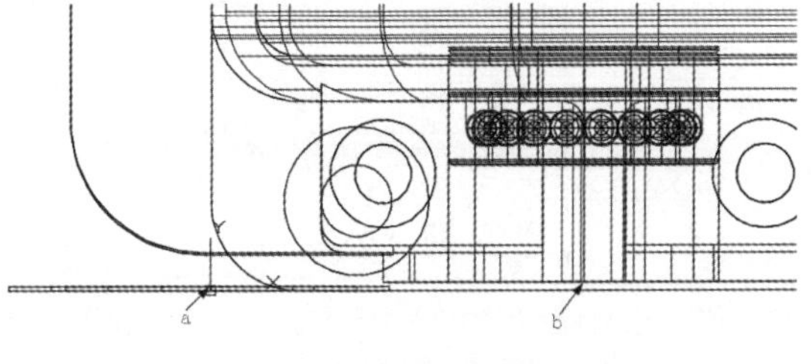

图16-75 插入小胶垫

（2）选择菜单栏中的“修改”→“三维操作”→“三维移动”命令，捕捉图16-75中的a点圆心作为基点，将其移动到b点圆心，结果如图16-76所示。

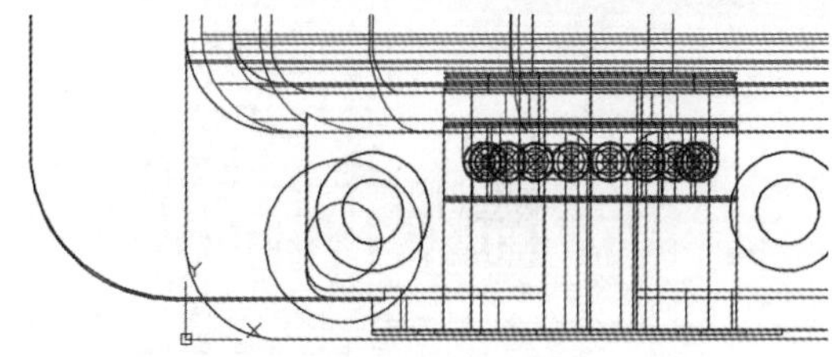

图16-76 移动小胶垫

（3）采用相同的方法，在其他位置上安装大、小胶垫，结果如图16-77所示。

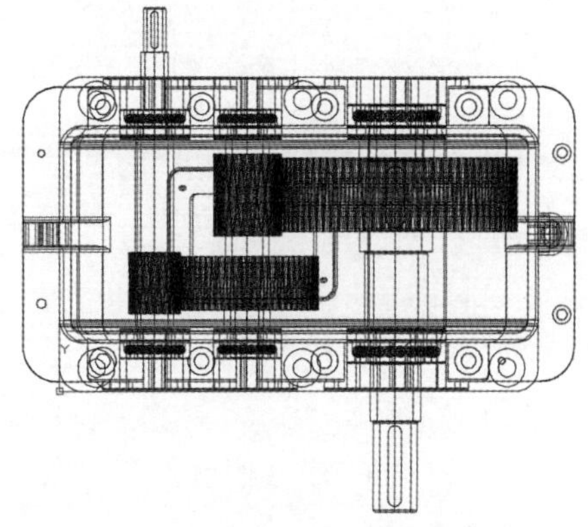

图16-77 安装胶垫

8. 插入4个不同的箱座端盖立体图块

（1）将视图切换到俯视图。单击“默认”选项卡“块”面板中的“插入”下拉列表中“最近使用的块”选项，打开“块”面板。单击“浏览”按钮 …，在“选择图形文件”对话框中选择“小闷盖立体图块.dwg”。设置插入选项：“插入点”设置为（0，0，0），“比例”为（1，1，1），“旋转”为90°。鼠标右键单击“其他图形”选项卡中的“小闷盖立体图块.dwg”，在打开的快捷菜单中选择“插入”选项，完成块插入操作，结果如图16-78所示。

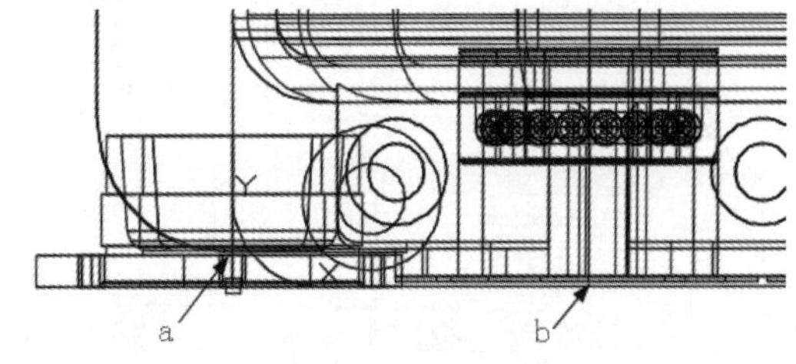

图16-78 插入小闷盖

（2）选择菜单栏中的“修改”→“三维操作”→“三维移动”命令，捕捉图16-78中的a点圆心作为基点，将其移动到b点圆心，结果如图16-79所示。

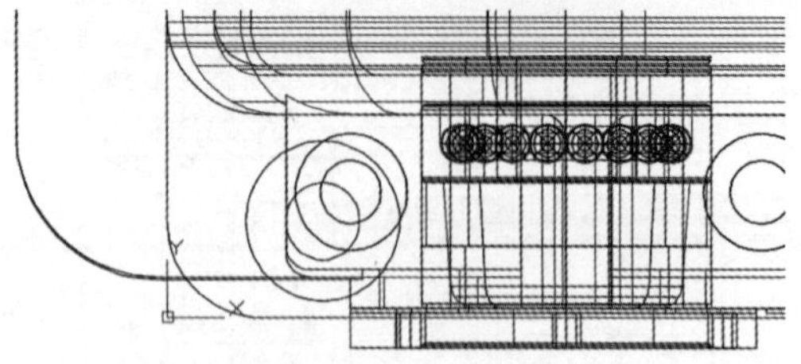

图16-79 安装小闷盖

（3）采用相同的方法，安装小透盖、大闷盖和大透盖。将当前视图切换到西南等轴测视图，如图16-80所示。

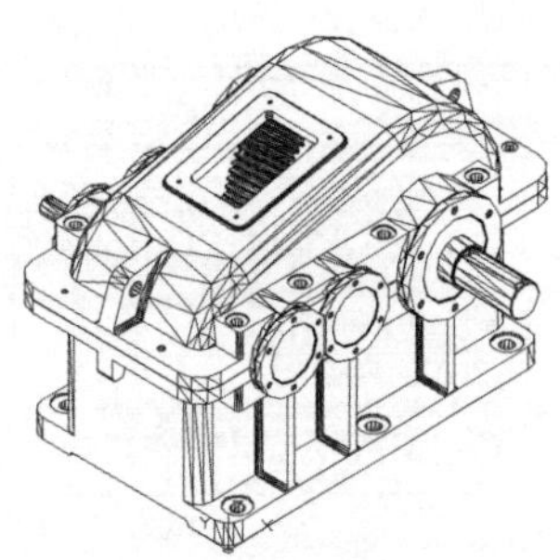

图16-80 安装端盖

9. 插入“油标尺立体图块.dwg”

（1）单击“默认”选项卡“块”面板中的“插入”下拉列表中“最近使用的块”选项，打开“块”面板。单击“浏览”按钮 ⋯ ，在“选择图形文件”对话框中选择“油标尺立体图块.dwg”。设置插入选项：“插入点”设置为（0,0,0），“比例”为（1，1，1），“旋转”为-45°。鼠标右键单击“其他图形”选项卡中的“油标尺立体图块.dwg”，在打开的快捷菜单中选择“插入”选项，完成块插入操作，结果如图16-81所示。

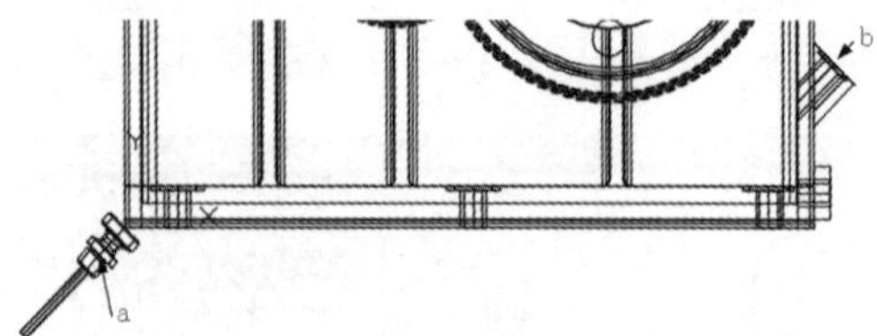

图16-81 插入油标尺

（2）选择菜单栏中的“修改”→“三维操作”→“三维移动”命令，捕捉图16-81中的a点圆心作为基点，将其移动到b点圆心，结果如图16-82所示。

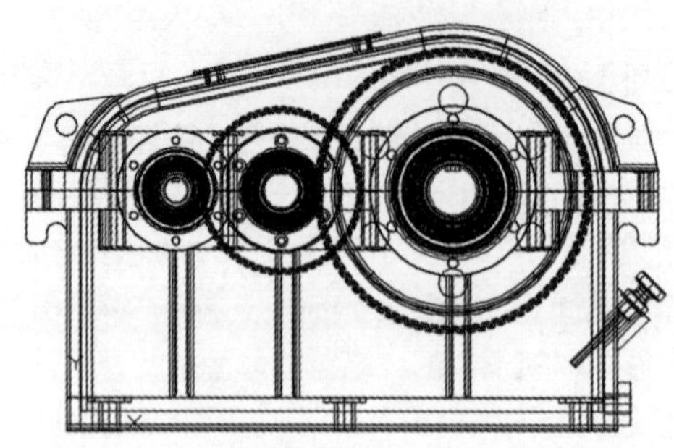

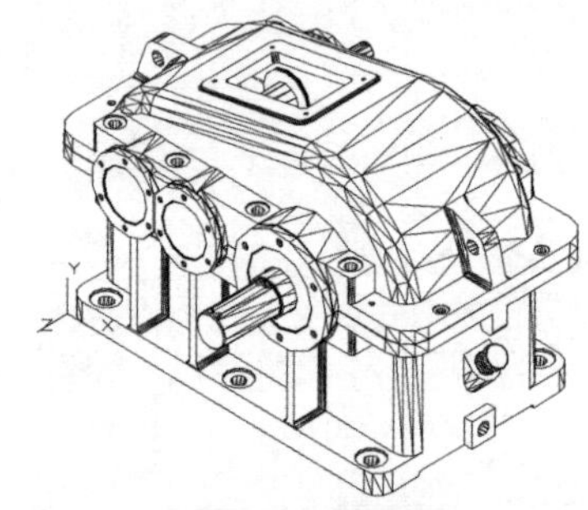

图16-82 安装油标尺

10. 插入“视孔盖立体图块.dwg”

（1）单击“默认”选项卡“块”面板中的“插入”下拉列表中“最近使用的块”选项，打开“块”面板。单击“浏览”按钮 ⋯ ，在“选择图形文件”对话框中选择“视孔盖立体图块.dwg”。设置插入选项：“插入点”设置为（0,0,0），“比例”为（1，1，1），“旋转”为11.644°。鼠标右键单击“其他图形”选项卡中的“视孔盖立体图块.dwg”，在打开的快捷菜单中选择“插入”选项，完成块插入操作，结果如图16-83所示。

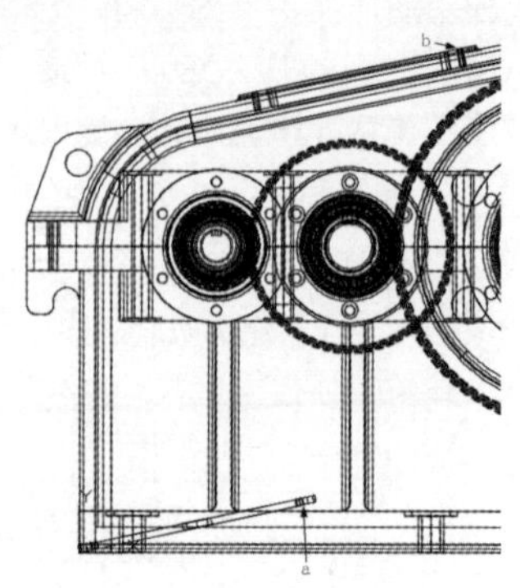

图16-83 插入视孔盖

（2）选择菜单栏中的“修改”→“三维操作”→“三维移动”命令，捕捉图16-83中的孔的下端圆心a点作为基点，将其移动到b点圆心，结果如图16-84所示。

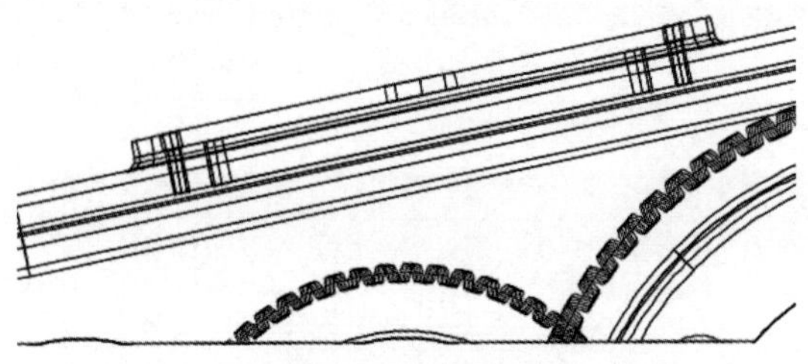

图16-84 安装视孔盖

11. 插入“通气器立体图块.dwg”

（1）单击“默认”选项卡“块”面板中的“插入”下拉列表中“最近使用的块”选项，打开“块”面板。单击“浏览”按钮 ⋯ ，在“选择图形文件”对话框中选择“通气器立体图块.dwg”。设置插入选项：选择“插入点”选项，“比例”为（1，1，1），“旋转”为11.644°。单击“通气器立体图块.dwg”，在绘图区适当位置指定插入点，完成块插入操作，结果如图16-85所示。

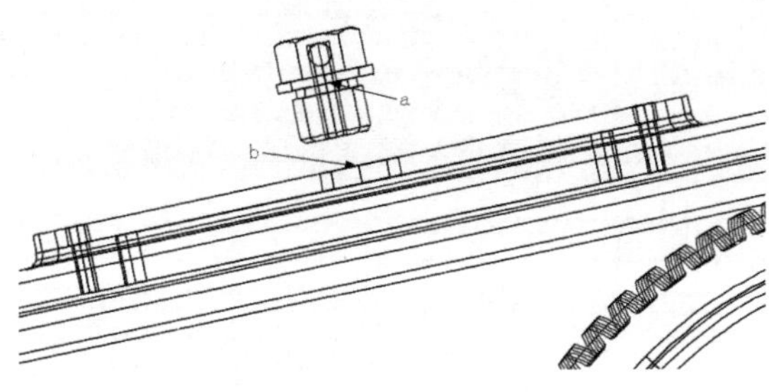

图16-85 插入通气器

（2）选择菜单栏中的“修改”→“三维操作”→“三维移动”命令，捕捉图16-85中的圆心a点作为基点，将其移动到视孔盖b点圆心，结果如图16-86所示。

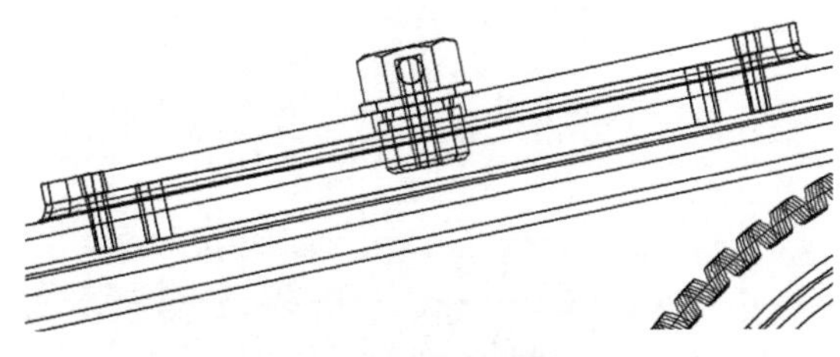

图16-86 移动通气器

12. 插入“垫片立体图块.dwg”

单击“默认”选项卡“块”面板中的“插入”下拉列表中“最近使用的块”选项，打开“块”面板。单击“浏览”按钮 ⋯ ，在“选择图形文件”对话框中选择“垫片立体图块.dwg”。设置插入选项：选择“插入点”选项，“比例”为（1，1，1），“旋转”为-90°。单击“垫片立体图块.dwg”，在绘图区捕捉箱座右侧凸台孔的圆心作为插入点，完成垫片的安装，如图16-87所示。

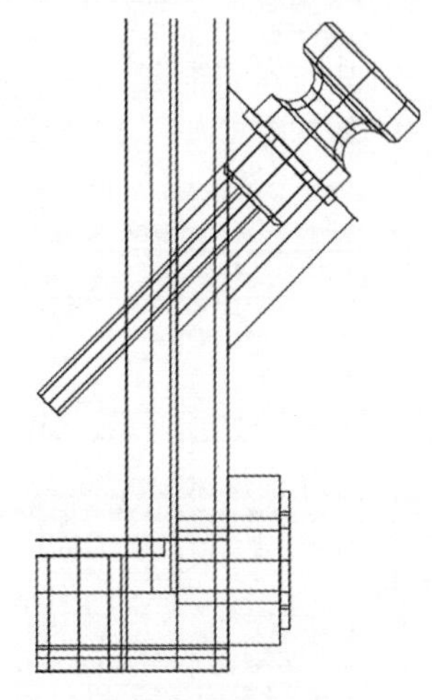

图16-87 插入垫片

13. 插入“螺塞立体图块.dwg”

（1）单击“默认”选项卡“块”面板中的“插入”下拉列表中“最近使用的块”选项，打开“块”面板。单击“浏览”按钮 ⋯ ，在“选择图形文件”对话框中选择“螺塞立体图块.dwg”。设置插入选项：选择“插入点”选项，设置为“在屏幕上指定”，“比例”为（1，1，1），“旋转”为-90°。单击“螺塞立体图块.dwg”，在绘图区将其放置到适当位置，结果如图16-88所示。

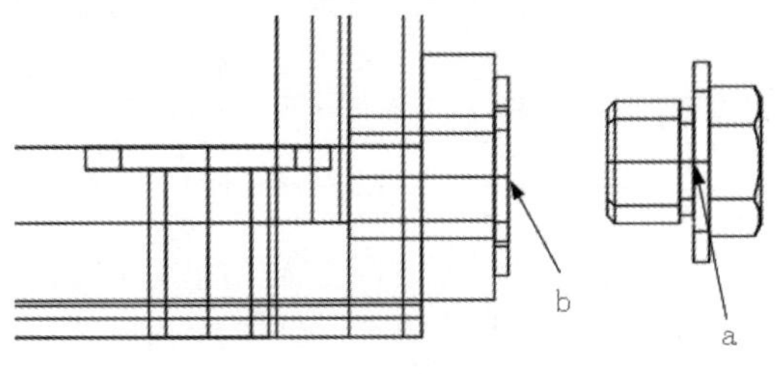

图16-88 插入螺塞

（2）选择菜单栏中的“修改”→“三维操作”→“三维移动”命令，捕捉图16-88中的圆心a点作为基点，将其移动到视孔盖b点圆心，结果如图16-89所示。

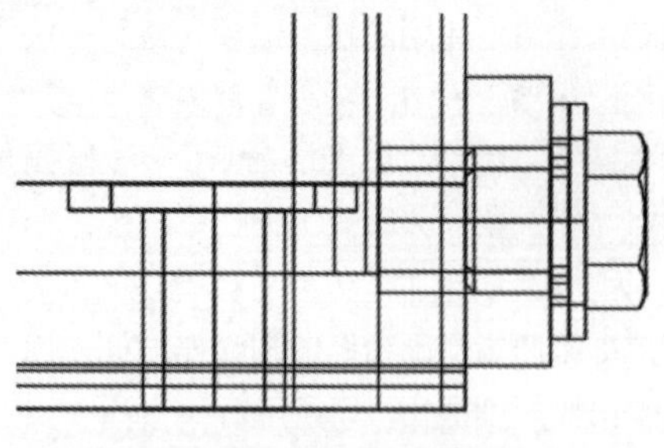

图 16-89 移动螺塞

14. 其他零件的插入

其他零件如螺栓与销等零件的装配过程与上面介绍类似，此处不再赘述。

第五篇　变速器试验箱体三维设计篇

本篇导读

本篇内容通过介绍变速器试验箱体绘制实例，使读者进一步加深对 AutoCAD 三维造型功能的理解和掌握，熟悉各种三维造型的绘制方法。

内容要点

- 端盖与箱体零件立体图绘制
- 轴系零件立体图绘制
- 变速器试验箱体三维总成

第 17 章

端盖与箱体零件立体图绘制

本章导读

本章在变速器试验箱平面三视图的基础上，绘制该变速器试验箱中端盖与箱体零件的三维模型。本章将详细讲解三维实体零件的绘制方法。

17.1 端盖类零件立体图绘制

本节介绍变速器试验箱中端盖类零件三维立体图的绘制过程。

17.1.1 前端盖立体图

本小节主要介绍如何绘制图17-1中的前端盖立体模型。

图17-1 前端盖

1. 新建文件

（1）单击快速访问工具栏中的“新建”按钮，打开“选择样板”对话框，选择“无样板打开-公制（M）”，进入绘图环境。

（2）单击快速访问工具栏中的“保存”按钮，打开“另存为”对话框，输入文件名称“前端盖立体图”，单击“确定”按钮，退出对话框。

2. 设置线框密度

在命令行中输入“ISOLINES”命令，设置线框密度为“10”。

3. 切换视图

单击“可视化”选项卡“命名视图”面板中的“西南等轴测”按钮，切换到西南等轴测视图。

4. 绘制圆柱体

单击“三维工具”选项卡“建模”面板中的“圆柱体”按钮，绘制底面的中心点在坐标原点，直径分别为“150”“-8”，高度分别为“72.3”“-1.97”的圆柱体1和圆柱体2，结果如图17-2所示。

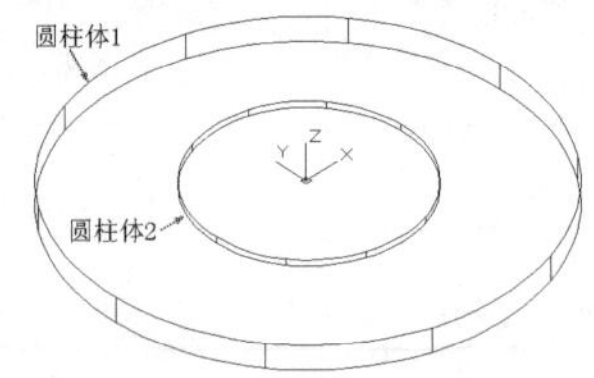

图17-2 绘制圆柱体1和2

5. 差集运算

单击“三维工具”选项卡“实体编辑”面板中的“差集”按钮，从圆柱体1中减去圆柱体2，结果如图17-3所示。

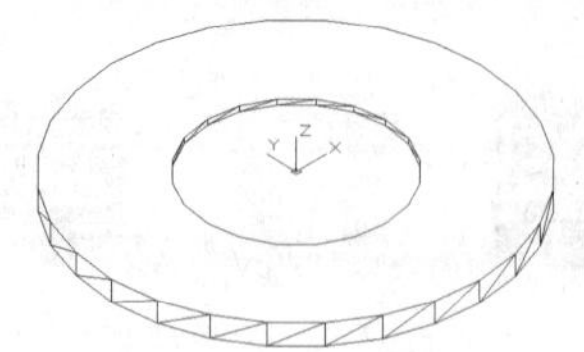

图17-3 差集结果

6. 消隐结果

单击“视图”选项卡“视觉样式”面板中的“隐藏”按钮，对实体进行消隐。

7. 绘制圆柱体3

单击“三维工具”选项卡“建模”面板中的“圆柱体”按钮，绘制直径、高度分别为“64.7”“-1.97”的圆柱体3，结果如图17-4所示。

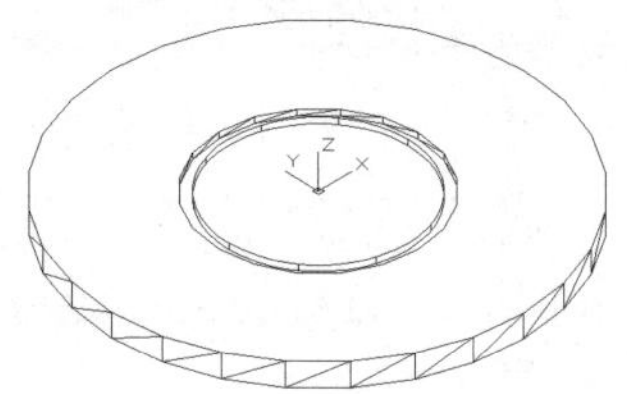

图17-4 绘制圆柱体3

8. 并集运算

单击菜单栏“修改”选项卡“实体编辑”面板中的“并集”按钮，将圆柱体3与差集运算后的实体合并，结果如图17-5所示。

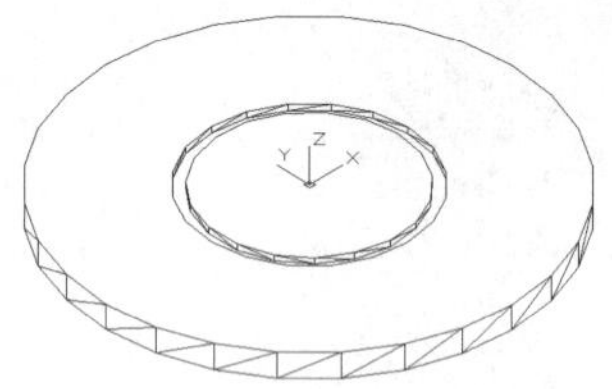

图17-5 并集结果

9. 消隐实体

单击“视图”选项卡“视觉样式”面板中的“隐藏”按钮，对实体进行消隐。

10. 绘制圆柱体4

单击“三维工具”选项卡“建模”面板中的“圆柱体”按钮，绘制圆心在（0,64,0）、直径为“17”、高度为“-8”的圆柱体4，结果如图17-6所示。

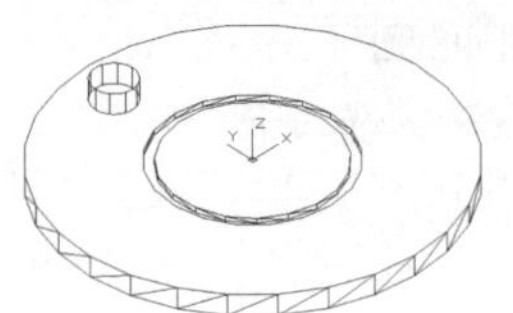

图 17-6 绘制圆柱体 4

11. 阵列孔

选择菜单栏中的“修改”→“三维操作”→“三维阵列”命令，阵列上一步绘制的圆柱体4，阵列结果如图17-7所示。

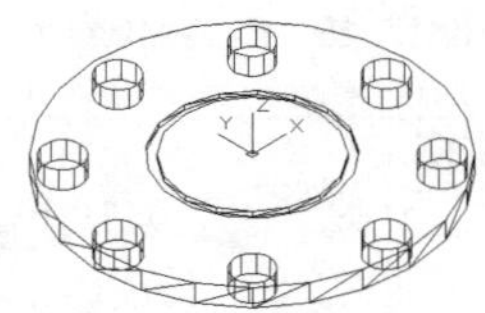

图 17-7 环形阵列结果

12. 差集运算

单击“三维工具”选项卡“实体编辑”面板中的“差集”按钮，在实体中除去阵列结果。

13. 消隐实体

单击“视图”选项卡“视觉样式”面板中的“隐藏”按钮，对实体进行消隐，消隐结果如图17-8所示。

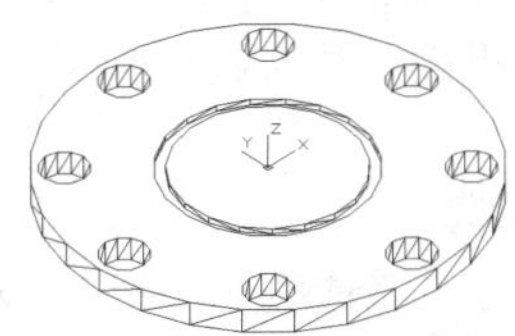

图 17-8 消隐结果

14. 倒角操作

（1）单击“视图”选项卡“导航”面板上的“动态观察”下拉列表中的“自由动态观察”按钮，旋转整个实体到适当角度。

（2）单击“三维工具”选项卡“实体编辑”面板中的“倒角边”按钮，选择倒角边线，倒角距离为“1”，结果如图17-9所示。

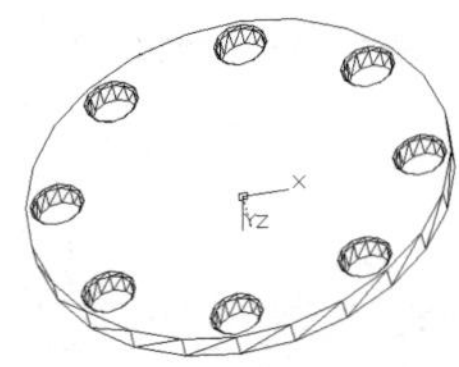

图 17-9 倒角结果

15. 圆角操作

（1）单击“可视化”选项卡“命名视图”面板中的“西南等轴测”按钮，切换视图，结果如图17-10所示。

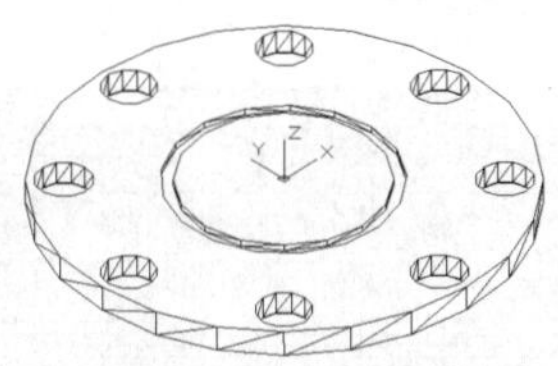

图 17-10 切换视图

（2）单击“三维工具”选项卡“实体编辑”面板中的“圆角边”按钮，选择圆角边线，圆角半径为“0.1”，圆角消隐结果如图17-11所示。

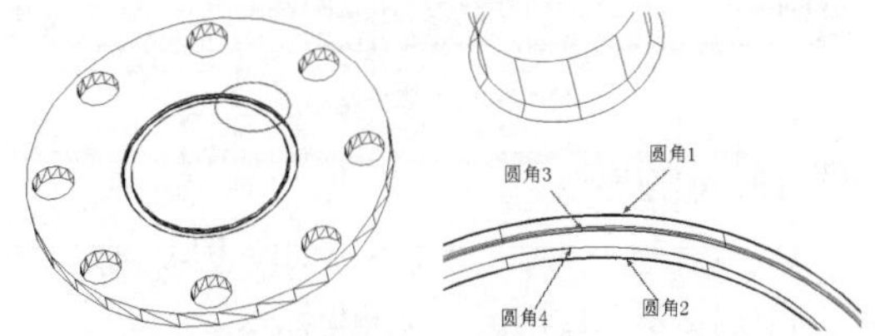

图 17-11 圆角结果

16. 选择材质

单击“可视化”选项卡“材质”面板中的“材质浏览器”按钮，打开“材质浏览器”面板，如图17-12所示。选择材质，单击鼠标右键，选择“指定给当前选择”命令，完成材质选择。

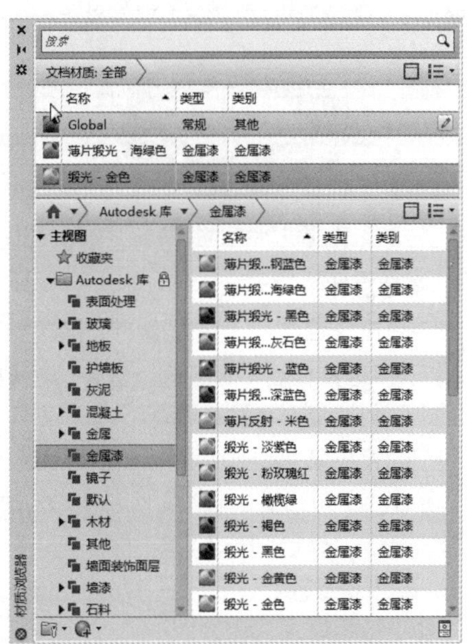

图 17-12 “材质浏览器”面板

17. 渲染实体

单击“可视化”选项卡“渲染”面板中的“渲染到尺寸”按钮，打开“渲染”窗口，如图17-13所示。

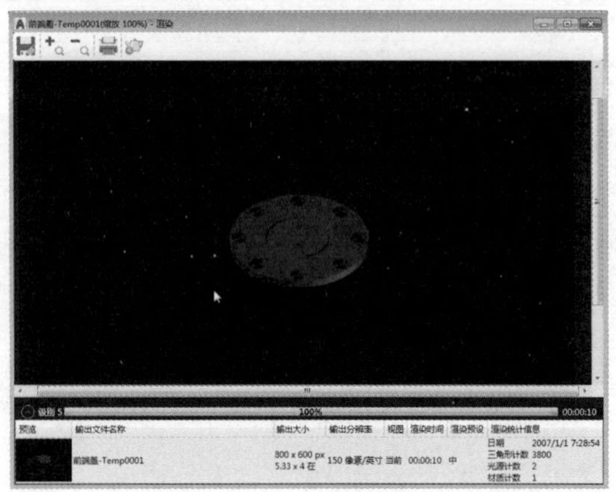

图17-13 渲染结果

18. 模型显示

（1）单击“视图”选项卡“视口工具”面板中的“UCS图标”按钮，关闭坐标系。

（2）单击“视图”选项卡“视觉样式”面板中的“真实”按钮，显示模型样式，结果如图17-1所示。

17.1.2 密封垫2立体图

本小节主要介绍如何绘制图17-14中的密封垫立体模型。

图17-14 密封垫

1. 新建文件

（1）单击快速访问工具栏中的“新建”按钮，打开“选择样板”对话框，选择“无样板打开-公制（M）”，进入绘图环境。

（2）单击快速访问工具栏中的“保存”按钮，打开“另存为”对话框，输入文件名称“密封垫2立体图”，单击“确定”按钮，退出对话框。

2. 设置线框密度

在命令行中输入“ISOLINES”命令，设置线框密度为“10”。

3. 绘制同心圆

单击“默认”选项卡“绘图”面板中的“圆”按钮，绘制圆心在原点的同心圆，直径分别为“150”“76”，如图17-15所示。

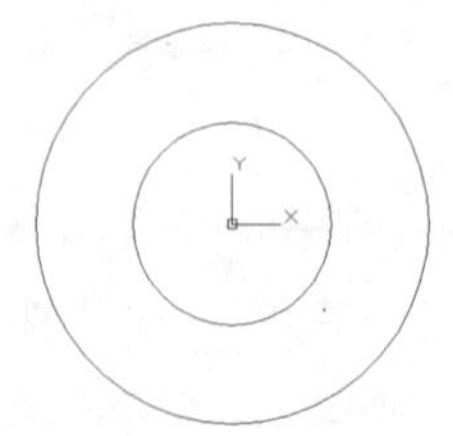

图17-15 同心圆绘制结果

4. 拉伸实体

单击“三维工具”选项卡“建模”面板中的“拉伸”按钮，拉伸上一步绘制的圆，拉伸的高度为“0.8”，结果如图17-16所示。

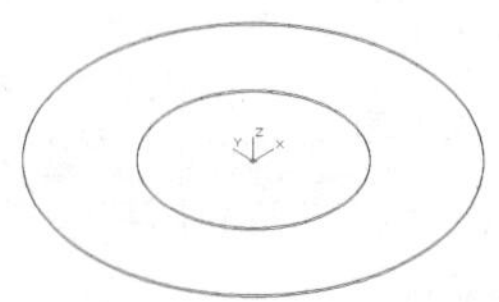

图17-16 拉伸结果

5. 差集运算

单击“三维工具”选项卡“实体编辑”面板中的“差集”按钮，从大圆拉伸实体中减去小圆拉伸实体。

6. 切换视图

单击“可视化”选项卡“命名视图”面板中的“西南等轴测”按钮，切换到西南等轴测视图。

7. 绘制圆柱体

单击“三维工具”选项卡“建模”面板中的“圆柱体”按钮，绘制底面圆心为（0，64，0）、直径为“17”、高度“0.8”的圆柱体，结果如图17-17所示。

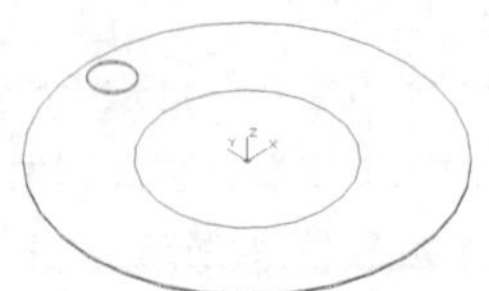

图17-17 绘制圆柱体

8. 阵列孔

选择菜单栏中的“修改”→“三维操作”→“三维阵列”命令，阵列上一步绘制的圆柱体，结果如图17-18所示。

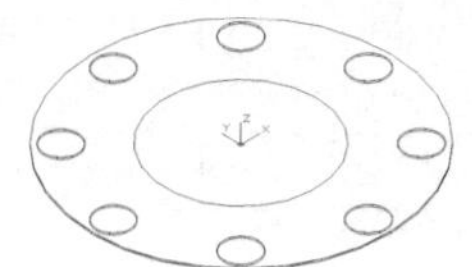

图17-18 阵列结果

9. 差集运算

单击“三维工具”选项卡“实体编辑”面板中的“差集”按钮，从拉伸实体中减去圆柱体。

10. 隐藏实体

单击“视图”选项卡“视觉样式”面板中的“隐藏”按钮，对实体进行消隐，结果如图17-19所示。

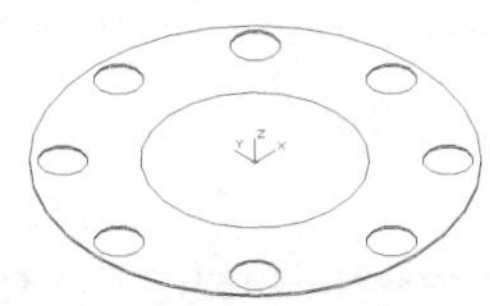

图17-19 差集结果

11. 模型显示

单击“视图”选项卡“视觉样式”面板中的“概念”按钮，显示模型样式。

12. 设置坐标显示

单击“视图”选项卡“视口工具”面板中的“UCS图标”按钮，取消坐标系显示，结果如图17-20所示。

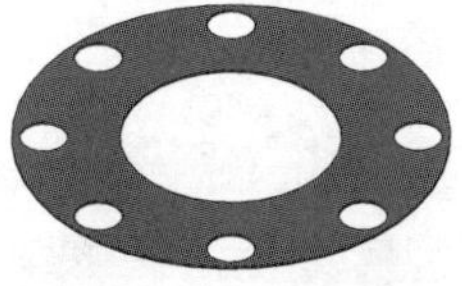

图17-20 模型立体图

用同样的方法绘制“密封垫11立体图”“密封垫12立体图”，结果如图17-21所示。

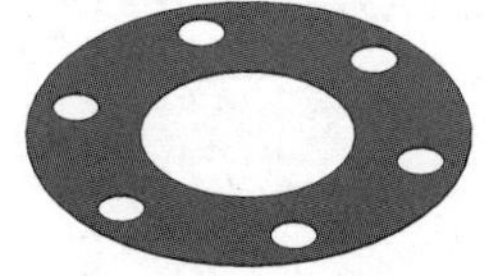

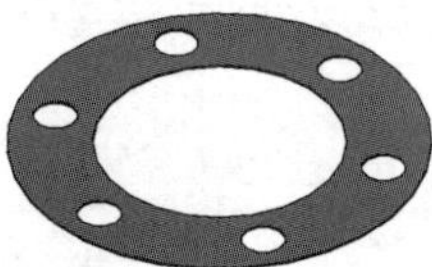

图17-21 密封垫立体图

17.1.3 箱盖立体图

本小节主要介绍如何绘制图17-22中的箱盖立体模型。

图17-22 箱盖

1. 新建文件

（1）单击快速访问工具栏中的“新建”按钮，打开“选择样板”对话框，选择“无样板打开-公制（M）”，进入绘图环境。

（2）单击快速访问工具栏中的“保存”按钮，打开“另存为”对话框，输入文件名称“箱盖立体图”，单击“确定”按钮，退出对话框。

2. 设置线框密度

在命令行中输入“ISOLINES”命令，设置线框密度为“10”。

3. 绘制长方体

单击“三维工具”选项卡“建模”面板中的“长方体”按钮，绘制长方体，第一个角点为（0，0，0），第二个角点为（710，373，10）。

4. 切换视图

单击“可视化”选项卡“命名视图”面板中的“西南等轴测”按钮，进入三维建模环境。

5. 隐藏实体

消隐结果如图17-23所示。

> 提示 在绘制长方体过程中应打开“正交”，否则，长方体的“XY”轴不会与坐标系重合。

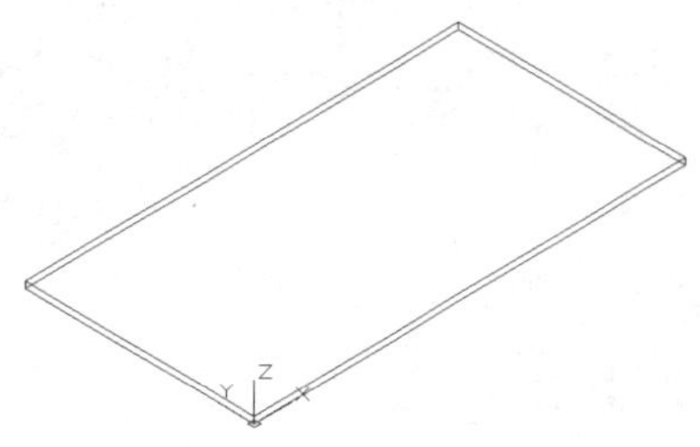

图17-23 绘制长方体

6. 绘制圆柱体

单击“三维工具”选项卡“建模”面板中的“圆柱体”按钮，绘制圆柱体，参数设置如下。

圆柱体1：圆心（12，15，0）、直径“11”、

高度“10”。

圆柱体2：圆心（12，133，0）、直径“11”、高度“10”。

圆柱体3：圆心（12，247，0）、直径“11”、高度“10”。

圆柱体4：圆心（12，358，0）、直径“11”、高度“10”。

圆柱体5：圆心（355，15，0）、直径“11”、高度“10”。

圆柱体6：圆心（12，190，0）、直径“12”、高度“10”。

圆柱体7：圆心（390，53，0）、直径“10”、高度“10”。

圆柱体8：圆心（359，320，0）、直径“10”、高度“10”。

结果如图17-24所示。

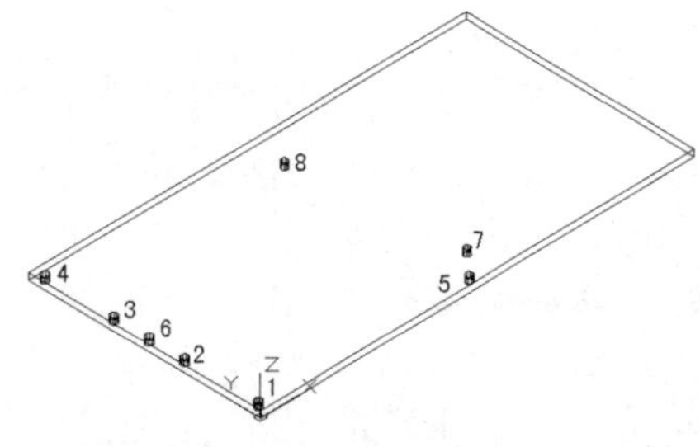

图17-24 绘制圆柱体

7. 阵列圆柱体

选择菜单栏中的“修改”→“三维操作”→“三维阵列”命令，选择圆柱体1和圆柱体4，类型为矩形阵列，行数为“1”、列数为“3”、间距为“114”、个数为“3”，命令行中的提示与操作如下：

```
命令：_3darray
选择对象：找到 1 个
选择对象： 找到 1 个，总计 2 个 （选择圆柱体1、4）
选择对象：↙
输入阵列类型 [矩形(R)/环形(P)] <矩形>:↙
输入行数 (---) <1>:↙
输入列数 (|||) <1>: 3↙
输入层数 (...) <1>:↙
指定列间距 (|||): 114↙
_.ARRAY
选择对象： 找到 1 个
选择对象： 找到 0 个
选择对象： 输入阵列类型 [矩形(R)/环形(P)]
<R>: _R
输入行数 (---) <1>: 1
输入列数 (|||) <1> 3
指定列间距 (|||): 114
```

结果如图17-25所示。

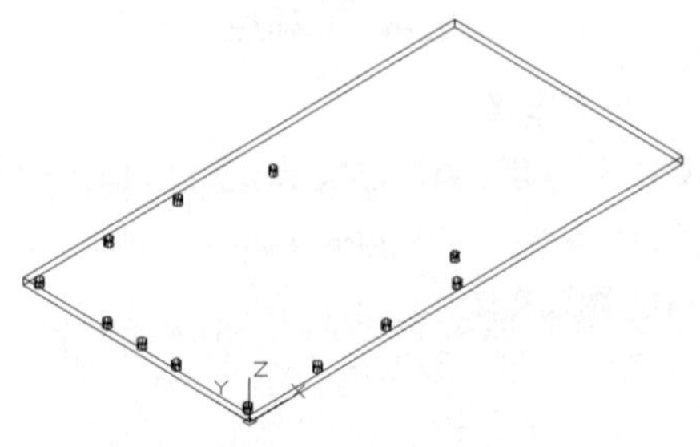

图17-25 三维阵列结果

8. 镜像实体

选择菜单栏中的“修改”→“三维操作→“三维镜像”命令，镜像两次阵列的圆柱体，第一次镜像对象为除圆柱体5、7、8外的所有圆柱体，第二次镜像对象为圆柱体5，镜像的平面分别为由（355，0，0）、（355，15，0）、（355，0，15）和（0，190，0）、（10，190，0）、（10，190，50）组成的平面，不删除源对象，绘制结果如图17-26所示。

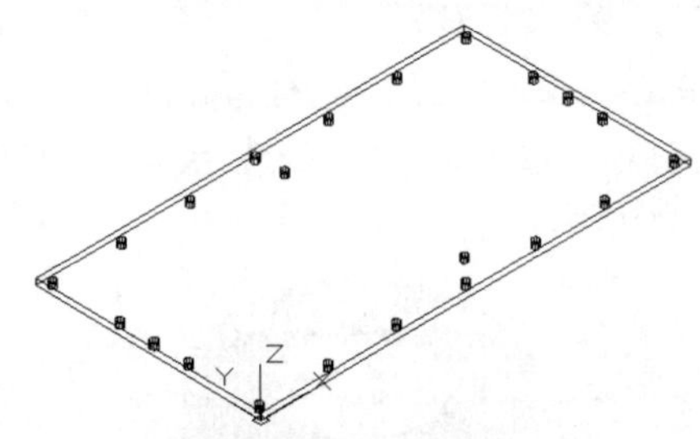

图17-26 镜像结果

9. 差集运算

单击“三维工具”选项卡“实体编辑”面板中的“差集”按钮，从长方体中减去所有圆柱体，消隐结果如图17-27所示。

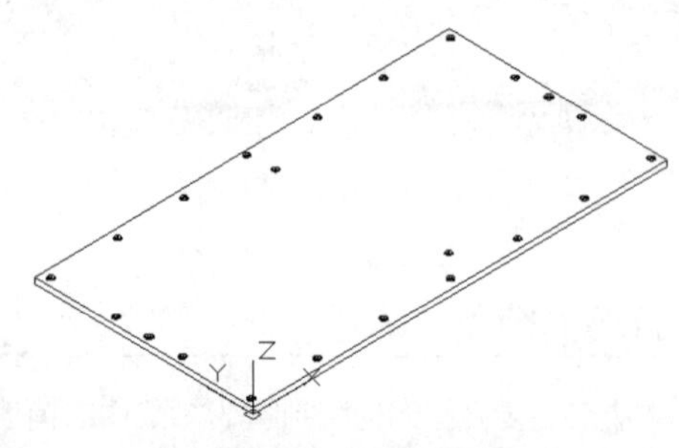

图17-27 差集运算

10. 模型显示

（1）选择菜单栏中的“视图”→“显示”→“UCS图标”→“开”命令，取消坐标系显示。

（2）选择菜单栏中的“视图”→“视觉样式”→“概念”命令，可得到实体概念图，如图17-22所示。

用同样的方法绘制“密封垫14立体图”，结果如图17-28所示。

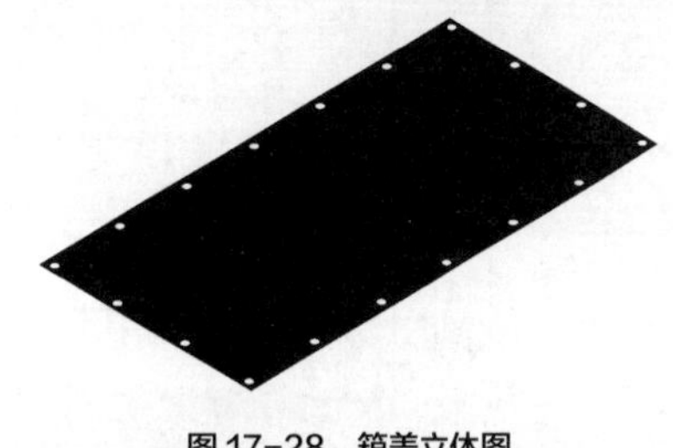

图 17-28　箱盖立体图

17.2 箱体零件立体图绘制

本节将以螺堵、底板、吊耳板、油管座三维模型为例，详细讲解箱体零件立体图的绘制方法。本节主要用到的建模命令有“圆柱体”“长方体”等。

17.2.1 螺堵立体图

本小节主要介绍如何绘制图17-29中的螺堵15立体图。

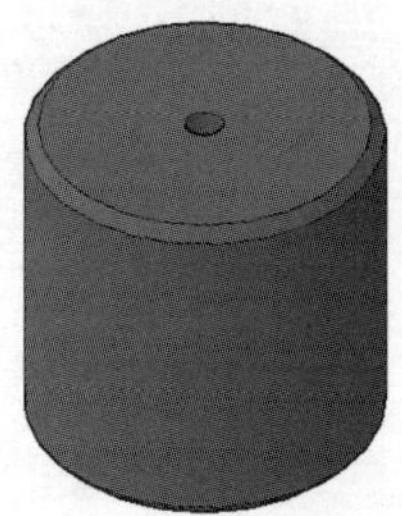

图 17-29　螺堵 15 立体图

1. 新建文件

（1）单击快速访问工具栏中的“新建”按钮，打开“选择样板”对话框，选择“无样板打开-公制（M）”，进入绘图环境。

（2）单击快速访问工具栏中的“保存”按钮，打开“另存为”对话框，输入文件名称“螺堵15立体图”，单击“确定”按钮，退出对话框。

2. 设置线框密度

在命令行中输入“ISOLINES”命令，设置线框密度为“10”。

3. 绘制圆柱体

单击“三维工具”选项卡“建模”面板中的“圆柱体”按钮，绘制圆柱体，参数设置如下。

圆柱体1：圆心（0，0，0）、直径“27”、高度“25”。

圆柱体2：圆心（0，0，20）、直径“3”、高度“5”。

4. 切换视图

单击“可视化”选项卡“命名视图”面板中的“西南等轴测”按钮，显示三维视图，结果如图17-30所示。

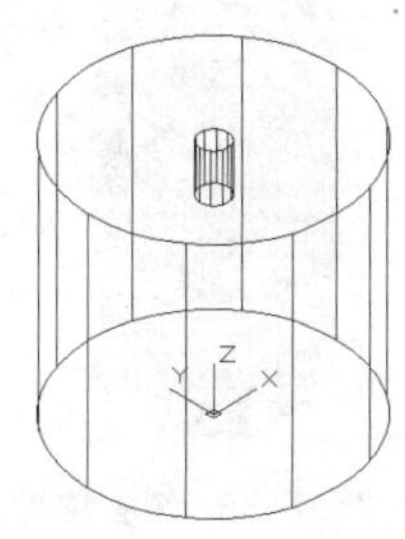

图 17-30　西南等轴测视图

5. 差集运算

单击“三维工具”选项卡“实体编辑”面板中的“差集”按钮，从圆柱体1中减去圆柱体2，结果如图17-31所示。

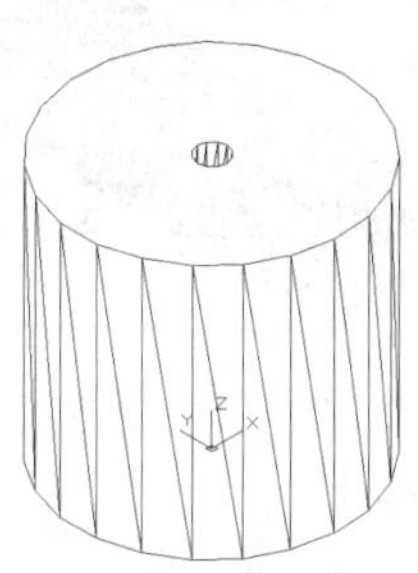

图 17-31　差集结果

6. 倒角操作

单击“默认”选项卡“修改”面板中的“倒角”按钮，选择倒角边线，分别对实体上下端面外边线进行倒角操作，结果如图17-32所示。

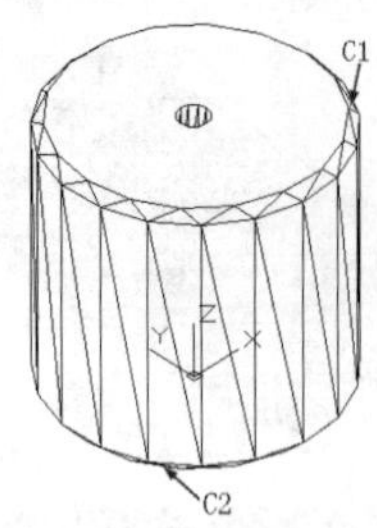

图 17-32　倒角结果

7. 模型显示

（1）选择菜单栏中的“视图”→“显示”→“UCS图标”→“开”命令，取消坐标系显示。

（2）选择菜单栏中的“视图”→“视觉样式”→“概念”命令，显示实体概念图，如图17-29所示。

用同样的方法绘制“螺堵16立体图”，结果如图17-33所示。

图 17-33　螺堵 16

17.2.2　底板立体图

本小节主要介绍如何绘制图17-34中的底板立体模型。

图 17-34　底板

1. 新建文件

（1）单击快速访问工具栏中的“新建”按钮，打开“选择样板”对话框，选择“无样板打开-公制（M）”，进入绘图环境。

（2）单击快速访问工具栏中的“保存”按钮，打开“另存为”对话框，输入文件名称“底板立体图”，单击“确定”按钮，退出对话框。

2. 设置线框密度

在命令行中输入“ISOLINES”命令，设置线框密度为“10”。

3. 视图转换

单击“可视化”选项卡“命名视图”面板中的“西南等轴测”按钮，进入三维建模环境。

4. 绘制长方体

单击“三维工具”选项卡“建模”面板中的“长方体”按钮，绘制中心点在（0，0，0）、长宽高分别为“880”“338”“26”的长方体，命令行中的提示与操作如下：

```
命令：_box
指定第一个角点或 [中心(C)]：C↙
指定中心：0,0,0↙
指定角点或 [立方体(C)/长度(L)]：l↙ <正交 开>
指定长度 <880.0000>:880↙
指定宽度 <338.0000>:338↙
指定高度或 [两点(2P)] <26.0000>:26↙
```

消隐结果如图17-35所示。

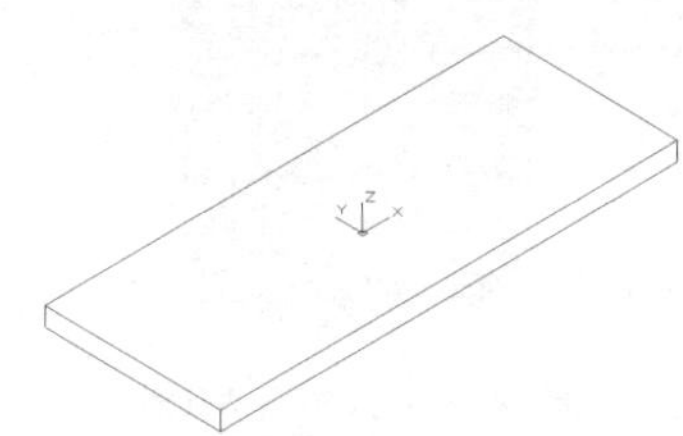

图 17-35　绘制长方体

5. 设置坐标系

在命令行中输入“UCS”命令，将坐标原点移动到（0，0，-13）处。

6. 切换视图

选择菜单栏中的“视图”→“三维视图”→“平面视图”→“当前UCS（C）”命令，进入*XY*平面。

7. 绘制图形

单击“默认”选项卡“绘图”面板中的“圆”按钮、“绘图”面板中的“直线”按钮和“修改”面板中的“修剪”按钮，绘制圆心分别为（-413，-132）、（-387，-132），半径为“10.5”的圆，用直线连接并修剪圆。

8. 面域运算

单击“默认”选项卡“绘图”面板中的“面域”按钮，将上一步绘制的图形创建为面域，结果如图17-36所示。

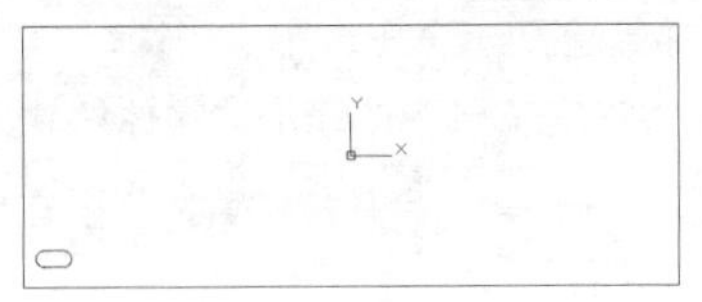
图17-36 绘制轮廓线

9. 视图转换

单击“可视化”选项卡“命名视图”面板中的“西南等轴测”按钮，切换视图。

10. 拉伸轮廓线

单击“三维工具”选项卡“建模”面板中的“拉伸”按钮，拉伸上一步绘制的轮廓线，拉伸深度为“35”，结果如图17-37所示。

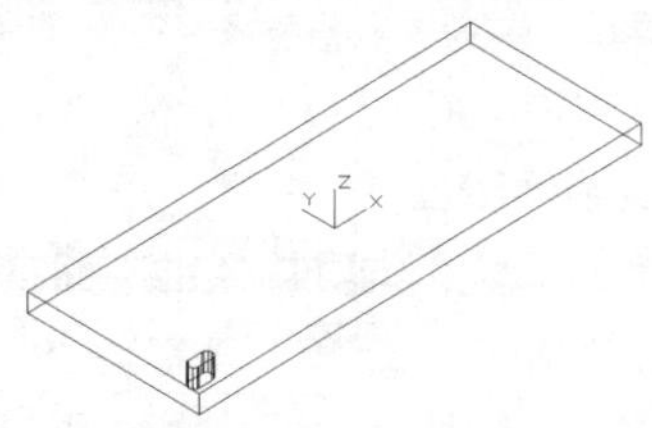
图17-37 拉伸结果

11. 阵列拉伸实体

选择菜单栏中的“修改”→“三维操作”→“三维阵列”命令，选择上部绘制的拉伸实体，行数为“2”、列数为“2”、层数为“1”、行间距为“264”、列间距为“800”，结果如图17-38所示。

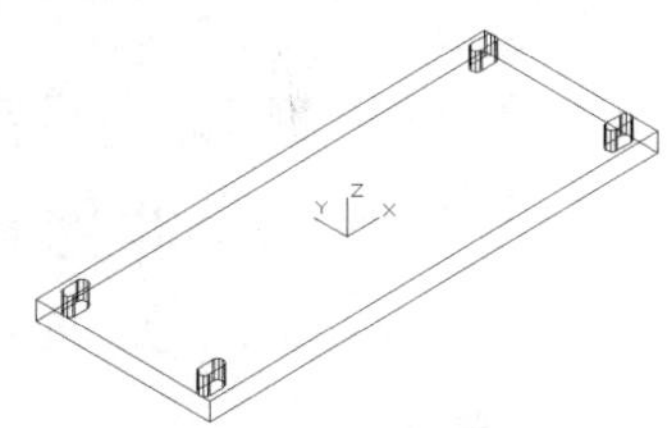
图17-38 阵列结果

12. 差集运算

单击“三维工具”选项卡“实体编辑”面板中的“差集”按钮，从长方体中减去阵列的拉伸实体，消隐结果如图17-39所示。

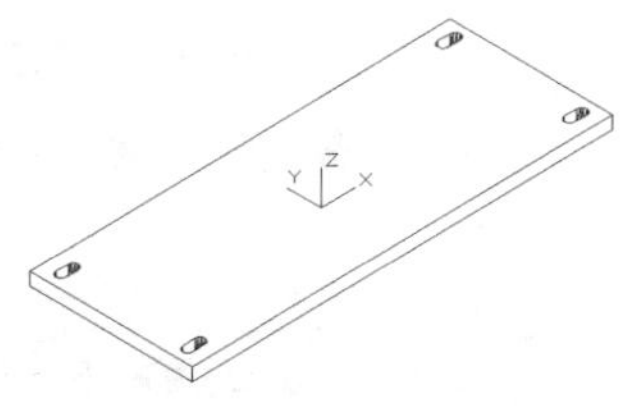
图17-39 差集结果

13. 模型显示

（1）选择菜单栏中的“视图”→“显示”→“UCS图标”→“开”命令，取消坐标系显示。

（2）选择菜单栏中的“视图”→“视觉样式”→“概念”命令，结果如图17-34所示。

用同样的方法绘制“侧板立体图”“后箱板立体图”“前箱板立体图”，结果如图17-40、图17-41和图17-42所示。

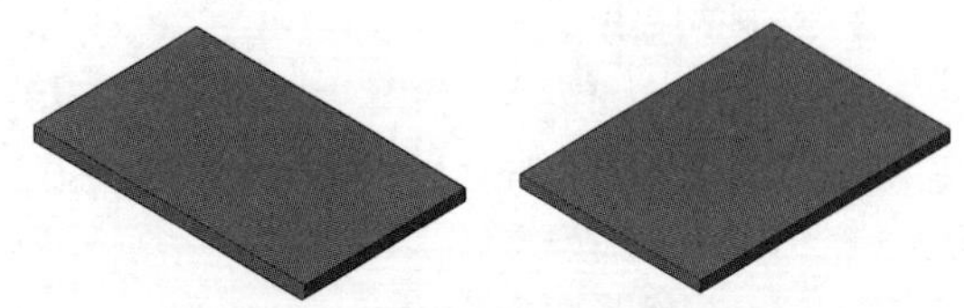
图17-40 侧板

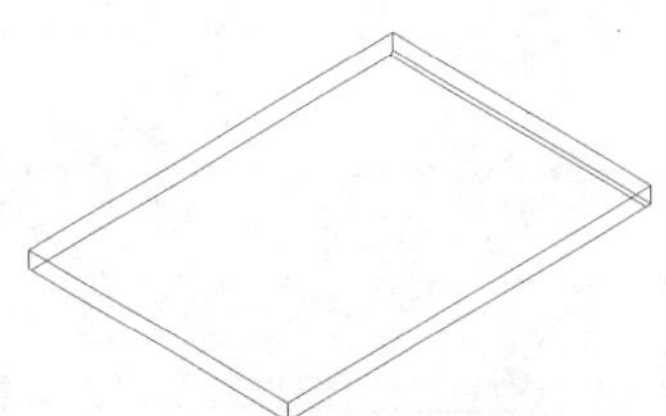
图17-41 后箱板

图17-42 前箱板

17.2.3 吊耳板立体图

本小节主要介绍如何绘制图17-43中的吊耳板立体模型。

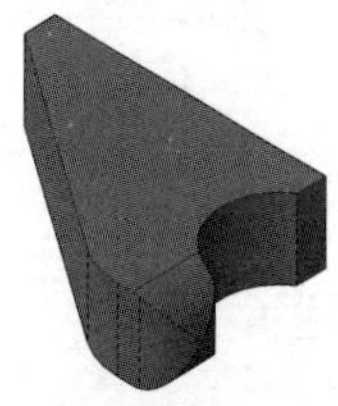
图17-43 吊耳板

1. 新建文件

（1）单击快速访问工具栏中的“新建”按钮

，打开“选择样板”对话框，选择“无样板打开-公制（M）”，进入绘图环境。

（2）单击快速访问工具栏中的“保存”按钮，打开“另存为”对话框，输入文件名称“吊耳板立体图”，单击“确定”按钮，退出对话框。

2. 设置线框密度

在命令行中输入“ISOLINES”命令，设置线框密度“10”。

3. 绘制多段线

单击“默认”选项卡“绘图”面板中的“多段线”按钮，指定坐标依次为（0，0）、（@50，0）、（@0，70）、（@-8，0）、（@-42，-60）、C 的多段线，结果如图 17-44 所示。

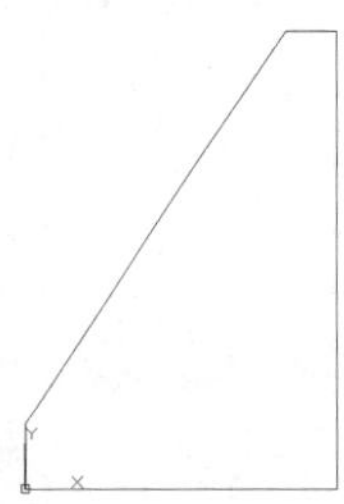

图 17-44 绘制多段线

4. 拉伸实体

单击“三维工具”选项卡“建模”面板中的“拉伸”按钮，拉伸上一步绘制的轮廓线，高度为“20”。

5. 切换视图

单击“可视化”选项卡“命名视图”面板中的“西南等轴测”按钮，显示三维实体。

6. 绘制圆柱体

单击“三维工具”选项卡“建模”面板中的“圆柱体”按钮，绘制底圆圆心坐标为（0，0，10）、半径为“10”、轴端点坐标为（16，0，10）的圆柱体，结果如图 17-45 所示。

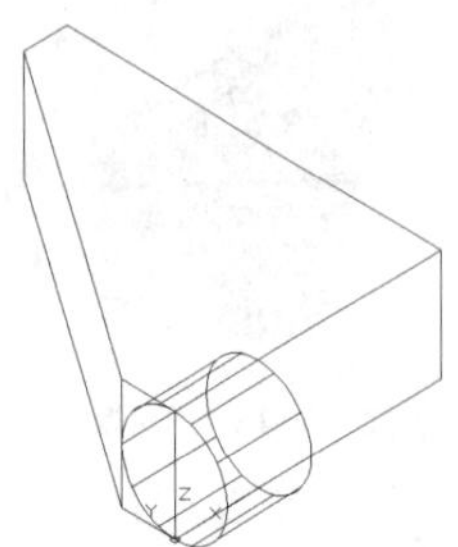

图 17-45 绘制圆柱体

7. 并集运算

单击“三维工具”选项卡“实体编辑”面板中的“并集”按钮，合并拉伸实体与圆柱体，结果如图 17-46 所示。

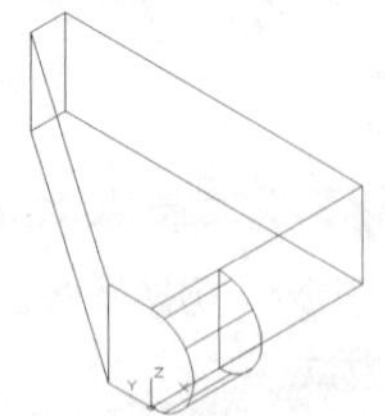

图 17-46 并集结果

8. 切换视图

选择菜单栏中的“视图”→“三维视图”→“平面视图”→“当前UCS（C）”命令，进入*XY*平面。

9. 绘制平面草图

（1）单击“默认”选项卡“绘图”面板中的“圆”按钮，绘制圆心在（8，-2）、半径为“8”的圆。

（2）单击“默认”选项卡“绘图”面板中的“直线”按钮，绘制坐标依次为（0，-2）、（0，-10）、（8，-10）、（16，-10）、（16，-2）的直线。

（3）单击“默认”选项卡“修改”面板中的“修剪”按钮，修剪多余圆弧。

（4）单击“默认”选项卡“修改”面板中的“打断于点”按钮，在点（8，-10）处打断圆弧。

（5）单击“默认”选项卡“绘图”面板中的“面域”按钮，将上一步绘制的图形合并成环，创建面域A、B，结果如图 17-47 所示。

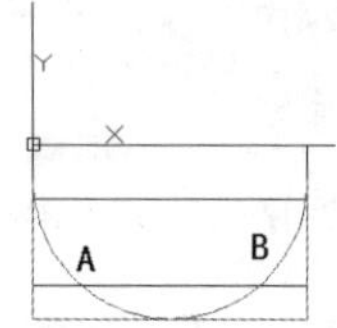

图 17-47 创建面域

10. 拉伸草图

单击“三维工具”选项卡“建模”面板中的“拉伸”按钮，拉伸上一步绘制的面域A、B，拉伸高度为“20”。

11. 切换视图

单击“可视化”选项卡“命名视图”面板中的“西南等轴测”按钮，显示三维实体，消隐结果如图 17-48 所示。

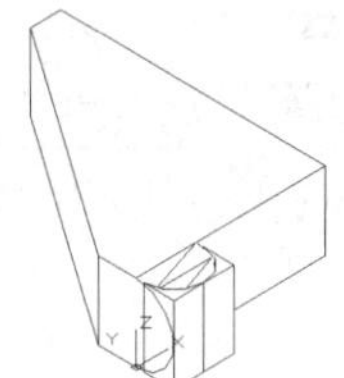

图 17-48 拉伸实体

12. 差集运算

单击“三维工具”选项卡“实体编辑”面板中的“差集”按钮，从实体中减去上一步拉伸的实体，消隐结果如图 17-49 所示。

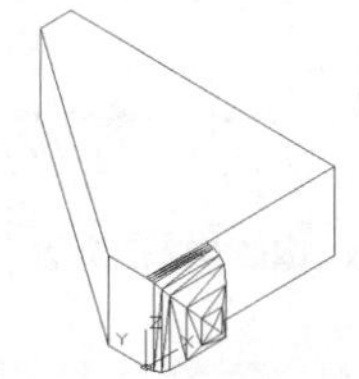

图 17-49 差集运算（1）

13. 绘制圆柱体

单击“三维工具”选项卡“建模”面板中的“圆柱体”按钮，绘制圆心坐标为（30，-8，0）、半径为“15”、高为“20”的圆柱体，结果如图 17-50 所示。

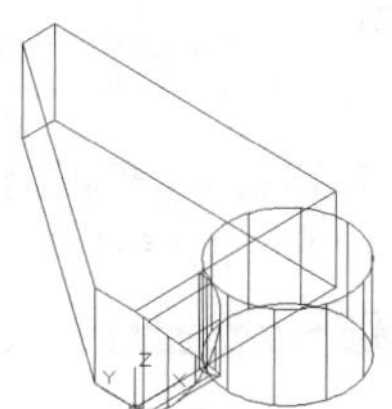

图 17-50 绘制圆柱体

14. 差集运算

单击“三维工具”选项卡“实体编辑”面板中的“差集”按钮，从实体中减去圆柱体，消隐结果如图 17-51 所示。

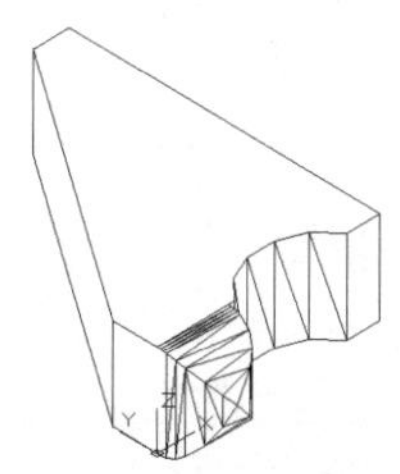

图 17-51 差集运算（2）

15. 圆角操作

单击“三维工具”选项卡“实体编辑”面板中的“圆角边”按钮，圆角距离为“20”，结果如图 17-52 所示。

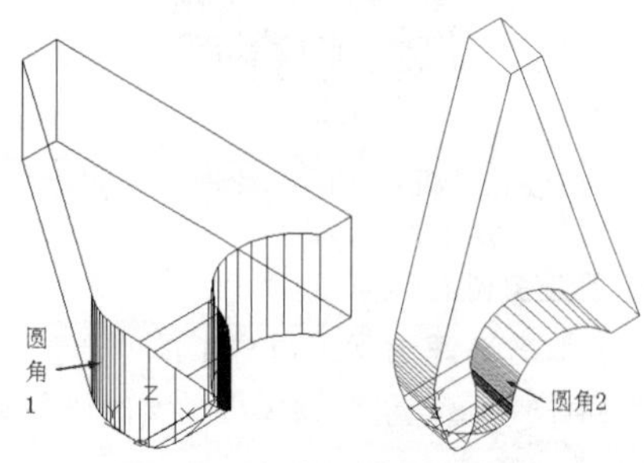

图 17-52 圆角结果

16. 模型显示

（1）单击“视图”选项卡“视口工具”面板中的“UCS 图标”按钮，取消坐标系显示。

（2）单击“视图”选项卡“视觉样式”面板中的“概念”按钮，结果如图 17-43 所示。

用同样的方法绘制“筋板立体图”“进油座板立体图”，结果如图 17-53、图 17-54 所示。

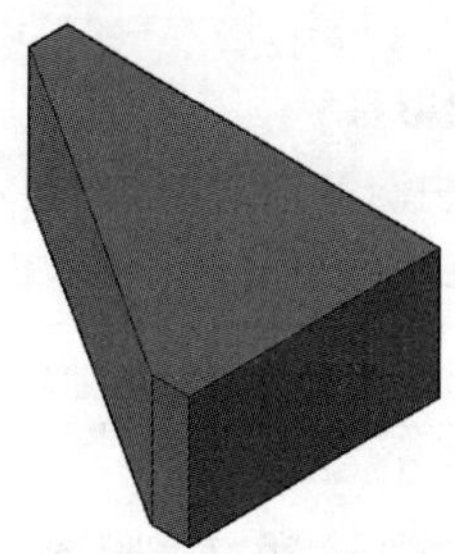

图 17-53 筋板

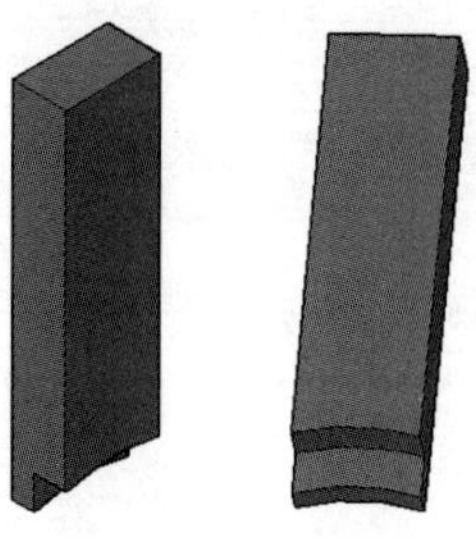

图 17-54 进油座板

17.2.4 油管座立体图

本小节主要介绍如何绘制图 17-55 中的油管座立体模型。

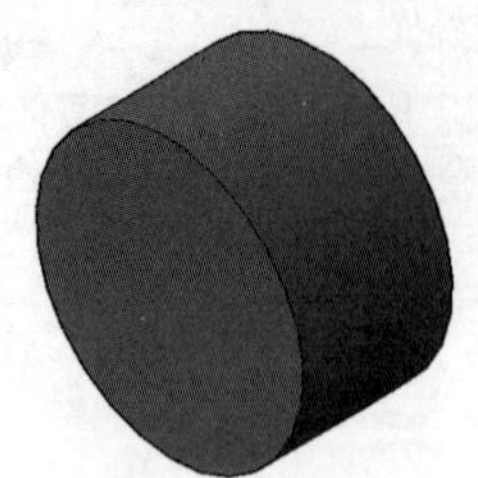

图17-55 油管座

1. 新建文件

（1）单击快速访问工具栏中的“新建”按钮，打开“选择样板”对话框，选择“无样板打开-公制（M）”，进入绘图环境。

（2）单击快速访问工具栏中的“保存”按钮，打开“另存为”对话框，输入文件名称“油管座立体图”，单击“确定”按钮，退出对话框。

2. 设置线框密度

在命令行中输入“ISOLINES”命令，设置线框密度“10”。

3. 视图设置

单击“可视化”选项卡“命名视图”面板中的“西南等轴测”按钮，进入三维环境。

4. 旋转坐标系

在命令行中输入“UCS”命令，将坐标系绕*Y*轴旋转90°，结果如图17-56所示。

图17-56 旋转坐标系

5. 绘制圆柱体

单击“三维工具”选项卡“建模”面板中的“圆柱体”按钮，以（0，0，0）为圆心，创建直径为“45”、高度为“25”的圆柱体，结果如图17-57所示。

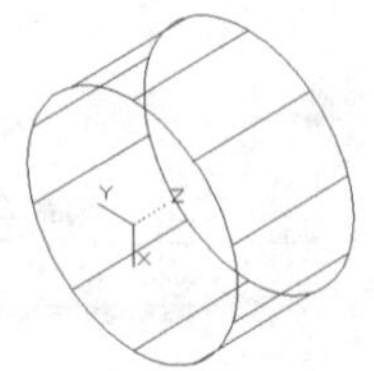

图17-57 绘制圆柱体

6. 隐藏实体

单击“视图”选项卡“视觉样式”面板中的“隐藏”按钮，对实体进行消隐，结果如图17-58所示。

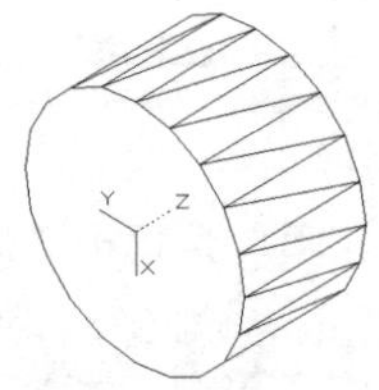

图17-58 消隐结果

7. 模型显示

（1）单击“视图”选项卡“视口工具”面板中的“UCS图标”按钮，取消坐标系显示。

（2）单击“视图”选项卡“视觉样式”面板中的“概念”按钮，结果如图17-55所示。

第 18 章

轴系零件立体图绘制

本章导读

本章将以轴套、轴与输入齿轮立体图为例，详细讲解轴系零件立体图的绘制过程。通过本章学习，读者可以进一步掌握和巩固 AutoCAD 三维造型功能相关知识。

18.1 轴套类零件立体图

本节介绍变速器试验箱中轴套类零件三维立体图的绘制过程。

18.1.1 支撑套立体图

本小节主要介绍如何绘制图18-1中的支撑套立体模型。

图18-1 支撑套立体图

1. 新建文件

（1）单击快速访问工具栏中的“新建”按钮，打开“选择样板”对话框，选择“无样板打开-公制（M）”，进入绘图环境。

（2）单击快速访问工具栏中的“保存”按钮，打开“另存为”对话框，输入文件名称“支撑套立体图”，单击“确定”按钮，退出对话框。

2. 设置线框密度

在命令行中输入“ISOLINES”命令，设置线框密度为“10”。

3. 绘制圆柱体

（1）单击“可视化”选项卡“命名视图”面板中的“西南等轴测”按钮，转换到西南等轴测视图。

（2）单击“三维工具”选项卡“建模”面板中的“圆柱体”按钮，在原点绘制两个圆柱体，直径分别为“130”“118”，高度均为“30”，结果如图18-2所示。

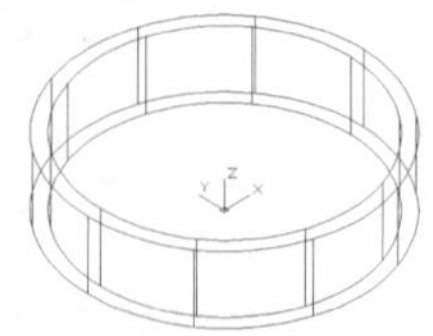

图18-2 绘制圆柱体

4. 差集运算

单击“三维工具”选项卡“实体编辑”面板中的“差集”按钮，从大圆柱体中减去小圆柱体，结果如图18-3所示。

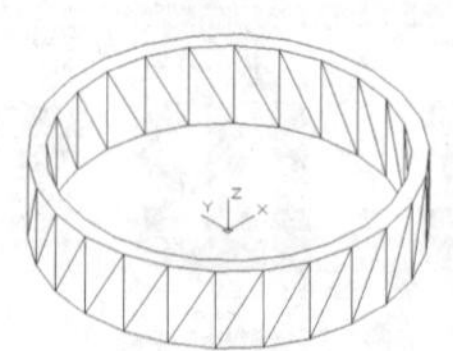

图18-3 差集运算

5. 倒角操作

单击“三维工具”选项卡“实体编辑”面板中的“倒角边”按钮，选择实体上下端面里外四条倒角边线，倒角距离均为“1”，结果如图18-4所示。

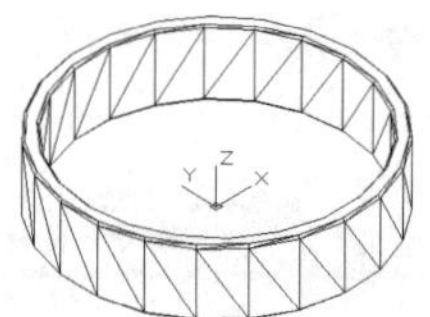

图18-4 倒角结果

6. 模型显示

（1）单击“视图”选项卡“视口工具”面板中的“UCS图标”按钮，取消坐标系显示。

（2）单击“视图”选项卡“视觉样式”面板中的“概念”按钮，可得到实体概念图，如图18-1所示。

18.1.2 花键套立体图

本小节主要介绍如何绘制图18-5中的花键套立体模型。

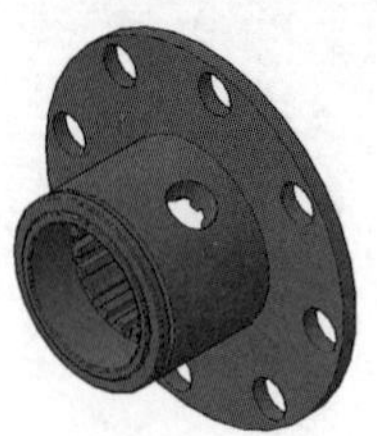

图18-5 花键套

1. 新建文件

（1）单击快速访问工具栏中的“新建”按钮，打开“选择样板”对话框，选择“acadiso.dwt”样板文件为模板，单击“打开”按钮，进入绘图环境。

（2）单击快速访问工具栏中的“保存”按钮，打开“另存为”对话框，输入文件名称“花键套立体图”，单击“确定”按钮，退出对话框。

2. 设置线框密度

在命令行中输入“ISOLINES”命令，设置线框密度为“10”。

3. 绘制旋转截面

单击“默认”选项卡“绘图”面板中的“多段线”按钮，绘制坐标依次为{（0，0）、（@0，75）、（@-6，0）、（@0，-37.5）、（@-47.6，0）、（@0，-4.25）、（@-2.7，0）、（@0，4.25）、（@-3.7，0）、（@0，-5.5）、（@-1.5，0）、（@0，-32）、C}的多段线，结果如图18-6所示。

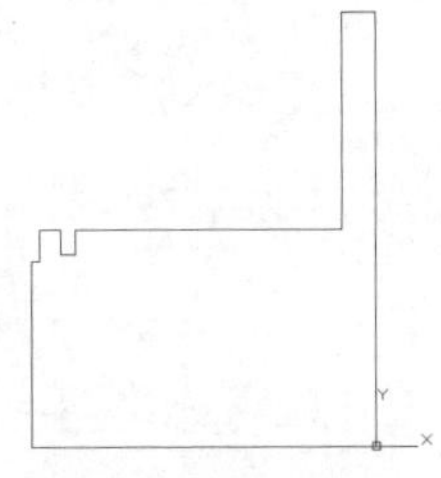

图 18-6 绘制多段线

4. 旋转实体

单击“三维工具”选项卡“建模”面板中的“旋转”按钮，选择上一步绘制的截面作为旋转对象，绕X轴旋转，结果如图18-7所示。

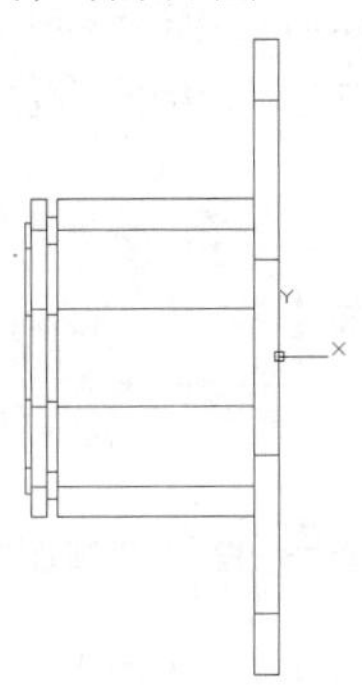

图 18-7 旋转实体

5. 切换视图

单击“可视化”选项卡“命名视图”面板中的“西南等轴测”按钮，设置视图方向。

6. 隐藏实体

单击“视图”选项卡“视觉样式”面板中的“隐藏”按钮，对实体进行消隐，结果如图18-8所示。

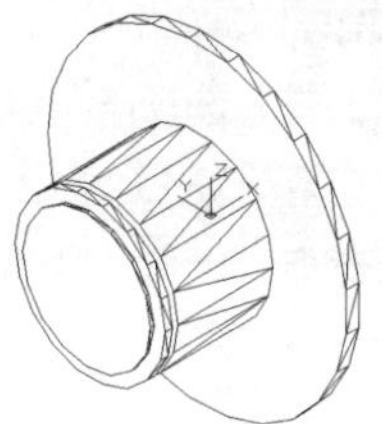

图 18-8 消隐结果

7. 旋转坐标系

在命令行中输入“UCS”，将坐标系绕Y轴旋转90°，结果如图18-9所示。

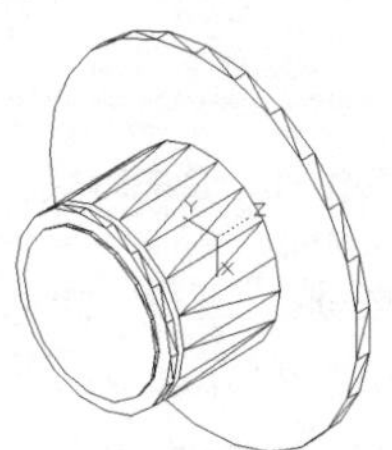

图 18-9 旋转坐标系

8. 绘制圆柱体

单击“三维工具”选项卡“建模”面板中的“圆柱体”按钮，绘制中心点在左端圆心，直径为“56”、高度为“21”的圆柱体，和中心点在原点，直径为“47.79”、高度为“-40.5”的圆柱体，结果如图18-10所示。

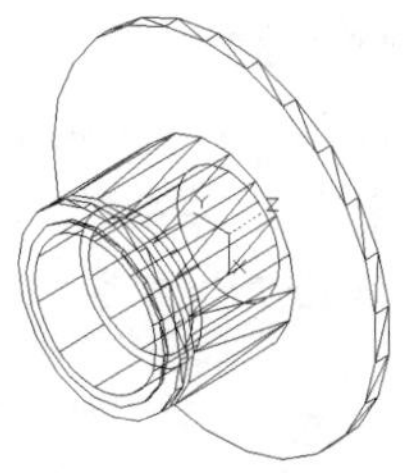

图 18-10 绘制圆柱体

9. 差集运算

单击“三维工具”选项卡“实体编辑”面板中的“差集”按钮，从旋转实体中减去上一步绘制的两个圆柱体，结果如图18-11所示。

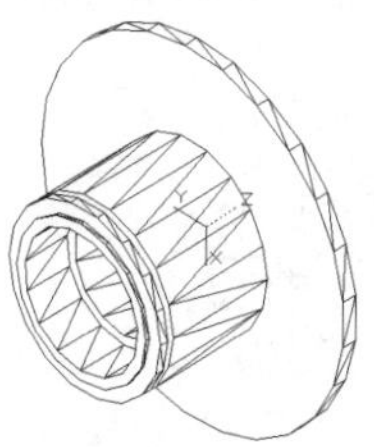

图 18-11 差集运算

10. 倒角操作

单击“三维工具”选项卡“实体编辑”面板中的“倒角边”按钮，选择图18-12中的倒角边，对实体进行倒角操作，倒角的距离为“0.7”，结果如图18-12所示。

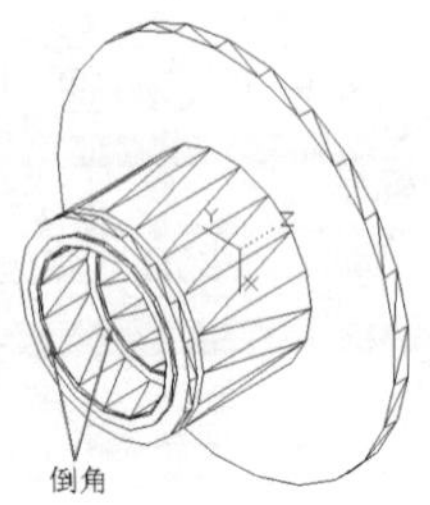

图18-12 倒角操作（1）

同理，对其余边线进行倒角操作，倒角距离不变，结果如图18-13所示。

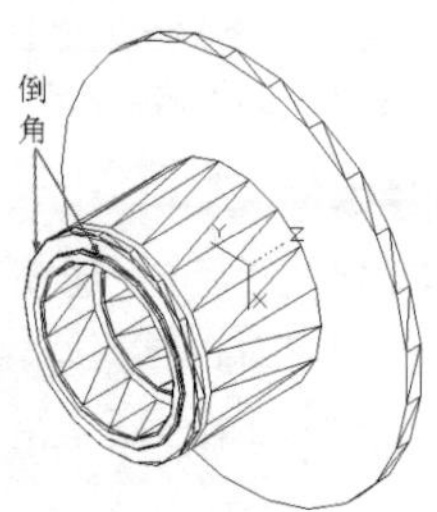

图18-13 倒角操作（2）

11. 绘制切除截面1

（1）选择菜单栏中的“视图”→“三维视图”→“平面视图”→“当前UCS（C）”命令，进入*XY*平面，结果如图18-14所示。

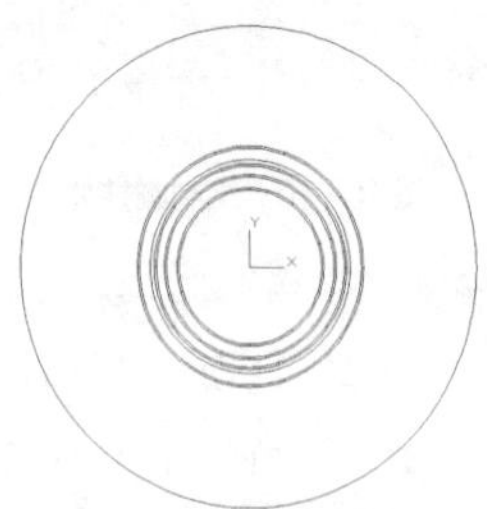

图18-14 设置视图

（2）单击“默认”选项卡“图层”面板中的“图层特性”按钮，新建“图层1”图层，并将其置为当前图层，绘制截面1。

（3）单击“默认”选项卡“绘图”面板中的“圆”按钮，分别绘制直径为“47.79”“50”“53.75”、圆心在原点的同心圆，绘制结果如图18-15所示。

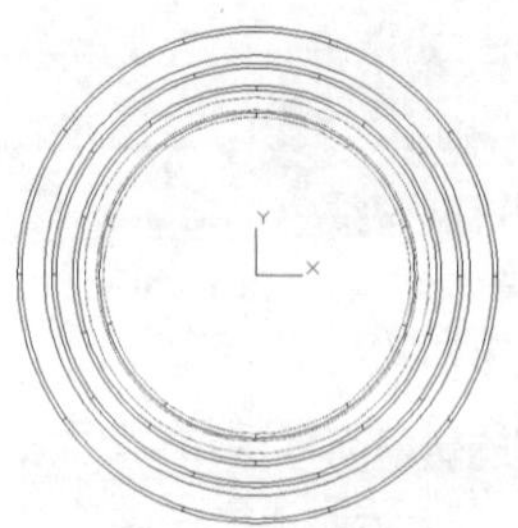

图18-15 绘制结果

（4）单击“默认”选项卡“绘图”面板中的“直线”按钮，绘制过原点的竖直中心线，结果如图18-16所示。

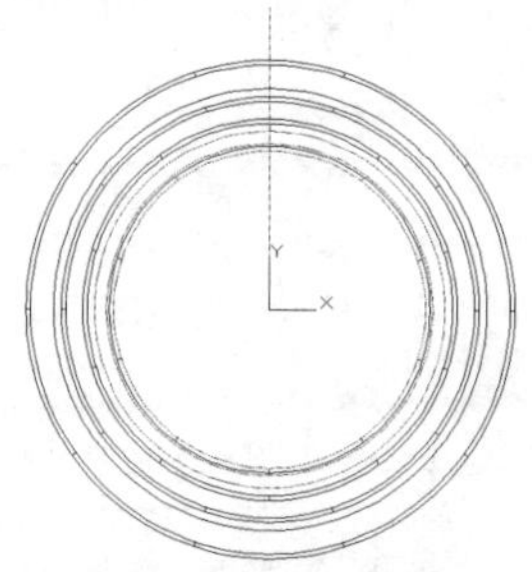

图18-16 绘制中心线

（5）单击“默认”选项卡“修改”面板中的“偏移”按钮和“旋转”按钮，设置辅助线，偏移的距离为“1.594”（偏移两次）和“2.174”，将偏移距离为“1.594”的一条直线旋转15°，中心点为直线与母线的交点，结果如图18-17所示。

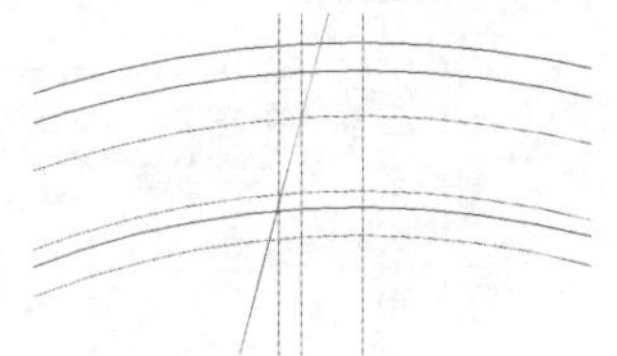

图18-17 绘制辅助线

（6）单击“默认”选项卡“绘图”面板中的“圆弧”按钮，绘制齿形轮廓，结果如图18-18所示。

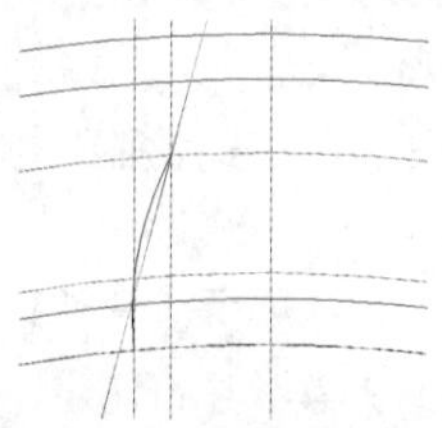

图18-18 绘制圆弧

（7）单击“默认”选项卡“修改”面板中的“镜像”按钮，镜像左侧齿形，结果如图18-19所示。

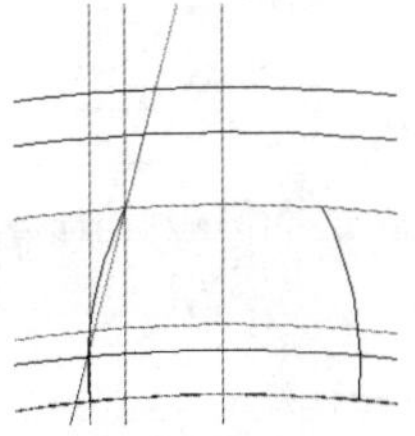

图18-19 镜像圆弧

（8）单击“默认”选项卡“修改”面板中的“环形阵列”按钮，阵列齿形轮廓，阵列项目数为“20”，结果如图18-20所示。

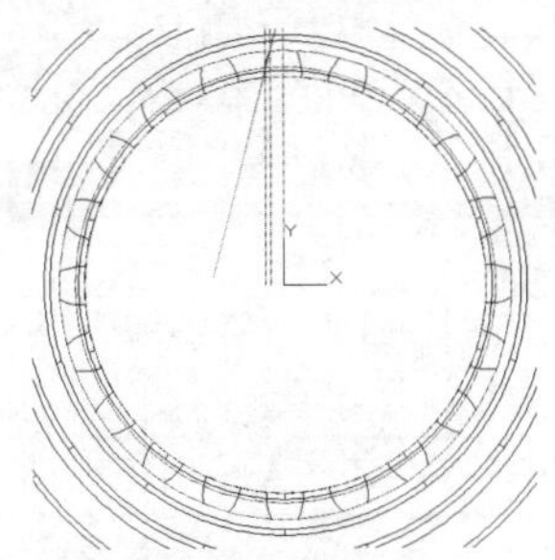

图18-20 阵列齿形

（9）单击“默认”选项卡“修改”面板中的“删除”按钮和“修剪”按钮，修剪旋转草图，结果如图18-21所示。

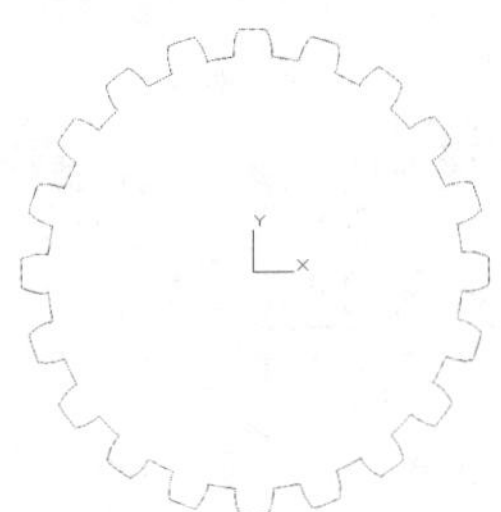

图18-21 修剪草图

（10）单击“默认”选项卡“修改”面板中的“分解”按钮，分解阵列结果。

（11）单击“默认”选项卡“绘图”面板中的“面域”按钮，将上一步绘制的草图创建成面域。

12. 绘制切除截面2

（1）单击“默认”选项卡“图层”面板中的“图层特性”按钮，新建“图层2”图层，并将其置为当前图层，绘制截面2，结果如图18-22所示。

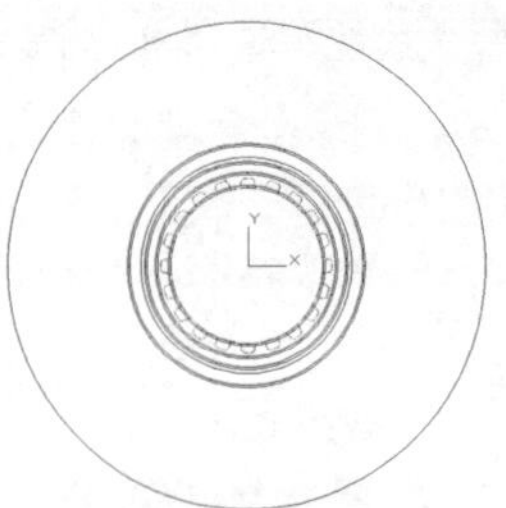

图18-22 绘制截面2

（2）单击“默认”选项卡“绘图”面板中的“直线”按钮和“旋转”按钮，绘制辅助线，旋转的角度为-8.7°，绘制结果如图18-23所示。

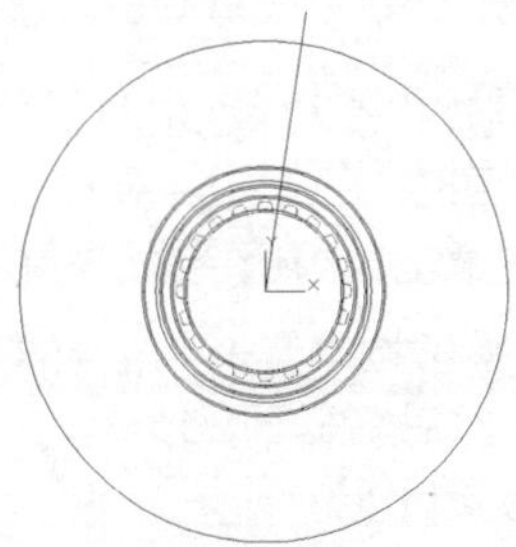

图18-23 旋转直线

（3）单击“默认”选项卡“绘图”面板中的“圆”按钮，捕捉圆心，绘制直径分别为“128”“17”的圆，结果如图18-24所示。

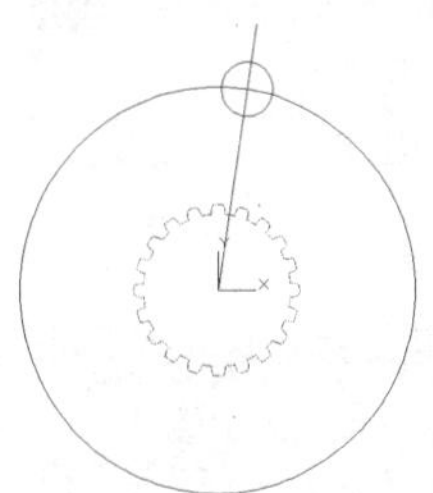

图18-24 绘制圆

（4）单击“默认”选项卡“修改”面板中的“环形阵列”按钮，阵列上一步绘制的圆，阵列的项目数为“8”，绘制结果如图18-25所示。

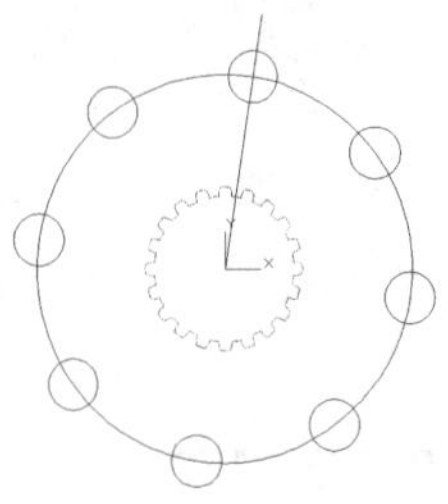

图18-25 阵列结果

（5）单击“默认”选项卡“修改”面板中的“删除”按钮，删除多余辅助线，同时打开关闭的图层，显示结果如图18-26所示。

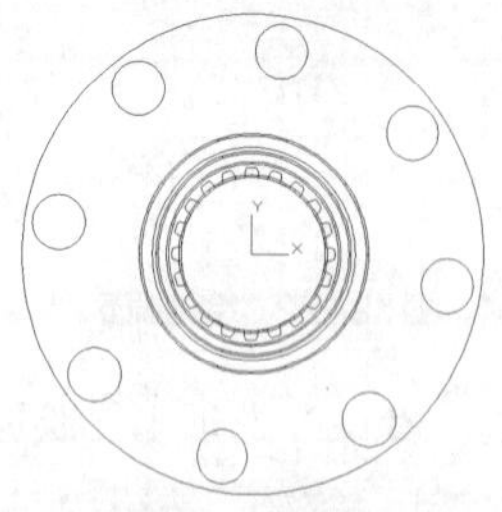

图18-26 草图截面2

（6）单击“可视化”选项卡“命名视图”面板中的“西南等轴测”按钮，切换视图。

13. 拉伸实体

单击“三维工具”选项卡“建模”面板中的“拉伸”按钮，拉伸上一步绘制的截面1，高度为“-40.5”。然后将截面2分解，拉伸的高度为“-10”，结果如图18-27所示。

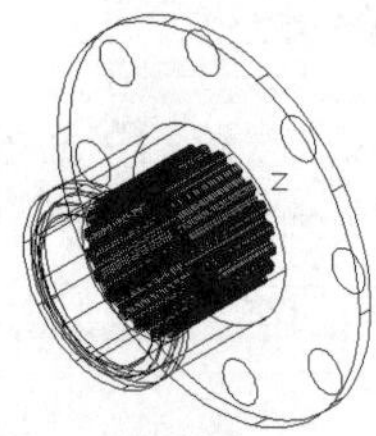
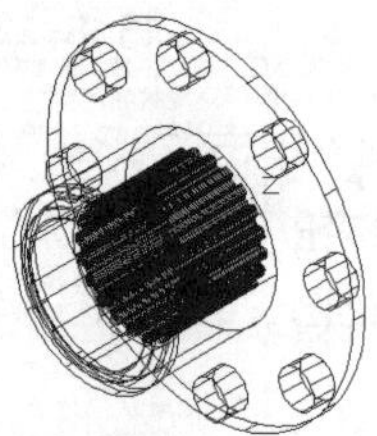

图18-27 拉伸实体结果

14. 差集运算

单击“三维工具”选项卡“实体编辑”面板中的“差集”按钮，从实体中减去上一步绘制的拉伸实体，结果如图18-28所示。

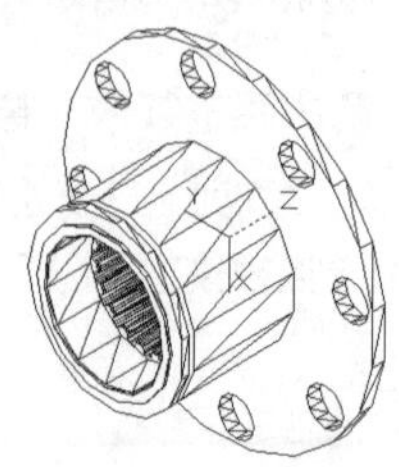

图18-28 差集运算

15. 绘制孔

（1）在命令行中输入“UCS”命令，绕Y轴旋转180°，绕Z轴旋转-121.2°，结果如图18-29所示。

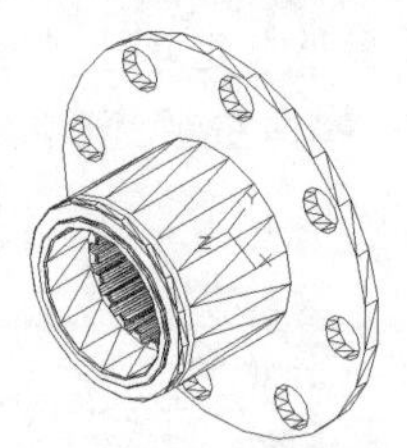

图18-29 坐标变换结果

（2）单击“三维工具”选项卡“建模”面板中的“圆柱体”按钮，绘制底面圆心在（0，0，27）、半径为“10”、高度为“50”的圆柱体，命令行中的提示与操作如下：

```
命令：_cylinder
指定底面的中心点或 [三点(3P)/两点(2P)/切点、切点、半径(T)/椭圆(E)]:0,0,27↙
指定底面半径或 [直径(D)]<10.0000>:10↙
指定高度或 [两点(2P)/轴端点(A)]<50.0000>:a↙
指定轴端点：@0,50,0↙
```

结果如图18-30所示。

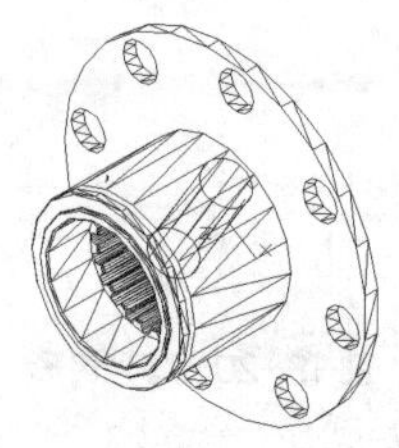

图18-30 圆柱体绘制结果

16. 差集运算

单击“三维工具”选项卡“实体编辑”面板中的“差集”按钮，从实体中减去上一步绘制的圆柱体。

17. 模型显示

（1）单击“视图”选项卡“视口工具”面板中的“UCS图标”按钮，取消坐标系显示。

（2）单击“视图”选项卡“视觉样式”面板中的“概念”按钮，结果如图18-5所示。

18.1.3 连接盘立体图

本小节主要介绍如何绘制图18-31中的连接盘立体模型。

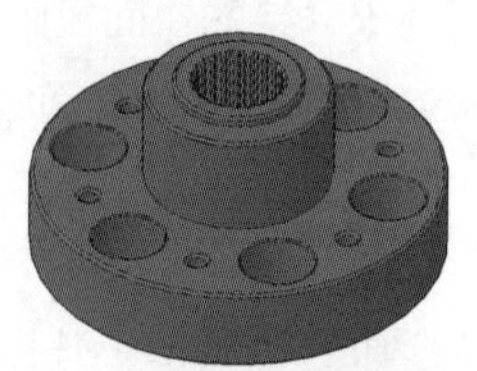
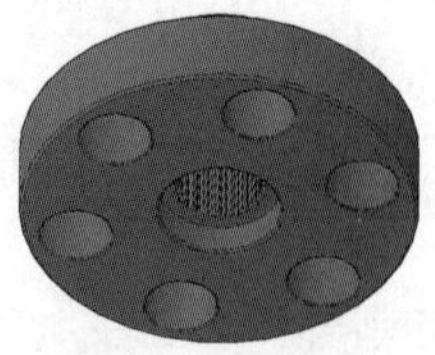

图18-31 连接盘

1. 新建文件

（1）单击“标准”工具栏中的“新建”按钮，打开“选择样板”对话框，选择“无样板打开-公制（M）”，进入绘图环境。

（2）单击“标准”工具栏中的“保存”按钮，打开“另存为”对话框，输入文件名称“连接盘立体图”，单击“确定”按钮，退出对话框。

2. 设置线框密度

在命令行中输入“ISOLINES”命令，设置线框密度为“10”。

3. 切换视图

单击“可视化”选项卡“命名视图”面板中的“西南等轴测”按钮，转换到西南等轴测视图。

4. 绘制圆柱体

单击“三维工具”选项卡“建模”面板中的“圆柱体”按钮，依次绘制底面中心点为原点，直径和高度分别为“250”和“50”、“114”和“110”、“80”和“116”的圆柱体，结果如图18-32所示。

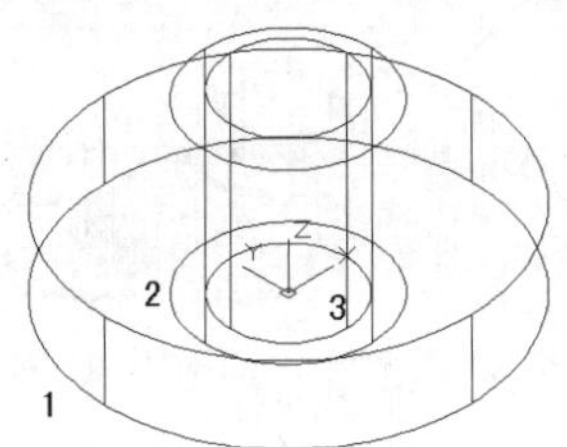

图18-32 绘制圆柱体1、2、3

5. 并集运算

单击“实体编辑”工具栏中的“并集”按钮，合并上一步绘制的圆柱体，消隐结果如图18-33所示。

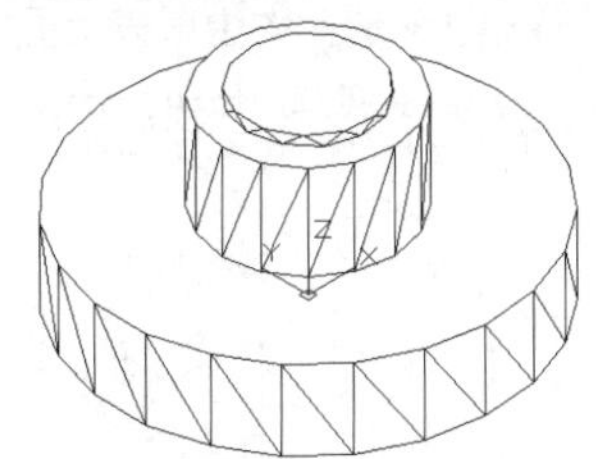

图18-33 并集运算

6. 倒角操作

单击“默认”选项卡“修改”面板中的“倒角”按钮，选择合并后的圆柱体边线1、2、3、4，倒角距离为“2”，进行倒角操作，绘制结果如图18-34所示。

7. 绘制圆柱体

单击“三维工具”选项卡“建模”面板中的“圆柱体”按钮，继续绘制圆柱体4、5，底圆圆心坐标为（0，0，0），直径分别为“52.76”“78”，高度分别为“116”“20”，绘制结果如图18-35所示。

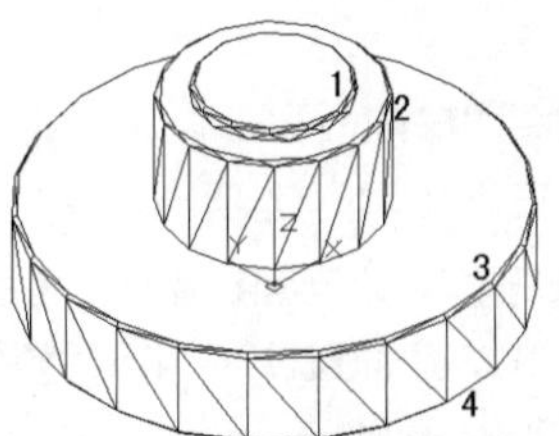

图18-34 倒角操作（1）

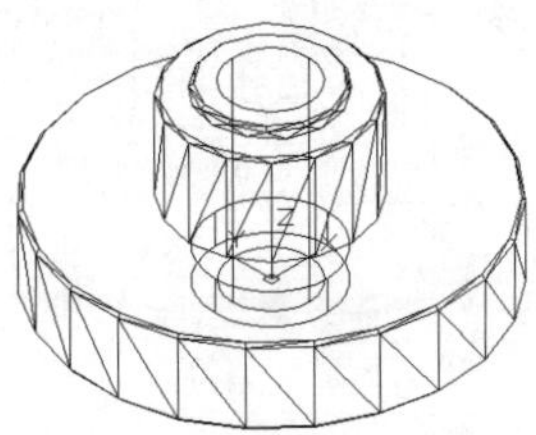

图18-35 绘制圆柱体4、5

8. 差集运算

单击“三维工具”选项卡“实体编辑”面板中的“差集”按钮，从实体中减去上一步绘制的圆柱体4、5，消隐后结果如图18-36所示。

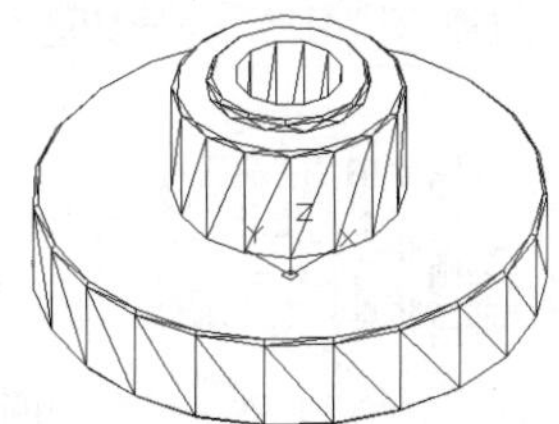

图18-36 差集运算

9. 倒角操作

单击“默认”选项卡“修改”面板中的“倒角”按钮，其中倒角边线1和2的倒角距离为“2”，倒角边线3的倒角距离为“1.5”，结果如图18-37所示。

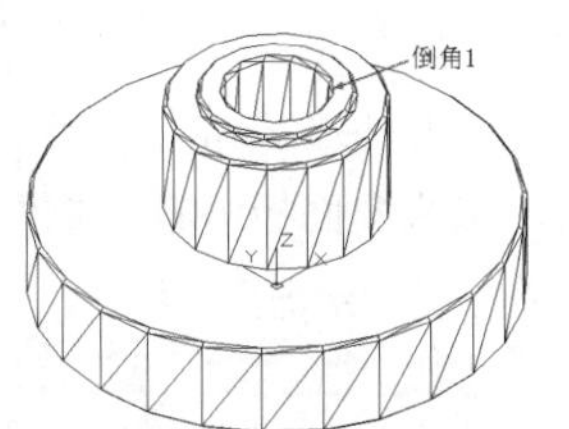

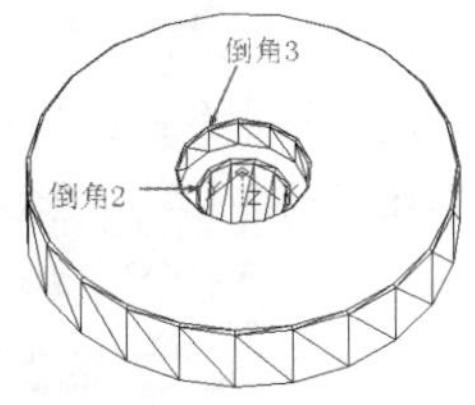

图18-37 倒角操作（2）

10. 切换视图

单击“可视化”选项卡“命名视图”面板中的“西南等轴测”按钮，转换到西南等轴测视图。

11. 隐藏实体

单击“视图”选项卡“视觉样式”面板中的“隐藏”按钮，对实体进行消隐。

12. 绘制圆柱体

单击“三维工具”选项卡“建模”面板中的“圆柱体”按钮，绘制圆柱体6，其底面的中心点为（93，0，0），底面直径为“46”、高度为“50”，绘制结果如图18-38所示。

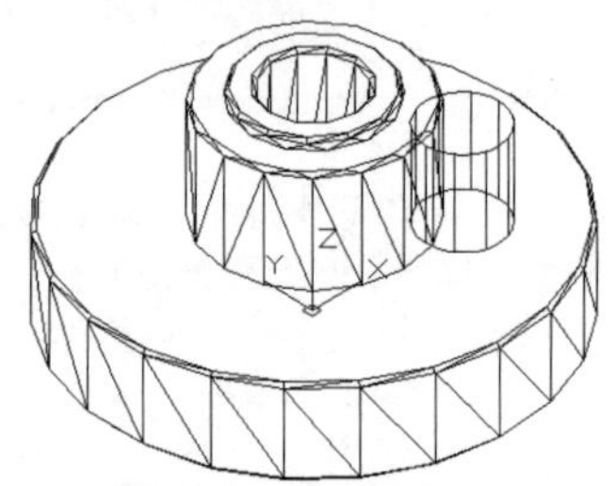

图18-38 绘制圆柱体6

13. 阵列实体

选择菜单栏中的“修改”→“三维操作”→“三维阵列”命令，阵列上一步绘制的圆柱体6，选择阵列类型为环形，项目数目为“6”，阵列中心点为（0，0，0）、（0，0，10），结果如图18-39所示。

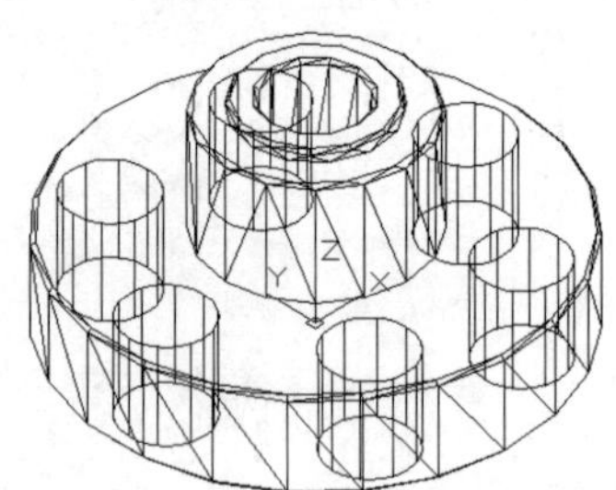

图18-39 阵列实体（1）

14. 绘制锥孔

单击“三维工具”选项卡“建模”面板中的“圆柱体”按钮，绘制底面中心点为（0，93，50）、底面半径为“6”、高度为“-20”的圆柱体。单击“三维工具”选项卡“建模”面板中的“圆锥体”按钮，绘制锥孔，命令行提示与操作如下：

```
命令：_cone
指定底面的中心点或 [三点(3P)/两点(2P)/切点、切点、半径(T)/椭圆(E)]: 0,93,30↙
指定底面半径或 [直径(D)] <6.0000>:6↙
指定高度或 [两点(2P)/轴端点(A)/顶面半径(T)] <-20.0000>: -1.7↙
```

15. 并集运算

单击“三维工具”选项卡“实体编辑”面板中的“并集”按钮，合并上一步绘制的锥孔实体，结果如图18-40所示。

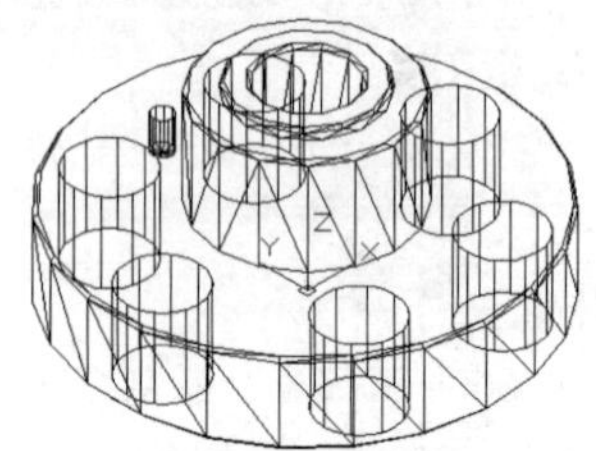

图18-40 并集运算

16. 阵列实体

选择菜单栏中的“修改”→“三维操作”→“三维阵列”命令，阵列上一步合并的锥孔，选择阵列类型为环形，项目数目为“6”，阵列中心点为（0，0，0）、（0，0，10），结果如图18-41所示。

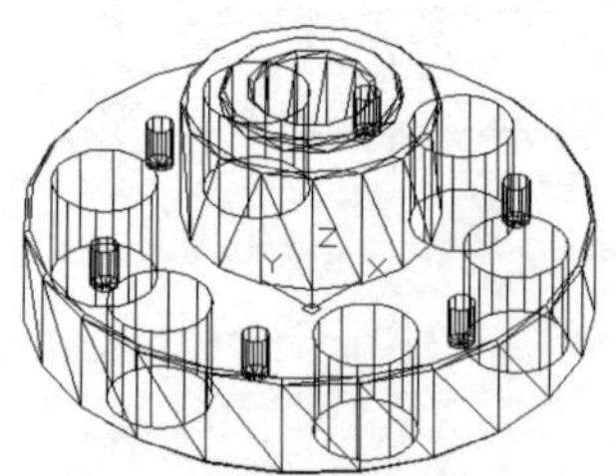

图18-41 阵列实体（2）

17. 差集运算

单击“三维工具”选项卡“实体编辑”面板中的“差集”按钮，从实体中减去上面绘制的两组阵列实体，消隐后结果如图18-42所示。

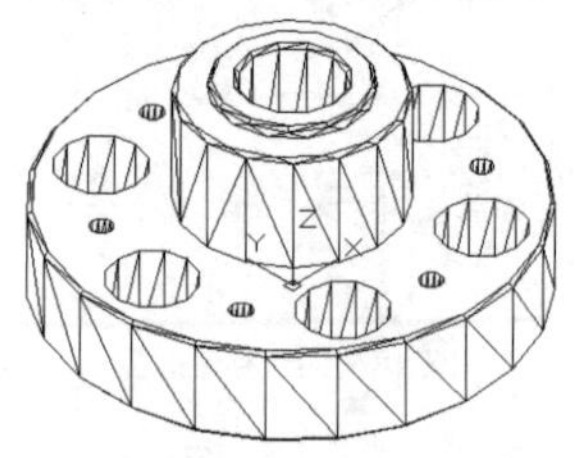

图18-42 差集运算

18. 旋转视图

选择菜单栏中的“视图”→“动态观察”→“自由动态观察”命令，旋转实体到适当位置，方便选择所有倒角边，消隐后结果如图18-43所示。

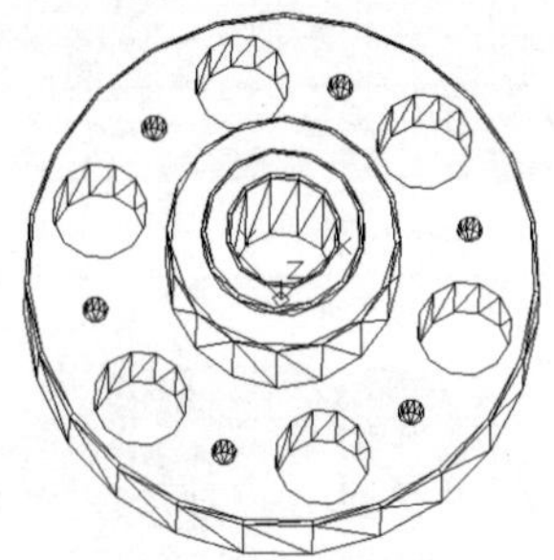

图18-43 旋转视图

19. 倒角操作

单击“默认”选项卡“修改”面板中的“倒角”按钮，选择大孔上、下边线，倒角距离为“1”；选择锥孔，倒角距离为“2”，进行倒角，结果如图18-44所示。

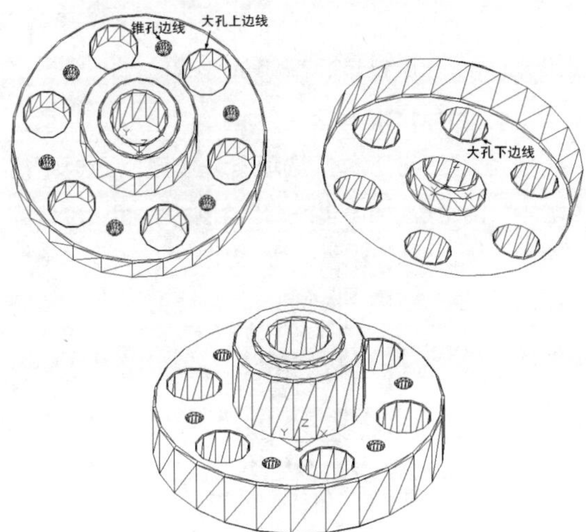

图18-44 倒角操作

20. 绘制截面草图

（1）选择菜单栏中的“视图”→“三维视图”→“平面视图”→“当前UCS（C）”命令，进入*XY*平面。

（2）单击“默认”选项卡“图层”面板中的“图层特性”按钮，新建“图层1”图层，并将其置为当前图层，关闭“0”图层绘制截面1。

（3）单击“默认”选项卡“绘图”面板中的“圆”按钮，分别绘制直径为“52.76”“55”“58.75”、圆心在原点的同心圆。

（4）单击“默认”选项卡“绘图”面板中的“直线”按钮，绘制过原点的竖直中心线，结果如图18-45所示。

为方便操作，关闭“0”图层，隐藏前面绘制的实体图形。

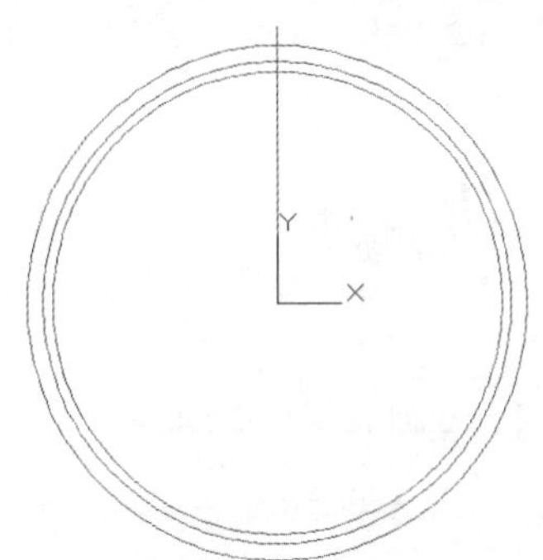

图18-45 绘制中心线

（5）单击“默认”选项卡“修改”面板中的“偏移”按钮，将中心线向左偏移“1.96”。单击“默认”选项卡“修改”面板中的“旋转”按钮，复制中心线并将其旋转2°，基点为原点；再将中心线旋转5°，基点为原点，结果如图18-46所示。

图18-46 绘制辅助线

（6）单击“默认”选项卡“绘图”面板中的“圆弧”按钮，捕捉1、2、3点，绘制齿形轮廓，结果如图18-47所示。

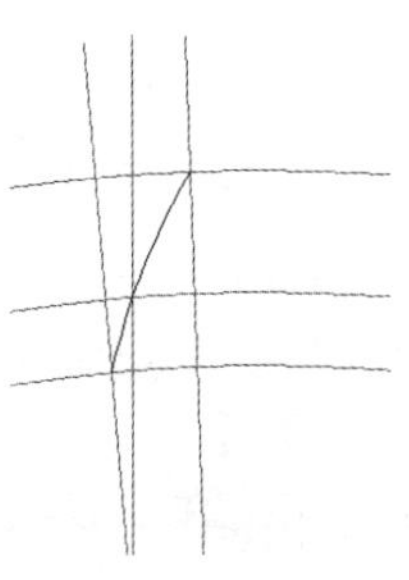

图18-47 绘制圆弧

（7）单击“默认”选项卡“修改”面板中的“镜像”按钮，镜像左侧齿形，结果如图18-48所示。

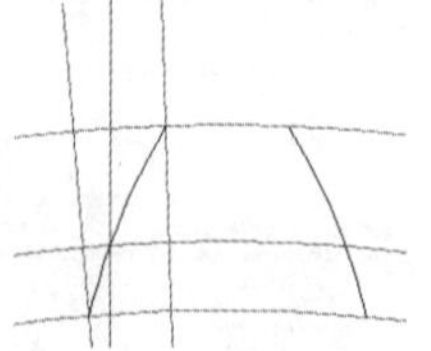

图18-48 镜像圆弧

（8）单击“默认”选项卡“修改”面板中的“环形阵列”按钮，阵列齿形轮廓，项目数为“22”，结果如图18-49所示。

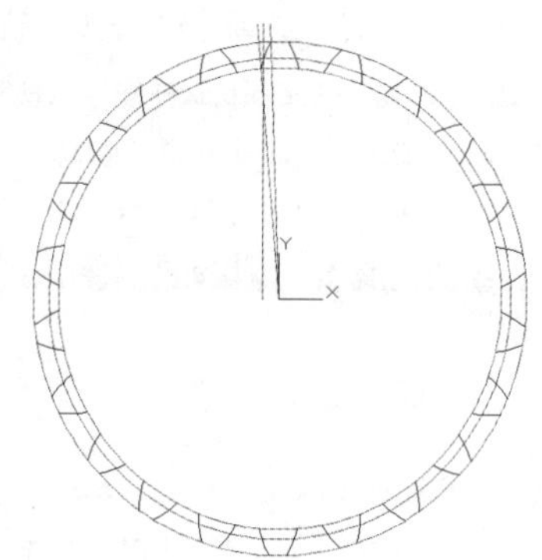

图18-49 阵列齿形

（9）单击“默认”选项卡“修改”面板中的“删除”按钮和“修改”面板中的“修剪”按钮，修剪草图，结果如图18-50所示。

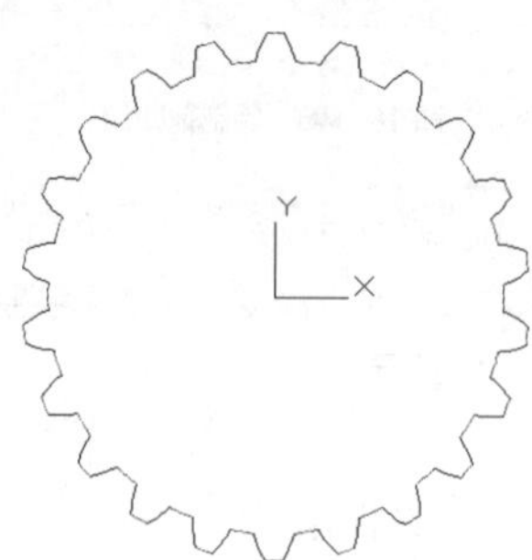

图18-50 修剪草图

（10）单击“默认”选项卡“修改”面板中的“分解”按钮，分解环形阵列结果。

（11）选择菜单栏中的“修改”→“对象”→“多段线”命令，将图示中的多条线生成一条多段线，为后面拉伸做准备。绘制结果如图18-51所示。

图18-51 绘制多段线

（12）单击“可视化”选项卡“命名视图”面板中的“西南等轴测”按钮，将当前视图设置为西南等轴测视图，结果如图18-52所示。

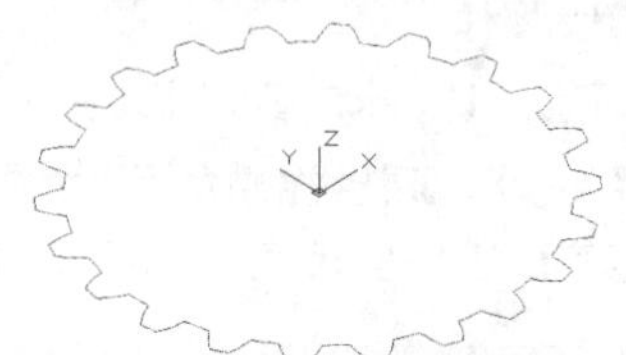

图18-52 西南等轴测视图

21. 拉伸实体

单击“三维工具”选项卡“建模”面板中的“拉伸”按钮，拉伸上一步绘制的截面，拉伸高度为“116”，结果如图18-53所示。

图18-53 拉伸实体

22. 打开图层

在“图层特性管理器”面板中打开关闭的“0”图层。

23. 差集运算

单击“三维工具”选项卡“实体编辑”面板中的“差集”按钮，从实体中减去步骤（21）的拉伸实体，结果如图18-54所示。

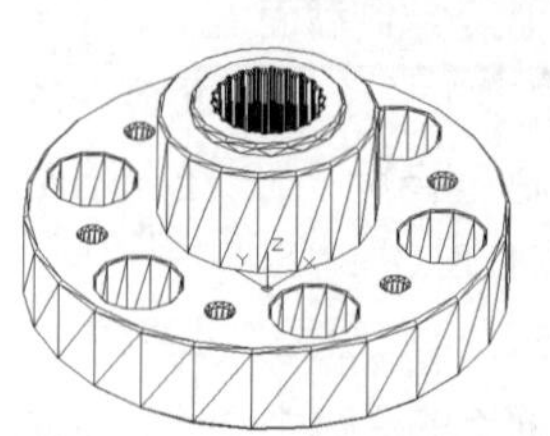

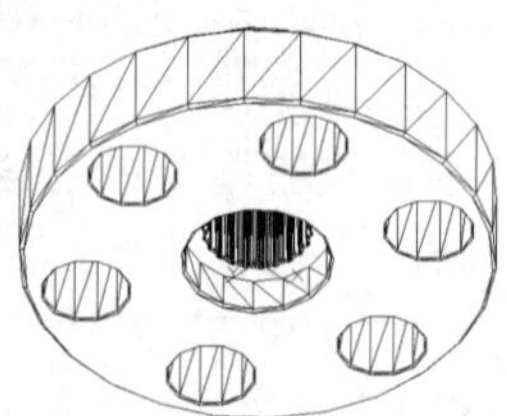

图18-54 差集运算

24. 模型显示

（1）选择菜单栏中的“视图”→“显示”→“UCS图标”→“开”命令，取消坐标系显示。

（2）选择菜单栏中的“视图”→“视觉样式”→“概念”命令，可得到实体概念图，如图18-31所示。

用同样的方法绘制“配油套立体图”，结果如图18-55所示。

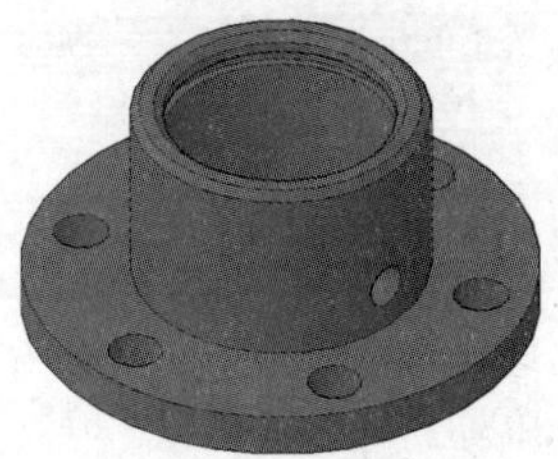

图18-55　配油套

18.2 轴系零件立体图

本节介绍变速器试验箱中轴系零件三维立体图的绘制过程。

18.2.1 轴立体图

本小节主要介绍如何绘制图18-56中的轴立体模型。

图18-56　轴

1. 新建文件

（1）单击快速访问工具栏中的“新建”按钮，打开“选择样板”对话框，选择“无样板打开-公制（M）”，进入绘图环境。

（2）单击快速访问工具栏中的“保存”按钮，打开“另存为”对话框，输入文件名称“轴立体图”，单击“确定”按钮，退出对话框。

2. 设置线框密度

在命令行中输入“ISOLINES”命令，设置线框密度为“10”。

3. 绘制齿轮轴截面1

（1）单击“默认”选项卡“绘图”面板中的“圆”按钮，分别绘制直径为“58”“62.5”“65”、圆心在原点的同心圆，绘制结果如图18-57所示。

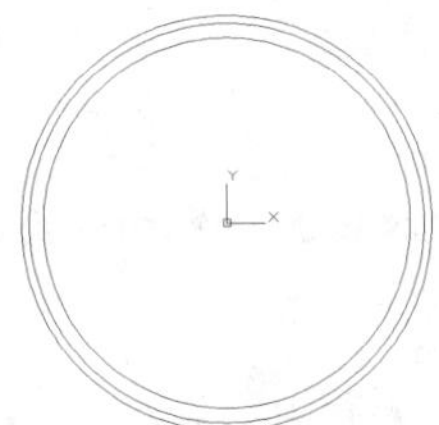

图18-57　绘制同心圆

（2）单击“默认”选项卡“绘图”面板中的“直线”按钮，绘制过原点的竖直中心线，结果如图18-58所示。

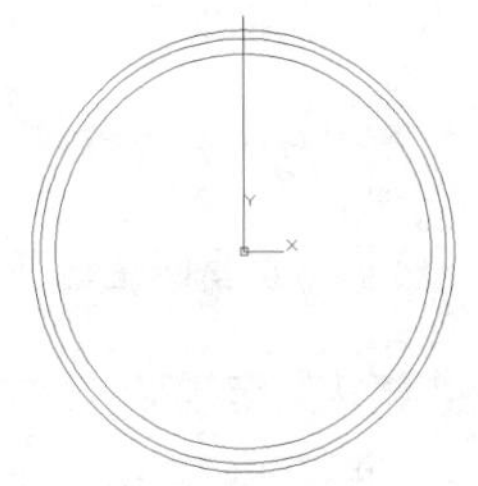

图18-58　绘制中心线

（3）单击“默认”选项卡“修改”面板中的“偏移”按钮和“旋转”按钮，设置辅助线，命令行中的提示与操作如下：

```
命令：_offset
当前设置：删除源 = 否　图层 = 源　OFFSETGAPTYPE=0
指定偏移距离或 [通过 (T)/ 删除 (E)/ 图层 (L)]
<通过>: 1.96↙
选择要偏移的对象，或 [退出 (E)/ 放弃 (U)] <
退出>:（选择竖直直线）
指定要偏移的那一侧上的点，或 [退出 (E)/ 多个
(M)/ 放弃 (U)] <退出>:（指定直线左侧一点）
选择要偏移的对象，或 [退出 (E)/ 放弃 (U)] <
退出>:↙（完成偏移直线）
命令：_rotate
UCS 当前的正角方向：ANGDIR= 逆时针　ANGBASE=0
选择对象：找到 1 个（选择竖直直线）
选择对象：↙
指定基点：（选择原点）
指定旋转角度，或 [复制 (C)/ 参照 (R)] <0>: C ↙
旋转一组选定对象。
指定旋转角度，或 [复制 (C)/ 参照 (R)] <0>:
2↙　（完成直线 1 绘制）
命令：_rotate
```

```
UCS 当前的正角方向： ANGDIR=逆时针  ANGBASE=0
选择对象：找到 1 个（选择竖直直线）
选择对象：↙
指定基点：（选择原点）
指定旋转角度，或 [复制 (C)/参照 (R)] <0>: C ↙
旋转一组选定对象。
指定旋转角度，或 [复制 (C)/参照 (R)] <0>:
5 ↙      （完成直线 2 绘制）
```

结果如图 18-59 所示。

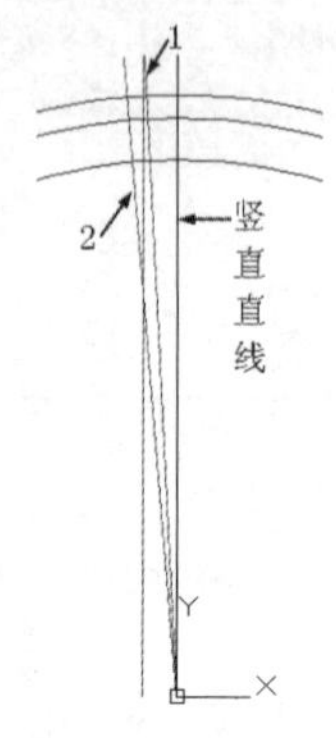

图 18-59 绘制辅助线

（4）单击“默认”选项卡“绘图”面板中的“圆弧”按钮，捕捉圆与辅助直线的交点，绘制齿形轮廓，结果如图 18-60 所示。

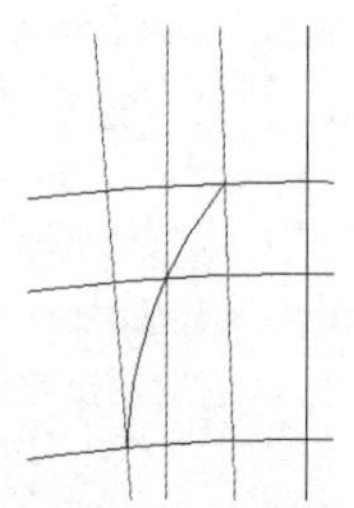

图 18-60 绘制圆弧

（5）单击“默认”选项卡“修改”面板中的“镜像”按钮，镜像左侧齿形，结果如图 18-61 所示。

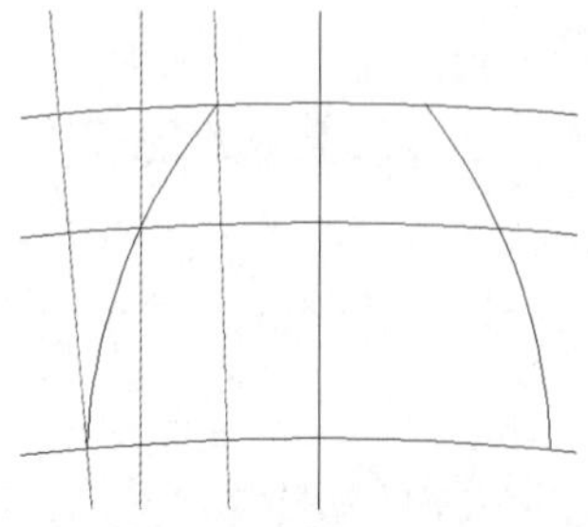

图 18-61 镜像圆弧

（6）单击“默认”选项卡“修改”面板中的“环形阵列”按钮，阵列齿形轮廓，阵列个数为“25”，结果如图 18-62 所示。

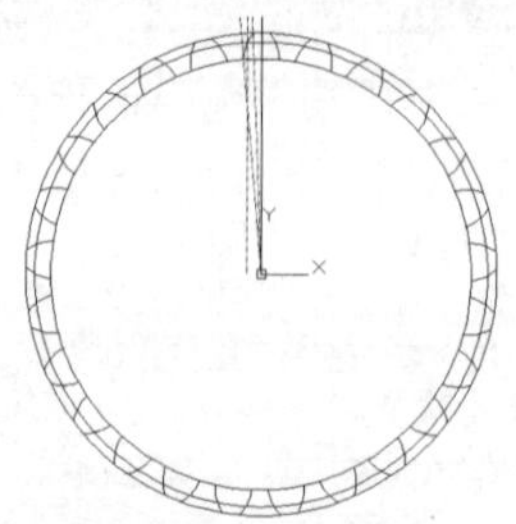

图 18-62 阵列齿形

（7）单击“默认”选项卡“修改”面板中的“删除”按钮和“修剪”按钮，修剪阵列草图，结果如图 18-63 所示。

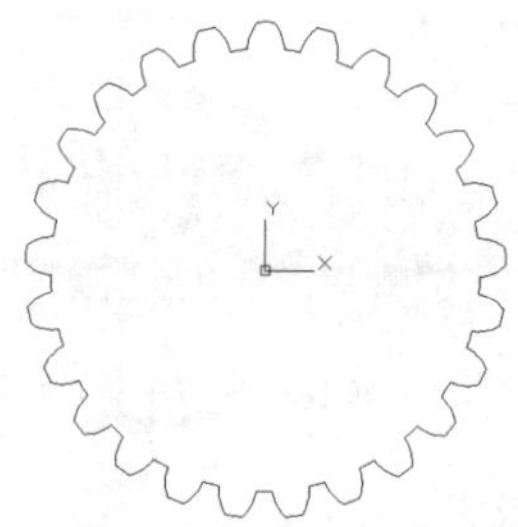

图 18-63 修剪草图

（8）单击“默认”选项卡“绘图”面板中的“面域”按钮，将上一步绘制的草图创建成面域，命令行中的提示与操作如下：

```
命令：_region
选择对象：（选择上一步绘制的草图）
指定对角点：找到 100 个
选择对象：↙
已提取 1 个环。
已创建 1 个面域。
```

4. 拉伸齿轮轴段 1

（1）单击“三维工具”选项卡“建模”面板中的“拉伸”按钮，拉伸上一步创建的面域，命令行中的提示与操作如下：

```
命令：_extrude
当前线框密度： ISOLINES=10，闭合轮廓创建模式 = 实体
选择要拉伸的对象或 [模式 (MO)]：找到 1 个
选择要拉伸的对象或 [模式 (MO)]：↙
指定拉伸的高度或 [方向 (D)/路径 (P)/倾斜角 (T)/表达式 (E)]：53 ↙
```

（2）单击“可视化”选项卡“命名视图”面

板中的“西南等轴测”按钮，实体消隐后结果如图 18-64 所示。

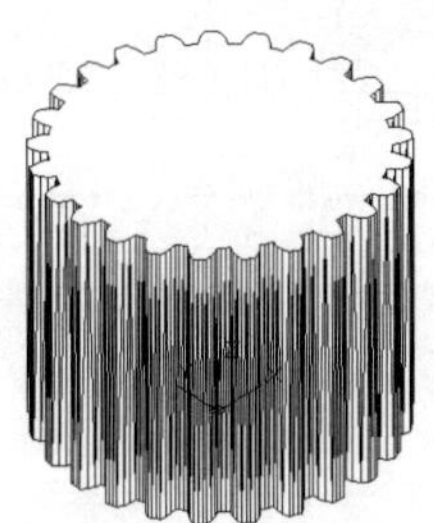

图 18-64 拉伸实体

5. 绘制光轴轴段

（1）单击“三维工具”选项卡“建模”面板中的“圆柱体”按钮，创建两个圆柱体，设置如下。

圆柱体1：原点坐标（0，0，6.3）、直径“62.5”、高度“2.7”。

圆柱体2：原点坐标（0，0，6.3）、直径“65”、高度“2.7”。

结果如图 18-65 所示。

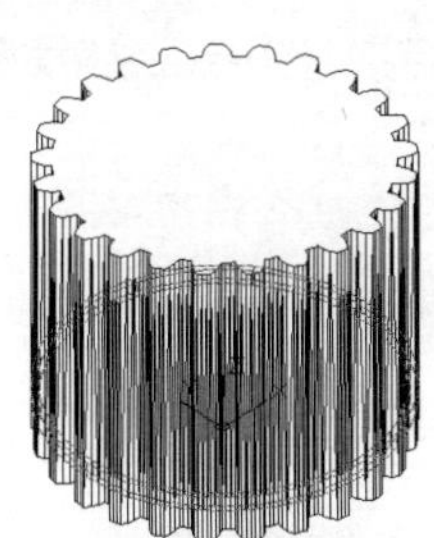

图 18-65 绘制圆柱体（1）

（2）单击“三维工具”选项卡“实体编辑”面板中的“差集”按钮，从圆柱体 1 中减去圆柱体 2，消隐后结果如图 18-66 所示。

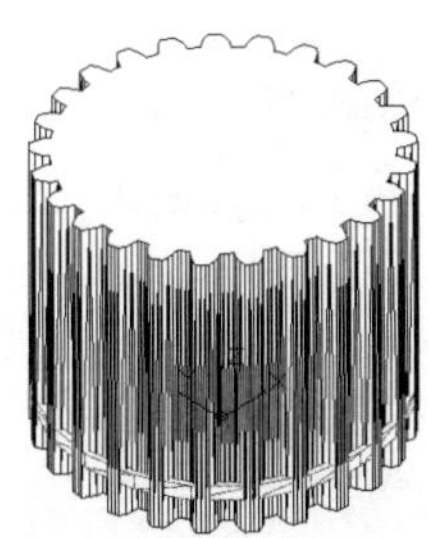

图 18-66 差集运算（1）

（3）单击“三维工具”选项卡“实体编辑”面板中的“差集”按钮，从拉伸实体中减去上一步差集运算后的结果，结果如图 18-67 所示。

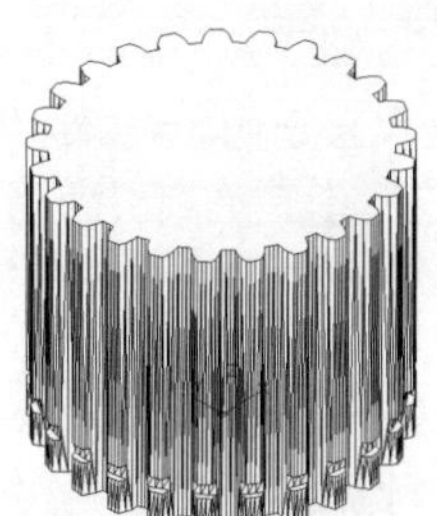

图 18-67 差集运算（2）

（4）单击“三维工具”选项卡“建模”面板中的“圆柱体”按钮，创建4个圆柱体，设置如下。

圆柱体3：原点坐标（0，0，53）、直径“76”、高度“7”。

圆柱体4：原点坐标（0，0，53）、直径“59.2”、高度“11”。

圆柱体5：原点坐标（0，0，64）、直径“60”、高度“87”。

圆柱体6：原点坐标（0，0，151）、直径“57.5”、高度“95”。

结果如图 18-68 所示。

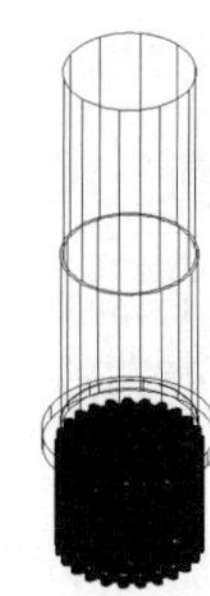

图 18-68 绘制圆柱体（2）

（5）单击“三维工具”选项卡“实体编辑”面板中的“并集”按钮，合并上述实体，结果如图 18-69 所示。

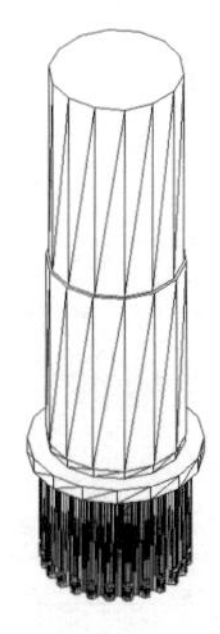

图 18-69 并集运算

（6）单击“三维工具”选项卡“实体编辑”面板中的“倒角边”按钮，选择边线，倒角距离分别为“1.25”“2”，结果如图18-70所示。

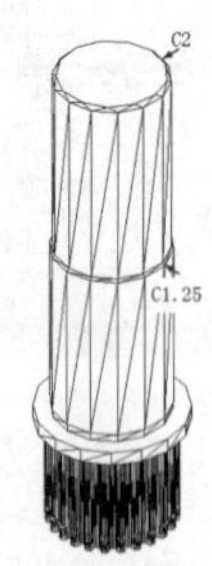

图18-70　倒角操作

6. 绘制齿轮轴截面2

（1）在命令行中输入“UCS”命令，将坐标原点移动到图18-71中最上端圆柱体顶圆圆心处，命令行中的提示与操作如下：

```
命令：UCS↙
当前 UCS 名称：*世界*
指定 UCS 的原点或 [面(F)/命名(NA)/对象(OB)/上一个(P)/视图(V)/世界(W)/X/Y/Z/Z轴(ZA)] <世界>: 0,0,246↙　（最上端圆柱体顶圆圆心坐标）
指定 X 轴上的点或 <接受>:↙
```

坐标移动结果如图18-71所示。

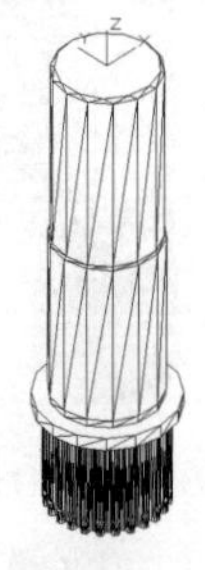

图18-71　设置坐标系

（2）选择菜单栏中的“视图”→“三维视图”→“平面视图”→“当前UCS（C）”命令，进入*XY*平面，结果如图18-72所示。

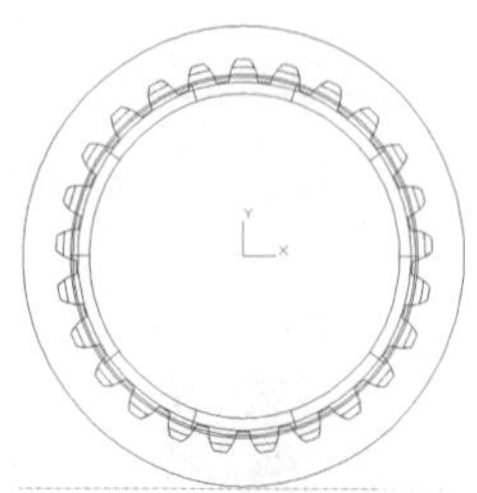

图18-72　设置视图

（3）单击“默认”选项卡“图层”面板中的“图层特性”按钮，新建“图层1”图层，并将其置为当前图层，关闭“0”图层，绘制齿轮轴截面2。

（4）按照前面的方法绘制齿轮轴截面2，其中，齿顶圆、分度圆、齿根圆直径分别为“57.5”“55”“52”，模数为“22”，创建的截面2如图18-73所示。

图18-73　齿轮轴截面2

> **提示**　完成截面绘制后，可利用“面域”命令或“编辑多段线”命令，将截面合并成一个闭合图形，方便后面操作中对截面的选择。

（5）单击“可视化”选项卡“命名视图”面板中的“西南等轴测”按钮，结果如图18-74所示。

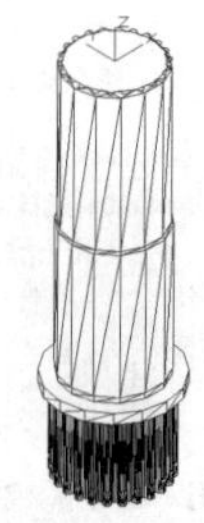

图18-74　切换视图

7. 绘制放样截面1

（1）单击“默认”选项卡“图层”面板中的“图层特性”按钮，新建“图层2”图层，并将其置为当前图层，绘制放样截面。

（2）单击“默认”选项卡“修改”面板中的“复制”按钮，将齿轮截面2从（0，0，0）复制到（0，0，-95），命令行中的提示与操作如下：

```
命令：_copy
选择对象：找到 1 个
选择对象：↙
当前设置：　复制模式 = 多个
指定基点或 [位移(D)/模式(O)] <位移>: 0,0,0↙
指定第二个点或 [阵列(A)] <使用第一个点作为位移>: 0,0,-95↙
```

```
指定第二个点或 [阵列 (A)/退出 (E)/放弃 (U)] <退出>: ↙
```

复制结果如图 18-75 所示。

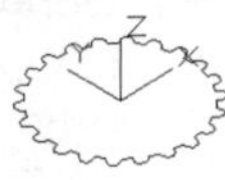

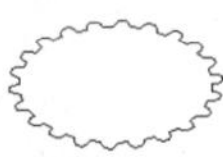

图 18-75 放样截面 1

8. 绘制放样截面2

单击“默认”选项卡“绘图”面板中的“圆”按钮，绘制圆心在（0，0，-111）、直径为“60”的圆，结果如图 18-76 所示。

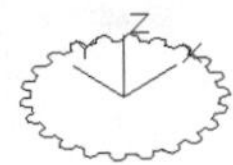

图 18-76 放样截面 2

9. 绘制齿轮轴段2

（1）单击“三维工具”选项卡“建模”面板中的“拉伸”按钮，拉伸最上端闭合图形，拉伸高度为“-95”，结果如图 18-77 所示。

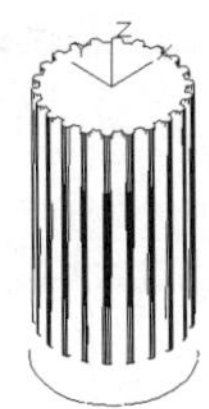

图 18-77 拉伸实体

（2）将上一步创建的拉伸实体放置在“图层 1”中。将放样截面 1 放置在“图层 2”中，在“图层特性管理器”面板中关闭“图层 1”图层，方便选择截面。

（3）单击“三维工具”选项卡“建模”面板中的“放样”按钮，选择截面 1、2，命令行中的提示与操作如下：

```
命令: _loft
当前线框密度: ISOLINES=10，闭合轮廓创建模式 = 实体
按放样次序选择横截面或 [点 (PO)/合并多条边 (J)/模式 (MO)]: 找到 1 个（选择截面 1）
按放样次序选择横截面或 [点 (PO)/合并多条边 (J)/模式 (MO)]: 找到 1 个，总计 2 个（选择截面 2）
按放样次序选择横截面或 [点 (PO)/合并多条边 (J)/模式 (MO)]: ↙
选中了 2 个横截面
输入选项 [导向 (G)/路径 (P)/仅横截面 (C)/设置 (S)] <仅横截面>: ↙
```

结果如图 18-78 所示。

图 18-78 放样结果

（4）在“图层特性管理器”面板中打开“图层 1”图层。

（5）单击“三维工具”选项卡“建模”面板中的“圆柱体”按钮，绘制圆柱体 7，其中参数如下。

圆柱体 7：原点坐标（0，0，0）、直径“100”、高度“-111”。

结果如图 18-79 所示。

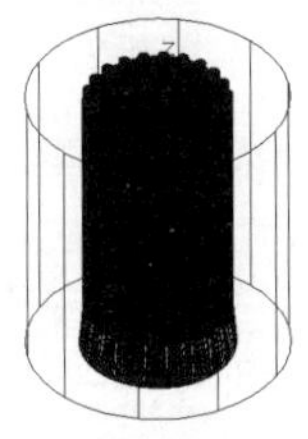

图 18-79 绘制圆柱体 7

（6）单击“三维工具”选项卡“实体编辑”面板中的“差集”按钮，从圆柱体 7 中减去拉伸实体与放样实体，结果如图 18-80 所示。

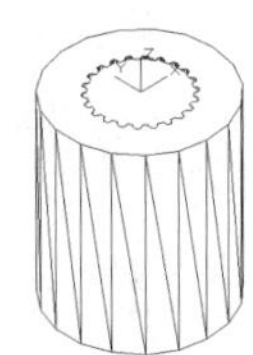

图 18-80 差集运算

（7）在“图层特性管理器”面板中打开“0”图层。

（8）单击“三维工具”选项卡“实体编辑”面板中的“差集”按钮，从齿轮轴中减去上一步绘制的差集结果，结果如图18-81所示。

图18-81　差集运算

10. 绘制螺孔

（1）在命令行中输入“UCS”命令，绕X轴旋转90°，命令行中的提示与操作如下：

```
命令：UCS↙
当前 UCS 名称：*没有名称*
指定 UCS 的原点或 [面(F)/命名(NA)/对象(OB)/上一个(P)/视图(V)/世界(W)/X/Y/Z/Z轴(ZA)] <世界>: X↙
指定绕 X 轴的旋转角度 <90>:↙
```

坐标系旋转结果如图18-82所示。

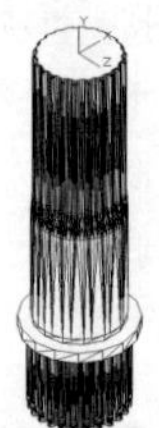

图18-82　旋转坐标系

（2）选择菜单栏中的“视图”→“三维视图”→“平面视图”→“当前UCS（C）”命令，进入XY平面。

（3）关闭“0”图层，将“图层2”图层置为当前图层。

（4）单击“默认”选项卡“绘图”面板中的“直线”按钮，绘制图18-83所示截面。

（5）单击“默认”选项卡“绘图”面板中的“面域”按钮，将上一步绘制的截面创建为面域。

（6）单击“三维工具”选项卡“建模”面板中的“旋转”按钮，选择上一步绘制的面域作为旋转截面，旋转轴为Y轴，命令行中的提示与操作如下：

```
命令：_revolve
当前线框密度： ISOLINES=10，闭合轮廓创建模式 = 实体
选择要旋转的对象或 [模式(MO)]：找到2 个(选择上一步绘制的面域)
选择要旋转的对象或 [模式(MO)]：↙
指定轴起点或根据以下选项之一定义轴 [对象(O)/X/Y/Z] <对象>:Y↙
指定旋转角度或 [起点角度(ST)/反转(R)/表达式(EX)] <360>:↙
```

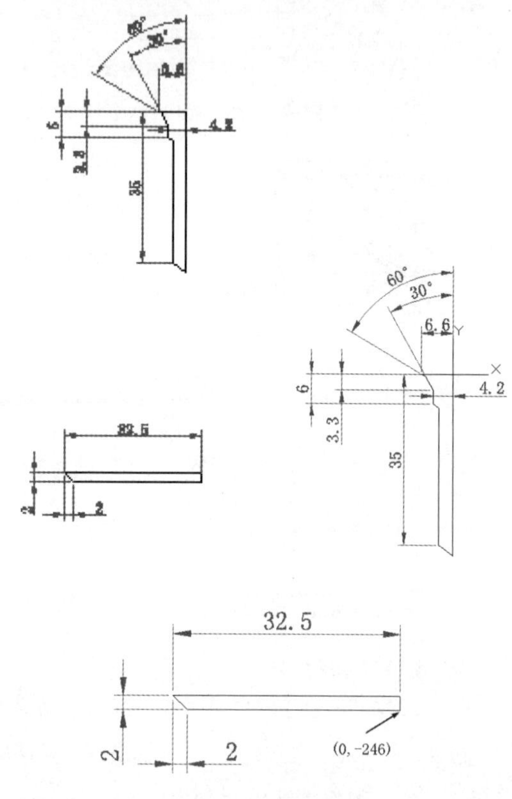

图18-83　绘制旋转截面

结果如图18-84所示。

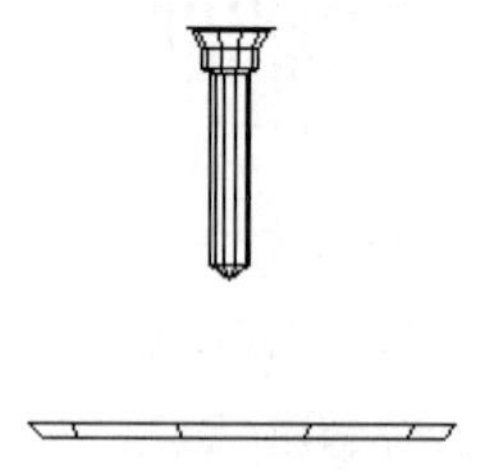

图18-84　旋转实体

（7）单击“可视化”选项卡“命名视图”面板中的“西南等轴测”按钮，设置视图。

（8）在命令行中输入“UCS”命令，将坐标系绕X轴旋转-90°，结果如图18-85所示。

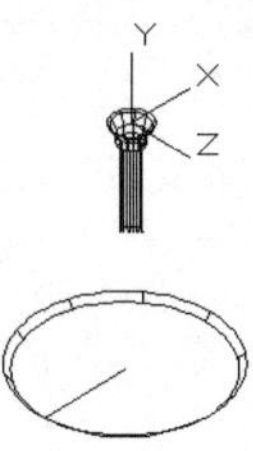

图18-85 旋转坐标系

（9）单击“三维工具”选项卡“建模”面板中的“圆柱体”按钮，绘制圆柱体8，其中参数如下。

圆柱体8：原点坐标（0，0，-246），直径“100”、高度“2”。

结果如图18-86所示。

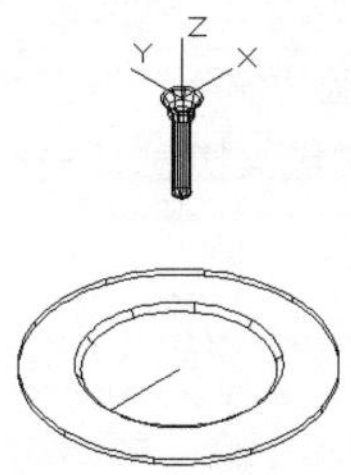

图18-86 绘制圆柱体8

（10）单击“三维工具”选项卡“实体编辑”面板中的“差集”按钮，从圆柱体8中减去旋转实体。

（11）在“图层特性管理器”面板中打开“0”图层，消隐后结果如图18-87所示。

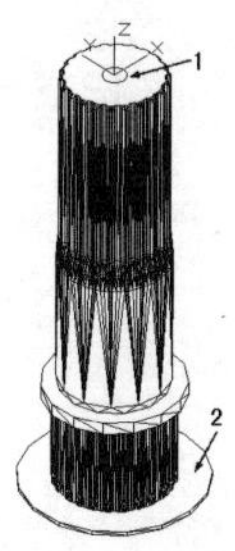

图18-87 消隐结果（1）

（12）单击“三维工具”选项卡“实体编辑”面板中的“差集”按钮，从实体中减去旋转实体1、2，消隐结果如图18-88所示。

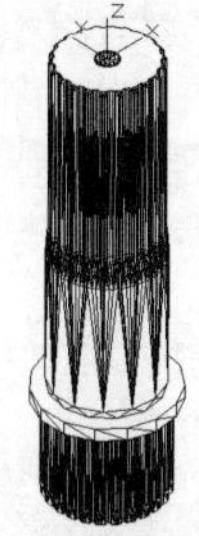

图18-88 消隐结果（2）

11. 圆角操作

（1）单击“视图”选项卡“导航”面板上的“动态观察”下拉列表中的“自由动态观察”按钮，旋转实体到适当位置。

（2）单击“三维工具”选项卡“实体编辑”面板中的“倒角边”按钮，选择倒角边线，倒角距离为“0.4”，结果如图18-89所示。

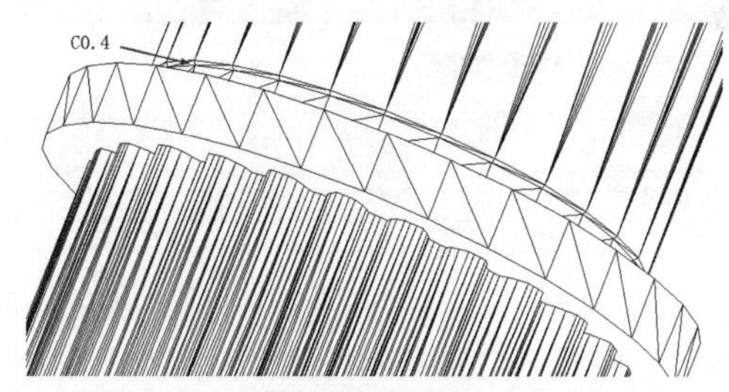

图18-89 倒角结果

（3）单击“三维工具”选项卡“实体编辑”面板中的“圆角边”按钮，选择圆角边线，圆角半径“0.4”，结果如图18-90所示。

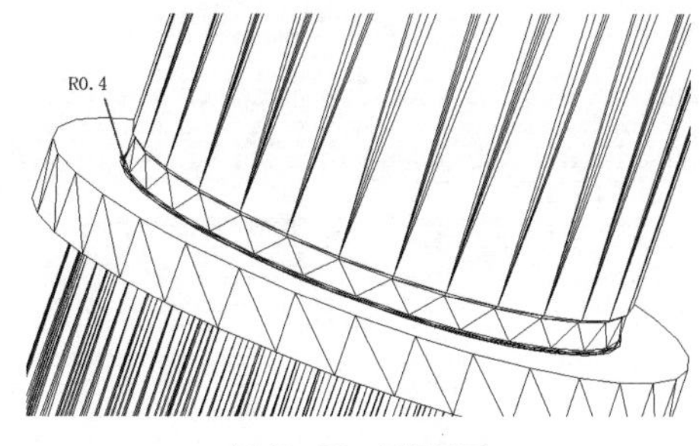

图18-90 圆角结果

12. 模型显示

（1）单击“视图”选项卡“视口工具”面板中的“UCS图标”按钮，取消坐标系显示。

（2）单击“视图”选项卡“视觉样式”面板中的“概念”按钮，可得到实体概念图，如图18-56所示。

18.2.2 输入齿轮立体图

本小节主要介绍如何绘制图18-91中的输入齿轮立体模型。

图18-91 输入齿轮

1. 新建文件

（1）单击快速访问工具栏中的“新建”按钮，打开“选择样板”对话框，选择“无样板打开-公制（M）”，进入绘图环境。

（2）单击快速访问工具栏中的“保存”按钮，打开“另存为”对话框，输入文件名称“输入齿轮立体图”，单击“确定”按钮，退出对话框。

2. 设置线框密度

在命令行中输入“ISOLINES”命令，设置线框密度为“10”。

3. 绘制齿轮截面

（1）单击“默认”选项卡“绘图”面板中的“圆”按钮，分别绘制直径为“282.8”“266”“249.2”、圆心在原点的同心圆，绘制结果如图18-92所示。

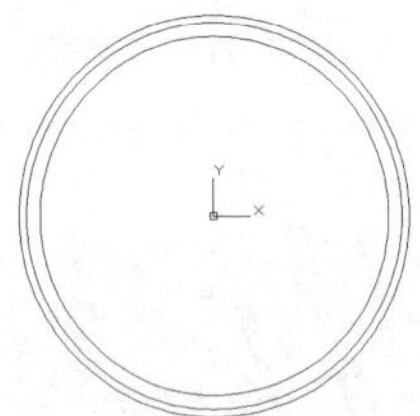

图18-92 绘制同心圆

（2）单击“默认”选项卡“绘图”面板中的“直线”按钮，绘制过原点的竖直中心线，结果如图18-93所示。

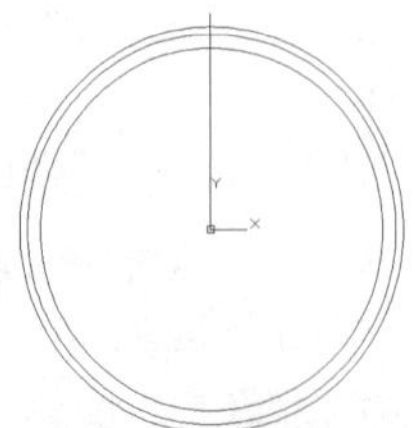

图18-93 绘制中心线

（3）单击“默认”选项卡“绘图”面板中的“圆”按钮和“直线”按钮，捕捉齿顶圆与竖直直线的交点1为圆心，绘制半径为“4”的圆。捕捉R4的圆与齿顶圆交点2，绘制直线，第二点坐标为（20<-110）。捕捉交点2向右绘制水平直线，与竖直直线4相交，交点为3，结果如图18-94所示。

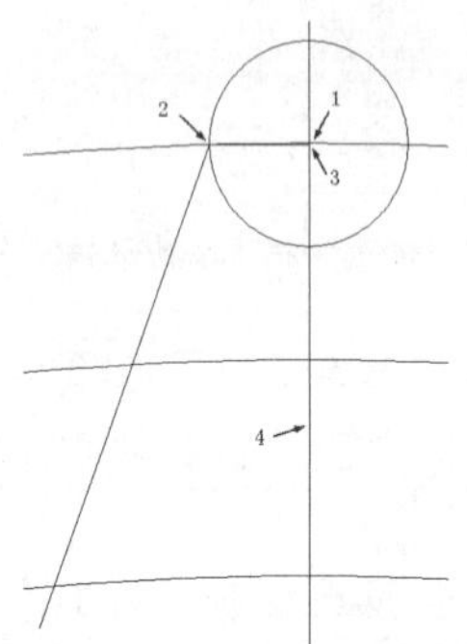

图18-94 绘制轮廓线

（4）单击“默认”选项卡“修改”面板中的“镜像”按钮和“删除”按钮，镜向左侧图形并删除多余图元，结果如图18-95所示。

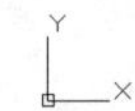

图18-95 镜像结果

（5）单击“默认”选项卡“修改”面板中的“环形阵列”按钮，选择上一步绘制的齿形，阵列个数为“38”，结果如图18-96所示。

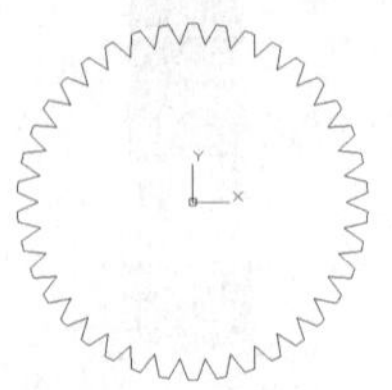

图18-96 环形阵列结果

（6）单击“默认”选项卡“修改”面板中的“分解”按钮，分解阵列结果。

（7）单击“默认”选项卡“修改”面板中的

“圆角”按钮，半径为“1.5”，结果如图18-97所示。

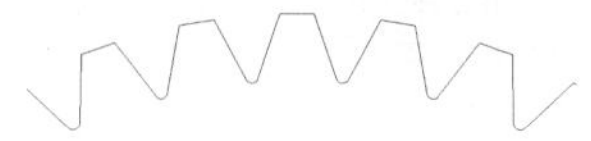

图18-97 圆角结果

（8）单击“默认”选项卡“绘图”面板中的“面域”按钮，合并截面图元。

4. 拉伸齿轮

（1）单击“三维工具”选项卡“建模”面板中的“拉伸”按钮，拉伸上一步绘制的截面，拉伸高度为“30”，命令行中的提示与操作如下：

```
命令： _extrude
当前线框密度： ISOLINES=10，闭合轮廓创建模式 = 实体
选择要拉伸的对象或 [模式(MO)]：找到 1 个
选择要拉伸的对象或 [模式(MO)]：↙
指定拉伸的高度或 [方向(D)/路径(P)/倾斜角(T)/表达式(E)]：30↙
```

（2）单击“可视化”选项卡“命名视图”面板中的“西南等轴测”按钮，进入三维视图环境，实体消隐后结果如图18-98所示。

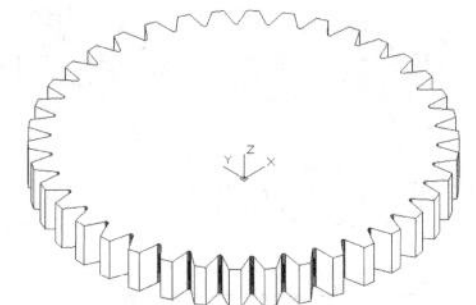

图18-98 拉伸实体

5. 绘制旋转截面

（1）在命令行中输入“UCS”命令，将坐标系绕Y轴旋转90°，命令行中的提示与操作如下：

```
命令：UCS↙
当前 UCS 名称：*世界*
指定 UCS 的原点或 [面(F)/命名(NA)/对象(OB)/上一个(P)/视图(V)/世界(W)/X/Y/Z/Z轴(ZA)] <世界>：y↙
指定绕 Y 轴的旋转角度 <90>：↙
```

结果如图18-99所示。

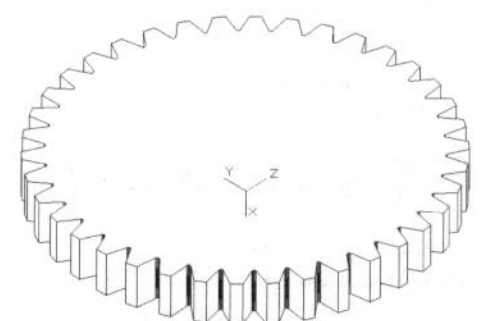

图18-99 旋转坐标系

（2）选择菜单栏中的“视图”→“三维视图”→“平面视图”→“当前UCS（C）”命令，将视图转换到XY平面上，绘制截面草图。

（3）单击“默认”选项卡“绘图”面板中的“直线”按钮和“修改”面板中的“圆角”按钮，绘制草图轮廓。

（4）单击“默认”选项卡“绘图”面板中的“面域”按钮，合并截面，创建4个面域，如图18-100所示。

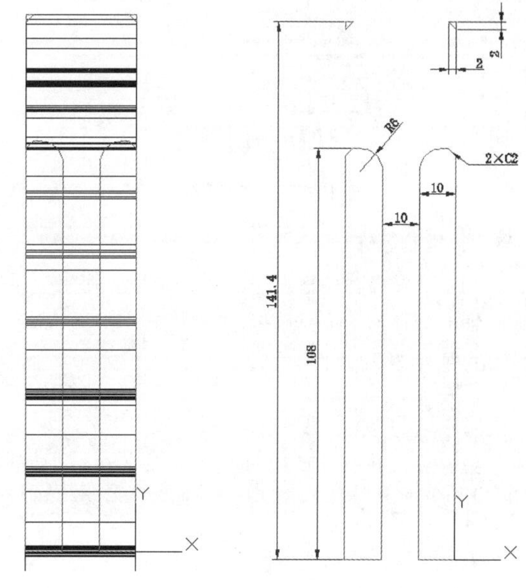

图18-100 创建面域

6. 旋转切除

（1）单击“三维工具”选项卡“建模”面板中的“旋转”按钮，选择X轴作为截面的旋转轴，命令行中的提示与操作如下：

```
命令：_revolve
当前线框密度： ISOLINES=10，闭合轮廓创建模式 = 实体
选择要旋转的对象或 [模式(MO)]：指定对角点：找到 4 个 （选择图18-100中的截面）
选择要旋转的对象或 [模式(MO)]：↙
指定轴起点或根据以下选项之一定义轴 [对象(O)/X/Y/Z] <对象>：X↙
指定旋转角度或 [起点角度(ST)/反转(R)/表达式(EX)] <360>：↙
```

（2）单击“可视化”选项卡“命名视图”面板中的“西南等轴测”按钮，旋转实体结果如图18-101所示。

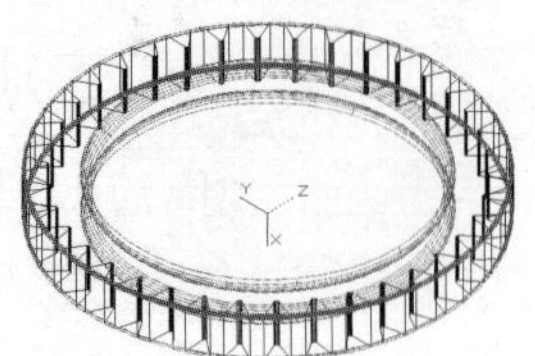

图 18-101 旋转实体

（3）单击“三维工具”选项卡“实体编辑”面板中的“差集”按钮，从齿轮中减去旋转结果与阵列结果，消隐结果如图 18-102 所示。

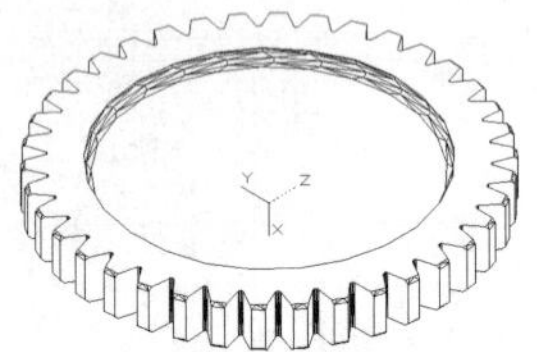

图 18-102 差集运算

7. 绘制基体

（1）在命令行中输入“UCS”命令，将坐标系移动到（3.5，0，0）处并绕 *Y* 轴旋转 -90°，命令行中的提示与操作如下：

```
命令：UCS↙
当前 UCS 名称：*没有名称*
指定 UCS 的原点或 [面(F)/命名(NA)/对象(OB)/上一个(P)/视图(V)/世界(W)/X/Y/Z/Z轴(ZA)] <世界>: 3.5,0,0↙
指定 X 轴上的点或 <接受>:↙
命令： UCS↙
当前 UCS 名称：*没有名称*
指定 UCS 的原点或 [面(F)/命名(NA)/对象(OB)/上一个(P)/视图(V)/世界(W)/X/Y/Z/Z轴(ZA)] <世界>: Y↙
指定绕 Y 轴的旋转角度 <90>: -90↙
```

结果如图 18-103 所示。

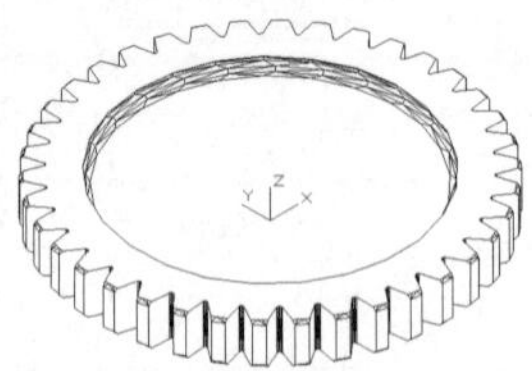

图 18-103 设置坐标系

（2）利用前面知识，绘制花键截面，其中，齿顶圆、分度圆、齿根圆直径分别为“60.25”“62.5”“66.25”，齿数为“25”，将竖直中心线分别向左偏移“2.39”，旋转复制 2° 和 5°。创建的花键截面如图 18-104 所示。

图 18-104 花键截面

（3）单击“三维工具”选项卡“建模”面板中的“拉伸”按钮，拉伸上一步绘制的花键截面，高度为“44”，结果如图 18-105 所示。

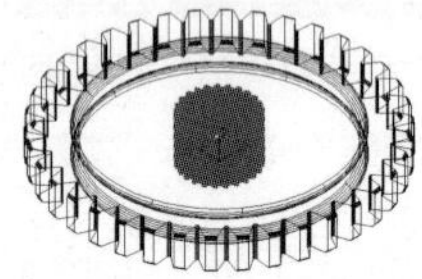

图 18-105 拉伸花键截面

（4）单击“三维工具”选项卡“建模”面板中的“圆柱体”按钮，绘制圆柱体 1、2、3，参数如下。

圆柱体 1：圆心（0，0，0）、直径“83”、高度“44”。

圆柱体 2：圆心（0，0，0）、直径“60.25”、高度“44”。

圆柱体 3：圆心（73.5，0，0）、直径“45”、高度“44”。

绘制结果如图 18-106 所示。

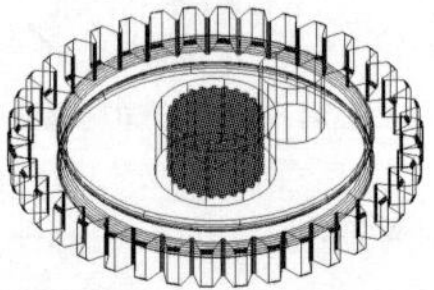

图 18-106 绘制圆柱体

（5）选择菜单栏中的“修改”→“三维操作”→“三维阵列”命令，阵列对象为圆柱体 3，阵列个数为“8”，阵列中心点为（0，0，0）、（0，0，10），消隐后结果如图 18-107 所示。

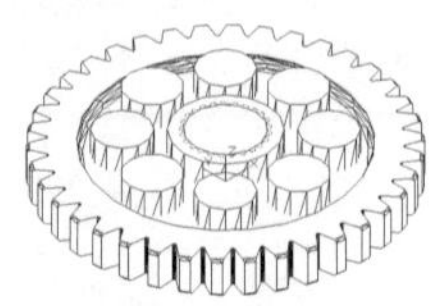

图 18-107 阵列结果

（6）单击“三维工具”选项卡“实体编辑”面板中的“并集”按钮，合并齿轮实体与圆柱体 1。

（7）单击“三维工具”选项卡“实体编辑”面板中的“差集”按钮，从齿轮实体中减去圆柱体2、3，生成孔，结果如图18-108所示。

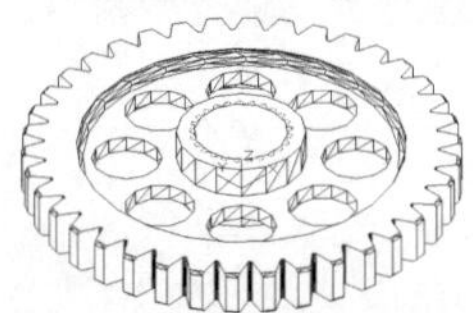

图18-108 差集运算（1）

8. 倒角操作

（1）单击“三维工具”选项卡“实体编辑”面板中的“倒角边”按钮，为中心孔两边线设置倒角，间距为“2”，结果如图18-109所示。

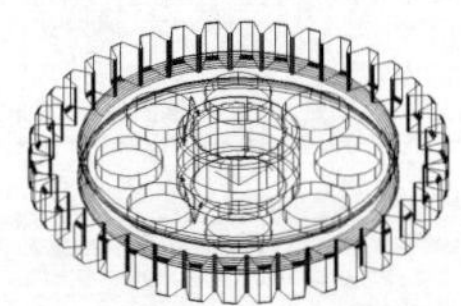

图18-109 倒角结果

（2）单击“三维工具”选项卡“实体编辑”面板中的“差集”按钮，从齿轮实体中减去花键实体，生成花键孔，结果如图18-110所示。

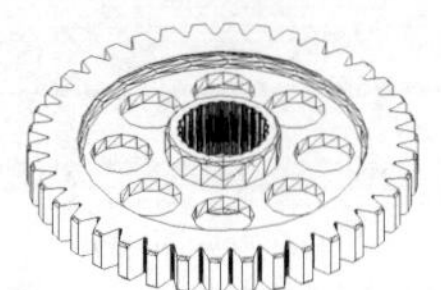

图18-110 差集运算（2）

9. 模型显示

（1）单击“视图”选项卡“视口工具”面板中的“UCS图标”按钮，取消坐标系显示。

（2）单击“视图”选项卡“视觉样式”面板中的“概念”按钮，可得到实体概念图，如图18-91所示。

用同样的方法绘制“输出齿轮立体图”，结果如图18-111所示。

图18-111 输出齿轮

第 19 章

变速器试验箱体三维总成

本章导读

本章将以变速器试验箱体三维总成为例，详细讲解大型装配体立体模型的绘制方法。由于本例中需要在装配体中进行后续钻孔操作，因此采用可编辑的插入方法，即复制粘贴。虽然方法操作简单，但由于零件过多，需要读者在操作过程中细心认真，注意坐标系的变化，这样才能快速准确地完成立体图的绘制。

19.1 箱体总成

装配零件三维模型与装配零件平面图相同，有3种方法：附着（xrer）、插入块、复制粘贴。采用前两种方法插入到装配图中的零件将无法被编辑，但由于本章节绘制的装配体有后续编辑操作的需求，因此采用第三种方法，绘制结果如图19-1所示。

图 19-1　箱体总成

19.1.1 新建装配文件

1. 设置线框密度

在命令行中输入“ISOLINES”命令，设置线框密度为“10”。

2. 设置视图方向

单击“可视化”选项卡“命名视图”面板中的“西南等轴测”按钮，设置模型显示方向。

19.1.2 装配底板

1. 打开文件

（1）单击快速访问工具栏中的“打开”按钮，打开“选择文件”对话框，打开“底板立体图.dwg”文件。

（2）选择菜单栏中的“视图”→“三维视图”→“平面视图”→“当前UCS（C）”命令，进入*XY*平面。

（3）单击“视图”选项卡“视口工具”面板中的“UCS图标”按钮，打开坐标系。如图19-2所示。

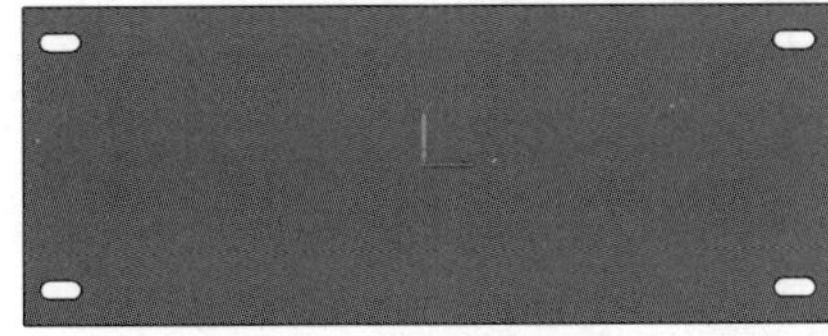

图 19-2　底板立体图

2. 复制底板零件

鼠标右键单击绘图区，选择“剪贴板”子菜单中的“带基点复制”命令，复制底板零件，基点为坐标原点。鼠标右键单击绘图区，选择“剪贴板”子菜单中的“粘贴”命令，插入点坐标为（0，0，0），结果如图19-3所示。

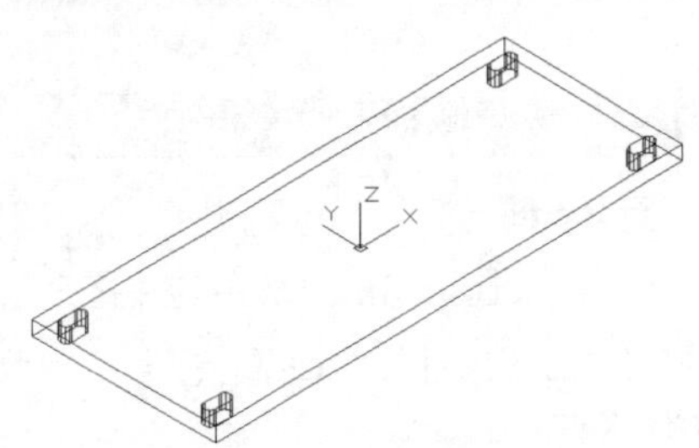

图 19-3　插入底板

19.1.3 装配后箱板

1. 打开文件

（1）单击快速访问工具栏中的“打开”按钮，打开“选择文件”对话框，打开“后箱板立体图.dwg”文件。

（2）鼠标右键单击绘图区，选择“剪贴板”子菜单中的“带基点复制”命令，复制后箱板零件，基点为图19-4所示的中点B点。

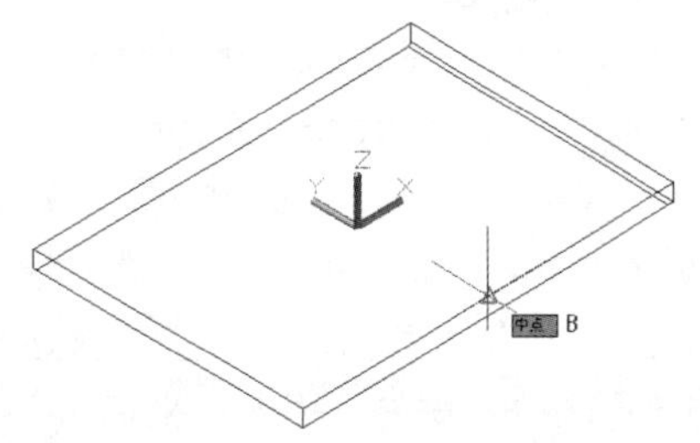

图 19-4　三维后箱板

2. 插入后箱板

（1）选择菜单栏中的“窗口”→“03箱体总成立体图”命令，切换到装配体文件窗口。

（2）在命令行中输入“UCS”命令，绕*X*轴旋转90°，建立新的UCS。

（3）鼠标右键单击绘图区，选择“剪贴板”子菜单中的“粘贴”命令，插入点坐标为（0，26，169），结果如图19-5所示。

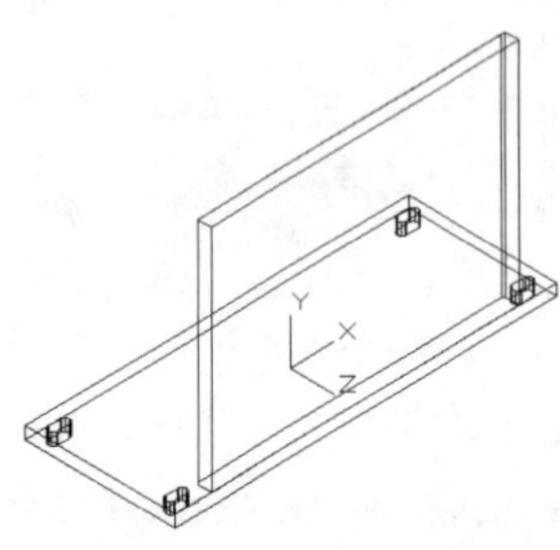

图19-5　插入后箱板

19.1.4 装配侧板

1. 打开文件

（1）单击快速访问工具栏中的“打开”按钮 ，打开“选择文件”对话框，打开“侧板立体图.dwg”文件。

（2）鼠标右键单击绘图区，选择“剪贴板”子菜单中的“带基点复制”命令，复制侧板零件，基点为图19-6所示的顶点A点。

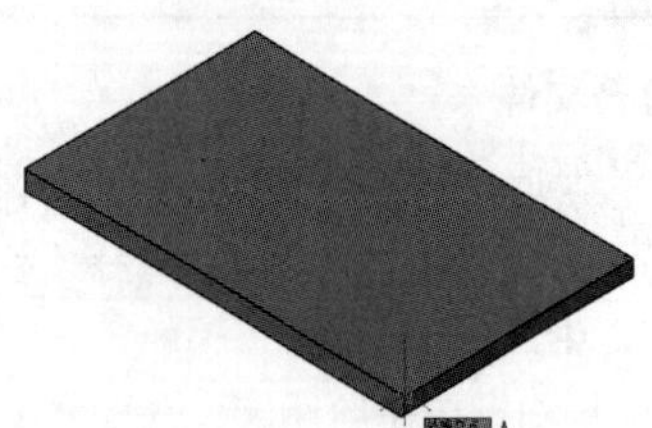

图19-6　三维侧板

2. 插入侧板零件

（1）选择菜单栏中的“窗口”→“03箱体总成立体图”命令，切换到装配体文件窗口。

（2）在命令行中输入“UCS”命令，绕*Y*轴旋转90°，建立新的UCS。

（3）鼠标右键单击绘图区，选择“剪贴板”子菜单中的“粘贴”命令，插入点坐标为（-134，26，-330），消隐后结果如图19-7所示。

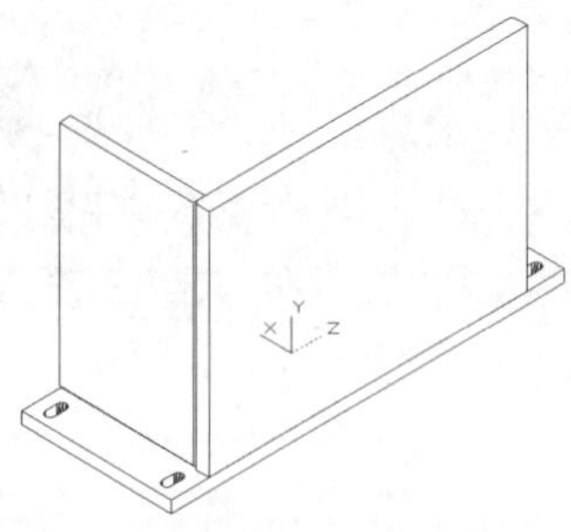

图19-7　插入侧板

19.1.5 装配油管座

1. 打开文件

（1）单击快速访问工具栏中的“打开”按钮 ，打开“选择文件”对话框，打开“油管座立体图.dwg”文件。

（2）鼠标右键单击绘图区，选择“剪贴板”子菜单中的“带基点复制”命令，复制图19-8所示的油管座零件，基点为（0，0，0）。

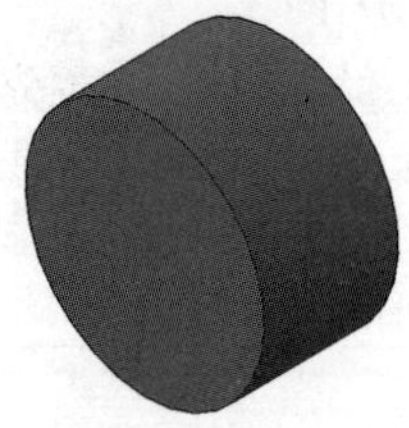

图19-8　三维油管座

2. 插入油管座零件

（1）选择菜单栏中的“窗口”→“03箱体总成立体图”命令，切换到装配体文件窗口。

（2）在命令行中输入“UCS”命令，绕*Y*轴旋转-90°，建立新的UCS。

（3）鼠标右键单击绘图区，选择“剪贴板”子菜单中的“粘贴”命令，插入点坐标为（-74，451，169），如图19-9所示。

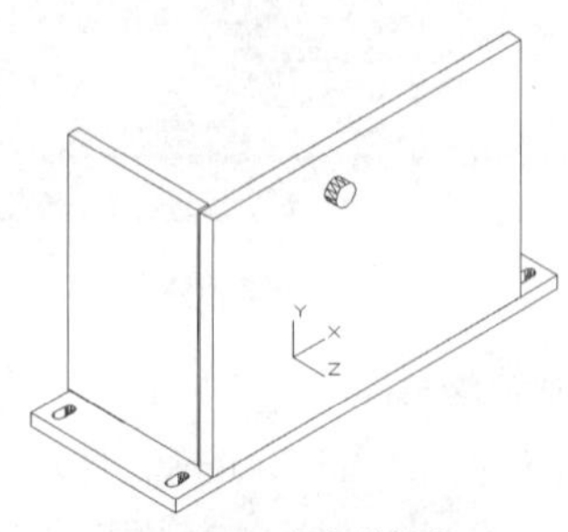

图19-9　插入油管座

19.1.6 装配吊耳板

1. 打开文件

（1）单击快速访问工具栏中的“打开”按钮，打开“选择文件”对话框，打开“吊耳板立体图.dwg”文件。

（2）单击工具栏中的“视图”→“三维视图”→“平面视图”→“当前UCS（C）”命令，进入*XY*平面。

（3）鼠标右键单击绘图区，选择“剪贴板”子菜单中的“带基点复制”命令，复制吊耳板零件，基点为图19-10所示的插入端点A点。

图19-10 插入三维吊耳板

2. 插入2个吊耳板零件

（1）选择菜单栏中的“窗口”→“03箱体总成立体图”命令，切换到装配体文件窗口。

（2）鼠标右键单击绘图区，选择“剪贴板”子菜单中的“粘贴”命令，插入点坐标为（-355，481，-131）、（-355，481，99），结果如图19-11所示。

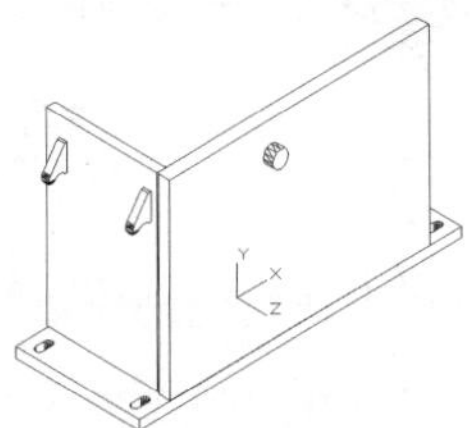

图19-11 插入吊耳板

（3）选择菜单栏中的“修改”→“三维操作”→“三维镜像”命令，镜像侧板与两吊耳板，镜像结果如图19-12所示。

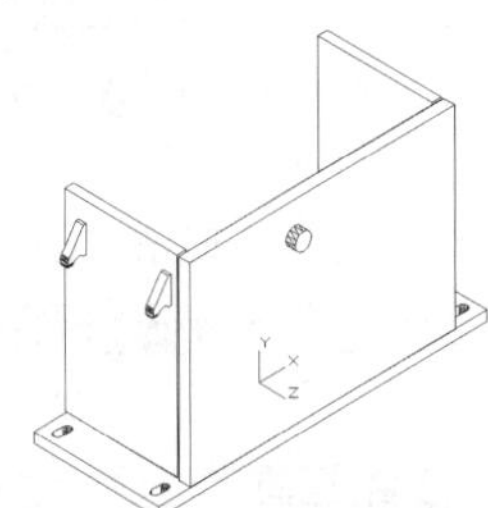

图19-12 镜像侧板与两吊耳板

19.1.7 装配安装板

1. 打开文件

（1）单击快速访问工具栏中的“打开”按钮，打开“选择文件”对话框，打开“安装板30立体图.dwg”文件。

（2）单击工具栏中的“视图”→“三维视图”→“平面视图”→“当前UCS（C）”命令，进入*XY*平面，如图19-13所示。

图19-13 三维安装板

（3）鼠标右键单击绘图区，选择“剪贴板”子菜单中的“带基点复制”命令，复制安装板零件，基点为坐标原点。

2. 插入安装板零件

（1）选择菜单栏中的“窗口”→“03 箱体总成立体图”命令，切换到装配体文件窗口。

（2）鼠标右键单击绘图区，选择“剪贴板”子菜单中的“粘贴”命令，插入点坐标为（-74，281，169），结果如图19-14所示。

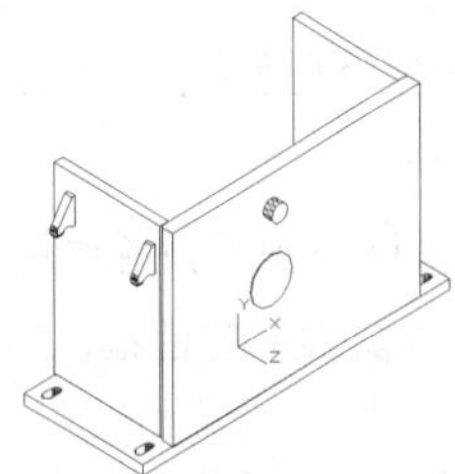

图19-14 插入安装板

19.1.8 装配轴承座

1. 打开文件

（1）单击快速访问工具栏中的“打开”按钮，打开“选择文件”对话框，打开“轴承座立体图.dwg”文件。

（2）单击工具栏中的“视图”→“三维视图”→“平面视图”→“当前UCS（C）”命令，进入*XY*平面，如图19-15所示。

图 19-15 三维轴承座

（3）鼠标右键单击绘图区，选择“剪贴板”子菜单中的“带基点复制”命令，复制轴承座零件，基点为坐标原点。

2. 插入轴承座零件

（1）选择菜单栏中的“窗口”→“03箱体总成立体图”命令，切换到装配体文件窗口。

（2）鼠标右键单击绘图区，选择“剪贴板”子菜单中的“粘贴”命令，插入点坐标为（108，281，169），结果如图19-16所示。

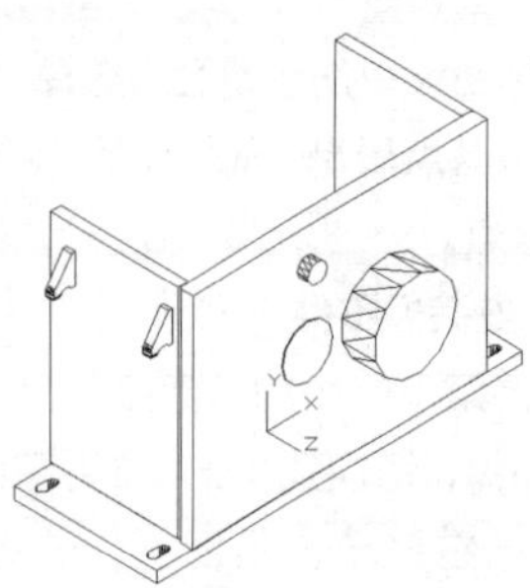

图 19-16 插入轴承座

19.1.9 装配筋板

1. 打开文件

（1）单击快速访问工具栏中的“打开”按钮，打开“选择文件”对话框，打开“筋板立体图.dwg”文件。

（2）鼠标右键单击绘图区，选择“剪贴板”子菜单中的“带基点复制”命令，复制筋板零件，基点为图19-17所示的中点A点。

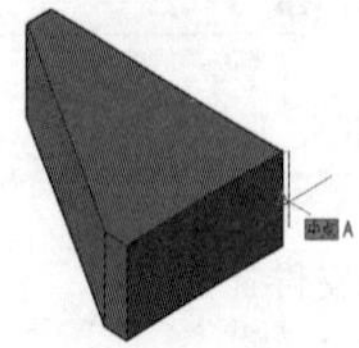

图 19-17 三维筋板

2. 插入筋板零件

（1）选择菜单栏中的“窗口”→“03箱体总成立体图”命令，切换到装配体文件窗口。

（2）鼠标右键单击绘图区，选择“剪贴板”子菜单中的“粘贴”命令，插入点坐标为（208，281，169），结果如图19-18所示。

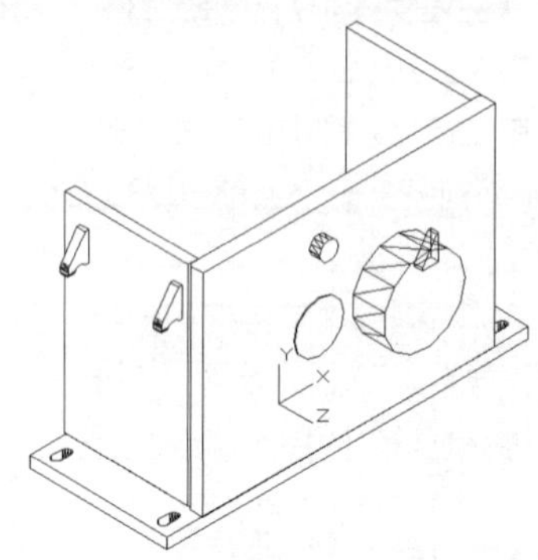

图 19-18 插入筋板

（3）选择菜单栏中的“修改”→“三维操作”→“旋转”命令，使筋板绕通过插入点（208，281，169）的旋转轴X轴旋转90°，Y轴旋转180°，结果如图19-19所示。

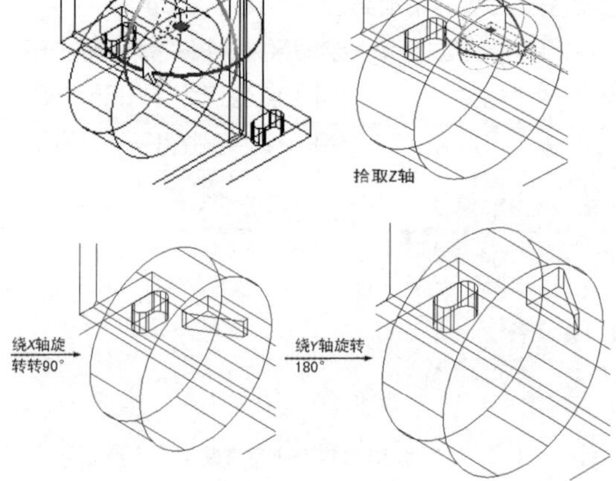

图 19-19 旋转筋板

（4）选择菜单栏中的“修改”→“三维操作”→“三维阵列”命令，选择筋板作为阵列对象，阵列类型为环形，项目数为“3”，阵列中心点为（108，281，169）、（108，281，0）。

（5）单击“视图”选项卡“视觉样式”面板中的“隐藏”按钮，对实体进行消隐，结果如图19-20所示。

（6）单击“三维工具”选项卡“实体编辑”面板中的“并集”按钮，合并所有插入零件。

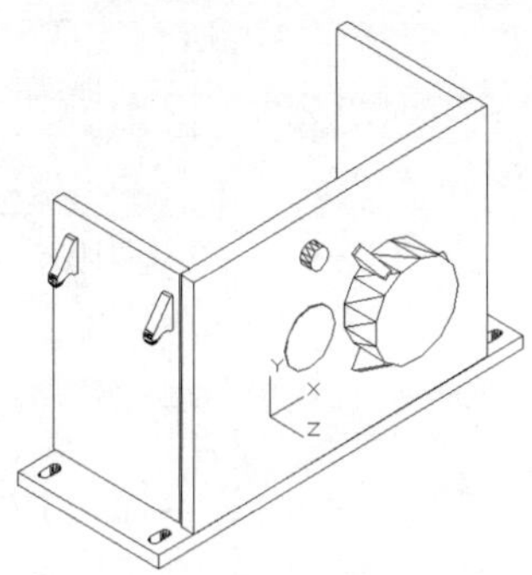

图19-20 阵列筋板

19.1.10 绘制装配孔

1. 绘制圆柱体

单击“三维工具”选项卡“建模”面板中的“圆柱体”按钮，绘制7个圆柱体，参数设置如下。

圆柱体1：圆心（108,281,245）、半径“65”、高度“-120”。

圆柱体2：圆心（-74,281,171）、半径“35”、高度“-100”。

圆柱体3：圆心（-74,451,194）、半径“11”、高度“-37.5”。

圆柱体4：圆心（-342,14,-169）、半径“8”、高度“50”。

圆柱体5：圆心（-342，248，-169）、半径“8”、高度“47”。

圆柱体6：圆心（-295,44,169）、半径“18”、高度“-100”。

圆柱体7：圆心（-295,44,169）、半径“26”、高度“-2”。

圆柱体绘制结果如图19-21所示。

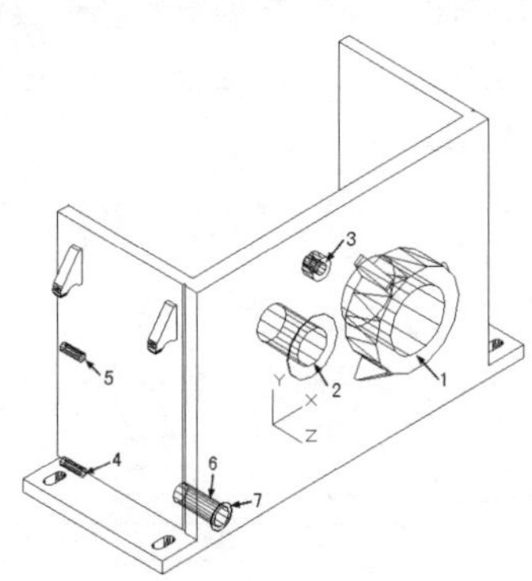

图19-21 绘制圆柱体

2. 复制、镜像圆柱体

（1）选择菜单栏中的“视图”→“三维视图”→“平面视图”→“当前UCS（C）”命令，进入*XY*平面。

（2）单击“默认”选项卡“修改”面板中的“复制”按钮，捕捉圆柱体4圆心为基点，沿正*X*向复制圆柱体4，位移分别为“114”“228”“343”；沿正*Y*向复制圆柱体4，位移分别为“93”“186”“282”“375”“468”，结果如图19-22所示。

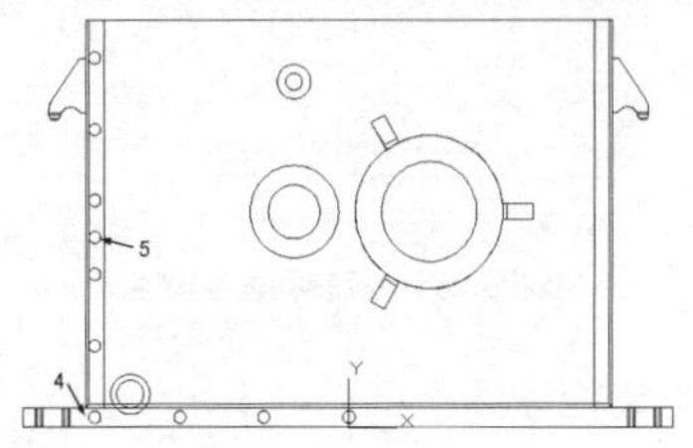

图19-22 复制圆柱体

（3）单击“默认”选项卡“修改”面板中的“镜像”按钮，向右侧镜像圆柱体4及复制结果与圆柱体5，结果如图19-23所示。

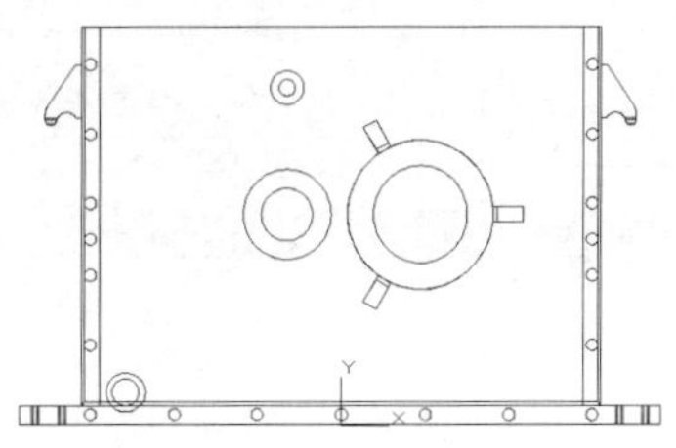

图19-23 镜像圆柱体

3. 差集运算

（1）单击“三维工具”选项卡“实体编辑”面板中的“差集”按钮，从实体中减去所有圆柱体。

（2）单击“可视化”选项卡“命名视图”面板中的“西南等轴测”按钮，设置模型显示方向，消隐后结果如图19-24所示。

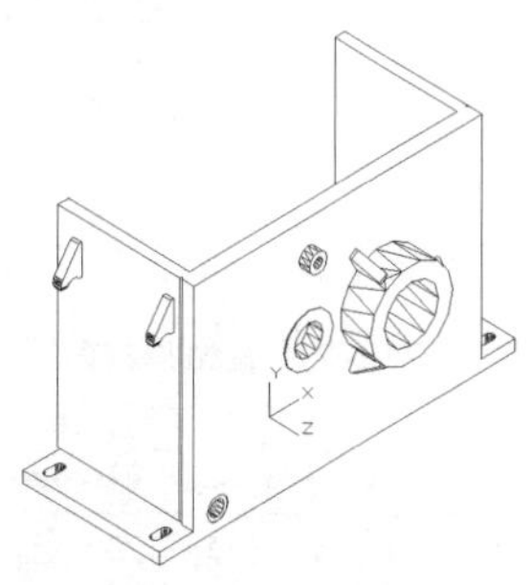

图19-24 消隐结果

（3）单击“视图”选项卡“导航”面板上的“动态观察”下拉列表中的“自由动态观察”按钮，旋转实体到适当角度以方便观察，消隐后结果如图19-25所示。

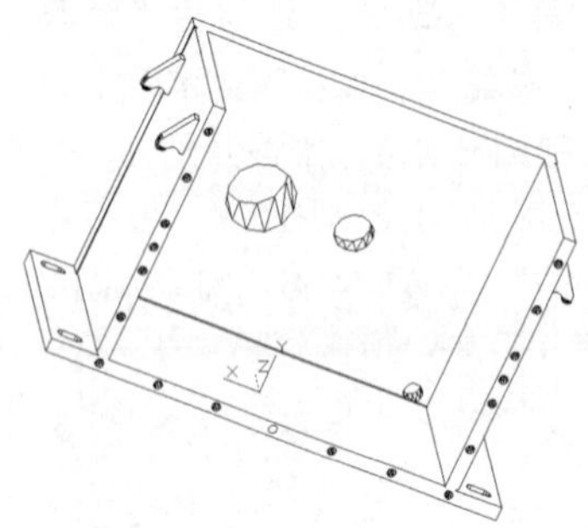

图19-25　旋转到适当角度

4. 绘制圆柱体

（1）在命令行中输入“UCS”命令，将坐标原点移动到图19-26中的点A处，并将坐标系绕*X*轴旋转-90°，结果如图19-27所示。

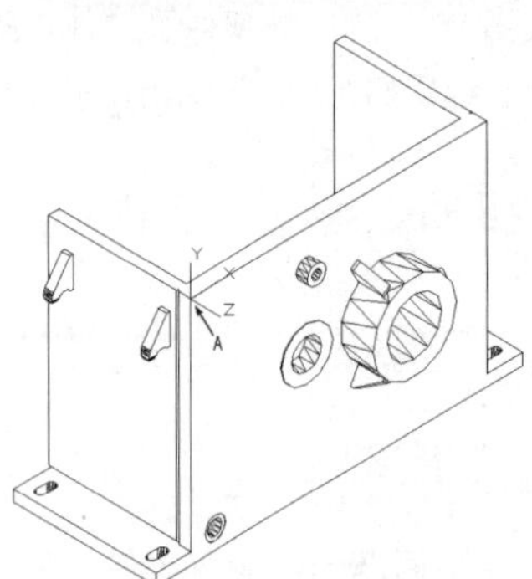

图19-26　移动坐标系

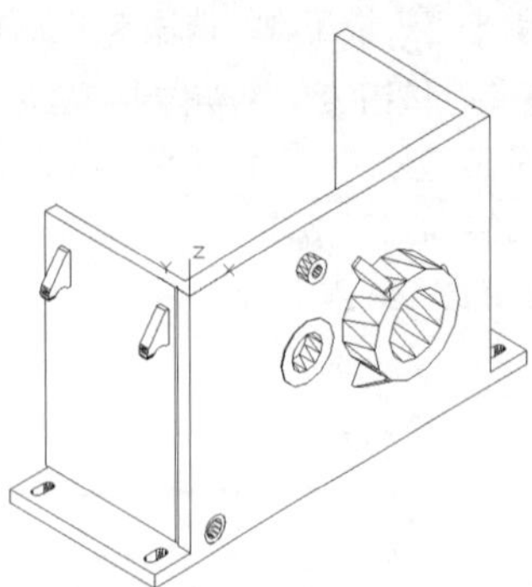

图19-27　旋转坐标系

（2）单击“三维工具”选项卡“建模”面板中的“圆柱体”按钮，绘制2个圆柱体，参数设置如下。

圆柱体8：圆心（12，15，0）、半径“5”、高度“-25”。

圆柱体9：圆心（281，12.5，0）、半径“6”、高度“-215”。

圆柱体绘制结果如图19-28所示。

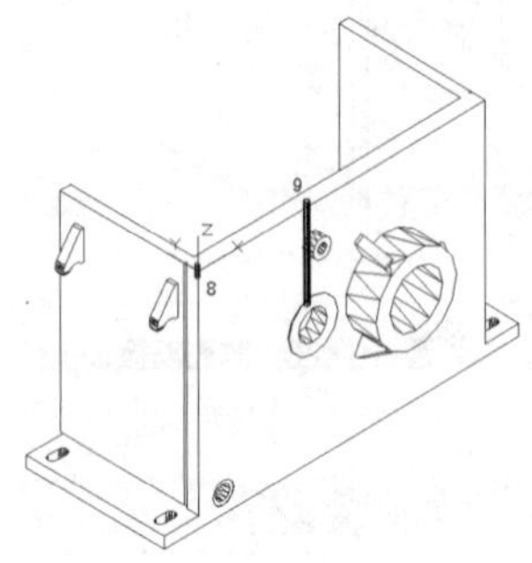

图19-28　绘制圆柱体

5. 复制、镜像圆柱体

（1）单击菜单栏中的“视图”→“三维视图”→“平面视图”→“当前UCS（C）”命令，进入*XY*平面。

（2）单击“默认”选项卡“修改”面板中的“复制”按钮，捕捉圆柱体8圆心为基点，沿正*X*向复制圆柱体8，位移分别为“114”“228”“343”；沿正*Y*向复制圆柱体8，位移分别为“111”“225”，结果如图19-29所示。

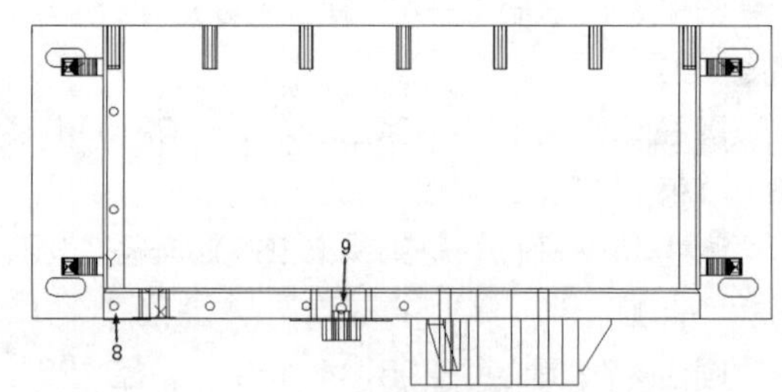

图19-29　复制圆柱体

（3）单击“默认”选项卡“修改”面板中的“镜像”按钮，向右侧镜像圆柱体8及复制结果，结果如图19-30所示。

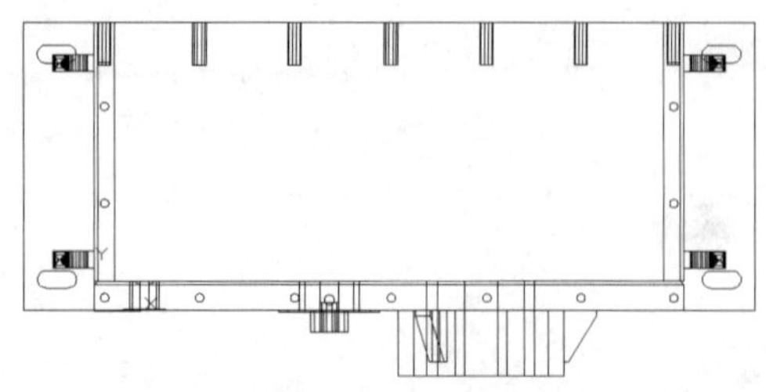

图19-30　镜像圆柱体

6. 差集运算

（1）单击“三维工具”选项卡“实体编辑”面板中的“差集”按钮，从实体中减去上一步绘制的圆柱体。

（2）单击“可视化”选项卡“命名视图”面板中的“西南等轴测”按钮，设置模型显示方向，消隐后结果如图 19-31 所示。

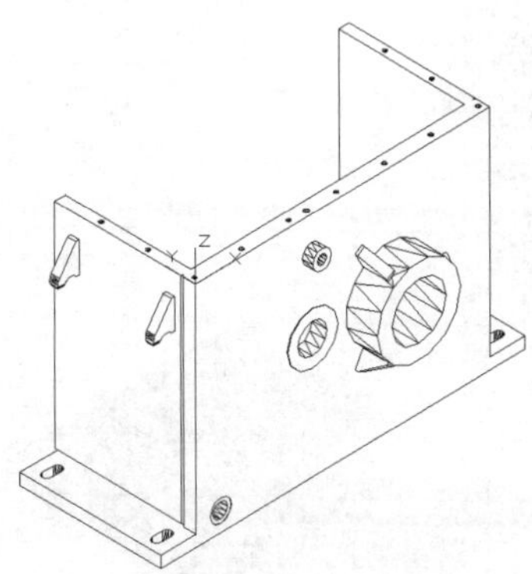

图 19-31 差集运算（1）

7. 绘制圆柱体

（1）在命令行中输入“UCS”命令，将坐标系绕 X 轴旋转 90°，结果如图 19-32 所示。

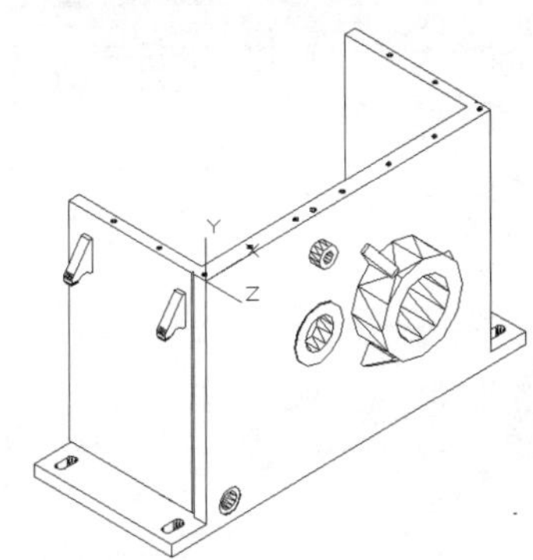

图 19-32 旋转坐标系

（2）单击“三维工具”选项卡“建模”面板中的“圆柱体”按钮，绘制 2 个圆柱体，参数设置如下。

圆柱体 10：圆心（233，-250，2）、半径“6”、高度“-32”。

圆柱体 11：圆心（463，-168，76）、半径“6”、高度“-32”。

圆柱体绘制结果如图 19-33 所示。

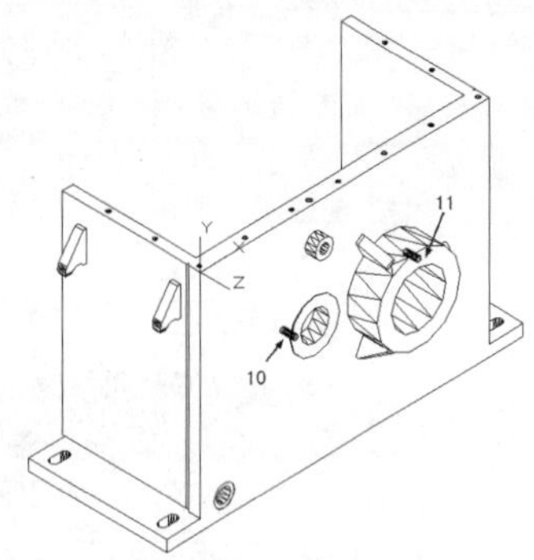

图 19-33 绘制圆柱体

8. 复制、镜像圆柱体

选择菜单栏中的“修改”→“三维操作”→“三维阵列”命令，阵列圆柱体 10、圆柱体 11，阵列中心点分别为{（281，-250，0）、（281，-250，10）}和{（463，-250，0）、（463，-250，10）}，阵列项目数为“6”。

9. 差集运算

单击“三维工具”选项卡“实体编辑”面板中的“差集”按钮，从实体中减去上一步阵列的圆柱体，结果如图 19-34 所示。

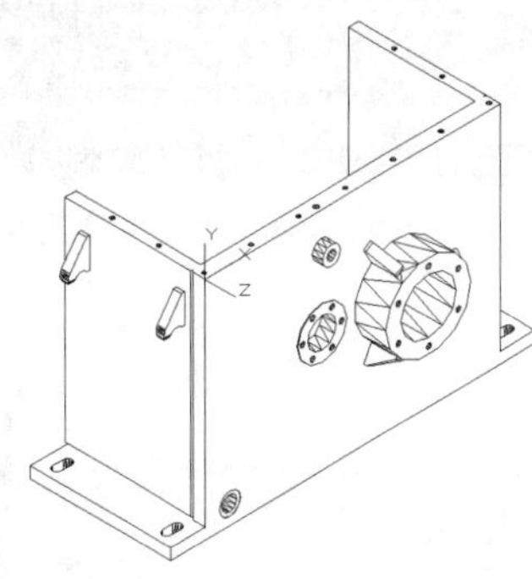

图 19-34 差集运算（2）

10. 绘制圆柱体

单击“三维工具”选项卡“建模”面板中的“圆柱体”按钮，绘制圆柱体 12，参数设置如下。

圆柱体 12：圆心（463，-250，-28）、半径“67”、高度“-3.2”。

圆柱体绘制结果如图 19-35 所示。

11. 差集运算

单击“三维工具”选项卡“实体编辑”面板中的“差集”按钮，从实体中减去上一步绘制的圆柱体 12，结果如图 19-36 所示。

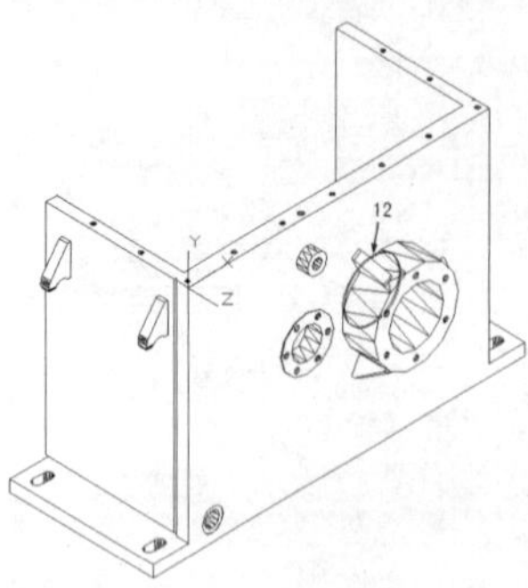

图 19-35　绘制圆柱体

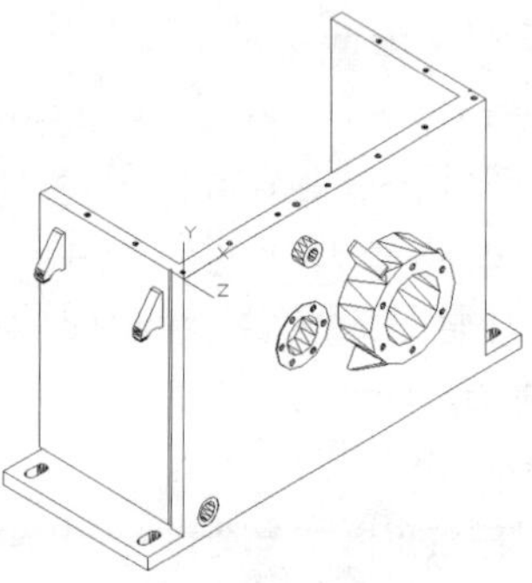

图 19-36　差集运算

12. 渲染视图

（1）单击“视图”选项卡“视口工具”面板中的“UCS图标”按钮，取消坐标系显示。

（2）单击“视图”选项卡“视觉样式”面板中的“概念”按钮，结果如图19-1所示。

用同样的方法绘制相似的“箱板总成立体图”，概念图如图19-37所示。

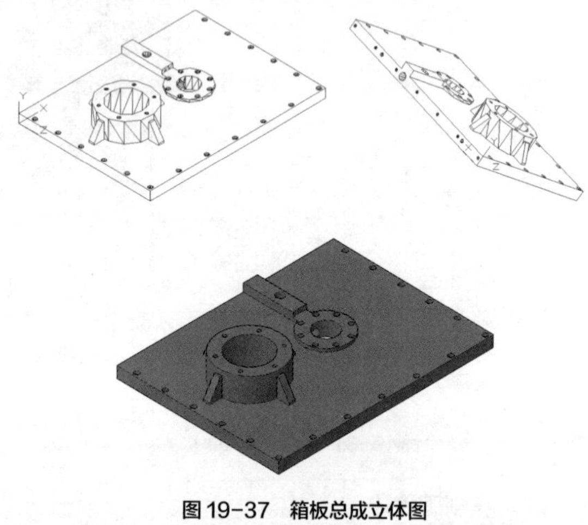

图 19-37　箱板总成立体图

19.2 变速器试验箱体总成

本节主要介绍变速器试验箱体总成立体模型的绘制方法，装配体渲染结果如图19-38所示。

图 19-38　模型着色图

19.2.1 新建装配文件

1. 建立新文件

单击快速访问工具栏中的“新建”按钮，打开“选择样板”对话框，以“无样板打开-公制（M）”方式建立新文件，将新文件命名为“试验箱体总成立体图.dwg”并保存。

2. 设置线框密度

在命令行中输入“ISOLINES”命令，设置线框密度为“10”。

3. 设置视图方向

单击“可视化”选项卡“命名视图”面板中的“西南等轴测”按钮，设置模型显示方向。

19.2.2 装配箱体总成

1. 打开文件

（1）单击快速访问工具栏中的“打开”按钮，打开“选择文件”对话框，打开“箱体总成立体图.dwg”文件。

（2）单击“视图”选项卡“视口工具”面板中的“UCS图标”按钮，显示坐标系。

（3）在命令行中输入“UCS”命令，绕X轴旋转-90°，建立新的UCS。

（4）鼠标右键单击绘图区，选择“剪贴板”子菜单中的“带基点复制”，复制箱体总成零件，基点为图19-39中的点A。

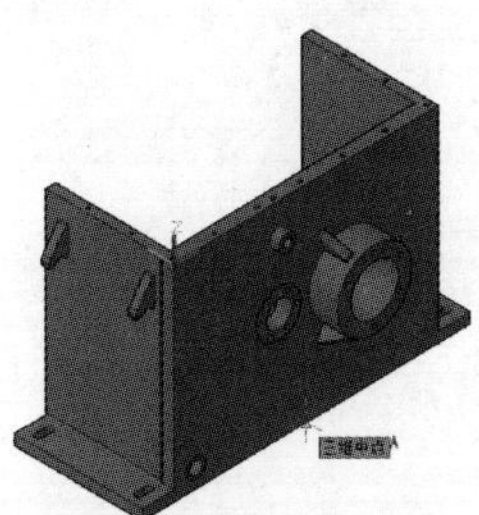

图19-39 箱体总成立体图

2. 插入箱板总成零件

（1）选择菜单栏中的“窗口”→“试验箱体总成立体图”命令，切换到装配体文件窗口。

（2）鼠标右键单击绘图区，选择“剪贴板”子菜单中的“粘贴”，插入点坐标为（0，0，0），消隐后结果如图19-40所示。

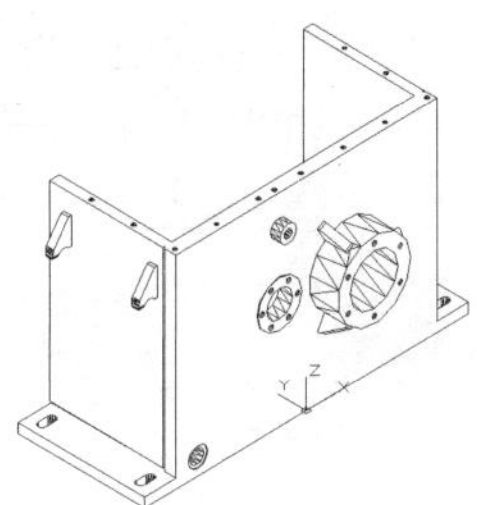

图19-40 插入箱体总成

19.2.3 装配箱板总成

1. 打开文件

（1）单击快速访问工具栏中的“打开”按钮，打开“选择文件”对话框，打开“箱板总成立体图.dwg”文件。

（2）单击“视图”选项卡“视口工具”面板中的“UCS图标”按钮，显示坐标系，如图19-41所示。

图19-41 箱板总成立体图

（3）在命令行中输入“UCS”命令，绕Y轴旋转180°，建立新的UCS，如图19-42所示。

（4）鼠标右键单击绘图区，选择“剪贴板”子菜单中的“带基点复制”命令，复制箱板总成零件，基点为图19-42所示的坐标原点，坐标为（0,0,0）。

图19-42 旋转坐标系

2. 插入箱板零件

（1）选择菜单栏中的“窗口”→“试验箱体总成立体图”命令，切换到装配体文件窗口。

（2）鼠标右键单击绘图区，选择“剪贴板”子菜单中的“粘贴”命令，插入点坐标为（355，338，531），消隐后结果如图19-43所示。

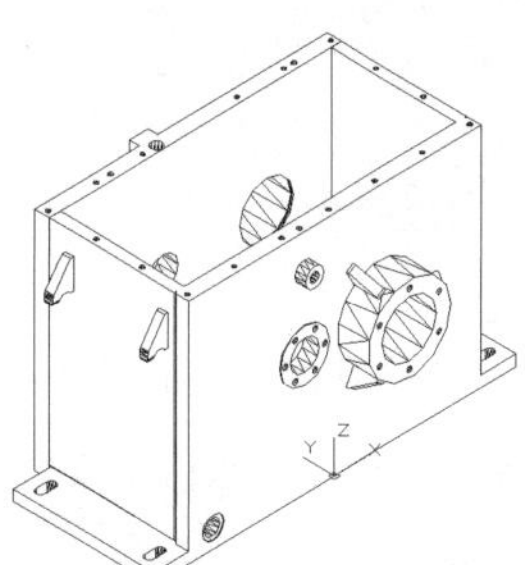

图19-43 插入箱板总成

19.2.4 装配密封垫12

1. 打开文件

（1）单击快速访问工具栏中的“打开”按钮

，打开“选择文件”对话框，打开“密封垫12立体图.dwg”文件。

（2）鼠标右键单击绘图区，选择“剪贴板”子菜单中的“带基点复制”命令，复制密封垫零件，基点为图19-44中的坐标原点。

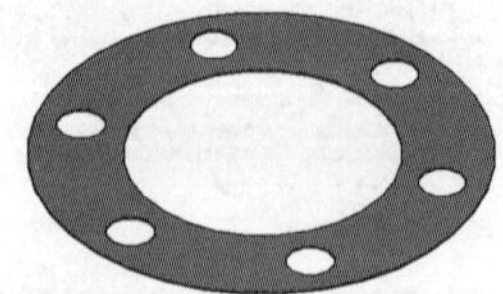

图19-44 密封垫零件（1）

2. 插入密封垫零件

（1）选择菜单栏中的“窗口”→“试验箱体总成立体图”命令，切换到装配体文件窗口。

（2）在命令行中输入“UCS”命令，绕X轴旋转90°，建立新的UCS。

（3）鼠标右键单击绘图区，选择“剪贴板”子菜单中的“粘贴”命令，插入点坐标为（-74，281，2），如图19-45所示。

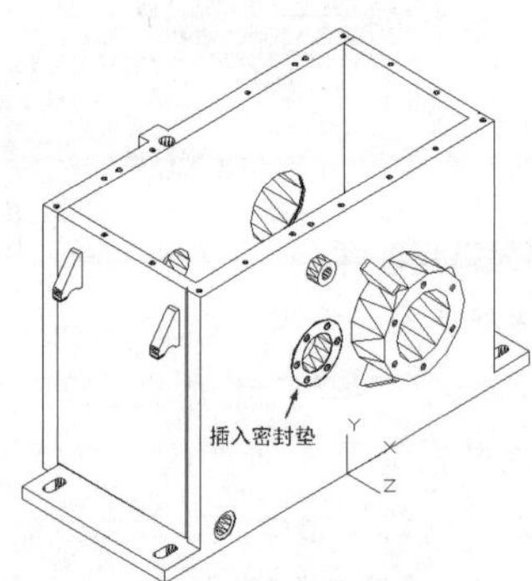

图19-45 插入密封垫

19.2.5 装配配油套

1. 打开文件

（1）单击快速访问工具栏中的“打开”按钮，打开“选择文件”对话框，打开“配油套立体图.dwg”文件。

（2）单击“视图”选项卡“视口工具”面板中的“UCS图标”按钮，打开坐标系。

（3）鼠标右键单击绘图区，选择“剪贴板”子菜单中的“带基点复制”命令，复制前端盖零件，基点为图19-46所示的坐标原点。

图19-46 配油套零件

2. 插入配油套零件

（1）选择菜单栏中的“窗口”→“试验箱体总成立体图”命令，切换到装配体文件窗口。

（2）在命令行中输入“UCS”命令，绕Y轴旋转180°，建立新的UCS。

（3）鼠标右键单击绘图区，选择“剪贴板”子菜单中的“粘贴”命令，插入点为（74，281，-12），如图19-47所示。

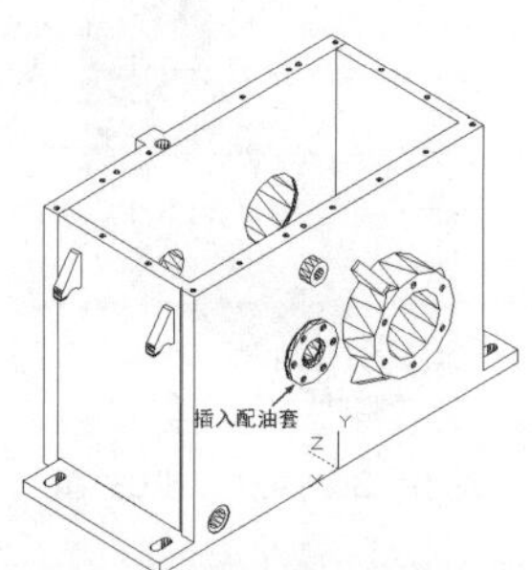

图19-47 插入配油套

19.2.6 装配密封垫11

1. 打开文件

（1）单击快速访问工具栏中的“打开”按钮，打开“选择文件”对话框，打开“密封垫11立体图.dwg”文件，如图19-48所示。

图19-48 密封垫零件（2）

（2）鼠标右键单击绘图区，选择“剪贴板”子菜单中的“带基点复制”命令，复制密封垫零件，基点为图19-48所示的坐标原点。

2. 插入密封垫零件

（1）选择菜单栏中的“窗口”→“试验箱体总成立体图”命令，切换到总装配体文件窗口。

（2）鼠标右键单击绘图区，选择“剪贴板”

子菜单中的“粘贴”命令，插入点坐标为（74，281，-12.5），如图19-49所示。

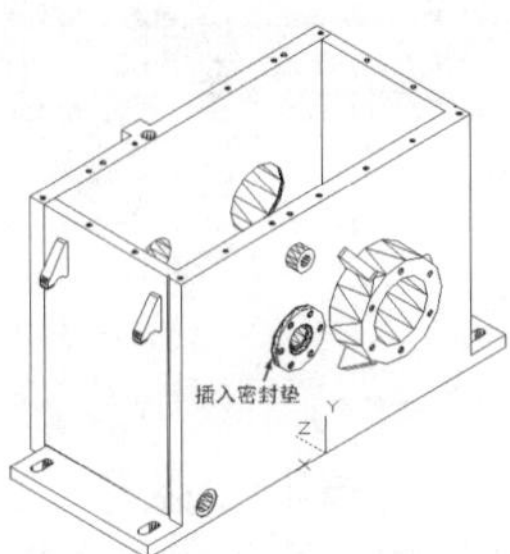

图19-49 插入密封垫

19.2.7 装配后端盖

1. 打开文件

（1）单击快速访问工具栏中的“打开”按钮 ，打开“选择文件”对话框，打开“后端盖立体图.dwg”文件。

（2）鼠标右键单击绘图区，选择“剪贴板”子菜单中的“带基点复制”命令，复制后端盖零件，基点为图19-50所示的坐标原点。

图19-50 后端盖零件

2. 插入后端盖零件

（1）选择菜单栏中的“窗口”→“试验箱体总成立体图”命令，切换到总装配体文件窗口。

（2）在命令行中输入“UCS”命令，绕*Y*轴旋转180°，建立新的UCS。

（3）鼠标右键单击绘图区，选择“剪贴板”子菜单中的“粘贴”命令，插入点坐标为（-74，281，12.5），如图19-51所示。

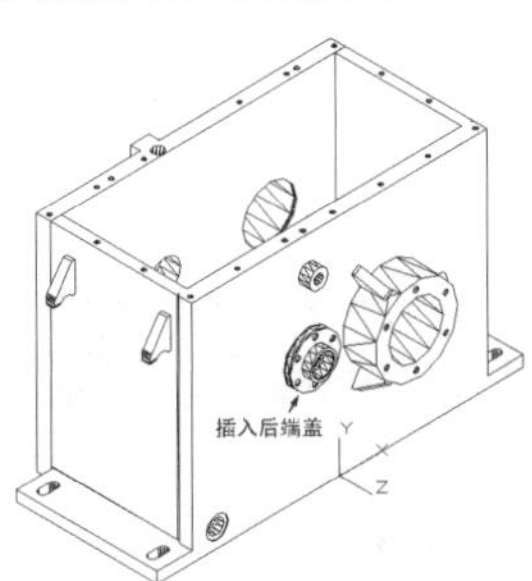

图19-51 插入后端盖

19.2.8 装配端盖

1. 打开文件

（1）新建“图层1”图层。

（2）单击快速访问工具栏中的“打开”按钮 ，打开“选择文件”对话框，打开“端盖立体图.dwg”文件。

（3）鼠标右键单击绘图区，选择“剪贴板”子菜单中的“带基点复制”命令，复制端盖零件，基点为图19-52所示的坐标原点。

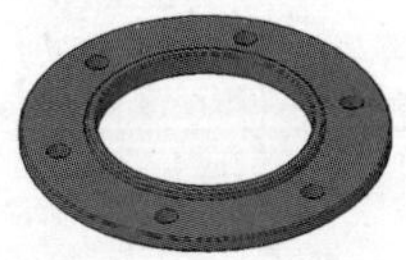

图19-52 端盖零件

2. 插入端盖零件

（1）选择菜单栏中的“窗口”→“试验箱体总成立体图”命令，切换到总装配体文件窗口。

（2）鼠标右键单击绘图区，选择“剪贴板”子菜单中的“粘贴”命令，插入点坐标为（108，281，76），如图19-53所示。

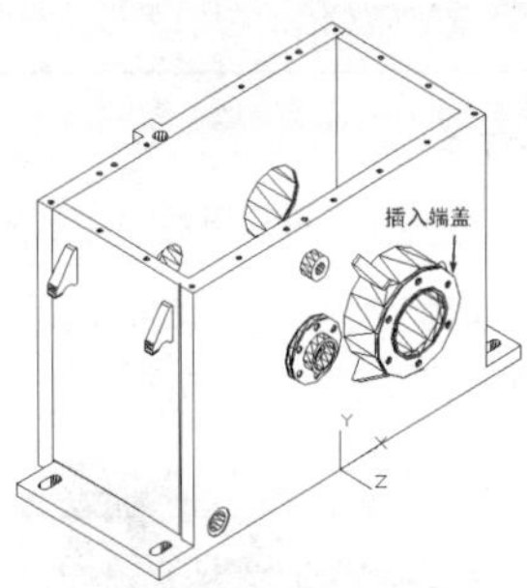

图19-53 插入端盖

19.2.9 装配支撑套

1. 打开文件

（1）单击快速访问工具栏中的“打开”按钮 ，打开“选择文件”对话框，打开“支撑套立体图.dwg”文件，如图19-54所示。

图19-54 支撑套零件

（2）鼠标右键单击绘图区，选择“剪贴板”子菜单中的“带基点复制”命令，复制支撑套零件，基点为坐标原点。

2. 插入支撑套零件

（1）选择菜单栏中的“窗口”→“试验箱体总成立体图”命令，切换到总装配体文件窗口。

（2）鼠标右键单击绘图区，选择“剪贴板”子菜单中的“粘贴”命令，插入点坐标为（108，281，8.5），如图19-55所示。

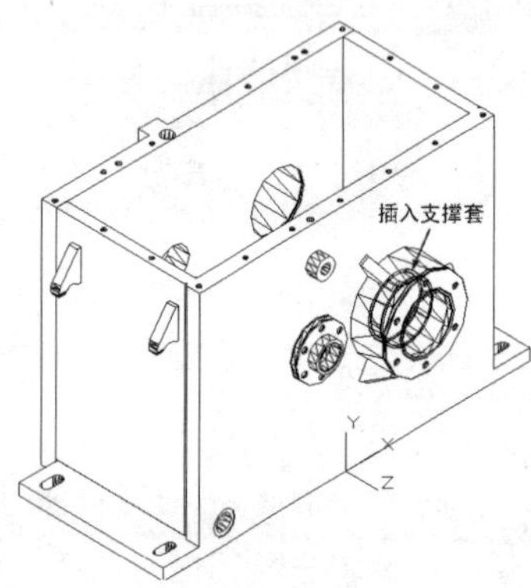

图19-55 插入支撑套

19.2.10 装配轴

1. 打开文件

（1）单击快速访问工具栏中的“打开”按钮，打开“选择文件”对话框，打开“轴立体图.dwg”文件，如图19-56所示。

图19-56 轴零件

（2）鼠标右键单击绘图区，选择“剪贴板”子菜单中的“带基点复制”命令，复制轴零件，基点为坐标原点。

2. 插入轴零件

（1）选择菜单栏中的“窗口”→“试验箱体总成立体图”命令，切换到总装配体文件窗口。

（2）鼠标右键单击绘图区，选择“剪贴板”子菜单中的“粘贴”命令，插入点坐标为（108，281，158），如图19-57所示。

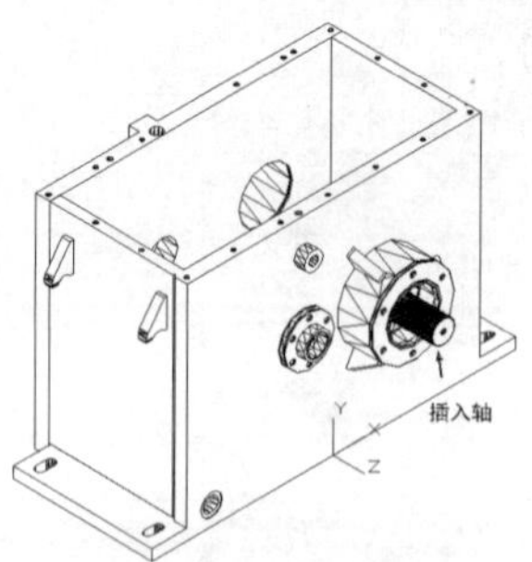

图19-57 插入轴

19.2.11 装配连接盘

1. 打开文件

（1）单击快速访问工具栏中的“打开”按钮，打开“选择文件”对话框，打开“连接盘立体图.dwg”文件，如图19-58所示。

图19-58 连接盘零件

（2）鼠标右键单击绘图区，选择“剪贴板”子菜单中的“带基点复制”命令，复制连接盘零件，基点为坐标原点。

2. 插入连接盘零件

（1）选择菜单栏中的“窗口”→“试验箱体总成立体图”命令，切换到总装配体文件窗口。

（2）在命令行中输入“UCS”命令，绕Y轴旋转180°，建立新的UCS。

（3）鼠标右键单击绘图区，选择“剪贴板”子菜单中的“粘贴”命令，插入点坐标为（-108，281，-187），如图19-59所示。

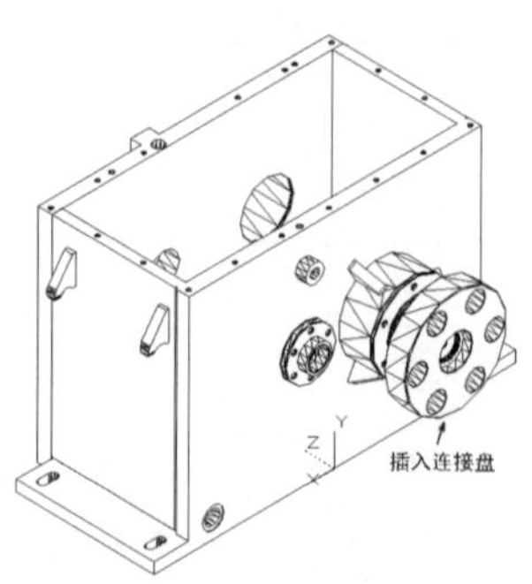

图19-59 插入连接盘

19.2.12 装配输出齿轮

1. 打开文件

（1）单击快速访问工具栏中的“打开”按钮 ，打开“选择文件”对话框，打开“输出齿轮立体图.dwg”文件。

（2）鼠标右键单击绘图区，选择“剪贴板”子菜单中的“带基点复制”命令，复制输出齿轮零件，基点为图19-60所示的坐标原点。

图 19-60　输出齿轮零件

2. 插入输出齿轮

（1）选择菜单栏中的“窗口”→“试验箱体总成立体图”命令，切换到总装配体文件窗口。

（2）鼠标右键单击绘图区，选择“剪贴板”子菜单中的“粘贴”命令，插入点坐标为（-108，281，35），结果如图19-61所示。

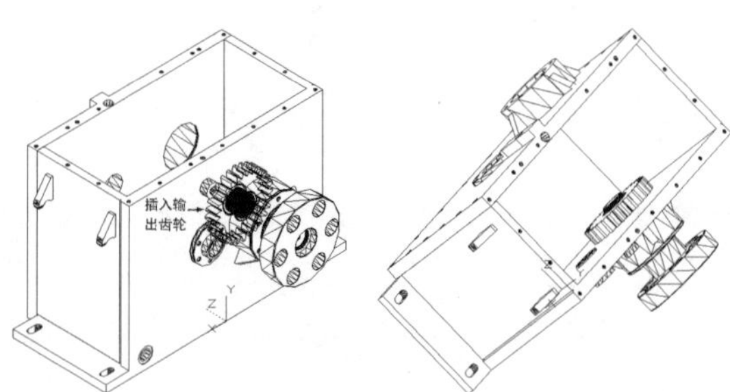

图 19-61　插入输出齿轮

（3）单击“三维工具”选项卡“实体编辑”面板中的“并集”按钮 ，合并装配零件端盖、支承套、轴、连接盘。

> **提示**　由于上一步选择的合并零件互相遮盖，可在“图层特性管理器”面板中新建图层，并将不适用的零件置于新建图层上。关闭新建图层，即可单独显示所需零件，如图19-62所示，并对其进行合并操作。

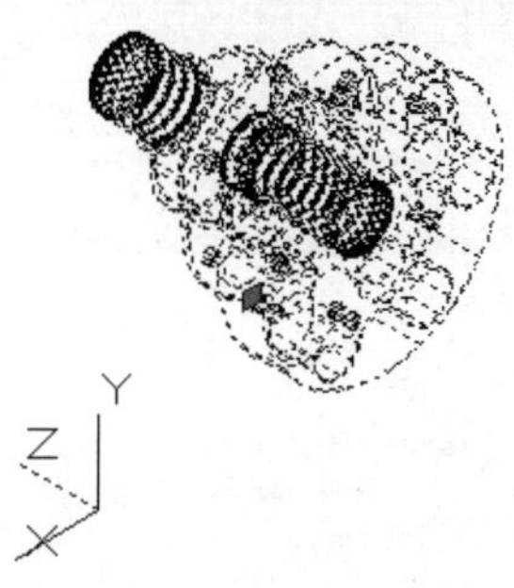

图 19-62　选择合并对象

（4）选择菜单栏中的“修改”→“三维操作”→“三维镜像”命令，镜像合并结果，命令行中的提示与操作如下：

```
命令： _mirror3d
选择对象：（选择合并后的实体）
选择对象：↙
指定镜像平面 （三点） 的第一个点或[对象(O)/最近的(L)/Z 轴(Z)/视图(V)/XY 平面(XY)/YZ 平面(YZ)/ZX 平面(ZX)/三点(3)] <三点>:↙
在镜像平面上指定第一点： 0,0,186.5↙
在镜像平面上指定第二点： 10,0,186.5↙
在镜像平面上指定第三点： 0,10,186.5↙
是否删除源对象？ [是(Y)/否(N)] <否>:↙
```

消隐后结果如图19-63所示。

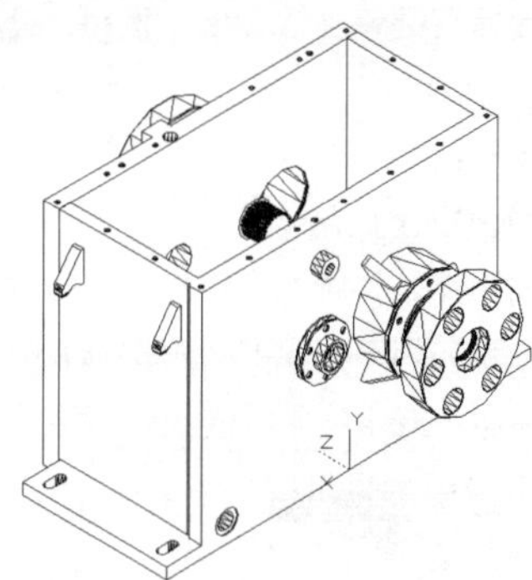

图 19-63　镜像合并结果

（5）选择菜单栏中的“修改”→“三维操作”→“三维移动”命令，将镜像结果向右移动“64”，命令行中的提示与操作如下：

```
命令： _3dmove
选择对象： 找到 1 个
选择对象： ↙
指定基点或 [位移(D)] <位移>: 0,0,0↙
指定第二个点或 <使用第一个点作为位移>:
-64,0,0↙
```

消隐后结果如图19-64所示。

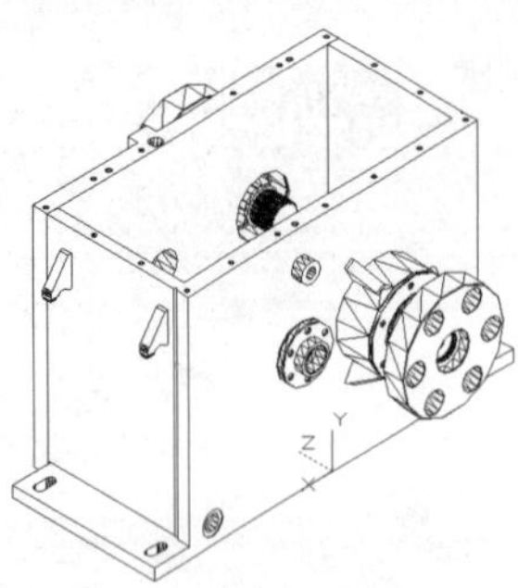

图 19-64　移动结果

19.2.13 装配输入齿轮

1. 打开文件

（1）单击快速访问工具栏中的“打开”按钮 ，打开“选择文件”对话框，打开“输入齿轮立体图.dwg”文件，如图 19-65 所示。

图 19-65　输入齿轮零件

（2）鼠标右键单击绘图区，选择“剪贴板”子菜单中的“带基点复制”命令，复制输入齿轮零件，基点为坐标原点。

2. 插入输入齿轮零件

（1）选择菜单栏中的“窗口”→“试验箱体总成立体图”命令，切换到总装配体文件窗口。

（2）在命令行中输入“UCS”命令，绕 *Y* 轴旋转 180°，建立新的 UCS。

（3）鼠标右键单击绘图区，选择“剪贴板”子菜单中的“粘贴”命令，插入点坐标为（172，281，-303），结果如图 19-66 所示。

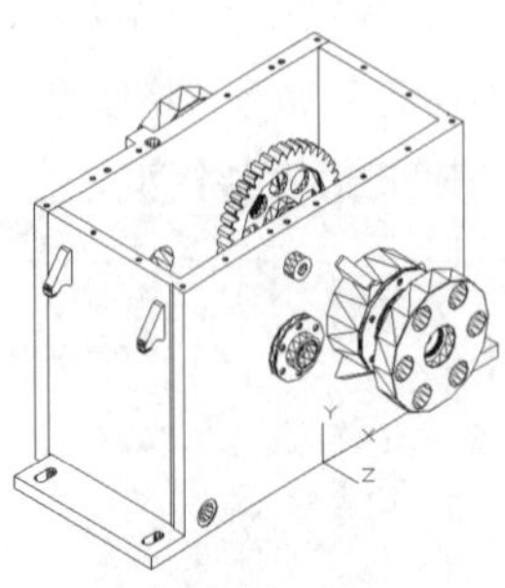

图 19-66　插入输入齿轮

19.2.14 装配密封垫 2

1. 打开文件

（1）单击快速访问工具栏中的“打开”按钮 ，打开“选择文件”对话框，打开“密封垫2立体图.dwg”文件，如图 19-67 所示。

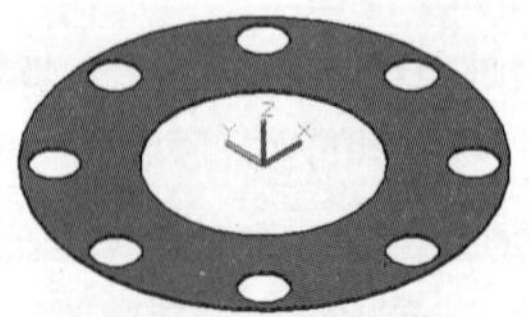

图 19-67　密封垫零件

（2）鼠标右键单击绘图区，选择“剪贴板”子菜单中的“带基点复制”命令，复制密封垫零件，基点为坐标原点。

2. 插入密封垫零件

（1）选择菜单栏中的“窗口”→“试验箱体总成立体图”命令，切换到总装配体文件窗口。

（2）鼠标右键单击绘图区，选择“剪贴板”子菜单中的“粘贴”命令，插入点坐标为（-80，281，-383.5），结果如图 19-68 所示。

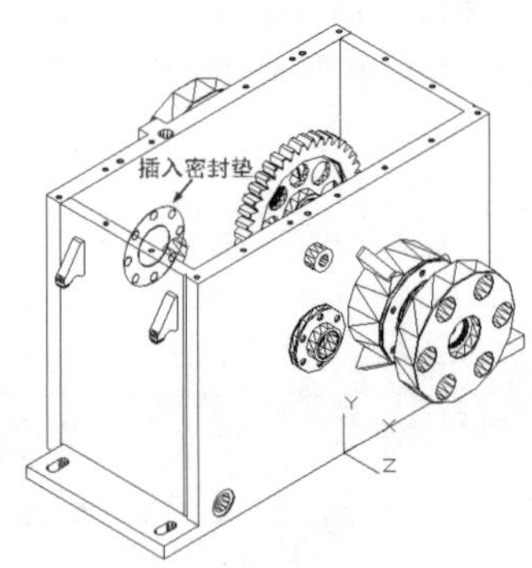

图 19-68　插入密封垫

19.2.15 装配花键套

1. 打开文件

（1）单击快速访问工具栏中的“打开”按钮 ，打开“选择文件”对话框，打开“花键套立体图.dwg”文件。

（2）鼠标右键单击绘图区，选择“剪贴板”子菜单中的“带基点复制”命令，复制花键套零件，基点为图 19-69 所示的坐标原点。

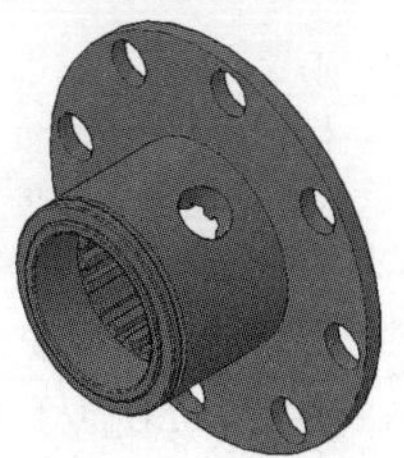

图19-69 花键套零件

2. 插入花键套零件

（1）选择菜单栏中的“窗口”→“试验箱体总成立体图”命令，切换到总装配体文件窗口。

（2）鼠标右键单击绘图区，选择“剪贴板”子菜单中的“粘贴”命令，插入点坐标为（-80，281，-389.5），结果如图19-70所示。

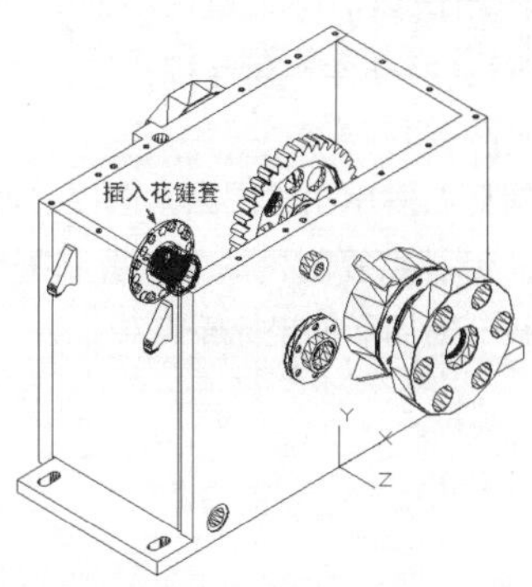

图19-70 插入花键套

19.2.16 装配前端盖

1. 打开文件

（1）单击快速访问工具栏中的“打开”按钮，打开“选择文件”对话框，打开“前端盖立体图.dwg”文件。

（2）鼠标右键单击绘图区，选择“剪贴板”子菜单中的“带基点复制”命令，复制前端盖零件，基点为图19-71所示的坐标原点。

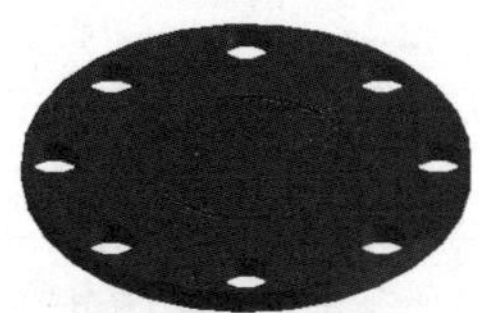

图19-71 前端盖零件

2. 插入前端盖零件

（1）选择菜单栏中的“窗口”→“试验箱体总成立体图”命令，切换到总装配体文件窗口。

（2）在命令行中输入“UCS”命令，绕Y轴旋转180°，建立新的UCS。

（3）鼠标右键单击绘图区，选择“剪贴板”子菜单中的“粘贴”命令，插入点坐标为（80，281，397.5），结果如图19-72所示。

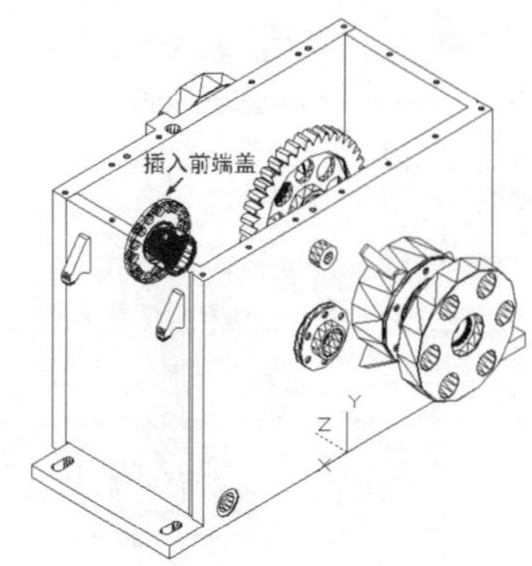

图19-72 插入前端盖

19.2.17 装配螺堵15

1. 打开文件

（1）单击快速访问工具栏中的“打开”按钮，打开“选择文件”对话框，打开“螺堵15立体图.dwg”文件。

（2）鼠标右键单击绘图区，选择“剪贴板”子菜单中的“带基点复制”命令，复制螺堵零件，基点为图19-73所示的坐标原点。

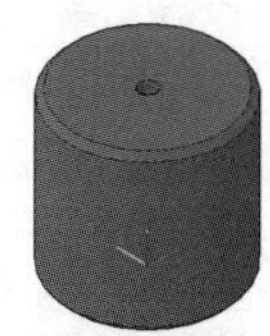

图19-73 螺堵零件

2. 插入螺堵零件

（1）选择菜单栏中的“窗口”→“试验箱体总成立体图”命令，切换到总装配体文件窗口。

（2）在命令行中输入“UCS”命令，将坐标系返回WCS，再将其移动到A点，绕Z轴旋转180°，建立新的UCS，如图19-74所示。

（3）鼠标右键单击绘图区，选择“剪贴板”子菜单中的“粘贴”命令，插入点坐标为（435，15，-25），结果如图19-75所示。

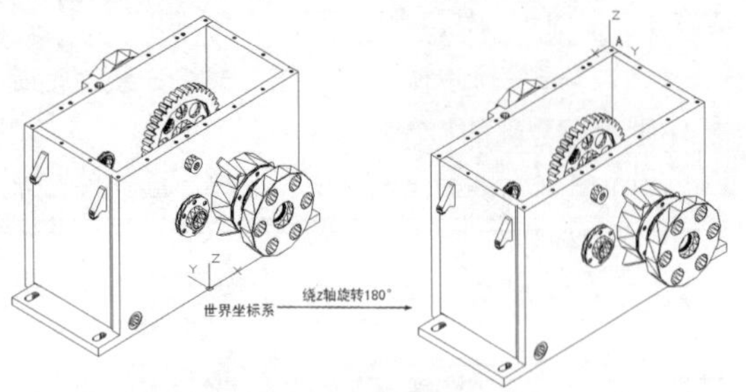

图 19-74 设置坐标系

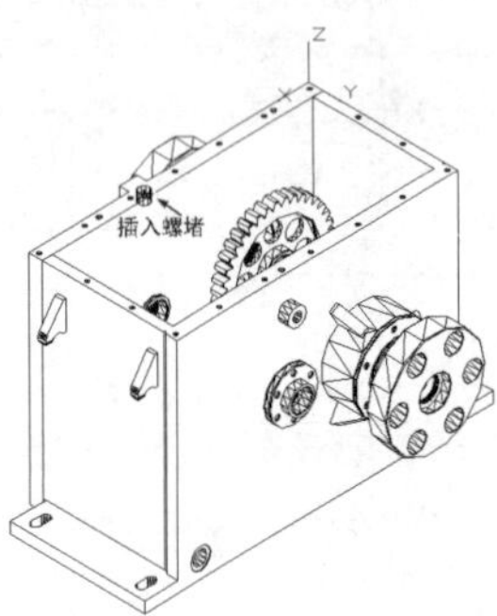

图 19-75 插入螺堵（1）

19.2.18 装配螺堵 16

1. 打开文件

（1）单击快速访问工具栏中的“打开”按钮，打开“选择文件”对话框，打开“螺堵16立体图.dwg”文件。

（2）选择菜单栏中的“编辑”→“带基点复制”命令，复制螺堵零件，基点为图19-76所示的坐标原点。

图 19-76 螺堵零件

2. 插入螺堵零件

（1）选择菜单栏中的“窗口”→“试验箱体总成立体图”命令，切换到总装配体文件窗口。

（2）鼠标右键单击绘图区，选择“剪贴板”子菜单中的“粘贴”命令，插入点坐标为（429，360.5，-22），结果如图19-77所示。

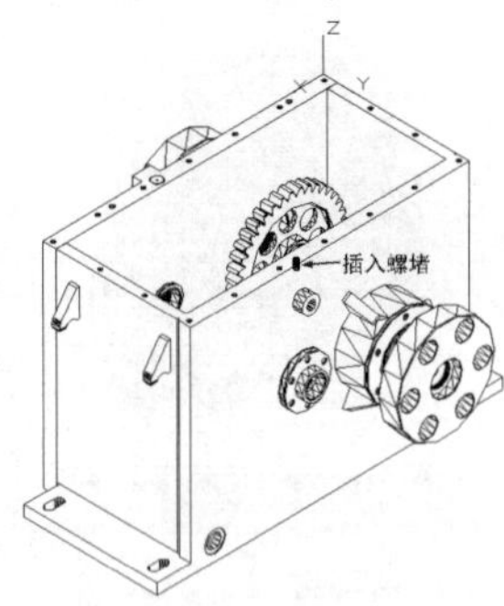

图 19-77 插入螺堵（2）

19.2.19 装配密封垫 14

1. 打开文件

（1）单击快速访问工具栏中的“打开”按钮，打开“选择文件”对话框，打开“密封垫14立体图.dwg”文件。

（2）鼠标右键单击绘图区，选择“剪贴板”子菜单中的“带基点复制”命令，复制密封垫零件，基点为图19-78所示的坐标原点A。

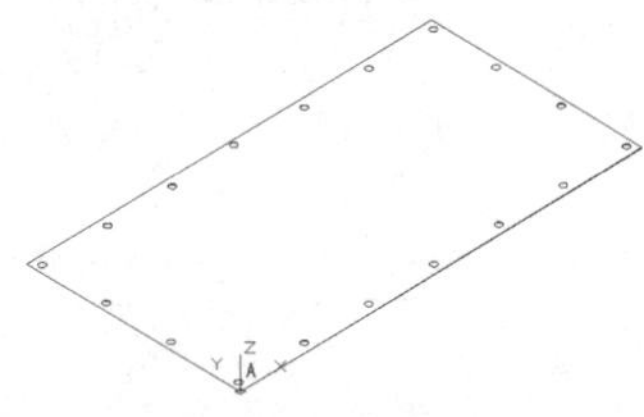

图 19-78 密封垫零件

2. 插入密封垫零件

（1）选择菜单栏中的“窗口”→“试验箱体总成立体图”命令，切换到总装配体文件窗口。

（2）鼠标右键单击绘图区，选择“剪贴板”子菜单中的“粘贴”命令，插入点坐标为（0，0，0），结果如图19-79所示。

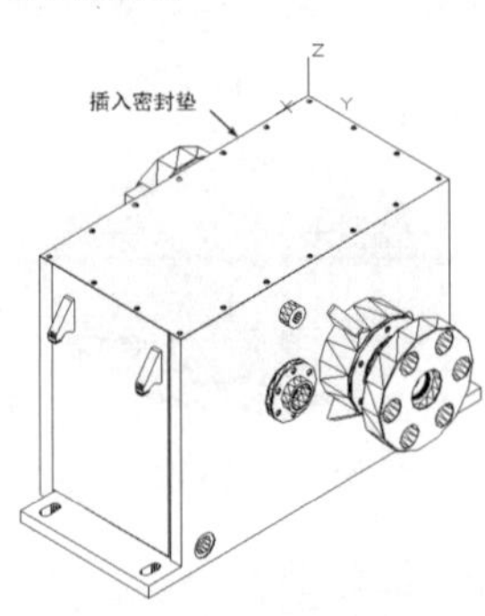

图 19-79 插入密封垫

19.2.20 装配箱盖

1. 打开文件

（1）单击快速访问工具栏中的“打开”按钮，打开“选择文件”对话框，打开“箱盖立体图.dwg”文件。

（2）鼠标右键单击绘图区，选择“剪贴板”子菜单中的“带基点复制”命令，复制箱盖零件，基点为图 19-80 所示的坐标原点。

图 19-80 箱盖零件

2. 插入箱盖零件

（1）选择菜单栏中的“窗口”→“试验箱体总成立体图”命令，切换到总装配体文件窗口。

（2）鼠标右键单击绘图区，选择“剪贴板”子菜单中的“粘贴”命令，插入点坐标为（0，0，0.5），结果如图 19-81 所示。

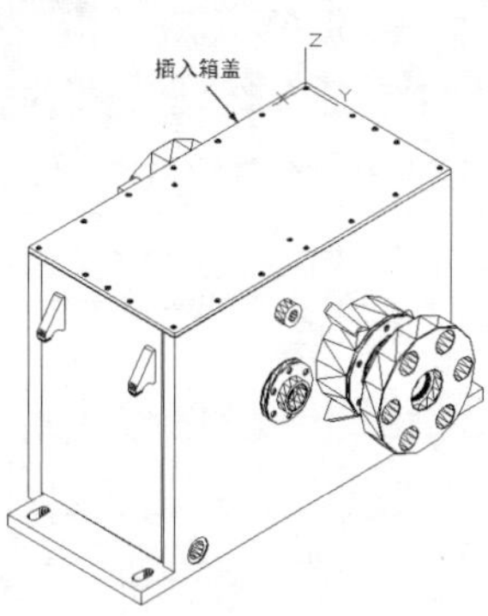

图 19-81 插入箱盖

3. 渲染结果

（1）单击“可视化”选项卡“材质”面板中的“材质浏览器”按钮，打开“材质浏览器”面板，如图 19-82 所示。选择并用鼠标右键单击材质，选择“指定给当前选择”命令，完成材质选择。

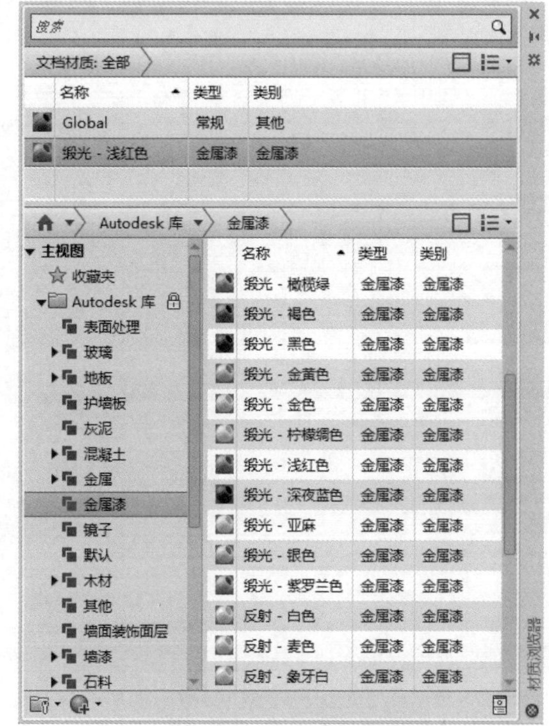

图 19-82 “材质浏览器”面板

（2）单击“可视化”选项卡“渲染”面板中的“渲染到尺寸”按钮，打开“渲染”窗口。

（3）选择菜单栏中的“视图”→“视觉样式”→“着色”命令，显示模型显示样式，结果如图 19-38 所示。

19.3 绘制其余零件

利用上面的方法，按照装配关系安装其余标准件，如螺栓、销、挡圈等，读者可自行练习，这里不再赘述。

第六篇　建筑小区规划三维设计篇

本篇导读

本篇内容通过具体的建筑三维造型设计实例，加深读者对 AutoCAD 三维功能的理解和掌握，帮助读者熟悉建筑三维造型设计的方法。

内容要点

- 单体小型建筑三维模型
- 单体大型建筑三维模型
- 体育馆三维模型
- 小区三维模型

第 20 章

单体小型建筑三维模型

本章导读

本章主要是讲解三维绘图的基础知识和绘制比较简单的三维建筑模型。三维建筑模型是由一个个构件组成的，所以本章将讲解如何绘制门的三维模型，然后讲解如何绘制小楼的三维模型。

20.1 观察模式

AutoCAD 2020大大优化了图形的观察功能，在优化原有的动态观察功能和相机功能的前提下又增加了视图控制器以及控制盘功能。

20.1.1 动态观察

AutoCAD 2020提供了具有交互控制功能的三维动态观测器，用三维动态观测器可以实时地控制和改变当前视口中创建的三维视图，以得到期望的效果。

1. 受约束的动态观察

执行方式

命令行：3DORBIT

菜单：视图→动态观察→受约束的动态观察

快捷菜单：启用交互式三维视图后，在视口中单击鼠标右键，弹出快捷菜单，如图20-1所示，选择“受约束的动态观察”项

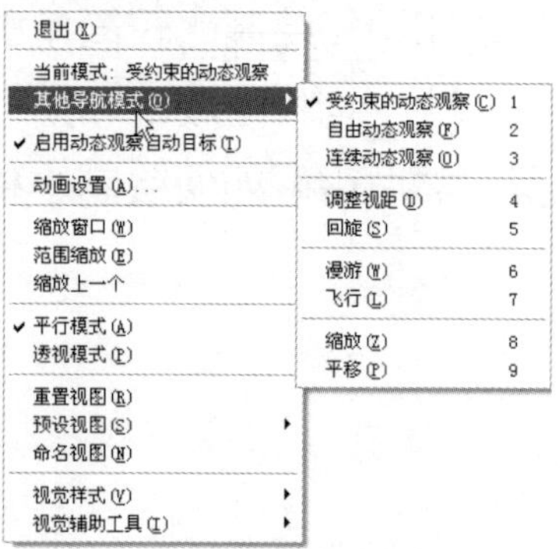

图 20-1 快捷菜单

工具栏：动态观察→受约束的动态观察 或三维导航→受约束的动态观察，如图20-2所示

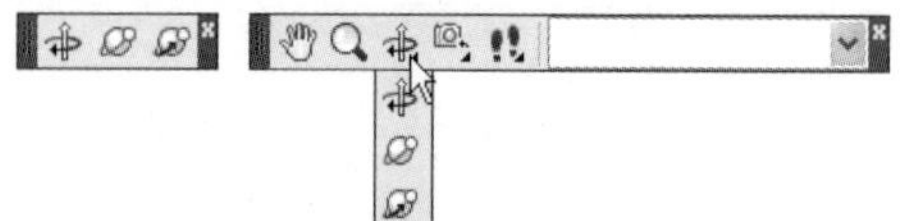

图 20-2 “动态观察”和“三维导航”工具栏

操作步骤

```
命令：3DORBIT↙
```

执行上述命令后，视图的目标将保持静止，而视点将围绕目标移动。但是，从用户的视点看起来就像三维模型正在随着鼠标指针拖动而旋转。用户可以以此方式指定模型的任意视图。

系统显示三维动态观察鼠标指针。如果水平拖动鼠标指针，相机将平行于WCS的XY平面移动。如果垂直拖动鼠标指针，相机将沿Z轴移动。

> 提示：3DORBIT 命令处于活动状态时，无法编辑对象。

2. 自由动态观察

执行方式

命令行：3DFORBIT

菜单：视图→动态观察→自由动态观察

快捷菜单：启用交互式三维视图后，在视口中单击鼠标右键，弹出快捷菜单，如图20-1所示，选择“自由动态观察”项

工具栏：动态观察→自由动态观察 或三维导航→自由动态观察，如图20-2所示

操作步骤

```
命令：3DFORBIT↙
```

执行上述命令后，在当前视口会出现一个绿色的大圆，在大圆上有4个绿色的小圆，此时通过拖曳鼠标就可以对视图进行旋转观测。

在三维动态观测器中，查看目标的点被固定，可以利用鼠标指针控制相机位置绕观察对象得到动态的观测效果。当鼠标指针在绿色大圆的不同位置进行拖动时，鼠标指针的表现形式是不同的，视图的旋转方向也不同。视图的旋转由鼠标指针的表现形式和其位置决定。鼠标指针在不同位置的有、、、几种表现形式，拖动这些鼠标指针，可以对对象进行不同形式的旋转。

3. 连续动态观察

执行方式

命令行：3DCORBIT

菜单：视图→动态观察→连续动态观察

快捷菜单：启用交互式三维视图后，在视口中

单击鼠标右键，弹出快捷菜单，如图20-1所示，选择“连续动态观察”项

工具栏：动态观察→连续动态观察 或三维导航→连续动态观察 ，如图20-2所示

操作步骤

命令：3DCORBIT ↙

执行上述命令后，界面出现连续动态观察鼠标指针，按住鼠标左键拖动，实体按鼠标拖动方向旋转，旋转速度为鼠标的拖动速度。

20.1.2 视图控制器

通过该功能，可以方便地转换方向视图。

执行方式

命令行：NAVVCUBE

操作步骤

命令：NAVVCUBE ↙
输入选项 [开 (ON) / 关 (OFF) / 设置 (S)] <ON>:

上述命令控制视图控制器的打开与关闭，当打开该功能时，绘图区的右上角会自动显示视图控制器，如图20-3所示。

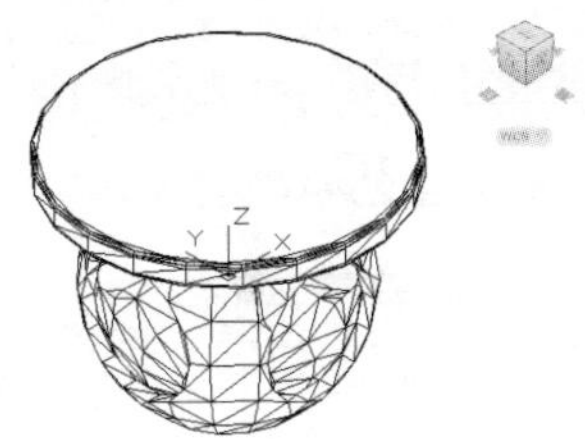

图 20-3 视图控制器（1）

单击控制器的显示面或指示箭头，界面实体就自动转换到相应的方向视图，图20-4所示为单击控制器“上”面后，系统转换到上视图的情形。单击控制器上的 按钮，系统回到西南等轴测视图。

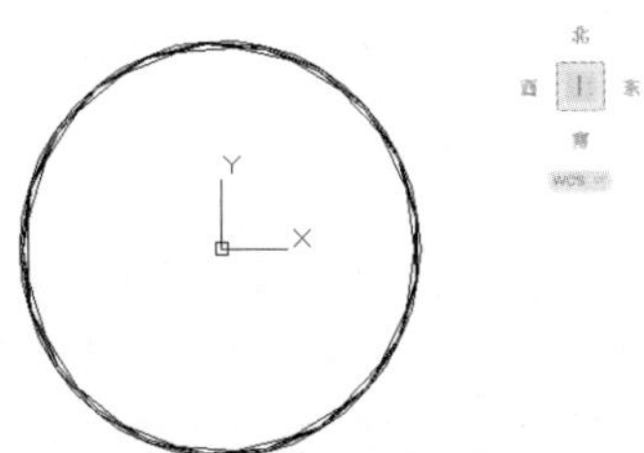

图 20-4 视图控制器（2）

20.1.3 控制盘

使用该功能，可以方便地观察实体对象。

执行方式

命令行：NAVSWHEEL

菜单：视图→Steeringwheels

状态栏：Steeringwheels

操作步骤

命令：NAVSWHEEL ↙

执行上述命令后，系统会显示控制盘，如图20-5所示。控制盘随着鼠标一起移动，在控制盘中选择某项显示命令，并按住鼠标左键，移动鼠标，则实体对象进行相应的显示变化。单击控制盘上的 按钮，系统打开图20-6所示的快捷菜单，可以进行相关操作。单击控制盘上的 按钮可以关闭控制盘。

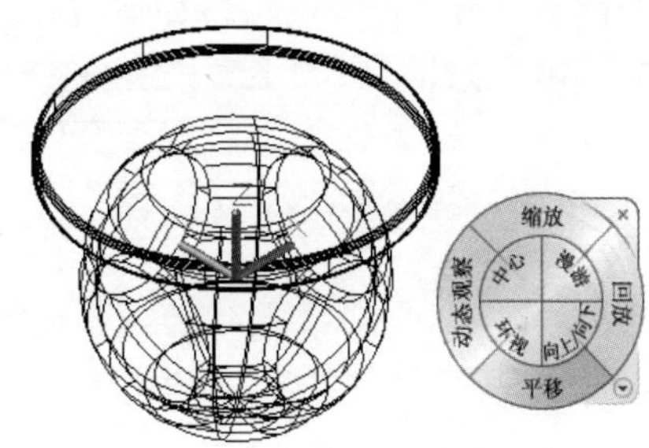

图 20-5 控制盘

查看对象控制盘(小)
巡视建筑控制盘(小)
全导航控制盘(小)

全导航控制盘
基本控制盘 ▸

转至主视图
布满窗口

恢复原中心
设置相机级别
提高漫游速度
降低漫游速度

帮助...
SteeringWheel 设置...

关闭控制盘

图 20-6 快捷菜单

20.2 绘制单扇门的三维模型

绘制单扇门的三维模型主要是为了方便建筑三维模型的绘制。单扇门的规格为宽“1200”、高“2600”、厚“50”。门的上部带有扇形玻璃组成的图案，下部主要有方形的门板块和安在门边上的门把手。

20.2.1 绘制辅助线网

（1）打开AutoCAD 2020程序，系统自动建立一个新图形文件。

（2）单击“默认”选项卡“图层”面板中的“图层特性”按钮，系统打开“图层特性管理器”面板。在面板中单击“新建”按钮，新建“辅助线”图层，一切设置采用默认设置。然后双击新建的图层，使当前图层是“辅助线”图层。单击“确定”按钮退出“图层特性管理器”面板。

（3）如果没有打开“正交”模式，按下F8键打开“正交”模式。单击“默认”选项卡“绘图”面板中的“构造线”按钮，绘制一个“十”字交叉的辅助线。单击“默认”选项卡“修改”面板中的“偏移”按钮⊆，让竖直构造线往左边偏移“600”，水平构造线往上分别偏移“2000”“2600”。得到的辅助线如图20-7所示。

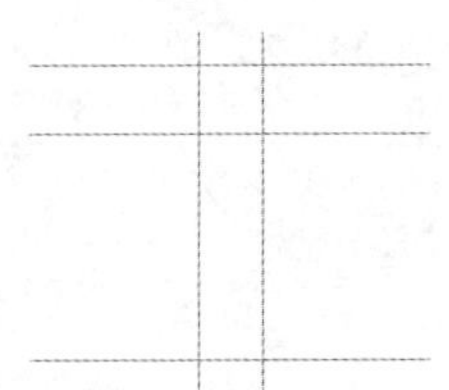

图 20-7　门辅助线示意图

20.2.2 绘制门体

（1）单击“默认”选项卡“图层”面板中的“图层特性”按钮，系统打开“图层特性管理器”面板。在面板中单击“新建”按钮，新建“门”图层，选择颜色为红色，其他一切设置采用默认设置。然后双击新建的图层，使当前图层是“门”图层。单击“确定”按钮退出“图层特性管理器”面板。

（2）单击“默认”选项卡“修改”面板中的“偏移”按钮⊆，让中间的水平辅助线往上偏移“100”，最左边的竖直辅助线往右偏移“160”。单击“默认”选项卡“绘图”面板中的“矩形”按钮，根据辅助线绘制图20-8所示的矩形。单击“默认”选项卡“绘图”面板中的“圆”按钮，根据辅助线绘制一个圆，如图20-9所示。

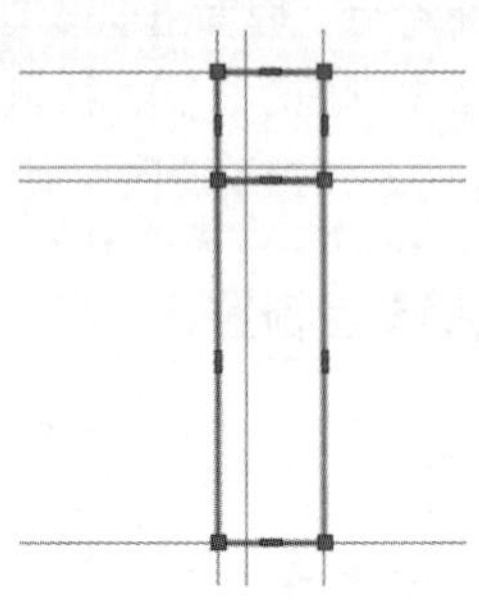

图 20-8　绘制矩形

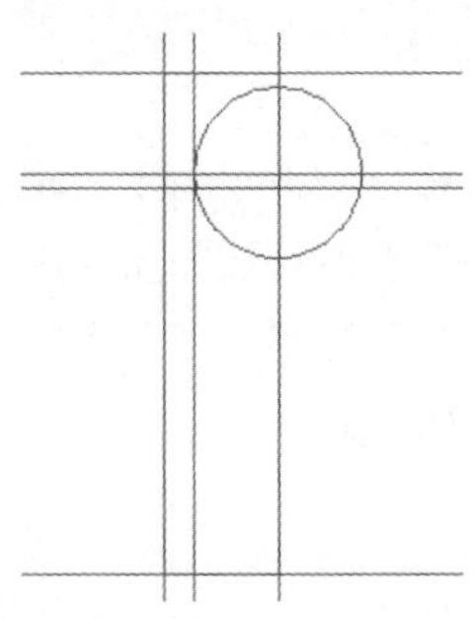

图 20-9　绘制圆

（3）单击“默认”选项卡“绘图”面板中的“圆”按钮，绘制一个同心圆，指定圆半径为“160”。单击“默认”选项卡“修改”面板中的“旋转”按钮，把通过圆心的辅助线旋转45°。单击“默认”选项卡“绘图”面板中的“构造线”按钮，在原来的位置补上一条构造线，绘制结果如图20-10所示。

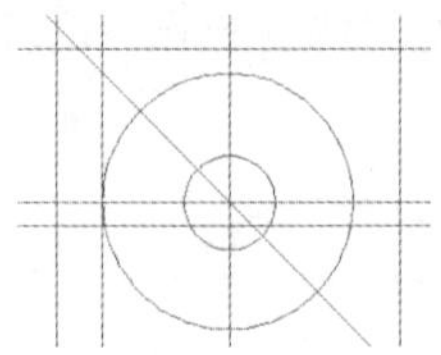

图 20-10　绘制同心圆

（4）单击“默认”选项卡“修改”面板中的“偏移”按钮⊆，把外边的圆往外偏移“30”，里边的圆往里偏移“30”，绘制结果如图20-11所示。

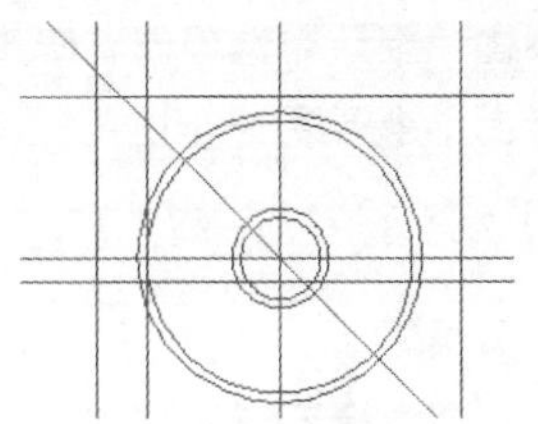
图 20-11 偏移圆结果

（5）单击“默认”选项卡“修改”面板中的“修剪”按钮，修建掉所有圆的3/4部分，只保留左上方的1/4圆，修剪结果如图20-12所示。

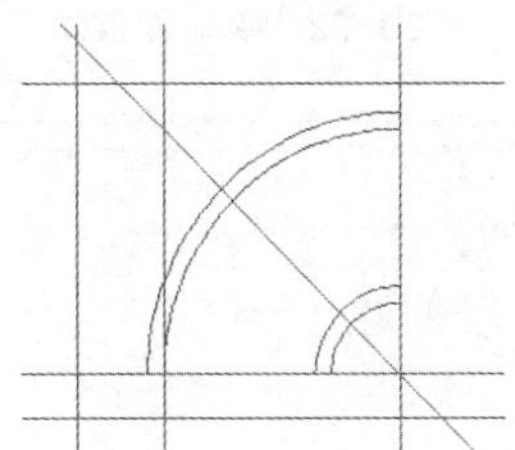
图 20-12 修剪圆结果

（6）单击“默认”选项卡“绘图”面板中的“多段线”按钮，绕着图20-13选择的线框绘制多段线，特别注意其中有两段圆弧。

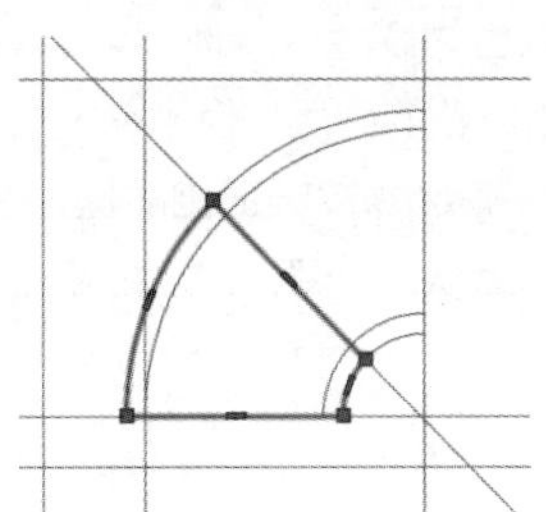
图 20-13 绘制多段线

（7）单击“默认”选项卡“修改”面板中的“偏移”按钮，让刚才绘制的多段线往里偏移“30”，结果如图20-14所示。

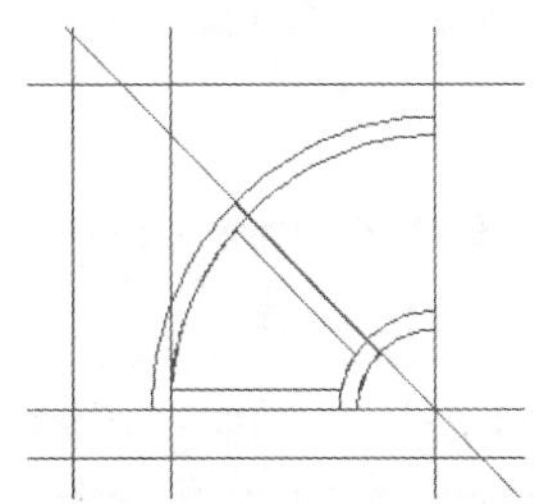
图 20-14 偏移多段线结果

（8）采用同样的方法绘制另一边的扇形，结果如图20-15所示。

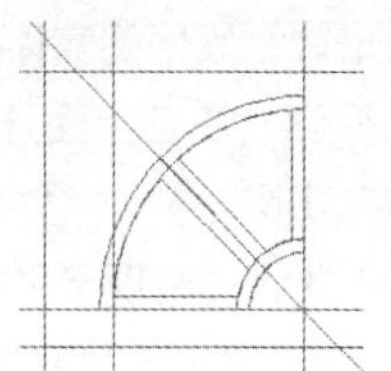
图 20-15 绘制另一个扇形

（9）单击“默认”选项卡“修改”面板中的“偏移”按钮，让最右边的竖直构造线往左边偏移“60”；让最下边的水平构造线往上连续偏移“250”“790”“100”“380”“100”。得到进一步的辅助线网，结果如图20-16所示。

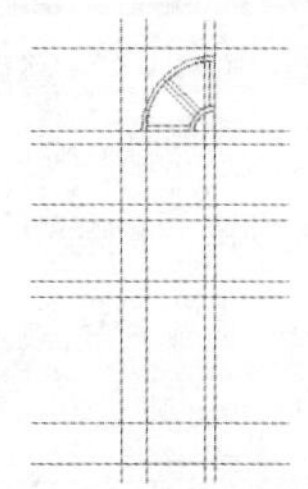
图 20-16 绘制辅助线网

（10）单击“默认”选项卡“绘图”面板中的“矩形”按钮，根据辅助线网绘制图20-17所示矩形。

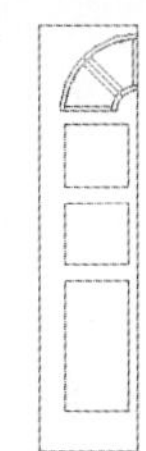
图 20-17 绘制矩形

（11）单击“三维工具”选项卡“建模”面板中的“拉伸”按钮，把前面绘制的4个矩形、两个扇形都往上拉伸“25”，结果如图20-18所示。

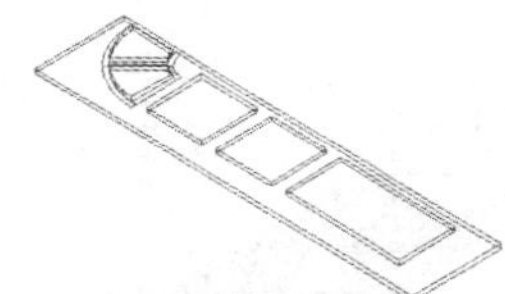
图 20-18 拉伸操作结果

（12）单击“三维工具”选项卡“实体编辑”面板中的“差集”按钮，根据命令提示选择最外边的长方体作为母体，其他的实体作为子体进行差集运算。这样就得到一块在上面开有3个矩形门洞和两个扇形门洞的门板实体。

（13）单击“默认”选项卡“图层”面板中的“图层特性”按钮，系统打开“图层特性管理器”面板。在面板中单击“新建”按钮，新建“门板1”图层，选择颜色为蓝色，其他一切设置采用默认设置。然后双击新建的图层，使当前图层是“门板1”图层。单击“确定”按钮退出“图层特性管理器”面板。单击“默认”选项卡“绘图”面板中的“矩形”按钮，绘制一个图20-19所示的矩形。重新打开“图层特性管理器”面板。在面板中单击“新建”按钮，新建“门板2”图层，选择颜色为青色，其他一切设置采用默认设置。然后双击新建的图层，使得当前图层是“门板2”图层。单击“确定”按钮退出“图层特性管理器”面板。单击“默认”选项卡“绘图”面板中的“矩形”按钮，绘制一个图20-20所示的矩形。

图20-19　绘制矩形（1）　　图20-20　绘制矩形（2）

（14）单击“三维工具”选项卡“建模”面板中的“拉伸”按钮，把前面的两个矩形都往上拉伸“15”，得到的门板实体如图20-21所示。

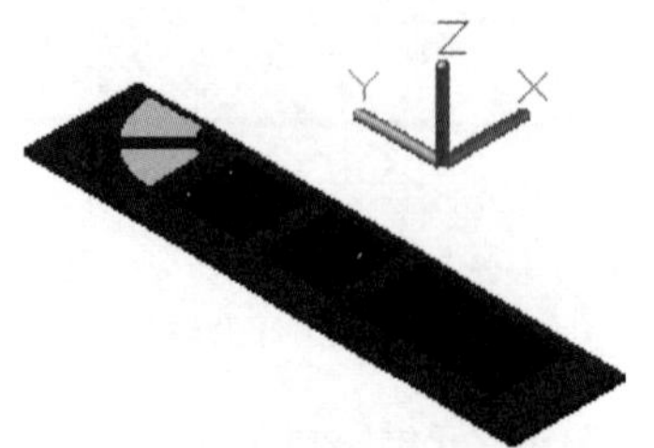

图20-21　半边的门板实体

（15）单击“默认”选项卡“修改”面板中的“镜像”按钮，得到另一半的门板实体，结果如图20-22所示。

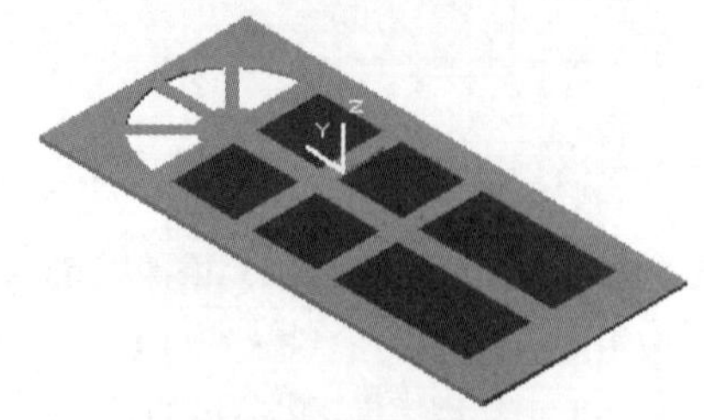

图20-22　整体门板实体

提示　对这种比较规则的具有相同截面的立体结构，最简便的绘制方法是先绘制截面平面图形，然后利用“拉伸”命令拉出立体造型。

20.2.3　绘制门把手

（1）单击“默认”选项卡“图层”面板中的“图层特性”按钮，系统打开“图层特性管理器”面板。在面板中单击“新建”按钮，新建“门把手”图层，选择颜色为红色，其他一切设置采用默认设置。然后双击新建的图层，使当前图层是“门把手”图层。单击“确定”按钮退出“图层特性管理器”面板。单击“默认”选项卡“绘图”面板中的“多段线”按钮，绘制图20-23所示的门把手的截面图。

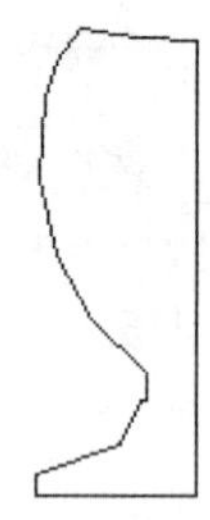

图20-23　绘制门把手截面

（2）单击“三维工具”选项卡“建模”面板中的“旋转”按钮，让门把手的截面绕着自己的中心线旋转360°，得到门把手实体，如图20-24所示。单击“视图”选项卡“视觉样式”面板中的“隐藏”按钮，可以看到其消隐效果，如图20-25所示。

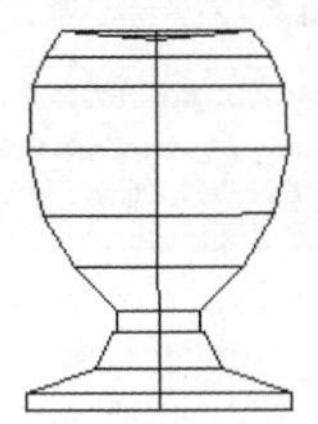

图 20-24 旋转得到门把手

图 20-25 门把手消隐图

（3）这样得到的门把手并不光滑，离现实中的门把手还是有一定的差距。可以使用“圆角”命令使门把手变得光滑。单击“默认”选项卡“修改”面板中的“圆角”按钮，逐个给门把手的棱进行圆角处理，结果如图20-26所示。选择菜单栏中的“视图”→“渲染”→“材质”命令，选择适当的材质附加在实体上，结果如图20-27所示。

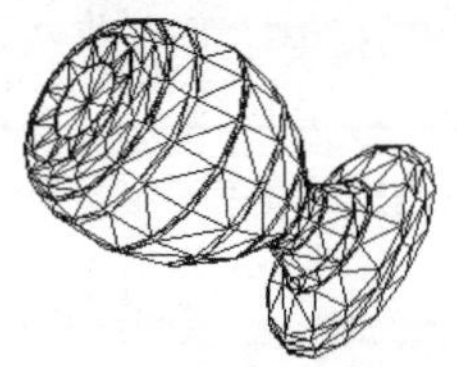

图 20-26 门把手的圆角结果

图 20-27 门把手的体着色结果

（4）这个门把手是在空白处绘制的，如图20-28所示，需要把它移动到合适的地方。

（5）单击“默认”选项卡“修改”面板中的“移动”按钮，把门把手移动到门框上，结果如图20-29所示。

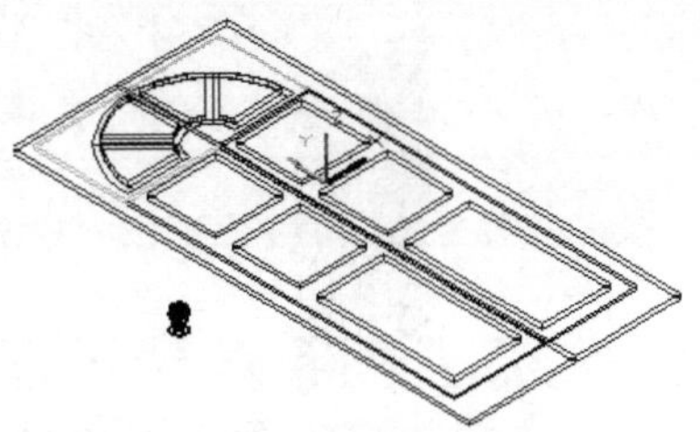

图 20-28 当前门把手和门板的相对位置

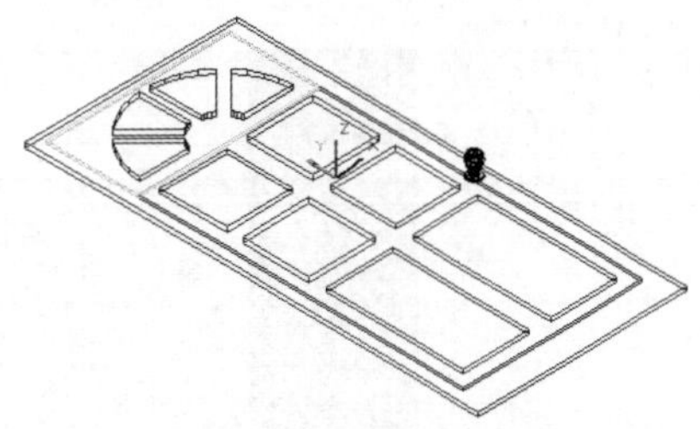

图 20-29 安置门把手结果

> **提示** 对这种具有回转面的结构，最简单的绘制方法是利用“旋转”命令以回转轴为轴线进行旋转。

20.2.4 整体调整

（1）选择菜单栏中的“修改”→“三维操作”→“三维镜像”命令，得到下面另一半的门板实体，操作结果如图20-30所示。单击“三维工具”选项卡“实体编辑”面板中的“并集”按钮，把同样的实体并为一个实体。

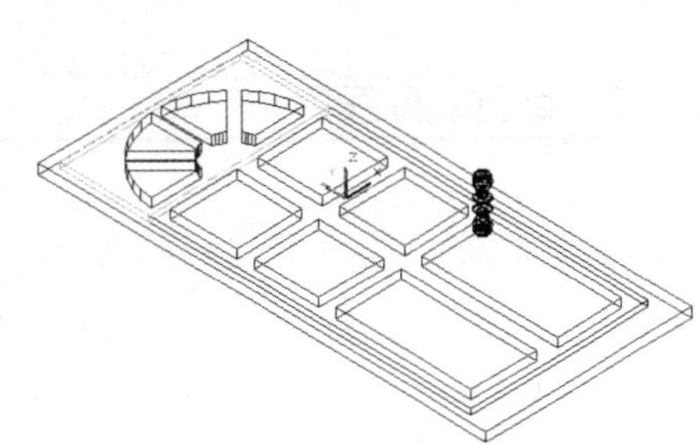

图 20-30 三维镜像操作结果

（2）选择菜单栏中的“修改”→“三维操作”→“三维旋转”命令，把门实体旋转到正放位置。选择菜单栏中的“视图”→“渲染”→“材质浏览器”命令，选择适当的材质附加在实体上，结果如图20-31所示。这样就完成了单扇门的绘制。

图 20-31 单扇门最终效果

（3）为了更清楚地表达出这扇门的效果，切换至多视图，效果如图20-32所示。从中可以清楚地看到门的各个面以及三维情况。

提示 利用三维动态观察器和视图变换功能，可以从各个角度观察绘制的三维造型，也可以辅助进行准确的三维绘制。因为在计算机屏幕上是以二维平面反映三维造型，如果不进行视图变换或观察角度变换，很难准确确定各实体在三维空间的位置。

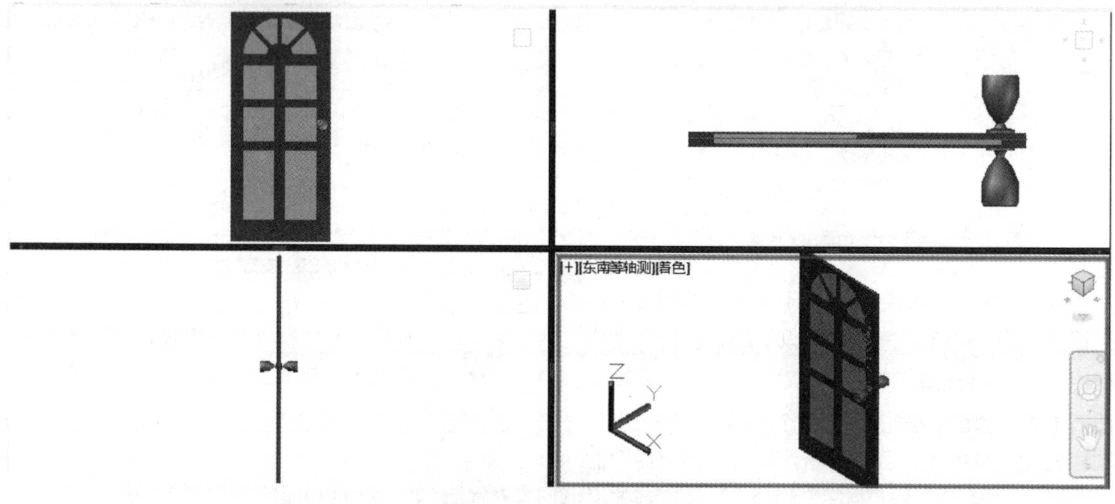

图 20-32 单扇门的多视图效果

20.3 绘制双扇门的三维模型

绘制双扇门三维模型也是为了方便建筑三维模型的绘制。双扇门的规格为宽为“2000”（半边宽为“1000”）、高为“2600”、厚为“50”。双扇门的下部带有钢制长条把手。

20.3.1 绘制辅助线网

（1）打开AutoCAD 2020程序，单击“快速访问”工具栏中的“新建”按钮，系统打开“选择样板”对话框，在“打开”按钮右侧下拉菜单中选择“无样板打开-公制”（M），进入绘图环境。

（2）单击“默认”选项卡“图层”面板中的“图层特性”按钮，打开“图层特性管理器”面板。在面板中单击“新建”按钮，新建“辅助线”图层，一切设置采用默认设置。然后双击新建的图层，使当前图层是“辅助线”图层。单击“确定”按钮退出“图层特性管理器”面板。

（3）如果没有打开“正交”模式，按下F8键打开“正交”模式。单击“默认”选项卡“绘图”面板中的“构造线”按钮，绘制一个“十”字交叉的辅助线。单击“默认”选项卡“修改”面板中的“偏移”按钮，让竖直构造线往左边偏移“1000”，水平构造线往上偏移“2600”。得到的辅助线如图20-33所示。

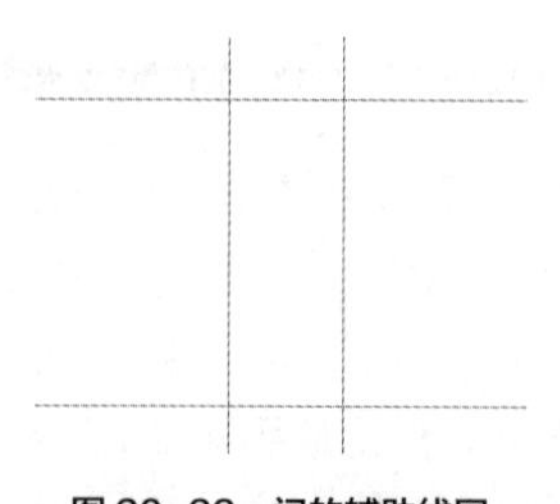

图 20-33 门的辅助线网

20.3.2 绘制门体

（1）单击“默认”选项卡“图层”面板中的“图层特性”按钮，系统打开“图层特性管理器”面板。在面板中单击“新建”按钮，新建“门”图层，选择颜色为红色，其他一切设置采用默认设置。然后双击新建的图层，使当前图层是“门”图层。单击“确定”按钮退出“图层特性管理器”面板。单击“默认”选项卡“绘图”面板中的“矩形”按钮，根据辅助线绘制一个矩形。单击“默认”选项卡“修改”面板中的“偏移”按钮，让刚才绘制的矩形连续往里偏移“40”两次，结果如图20-34所示。

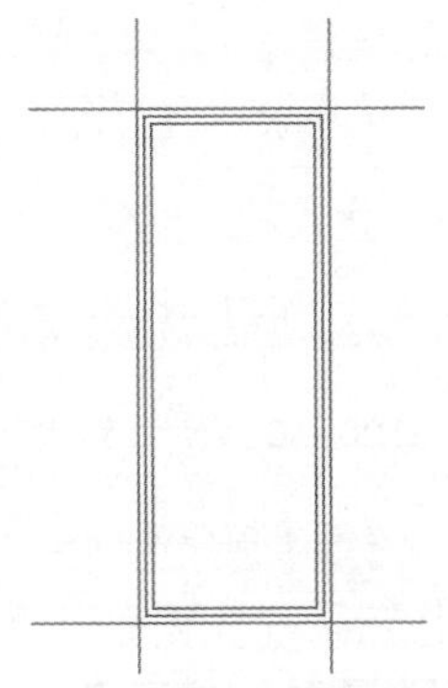

图20-34 矩形偏移结果

（2）单击“三维工具”选项卡“建模”面板中的“拉伸”按钮，把上一步创建的图形中最里边和最外边的两个矩形都往上拉伸“50”，结果如图20-35所示。

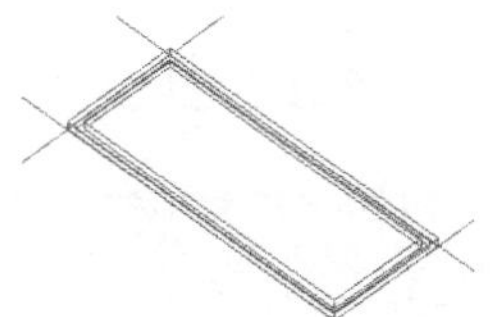

图20-35 矩形拉伸结果

（3）单击“三维工具”选项卡“实体编辑”面板中的“差集”按钮，根据命令提示选择最外边的长方体作为母体，里边的长方体作为子体进行差集运算，结果如图20-36所示。

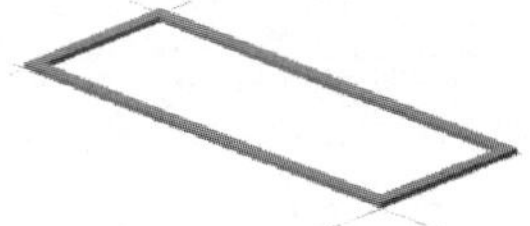

图20-36 门框绘制结果

（4）单击“三维工具”选项卡“建模”面板中的“拉伸”按钮，把图20-34中的中间矩形往上拉伸“30”，得到门板实体，如图20-37所示。

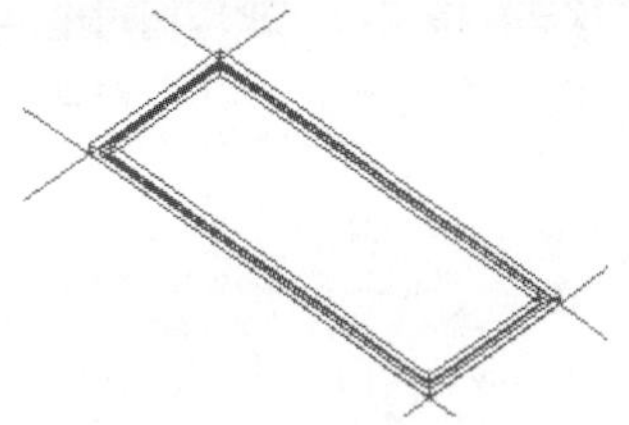

图20-37 绘制门板实体

（5）单击“默认”选项卡“修改”面板中的“移动”按钮，采用相对坐标（@0，0，10）使门板实体往上移动“10”，结果如图20-38所示。

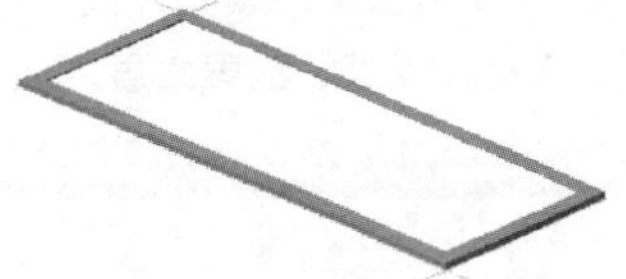

图20-38 移动门板实体结果

20.3.3 绘制门把手

（1）选择菜单栏中的“绘图”→“建模”→“圆环体”，根据命令提示指定圆环体的半径为“40”、圆管的半径为“15”即可，绘制出来的圆环体如图20-39所示。单击“视图”选项卡“视觉样式”面板中的“隐藏”按钮，其消隐效果如图20-40所示。

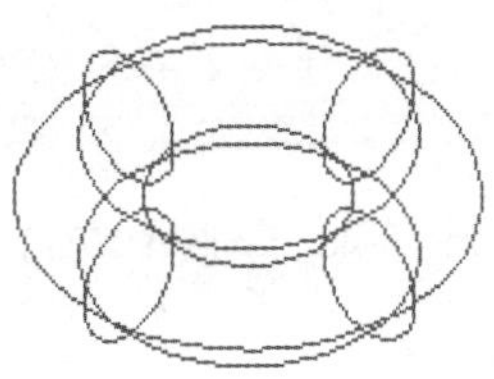

图20-39 绘制圆环体

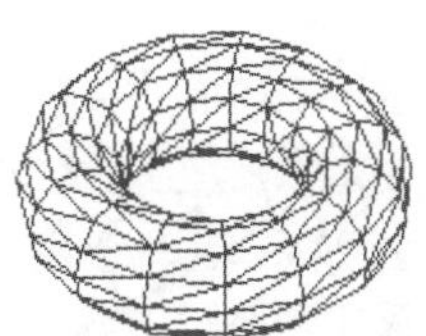

图20-40 圆环体消隐效果

（2）单击“默认”选项卡“绘图”面板中的“直线”按钮╱，在“正交”模式下绘制过圆环体中心的两条垂直直线。单击“默认”选项卡“修改”面板中的“移动”按钮✣，采用相对坐标（@0，0，30）使一条直线往上移动“30”，结果如图20-41所示。

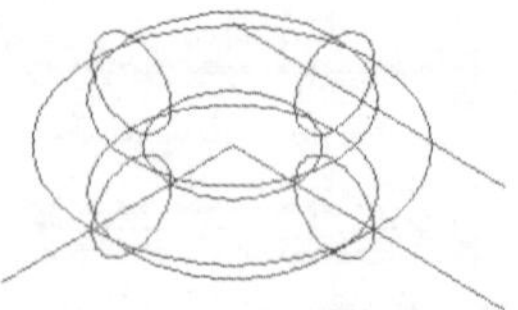

图 20-41 绘制直线（1）

（3）单击“三维工具”选项卡“实体编辑”面板中的“剖切”按钮，沿着刚才绘制的直线组成的剖切面把圆环体剖切掉，结果如图20-42所示。

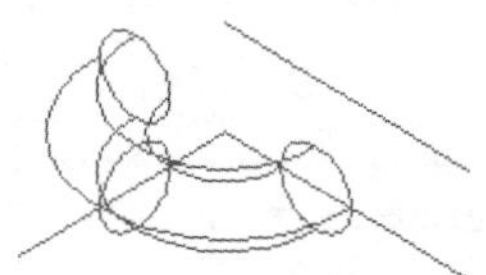

图 20-42 剖切圆环体（1）

（4）单击“三维工具”选项卡“实体编辑”面板中的“剖切”按钮，沿着刚才绘制的直线组成的另一个剖切面把剩下的圆环体剖切为两部分，结果如图20-43所示。被选中的就是其中的一部分。

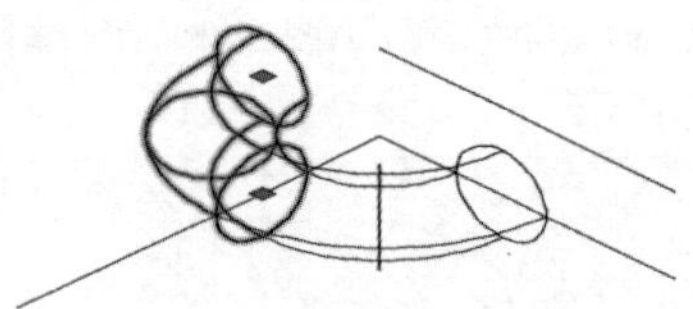

图 20-43 剖切圆环体（2）

（5）单击“默认”选项卡“绘图”面板中的“直线”按钮╱，在“正交”模式下绘制过圆管中心的直线，如图20-44所示。

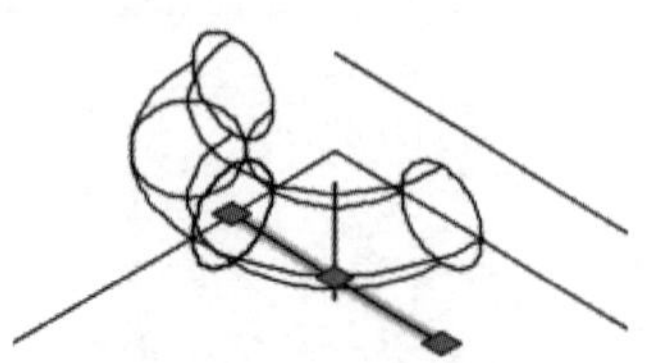

图 20-44 绘制直线（2）

（6）选择菜单栏中的“修改”→“三维操作”→“三维旋转”命令，让右边的圆管绕着前面绘制的直线旋转90°，结果如图20-45所示。单击“视图”选项卡“视觉样式”面板中的“隐藏”按钮，则其消隐效果如图20-46所示。

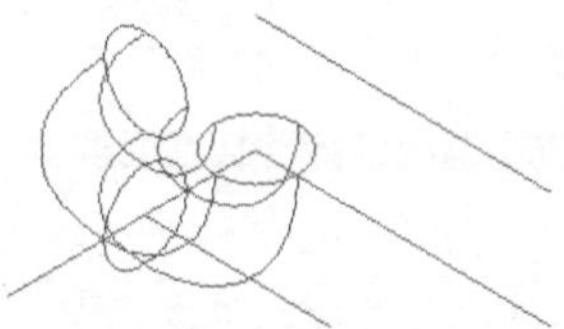

图 20-45 旋转圆管结果

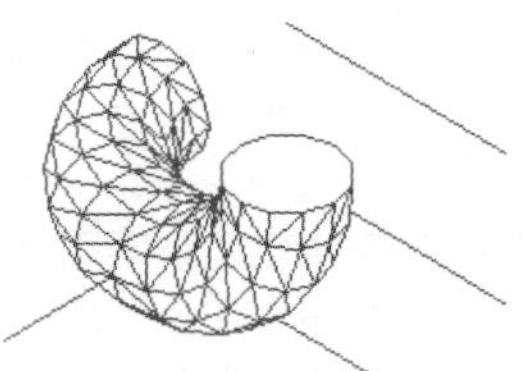

图 20-46 圆管消隐效果

（7）单击“三维工具”选项卡“建模”面板中的“圆柱体”按钮，根据命令提示指定圆柱体的半径为“15”、圆柱体的高度为“30”，结果如图20-47所示。

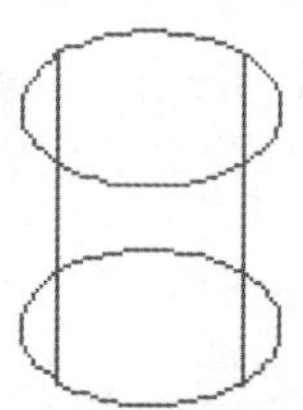

图 20-47 绘制圆柱体

（8）选择菜单栏中的“修改”→“三维操作”→“对齐”命令，把圆柱体安置到圆管的一头，结果如图20-48所示。单击“视图”选项卡“视觉样式”面板中的“隐藏”按钮，其消隐效果如图20-49所示。

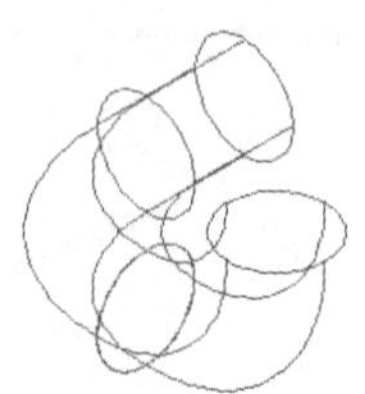

图 20-48 安置圆柱体

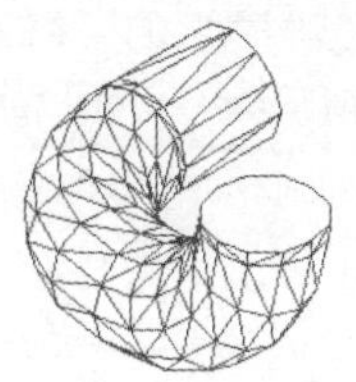

图 20-49 圆柱体和圆管消隐效果

（9）单击“三维工具”选项卡“建模”面板中的“圆柱体”按钮，绘制一个半径为“15”、高度为“1100”的圆柱体。单击“默认”选项卡“修改”面板中的“移动”按钮，把圆柱体移动到圆管的另一头，结果如图20-50所示。

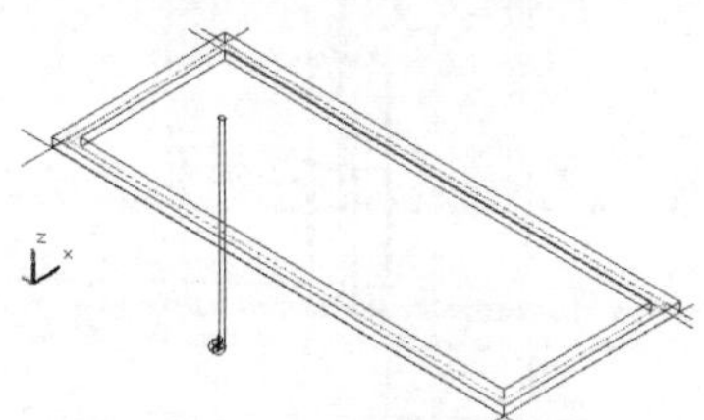

图 20-50 给圆管增加圆柱体

（10）单击“默认”选项卡“修改”面板中的“复制”按钮，复制一个图20-51所示的被选中的圆管到另一头。重复“复制”命令，复制一个半径为“15”、高度为“30”的圆柱体到圆管头。这样就得到一个门把手，绘制结果如图20-52所示。

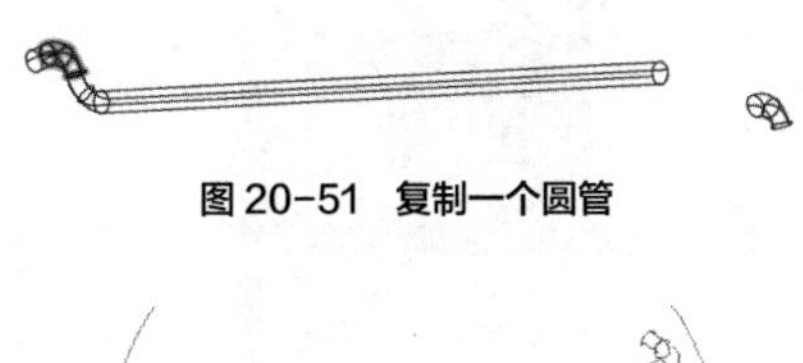

图 20-51 复制一个圆管

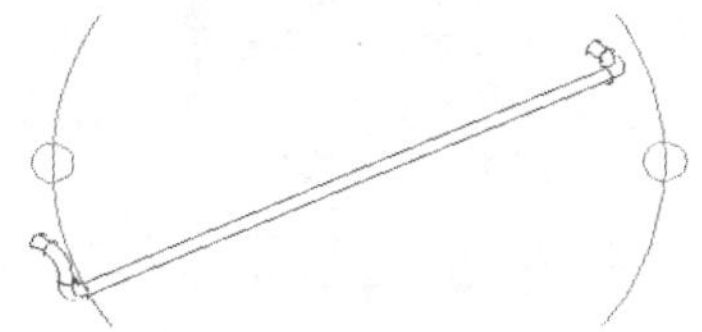

图 20-52 门把手绘制效果

（11）当前的门把手和门板的相对位置关系如图20-53所示，接下来需要把门把手安置好。

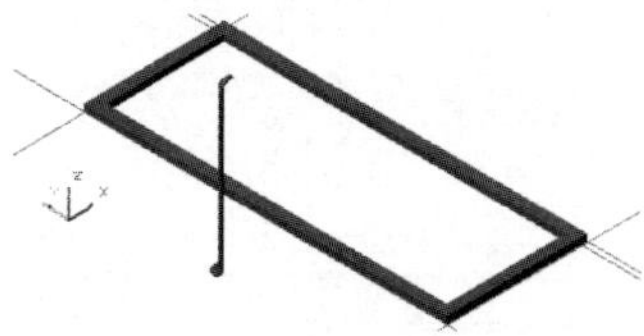

图 20-53 门和门把手的相对位置关系

（12）选择菜单栏中的“修改”→“三维操作”→“三维旋转”命令，使门把手绕着底部的平行于X轴的直线旋转90°，结果如图20-54所示。

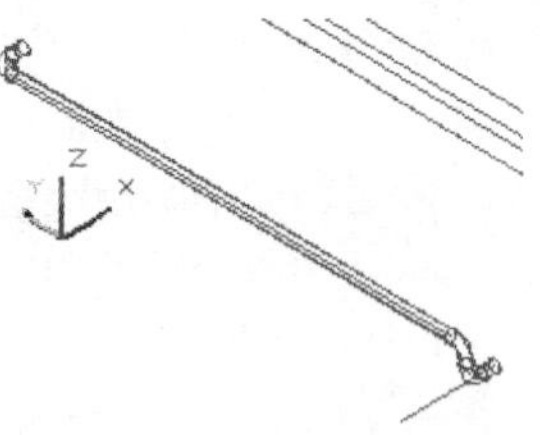

图 20-54 门把手的三维旋转效果（1）

（13）选择菜单栏中的“修改”→“三维操作”→“三维旋转”命令，使门把手绕着底部的平行于Y轴的直线旋转-90°，结果如图20-55所示。

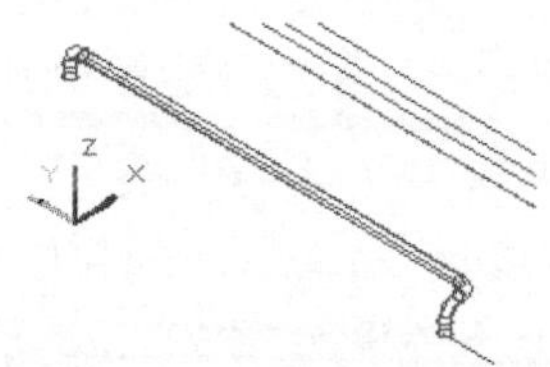

图 20-55 门把手的三维旋转效果（2）

（14）单击“默认”选项卡“修改”面板中的“旋转”按钮，让门把手绕着自己一端旋转-90°，结果如图20-56所示。就这样，门把手的姿态和门板保持一致了。

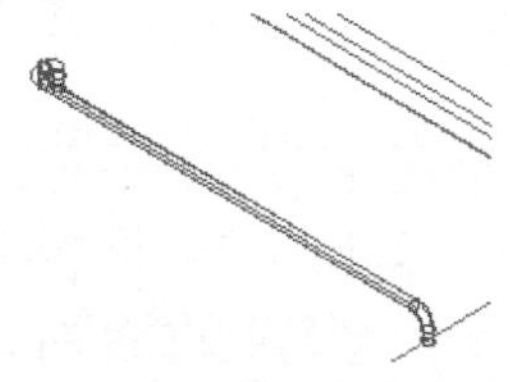

图 20-56 门把手旋转 -90° 效果

（15）单击“默认”选项卡“修改”面板中的“移动”按钮，把门把手移动到门框上安置好，这样就得到一个带有门把手的门板。绘制结果如图20-57所示。

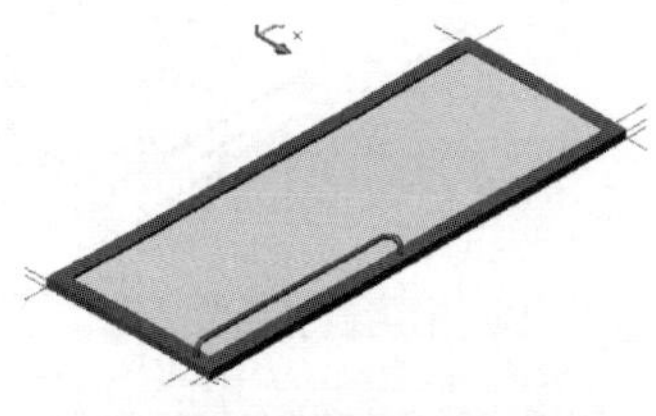

图 20-57 带有门把手的门板

20.3.4 整体调整

（1）考虑使用镜像来获得门背面的门把手。单击“默认”选项卡“绘图”面板中的“圆”按钮，绘制一个圆。单击“默认”选项卡“修改”面板中的“移动”按钮，把圆往上移动“25”，结果如图20-58所示。所得的这个圆将作为门把手的镜像面。

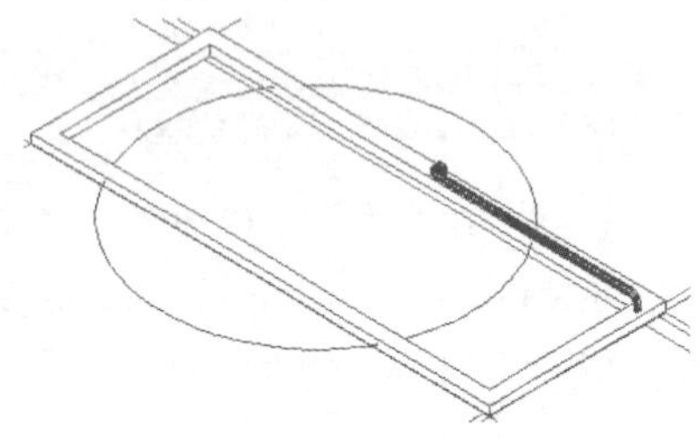

图 20-58 绘制一个圆作为镜像面

（2）选择菜单栏中的“修改”→“三维操作”→“三维镜像”命令，以门把手作为镜像对象，圆作为镜像面，三维镜像结果如图20-59所示。

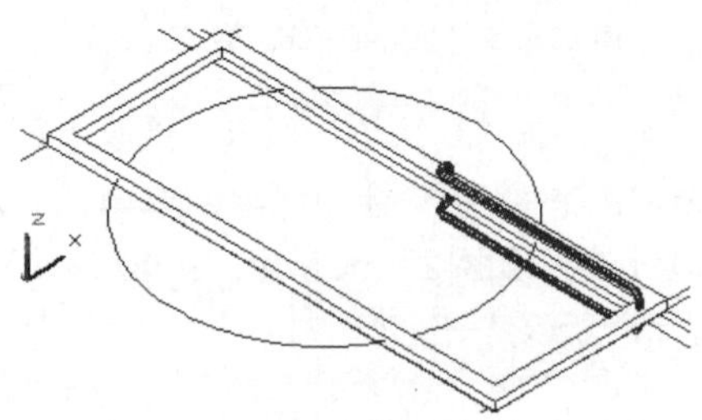

图 20-59 三维镜像得到背面的门把手

（3）单击“默认”选项卡“修改”面板中的“删除”按钮，删除作为镜像面的圆。选择菜单栏中的“修改”→“三维操作”→“三维镜像”命令，得到另外一边的门和门把手，结果如图20-60所示。

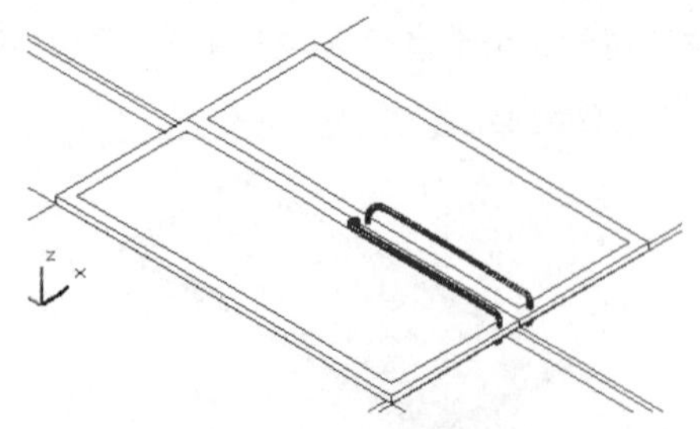

图 20-60 三维镜像得到全部的门

（4）选择菜单栏中的“修改”→“三维操作”→“三维旋转”命令，使门绕着底部的平行于X轴的直线旋转90°，结果如图20-61所示。这样，双扇门就绘制好了。调整视图后，选择菜单栏中的“视图”→“渲染”→“材质浏览器”命令，选择适当的材质附加在实体上，效果如图20-62所示。

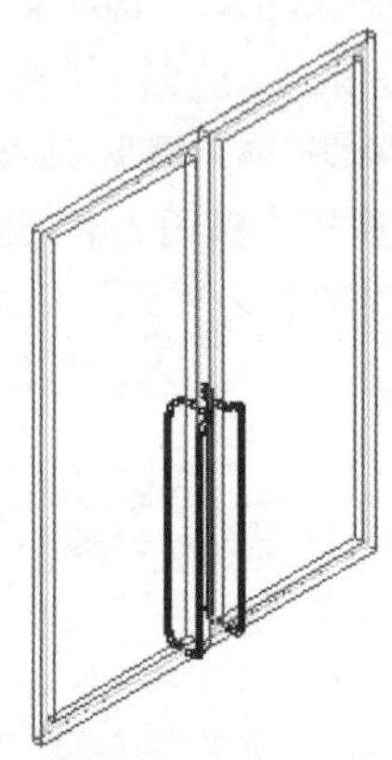

图 20-61 绘制双扇门

图 20-62 双扇门的着色图

（5）为了更清楚地表达出门的效果，切换至多视图，效果如图20-63所示。从中可以清楚地看到门的各个面以及三维情况。

提示 在三维绘图中，为了完成一些复杂造型结构，需要大量用到三维编辑命令，例如上面用到过的“拉伸”“旋转”“布尔运算”“镜像”“剖切”等，这些命令的作用与二维绘图中对应命令有相似之处，但操作更复杂。在学习过程中，应参照二维编辑命令，触类旁通地灵活应用三维编辑命令。

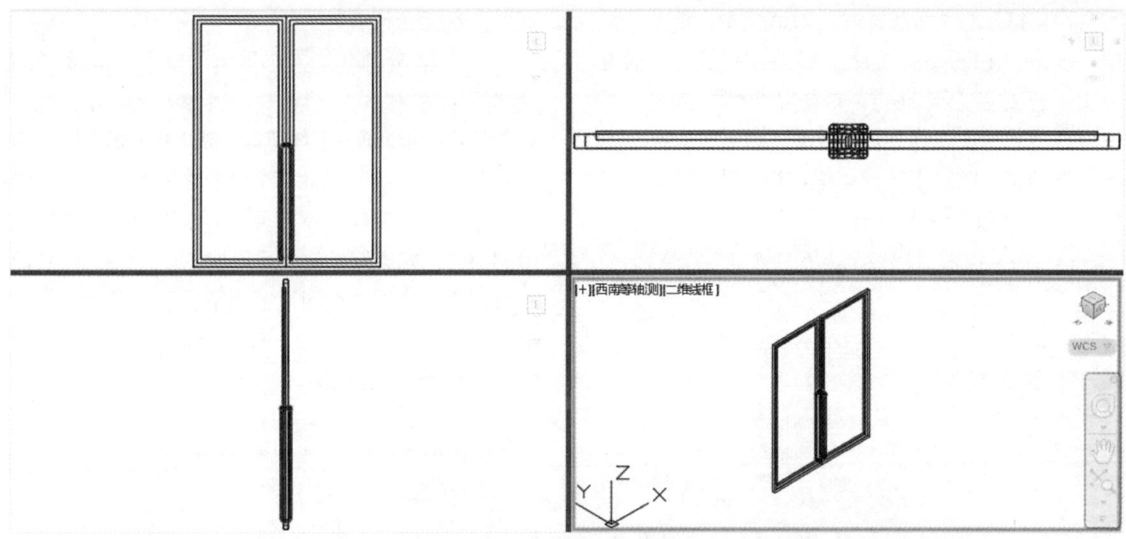

图 20-63 双扇门的多视图效果

20.4 绘制小楼三维模型

三维模型具有良好的直观性，在建筑设计中常用来作为设计参考，下面结合一栋小楼的三维模型实例讲解三维模型设计方法。

20.4.1 绘制辅助线网

（1）打开AutoCAD 2020程序，单击“快速访问”工具栏中的“新建”按钮，系统打开“选择样板”对话框，在“打开”按钮右侧下拉菜单中选择“无样板打开-公制”（M），进入绘图环境。

（2）单击“默认”选项卡“图层”面板中的“图层特性”按钮，系统打开“图层特性管理器”面板。在面板中单击“新建”按钮，新建“辅助线”图层，一切设置采用默认设置。然后双击新建的图层，使当前图层是“辅助线”图层。单击“确定”按钮退出“图层特性管理器”面板。

（3）按下F8键打开“正交”模式。单击“默认”选项卡“绘图”面板中的“构造线”按钮，绘制一条水平构造线和一条竖直构造线，组成“十”字构造线。

（4）单击“默认”选项卡“修改”面板中的“偏移”按钮，让水平构造线连续分别往上偏移“600”“3300”“2100”“2100”“4500”和“600”，得到水平方向的辅助线。重复“偏移”命令，让竖直构造线连续8次分别往右偏移“3600”，得到竖直方向的辅助线。它们和水平辅助线一起构成正交的辅助线网，这样得到底层的辅助线网格如图20-64所示。

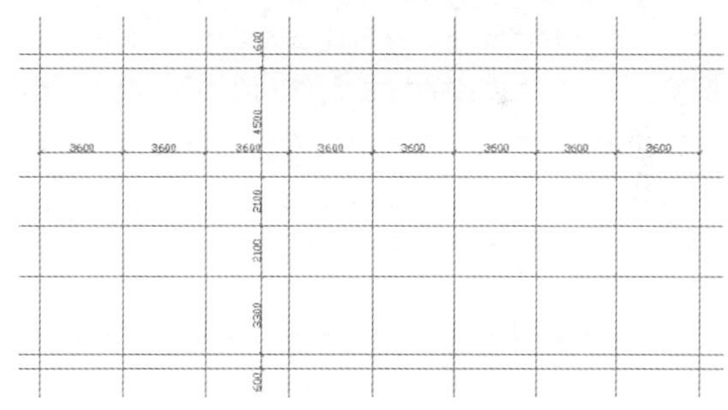

图 20-64 绘制辅助线网

20.4.2 绘制平面墙体

绘制平面墙体应用“多线”命令比较方便。本实例中墙厚“240”。绘制平面墙体的步骤如下。

（1）单击“默认”选项卡“图层”面板中的“图层特性”按钮，系统打开“图层特性管理器”面板。在面板中单击“新建”按钮，新建“墙线”图层，一切设置采用默认设置。然后双击新建的图层，使当前图层是“墙线”图层。单击“确定”按钮退出“图层特性管理器”面板。

（2）选择菜单栏中的“格式”→“多线样式”

命令，在打开的“多线样式”对话框中，单击“新建”按钮。在打开的“创建新的多线样式”对话框中输入样式名“240墙”，单击“继续”按钮。系统打开“新建多线样式：240墙”对话框，在“图元”选项组，把其中的元素偏移量设为“120”和“-120”，如图20-65所示。

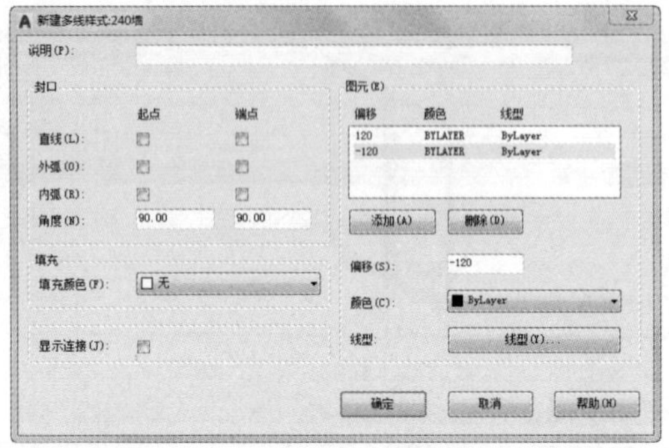

图20-65 “新建多线样式：240墙”对话框

（3）单击“确定”按钮返回“多线样式”对话框。如果当前的多线名称不是“240墙”，则单击“添加”按钮即可。然后单击“确定”按钮完成240墙体多线的设置。

（4）选择菜单栏中的“绘图”→“多线”命令，根据命令提示把对齐方式设为“无”，把多线比例设为1，注意多线的样式为“240墙”，完成多线样式的设置。重复“多线”命令，根据辅助线网格绘制图20-66所示的墙体平面多线图，这是全部的240墙体的平面图。

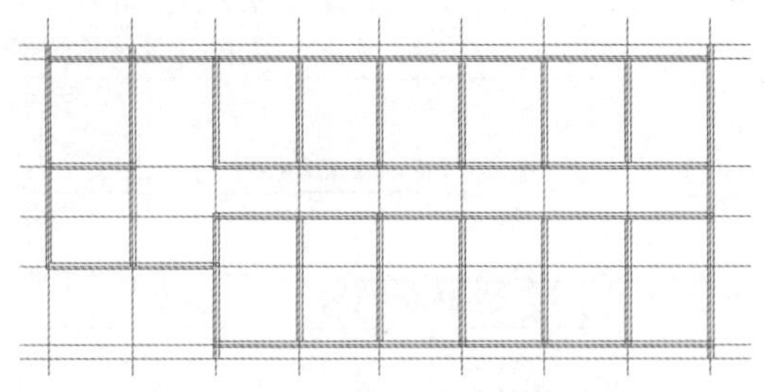

图20-66 使用“多线”绘制墙体

（5）放大刚刚绘制的一部分墙体多线图可以发现，使用多线绘制的墙体是不连接的，这不符合投影原理。相邻的墙体都应该是连接的，因此需要把墙体连接起来。

（6）单击“默认”选项卡“修改”面板中的“分解”按钮，然后选择所有的对象作为分解操作的对象，这样就能把全部的多线分解掉，结果是得到许多直线。

（7）单击“默认”选项卡“修改”面板中的“修剪”按钮，系统提示选择对象作为剪切边的时候，按下Enter键，系统可以自动选择修剪范围，将把修剪对象的位于其他两个对象之间的部分作为修剪部分。这个操作非常方便，可以不断地剪切掉分隔的部分，如果修剪失误可以按下<Ctrl+Z>组合键来撤销修剪。很快就可以把当前显示的多余线条全部修剪掉，结果如图20-67所示。可以看得出来，修剪后的墙体连接光滑。

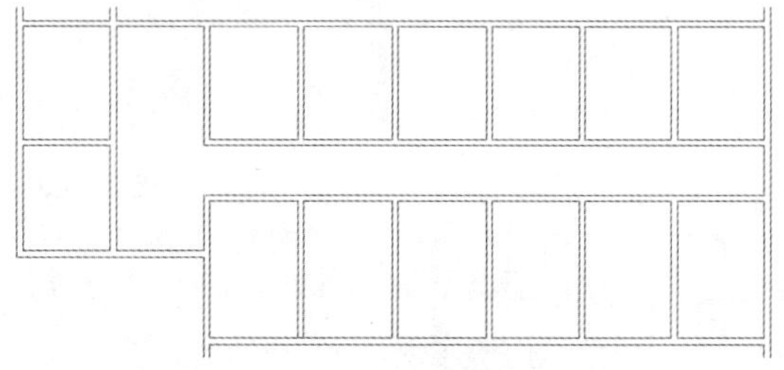

图20-67 “修剪”操作后的墙体

（8）可以发现，由于设置多线样式的时候并没有设置“多线特性”对话框，所以绘制出来的多线端部没有封闭，需要封闭这些开口。单击“默认”选项卡“绘图”面板中的“直线”按钮，使用直线封闭开口，总共5个地方，绘制的结果如图20-68所示。这样就完成了墙体平面的绘制。

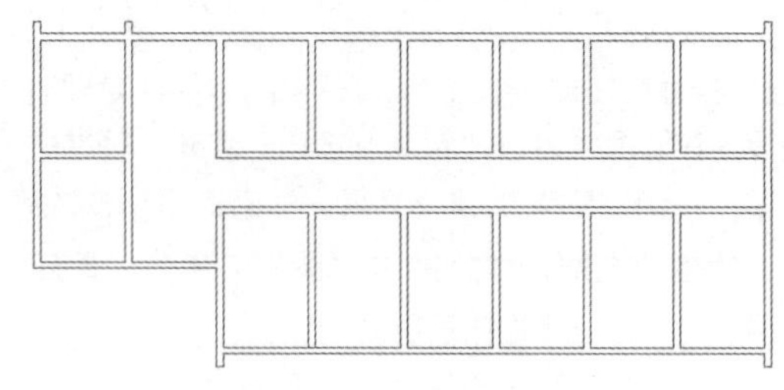

图20-68 封闭开口结果

提示 按照三维建模的原则，里边看不到的部分是不需要建模的。本章画出墙体的全部平面图，实际上有用的也就只是最外层的墙体。因为小楼的墙体布置比较简单，绘制过程也很简单，基本上没有花费什么时间，所以顺手就全部绘制了。如果绘制的模型比较复杂，那么只画出一个外层即可。

20.4.3 绘制墙体

（1）关闭辅助线层。单击“默认”选项卡“图层”面板中的“图层特性”按钮，系统打开“图层特性管理器”面板。在面板中单击“新建”按钮，新建“墙体”图层，一切设置采用默认设置，然后双击新建的图层，使当前图层是“墙体”图层。单击“确定”按钮退出“图层特性管理器”面板。单击“默认”选项卡“绘图”面板中的“多段线”按钮，按照墙线的最外边轮廓绘制一个闭合的多段线。绘制的结果如图20-69所示，其中被选中的多段线就是所绘制的多段线。

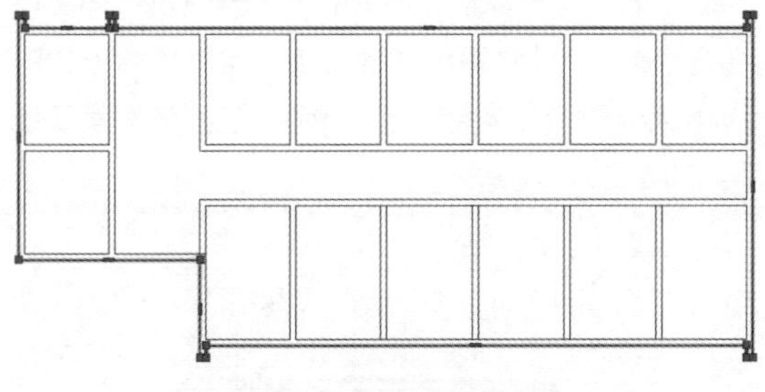

图20-69 绘制墙线外层多段线

（2）单击“默认”选项卡“修改”面板中的“偏移”按钮，根据系统提示输入偏移距离为“240”，选择刚才绘制的多段线作为偏移对象，偏移方式为往里。得到外层墙体的内边的封闭多段线，如图20-70所示。

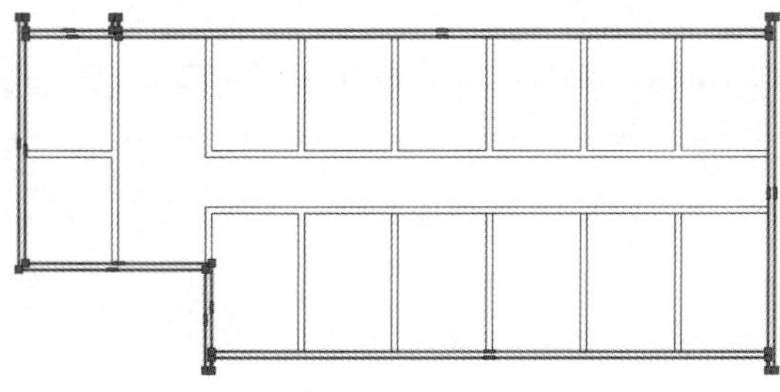

图20-70 多段线偏移结果

（3）单击“三维工具”选项卡“建模”面板中的“拉伸”按钮，选择前面绘制的外边的封闭多段线作为拉伸对象，根据命令提示设置拉伸高度为“3300”，其他采用默认设置，得到一个实体。切换至西南等轴测视图（单击“可视化”选项卡“命名视图”面板中的“西南等轴测”按钮即可），绘制结果如图20-71所示。

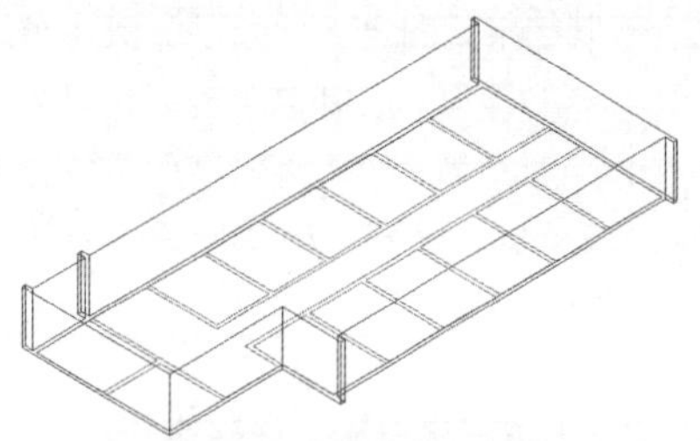

图20-71 拉伸外层多段线结果

（4）单击“三维工具”选项卡“建模”面板中的“拉伸”按钮，选择前面绘制的里边的封闭多段线作为拉伸对象，根据命令提示设置拉伸高度为“3300”，其他采用默认设置，得到另一个实体。切换至西南等轴测视图（单击“可视化”选项卡“命名视图”面板中的“西南等轴测”按钮即可），绘制结果如图20-72所示。

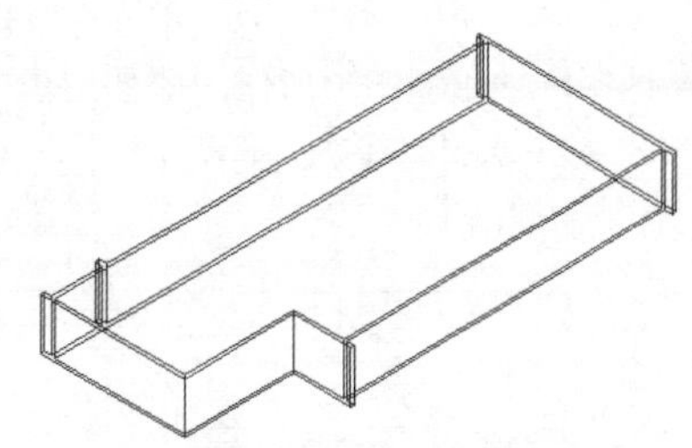

图20-72 拉伸里层多段线结果

（5）单击“三维工具”选项卡“实体编辑”面板中的“差集”按钮，选择外边的实体作为母体，选择里边的实体作为子体进行差集运算，得到一个三维的墙体实体。这就完成了底层三维墙体的绘制。

20.4.4 绘制正面台阶

绘制台阶先要绘制出台阶平面图，然后对平面图进行拉伸，绘制好后对台阶进行布置即可。绘制台阶的具体步骤如下。

（1）单击“默认”选项卡“图层”面板中的“图层特性”按钮，系统打开“图层特性管理器”面板。在面板中单击“新建”按钮，新建“台阶”图层，一切设置采用默认设置，然后双击新建的图层，使当前图层是“台阶”图层。打开辅助线层。单击“确定”按钮退出“图层特性管理器”面板。

（2）单击“默认”选项卡“绘图”面板中的“矩形”按钮，绘制一个“3600×2550”规格的矩形，绘制结果如图20-73所示。其中被选中的矩形就是绘制的矩形。绘制这个矩形，可以选择右上角点作为矩形的第一个角点，然后系统提示需要输入第二个角点时，输入"@-3600，-2550"，从而完成矩形的绘制。

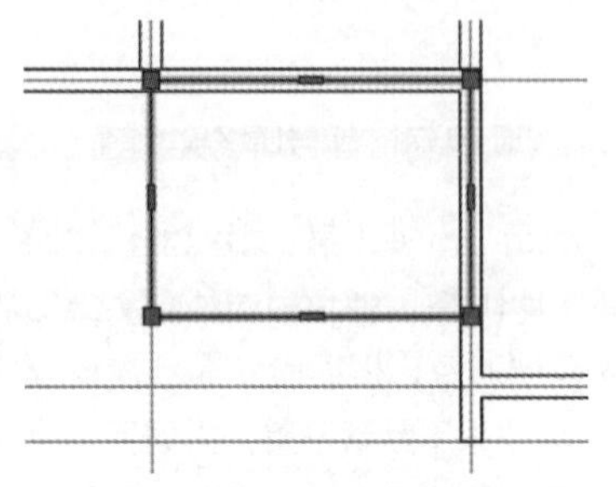

图 20-73　绘制矩形结果

（3）单击"默认"选项卡"修改"面板中的"偏移"按钮⊆，根据系统提示输入偏移距离为"400"，选择刚才绘制的矩形作为偏移对象，连续往外偏移两次，就能得到外边的两个矩形，绘制结果如图20-74所示。

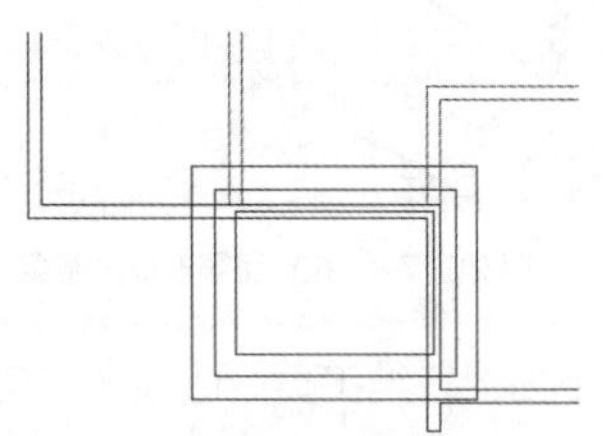

图 20-74　偏移矩形结果

（4）单击"默认"选项卡"修改"面板中的"修剪"按钮，修剪掉多余的线条，只保留露在外边的台阶线条，得到台阶的平面图。绘制结果如图20-75所示。

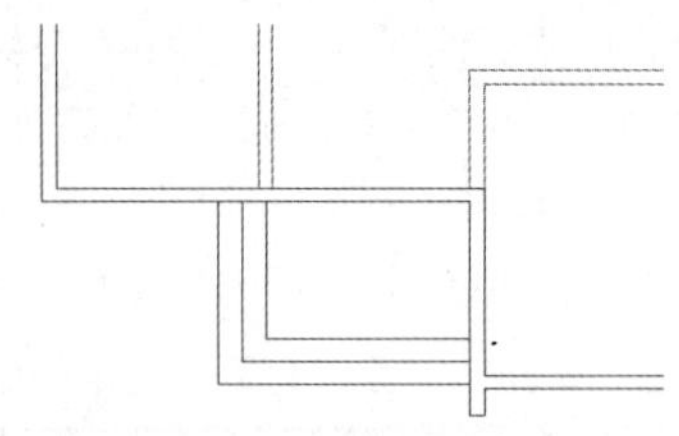

图 20-75　修剪台阶线结果

（5）关闭辅助线层。单击"默认"选项卡"绘图"面板中的"多段线"按钮，把3个台阶都用封闭的多段线描一遍，得到3个多段线绘制成的矩形，以便进行实体拉伸。不封闭的线条是无法拉伸得到三维实体的。

（6）单击"三维工具"选项卡"建模"面板中的"拉伸"按钮，选择前面绘制的最里边的封闭多段线作为拉伸对象，根据命令提示设置拉伸高度为"-600"，其他采用默认设置，绘制出最里边的台阶实体。

（7）单击"三维工具"选项卡"建模"面板中的"拉伸"按钮，选择前面绘制的中间的封闭多段线作为拉伸对象，根据命令提示设置拉伸高度为"-400"，其他采用默认设置，绘制出中间一个台阶实体。

（8）单击"三维工具"选项卡"建模"面板中的"拉伸"按钮，选择前面绘制的最外边的封闭多段线作为拉伸对象，根据命令提示设置拉伸高度为"-200"，其他采用默认设置，绘制出最处边的台阶实体。就这样绘制出了3个台阶实体，其三维模型如图20-76所示。

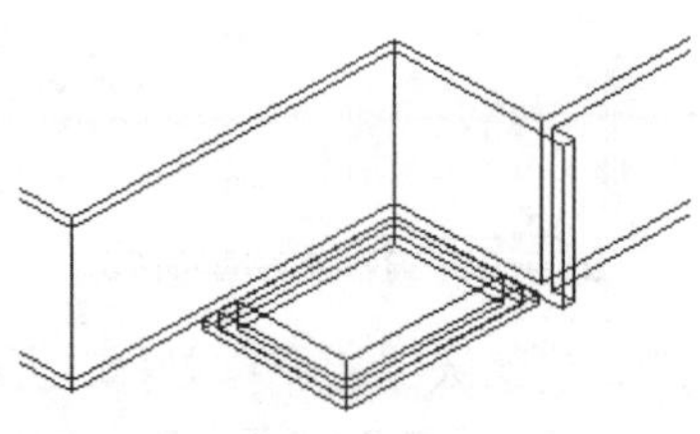

图 20-76　绘制台阶实体

（9）由于三维实体模型不容易看出来绘制的结果，所以可以使用消隐图来察看三维效果。单击"视图"选项卡"视觉样式"面板中的"隐藏"按钮，消隐结果如图20-77所示。可以发现，要使台阶合理布局，必须要对台阶实体进行移动操作。

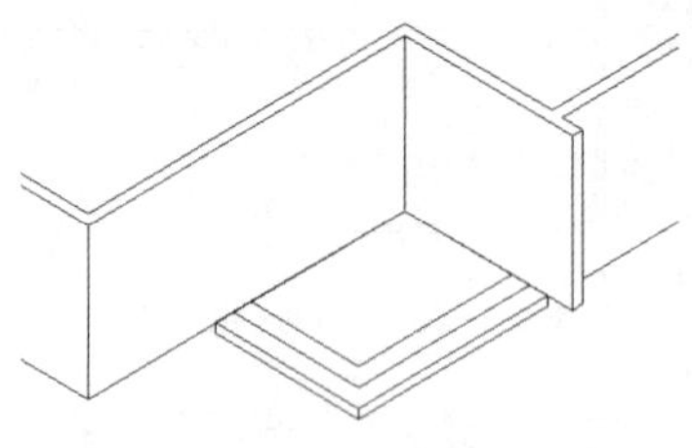

图 20-77　台阶实体消隐效果

（10）单击"默认"选项卡"修改"面板中的"移动"按钮✣，选择中间的实体作为移动操作对象，任选一点作为移动的基点，然后输入"@0，0，-200"作为移动的路径，这样中间的台阶实体就往下移动了"200"。

（11）单击“默认”选项卡“修改”面板中的“移动”按钮✥，选择最外边的实体作为移动操作对象，任选一点作为移动的基点，然后输入“@0，0，-400”作为移动的路径，这样最外边的台阶实体就往下移动了“400”。

（12）单击“视图”选项卡“视觉样式”面板中的“隐藏”按钮，消隐结果如图20-78所示。可以发现，还有一部分内容需要修改。

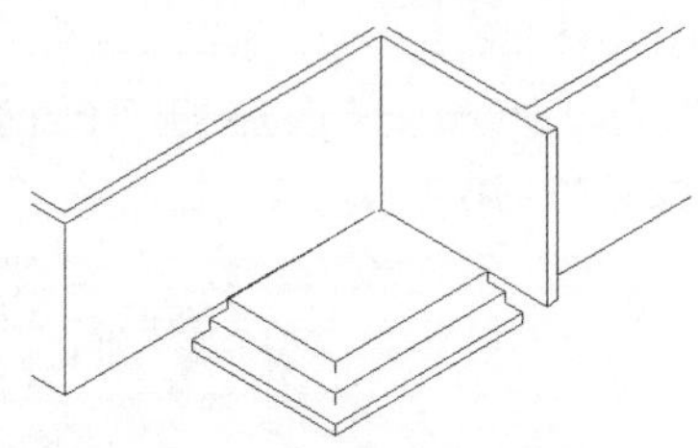

图20-78 移动台阶后消隐效果

（13）参照前面绘制墙体的办法，即先绘制多段线然后再拉伸并求差，绘制一个深度为“600”的墙体，就在一层墙体的正下方，绘制结果如图20-79所示。

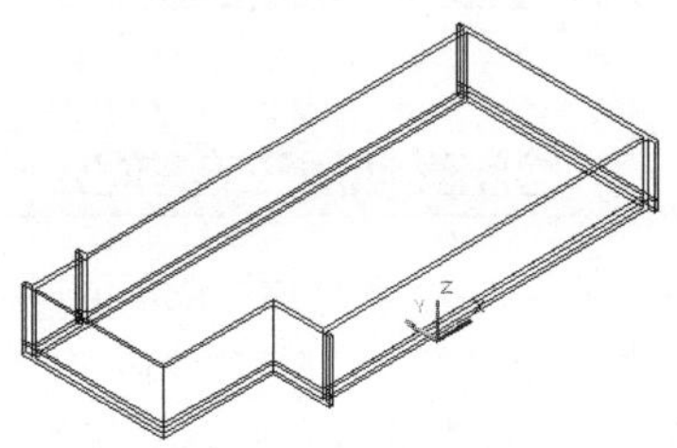

图20-79 绘制一个墙体

（14）单击“三维工具”选项卡“实体编辑”面板中的“并集”按钮，选择3个台阶实体作为操作对象，得到一个三维的台阶实体。这就完成了底层正面三维台阶的绘制，最终结果如图20-80所示。

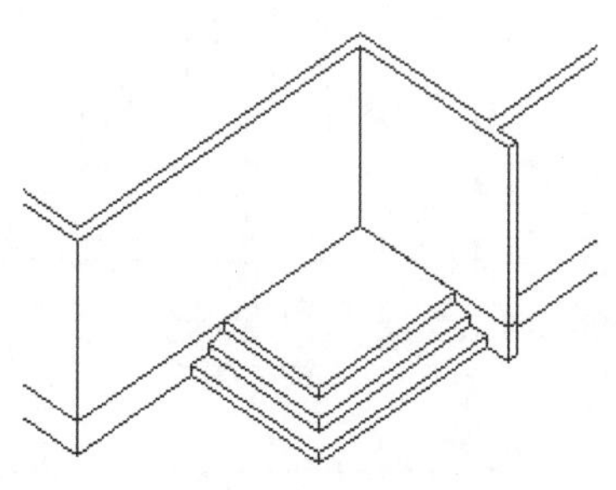

图20-80 正面三维台阶

20.4.5 绘制侧面台阶

（1）单击“默认”选项卡“绘图”面板中的“矩形”按钮，在侧面台阶的出口的正中间绘制一个“1500×800”的矩形。单击“默认”选项卡“修改”面板中的“偏移”按钮⊆，让这个矩形连续两次往外偏移“400”，并将创建的矩形沿Z轴向下偏移“600”，得到侧面台阶的平面图，绘制结果如图20-81所示。

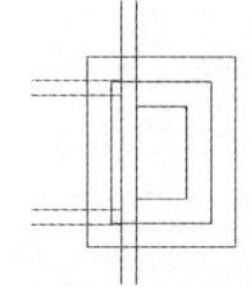

图20-81 侧面台阶

（2）单击“三维工具”选项卡“建模”面板中的“拉伸”按钮，选择前面绘制的最里边的矩形作为拉伸对象，根据命令提示设置拉伸高度为“600”，其他采用默认设置。重复“拉伸”命令，选择中间的矩形作为拉伸对象，根据命令提示设置拉伸高度为“400”，其他采用默认设置。重复“拉伸”命令，选择前面绘制的最外边的矩形作为拉伸对象，根据命令提示设置拉伸高度为“200”，其他采用默认设置。这样就得到了3个台阶实体。

（3）单击“三维工具”选项卡“实体编辑”面板中的“并集”按钮，选择3个台阶实体作为操作对象，得到一个三维的台阶实体。

（4）选择菜单栏中的“修改”→“三维操作”→“剖切”命令，选择侧面台阶实体作为剖切对象，选择台阶和墙的接触面上的3点作为剖切点，剖切结果为保留外边的台阶实体，结果如图20-82所示。这样就得到了侧面的台阶。这个方法比绘制正面台阶的方法简单多了。

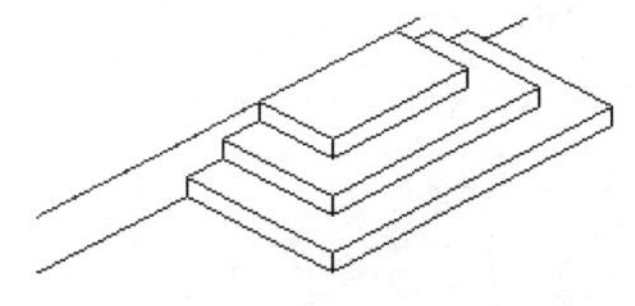

图20-82 侧面台阶的三维模型

20.4.6 绘制窗户

绘制窗户的具体步骤如下。

（1）单击“默认”选项卡“绘图”面板中的

“矩形”按钮 ，在平面图的一个开间的墙的正中间绘制一个“1600×240”的矩形。单击“三维工具”选项卡“建模”面板中的“拉伸”按钮，选择前面绘制的矩形作为拉伸对象，根据命令提示设置拉伸高度为“2000”，其他采用默认设置。绘制出一个窗洞实体，绘制结果如图20-83所示。

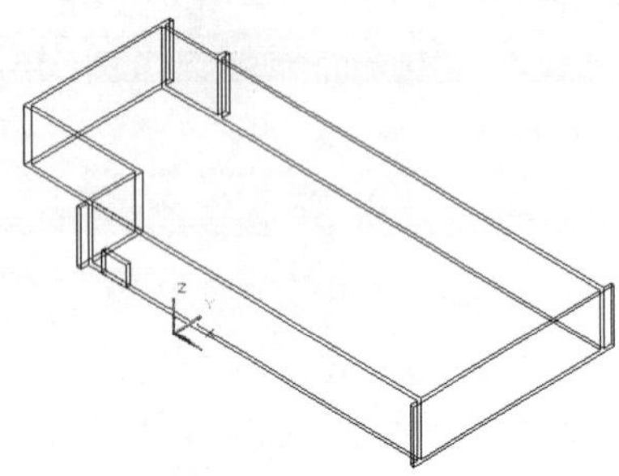

图 20-83　绘制一个窗洞

（2）单击“默认”选项卡“修改”面板中的“复制”按钮，根据需要把窗洞复制到其他各个开间。复制结果如图20-84所示。

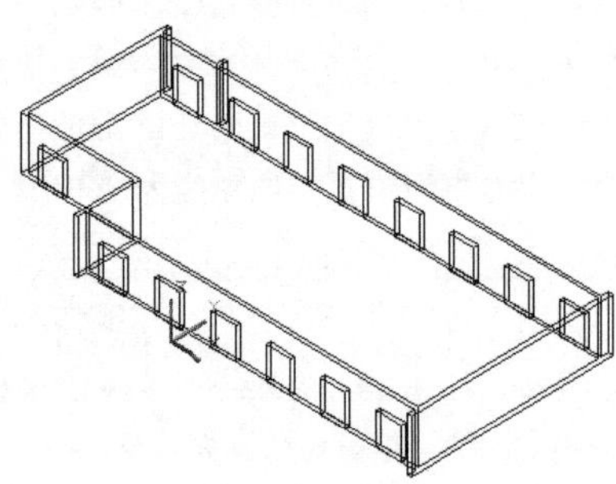

图 20-84　复制窗洞

（3）单击“默认”选项卡“修改”面板中的“移动”按钮，选择这些窗洞实体作为移动对象，随便选择一个点作为基点，然后使用相对坐标（@0，0，1000），将这些实体往上移动“1000”，结果如图20-85所示。

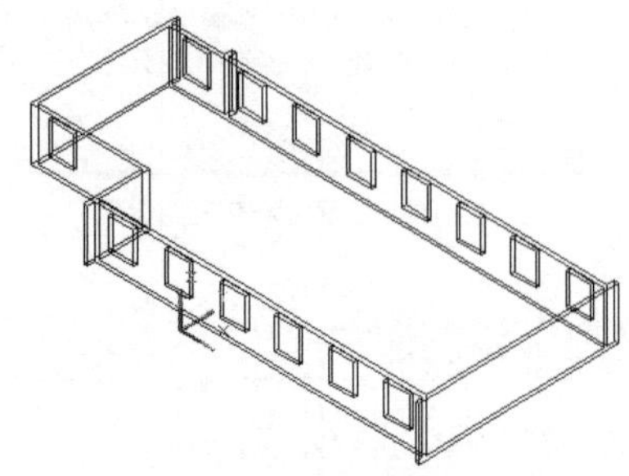

图 20-85　移动窗洞

（4）单击“三维工具”选项卡“实体编辑”面板中的“差集”按钮，根据命令提示选择墙体实体作为母体并确认，然后根据命令提示选择全部的窗体实体作为要减去的子体。这样就会通过差集运算得到带有窗洞的墙体。

（5）打开“源文件\第20章\多扇窗.dwg”的三维模型。选择菜单栏中的“编辑”→“带基点复制”命令，复制多扇窗，基点为左下角的窗体角点。返回到小楼图形文件中，选择菜单栏中的“编辑”→“粘贴”命令，把多扇窗粘贴到各个窗洞里，粘贴结果如图20-86所示。

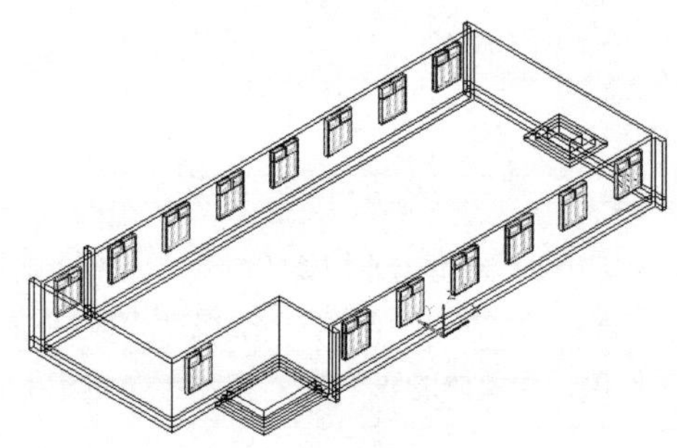

图 20-86　粘贴窗体结果

20.4.7　绘制其他层三维模型

小楼一共有3层，其他层和底层的情况基本上一样，因此可以使用三维阵列命令得到其他层。具体的步骤如下：选择菜单栏中的“修改”→“对象”→“三维阵列”命令，选择底层的全部对象作为阵列对象，然后根据命令提示把阵列行数和列数都指定为“1”，阵列的层数指定为“3”，阵列间距指定为“3300”。这样就能完成三维阵列操作，阵列的结果如图20-87所示。

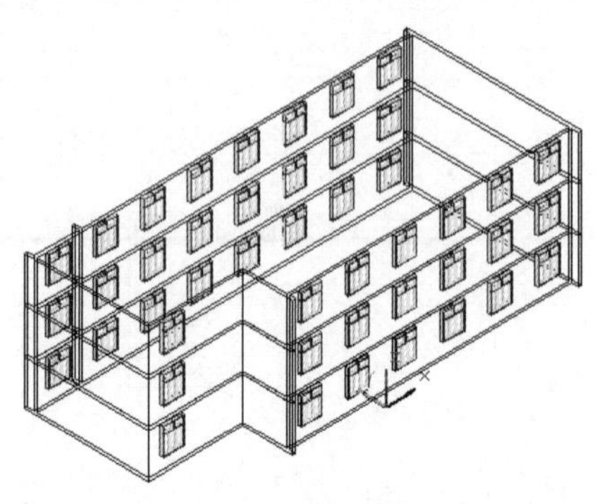

图 20-87　三维阵列得到三层建筑

20.4.8 绘制侧门

（1）单击“默认”选项卡“绘图”面板中的“矩形”按钮，在侧面出口的正中间绘制一个“1200×240”的矩形。单击“三维工具”选项卡“建模”面板中的“拉伸”按钮，选择前面绘制的矩形作为拉伸对象，根据命令提示设置拉伸高度为“2600”，其他采用默认设置。绘制出一个门洞实体，绘制结果如图20-88所示。

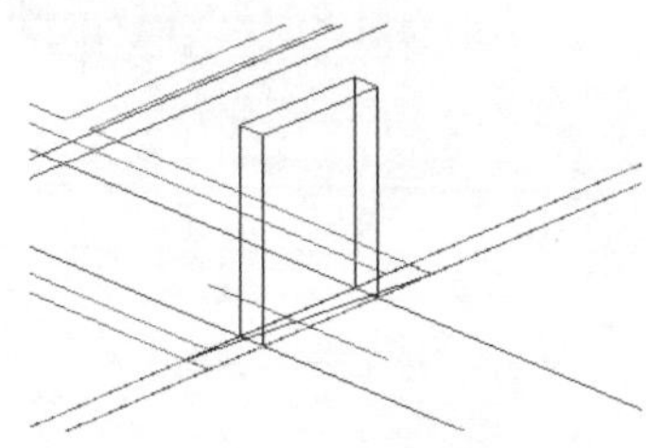

图 20-88 绘制门洞结果

（2）单击“三维工具”选项卡“实体编辑”面板中的“差集”按钮，根据命令提示选择墙体实体作为母体并确认，然后根据命令提示选择门洞实体作为要减去的子体。这样就会通过差集运算得到带有门洞的墙体。

（3）打开前面保存的单扇门的三维模型。选择菜单栏中的“编辑”→“带基点复制”命令，复制单扇门，基点为左下角的门边的中点。返回到小楼图形文件中，选择菜单栏中的“编辑”→“粘贴”命令，把单扇门粘贴到门洞里，粘贴结果如图20-89所示。

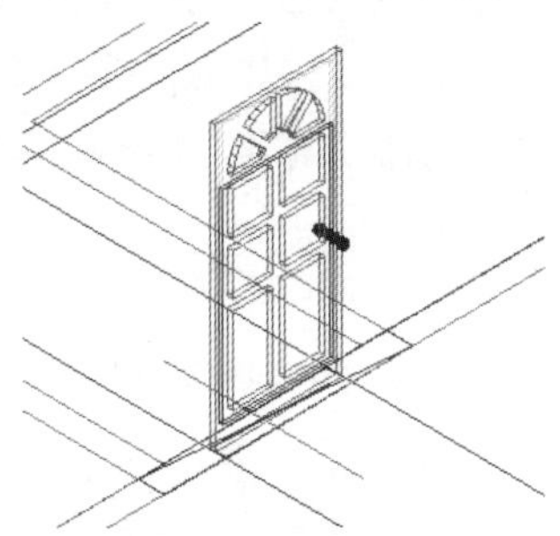

图 20-89 安放侧门结果

（4）选择菜单栏中的“视图”→“渲染”→“材质浏览器”命令，给模型赋予适当的材质。单击“视图”选项卡“导航”面板中的“自由动态观察”按钮，调整到合适的视角，安置结果如图20-90所示，门的安置效果很好。

图 20-90 侧门着色效果

20.4.9 绘制正门

（1）单击“默认”选项卡“绘图”面板中的“矩形”按钮，在正面出口正中间绘制一个“2000×240”的矩形。单击“三维工具”选项卡“建模”面板中的“拉伸”按钮，选择前面绘制的矩形作为拉伸对象，根据提示设置拉伸高度为“2600”，其他采用默认设置。绘制出一个门洞实体。

（2）单击“三维工具”选项卡“实体编辑”面板中的“差集”按钮，根据命令提示选择墙体实体作为母体并确认，然后根据命令提示选择门洞实体作为要减去的子体。这样就会通过差集运算得到带有门洞的墙体。

（3）打开前面保存的双扇门的三维模型。选择菜单栏中的“编辑”→“带基点复制”命令，复制双扇门，基点为左下角的门边的中点。返回到小楼图形文件中，选择菜单栏中的“编辑”→“粘贴”命令，把双扇门粘贴到绘图区，调整门的方向位置结果如图20-91所示。

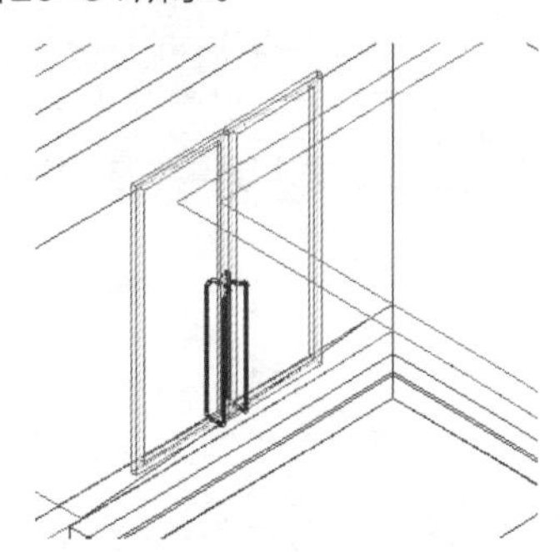

图 20-91 正门的安置结果

（4）选择菜单栏中的“视图”→“渲染”→“材质浏览器”命令，给模型赋予适当的材质。单击“动态观察”工具栏中的“自由动态观察”按钮，调整到合适的视角，安置结果如图20-92所示，门的安置效果很好。

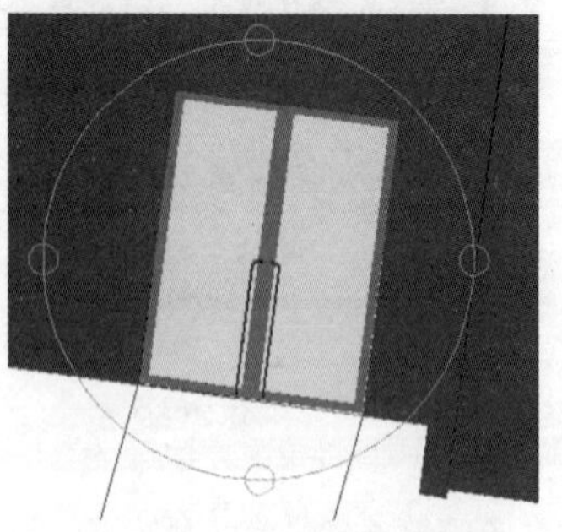

图 20-92 正门的着色效果

20.4.10 绘制顶层楼板

（1）单击“默认”选项卡“绘图”面板中的“多段线”按钮，绕着外墙的中轴线一圈绘制多段线，结果如图20-93所示。

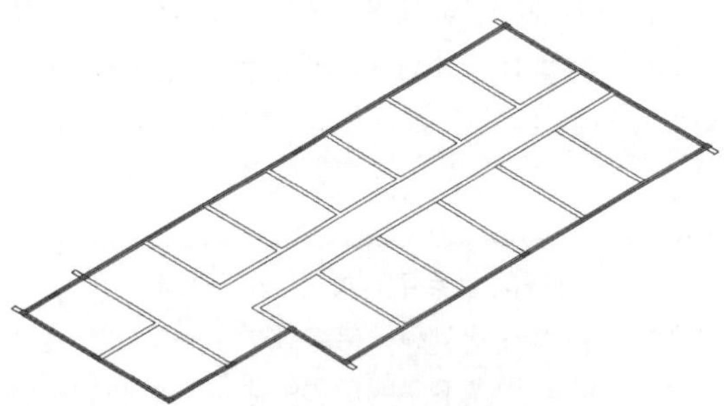

图 20-93 绘制多段线

（2）单击“默认”选项卡“修改”面板中的“偏移”按钮，将刚才绘制的多段线往外偏移“600”，得到一条多段线，结果如图20-94所示，其中被选中的多段线就是偏移得到的多段线。

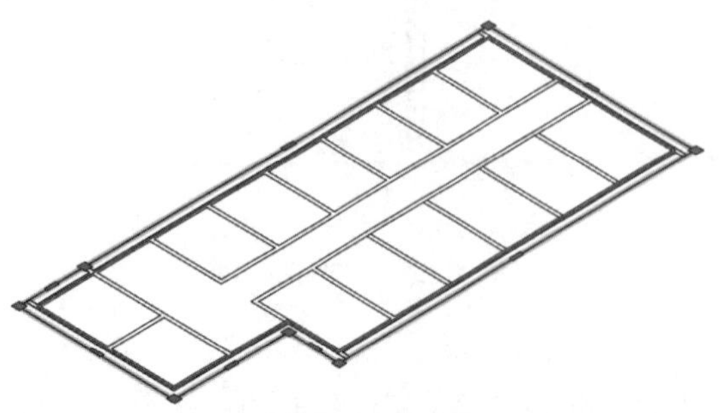

图 20-94 偏移得到多段线

（3）单击“三维工具”选项卡“建模”面板中的“拉伸”按钮，选择刚才绘制的外边的封闭多段线作为拉伸对象，根据命令提示设置拉伸高度为“-100”，其他采用默认设置，绘制出一个楼板实体，绘制结果如图20-95所示。

图 20-95 拉伸得到楼板实体

（4）单击“默认”选项卡“修改”面板中的“移动”按钮，选择楼板实体作为移动对象，随便选择一点作为移动的基点，采用相对坐标把楼板移动到顶部。这样就完成了小楼的绘制。单击“视图”选项卡“视觉样式面板”中的“隐藏”按钮，最终绘制结果如图20-96所示。

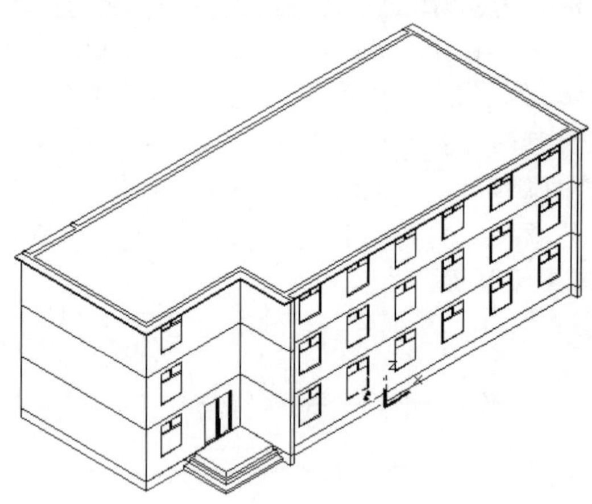

图 20-96 小楼的消隐图

（5）在三维实体的绘图中，常常需要从不同角度的视图来观察绘制结果。平时所做的绘图工作多在一个视图中进行观察，而多视图效果在三维绘制中具有很大的作用。可以给建筑图设置“前视”“后视”“左视”和“东南等轴测”4个视图，消隐后的效果如图20-97所示。这样，主立面图、背立面图、侧立面图和三维效果图都放在一个屏幕中显示，可以便于参考和进行操作。

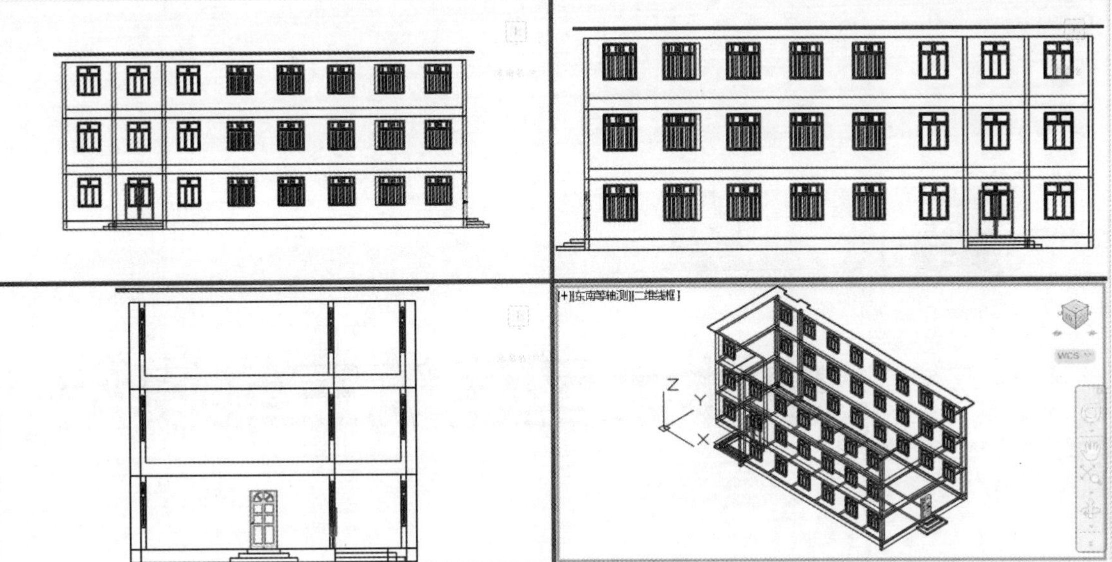

图 20-97　小楼的多视图效果

第 21 章

单体大型建筑三维模型

本章导读

在讲解了单体小型建筑三维模型绘制的基础上，本章主要讲解如何绘制三维对象的基本知识，包括创建简单的三维模型、曲面、实体，并且详细讲解如何绘制比较复杂的三维建筑模型。本章主要绘制了一个大型建筑三维模型，系统地应用到了各种三维命令。

21.1 绘制三维对象

在AutoCAD中，系统会自动地为每个对象赋予一个厚度值。对象厚度是对象向上或向下被拉伸的距离。正的厚度表示向上（Z正轴）拉伸，负的厚度则表示向下（Z负轴）拉伸，“0”厚度表示不拉伸。在平面绘图中，绘图对象的默认厚度均为零。如果将其厚度改为一个非0的数值，则该平面对象将沿Z轴方向被拉伸成为三维对象。

可调用“ELEV”命令来指定默认的厚度值，为此后所创建的对象赋予一定的厚度。对于已有的对象，可以在“特性”面板中修改“厚度”项的取值，来改变指定对象的厚度。

对于大部分的绘图命令，只要输入Z坐标值，就可以将其应用于三维空间。但某些平面对象，如平面多段线、圆、圆弧和平面填充多边形只能绘制在当前坐标系的XY平面上。对于这些对象，Z坐标只表示它们相对于当前平面的标高，是在平面上方，还是在平面下方。当使用对象捕捉方式指定一个点时，指定点的Z坐标将与捕捉点的Z坐标相同。

21.1.1 创建简单的三维对象

创建三维对象有很多优点：可从任意角度观察对象，可自动生成平面工程图，可对模型进行渲染、消隐、干涉检查和工程分析等操作。所以必须掌握三维绘图。

1. 创建三维点

除了可以使用前面介绍的笛卡儿坐标、柱面坐标和球面坐标来精确地确定一个三维点，还可以通过设置当前高度、利用目标捕捉和使用点过滤器等方法来确定三维点。

（1）设置当前高度。如果在指定某点时没有提供其Z坐标，则AutoCAD将自动指定其Z坐标为默认值，即当前高度。因此可以通过改变当前高度的方法来改变默认的Z坐标值。该命令的调用格式为“ELEV”。系统将把指定的高度值作为默认的Z坐标值。

（2）利用目标捕捉。可利用目标捕捉的办法来确定一个三维点。此时，无论当前高度为多少，AutoCAD将使用被捕捉点的X、Y、Z坐标值。在三维视图中使用目标捕捉时，应避免多个目标捕捉点重合的视图。如捕捉圆柱体顶面或底面的中心点时，不要使用与其平行的平面视图，因为在该视图上，圆柱体顶面和底面的中心点是重合的。此外，两个对象在空间上不相交而在当前视图平面上其投影相交时，可使用外观交点捕捉模式来捕捉二者的外观交点。

（3）使用点过滤器。AutoCAD提供了点过滤器，用于从不同的点提取独立的X、Y和Z坐标及其组合。利用这一方法可以通过已知点来确定未知点。使用点过滤器的方法：按Shift键同时单击鼠标右键弹出快捷菜单，选择“点过滤器”子菜单中的某个命令即可。在确定某个三维点时，可先使用XY过滤器来确定某点的XY坐标，然后输入Z坐标值或使用Z过滤器来得到该点的Z坐标，从而得到一个新的三维点。

2. 创建三维多段线

三维多段线命令用于在三维空间中用连续线型创建多段线，多段线各点的X、Y和Z坐标值是相互独立的。三维多段线是三维空间中由直线段组成的多段线。该命令的调用方式如下。

命令行：3DPOLY（或3P）。

三维多段线命令与多段线命令大体上相似。多段线命令不仅可以绘制曲线段，而且各段宽度可变；而三维多段线只能绘制不可变宽度的直线段。

3. 创建三维面

三维面可以是三维空间中任意位置上的三边或四边表面，形成三维面的每个顶点都是三维点。调用该命令的方式如下。

命令行：3DFACE（或3F）。

在创建三维模型时，有时需要创建一些实心填充面用于消隐与着色，这些实心面用3DFACE命令创建。用3DFACE创建实心面的命令提示与SOLID命令的提示相似。与SOLID命令不同的是，3DFACE命令可以为每一个角点指定不同的Z坐标以创建空间的三维面。如果要创建一个带有曲面的对象，就不能使用3DFACE命令，但可以使用3DMESH命令。另外，还可以围绕一个对象沿顺时针或逆时针方向从一个角画到另一个角，从而生成三维面。一个三维面由3个点或4个点组成，代表一个曲面。AutoCAD提供了多种方法控制三维面各边的可见性。可以用多个三维面描述复杂的三维多边形，并告诉AutoCAD要绘制哪些边。

4．创建面域

面域是由闭合的形状或环形成的平面区域。面域命令用于创建面域。可以生成面域的对象有：闭合多段线、直线、曲线、圆弧、圆、椭圆、椭圆弧和样条曲线。创建面域后，可以使用拉伸命令拉伸面域以生成三维实体，还可以通过布尔运算创建复合的面域。如果需要，还可使用图案填充命令为面域填充图案。AutoCAD将选择集中的闭合平面多段线和平面三维多段线转换为单独的面域，然后转换成多段线、直线和曲线，以形成平面闭合环。如果有两个以上的曲线共用一个端点，结果可能是不确定的。每个对象都保持自己的图层、线型和颜色。AutoCAD在创建面域后将删除原来的对象。默认状态下，系统将不为面域填充图案。

21.1.2 创建三维网格曲面

三维网格是用平面镶嵌面表示对象的曲面。每一个网格由一系列横线和竖线组成，因此可以定义行间距与列间距。通过定义曲面的边界可以创建平直的或弯曲的曲面，用这种方式创建的曲面叫作几何曲面。曲面的尺寸和形状由定义它们的边界及确定边界点所采用的公式决定。AutoCAD提供了RULESURF、REVSURF、TABSURF和EDGESURF这4个命令来创建几何曲面。另外，AutoCAD还提供了两个命令来创建多边形网格：3DMESH和PFACE。这几种类型的网格的区别在于连接成曲面的对象的类型不同。

1．创建自由多边形网格

三维网格命令用于创建任意形状的三维多边形网格。网格由$M \times N$个点（即M行、N列）组成。M和N的最小值为2，最大值为256。创建三维网格命令的调用方式如下。

命令行：3DMESH。

创建一个三维网格的大致步骤为：调用三维网格命令，然后输入M方向上的网格数目，输入N方向上的网格数目，最后逐方向逐点地输入三维网格上的每个顶点的位置即可。由于要逐点输入网格点的位置，所以用这种方式创建三维网格十分麻烦，可使用几何曲面命令，如用RULESURF、REVSURF、TABSURF或EDGESURF命令创建网格曲面。3DMESH命令一般用于AutoLISP与ADS程序设计中。

2．创建直纹曲面网格

创建直纹曲面网格命令用于在两个对象之间创建曲面网格，组成直纹曲面的两个对象可以是：直线、点、圆弧、圆、平面多段线、三维多段线或样条曲线。如果其中的一个对象是闭合的，如圆，那么另一个对象也必须是闭合的。如果其中的一个对象不是闭合的，直纹曲面总是从曲线上离选择点最近的端点开始绘制。使用RULESURF命令可以创建一个M行、N列的网格，M值是一个定值，等于2；N值可以根据所需的面的数量改变，这个值可由系统变量SURFTAB1来控制。默认状态下，SURFTAB1的值为6。调用直纹曲面网格命令的方式如下。

菜单：“绘图”→“建模”→“网格”→“直纹曲面”。

命令行：RULESURF。

3．创建平移曲面网格

创建平移曲面网格命令用于将一个对象沿特定的矢量方向平行移动，从而形成曲面网格。与RULESURF命令相似，系统变量SURFTAB1控制路径曲线的点数，SURFTAB1的默认值为6。平移曲面网格命令的调用方式如下。

菜单：“绘图”→“建模”→“网格”→“平移曲面”。

命令行：TABSURF。

4．创建旋转曲面网格

该命令通过绕指定的轴旋转对象来创建旋转曲面。旋转的对象叫作路径曲线，它可以是直线、圆弧、圆、平面多段线或三维多段线。生成旋转曲面的旋转轴可以是直线或平面多段线，且可以是任意长度和沿任意方向。该命令的调用方式如下。

菜单：“绘图”→“建模”→“网格”→“旋转曲面”。

命令行：REVSURF。

5. 创建边界曲面网格

边界曲面网格命令用于构造一个三维多边形网格，它由4条邻接边作为边界创建。该命令的调用方式如下。

菜单："绘图"→"建模"→"网格"→"边界曲面"。

命令行：EDGESURF。

在选择4条边界时，必须确保每一条多段线都选择它们的起点，如果一条边界选择了起点，另一条边界选择了终点，那么生成的曲面网格会出现交叉的现象。

21.2 绘制地面造型

一般说来，初步的地面造型由地面以及台阶构成，应该对这些对象分别绘制。

21.2.1 绘制地面

用一个大的板状长方体来表示附近范围内的所有地面，大小可以根据建筑物的尺寸来决定。具体步骤如下。

（1）打开AutoCAD 2020程序。单击"默认"选项卡"绘图"面板中的"矩形"按钮，绘制一个长为"100000"、宽为"50000"的矩形。单击"可视化"选项卡"命名视图"面板中的"东南等轴测"按钮，调整到东南等轴测视图，可以看到绘制结果如图21-1所示。

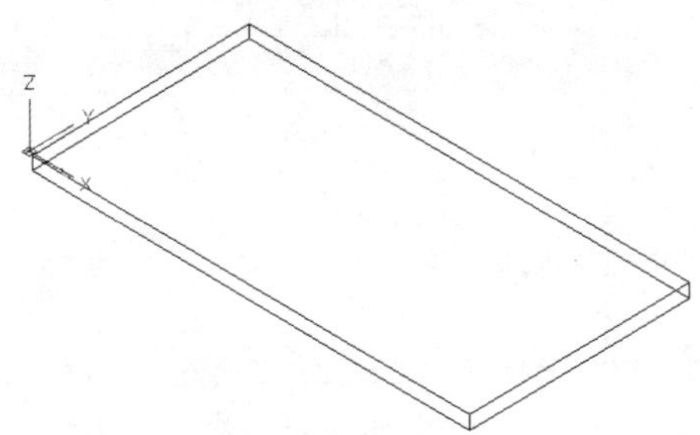

图 21-1 绘制地面结果

（2）单击"三维工具"选项卡"建模"面板中的"拉伸"按钮，选择刚才绘制的矩形作为拉伸对象并确认，输入拉伸长度为"-3000"，负号表示沿着轴向的反向拉伸，旋转角度为默认的0°。

（3）为了给地面和底层之间腾出"600"高的空间作为台阶空间，需要把地面往下移动"600"。单击"默认"选项卡"修改"面板中的"移动"按钮，选择地面实体作为移动对象，随便选择一点作为移动的基点，然后根据命令提示输入"@0，0，-600"，把地面实体往下移动"600"，这样就完成了地面的绘制。

21.2.2 绘制台阶

绘制台阶需要依靠底层平面图为主要依据，所以需要先打开底层建筑平面图。

（1）单击"标准"工具栏中的"打开"按钮，系统打开"选择文件"对话框，选择底层建筑平面图，单击"确定"按钮打开底层建筑平面图。

（2）单击"默认"选项卡"图层"面板中的"图层特性"按钮，系统打开"图层特性管理器"面板。关闭没有包含建筑实体对象的图层，只留下含有建筑实体的图层。操作方法是在"图层特性管理器"面板中单击要关闭图层的按钮，使之变为即可将其关闭。关闭完毕，单击"确定"按钮退出"图层特性管理器"面板。可以看到，关闭不含有建筑实体的图层后的底层建筑平面图如图21-2所示。

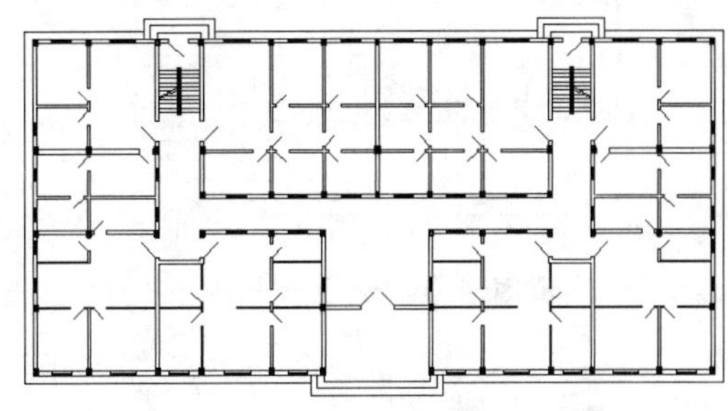

图 21-2 只留下建筑实体的底层建筑平面图

（3）选择菜单栏中的"编辑"→"带基点复制"命令，大致选择底层平面图的中心点作为基点，复制所有的底层建筑实体。然后返回到原来的三维图形文件中，选择菜单栏中的"编辑"→"粘贴"命令，选择地面中心为基点进行粘贴，结果如

图21-3所示。这样就把底层建筑平面图复制到了三维图形文件中。

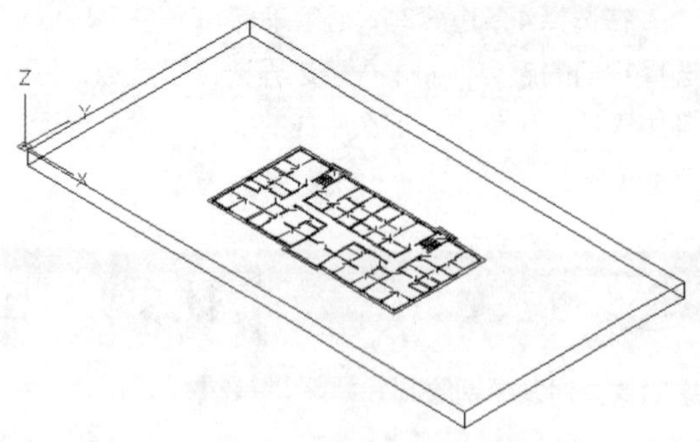

图 21-3 复制底层建筑平面图结果

（4）选择菜单栏中的“视图”→“三维视图”→“平面视图”→“世界UCS”命令，返回平面视图。由于这个楼是左右对称的，为了提高绘图效率，现在建模只需要绘制出建筑物的一半即可。单击“默认”选项卡“绘图”面板中的“直线”按钮，过平面图的正中间绘制一条直线。单击“默认”选项卡“修改”面板中的“修剪”按钮，修剪掉直线右边的部分，只保留左边的平面图，如图21-4所示。

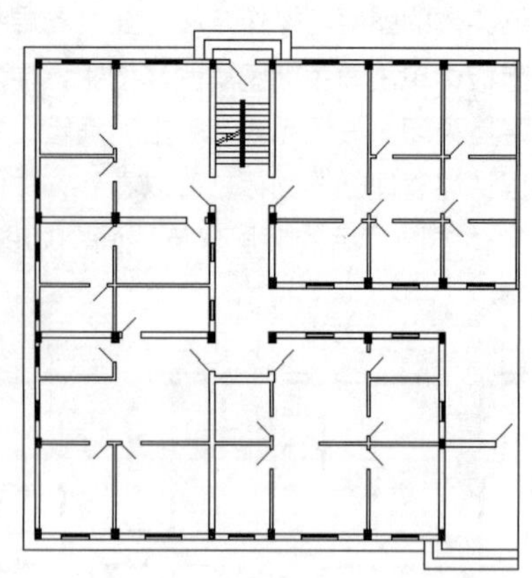

图 21-4 修剪掉一半的平面图

（5）单击“默认”选项卡“图层”面板中的“图层特性”按钮，系统打开“图层特性管理器”面板。在面板中单击“新建”按钮，新建“台阶”图层，一切设置采用默认设置，然后双击新建的图层，使当前图层是“台阶”图层。单击“确定”按钮退出“图层特性管理器”面板。单击“默认”选项卡“绘图”面板中的“多段线”按钮，沿着最上层的台阶和建筑物外墙线绘制多段线，得到最里边的多段线。绘制结果如图21-5所示，其中被选中的多段线就是绘制的多段线，注意最后一定要将绘制的多段线闭合。

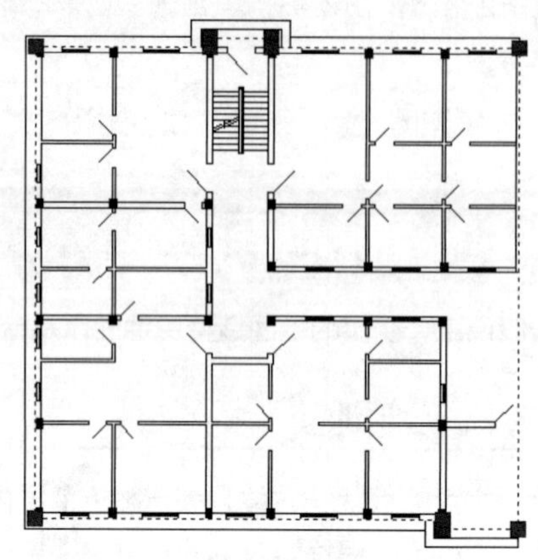

图 21-5 绘制的多段线

（6）单击“默认”选项卡“绘图”面板中的“多段线”按钮，沿着中间层的台阶和建筑物外墙线绘制多段线。重复“多段线”命令，沿着最底层的台阶和建筑物外墙线绘制多段线。绘制的这3条多段线如图21-6所示。

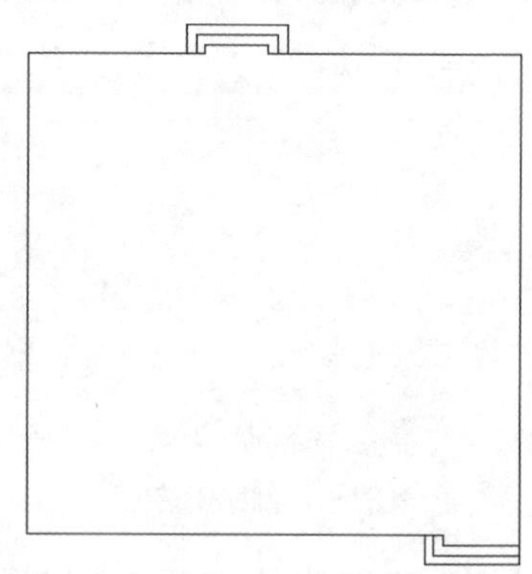

图 21-6 绘制的 3 条多段线的示意图

（7）单击“三维工具”选项卡“建模”面板中的“拉伸”按钮，选择最里边的多段线作为拉伸对象并确认，输入拉伸长度为“600”，旋转角度为默认的0°。重复“拉伸”命令，选择中间的多段线作为拉伸对象并确认，输入拉伸长度为“400”，旋转角度为默认的0°。重复“拉伸”命令，选择最外边的多段线作为拉伸对象并确认，输入拉伸长度为“200”，旋转角度为默认的0°。这样就得到了台阶实体，如图21-7所示。

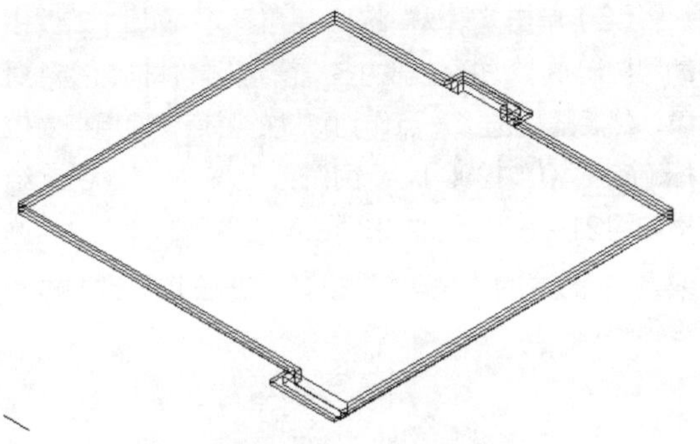

图 21-7 台阶实体绘制结果

（8）单击“三维工具”选项卡“实体编辑”面板中的“并集”按钮，然后选择这3个实体作为并集运算对象并确认。这3个实体合并成为一个台阶模型，结果如图21-8所示。

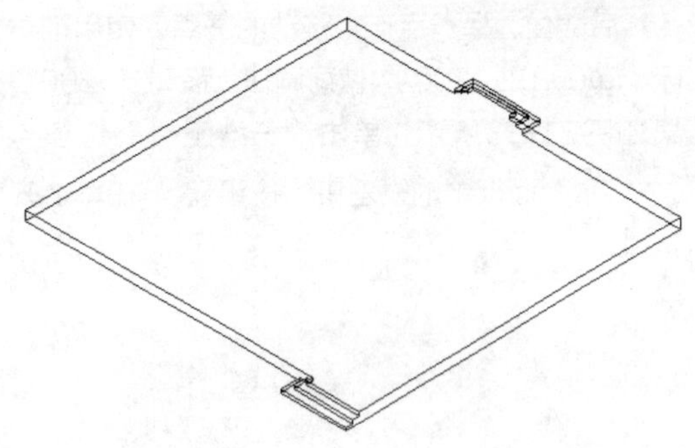

图 21-8 台阶三维模型

（9）单击“默认”选项卡“修改”面板中的“移动”按钮，选择台阶实体作为移动对象，随便选择一点作为移动的基点，然后根据命令提示输入“@0，0，-600”，把台阶实体往下移动“600”，这样就完成了台阶的绘制。

21.3 绘制底层结构造型

绘制完地面造型后，通常应绘制楼层的底层结构造型。

21.3.1 绘制外墙

（1）单击“默认”选项卡“绘图”面板中的“多段线”按钮，沿着外墙线绘制出墙体多段线，如图21-9所示。

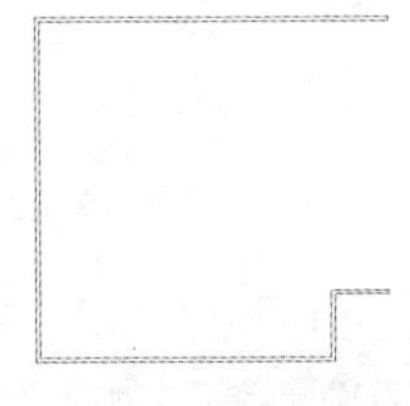

图 21-9 墙体多段线

（2）单击“三维工具”选项卡“建模”面板中的“拉伸”按钮，选择刚才绘制的多段线作为拉伸对象并确认，输入拉伸长度为“3500”，旋转角度为默认的0°。这样就得到墙体的三维模型，如图21-10所示。

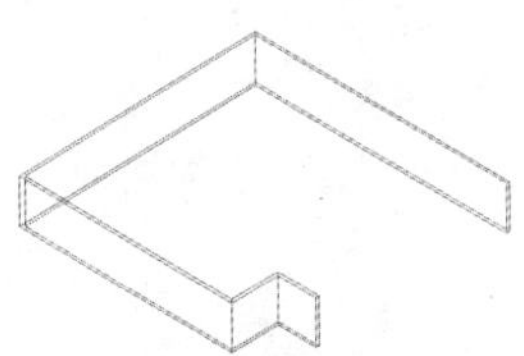

图 21-10 墙体三维模型

21.3.2 绘制窗户

（1）单击“默认”选项卡“绘图”面板中的“矩形”按钮，按照平面图的窗户的大小，在平面图上绘制出所有的宽为“1200”的窗户，也就是推拉窗。绘制结果如图21-11所示，其中被选中的矩形就是所绘制的6个窗户。

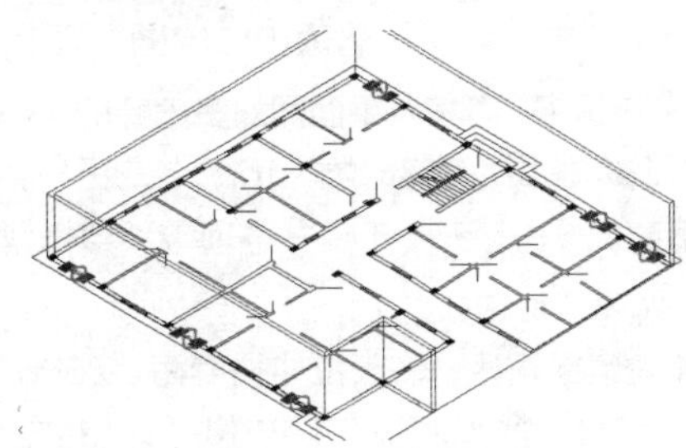

图 21-11 绘制矩形

（2）单击“三维工具”选项卡“建模”面板中的“拉伸”按钮，选择刚刚绘制的6个矩形作为拉伸对象并确认，输入拉伸长度为“1600”，旋转角度为默认的0°。这样就得到6个窗洞实体，如图21-12所示。

（3）单击“默认”选项卡“修改”面板中的“移动”按钮，选择全部的窗洞实体作为移动对象，然后随便选择一点作为移动的基点，使用相对坐标（@0，0，1200），使窗洞往上移动“1200”，结果如图21-13所示。单击“三维工具”选项卡“实体编辑”面板中的“差集”按钮，在墙上开出窗洞。

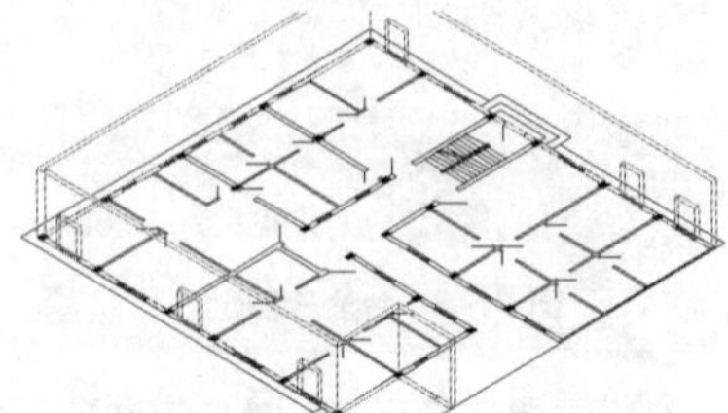

图 21-12 拉伸得到 6 个窗洞实体

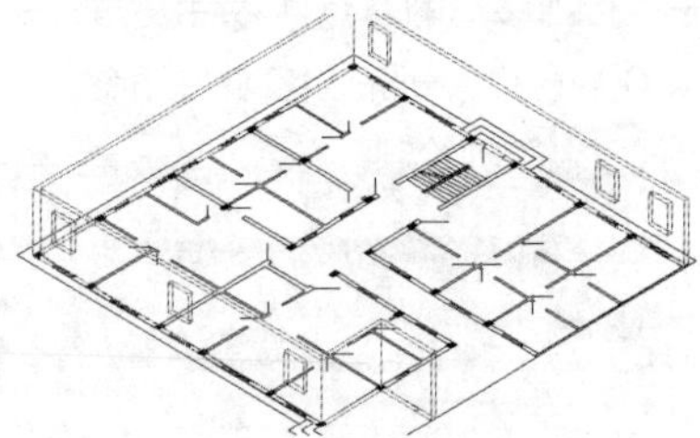

图 21-13 移动窗洞

（4）使用AutoCAD程序打开“源文件\第21章\1200宽窗户.dwg”的三维模型。选择菜单栏中的“编辑”→“带基点复制”命令，复制推拉窗，基点为左下角的窗体角点。返回到大楼图形文件中，选择菜单栏中的“编辑”→“粘贴”命令，把推拉窗粘贴到各个窗洞里。

（5）单击“默认”选项卡“绘图”面板中的“矩形”按钮，按照平面图的多扇窗的大小，在平面图上绘制出所有的宽为“1600”的窗户，也就是多扇窗。单击“三维工具”选项卡“建模”面板中的“拉伸”按钮，选择刚刚绘制的4个矩形作为拉伸对象并确认，输入拉伸长度为“2000”，旋转角度为默认的0°。这样就得到4个多扇窗窗洞实体，如图21-14所示。

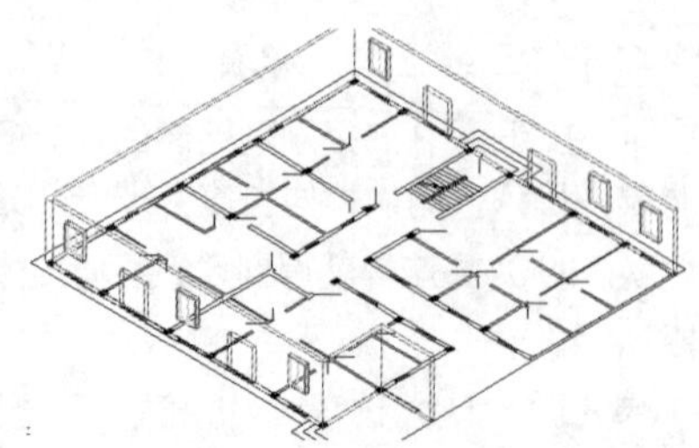

图 21-14 绘制多扇窗窗洞

（6）单击“默认”选项卡“修改”面板中的“移动”按钮，选择全部的多扇窗窗洞实体作为移动对象，然后随便选择一点作为移动的基点，使用相对坐标（@0，0，1200），使窗洞往上移动“1200”，结果如图21-15所示。单击“三维工具”选项卡“实体编辑”面板中的“差集”按钮，在墙上开出窗洞。

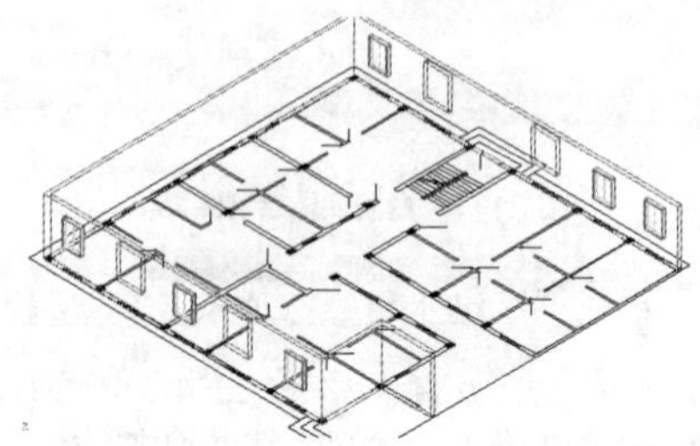

图 21-15 移动多扇窗窗洞实体

（7）打开“源文件\第20章\多扇窗.dwg”的三维模型。选择菜单栏中的“编辑”→“带基点复制”命令，复制多扇窗，基点为左下角的窗体角点。返回到大楼图形文件中，选择菜单栏中的“编辑”→“粘贴”命令，把多扇窗粘贴到各个窗洞里，粘贴结果如图21-16所示。

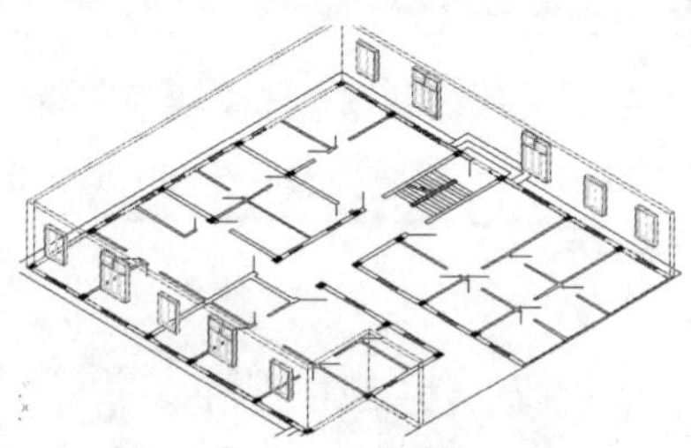

图 21-16 多扇窗绘制结果

（8）侧面的窗户宽“800”、高“1200”、中间的铝合金宽“700”、高“1100”，里边的玻璃宽“600”、高“1000”。绘制的结果如图21-17所示，着色的结果如图21-18所示。我们也可以打开“侧面窗”图块，采用同样的方法开出窗洞，把窗户复制到窗洞中即可。

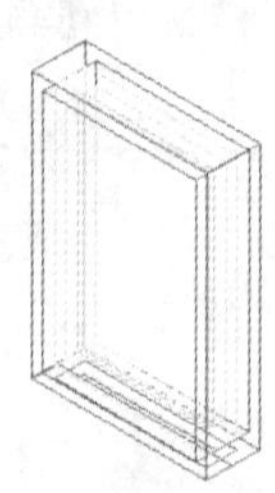

图 21-17 侧面窗户绘制结果

图21-18 侧面窗户着色结果

（9）单击“默认”选项卡“绘图”面板中的“矩形”按钮，按照平面图的侧面窗户的大小，在平面图上绘制出所有的宽为“800”的窗户。单击“三维工具”选项卡“建模”面板中的“拉伸”按钮，选择刚刚绘制的5个矩形作为拉伸对象并确认，输入拉伸长度为“1200”，旋转角度为默认的0°。这样就得到5个侧面窗户的窗洞实体，如图21-19所示。

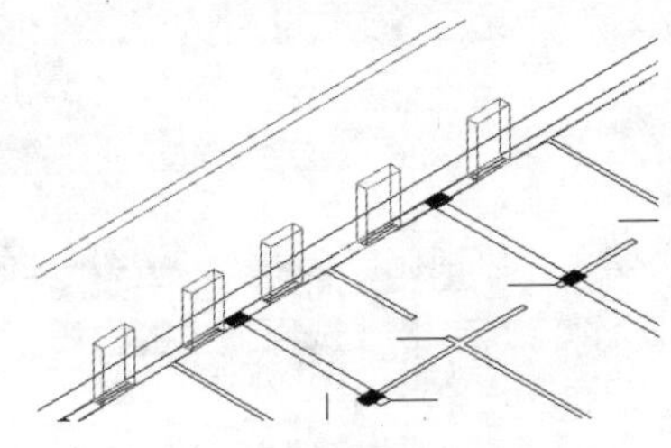

图21-19 绘制侧面窗洞

（10）单击“默认”选项卡“修改”面板中的“移动”按钮，选择全部的侧面窗洞实体作为移动对象，然后随便选择一点作为移动的基点，使用相对坐标（@0，0，1600），使窗洞往上移动“1600”，绘制结果如图21-20所示。单击“三维工具”选项卡“实体编辑”面板中的“差集”按钮，在墙上开出窗洞。

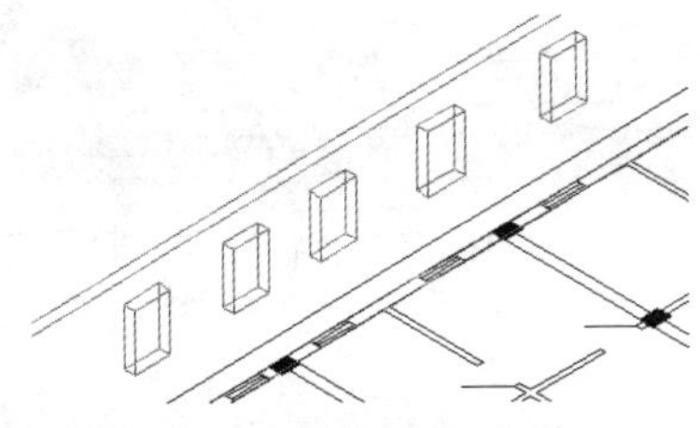

图21-20 侧面窗洞绘制结果

（11）打开“侧面窗”图块，按住Ctrl+C组合键将其复制到当前窗口中，单击“默认”选项卡“修改”面板中的“复制”按钮，把侧面窗户复制到侧面窗洞中。这样就得到底层的全部窗户，如图21-21所示。

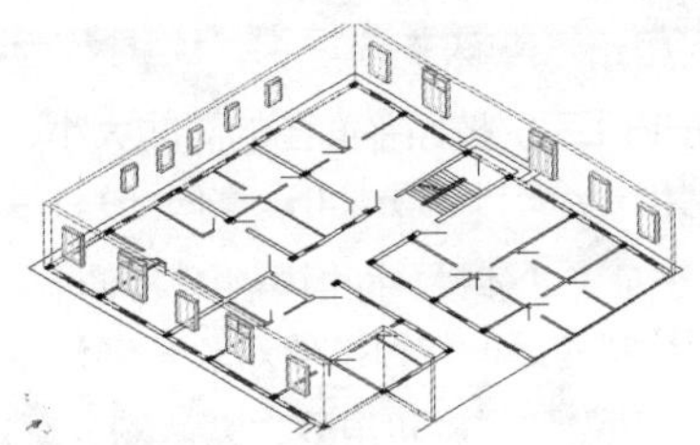

图21-21 底层的全部窗户绘制结果

21.3.3 绘制门

门的三维模型也直接使用前面绘制的门。先绘制背面出口的门，然后绘制正大门。绘制的具体步骤如下。

（1）单击“默认”选项卡“绘图”面板中的“矩形”按钮，按照平面图的门的大小，在平面图上绘制出一个“1200×240”的矩形。单击“三维工具”选项卡“建模”面板中的“拉伸”按钮，选择刚刚绘制的矩形作为拉伸对象并确认，输入拉伸长度为“2600”，旋转角度为默认的0°。这样就得到门洞实体，如图21-22所示。

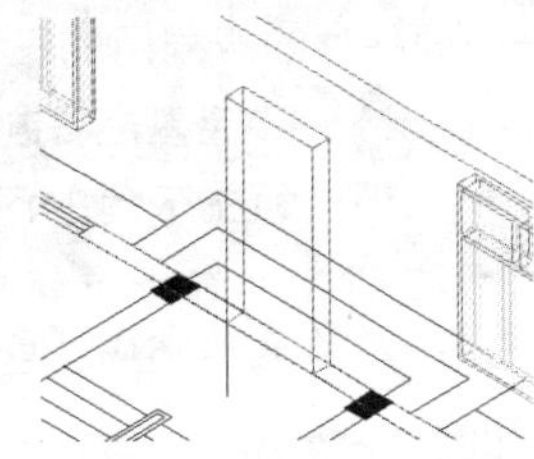

图21-22 门洞绘制结果

（2）单击“三维工具”选项卡“实体编辑”面板中的“差集”按钮，在墙上开出门洞。

（3）打开前面保存的单扇门的三维模型。选择菜单栏中的“编辑”→“带基点复制”命令，复制单扇门，基点为左下角的门边的中点。返回到大楼图形文件中，选择菜单栏中的“编辑”→“粘贴”命令，把单扇门粘贴到门洞里，粘贴结果如图21-23所示。

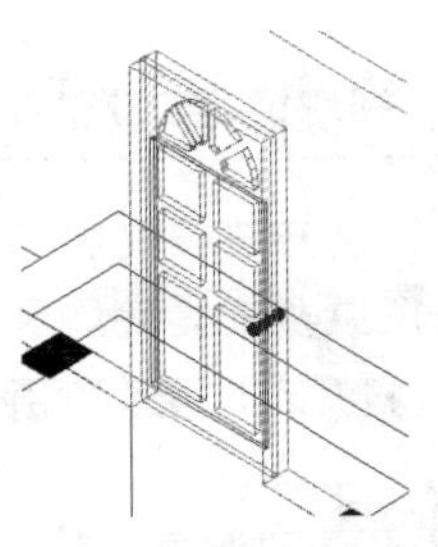

图21-23 背面出口的门

（4）单击“默认”选项卡“绘图”面板中的“矩形”按钮，按照平面图的门的大小，在平面图上绘制出一个“1000×240”的矩形。单击“三维工具”选项卡“建模”面板中的“拉伸”按钮，选择刚刚绘制的矩形作为拉伸对象并确认，输入拉伸长度为“2600”，旋转角度为默认的0°。这样就得到门洞实体，如图21-24所示。

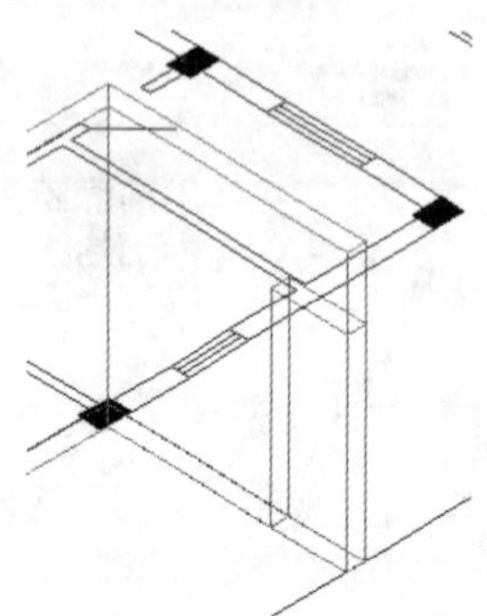

图21-24　正大门的门洞

（5）单击“三维工具”选项卡“实体编辑”面板中的“差集”按钮，在墙上开出门洞。

（6）打开前面保存的双扇门的三维模型。选择菜单栏中的“编辑”→“带基点复制”命令，复制多扇门的一半，基点为左下角的门边的中点。返回到大楼图形文件中，选择菜单栏中的“编辑”→“粘贴”命令，把双扇门的一半粘贴到门洞里，粘贴结果如图21-25所示。这样，两个门都绘制好了。

至此得到了底层全部的三维模型，其实体模型如图21-26所示。

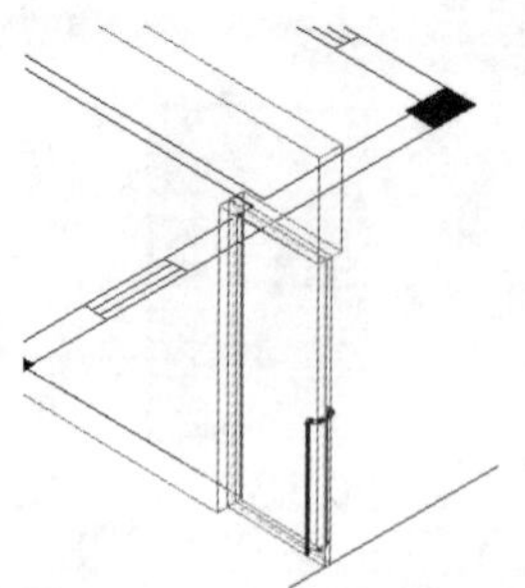

图21-25　正大门绘制结果

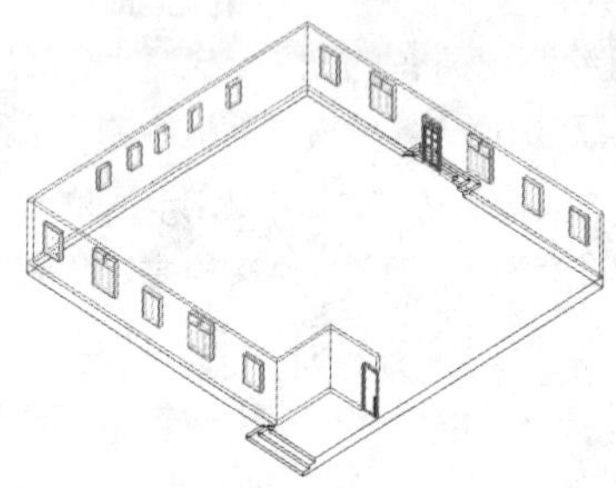

图21-26　底层三维模型

（7）单击“可视化”选项卡“渲染”面板中的“渲染到尺寸”按钮，选择适当的材质附着在实体上，效果如图21-27所示。

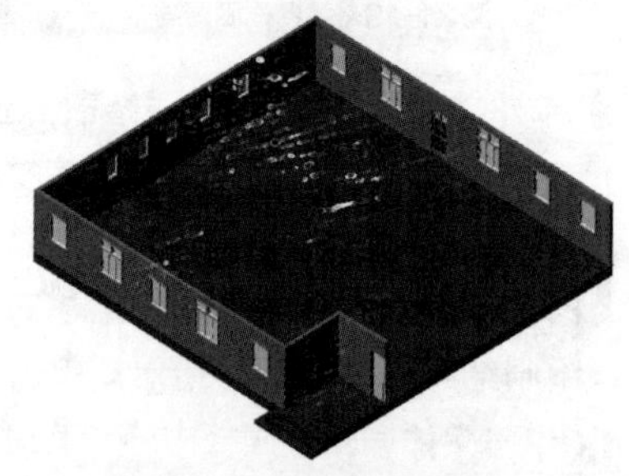

图21-27　底层三维建模图

21.4 绘制标准层造型

一般的楼房建筑结构，除底层与顶层外，中间层的结构完全相同，称为标准层，标准层一般只需要设计其中一个楼层，再复制出其他楼层即可。

21.4.1 复制标准层平面图

标准层的绘制方法跟底层的绘制方法差不多。绘制标准层需要依靠底层平面图为主要依据，所以需要先打开标准层建筑平面图。具体步骤如下。

（1）单击“标准”工具栏中的“打开”按钮，系统打开“选择文件”对话框，选择“标准层建筑平面图.dwg”，单击“确定”按钮打开标准层建筑平面图。单击“默认”选项卡“图层”面板中的“图层特性”按钮，系统弹出“图层特性管理器”面板。关闭没有包含建筑实体对象的图层，只留下含有建筑实体的图层。单击“确定”按钮退出

“图层特性管理器”面板。可以看到，关闭不含有建筑实体的图层后，标准层建筑平面图如图21-28所示。

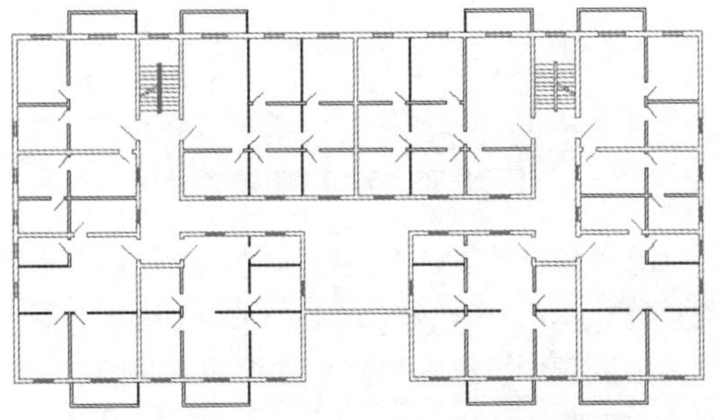

图 21-28 只留下建筑实体的标准层建筑平面图

（2）选择菜单栏中的“编辑”→“带基点复制”命令，复制所有的标准层建筑实体，基点为左下角的墙体角点。返回到原来的三维模型中，选择菜单栏中的“编辑”→“粘贴”命令，把标准层平面图粘贴到底层墙体上方相应位置处，粘贴结果如图21-29所示。就这样把标准层建筑平面图复制到了三维图形文件中。

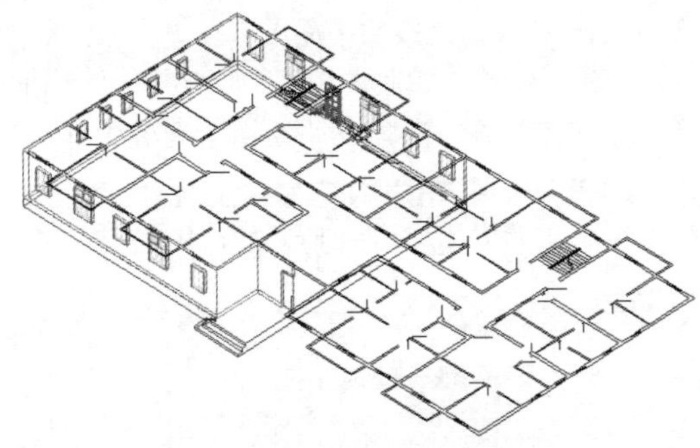

图 21-29 复制标准层建筑平面图

（3）由于底层的三维模型只有一半，所以现在这个标准层的三维模型也只需要绘制一半即可。单击“默认”选项卡“图层”面板中的“图层特性”按钮，系统打开“图层特性管理器”面板，关闭其他所有图层。单击“默认”选项卡“绘图”面板中的“构造线”按钮，绘制通过平面图中间的构造线。单击“默认”选项卡“修改”面板中的“修剪”按钮，按照构造线修剪掉右边的平面图，结果如图21-30所示。

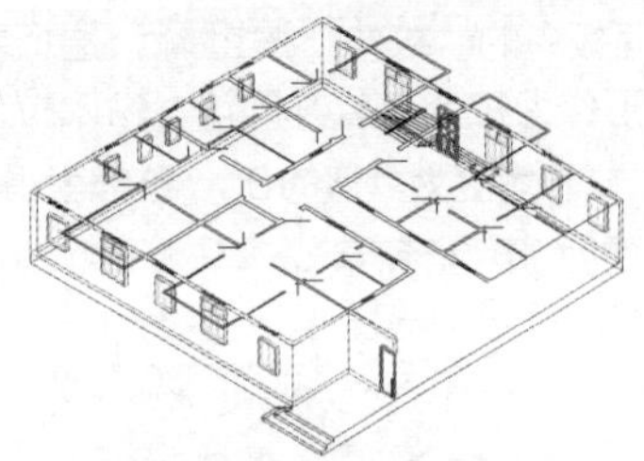

图 21-30 删除掉平面图的一半

21.4.2 绘制墙体

（1）单击“默认”选项卡“绘图”面板中的“多段线”按钮，按照底层三维模型的墙体的上部边缘绘制出墙的边线，如图21-31所示，得到的多段线作为标准层建模的依据。

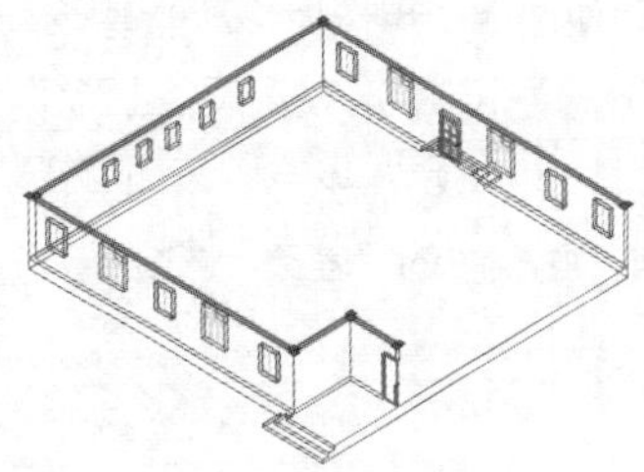

图 21-31 绘制多段线

（2）单击“三维工具”选项卡“建模”面板中的“拉伸”按钮，选择刚才绘制的封闭多段线作为拉伸对象并确认，输入拉伸长度为“3300”，旋转角度为默认的0°。这样就能得到标准层的外部墙体，结果如图21-32所示。

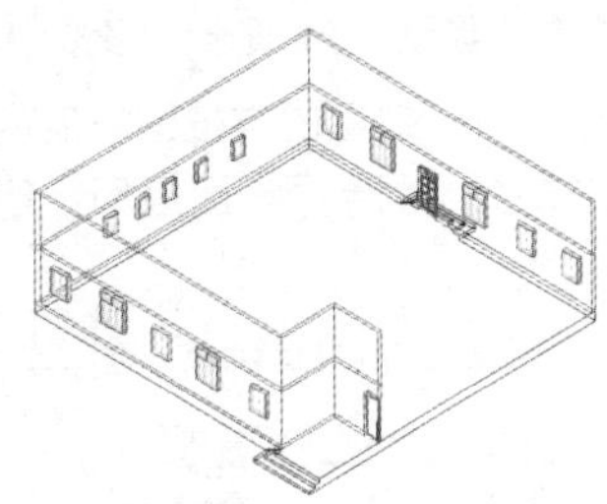

图 21-32 绘制标准层的外部墙体

21.4.3 绘制窗户

（1）跟绘制底层的窗户一样，现绘制推拉窗。单击“绘图”工具栏中的“矩形”按钮，按照平面图的窗户的大小，在平面图上绘制出所有的宽为“1200”的推拉窗。单击“三维工具”选项卡

“建模”面板中的“拉伸”按钮，选择刚刚绘制的7个矩形作为拉伸对象并确认，输入拉伸长度为“1600”，旋转角度为默认的0°。这样就得到7个窗洞实体，如图21-33所示。

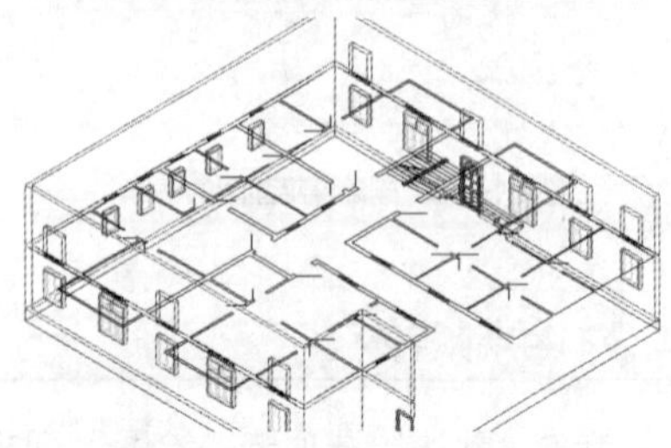

图21-33　绘制推拉窗窗洞实体

（2）单击“默认”选项卡“修改”面板中的“移动”按钮，选择全部的窗洞实体作为移动对象，然后随便选择一点作为移动的基点，使用相对坐标（@0，0，1000），使窗洞往上移动“1000”，结果如图21-34所示。单击“三维工具”选项卡“实体编辑”面板中的“差集”按钮，在墙上开出窗洞。

图21-34　绘制推拉窗窗洞

（3）单击“默认”选项卡“修改”面板中的“复制”按钮，把底层的推拉窗复制到标准层的窗洞中，这样得到标准层的推拉窗，如图21-35所示。

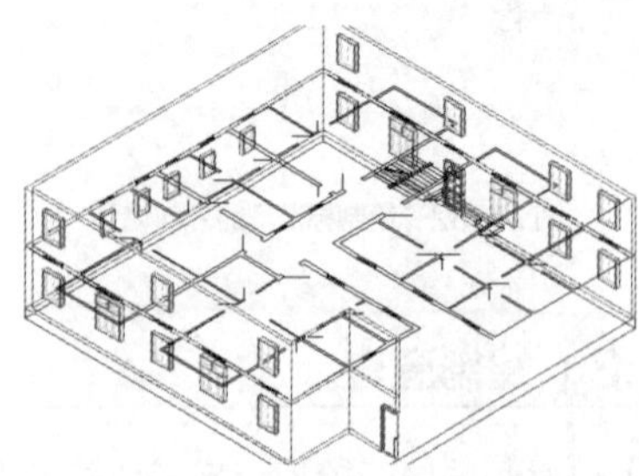

图21-35　标准层的推拉窗绘制结果

（4）采用同样的方法在侧面开出窗洞，结果如图21-36所示。

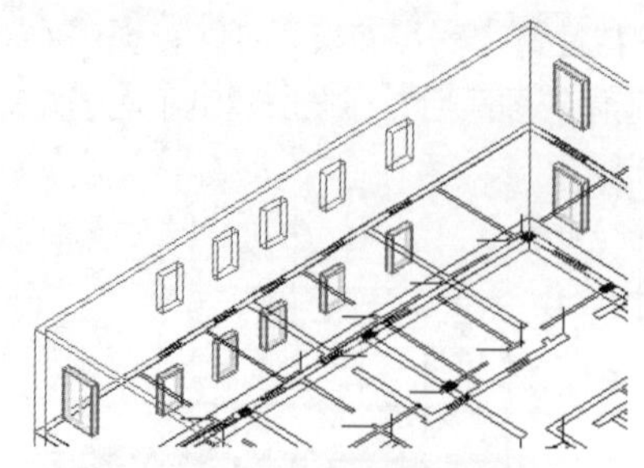

图21-36　标准层侧面的窗洞

（5）单击“默认”选项卡“修改”面板中的“复制”按钮，把底层的侧面窗户复制到标准层侧面的窗洞中，这样得到标准层的侧面窗户，如图21-37所示。

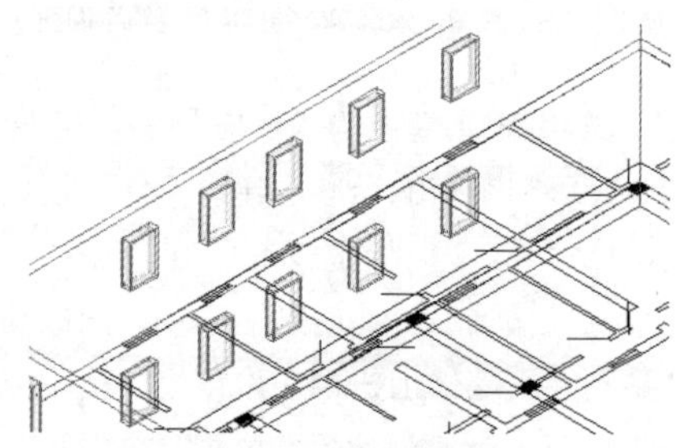

图21-37　侧面窗户绘制结果

（6）单击“默认”选项卡“绘图”面板中的“矩形”按钮，按照平面图，在每一个通往阳台的带窗门位置，绘制两个“800×240”的矩形。单击“三维工具”选项卡“建模”面板中的“拉伸”按钮，把左边的矩形往上拉伸“1800”，右边的矩形往上拉伸“3000”，结果如图21-38所示。

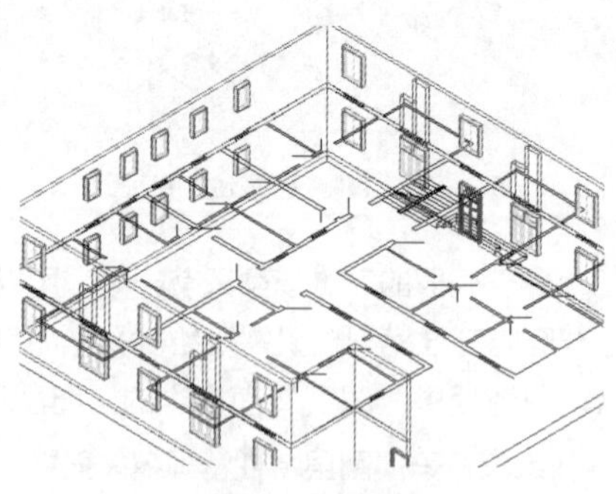

图21-38　拉伸矩形

（7）单击“默认”选项卡“修改”面板中的“移动”按钮，把左边的实体往上移动，使其和右边的实体顶部相齐，结果如图21-39所示。这样就得到带窗门的门窗洞实体。

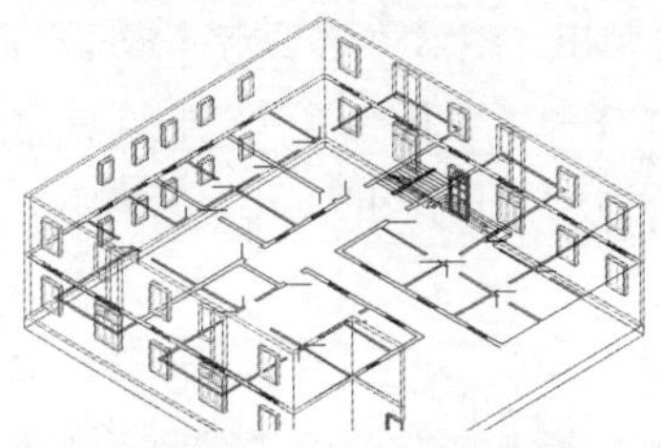

图 21-39 带窗门的门窗洞实体

（8）单击“三维工具”选项卡“实体编辑”面板中的“差集”按钮，选择标准层墙体作为母体，带窗门的门窗洞作为子体。完成差集运算就能得到开了门窗洞的墙体，如图21-40所示。

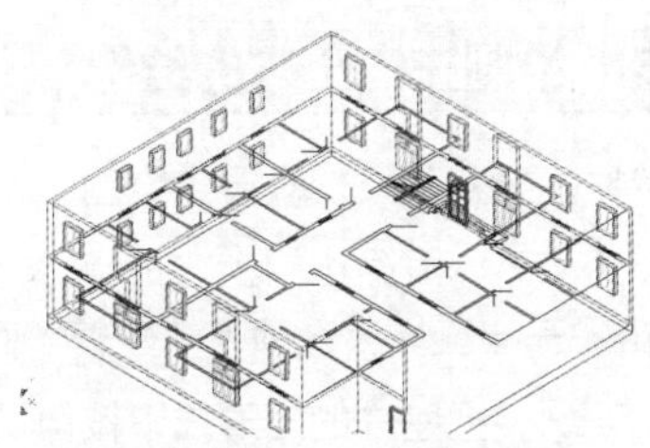

图 21-40 开了门窗洞的墙体

（9）单击“默认”选项卡“修改”面板中的“复制”按钮，复制一个原来的多扇窗，单击“三维工具”选项卡“实体编辑”面板中的“剖切”按钮，把窗户的下部分剖切掉，得到图21-41所示的两个小窗体。单击“默认”选项卡“修改”面板中的“移动”按钮，把这两个小窗体移到带窗门的上部，作为摇窗。

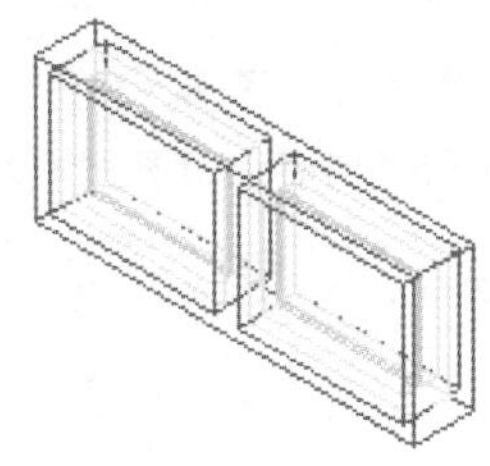

图 21-41 两个小窗体

（10）单击“默认”选项卡“修改”面板中的“复制”按钮，复制两个小窗体到空白处，单击“三维工具”选项卡“实体编辑”面板中的“剖切”按钮，把一半剖切掉，得到一个小窗体，如图21-42所示。重复“复制”命令，复制这样的两个小窗体到带窗门的窗台上，这样就得到了带窗门的窗户。

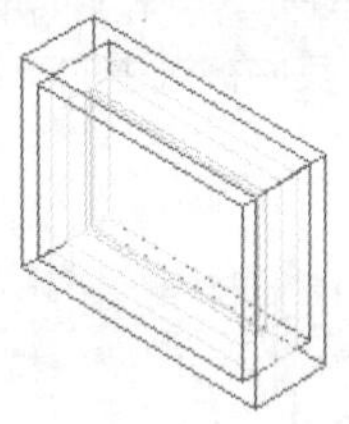

图 21-42 一个小窗体

（11）参照前面的做法，打开“带窗门”图块，门体如图21-43所示。单击“默认”选项卡“修改”面板中的“移动”按钮，把门体移动到门洞相应位置上，这样就得到了一个完整的带窗门。

图 21-43 带窗门的门体

（12）单击“默认”选项卡“修改”面板中的“复制”按钮，把带窗门复制到其他位置，这样就得到了全部的带窗门，如图21-44所示。

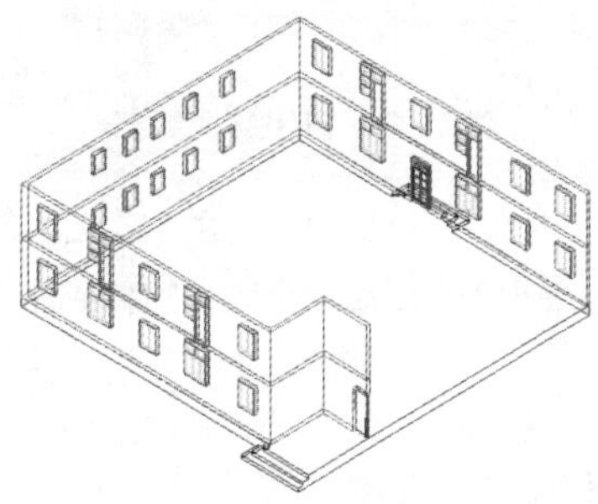

图 21-44 带窗门的绘制结果

21.4.4 绘制阳台

（1）单击“默认”选项卡“绘图”面板中的“多段线”按钮，按照阳台的平面图绘制闭合的多段线。单击“三维工具”选项卡“建模”面板中的“拉伸”按钮，选择刚才绘制的多段线作为拉伸对象并确认，输入拉伸长度为“1200”，旋转角度为默认的0°，这样就能得到标准层的阳台护栏，如图21-45所示。其中被选中的实体就是阳台护栏实体。

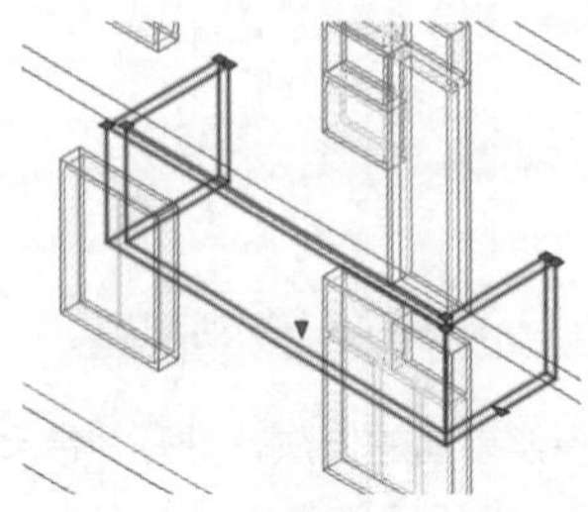

图21-45 阳台护栏绘制结果

（2）单击“默认”选项卡“绘图”面板中的“矩形”按钮，按照平面图阳台的大小绘制一个矩形。单击“三维工具”选项卡“建模”面板中的“拉伸”按钮，选择刚才绘制的矩形作为拉伸对象并确认，输入拉伸长度为“-100”，旋转角度为默认的0°即可，这样就能得到标准层的阳台楼板实体，如图21-46所示。其中被选中的实体就是阳台楼板实体。

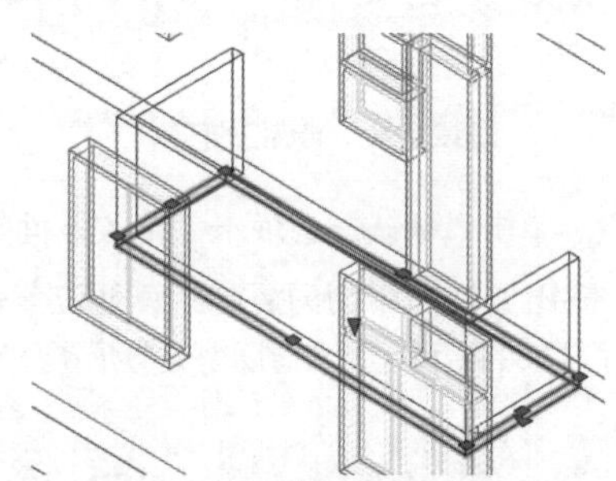

图21-46 阳台楼板绘制结果

（3）单击“默认”选项卡“修改”面板中的“复制”按钮，复制一个阳台实体到空白处。单击“默认”选项卡“修改”面板中的“旋转”按钮，把阳台实体旋转180°，就得到对面的阳台实体，如图21-47所示。

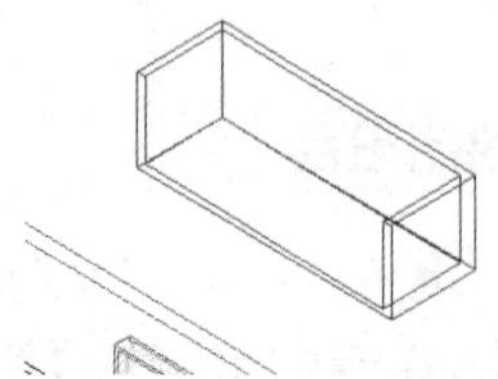

图21-47 对面的阳台实体

（4）单击“默认”选项卡“修改”面板中的“复制”按钮，把阳台实体复制到其他位置，总共需要4个阳台实体，如图21-48所示。

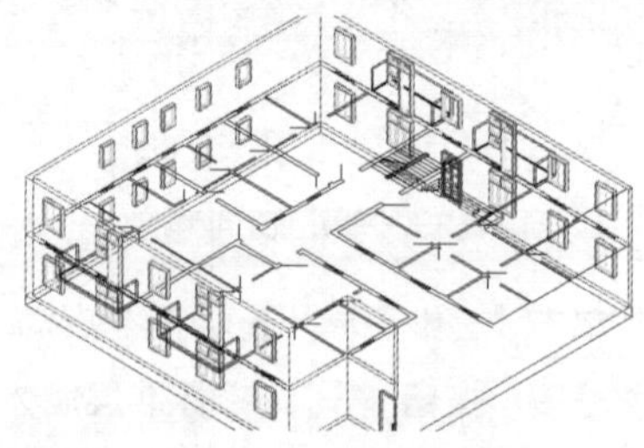

图21-48 阳台绘制结果

21.4.5 绘制正门上方的结构

（1）单击“默认”选项卡“绘图”面板中的“矩形”按钮，根据正门上方的墙体绘制一个矩形。单击“三维工具”选项卡“建模”面板中的“拉伸”按钮，把刚才的矩形往下拉伸“2100”，结果如图21-49所示。

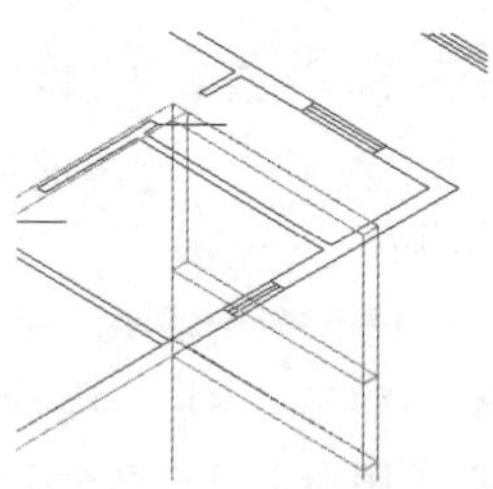

图21-49 拉伸矩形

（2）单击“三维工具”选项卡“实体编辑”面板中的“差集”按钮，选择标准层墙体作为母体、刚才绘制的实体作为子体，在正门上方得到一个高为“1200”的护栏墙，如图21-50所示。

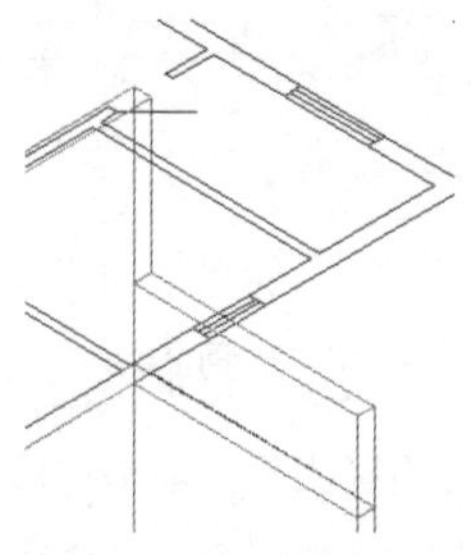

图21-50 护栏墙绘制结果

由于护栏墙的出现，墙后的楼体显现了出来，所以需要进行建模。

（3）单击“默认”选项卡“绘图”面板中的

"多段线"按钮，按照平面图绘制图21-51所示的两条封闭多段线。

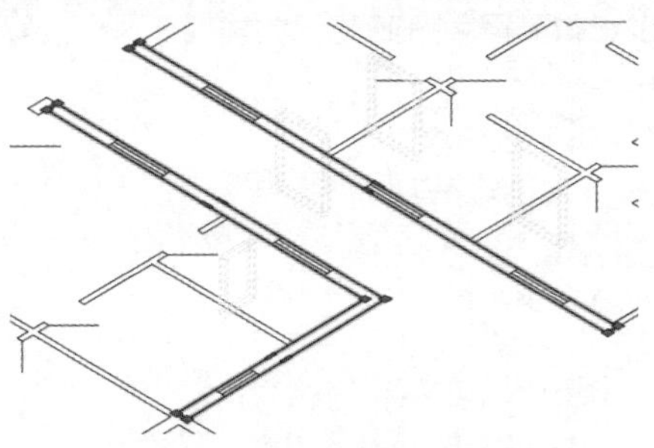

图 21-51 绘制两条封闭多段线

（4）单击"三维工具"选项卡"建模"面板中的"拉伸"按钮，拉伸刚才的多段线得到墙体。然后采用跟前面同样的方法得到窗洞实体，如图21-52所示。

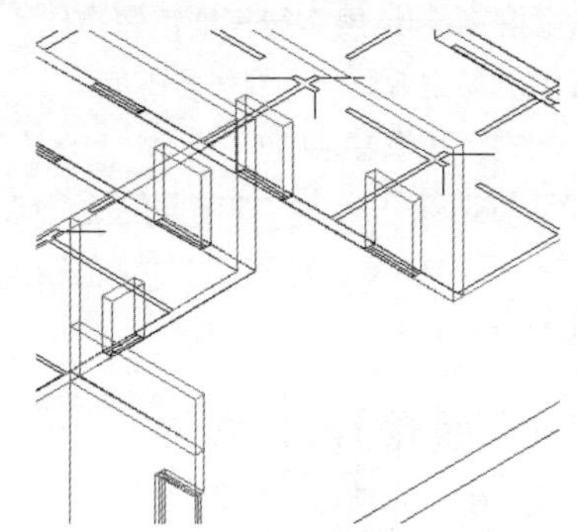

图 21-52 绘制窗洞实体

（5）往上移动窗洞实体，进行差集运算得到窗洞，最后复制窗户到窗洞中，结果如图21-53所示。

（6）单击"默认"选项卡"绘图"面板中的"多段线"按钮，按照平面图绘制图21-54所示的封闭多段线作为楼板多段线。

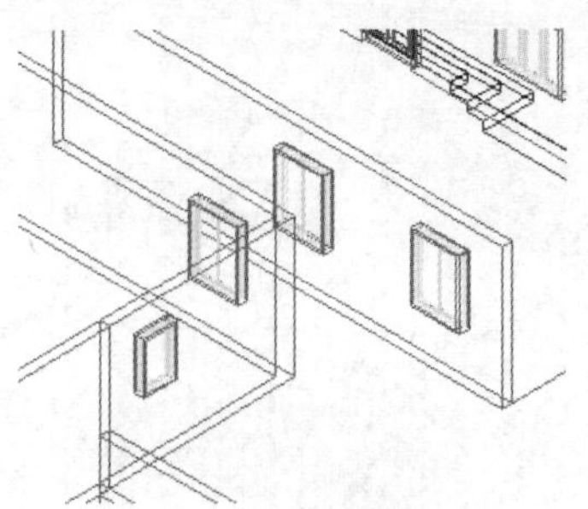

图 21-53 复制窗户结果

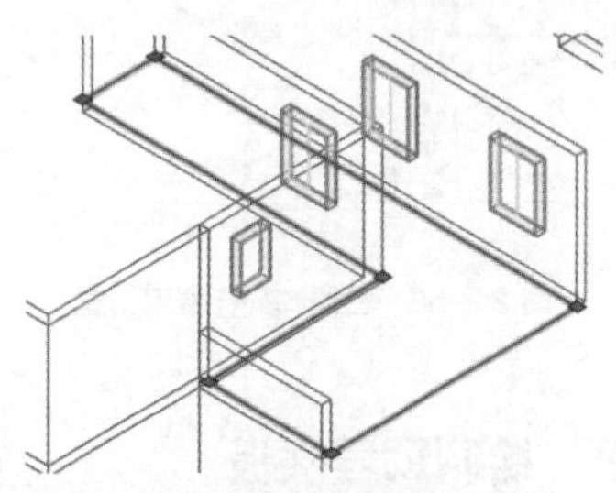

图 21-54 绘制楼板多段线

（7）单击"三维工具"选项卡"建模"面板中的"拉伸"按钮，把楼板多段线往下拉伸"100"得到楼板。就这样，标准层全部绘制完毕，如图21-55所示。

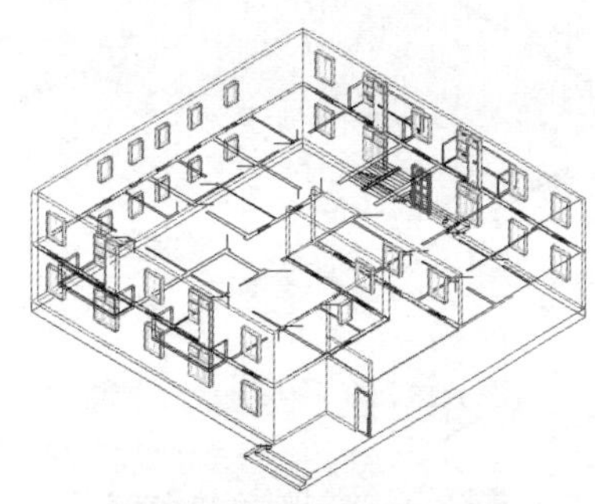

图 21-55 标准层绘制结果

21.5 大楼整体造型

可以根据标准层造型结构，通过一定的三维编辑方法，构造整个楼房建筑的三维模型。

21.5.1 三维阵列标准层

（1）在命令行输入"Group"命令，新建名称为"999"的编组，选择标准层的全部实体作为编组对象，将其组合成一个整体。

（2）选择菜单栏中的"修改"→"三维操作"→"三维阵列"命令，选择刚才的编组作为阵列对象，然后根据命令提示把阵列行数和列数都指定为"1"，阵列的层数指定为"7"，阵列间距指定为"3300"。这样就完成了三维阵列操作，阵列的结果如图21-56所示。

提示 对象编组的优点是将某一具有共同属性的对象建立一个集合，在操作时进行整体选择，既方便又可避免选漏。

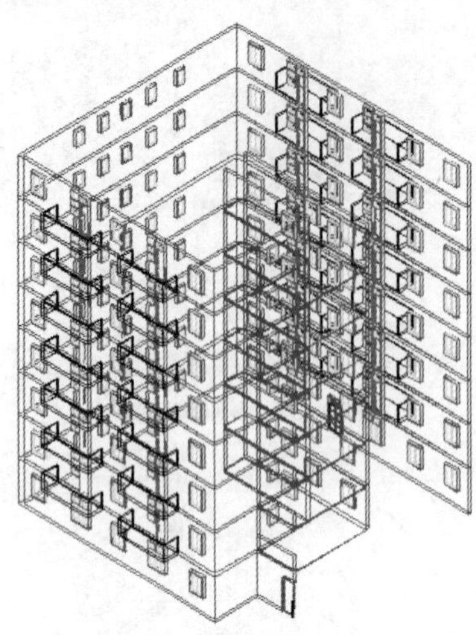

图 21-56　三维阵列标准层结果

21.5.2 绘制顶层楼板

（1）单击“默认”选项卡“绘图”面板中的“多段线”按钮，绕着顶层的外墙一圈绘制多段线，如图21-57所示。

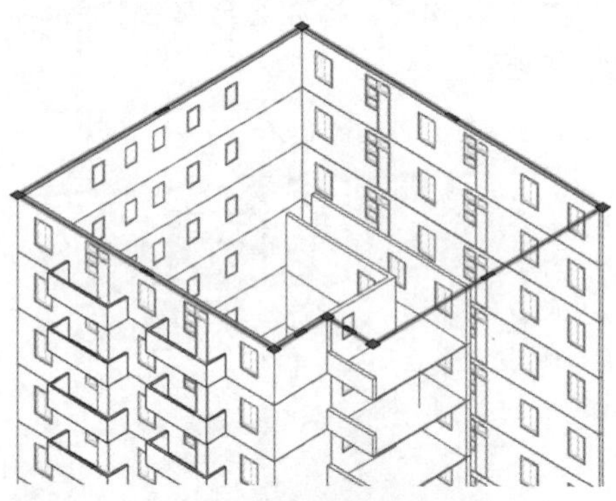

图 21-57　绘制顶层外墙多段线

（2）单击“默认”选项卡“修改”面板中的“偏移”按钮，让顶层外墙多段线往外偏移“480”，得到顶层楼板多段线，绘制结果如图21-58所示。

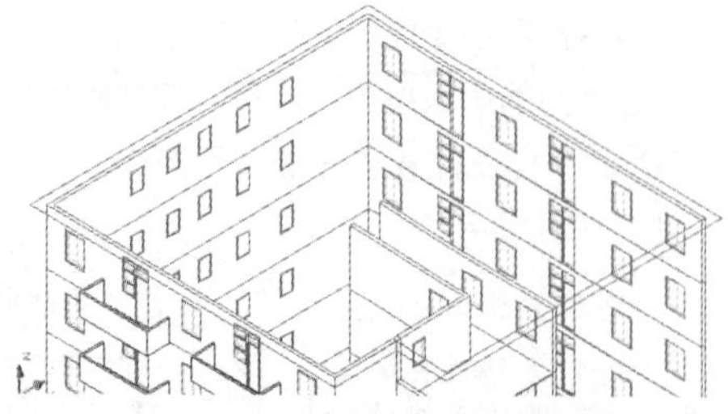

图 21-58　绘制顶层楼板多段线

（3）单击“三维工具”选项卡“建模”面板中的“拉伸”按钮，把顶层楼板多段线往下拉伸“100”，得到图21-59所示的楼板。这样顶层楼板就绘制好了。

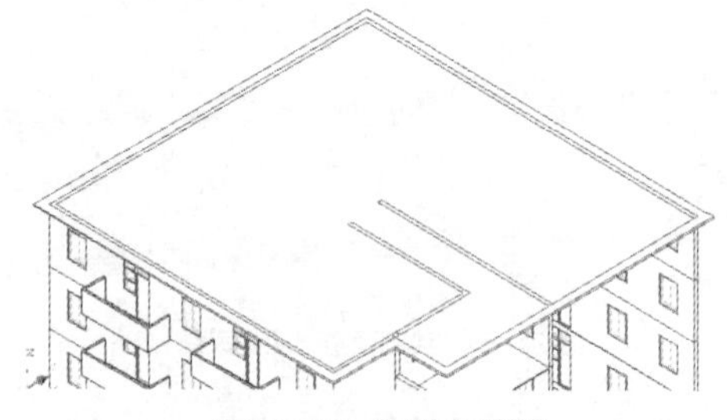

图 21-59　绘制顶层楼板

21.5.3 最终绘制效果

对前面的绘制结果实行三维镜像操作，得到这个三维模型的最终效果图。具体步骤如下。

（1）选择菜单栏中的“修改”→“三维操作”→“三维镜像”命令，对前面的绘制结果以三点模式进行三维镜像，得到的全体的三维模型如图21-60所示。

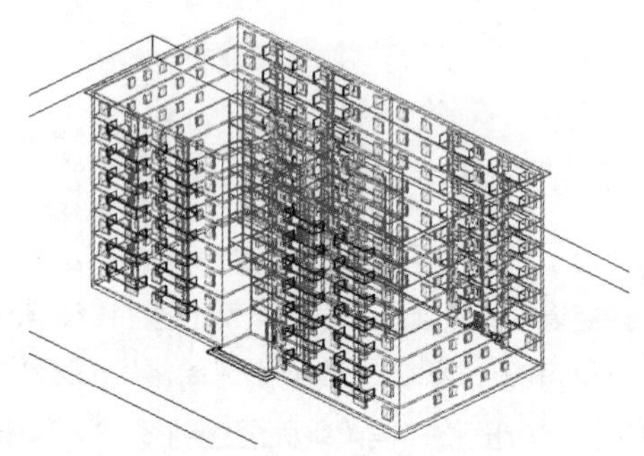

图 21-60　大楼最终效果

（2）单击“可视化”选项卡“命名视图”面板中的“前视”按钮，得到图21-61所示的正立面图。

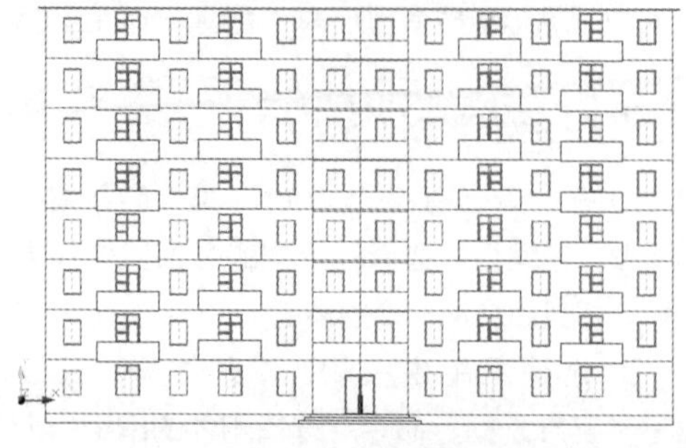

图 21-61　正立面图

> **提示** 通过这两章的实例可以看出，绘制三维视图，尤其是建筑的外观效果图时，不需要对内部结构进行过于详细地表达，只需要将造型的外部结构和形状表达清楚就行。

（3）单击“可视化”选项卡“命名视图”面板中的“后视”按钮，得到图21-62所示的背立面图。

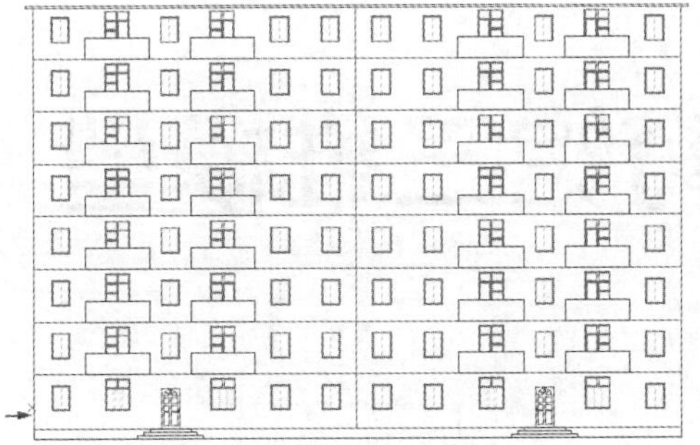

图 21-62　背立面图

（4）单击“可视化”选项卡“命名视图”面板中的“左视”按钮，得到图21-63所示的侧立面图。

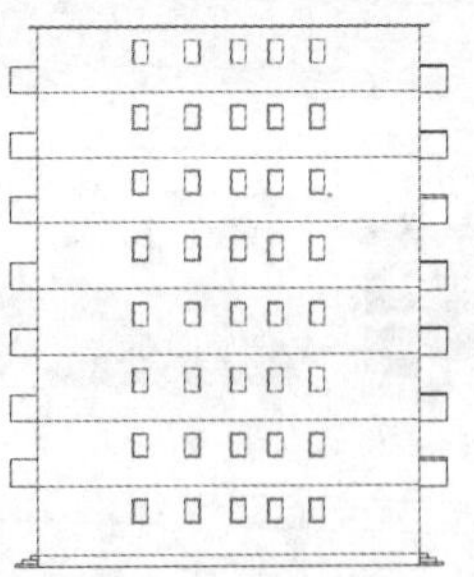

图 21-63　侧立面图

（5）可以给建筑图设置“前视”“后视”“侧视”和“东南等轴测”4个视图，消隐后的效果如图21-64所示。把正立面图、背立面图、侧立面图和三维效果图放在一个屏幕中显示，可以便于参考和操作。

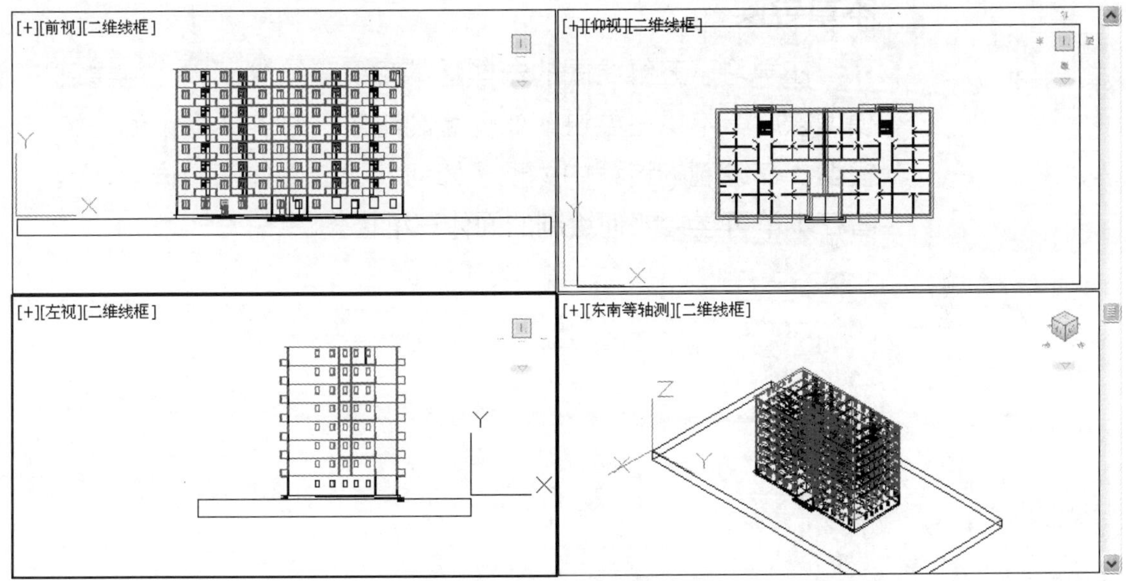

图 21-64　大楼三维模型的多视图效果

第22章

体育馆三维模型

本章导读

在学习了三维绘图的一些基本知识和绘制简单三维建筑模型以后，本章主要讲解如何绘制比较复杂的体育馆的三维模型。在绘制的过程中体现了如何创建曲面体三维模型，读者在本章可学会如何绘制曲面体三维模型。

22.1 绘制地面三维模型

这里的地面模型包括地面和台阶。

22.1.1 绘制地面

地面取长100m、宽50m，用一个高为3m的长方体来表示。绘制步骤如下。

（1）打开AutoCAD 2020程序。

（2）单击“默认”选项卡“图层”面板中的“图层特性”按钮，系统打开“图层特性管理器”面板。在面板中单击“新建”按钮，新建“地面”图层，一切设置采用默认设置。然后双击新建的图层，使当前图层是“地面”图层。单击“确定”按钮退出“图层特性管理器”面板。单击“默认”选项卡“绘图”面板中的“矩形”按钮，绘制一个长为“100000”、宽为“50000”的矩形。将视图转换为东南等轴测视图。

（3）单击“三维工具”选项卡“建模”面板中的“拉伸”按钮，把刚才绘制的矩形往下拉伸“3000”，得到地面实体，如图22-1所示。

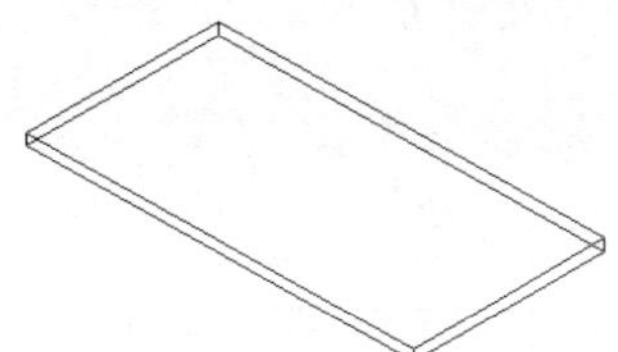

图 22-1　地面模型

（4）单击“默认”选项卡“修改”面板中的“移动”按钮，选择地面实体作为移动对象，随便选择一点作为移动基点，然后使用坐标（@0，0，-600），将其移动。

22.1.2 绘制正门入口处台阶

台阶的绘制比较复杂，主要有正面、背面的一层入口处的台阶和两侧的从一层通到二层的台阶。绘制的具体步骤如下。

（1）单击“默认”选项卡“图层”面板中的“图层特性”按钮，系统打开“图层特性管理器”面板。在面板中单击“新建”按钮，新建“辅助线”图层，一切设置采用默认设置。双击新建的图层，使当前图层是“辅助线”图层。单击“确定”按钮退出“图层特性管理器”面板。

（2）将视图切换到东南等轴测视图。单击“默认”选项卡“绘图”面板中的“构造线”按钮，绘制一条水平构造线和一条竖直构造线，得到一个“十”字构造线网。单击“默认”选项卡“修改”面板中的“偏移”按钮，让水平构造线往上下两边偏移“9000”，让竖直构造线往左右两边偏移“18000”，形成4个网格，每个网格的规格为“18000×9000”，如图22-2所示。以后绘制的椭圆形体育馆实体主要都是在这4个网格里边。

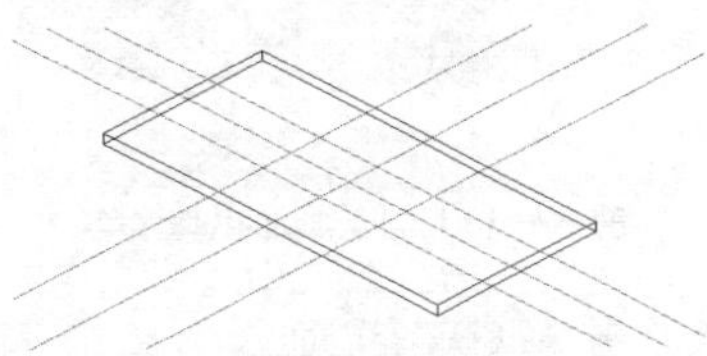

图 22-2　辅助线网示意图

（3）单击“默认”选项卡“图层”面板中的“图层特性”按钮，系统打开“图层特性管理器”面板，关闭“地面”图层。在“图层特性管理器”面板中单击“新建”按钮，新建“台阶”图层，一切设置采用默认设置。然后双击新建的图层，使当前图层是“台阶”图层。单击“确定”按钮退出“图层特性管理器”面板。

（4）单击“默认”选项卡“绘图”面板中的“椭圆”按钮，根据辅助线网绘制长轴为“36000”、短轴为“18000”的椭圆。单击“默认”选项卡“修改”面板中的“偏移”按钮，让椭圆往里偏移“240”（墙厚），往外偏移“3000”（走道宽）。最外层的椭圆往里偏移“120”，得到布置护栏的中心线，绘制结果如图22-3所示。

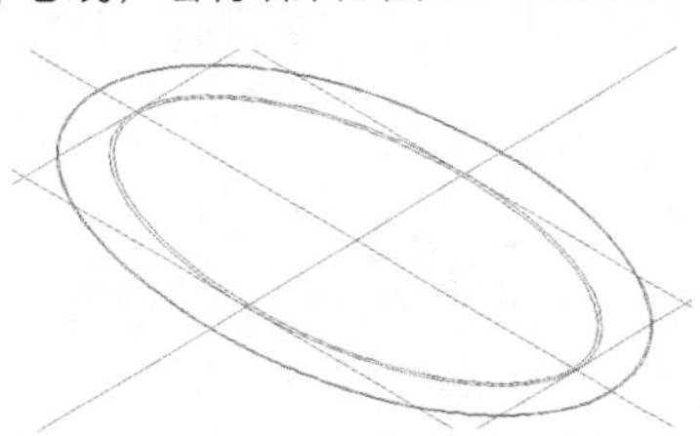

图 22-3　绘制椭圆结果

（5）单击“默认”选项卡“绘图”面板中的“构造线”按钮，绘制正门入口处的墙轴线，定出墙轴线后就可以定出台阶轴线。最外边的墙轴线距离椭圆中心为“15000”，侧墙的轴线间距为“4000”。单击“默认”选项卡“修改”面板中的“偏移”按钮⊆，将椭圆中心轴线往下偏移“15000”，得到最外边的墙轴线。再将竖直中心轴线往两边偏移“2000”得到两条墙轴线，然后将这两条墙轴线往外偏移“4000”得到最外边的墙的轴线。重复“偏移”命令，所有的墙的轴线往两边各偏移“120”，形成墙的辅助线网格，绘制结果如图22-4所示。

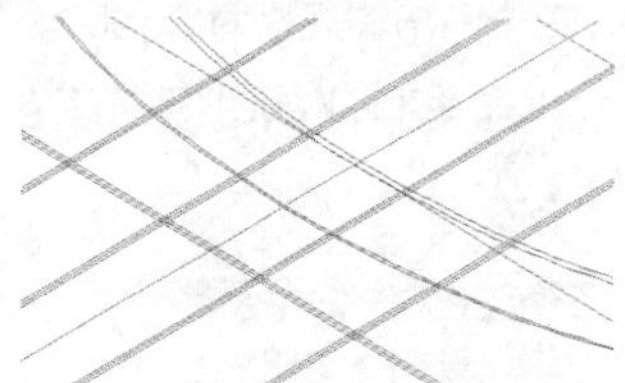

图22-4 绘制墙体辅助线网结果

（6）单击“默认”选项卡“修改”面板中的“偏移”按钮⊆，将最外边的墙边线连续3次往外偏移“400”，得到正门入口处的台阶辅助线网，结果如图22-5所示。

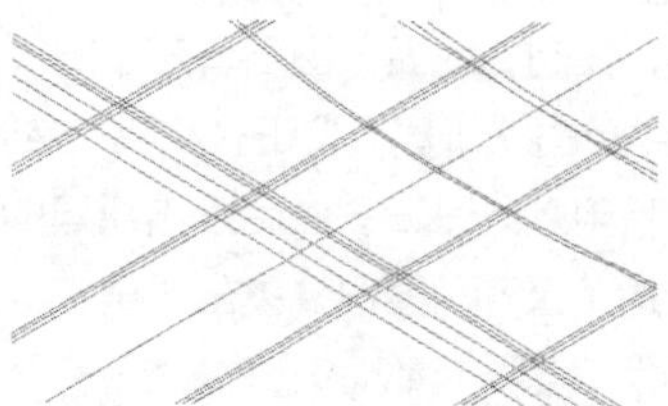

图22-5 绘制正门入口处台阶辅助线网

（7）单击“默认”选项卡“绘图”面板中的“矩形”按钮，根据辅助线网绘制矩形拉伸面，结果如图22-6所示。单击“三维工具”选项卡“建模”面板中的“拉伸”按钮，将最下面的矩形往上拉伸“200”，将中间矩形往上拉伸“400”，将最上边矩形往上拉伸“600”，得到台阶实体。

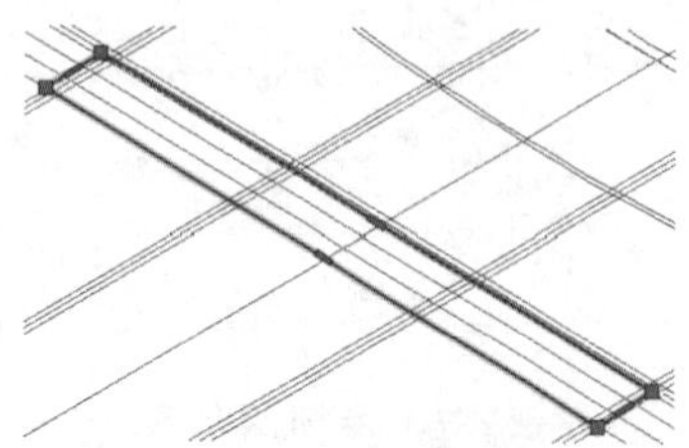

图22-6 绘制矩形拉伸面

（8）单击“三维工具”选项卡“实体编辑”面板中的“并集”按钮，选择3个台阶实体作为并集运算对象，把3个台阶实体并在一起，得到一个台阶实体，结果如图22-7所示。

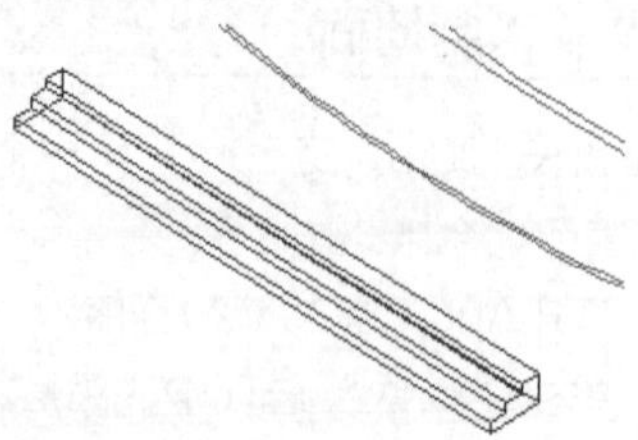

图22-7 并集运算

22.1.3 绘制侧面台阶

（1）侧面台阶宽度为“4000”。单击“默认”选项卡“修改”面板中的“偏移”按钮⊆，让椭圆的水平中心轴线往两边分别偏移“2000”。单击“默认”选项卡“绘图”面板中的“直线”按钮，连接这两根轴线和栏杆布置线的交点，得到楼梯的一根踏步线，如图22-8所示。

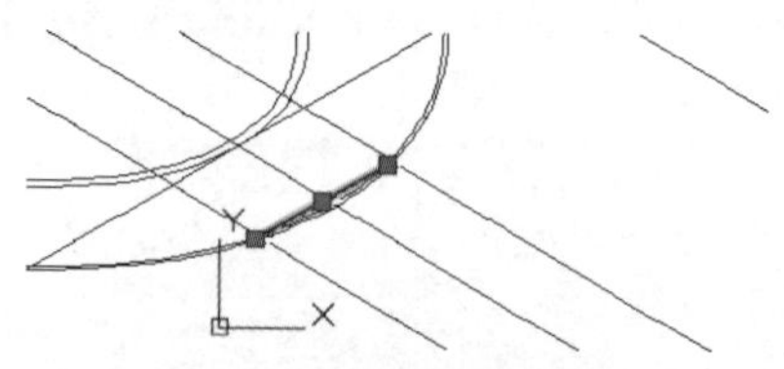

图22-8 侧面台阶的踏步线

（2）对踏步线采取阵列命令即可得到楼梯踏步投影图。楼层高为“4800”，每一踏步高为“200”，共有24个，所以需要绘制25条踏步线。单击“默认”选项卡“修改”面板中的“矩形阵列”按钮，选择踏步线作为阵列对象，行数为“1”、列数为“25”、列偏移为“400”，阵列结果如图22-9所示。

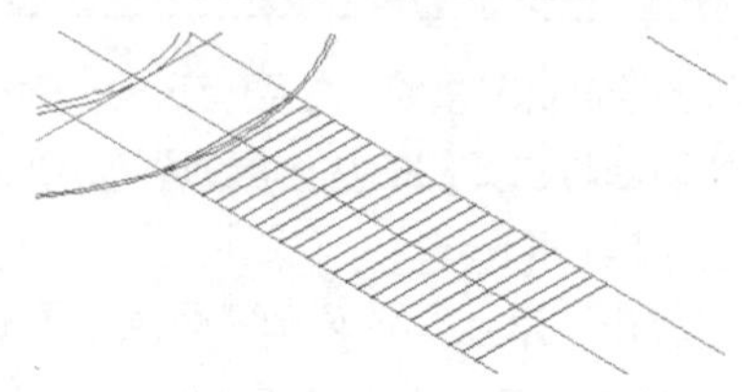

图22-9 阵列结果

（3）单击“默认”选项卡“绘图”面板中的“矩形”按钮，根据踏步大小绘制一个矩形，结果如图22-10所示。单击“默认”选项卡“修改”面板中的“复制”按钮，让所有的踏步都有一个矩形拉伸面。

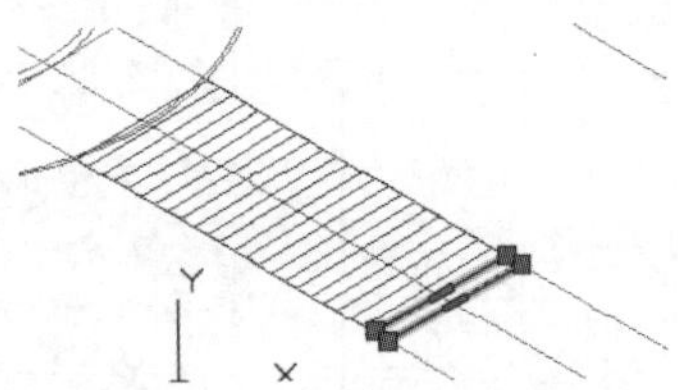

图22-10 侧面台阶的矩形拉伸面

（4）单击“三维工具”选项卡“建模”面板中的“拉伸”按钮，拉伸矩形得到台阶实体。每一步台阶高为“200”，所以拉伸的高度最低为“200”，其次是“400”，然后是“600”，最高的为“4800”，拉伸结果如图22-11所示。

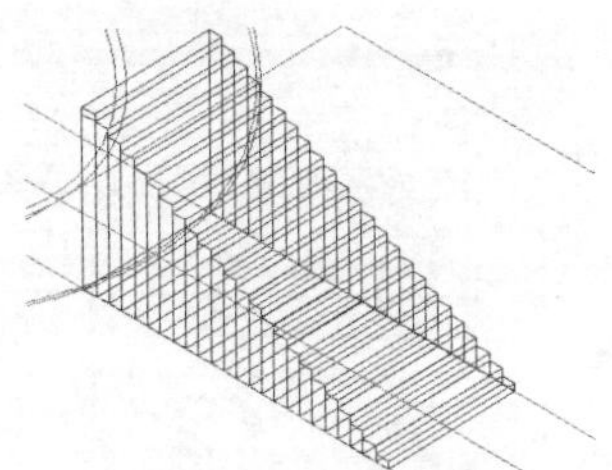

图22-11 侧面台阶拉伸结果

（5）构造台阶剖切面。前面得到的台阶实体需要进行一定的剖切处理才行。单击“默认”选项卡“绘图”面板中的“直线”按钮，在最高层台阶表面上绘制图22-12所示的两条直线。单击“默认”选项卡“绘图”面板中的“构造线”按钮，过这两条直线中点绘制构造线。单击“默认”选项卡“修改”面板中的“复制”按钮，把构造线复制到台阶的对称位置。这两条构造线构成台阶的剖切平面。

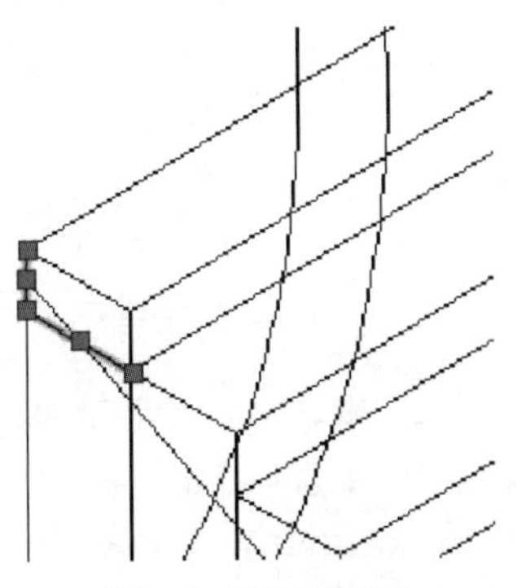

图22-12 绘制两条直线

（6）单击“三维工具”选项卡“实体编辑”面板中的“剖切”按钮，选择侧面所有的台阶实体作为剖切对象，选择三点剖切方式，选择两条构造线上的3点作为剖切面上的3点，剖切操作保留台阶面，剖切结果如图22-13所示。

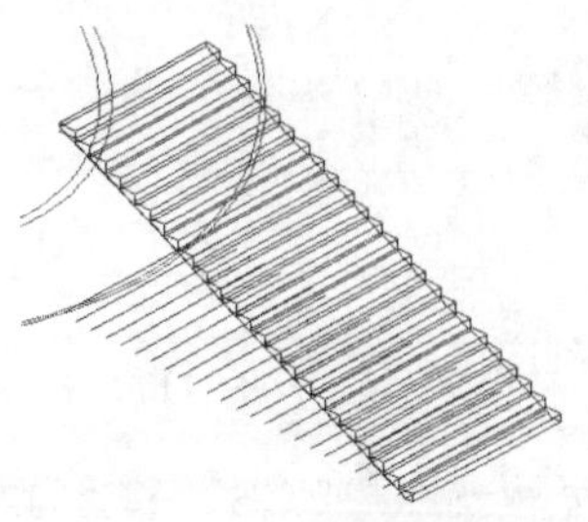

图22-13 剖切操作结果

（7）刚才绘制的是标高为±0.000以上的侧面台阶，距离实际地面还有0.600m的距离，所以还需要绘制3级台阶。单击“默认”选项卡“修改”面板中的“复制”按钮，复制3级台阶到台阶的最底层。结果如图22-14所示，其中被选中的台阶是原来的最下层台阶。

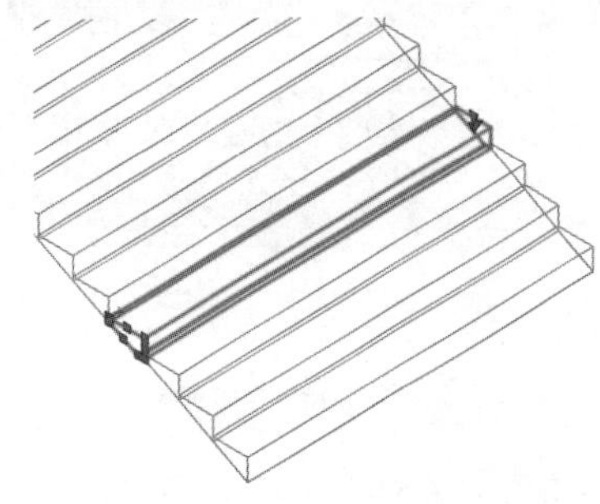

图22-14 复制3级台阶结果

（8）单击“默认”选项卡“修改”面板中的“移动”按钮，把原来的最下层台阶和现在的最下层台阶互换位置，结果如图22-15所示。

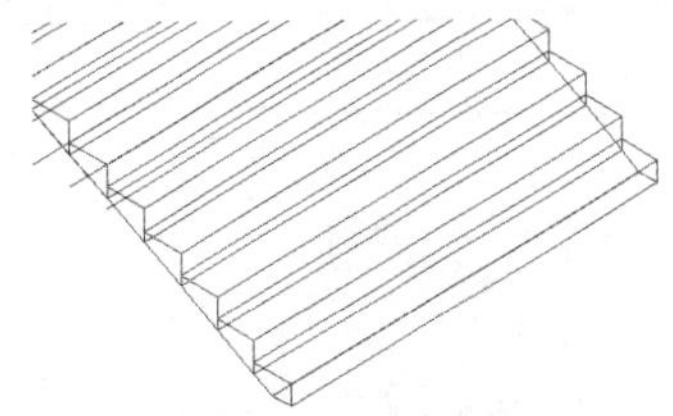

图22-15 台阶互换结果

（9）将当前视图设置为前视图。单击“三维工具”选项卡“实体编辑”面板中的“并集”按钮，把上边的13级台阶组成一个实体，然后把下边的14级台阶组成一个实体。单击“默认”选项卡“修改”面板中的“移动”按钮✥，把下边的台阶实体沿水平方向移动“2000”，腾出来的空间用于建立台阶平台，结果如图22-16所示。

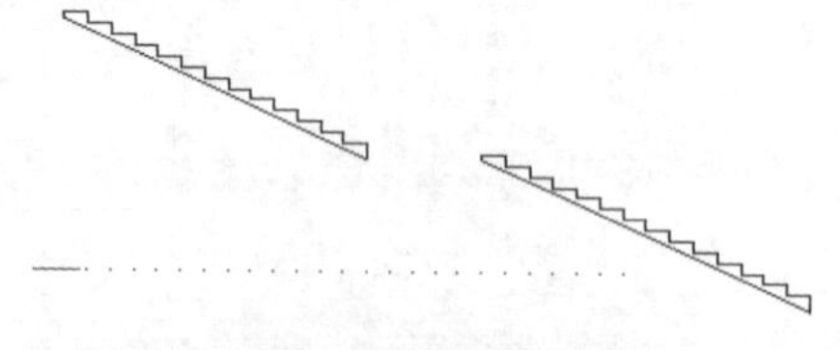

图22-16　移动台阶下部

（10）命令行输入“UCS”，将当前坐标系恢复为WCS。将当前视图设置为东角等轴测视图。单击“默认”选项卡“绘图”面板中的“矩形”按钮▭，根据辅助线绘制一个宽“2000”、长“4000”的矩形。单击“三维工具”选项卡“建模”面板中的“拉伸”按钮，将这个矩形往上拉伸“100”，得到台阶平台，结果如图22-17所示。

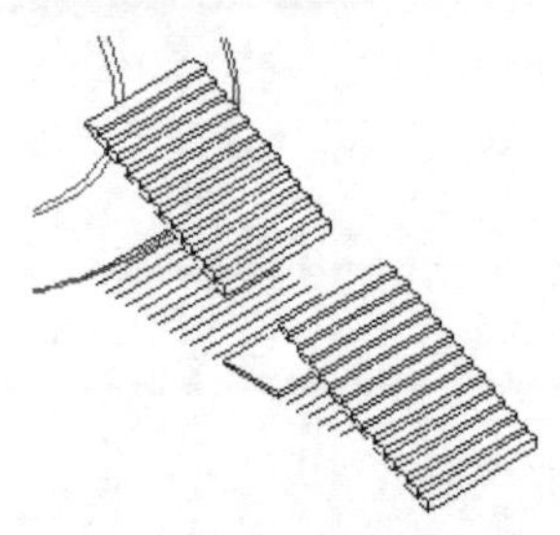

图22-17　绘制台阶平台

（11）单击“默认”选项卡“修改”面板中的“移动”按钮✥，把台阶平台移动到台阶平台位置处，结果如图22-18所示。台阶踏步和平台都绘制好了。下一步是要绘制台阶的扶手。

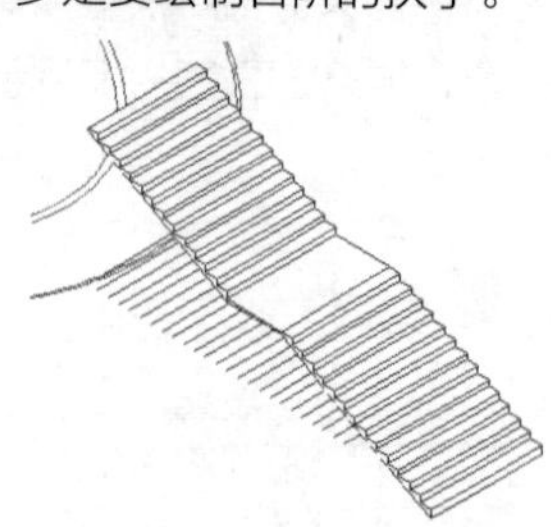

图22-18　台阶踏步和平台绘制结果

（12）选择菜单栏中的“视图”→“视口”→“两个视口”命令，转变为两个视口。单击“默认”选项卡“绘图”面板中的“多段线”按钮，沿楼梯边缘向里绘制台阶扶手板的投影图。长度为台阶的总长，宽度为“120”。单击“三维工具”选项卡“建模”面板中的“拉伸”按钮，往上拉伸这个多段线“6500”，得到楼梯的扶手板，如图22-19所示。

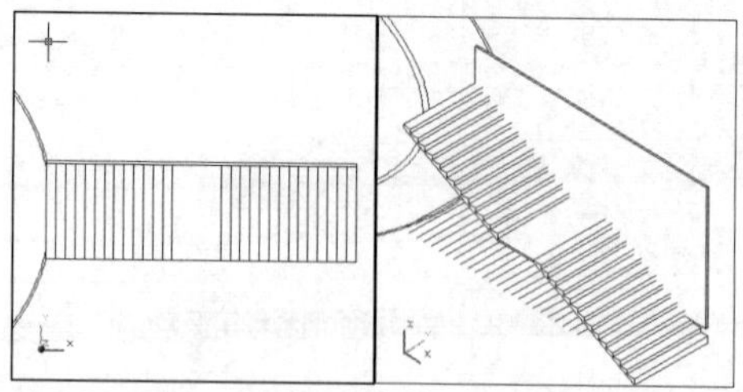

图22-19　绘制台阶扶手板结果

（13）单击“默认”选项卡“修改”面板中的“移动”按钮✥，把扶手板往下移动到台阶底部，结果如图22-20所示。

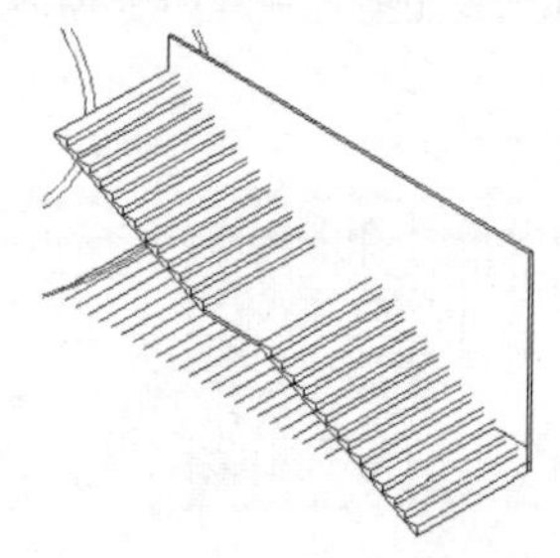

图22-20　移动扶手板结果

（14）台阶扶手板高为“1000”。单击“默认”选项卡“绘图”面板中的“直线”按钮╱，在台阶底部绘制高为“1000”的直线。单击“默认”选项卡“修改”面板中的“复制”按钮，把这直线复制到其他地方。绘制结果如图22-21所示，图中被选中的4根直线就是复制的结果。

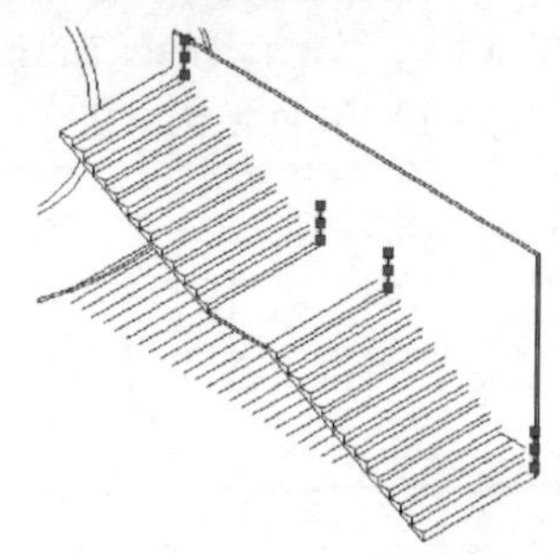

图22-21　绘制扶手定位线

（15）单击“默认”选项卡“修改”面板中的“复制”按钮，把这几根定位线复制到右边的端部。这样根据这些定位线的端点就可以定出扶手的剖切面。复制结果如图22-22所示。

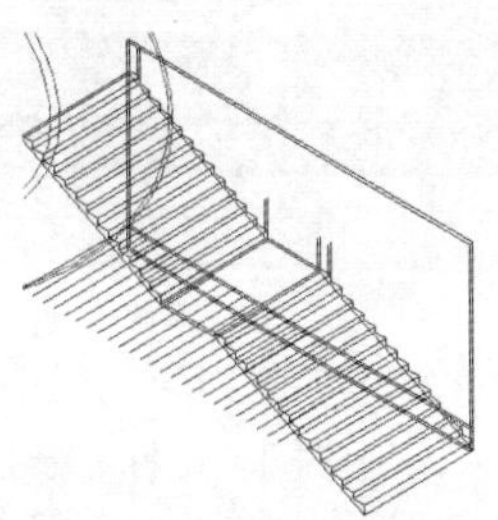

图22-22　复制扶手定位线

（16）单击“三维工具”选项卡“实体编辑”面板中的“剖切”按钮，沿着剖切面把扶手板切开，结果如图22-23所示。

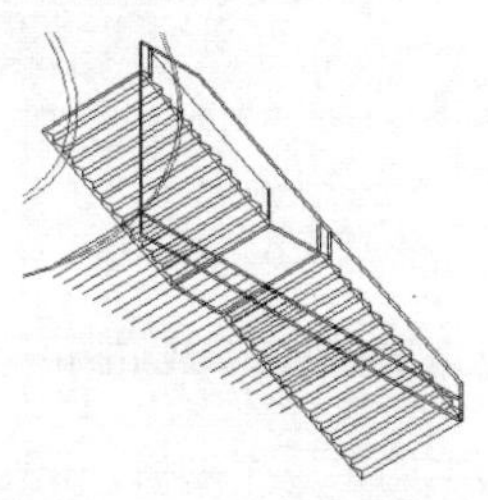

图22-23　第一段扶手的剖切结果

（17）为了进行下一步的剖切处理，单击“三维工具”选项卡“实体编辑”面板中的“剖切”按钮，竖直地把扶手板剖切为3块，结果如图22-24所示。其中被选中的板就是位于中间的那一块。

图22-24　把扶手板剖切为3大块

（18）单击“三维工具”选项卡“实体编辑”面板中的“剖切”按钮，沿着定位线把中间的扶手板剖切开，结果如图22-25所示。

图22-25　剖切中间的扶手板

（19）单击“三维工具”选项卡“实体编辑”面板中的“剖切”按钮，沿着定位线把最上边的扶手板剖切开，结果如图22-26所示。

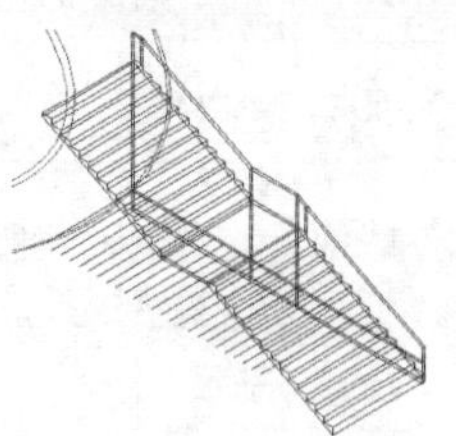

图22-26　剖切最上边的扶手板

（20）单击“三维工具”选项卡“实体编辑”面板中的“剖切”按钮，把台阶扶手板下边多余的部分剖切掉，得到台阶一边的全部扶手，结果如图22-27所示。

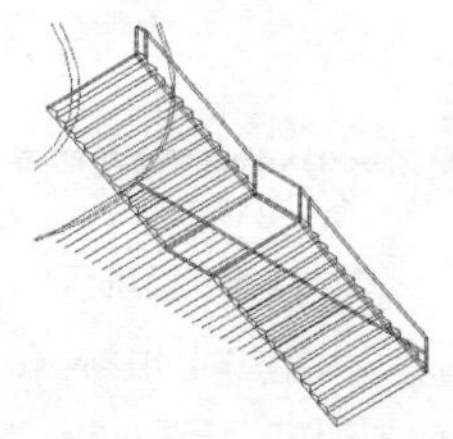

图22-27　台阶的一边全部结果

（21）单击“默认”选项卡“修改”面板中的“复制”按钮，把台阶扶手复制到另一边，完成一组台阶的全部绘制工作，结果如图22-28所示。

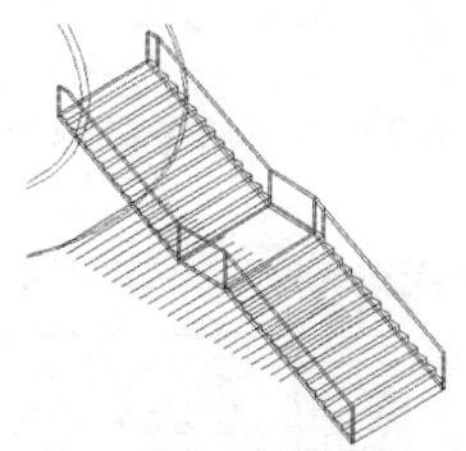

图22-28　侧面台阶的全部绘制结果

（22）单击“默认”选项卡“修改”面板中的“镜像”按钮，把台阶镜像到四周，得到全部的台阶。就这样，台阶的绘制完成了。台阶的最终结果如图22-29所示。

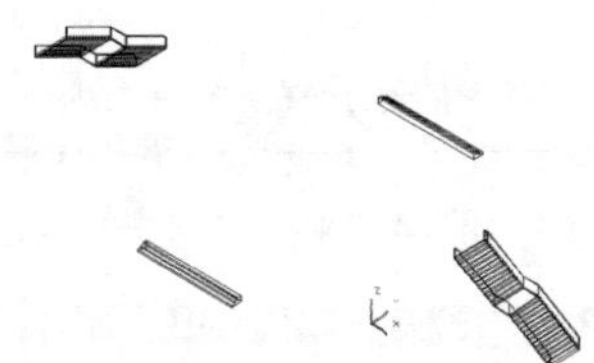

图22-29　台阶的最终绘制结果

22.2 绘制入口处房屋的三维模型

入口处房屋结构包括墙体和门，绘制方法与前面类似。

22.2.1 绘制房屋墙体

（1）单击“默认”选项卡“图层”面板中的“图层特性”按钮，系统打开“图层特性管理器”面板。关闭“台阶”图层，单击“确定”按钮退出“图层特性管理器”面板。单击“默认”选项卡“绘图”面板中的“多段线”按钮，在已经绘制好的墙的辅助线网上使用多段线绘制出图22-30所示的拉伸面。

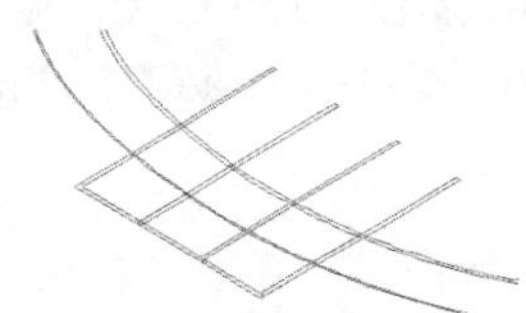

图22-30　绘制墙体拉伸面

（2）单击“三维工具”选项卡“建模”面板中的“拉伸”按钮，把绘制的墙体拉伸面往上拉伸“4800”，得到全部墙体，结果如图22-31所示。

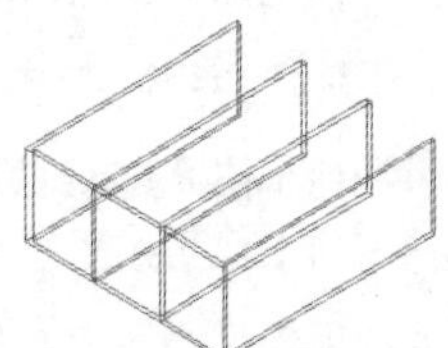

图22-31　绘制全部墙体

22.2.2 绘制门

（1）单击“默认”选项卡“绘图”面板中的“矩形”按钮，根据辅助线绘制出长为“3760”、宽为“240”的矩形。单击“三维工具”选项卡“建模”面板中的“拉伸”按钮，把这个矩形往上拉伸“3000”，得到一个长方体实体。单击“默认”选项卡“修改”面板中的“复制”按钮，复制这个长方体到其他两个门洞位置处，结果如图22-32所示。

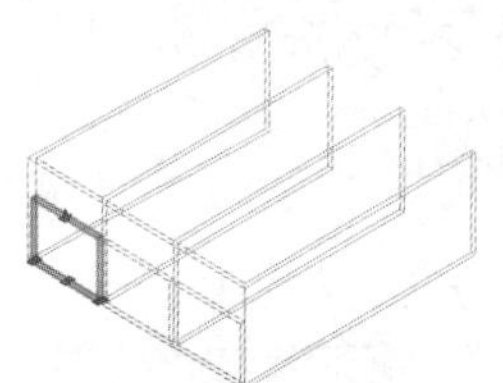

图22-32　绘制门洞

图中被选中的是一个实体。单击“三维工具”选项卡“实体编辑”面板中的“差集”按钮，在墙上开出门洞。

（2）采用同（1）的方法绘制一个门洞的一半作为一扇门板，每个门洞有两扇门板。单击“默认”选项卡“修改”面板中的“复制”按钮，将门板复制到其他各处组成3个大门，绘制结果如图22-33所示。

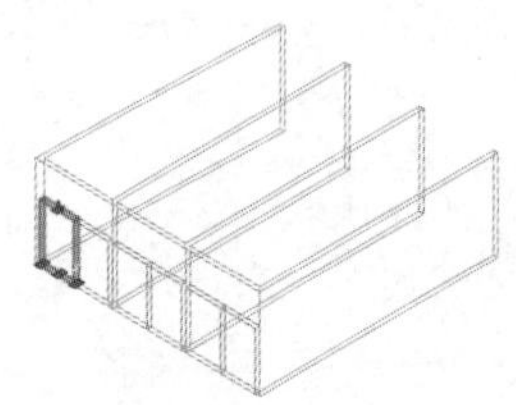

图22-33　绘制大门

22.3 绘制主体的第一层三维模型

体育馆作为一种大型公共建筑，其设计不同于大楼和普通办公楼那种程式化的设计思路，其造型往往体现设计者的建筑设计思维与美学思维，因此其主体设计一般情况下是比较独特的。

22.3.1 绘制主体墙体

（1）在前面已经绘制了4个椭圆。单击“三维工具”选项卡“建模”面板中的“拉伸”按钮，把最里边的两个椭圆和最外边的椭圆往上拉伸“4800”，得到3个椭圆柱实体，结果如图22-34所示。

（2）单击“三维工具”选项卡“实体编辑”面板中的“差集”按钮，以中间的椭圆体为母体，最里边的椭圆体为子体进行差集运算，得到墙体的结果如图22-35所示。

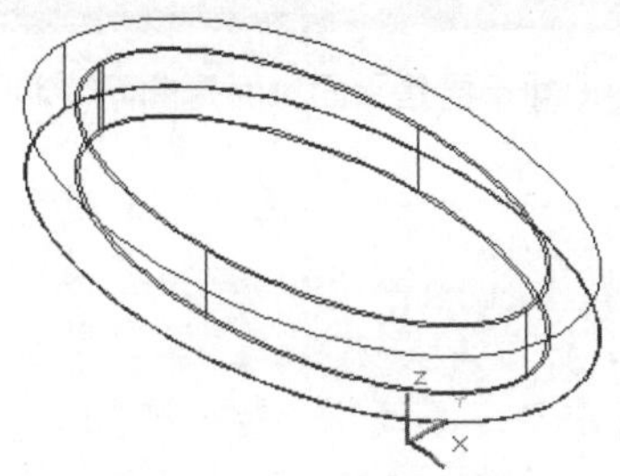

图22-34 3个椭圆拉伸结果

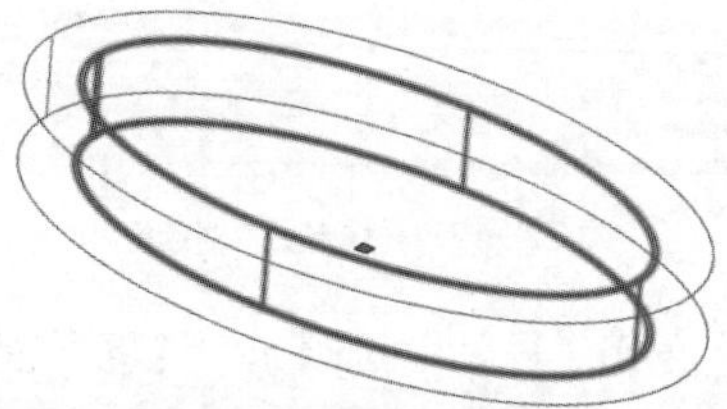

图22-35 差集运算得到墙体

22.3.2 绘制屋顶

（1）单击“默认”选项卡“修改”面板中的“复制”按钮，复制最外边的椭圆柱并将其向下移动“100”，得到两个椭圆柱体。单击“三维工具”选项卡“实体编辑”面板中的“差集”按钮，将两个椭圆柱体进行差集运算，得到主体的第一层顶板，结果如图22-36所示。

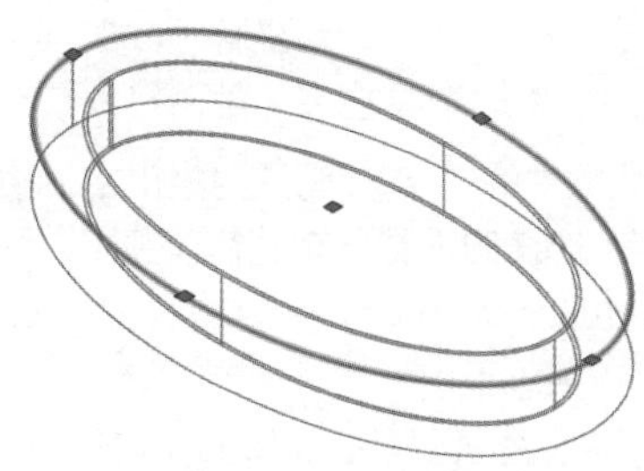

图22-36 主体的一层顶板

（2）单击“默认”选项卡“修改”面板中的“复制”按钮，使用相对坐标（@0，0，4800）来复制椭圆柱的护栏的中心线到主体顶板的平面上，打开源文件中的“栏杆”图块，如图22-37所示。采用带基点复制的方法将其复制到当前绘图窗口。单击“默认”选项卡“块”面板中的“创建”按钮，把这根栏杆定义为名为“1”的图块。

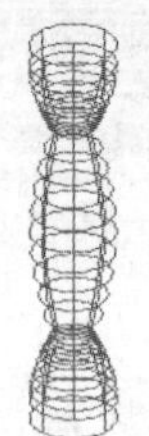

图22-37 带基点复制的栏杆

（3）单击“默认”选项卡“绘图”面板中的“定数等分”按钮，将护栏中心线定数等分，等分的线段数目为“300”。绘制结果如图22-38所示，局部放大结果如图22-39所示。

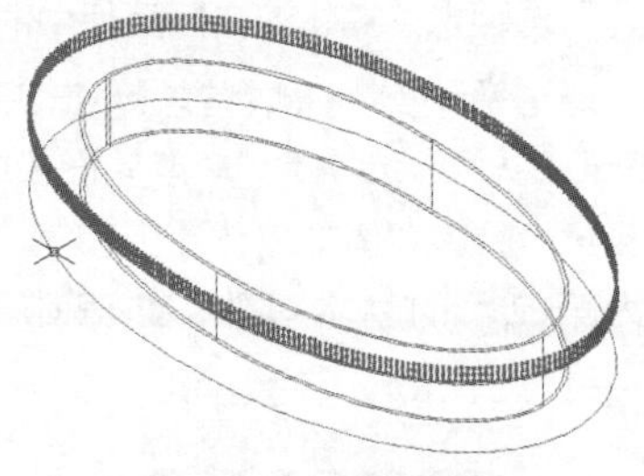

图22-38 全部栏杆布置图

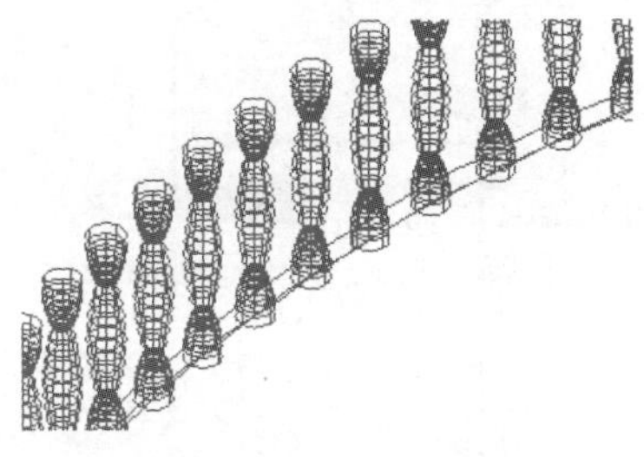

图22-39 栏杆布置放大结果

22.3.3 绘制第一层主体窗户

第一层的窗户分布在4个地方，台阶下方和正、背面的房屋连接处没有窗户。由于主体是椭圆形，所以在墙上的窗户也是带有椭圆弧形的。

如果想获得更为细致的窗户实体，可以采用同样的方法可以把窗户细化，但这不是本章的重点，有兴趣的读者可以自己练习。当前绘制的第一层主体窗户的三维效果如图22-40所示。

图22-40 第一层主体窗户的三维模型效果图

22.4 绘制主体的第二层三维模型

第二层墙体和第一层墙体有很大的差异，主要差异有：墙体的顶面不再是平面，而是曲面；墙的边上还分布着柱子。

22.4.1 绘制第二层墙体

（1）第二层墙体的最高处不会超过10m。单击“默认”选项卡“绘图”面板中的“椭圆”按钮，绘制如同第一层的墙体投影线。单击“三维工具”选项卡“建模”面板中的“拉伸”按钮，把投影线往上拉伸“10000”得到两个实体。单击“三维工具”选项卡“实体编辑”面板中的“差集”按钮，对这两个实体采取布尔运算，得到基本墙体。单击“默认”选项卡“修改”面板中的“移动”按钮，把这个基本墙体往上移动“4800”，使其成为第二层的基本墙体，结果如图22-41所示。

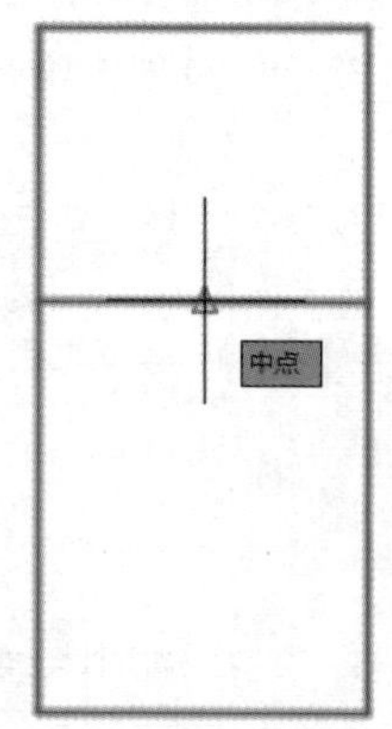

图 22-41　绘制第二层基本墙体

（2）单击“默认”选项卡“绘图”面板中的“矩形”按钮，绘制分布柱投影，每一个分布柱的投影都是一样的：宽“300”、长“600”。单击“默认”选项卡“修改”面板中的“分解”按钮，把矩形分解。单击“默认”选项卡“修改”面板中的“偏移”按钮，让最上边的边线往下偏移“240”。重复“矩形”命令，根据柱子的外围绘制一个矩形。单击“默认”选项卡“块”面板中的“创建”按钮，进行定义块的操作。以中间线的中点作为基点，如图22-41所示，选择矩形作为块的对象，块名称是“2”，“块定义”对话框如图22-42所示。

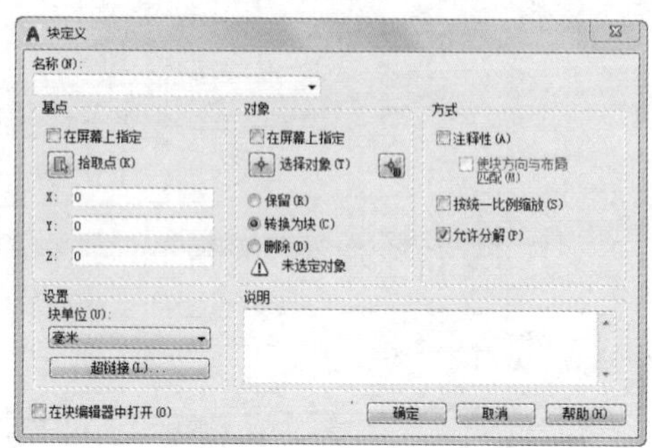

图 22-42　“块定义”对话框

（3）单击“默认”选项卡“绘图”面板中的“椭圆”按钮，按照外墙线绘制一个椭圆。单击“默认”选项卡“修改”面板中的“修剪”按钮，修剪得到1/4个椭圆弧，如图22-43所示。

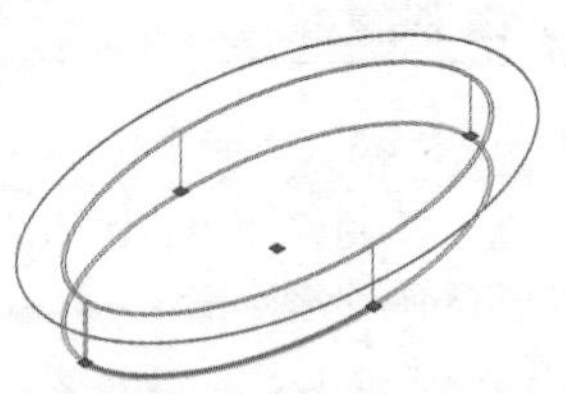

图 22-43　绘制 1/4 个椭圆弧

（4）单击“默认”选项卡“修改”面板中的“移动”按钮，使用相对坐标（@0，0，4800）把1/4椭圆弧移动到第二层。单击“默认”选项卡“绘图”面板中的“定数等分”按钮，进行定数等分操作，把柱的投影分布到椭圆弧上，命令行提示与操作如下：

```
命令：_divide
选择要定数等分的对象：(选择 1/4 椭圆弧)
输入线段数目或 [块 (B)]: B↙
输入要插入的块名：2↙
是否对齐块和对象? [是 (Y)/否 (N)] <Y>:↙
输入线段数目：8↙
```

绘制结果如图22-44所示。

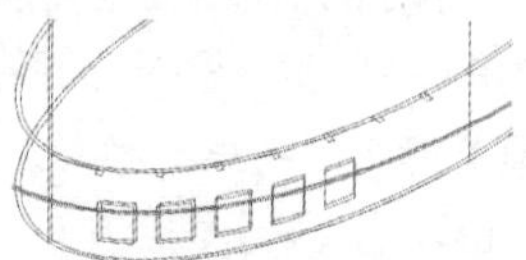

图 22-44　定数等分结果

（5）考虑到椭圆的对称性，在椭圆弧的两头也得布置柱子。单击“默认”选项卡“块”面板中的“插入”下拉列表中“最近使用的块”选项，打开“块”面板，先插入最右边的块，然后再插入最左边的块，这个块需要调整。单击“默认”选项卡“修改”面板中的“旋转”按钮，让最左边的块旋转-90°即可完成柱截面的布置，结果如图22-45所示。

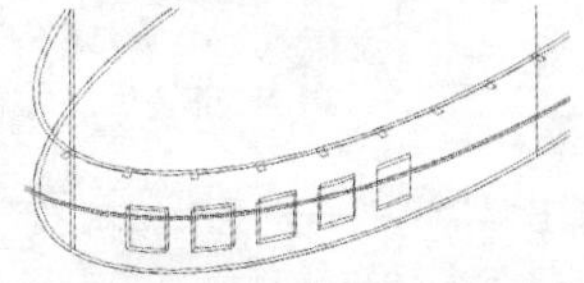

图22-45 柱截面布置图

（6）单击“默认”选项卡“修改”面板中的“分解”按钮，把布置的9个块2分解一次，得到9个矩形。单击“三维工具”选项卡“建模”面板中的“拉伸”按钮，逐个对9个矩形进行拉伸操作，最左边的拉伸高度为“9800”，然后逐个减少拉伸高度“400”，最右边的拉伸高度为“6600”，得到9根柱子，如图22-46所示。

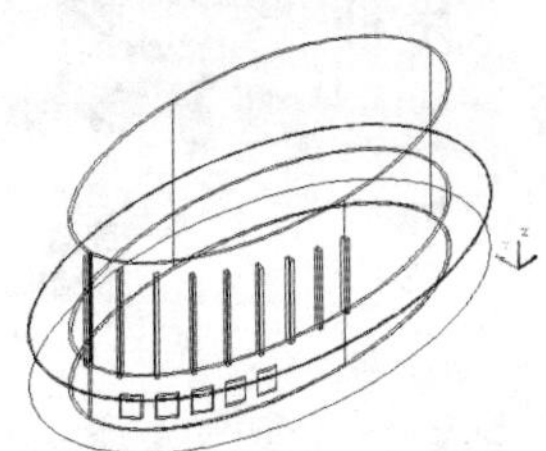

图22-46 柱子绘制结果

（7）单击“默认”选项卡“绘图”面板中的“椭圆”按钮，根据外墙线绘制一个椭圆，然后拉伸“15000”，得到一个实体，如图22-47所示，其中被选中的实体就是新绘制的。

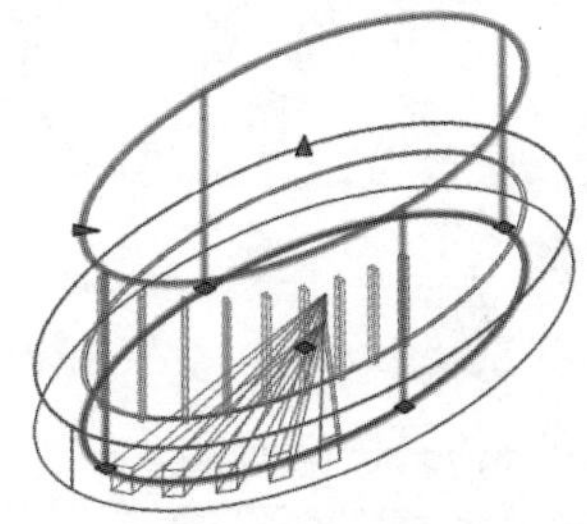

图22-47 绘制实体

（8）单击“三维工具”选项卡“实体编辑”面板中的“并集”按钮，把墙体和柱子并为一个实体。单击“三维工具”选项卡“实体编辑”面板中的“剖切”按钮，以外边倒数第二的两根柱子的顶部的斜平面作为剖切面，对墙体实体和图22-48中被选中的实体进行剖切操作，保留下边的部分，剖切结果如图22-48所示。

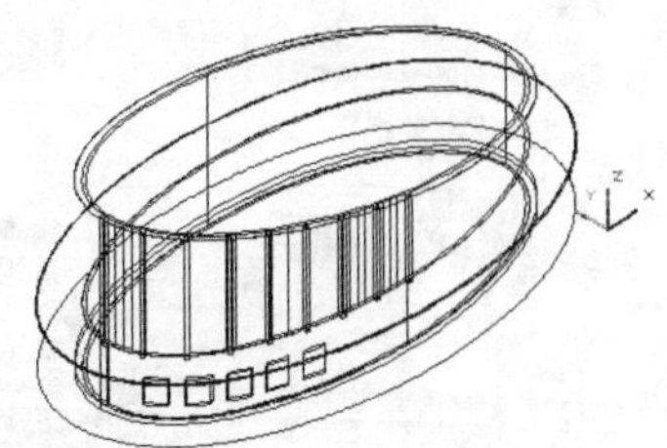

图22-48 剖切操作结果

22.4.2 绘制屋顶

（1）采用相对坐标（@0，0，-100）将图22-49中的实体向下复制。单击“三维工具”选项卡“实体编辑”面板中的“差集”按钮，以原来的实体为母体、新绘制的实体为子体进行差集运算，得到厚度为“100”的楼顶板，如图22-49所示，其中被选中的实体就是差集运算的结果。

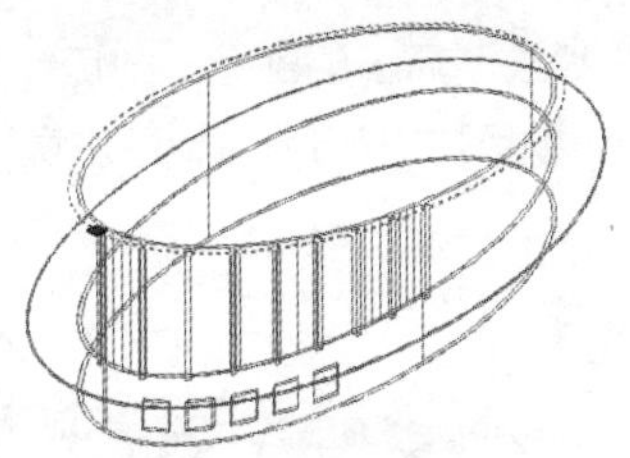

图22-49 绘制楼顶板

（2）单击“三维工具”选项卡“实体编辑”面板中的“剖切”按钮，对图22-49中的除了一层的楼板之外的实体连续进行两次剖切操作，得到1/4个原来的实体部分，结果如图22-50所示。

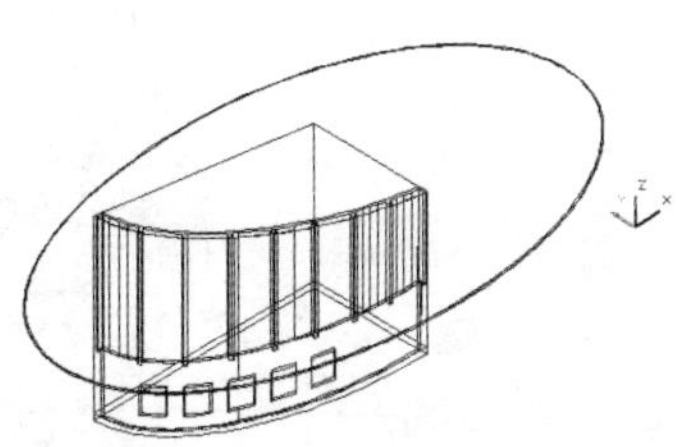

图22-50 连续剖切操作结果

22.4.3 绘制窗户

（1）单击“默认”选项卡“修改”面板中的“复制”按钮，采用相对坐标（@0，0，-4000）将第二层楼板向下复制，结果如图22-51所示。

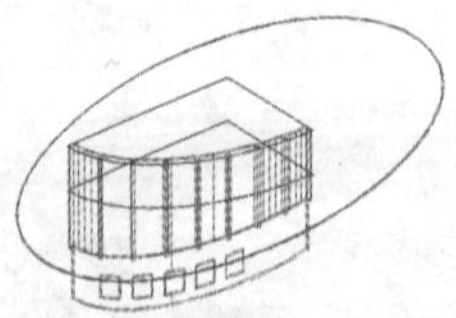

图22-51 复制楼板结果

（2）单击“默认”选项卡“修改”面板中的“复制”按钮，复制第二层的全部实体到空白处，复制结果如图22-52所示。

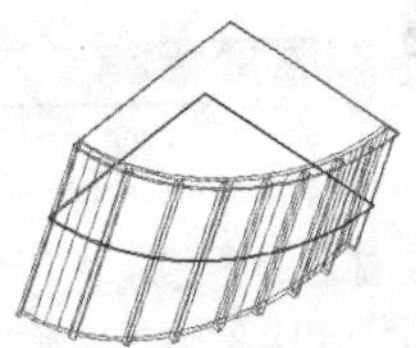

图22-52 复制第二层实体

（3）单击“三维工具”选项卡“实体编辑”面板中的“剖切”按钮，以柱子边作为剖切面把墙体剖切，去掉柱子所占的部分。剖切掉最左边的3根柱子的结果如图22-53所示，请注意和剖切前的实体进行对比。

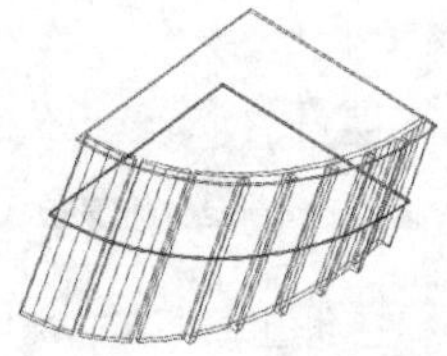

图22-53 剖切掉3根柱子

（4）单击“三维工具”选项卡“实体编辑”面板中的“剖切”按钮，逐个剖切掉柱子，全部柱子被剖切掉的结果如图22-54所示。

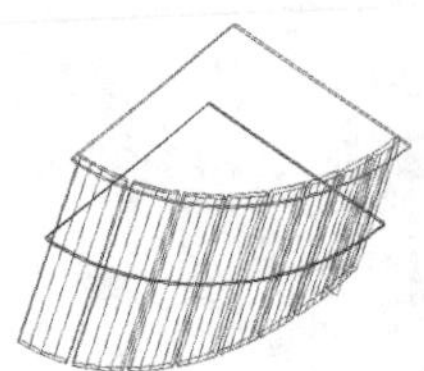

图22-54 剖切全部柱子的结果

（5）单击“三维工具”选项卡“实体编辑”面板中的“剖切”按钮，以新复制的楼板的上表面作为剖切面，剖切墙体，得到第二层窗体，结果如图22-55所示。

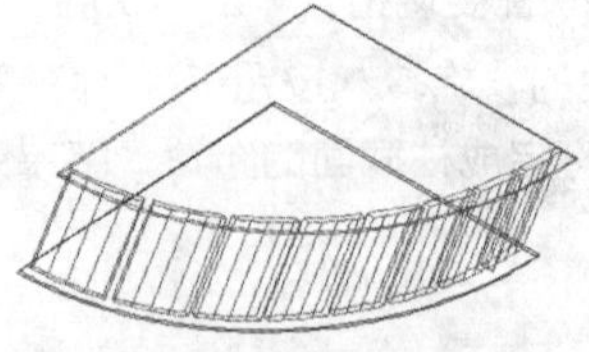

图22-55 第二层窗体

（6）单击“默认”选项卡“修改”面板中的“复制”按钮，复制窗体到第二层相应位置处。单击“三维工具”选项卡“实体编辑”面板中的“差集”按钮，得到窗洞。重复“复制”命令，复制窗体来填满窗洞。并采用“特性”面板把窗体改到“窗户”图层，得到第二层的窗户，结果如图22-56所示。

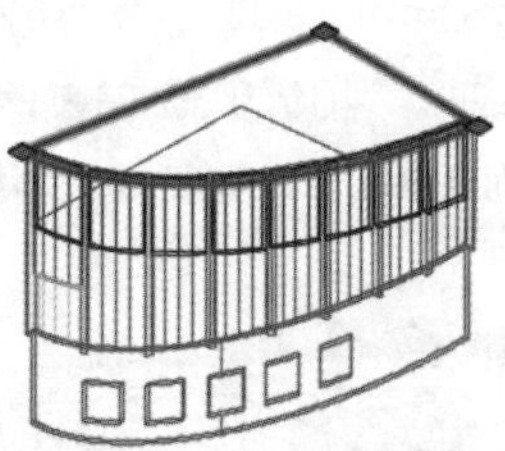

图22-56 第二层窗户绘制结果

22.4.4 绘制门

（1）采取同绘制窗体一样的方法，单击“三维工具”选项卡“实体编辑”面板中的“剖切”按钮，最左边两根柱子之间剖切出高为“3000”的门体，结果如图22-57所示。

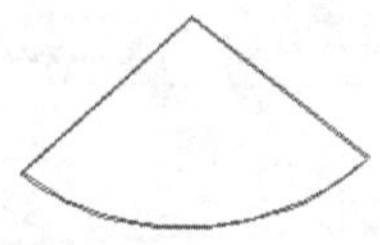

图22-57 绘制门体结果

（2）采取同样的方法，单击“默认”选项卡“修改”面板中的“复制”按钮，复制门体到第二层相应位置处。单击“三维工具”选项卡“实体编辑”面板中的“差集”按钮，进行差集运算，得到门洞。重复“复制”命令，复制门体来填满门洞。并采用“特性”面板把门体改到“门”图层，得到第二层的门，结果如图22-58所示。

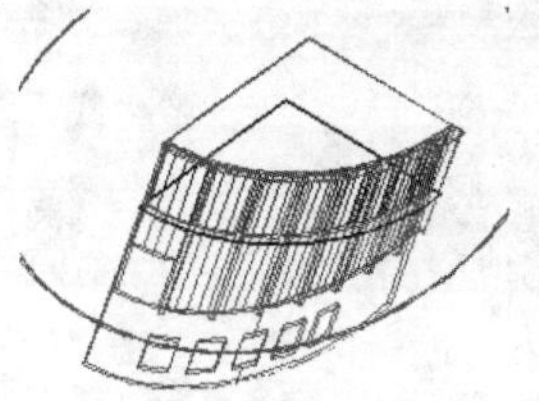

图22-58 绘制门体结果

22.5 最终处理

为了完善整个造型的设计，需要进行必要的编辑和处理，步骤如下。

（1）选择菜单栏中的“修改”→“三维操作”→“三维镜像”命令，把只绘制了1/4的实体镜像，结果得到1/2的实体，如图22-59所示。重复“三维镜像”命令，对绘制结果进行三维镜像操作，得到全部实体。

（2）打开隐藏的实体图层，但“地面”图层关闭，结果如图22-60所示。可以发现，两侧台阶处的栏杆挡住了台阶通道，因此需要把这些栏杆去掉。

（3）单击“默认”选项卡“修改”面板中的“删除”按钮，删除掉不需要的栏杆后，得到本章绘制的最终结果——一个体育馆的三维模型，结果如图22-61所示。

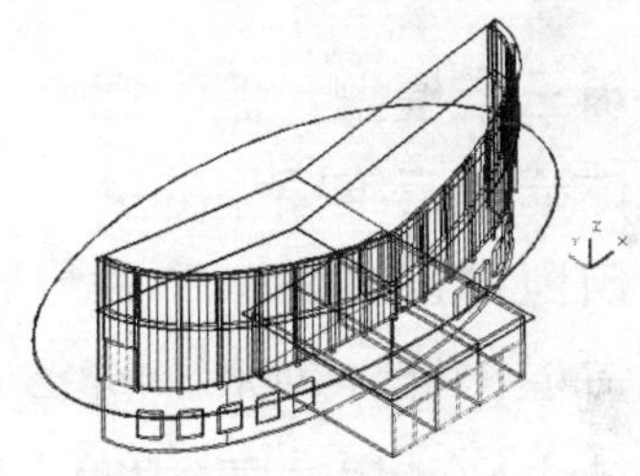

图22-59 三维镜像操作结果

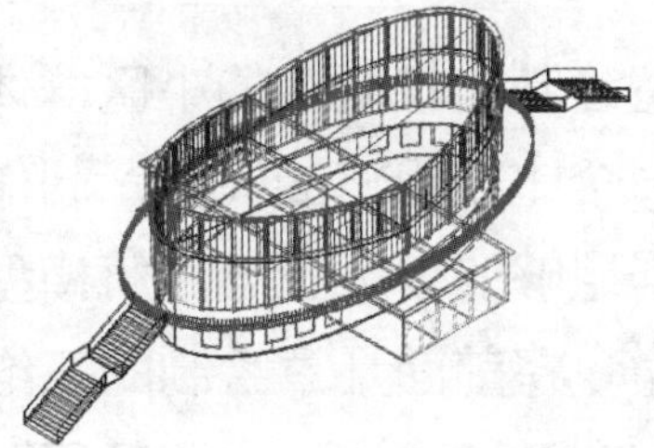

图22-60 打开关闭的实体图层结果

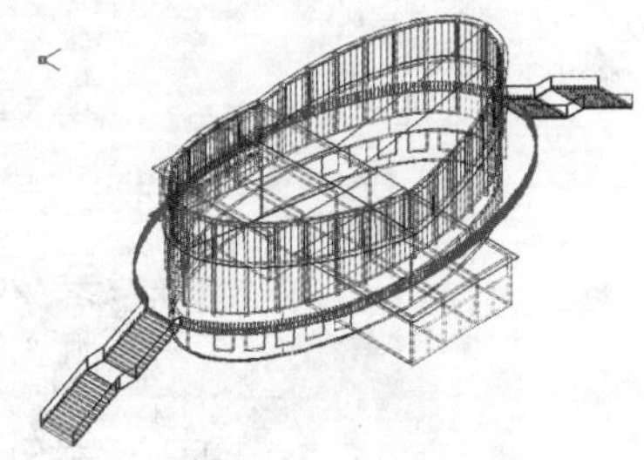

图22-61 体育馆三维模型

（4）单击“视图”选项卡“视觉样式”面板中的“隐藏”按钮，得到图22-62所示的消隐图。从消隐图可以看出，这个模型还是比较粗糙的，要获得更好的效果图，必须要进行渲染操作。

（5）打开“地面”图层，调整视图，得到图22-63所示的最终效果图。

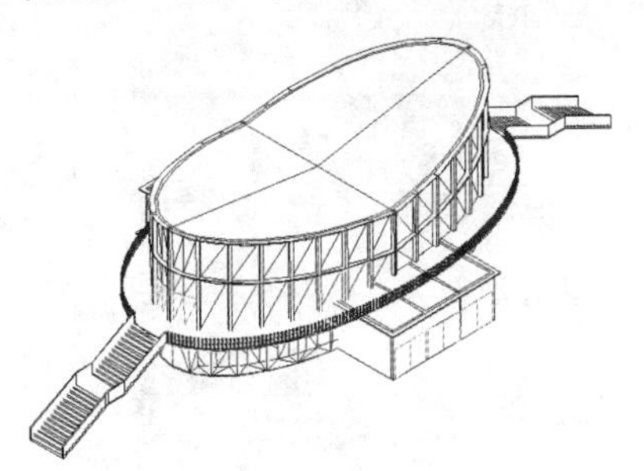

图22-62 体育馆模型消隐效果

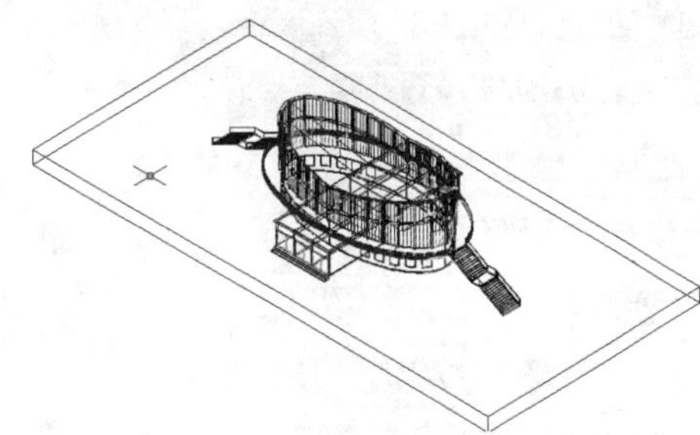

图22-63 体育馆三维模型最终效果图

第23章

小区三维模型

本章导读

本章将绘制比较复杂的小区群体建筑三维模型，但本章绘制的是一个比较粗略的模型。制作群体建筑三维模型的关键是要积累足够的单体三维建筑模型，可以使用“复制”与“粘贴”命令将前面几章绘制的三维建筑模型插入到本视图中。另外在本章这个设计中还运用了设计中心和工具板的相关内容。

23.1 布置主要建筑三维模型

本章实例中用到的大部分建筑单元前面已经进行了详细讲解，这里就只是直接拿来应用。布置主要建筑三维模型的步骤如下。

（1）单击“默认”选项卡“绘图”面板中的“矩形”按钮 ，绘制一个长为“500000”、宽为“300000”的矩形作为小区的范围，如图23-1所示。

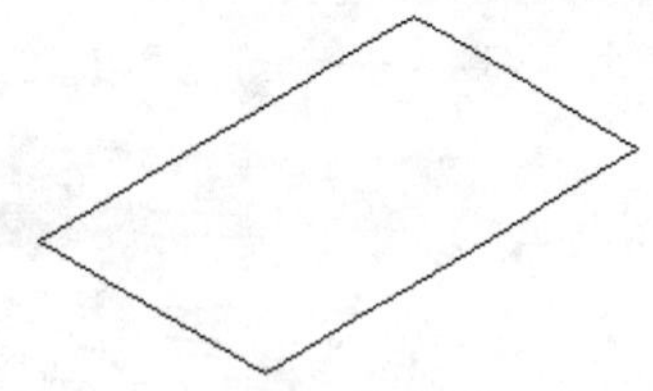

图23-1 绘制小区范围

（2）单击“标准”工具栏中的“打开”按钮 ，系统打开“选择文件”对话框，选择前面保存的体育馆三维模型，单击“确定”按钮打开体育馆三维模型，如图23-2所示。

（3）选择菜单栏中的“编辑”→“带基点复制”命令，复制体育馆三维模型。然后返回到原来的三维图形文件中，选择菜单栏中的“编辑”→“粘贴”命令，把体育馆复制到小区中心。单击“默认”选项卡“绘图”面板中的“直线”按钮 和“矩形”按钮 ，绘制小区的道路，结果如图23-3所示。

（4）单击“标准”工具栏中的“打开”按钮 ，系统打开“选择文件”对话框，选择前面保存的大楼三维模型，单击“确定”按钮打开大楼三维模型，如图23-4所示。

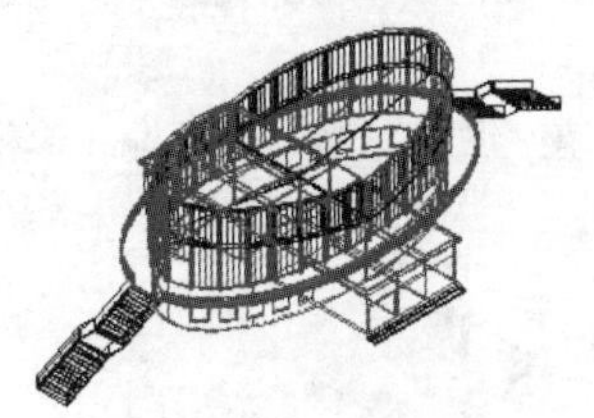

图23-2 打开体育馆三维模型

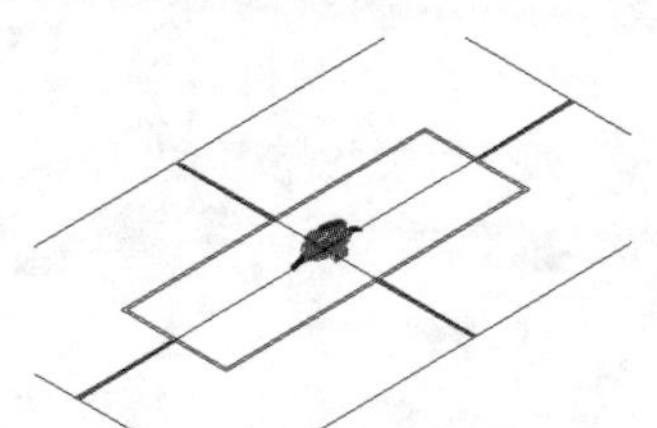

图23-3 绘制小区道路和布置体育馆

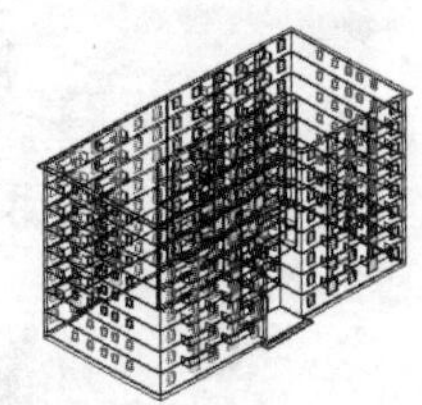

图23-4 打开大楼三维模型

（5）选择菜单栏中的“编辑”→“带基点复制”命令，复制大楼三维模型。返回到小区三维图形文件中，选择菜单栏中的“编辑”→“粘贴”命令，把大楼复制到小区内。单击“默认”选项卡“修改”面板中的“复制”按钮 ，把大楼复制到小区的一侧，总共复制4个，同时要注意让大楼合理排列。单击“默认”选项卡“修改”面板中的“镜像”按钮 ，把4个大楼镜像，这样就得到大楼的分布图，结果如图23-5所示。

（6）单击“标准”工具栏中的“打开”按钮 ，系统打开“选择文件”对话框，选择前面保存的小楼三维模型，单击“确定”按钮打开小楼三维模型，如图23-6所示。

（7）选择菜单栏中的“编辑”→“带基点复制”命令，复制小楼三维模型。返回到小区三维图形文件中，选择菜单栏中的“编辑”→“粘贴”命令，把小楼复制到小区内。单击“默认”选项卡“修改”面板中的“复制”按钮 ，把小楼复制到小区的一头，总共复制3个，同时要注意让小楼合理排列。这样就得到小楼的分布图，结果如图23-7所示。

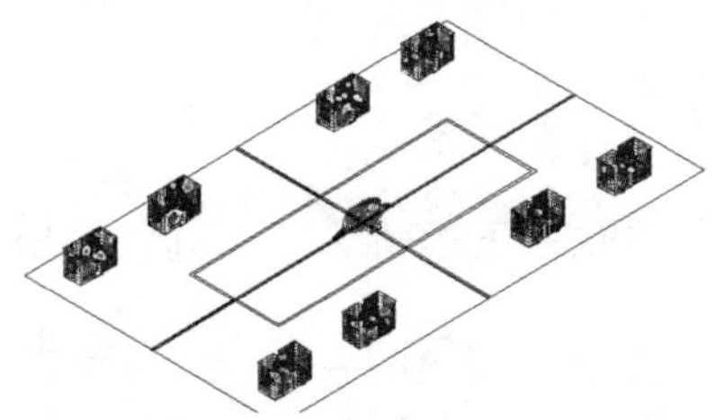

图23-5 大楼的分布图

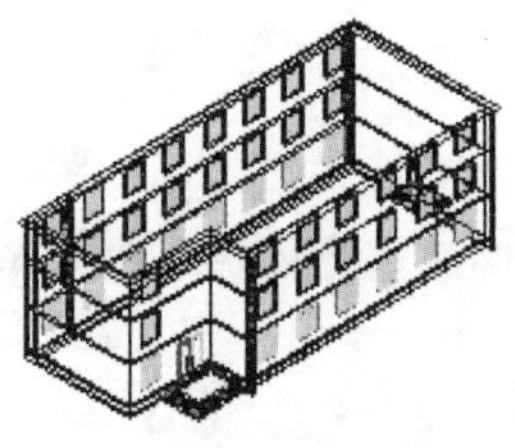

图23-6 打开小楼三维模型

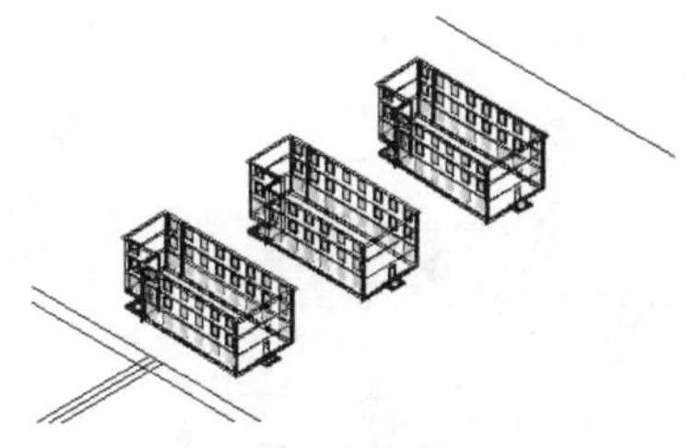

图23-7 小楼的分布图

23.2 布置辅助元素三维模型

（1）单击“默认”选项卡“绘图”面板中的“样条曲线拟合”按钮，绘制大楼到主要道路之间的道路，绘制结果如图23-8所示。

（2）调用一个路灯三维模型，如图23-9所示。

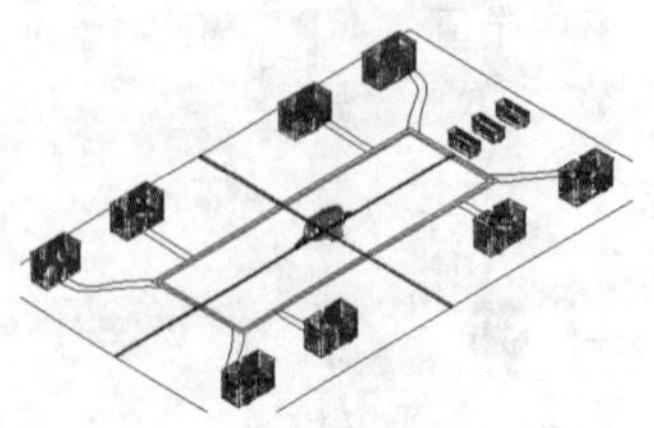

图 23-8　绘制道路

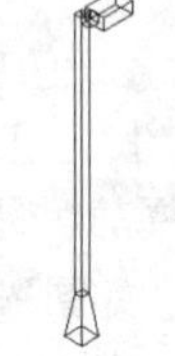

图 23-9　路灯三维模型

提示 这种路灯造型可以从各种建筑设备图库中调用，也可以自己创建。在建筑绘图实践中，尽可能借鉴已有的实体，以加快绘图速度。

（3）单击“默认”选项卡“修改”面板中的“复制”按钮，把路灯复制到各个道路的旁边，绘制结果如图23-10所示。

（4）单击“默认”选项卡“修改”面板中的“镜像”按钮，把前面布置的路灯连续镜像两遍，这样就得到全部的路灯模型，如图23-11所示。

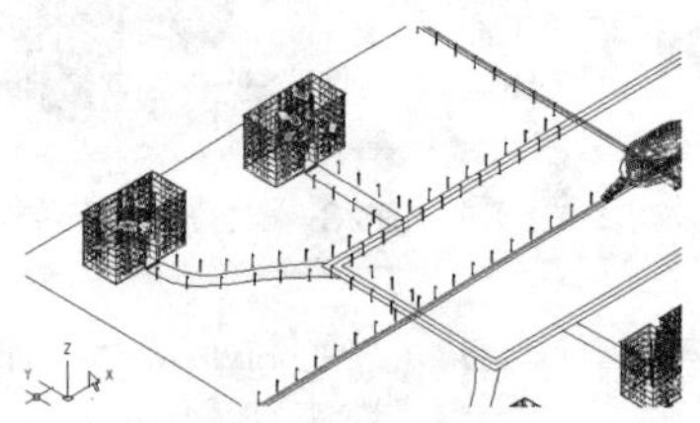

图 23-10　布置路灯

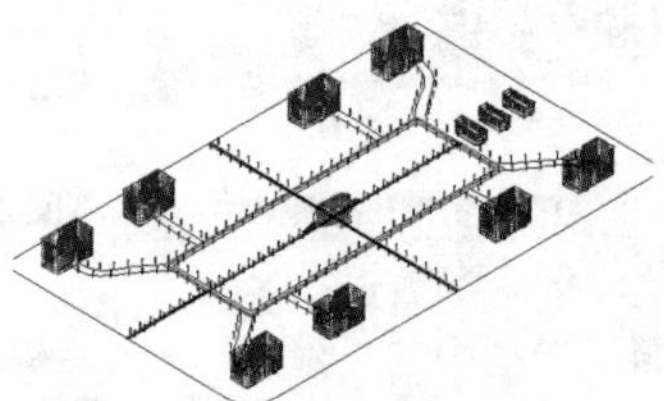

图 23-11　全部路灯布置结果

（5）调用两个树木的三维模型，分别如图23-12和图23-13所示。

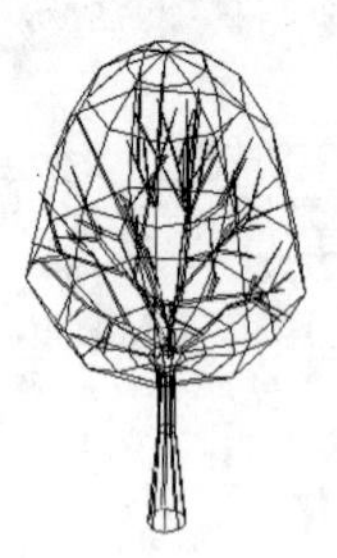

图 23-12　阔叶树模型

图 23-13　针叶树模型

（6）单击“默认”选项卡“修改”面板中的“复制”按钮，把树木复制到各个空地，部分绘制结果如图23-14所示。

（7）树木布置完毕后如图23-15所示。

（8）单击“默认”选项卡“修改”面板中的“复制”按钮，把车辆复制到各个道路上，这样小区三维模型就绘制好了，如图23-16所示。当然，这样的模型还是非常不细致和不完善的。

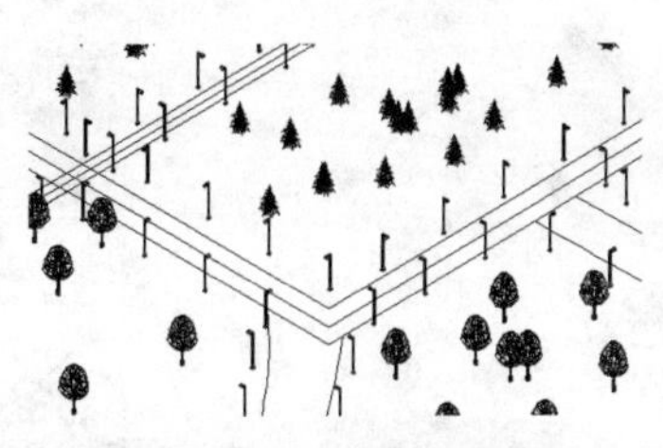

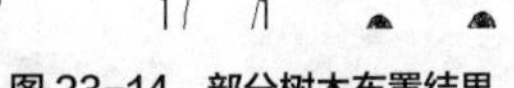
图 23-14　部分树木布置结果

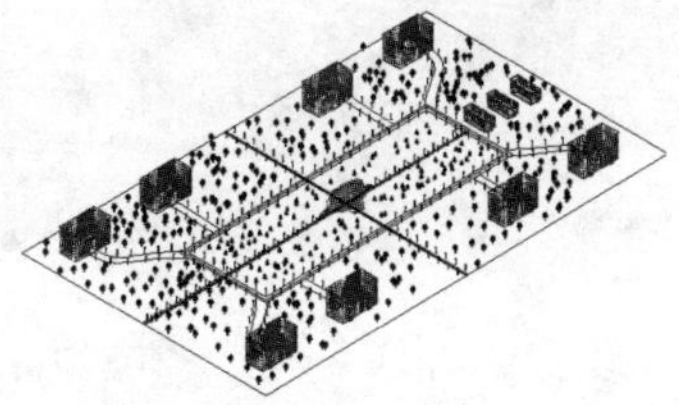
图 23-15　树木布置结果

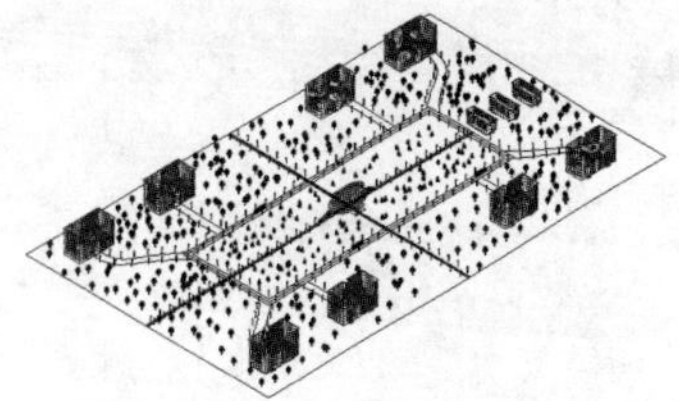
图 23-16　小区三维模型

提示　AutoCAD绘制的效果图一般只对其中的主要建筑进行准确的绘制，并确定其主要结构。如果要对效果图进行进一步处理，使图形更美观逼真，就必须借助别的后续处理软件进行渲染和图像合成，如3ds Max和Photoshop。当然，AutoCAD也具有渲染功能，只是其功能不如3ds Max等软件强大，实践中习惯利用专门的渲染软件进行渲染。